Bergmann-Schaefer · Lehrbuch der Experimentalphysik
Band IV, Teil 1 · Aufbau der Materie

BERGMANN-SCHAEFER
Lehrbuch der Experimentalphysik

Zum Gebrauch bei Akademischen Vorlesungen und
zum Selbststudium

Band IV, Teil 1
Aufbau der Materie

Herausgegeben von H. Gobrecht

Autoren:
Hans Bucka, Jürgen Dietrich, Jürgen Geiger,
Heinrich Gobrecht, Klaus Gobrecht, Achim Hese, Kurt Hunger,
H. Küsters, Martin Lambeck, Günther Lehner, Horst Nelkowski,
Dietrich Neubert, Udo Scherz, Rolf Seiwert, Hugo Strunz,
Arthur Tausend, Ludwig Thomas, Roger Thull, Kurt Ueberreiter,
Hans-Günther Wagemann, Burkhardt Wende

Walter de Gruyter · Berlin · New York · 1975

Herausgeber: Prof. Dr. Heinrich Gobrecht
Technische Universität Berlin

Der Band IV, Teil 1 enthält 583 Abbildungen und 1 Karte

CIP-Kurztitelaufnahme der Deutschen Bibliothek

Bergmann, Ludwig

Lehrbuch der Experimentalphysik: zum Gebrauch bei akad. Vorlesungen u. z. Selbststudium/Bergmann-Schaefer.

NE: Schaefer, Clemens:; SD

Bd. 4. Aufbau der Materie/hrsg. von H. Gobrecht.
Autoren: Hans Bucka [u. a.]. T. 1 – 1975.
ISBN 3-11-002091-2

Satz: IBM-Composer, Walter de Gruyter & Co., Berlin – Druck: Mercedes-Druck, Berlin – Bindearbeiten: Lüderitz & Bauer, Berlin.

Vorwort

Der IV. Band dieses Lehrbuchs, bereits von Ludwig Bergmann, Clemens Schaefer und Frank Matossi geplant, kann nunmehr interessierten Lesern vorgelegt werden. Eine Zweiteilung mußte erfolgen, weil der Band von insgesamt 1600 Seiten in einem Teil zu unhandlich wäre.

Der umfangreiche Stoff wurde auf solche Fachleute aufgeteilt, die selbst forschend auf dem hier behandelten Gebiet gearbeitet haben. Wie auch bei den ersten drei Bänden wurde in jedem Abschnitt versucht, relativ einfach und leicht verständlich zu beginnen und dann den Leser auf ein höheres Niveau mitzuziehen. Es ließ sich wegen der großen Zahl von Autoren selbstverständlich nicht erreichen, die verschiedenen Beiträge ganz einheitlich in der Art sowie im Anfangs- und Endniveau zu gestalten. Es werden auch immer verschiedene Auffassungen darüber bestehen bleiben, ob diese oder jene Abhandlung noch in ein Lehrbuch gehört oder nicht. So nimmt der IV. Band, obleich noch als Lehrbuch gedacht, schon etwas den Charakter eines kleinen „Handbuchs" an. Der fortgeschrittene Student, ausgerüstet mit den Grundlagen der Physik, wird Information und Hilfe in diesem oder jenem Abschnitt finden, und der Lehrende möge die eine oder andere Anregung für seinen Unterricht erhalten.

Die Autoren hatten immer wieder den verständlichen Wunsch, die neuesten Ergebnisse dem eigenen Beitrag hinzuzufügen. Soweit dies irgend möglich war, ist es auch geschehen; aber einmal mußte der Schlußstrich gezogen werden, damit der IV. Band endlich erscheinen konnte. Bei dem schnellen Fluß der wissenschaftlichen Entwicklung werden immer schon bald nach dem Erscheinen eines Buches neue Ergebnisse publiziert, die dann in einer späteren Auflage berücksichtigt werden müssen. So kann der IV. Band dieses Lehrbuchs Studierenden und Lehrenden einen Einblick in die heutige Kenntnis vom Aufbau der Materie geben, einem der wichtigsten Gebiete der Physik.

Fast ausschließlich wurden das Internationale Einheitensystem (SI) und die international empfohlenen Symbole verwendet. Physikalische Größen stehen kursiv, jedoch mit Ausnahme von Exponenten und Indizes (wegen deren Kleinheit). Bei der hier verwendeten Schrifttype ist der Buchstabe v, wenn er kursiv steht (v), dem griechischen Buchstaben ν (Ny) so ähnlich, daß er von diesem nicht unterschieden werden kann. Das kann zu unangenehmen Verwechslungen führen. Deshalb steht der Buchstabe v auch dann, wenn er eine physikalische Größe darstellt, als Ausnahme nicht kursiv. – Der Buchstabe l (el) und die Zahl 1 sind nicht unterscheidbar. Aus diesem Grunde wurde in seltenen Fällen, wo es wichtig ist, der Buchstabe l kursiv gesetzt (l), auch wenn er keine physikalische Größe darstellt. Vektoren stehen fett oder haben einen Pfeil.

Die Literaturangaben nach jedem Kapitel oder Abschnitt sollen ein tiefergehendes Studium auf dem betreffenden Gebiet anregen und die Suche nach geeigneter Literatur erleichtern.

Berlin-Schlachtensee, im Mai 1975 H. Gobrecht

Autorenverzeichnis

Bucka, Prof. Dr. H.
Institut für Strahlungs- und Kernphysik
Technische Universität Berlin

Kap. VII Elementarteilchen

Dietrich, Dipl.-Ing. J.
Institut für Festkörperphysik
Technische Universität Berlin

Kap. V.1.d Paramagnetische Resonanzen

Geiger, Prof. Dr. J.
Universität Trier–Kaiserslautern

Kap. III Moleküle und Bindungsarten

Gobrecht, Prof. Dr.-Ing. H.
Institut für Festkörperphysik
Technische Universität Berlin

Kap. I Einführung

Kap. V,1.c Lichtabsorption und Dispersion in Kristallen

Gobrecht, Dr. K. H.
Institut M. v. Laue-P. Langevin
und Universität Grenoble

Kap. VI Makroskopische Quantenzustände

Hese, Prof. Dr. A.
Institut für Strahlungs- und Kernphysik
Technische Universität Berlin

Kap. VIII Kernphysik

Hunger, Prof. Dr. K.
Institut für Astrophysik
Technische Universität Berlin

Kap. XII Die Sterne

Küsters, Dr. H.
Institut für Neutronenphysik und
Reaktortechnik (INR)
Kernforschungszentrum, Karlsruhe

Kap. IX Reaktorphysik

Lambeck, Prof. D. M.
Optisches Institut der Technischen
Universität Berlin

Kap. V.5 Magnetismus

Lehner, Prof. Dr. G.
Institut für Theorie der Elektrotechnik
Universität Stuttgart

Kap. XI Fusionsexperimente

Nelkowski, Prof. Dr.-Ing. H.
Institut für Festkörperphysik
Technische Universität Berlin

Kap. V.4 Lumineszenz und Photoleitung

Neubert, Dr. D.
Physikalische Technische Bundesanstalt,
Institut Berlin

Kap. V.1.f Fehlordnungen in Kristallen

Scherz, Prof. Dr. U.
Institut für Festkörperphysik
Technische Universität Berlin

Kap. V.1.b Gitterschwingungen

Kap. V.1.e Energiezustände in Kristallen

Seiwert, Prof. Dr. R.
Technische Fachhochschule Berlin

Kap. II Die Elektronenhülle des Atoms

Strunz, Prof. Dr. H.
Institut für Mineralogie und Kristallographie
Technische Universität Berlin

Kap. V.1.a Struktur der Kristalle

Tausend, Prof. Dr. A.
Institut für Festkörperphysik
Technische Universität Berlin

Kap. V.1.c Lichtabsorption und Dispersion in Kristallen

Thomas, Prof. Dr. L.
Institut für Metallforschung
Technische Universität Berlin

Kap. V.2 Metalle

Thull, Dr. R.
Department f. Biomedizinische Technik
Universität Erlangen

Kap. IV e Elektrolytische Flüssigkeiten

Ueberreiter, Prof. Dr. K.
Fritz-Haber-Institut der MPG, Berlin

Kap. IV A Nichtelektrolytische Flüssigkeiten

Kap. IV B Hochpolymere Flüssigkeiten

Kap. IV C Eingefrorene Flüssigkeiten (Gläser)

Kap. IV D Flüssige Kristalle

Wagemann, Dr. H. G.
Hahn-Meitner-Institut für Kernforschung
Berlin

Kap. V.3 Halbleiter

Wende, Prof. Dr. B.
Physikalisch-Technische Bundesanstalt, Institut Berlin

Kap. X Das Plasma

Inhaltsverzeichnis

Vorwort V
Autorenverzeichnis VII

I. Kapitel. Einführung

von Prof. Dr.-Ing. Heinrich Gobrecht, Technische Universität Berlin

1. Historische Betrachtung 1
2. Erkenntnisse und Arbeitsmethoden seit 1900 7
3. Die Forschung in der Zukunft 13

II. Kapitel. Die Elektronenhülle des Atoms

von Prof. Dr. rer. nat. Rolf Seiwert, Technische Fachhochschule Berlin

1. Die ältere Atomtheorie
1.1 Das Rutherford-Bohrsche Atommodell 15
1.2 Das Energieniveauschema und die Spektralserien des Wasserstoffatoms 22
1.3 Das Sommerfeldsche Atommodell 24
1.4 Emissions- und Absorptionsprozesse 27
2. Die Wellenmechanik des Atoms mit einem Elektron
2.1 Die Wellenfunktion 29
2.2 Die Operatoren einiger physikalischer Größen 34
2.3 Die Eigenwerte und Eigenfunktionen der Operatoren der z-Komponente und des Quadrates des Drehimpulses 39
2.4 Die Lösung der zeitunabhängigen Schrödinger-Gleichung 43
2.5 Die Wahrscheinlichkeitsdichte 48
3. Das magnetische Moment des Atoms mit einem Elektron
3.1 Das zum Bahndrehimpuls gehörende magnetische Moment 52
3.2 Der Stern-Gerlach-Versuch, der Elektronenspin, das zugehörige magnetische Moment und der Gesamtdrehimpuls des Elektrons 56
3.3 Die relativistische und spinabhängige Korrektur der Energiewerte 59
4. Die Emission und Absorption der Strahlung
4.1 Die Übergangswahrscheinlichkeit und die Oszillatorenstärke 63
4.2 Linienverbreiterung 68
4.3 Berechnung der Übergangswahrscheinlichkeit $A_{\beta\alpha}$ 70
5. Das Periodensystem der Elemente
5.1 Das Pauli-Prinzip 79
5.2 Das Ordnen der Elemente nach ihren chemischen Eigenschaften und der Elektronenzahl 81
5.3 Die Anwendung des Paulischen Ausschließungsprinzips 84
5.4 Der Atomradius und die Ionisierungsenergie 88
6. Das Mehrelektronenatom
6.1 Die LS-Kopplung und die Niveaubezeichnungen 90
6.2 Parität, Auswahlregeln und Metastabilität 95
6.3 Die zu einer Elektronenanordnung gehörenden Terme 98

6.4 Die Wechselwirkungen in einem Mehrelektronenatom 101
6.5 Die Abweichung vom Coulomb-Feld 102
6.6 Die elektrostatische Wechselwirkung zwischen den Elektronen 103
6.7 Die Spin-Bahn-Wechselwirkung 106
6.8 Die Bedingungen für die LS- und die jj-Kopplung 107
6.9 Die radiale Ladungsverteilung 109
6.10 Die Atome der I. Gruppe des Periodensystems 111
6.11 Das Heliumatom und die Atome der II. Gruppe des Periodensystems 115
7. Atome im homogenen Magnetfeld
7.1 Der Landésche g-Faktor beim Zeeman-Effekt 118
7.2 Der normale Zeeman-Effekt 121
7.3 Der anomale Zeeman-Effekt 125
7.4 Der Paschen-Back-Effekt 126
7.5 Der Übergang vom Zeeman- zum Paschen-Back-Effekt 128
7.6 Der Lamb-Shift 131
7.7 Der Para- und der Diamagnetismus der Atome 134
7.8 Der Hamilton-Operator für ein Elektron im Magnetfeld 128
8. Atome im homogenen elektrischen Feld
8.1 Der Stark-Effekt beim Wasserstoffatom 140
8.2 Der Stark-Effekt bei den Mehrelektronenatomen 144
8.3 Die Herabsetzung der Ionisierungsenergie 146
9. Röntgenstrahlen
9.1 Das Emissions- und das Absorptionsspektrum 147
9.2 Die charakteristische Röntgenstrahlung 148
9.3 Die Absorption der Röntgenstrahlen 155
9.4 Der Auger-Effekt 158
9.5 Röntgenbremsstrahlung 159
10. Elastische Stöße zwischen Atomen
10.1 Der Stoßquerschnitt und die Stoßzahl 163
10.2 Die Abhängigkeit der Wechselwirkungsenergie vom Abstand der Stoßpartner 164
10.3 Die Bewegung der Stoßpartner im ortsfesten, Massenmittelpunkts- und Relativ-Koordinatensystem 166
10.4 Die Abhängigkeit des Ablenkwinkels und des Streuwinkels vom Stoßparameter 168
10.5 Der differentielle und der totale Streuquerschnitt 170
10.6 Die Erzeugung von langsamen Atomstrahlen und die Messung des Teilchenflusses . . . 176
11. Unelastische Stöße zwischen Atomen
11.1 Übersicht über die Stoßprozesse, die Geschwindigkeitsabhängigkeit der Stoßquerschnitte und die Spinerhaltung 177
11.2 Apparaturen zur Untersuchung der Stoßanregung, der Stoßionisierung und des Ladungsaustauschs 180
11.3 Anregende Stöße 182
11.4 Ionisierende Stöße 186
11.5 Der Ladungsaustausch 188
11.6 Unelastische Stöße zwischen angeregten und unangeregten Atomen 190
Literatur zum II. Kapitel 194

III. Kapitel. Moleküle und Bindungsarten

von Prof. Dr. rer. nat. Jürgen Geiger, Universität Trier–Kaiserslautern

1. Einleitung 199
2. Elektronenbeugung an Molekülen 203
3. Bestimmung der Kernabstände aus Elektronenbeugungsuntersuchungen 208
4. Rotation eines starren Moleküls 211
5. Quantisierung der Rotation 214
6. Optische Übergänge zwischen Rotationsniveaus, Rotationsspektren 216
7. Spektroskopie im Mikrowellenbereich 218
8. Thermische Besetzung von Rotationsniveaus 220

9. Der harmonische Oszillator als Modell für ein schwingendes Molekül 222
10. Quantisierung des linearen harmonischen Oszillators 224
11. Optische Übergänge zwischen Schwingungsniveaus 227
12. Schwingungen mehratomiger Moleküle, Normalschwingungen und Normalkoordinaten 231
13. Schwingungsniveaus, Eigenfunktionen und Auswahlregeln für Schwingungsübergänge bei mehratomigen Molekülen 239
14. Torsionsschwingungen 241
15. Inversionsschwingungen 242
16. Der Ammoniak-Maser 244
17. Der Raman-Effekt 247
18. Der anharmonische Oszillator 253
19. Das Morse-Potential 257
20. Der nicht-starre Rotator, Zentrifugalverzerrung 258
21. Der schwingende Rotator 260
22. Elektronenzustände eines zweiatomigen Moleküls 262
23. Potentialkurven zweiatomiger Moleküle 264
24. Born-Oppenheimer-Theorem 265
25. Schwingungsstruktur eines Elektronenbandensystems 268
26. Intensitäten in einem Elektronenbandensystem 269
27. Rotationsstruktur eines Elektronenbandensystems, Bandenzweige und Bandkanten . . 273
28. Symmetrie der Moleküleigenfunktion 275
29. Einfluß des Kernspins auf das Molekülspektrum 279
30. Molekülaufbau und Elektronenzustände 281
31. Molekülorbitale (MO) 281
32. Das Heitler-London-Verfahren (Valenzbindungs-Methode) am Beispiel des Wasserstoff-Moleküls 295
33. Vergleich von Valenzbindungs (VB)- und Molekülorbitalverfahren (MO) 301
34. Bindungen in mehratomigen Molekülen 301
35. Aromatische Moleküle und konjugierte Doppelbindungen 305
Literatur zum III. Kapitel 307

IV. Kapitel. Flüssigkeiten

A. Nichtelektrolytische Flüssigkeiten

von Prof. Dr. rer. nat. Kurt Ueberreiter, Fritz-Haber-Institut der Max-Planck-Gesellschaft, Berlin-Dahlem

1. Struktur der Flüssigkeiten 309
2. Ansätze zur statistischen Theorie des flüssigen Zustandes 316
3. Kinetische Eigenschaften der Flüssigkeiten 320
Literatur zum Abschnitt A 326

B. Hochpolymere Flüssigkeiten

von Prof. Dr. rer. nat. Kurt Ueberreiter, Fritz-Haber-Institut der Max-Planck-Gesellschaft, Berlin-Dahlem

1. Aufbau der Makromoleküle 327
2. Form der Makromoleküle 328
3. Mathematische Beschreibung der Gestalt eines Makromoleküls 332
4. Zustandsdiagramm der Polymeren 337
5. Gummielastischer Zustand der Polymeren 339
6. Der visko-elastische Zustand 346
7. Der flüssige Zustand 348
Literatur zum Abschnitt B 350

C. Eingefrorene Flüssigkeiten (Gläser)

von Prof. Dr. rer. nat. Kurt Ueberreiter, Fritz-Haber-Institut der Max-Planck-Gesellschaft, Berlin-Dahlem

1. Struktur der Gläser . . . 351
2. Äußere Erscheinungen des Glasübergangs . . . 354
3. Theorien zur Glasbildung . . . 356
4. Glasumwandlung und Bau der Moleküle . . . 359
Literatur zum Abschnitt C . . . 360

D. Flüssige Kristalle

von Prof. Dr. rer. nat. Kurt Ueberreiter, Fritz-Haber-Institut der Max-Planck-Gesellschaft, Berlin-Dahlem

1. Arten von Flüssigkristallen . . . 361
2. Molekulare Ordnung der Flüssigkristalle . . . 362
3. Chemische Konstitution der Flüssigkristalle . . . 364
4. Technische Anwendung der Flüssigkristalle . . . 366
Literatur zum Abschnitt D . . . 370

E. Elektrolytische Flüssigkeiten

von Dr.-Ing. Roger Thull, Universität Erlangen-Nürnberg

1. Van't Hoffsches Gesetz; Dissoziationstheorie von Svante Arrhenius . . . 371
2. Die Struktur elektrolytischer Flüssigkeiten . . . 377
Literatur zum Abschnitt E . . . 406

V. Kapitel. Der feste Körper

1. Kristalle a) Struktur

von Prof. Dr. phil. habil. Dr. sc. techn. Hugo Strunz, Technische Universität Berlin

Das Raumgitter und die 230 Raumgruppen . . . 407
Strukturbestimmung . . . 422
Strukturtypen . . . 441
Literatur zum Abschnitt 1 a . . . 445

1. Kristalle b) Gitterschwingungen

von Prof. Dr. rer. nat. Udo Scherz, Technische Universität Berlin

1. Einleitung . . . 446
2. Zweiatomige lineare Kette . . . 447
3. Dispersionskurven der Kristalle . . . 450
4. Phononen . . . 451
5. Messung von Dispersionskurven durch Neutronenspektrometrie . . . 462
6. Spezifische Wärmekapazität . . . 465
Literatur zum Abschnitt 1 b . . . 467

1. Kristalle c) Lichtabsorption und Dispersion

von Prof. Dr.-Ing. Heinrich Gobrecht und Prof. Dr.-Ing. Arthur Tausend, Technische Universität Berlin

1. Einleitung . . . 468
2. Die optischen Konstanten . . . 469

3. Meßprinzip . . . 473
4. Experimentelle Bestimmung der optischen Konstanten . . . 481
5. Die Kramers-Kronig-Relation (KKR) . . . 492
6. Lichtabsorption durch Ladungsträger . . . 494
7. Materie im Magnetfeld . . . 505
8. Kristallfeldaufspaltung . . . 511
9. Raman- und Brillouin-Streuung . . . 515
10. Zwei-Photonen-Absorption . . . 518
11. Nichtlineare Optik . . . 520
Literatur zum Abschnitt 1c . . . 522

1. Kristalle d) Paramagnetische Resonanzen

von Dipl.-Phys. Jürgen Dietrich, Technische Universität Berlin

1. Allgemeine Beschreibung . . . 523
2. Klassische Rechnung für die Kerninduktion . . . 524
3. Quantenmechanische Behandlung . . . 528
4. Statistik und Relaxation . . . 531
5. Technologie der Resonanz-Spektrometer . . . 535
6. Aufbau eines ESR-Spektrometers (Abb. V,107) . . . 537
7. Anwendungen der NMR . . . 538
8. Anwendungen der ESR . . . 541
9. Sondertechniken . . . 543
Literatur zum Abschnitt 1d . . . 546

1. Kristalle e) Energiezustände in Kristallen (Bandstrukturen)

von Prof. Dr. rer. nat. Udo Scherz, Technische Universität Berlin

1. Einleitung . . . 547
2. Der Idealkristall . . . 549
3. Gestörte Kristalle . . . 576
Literatur zum Abschnitt 1e . . . 585

1. Kristalle f) Fehlordnungen

von Dr. rer. nat. Dietrich Neubert, Physikalisch-Technische Bundesanstalt Berlin

Überblick . . . 586
Punktfehler . . . 586
Versetzungen . . . 594
Grenzflächen . . . 611
Literatur zum Abschnitt 1f . . . 613

2. Metalle

von Prof. Dr.-Ing. Ludwig Thomas, Technische Universität Berlin

1. Kennzeichnung der Metalle . . . 614
2. Experimentelle Methoden . . . 614
3. Einstoffsysteme . . . 616
4. Mehrstoffsysteme . . . 625
5. Phasenumwandlungen . . . 630
6. Mechanische Eigenschaften . . . 640
7. Durch die Elektronenstruktur bestimmte Eigenschaften von Metallen . . . 653
Literatur zum Abschnitt 2 . . . 664

3. Halbleiter

von Dr.-Ing. Hans-Günther Wagemann, Hahn-Meitner-Institut für Kernforschung, Berlin

1. Definition des Halbleiters . . . 665
2. Übersicht über Halbleiter . . . 666
3. Energiebänder-Modell und Leitungstypen kristalliner Halbleiter . . . 667
4. Das Fermi-Niveau und die Berechnung der Ladungsträgerkonzentrationen im thermodynamischen Gleichgewicht kristalliner Halbleiter . . . 674
5. Transporterscheinungen . . . 681
6. Generations- und Rekombinationsprozesse . . . 687
7. Die Halbleiter-Oberfläche . . . 692
8. Halbleiter-Sperrschichten . . . 704
9. Amorphe Halbleiter . . . 719
Literatur zum Abschnitt 3 . . . 721

4. Lumineszenz und Photoleitung

von Prof. Dr.-Ing. Horst Nelkowski, Technische Universität Berlin

4.1 Einführung . . . 722
4.2 Lumineszenzmodelle . . . 726
Das Zentrenmodell 728, Das Bändermodell 735
4.3 Die Elektrolumineszenz . . . 752
4.4 Spezielle Leuchtstoffe und Anwendungen der Lumineszenz . . . 760
Binäre Verbindungen 760, Organische Leuchtstoffe 767
4.5 Photoeffekte in Halbleitern . . . 768
Photoleitung in homogenem Material 769, Photokapazitive Effekte 776, Photoeffekte an p-n Übergängen und Metalleiter Kontakten 778, Optoelektronik 783
Literatur zum Abschnitt 4 . . . 784

5. Magnetismus

von Prof. Dr.-Ing. Martin Lambeck, Technische Universität Berlin

5.1 Definitionen und Einheiten . . . 786
5.2 Erscheinungsformen des Magnetismus . . . 787
5.3 Das Bohr-Van Leeuwen Theorem . . . 790
5.4 Deutung magnetischer Vorgänge . . . 791
5.5 Diamagnetismus und chemische Bindung . . . 792
5.6 Paramagnetismus und Hundsche Regel . . . 795
5.7 Die Wirkung des Kristallfeldes . . . 799
5.8 Magnetismus der Leitungselektronen . . . 801
5.9 Spontane Magnetisierung als Kollektivphänomen . . . 803
Bandmodell des Ferromagnetismus 804, Badersche Regeln 806, Oszillierende Austauschkopplung 808, Amorphe Ferromagnetika 809, Superaustausch und Antiferromagnetismus 810, Ferrimagnetismus 813, Schwache Ferromagnetika 814
5.10 Magnetische Bereiche und Wände . . . 815
Austauschenergie 816, Kristallenergie 817, Spannungsenergie 818, Feldenergie und Entmagnetisierung 819, Bereichsaufteilung 820, Wandenergie 822, Einbereichteilchen 824, Dünne Schichten 825, Methoden der Bereichsabbildung 828
5.11 Ummagnetisierungsvorgänge . . . 829
Wandverschiebung, Nachwirkung und Barkhausen-Effekt 830, Rotation 833, Weichmagnetische Werkstoffe 835, Hartmagnetische Stoffe 835, Stoffe mit Austauschanisotropie 838, Relaxation 839
Literatur zum Abschnitt 5 . . . 840

VI. Kapitel. Makroskopische Quantenzustände

(Supraleitung und Suprafüssigkeit)

von Dr. Klaus H. Gobrecht, Universität Grenoble und Institut Laue-Langevin, Grenoble

1. Einleitung . . . 841
2. Supraleitung . . . 842
2.1 Elektrizitätsleitung in Metallen . . . 842
2.2 Cooper-Paare . . . 844
2.3 BCS-Theorie . . . 845
2.4 Verschwinden des Widerstandes . . . 846
2.5 Kritischer Strom und Energielücke . . . 847
2.6 Isotopeneffekt . . . 849
2.7 Tunneleffekt und Phononenspektroskopie . . . 849
2.8 Vorkommen der Supraleitung . . . 851
2.9 Thermische Eigenschaften . . . 853
2.10 Meißner-Ochsenfeld-Effekt . . . 855
2.11 Kritische Feldstärke . . . 856
2.12 Thermodynamik des Phasenübergangs . . . 858
2.13 Typ II-Supraleiter . . . 862
2.14 Flußliniengitter . . . 865
2.15 Erzeugung hoher Magnetfelder . . . 866
2.16 Flußquantisierung . . . 868
2.17 Josephson-Effekte . . . 869
3. Flüssiges Helium . . . 872
3.1 Phasendiagramm . . . 872
3.2 λ-Punkt . . . 873
3.3 Zwei-Flüssigkeiten-Modell . . . 875
3.4 Wärmeleitung . . . 876
3.5 Zweiter Schall . . . 877
3.6 Heliumfilm . . . 878
3.7 Kritische Geschwindigkeit . . . 879
3.8 Anregungsspektrum . . . 880
3.9 Rotierendes Helium . . . 881
3.10 Quantisierte Wirbel . . . 883
3.11 Wirbelfadengitter . . . 886
3.12 ^{3}He-^{4}He-Gemische . . . 886
3.13 Entmischungskryostat . . . 888
3.14 Supraflüssiges ^{3}He . . . 890
4. Zusammenfassender Vergleich der Eigenschaften von Supraleitern und He II . . . 892
4.1 Transporteigenschaften . . . 892
4.2 Einfluß der elektrischen Ladung . . . 894
4.3 Phasenkohärenzeffekte . . . 896
4.4 Schwankungserscheinungen . . . 897
4.5 Schlußbemerkung . . . 899
Literatur zum VI. Kapitel . . . 900

VII. Kapitel. Elementarteilchen

von Prof. Dr. rer. nat. Hans Bucka, Technische Universität Berlin

1. Einleitung . . . 901
2. Phänomenologische Beschreibung von Wechselwirkungen . . . 903
3. Symmetrieeigenschaften von Teilchen und Wechselwirkungen und Erhaltungssätze . . . 907
3.1 Energie, Impuls, Drehimpuls . . . 908
3.2 Parität . . . 911
3.3 Ladungskonjugation . . . 914
3.4 Teilchen und Antiteilchen . . . 916

3.5 Erhaltungssätze für Teilchenzahl und Statistik . . . 919
3.6 Isospin . . . 921
3.7 Strangeness . . . 924
4. Multipletts im Baryonen- und Mesonenspektrum . . . 927
4.1 Teilchenzustände des Baryonen- und Mesonenspektrums . . . 927
4.2 Multipletts der SU_3-Symmetrie . . . 931
4.3 Energieaufspaltung der Multipletts, „broken Symmetrie" . . . 937
4.4 Elektromagnetische Eigenschaften und U-Spin-Multipletts . . . 940
4.5 Berücksichtigung des Spins und einige Aspekte für Multipletts der Gruppe SU_6 . . . 941
4.6 Modell für die Schwerpunktsenergie von Multipletts im Mesonenspektrum . . . 943
5. Experimentelle Untersuchungen der starken Wechselwirkung . . . 946
5.1 Streuphasen der π-Meson-Nukleon-Streuung und Resonanzzustände der Nukleonen . . . 946
5.2 Resonanzen im π-Mesonen-System . . . 949
5.3 Bestimmung von Matrixelelementen und Quantenzahlen aus der Dichteverteilung in DALITZ-Diagrammen . . . 956
5.4 Nukleon-Nukleon-Wechselwirkung . . . 962
5.5 Teilchen mit Strangeness . . . 966
6. Einige allgemeine Relationen zur Übergangsamplitude mit Berücksichtigung von Teilchenreaktionen bei hohen Energien . . . 968
6.1 Streuphasen, Wirkungsquerschnitt und optisches Theorem . . . 969
6.2 Dispersionsrelationen . . . 970
6.3 Eigenschaften der Vorwärts- und Rückwärtsstreuung bei hohen Energien und Mandelstam-Diagramme . . . 977
6.4 Regge-Trajectories und Energieabhängigkeit des Wirkungsquerschnitts vom Impulsübertrag . . . 983
6.5 Veneziano-Amplituden . . . 988
7. Untersuchungen von Prozessen der schwachen Wechselwirkung . . . 989
7.1 β-Wechselwirkung der Nukleonen . . . 989
7.2 Zerfall von π-Mesonen und μ-Mesonen . . . 993
7.3 Zerfall geladener K-Mesonen in zwei und drei π-Mesonen . . . 999
7.4 Eigenschaften der neutralen K-Mesonen . . . 1001
7.5 Weitere Zerfälle durch schwache Wechselwirkung . . . 1009
8. Untersuchungen von Prozessen der elektromagnetischen Wechselwirkung . . . 1010
8.1 Elektromagnetische Momente . . . 1011
8.2 Formfaktoren . . . 1013
8.3 Übergänge durch elektromagnetische Wechselwirkung . . . 1014
8.4 Spontane Zerfälle . . . 1016
Literatur zum VII. Kapitel . . . 1019

VIII. Kapitel. Kernphysik

von Prof. Dr. rer. nat. Achim Hese, Technische Universität Berlin

1. Grundlegende Begriffe . . . 1021
Zusammensetzung, Nomenklatur und Systematik der Atomkerne . . . 1021
Einheiten und Definitionen . . . 1024
2. Quantenmechanische Elemente, Symmetrien und Invarianzen . . . 1029
Translationsinvarianz . . . 1033
Galileiinvarianz . . . 1035
Rotationsinvarianz . . . 1036
Raumspiegelungsinvarianz . . . 1045
Permutationssymmetrie . . . 1047
Isospin-Invarianz . . . 1048
3. Grundeigenschaften der Atomkerne . . . 1062
Kernmassen und Bindungsenergien . . . 1064
Die Dichteverteilung von Protonen und Neutronen im Kern – Der Kernradius . . . 1070
Die Isotopieverschiebung von Spektrallinien . . . 1084
Exotische Atome . . . 1094
Kerndrehimpulse und Kernmomente . . . 1103

4. Die Kernkräfte . . . 1135
Das Deuteron . . . 1135
Die Nukleon-Nukleon-Streuung . . . 1146
Mesonentheorie der Kernkräfte . . . 1163
5. Kernmodelle . . . 1171
Das Fermi-Gas-Modell . . . 1171
Die Weizsäcker-Formel . . . 1178
Das Schalenmodell . . . 1181
Kollektive Modelle . . . 1206
6. Der Zerfall instabiler Kerne . . . 1212
Zerfallsgesetze und Einheiten . . . 1212
Der α-Zerfall . . . 1219
Kernspaltung . . . 1230
Elektromagnetische Übergänge . . . 1232
Der β-Zerfall – die Form des erlaubten Spektrums . . . 1249
7. Kernreaktionen . . . 1257
Erhaltungssätze bei Kernreaktionen . . . 1259
Resonanzen . . . 1265
Literatur zum VIII. Kapitel . . . 1269

IX. Kapitel. Reaktorphysik

von Dr. Heinz Küsters, Kernforschungszentrum Karlsruhe

1. Aufgabenstellung der Reaktorphysik . . . 1273
2. Neutronenphysikalische Grundlagen . . . 1275
2.1 Die Spaltneutronen . . . 1276
2.2 Wechselwirkung von Neutronen mit Materie . . . 1279
Wirkungsquerschnitte, mittlere freie Weglänge 1279, Die inelastische Streuung 1283, Die elastische Streuung 1286, Streuprozesse von Neutronen unterhalb 1 eV, Thermalisierung 1290, Einfangresonanzen 1292
3. Allgemeine physikalische Eigenschaften von Reaktoren . . . 1294
3.1 Die Kettenreaktion . . . 1294
3.2 Die Energieabhängigkeit der Neutronenausbeute $\eta(E)$ und wesentliche Folgerungen . . . 1295
3.3 Neutronenmultiplikation in U^{238} oder Natur-Uran . . . 1297
3.4 Physikalische Anforderungen an einen Neutronen-Moderatur . . . 1298
3.5 Kühlmittel und Strukturmaterial . . . 1299
3.6 Der kritische Zustand eines Reaktors . . . 1301
3.7 Neutronenzyklus in Thermischen und Schnellen Reaktoren . . . 1302
4. Neutronenbremsung in unendlich ausgedehnten Medien: Energieverteilung der Neutronen . . . 1304
4.1 Neutronenflußdichte und Reaktionsrate . . . 1305
4.2 Bilanzgleichung für die Neutronen-Reaktionsraten . . . 1306
4.3 Abbremsung in Moderatorbereichen, $1/E$-Spektrum . . . 1306
4.4 Abbremsung im Resonanzbereich der schweren Kerne, Resonanzfeinstruktur der Energieverteilung . . . 1308
4.5 Abbremsung im Bereich breiter Streuresonanzen, numerische Spektrumsbestimmung . 1310
4.6 Das Multigruppenverfahren, effektive Wirkungsquerschnitte . . . 1310
4.7 Energieverteilung thermischer Neutronen . . . 1313
4.8 Resonanzeinfang im unendlich ausgedehnten Medium . . . 1315
5. Neutronen-Diffusion: Die Ortsverteilung der Neutronen in Reaktoren . . . 1318
5.1 Die Diffusionsgleichung . . . 1319
5.2 Randbedingungen und Gültigkeitsgrenzen der Diffusionstheorie . . . 1321
5.3 Einfache Lösungsformen der Diffusionsgleichung . . . 1323

5.4 Heterogene Systeme, die Einheits-Zelle 1325
6. Die stationäre Multigruppen-Diffusionsgleichung; Kritikalität und Neutronenmultiplikationskonstante als Eigenwert 1328
6.1 Die Multigruppenform der Diffusionsgleichung 1328
6.2 Kritikalität 1328
6.3 Eigenwert der Diffusionsgleichung und Neutronenmultiplikation 1329
6.4 Die Vierfaktorenformel 1330
7. Physikalische Auslegungsdaten eines frischen Reaktors 1332
7.1 Das Spaltstoffinventar und andere Auslegungsdaten für die wichtigsten Vertreter heutiger Leistungsreaktor-Baulinien 1332
7.2 Leistungsverteilung 1341
8. Veränderungen der Neutronenmultiplikation während des Reaktorbetriebs; Grundsätzliche Bemerkungen 1342
8.1 Änderung der Isotopenzusammensetzung 1342
8.2 Spaltstoffüberschuß, Reaktorregelung 1343
8.3 Brennstoffmanagement 1343
8.4 Temperaturänderungen 1344
8.5 Kühlmittelverlust 1346
8.6 Zeitverhalten des Reaktors bei Störfällen 1346
9. Behandlung des Langzeitverhaltens von Reaktoren 1350
9.1 Die Abbrandgleichung 1350
9.2 Der Abbrand des Spaltstoffes 1352
9.3 Plutoniumaufbau 1353
9.4 Plutoniumrückführung 1354
9.5 Spaltproduktaufbau 1354
9.6 Reaktivitätseffekte 1355
9.7 Konversions- und Brutraten 1357
10. Reaktordynamik 1357
10.1 Die kinetischen Gleichungen 1357
10.2 Das Modell des Punktreaktors 1360
10.3 Einfache Lösungen der Punktkinetischen Gleichungen ohne Rückwirkung 1363
10.4 Reaktivitätsstörungen mit Temperaturrückwirkung 1365
Literatur zum IX. Kapitel 1369

X. Kapitel. Das Plasma

von Prof. Dr.-Ing. Burkhard Wende, Physikalisch-Technische Bundesanstalt Berlin

1. Überblick und Abgrenzung 1371
2. Plasmabegriff und Debye-Theorie 1373
3. Einige Elementarprozesse in Gasen und Plasmen. – Wechselwirkungen zwischen Atomen, Elektronen, Ionen und Photonen 1377
3.1 Stoßquerschnitt, Stoßfrequenz, freie Weglänge 1377
3.2 Elastische Stöße 1381
3.3 Unelastische Stöße 1386
4. Plasma im vollständigen thermodynamischen Gleichgewicht, Grundlegende Temperaturabhängigkeiten 1391
5. Energieaustauschprozesse im Plasma und lokales thermodynamisches Gleichgewicht . . 1396
6. Erzeugung von Laborplasmen; Anwendungen 1405
6.1 Laborplasmen 1405
6.2 Anwendungen 1411
7. Energieinhalt (Enthalpie und spezifische Wärmekapazität 1414
8. Transportvorgänge 1420
8.1 Elektrische Leitfähigkeit 1421
8.2 Wärmeleitfähigkeit 1426

9. Plasma in elektrischen und magnetischen Feldern . . . 1429
9.1 Teilchenmodell . . . 1429
9.2 Magnetohydrodynamik und Magnetohydrostatik . . . 1434
10. Wellen im Plasma . . . 1439
11. Strahlung von Plasmen . . . 1443
11.1 Emission, Absorption, Kirchhoff-Satz . . . 1444
11.2 Strahlung aus großen Plasmavolumen . . . 1445
11.3 Emission und Absorption von Spektrallinien . . . 1447
11.4 Verbreiterung von Spektrallinien . . . 1452
11.5 Emission und Absorption kontinuierlicher Strahlung . . . 1458
Literatur zum X. Kapitel . . . 1464

XI. Kapitel. Fusionsexperimente

von Prof. Dr. rer. nat. Günther Lehner, Universität Stuttgart

1. Kernphysikalische Grundlagen . . . 1467
2. Magnetohydrodynamik und Magnetohydrostatik . . . 1476
3. Der Pinch-Effekt . . . 1479
3.1 Der z-Pinch-Effekt . . . 1480
3.2 Der Θ-Pinch-Effekt . . . 1486
4. Toroidaler Plasmaeinschluß . . . 1489
4.1 Rotationssymmetrische toroidale Anordnungen . . . 1501
4.2 Nicht rotationssymmetrische toroidale Anordnungen . . . 1501
5. Spiegelmaschinen . . . 1504
6. Zusammenfassung . . . 1506
Literatur zum XI. Kapitel . . . 1506

XII. Kapitel. Die Sterne

von Prof. Dr. rer. nat. Kurt Hunger, Technische Universität Berlin

1. Einleitung . . . 1509
1.1 Allgemeiner Überblick . . . 1509
1.2 Historische Bemerkungen . . . 1510
2. Beobachtungen . . . 1511
2.1 Integrale Zustandsgrößen . . . 1511
2.2 Zustandsdiagramme . . . 1514
3. Gleichgewichtsbedingungen . . . 1518
3.1 Hydrostatisches Gleichgewicht. Massenbilanz . . . 1518
3.2 Energiegleichgewicht . . . 1520
3.3 Energietransport . . . 1524
4. Konstitutive Gleichungen . . . 1534
4.1 Zustandsgleichung $P(\rho,T)$ . . . 1535
4.2 Opazitätskoeffizient κ (ρ,T) . . . 1537
4.3 Kernenergie-Erzeugung ϵ (ρ,T) . . . 1540
5. Lösungen der Aufbaugleichungen . . . 1547
5.1 Randbedingungen, „Eindeutigkeits"-Satz (Russel-Vogt-Theorem) . . . 1547
5.2 Lösungsmethoden . . . 1549
5.3 Standard-Transformation, Homologe Sterne . . . 1550
5.4 Vollkonvektive Sterne. Hayashi-Grenze . . . 1555
6. Sternentwicklung . . . 1558
6.1 Sternentstehung . . . 1558
6.2 Hauptreihen-Phase . . . 1562
6.3 Nachhauptreihen-Entwicklung. Alter von Sternhaufen . . . 1564
6.4 Rote Riesen. He-Flash . . . 1567
6.5 Massenverlust. Spätphasen . . . 1572

7. Endstadien . . . 1575
7.1 Weiße Zwerge . . . 1575
7.2 Neutronensterne . . . 1577
7.3 Schwarze Löcher (kollabierte Sterne) . . . 1579
8. Schlußbetrachtung . . . 1580
Literatur zum XII. Kapitel . . . 1580
Namen- und Sachregister . . . XXI
Konstanten . . . XLVII
Umrechnungsfaktoren für Energieeinheiten . . . XLVIII
Periodensystem der Elemente . . . XLIX

I. KAPITEL

Einführung

(Heinrich Gobrecht, Berlin)

1. Historische Betrachtung

Die Geschichte der Physik lehrt, daß das Interesse der Menschen am Aufbau der Materie stets besonders groß war. Zwar waren die Bemühungen, Wesentliches zu erfahren, lange Zeit hindurch von spekulativer Art. Sie hatten deshalb keinen Erfolg. Die griechischen Philosophen Thales von Milet, Anaximenes, Heraklit und Empedokles (etwa 600–400 vor Chr.) nahmen die „Urlemente" Wasser, Luft, Feuer, Erde als Bausteine der Materie an. Leukipp und Demokrit (500–400 vor Chr.) kamen durch reine Überlegung zu der Vorstellung, daß die Materie nicht beliebig oft teilbar sein könnte, daß sie also schließlich unteilbar sein müsse und führten damit den Begriff des Atoms ein.

Die stoffliche Veränderlichkeit der Materie ist lange bekannt und wurde schon früh bei der Herstellung von Werkzeugen aus Metallen angewendet. Man kannte die Legierungsbildung bei Bronzen, die Gewinnung von Eisen aus Erz und Kohle. Dieses hoch entwickelte Hüttenwesen wirkte selbstverständlich anregend, auch andere Stoffe der Natur zu verändern und zu veredeln. Wenn es gelang, aus dem wertlosen Erz schmiedbares Eisen oder aus dem pulvrigen Zinnober das blanke, metallische Quecksilber zu machen, warum sollte es dann nicht möglich sein, auch andere wertvolle Stoffe, wie z. B. Gold, herzustellen? So wurde Jahrhunderte hindurch experimentiert, wenig systematisch, weil die Kenntnisse noch fehlten. Es gelang nicht, das gesuchte Gold herzustellen, aber man erwarb die Grundkenntnisse des chemischen Experimentierens. Man lernte flüchtige Stoffe (Geister) aufzufangen, also zu destillieren, und begann die neuen Stoffe zu verwenden (Weingeist, Salmiakgeist u. a.). Chemische Umwandlungen gaben so den Anstoß zu Überlegungen und führten zu richtigen und falschen Vorstellungen (Phlogiston-Theorie von Stahl um 1700) über die stoffliche Zusammensetzung der Materie.

Wesentliche Fortschritte wurden erzielt, als man im 18. Jahrhundert quantitative Messungen, vor allem Wägungen, in die Experimentiertechnik einführte. Große Bedeutung hatte die gewonnene Erfahrung, daß die Gesamtmasse aller beteiligten Stoffe vor und nach jeder chemischen Reaktion konstant bleibt. So fand Lavoisier (1743 bis 1794) durch zahlreiche Versuche, daß beim Verbrennen von Schwefel oder eines Metalls genau soviel Sauerstoff verbraucht wird wie nach der Verbrennung im Oxid enthalten ist. Damit widerlegte er die Phlogiston-Theorie. Wenig später stellte J. B. Richter fest, daß sich Säuren und Basen nur bei ganz bestimmten Massenverhältnissen zu neutralen Salzen verbinden. Von ihm stammt auch der Begriff des Äquivalentgewichts. Quantitative Bestimmungen der Massenanteile bei Verbindungen von Metallen einerseits und Sauerstoff, Schwefel oder Chlor andererseits, insbesondere durchgeführt von J. L. Proust in Paris und John Dalton in London, führten zu wichtigen Erkenntnissen: „Gesetze der Konstanten und multiplen Proportionen" (z. B. Stickstoff und Sauerstoff verbinden sich nur in bestimmten Massenverhältnissen; der Sauerstoff verhält sich in den Verbindungen N_2O, NO, N_2O_3, N_2O_4, N_2O_5 wie 1 : 2 : 3 : 4 : 5).

Dalton nannte die kleinsten Teilchen **Atome**. Er ordnete sogar schon die Elemente nach ihren relativen Atommassen, bezogen auf Wasserstoff (1808), und er gab ihnen neue Symbole: z. B. Sauerstoff war ein leerer, Kohlenstoff ein schwarz ausgefüllter Kreis; Wasserstoff ein Kreis mit einem Punkt in der Mitte. Dalton nahm die Atome kugelförmig an; deshalb wohl auch diese kreisförmigen Symbole. Um eine Verbindung zu kennzeichnen, fügte er die verschiedenen Kreise symmetrisch zusammen: CO_2 war somit eine runde, schwarze Fläche mit zwei leeren Kreisen rechts und links davon.

Die Gase, um 1800 noch als „die verschiedenen Arten der Luft" bezeichnet, spielten bei der chemischen Analyse und Synthese eine immer größer werdende Rolle, zumal man Kunstgriffe lernte, sie aufzufangen und ihre Volumina genau zu messen. Joseph Priestley (1733–1804) benutzte z. B. schon Quecksilber als Sperrflüssigkeit. Es waren wichtige Vorarbeiten geleistet worden: Der aus Irland stammende Robert Boyle (1627–1691) hatte die Arbeiten des Magdeburger Bürgermeisters Otto von Guericke (1602–1686) über Vakuum und Luftpumpen in London fortgesetzt. Er fand durch geschickte Experimente den Anstieg des Luftdrucks in einem geschlossenen Gefäß bei Verkleinerung des Volumens, was fast gleichzeitig und unabhängig auch von E. Mariotte in Frankreich veröffentlicht wurde und heute als Boyle-Mariottesches Gesetz bekannt ist. Ferner hatte Joseph Louis Gay-Lussac (1778–1850) in Frankreich das wichtige nach ihm benannte Gesetz gefunden, daß alle Gase bei Temperaturerhöhung den gleichen Ausdehnungskoeffizienten haben. Gleichzeitig und unabhängig war auch J. Dalton zum gleichen Gesetz gekommen. Gay-Lussac fand ferner zusammen mit seinem Freund Alexander von Humboldt (1769–1859) die Zusammensetzung der Luft. Vor allem aber untersuchte er, in welchen Volum-Verhältnissen sich die Gase verbinden, ohne daß ein Rest eines Gases übrig bleibt, und wieviel Raumteile entstehen. So fand er, daß zwei Raumteile Wasserstoff und ein Raumteil Sauerstoff nicht drei, sondern nur zwei Raumteile Wasserdampf ergeben, daß aber ein Raumteil Wasserstoff und ein Raumteil Chlor zwei Raumteile Chlorwasserstoffgas ergeben. Daraus folgerte Amadeo Avogadro (1776–1856), daß gleiche Raumteile verschiedener Gase die gleiche Anzahl kleinster Teilchen haben müssen. Avogadro nahm an, daß die kleinsten Teilchen vieler Gase bei einer chemischen Reaktion gespalten werden, daß dies jedoch bei Metalldämpfen nicht der Fall sei. Heute wissen wir, daß Gase, wie Wasserstoff, Chlor und Sauerstoff aus zweiatomigen Molekülen bestehen, während die Metalldämpfe und die Edelgase einatomig sind. Die genialen Gedanken Avogadros waren richtungweisend und halfen sehr, das Verhalten der Gase bei chemischen Reaktionen zu verstehen.

Die Möglichkeiten waren nun gegeben, von weiteren Stoffen Analysen und Synthesen durchzuführen. Um 1800 kannte man schon 30 Elemente und im Mittel wurde jedes zweite Jahr ein weiteres entdeckt. Jöns Jakob von Berzelius (1779–1848) in Schweden setzte sich zum Ziel, die relativen Atom- und Molekülmassen möglichst genau zu bestimmen. Seine Ergebnisse teilte er 1818 mit. Sie enthielten die Zusammensetzung von 2000 Verbindungen. Die Genauigkeit seiner relativen Atommassen war erstaunlich groß. Er bezog diese nicht wie Dalton auf Wasserstoff, sondern auf Sauerstoff. Auch benutzte er Buchstabensymbole statt der Kreise, die Dalton eingeführt hatte. Nur Sauerstoff erhielt nicht den Buchstaben O, sondern einen Punkt. Dieser Punkt stand über dem Symbol des Elements, mit dem der Sauerstoff verbunden ist; z. B. SO_2 wurde geschrieben $\ddot{S}$.

Der große Erfolg, durch chemische Umsetzungen und Analysen die atomare Zusammensetzung der Stoffe zu finden, war nun für jeden erkennbar und konnte nicht mehr bezweifelt werden. Aber naturwissenschaftliches Denken war noch nicht sehr verbreitet. Die Synthese organischer Substanzen sollte nach damaliger Auffassung nicht möglich sein. Man glaubte, daß hierzu eine zusätzliche „Lebenskraft" erforderlich sei. Es war deshalb sehr überraschend, als im Jahre 1824 Friedrich Wöhler in Berlin Oxalsäure (aus Cyan) herstellte, das in vielen Pflanzen enthalten ist. Vier Jahre später gelang ihm die Synthese von Harnstoff auf rein künstlichem Wege, also ohne Mitwirkung des lebenden Körpers.

Heute ist die Zahl der bekannten organischen Stoffe fast unübersehbar. In nur 150 Jahren haben die Chemiker diese Leistung vollbracht. Jetzt ist ein wesentliches Ziel der organischen Chemie, die Struktur der Verbindung zu kennen und ihre Synthese zu beherrschen. Ein Ziel der Biochemie ist, den Einfluß der Struktur auf biologische Prozesse zu verfolgen. Dabei spielt die Bindungsart und die Veränderung der Bindung zwischen den Atomen eine besondere Rolle. Um den Schwierigkeitsgrad solcher Untersuchungen nur anzudeuten, sei erwähnt, daß Proteine eine relative Molekülmasse von 10^4 bis 10^6 haben. Diese Makromoleküle entstehen durch Polymerisation von Aminosäuren mit einer relativen Molekülmasse von etwa 100. Einige Arten von Polymeren ordnen sich in Spiralstrukturen an, indem sich zwei Moleküle zu einer doppelgängigen Schraube verwinden (Doppelhelix). Bei Änderung des pH-Wertes der Lösung ändern sich die Kräfte zwischen den Molekülen und die Doppelhelix kann zerfallen. Die biologisch wichtigen Proteine und Enzyme bestehen aus etwa 20 verschiedenen Aminosäuren, die in bestimmter Reihenfolge angeordnet sind. Eine andere Reihenfolge ergibt andere biologische Eigenschaften. Die langen fadenförmigen Moleküle ordnen sich in verschiedener Weise, z. B. in der Spiralform. – Die Erwähnung soll nur die Kompliziertheit einiger wichtiger organischer Stoffe andeuten. Dieses Gebiet bestimmt zur Zeit die Forschungsrichtung in der Biochemie. Man kann erwarten, daß in diesem Jahrhundert noch Überraschendes gefunden wird. (An dieser Stelle sei nur angedeutet, daß bereits die Selbst-Vermehrung von Virus-Ribonucleinsäure – RNS – im Reagenzglas unter der Einwirkung eines besonderen Enzyms, also außerhalb der lebenden Zelle, gelang!)

Ein anderes großes und sehr erfolgreiches Gebiet der Chemie ist das der Kunststoffe. Innerhalb von 20 Jahren sind zahlreiche neue Materialien entwickelt worden. Über den Aufbau der Kunststoffe kann man sich im IV. Kapitel bei den hochpolymeren Flüssigkeiten informieren.

Es war selbstverständlich auch immer ein Ziel der Chemie, Stoffe von allergrößter Reinheit herzustellen und zu verwenden. Von etwa 1950 ab wurden aber von Seiten der Halbleiterphysik so extreme Reinheitsforderungen an die Chemiker gestellt, daß neue Verfahren entwickelt werden mußten. So entstand in der anorganischen Chemie eine neue Arbeitsrichtung. Eine weitgehende Reinigung eines Stoffes geschieht mit Hilfe des Zonenschmelzverfahrens. Es beruht darauf, daß bei der Kristallisation eines Stoffes die Verunreinigung überwiegend in der Schmelze bleibt. Durch geeignete Erwärmung von außen läßt man Schmelzzonen langsam durch ein stabförmiges Material wandern. Die Verunreinigung wandert dann mit der Schmelze an ein Ende des Stabes. – Der Nachweis sehr geringer Mengen von Fremdatomen geschieht, wenn möglich, mit der bequemen Aktivierungsanalyse. (Sie besteht darin, daß die zu untersuchende Substanz im Kern-Reaktor mit Neutronen bestrahlt wird, wodurch einige der bestrahlten Elemente radioaktiv werden und an der genau und leicht meßbaren Halbwertszeit des Zerfalls erkannt werden.) Wenn aber auch die Grundsubstanz radioaktiv wird und wenn sich die Abklingzeiten nicht unterscheiden, dann ist die Aktivierungsanalyse oft sehr schwer oder unmöglich. Manchmal findet man auch einen Ausweg: Z. B. um Spuren von Sauerstoff in Selen nachzuweisen, war eine Neutronenbestrahlung im Reaktor zwecklos. Eine Zugabe von radioaktiv gemachtem Schwefel ermöglichte den Nachweis des Sauerstoffs dadurch, daß sich SO_2 bildete, was nun durch die Aktivität des Schwefels quantitativ gemessen werden konnte. Nachweisgrenze: 0,02 ppm Sauerstoff im Selen (ppm = parts per million). Zwei Atome Sauerstoff in 10^8 Atomen Selen konnten somit noch nachgewiesen werden.

Die Entwicklung der Physik hat zunächst keine Parallele zur Chemie, was die Bemühungen anbetrifft, den Aufbau der Materie kennenzulernen. Keplers Gedanken über die Bildung der Kristalle waren eine Ausnahme.

Das ganze 19. Jahrhundert war erfüllt von dem Wunsch, die Natur kennenzulernen und zu verstehen. Physik, Chemie, Astronomie, Biologie und Medizin waren noch keine so getrennten Fachwissenschaften wie heute. Nach den Vorbereitungen durch Kopernikus (1473–1543), Galilei (1564–1642), Kepler (1571–1630), Newton (1643–1727) und andere große und mutige Forscher hatte man in Mitteleuropa zögernd die Auffassung gewonnen, daß die Bibel, die Kirche und der viele Jahrhunderte lang maßgebliche Aristoteles (um 300 vor Chr.) über das Verhalten der Natur keine richtige Auskunft geben können. Deshalb hoffte man durch Experimente und sorgfältige Beobachtungen, verbunden mit logischem Denken, Wesentliches zu erfahren. Man fand wiederkehrende Gesetzmäßigkeiten, Naturgesetze, deren universelle Gültigkeit oft angezweifelt, aber schließlich doch anerkannt wurde. Denn jedermann, unabhängig von Person und Stand, konnte sie nachprüfen und bestätigt finden.

Bei einem Teil der Forscher ist das Studium der Natur begleitet von dem Wunsch, aus dem Verhalten der Natur Nutzen zu ziehen, wie dies beim Feuer, beim Wasserfall oder beim Hebel seit langer Zeit geschieht. So gibt es – damals wie heute – den reinen Naturforscher und den reinen Ingenieur und einen kontinuierlichen Übergang zwischen ihnen. Beide Richtungen ergänzen sich. Experimentelle Naturforschung ohne technische Hilfsmittel ist nicht möglich.

Einige Fortschritte auf dem Gebiet der Physik und Technik waren für die weitere Entwicklung besonders fördernd. Es war einmal die Messung der Wärmemenge durch den Arzt und Chemie-Professor Joseph Black (1728–1799) in Schottland. Er war der Erfinder des Mischkalorimeters und auch des Eiskalorimeters (das später von Bunsen noch verbessert wurde). Er hat die Schmelzwärme von Eis und die Verdampfungswärme von Wasser bestimmt. Black konnte spezifische Wärmekapazitäten verschiedener Stoffe messen. Man muß bedenken, daß man zu dieser Zeit noch nicht wußte, was Wärme ist und daß man noch an einen Wärmestoff glaubte.

Ferner sind die Leistungen von James Watt (1736–1819) aus Schottland zu nennen. Die Verbesserung der Dampfmaschine von D. Papin (1647–1712) und Thomas Newcomen durch Watt ermöglichte die Nutzung von Naturkräften und die Einsparung der Muskelkraft von Mensch und Tier. Am Ende der unermüdlichen Arbeit von Watt begann das Zeitalter der Dampfmaschine. Man sah, daß eine tiefgründige und beharrliche Beschäftigung mit der Wärme und der Mechanik zu umwälzendem Erfolg führen kann.

Durch diese ersten Erfolge von großer Tragweite wurden selbstverständlich weitere Arbeiten angeregt. Eine wesentliche Erkenntnis fügte Sadi Carnot (1796–1832) in Frankreich hinzu, indem er durch geistreiche, rein theoretische Überlegungen die Arbeit ermittelte, die bestenfalls eine Maschine bei bestimmter hineingesteckter Wärmemenge zu leisten vermag. Obgleich Carnot dem Wesen der Wärme schon sehr nahe gekommen war und obgleich schon 1798 Graf Rumford (sein Name in England: Sir Benjamin Thomson; 1753–1814) in München die beim Bohren von Geschützrohren entstehende Reibungswärme als Folge der hineingesteckten Arbeit gesehen hat, hat doch erst der Arzt Julius Robert Mayer (1814–1878) in Heilbronn durch Überlegungen genau erkannt und zuerst 1842 veröffentlicht, daß **Wärme eine Form der Energie** ist. Fast gleichzeitig und unabhängig kommt in England James Prescott Joule (1818–1889) durch geschickte Experimente zu dem gleichen Ergebnis. Beide bestimmten das mechanische Äquivalent der Wärme auf verschiedene Weise: Mayer theoretisch aus der Ausdehnungsarbeit der Gase; Joule experimentell zunächst über die Stromwärme (Joulesche Wärme) aus der mechanischen Arbeit, die zur Erzeugung der Elektrizität erforderlich ist, dann aus der Reibungswärme von Schaufelrädern in Wasser, Öl und Quecksilber. Die mechanische Arbeit bestimmte er durch fallende Gewichte.

Robert Mayers Arbeit fand nicht sogleich Anerkennung; im Gegenteil. Nach Carnots Kreisprozeß lag die Gleichwertigkeit von Wärme und Energie gewissermaßen

„in der Luft". Aber offenbar brauchte die Fachwelt eine gewisse Zeit zur Übernahme der Gedanken.

Die nahezu gleichzeitige Bestimmung des mechanischen Wärmeäquivalents durch ganz verschiedene Methoden, eine theoretische und eine experimentelle, war besonders interessant. Man lernte daraus, daß eine fundamentale Erkenntnis auf beiden Wegen erhalten werden kann (was zwar nicht immer möglich ist). Dies ist ein schönes Beispiel dafür, wie lehrreich das Studium der Geschichte ist. In diesem Fall hilft es, eine etwaige Voreingenommenheit für die Theorie oder für das Experiment zu revidieren.

Man interessierte sich zunehmend für die verschiedenen Formen der Energie und für ihre Erhaltung. Hermann von Helmholtz (1821–1894) in Berlin formulierte die bereits durch Mayer und Joule erkannte Energieerhaltung noch genauer und wies die Unbeschränktheit ihrer Gültigkeit nach. – Die erfolgreiche Entwicklung der Wärmelehre wurde fortgesetzt durch Rudolf Clausius (1822–1888), zunächst in Berlin, dann in Zürich, Würzburg und Bonn. Man kann ihn als den Begründer der Thermodynamik und der kinetischen Gastheorie ansehen. Er entdeckte den zweiten Hauptsatz und fand als neue Zustandsgröße die Entropie. Er berechnete die Geschwindigkeiten der Gasmoleküle und erkannte den Druck eines Gases als Wirkung der Molekülstöße. Von ihm stammt auch der Begriff der mittleren freien Weglänge. – Der fast gleichaltrige William Thomson (1824–1907), der später Lord Kelvin hieß, lehrte in Glasgow und war auf mehreren Gebieten der Physik sehr erfolgreich tätig. An dieser Stelle soll nur die Verflüssigung der Gase erwähnt werden, die ihm, z. Teil in Zusammenarbeit mit Joule, gelang. Der Joule-Thomson-Effekt wurde von beiden entdeckt. Im Jahre 1877 gelang die Verflüssigung der Luft. Dies war für die Erforschung der Materie in mehrfacher Hinsicht ein großer Erfolg. Van der Waals (1837 bis 1923) in Holland hatte eine (nach ihm benannte) Gleichung aufgestellt, welche die Abweichungen vom Boyle-Mariotteschen Gesetz durch Berücksichtigung des Eigenvolumens und der gegenseitigen Anziehung der Moleküle bei jedem Gas erklärt. Das verflüssigte Volumen eines Gases kann man praktisch als das Eigenvolumen annehmen, da der Abstand der Moleküle in der Flüssigkeit vernachlässigbar klein ist gegenüber dem im Gaszustand. In der Gleichung stehen ferner: Druck, Volumen und die Temperatur, so daß man die Anziehung berechnen kann.

Man wird fragen, welcher Zusammenhang zwischen den Betrachtungen über Energie und dem Aufbau der Materie besteht. Der damals schließlich allgemein als gültig anerkannte Satz von der Erhaltung der Energie trug wesentlich zur Entwicklung der Thermodynamik bei. Andererseits konnten alle Ergebnisse der Thermodynamik mit der kinetischen Gastheorie erklärt werden. Das heißt, daß die Bewegung der Gasmoleküle, die als elastische Kugeln betrachtet werden, die Berechnung von thermodynamischen Größen erlaubt, die andererseits experimentell gemessen werden können. Unter der Bewegung von (mehratomigen) Gasmolekülen werden nicht nur Translationen, sondern auch Schwingungen und Rotationen verstanden. Die große Zahl der Moleküle, zuerst von Joseph Loschmidt (1865) berechnet, legte eine statistische Behandlung nahe. Dies haben James Clerk Maxwell (1860) und Ludwig Boltzmann (1844 bis 1906) sehr erfolgreich getan. Am Ende des 19. Jahrhunderts konnte man somit die Struktur und das Verhalten der Gase im wesentlichen verstehen. – Bei den Flüssigkeiten stand die Elektrochemie im Vordergrund des Interesses: Michael Faraday in London (Faradaysche Gesetz 1833) und Svante Arrhenius in Uppsala (elektrolytische Dissoziationstheorie 1887) hatten dafür die Grundlagen geschaffen. – Beim festen Körper schloß man aus dem Bau der Kristalle auf eine regelmäßige Anordnung der Atome.

Mehrere zufällige Entdeckungen vor Ende des 19. Jahrhunderts gaben neue Impulse für systematische Untersuchungen, die wichtige Informationen über den Aufbau der Atome brachten. Im Jahre 1892 entdeckte Heinrich Hertz, daß Kathodenstrahlen dünne Metallfolien durchdringen können. Philipp Lenard untersuchte diese Erscheinung sorgfältig und konnte den Schluß ziehen, daß die Atome von den Kathodenstrahlen durchsetzt werden, daß somit die Atome zum großen Teil, nämlich bis auf einen kleinen, undurchdringlichen „Wirkungsquerschnitt", leer sind. Dies war die erste, richtige Erkenntnis über die Struktur der Atome. – Wilhelm Conrad Röntgen, der sich für diese Versuche interessierte und sie wiederholte, entdeckte dabei zufällig (1895) die nach ihm genannten Strahlen. – Eine dritte zufällige Entdeckung von großer Tragweite war die der Radioaktivität durch Henri Becquerel (1896). Er untersuchte das Leuchten von Mineralien nach vorangegangener Bestrahlung mit Sonnenlicht und fand, daß ein Uranmineral auch ohne vorherige Bestrahlung die photographische Platte schwärzen kann. Becquerels Schülerin Marie Curie, geb. Sklodowska aus Polen und ihr Mann Pierre Curie konnten in Paris nach fleißiger Arbeit (1898) zwei wesentlich stärker radioaktive Elemente, Polonium und Radium, finden und chemisch rein darstellen. Jetzt war die Möglichkeit gegeben, den radioaktiven Zerfall und die dabei erfolgende Umwandlung der aktiven Elemente zu studieren. Auch hatte man nun eine energiereiche Strahlung, die beim Zerfall entsteht, für weitere Experimente zur Verfügung.

Diese Entdeckungen kurz vor 1900 waren von größter Bedeutung für die Arbeiten, welche in der ersten Hälfte des 20. Jahrhunderts im Vordergrund des Interesses standen: Es waren die Forschungen über den Aufbau und die Struktur der Atome. Bis etwa zur Mitte des 20. Jahrhunderts wurde überwiegend die Elektronenhülle des Atoms untersucht; auch wurden schon einige Kernbestandteile bekannt.

2. Die wesentlichen Erkenntnisse und Arbeitsmethoden seit 1900

Betrachtet man die großen technischen Entwicklungen, die das Leben des Menschen in den vergangenen 100 Jahren vollkommen umgestaltet haben (Arbeitsmaschinen, Elektrizität, Verkehrswesen), so sieht man zunächst keinen Zusammenhang mit dem Wissen über den Aufbau der Materie. Für die Konstruktion von Arbeitsmaschinen waren Erfindungsgabe und gute Kenntnisse über Mechanik, Festigkeit, Lagerreibung und das Verhalten des Wasserdampfes bzw. heißer Gase bei der Ausdehnung erforderlich. Auch die Schaffung elektrischer Maschinen, der ersten elektrischen Beleuchtung (Kohlebogen, Glühlampe) und der ersten Nachrichtengeräte (Morseapparat, Telephon) erforderte keine Kenntnis über die Elektronenbewegungen. Selbstverständlich bestand der Wunsch zu wissen, warum ein Stoff die Elektrizität leitet und ein anderer nicht oder warum einige Stoffe magnetische Eigenschaften besitzen. Aber die großen technischen Fortschritte erfolgten zunächst ohne Wissen über den Aufbau der Materie. Im Gegensatz dazu beruhte in der Chemie die Synthese neuer Stoffe auf einer genaueren Kenntnis von den Eigenschaften und vom Aufbau der Atome und der Moleküle. Die Entwicklung der Farbstoffe, der Kunststoffe und der Präparate der pharmazeutischen Industrie sind Beispiele dafür. Diese glanzvollen Entwicklungen wurden durch physikalische Erkenntnisse und Methoden stark gefördert (z. B. Auffindung von Molekülstrukturen durch Infrarot- und Ramanspektren). Ganz allgemein kamen die Zweige der Naturwissenschaft in diesem Jahrhundert zunehmend wieder näher zusammen und beeinflußten sich gegenseitig. Und die gemeinsame Arbeit mehrerer Forscher an einem Forschungsproblem, um 1900 noch eine Seltenheit, erweist sich seit etwa 1950 immer mehr als fruchtbar.

Zu Beginn unseres Jahrhunderts entstanden vier theoretische Arbeiten, die für die Entwicklung der Physik von entscheidender Bedeutung waren:

1. Die spektrale Verteilung der Hohlraumstrahlung stellt, wie Max Planck es ausdrückte, etwas „Absolutes" dar, weil sie nicht von den Gefäßwänden, sondern nur von der Temperatur abhängt. Diese Tatsache veranlaßte Planck zu der bedeutenden Arbeit im Jahre 1900, die zur Einführung der Quantenstruktur des Lichts führte.

2. Die Messungen der Geschwindigkeit der durch Licht aus Metallen befreiten Elektronen durch Philipp Lenard führte Albert Einstein 1905 zu der wichtigen Gleichung $h\nu = W + mv^2/2$, wodurch die allgemeinere Bedeutung der Planck-Konstante h und der Energie des Lichtquants $h\nu$ zum erstenmal aufgezeigt wurde.

3. Im gleichen Jahr 1905 veröffentlichte Albert Einstein in den Annalen der Physik eine Arbeit „Zur Elektrodynamik bewegter Körper", die bald großes Aufsehen erregte und „Spezielle Relativitätstheorie" genannt wird. Abgesehen von der grundsätzlichen Bedeutung dieser Arbeit, in welcher die klassische Mechanik Newtons mit ihrem absoluten Raum und der absoluten Zeit revidiert wird, ergibt sich u. a. die Äquivalenz von Masse und Energie ($E = mc^2$). Die experimentelle Bestätigung und Anwendung dieser Beziehung, zum ersten Mal schon 1901(!) durch W. Kaufmann, gehört später in der Kernphysik zur täglichen Routinearbeit (Bindungsenergie = Massendefekt).

4. Nils Bohr hatte 1913 sein Atommodell veröffentlicht. Es war anschaulich und enthielt die willkürliche Voraussetzung, daß die im Atom auf einer bestimmten Bahn kreisenden Elektronen nicht strahlen dürfen. Diese Voraussetzung stand im Gegensatz zur Theorie und zu allen makroskopischen Erfahrungen, nach welchen geladene Teilchen bei beschleunigter Bewegung strahlen müssen. Ferner führte Bohr, ebenfalls ganz willkürlich, die Planck-Konstante h in sein Modell ein. Die so berechneten Spektrallinien des atomaren Wasserstoffs stimmten überraschend gut mit den spektroskopisch gemessenen überein, insbesondere nachdem Bohr die Mitbewegung des

Kerns berücksichtigt hatte. Die Rydberg-Konstante, bis dahin aus den Spektren empirisch sehr genau bestimmt, ergab sich bei Bohr aus Naturkonstanten, nämlich der Lichtgeschwindigkeit c, der Planck-Konstante h und der spezifischen Ladung e/m des Elektrons. Wenn auch dieses Modell später nach Einführung der Quantenmechanik an Bedeutung verlor, so hat es doch – besonders nach Erweiterung durch Arnold Sommerfeld – ganz wesentlich die Linienspektren der Elemente und den Aufbau des Periodensystems der Elemente verständlich gemacht.

Obgleich die Vorstellung von den Lichtquanten und die Relativitätstheorie nur zögernd Eingang fanden, gaben die Arbeiten Anstoß und Mut zu weiteren Schriften. Es begann eine große Zeit der theoretischen Physik, in der vor allem die Quantenmechanik, verbunden mit den Namen Heisenberg, de Broglie, Schrödinger, Dirac, Bohr, Born und anderen, entstand. Unter „Theorie" darf nicht etwa „Hypothese" verstanden werden. Vielmehr bedeutet hier die Theorie die Zusammenfassung der Erfahrungen durch streng mathematisch formulierte Gesetze. Dies geschieht auch unter Verzicht auf Anschaulichkeit, so bedauerlich dies ist, wenn dadurch eine getreue Beschreibung der Natur auf breiter Grundlage erzielt werden kann. Die Quantenmechanik erwies sich als außerordentlich fruchtbar. Sie kann durch Einführung der Dichte der räumlichen Aufenthaltswahrscheinlichkeit eines Elektrons ein umfassenderes Bild geben und dabei auf die unverständlichen Quantenbedingungen (Auswahl der erlaubten Bahnen) verzichten. Die Quantenmechanik hat auf die heutige Vorstellung vom Aufbau der Atome und ihren Bindungen untereinander entscheidenden Einfluß gehabt.

Faßt man die ganz wesentlichen Erkenntnisse und Fortschritte in diesem Jahrhundert zusammen, so ergibt sich etwa folgendes Bild:

Der Aufbau der **Elektronenhülle der Atome**, experimentell durch optische- und Röntgen-Spektren eingehend untersucht, kann um 1950 als weitgehend bekannt angesehen werden, ebenso sein Zusammenhang mit dem Periodensystem der Elemente.

Die **Bindung** zweier oder mehrerer Atome zu einem Molekül ist ebenfalls geklärt worden. Hervorzuheben ist dabei das Verstehen der homöopolaren Bindung durch Austauschkräfte. Die entscheidenden Arbeiten erschienen schon vor 1930 (Heitler, London, Hund, Mulliken); sie wurden dann noch durch wichtige Beiträge ergänzt (E. Hückel und später K. Ruedenberg).

Die Arbeiten über den **Atomkern** und die **Elementarteilchen** begannen etwa um 1900 und haben mit großem experimentellen Aufwand und hervorragenden Theoretikern bis heute erstaunliche Erfolge erzielt. Technische Anwendungen wie künstliche Radioaktivität, Aktivierungsanalyse und Energiegewinnung durch Kernspaltung gaben weitere Impulse und Möglichkeiten zur Forschung. Das seit etwa 1960 erstrebte technische Ziel, durch **Kernfusion** Energie zu gewinnen, also die bei der Bildung des Heliumkerns freiwerdende Bindungsenergie technisch zu verwerten, ist bis jetzt noch nicht gelungen, obgleich in mehreren großen Laboratorien eifrig darüber gearbeitet wird. Wegen der großen Bedeutung ist der Kernfusion ein besonderes Kapitel gewidmet. Vielleicht sind auch andere Prozesse zunächst günstiger, z. B. die Spaltung von Bor^{11} in drei α-Teilchen. Ein solcher Prozeß wird durch ein schnelles Proton hervorgerufen und hat gegenüber der Uran- oder Plutonium-Spaltung den Vorteil, daß keine radioaktiven Produkte entstehen, jedoch den Nachteil, daß er nicht „von selbst" weitergeht, weil keine Protonen dabei entstehen, und daß Bor verbraucht wird.

Über die Bindungskräfte im Kern, über kurzlebige Bestandteile und Antiteilchen erhofft man Informationen durch Beschuß von Kernen mit extrem energiereichen Teilchen zu erhalten. Um beim Stoß möglichst viel Energie zu übertragen, läßt man Kerne aus entgegengesetzter Richtung aufeinanderprallen. Sie werden vorher in Speicherringen (einige Hundert Meter im Durchmesser), in denen Ultrahochvakuum herrschen muß, angesammelt. Die hohen Kosten solcher Anlagen geben nur den größten Staaten oder Staatengruppen die Möglichkeit zur Errichtung. So steht bei Genf die große europäische Anlage (CERN), die Protonen auf 28 GeV und 300 GeV beschleunigen kann. Der energiereichste Protonen-Beschleuniger (400 GeV) steht in Batavia/Illinois (USA). Eine dritte große Anlage (70 GeV) steht im Serpuchower Wald bei Moskau. Man muß bedenken, daß beim Stoß eines schnellen Protons auf ein ruhendes diesem Energie übertragen wird, die für den eigentlichen Zweck verloren ist. Dieser Nachteil kann durch Stoß von Protonen entgegengesetzter Richtung vermieden werden. Sie werden in zwei 8-förmigen Speicherringen ISR (Intersecting Storage Rings) angesammelt und prallen dann von Zeit zu Zeit nach Ablenkung gegeneinander. Bei CERN wird auf diese Weise erreicht, daß 28 GeV-Protonen, die gegeneinander prallen, die gleiche Wirkung haben wie etwa 2000 GeV-Protonen, die auf ruhende Protonen treffen. – Außer den Speicherringen für Protonen in dem Europäischen Forschungszentrum bei Genf gibt es beim Deutschen Elektronen Synchrotron (Desy) in Hamburg einen Speicherring für Elektronen und Positronen (Doppelringspeicher „Doris"), welcher Ende 1973 zum ersten Mal in Betrieb genommen wurde. Die Teilchen haben vorerst eine Energie von 3,5 GeV. Der erste Elektronenstrahl konnte mehrere Stunden gespeichert werden und hatte eine Stärke von 1 mA. Im anderen Ring werden Positronen gespeichert. Durch Ablenkmagnete wird erreicht, daß die Elektronen und Positronen für kurze Zeit gegeneinander fliegen. – Es ist sehr wahrscheinlich, daß auf dem Gebiet der Kern- und Elementarteilchenphysik noch in diesem Jahrhundert große Erwartungen an wissenschaftlichen Erkenntnissen erfüllt werden.

Die **Festkörperphysik** ist wie die Kern- und Elementarteilchenphysik ein besonderer Schwerpunkt der Forschung in diesem Jahrhundert. Es begann mit der Idee v. Laues (1912), Röntgenstrahlen durch Kristalle zu senden. Die **Röntgenstrahlinterferenzen** bewiesen die schon längst angenommene regelmäßige Anordnung der Atome in den Kristallen und führten W. H. und W. L. Bragg (Vater und Sohn) zu der systematischen Aufklärung von **Kristallstrukturen**.

Die Eigenschaften der technisch wichtigen Metalle wurden erheblich verbessert (z. B. die Zugfestigkeit von Stahl). Hierbei haben das Mikroskop, das Elektronenmikroskop und die Mikrosonde wesentlich mitgewirkt. (Mikrosonde: Ein sehr feiner Elektronenstrahl tastet die Metalloberfläche ab. Die entstehende Röntgenstrahlung wird analysiert und gibt Auskunft über die Art der in winzigen Spuren eingelagerten Elemente.) – Die spezifische elektrische Leitfähigkeit des Kupfers konnte sehr gesteigert werden, und zwar durch Beseitigung der Verunreinigungen. Dies geschieht vor allem durch elektrolytische Abscheidung des Kupfers, in Sonderfällen durch Glühen in Wasserstoff. – Wolfram und Molybdän, in Glühlampen, Röntgen- und Senderöhren unentbehrlich, können wegen ihres hohen Schmelzpunktes nach der Reduktion nur als Pulver gewonnen werden. Durch Sintern (Metallkeramik!) und Hämmern entsteht schließlich das duktile Metall, aus dem die Drähte gezogen werden können. – Hochtemperaturwerkstoffe mit hoher Festigkeit (z. B. SiC) oder mit hoher Belastbarkeit und Korrosionsfestigkeit in Maschinen (z. B. in Gasturbinen) sind zwar schon zu erstaunlicher Güte gebracht worden, jedoch sind noch Möglichkeiten weiterer Verbesserungen vorhanden. Die Entwicklung von Verbundwerkstoffen erscheint hoffnungsvoll. Hier ein Beispiel: Chromkarbidfasern hoher Festigkeit kann man in einem duktilen Kobald-Chrom-Grundmaterial gerichtet erstarren lassen. So erhält man in Faserrichtung besonders hohe Zugfestigkeit. – Die magnetischen Werkstoffe haben im letzten Jahrzehnt Verbesserungen erfahren, die noch um 1950 unvorstellbar waren. Ein Material für Dauermagnete wurde gefunden (Co_5Sm), das eine Energiedichte $(BH)_{max} \approx 135$ kJ/m^3 enthält. Die Koerzitivfeldstärke liegt bei etwa 15 kA/cm. Die Energiedichte gibt die maximal speicherbare magnetische Energie pro Volumen an.

In den zwanziger Jahren wurde in der sich stürmisch entwickelnden Rundfunktechnik der Kristallgleichrichter („Detektor") millionenfach benutzt. Jeder kannte ihn, aber seine Funktionsweise war vollständig unbekannt (W. Schottky: „ein Schandfleck der Physik"). Ähnlich war es mit den dann aufkommenden Flächengleichrichtern (Cu_2O; Se) in der Starkstromtechnik. Dadurch wurde der Wunsch verstärkt, den festen Körper genauer zu kennen.

In den dreißiger Jahren begannen Hilsch und Pohl in Göttingen reine Einkristalle (z. B. KBr) künstlich zu züchten, sie systematisch mit Zusätzen zu versehen und dann optisch und elektrisch zu untersuchen. Sie bauten den ersten Kristallverstärker, also „Transistor", der jedoch keinen Erfolg hatte, weil sie für den Ladungstransport im Kristall nicht Elektronen, sondern Ionen zur Verfügung hatten. An den künstlich gezüchteten (AgBr-) Kristallen konnten sie das bis dahin so geheimnisvoll erscheinende latente Bild, das durch Belichtung einer photographischen Schicht entsteht, aufklären.

Die allgemeine Ausbreitung der Festkörperphysik begann um 1950, nachdem I. Bardeen und W. H. Brattain den Spitzentransistor erfunden hatten. Etwas später hat W. Shockley seine Funktionsweise richtig erkannt und beschrieben. Anschließend setzten Forschung und technische Entwicklung auf diesem Gebiet der Halbleiter in stürmischer Weise ein. Wesentliche Erkenntnisse und Verbesserungen waren die Folge. Als besondere Höhepunkte sind zu nennen: Die tiegelfreie Züchtung von Si-Einkristallen, der Feldeffekt-Transistor, die Herstellung winziger integrierter Schaltkreise. Die auf dem Markt befindlichen kleinen Rechengeräte sind ohne integrierte Schaltkreise nicht herstellbar, das ganze Raumfahrtprogramm undenkbar. – Die in der Starkstromtechnik verwendeten „Trockengleichrichter" haben aus der Transistorentwicklung ebenfalls gewonnen. Man denke besonders an den steuerbaren Gleichrichter (Thyristor). – Auch die Photoelemente bzw. Solarzellen, die auffallende Lichtenergie in elektrische Energie umwandeln, sind Halbleiterschichten und geben die Möglichkeit, in Wüstengebieten die unerträgliche Sonneneinstrahlung in nützliche elektrische Energie, z. B. für Wasserpumpen, zu verwandeln.

Bei einigen Kristallen (z. B. GaP, ZnS) besteht die Möglichkeit, durch einen elektrischen Strom Licht im Kristall zu erzeugen. Solche Lichtquellen werden als optoelektronische Bauelemente schon verwendet. Obgleich viele Anstrengungen gemacht wurden, ist es bis jetzt noch nicht gelungen, große Leuchtflächen auf diese Weise herzustellen. Ihr Vorteil wäre eine wesentlich größere Lichtausbeute gegenüber den Glüh- und Leuchtstofflampen.

Ein anderes, aktuelles Gebiet der Materieforschung betrifft Umwandlungen 2. Art, die bei bestimmten Stoffen auftreten. Es ist einmal die **Supraleitung**, jener merkwürdige Zustand, in welchem sich bei tiefer Temperatur Elektronenpaare bilden, die sich ohne Widerstand durch ein Material bewegen können. Andererseits ist es die **Suprafluidität**, die beim ^{4}He unterhalb 2,18 K und, wie erst jetzt bekannt wurde, beim ^{3}He unterhalb 2,5 mK auftritt. Hier bewegen sich He-Atome reibungslos durch die Flüssigkeit. Bei beiden Erscheinungen sind makroskopische Quantenzustände beobachtbar (VI. Kap.). Die Supraleitung ist im Begriff, technische Bedeutung zu erhalten (Spulen für hohe Magnetfelder, Energiespeicherung in Spulen, Kabel für Energiefortleitung). Ein wichtiges Ziel der Forschung ist, einen Supraleiter mit hohem Sprungpunkt zu erhalten. Es wäre ein großer Fortschritt, einen Supraleiter zu haben, der zur Kühlung mit flüssigem Stickstoff auskommen würde. Eine Aussicht auf Erfolg ist nur durch sehr genaue Kenntnis über die Entstehung der Supraleitung möglich.

Die Methoden, mit denen die Festkörper untersucht werden, sind im wesentlichen folgende: Röntgen-, Elektronen- und Neutronenbeugung. Diese drei Methoden ergänzen sich. Bemerkenswert ist die Bestimmung der Elektronendichteverteilung in Kristallen durch Fourier-Synthese aufgrund der Röntgenbeugung. Für die Neutronenbeugung kommt als Strahlenquelle nur ein leistungsfähiger Kernreaktor in Frage. Aus dem breiten Spektrum thermischer Neutronen wird durch rotierende Blenden ein „monochromatischer" Strahl (z. B. $\lambda \approx 1$ Å) ausgeblendet. Durch Kühlung mit flüssigem Wasserstoff können „kalte", d. h. sehr langsame Neutronen hergestellt werden. Da die Neutronen keine Ladung haben, treten sie mit den Atomkernen in Wechselwirkung und werden von diesen gestreut. Das Streuvermögen ist im Gegensatz zu dem der Röntgenstrahlen keine einfache Funktion der Kernladungszahl. Z. B. werden Neutronen durch Wasserstoffatome etwa ebenso gestreut wie durch schwere Elemente. Dies ist von Vorteil in Anbetracht der großen Bedeutung, die der Wasserstoff besonders bei organischen Substanzen hat. Da das Neutron ein magnetisches Moment besitzt, überlagert sich der Kernstreuung noch der Beitrag einer magnetischen Streuung, falls sich im Kristallgitter Atome mit einem magnetischen Moment befinden. Bei der Untersuchung ferromagnetischer und antiferromagnetischer Substanzen ist das sehr wichtig.

Die Beugung schneller Elektronen wird mit Erfolg immer dann angewendet, wenn sehr dünne Schichten durchstrahlt werden, die bei Röntgenstrahlen einen zu schwachen Effekt geben würden. Langsame Elektronen (10 bis 300 eV) werden mit Erfolg für die Untersuchung von Oberflächen verwendet. Es ist das sog. LEED-Verfahren (Low Energy Elektron Diffraction). Vom Raumgitter wird nur die äußerste Gitterebene wirksam. Voraussetzung ist ein Ultrahochvakuum, damit eine im Vakuum gespaltene Kristallfläche nicht sofort mit einer Adsorptionsschicht bedeckt wird.

Eines der Hauptziele der Festkörperphysik ist die Kenntnis der genauen Lage der Gitterbausteine eines Kristalls sowie der Potentialverhältnisse. Ebenso wie beim einzelnen Atom hängt das Verhalten eines Elektrons von seinem Energiezustand ab. Im Kristallverband werden aus den diskreten Energieniveaus der schwach gebundenen äußeren Elektronen infolge der Wechselwirkung der Atome mehr oder weniger breite Energiebänder. Es ist üblich, die Energie entweder in Abhängigkeit von der Ortskoordinate aufzutragen, wobei der Einfluß von Gitterstörungen deutlich erkennbar wird, oder in Abhängigkeit vom Wellenvektor $\boldsymbol{k}$ in verschiedenen Ebenen des Kristalls. Die Kenntnis der Bandstrukturen ist sehr wichtig, wenn man den Festkörper ganz verstehen will, insbesondere die Bewegung von Elektronen in verschiedenen Kristallrichtungen. Experimentelle Methoden zur Ermittlung der Bandstruktur sind u. a.: Messung der optischen Konstanten, des Photoeffekts einschließlich Energie der emittierten Elektronen, der magnetischen Widerstandsänderung, auch von periodischen Oszillationen des Magnetowiderstands (Shubnikov-de Haas-Effekt), des Faraday-Effekts, Messung der magnetischen Suszeptibilität und ihrer Abhängigkeit von der magnetischen Feldstärke (de Haas-van Alphen-Effekt), Messung der Zyklotron-Resonanz in Halbleitern im Mikrowellengebiet und im Infrarot. Die Messung der Temperaturabhängigkeit der elektrischen Leitfähigkeit, des Hall-Effekts und des thermoelektrischen Effekts werden bei Halbleitern an den Anfang gestellt. Hinzu kommen elektronenmikroskopische Beobachtungen frisch gespaltener und geätzter Kristalloberflächen, um die Zahl der Versetzungen und anderer Kristallbaufehler festzustellen. Wegen des großen Einflusses dieser Fehler ist man bemüht, durch geeignete Züchtung der Kristalle und Wärmebehandlung (Temperung) die Zahl der Fehler klein zu halten.

Der Elektronenspinresonanz ist wegen ihrer vielseitigen Anwendungsmöglichkeit ein besonderer Abschnitt gewidmet (V. Kap.).

3. Die Forschung in der Zukunft

Die historische Entwicklung der Naturwissenschaften läßt leicht erkennen, daß sich die Fragestellungen im Lauf der Zeit ändern. Das ist selbstverständlich, weil nach der Lösung eines Problems dieses uninteressant geworden ist. Niemand wird heute noch ernsthaft bezweifeln, daß die Planeten die Sonne umkreisen oder daß die Wärme eine Energieform ist. Das waren ehemals aber Probleme von sehr großer Bedeutung. Faßt man die vielen einzelnen Fragestellungen zu solchen von übergeordneter, grundsätzlicher Bedeutung zusammen, so ergeben sich etwa folgende: 1. Umwandlung von Energie; 2. Aufbau der Materie; 3. Natur der Felder und Wechselwirkungen; 4. Entstehung und Aufbau des Universums; 5. Entstehung und Bedingungen des Lebens.

Die Umwandlungen von Energie in einfacher Weise kennt man schon lange (Wasserräder, Windmühlen). Der zunehmende Bedarf der Menschheit an Energie wird in wenigen Jahrzehnten die gespeicherten Vorräte (Kohle, Erdöl) verbraucht haben, so daß dringend sparsamer Verbrauch verlangt und nach anderen Möglichkeiten gesucht werden muß. Das spaltbare Material für Kernreaktoren ist ebenfalls begrenzt. Alle Hoffnungen konzentrieren sich auf die kontrollierte Kernfusion, die freiwerdende Energie bei der Bildung eines Helium-Kerns zu gewinnen. Der dazu notwendige Wasserstoff ist unbegrenzt vorhanden (über Fusionsexperimente s. XI. Kap.). Es ist sehr wahrscheinlich, daß man auf diesem Gebiet weiterforschen und vielleicht auch Erfolge erzielen wird. Zunächst wird man andere Energieumwandlungen in größerem Maß als bisher anwenden und zu verbessern versuchen: z. B. in Küstengebieten mit viel Sonnenschein großflächige Solarzellen zur direkten Umwandlung von Sonnenstrahlung in elektrische Energie aufbauen (für Wasserpumpen, Meerwasserentsalzung usw.). Die Anwendung der Brennstoffzelle (direkte Umwandlung der Bindungsenergie Wasserstoff-Sauerstoff in Elektrizität) würde die Erzeugung von nutzloser Wärme vermeiden. – Die Solarzellen werden auch zur Energieversorgung der Satelliten verwendet. Da die Bestrahlung großer Gebiete auf der Erde mit Nachrichten und Fernsehen (Schulfunk!) zweckmäßig von Satelliten aus erfolgt, wird die Zahl der Satelliten noch beträchtlich ansteigen und die Energie für den Betrieb der Sender der Sonnenstrahlung entnommen. Die Solarzellen, wesentliche Teile der Sender und der Satellitensteuerung, sind Ergebnisse der Festkörperphysik!

Die Erforschung der Materie wird nach den großen Erfolgen in diesem Jahrhundert fortgesetzt werden, zumal wichtige Verbindungen zu den anderen Themen bestehen.

Über die Natur der Felder ist wenig bekannt. Man kann nicht wagen, Voraussagen zu machen. Jüngste Experimente über die Ausbreitung der Gravitation haben die experimentellen Schwierigkeiten aufgezeigt. Die theoretische Behandlung hat bis jetzt größere Erfolge aufzuweisen als die experimentelle.

Die Kosmologie und der Aufbau der Sterne sind nicht nur besonders interessant. Man kann Hinweise für mögliche Umwandlungen und Zustände der Materie erhalten, die auf der Erde normalerweise nicht vorkommen. Die in der zweiten Hälfte dieses Jahrhunderts erhaltenen Kenntnisse sind so überraschend gewesen, daß intensive Forschung mit Sicherheit fortgesetzt wird (s. XII. Kap.).

Bei den Fortschritten der Erforschung der Struktur organischer Moleküle ist es denkbar, daß noch in diesem Jahrhundert lebensfähige organische Moleküle synthetisch hergestellt werden. Die Selbstvermehrung in vitro außerhalb der lebenden Zelle ist ja bereits gelungen. – Die dünnen, fadenförmigen DNS-Moleküle (Desoxyribonukleinsäure), die als Träger der Erbanlagen gelten, können im Elektronenmikroskop gesehen werden.

Wenn es den Menschen gelingt, in Frieden zusammenzuleben, die auf der Erde begrenzten Rohstoffe sparsam zu verwenden, den kleinen Planeten Erde von der Umweltbelastung (Wärme, CO_2 und Schmutz) zu befreien und rein zu erhalten, dann kann man die Hoffnung haben, daß auch für die folgenden Generationen das Leben auf der Erde noch Wert behält. Die Forschung wird dann fortgesetzt werden; es wird noch tiefere Einblicke in die Zusammenhänge der Natur geben, und technische Verbesserungen werden dem Wohl der Menschheit dienen.

II. KAPITEL

Die Elektronenhülle des Atoms

(Rolf Seiwert, Berlin)

1. Die ältere Atomtheorie

1.1 Das Rutherford–Bohrsche Atommodell

Die Kathodenstrahlen wurden 1897 endgültig als Korpuskularstrahlen identifiziert. Die spezifische Ladung der Teilchen konnte nämlich gemessen werden. Dadurch war die Berechnung ihrer Masse möglich, weil die Ladung schon bekannt war. Es stellte sich heraus, daß die Kathodenstrahlteilchen, die Elektronen, eine etwa 2000mal kleinere Masse haben als die Wasserstoffatome. Ph. Lenard hatte bereits vier Jahre vorher beobachtet, daß Kathodenstrahlen durch dünne Folien aus Entladungsröhren ins Freie gelangen können. Er folgerte später daraus, daß die Masse des Atoms nur ein sehr kleines Volumen im Innern des Atoms einnehmen kann.

J. J. Thomson ersann ein statisches Atommodell. Bei diesem ist die positive Ladung gleichmäßig über das gesamte kugelförmige Volumen des Atoms verteilt, und die Elektronen nehmen stabile Lagen innerhalb dieser Ladung ein. Sie können Schwingungen um ihre Ruhelage ausführen; dabei wird Strahlung bestimmter Frequenzen ausgesandt.

Die Thomsonschen Vorstellungen von den Atomen wurden endgültig durch die Ergebnisse von Streuversuchen mit α-Strahlen widerlegt. Beim Durchgang dieser Strahlen durch dünne Folien wurden auch sehr große Ablenkungen beobachtet. Nach den Stoßgesetzen kann ein α-Teilchen durch ein Elektron jedoch höchstens um einen Winkel von 28″ abgelenkt werden. E. Rutherford folgerte, daß sich im Innern der Atome ein positives Ladungszentrum befinden muß. Die von ihm abgeleitete Streuformel wurde durch die Experimente von H. Geiger und E. Marsden bestätigt.

Bei dem 1911 von Rutherford aufgestellten dynamischen Modell des Wasserstoffatoms umkreist das Elektron den sehr kleinen Kern, der eine positive Ladung trägt und in dem fast die gesamte Atommasse vereinigt ist. Bei den Umläufen muß das Elektron nach der klassischen Elektrodynamik dauernd Strahlung emittieren. Denn die

Kreisbewegung läßt sich in zwei zueinander senkrechte, gegeneinander phasenverschobene harmonische Schwingungen zerlegen. Da das Elektron wegen der Ausstrahlung laufend Energie verliert, muß es eine Spiralbahn beschreiben und auf den Kern stürzen. Außerdem würde bei einer solchen Bahnkurve ein kontinuierliches Spektrum ausgesandt, während das Emissionsspektrum des Wasserstoffatoms im wesentlichen aus Linien besteht (Abb. II,1).

N. Bohr hat das Rutherfordsche Atommodell gerettet, indem er 1913 postuliert hat, daß es im Gegensatz zur klassischen Elektrodynamik bestimmte Bahnen geben soll, auf denen das Elektron umlaufen kann, ohne Strahlung auszusenden. Auf diesen Bahnen hat das Elektron bestimmte Gesamtenergien, die sich nach der klassischen Mechanik berechnen lassen. Springt das Elektron von einer energiereicheren Bahn auf eine energieärmere, so soll die frei werdende Energie als Strahlung emittiert werden (Abb. II,2). Ein Sprung in der umgekehrten Richtung soll durch Strahlungsabsorption ermöglicht werden.

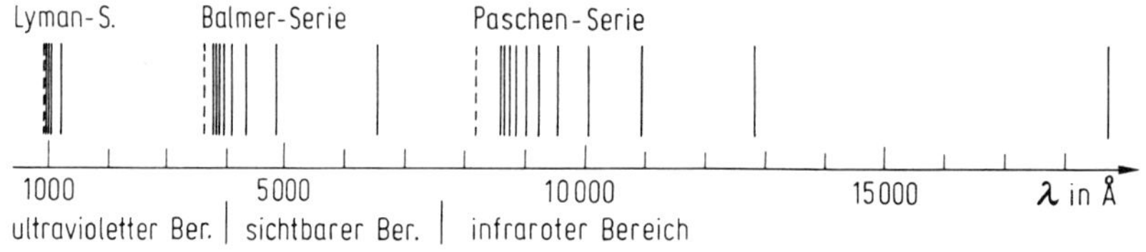

Abb. II,1. Schema der 3 kürzestwelligen Spektralserien des H-Atoms (--- Seriengrenze)

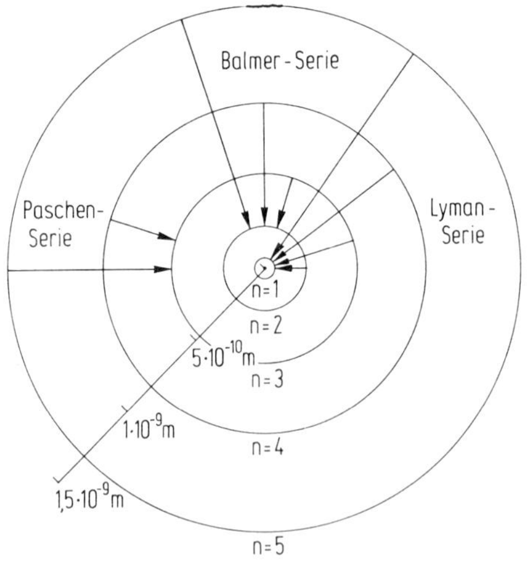

Abb. II,2. Die innersten Bahnen des Bohrschen Atommodells und die Elektronensprünge bei der Emission von Spektrallinien

Die Frequenzen der Strahlung, die das Atom emittieren und absorbieren kann, folgen aus dem Energieerhaltungssatz und der Hypothese, daß Strahlungsenergie immer nur in sehr kleinen Mengen $E = h\nu$ abgegeben oder aufgenommen werden kann. Dabei ist

$$h = (6{,}6256 \pm 0{,}0005) \cdot 10^{-34}\ \mathrm{Js}$$

das Plancksche Wirkungsquantum. Mit A. Einstein (1905) können wir uns Licht der Wellenlänge $\lambda = c/\nu$ als einen Strom von Lichtquanten oder Photonen der Energie $E = h\nu = h\, c/\lambda$ vorstellen. Beim Emissionsprozeß muß nun die ausgestrahlte Energie gleich der Differenz der Gesamtenergien der beiden Elektronenbahnen sein, zwischen denen der Elektronensprung stattfindet. Dann lautet die Bohrsche Frequenzbedingung

$$h\, \nu_{\mathrm{n}''\mathrm{n}'} = E_{\mathrm{n}'} - E_{\mathrm{n}''}\ . \qquad \text{(II,1)}$$

Der Index n soll zunächst nur der Numerierung der Elektronenbahnen dienen, wobei die Bahn mit der niedrigsten Energie die Zahl 1 erhält. Mit n' soll die energiereichere und mit n'' die energieärmere Bahn bezeichnet werden. Meistens wird folgende Reihenfolge der Indizes eingehalten: Zuerst wird der Endzustand und dann der Anfangszustand angegeben.

Das Kriterium für die strahlungsfreien Bahnen können wir finden, indem wir verlangen, daß die Ergebnisse der neuen Theorie mit denen der klassischen Physik übereinstimmen, wenn die Energie der Lichtquanten $E = h\nu$ gegen 0 geht. Zunächst müssen wir die Gesamtenergie des Elektrons berechnen. Dabei wollen wir uns nicht auf das Wasserstoffatom beschränken, sondern auch wasserstoffähnliche Ionen miterfassen. Der Atomkern soll Z Elementarladungen $e = (1{,}60210 \pm 0{,}00007) \cdot 10^{-19}$ C tragen.

Die Coulomb-Kraft ist die Zentripetalkraft, die das Elektron auf der Kreisbahn hält; es gilt:

$$-\frac{1}{4\pi\epsilon_0}\frac{Z e^2}{r^2} = -m_e\, \dot{\varphi}^2\, r \qquad [1]$$

(Ruhemasse des Elektrons: $m_e = (9{,}1091 \pm 0{,}0004) \cdot 10^{-31}$ kg). Der zur Koordinate φ gehörende Impuls, der Bahndrehimpuls, ist

$$p_\varphi = m_e\, r^2\, \dot{\varphi} \quad \text{und demnach} \quad \dot{\varphi} = \frac{p_\varphi}{m_e\, r^2}\ .$$

Wir eliminieren $\dot{\varphi}$ aus der Gleichung für die Zentripetalkraft und erhalten

$$r = \frac{4\pi\epsilon_0\, p_\varphi^2}{m_e\, Z\, e^2}\ .$$

[1] Elektrische Feldkonstante oder Influenzkonstante $\epsilon_0 = 1/\mu_0 c^2 = 8{,}85419 \cdot 10^{-12}$ A s V^{-1} m^{-1}, magnetische Feldkonstante oder Induktionskonstante $\mu_0 = 4\pi \cdot 10^{-7} = 1{,}25664 \cdot 10^{-6}$ V s A^{-1} m^{-1} .

Die potentielle Energie des Elektrons im Abstand r vom Kern ist

$$E_p = -\frac{1}{4\pi\epsilon_0}\frac{Ze^2}{r} \qquad \text{(II,2)}$$

und seine kinetische Energie auf der Kreisbahn mit dem Radius r

$$E_k = \frac{m_e}{2} r^2 \dot{\varphi}^2 = \frac{p_\varphi^2}{2 m_e r^2} .$$

Dann ergibt sich bei Benutzung der Gleichung für r

$$E_{ges} = E_p + E_k = -m_e \left(\frac{Ze^2}{4\pi\epsilon_0}\right)^2 \frac{1}{p_\varphi^2} + \frac{m_e}{2}\left(\frac{Ze^2}{4\pi\epsilon_0}\right)^2 \frac{1}{p_\varphi^2}$$

$$= -\frac{m_e}{2}\left(\frac{Ze^2}{4\pi\epsilon_0}\right)^2 \frac{1}{p_\varphi^2} = \frac{1}{2} E_p = -E_k . \qquad \text{(II,3)}$$

Wir verwenden jetzt die Bohrsche Frequenzbedingung. Zur Bahn n mit der Gesamtenergie E_n soll der Bahndrehimpuls $p_{\varphi_n} = p_\varphi$ und zur benachbarten Bahn $n+1$ mit E_{n+1} $p_{\varphi n+1} = p_\varphi + C$ gehören. Dann ist

$$\nu_{n,n+1} = \frac{m_e}{2h}\left(\frac{Ze^2}{4\pi\epsilon_0}\right)^2 \left[\frac{1}{p_\varphi^2} - \frac{1}{(p_\varphi + C)^2}\right] = \frac{m_e}{h}\left(\frac{Ze^2}{4\pi\epsilon_0}\right)^2 \frac{C}{p_\varphi^3} \frac{\left(1 + \frac{1}{2}\frac{C}{p_\varphi}\right)}{\left(1 + \frac{C}{p_\varphi}\right)^2} .$$

Nach der klassischen Theorie ist die Frequenz, die das kreisende Elektron mit dem Bahndrehimpuls p_φ ausstrahlt,

$$\nu_{\text{klass.}}(p_\varphi) = \frac{\dot{\varphi}}{2\pi} = \frac{p_\varphi}{2\pi m_e r^2} = \frac{m_e}{2\pi}\left(\frac{Ze^2}{4\pi\epsilon_0}\right)^2 \frac{1}{p_\varphi^3} ;$$

entsprechend gilt

$$\nu_{\text{klass.}}(p_\varphi + C) = \frac{m_e}{2\pi}\left(\frac{Ze^2}{4\pi\epsilon_0}\right)^2 \frac{1}{(p_\varphi + C)^3} = \frac{m_e}{2\pi}\left(\frac{Ze^2}{4\pi\epsilon_0}\right)^2 \frac{1}{p_\varphi^3\left(1 + \frac{C}{p_\varphi}\right)^3} .$$

Je kleiner die Energie $h\,\nu_{n,n+1}$ der Lichtquanten und damit auch die Frequenz $\nu_{n,n+1}$ ist, um so besser soll diese mit der klassischen Frequenz übereinstimmen. Offensichtlich ist $\nu_{n,n+1}$ um so kleiner, je größer p_φ gegenüber C ist. Unter der Bedingung $p_\varphi \gg C$ oder $1 \gg C/p_\varphi$ ist es nun gleichgültig, ob wir die Frequenz $\nu_{\text{klass.}}(p_\varphi)$ für die Bahn n oder $\nu_{\text{klass.}}(p_\varphi + C)$ für die Bahn $n+1$ wählen und $\nu_{n,n+1} = \nu_{\text{klass.}}(p_\varphi)$ oder $\nu_{n,n+1} = \nu_{\text{klass.}}(p_\varphi + C)$ setzen. Es ergibt sich in beiden Fällen

$$C = p_{\varphi_{n+1}} - p_{\varphi_n} = \frac{h}{2\pi} = \hbar .$$

Diese Differenz der Drehimpulse erhalten wir für alle benachbarten Bahnen, wenn wir

$$p_\varphi = n \frac{h}{2\pi} = n\hbar \qquad \text{(II,4)}$$

setzen, wobei n gleich 1, 2, 3, ... sein kann. Daß diese verallgemeinernde Annahme richtig ist, zeigt der Vergleich der Ergebnisse der Theorie mit Meßwerten, wie wir später sehen werden. n wird als Quantenzahl bezeichnet. Gl. II,4 ist das Kriterium für die strahlungsfreien Bahnen, die sogenannte Quantenbedingung.

Damit die Frequenzen nach der klassischen und der Bohrschen Theorie übereinstimmen, muß $p_\varphi \gg C$ sein. Da $p_\varphi = n\hbar$ und $C = \hbar$ ist, ergibt sich $n \gg 1$. Die neue Theorie enthält also die klassische Theorie als Grenzfall für sehr große Werte von n.

Bisher haben wir die Mitbewegung des Atomkerns noch nicht berücksichtigt; das Elektron und der Kern umkreisen den gemeinsamen Massenmittelpunkt M (Abb. II,3).

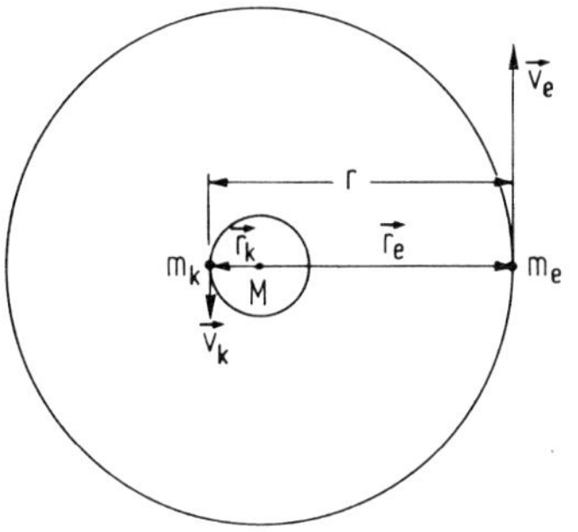

Abb. II,3. Die Mitbewegung des Kerns

Durch die Einführung von Relativkoordinaten können wir das Zweiteilchenproblem auf ein Einteilchenproblem zurückführen. r behält die Bedeutung des Abstands zwischen Elektron und Kern. Mit r_e und r_k wollen wir die Radien der Bahnen des Elektrons und des Kerns, mit v_e und v_k ihre Bahngeschwindigkeiten und mit m_e und m_k ihre Massen bezeichnen. Die reduzierte Masse ist

$$m_r = \frac{m_e \cdot m_k}{m_e + m_k} = \frac{m_e}{1 + \frac{m_e}{m_k}} \quad . \qquad \text{(II,5)}$$

Dann gelten die Gleichungen:

$$m_e r_e = m_k r_k \quad \text{und} \quad r = r_e + r_k \ ,$$

$$r_e = r \frac{m_r}{m_e} \quad \text{und} \quad r_k = r \frac{m_r}{m_k} \ ,$$

$$v_e = r_e \dot{\varphi}, \quad v_k = r_k \dot{\varphi} \qquad \text{und} \qquad v = r\dot{\varphi} = (r_e + r_k)\dot{\varphi} = v_e + v_k ,$$

$$v_e = v\frac{m_r}{m_e} \qquad \text{und} \qquad v_k = v\frac{m_r}{m_k} ,$$

$$E_k = \frac{1}{2} m_e v_e^2 + \frac{1}{2} m_k v_k^2 = \frac{1}{2} m_r v^2 = \frac{1}{2} m_r r^2 \dot{\varphi}^2 .$$

Wir brauchen in den bisher erhaltenen Gleichungen nur m_e durch m_r zu ersetzen. Der Drehimpuls $p_\varphi = m_r r^2 \dot{\varphi}$ und die Energien E_k und E_{ges} gehören dann zum Gesamtsystem Elektron-Kern.

Wenn wir Gl. II,4 in die Gleichung für r einsetzen, n als Index für die n-te Bahn anhängen und m_r statt m_e schreiben, erhalten wir

$$r_n = r_1 n^2 \quad \text{mit} \quad r_1 = \frac{4\pi\epsilon_0 \hbar^2}{m_r Z e^2} . \tag{II,6}$$

Der Bohrsche Radius a_0 ist gleich r_1 für $Z = 1$ und $m_r = m_e$, also $m_k \to \infty$:

$$a_0 = (5{,}29167 \pm 0{,}00007) \cdot 10^{-11}\ \text{m} .$$

Aus Gl. II,3 folgt nach Einsetzen von Gl. II,4 die Geschwindigkeit auf der n-ten Bahn

$$v_n = \sqrt{\frac{2E_{k_n}}{m_r}} = \frac{Z e^2}{4\pi\epsilon_0 \hbar}\frac{1}{n} = \frac{\hbar}{m_r r_1}\frac{1}{n} . \tag{II,7}$$

Für $Z = 1$, $m_e = m_r$ und $n = 1$ ergibt sich

$$v_1 = 2{,}188 \cdot 10^6\ \text{m s}^{-1} .$$

Schließlich ist die Gesamtenergie der Elektronen- und Kernbewegung

$$E_n = -E_{k_n} = -\frac{1}{2}\frac{m_e}{1+\frac{m_e}{m_k}}\left[\frac{Z e^2}{4\pi\epsilon_0 \hbar}\right]^2 \frac{1}{n^2} = -\frac{\hbar^2}{2 m_r r_1^2}\frac{1}{n^2} = E_1 \frac{1}{n^2}$$

$$= -h c Z^2 \frac{R_\infty}{1+\frac{m_e}{m_k}}\frac{1}{n^2} \tag{II,8}$$

mit der Rydberg-Konstante

$$R_\infty = \frac{m_e}{2hc}\left[\frac{e^2}{4\pi\epsilon_0 \hbar}\right]^2 = \frac{e^2}{8\pi\epsilon_0 a_0 h c}$$

$$= (1{,}0973731 \pm 0{,}0000003) \cdot 10^7\ \text{m}^{-1} . \tag{II,9}$$

Wir wollen uns jetzt etwas eingehender mit der Bedeutung der Gesamtenergie befassen. Die Wahl des Nullpunkts für die potentielle Energie ist willkürlich. Nach Gl. II,2 wird sie gleich Null, wenn r gegen Unendlich geht, und erreicht damit ihren maximalen Wert. Weil die kinetische Energie ebenfalls für $r \to \infty$ verschwindet, muß auch die Gesamtenergie gleich Null werden. Somit hat die Gesamtenergie nach Gl. II,8 negative Werte. Die Gesamtenergie E_n ist die Bindungsenergie des Elektrons, das den Kern auf der n-ten Bahn umkreist. Das negative Vorzeichen weist darauf hin, daß dem Elektron Energie fehlt, um freizukommen. Hierzu muß ihm die Ionisierungsenergie $|E_n|$ zugeführt werden.

Nun ist das Elektron ein Teil des Atoms, und schon beim Wasserstoffatom hängt die Gesamtenergie infolge der Mitbewegung des Kerns nicht mehr allein vom Elektron ab. Wenn die Atomhülle aus mehreren Elektronen besteht, geht zwar meistens nur ein Elektron in einen angeregten Zustand und fungiert als Leuchtelektron, aber die übrigen Elektronen beeinflussen mehr oder weniger stark sein Verhalten. Außerdem sind die Elektronen als Elementarteilchen ununterscheidbar (s. Abschn. 5.1). Deshalb wird von der Energie des Atoms in einem bestimmten Zustand oder auf einem bestimmten Niveau gesprochen, wenn die Gesamtenergie gemeint ist.

Das einfach ionisierte Atom hat die Energie 0, das neutrale angeregte Atom ist energieärmer und das unangeregte am energieärmsten. Wenn wir uns von vornherein mit einem Ion befassen, so hat dieses nach den getroffenen Vereinbarungen dann die Energie 0, wenn noch ein Elektron abgetrennt worden ist.

Aufgrund der Frequenzbedingung (Gl. II,1) ergibt sich die Wellenzahl der Strahlung bei einem Übergang von der n'-ten Bahn auf die n''-te

$$\tilde{\nu}_{n''n'} = \frac{\nu_{n''n'}}{c} = Z^2 \frac{R_\infty}{1 + \frac{m_e}{m_k}} \left[\frac{1}{n''^2} - \frac{1}{n'^2}\right]. \qquad \text{(II,10)}$$

Die Rydberg-Konstante für das ^{1}H-Atom[1] ist

$$R_H = \frac{R_\infty}{1 + \frac{m_e}{m_p}} = (1{,}0967758 \pm 0{,}0000003) \cdot 10^7 \ \mathrm{m^{-1}}$$

(m_p Masse des Protons). J. R. Rydberg hat bereits 1890 aufgrund der damals bekannten Meßwerte für die Wellenlängen der Wasserstoffspektrallinien eine ähnliche Formel wie Gl. II,10 für die Spektralserien des Wasserstoffatoms aufgestellt. Die Übereinstimmung der nach Gl. II,10 berechneten Wellenzahlen mit den Meßwerten ist so gut, daß die durch Gl. II,4 formulierte Annahme als richtig angesehen werden darf.

Für das ^{2}H- oder Deuterium-Atom[1] ist $m_e/m_k \approx m_e/2\,m_p$. Die Spektrallinien dieses Atoms sind deshalb Gl. II,10 entsprechend ein wenig nach höheren Wellenzahlen oder nach kürzeren Wellenlängen hin verschoben. Der natürliche Wasserstoff hat zwei Isotope, und jede Linie ist in zwei Linienkomponenten aufgespalten. Ein solcher Effekt zeigt sich ebenfalls bei anderen leichten Elementen mit mehreren Isotopen und wird

1 Die Zahl links oben am Elementsymbol ist die Massenzahl (= Zahl der Nukleonen = Summe der Protonen und Neutronen im Kern).

als Isotopieverschiebungseffekt bezeichnet. Er wird aber auch bei Elementen mit schweren Atomen beobachtet. Bei ihnen ist das Verhältnis der Elektronenmasse zur Kernmasse zu klein, als daß der Effekt durch die Mitbewegung des Kerns erklärt werden könnte; das endliche Kernvolumen muß zur Deutung herangezogen werden. Die Isotopieverschiebung ist eine Ursache der Hyperfeinstruktur der Energieniveaus und Spektrallinien. Außerdem tritt eine Hyperfeinstruktur auf, wenn ein Kernspin vorhanden ist. Hierauf werden wir in Abschn. 7.5 kurz eingehen.

1.2 Das Energieniveauschema und die Spektralserien des Wasserstoffatoms

Die Anregungsenergie E_{a_n} ist die Energiedifferenz zwischen dem Niveau $n' = n$ und dem Grundniveau $n'' = 1$:

$$E_{a_n} = E_n - E_1 = h\,c\,Z^2 \frac{R_\infty}{1 + \frac{m_e}{m_k}} \left(1 - \frac{1}{n^2}\right).$$

Sofern keine besondere Angabe hinzugefügt ist, verstehen wir unter der Ionisierungsenergie die erforderliche Energie zur Abtrennung eines Elektrons, wenn sich das Atom auf dem Grundniveau befindet:

$$E_I = E_{a_\infty} = -E_1 = h\,c\,Z^2 \frac{R_\infty}{1 + \frac{m_e}{m_k}}.$$

Der Termwert T_n ist die dem absoluten Betrag des Energiewerts E_n proportionale Wellenzahl:

$$T_n = \frac{|E_n|}{h\,c} = Z^2 \frac{R_\infty}{1 + \frac{m_e}{m_k}} \frac{1}{n^2}. \qquad \text{(II,11)}$$

Die Wellenlänge der Spektrallinie, die beim Übergang des Atoms vom Niveau n' auf das Niveau n'' emittiert wird, läßt sich folgendermaßen berechnen:

$$\lambda_{n''n'} = \frac{1}{\tilde{\nu}_{n''n'}} = \frac{1}{T_{n''} - T_{n'}}.$$

Gewöhnlich werden die Wellenlängen in Å (Ångström) angegeben ($1\ \text{Å} = 1 \cdot 10^{-10}$ m).

Nun lassen sich die Energiewerte des H-Atoms in einem übersichtlichen Schema darstellen, wie dies in Abb. II,4 geschehen ist. Auf der linken Seite ist gewöhnlich eine Skala für die Anregungsenergie E_a in eV ($1\ \text{eV} = 1{,}6021 \cdot 10^{-19}$ J) und auf der rechten Seite eine Skala für die Termwerte T in cm^{-1} [1] angebracht. Das Energieniveauschema, das kurz Niveauschema oder auch Termschema und Grotrian-Diagramm

[1] $100\ \text{m}^{-1} = 1\ \text{cm}^{-1} \mathrel{\hat{=}} 1{,}2398 \cdot 10^{-4}$ eV, $1\ \text{eV} \mathrel{\hat{=}} 8{,}066 \cdot 10^{3}\ \text{cm}^{-1}$.

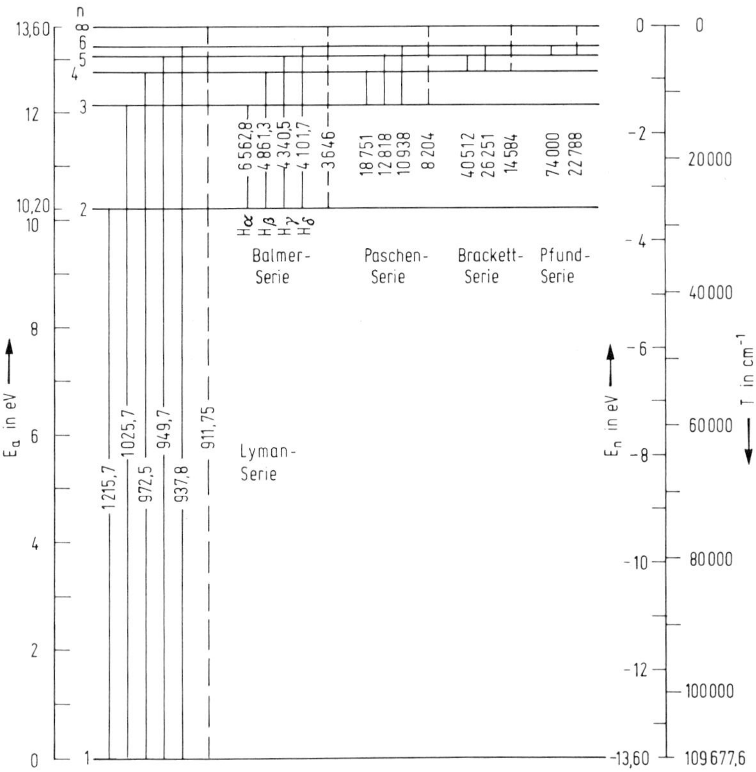

Abb. II,4. Das Niveauschema des H-Atoms

genannt wird, läßt sich für alle Atome aufstellen. Beim Wasserstoffatom und den wasserstoffähnlichen Ionen können die Energiewerte nach der Bohrschen Theorie oder mit Hilfe der Quantenmechanik berechnet werden. Bei den Atomen mit mehreren Elektronen müssen die Energiewerte für die einzelnen Zustände aus den gemessenen Wellenlängen der Spektrallinien ermittelt werden. Dazu muß klar sein, zwischen welchen der zahlreichen Niveaus Übergänge stattfinden können. Das ist der Fall, wenn wie bei vielen Elementen die Elektronenanordnung in der Atomhülle bekannt ist. Sonst muß versucht werden, durch Vergleichen des beobachteten Spektrums mit verschiedenen in Frage kommenden Arten von Spektren die Elektronenanordnung herauszufinden.

Eine Spektralserie umfaßt alle Linien, die zu Übergängen mit einem gemeinsamen tieferen Niveau n'' gehören. In das Niveauschema des H-Atoms (Abb. II,4) sind Linien der fünf bekannten Serien eingetragen:

Lyman-Serie,	$n'' = 1$,	$n' = 2, 3, \ldots$	(UV-Spektralbereich);
Balmer-Serie,	$n'' = 2$,	$n' = 3, 4, \ldots$	(sichtbarer und UV-Bereich);
Paschen-Serie,	$n'' = 3$,	$n' = 4, 5, \ldots$	(IR-Spektralbereich);
Brackett-Serie,	$n'' = 4$,	$n' = 5, 6, \ldots$	(IR-Spektralbereich);
Pfund-Serie,	$n'' = 5$,	$n' = 6, 7, \ldots$	(IR-Spektralbereich).

Abb. II,1 zeigt ein Schema der Lyman-, Balmer- und Paschen-Serie. Die Spektrallinien drängen sich zu den (gestrichelt gezeichneten) Seriengrenzen mit den Wellenlängen $\lambda = 1/R_H$, $4/R_H$ und $9/R_H$ hin immer dichter zusammen. Die Wellenlängen (in Å) sind für mehrere Linien und die Seriengrenzen in Abb. II,4 eingetragen.

1.3 Das Sommerfeldsche Atommodell

A. Sommerfeld hat die Beschränkung auf kreisförmige Elektronenbahnen fallengelassen. Das Elektron soll sich auf elliptischen Bahnen bewegen, in deren einem Brennpunkt sich der Kern befindet. Die Mitbewegung des Kerns kann wiederum nachträglich dadurch berücksichtigt werden, daß die Elektronenmasse durch die reduzierte Masse ersetzt wird. Bei der Einführung von Polarkoordinaten ist die gesamte Energie des Elektrons

$$E_{ges} = E_k + E_p = \frac{m_e}{2}(\dot{r}^2 + r^2\,\dot{\varphi}^2) - \frac{1}{4\pi\epsilon_0}\,\frac{Z e^2}{r}\ .$$

Für dieses Problem mit zwei Freiheitsgraden sind zwei Quantenbedingungen erforderlich.

Zu den beiden Koordinaten φ und r gehören die verallgemeinerten Impulse

$$p_\varphi = \frac{\partial E_k}{\partial \dot{\varphi}} = m_e\, r^2\, \dot{\varphi} \quad \text{und} \quad p_r = \frac{\partial E_k}{\partial \dot{r}} = m_e\, \dot{r}\ .$$

Die Koordinate und der zugehörige verallgemeinerte Impuls heißen einander kanonisch konjugiert. Ihr Produkt hat wie die Konstante h die Dimension einer Wirkung, nämlich Energie · Zeit. Der Drehimpuls p_φ ist offensichtlich bei der Bewegung auf einem Kreis mit gleichbleibender Bahngeschwindigkeit konstant. Er ist sogar immer dann konstant, wenn eine Zentralkraft vorhanden ist, also auch bei der Bewegung des Elektrons auf einer Ellipse. Nun läßt sich die Quantenbedingung der Bohrschen Theorie (Gl. II,4) in der Form

$$\int_0^{2\pi} p_\varphi\, d\varphi = n\, h$$

schreiben; die Integration erfolgt über einen Umlauf des Elektrons. Da n eine feste Bedeutung besitzt, nämlich die der Hauptquantenzahl, wählen wir jetzt einen anderen Buchstaben und erhalten die azimutale Quantenbedingung

$$\int_0^{2\pi} p_\varphi\, d\varphi = k\, h\ .$$

k wird als azimutale Quantenzahl oder Nebenquantenzahl bezeichnet. Die radiale Quantenbedingung formulieren wir entsprechend:

$$\oint p_r\, \mathrm{d}r = n_r\, h\ .$$

Der Kreis am Integralzeichen bedeutet, daß über einen vollen Umlauf integriert werden soll. n_r ist die radiale Quantenzahl. Wird die Hauptquantenzahl $n = k + n_r$ eingeführt, so ist, wie sich zeigen läßt, die große Halbachse a der Ellipse nur von n abhängig. Für die kleine Halbachse b gilt

$$b = \frac{k}{n} a .$$

Im Fall $k = n$ ist $a = b$; das Elektron bewegt sich auf einer Kreisbahn. $k = 0$ würde eine Pendelbahn durch den Kern ergeben. Deshalb kann die Nebenquantenzahl k nur die Werte von 1 bis n annehmen (Abb. II,5).

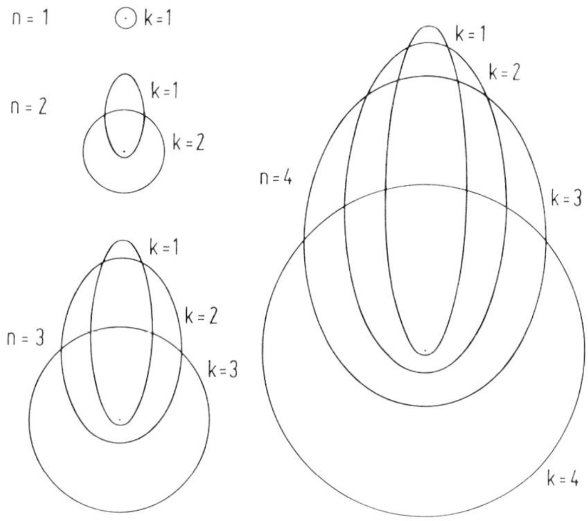

Abb. II,5. Die Ellipsenbahnen des Elektrons des H-Atoms

Wie schon aus der Mechanik bekannt ist, hängt bei der Bewegung auf Ellipsenbahnen, dem Kepler-Problem, die Gesamtenergie nur von der großen Halbachse a und nicht von der kleinen Halbachse b ab. Da n Ellipsen mit verschiedenen kleinen Halbachsen zu jeder Hauptquantenzahl n gehören, zu der es aber nur eine große Halbachse gibt, ist die Gesamtenergie für alle n Ellipsenbahnen gleich. Wir sprechen deshalb von einer n-fachen Bahnentartung. In dieser Bezeichnungsweise ist der Energiewert für $n = 1$ einfach entartet; wir können aber auch sagen, er sei nicht entartet. Der Grenzfall des Kreises mit $a_n = b_{n, k=n}$ ist bereits durch die Bohrsche Theorie erfaßt worden. Da die anderen zu n gehörenden Ellipsen die gleiche große Halbachse a_n und die gleiche Gesamtenergie E_n haben, können wir die Gln. II,6 und 8 weiterbenutzen; wir brauchen nur r_n durch a_n zu ersetzen.

Bisher ist die Änderung der Elektronenmasse in Abhängigkeit von der Geschwindigkeit außer Betracht geblieben. Allgemein gilt nach der Relativitätstheorie für die mit der Geschwindigkeit v bewegte Masse

$$m = \frac{m_0}{\sqrt{1 - (\frac{v}{c})^2}} . \tag{II,12}$$

Dabei ist m_0 die Ruhemasse. Wenn $(v/c)^2 \ll 1$ ist, ergibt sich

$$m \approx m_0 [1 + \frac{1}{2} (\frac{v}{c})^2] .$$

Das Verhältnis der Geschwindigkeit des Elektrons auf der n-ten Bohrschen Bahn zur Vakuumlichtgeschwindigkeit ist

$$\frac{v_n}{c} = \frac{Z e^2}{4 \pi \epsilon_0 \hbar c} \frac{1}{n} = \frac{\alpha Z}{n}$$

mit

$$\alpha = \frac{e^2}{4 \pi \epsilon_0 \hbar c} = (7{,}29720 \pm 0{,}00010) \cdot 10^{-3} \approx \frac{1}{137} . \qquad \text{(II,13)}$$

Nach Gl. II,8 ist die Gesamtenergie der Elektronenmasse proportional. Da die relative Massenänderung $\Delta m/m_0 \approx \frac{1}{2} (v/c)^2$ ist, kann die relative Änderung der Gesamtenergie $|\Delta E/E_n|$ nur ungefähr von der Größe $\frac{1}{2} (\alpha Z/n)^2$ sein.

Nach dem Flächensatz, der für Zentralkräfte Gültigkeit besitzt, überstreicht der Leitstrahl vom Zentrum zum Massenpunkt in gleichen Zeiten gleiche Flächen. Dementsprechend muß auf einer Ellipsenbahn die Geschwindigkeit im Perihel größer als im Aphel sein. Dieser Unterschied ist um so größer, je kleiner die kleine Halbachse b im Verhältnis zur großen Halbachse a und dementsprechend der Quotient k/n ist. Wenn der Unterschied der beiden Geschwindigkeiten größer ist, sollte auch die relative Energieänderung größer sein. Bei einer bestimmten Hauptquantenzahl sollte also das Energieniveau mit $k = 1$ am stärksten verschoben werden, das mit $k = 2$ am zweitstärksten usf.. Da die Geschwindigkeit v nach Gl. II,7 $1/n$ proportional ist, können wir erwarten, daß die Energieänderung mit wachsender Hauptquantenzahl abnimmt.

Diese Überlegungen werden durch die von Sommerfeld abgeleitete Gleichung für die Gesamtenergie bestätigt:

$$E_{n,k} = -h c \frac{Z^2 R_\infty}{1 + \frac{m_e}{m_k}} \frac{1}{n^2} [1 + \frac{\alpha^2 Z^2}{n^2} (\frac{n}{k} - \frac{3}{4})]$$

$$= E_n [1 + \frac{\alpha^2 Z^2}{n^2} (\frac{n}{k} - \frac{3}{4})] . \qquad \text{(II,14)}$$

Hier ist nur das erste Glied einer Reihenentwicklung berücksichtigt. Die Bahnentartung ist tatsächlich infolge der Massenveränderlichkeit aufgehoben; die Gesamtenergie hängt von der Haupt- und der Nebenquantenzahl ab. Durch Gl. II,14 wird die Feinstrukturaufspaltung der Energieniveaus richtig wiedergegeben, nur muß die Nebenquantenzahl k durch $j + 1/2$ ersetzt werden. Die Bedeutung der Gesamtdrehimpulsquantenzahl j werden wir in Abschn. 3.2 kennenlernen. Die Konstante α, deren Zahlenwert bereits in Gl. II,13 angegeben worden ist, heißt Sommerfeldsche Feinstrukturkonstante. Die Feinstrukturaufspaltung ist in Abb. II,42 dargestellt.

Die Sommerfeldsche Theorie liefert zwar die Energieniveaus, die zu den Quantenzahlen n und k gehören, aber keine Aussagen bezüglich der Übergänge zwischen den

Niveaus, bei denen Strahlung emittiert oder absorbiert wird. Wie wir in Abschn. 1.1 gesehen haben, stimmen für sehr große Quantenzahlen die nach der Bohrschen Theorie berechneten Frequenzen mit den Frequenzen überein, die sich nach der klassischen Theorie für das kreisende Elektron oder die ihm äquivalenten elektrischen Dipole ergeben. Diese Übereinstimmung gilt nicht nur für die Frequenz, sondern auch für die Intensität und Polarisation einer Spektrallinie. Das ist die Aussage des Bohrschen Korrespondenzprinzips. Es enthält aber noch die Extrapolation, deren Berechtigung später nachgewiesen worden ist, daß die Intensität und die Polarisation einer Spektrallinie auch bei mittleren Quantenzahlen, wenn auch mit geringerer Genauigkeit, mit Hilfe der klassischen Theorie ermittelt werden können. Bevor die Weiterentwicklung der Quantentheorie die unmittelbare Berechnung der Intensitäten und Polarisationsgrade ermöglichte, erwies sich das Bohrsche Korrespondenzprinzip als sehr nützlich.

Damit die Frequenzen nach der klassischen und der Bohrschen Theorie übereinstimmen, muß sich der Bahndrehimpuls p_φ um $\hbar$, also die Quantenzahl des Bahndrehimpulses um 1 ändern. Beim Sommerfeldschen Atommodell gehört die Nebenquantenzahl k zum Bahndrehimpuls p_φ. Dementsprechend sind nach dem Bohrschen Korrespondenzprinzip nur Übergänge erlaubt, für die die Auswahlregel $\Delta k = \pm 1$ gilt. Die H_α-Linie der Balmer-Serie mit $n'' = 2$ und $n' = 3$ sollte demnach drei Komponenten haben: $k'' = 2 \leftarrow k' = 3$, $k'' = 1 \leftarrow k' = 2$ und $k'' = 2 \leftarrow k' = 1$. Sie sind in Abb. II,42 eingezeichnet. Zwei davon liegen so dicht zusammen, daß A. A. Michelson und E. W. Morley 1887 zunächst nur ein Dublett beobachtet haben.

1.4 Emissions- und Absorptionsprozesse

Wenn die Elektronen auf elliptischen Bahnen fliegen, also periodische Bewegungen ausführen, bleibt der Betrag der potentiellen Energie stets größer als der der kinetischen, und die Gesamtenergie ist negativ. Der Abstand zwischen benachbarten Energieniveaus nimmt mit wachsender Hauptquantenzahl n immer mehr ab.[1] Für $n \to \infty$ wird die Gesamtenergie 0 und die Länge der großen Halbachse geht gegen Unendlich. Das entspricht der Ionisierung des Atoms.

Weil die Atome stets einen endlichen Abstand voneinander haben, ist diese Betrachtungsweise nur theoretischer Natur. Die Dichte eines Gases bei 300 K betrage 1 Torr = 133,3 N m^{-2}. Dann ist $N = p/k\,T = 3{,}2 \cdot 10^{22}$ Moleküle pro m^3 und der mittlere Abstand der Teilchen etwa gleich $3 \cdot 10^{-8}$ m. Die Größe hat der Radius der Elektronenbahn nach der Bohrschen Theorie ($Z = 1$) für $n = 24$. Bei größeren Drücken können dementsprechend die höheren Glieder der Spektralserien überhaupt nicht mehr in Erscheinung treten.

Besitzt ein Elektron eine gewisse kinetische Energie und kommt es in das elektrostatische Feld eines einfach positiv geladenen Ions, so bewegt es sich auf einer Hyperbel-

[1] Aus Gl. II,10 folgt für $n'' = n$, $n' = n + 1$, $n \gg 1$ und $Z = 1$ $\Delta E = h\,c\,\tilde{\nu}_{n,\,n+1} \approx 2\,h\,c\,R_\infty/n^3$.

bahn um das Ion (Abb. II,60). Während des Fluges ist die kinetische Energie stets größer als die potentielle und damit die Gesamtenergie positiv. Das Elektron behält seine Freiheit. Zu den unperiodischen Bewegungen auf den Hyperbelbahnen gehört ein Kontinuum positiver Energiewerte. Es schließt sich an die Ionisierungsgrenze mit $E(n \to \infty) = 0$ an, wie dies die Abb. II,6 zeigt.

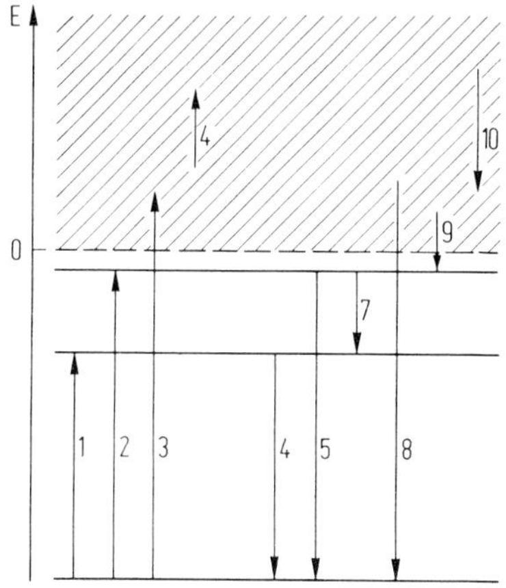

Abb. II,6. Absorptions- und Emissionsprozesse

In den elektrostatischen Feldern der Ionen erfahren die Elektronen bei ihren Bewegungen auf Hyperbeln eine Beschleunigung in Richtung auf die positive Ladung hin. Dabei müssen sie nach der klassischen Elektrodynamik Strahlung aussenden. Ein Bremskontinuum wird emittiert. Im Rahmen der Bohr–Sommerfeldschen Modellvorstellungen können wir sagen, daß die Elektronen von energiereicheren auf energieärmere Hyperbelbahnen springen und dabei jeweils ein Photon aussenden (Übergang 10 in Abb. II,6). Die Bremskontinua spielen in der Astrophysik eine Rolle und sind auch bei Gasentladungen hoher Stromdichte zu beobachten. Wenn ein Elektron mit einer großen kinetischen Energie in die Elektronenhülle eines neutralen Atoms eindringt und in die Nähe des Kerns gelangt, wird Röntgenbremsstrahlung emittiert (Abschn. 9.5).

Die Umkehrung zu dem bisher besprochenen Emissionsvorgang ist der Prozeß, bei dem ein Elektron durch das elektrostatische Feld eines Ions fliegt und seine kinetische Energie durch Strahlungsabsorption zunimmt (Übergang 4 in Abb. II,6). Diese Absorptionsprozesse besitzen wiederum in der Astrophysik eine gewisse Bedeutung.

Wir wollen jetzt noch die verschiedenen anderen Absorptions- und Emissionsprozesse zusammenstellen. Bei Temperaturen unter 2000 K befinden sich praktisch alle Atome auf dem Grundniveau[1], so daß nur Übergänge von diesem Niveau aus statt-

[1] Beträgt die Anregungsenergie E_a 2,15 eV (und ist das statistische Gewicht der Niveaus 1), so ist der Bruchteil der angeregten Atome bei $T = 2000$ K im thermodynamischen Gleichgewicht $e^{-E_a/kT} \approx 4 \cdot 10^{-6}$ (Boltzmann-Konstante $k = (1{,}3805 \pm 0{,}0002) \cdot 10^{-23}$ J K^{-1}).

finden können. Die zu absorbierende Strahlung muß ganz bestimmte Wellenlängen haben, die den Energiedifferenzen zwischen den Niveaus entsprechen (Übergänge 1 u. 2 in Abb. II,6). Bei der Grenzwellenlänge $\lambda_{Gr.} = h\,c/E_I$ beginnt die kontinuierliche Absorption und erstreckt sich zu kürzeren Wellenlängen hin (Übergang 3 in Abb. II,6). Der Absorptionsprozeß, bei dem ein Elektron abgetrennt wird, heißt Photoionisation. Die kinetische Energie des Elektrons ist $E_k = E_{Photon} - E_I$.

Sind Atome in sehr heißen Gasen oder in Gasentladungen auf höhere Energieniveaus gelangt, so gehen sie wieder auf tiefere Energieniveaus über und senden Spektralserien aus (Übergänge 5, 6 u. 7 in Abb. II,6). Die Seriengrenzkontinua werden emittiert, wenn freie Elektronen von Ionen eingefangen werden. Nach den Bohr–Sommerfeldschen Modellvorstellungen springen Elektronen von Hyperbel- auf Ellipsenbahnen und senden dabei Photonen aus. Diese Prozesse werden als Strahlungsrekombinationen bezeichnet (Übergänge 8 u. 9 in Abb. II,6).

2. Die Wellenmechanik des Atoms mit einem Elektron

2.1 Die Wellenfunktion

Trotz ihrer beachtlichen Erfolge ist die Bohr–Sommerfeldsche Theorie aus verschiedenen Gründen noch unvollkommen. Wie wir in Abschn. 3.2 sehen werden, folgt aus ihr ein Verhalten der Atome mit einem einzigen Elektron oder einem Außenelektron im Magnetfeld, das nicht den experimentellen Ergebnissen entspricht. Außerdem läßt sich die Theorie nicht für Atome mit zwei und mehr Elektronen weiterentwickeln; schon für das Helium ergibt sich keine Übereinstimmung mehr mit den beobachteten Spektren. Von Nutzen wird uns aber noch die Bohr–Sommerfeldsche Theorie sein, wenn wir in Abschn. 6.10 die Spektren der Atome mit einem Außenelektron und in Abschn. 9.2 die charakteristische Röntgenstrahlung behandeln werden. Wenn das Modell des um den Kern umlaufenden Elektrons für das Wasserstoffatom zuträfe, so hätte dieses die Gestalt einer sehr dünnen Scheibe. In der kinetischen Gastheorie hat aber die Vorstellung von kugelförmigen Teilchen zu experimentell bestätigten Ergebnissen geführt. Weiter ist an der Bohr–Sommerfeldschen Theorie unbefriedigend, daß die Elektronenbahnen aufgrund der klassischen Theorie berechnet werden, daß aber im Widerspruch zu ihr nur gewisse Bahnen mit bestimmten Gesamtenergien erlaubt sind. Wie wir in Abschn. 1.1 gesehen haben, kann das Auswahlprinzip für die Bahnen im Bohrschen Atommodell mit Hilfe der Frequenzbedingung, die auf der Emission und Absorption von Lichtquanten basiert, und der Forderung gefunden werden, daß die Ergebnisse der Atomtheorie mit denen der klassischen Physik übereinstimmen, wenn die Energie der Lichtquanten gegen 0 geht. Der erwähnte Widerspruch kommt also dadurch zustande, daß das anschauliche Atommodell aus der klassischen Physik entsprechend der Quantentheorie modifiziert wird.

Nach der Hypothese von L. de Broglie (1924) ist dem Teilchen, das sich mit der Geschwindigkeit **v** im kräftefreien Raum bewegt, eine ebene Welle zuzuordnen, die sich mit der Geschwindigkeit **v** fortpflanzt und die Wellenlänge[1]

$$\lambda = \frac{h}{m\,\mathrm{v}} = \frac{h}{p}$$

hat. J. Davisson und L. H. Germer richteten 1927 einen Strahl geschwindigkeitshomogener Elektronen auf eine Nickelkristalloberfläche und erhielten bei bestimmten Winkeln Minima und Maxima des Flusses der reflektierten Elektronen. Derartige Interferenz- und Beugungserscheinungen sind danach bei zahlreichen Experimenten mit verschiedenartigen Teilchenstrahlen beobachtet worden. Dadurch ist bestätigt worden, daß die Materie tatsächlich auch Welleneigenschaften besitzt. Deshalb ist eine neue Mechanik, die Wellenmechanik, entwickelt worden. Sie läßt sich ebensowenig wie die Bohr–Sommerfeldsche Theorie ableiten, aber sie muß die klassische Mechanik als Grenzfall enthalten, und zwar für $h \to 0$.

Der mathematische Ausdruck für eine in der positiven x-Richtung fortschreitende ebene Welle ist in komplexer Schreibweise

$$w(x, t) = C\, e^{i 2\pi(\frac{x}{\lambda} - \nu t)} = C\, e^{i 2\pi \frac{x}{\lambda}}\, e^{-i 2\pi \nu t}\,.$$

Bilden wir die partiellen Ableitungen 2. Ordnung nach x und t, so erhalten wir

$$\frac{\partial^2 w}{\partial x^2} = -\frac{4\pi^2}{\lambda^2} w \quad \text{und} \quad \frac{\partial^2 w}{\partial t^2} = -4\pi^2 \nu^2 w\,.$$

Da die Phasengeschwindigkeit $u = \nu\lambda$ ist, bekommen wir die Wellengleichung

$$\frac{\partial^2 w}{\partial x^2} = \frac{1}{u^2}\frac{\partial^2 w}{\partial t^2}\,.$$

Durch Anwendung der Eulerschen Formeln

$$e^{iz} = \cos z + i \sin z \quad \text{und} \quad e^{-iz} = \cos z - i \sin z$$

ist die Aufspaltung einer komplexen Funktion in Real- und Imaginärteil möglich. Hier ergibt sich

$$w(x, t) = w_{Re} + i\, w_{Im} = C[\cos 2\pi(\frac{x}{\lambda} - \nu t) + i \sin 2\pi(\frac{x}{\lambda} - \nu t)]\,.$$

$w_{Re}(x, t) = C \cos 2\pi(\frac{x}{\lambda} - \nu t)$ und $w_{Im}(x, t) = C \sin 2\pi(\frac{x}{\lambda} - \nu t)$ sind ebenso wie $w(x, t)$ Lösungen der Wellengleichung.

[1] Für die Strahlung besteht die Beziehung zwischen dem Impuls p des Photons und der Wellenlänge λ:

$$p = m_{Ph}\, c = \frac{h\nu}{c^2}\, c = \frac{h}{\lambda}\,.$$

Ersetzen wir in dem Ausdruck für die fortschreitende Welle λ durch h/p_x und ν durch E/h, so erhalten wir für die de Broglie-Welle

$$\Psi(x, t) = C\,e^{i\left(\frac{p_x}{\hbar}x - \frac{E}{\hbar}t\right)} = \psi(x)\,e^{-i\frac{E}{\hbar}t} \quad . \tag{II,15a}$$

Dabei ist

$$\psi(x) = C\,e^{i\frac{p_x}{\hbar}x} \tag{II,15b}$$

der zeitunabhängige Teil der Wellenfunktion. Später werden wir nicht immer besonders betonen, daß es sich bei ψ nur um den ortsabhängigen Teil handelt, und einfach von der Wellenfunktion sprechen. Wir differenzieren ψ nach x und Ψ nach x und t:

$$\frac{d\psi}{dx} = \frac{i}{\hbar}p_x\,\psi \quad \text{und} \quad \frac{d^2\psi}{dx^2} = -\frac{1}{\hbar^2}p_x^2\,\psi\,, \tag{II,16a, b}$$

$$\frac{\partial\Psi}{\partial x} = \frac{i}{\hbar}p_x\,\Psi\,, \quad \frac{\partial^2\Psi}{\partial x^2} = -\frac{1}{\hbar^2}p_x^2\,\Psi \quad \text{und} \quad \frac{\partial\Psi}{\partial t} = -\frac{i}{\hbar}E\,\Psi\,. \tag{II,16c, d, e}$$

Verwenden wir die Gleichung der klassischen Mechanik[1]

$$E = \frac{p_x^2}{2m}\,,$$

so ergeben die Gln. II,16d u. e zusammen

$$-\frac{\hbar^2}{2m}\frac{\partial^2\Psi}{\partial x^2} = -\frac{\hbar}{i}\frac{\partial\Psi}{\partial t}\,. \tag{II,16f}$$

Das ist die zeitabhängige Schrödinger-Gleichung für die eindimensionale Bewegung im kräftefreien Fall. Die Zeitabhängigkeit muß hier stets in komplexer Form dargestellt werden; die reellen Funktionen sind keine Lösungen der Gl. II,16f.

Zwei in entgegengesetzter Richtung laufende, sonst identische Wellen ergeben durch Interferenz eine stehende Welle (s. Bd. I § 75):

$$w_s = \frac{C}{2}\left[e^{i\left(2\pi\frac{x}{\lambda} + \delta - 2\pi\nu t\right)} + e^{-i\left(2\pi\frac{x}{\lambda} + \delta + 2\pi\nu t\right)}\right]$$

$$= C\cos\left(2\pi\frac{x}{\lambda} + \delta\right)e^{-i2\pi\nu t}\,.$$

[1] Ist v sehr klein gegenüber der Vakuumlichtgeschwindigkeit c, so ist nach der Relativitätstheorie $m = m_0$ und $E = m_0c^2 + m_0v^2/2$. Wenn wir nun den konstanten Summanden m_0c^2 weglassen und die Gleichung der klassischen Mechanik benutzen, in der die Energie stets nur bis auf eine additive Konstante bestimmt ist, so bedeutet dies eine willkürliche Festlegung der Frequenz ν der de Broglie-Welle und die Unterdrückung des Phasenfaktors $\exp(-i\,m_0c^2\,t/\hbar)$ in Gl. II,15a. Das wirkt sich aber nicht auf die Folgerungen aus der Theorie aus. Aufgrund der zeitabhängigen Schrödinger-Gleichung für das Atom mit einem Elektron (Gl. II,73) werden wir Energiedifferenzen erhalten (s. Gl. II,74), bei denen m_0c^2 ohnehin wegfallen würde.

Wir haben in das Argument der Wellenfunktion noch eine Phasenkonstante δ eingefügt. Diese wollen wir jetzt gleich $-\pi/2$ setzen. Der Realteil der Funktion w_s

$$w_{s\mathrm{Re}} = C \sin 2\pi \frac{x}{\lambda} \cos 2\pi\nu t$$

beschreibt ebenfalls eine stehende Welle und ist eine Lösung der Wellengleichung. Die Amplitude hängt vom Ort ab und bleibt an bestimmten Stellen gleich 0. Diese haben einen Abstand $\Delta x = \mathrm{n}\,\lambda/2$ (n = 1, 2, 3, . . .) voneinander. Durch die Wahl der Phasenkonstante δ werden sie längs der x-Achse verschoben. Wir können uns vorstellen, daß auch die Schwingung einer unendlich langen Saite durch Überlagerung zweier einander entgegenlaufender Wellen zustande kommt. $w_{s\mathrm{Re}}$ hat dann die Bedeutung der Elongation. Die Auslenkung erfolgt überall gleichphasig, nämlich entsprechend der Funktion $\cos 2\pi\nu t$. Wird die Saite an zwei Stellen eingespannt, so wird die Schwingung nur dann nicht gestört, wenn das Einspannen an Knotenpunkten erfolgt. Dementsprechend kann eine Saite der Länge a nur solche Schwingungen ausführen, bei denen $\lambda = 2\,a/\mathrm{n}$ ist.

Die Interferenz von zwei in entgegengesetzten Richtungen fortschreitenden de Broglie-Wellen ergibt, wenn wir auch hier eine Phasenkonstante δ einfügen:

$$\Psi_s = \frac{C}{2}\left[e^{i\left(\frac{p_x}{\hbar}x + \delta - \frac{E}{\hbar}t\right)} + e^{-i\left(\frac{p_x}{\hbar}x + \delta + \frac{E}{\hbar}t\right)}\right]$$

$$= C\cos\left(\frac{p_x}{\hbar}x + \delta\right) e^{-i\frac{E}{\hbar}t} = \psi_s\, e^{-i\frac{E}{\hbar}t} \qquad \text{(II,15c)}$$

mit

$$\psi_s = C\cos\left(\frac{p_x}{\hbar}x + \delta\right). \qquad \text{(II,15d)}$$

Ψ_s ist eine Lösung der Gl. II,16f; die komplexe Form des zeitabhängigen Teils der Funktion muß beibehalten werden. ψ_s ist eine Lösung der Gl. II,16b, nicht aber der Gl. II,16a.

Wenn ein Teilchen zwischen zwei ebenen, parallelen „unendlich hohen Potentialwänden" bei $x = 0$ und $x = a$ eingeschlossen wird, so sind die Randbedingungen $\psi_s(0) = 0$ und $\psi_s(a) = 0$. $\psi_s(0)$ ist gleich 0, wenn $\delta = \pm\pi/2$ ist. Wir wählen das negative Vorzeichen und erhalten $\psi_s = C\sin p_x\, x/\hbar$. Damit die zweite Randbedingung erfüllt ist, muß $p_x/h = \mathrm{n}/2\,a$ (n = 1, 2, 3, . . .) sein. Statt dessen können wir auch $h/p_x = \lambda = 2\,a/\mathrm{n}$ schreiben. Die möglichen Energiewerte, die Eigenwerte, sind

$$E_\mathrm{n} = \frac{p_{x_\mathrm{n}}^2}{2m} = \frac{\mathrm{n}^2 h^2}{8\,a^2\,m}$$

und die zugehörigen Funktionen, die Eigenfunktionen,

$$\psi_\mathrm{n} = C\sin\frac{\mathrm{n}\,\pi}{a}\,x\,. \qquad \text{(II,15e)}$$

Vergleichen wir noch einmal die Gl. II,15b mit den Gln. II,15d u. e! Ist ψ komplex, dann liegt der ortsabhängige Teil der Funktion einer fortschreitenden Welle vor; ist ψ reell, so handelt es sich um den ortsabhängigen Teil der Funktion einer stehenden Welle.

Wenn wir jetzt die physikalische Bedeutung des ortsabhängigen Teils der Wellenfunktion erörtern wollen, müssen wir davon ausgehen, daß die Teilchen lokalisierbar sind. Das hat sich auch bei den Beugungsexperimenten mit Teilchenstrahlen bestätigt. Wird beispielsweise bei der erwähnten Reflexion eines Elektronenstrahls an einer Kristalloberfläche die Stromstärke immer weiter herabgesetzt, so sind auf der Photoplatte nach der Entwicklung an den bei hohen Elektronenstromstärken dunklen Stellen immer weniger Silberkörnchen zu sehen und an den sonst hellen Stellen kaum noch welche. Die Silberkörnchen sind statistisch verteilt, jedoch so, wie es der Beugungsfigur entspricht. Überall dort, wo ein Silberkörnchen zu finden ist, muß vorher ein Silberbromidkörnchen von einem Elektron getroffen worden sein. Um die Lokalisierbarkeit der Teilchen[1] aufrechtzuerhalten, könnten wir ein Teilchen durch eine Wellengruppe darstellen, die in allen Richtungen nur eine sehr kleine Ausdehnung hat. Das führt aber nicht zum Erfolg, da solche Wellengruppen in sehr kurzer Zeit auseinanderfließen.

Die mittlere Energiedichte in einer fortschreitenden elastischen Welle ist dem Quadrat der Amplitude und in einer fortschreitenden elektromagnetischen Welle dem Quadrat der elektrischen Feldstärke proportional. Wir wollen daher zunächst einmal das Quadrat der Funktion ψ bilden. Da ψ jedoch sehr häufig komplex ist, multiplizieren wir ψ mit der konjugiert komplexen Funktion ψ^* und erhalten die Norm oder das Betragsquadrat $|\psi|^2 = \psi^* \psi$, eine stets reelle Größe. Beobachtbare und damit auch meßbare Größen müssen reell sein. Nun gehört die de Broglie-Welle zu einem Teilchenstrahl. In ihm ist eine gewisse konstante Teilchenzahldichte, die Zahl der Teilchen pro Volumeneinheit, vorhanden. Die Annahme liegt nahe, daß $|\psi|^2$ der Teilchenzahldichte proportional ist. Bilden wir das Quadrat des Betrages der durch Gl. II,15b gegebenen ψ-Funktion, so erhalten wir erwartungsgemäß eine Konstante, nämlich C^2. Setzen wir fest, daß $|\psi|^2 = C^2 = 1$ sein soll, so bedeutet diese Normierung der ψ-Funktion, daß die Teilchenzahldichte in der ebenen Welle gleich 1 ist. Wir berücksichtigen, daß bei den Experimenten die statistische Verteilung der Teilchen deutlich in Erscheinung tritt, wenn die Teilchenzahldichte gering ist, und interpretieren $|\psi|^2 \, d\tau$ als die Wahrscheinlichkeit, ein Teilchen im Volumenelement $d\tau$ anzutreffen. Das Teilchen soll punktförmig sein. $|\psi|^2$ hat die Dimension L^{-3} und die physikalische Bedeutung der Wahrscheinlichkeitsdichte. Die statistische Deutung der Wellenmechanik ist 1926 von M. Born vorgeschlagen worden.

Im Fall des Teilchens, das zwischen zwei „unendlich hohen Potentialwänden" eingeschlossen ist, hängt das Quadrat der durch Gl. II,15e dargestellten Funktion von x ab.

[1] Eine Ortskoordinate kann nach der Heisenbergschen Unbestimmtheitsrelation (Abschn. 2.2) prinzipiell mit beliebiger Genauigkeit gemessen werden, wenn für die Unbestimmtheit der zugehörigen Impulskomponente nach der Messung keine Grenze festgesetzt wird.

Die Konstante C in der Funktion können wir durch die Normierungsvorschrift

$$\int_0^a |\psi_n(x)|^2 \, dx = C^2 \int_0^a \left(\sin \frac{n\pi}{a} x\right)^2 dx = 1$$

festlegen und bekommen $C = \sqrt{2/a}$.

$$|\psi_n(x)|^2 \, dx = \frac{2}{a} \left(\sin \frac{n\pi}{a} x\right)^2 dx$$

ist dann die Wahrscheinlichkeit, daß sich das Teilchen zwischen x und $x + dx$ aufhält, wobei $0 \leqslant x \leqslant a$ ist. Die ψ-Funktion ist so normiert worden, daß die Wahrscheinlichkeit, das Teilchen an irgendeiner Stelle im Bereich von 0 bis a anzutreffen, gleich 1 ist. Aus der Normierungsgleichung folgt, daß hier $|\psi|^2$ die Dimension L^{-1} hat.

Die ψ-Funktion eines Elektrons eines Atoms hängt von allen drei Ortskoordinaten ab und verschwindet erst im Unendlichen. Dementsprechend hat die Normierungsbedingung die Form

$$\int_{-\infty}^{+\infty} \int_{-\infty}^{+\infty} \int_{-\infty}^{+\infty} |\psi|^2 \, dx \, dy \, dz = \int_{\varphi=0}^{2\pi} \int_{\vartheta=0}^{\pi} \int_{r=0}^{\infty} |\psi|^2 r^2 \, dr \sin\vartheta \, d\vartheta \, d\varphi$$

$$= \int |\psi|^2 \, d\tau = 1.$$

Aus Bequemlichkeit wird gewöhnlich das einfache Integral unter Weglassung der Integrationsgrenzen geschrieben. $|\psi(x, y, z)|^2 \, d\tau$ ist die Wahrscheinlichkeit, daß sich das Elektron im Volumenelement $d\tau$ beim Punkt $P(x, y, z)$ aufhält. Dann hat die Normierungsbedingung die Bedeutung, daß das Elektron bestimmt irgendwo im Raum zu finden ist. $|\psi|^2$ hat hier die Dimension L^{-3}. Da das Elektron die Ladung $-e$ trägt, ist $-e|\psi|^2$ die Ladungsdichte in der Hülle des Atoms mit einem Elektron. Genaugenommen handelt es sich bei $-e|\psi|^2 \, d\tau$ um die Wahrscheinlichkeit, die an einem Punkt konzentrierte Ladungsmenge $-e$ im Volumenelement $d\tau$ vorzufinden.

2.2 Die Operatoren einiger physikalischer Größen

Wir führen den Differentialoperator

$$\hat{p}_x = \frac{\hbar}{i} \frac{\partial}{\partial x} \tag{II,17a}$$

ein. Der Zirkumflex soll der Kennzeichnung von Operatoren dienen. Mit $\hat{p}_x$ nimmt die Gl. II,16a die Form

$$\hat{p}_x \, \psi = p_x \, \psi$$

an. Weiter läßt sich der Operator der kinetischen Energie $\hat{E}_k$ in Analogie zur klassischen Mechanik folgendermaßen bilden:

$$\hat{E}_k = \frac{1}{2m} \hat{p}_x^2 = \frac{1}{2m} \hat{p}_x \hat{p}_x = -\frac{\hbar^2}{2m} \frac{\partial^2}{\partial x^2} .$$

Gl. II,16b können wir nun in folgender Weise schreiben:

$$\frac{1}{2m} \hat{p}_x^2 \psi = E_k \psi \qquad \text{oder} \qquad \hat{p}_x^2 \psi = p_x^2 \psi .$$

Fordern wir die Erfüllung von Randbedingungen, so sind, wie wir gesehen haben, nur gewisse Werte für E_k oder p_x^2 möglich, und dazu gehören bestimmte ψ-Funktionen.

Hier haben wir mit Hilfe des Differentialoperators $\hat{p}_x$ den Operator für die kinetische Energie bei eindimensionaler Bewegung gebildet. Wir werden noch weitere mechanische Größen durch Operatoren darstellen. Zu einem Differentialoperator $\hat{G}$ gehört die Differentialgleichung

$$\hat{G} f = g f . \qquad \text{(II,18)}$$

Wenn die Lösungen gewisse Bedingungen erfüllen müssen, hat die Differentialgleichung nur für besondere Werte von g, die Eigenwerte $g_1, g_2, \ldots$, von 0 verschiedene Lösungen, die Eigenfunktionen $f_1, f_2, \ldots$. Es handelt sich um ein Eigenwertproblem. An die Stelle der scharf formulierten Randbedingungen, die wir bei dem Beispiel des zwischen „unendlich hohen Potentialwänden" eingeschlossenen Teilchens kennengelernt haben, tritt bei der Behandlung des Elektrons eines Atoms die Forderung, daß die Lösungen physikalisch sinnvoll, also endlich, stetig und eindeutig sein sollen.

Weitere Operatoren für mechanische Größen erhalten wir, wenn wir von den Operatoren für die Impulskomponenten

$$\hat{p}_x = \frac{\hbar}{i} \frac{\partial}{\partial x}, \quad \hat{p}_y = \frac{\hbar}{i} \frac{\partial}{\partial y}, \quad \hat{p}_z = \frac{\hbar}{i} \frac{\partial}{\partial z} \qquad \text{(II,17a, b, c)}$$

und den Operatoren für die Ortskoordinaten x, y, z ausgehen. Die Einführung des Nabla-Operators

$$\nabla = \frac{\partial}{\partial x} \boldsymbol{i} + \frac{\partial}{\partial y} \boldsymbol{j} + \frac{\partial}{\partial z} \boldsymbol{k}$$

mit den Einsvektoren $\boldsymbol{i}, \boldsymbol{j}, \boldsymbol{k}$ im kartesischen Koordinatensystem ermöglicht folgende Kurzschreibweise:

$$\hat{\boldsymbol{p}} = \frac{\hbar}{i} \nabla . \qquad \text{(II,17d)}$$

Die Operatoren für die Ortskoordinaten sind die Werte von x, y und z selbst. Demnach besteht die Anwendung der Operatoren auf eine Funktion in der Multiplikation der Funktion mit x, y oder z. Wir können also den Zirkumflex weglassen. Hängt eine Größe nur von den Koordinaten ab wie zum Beispiel die potentielle Energie, so ist der zugehörige Operator die Funktion $F(x, y, z)$ selbst. Wird der Operator auf eine Funktion f angewendet, dann sind die beiden Funktionen F und f miteinander zu multiplizieren. Dementsprechend ist der Zirkumflex zur Kennzeichnung des Operators überflüssig.

Um weitere Operatoren bilden zu können, müssen wir wenigstens die Regeln für die Addition und die Multiplikation der Operatoren kennen. Für die Addition gilt das kommutative Gesetz:

$$\hat{C} = \hat{A} + \hat{B} = \hat{B} + \hat{A} \ .$$

Von der Richtigkeit der Gleichungen können wir uns leicht überzeugen, wenn wir eine Funktion f mitschreiben, auf die die Operatoren wirken sollen. Bei der Multiplikation

$$\hat{C} = \hat{A}\,\hat{B}$$

dürfen die Faktoren nicht vertauscht werden. Wir schreiben ausführlich

$$\hat{C} f = \hat{A}\,\hat{B} f \ .$$

Dann ist zuerst der Operator $\hat{B}$ auf f und danach der Operator $\hat{A}$ auf das Ergebnis für $\hat{B}f$ anzuwenden. Es muß noch folgende abkürzende Schreibweise eingeführt werden:

$$\hat{A}\,\hat{B} - \hat{B}\,\hat{A} = [\hat{A}, \hat{B}] \ .$$

$[\hat{A}, \hat{B}]$ wird Kommutator genannt.

Hier sind drei wichtige Beispiele anzuführen:

$$x\,y\,f(x,y,z) - y\,x\,f(x,y,z) = 0; \qquad \text{also ist } [x,y] = 0 \ .$$

$$x\,\frac{\hbar}{i}\,\frac{\partial f(x,y,z)}{\partial y} - \frac{\hbar}{i}\,\frac{\partial\, x \cdot f(x,y,z)}{\partial y} = 0; \qquad \text{demnach ist } [x, \hat{p}_y] = 0 \ .$$

$$x\,\frac{\hbar}{i}\,\frac{\partial f(x,y,z)}{\partial x} - \frac{\hbar}{i}\,\frac{\partial\, x \cdot f(x,y,z)}{\partial x} = -\frac{\hbar}{i} f; \qquad \text{folglich ist } [x, \hat{p}_x] = -\frac{\hbar}{i} \ .$$

Entsprechende Formeln ergeben sich für die anderen Koordinaten und Impulskomponenten. Die Gleichungen werden als Vertauschungsrelationen bezeichnet und stehen in engem Zusammenhang mit den Heisenbergschen Unbestimmtheits- oder Unschärferelationen

$$\Delta x \cdot \Delta p_x \gtrsim \hbar \text{ [1]}, \quad \Delta y \cdot \Delta p_y \gtrsim \hbar, \quad \Delta z \cdot \Delta p_z \gtrsim \hbar \ .$$

Wird beispielsweise die Koordinate x eines Teilchens auf $\pm\,\Delta x$ genau bestimmt, so ist danach die Unbestimmtheit der Impulskomponente p_x $|\Delta p_x| \gtrsim \hbar/\Delta x$. Gäbe es eine

[1] Die präziseste Form lautet, wenn wir uns auf die Koordinate x beschränken,

$$\sqrt{\overline{(\Delta x)^2}}\;\sqrt{\overline{(\Delta p_x)^2}} \geqq \frac{\hbar}{2} \ .$$

$\sqrt{\overline{(\Delta x)^2}}$ und $\sqrt{\overline{(\Delta p_x)^2}}$ sind die mittleren Abweichungen oder Standardabweichungen.

ideale Apparatur, die nach der klassischen Physik vollkommen exakte Messungen erlaubte, so ließen sich trotzdem die Koordinate und die zugehörige Impulskomponente eines Teilchens für die Voraussage über seine weitere Bahn nicht mit einer größeren Genauigkeit ermitteln, als es die Heisenbergsche Unbestimmtheitsrelation angibt. Die Messung einer Koordinate ist nämlich nicht ohne eine Beeinflussung des Teilchens möglich. Fliegen Teilchen durch einen Spalt, so ist eine Ortskoordinate beim Passieren des Spaltes mit einer Breite b bis auf $\pm b/2$ genau bekannt. Da zu dem Teilchen aber eine Welle mit $\lambda = h/p$ gehört, findet eine Beugung am Spalt statt. Deshalb ist die Geschwindigkeitsrichtung nach dem Durchfliegen des Spalts unbestimmt. Nehmen wir an, daß es ein Mikroskop gibt, mit dem eine wellenoptische Ortsmessung vorgenommen werden kann! Hier wirkt sich störend aus, daß die Strahlung Korpuskeleigenschaften besitzt. Wenigstens ein Photon muß mit dem Teilchen zusammenstoßen und in das Objektiv abgelenkt werden. Bei dem Stoß ändert sich auch der Impuls des Teilchens. Die Rechnung ergibt, daß bei den beiden erwähnten Meßverfahren das Produkt der Ungenauigkeitsbereiche der Koordinate und der zugehörigen Impulskomponente ungefähr gleich $h/2$ oder größer ist.

Mit Hilfe der Operatoren der Koordinaten und Impulse können wir die weiteren noch benötigten Operatoren bilden. In der klassischen Mechanik ist der Drehimpuls

$$\boldsymbol{L} = \boldsymbol{r} \times \boldsymbol{p}$$

mit den Komponenten

$$L_x = y\,p_z - z\,p_y\,,\quad L_y = z\,p_x - x\,p_z,\quad L_z = x\,p_y - y\,p_x\,. \qquad \text{(II,19a, b, c)}$$

Demnach erhalten wir die Operatoren

$$\hat{L}_x = \frac{\hbar}{i}(y\frac{\partial}{\partial z} - z\frac{\partial}{\partial y}),\quad \hat{L}_y = \frac{\hbar}{i}(z\frac{\partial}{\partial x} - x\frac{\partial}{\partial z}),$$

$$\hat{L}_z = \frac{\hbar}{i}(x\frac{\partial}{\partial y} - y\frac{\partial}{\partial x})\,. \qquad \text{(II,19d, e, f)}$$

Die Hamilton-Funktion ist gleich der Gesamtenergie, also gleich der Summe der kinetischen und der potentiellen Energie, wenn die Kräfte sich von potentiellen Energien ableiten lassen. Zu der Hamilton-Funktion

$$H = \frac{1}{2m}(p_x^2 + p_y^2 + p_z^2) + E_p(x,y,z) \qquad \text{(II,20a)}$$

gehört der Hamilton-Operator

$$\hat{H} = -\frac{\hbar^2}{2m}(\frac{\partial}{\partial x}\frac{\partial}{\partial x} + \frac{\partial}{\partial y}\frac{\partial}{\partial y} + \frac{\partial}{\partial z}\frac{\partial}{\partial z}) + E_p(x,y,z) = -\frac{\hbar^2}{2m}\Delta + E_p\,. \qquad \text{(II,20b)}$$

Dabei ist

$$\Delta = \frac{\partial^2}{\partial x^2} + \frac{\partial^2}{\partial y^2} + \frac{\partial^2}{\partial z^2}$$

der sogenannte Laplace-Operator.

Für die weitere Rechnung müssen wir Kugelkoordinaten einführen (Abb. II,7):

$$x = r \sin \vartheta \cos \varphi \,, \quad y = r \sin \vartheta \sin \varphi \,, \quad z = r \cos \vartheta \,; \tag{II,21a, b, c}$$

$$r = \sqrt{x^2 + y^2 + z^2} \,, \quad \vartheta = \arctan \frac{\sqrt{x^2 + y^2}}{z} \,, \quad \varphi = \arctan \frac{y}{x} \,. \tag{II,21d, e, f}$$

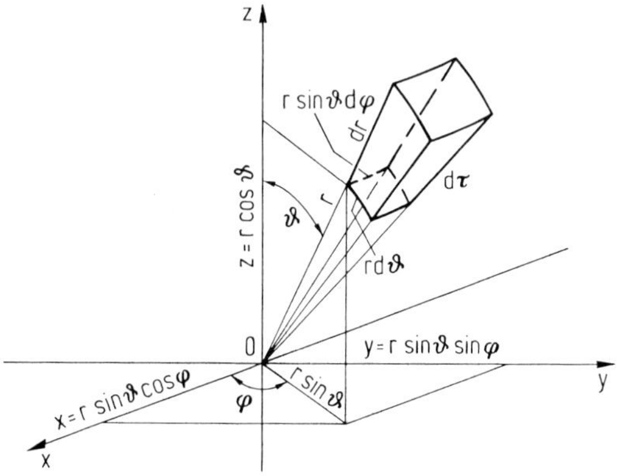

Abb. II,7. Kugelkoordinaten

Die Rechnungen lassen sich mit Hilfe von partiellen Differentationen bewältigen[1], sind aber so umständlich, daß wir sie hier nicht im einzelnen durchführen wollen, sondern uns mit den Ergebnissen begnügen:

$$\hat{L}_x = + \mathrm{i}\,\hbar \left(\sin \varphi \frac{\partial}{\partial \vartheta} + \cot \vartheta \cos \varphi \frac{\partial}{\partial \varphi} \right) , \tag{II,19g}$$

$$\hat{L}_y = - \mathrm{i}\,\hbar \left(\cos \varphi \frac{\partial}{\partial \vartheta} - \cot \vartheta \sin \varphi \frac{\partial}{\partial \varphi} \right) , \tag{II,19h}$$

$$\hat{L}_z = - \mathrm{i}\,\hbar \frac{\partial}{\partial \varphi} , \tag{II,19i}$$

[1] Für den Leser, der die Rechnungen durchführen will, sollen einige Zwischenergebnisse angegeben werden:

$$\frac{\partial}{\partial x} = \frac{\partial r}{\partial x}\frac{\partial}{\partial r} + \frac{\partial \vartheta}{\partial x}\frac{\partial}{\partial \vartheta} + \frac{\partial \varphi}{\partial x}\frac{\partial}{\partial \varphi}$$

$$= \sin \vartheta \cos \varphi \frac{\partial}{\partial r} + \frac{1}{r} \cos \vartheta \cos \varphi \frac{\partial}{\partial \vartheta} - \frac{1}{r}\frac{\sin \varphi}{\sin \vartheta}\frac{\partial}{\partial \varphi} ,$$

$$\frac{\partial}{\partial y} = \sin \vartheta \sin \varphi \frac{\partial}{\partial r} + \frac{1}{r} \cos \vartheta \sin \varphi \frac{\partial}{\partial \vartheta} + \frac{1}{r}\frac{\cos \varphi}{\sin \vartheta}\frac{\partial}{\partial \varphi} ,$$

$$\frac{\partial}{\partial z} = \cos \vartheta \frac{\partial}{\partial r} - \frac{1}{r} \sin \vartheta \frac{\partial}{\partial \vartheta} .$$

$$\hat{L}^2 = \hat{L}_x \hat{L}_x + \hat{L}_y \hat{L}_y + \hat{L}_z \hat{L}_z = -\hbar^2 \left(\frac{\partial^2}{\partial \vartheta^2} + \cot\vartheta \frac{\partial}{\partial \vartheta} + \frac{1}{\sin^2\vartheta} \frac{\partial^2}{\partial \varphi^2}\right), \tag{II,22}$$

$$\hat{H} = -\frac{\hbar^2}{2m}\left[\frac{\partial^2}{\partial r^2} + \frac{2}{r}\frac{\partial}{\partial r} + \frac{1}{r^2}\frac{\partial^2}{\partial \vartheta^2} + \frac{\cot\vartheta}{r^2}\frac{\partial}{\partial \vartheta} + \frac{1}{r^2 \sin^2\vartheta}\frac{\partial^2}{\partial \varphi^2}\right] + E_p \tag{II,20c}$$

$$= -\frac{\hbar^2}{2m}\left[\frac{\partial^2}{\partial r^2} + \frac{2}{r}\frac{\partial}{\partial r}\right] + \frac{\hat{L}^2}{2mr^2} + E_p\,. \tag{II,20d}$$

Wir erhalten wieder, wie sich leicht zeigen läßt, Vertauschungsrelationen[1]:

$$[\hat{L}_x, \hat{L}_y] = i\hbar \hat{L}_z, \quad [\hat{L}_y, \hat{L}_z] = i\hbar \hat{L}_x, \quad [\hat{L}_z, \hat{L}_x] = i\hbar \hat{L}_y\,, \tag{II,23a, b, c}$$

$$[\hat{L}^2, \hat{L}_x] = 0, \quad [\hat{L}^2, \hat{L}_y] = 0, \quad [\hat{L}^2, \hat{L}_z] = 0. \tag{II,23d, e, f}$$

Die Operatoren der Drehimpulskomponenten sind also nicht vertauschbar. Dagegen ist der Operator des Quadrates des Drehimpulses mit jedem der drei Operatoren der Drehimpulskomponenten vertauschbar. Dementsprechend ist es nicht möglich, daß die Drehimpulskomponenten gleichzeitig bestimmte Werte haben außer in dem Fall, daß alle drei Komponenten gleich 0 sind. Aber das Quadrat und eine Komponente des Drehimpulses können gleichzeitig bestimmte Werte haben und gleichzeitig gemessen werden.

2.3 Die Eigenwerte und Eigenfunktionen der Operatoren der z-Komponente und des Quadrates des Drehimpulses

Setzen wir die Gl. II,19i in Gl. II,18 ein und schreiben wir $\phi(\varphi)$ statt f, so erhalten wir

$$\frac{\hbar}{i}\frac{d\,\phi(\varphi)}{d\,\varphi} = g\,\phi(\varphi)\,. \tag{II,24}$$

Die allgemeine Lösung ist $\phi = N \exp\left(\frac{i}{\hbar} g\,\varphi\right)$. Wir stellen die Bedingung $\phi(\varphi + 2\pi k) = \phi(\varphi)$. Das bedeutet, daß die Funktion ϕ immer wieder den gleichen Wert annimmt, wenn φ um 2π vergrößert wird, also nach einem Umlauf um die z-Achse. Die Funktion ϕ hängt dann eindeutig vom Winkel φ ab, dessen Werte im Kugelkoordinatensystem zwischen 0 und 2π liegen. Demnach muß

$$\exp\left[i\frac{g\varphi}{\hbar}\right] = \exp\left[i\frac{g}{\hbar}(\varphi + 2\pi k)\right] = \exp\left[i\left(\frac{g\varphi}{\hbar} + \frac{2\pi k\cdot g}{\hbar}\right)\right] = \exp\left[i\left(\frac{g\varphi}{\hbar} + 2\pi n\right)\right]$$

sein, da die Exponentialfunktion die rein imaginäre Periode $2\pi i$ hat. Aus der Gleichung folgt, daß $k \cdot g/\hbar = n$ ist. k und n sind ganze Zahlen. Wir können k = 1 setzen und erhalten $g/\hbar = n$. $g/\hbar$ ist also ganzzahlig. Weiter wird mit einem ganzzahligen Wert von $g/\hbar$ die

[1] Wenn vorausgesetzt wird, daß die Drehimpulsoperatoren durch die Vertauschungsrelationen definiert sind, läßt sich eine umfassende Theorie entwickeln, die nicht nur für den Bahndrehimpuls, sondern auch für den Spin und den Gesamtdrehimpuls Gültigkeit besitzt.

Gleichung $k \cdot g/\hbar = n$ für jeden möglichen Wert von k erfüllt. Damit kennen wir die Eigenwerte der Differentialgleichung:

$$g = m\,\hbar \quad \text{mit} \quad m = 0, \pm 1, \pm 2, \ldots \quad . \tag{II,25}$$

Wir müssen noch die Eigenfunktionen auf 1 normieren:

$$\int_0^{2\pi} \phi_m^* \, \phi_m \, d\varphi = 1 \, .$$

So erhalten wir den Normierungsfaktor $N = 1/\sqrt{2\pi}$. Demnach hat der Operator $\hat{L}_z$ die Eigenfunktionen

$$\phi_m = \frac{1}{\sqrt{2\pi}} e^{im\varphi} = \frac{1}{\sqrt{2\pi}} (\cos m\varphi + i \sin m\varphi) \, . \tag{II,26a}$$

Für $m = 0$ ergibt sich

$$\phi_0 = \frac{1}{\sqrt{2\pi}} \, . \tag{II,26b}$$

Da $\cos m\varphi$ und $\sin m\varphi$ keine gemeinsamen Nullstellen haben, besitzt die komplexe Funktion ϕ_m keine Nullstellen. Ihr entspricht eine um die z-Achse umlaufende Welle. So wird das Auftreten des Bahndrehimpulses und des magnetischen Moments verständlich (s. Abschn. 3.1).

Wenn wir Gl. II,22 in Gl. II,18 einsetzen und $Y(\vartheta, \varphi)$ statt f schreiben, lautet die Gleichung zur Ermittlung der Eigenwerte und Eigenfunktionen des Operators $\hat{L}^2$

$$-\hbar^2 \left(\frac{\partial^2}{\partial \vartheta^2} + \cot \vartheta \frac{\partial}{\partial \vartheta} + \frac{1}{\sin^2 \vartheta} \frac{\partial^2}{\partial \varphi^2}\right) Y(\vartheta, \varphi) = g \cdot Y(\vartheta, \varphi) \, . \tag{II,27a}$$

Mit dem Ansatz

$$Y(\vartheta, \varphi) = \Theta(\vartheta) \cdot \phi(\varphi)$$

können wir die Variablen ϑ und φ separieren. Wir kennen bereits $\phi(\varphi)$; es ist die durch Gl. II,26a dargestellte komplexe Funktion. Wir können aber auch die reellen Funktionen

$$\phi_{|m|} = \frac{1}{\sqrt{\pi}} \cos |m| \varphi \quad \text{und} \quad \phi_{|m|} = \frac{1}{\sqrt{\pi}} \sin |m| \varphi \tag{II,26c, d}$$

für $|m| = 1, 2, \ldots$ verwenden. Sie sind keine Lösungen der Gl. II,24, also keine Eigenfunktionen von $\hat{l}_z$, aber hier brauchbar, weil ϕ in Gl. II,27 a zweimal nach φ differenziert wird. $1/\sqrt{\pi}$ ist der Normierungsfaktor.

Wählen wir die komplexe Funktion oder eine der beiden reellen Funktionen für ϕ und setzen wir $Y(\vartheta, \varphi) = \Theta(\vartheta) \cdot \phi(\varphi)$ in Gl. II,27a ein, so erhalten wir

$$\frac{d^2 \Theta}{d \vartheta^2} + \cot \vartheta \frac{d \Theta}{d \vartheta} + \left[\frac{g^{\cdot}}{\hbar^2} - \frac{m^2}{\sin^2 \vartheta}\right] \Theta = 0 . \qquad \text{(II,28a)}$$

Die Eindeutigkeitsforderung für die Lösungen ist hier $\Theta(\vartheta + 2\pi k) = \Theta(\vartheta)$. Nach der Theorie der Kugelfunktionen hat Gl. II,28a nur dann endliche, stetige und eindeutige Lösungen, wenn

$$g^{\cdot} = l(l+1)\hbar^2 \qquad \text{(II,29)}$$

ist. Dabei muß l positiv und ganzzahlig oder gleich 0 sein. Hiermit sind uns die Eigenwerte von $\hat{L}^2$ bekannt.

Ersetzen wir in Gl. II,28a $g^{\cdot}/\hbar^2$ durch $l(l+1)$ und führen wir statt ϑ die neue Variable

$$\xi = \cos \vartheta \qquad (-1 \leqq \xi \leqq +1)$$

ein, so ergibt sich

$$(1 - \xi^2) \frac{d^2 \Theta}{d \xi^2} - 2\xi \frac{d \Theta}{d \xi} + \left[l(l+1) - \frac{m^2}{1 - \xi^2}\right] \Theta = 0 . \qquad \text{(II,28b)}$$

Die Lösungen dieser Differentialgleichung sind die zugeordneten Kugelfunktionen:

$$\Theta_{1,|m|}(\xi) = N_{1,|m|} P_1^{|m|}(\xi) \,^{1} . \qquad \text{(II,30a)}$$

Dabei ist der Normierungsfaktor

$$N_{1,|m|} = \sqrt{\frac{(l - |m|)!\,(2l+1)}{2\,(l + |m|)!}} \qquad \text{(II,30b)}$$

und die Funktion

$$P_1^{|m|} = (1 - \xi^2)^{|m|/2} \frac{d^{1+|m|}}{d \xi^{1+|m|}} (\xi^2 - 1)^1 . \qquad \text{(II,30c)}$$

Die Eigenwerte und Eigenfunktionen der Operatoren der z-Komponente und des Quadrates des Drehimpulses haben allgemeine Bedeutung. Sie gelten nicht nur für das Elektron eines Atoms, sondern beispielsweise auch für das zweiatomige Molekül, das näherungsweise als starrer Rotator mit freier Achse aufgefaßt werden kann.

Da später noch mehr Drehimpulse auftreten, wollen wir schon jetzt vom Bahndrehimpuls des einzelnen Elektrons sprechen und ihn mit $\boldsymbol{l}$ bezeichnen. Der Betrag des Bahndrehimpulses ist nach Gl. II,29

$$|\boldsymbol{l}| = \sqrt{l(l+1)}\,\hbar . \qquad \text{(II,31)}$$

[1] Damit der Unterschied zwischen dem Buchstaben l und der Zahl 1 stärker hervortritt, ist in diesem und im nächsten Abschnitt in den Exponenten und Indizes die Eins in 1 abgeändert, jedoch nicht in den Gln. II,40a bis e und II,41a u. b sowie in den Tabellen.

Gl. II,27a können wir nun in folgender Form schreiben:

$$\hat{l}^2\ Y_{l,m}(\vartheta, \varphi) = l(l+1)\,\hbar^2\ Y_{l,m}(\vartheta, \varphi)\ . \qquad \text{(II,27b)}$$

Den Werten der Bahndrehimpulsquantenzahl werden kleine Buchstaben zugeordnet:

l =	0	1	2	3	4	5	6	...
	s	p	d	f	g	h	i	...

Wie aus Gl. II,30c hervorgeht, ist die Ableitung der Funktion $(\xi^2 - 1)^l$ und damit auch $P_l^{|m|}$ gleich 0, wenn $l + |m| > 2\,l$, also $|m| > l$ ist. Nach Gl. II,25 gilt dann für die z-Komponente des Bahndrehimpulses

$$l_z = m\,\hbar \quad \text{mit} \quad m = 0, \pm 1, \pm 2, \ldots, \pm l\ . \qquad \text{(II,32)}$$

m wird Orientierungs- oder magnetische Quantenzahl des Bahndrehimpulses genannt. Wir werden später häufig noch den Index 1 anfügen. Die z-Achse oder Polarachse des Koordinatensystems wird in die – beispielsweise durch ein Magnetfeld – ausgezeichnete Richtung gelegt.

In Tabelle II,1 sind die Eigenfunktionen $Y_{l,|m|} = \Theta_{l,|m|} \cdot \Phi_{|m|}$ für $l = 0$ bis 3 zusammengestellt. Dabei ist die reelle Form von $\Phi(\varphi)$ gewählt worden. Die Zahl der φ-Knotenflächen der Funktion $Y_{l,|m|}(\vartheta, \varphi)$ ist gleich $|m|$, wie aus den Gln. II,26b, c u. d hervor-

Tab. II,1. $Y_{l,|m|}$

$$Y_{0,0} = \frac{1}{2\sqrt{\pi}}$$

$$Y_{1,0} = \sqrt{3}\,\frac{\cos\vartheta}{2\sqrt{\pi}} \qquad Y_{1,1} = \sqrt{3}\,\frac{\sin\vartheta}{2\sqrt{\pi}}\begin{cases}\cos\varphi\\ \sin\vartheta\end{cases}$$

$$Y_{2,0} = \sqrt{5}\,\frac{3\cos^2\vartheta - 1}{4\sqrt{\pi}} \qquad Y_{2,1} = \sqrt{15}\,\frac{\sin\vartheta\cos\vartheta}{2\sqrt{\pi}}\begin{cases}\cos\varphi\\ \sin\varphi\end{cases} \qquad Y_{2,2} = \sqrt{15}\,\frac{\sin^2\vartheta}{4\sqrt{\pi}}\begin{cases}\cos 2\varphi\\ \sin 2\varphi\end{cases}$$

$$Y_{3,0} = \sqrt{7}\,\frac{5\cos^3\vartheta - 3\cos\vartheta}{4\sqrt{\pi}} \qquad Y_{3,1} = \sqrt{21}\,\frac{\sin\vartheta\,(5\cos^2\vartheta - 1)}{4\sqrt{2\pi}}\begin{cases}\cos\varphi\\ \sin\varphi\end{cases}$$

$$Y_{3,2} = \sqrt{105}\,\frac{\sin^2\vartheta\cos\vartheta}{4\sqrt{\pi}}\begin{cases}\cos 2\varphi\\ \sin 2\varphi\end{cases} \qquad Y_{3,3} = \sqrt{35}\,\frac{\sin^3\vartheta}{4\sqrt{2\pi}}\begin{cases}\cos 3\varphi\\ \sin 3\varphi\end{cases}$$

geht. Diese Knotenflächen sind Ebenen, in denen die z-Achse liegt. Außerdem hat die Funktion $Y_{l,|m|}(\vartheta, \varphi)$ noch $(l - |m|)$ ϑ-Knotenflächen. Hier handelt es sich um Knotenkegel, deren Mittellinie die z-Achse ist. Für $l - |m| = 1$ ist der Kegel zu einer Ebene senkrecht zur z-Achse entartet. Abb. II,8 zeigt die Knotenflächen für die Funktionen $Y_{l,|m|}$ mit $l = 1$, 2 und 3. Wir können die Eigenfunktionen mit Hilfe der Gln. II,21a bis d so umformen, daß sie statt von ϑ und φ von x, y und z abhängen. Bis auf konstante Faktoren ergeben sich für $l = 1$ $z/r, x/r, y/r$ und für $l = 2$ $[2\,z^2 - (x^2 + y^2)]/r^2$, $x\,z/r^2, y\,z/r^2, (x^2 - y^2)/r^2, x\,y/r^2$. Wenn wir den Zähler dieser Ausdrücke gleich 0 setzen, erhalten wir die Knotenflächen. Die Zähler der Ausdrücke können wir deshalb

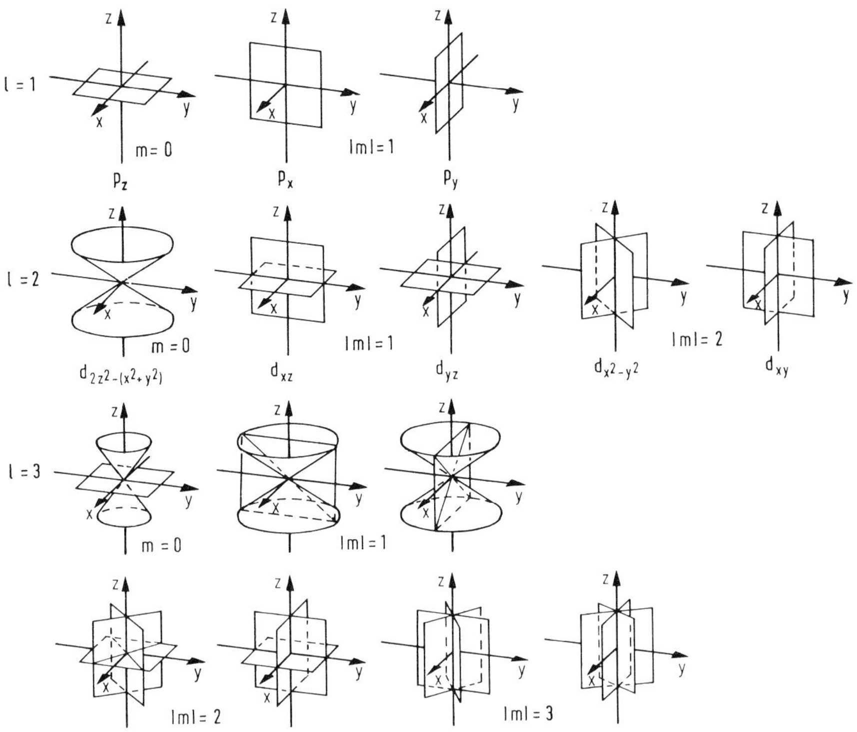

Abb. II,8. Die Knotenflächen der Funktionen $Y_{l,\,|m|}(\vartheta, \varphi)$

zur Kennzeichnung der Zustände heranziehen, indem wir sie als Indizes an die Buchstaben p und d anhängen. Beispielsweise ist p_z der Zustand mit der Knotenebene $z = 0$ und $d_{x^2-y^2}$ der Zustand mit den beiden Knotenebenen $y = x$ und $y = -x$.

2.4 Die Lösung der zeitunabhängigen Schrödinger-Gleichung

Jetzt setzen wir den Hamilton-Operator in die Gl. II,18 ein; statt g schreiben wir E, weil die Hamilton-Funktion gleich der Gesamtenergie ist, und statt f $\psi(r)$. Dann erhalten wir die zeitunabhängige Schrödinger-Gleichung in der allgemeinen Form

$$\hat{H}\,\psi(r) = E\,\psi(r)\,. \tag{II,33}$$

r steht an Stelle von einer oder drei Koordinaten je nachdem, um welches Problem es sich handelt. Wollen wir die Gl. II,33 auf das Atom mit einem Elektron anwenden, so setzen wir für $\hat{H}$ Gl. II,20b und darin für E_p Gl. II,2 ein. Es ergibt sich

$$\left[-\frac{\hbar^2}{2\,m_e}\,\Delta - \frac{Z\,e^2}{4\,\pi\,\epsilon_0\,r}\right]\psi(r) = E\,\psi(r)\,. \tag{II,34a}$$

Diese Gleichung hat E. Schrödinger 1926 in einer Arbeit mit dem Titel „Quantisierung als Eigenwertproblem“ angegeben.

Wenn wir in die Gl. II,34a Kugelkoordinaten einführen, können wir die Variablen separieren. Mit dem Ansatz

$$\psi(r, \vartheta, \varphi) = R(r) \cdot Y(\vartheta, \varphi) = R(r) \cdot \Theta(\vartheta) \cdot \phi(\varphi)$$

erhalten wir drei gewöhnliche Differentialgleichungen, in denen jeweils nur r, ϑ oder φ auftritt. Da wir aus Abschn. 2.3 bereits den winkelabhängigen Teil der ψ-Funktion kennen, wählen wir einen kürzeren Weg bei der Lösung der Schrödinger-Gleichung. Wir bringen diese unter Verwendung der Gl. II,20d in die Form

$$\left[-\frac{\hbar^2}{2 m_e}\left(\frac{\partial^2}{\partial r^2} + \frac{2}{r}\frac{\partial}{\partial r}\right) + \frac{\hat{l}^2}{2 m_e r^2} - \frac{Z e^2}{4 \pi \epsilon_0 r}\right] \psi(r, \vartheta, \varphi) = E\, \psi(r, \vartheta, \varphi)\,. \quad \text{(II,34b)}$$

Mit dem Ansatz $\psi(r, \vartheta, \varphi) = R(r) \cdot Y_{l,m}(\vartheta, \varphi)$ bekommen wir dann unter Berücksichtigung der Gl. II,27b die Differentialgleichung

$$\left[\frac{d^2}{d r^2} + \frac{2}{r}\frac{d}{d r} + \frac{2 m_e}{\hbar^2}\left(E + \frac{Z e^2}{4 \pi \epsilon_0 r} - \frac{l(l+1)\hbar^2}{2 m_e r^2}\right)\right] R(r) = 0 \quad \text{(II,35a)}$$

für den r-abhängigen Teil der ψ-Funktion. Wegen der Mitbewegung des Kerns ist noch die Elektronenmasse m_e durch die reduzierte Masse m_r zu ersetzen.

Für jeden positiven Wert der Gesamtenergie E hat Gl. II,35a und damit auch die Schrödinger-Gleichung eine endliche Lösung. Dementsprechend liegt jenseits der Ionisierungsgrenze eine kontinuierliches Energiespektrum. Hiermit wollen wir uns aber nicht weiter befassen, sondern uns dem Fall $E < 0$ zuwenden.

In Anlehnung an die Bohr–Sommerfeldsche Theorie (Gln. II,6 u. 8) setzen wir zur Abkürzung und Vereinfachung der Rechnung

$$\frac{2 m_r}{\hbar^2} E = -\frac{1}{r_1^2}\frac{1}{n^2}\,. \quad \text{(II,8a)}$$

An n sind noch keine Bedingungen geknüpft; n kann eine beliebige relle Zahl sein. Später wird sich ergeben, daß n nur bestimmte Werte annehmen kann. Wir substituieren noch

$$r = r_1 x\,.$$

Dann erhalten wir

$$\frac{d^2 R(x)}{d x^2} + \frac{2}{x}\frac{d R(x)}{d x} + \left[-\frac{1}{n^2} + \frac{2}{x} - \frac{l(l+1)}{x^2}\right] R(x) = 0\,. \quad \text{(II,35b)}$$

Zur Lösung der Differentialgleichung wenden wir die Polynommethode an. Wir machen den Ansatz

$$R(x) = \mathrm{N}\, e^{-\frac{x}{n}} \sum \alpha_\nu x^\nu \quad \text{(II,36a)}$$

und setzen die Ausdrücke für $\frac{d^2 R}{d x^2}$, $\frac{d R}{d x}$ und R in die Gl. II,35b ein. Der Vergleich der Koeffizienten von $x^{\nu-2}$ ergibt

$$\alpha_\nu[\nu(\nu+1) - l(l+1)] = 2\,\alpha_{\nu-1}\left[\frac{\nu}{n} - 1\right]. \quad \text{(II,37)}$$

Es sei $\alpha_\nu = 0$ und $\alpha_{\nu-1} \neq 0$. Aus Gl. II,37 folgt dann, daß $\frac{\nu}{n} - 1 = 0$ und $\nu = n$ sein muß. Das ist nur möglich, wenn n positiv und ganzzahlig ist. Der größte Wert der Laufzahl in der Summe des Ansatzes und damit der höchste Exponent von x ist also n – 1. Wäre n nicht positiv und ganzzahlig, so wäre die Zahl der Glieder der Summe nicht begrenzt und die Forderung der Endlichkeit von $R(x)$ nicht erfüllt. Damit $\alpha_\nu \neq 0$ und $\alpha_{\nu-1} = 0$ sein kann, muß $\nu(\nu + 1) - l(l + 1) = 0$ sein. Hieraus folgt, daß $\nu = l$ ist. $R(0)$ geht nicht $\to \infty$, wenn l positiv und ganzzahlig oder gleich 0 ist. Diese Bedingung mußte bereits bei der Lösung der Gl. II,27a erfüllt sein. Infolge des Faktors $\exp(-x/n)$ geht $R(x) \to 0$ für $x \to \infty$.

Da wir jetzt die obere und die untere Grenze der Summationslaufzahl kennen, können wir schreiben

$$R_{n,l} = N\, e^{-\frac{x}{n}} \sum_{\nu=1}^{n-1} \alpha_\nu x^\nu . \qquad \text{(II,36b)}$$

n kann, wie wir gefunden haben, die Werte 1, 2, . . . annehmen und ist wie beim Sommerfeldschen Atommodell die Hauptquantenzahl. Der niedrigste Wert von l ist 0. Da der Summationsindex die ganzen positiven Zahlen von l bis $n - 1$ durchlaufen soll, kann l höchstens gleich $n - 1$ sein. Also sind die l-Werte 0, 1, . . ., $n - 1$. Hier besteht offensichtlich eine Diskrepanz gegenüber dem Sommerfeldschen Atommodell, bei dem die Nebenquantenzahl k von 1 bis n läuft. Wir können zwar $k = l + 1$ setzen, erreichen aber damit noch keine Übereinstimmung; denn in der Wellenmechanik ist für $l = 0$ kein Bahndrehimpuls vorhanden, beim Ellipsenmodell hat aber der Bahndrehimpuls bei $k = 1$ die Größe $\hbar$. Außerdem sind die Beträge des Bahndrehimpulses einmal gleich $\sqrt{l(l+1)}\,\hbar$ und das andere Mal gleich $k\,\hbar$. Erst bei größeren Quantenzahlen l verliert dieser Unterschied an Bedeutung.

Die Lösungen der Gl. II,35a in Abhängigkeit von $x = r/r_1$ sind

$$R_{n,l}(x) = N_{n,l}\, e^{-\frac{x}{n}} x^l \sum_{\lambda=0}^{n-(l+1)} \beta_\lambda x^\lambda , \qquad \text{(II,36c)}$$

wenn wir noch in Gl. II,36b $\nu = \lambda + l$ setzen und β_λ für $\alpha_{\lambda+1}$ schreiben. Die Summe ist ein sogenanntes Laguerresches Polynom. Der Normierungsfaktor $N_{n,l}$ läßt sich aufgrund der Normierungsbedingung

$$\int_0^\infty R_{n,l}^2(r)\, r^2\, dr = r_1^3 \int_0^\infty R_{n,l}^2(x)\, x^2\, dx = 1$$

berechnen.

Der Koeffizient β_0 in Gl. II,36c wird gleich 1 gesetzt. Aus Gl. II,37 folgt die Formel für die Berechnung der weiteren Koeffizienten:

$$\beta_\lambda = -\frac{2}{n}\, \frac{n - (\lambda + l)}{\lambda(\lambda + 2l + 1)}\, \beta_{\lambda-1} ; \qquad \text{(II,38)}$$

dabei ist $\beta_\lambda = \alpha_{\lambda+l}$. Der Nenner und der Zähler sind stets positiv. Denn λ ist positiv und ganzzahlig und kann maximal gleich $n - (l + 1)$ sein; dann ist $n - (\lambda + l) = 1$. Deshalb haben die Koeffizienten des Polynoms $[n - (l + 1)]$-ten Grades in Gl. II,36c abwechselnd ein positives und ein negatives Vorzeichen. Das Polynom hat $n - (l + 1)$ Nullstellen, die nach dem Fundamentalsatz der Algebra maximal mögliche Zahl. Das Produkt $e^{-x/n} \cdot x^l$ ist stets positiv, da $x \geqq 0$ ist. Also hat auch die Funktion $R_{n,l}$ $n - (l + 1)$ Nullstellen. Räumlich gesehen, handelt es sich um r-Knotenflächen oder Knotenkugeln.

In Tabelle II,2 sind die normierten Funktionen $R_{n,l}$ für $n = 1$ bis 3 zusammengestellt. Weiter ist in Abb. II,9 $R_{n,l}$ in Abhängigkeit von r/a_0 für das Wasserstoffatom aufgetragen.

Tab. II,2. $R_{n,l}$ in Abhängigkeit von $x = r/r_1$

$$R_{1,0} = \frac{2}{\sqrt{r_1^3}}\, e^{-x}$$

$$R_{2,0} = \frac{2}{\sqrt{(2\,r_1)^3}} \left(1 - \frac{x}{2}\right) e^{-\frac{x}{2}} \qquad R_{2,1} = \frac{1}{\sqrt{3(2\,r_1)^3}}\, x\, e^{-\frac{x}{2}}$$

$$R_{3,0} = \frac{2}{\sqrt{(3\,r_1)^3}} \left(1 - \frac{2\,x}{3} + \frac{2\,x^2}{27}\right) e^{-\frac{x}{3}} \qquad R_{3,1} = \frac{2\sqrt{2}}{9\sqrt{(3\,r_1)^3}}\, x \left(2 - \frac{x}{3}\right) e^{-\frac{x}{3}}$$

$$R_{3,2} = \frac{4}{27\sqrt{10\,(3\,r_1)^3}}\, x^2\, e^{-\frac{x}{3}}$$

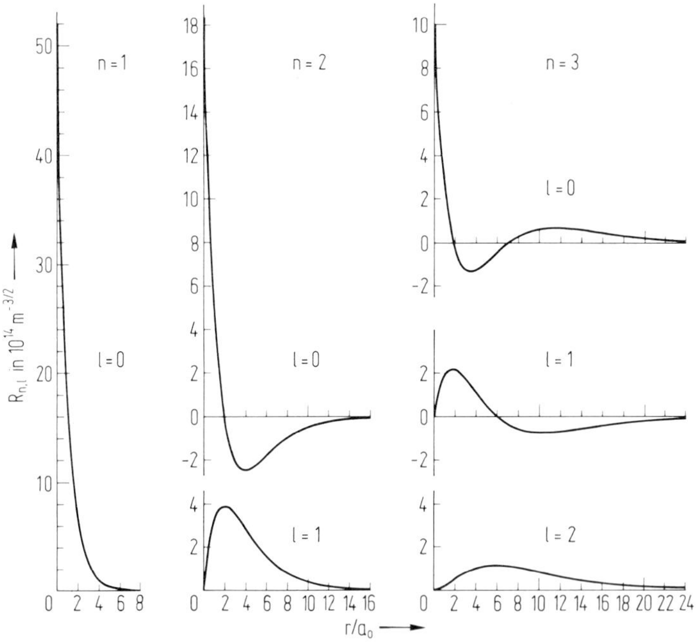

Abb. II,9. Die normierten Funktionen $R_{n,l}(r)$

Wie sich gezeigt hat, handelt es sich bei der Konstante n in Gl. II,8a, die zunächst nur der Vereinfachung der Rechnung dienen sollte, um die Hauptquantenzahl. Dementsprechend gilt für die Energieeigenwerte die Gl. II,8, die die Sommerfeldsche und sogar schon die Bohrsche Theorie geliefert hat.

Fassen wir die Ergebnisse dieses Abschnitts kurz zusammen! Nachdem wir Kugelkoordinaten eingeführt hatten, waren wir imstande, die Schrödinger-Gleichung für das Atom mit einem Elektron zu lösen. Das an den Kern gebundene Elektron ($E < 0$) kann sich in verschiedenen Zuständen befinden, die durch die drei Quantenzahlen n, l und m gekennzeichnet werden und zu denen unterschiedliche ψ-Funktionen gehören. Die Energie hängt nur von der Hauptquantenzahl n ab. Diese Resultate haben wir ohne zusätzliche Annahmen allein aufgrund der Forderung erhalten, daß die Lösungen der Schrödinger-Gleichung endlich und eindeutig sein sollen. Außerdem erfüllen sie die Bedingung der Stetigkeit.

Die Wellenfunktionen[1] (in komplexer Form)

$$\psi_{n,l,m}(r, \vartheta, \varphi) = R_{n,l}(r) \cdot \Theta_{l,m}(\vartheta) \cdot \phi_m(\varphi)$$

sind die gemeinsamen Eigenfunktionen des Hamilton-Operators $\hat{H}$, des Operators des Quadrates des Bahndrehimpulses $\hat{l}^2$ und des Operators der z-Komponente des Bahndrehimpulses $\hat{l}_z$, die miteinander vertauschbar sind. Gl. II,23f beschreibt die Vertauschbarkeit von $\hat{l}^2$ und $\hat{l}_z$. Daß $\hat{H}$ mit $\hat{l}^2$ und mit $\hat{l}_z$ vertauschbar ist, läßt sich mit Hilfe der in Abschn. 2.2 angegebenen Gleichungen nachweisen. Die durch vertauschbare Operatoren dargestellten Größen können gleichzeitig bestimmte Werte haben und gleichzeitig gemessen werden. Diese Werte, die Eigenwerte der drei Operatoren, hängen jeweils von einer der drei Quantenzahlen ab:

$$E = E_1 n^{-2} \qquad \text{(Hauptquantenzahl } n = 1, 2, 3, \ldots\text{)},$$

$$l^2 = l(l+1)\hbar^2 \qquad \text{(Bahndrehimpulsquantenzahl } l = 0, 1, \ldots, n-1\text{)},$$

$$l_z = m\hbar \qquad \text{(magnetische Quantenzahl } m = 0, \pm 1, \ldots, \pm l\text{)}.$$

Bei zwei Zuständen hat wenigstens eine der drei Quantenzahlen unterschiedliche Werte. Deshalb können die Quantenzahlen zur Kennzeichnung eines Zustands und der zu ihm gehörenden ψ-Funktion verwendet werden.

Zu jedem l-Wert gibt es $(2l + 1)$ m-Werte, also $(2l + 1)$ Zustände. Dann gehören zu jedem Wert der Hauptquantenzahl n $\sum_{l=0}^{n-1} (2l + 1) = n^2$ Zustände. Für sie gibt es aber nur einen Energiewert. Es liegt also eine n^2-fache Entartung vor. Insofern führt die Lösung der Schrödinger-Gleichung auch nicht weiter als die Sommerfeldsche Theorie ohne Berücksichtigung der Massenveränderlichkeit.

Aufgrund der Quantenzahlen läßt sich noch angeben, wieviel verschiedenartige Knotenflächen die ψ-Funktion in reeller Form besitzt. Die Gesamtzahl der Knotenflächen ist gleich $n - 1$. Davon sind $|m|$ φ-Knotenflächen oder Knotenebenen, in denen die z-Achse liegt, $l - |m|$ ϑ-Knotenflächen oder Knotenkegel, deren Achse die z-Achse ist, und $n - (l + 1)$ r-Knotenflächen oder Knotenkugeln.

[1] Die Wellenfunktion eines Elektrons wird auch Orbital genannt.

Der mittlere Abstand des Elektrons vom Atommittelpunkt ist

$$\bar{r} = \int r\,\psi^*\,\psi\,\mathrm{d}\tau = \frac{3\,n^2 - l(l+1)}{2}\,r_1 \tag{II,40a}$$

und der Mittelwert von $1/r$

$$\overline{r^{-1}} = \int \frac{\psi^*\,\psi}{r}\,\mathrm{d}\tau = \frac{1}{r_1\,n^2}\,. \tag{II,40b}$$

Aus den Gln. II,2, 8 u. 40b folgt:

$$\overline{E_\mathrm{p}} = -\frac{Z\,e^2}{4\,\pi\,\epsilon_0}\,\overline{r^{-1}} = -\frac{Z\,e^2}{4\,\pi\,\epsilon_0\,r_1}\,\frac{1}{n^2} = -\frac{\hbar^2}{m_\mathrm{r}\,r_1^2}\,\frac{1}{n^2} = 2\,E_\mathrm{n}\,. \tag{II,41a}$$

Da

$$\overline{r^{-2}} = \int \frac{\psi^*\,\psi}{r^2}\,\mathrm{d}\tau = \frac{1}{r_1^2\,n^3(l+\frac{1}{2})} \tag{II,40c}$$

ist, ergibt sich bei Benutzung der Gln. II,2 u. 41a für das mittlere Quadrat der potentiellen Energie

$$\overline{E_\mathrm{p}^2} = \left(\frac{Z\,e^2}{4\,\pi\,\epsilon_0}\right)^2\overline{r^{-2}} = \left(\frac{Z\,e^2}{4\,\pi\,\epsilon_0}\right)^2\frac{1}{r_1^2\,n^3(l+\frac{1}{2})} = \frac{\hbar^4}{m_\mathrm{r}^2\,r_1^4\,n^4}\,\frac{n}{(l+\frac{1}{2})} = \frac{4\,n\,E_\mathrm{n}^2}{l+\frac{1}{2}}\,. \tag{II,41b}$$

Außerdem ist

$$\overline{r^{-3}} = \int \frac{\psi^*\,\psi}{r^3}\,\mathrm{d}\tau = \frac{1}{r_1^3\,n^3\,(l+1)\,(l+\frac{1}{2})\,l} \tag{II,40d}$$

und

$$\overline{r^2} = \int r^2\,\psi^*\,\psi\,\mathrm{d}\tau = \frac{n^2}{2}\left[5\,n^2 + 1 - 3\,l(l+1)\right]r_1^2\,. \tag{II,40e}$$

2.5 Die Wahrscheinlichkeitsdichte

Die Knotenflächen der ψ-Funktion sind auch Knotenflächen der Wahrscheinlichkeitsdichte. In komplexer Form hat die ψ-Funktion keine φ-Knotenflächen, und $|\psi|^2$ ist von φ unabhängig. Wir werden jedoch weiterhin die reelle Form von ψ wählen. Die Wahrscheinlichkeitsdichten ψ^2 der beiden Zustände für einen bestimmten $|m|$-Wert ($|m| = 1, 2, \ldots, l$; s. Gln. II,26c u. d) überlagern sich so, daß die Summe von φ unabhängig ist, daß also die beiden Wahrscheinlichkeitsdichten zusammen rotationssymmetrisch in Bezug auf die z-Achse sind. Weiter überlagern sich die Wahrscheinlichkeitsdichten der $2\,l + 1$ Zustände, die zu einem l-Wert gehören, derart, daß die Summe der Wahrscheinlichkeitsdichten in jedem Punkt des Raums nicht mehr von den Winkeln ϑ und φ abhängt, daß also Kugelsymmetrie auftritt. Das läßt sich leicht für $l = 1$, 2 und 3 mit den in Tabelle II,1 angegebenen Eigenfunktionen nachrechnen. Zu $l = 0$ gibt es überhaupt nur einen Zustand; die ψ-Funktion und die Wahrscheinlichkeitsdichte sind kugelsymmetrisch und haben $n - 1$ Knotenkugeln.

Die Wahrscheinlichkeitsdichte erstreckt sich zwar bis Unendlich, aber sie fällt mit wachsendem Abstand r vom Atommittelpunkt stark ab. Um eine Vorstellung von der Gestalt des Wasserstoffatoms in den verschiedenen Zuständen zu erhalten, müssen wir willkürlich eine bestimmte Wahrscheinlichkeitsdichte festsetzen und annehmen, daß das Atom dort seine Oberfläche hat. Wenn wir als Grenze für ψ^2 $2 \cdot 10^{26}$ m^{-3} wählen und der x-Achse entgegenblicken würden, so würden wir etwa die Umrisse des Wasserstoffatoms in den verschiedenen Zuständen mit den Hauptquantenzahlen $n = 1$, 2 und 3 sehen, die die Abb. II,10 zeigt. In der rechten unteren Ecke ist der ungefähre Maßstab angegeben. Für die beiden Zustände $n = 2, l = 0, m = 0$ und $n = 3, l = 0$,

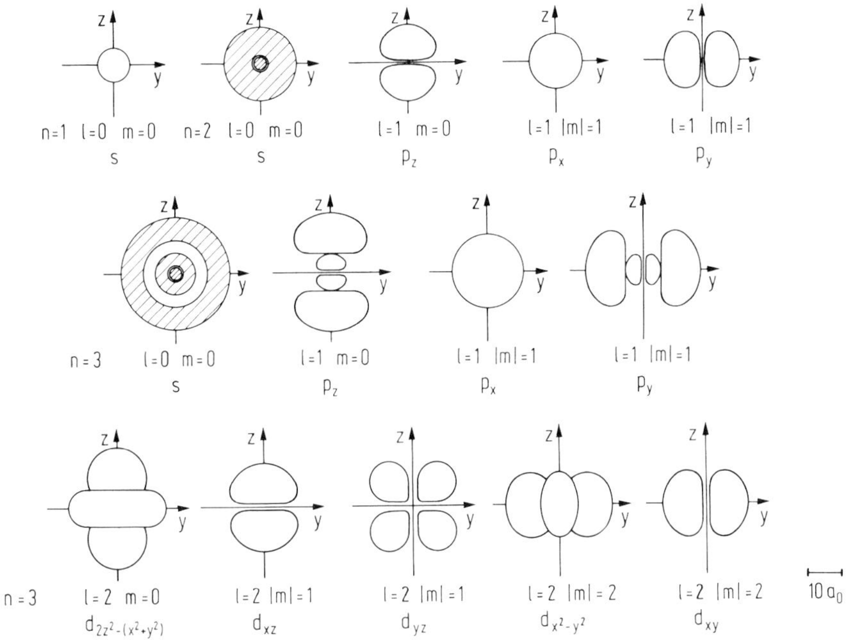

Abb. II,10. Die Umrisse des Wasserstoffatoms in verschiedenen Zuständen ($\psi^2 = 2 \cdot 10^{26}$ m^{-3})

$m = 0$ ist ein Schnitt durch das Atom gezeichnet, damit die einzelnen Kugelschalen sichtbar werden. Weil wir mit $2 \cdot 10^{26}$ m^{-3} einen verhältnismäßig kleinen Wert für ψ^2 gewählt haben, ist für $n = 1$ und 2 die lineare Ausdehnung des Wasserstoffatoms groß gegenüber den Bohrschen Radien $r_1 = a_0$ und $r_2 = 4\,a_0$. Die Verteilung der Wahrscheinlichkeitsdichte ist in den Abbn. II,11 u. 12a bis d dargestellt.

$n = 1$, 2 und 3, $l = 0$, $m = 0$ (1s, 2s und 3s) (Abb. II,11). Da die Dichteverteilung für die Zustände mit $l = 0$ und $m = 0$ kugelsymmetrisch ist, brauchte ψ^2 nur über r/a_0 aufgetragen zu werden. Hier ist die starke Abnahme der Wahrscheinlichkeitsdichte mit wachsendem Abstand vom Atommittelpunkt gut zu erkennen.

$n = 2, l = 1$ und $n = 3, l = 1$ (Abbn. II,12a u. b). Die Achse $180° \to 0°$ ist für $m = 0$ (p_z) die z- oder Polar-Achse. Für $|m| = 1$ (p_x und p_y) wird die Achse $180° \to 0°$ in die x- oder die y-Richtung gelegt. Die Wahrscheinlichkeitsdichteverteilung ist rotationssymmetrisch zur Achse $180° \to 0°$. Außerdem

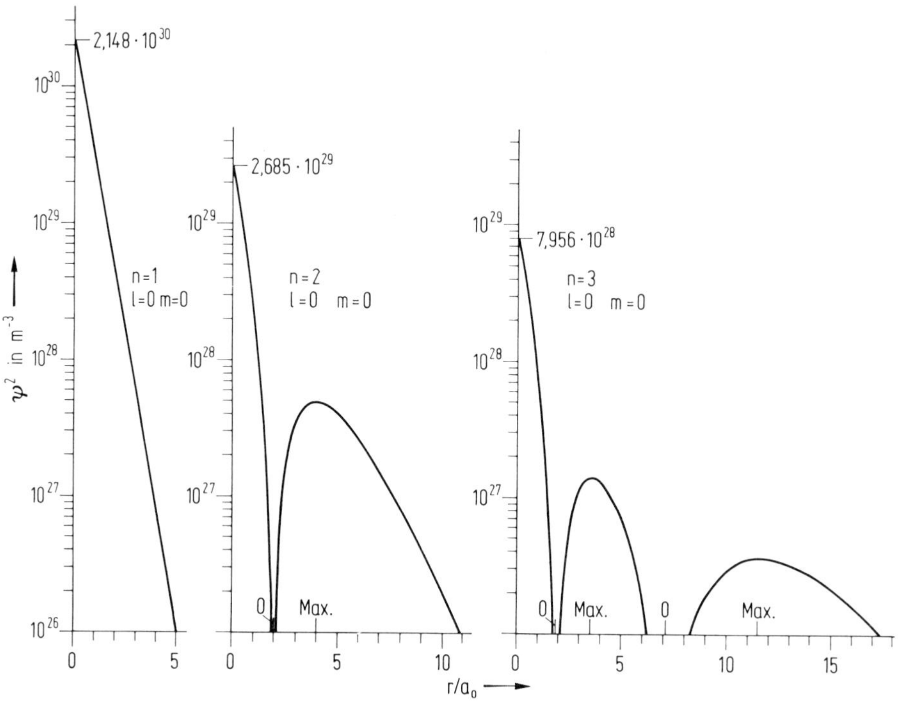

Abb. II,11. Die Wahrscheinlichkeitsdichteverteilung für $n = 1$ bis 3, $l = 0$, $m = 0$

ist die Knotenebene senkrecht zu dieser Achse durch den Nullpunkt eine Symmetrieebene. $n = 2$: 2 Maxima auf der Achse 180° → 0° bei $r/a_0 = 2$, $\psi^2_{max} = 3{,}634 \cdot 10^{28}$ m^{-3}. $n = 3$: 2 Maxima bei $r/a_0 = 1{,}757$, $\psi^2_{max} = 1{,}128 \cdot 10^{28}$ m^{-3}; 2 weitere niedrigere Maxima bei $r/a_0 = 10{,}24$ mit $\psi^2 = 1{,}40 \cdot 10^{27}$ m^{-3}. Alle Maxima liegen auf der Achse 180° → 0°.

$n = 3$, $l = 2$, $m = 0$ ($3\,d_{2z^2-(x^2+y^2)}$) (Abb. II,12c). Die Achse 180° → 0° ist die z- oder Polar-Achse. Die Wahrscheinlichkeitsdichteverteilung ist rotationssymmetrisch zur Polarachse und die Ebene senkrecht zu dieser Achse durch den Nullpunkt, die xy-Ebene, eine Symmetrieebene. Auf der Peripherie des Kreises mit dem Radius $r/a_0 = 6$ in dieser Ebene nimmt die Wahrscheinlichkeitsdichte einen maximalen Wert von $1{,}30 \cdot 10^{27}$ m^{-3} an. 2 höhere Maxima liegen bei $r/a_0 = 6$ auf der Polarachse; $\psi^2_{max} = 5{,}81 \cdot 10^{27}$ m^{-3}.

$n = 3$, $l = 2$, $|m| = 1$ und 0. In Abb. II,12d ist die Wahrscheinlichkeitsdichteverteilung in der xz- oder yz-Ebene für $|m| = 1$ ($3\,d_{xz}$ oder $3\,d_{yz}$) dargestellt. Die Achse 180° → 0° ist die z- oder Polar-Achse. Die Abbildung zeigt auch die Wahrscheinlichkeitsdichteverteilung in der xy-Ebene für $|m| = 2$. Hierbei liegt das eine Mal ($3\,d_{xy}$) die Achse 180° → 0° und das andere Mal ($3\,d_{x^2-y^2}$) die Achse 135° → 45° in der y-Richtung. 2 Maxima liegen auf der Achse 135° → 45° und 2 auf der dazu senkrechten Geraden durch den Nullpunkt bei $r/a_0 = 6$; $\psi^2_{max} = 3{,}89 \cdot 10^{27}$ m^{-3}.

Die Abhängigkeit der Wahrscheinlichkeitsdichte vom Winkel ϑ spielt erst dann eine Rolle, wenn die Richtung der z- oder Polar-Achse im Raum festgelegt ist – beispielsweise durch ein Magnetfeld. Eine bestimmte Richtung, die für die Angabe des Winkels φ notwendig wäre, gibt es nicht, wenn nur einzelne Atome vorhanden sind. Die Darstellung von $\phi(\varphi)$ durch reelle Funktionen besitzt aber insofern einen gewissen Wert, daß dadurch, wie wir gesehen haben, eine anschauliche

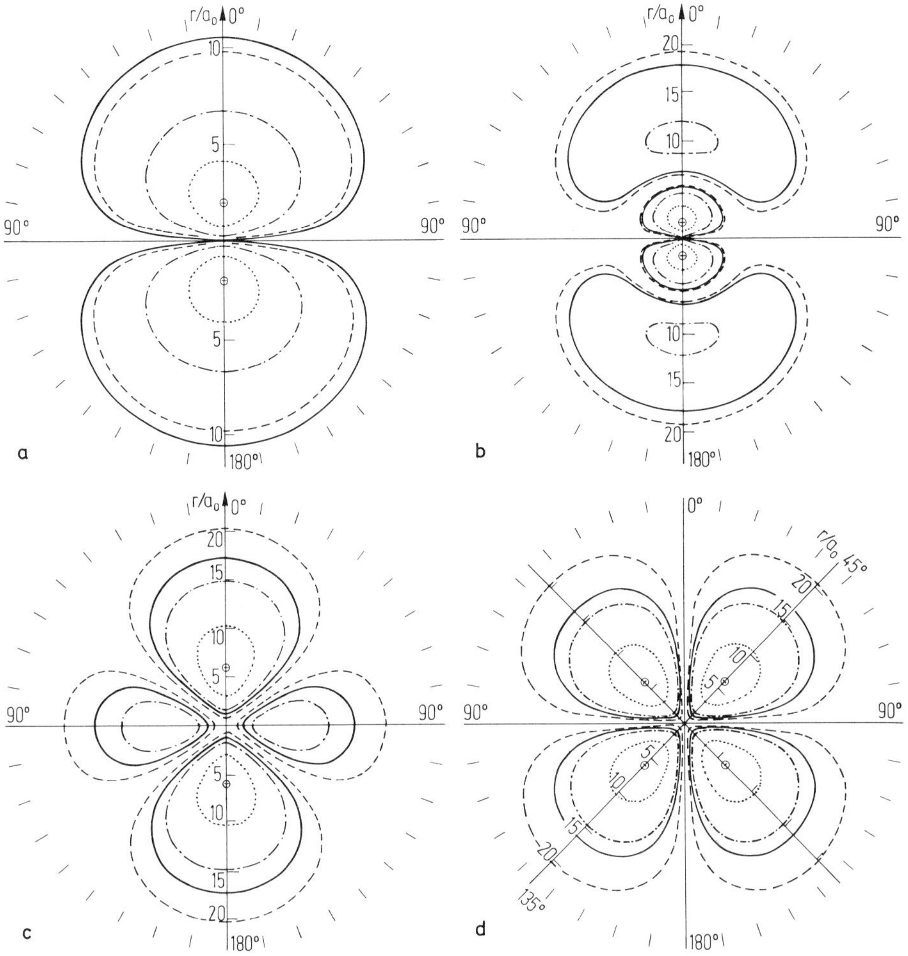

Abb. II,12. Die Wahrscheinlichkeitsdichteverteilung.
—— $\psi^2 = 2 \cdot 10^{26}$ m^{-3}; ⊕ Maximum mit ψ^2_{max}, ... 0,5 ψ^2_{max}, -·-·- 0,1 ψ^2_{max}, ---- 0,01 ψ^2_{max}.
a. $n = 2$, $l = 1$, $m = 0$.
b. $n = 3$, $l = 1$, $m = 0$.
c. $n = 3$, $l = 2$, $m = 0$.
d. $n = 3$, $l = 2$, $|m| = 1$.

Interpretation von ψ^2 ermöglicht wird. Wenn ein Molekül aus mehreren Atomen besteht, erweist sich die Kenntnis der Wahrscheinlichkeitsdichteverteilungen der Elektronen in verschiedenen Zuständen als nützlich für die Erklärung der Bindung.

In Abb. II,13 ist $R^2_{n,l}\, r^2$ über r/a_0 aufgetragen. $R^2_{n,l}\, r^2\, \mathrm{d}r$ ist die Wahrscheinlichkeit dafür, daß sich das Elektron zwischen r und $r + \mathrm{d}r$, also in der Kugelschale mit den Radien r und $r + \mathrm{d}r$, aufhält. Für die Zustände mit den Quantenzahlen n und

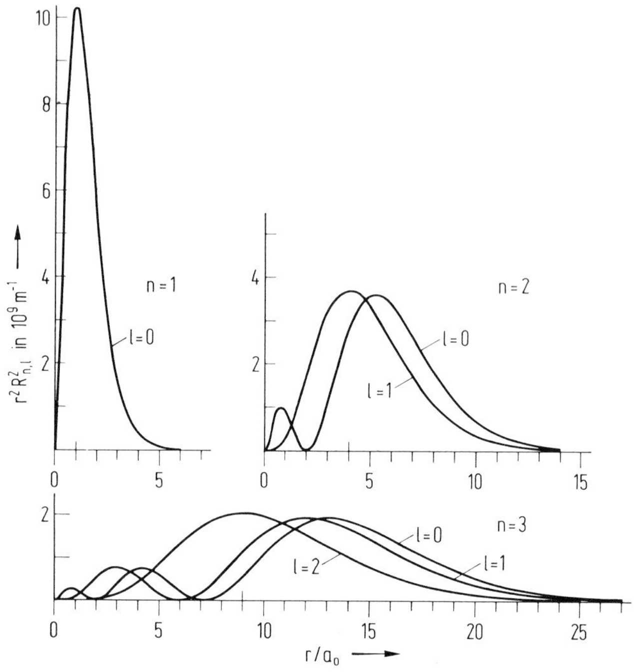

Abb. II,13. Radiale Wahrscheinlichkeitsdichte $r^2\ R^2_{n,l}(r)$

$l = n - 1$ liegt das Maximum dieser Wahrscheinlichkeit bei einer Entfernung r vom Atommittelpunkt, die gleich dem Radius der n-ten Bohrschen Kreisbahn ist.

3. Das magnetische Moment des Atoms mit einem Elektron

3.1 Das zum Bahndrehimpuls gehörende magnetische Moment

Ein um den Atomkern kreisendes Elektron hat den Bahndrehimpuls

$$L = p_\varphi = m_e\, r^2\, \dot{\varphi} = 2\, m_e \frac{A}{T}.$$

Dabei ist T die Dauer eines Umlaufs und $A = \pi\, r^2$ die Fläche der Kreisbahn. Dem umlaufenden Elektron ist ein Kreisstrom der Stärke

$$I = \frac{d\,Q}{d\,t} = -\frac{e}{T}$$

äquivalent. Das magnetische Moment einer ebenen Stromschleife ist

$$\vec{\mu} = I\, A\, \boldsymbol{n}\,.$$

Der Einsvektor $\boldsymbol{n}$ steht senkrecht auf der Fläche mit dem Inhalt A. Wird eine Rechtsschraube im Umlaufsinn des Stroms gedreht, so bewegt sie sich in der Richtung $\boldsymbol{n}$ vorwärts (Abb. II,14a). Die drei Gleichungen ergeben zusammen:

$$\vec{\mu} = -\frac{e}{2\,m_e}\,\boldsymbol{L}\,.$$

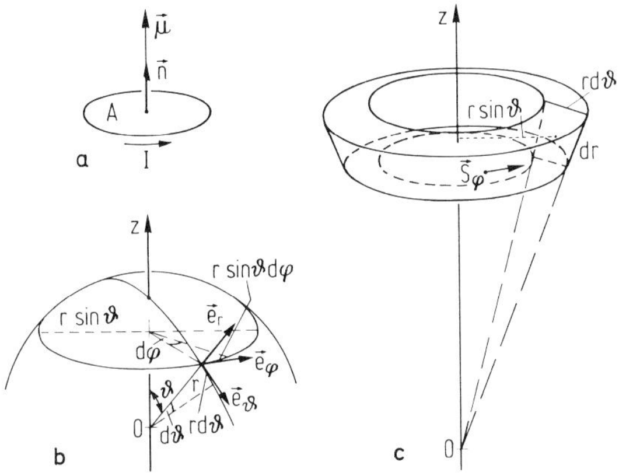

Abb. II,14.
a. Das magnetische Moment eines Kreisstroms
b. Die Einsvektoren des Kugelkoordinatensystems
c. Die φ-Komponente der Wahrscheinlichkeitsstromdichte

Dieser magnetomechanische Parallelismus, der sich aufgrund der klassischen Physik ergibt, ist auch in der Quantenmechanik vorhanden.

Multiplizieren wir Gl. II,16a von links mit ψ^*, so erhalten wir

$$\frac{\hbar}{i}\,\psi^*\,\frac{\partial\,\psi}{\partial\,x} = \psi^*\,\hat{p}_x\,\psi = \psi^*\,p_x\,\psi = p_x\,\psi^*\,\psi = v_x\,m_e\,\psi^*\,\psi\,.$$

Wir setzen voraus, daß die ψ-Funktion so normiert ist, wie dies in Abschn. 2.1 besprochen worden ist. Weil wir weiterhin die auch für andere Teilchen gültigen Gleichungen auf Elektronen anwenden werden und eventuelle Verwechselungen der Masse m und der Quantenzahl m vermeiden wollen, verwenden wir das Formelzeichen m_e für die Ruhemasse des Elektrons. $m_e\,\psi^*\,\psi$ können wir als Massendichte, kurz als Dichte deuten. Während 1 Zeiteinheit schiebt sich ein Volumen der Größe Flächeneinheit $\times$ Geschwindigkeit v_x $\times$ Zeiteinheit durch eine zur Bewegungsrichtung senkrechte Ebene von der Größe einer Flächeneinheit. Multiplizieren wir das Volumen mit $m_e\,\psi^*\,\psi$, so erhalten wir die Masse, die während 1 Zeiteinheit durch die Flächeneinheit hindurchströmt, die Massenflußdichte. Dividieren wir sie durch die Masse m_e, so ergibt sich die Wahrscheinlichkeitsstromdichte. Diese hat die Dimension $L^{-2}\,T^{-1}$. Bei der betrachteten de Broglie-Welle tritt nur eine Wahrscheinlichkeitsstromdichte in der x-Richtung, die Komponente S_x, auf:

$$S_x = \frac{1}{m_e} \psi^* \hat{p}_x \psi = \frac{\hbar}{i m_e} \psi^* \frac{\partial \psi}{\partial x} = \frac{\hbar}{i m_e} C e^{-i\frac{p_x}{\hbar}x} \frac{\partial}{\partial x} C e^{i\frac{p_x}{\hbar}x} = C^2 \frac{p_x}{m_e} = C^2 v_x .$$

Bei der in Abschn. 2.1 besprochenen Normierung ist $C^2 = 1$ zu setzen; C^2 hat die Dimension L^{-3}. Setzen wir in die Gleichung für S_x eine nur von x abhängige ψ-Funktion ein, die reell ist und zu der dementsprechend eine stehende Welle gehört, beispielsweise Gl. II,15e, so ergibt sich für S_x ein rein imaginärer Wert. Wenn wir nun

$$S_x = \frac{1}{2 m_e} (\psi^* \hat{p}_x \psi + \psi \hat{p}_x^* \psi^*) = \frac{\hbar}{2 i m_e} (\psi^* \frac{\partial \psi}{\partial x} - \psi \frac{\partial \psi^*}{\partial x})$$

schreiben, ist die x-Komponente der Wahrscheinlichkeitsstromdichte bestimmt immer reell. Sie hat, wenn ψ komplex ist, denselben Wert wie vorher und, falls ψ reell ist, den Wert 0, wie es bei einer stehenden Welle sein sollte.

Allgemein gilt für einen stationären Zustand

$$\boldsymbol{S} = \frac{\hbar}{2 i m_e} (\psi^* \operatorname{grad} \psi - \psi \operatorname{grad} \psi^*) ; \qquad \text{(II,42a)}$$

dabei ist

$$\operatorname{grad} = \frac{\partial}{\partial x} \boldsymbol{i} + \frac{\partial}{\partial y} \boldsymbol{j} + \frac{\partial}{\partial z} \boldsymbol{k} = \frac{\partial}{\partial r} \boldsymbol{e}_r + \frac{1}{r} \frac{\partial}{\partial \vartheta} \boldsymbol{e}_\vartheta + \frac{1}{r \sin \vartheta} \frac{\partial}{\partial \varphi} \boldsymbol{e}_\varphi . \qquad \text{(II,42b)}$$

$\boldsymbol{i}, \boldsymbol{j}, \boldsymbol{k}$ sind die Einsvektoren im kartesischen Koordinatensystem und $\boldsymbol{e}_r, \boldsymbol{e}_\vartheta, \boldsymbol{e}_\varphi$ die Einsvektoren im Kugelkoordinatensystem[1] (Abb. II,14b).

Wir wollen jetzt Gl. II,42a auf das Atom mit einem Elektron anwenden und mit der φ-Komponente der Wahrscheinlichkeitsstromdichte beginnen:

$$S_\varphi = \frac{\hbar}{2 i m_e} [R_{n,l} \Theta_{l,m} \frac{e^{-im\varphi}}{\sqrt{2\pi}} \frac{1}{r \sin \vartheta} \frac{\partial}{\partial \varphi} R_{n,l} \Theta_{l,m} \frac{e^{im\varphi}}{\sqrt{2\pi}}$$

$$- R_{n,l} \Theta_{l,m} \frac{e^{im\varphi}}{\sqrt{2\pi}} \frac{1}{r \sin \vartheta} \frac{\partial}{\partial \varphi} R_{n,l} \Theta_{l,m} \frac{e^{-im\varphi}}{\sqrt{2\pi}}] = \frac{\hbar R_{n,l}^2 \Theta_{l,m}^2}{2 \pi m_e r \sin \vartheta} m \quad ^{2} .$$

[1] Die Einsvektoren $\boldsymbol{e}_r$, $\boldsymbol{e}_\vartheta$ und $\boldsymbol{e}_\varphi$ stehen wie $\boldsymbol{i}, \boldsymbol{j}, \boldsymbol{k}$ aufeinander senkrecht, aber sie haben keine festen Richtungen im Raum. Einer Änderung der Koordinate r um dr entspricht eine Bewegung um $d s_r = dr$ in der Richtung $\boldsymbol{e}_r$. Wenn ϑ um $d\vartheta$ zunimmt, ist das Streckenelement in der Richtung $\boldsymbol{e}_\vartheta$ $d s_\vartheta = r\, d\vartheta$. Wächst der Winkel φ um $d\varphi$, so hat das ein Fortschreiten um $d s_\varphi = r \sin \vartheta\, d\varphi$ zur Folge. Die Komponenten des Gradienten sind $\frac{\partial}{\partial s_r}, \frac{\partial}{\partial s_\vartheta}$ und $\frac{\partial}{\partial s_\varphi}$.

[2] Wenn wir S_φ mit $m_e r \sin \vartheta\, d\tau$ multiplizieren, erhalten wir den Drehimpuls des Volumenelements bezüglich der z-Achse. Integrieren wir über den ganzen Raum, so ergibt sich die Drehimpulskomponente

$$l_z = \frac{\hbar}{2 \pi m_e r \sin \vartheta} m\, m_e r \sin \vartheta \int_0^\infty R_{n,l}^2 r^2\, dr \int_0^\pi \Theta_{l,m}^2 \sin \vartheta\, d\vartheta \int_0^{2\pi} d\varphi = m \hbar .$$

Da $R_{n,l}(r)$ und $\Theta_{l,m}(\vartheta)$ reell sind, ist $S_r = 0$ und ebenfalls $S_\vartheta = 0$. Multiplizieren wir S_φ mit $-e$, so erhalten wir die einzige nicht verschwindende Komponente der Stromdichte j_φ. Der durch das Flächenelement $r\,dr\,d\vartheta$ fließende Strom (s. Abb. II,14c) ist

$$dI = -e\,S_\varphi\,r\,dr\,d\vartheta\,.$$

Zu diesem Kreisstrom gehört das magnetische Moment

$$d\mu_z = -e\,S_\varphi\,r\,dr\,d\vartheta \cdot \pi r^2 \sin^2\vartheta\,.$$

Integrieren wir über r von 0 bis ∞ und über ϑ von 0 bis π, so erhalten wir die z-Komponente des magnetischen Moments

$$\mu_z = -\frac{e\hbar m}{2m_e}\int_0^\infty R_{n,l}^2\,r^2\,dr\int_0^\pi \Theta_{l,m}^2 \sin\vartheta\,d\vartheta = -\frac{e\hbar}{2m_e}\,m\,;$$

denn bei den beiden Integralen handelt es sich um die Normierungsintegrale. Wir wollen jetzt die magnetische Quantenzahl und das magnetische Moment mit dem Index l versehen, weil sie zum Bahndrehimpuls gehören. Es ist also

$$\mu_{l_z} = -\frac{e\hbar}{2m_e}\,m_l = -\mu_B\,m_l = -\frac{e}{2m_e}\,l_z = -\frac{\mu_B}{\hbar}\,l_z \qquad \text{(II,43a)}$$

(s. Gl. II,32).

$$\mu_B = \frac{e\hbar}{2m_e} = (9{,}2732 \pm 0{,}0006)\cdot 10^{-24}\ \mathrm{J\,T^{-1}}\ ^{1} \qquad \text{(II,44)}$$

ist das Bohrsche Magneton.

Entsprechend Gl. II,43a wird der Zusammenhang zwischen dem magnetischen Moment $\vec{\mu}_l$ und dem Bahndrehimpuls $\boldsymbol{l}$ durch die Gleichung

$$\vec{\mu}_l = -\frac{\mu_B}{\hbar}\,\boldsymbol{l} = -\mu_B\sqrt{l(l+1)}\;\frac{\boldsymbol{l}}{|\boldsymbol{l}|} \qquad \text{(II,43b)}$$

beschrieben. Das negative Vorzeichen ist dadurch bedingt, daß das Elektron eine negative Ladung trägt. Es deutet darauf hin, daß das magnetische Moment und der Bahndrehimpuls entgegengesetzte Richtungen haben.

Im homogenen Magnetfeld wirkt ein Drehmoment auf ein magnetisches Moment. Wenn das magnetische Moment $\vec{\mu}$ mit dem Drehimpuls $\boldsymbol{L}$ verbunden ist, kann keine Ausrichtung erfolgen. Vielmehr behält der Drehimpulsvektor nach der klassischen Mechanik den Winkel ϑ bei, den er zufällig beim Einschalten des Magnetfelds oder beim Hineinflug in das Magnetfeld mit der magnetischen Flußdichte oder Induktion $\boldsymbol{B}$ [1] bildet, und umfährt $\boldsymbol{B}$ auf einem Präzessionskegel mit einer Kreisfrequenz ω. Es gilt

$$\frac{d\boldsymbol{L}}{dt} = \vec{\omega}\times\boldsymbol{L} = \vec{\mu}\times\boldsymbol{B}\,. \qquad \text{(II,45a)}$$

[1] $1\,\mathrm{T} = 1\,\mathrm{V\cdot s\cdot m^{-2}} = 1\cdot 10^4\,\mathrm{G}$ (T Tesla, G Gauß)

Setzen wir $-e\,\boldsymbol{L}/2\,m_e$ für $\vec{\mu}$ ein, so erhalten wir

$$\nu_L = \frac{\omega}{2\pi} = \frac{e\,B}{4\,\pi\,m_e}\,, \tag{II,45b}$$

die Larmor-Frequenz (s. Abschn. 7.2). Da ϑ alle Werte zwischen 0 und π haben kann, können auch die Komponenten des Bahndrehimpulses und des magnetischen Moments in der Magnetfeldrichtung alle Werte zwischen $+\,|\boldsymbol{L}|$ und $-\,|\boldsymbol{L}|$ bzw. $-\,|\vec{\mu}|$ und $+\,|\vec{\mu}|$ annehmen. In der Quantenmechanik kann aber die Komponente des Bahndrehimpulses und des magnetischen Moments in der Richtung von $\boldsymbol{B}$, in die die z-Achse gelegt wird, nur gleich $m_l\,\hbar$ bzw. $-\,\mu_B\,m_l$ sein.

Die Richtigkeit und Vollständigkeit der neuen Theorie müssen mit Hilfe experimenteller Ergebnisse geprüft werden. Diese liegen z. B. in Form der beobachteten Spektren der Atome im Magnetfeld vor. Mit ihnen wollen wir uns aber erst in Abschn. 7 befassen. Zunächst soll ein Versuch erörtert werden, der zu einem anschaulichen Resultat führt und eine klare Entscheidung bringt.

3.2 Der Stern–Gerlach-Versuch, der Elektronenspin, das zugehörige magnetische Moment und der Gesamtdrehimpuls des Elektrons

W. Gerlach und O. Stern haben 1924 die in Abb. II,15a schematisch dargestellte Versuchsanordnung verwendet. In einem Ofen wird Silber verdampft. Aus den Atomen, die aus dem Ofenspalt kommen, wird ein Strahl mit einer kleinen Querschnittsfläche ausgeblendet. Die Atome fliegen in der y-Richtung durch ein inhomogenes Magnetfeld, bei dem überall $B_y = 0$ und deshalb auch $\frac{\partial B_y}{\partial z} = 0$ ist. Die starke Inhomogenität

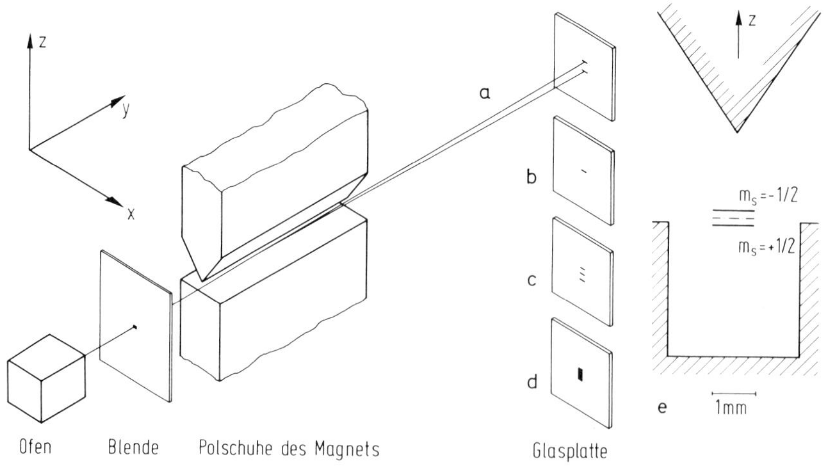

Abb. II,15. Schema der Versuchsanordnung von Gerlach und Stern

wird dadurch erzeugt, daß in den einen Polschuh eine Rinne mit rechteckigem Querschnitt eingefräst ist und dieser die Kante des prismenförmigen anderen Polschuhs gegenübersteht. Abb. II,15e vermittelt eine Vorstellung von den Größenverhältnissen. Da die Atome im Gebiet um die Symmetrieebene der Polschuhe das Magnetfeld durchfliegen, ist auf ihrem Wege $B_x \approx 0$ und $\frac{\partial B_x}{\partial z} \approx 0$. Wegen $B_x \approx 0$ und $B_y = 0$ erfolgt die Orientierung der magnetischen Momente der Atome gegenüber der z-Richtung; wegen der Präzessionsbewegung ist dann $\bar{\mu}_x = \bar{\mu}_y = 0$.

Befinden sich Teilchen mit einem magnetischen Moment in einem inhomogenen Magnetfeld, so wirkt auf sie die Kraft

$$\boldsymbol{F} = (\mu_x \frac{\partial}{\partial x} + \mu_y \frac{\partial}{\partial y} + \mu_z \frac{\partial}{\partial z})\, \boldsymbol{B} \,. \qquad \text{(II,46a)}$$

Weil $\bar{\mu}_x = \bar{\mu}_y = 0$, $\frac{\partial B_x}{\partial z} \approx 0$ und $\frac{\partial B_y}{\partial z} = 0$ ist, vereinfacht sich Gl. II,46a:

$$F_z = \mu_z \frac{\partial B_z}{\partial z} \,. \qquad \text{(II,46b)}$$

Diese Gleichung können wir folgendermaßen unmittelbar ableiten. In einem inhomogenen Feld können die B-Linien nicht genau parallel zur z-Achse verlaufen. Zur Vereinfachung nehmen wir an, daß sie sich in einem Punkt auf der z-Achse treffen; die z-Achse soll durch den Mittelpunkt der Kreisstromfläche A gehen und senkrecht auf ihr stehen (s. Abb. II,16). Der magnetische Fluß $\phi + d\phi$ geht bei z durch die Fläche $A + dA = \pi(r + dr)^2$ und bei $z + dz$ durch die Fläche $A = \pi r^2$. Bei z ist die z-Komponente der magnetischen Flußdichte B_z und bei $z + dz$ gleich $B_z + \frac{\partial B_z}{\partial z} dz$. Wir erhalten demnach

$$\pi r^2 B_z + 2 \pi r\, dr\, B_z = \pi r^2 B_z + \pi r^2 \frac{\partial B_z}{\partial z} dz \,.$$

Hieraus folgt

$$\frac{dr}{dz} = \frac{r}{2 B_z} \frac{\partial B_z}{\partial z} \,.$$

Für die Komponente B_r gilt

$$B_r = \frac{dr}{dz} B_z = \frac{r}{2} \frac{\partial B_z}{\partial z} \,.$$

Die Kraft in der z-Richtung ist dann

$$F_z = I \cdot 2 \pi r \cdot \frac{r}{2} \frac{\partial B_z}{\partial r} = \mu_z \frac{\partial B_z}{\partial z} \,,$$

weil $I \pi r^2 = I A = \mu_z$ ist.

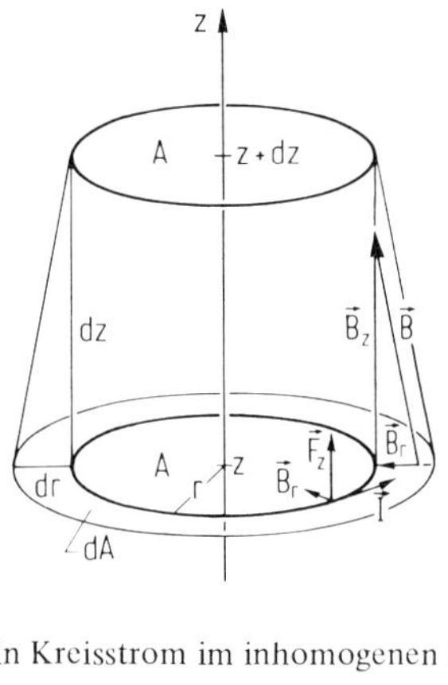

Abb. II,16. Ein Kreisstrom im inhomogenen Magnetfeld

Ohne Magnetfeld markiert sich auf der Glasplatte, die als Auffänger dient, ein breiter Strich (Abb. II,15b). Bei eingeschaltetem Magnetfeld sollte sich im Idealfall nach der klassischen Theorie durch die Ablenkung der Atome ein rechteckiger Niederschlag bilden (Abb. II,15d). Die Geschwindigkeitsverteilung der Atome muß sich stets verbreiternd auswirken und die Konturen etwas unscharf werden lassen. Da nach der neueren Atomtheorie der Bahndrehimpuls des Außenelektrons des Silberatoms wie der des Elektrons des Wasserstoffatoms im Grundzustand gleich 0 sein soll, dürfte das Magnetfeld keinen Einfluß auf den Atomstrahl besitzen (Abb. II,15b). Nach der Sommerfeldschen Theorie ist der niedrigste Wert der Nebenquantenzahl k gleich 1. Die entsprechende magnetische Quantenzahl m_k kann dann gleich -1, 0 und $+1$ sein. Das bedeutet, daß eine Aufspaltung in drei Strahlen stattfinden sollte (Abb. II,15c). Tatsächlich haben Gerlach und Stern einen Niederschlag auf der Glasplatte erhalten, wie ihn die schematische Abb. II,15a zeigt. Diese Aufspaltung in zwei Strahlen deutet darauf hin, daß die bisher behandelte Wellenmechanik noch unvollkommen ist.

Die Erklärung des experimentellen Ergebnisses ist mit Hilfe der Hypothese von G. E. Uhlenbeck und S. Goudsmit möglich. Danach besitzt das Elektron einen Eigendrehimpuls s, der Spin genannt wird. Die zugehörige Quantenzahl s hat nur den einen Wert 1/2. Der Betrag des Spins ist

$$|s| = \sqrt{s(s+1)}\ \hbar = 0{,}866\ \hbar\,. \tag{II,47a}$$

Wenn ein Magnetfeld vorhanden ist und in der z-Richtung liegt, sind zwei Einstellungen des Spins möglich. Dann muß sich die beobachtete Aufspaltung des Silberatomstrahls in zwei Strahlen ergeben. Die magnetische Spinquantenzahl m_s kann die Werte $+1/2$ und $-1/2$ annehmen. Für die z-Komponente des Spins gilt also

$$s_z = m_s\,\hbar = \pm\frac{1}{2}\,\hbar\,. \tag{II,47b}$$

Mit dem Eigendrehimpuls des Elektrons ist auch ein magnetisches Moment

$$\vec{\mu}_s = -g_s\frac{e}{2\,m_e}\,s = -g_s\frac{\mu_B}{\hbar}\,s = -g_s\,\mu_B\sqrt{s(s+1)}\ \frac{s}{|s|} \tag{II,48a}$$

verbunden, das die z-Komponente

$$\mu_{s_z} = -g_s\,m_s\,\mu_B \tag{II,48b}$$

hat. Der sogenannte Landésche g-Faktor für das Elektron ist $g_s \approx 2$. Bei der Auswertung ihrer Versuche haben Gerlach und Stern für g_s ein Ergebnis erhalten, innerhalb dessen Fehlergrenzen der Wert 2 lag.

Es scheint anomal zu sein, daß das zum Spin gehörende magnetische Moment doppelt so groß ist, wie es nach dem klassischen magnetomechanischen Parallelismus sein müßte. Die Anomalie sollte aber darin gesehen werden, daß die Quantenzahl s gleich 1/2 ist. Fassen wir nämlich das Elektron als einen starren Rotator auf, so muß die Drehimpulsquantenzahl ganzzahlig sein (s. Abschn. 2.3). Also besitzt die Vorstellung vom Elektron als einer rotierenden Kugel zwar eine gewisse Anschaulichkeit, ist aber unzutreffend.

Die Wechselwirkung des Elektrons mit seinem (virtuellen) Strahlungsfeld (s. Abschn. 7.6) bedingt ein zusätzliches magnetisches Moment ungefähr von der relativen Größe $\alpha/2\,\pi$, wobei α die Sommerfeldsche Feinstrukturkonstante ist. Durch die Entwicklung der Methoden der Hochfrequenzspektroskopie und die Verbesserung der theoretischen Ansätze wurde es möglich, den g-Faktor für das Elektron mit einer relativen Genauigkeit von $1{,}5 \cdot 10^{-8}$ zu bestimmen:

$$g_s = 2{,}00231923 \; .$$

Der Bahndrehimpuls $\boldsymbol{l}$ und der Spin $\boldsymbol{s}$ müssen addiert werden und ergeben zusammen den Gesamtdrehimpuls $\boldsymbol{j}$ des Elektrons. Der Betrag ist

$$|\boldsymbol{j}| = \sqrt{j(j+1)}\,\hbar \tag{II,49a}$$

und die z-Komponente

$$j_z = m_j\,\hbar \; . \tag{II,49b}$$

Dabei ist j die Gesamtdrehimpulsquantenzahl mit den Werten $l \pm s = l \pm 1/2$ und m_j die zu j gehörende Orientierungs- oder magnetische Quantenzahl mit den Werten $j, j-1, \ldots, -(j-1), -j$. Auf die Addition der Drehimpulse in der Quantenmechanik werden wir in Abschn. 6.1 ausführlicher eingehen.

3.3 Die relativistische und spinabhängige Korrektur der Energiewerte

Zur vollständigen Beschreibung des Zustands eines Atoms mit einem Elektron sind vier Quantenzahlen erforderlich: n, l, m_l, m_s oder n, l, j, m_j. Die Lösung der Schrödinger-Gleichung hat ergeben, daß die Energie nur von der Hauptquantenzahl n abhängen soll. Da die Berücksichtigung der Massenveränderlichkeit beim Ellipsenmodell zur Aufhebung der Bahnentartung und damit zu einer Feinstrukturaufspaltung der Energieniveaus geführt hat, liegt es nahe, auch in der Wellenmechanik die Relativitätstheorie anzuwenden.

Aus der Gl. II,12 folgt, wenn wir mit m_{ev} die Masse des Elektrons bezeichnen, das sich mit der Geschwindigkeit v bewegt, und mit m_e wie bisher seine Ruhemasse:

$$m_{ev}^2\,c^4 = m_{ev}^2\,\frac{v^2}{c^2}\,c^4 + m_e^2\,c^4 = p^2\,c^2 + m_e^2\,c^4 \; .$$

Die kinetische Energie E_k^{rel} ist gleich der Differenz der Gesamtenergie $E_{ges}^{rel} = m_{ev}\,c^2$ und der Energie $E_0^{rel} = m_e\,c^2$, die der Ruhemasse äquivalent ist. Dann ergibt sich die Hamilton-Funktion

$$H = E_k^{rel} + E_p = \sqrt{m_e^2\,c^4 + p^2\,c^2} - m_e\,c^2 + E_p \; .$$

Da $p^2\,c^2 \ll m_e^2\,c^4$ ist, verwenden wir die ersten drei Glieder der Reihenentwicklung von $m_e\,c^2 \cdot [1 + p^2\,c^2/(m_e^2\,c^4)]^{1/2}$ und erhalten

$$H = \frac{p^2}{2\,m_e} - \frac{p^4}{8\,m_e^3\,c^2} + E_p \; .$$

Die Eigenwerte des entsprechenden Hamilton-Operators ohne den Summanden $-p^4/(8\,m_e^3\,c^2)$ kennen wir. Mit Recht dürfen wir annehmen, daß dieses Störglied nur eine kleine Korrektur der Energiewerte zur Folge hat. Wir können noch folgende Umformungen vornehmen:

$$\frac{p^4}{8\,m_e^3\,c^2} = \frac{1}{2\,m_e\,c^2}\left(\frac{p^2}{2\,m_e}\right)^2 = \frac{1}{2\,m_e\,c^2}\,E_k^2 = \frac{(E_{ges} - E_p)^2}{2\,m_e\,c^2}$$

$$= \frac{E_{ges}^2 - 2\,E_{ges}\,E_p + E_p^2}{2\,m_e\,c^2}\,.$$

Für E_{ges} setzen wir E_n, einen Eigenwert des Hamilton-Operators ohne Störglied, ein und bilden die Mittelwerte von E_p und E_p^2. Die relativistische Korrektur des Energiewerts E_n ist dann

$$E_{rel} = -\frac{1}{2\,m_e\,c^2}\,(E_n^2 - 2\,E_n\,\overline{E_p} + \overline{E_p^2})\,.$$

Für $\overline{E_p}$ und $\overline{E_p^2}$ stehen uns die Gln. II,41a u. b zur Verfügung, die unter Verwendung der Eigenfunktionen des ungestörten Problems erhalten worden sind. Bei der Berechnung der Korrekturglieder in diesem Abschnitt dürfen wir $m_e = m_r$ setzen. Wenn wir noch die Gln. II,8 u. 13 benutzen, bekommen wir nach dem ersten Schritt der Störungsrechnung die zusätzliche Energie, deren Ursache die Geschwindigkeitsabhängigkeit der Elektronenmasse ist,

$$E_{rel} = -\frac{E_n^2}{2\,m_e\,c^2}\left[1 - 4 + \frac{4\,n}{l+\frac{1}{2}}\right] = E_n\,\frac{Z^2\,\alpha^2}{n^2}\left[\frac{n}{l+\frac{1}{2}} - \frac{3}{4}\right]. \qquad \text{(II,50)}$$

Diese Gleichung unterscheidet sich dadurch von Gl. II,14, die Sommerfeld abgeleitet hat, daß in ihr $l + 1/2$ an Stelle von k auftritt. Weil die beobachtete Feinstrukturaufspaltung durch die Sommerfeldsche Gleichung richtig wiedergegeben wird, wenn ganze positive Zahlen für k eingesetzt werden, reicht offensichtlich die bisher angewandte relativistische Korrektur nicht aus.

Wir müssen noch die Energie der Spin-Bahn-Wechselwirkung berechnen. Für den Beobachter auf dem Elektron bewegt sich der Kern mit der Ladung Ze auf einer Kreisbahn mit dem Radius r um das Elektron. Dadurch erzeugt der Kern am Ort des Elektrons ein Feld mit der magnetischen Flußdichte

$$B = \frac{\mu_0\,I}{2\,r}\,.$$

Zum kreisenden Kern gehört der Strom

$$I = \frac{Z\,e\,v}{2\,\pi\,r}\,.$$

Die Umlaufgeschwindigkeit ist wie die des Elektrons

$$v = \frac{|\boldsymbol{l}|}{m_e r} .$$

Wenn das Elektron den Kern rechtsherum umkreist, läuft auch der Kern rechtsherum um das Elektron, und der Strom I fließt in der gleichen Richtung. $\boldsymbol{B}$ hat dann ebenso wie $\boldsymbol{l}$ die Richtung, in der sich eine Rechtsschraube vorschiebt. Da $\epsilon_0 \mu_0 = 1/c^2$ ist, bekommen wir schließlich

$$\boldsymbol{B} = \frac{Z e}{4 \pi \epsilon_0 c^2 m_e r^3} \boldsymbol{l} . \qquad ((II,51)$$

Die potentielle Energie eines magnetischen Moments $\vec{\mu}$ ist

$$E_m = - \vec{\mu} \cdot \boldsymbol{B} ; \qquad (II,52)$$

die additive Konstante ist so gewählt, daß E_m als Zusatzenergie im Magnetfeld für $\vec{\mu} \perp B$ gleich 0 ist (vgl. Abschn. 7.2 u. 7.8). Setzen wir die Gln. II,51 u. 48a mit $g_s = 2$ in die Gl. II,52 ein und mitteln wir $1/r^3$ (Gl. II,40d), so erhalten wir

$$E_m = \frac{Z e^2}{4 \pi \epsilon_0 m_e^2 c^2} \frac{1}{r_1^3 n^3 (l+1)(l+\frac{1}{2}) l} \boldsymbol{s} \cdot \boldsymbol{l} . \qquad (II,53)$$

Die strenge relativistische Behandlung des Problems ergibt, daß E_m noch mit einem Faktor 1/2 multipliziert werden muß. Hierauf hat L. H. Thomas (s. Lit.) als erster hingewiesen.

Wir wollen uns verständlich machen, warum dieser sogenannte Thomas-Faktor in die Rechnung eingeführt werden muß. Setzen wir in der Gl. II,45a der klassischen Physik $\boldsymbol{s}$ für $\boldsymbol{L}$ und $\vec{\mu}_s = - e\, \boldsymbol{s}/m_e$ für $\vec{\mu}$ ein, so erhalten wir

$$\frac{d \boldsymbol{s}}{d t} = \vec{\omega} \times \boldsymbol{s} = \vec{\mu}_s \times \boldsymbol{B} = \frac{e}{m_e} \boldsymbol{B} \times \boldsymbol{s} , \qquad (II,45c)$$

also

$$\omega = \frac{e}{m_e} B . \qquad (II,45d)$$

Das ist die Winkelgeschwindigkeit, mit der der Spin des Elektrons um $\boldsymbol{B}$ präzessiert, nämlich die doppelte Larmor-Kreisfrequenz (s. Gl. II,45b). Da $\boldsymbol{B}$ vom bewegten Atomkern erzeugt wird und deshalb verschwindet, wenn der Kern ruht, gelten die Gln. II,45c u. d im Ruhesystem des Elektrons. Die z-Richtung soll mit der Richtung von $\boldsymbol{l}$ übereinstimmen. Nach Gl. II,51 hat $\boldsymbol{B}$ dieselbe Richtung wie $\boldsymbol{l}$ und $\vec{\omega}$ nach Gl. II,45c dieselbe Richtung wie $\boldsymbol{B}$. Der Spin präzessiert also für den in der z-Richtung blickenden Beobachter rechtsherum, und zwar unabhängig von dem Winkel, den er mit $\boldsymbol{B}$ bildet. Wir können deshalb annehmen, $\boldsymbol{s}$ stünde senkrecht auf $\boldsymbol{B}$, und vom umlaufenden Spinvektor sprechen, weil das bei den weiteren Erörterungen anschaulicher ist.

Nach der relativistischen Kinematik erscheint die Zeit zwischen zwei Ereignissen am selben Ort des Systems, das sich geradlinig mit konstanter Geschwindigkeit bewegt, einem Beobachter im ruhenden System länger als dem Beobachter im bewegten System. Wenn wir jetzt zum Koordinatensystem übergehen, in dem der Kern ruht, wollen wir uns mit einer kurzen, vereinfachenden Überlegung begnügen und die Zeitdehnung bei der Bewegung des Elektrons auf einer Kreisbahn betrachten. Ist die Umlaufdauer im Ruhesystem des Elektrons T_E, so ist sie im Kernsystem $T_K = T_E/\sqrt{1 - (\frac{v}{c})^2}$. Dementsprechend sind die Winkelgeschwindigkeiten $\omega_E = 2\pi/T_E$ und $\omega_K = 2\pi/T_K$. Im Ruhesystem des Elektrons behält der Spin seine Richtung im Raum bei. – Die Präzession des Spins wegen seines magnetischen Moments berücksichtigen wir später. – Der Teil der Geraden durch den Kern und das Elektron, der über dieses hinausragt, bildet mit dem Spinvektor einen Winkel. Wir gehen von der Stelle aus, an der der Winkel gleich 0 ist. Kreist das Elektron rechtsherum, so wächst der Winkel im Ruhesystem des Elektrons mit der Winkelgeschwindigkeit ω_E an, und der Spinvektor dreht sich bezüglich der Geraden durch den Kern und das Elektron linksherum. Diese Gerade läuft im Ruhesystem des Kerns mit der kleineren Winkelgeschwindigkeit ω_K nach rechts um. Dann muß sich der Spinvektor für den Beobachter im Kernsystem mit der Winkelgeschwindigkeit $\Delta\omega = \omega_E - \omega_K$ gegenüber einer raumfesten Richtung linksherum drehen. Weil zum Spin ein magnetisches Moment gehört und deshalb der Spinvektor nach den Gln. II,45c u. d im Ruhesystem des Elektrons mit ω rechtsherum umläuft, ist die resultierende Winkelgeschwindigkeit im Ruhesystem des Kerns $\omega_s = \omega - \Delta\omega$.

Es ist

$$\Delta\omega = \frac{2\pi}{T_E} - \frac{2\pi}{T_K} = \frac{2\pi}{T_E}\left\{1 - [1 - (\frac{v}{c})^2]^{1/2}\right\} \approx \frac{2\pi}{T_E}\frac{1}{2}(\frac{v}{c})^2 .$$

Da die Coulomb-Kraft gleich der Zentripetalkraft ist, ergibt sich

$$v^2 = \frac{Z e^2}{4\pi\epsilon_0 m_e r} .$$

Wenn wir v^2 und $2\pi/T_E \approx 2\pi/T_K = |l|/m_e r^2$ in die Gleichung für $\Delta\omega$ einsetzen und außerdem die Gln. II,51 u. 45d verwenden, erhalten wird

$$\Delta\omega = \frac{1}{2}\,\frac{Z e^2}{4\pi\epsilon_0 m_e^2 c^2 r^3}\,|l| = \frac{eB}{2m_e} = \frac{\omega}{2} .$$

Für den Beobachter im Ruhesystem des Kerns präzessiert also der Spin mit der Winkelgeschwindigkeit $\omega_s = \omega - \Delta\omega = \omega/2$. Diese Winkelgeschwindigkeit bekommen wir, wenn wir $\vec{\omega}_s \times \boldsymbol{s} = \frac{1}{2}\vec{\mu}_s \times \boldsymbol{B}$ statt $\vec{\omega} \times \boldsymbol{s} = \vec{\mu}_s \times \boldsymbol{B}$ (Gl. II,45c) schreiben. Entsprechend ist die Energie der Spin-Bahn-Wechselwirkung nicht $E_m = -\vec{\mu}_s \cdot \boldsymbol{B}$, sondern $E_{so} = -\frac{1}{2}\vec{\mu}_s \cdot \boldsymbol{B}$.

Formen wir Gl. II,53 mit Hilfe der Gln. II,8 u. 13 um und führen wir die Multiplikation mit dem Faktor 1/2 aus, so lautet die Gleichung für die Spin-Bahn-Wechselwirkungsenergie

$$E_{so} = -\frac{Z^2\alpha^2 E_n}{n(l+1)(l+\frac{1}{2})\,l}\,\frac{\boldsymbol{s}\cdot\boldsymbol{l}}{\hbar^2} = \frac{Z^2\alpha^2 |E_1|}{n^3(l+1)(l+\frac{1}{2})\,l}\,\frac{\boldsymbol{s}\cdot\boldsymbol{l}}{\hbar^2} . \qquad \text{(II,54a, b)}$$

Um $\boldsymbol{s}\cdot\boldsymbol{l}$ zu erhalten, gehen wir von der Gleichung

$$\boldsymbol{j} = \boldsymbol{s} + \boldsymbol{l} \qquad \text{(II,55a)}$$

aus. Dann folgt:

$$\boldsymbol{j}^2 = (\boldsymbol{s}+\boldsymbol{l})^2 = \boldsymbol{s}^2 + 2\,\boldsymbol{s}\cdot\boldsymbol{l} + \boldsymbol{l}^2 ,$$

$$\boldsymbol{s}\cdot\boldsymbol{l} = \frac{1}{2}(\boldsymbol{j}^2 - \boldsymbol{s}^2 - \boldsymbol{l}^2) = \frac{\hbar^2}{2}[j(j+1) - s(s+1) - l(l+1)] . \qquad \text{(II,55b)}$$

Für $j = l + 1/2$ ist $\boldsymbol{s} \cdot \boldsymbol{l} = l\,\hbar^2/2$ und für $j = l - 1/2$ $\boldsymbol{s} \cdot \boldsymbol{l} = -(l+1)\,\hbar^2/2$. Wenn wir diese Werte in die Gl. II,54 einsetzen, lautet das Endergebnis:

$$E_{so} = -\frac{Z^2\,\alpha^2\,E_n}{n(l+1)\,(2\,l+1)} = +\frac{Z^2\,\alpha^2\,|E_1|}{n^3(l+1)\,(2\,l+1)} \qquad \text{für } j = l + \frac{1}{2}\,^1\,, \qquad \text{(II,56a)}$$

$$E_{so} = +\frac{Z^2\,\alpha^2\,E_n}{n\,l(2\,l+1)} = -\frac{Z^2\,\alpha^2\,|E_1|}{n^3\,l(2\,l+1)} \qquad \text{für } j = l - \frac{1}{2}\,,\; l \neq 0\,. \qquad \text{(II,56b)}$$

Die relativistische Zusatzenergie (Gl. II,50) und die Spin-Bahn-Wechselwirkungsenergie (Gl. II,56) müssen addiert werden; wir bekommen schließlich

$$\Delta E_{n,j} = E_n\,\frac{Z^2\,\alpha^2}{n^2}\left[\frac{n}{j+\frac{1}{2}} - \frac{3}{4}\right]. \qquad \text{(II,57)}$$

Hier ist eine vollkommene Übereinstimmung mit der Sommerfeldschen Gleichung (Gl. II,14) vorhanden, wenn $k = j + 1/2$ gesetzt wird. Zu diesem Ergebnis führt auch die Anwendung der Dirac-Gleichung auf das Atom mit einem Elektron. Sie beschreibt sowohl die relativistischen als auch die spinabhängigen Effekte.

Die Niveaus mit $l = j - 1/2$ und $l = j + 1/2$ fallen nach Gl. II,57 zusammen. Nach der Quantenelektrodynamik ist noch eine Korrektur notwendig. Die sehr kleine Energiedifferenz zwischen den Niveaus mit $l = 0, j = 1/2$ und $l = 1, j = 1/2$, die auch beim H-Atom wie bei Mehrelektronenatomen mit LS-Kopplung mit $^2S_{1/2}$ und $^2P_{1/2}$ bezeichnet werden (s. Abschn. 6.1), ist experimentell nachweisbar. Hierauf werden wir in Abschn. 7.6 eingehen.

4. Die Emission und Absorption der Strahlung

4.1 Die Übergangswahrscheinlichkeit und die Oszillatorenstärke

Ist ein Elektron durch eine Kraft $\boldsymbol{F} \sim -\boldsymbol{r}$ gebunden, wie das bei dem in Abschn. 1.1 erwähnten Thomsonschen Atommodell der Fall ist, so kann es eine harmonische Schwingung mit einer bestimmten Frequenz ν_0 ausführen. Dabei sendet es elektromagnetische Strahlung aus. Deshalb nimmt die Energie dieses klassischen Oszillators mit der Zeit ab, und zwar nach folgender Gleichung:

$$E = E_0\,e^{-\gamma t}\,. \qquad \text{(II,58a)}$$

[1] Daß nach dieser Gleichung E_{so} für $l = 0$ ungleich 0 ist, entspricht nicht den Vorstellungen, von denen wir bei der Ableitung der Gleichung ausgegangen sind, ergibt sich aber, weil der Faktor l im Nenner, den wir bei der Mittelung von r^{-3} erhalten haben, und der Faktor l im Zähler, den die Berechnung von $\boldsymbol{s} \cdot \boldsymbol{l}$ geliefert hat, durch Kürzen wegfallen.

Dabei ist E_0 die anfängliche Energie und

$$\gamma = \frac{2\,\pi\,e^2\,\nu_0^2}{3\,\epsilon_0\,m_e\,c^3} \tag{II,58b}$$

die Konstante der Strahlungsdämpfung. Dann hängt der Strahlungsfluß von N Oszillatoren folgendermaßen von der Zeit ab:

$$\Phi = -N\frac{\mathrm{d}E}{\mathrm{d}t} = \gamma\,N\,E_0\,\mathrm{e}^{-\gamma t}. \tag{II,59}$$

Dem Abklingen entspricht in der Quantentheorie die spontane Emission. Beim Übergang des Atoms auf ein tieferes Energieniveau wird ein bestimmter Teil der Anregungsenergie auf einmal abgegeben, handelt es sich um das Grundniveau, die gesamte Anregungsenergie. Trotzdem nimmt der Strahlungsfluß nach Beendigung der Anregung mit einer Exponentialfunktion ab, wenn eine größere Zahl von Atomen angeregt worden ist. Das läßt sich dadurch erklären, daß die Atome in einem angeregten Zustand ähnlich wie die radioaktiven Kerne eine mittlere Lebensdauer besitzen. Wenn vom Niveau a nur ein Übergang auf ein tieferes Niveau möglich ist, das mit b bezeichnet werden soll, so ist der reziproke Wert der mittleren Lebensdauer τ_a gleich der Übergangswahrscheinlichkeit A_{ba}. Der Vereinbarung in Abschn. 1.1 entsprechend wollen wir mit dem ersten Index den Endzustand und mit dem zweiten den Anfangszustand kennzeichnen. Nach einer Zeit t befinden sich von N_{ao} ursprünglich angeregten Atomen noch

$$N_a = N_{ao}\,\mathrm{e}^{-A_{ba}t} \tag{II,60}$$

auf dem Niveau a. Das emittierte Photon hat die Energie $h\,\nu_{ba}$. Für die Abnahme des Strahlungsflusses Φ_{ba} gilt folgende Gleichung:

$$\Phi_{ba} = -h\,\nu_{ba}\frac{\mathrm{d}N_a}{\mathrm{d}t} = A_{ba}\,h\,\nu_{ba}\,N_{ao}\,\mathrm{e}^{-A_{ba}t}. \tag{II,61}$$

Die Zahl der Atome auf dem Niveau mit der Energie E_a sei N_a und die der Atome auf dem Niveau b mit der Energie E_b N_b. g_a und g_b seien die statistischen Gewichte der beiden Niveaus. Das statistische Gewicht ist gleich dem Entartungsgrad des betreffenden Niveaus und damit gleich der Zahl der zugehörigen Zustände oder der Subniveaus, in die sich das Niveau im Magnetfeld aufspaltet. Wenn die Aufspaltung klein ist, genauer gesagt, wenn $\Delta E \ll k\,T$ ist, sind alle Subniveaus gleichmäßig besetzt. Bezeichnen wir die Subniveaus des oberen Niveaus mit α_i und die des unteren mit β_j, so ergibt sich unter Verwendung von Gl. II,60

$$-\frac{\mathrm{d}N_a}{\mathrm{d}t} = A_{ba}\,N_a = \frac{N_a}{g_a}\sum_j\sum_i A_{\beta_j\alpha_i}. \tag{II,62}$$

Zwischen welchen Subniveaus überhaupt Übergänge möglich sind, geben die Auswahlregeln an, auf die wir später noch eingehen werden.

Führen vom angeregten Niveau a Übergänge zu mehreren tieferen Niveaus $b_1, b_2, \ldots,$ b_n, so ist die mittlere Lebensdauer für das Niveau a

$$\tau_a = \frac{1}{\sum\limits_{i=1}^{n} A_{b_i a}} . \tag{II,63}$$

Ein Oszillator kann einer elektromagnetischen Welle Energie entziehen oder an sie abgeben; das hängt von der Phasenbeziehung zwischen der elektrischen Feldstärke der Welle und der Schwingung ab. Im ersten Fall tritt eine Absorption und im zweiten eine erzwungene Emission auf. Beide sind der Energiedichte des Strahlungsfeldes proportional. Die Schwingungen des Oszillators, dem Energie zugeführt worden ist, klingen nach dem Abbrechen dieses Vorgangs ab. Das entspricht, wie wir schon erörtert haben, der spontanen Emission, für die die Übergangswahrscheinlichkeit A_{ba} kennzeichnend ist. Für die erzwungene Emission und die Absorption führen wir die Koeffizienten B_{ba} und B_{ab} ein. Um die Zusammenhänge zwischen den Größen A_{ba}, B_{ba} und B_{ab} zu erhalten, die für die Atome eines bestimmten Elements charakteristisch sind und nicht von äußeren Bedingungen abhängen, folgen wir der Ableitung der Planckschen Strahlungsformel durch A. Einstein.

Die Atome sollen sich in einem Hohlraum mit der Temperatur T befinden. Dann ist nach der Boltzmannschen Formel im thermodynamischen Gleichgewicht

$$\frac{N_a}{N_b} = \frac{g_a\, e^{-E_a/kT}}{g_b\, e^{-E_b/kT}} . \tag{II,64}$$

Es muß detailliertes Gleichgewicht herrschen, d. h., die Zahl der Prozesse, die einen Zustand aufbauen, muß gleich der Zahl der Prozesse sein, die ihn wieder abbauen. Im vorliegenden Fall bedeutet dies, daß die Zahl der Absorptionsprozesse gleich der Zahl der Emissionsprozesse ist (Abb. II,17):

$$N_b\, B_{ab}\, u_{\nu_{ba}} = N_a (A_{ba} + B_{ba}\, u_{\nu_{ba}}) .$$

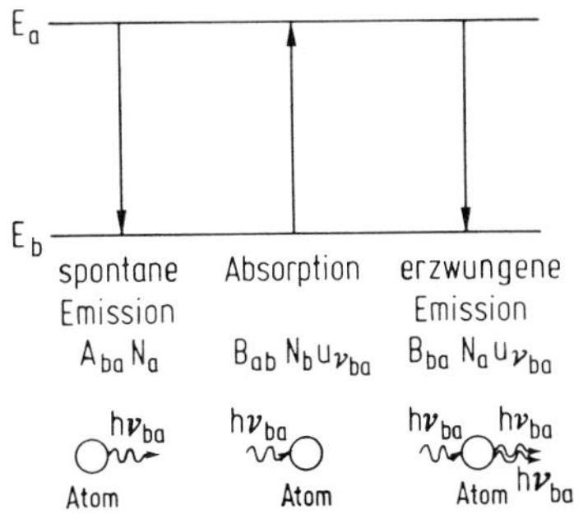

Abb. II,17. Übergänge zwischen den Niveaus a und b

Die spektrale Energiedichte u_ν ist allgemein die Energiedichte innerhalb des Frequenzintervalls von ν bis $\nu + \Delta\nu$, dividiert durch $\Delta\nu$. Ihre Maßeinheit ist J m^{-3} s. Mit $u_{\nu_{ba}}$ bezeichnen wir die spektrale Energiedichte bei der Frequenz ν_{ba}. Die Übergangswahrscheinlichkeit A_{ba} hat die Maßeinheit s^{-1}; die Maßeinheit der Größen B_{ab} und B_{ba} ist m^3 J^{-1} s^{-2}. In der Gleichung ist $\nu_{ba} = (E_a - E_b)/h$. Bei Benutzung der Gl. II,64 erhalten wir

$$u_{\nu_{ba}} = \frac{A_{ba}}{\frac{g_b}{g_a} B_{ab}\, e^{h\nu_{ba}/kT} - B_{ba}} \,. \tag{II,65a}$$

Für $h\,\nu_{ba}/k\,T \ll 1$ muß die quantentheoretische Strahlungsformel in die der klassischen Physik, die Rayleigh–Jeanssche Strahlungsgleichung, übergehen. Demnach muß

$$u_{\nu_{ba}} = \frac{A_{ba}}{\frac{g_b}{g_a} B_{ab} + \frac{g_b}{g_a} B_{ab} \frac{h\,\nu_{ba}}{k\,T} - B_{ba}} = \frac{8\,\pi\,\nu_{ba}^2}{c^3}\, k\,T \tag{II,65b}$$

sein. Das ist nur möglich, wenn

$$g_a\, B_{ba} = g_b\, B_{ab} \tag{II,66a}$$

und

$$A_{ba} = \frac{8\,\pi\,h\,\nu_{ba}^3}{c^3} \frac{g_b}{g_a} B_{ab} = \frac{8\,\pi\,h\,\nu_{ba}^3}{c^3} B_{ba} \tag{II,66b}$$

ist. Damit sind die Beziehungen zwischen den drei Größen A_{ba}, B_{ba} und B_{ab} bekannt. Wenn wir die Gln. II,66a u. b in Gl. II,65a einsetzen, ergibt sich die Planck sche Strahlungsformel

$$u_{\nu_{ba}} = \frac{8\,\pi\,h\,\nu_{ba}^3}{c^3} \frac{1}{e^{h\nu_{ba}/kT} - 1} \,. \tag{II,65c}$$

Um die Zusammenhänge zwischen der Größe B_{ab}, der frequenzabhängigen Absorptionskonstante a_ν, die die Dimension L^{-1} hat, und der Oszillatorenstärke f_{ab} zu finden, deren Bedeutung später erklärt wird, müssen wir von der klassischen Dispersionstheorie ausgehen. Bei genügend niedrigen Drücken gilt

$$a_\nu = \frac{e^2\,N}{8\,\pi\,\epsilon_0\,m_e\,c} \frac{\Delta\nu_N}{(\nu - \nu_0)^2 + \left(\frac{\Delta\nu_N}{2}\right)^2} \,. \tag{II,67a}$$

N ist die Zahl der Oszillatoren der Frequenz ν_0 pro Volumeneinheit. Die Absorptionslinie hat die durch Gl. II,67a gegebene und in Abb. II,18 dargestellte Form. Die Absorptionskonstante ist bei $|\nu - \nu_0| = \Delta\nu_N/2$ auf die Hälfte ihres Werts in der Linienmitte abgefallen. Die ganze Halbwertsbreite $\Delta\nu_N$, die Strahlungsdämpfungs- oder natürliche Linienbreite, hängt nach folgender Gleichung mit der Strahlungsdämp-

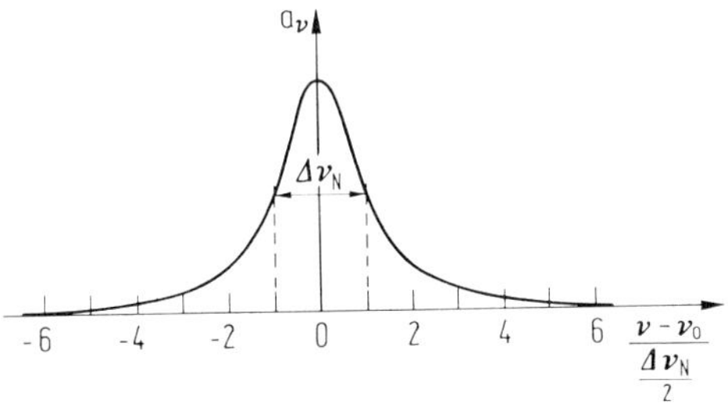

Abb. II,18. Frequenzabhängigkeit der Absorptionskonstante

fungskonstante γ (Gl. II,58b) und der mittleren Abklingdauer τ eines Oszillators zusammen:

$$\Delta \nu_N = \frac{\gamma}{2\pi} = \frac{1}{2\pi\tau} . \tag{II,67b}$$

Die natürliche Linienbreite in Wellenlängeneinheiten ist

$$\Delta \lambda_N = \left| -\frac{c}{\nu_0^2} \Delta \nu_N \right| = \frac{e^2}{3\epsilon_0 m_e c^2} = 1{,}1803 \cdot 10^{-4} \text{ Å} .$$

Weiter ist

$$\int_0^\infty a_\nu \, d\nu = \frac{e^2 N}{4\epsilon_0 m_e c} . \tag{II,68}$$

Die spektrale Strahlungsflußdichte D_ν eines Parallelstrahls mit der Querschnittsfläche A ist der durch A und $\Delta \nu$ dividierte Strahlungsfluß im Frequenzbereich von ν bis $\nu + \Delta \nu$ (Maßeinheit: J m^{-2}). In einer Schicht der Dicke x wird der Strahlungsfluß innerhalb des Frequenzbereichs $\Delta \nu$ bei ν

$$D_\nu[1 - e^{-a_\nu x}] A \Delta \nu = D_\nu[1 - (1 - a_\nu x)] A \Delta \nu = D_\nu a_\nu \Delta \nu A x$$

absorbiert; dabei wird vorausgesetzt, daß $a_\nu x \ll 1$ ist. Das kann immer dadurch erreicht werden, daß x genügend klein gemacht wird. Weil die Lichtenergie in dem Parallelstrahl mit der Geschwindigkeit c strömt, ist $D_\nu = c u_\nu$. Die Absorption findet im wesentlichen nur innerhalb eines kleinen Frequenzbereichs um die Linienmitte $\nu_0 = \nu_{ba}$ statt; in ihm sei die Energiedichte konstant. Dann ist der gesamte im Volumen $A \cdot x$ absorbierte Strahlungsfluß nach der klassischen Theorie $A x c u_{\nu_{ba}} \int_0^\infty a_\nu \, d\nu$ und nach der Quantentheorie $A x h \nu_{ba} B_{ab} N_b u_{\nu_{ba}}$. Hieraus folgt bei Benutzung der Gl. II,68

$$N = \frac{4\epsilon_0 m_e h \nu_{ba}}{e^2} B_{ab} N_b = f_{ab} N_b .$$

f_{ab} ist die sogenannte Oszillatorenstärke, die die Absorptionswirksamkeit eines Atoms im Vergleich mit dem klassischen Oszillator angibt. Schließlich erhalten wir unter Verwendung der Gln. II,66b u. 58b

$$f_{ab} = \frac{\epsilon_0 \, m_e \, c^3}{2 \pi \, e^2 \, \nu_{ba}^2} \frac{g_a}{g_b} A_{ba} = \frac{1}{3 \gamma} \frac{g_a}{g_b} A_{ba} \, . \qquad \text{(II,69)}$$

Das nächste Ziel muß die Berechnung der Übergangswahrscheinlichkeit sein. Vorher wollen wir aber auf die Verbreiterung der Spektrallinien eingehen.

4.2 Linienverbreiterung

Nach der klassischen Theorie sendet der abklingende Oszillator nicht Strahlung mit seiner Schwingungsfrequenz ν_0 aus, sondern ein Kontinuum, das sich jedoch im wesentlichen nur über einen sehr kleinen Frequenzbereich beiderseits von ν_0 erstreckt. Die Fourier-Analyse des emittierten Wellenzuges, dessen Amplitude proportional $e^{-\gamma t/2}$ abnimmt, ergibt die gleiche Frequenzabhängigkeit des spektralen Strahlungsflusses Φ_ν, des durch $\Delta \nu$ dividierten Strahlungsflusses im Intervall von ν bis $\nu + \Delta \nu$, wie die der Absorptionskonstante die aus Gl. II,67a hervorgeht. Es handelt sich um die Strahlungsdämpfungs- oder natürliche Linienverbreiterung. Die ν-Abhängigkeit wird als Dispersionsfunktion bezeichnet.

Nach der neueren Strahlungstheorie gibt es keine scharfen Energieniveaus, sondern sehr schmale Energiekontinua zu beiden Seiten der bestimmten Energiewerte. Die Wahrscheinlichkeit, daß die Energie zwischen E und $E + \mathrm{d}E$ liegt, fällt mit dem absoluten Betrag der Differenz zwischen dem bestimmten Energiewert und E steil ab, und zwar mit einer Dispersionsfunktion. Die Verbreiterung der Energieniveaus können wir folgendermaßen erklären: Zwischen der Energie und der Zeit besteht die Unbestimmtheitsrelation $\Delta E \cdot \Delta t \gtrapprox \hbar$. Da ein Atom in einem angeregten Zustand eine gewisse mittlere Lebensdauer τ besitzt und diese nur zur Messung der Energie zur Verfügung steht, kann die Energie mit keiner geringeren Unsicherheit als $\Delta E \approx \hbar/\tau$ bestimmt werden. Das Energieniveau ist unscharf. – Die Breite einer Spektrallinie hängt von der Halbwertsbreite beider Energieniveaus ab, zwischen denen der Übergang stattfindet.

Wenn nach den Auswahlregeln, die wir noch kennenlernen werden, von einem angeregten Niveau nur der Übergang auf das Grundniveau möglich ist, wird die zu dem Übergang gehörende Spektrallinie als Resonanzlinie bezeichnet. Dem Grundniveau können wir eine unendlich lange Lebensdauer zuschreiben und es dementsprechend als scharf ansehen. Dann hängt die Verbreiterung der Resonanzlinie nur vom Resonanzniveau ab, und die Gln. II,67a u. b besitzen für sie Gültigkeit, wenn wir die Strahlungsdämpfungskonstante γ durch die Übergangswahrscheinlichkeit A_{ba} und N durch $f_{ab} N_b$ ersetzen. Dabei ist N_b gleich der Zahl der Atome pro Volumeneinheit, weil ja gewöhnlich nahezu alle Atome unangeregt sind. Wenn das obere Niveau die Energieunschärfe $\Delta E \approx \hbar/\tau_a$ hat, erhalten wir nach der Division durch h $\Delta \nu_N \approx 1/2 \, \pi \, \tau_a$. Diese Gleichung entspricht genau der Gl. II,67b.

Da sich die Atome während der Emission und Absorption bewegen, tritt ein Doppler-Effekt auf. Dieser hat ebenfalls eine Verbreiterung der Spektrallinien zur Folge. Die relative Intensitätsverteilung bei alleiniger Doppler-Verbreiterung ist eine Gauß-Funktion der Form

$$\frac{d\,\Phi}{\Phi_{\text{gesamt}}} = \frac{2\sqrt{\ln 2}}{\sqrt{\pi}}\, e^{-[2\sqrt{\ln 2}\,(\nu-\nu_0)/\Delta\nu_D]^2} \frac{d\nu}{\Delta\nu_D} \tag{II,70a}$$

Der spektrale Strahlungsfluß hat nur noch die Hälfte des Werts in der Linienmitte, wenn $|\nu - \nu_0| = \Delta\,\nu_D/2$ ist. Dabei ist

$$\Delta\,\nu_D = \frac{2\,\nu_0}{c}\sqrt{\frac{2(\ln 2)\,R\,T}{M}} \tag{II,70b}$$

die Doppler-Breite; $R = 8{,}314 \cdot 10^3$ J K^{-1} kmol^{-1} ist die universelle Gaskonstante und M die Masse pro kmol. Gewöhnlich ist für den Linienkern die Doppler-Verbreiterung und für die Linienflügel die natürliche Linienverbreiterung maßgeblich, wie aus dem Beispiel in Abb. II,19 ersichtlich ist.

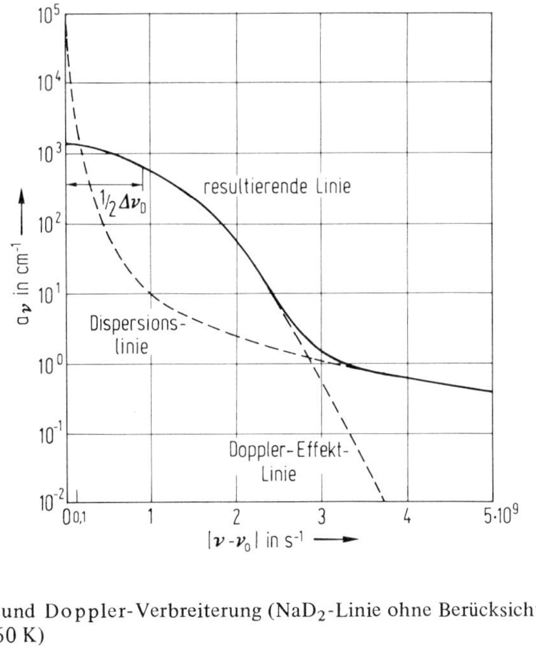

Abb. II,19. Natürliche und Doppler-Verbreiterung (NaD_2-Linie ohne Berücksichtigung der Hyperfeinstruktur, T = 560 K)

Außerdem gibt es noch eine Stoßverbreiterung der Spektrallinien. Wie wir in Abschn. 11.6 sehen werden, kann bei Stößen zwischen angeregten und unangeregten Atomen eine Löschung der Fluoreszenzstrahlung auftreten. In klassischer Betrachtungsweise hat ein solcher Stoß ein Abbrechen des Emissionsvorgangs und damit des ausgesandten Wellenzuges zur Folge. Es reicht aber schon aus, daß durch einen Stoß eine genügend große Phasenverschiebung hervorgerufen wird. Diese Phasenstörungsstöße sind wesentlich häufiger als die löschenden Stöße. Ist die mittlere Zeit zwischen zwei derartigen Stößen T_S, so ist die Halbwertsbreite für die Stoßdämpfung

$$\Delta \nu_S = \frac{\gamma_S}{2\pi} = \frac{1}{\pi T_S} . \tag{II,71}$$

Die Linienform bei der Stoßverbreiterung entspricht wie bei der natürlichen Linienverbreiterung einer Dispersionsfunktion. Deshalb ist die gesamte Linienbreite ohne Berücksichtigung des Doppler-Effekts $\Delta \nu_N + \Delta \nu_S$. Bei höheren Drücken stehen die Atome immer unter dem Einfluß ihrer Nachbarn. Deshalb muß dann eine statistische Theorie der Druckverbreiterung angewandt werden.

4.3 Berechnung der Übergangswahrscheinlichkeit $A_{\beta\alpha}$

Nach der klassischen Elektrodynamik ist die elektrische Feldstärke $\vec{\mathfrak{E}}$ der Strahlung, die von einer Strahlungsquelle mit dem oszillierenden elektrischen Dipolmoment $\boldsymbol{p} \cos 2\pi \nu t$ in der Richtung $\boldsymbol{r}_0 = \boldsymbol{r}/|\boldsymbol{r}|$ emittiert wird, in hinreichend großem Abstand r von der Quelle

$$\vec{\mathfrak{E}} = \frac{\pi \nu^2}{\epsilon_0 c^2 r} (\boldsymbol{p} - \boldsymbol{r}_0 \boldsymbol{r}_0 \cdot \boldsymbol{p}) \cos 2\pi(\nu t - \frac{r\nu}{c}) \tag{II,72a}$$

und die magnetische Flußdichte

$$\boldsymbol{B} = -\frac{\mu_0 \pi \nu^2}{c r} \boldsymbol{p} \times \boldsymbol{r}_0 \cos 2\pi(\nu t - \frac{r\nu}{c}) . \tag{II,72b}$$

Da $\epsilon_0 \mu_0 = c^{-2}$ ist, gilt für den Poyntingschen Vektor[1]:

$$\boldsymbol{S} = \epsilon_0 c^2 \vec{\mathfrak{E}} \times \boldsymbol{B} = \frac{\pi^2 \nu^4}{\epsilon_0 c^3 r^2} \boldsymbol{r}_0 [\boldsymbol{p}^2 - (\boldsymbol{r}_0 \cdot \boldsymbol{p})^2] \cos^2 2\pi(\nu t - \frac{r\nu}{c}) . \tag{II,72c}$$

Bildet die Ausstrahlungsrichtung $\boldsymbol{r}_0$ mit dem Dipolmoment $\boldsymbol{p}$ den Winkel ϑ, so ist der zeitliche Mittelwert des Betrages des Poyntingschen Vektors

$$\overline{S} = \frac{\pi^2 \nu^4}{\epsilon_0 c^3 r^2} \sin^2 \vartheta \, p^2 \, \overline{\cos^2 2\pi\nu t} . \tag{II,72d}$$

Das ist die Strahlungsflußdichte oder die Leistung der Strahlung, die durch eine Fläche senkrecht zur Ausbreitungsrichtung geht, dividiert durch den Flächeninhalt. In Abb. II,20 ist die Strahlungscharakteristik des Oszillators dargestellt. Um die gesamte

[1] $\boldsymbol{a} \times \boldsymbol{b} \times \boldsymbol{c} = \boldsymbol{b}\, \boldsymbol{a} \cdot \boldsymbol{c} - \boldsymbol{c}\, \boldsymbol{a} \cdot \boldsymbol{b} = \boldsymbol{a} \cdot \boldsymbol{c}\, \boldsymbol{b} - \boldsymbol{a} \cdot \boldsymbol{b}\, \boldsymbol{c}$

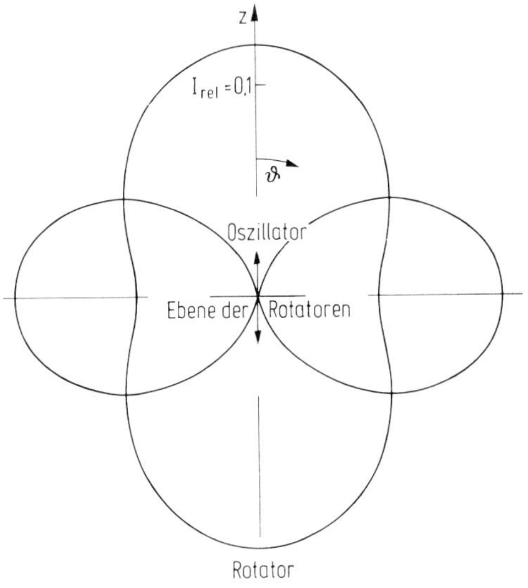

Abb. II,20. Strahlungsdiagramme
rel. Strahlstärke $I_{rel} = \frac{d\,\Phi}{d\,\Omega} / \Phi_{gesamt}$

(Oszillator: $I_{rel} = \frac{3}{8\,\pi} \sin^2 \vartheta$, Rotator: $I_{rel} = \frac{3}{16\,\pi} (1 + \cos^2 \vartheta)$)

Strahlungsleistung des Oszillators zu erhalten, müssen wir den Strahlungsfluß durch die Oberfläche der Kugel mit dem Radius r um die Strahlungsquelle berechnen:

$$\Phi = \frac{\pi^2 \nu^4}{\epsilon_0 c^3 r^2} \boldsymbol{p}^2 \overline{\cos^2 2\,\pi\,\nu\,t}\; r^2 \int_{\varphi=0}^{2\pi} \int_{\vartheta=0}^{\pi} \sin^2 \vartheta \sin \vartheta \, d\vartheta \, d\varphi$$

$$= \frac{8\,\pi^3 \nu^4}{3\,\epsilon_0 c^3} \boldsymbol{p}^2 \overline{\cos^2 2\,\pi\,\nu\,t} = \frac{4\,\pi^3 \nu^4}{3\,\epsilon_0 c^3} \boldsymbol{p}^2 \;[1] . \qquad \text{(II,72e)}$$

Um das Dipolmoment zu erhalten, das in der Quantenmechanik zum Übergang zwischen zwei Zuständen gehört, gehen wir von der zeitabhängigen Schrödinger-Gleichung für das Atom mit einem Elektron aus. Sie ergibt sich, wenn wir in Gl. II,16f den Hamilton-Operator

$$\hat{H} = -\frac{\hbar^2}{2\,m} \frac{\partial^2}{\partial\, x^2}$$

[1] Die Energie E des Elektrons, das Schwingungen $\boldsymbol{R} = \boldsymbol{r} \cos 2\,\pi\,\nu\,t$ ausführt, ist für $t = (1 \pm 2\,n)/4\,\nu$ mit n = 0 1, 2, . . . nur kinetische Energie $E_k = m_e \dot{R}^2/2$. Also ist $E = 4\,\pi^2 \nu^2 m_e r^2/2$. Beziehen wir Gl. II,59 auf 1 Oszillator mit dem Dipolmoment $\boldsymbol{p} = -e\,\boldsymbol{r} \cos 2\,\pi\,\nu\,t$, so ergibt sich

$$\Phi = \frac{4\,\pi^3 \nu^4 e^2}{3\,\epsilon_0 c^3} r^2 = \gamma E = \gamma \cdot 2\,\pi^2 \nu^2 m_e r^2 .$$

Die Auflösung nach γ liefert Gl. II,58b.

für die eindimensionale, kräftefreie Bewegung eines Teilchens durch den Hamilton-Operator für das Elektron im elektrostatischen Feld des Atomkerns (Gl. II,20b) ersetzen:

$$\left(-\frac{\hbar^2}{2\,m_e}\,\Delta - \frac{Z\,e^2}{4\,\pi\,\epsilon_0\,r}\right)\Psi(\boldsymbol{r},t) = -\frac{\hbar}{\mathrm{i}}\,\frac{\partial\,\Psi(\boldsymbol{r},t)}{\partial\,t}\;. \qquad \text{(II,73)}$$

Mit dem Ansatz

$$\Psi(\boldsymbol{r},t) = \psi(\boldsymbol{r})\;\mathrm{e}^{-\mathrm{i}Et/\hbar}$$

erhalten wir wieder die zeitunabhängige Schrödinger-Gleichung (Gl. II,34a). Die Eigenwerte E_γ und die Eigenfunktionen $\psi_\gamma(\boldsymbol{r})$ dieser Gleichung kennen wir; der griechische Buchstabe steht hier zur Abkürzung der Schreibweise an Stelle der drei Quantenzahlen n, l, m. Die Lösungen der Gl. II,73 sind dann

$$\Psi_\gamma(\boldsymbol{r},t) = \psi_\gamma(\boldsymbol{r})\;\mathrm{e}^{-\mathrm{i}E_\gamma t/\hbar}$$

und alle Linearkombinationen dieser Funktionen.

Aus zwei Eigenfunktionen und den dazu gehörenden Eigenwerten können wir dann folgende Ψ-Funktion bilden:

$$\Psi = c_\alpha\,\psi_\alpha\,\mathrm{e}^{-\mathrm{i}E_\alpha t/\hbar} + c_\beta\,\psi_\beta\,\mathrm{e}^{-\mathrm{i}E_\beta t/\hbar}\;.$$

Dabei soll der obere Zustand mit α bezeichnet werden. c_α und c_β seien reell. Für die Ψ-Funktion gilt die Normierungsbedingung

$$\int \Psi^*\,\Psi\,\mathrm{d}\,\tau = 1\;.$$

Da die Eigenfunktionen ψ_α und ψ_β orthogonal und normiert sein sollen, also

$$\int \psi_\alpha^*\,\psi_\beta\,\mathrm{d}\,\tau = \int \psi_\beta^*\,\psi_\alpha\,\mathrm{d}\,\tau = 0 \quad \text{und}$$
$$\int \psi_\alpha^*\,\psi_\alpha\,\mathrm{d}\,\tau = \int \psi_\beta^*\,\psi_\beta\,\mathrm{d}\,\tau = 1$$

sein soll, ergibt sich

$$c_\alpha^2 + c_\beta^2 = 1\;.$$

c_α^2 ist die Wahrscheinlichkeit dafür, daß sich das Atom im Zustand α befindet und die Energie E_α hat. Ist $c_\alpha = 1$, so muß $c_\beta = 0$ sein; das Atom ist bestimmt im Zustand α anzutreffen.

Wenn sich das Elektron an einem bestimmten Ort P($\boldsymbol{r}$) aufhielte, so würde es zusammen mit dem Kern ein elektrisches Dipolmoment $\boldsymbol{p} = -e\,\boldsymbol{r} = -e(x\,\boldsymbol{i} + y\,\boldsymbol{j} + z\,\boldsymbol{k})$[1] bilden;

[1] Der Vektor des Dipolmoments ist von der negativen zur positiven Ladung gerichtet, der Ortsvektor vom positiven Kern zum negativen Elektron, also entgegengesetzt. Das kommt durch das Minuszeichen zum Ausdruck.

die z-Komponente wäre $p_z = - e z$. Wir multiplizieren $- e z$ mit $\Psi^* \Psi$ und integrieren über den ganzen Raum:

$$- e \int z \Psi^* \Psi \, d\tau = - e[c_\alpha^2 \int z \psi_\alpha^* \psi_\alpha \, d\tau + c_\alpha c_\beta \int z \psi_\alpha^* \psi_\beta \, d\tau \cdot e^{i(E_\alpha - E_\beta)t/\hbar}$$

$$+ c_\beta c_\alpha \int z \psi_\beta^* \psi_\alpha \, d\tau \cdot e^{-i(E_\alpha - E_\beta)t/\hbar} + c_\beta^2 \int z \psi_\beta^* \psi_\beta \, d\tau] .$$

Da $\psi_\alpha^* \psi_\alpha$ und $\psi_\beta^* \psi_\beta$ bezüglich z gerade Funktionen sind, müssen die Integranden $z \psi_\alpha^* \psi_\alpha$ und $z \psi_\beta^* \psi_\beta$ ungerade Funktionen und deshalb die Integrale von $- \infty$ bis $+ \infty$ gleich 0 sein. Wenn sich das Atom in einem bestimmten Zustand befindet, besitzt es kein elektrisches Dipolmoment. Der Schwerpunkt der vom Elektron erzeugten Ladungsverteilung liegt am Ort des Kerns.

Wir schreiben zur Abkürzung

$$\nu_{\beta\alpha} = \frac{E_\alpha - E_\beta}{h} \tag{II,74}$$

und

$$z_{\beta\alpha} = \int z \psi_\alpha^* \psi_\beta \, d\tau = z_{\alpha\beta}^*, \quad z_{\alpha\beta} = \int z \psi_\beta^* \psi_\alpha \, d\tau = z_{\beta\alpha}^* . \tag{II,75a}$$

Lassen wir den Faktor $c_\alpha c_\beta = c_\beta c_\alpha$ weg, so ergibt sich

$$- e(z_{\beta\alpha} e^{i2\pi\nu_{\beta\alpha}t} + z_{\alpha\beta} e^{-i2\pi\nu_{\beta\alpha}t}) = - e(z_{\beta\alpha} e^{i2\pi\nu_{\beta\alpha}t} + z_{\beta\alpha}^* e^{-i2\pi\nu_{\beta\alpha}t})$$

$$= - 2 e \, \mathrm{Re}(z_{\beta\alpha} e^{i2\pi\nu_{\beta\alpha}t}) = p_z(t) .$$

Da $z_{\beta\alpha}$ reell und demnach gleich $z_{\alpha\beta}$ ist, wie aus der weiteren Rechnung hervorgehen wird, ist

$$p_z(t) = - 2 e z_{\beta\alpha} \cos 2 \pi \nu_{\beta\alpha} t = 2 p_{z\beta\alpha} \cos 2 \pi \nu_{\beta\alpha} t .$$

Der Ausdruck, den wir erhalten haben, stellt die z-Komponente eines elektrischen Dipolmoments mit einer beliebigen Orientierung im Raum oder ein Dipolmoment parallel zur z-Achse dar. Das Dipolmoment oszilliert mit der Frequenz $\nu_{\beta\alpha}$, die durch Gl. II,74 gegeben ist. Das ist gerade die Bohrsche Frequenzbedingung (Gl. II,1). Diese ergibt sich hier von selbst. Das periodisch sich ändernde Dipolmoment können wir als Ursache für die Aussendung elektromagnetischer Strahlung durch das Atom ansehen.

Da das Atom bei dem Emissionsprozeß aus dem Zustand α in den Zustand β übergeht, müßten sich c_α und c_β und damit auch das Produkt $c_\alpha c_\beta$ ändern. Anfangs sollte $c_\alpha = 1$ und $c_\beta = 0$ und nachher $c_\alpha = 0$ und $c_\beta = 1$ sein. Offensichtlich ist es unbefriedigend, daß wir nicht erhalten haben, wie c_α und c_β von der Zeit abhängen. Das ist aber bei der Anwendung der zeitabhängigen Schrödinger-Gleichung auch gar nicht möglich. Denn in ihr steht nur der Hamilton-Operator der Elektronenbewegung im elektrostatischen Feld des Kerns. Sie enthält nicht das elektromagnetische Feld der Strahlung, die erst beim Übergang aus dem Zustand α in den Zustand β erzeugt wird. Bei einer umfassenden Strahlungstheorie, die außer für die spontane Emission auch für die induzierte Emission und die Absorption gelten soll, muß von einer Gleichung mit den Hamilton-Operatoren für die Elektronenbewegung, das Strahlungsfeld und die Wechselwirkung zwischen den Elektronen und dem Strahlungsfeld ausgegangen werden.

Wir haben bisher nur zwei Zustände des Atoms in Betracht gezogen. Tatsächlich gibt es ja unendlich viele, die durch die Quantenzahlen charakterisiert werden. Der Einfachheit halber numerieren wir die Zustände durch. Dann lassen sich die Größen $z_{\beta\alpha}$ in Form einer Matrix anordnen:

$$\begin{pmatrix} z_{11} & z_{12} & z_{13} & \cdots \\ z_{21} & z_{22} & z_{23} & \\ z_{31} & z_{32} & z_{33} & \cdots \\ \cdots & \cdots & \cdots & \cdots \\ \cdots & \cdots & \cdots & \cdots \end{pmatrix}$$

Sie werden deshalb Matrixelemente der Ortskoordinate z genannt. Entsprechend Gl. II,75a gilt für die beiden anderen Koordinaten

$$x_{\beta\alpha} = \int x\, \psi_\alpha^* \, \psi_\beta \, \mathrm{d}\,\tau \quad \text{und} \quad y_{\beta\alpha} = \int y\, \psi_\alpha^* \, \psi_\beta \, \mathrm{d}\,\tau\,. \tag{II,75b, c}$$

Die zu den Matrixelementen der Ortskoordinaten gehörenden Matrixelemente des Dipolmoments sind

$$p_{\mathrm{x}\beta\alpha} = -\,e\,x_{\beta\alpha}, \quad p_{\mathrm{y}\beta\alpha} = -\,e\,y_{\beta\alpha} \quad \text{und} \quad p_{\mathrm{z}\beta\alpha} = -\,e\,z_{\beta\alpha}\,.$$

Daß die Matrixelemente auf der Diagonalen gleich 0 sind, hatte sich bereits gezeigt. Welche Bedingungen erfüllt sein müssen, damit Matrixelemente ungleich 0 sind, daß also überhaupt Übergänge stattfinden, werden wir noch sehen.

Zu jedem Übergang zwischen zwei Zuständen gehören einerseits bestimmte Matrixelemente des Dipolmoments und andererseits eine Energiedifferenz. Aufgrund der Matrixelemente läßt sich die Intensität der emittierten Strahlung oder die Strahlungsabsorption und aus der Energiedifferenz die Frequenz oder die Wellenlänge berechnen. Intensität oder Absorption und Wellenlänge einer Spektrallinie können mit den Methoden der Spektroskopie bestimmt werden. Im Mittelpunkt der Matrizenmechanik, deren Entwicklung durch eine 1925 von W. Heisenberg veröffentlichte Arbeit eingeleitet wurde, stehen deshalb die Matrixelemente des Dipolmoments und die Energiedifferenzen; auf irgendwelche Vorstellungen von Elektronenbahnen wird verzichtet.

Wenn wir die Dipolmomente für die Übergänge des Atoms mit einem Elektron berechnen wollen, müssen wir Kugelkoordinaten (Gl. II,21) einführen. Es ergibt sich dann für die Koordinate z:

$$\begin{aligned} p_{\mathrm{z}}(t) &= -\,e(\mathrm{e}^{\mathrm{i}2\pi\nu_{\beta\alpha}\mathrm{t}}\, z_{\beta\alpha} + \mathrm{e}^{-\mathrm{i}2\pi\nu_{\beta\alpha}\mathrm{t}}\, z_{\alpha\beta}) \\ &= -\,e(\mathrm{e}^{\mathrm{i}2\pi\nu_{\beta\alpha}\mathrm{t}} \int \psi_\alpha^*\, \psi_\beta\, r\cos\vartheta\,\mathrm{d}\tau + \mathrm{e}^{-\mathrm{i}2\pi\nu_{\beta\alpha}\mathrm{t}} \int \psi_\beta^*\, \psi_\alpha\, r\cos\vartheta\,\mathrm{d}\tau) \\ &= -\,e\cdot \widetilde{R}_{\mathrm{n}'',\mathrm{l}'';\mathrm{n}',\mathrm{l}'} \cdot \widetilde{\Theta}^{(\cos)}_{\mathrm{l}'',\mathrm{m}'';\mathrm{l}',\mathrm{m}'} \cdot \widetilde{\phi}^{(\mathrm{z},\mathrm{t})}_{\mathrm{m}'',\mathrm{m}'} \end{aligned}$$

mit

$$\widetilde{R}_{n'', l''; n', l'} = \int_0^\infty R_{n', l'} R_{n'', l''} r^3 \, dr ,$$

$$\widetilde{\Theta}^{(\cos)}_{l'', m''; l', m'} = \int_0^\pi \Theta_{l', m'} \Theta_{l'', m''} \cos \vartheta \sin \vartheta \, d\vartheta ,$$

$$\widetilde{\phi}^{(z, t)}_{m'', m'} = \frac{1}{2\pi} (e^{i 2\pi \nu_{\beta\alpha} t} \int_0^{2\pi} e^{i(m'' - m')\varphi} d\varphi + e^{-i 2\pi \nu_{\beta\alpha} t} \int_0^{2\pi} e^{-i(m'' - m')\varphi} d\varphi) .$$

Die beiden Integrale über φ sind nur dann ungleich 0, wenn $m'' - m' = 0$ ist. Wir erhalten:

$$\widetilde{\phi}^{(z, t)}_{m'', m'} = 2 \cos 2\pi \nu_{\beta\alpha} t \quad \text{für} \quad \Delta m = m' - m'' = 0 . \qquad \text{(II,76a)}$$

Entsprechend ergibt sich für die Koordinate x

$$\begin{aligned} p_x(t) &= - e(e^{i 2\pi \nu_{\beta\alpha} t} x_{\beta\alpha} + e^{-i 2\pi \nu_{\beta\alpha} t} x_{\alpha\beta}) \\ &= - e(e^{i 2\pi \nu_{\beta\alpha} t} \int \psi_\alpha^* \psi_\beta r \sin \vartheta \cos \varphi \, d\tau + e^{-i 2\pi \nu_{\beta\alpha} t} \int \psi_\beta^* \psi_\alpha r \sin \vartheta \cos \varphi \, d\tau) \\ &= - e \cdot \widetilde{R}_{n'', l''; n', l'} \cdot \widetilde{\Theta}^{(\sin)}_{l'', m''; l', m'} \cdot \widetilde{\phi}^{(x, t)}_{m'', m'} \end{aligned}$$

mit

$$\widetilde{\Theta}^{(\sin)}_{l'', m''; l', m'} = \int_0^\pi \Theta_{l', m'} \Theta_{l'', m''} \sin^2 \vartheta \, d\vartheta ,$$

$$\begin{aligned} \widetilde{\phi}^{(x, t)}_{m'', m'} &= \frac{1}{2\pi} (e^{i 2\pi \nu_{\beta\alpha} t} \int_0^{2\pi} e^{i(m'' - m')\varphi} \cos \varphi \, d\varphi + e^{-i 2\pi \nu_{\beta\alpha} t} \int_0^{2\pi} e^{-i(m'' - m')\varphi} \cos \varphi \, d\varphi) \\ &= \frac{1}{2\pi} [e^{i 2\pi \nu_{\beta\alpha} t} (\int_0^{2\pi} \cos(m'' - m')\varphi \cos \varphi \, d\varphi + i \int_0^{2\pi} \sin(m'' - m')\varphi \cos \varphi \, d\varphi) \\ &\quad + e^{-i 2\pi \nu_{\beta\alpha} t} (\int_0^{2\pi} \cos(m'' - m')\varphi \cos \varphi \, d\varphi - i \int_0^{2\pi} \sin(m'' - m')\varphi \cos \varphi \, d\varphi)] . \end{aligned}$$

Das zweite und das vierte Integral haben den Wert 0, und das erste und das dritte Integral sind nur dann ungleich 0, wenn $m'' - m' = - \Delta m = 1$ ist. Da $\cos(-\varphi) = \cos \varphi$ ist, kann auch $m'' - m' = - \Delta m = - 1$ sein. Es ergibt sich also

$$\widetilde{\phi}^{(x, t)}_{m'', m'} = \cos 2\pi \nu_{\beta\alpha} t \quad \text{für} \quad \Delta m = m' - m'' = \pm 1 . \qquad \text{(II,76b)}$$

Schließlich ist

$$\begin{aligned} p_y(t) &= - e(e^{i 2\pi \nu_{\beta\alpha} t} y_{\beta\alpha} + e^{-i 2\pi \nu_{\beta\alpha} t} y_{\alpha\beta}) \\ &= - e(e^{i 2\pi \nu_{\beta\alpha} t} \int \psi_\alpha^* \psi_\beta r \sin \vartheta \sin \varphi \, d\tau + e^{-i 2\pi \nu_{\beta\alpha} t} \int \psi_\beta^* \psi_\alpha r \sin \vartheta \sin \varphi \, d\tau) \\ &= - e \cdot \widetilde{R}_{n'', l''; n', l'} \cdot \widetilde{\Theta}^{(\sin)}_{l'', m''; l', m'} \cdot \widetilde{\phi}^{(y, t)}_{m'', m'} \end{aligned}$$

mit

$$\widetilde{\phi}^{(y,t)}_{m'',m'} = \frac{1}{2\pi}\left(e^{i2\pi\nu_{\beta\alpha}t}\int_0^{2\pi} e^{i(m''-m')\varphi}\sin\varphi\, d\varphi + e^{-i2\pi\nu_{\beta\alpha}t}\int_0^{2\pi} e^{-i(m''-m')\varphi}\sin\varphi\, d\varphi\right)$$

$$= \frac{1}{2\pi}\left[e^{i2\pi\nu_{\beta\alpha}t}\left(\int_0^{2\pi}\cos(m''-m')\varphi\sin\varphi\, d\varphi + i\int_0^{2\pi}\sin(m''-m')\varphi\sin\varphi\, d\varphi\right.\right.$$

$$\left.\left. + e^{-i2\pi\nu_{\beta\alpha}t}\left(\int_0^{2\pi}\cos(m''-m')\varphi\sin\varphi\, d\varphi - i\int_0^{2\pi}\sin(m''-m')\varphi\sin\varphi\, d\varphi\right)\right]\right. .$$

Hier haben das erste und dritte Integral den Wert 0, und das zweite und vierte Integral sind nur dann wieder ungleich 0, wenn $m'' - m' = -\Delta m = 1$ ist. Weil $\sin(-\varphi) = -\sin\varphi$ ist, ändert sich für $m'' - m' = -\Delta m = -1$ das Vorzeichen. Das Ergebnis lautet:

$$\widetilde{\phi}^{(y,t)}_{m'',m'} = -\sin 2\pi\nu_{\beta\alpha} t \quad \text{für} \quad \Delta m = m' - m'' = -1$$
$$= +\sin 2\pi\nu_{\beta\alpha} t \quad \text{für} \quad \Delta m = m' - m'' = +1 . \qquad \text{(II,76c)}$$

Fassen wir die Ergebnisse zusammen! Zum Übergang mit $\Delta m = 0$ gehört ein Dipolmoment, das längs der z-Achse oszilliert, kurz ein Oszillator. In den Fällen $\Delta m = \pm 1$ müssen den beiden Übergängen jeweils zwei Dipolmomente zugeordnet werden, die längs der x- und der y-Achse mit gleicher Amplitude, aber einer Phasenverschiebung um $\pi/2$ oszillieren. Das ist gleichbedeutend damit, daß der Vektor des Dipolmoments mit konstantem Betrag in der xy-Ebene rotiert. Wir können deshalb von zwei entgegengesetzt umlaufenden Rotatoren sprechen. Für $\Delta m = +1$ bewegt sich der Vektor im Uhrzeigersinn, wenn wir in der z-Richtung blicken. Abb. II,20 zeigt das Strahlungsdiagramm.

Falls ein Magnetfeld vorhanden ist, gibt es eine ausgezeichnete Richtung im Raum, nämlich die der magnetischen Flußdichte $\boldsymbol{B}$. In diese Richtung wird die z- oder Polarachse gelegt. Wir wollen zunächst die Ausstrahlung senkrecht zur z-Richtung betrachten. Wenn die Ausstrahlungsrichtung $\boldsymbol{r}_0$ senkrecht zur Richtung des oszillierenden Dipolmoments steht, vereinfacht sich Gl. II,72a zu

$$\vec{\mathfrak{E}} \sim \boldsymbol{p}\cos 2\pi\left(\nu t - \frac{r\nu}{c}\right) . \qquad \text{(II,72a')}$$

Das parallel zur z-Achse oszillierende Dipolmoment ($\Delta m = 0$) sendet nach Gl. II,72a' eine parallel zu dieser Achse linear polarisierte Welle[1] aus, sogenannte π-Strahlung. Da für die x- und die y-Achse keine bestimmte Richtung gegeben ist, können wir die y-Achse in die Ausstrahlungsrichtung legen. Dann emittiert in den Fällen $\Delta m = \pm 1$ nur das parallel zur x-Achse oszillierende Dipolmoment in der positiven und negativen y-Richtung, und zwar eine parallel zur x-Achse linear polarisierte Welle.

Wenden wir uns jetzt der Ausstrahlung in der z-Richtung zu! Parallel zur z-Achse ist keine zum Übergang $\Delta m = 0$ gehörende Emission vorhanden, da der Oszillator in

[1] Früher wurde allgemein die Ebene durch die Fortpflanzungsrichtung senkrecht zur Schwingungsebene des $\vec{\mathfrak{E}}$-Vektors Polarisationsebene genannt, also die Ebene, in der der $\boldsymbol{B}$-Vektor schwingt. Wir beziehen die Polarisationsangaben auf den $\vec{\mathfrak{E}}$-Vektor.

seiner Schwingungsrichtung keine Strahlung aussendet. Den Gln. II,72a′, 76b u. 76c entsprechend ist

$$\mathfrak{E}_x \sim p \cos 2\pi(\nu t - \frac{r\nu}{c}) \text{ und } \mathfrak{E}_y \sim p \sin 2\pi(\nu t - \frac{r\nu}{c})$$

$$\text{für } \Delta m = +1 \text{ und} \qquad \text{(II,76d, e)}$$

$$\mathfrak{E}_x \sim p \cos 2\pi(\nu t - \frac{r\nu}{c}) \text{ und } \mathfrak{E}_y \sim -p \sin 2\pi(\nu t - \frac{r\nu}{c})$$

$$\text{für } \Delta m = -1\,. \qquad \text{(II,76f, g)}$$

Zu einem bestimmten Zeitpunkt (t = const.) liegen die Spitzen der Vektorpfeile der elektrischen Feldstärke auf Schraubenlinien, wie dies die Abb. II,21 zeigt. Die Schraubenlinien schieben sich mit der Ausbreitungsgeschwindigkeit der Welle in der Fortpflanzungsrichtung vor. Der Schnittpunkt einer Schraubenlinie mit einer zur z-Achse senkrechten Ebene und mit ihm der $\vec{\mathfrak{E}}$-Vektor in dieser Ebene kreisen im gleichen Umlaufsinn wie der $\boldsymbol{p}$-Vektor, also wie der Rotator. Um Mißverständnisse bezüglich der Umlaufrichtung zu vermeiden, ist es zweckmäßig, im Fall $\Delta m = +1$ von σ^+- und im Fall $\Delta m = -1$ von σ^--Strahlung zu sprechen. Beispielsweise ist die σ^+-Strahlung in der z-Richtung für den ihr entgegenschauenden Beobachter linkszirkular und die in der entgegengesetzten Richtung ausgesandte σ^+-Strahlung für den ihr Entgegenblickenden rechtszirkular polarisiert.

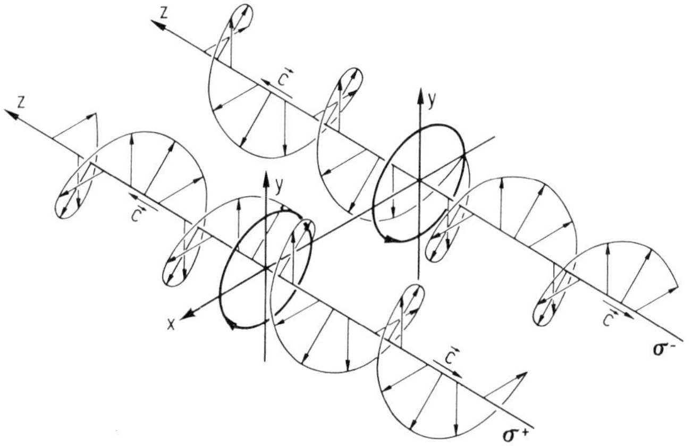

Abb. II,21. σ^+- und σ^--Strahlung

$\widetilde{\Theta}^{(\cos)}_{l'',m'';l',m'}$ und $\widetilde{\Theta}^{(\sin)}_{l'',m'';l',m'}$ sind nur dann ungleich 0, wenn $\Delta l = l' - l'' = \pm 1$ ist. Auf die längere Rechnung, die für den Beweis erforderlich ist, wollen wir verzichten und dafür in Abschn. 6.2 die Bedeutung der Auswahlregel diskutieren. Für n gibt es keine Auswahlregel.

Ersetzen wir in Gl. II,72e $\boldsymbol{p}^2\,\overline{\cos^2 2\pi\nu_{\beta\alpha} t}$ durch $\overline{p_z(t)^2} = 4\,e^2\,z_{\beta\alpha}^2\,\frac{1}{2} = 4\,p_{z\beta\alpha}^2\,\frac{1}{2}$ und dividieren wir noch durch $h\,\nu_{\beta\alpha}$, so erhalten wir

$$\frac{\Phi_{\beta\alpha}}{h\,\nu_{\beta\alpha}} = \frac{8\,\pi^3\,\nu_{\beta\alpha}^3}{3\,\epsilon_0\,h\,c^3}\,\overline{p_z(t)^2} = \frac{16\,\pi^3\,\nu_{\beta\alpha}^3\,e^2}{3\,\epsilon_0\,h\,c^3}\,z_{\beta\alpha}^2 = \frac{16\,\pi^3\,\nu_{\beta\alpha}^3}{3\,\epsilon_0\,h\,c^3}\,p_{z\beta\alpha}^2 = A_{\beta\alpha}\,. \quad \text{(II,77a)}$$

Das ist die Zahl der Photonen, die pro Zeiteinheit vom Atom emittiert werden, und damit auch die Zahl der Übergänge des Atoms vom Zustand α in den Zustand β, also die Übergangswahrscheinlichkeit $A_{\beta\alpha}$. Wir sind vom klassischen Oszillator ausgegangen, dem laufend so viel Energie wieder zugeführt wird, wie er abstrahlt. Wir müssen uns auch hier vorstellen, daß dem Atom die abgegebene Energie wieder ersetzt wird, so daß es unverzüglich nach der Emission wieder in den Zustand α zurückkehrt.

Gl. II,77a gilt für $\Delta m = 0$. In den beiden Fällen $\Delta m = \pm 1$ müssen wir $\overline{p_x(t)^2} + \overline{p_y(t)^2}$ statt $\boldsymbol{p}^2\,\overline{\cos^2 2\pi\nu_{\beta\alpha} t}$ in Gl. II,72e einsetzen, weil jeweils beide Dipolmomente an der Ausstrahlung beteiligt sind. Wie aus der Rechnung hervorgeht, die zu den Gln. II,76b u. c geführt hat, ist $x_{\beta\alpha}$ reell, $y_{\beta\alpha} = -\,\mathrm{i}\,x_{\beta\alpha}$ für $\Delta m = +1$ und $y_{\beta\alpha} = \mathrm{i}\,x_{\beta\alpha}$ für $\Delta m = -1$ aber imaginär. Wenn wir das berücksichtigen, bekommen wir $\overline{p_x(t)^2} + \overline{p_y(t)^2}$ $= 4\,e^2(x_{\beta\alpha}^2 + |y_{\beta\alpha}|^2)\,\frac{1}{2} = 4\,(p_{x\beta\alpha}^2 + |p_{y\beta\alpha}|^2)\,\frac{1}{2}$ und weiter

$$\frac{\Phi_{\beta\alpha}}{h\,\nu_{\beta\alpha}} = \frac{8\,\pi^3\,\nu_{\beta\alpha}^3}{3\,\epsilon_0\,h\,c^3}\,(\overline{p_x(t)^2} + \overline{p_y(t)^2}) = \frac{16\,\pi^3\,\nu_{\beta\alpha}^3\,e^2}{3\,\epsilon_0\,h\,c^3}\,(x_{\beta\alpha}^2 + |y_{\beta\alpha}|^2)$$

$$= \frac{16\,\pi^3\,\nu_{\beta\alpha}^3}{3\,\epsilon_0\,h\,c^3}\,(p_{x\beta\alpha}^2 + |p_{y\beta\alpha}|^2) = A_{\beta\alpha}\,. \quad \text{(II,77b)}$$

Wir wollen uns noch mit der Berechnung der Übergangswahrscheinlichkeiten in folgendem Fall befassen: Vom Niveau mit $l = 1$, zu dem die drei Zustände mit $m = 0, \pm 1$ gehören, sind drei Übergänge zum Niveau mit $l = 0$ möglich, zu dem nur der Zustand mit $m = 0$ gehört. Die Größen $\widetilde{\phi}$ kennen wir schon. Wir müssen noch die Werte für $\widetilde{\Theta}$ berechnen; es ist

$$\Theta_{0,0} = \frac{1}{\sqrt{2}}, \qquad \Theta_{1,0} = \sqrt{\frac{3}{2}}\cos\vartheta \qquad \text{und} \qquad \Theta_{1,|1|} = \frac{\sqrt{3}}{2}\sin\vartheta$$

(vgl. Tabelle II,1 und Gln. II,26b, c, d). Dann erhalten wir

$$\widetilde{\Theta}^{(\cos)}_{0,0;1,0} = \frac{1}{\sqrt{2}}\sqrt{\frac{3}{2}}\int_0^\pi \cos^2\vartheta\,\sin\vartheta\,\mathrm{d}\vartheta = \frac{1}{\sqrt{3}}\,,$$

$$\widetilde{\Theta}^{(\sin)}_{0,0;1,|1|} = \frac{1}{\sqrt{2}}\,\frac{\sqrt{3}}{2}\int_0^\pi \sin^3\vartheta\,\mathrm{d}\vartheta = \sqrt{\frac{2}{3}}\,.$$

Unter Verwendung von Gl. II,76a ergibt sich für $\Delta m = 0$

$$\overline{p_z^2(t)} = e^2\,\widetilde{R}^2_{n'',0;n',1}\,\frac{4}{3}\,\overline{\cos^2 2\pi\nu_{\beta\alpha} t} = \frac{2}{3}\,e^2\,\widetilde{R}^2_{n'',0;n',1}\,.$$

Für $\Delta m = +1$ und $\Delta m = -1$ ergibt sich mit den Gln. II,76b u. c

$$\overline{p_x^2(t)} + \overline{p_y^2(t)} = e^2\,\widetilde{R}^2_{n'',0;n',1}\,\frac{2}{3}\,(\overline{\cos^2 2\pi\nu_{\beta\alpha} t + \sin^2 2\pi\nu_{\beta\alpha} t}) = \frac{2}{3}\,e^2\,\widetilde{R}^2_{n'',0;n'1}\,.$$

Die Übergangswahrscheinlichkeiten, die wir nun unter Verwendung der Gln. II,77a u. b erhalten, sind für alle drei Übergänge gleich. Sie stimmen auch mit der Übergangswahrscheinlichkeit für den Übergang zwischen den beiden Niveaus überein, weil das statistische Gewicht des oberen Niveaus $g_a = 2l + 1 = 3$ und dann nach Gl. II,62

$A_{n'',0;n',1} = \frac{1}{3} \sum_{i=-1}^{+1} A_{\beta\alpha_i}$ ist. Es ergibt sich schließlich

$$A_{n'',0;n',1} = \frac{16\,\pi^3\,\nu^3_{n'',0;n',1}\,e^2}{9\,\epsilon_0\,c^3\,h}\,\tilde{R}^2_{n'',0;n',1}\,.$$

Für das Atom mit einem Elektron läßt sich auch die Größe $\tilde{R}^2_{n'',0;n',1}$ leicht berechnen, da die radialen Eigenfunktionen $R_{n,l}$ bekannt sind.

5. Das Periodensystem der Elemente

5.1 Das Pauli-Prinzip

In der klassischen Physik lassen sich auch völlig gleichartige Teilchen wie z. B. die Elektronen unterscheiden. Wir können prinzipiell zu einem gewissen Zeitpunkt mit einer idealen Meßapparatur die Koordinaten und Impulse aller Teilchen eines Systems ganz genau bestimmen. Dann ist jedes Teilchen durch sechs Zahlen gekennzeichnet, gleichsam mit einer Nummer versehen. Wenn wir die Kräfte kennen, die auf die Teilchen wirken, können wir für jedes von ihnen die weitere Bahn berechnen. Nach neuen Messungen können wir dann zu jeder Zeit wieder sagen, um welches der Teilchen es sich bei dem erfaßten handelt.

Daß in der Quantenmechanik die beschriebene Numerierung gleichartiger Teilchen und dementsprechend auch die spätere Identifizierung unmöglich ist, folgt aus der Heisenbergschen Unbestimmtheitsrelation (Abschn. 2.1). Wenn wir nämlich zu einem gewissen Zeitpunkt den Ort eines Teilchens ganz exakt messen, ist danach sein Impuls völlig unbestimmt. Daher können wir die Koordinaten des Teilchens nicht vorausberechnen; sie haben schon unmittelbar nach der Messung keine bestimmten Werte mehr. Die gleichartigen Teilchen sind also in der Quantenmechanik ununterscheidbar. Das müssen wir bei der Aufstellung der Zustandsfunktion berücksichtigen.

Wir wollen die Konsequenzen des Prinzips der Ununterscheidbarkeit gleichartiger Teilchen an einem System von zwei Elektronen studieren. Zwischen ihnen bestehe keine Wechselwirkung. Dann ist die ψ-Funktion des Systems, die von Ortskoordinaten abhängige Wellenfunktion, gleich dem Produkt der ψ-Funktionen der beiden Elektronen:

$$\psi(1,2) = \psi_\alpha(1) \cdot \psi_\beta(2)\,.$$

Die Ziffern 1 und 2 sind zur Abkürzung für die Koordinaten der Elektronen 1 und 2 und α und β an Stelle von n, l, m_l geschrieben worden. Der zugehörige Energiewert ist

$$E_{1,2} = E_\alpha + E_\beta\,.$$

Da die beiden Elektronen ununterscheidbar sind, gehört zu diesem Energiewert auch die Funktion

$$\psi(2,1) = \psi_\alpha(2) \cdot \psi_\beta(1).$$

Hier liegt eine sogenannte Austauschentartung vor.

Die Linearkombinationen

$$\psi_A = C_I\,\psi(1,2) + C_{II}\,\psi(2,1) \quad \text{und} \quad \psi_B = C_I\,\psi(2,1) + C_{II}\,\psi(1,2)$$

sind auch Lösungen der Schrödinger-Gleichung für die beiden Elektronen. Es muß $\psi_A^* \psi_A = \psi_B^* \psi_B$ sein; denn die Wahrscheinlichkeitsdichte darf sich nicht bei der Vertauschung der Elektronen ändern. Wie die Rechnung zeigt, ist diese Bedingung nur erfüllt, wenn $C_I = \pm C_{II}$ ist. Außerdem muß $\int \psi^* \psi \, d\tau_1 \, d\tau_2 = 1$ [1] sein. Dann ergeben sich die beiden normierten Lösungen:

$$\psi_s = \frac{1}{\sqrt{2}} [\psi_\alpha(1) \cdot \psi_\beta(2) + \psi_\alpha(2) \cdot \psi_\beta(1)], \qquad \text{(II,78a)}$$

$$\psi_a = \frac{1}{\sqrt{2}} [\psi_\alpha(1) \cdot \psi_\beta(2) - \psi_\alpha(2) \cdot \psi_\beta(1)]. \qquad \text{(II,78b)}$$

Bei der ersten Funktion ändert sich das Vorzeichen nicht bei einer Vertauschung der Elektronen; sie ist symmetrisch. Bei der zweiten tritt ein Vorzeichenwechsel auf; sie ist antisymmetrisch.

Bisher haben wir nur die von den drei Ortskoordinaten abhängige Wellenfunktion betrachtet, die durch die drei Quantenzahlen n, l, m_l gekennzeichnet ist. Ein Elektron hat aber außer den drei Freiheitsgraden der Translation noch einen vierten, den der Spinstellung; zu ihm gehört die Quantenzahl m_s. Die z-Komponente des Spins kann nur gleich $+\hbar/2$ oder $-\hbar/2$ sein. Für die Zustandsfunktionen u gilt den Gln. II,78a u. b entsprechend

$$u_s = \frac{1}{\sqrt{2}} [u_\gamma(1) \cdot u_\delta(2) + u_\gamma(2) \cdot u_\delta(1)], \qquad \text{(II,78c)}$$

$$u_a = \frac{1}{\sqrt{2}} \cdot \begin{vmatrix} u_\gamma(1) & u_\gamma(2) \\ u_\delta(1) & u_\delta(2) \end{vmatrix}. \qquad \text{(II,78d)}$$

Dabei ist die zweite Gleichung in Form einer Determinante geschrieben worden. Die Ziffern 1 und 2 stehen an Stelle der drei Ortskoordinaten und der „Spinkoordinate" der Elektronen 1 und 2 und γ und δ an Stelle von n, l, m_l, m_s.

[1] Hierdurch kommt zum Ausdruck, daß die beiden Elektronen mit Sicherheit irgendwo im Raum anzutreffen sind. Wenn wir noch einmal zur Wellenfunktion $\psi(1,2)$ zurückkehren, so ist

$$\psi^*(1,2)\,\psi(1,2)\,d\tau_1\,d\tau_2 = \psi_\alpha^*(1)\,\psi_\alpha(1)\,d\tau_1 \cdot \psi_\beta^*(2)\,\psi_\beta(2)\,d\tau_2$$

die Wahrscheinlichkeit, daß sich das Elektron 1, das sich im Zustand α befindet, im Volumenelement beim Punkt P_1 mit den Koordinaten x_1, y_1, z_1 und das Elektron 2, das sich im Zustand β befindet, im Volumenelement beim Punkt P_2 mit den Koordinaten x_2, y_2, z_2 aufhält.

Aus den optischen Spektren der Atome kann geschlossen werden, daß es nur solche Atome gibt, bei denen die Gesamtzustandsfunktion der Elektronen antisymmetrisch ist. Dieses empirisch gewonnene Antisymmetrie-Prinzip wird als Pauli-Prinzip bezeichnet. Es gilt nicht nur für Elektronen, sondern für alle Elementarteilchen mit $s = 1/2$ und Kerne mit einer ungeraden Zahl von Nukleonen.

Die allgemeine Form von Gl. II,78d ist

$$u_a = \frac{1}{\sqrt{N!}} \cdot \begin{vmatrix} u_1(1) & u_1(2) & \dots & u_1(N) \\ u_2(1) & u_2(2) & \dots & u_2(N) \\ \dots & \dots & \dots & \dots \\ \dots & \dots & \dots & \dots \\ u_N(1) & u_N(2) & \dots & u_N(N) \end{vmatrix} \quad . \tag{II,79}$$

$u_i(j)$ gehört zum Elektron j im Zustand i. Die N Zustände der N Elektronen sind hier durchnumeriert. Wenn sich zwei Zustandsfunktionen u_i und u_k nicht voneinander unterscheiden, stimmen zwei Zeilen der Determinante überein, und die Determinante ist gleich 0. Damit dies nicht der Fall ist, müssen ebenso viele unterschiedliche Zustandsfunktionen oder Zustände wie Elektronen vorhanden sein. Deshalb können wir das Pauli-Prinzip auch folgendermaßen formulieren: Zwei Elektronen eines Atoms dürfen nie in allen vier Quantenzahlen n, l, m_l und m_s übereinstimmen. Von diesem „Paulischen Ausschließungsprinzip“ werden wir später ausgehen, um das Periodensystem der Elemente zu erklären.

5.2 Das Ordnen der Elemente nach ihren chemischen Eigenschaften und der Elektronenzahl

D. I. Mendelejew und L. Meyer haben 1869 unabhängig voneinander die ihnen damals bekannten Elemente nach ihrer relativen Atommasse und ihren chemischen Eigenschaften geordnet. Da die Verwendung der relativen Atommasse jedoch zu einigen Unstimmigkeiten führt, muß die Zahl der Protonen oder Kernladungszahl Z, die gleich der Zahl der Elektronen der Hülle des neutralen Atoms ist, als Atomnummer oder Ordnungszahl verwendet werden.

Bei der Aufstellung des Systems wird dann in folgender Weise verfahren. Die Elemente werden mit steigender Ordnungszahl nebeneinandergeschrieben. Die Reihe wird dort abgebrochen, wo das nächste Element wieder einem vorangegangenen chemisch verwandt ist, und eine neue Reihe angefangen, nämlich mit einem Alkalimetall. Das eine Reihe abschließende Element ist immer ein Edelgas. Es wird darauf geachtet, daß nur Elemente mit ähnlichen chemischen Eigenschaften in den Spalten untereinanderstehen. Die Anordnung enthält dann 7 Reihen unterschiedlicher Länge, die sogenannten Perioden.

In Tabelle II,3 ist links unten an das Elementsymbol die Ordnungszahl angefügt. Die Spalten, in denen die Gruppen der Elemente mit ähnlichen chemischen Eigenschaften stehen, werden zweimal mit römischen Zahlen von I bis VIII durchnumeriert, und zwar zuerst mit einem beigefügten „a“ und dann mit einem „b“. Da

Tab. II,3. Periodensystem der Elemente

Periode	Elektronenanordnung	→ Gruppe	Ia H	IIa H	IIIa N	IVa N	Va N	VIa N	VIIa N
1		1s	$_1$H 1,00797 1						
2	1 s^2	2s 2p	$_3$Li 6,939 1 0	$_4$Be 9,0122 2 0					
3	2 s^2 p^6	3s 3p	$_{11}$Na 22,9898 1 0	$_{12}$Mg 24,312 2 0					
4	3 s^2 p^6	3d 4s 4p	$_{19}$K 39,102 0 1 0	$_{20}$Ca 40,08 0 2 0	$_{21}$Sc 44,956 1 2 0	$_{22}$Ti 47,90 2 2 0	$_{23}$V 50,942 3 2 0	$_{24}$Cr 51,996 5 1 0	$_{25}$Mn 54,938 5 2 0
5	3 d^{10} 4 s^2 p^6	4d 5s 5p	$_{37}$Rb 85,47 0 1 0	$_{38}$Sr 87,62 0 2 0	$_{39}$Y 88,905 1 2 0	$_{40}$Zr 91,22 2 2 0	$_{41}$Nb 92,906 4 1 0	$_{42}$Mo 95,94 5 1 0	$_{43}$Tc (97) (5) (2) 0
6	4 d^{10} 5 s^2 p^6	4f 5d 6s 6p	$_{55}$Cs 132,905 0 0 1 0	$_{56}$Ba 137,34 0 0 2 0	$_{57}$La 138,91 0 1 2 0	$_{72}$Hf 178,49 14 2 2 0	$_{73}$Ta 180,948 14 3 2 0	$_{74}$W 183,85 14 4 2 0	$_{75}$Re 186,2 14 5 2 0
7	4 f^{14} 5 d^{10} 6 s^2 p^6	5f 6d 7s	$_{87}$Fr (223) 0 0 1	$_{88}$Ra (226) 0 0 2	$_{89}$Ac (227) 0 1 2	$_{104}$Ku (260) (14) (2) (2)	105		
		→ Grund-niveau	$^2S_{\frac{1}{2}}$	$^1S_0$	$^2D_{\frac{3}{2}}$	$^3F_2$	$^4F_{\frac{3}{2}}{}^1$	$^7S_3{}^2$	$^6S_{\frac{5}{2}}$
Lantha-nide 6	4 d^{10} 5 s^2 p^6	4f 5d 6s	$_{58}$Ce 140,12 (1) (1) 2	$_{59}$Pr 140,907 3 0 2	$_{60}$Nd 144,24 4 0 2	$_{61}$Pm (145) (5) (0) (2)	$_{62}$Sm 150,35 6 0 2	$_{63}$Eu 151,96 7 0 2	$_{64}$Gd 157,25 7 1 2
Acti-nide 7	4 f^{14} 5 d^{10} 6 s^2 p^6	5f 6d 7s	$_{90}$Th 232,038 (0) (2) (2)	$_{91}$Pa (231) (2) (1) (2)	$_{92}$U 238,03 (3) (1) (2)	$_{93}$Np (237) (4) (1) (2)	$_{94}$Pu (244) (6) (0) (2)	$_{95}$Am (243) (7) (0) (2)	$_{96}$Cm (247) (7) (1) (2)

VIII N			Ib N	IIb N	IIIb H	IVb H	Vb H	VIb H	VIIb H	0 H
										$_{2}$He 4,0026 2
					$_{5}$B 10,811 2 1	$_{6}$C 12,01115 2 2	$_{7}$N 14,0067 2 3	$_{8}$O 15,9994 2 4	$_{9}$F 18,9984 2 5	$_{10}$Ne 20,183 2 6
					$_{13}$Al 26,9815 2 1	$_{14}$Si 28,086 2 2	$_{15}$P 30,9738 2 3	$_{16}$S 32,064 2 4	$_{17}$Cl 35,453 2 5	$_{18}$Ar 39,948 2 6
$_{26}$Fe 55,847 6 2 0	$_{27}$Co 58,9332 7 2 0	$_{28}$Ni 58,71 8 2 0	$_{29}$Cu 63,54 10 1 0	$_{30}$Zn 65,37 10 2 0	$_{31}$Ga 69,72 10 2 1	$_{32}$Ge 72,59 10 2 2	$_{33}$As 74,9216 10 2 3	$_{34}$Se 78,96 10 2 4	$_{35}$Br 79,909 10 2 5	$_{36}$Kr 83,80 10 2 6
$_{44}$Ru 101,07 7 1 0	$_{45}$Rh 102,905 8 1 0	$_{46}$Pd 106,4 10 0 0	$_{47}$Ag 107,87 10 1 0	$_{48}$Cd 112,40 10 2 0	$_{49}$In 114,82 10 2 1	$_{50}$Sn 118,69 10 2 2	$_{51}$Sb 121,75 10 2 3	$_{52}$Te 127,60 10 2 4	$_{53}$J 126,9044 10 2 5	$_{54}$Xe 131,30 10 2 6
$_{76}$Os 190,2 14 6 2 0	$_{77}$Ir 192,2 14 (7) (2) 0	$_{78}$Pt 195,09 14 9 1 0	$_{79}$Au 196,967 14 10 1 0	$_{80}$Hg 200,59 14 10 2 0	$_{81}$Tl 204,37 14 10 2 1	$_{82}$Pb 207,19 14 10 2 2	$_{83}$Bi 208,98 14 10 2 3	$_{84}$Po (209) 14 10 2 4	$_{85}$At (210) 14 10 2 5	$_{86}$Rn (222) 14 10 2 6
$^5D_4$ [3]	$^4F_{\frac{9}{2}}$	$^3F_4$ [4]	$^2S_{\frac{1}{2}}$	$^1S_0$	$^2P_{\frac{1}{2}}$	$^3P_0$	$^4S_{\frac{3}{2}}$	$^3P_2$	$^2P_{\frac{3}{2}}$	$^1S_0$

$_{65}$Tb 158,924 (9) (0) (2)	$_{66}$Dy 162,50 (10) (0) (2)	$_{67}$Ho 164,93 (11) (0) (2)	$_{68}$Er 167,26 (12) (0) (2)	$_{69}$Tm 168,934 13 0 2	$_{70}$Yb 173,04 14 0 2	$_{71}$Lu 174,97 14 1 2
$_{97}$Bk (247) (9) (0) (2)	$_{98}$Cf (251) (10) (0) (2)	$_{99}$Es (254) (11) (0) (2)	$_{100}$Fm (257) (12) (0) (2)	$_{101}$Md (258) (13) (0) (2)	$_{102}$No (255) (14) (0) (2)	$_{103}$Lr (257) (14) (1) (2)

1 Nb $^6D_{1/2}$
2 W $^5D_0$
3 Ru $^5F_5$
4 Pd $^1S_0$, Pt $^3D_3$

für Edelgase gewöhnlich statt VIIIb das Gruppensymbol 0 gewählt wird, kann das „a" bei VIIIa weggelassen werden. 14 Elemente aus der 6. und aus der 7. Periode sind in besonderen Reihen aufgeführt. Die relativen Atommassen A_r beziehen sich auf das Isotop $^{12}_{6}C$. Die relative Atommasse eines Elements ist der Mittelwert der relativen Atommassen der einzelnen Isotope unter Berücksichtigung der Häufigkeit, mit der sie in der Natur vorkommen. Technetium ($Z = 43$), Promethium ($Z = 61$) und alle Elemente mit einer Ordnungszahl $Z \geq 84$ haben nur radioaktive Isotope; es gibt deshalb bei diesen Elementen kein festes Verhältnis der Häufigkeit ihrer Isotope. Daher ist bei ihnen statt der relativen Atommasse die Massenzahl des langlebigsten Isotops angegeben und in Klammern gesetzt. Ausnahmen sind Thorium und Uran mit den sehr langlebigen Isotopen $^{232}_{90}Th$, $^{235}_{92}U$ und $^{238}_{92}U$ ($\tau \geq 10^9$ a).

Wir wollen auf die Fälle eingehen, in denen die relativen Atommasse mit wachsender Ordnungszahl abnimmt. Zu Argon ($Z = 18$) gehört die relative Atommasse $A_r = 39{,}95$, zu Kalium ($Z = 19$) $A_r = 39{,}10$, zu Tellur ($Z = 52$) $A_r = 127{,}60$ und zu Jod ($Z = 53$) $A_r = 126{,}90$. Hier ist die Einordnung der Elemente mit abnehmender relativer Atommasse schon aufgrund der chemischen Eigenschaften notwendig. Daß die Kernladungszahl anwächst, geht aus den beobachteten charakteristischen Emissionsspektren und den Absorptionsspektren der Röntgenstrahlen hervor; nach dem Moseleyschen Gesetz, das in Abschn. 9.2 u. 9.3 behandelt wird, wächst die Wellenzahl mit zunehmender Kernladungszahl Z. Dieses Kriterium erzwingt ebenfalls die Reihenfolge Kobalt ($Z = 27$) und Nickel ($Z = 28$). Wenn auch die Protonenzahl um 1 zunimmt, so kann doch die relative Atommasse des Elements kleiner werden, falls die Isotope mit geringerer Neutronenzahl eine größere Häufigkeit haben oder beim vorhergehenden Element gerade die Häufigkeit der Isotope mit höherer Neutronenzahl besonders groß ist.

5.3 Die Anwendung des Paulischen Ausschließungsprinzips

Indem wir zum Ordnen der Elemente nicht die relative Atommasse herangezogen haben, wie das ursprünglich getan worden war, sondern die Zahl der Elektronen in der Hülle des neutralen Atoms, haben wir bereits das sogenannte Aufbauprinzip benutzt. Nach diesem wird die Elektronenhülle des nächstfolgenden Elements durch den Einbau eines weiteren Elektrons erhalten. Gleichzeitig müssen selbstverständlich auch die Protonen im Kern um eines vermehrt werden, damit das Atom neutral ist. Mit Hilfe des Paulischen Ausschließungsprinzips wird es uns jetzt gelingen, Vorstellungen über die mögliche Anordnung der Elektronen im Atom zu gewinnen.

In Tabelle II,4 sind die Kombinationen von n, l, m_l und m_s, bei denen nie alle vier Quantenzahlen übereinstimmen, für $n = 1$ bis 4 zusammengestellt. Wie wir in Abschn. 2.4 gesehen haben, gehören zur Hauptquantenzahl n ohne Berücksichtigung des Spins n^2 Zustände. Da die Unterscheidung durch die magnetische Spinquantenzahl $m_s = \pm 1/2$ noch hinzukommt, gibt es insgesamt $2\,n^2$ verschiedene Kombinationen oder Zustände.

Bei der Angabe der Elektronenanordnung oder Konfiguration wird die Zahl q der Elektronen als Exponent an den kleinen Buchstaben für die Bahndrehimpulsquantenzahl l angehängt, die Eins wird jedoch gewöhnlich weggelassen. Vor dem Buchstaben steht die Hauptquantenzahl n. Die in Tabelle II,4 enthaltenen Konfigurationen beziehen sich jeweils auf den Fall, daß alle Zustände mit einem bestimmten n und l von Elektronen angenommen werden. Wenn die Konfigurationen s^2, p^6, d^{10} oder f^{14} vorliegen,

Tab. II,4. Besetzung der Elektronenschalen nach dem Paulischen Ausschließungsprinzip

n	l	m_l	m_s	Konfiguration	Schale: Bezeichnung und maximale Elektronenzahl
1	0	0	± 1/2	1 s^2	K $2 \cdot 1^2 = 2$
2	0	0	± 1/2	2 s^2	L
	1	1 0 - 1	± 1/2 ± 1/2 ± 1/2	2 p^6	$2 \cdot 2^2 = 8$
3	0	0	± 1/2	3 s^2	M
	1	1 0 - 1	± 1/2 ± 1/2 ± 1/2	3 p^6	
	2	2 1 0 - 1 - 2	± 1/2 ± 1/2 ± 1/2 ± 1/2 ± 1/2	3 d^{10}	$2 \cdot 3^2 = 18$
4	0	0	± 1/2	4 s^2	N
	1	1 0 - 1	± 1/2 ± 1/2 ± 1/2	4 p^6	
	2	2 1 0 - 1 - 2	± 1/2 ± 1/2 ± 1/2 ± 1/2 ± 1/2	4 d^{10}	$2 \cdot 4^2 = 32$
	3	3 2 1 0 - 1 - 2 - 3	± 1/2 ± 1/2 ± 1/2 ± 1/2 ± 1/2 ± 1/2 ± 1/2	4 f^{14}	

ist die Summe der m_l-Werte und die der m_s-Werte aller Elektronen gleich 0. Das bedeutet, daß der resultierende Bahndrehimpuls und der resultierende Spin gleich 0 sind.

Sowohl beim Bohr–Sommerfeldschen als auch beim wellenmechanischen Atommodell nimmt der mittlere Abstand des Elektrons vom Kern mit der Hauptquantenzahl n zu. Es liegt nahe, sich vorzustellen, daß die Atomhülle aus Schalen besteht, in denen sich die Elektronen mit der gleichen Hauptquantenzahl n befinden. Berechnungen der Ladungsdichte in Atomen, auf die in Abschn. 6.9 eingegangen wird, haben tatsächlich deutliche Maxima in gewissen Abständen vom Kern ergeben. Mehr dürfen wir nicht erwarten, da sich die Aufenthaltswahrscheinlichkeit jedes Elektrons über das ganze Atom erstreckt, wenn auch mit unterschiedlicher Abhängigkeit von den Ortskoordinaten.

Die Schalen, die zu den Hauptquantenzahlen n = 1 bis 7 gehören, werden mit den großen Buchstaben K, L, M, N, O, P und Q bezeichnet. In der n-ten Schale haben nach dem Paulischen Ausschließungsprinzip 2 n^2 Elektronen Platz, beispielsweise in der M-Schale 18. Wir können auch von Teilschalen sprechen, geben dann aber die Hauptquantenzahl selbst und den Buchstaben der Bahndrehimpulsquantenzahl an.

Der Tabelle II,3 sind die Elektronenanordnungen für die Atome jedes einzelnen Elements zu entnehmen. Vor jeder Periode ist die Konfiguration der Elektronen angegeben, die in der vorhergehenden Periode hinzugekommen sind. Unter der zum Element gehörenden relativen Atommasse sind die Zahlen der Elektronen zu finden, die in den Teilschalen angeordnet sind, die in der betreffenden Periode aufgebaut werden. Die Bezeichnungen der Teilschalen stehen am linken Rand der Zeilen. Die eingeklammerten Zahlen sind unsicher.

Bis zum 18. Element, dem Argon, vollzieht sich der Einbau der Elektronen in die Atomhülle mit der erwarteten Regelmäßigkeit. Das 19. Elektron wird dann beim Kalium in eine neue Schale eingebaut, obgleich die 3d-Teilschale noch 10 Elektronen Platz bieten kann, wie aus der Tabelle II,4 zu ersehen ist. Auch das 20. Elektron des Calciums geht in die N-Schale. Erst mit dem 21. Elektron beginnt die weitere Auffüllung der M-Schale. Die Gesamtenergie des Atoms muß ein Minimum sein, damit es stabil ist. Offenbar ist die Energie des Atoms mit dem 19. und auch mit dem 20. Elektron in der 4s-Teilschale kleiner als mit ihnen in der 3d-Teilschale. Die Abweichung von der anfänglichen Regelmäßigkeit beim Aufbau der Atomhüllen widerspricht nicht dem Paulischen Ausschließungsprinzip; denn nach diesem ist nur die Zahl der Plätze in einer Schale festgelegt. Nach der Besetzung der 3d-Teilschale wird die 4p-Teilschale aufgefüllt. Die 4. Periode endet mit ihrem 18. Element, dem Krypton, obgleich die 4d- und die 4f-Teilschale noch leer sind.

Die 5. Periode umfaßt wieder 18 Elemente; die 5s-, 4d- und 5p-Teilschalen werden mit Elektronen besetzt. Erst in der 6. Periode mit ihren 32 Elementen wird außer der 6s-, 5d- und 6p- auch die 4f-Teilschale aufgefüllt. Schließlich geht in der 7. Periode der Ausbau der 7s-, 6d- und 5f-Teilschale vor sich.

In den Hauptgruppen, die in Tabelle II,3 zustäzlich durch ein „H" gekennzeichnet sind, gibt es keine im Aufbau befindlichen inneren Teilschalen. Innerhalb einer Periode nimmt zunächst die Zahl der s- und dann die Zahl der p-Elektronen von Hauptgruppe zu Hauptgruppe um 1 zu. Deshalb stimmt die Konfiguration in der äußeren Schale für alle Elemente einer Gruppe überein. Dementsprechend haben sie auch ähnliche optische Spektren und die gleichen Grundniveaus. Sofern nicht d- oder f-Elektronen von der Ionisation betroffen werden, gilt der spektroskopische Verschiebungssatz.
Nach diesem gleichen die Spektralserien eines i-fach positiv geladenen Ions mit der Ordnungszahl Z in ihrer Art den Serien des neutralen Atoms mit der Ordnungszahl Z - i. Die beiden zugehörigen Niveauschemata sind also ähnlich, was nur bei einer Übereinstimmung der Elektronenanordnungen möglich ist.

Zu den Hauptgruppen zählen die Gruppen der Alkalimetalle, Erdalkalimetalle und Erdmetalle, die Kohlenstoff-Silicium-Gruppe, die Stickstoff-Phosphor-Gruppe und die Gruppen der Chalkogene, Halogene und Edelgase. Die Konfiguration s^2 p^6 gibt den Edelgasen eine sehr große Beständigkeit und damit auch eine besondere chemische Trägheit. Wenn Z_E die Ordnungszahl eines Edelgases ist, so haben die Hauptgruppenelemente in der Nachbarschaft Ordnungszahlen zwischen $Z_E - 5$ und $Z_E + 2$.

In den Nebengruppen werden die d- und die f-Teilschalen aufgebaut. Zunächst wollen wir uns den Nebengruppen IIIa bis VIIa, VIII, Ib und IIb zuwenden, auf die in Tabelle II,3 durch ein „N" hingewiesen wird. Die zu diesen Nebengruppen gehörenden Elemente werden als Übergangselemente bezeichnet. Sie sind in festem Aggregatzustand sämtlich Metalle. Bei den Gruppen Ib und IIb ist die Auffüllung der d-Teilschale bereits abgeschlossen, und die Atome haben wie die der Gruppen Ia und IIa ein oder zwei s-Elektronen in der äußeren Schale. Deshalb werden die Gruppen Ib und IIb zuweilen auch zu den Hauptgruppen gezählt.

Der Aufbau der d-Teilschalen geht bei den Nebengruppen Va bis VIII zum Teil recht unregelmäßig vonstatten, und die Elektronenanordnungen der Elemente einer bestimmten Gruppe unterscheiden sich häufig. Dementsprechend stimmen oft die Konfigurationen bei dem einfach geladenen Ion der Ordnungszahl Z und dem neutralen Atom mit der Ordnungszahl $Z - 1$ nicht überein, und der spektroskopische Verschiebungssatz ist nicht anwendbar. Offenbar liegen die Energiewerte für verschiedene Konfigurationen $n\ s^j\ (n - 1)\ d^i$ mit konstanter Summe i + j, also bei einer bestimmten Elektronenzahl, sehr dicht zusammen, so daß bei der Molekülbildung leicht Änderungen der Elektronenanordnung auftreten können.

Meistens werden die 14 Elemente, die auf Lanthan folgen, die sogenannten Lanthanide, und die 14 Elemente, die auf Actinium folgen, die sogenannten Actinide, aus der 6. und 7. Periode herausgenommen und getrennt aufgeführt. Die Lanthanide werden häufig als Gruppe der seltenen Erden bezeichnet, obgleich zu diesen auch noch andere Elemente gerechnet werden können. Der Aufbau der 4f-Teilschale beginnt mit Cer ($Z = 58$) und ist bereits beim Ytterbium ($Z = 70$) abgeschlossen. Deshalb könnte das 14. Element der Gruppe, das Lutetium ($Z = 71$), das wie das Lanthan die Konfiguration 5d 6 s^2 hat, unter diesem in die Gruppe IIIa eingeordnet werden. Da die 4f-Teilschale im Innern der Atomhülle liegt, können die 4f-Elektronen die chemischen Eigenschaften der einzelnen Elemente fast gar nicht beeinflussen. Das hat zur Folge, daß die seltenen Erden einander chemisch sehr ähnlich sind.

Die Gruppe der Actinide enthält nur natürliche und künstliche radioaktive Elemente. Die Elektronenkonfigurationen sind noch nicht mit Sicherheit bekannt. Der Aufbau der 5f-Teilschale beginnt mit dem Protactinium, und zwar gleich mit 2 Elektronen. Beim Thorium, dem ersten Element der Actiniden nach der obigen Definition, wird noch ein zweites Elektron in die 6d-Teilschale eingebaut. Der Konfiguration 6 d^2 7 s^2 entsprechend gehört Thorium zur Gruppe IVa. Das 14. Actinid ist Lawrencium ($Z = 103$). Daher sollte das Kutschatovium ($Z = 104$) ein Element der Gruppe IVa sein.

5.4 Der Atomradius und die Ionisierungsenergie

Stellen wir uns das Atom als eine Kugel vor und wollen wir den Atomradius angeben, so stoßen wir auf gewisse Schwierigkeiten. Die Wahrscheinlichkeitsdichte der Elektronen in der Atomhülle fällt zwar sehr stark mit wachsendem Abstand vom Kern ab, wird aber erst für $r \to \infty$ gleich 0. Zwischen Atomen wirken Kräfte, die von ihrem Abstand abhängen. Die mittlere Entfernung, auf die sich die Atommittelpunkte bei elastischen Stößen nähern, ist größer als die Gleichgewichtsabstände der Atomkerne in Molekülen, in Flüssigkeiten oder in Kristallen. Deshalb müssen wir, wenn wir Atomradien angeben, immer hinzufügen, wie wir die Werte erhalten haben oder unter welchen Bedingungen sie Gültigkeit besitzen.

Die van der Waalssche Zustandsgleichung der realen Gase

$$\left(p + \frac{a}{V_s^2}\right)(V_s - b) = R\,T$$

(spezifisches Volumen $V_s = V/n$, n Anzahl der Kilomole) enthält die Konstante b, die gleich dem vierfachen Volumen der Moleküle pro kmol ist:

$$b = 4\,N_A\,\frac{4\,\pi}{3}\,r_{vdW}^3\;.$$

Mit Hilfe dieser Gleichung ist es möglich, einen Atomradius zu berechnen:

Helium	$b = 0{,}023699\ m^3\ kmol^{-1}$	$r_{vdW} = 1{,}329$ Å ,
Neon	$b = 0{,}017091\ m^3\ kmol^{-1}$	$r_{vdW} = 1{,}192$ Å ,
Argon	$b = 0{,}032188\ m^3\ kmol^{-1}$	$r_{vdW} = 1{,}472$ Å ,
Krypton	$b = 0{,}039782\ m^3\ kmol^{-1}$	$r_{vdW} = 1{,}580$ Å ,
Xenon	$b = 0{,}051587\ m^3\ kmol^{-1}$	$r_{vdW} = 1{,}723$ Å .

Die Gitterstrukturen und Gitterkonstanten lassen sich mit Hilfe von Röntgenstrahlen bestimmen. Unter der Annahme der kugelförmigen Gestalt der Atome können aus den Meßwerten die Radien berechnet werden.

Wesentlich einfacher können wir auf folgende Weise Atomradien erhalten. Das sogenannte Nullpunktsvolumen eines Atoms ist

$$V_0 = \frac{A_r\,m_u}{\rho_0}$$

Dabei ist $m_u = m(^{12}C)/12 = 1{,}66043 \cdot 10^{-27}$ kg und ρ_0 die Dichte für $T \to 0$ K. Machen wir die vereinfachende Annahme, in dem Würfel mit dem Volumen V_0 befände sich ein kugelförmiges Atom, so ist

$$r_0 = \frac{\sqrt[3]{V_0}}{2}$$

sein Radius.

In Abb. II,22 ist der Atomradius r_0 als Funktion der Ordnungszahl Z dargestellt. Wenn mit einem Alkalimetall der Aufbau einer neuen Schale begonnen wird, prägt sich das

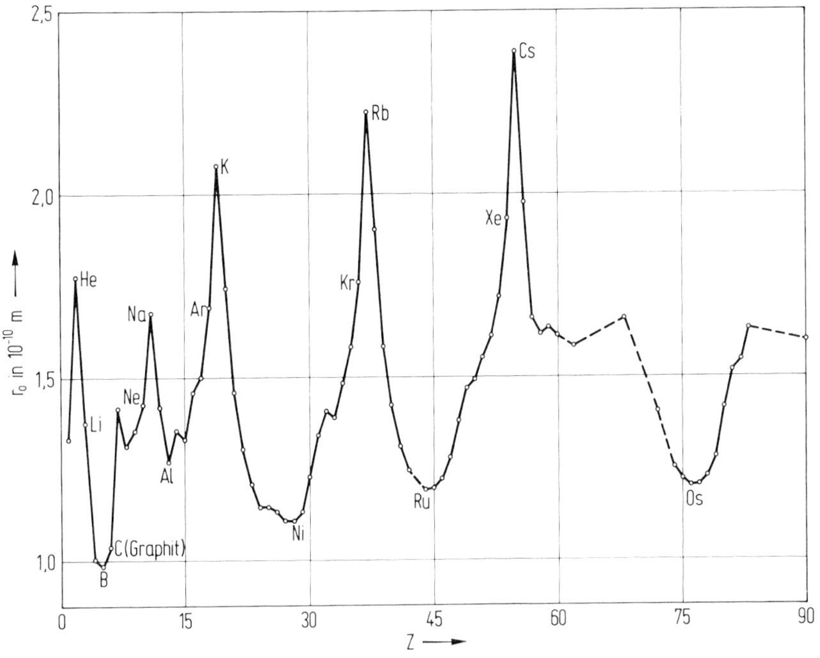

Abb. II,22. Der Atomradius in Abhängigkeit von der Ordnungszahl

in einem Maximum in der Kurve aus. Nur der Radius des Li-Atoms wird noch von dem des He-Atoms übertroffen. Mit wachsender Ordnungszahl nimmt innerhalb der Perioden der Atomradius ab und steigt dann wieder an. Offenbar stehen hier die Anziehung zwischen dem Kern, dessen Ladung mit der Ordnungszahl anwächst, und den einzelnen Elektronen einerseits und die Abstoßung zwischen den Elektronen, deren Zahl auch zunimmt, andererseits in Konkurrenz. In der 2. und 3. Periode liegt das Minimum bei einem Element der Hauptgruppe IIIb und in der 4., 5. und 6. Periode bei einem Element der Nebengruppe VIII.

Werden die Ionisierungsenergien der Atome der einzelnen Elemente über der Ordnungszahl aufgetragen (Abb. II,23), so lassen sich ebenso wie bei den Atomradien aus dem Kurvenverlauf deutlich die Periodenlängen erkennen. Bei den Edelgasen liegen stark ausgeprägte Maxima. Das zeigt klar, daß eine besonders große Arbeit erforderlich ist, um ein Elektron aus der Konfiguration s^2 p^6 zu befreien. Kleinere Nebenmaxima deuten darauf hin, daß auch nach der Auffüllung einer s-Teilschale eine stärkere Bindung der Elektronen vorhanden ist. Die Hauptminima liegen bei den Alkalimetallen. Das äußerste, in einer neuen Schale angelagerte Elektron ist relativ leicht vom Atom abzutrennen. Das ist der Grund für die große chemische Reaktionsfähigkeit der Alka-

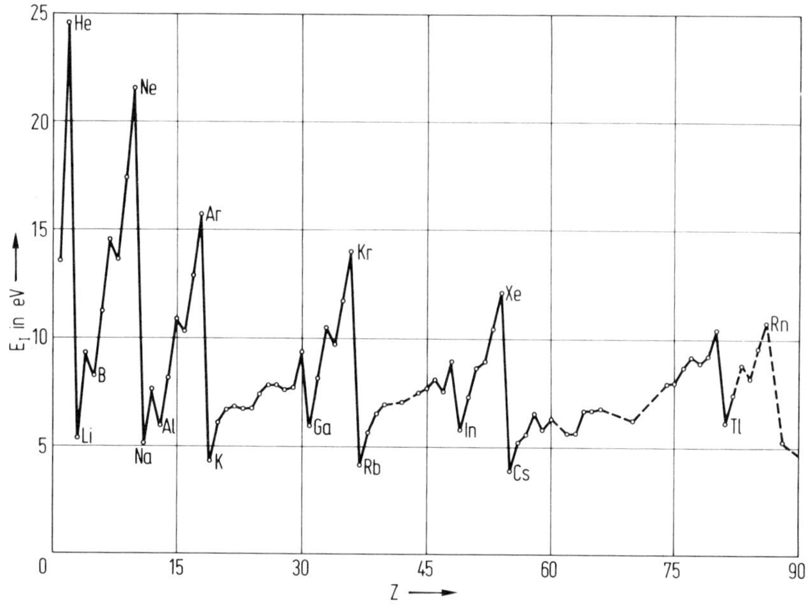

Abb. II,23. Die Ionisierungsenergie in Abhängigkeit von der Ordnungszahl

limetalle. Der Beginn des Aufbaus der p-Teilschale markiert sich deutlich durch Nebenminima bei den Elementen der Hauptgruppe IIIa.

6. Das Mehrelektronenatom

6.1 Die LS-Kopplung und die Niveaubezeichnungen

Die LS- oder Russell–Saunders-Kopplung und die jj-Kopplung sind zwei Grenzfälle der Kopplung der Drehimpulse bei einem Mehrelektronenatom. Wir wenden uns zunächst dem wichtigeren der beiden Kopplungstypen zu, der LS-Kopplung.

Zunächst wollen wir auf die Addition der Bahndrehimpulse $\boldsymbol{l}_i$ der einzelnen Elektronen zum Gesamtbahndrehimpuls $\boldsymbol{L}$ eingehen. Die drei Komponenten eines Bahndrehimpulses können, wie wir in Abschn. 2.2 gesehen haben, nicht gleichzeitig beliebig genau bekannt sein, sondern nur eine Komponente und das Betragsquadrat. Gewöhnlich wird die z-Komponente genommen.

Für das Quadrat jedes Drehimpulses $\boldsymbol{L}$ gilt

$$\boldsymbol{L}^2 = L(L+1)\,\hbar^2 \tag{II,80a}$$

mit der Quantenzahl L und für die z-Komponente

$$L_z = M_L\,\hbar \tag{II,80b}$$

mit der Orientierungs- oder magnetischen Quantenzahl M_L. Diese kann die Werte L, $L-1, \ldots, -L+1, -L$ annehmen. Da der Gesamtbahndrehimpuls gewöhnlich mit L bezeichnet wird, können wir die Gleichungen sofort weiterverwenden.

Wir nehmen an, es sei ein Magnetfeld vorhanden, dessen Richtung mit der z-Richtung übereinstimmt. Dann präzessieren die Bahndrehimpulse $\boldsymbol{l}_1$ und $\boldsymbol{l}_2$ von zwei Elektronen so um die Feldrichtung, daß $l_{1z} = m_{l1}\,\hbar$ und $l_{2z} = m_{l2}\,\hbar$, also die gesamte z-Komponente $l_{1z} + l_{2z} = (m_{l1} + m_{l2})\,\hbar$ ist. Die zeitlichen Mittelwerte der x- und y-Komponenten sind gleich 0. Nun soll eine Wechselwirkung zwischen den beiden Elektronen auftreten, so daß in klassischer Betrachtungsweise $\boldsymbol{l}_1$ und $\boldsymbol{l}_2$ um den Gesamtbahndrehimpuls $\boldsymbol{L}$ präzessieren (Abb. II,24c). Wenn die Wechselwirkung stark genug ist, führen die Drehimpulse $\boldsymbol{l}_1$ und $\boldsymbol{l}_2$ viele Präzessionen um $\boldsymbol{L}$ aus, während $\boldsymbol{L}$ einmal um die Magnetfeldrichtung präzessiert. Dabei ist $L_z = M_L\,\hbar$ und $\overline{L_x} = \overline{L_y} = 0$. Die z-Komponente des gesamten Drehimpulses bleibt erhalten; das Additionsgesetz lautet

$$L_z = l_{1z} + l_{2z} = (m_{l1} + m_{l2})\,\hbar = M_L\,\hbar\,. \tag{II,80c}$$

Daraus folgt:

$$M_L = m_{l1} + m_{l2}\,. \tag{II,80d}$$

Um den Betrag des Gesamtdrehimpulses nach Gl. II,80a berechnen zu können, müssen wir herausfinden, welche Werte die Quantenzahl L annehmen kann. Die Zahl der Zustände muß gleichbleiben, wenn wir von der Beschreibung durch l_1, m_{l1}, l_2, m_{l2} zu der durch l_1, l_2, L, M_L übergehen. Insgesamt sind es $(2\,l_1 + 1)(2\,l_2 + 1)$ Zustände. In Tabelle II,5 sind sie für $l_1 = 2$ und $l_2 = 1$ angegeben; hier ist $(2\,l_1 + 1)(2\,l_2 + 1) = 15$. Der größte Wert von M_L ist nach Gl. II,80d gleich 3 und gehört zu $L = 3$. $M_L = 2$

Tab. II,5. $l_1 = 2, l_2 = 1, m_{l1}, m_{l2} \rightarrow l_1 = 2, l_2 = 1, L, M_L$

Reihe	Wertepaare m_{l1}, m_{l2}					M_L für $L = 3$	$L = 2$	$L = 1$
1	2, 1					3		
2	2, 0	1, 1				2	2	
3	2, - 1	1, 0	0, 1			1	1	1
4		1, - 1	0, 0	- 1, 1		0	0	0
5			0, - 1	- 1, 0	- 2, 1	- 1	- 1	- 1
6				- 1, - 1	- 2, 0	- 2	- 2	
7					- 2, - 1	- 3		

tritt zweimal auf und gehört einmal zu $L = 3$ und das andere Mal zu $L = 2$. $M_L = 1$ ergibt sich dreimal und ist $L = 3$, 2 und 1 zuzuordnen. Insgesamt erhalten wir $(2 \cdot 3 + 1) + (2 \cdot 2 + 1) + (2 \cdot 1 + 1) = 15$ M_L-Werte, 7 für $L = 3$, 5 für $L = 2$ und 3 für $L = 1$.

Wir hätten die Tabelle nur bis zur Reihe 3 aufzuschreiben brauchen. Das ist die letzte Reihe, in der die Zahl der Zustände zunimmt, wenn M_L um 1 kleiner wird. Die Zahl der Zustände in dieser Reihe und damit die Zahl der möglichen L-Werte ist $2\,l_2 + 1$, wenn $l_2 \leqq l_1$ ist. Der größte L-Wert ist gleich $l_1 + l_2$ und der kleinste gleich $l_1 - l_2$.

Bei 2 Elektronen kann die Gesamtbahndrehimpulsquantenzahl

$$L = l_1 + l_2, \quad l_1 + l_2 - 1, \ldots, |l_1 - l_2|$$

und bei N Elektronen

$$L = l_1 + l_2 + \ldots + l_N, \quad l_1 + l_2 + \ldots + l_N - 1, \ldots, l_1 - l_2 - \ldots - l_N$$

sein. Hierbei soll $l_1 \geqq l_2 \geqq \ldots \geqq l_N$ sein; außerdem kann L keine negativen Werte annehmen.

Mit Hilfe des Vektordiagramms zur Ermittlung der Quantenzahlen können wir das Ergebnis anschaulich darstellen. Wie in Abb. II,24a gezeigt wird, müssen wir den beiden

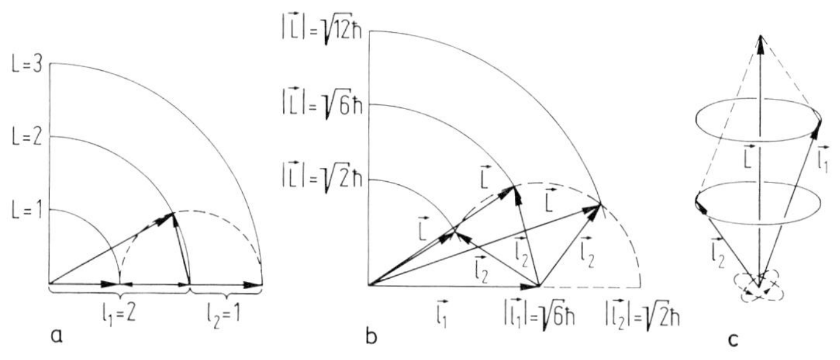

Abb. II,24.
a. Vektordiagramm zur Ermittlung der Quantenzahlen ($l_1 = 2, l_2 = 1$)
b. Vektorielle Addition der Bahndrehimpulse ($l_1 = 2, l_2 = 1$)
c. Präzession von $\boldsymbol{l}_1$ und $\boldsymbol{l}_2$ um $\boldsymbol{L}$ ($l_1 = 2, l_2 = 1, L = 3$)

Vektoren eine den Quantenzahlen l_1 und l_2 entsprechende Länge geben. Den größten Wert von L erhalten wir bei Parallelstellung und den kleinsten bei Antiparallelstellung der Vektoren. Aus Abb. II,24b ist die vektorielle Addition der Bahndrehimpulse $\boldsymbol{l}_1$ und $\boldsymbol{l}_2$ zu ersehen. Schließlich ist in Abb. II,24c die Präzession der Bahndrehimpulse $\boldsymbol{l}_1$ und $\boldsymbol{l}_2$ um den resultierenden Bahndrehimpuls $\boldsymbol{L}$ dargestellt. Gehen wir vom Bohr–Sommerfeldschen Atommodell aus, so üben die auf den Bahnen umlaufenden Elektronen aufeinander Kräfte aus, so daß Drehmomente auftreten, die die Präzessionsbewegung der Bahndrehimpulse zur Folge haben. Die Präzessionsfrequenz ist um so höher, je größer die Wechselwirkungskräfte sind. Wenn die Präzessionsfrequenz von der Größenordnung der Umlauffrequenz der Elektronen auf ihren Bahnen ist, verlieren die Bahndrehimpulse der einzelnen Elektronen vollkommen ihre Bedeutung. Der Gesamtbahndrehimpuls $\boldsymbol{L}$ bleibt zeitlich konstant und die Quantenzahlen L und M_L sind scharf definiert.

Die Spins s_i der einzelnen Elektronen treten zum Gesamtspin $\boldsymbol{S}$ zusammen. Die Quantenzahl des Gesamtspins von N Elektronen ist

$$S = \frac{N}{2}, \frac{N}{2} - 1, \ \frac{N}{2} - 2, \ldots,$$

wobei $S \geq 0$ sein kann. Der kleinste Wert ist deshalb bei ungerader Elektronenzahl 1/2 und bei gerader 0. Der Betrag des Gesamtspins ist

$$|\boldsymbol{S}| = \sqrt{S(S+1)}\ \hbar \qquad \text{(II,81a)}$$

und seine z-Komponente

$$S_z = M_S\ \hbar\,. \qquad \text{(II,81b)}$$

Die Werte der Quantenzahl M_S sind $S, S-1, \ldots, -S$. Die vektorielle Addition von zwei Elektronenspins ist in Abb. II,25 dargestellt; im Fall $S = 1$ sind s_1 und s_2 nicht parallel zueinander. Trotzdem werden wir auch weiterhin die übliche kurze Ausdrucksweise verwenden, daß sich Spins parallel oder antiparallel zueinander stellen.

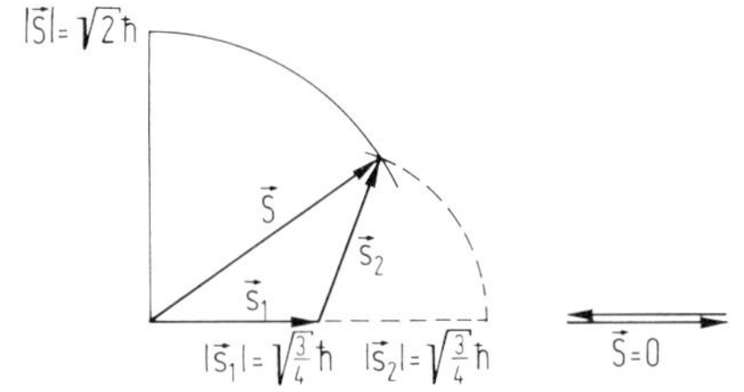

Abb. II,25. Vektorielle Addition der Spins ($s_1 = 1/2, s_2 = 1/2, S = 1, 0$)

Wenn die elektrostatische Wechselwirkung zwischen den Elektronen groß gegenüber der magnetischen Spin-Bahn-Wechselwirkung der einzelnen Elektronen (s. Abschn. 3.3) ist, setzen sich zuerst in der beschriebenen Weise die Bahndrehimpulse l_i zum Gesamtbahndrehimpuls $\boldsymbol{L}$ und die Spins s_i zum Gesamtpsin $\boldsymbol{S}$ zusammen. Dann erst bilden $\boldsymbol{L}$ und $\boldsymbol{S}$ zusammen den Gesamtelektronendrehimpuls $\boldsymbol{J}$:

$$\boldsymbol{J} = \boldsymbol{L} + \boldsymbol{S}\,. \qquad \text{(II,82a)}$$

Der Betrag des Drehimpulses $\boldsymbol{J}$ ist

$$|\boldsymbol{J}| = \sqrt{J(J+1)}\ \hbar \qquad \text{(II,82b)}$$

und seine z-Komponente

$$J_z = M_J\ \hbar\,. \qquad \text{(II,82c)}$$

M_J kann die Werte $J, J-1, \ldots, -J$ annehmen.

Die Vektoraddition, die wir für die Bahndrehimpulse ausführlich besprochen haben, müssen wir hier wieder anwenden. Wir brauchen nur l_1 durch $\boldsymbol{L}$, l_2 durch $\boldsymbol{S}$ und $\boldsymbol{L}$

durch $\boldsymbol{J}$ zu ersetzen. Für die Quantenzahl des Gesamtelektronendrehimpulses J erhalten wir

$$J = L + S, L + S - 1, \ldots |L - S|\,.$$

Zu den Quantenzahlen L und S gehören also für $L \geq S$ $(2S + 1)$ und für $S \geq L$ $(2L + 1)$ J-Werte. Infolge der magnetischen Wechselwirkung präzessieren $\boldsymbol{L}$ und $\boldsymbol{S}$ um $\boldsymbol{J}$ (Abb. II,26a). Jetzt sind nur noch die Quantenzahlen J und M_J scharf definiert. Die Zahl der Zustände, die zu J gehören, ist $2J + 1$. Abb. II,26b u. c enthält zwei Beispiele zur Vektoraddition bei der LS-Kopplung.

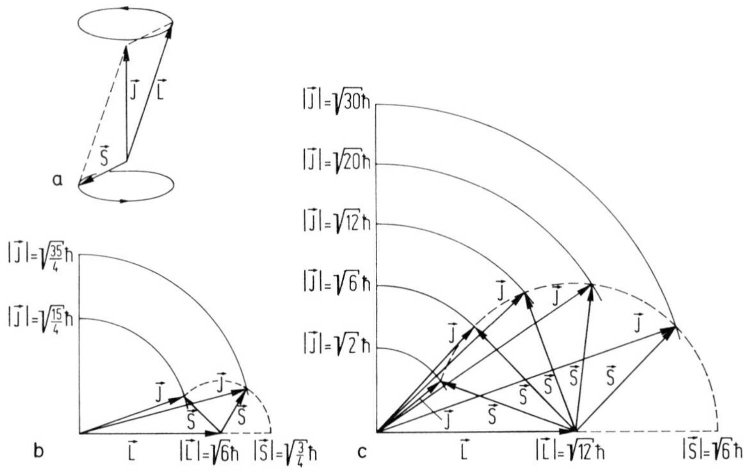

Abb. II,26.
a. Präzession von $\boldsymbol{L}$ und $\boldsymbol{S}$ um $\boldsymbol{J}$ ($L = 2, S = 1/2, J = 3/2$)
b. u. c. Vektorielle Addition von $\boldsymbol{L}$ und $\boldsymbol{S}$ ($L = 2, S = 1/2, J = 5/2, 3/2$; $L = 3, S = 2, J = 5, 4, 3, 2, 1$)

Bei der Bezeichnung der Niveaus wird die Multiplizität $r = 2S + 1$ links oben und die Gesamtelektronendrehimpulsquantenzahl J rechts unten an den großen Buchstaben angehängt, der für die Gesamtbahndrehimpulsquantenzahl L geschrieben wird. Hierbei stehen an Stelle von

$$\begin{array}{ll} L = & 0,\ 1,\ 2,\ 3,\ 4,\ 5,\ \ldots \\ & \mathrm{S,\ P,\ D,\ F,\ G,\ H},\ \ldots\,. \end{array}$$

Zur Kennzeichnung eines bestimmten Niveaus wird noch die Hauptquantenzahl davorgeschrieben. Beispielsweise gehören zu $6\,^3\mathrm{F}_4$ die Quantenzahlen $n = 6, L = 3, S = 1$ und $J = 4$. Die Multiplizität wird auch dann mitgeschrieben, wenn bei einem bestimmten L nicht r Niveaus vorhanden sind, z. B. $^3\mathrm{S}_1$ ($L = 0, S = 1, J = 1$), damit die Zugehörigkeit zu dem betreffenden Niveausystem – im Beispiel zum Triplettsystem – erkennbar ist. Die Niveaus, die zu den gleichen Quantenzahlen n, L, S gehören, werden zusammen als Term bezeichnet. So gehören beispielsweise zum Term $6\,^3\mathrm{F}$ die Niveaus

$6\,^3F_4$, $6\,^3F_3$ und $6\,^3F_2$. Wir unterscheiden also zwischen Termen (n, L, S), Niveaus (n, L, S, J) und Zuständen oder Subniveaus (n, L, S, J, M_J).

6.2 Parität, Auswahlregeln und Metastabilität

Welche Werte besitzt die von den drei Ortskoordinaten abhängige Wellenfunktion eines Elektrons in den Punkten P und P′, die auf einer durch den Nullpunkt gehenden Geraden liegen und vom Nullpunkt den gleichen Abstand haben, also bei einer Spiegelung am Nullpunkt (Abb. II,27a)? Wenn die Spiegelung zweimal hintereinander ausgeführt

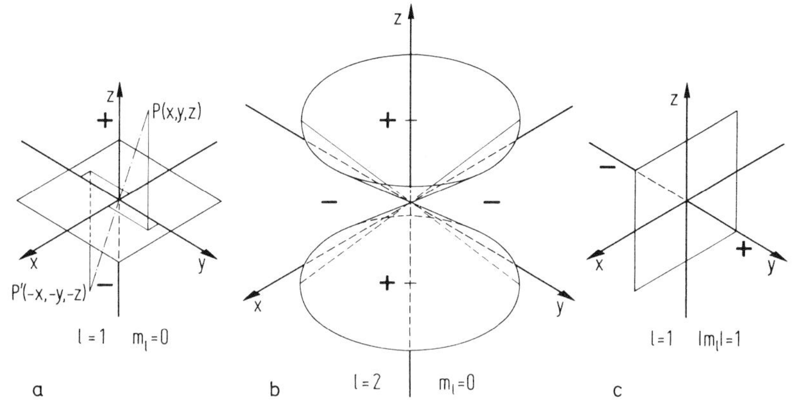

Abb. II,27. Knotenflächen von $Y_{l,\,|m_l|}$

wird, muß die ψ-Funktion wieder ihren alten Wert haben. Für die Spiegelung kann ein Operator $\hat{P}$ eingeführt werden. Wird er zweimal angewendet, muß sich wieder die ursprüngliche ψ-Funktion ergeben.

$$\hat{P}^2\,\psi = P^2\,\psi = \psi\,. \tag{II,83}$$

Deshalb muß $P^2 = 1$ sein. Die zum Operator gehörenden Eigenwerte sind also $P = \pm 1$. Folglich gibt es nur die beiden Möglichkeiten:

1. $\psi(x, y, z) = \psi(-x, -y, -z)$ oder $\psi(r, \vartheta, \varphi) = \psi(r, \pi - \vartheta, \varphi + \pi)$,
2. $\psi(x, y, z) = -\psi(-x, -y, -z)$ oder $\psi(r, \vartheta, \varphi) = -\psi(r, \pi - \vartheta, \varphi + \pi)$.

Wir können die Wellenfunktionen nach ihrem Spiegelungscharakter in zwei Klassen einteilen. An Stelle von Spiegelungscharakter wird gewöhnlich das Wort Parität gebraucht. Die Funktionen, bei denen sich das Vorzeichen nicht ändert, sind von gerader Parität ($P = +1$), die anderen von ungerader Parität ($P = -1$).

Für das einzelne Elektron ist $\psi_{n,l,m_l} = R_{n,l}(r) \cdot Y_{l,m_l}(\vartheta, \varphi)$. Da sich $R_{n,l}(r)$ bei einer Spiegelung am Nullpunkt überhaupt nicht ändert, hängt die Parität der ψ-Funktionen nur von $Y_{l,m_l}(\vartheta, \varphi)$ ab. Nach der Theorie der Kugelfunktionen gilt

$$\hat{P}\,Y_{l,m_l}(\vartheta, \varphi) = (-1)^l\,Y_{l,m_l}(\vartheta, \varphi)\,. \tag{II,83a}$$

Die Parität der Funktionen Y_{l, m_l} und damit die der ψ-Funktion ist also nur von der Bahndrehimpulsquantenzahl l abhängig. Von gerader Parität sind die Wellenfunktionen, wenn l gleich Null oder einer geraden Zahl ist, und von ungerader Parität, wenn l gleich einer ungeraden Zahl ist.

Das reelle $Y_{l, |m_l|}$ hat l Knotenflächen, in denen der Nullpunkt des Koordinatensystems liegt. Davon sind $|m_l|$ φ-Knotenflächen. Das sind Ebenen, in denen die Polarachse liegt. In Abb. II,27c ist der Fall $l = 1$, $|m_l| = 1$ dargestellt. Zu beiden Seiter der Knotenebene hat die ψ-Funktion ein unterschiedliches Vorzeichen. Plus und Minus können selbstverständlich auch miteinander vertauscht werden. Die Wellenfunktion wechselt ihr Vorzeichen bei der Spiegelung am Nullpunkt. Sie ist also von ungerader Parität, wie dies sein muß, da $P = (-1)^1 = -1$ ist. Weiter sind von den l Knotenflächen $(l - |m_l|)$ ϑ-Knotenflächen. Das sind Kegel mit der Polarachse als Mittellinie. Die Abb. II,27a zeigt den zur Ebene entarteten Kegel für $l = 1$, $m_l = 0$ und die Abb. II,27b den Doppelkegel für $l = 2$, $m = 0$. In dem Fall, in dem $l = 1$ ist, wechselt die ψ-Funktion ihr Vorzeichen bei der Spiegelung am Nullpunkt (ungerade Parität), und in dem Fall mit $l = 2$ ändert sich das Vorzeichen nicht (gerade Parität).

Das Produkt zweier Wellenfunktionen, die beide von gerader oder beide von ungerader Parität sind, ist wieder eine Wellenfunktion gerader Parität und das Produkt einer Wellenfunktion gerader und einer ungerader Parität eine Wellenfunktion ungerader Parität. Haben N Elektronen, die nicht miteinander in Wechselwirkung stehen, die Bahndrehimpulsquantenzahlen $l_1, l_2, \ldots l_N$, so ist für die gesamte Wellenfunktion

$$P = (-1)^{l_1 + l_2 + \ldots + l_N} . \qquad \text{(II,83b)}$$

Auch wenn sich die N Elektronen in einem kugelsymmetrischen Feld bewegen und Wechselwirkungen zwischen ihnen auftreten, bleibt Gl. II,83b gültig, so daß wir mit ihr die zu einem Niveau gehörende Parität berechnen können. Darauf, daß ein Niveau von ungerader (odd) Parität ist, wird durch „o" hingewiesen. Das „o" wird wie ein Exponent an den großen Buchstaben für L angehängt. Das „e" für Niveaus von gerader (even) Parität wird weggelassen. Wenn in einem Niveauschema alle Niveaus mit ungerader Gesamtbahndrehimpulsquantenzahl ungerade und alle anderen Niveaus gerade Parität haben, kann auch das „o" wegfallen.

Führt ein Punkt P auf einer Geraden Oszillationen $z = z_0 \cos 2\pi\nu t$ aus, so ist die Schwingungsgleichung des Punktes P', der durch Spiegelung am Nullpunkt erhalten wird, $z' = -z_0 \cos 2\pi\nu t$. Die Schwingungsrichtungen von P und P' sind immer entgegengesetzt. Die Oszillatorbewegung besitzt also eine ungerade Parität. Das elektrische Feld, das von einem oszillierenden Dipolmoment erzeugt wird, hat die gleiche Parität wie die Oszillatorbewegung. Die ausgesandte Dipolstrahlung ist also von ungerader Parität. Demnach muß sich die Parität der Atomhülle bei der Emission von Dipolstrahlung ändern, damit die Gesamtparität erhalten bleibt.

Außer der elektrischen Dipolstrahlung gibt es die elektrische Quadrupolstrahlung und weitere elektrische Multipolstrahlungen sowie die magnetische Dipolstrahlung und magnetische Multipolstrahlungen. Die Übergangswahrscheinlichkeiten bei elektrischer Dipolstrahlung sind 10^6 bis 10^8 mal so groß wie bei elektrischer

Quadrupolstrahlung und ebenfalls um mehrere Zehnerpotenzen größer als bei magnetischer Dipolstrahlung. Wenn wir von optisch erlaubten Übergängen sprechen, meinen wir solche mit elektrischer Dipolstrahlung, auf die wir auch bereits in Abschn. 4.3 eingegangen sind.

Für das Elektron, das von einem Energieniveau auf ein anderes übergeht, gilt allgemein folgende Auswahlregel bei elektrischer 2^p-Pol-Strahlung (Dipol: p = 1, Quadrupol: p = 2, . . .):

$$\Delta l = \pm 1, \pm 3, \ldots, \pm p \qquad \text{bei ungeradem p,}$$

$$\Delta l = 0, \pm 2, \ldots, \pm p \qquad \text{bei geradem p .}$$

Verboten ist $l'' = 0 \leftarrow l' = 0$.

Weitere Auswahlregeln sind:

1a) Bei geradem p finden nur Übergänge zwischen Termen gleicher Parität und bei ungeradem p solche zwischen Termen ungleicher Parität statt.[1]

1b) $\Delta L = 0, \pm 1, \pm 2, \ldots, \pm p$, aber $L'' = 0 \nleftrightarrow L' = 0$.

2) $\Delta J = 0, \pm 1, \pm 2, \ldots, \pm p$, wobei $J' + J'' \geqq p$ sein muß.

3) $\Delta M_J = 0, \pm 1, \pm 2 \ldots, \pm p$.

4) $\Delta S = 0$.

Die Auswahlregeln 1b und besonders 4 sind nicht mehr streng gültig, wenn keine reine LS-Kopplung vorliegt. Damit bei ungeradem p $\Delta L = 0$ sein kann, müssen die beiden Niveaus ungleiche Parität haben. Sehen wir von diesem Ausnahmefall ab, so gelten bei LS-Kopplung und elektrischer Dipolstrahlung folgende Auswahlregeln:

$$\Delta L = \pm 1; \quad \Delta J = 0, \pm 1, J'' = 0 \nleftrightarrow J' = 0; \quad \Delta M_J = 0, \pm 1; \quad \Delta S = 0 .$$

Ein Niveau ist metastabil, wenn keine Übergänge mit elektrischer Dipolstrahlung zu einem tieferen Energieniveau möglich sind. Es erhebt sich die Frage, wie metastabile Atome ihre Anregungsenergie loswerden. Sie können bei Stößen mit anderen Atomen oder Molekülen auf das Grundniveau oder ein instabiles Niveau übergeführt werden. Ist das Gas in ein Gefäß eingeschlossen, so können sie auch bei Stößen gegen die Wände ihre Anregungsenergie abgeben. Schließlich besteht noch die Möglichkeit der Emission der erwähnten Multipolstrahlungen, sofern die dafür gültigen Auswahlregeln es erlauben. Doch muß die Gasdichte extrem gering sein wie beispielsweise in den höchsten Schichten der Erdatmosphäre oder in kosmischen Nebeln; denn sonst verlieren die metastabilen Atome ihre Anregungsenergie bei einem Stoßprozeß, bevor die Emission stattfindet.

Wenn sich der Gesamtspin ändern sollte, müßte bei strenger Gültigkeit der LS-Kopplung der Spin eines Elektrons beim Emissions- oder Absorptionsprozeß umklappen.

[1] Aus den beobachteten Spektren hat O. Laporte die Regel abgeleitet, daß optisch erlaubte Übergänge nur zwischen Niveaus von ungleicher Parität auftreten.

Das geschieht nicht, auch nicht bei Stoßprozessen. Bei diesen können aber zwei Elektronen mit entgegengesetzten Spinrichtungen zwischen den Stoßpartnern ausgetauscht werden. Bei Atomen mit einer hohen Kernladungszahl sind die Bedingungen für die LS-Kopplung, die in Abschn. 6.8 behandelt werden, nicht mehr ausreichend erfüllt. Mit zunehmender Ordnungszahl findet ein allmählicher Übergang zur jj-Kopplung statt. Dadurch verliert die Auswahlregel $\Delta S = 0$, die Interkombinationen zwischen Niveausystemen verschiedener Multiplizität verbietet, das sogenannte Interkombinationsverbot, die strenge Gültigkeit. Beim Helium wird die Linie mit $\lambda = 591{,}4$ Å, die zum Übergang $1\ {}^1S_0 \leftarrow 2\ {}^3P_1$ gehört, – außer unter besonderen Bedingungen – nicht beobachtet. Dagegen ist die entsprechende Interkombinationslinie beim Quecksilber ($\lambda = 2537$ Å, $6\ {}^1S_0 \leftarrow 6\ {}^3P_1$) verhältnismäßig stark. Aber auch schon bei Atomen mit niedrigerer Ordnungszahl Z ist keine ganz reine LS-Kopplung vorhanden. Beim Magnesium beträgt die mittlere Lebensdauer des $3\ {}^3P_1$-Niveaus $5{,}3 \cdot 10^{-3}$ s und im Vergleich dazu die des $3\ {}^1P_1$-Niveaus $3{,}1 \cdot 10^{-9}$ s. Für Quecksilber sind die Werte $\tau(6\ {}^3P_1) = 1 \cdot 10^{-7}$ s und $\tau(6\ {}^1P_1) = 1{,}3 \cdot 10^{-9}$ s. Hier zeigt sich eine gewisse Schwäche der Definition der Metastabilität. Sie kann nur dadurch behoben werden, daß willkürlich festgesetzt wird, von welcher mittleren Lebensdauer an Niveaus als metastabil angesehen werden sollen. Gewöhnlich wird $\tau = 10^{-4}$ s als untere Grenze für die Metastabilität gewählt.

6.3 Die zu einer Elektronenanordnung gehörenden Terme

Nichtäquivalente Elektronen haben entweder verschiedene Haupt- oder verschiedene Bahndrehimpulsquantenzahlen oder unterschiedliche Haupt- und Bahndrehimpulsquantenzahlen. Sie gehören zu verschiedenen Teilschalen.

Wir wollen die möglichen Niveaus für die Konfiguration p d bestimmen, also zwei Elektronen mit unterschiedlichen oder gleichen Hauptquantenzahlen und den Bahndrehimpulsquantenzahlen 2 und 1. L kann die Werte 3, 2 und 1 annehmen. Allgemein kommen bei zwei Elektronen für S nur die Werte 1 und 0 in Frage. Es gibt also zwei Niveausysteme, das Singulett- und das Triplettsystem. Die möglichen Terme sind ${}^3F$, ${}^3D$, ${}^3P$, ${}^1F$, ${}^1D$ und ${}^1P$ und die möglichen Niveaus ${}^3F_4$, ${}^3F_3$, ${}^3F_2$, ${}^3D_3$, ${}^3D_2$, ${}^3D_1$, ${}^3P_2$, ${}^3P_1$, ${}^3P_0$, ${}^1F_3$, ${}^1D_2$ und ${}^1P_1$. In Tabelle II,6 sind Terme für zwei nichtäquivalente Elektronen zusammengestellt.

Tab. II,6. Terme für 2 nichtäquivalente Elektronen

Konfiguration	Terme									
s s	${}^1S$,	${}^3S$								
s p	${}^1P$,	${}^3P$								
s d	${}^1D$,	${}^3D$								
s f	${}^1F$,	${}^3F$								
p p	${}^1S$,	${}^1P$,	${}^1D$,	${}^3S$,	${}^3P$,	${}^3D$				
p d	${}^1P$,	${}^1D$,	${}^1F$,	${}^3P$,	${}^3D$,	${}^3F$				
p f	${}^1D$,	${}^1F$,	${}^1G$,	${}^3D$,	${}^3F$,	${}^3G$				
d d	${}^1S$,	${}^1P$,	${}^1D$,	${}^1F$,	${}^1G$,	${}^3S$,	${}^3P$,	${}^3D$,	${}^3F$,	${}^3G$
d f	${}^1P$,	${}^1D$,	${}^1F$,	${}^1G$,	${}^1H$,	${}^3P$,	${}^3D$,	${}^3F$,	${}^3G$,	${}^3H$

Äquivalente Elektronen haben die gleiche Haupt- und die gleiche Bahndrehimpulsquantenzahl. Sie gehören zu ein und derselben Teilschale. Nach dem Pauli-Prinzip müssen sich dann die Elektronen wenigstens in einer der beiden magnetischen Quantenzahlen m_l und m_s unterscheiden. Für l gibt es $2(2\,l + 1)$ $m_l\, m_s$-Wertepaare, die diese Bedingung erfüllen, also $2(2\,l + 1)$ verschiedene Zustände für das einzelne Elektron. Somit hat die l-Teilschale $2(2\,l + 1)$ Plätze. Zur Abkürzung wollen wir $2(2\,l + 1) = z$ setzen. In einem Atom sollen sich $q \leq z$ äquivalente Elektronen befinden. Ein Zustand dieser Konfiguration ist durch die Kombination von q verschiedenen $m_l\, m_s$-Wertepaaren gekennzeichnet. Da die Elektronen ununterscheidbar sind, können wir nicht einem bestimmten Elektron ein bestimmtes Wertepaar zuordnen. Werden jeweils q von z Elementen herausgegriffen, so ist die Anzahl der möglichen Kombinationen, wenn jedes Element in einer Kombination nur einmal auftreten darf und die Reihenfolge der Elemente nicht berücksichtigt wird, also eine andere Reihenfolge keine neue Kombination ergibt,

$$t = \binom{z}{q} = \frac{z(z-1)(z-2)\ldots(z-q+1)}{1\cdot 2\cdot 3\cdot\ldots\cdot q}\,.$$

Da $\binom{z}{q} = \binom{z}{z-q}$ ist, haben die Konfigurationen l^q und $l^{z-q} = l^{[2(2l+1)-q]}$ die gleiche Anzahl von Zuständen, nämlich $t = \binom{2(2\,l+1)}{q}$.

Das Niveau mit den Quantenzahlen L, S, J hat $2\,J + 1$ Zustände. Zum Term mit L, S gehören die Niveaus mit $J = |L - S|$ bis $L + S$ und $\sum\limits_{J=|L-S|}^{L+S} (2\,J + 1) = (2\,L + 1)(2\,S + 1)$ Zustände. Die Zahl der Zustände, die zu der Konfiguration l^q gehören, ist $\binom{z}{q} = \binom{2(2\,l+1)}{q}$, wie wir gesehen haben; sie ist gleich der Summe der Zustände, die die einzelnen Terme haben, die zu der Konfiguration gehören.

Wir können die Kombinationen der $m_l\, m_s$-Wertepaare, die für eine Konfiguration äquivalenter Elektronen nach dem Pauli-Prinzip erlaubt sind, in einem Schema zusammenstellen. Das ist ein Tabelle II,7 für p und p^5 sowie für p^2 und p^4 geschehen. Um die zugehörigen Terme herauszufinden, die auch in der Tabelle angegeben sind, gehen wir davon aus, daß die magnetische Quantenzahl konstant bleibt, auch wenn sich die Kopplungsart ändert (s. Gl. II,80d und Abschn. 7.5), und zwar ist

$$\sum m_{l_i} + \sum m_{s_i} = M_L + M_S = M_J = M\,.$$

Außerdem denken wir daran, daß M_L maximal gleich L und ebenso M_S maximal gleich S sein kann.

Für p^6 ist ebenso wie für s^2 nur das eine Niveau $^1S_0$ vorhanden, da $M_L = M_S = 0$ ist. Für p^5 gibt es wie für p nur den Term ^2P mit den beiden Niveaus $^2P_{3/2}$ und $^2P_{1/2}$ (s. Tabelle II,7).

Für p^4 und p^2 ist 2 der höchste Wert von M_L und gleichzeitig $M_S = 0$, wie aus der Tabelle zu ersehen ist. Hieraus folgt: $L = 2$, $S = 0$, $r = 1$, also ^1D. Zu diesem Term gehören 5 Zustände. Weiter ergibt sich aus $M_L = 1$ und $M_S = 1$: $L = 1$, $S = 1$, $r = 3$, also ^3P. Dieser Term hat 9 Zustände. Zu den beiden Konfigurationen gehören $\binom{6}{2} = \binom{6}{4} = 15$ Zustände. Es kann demnach nur noch ein Term mit einem Zustand hinzukommen: ^1S ($M_L = 0$, $M_S = 0$, $r = 1$).

Tab. II,7. Bestimmung der Terme äquivalenter Elektronen
(Erklärung der Zeichen: + $m_l = 1$, 0 $m_l = 0$, − $m_l = -1$, ↑ $m_s = 1/2$, ↓ $m_s = -1/2$)

Reihe	p^5	p	M_L	M_S	M_J	Niveau
1	+↑ +↓ 0↑ 0↓ −↑	+↑	1	1/2	3/2	$^2P_{3/2}$
2	+↑ +↓ 0↑ 0↓ −↓	+↓	1	−1/2	1/2	$^2P_{1/2}$
3	+↑ +↓ 0↑ −↑ −↓	0↑	0	1/2	1/2	$^2P_{3/2}$
4	+↑ +↓ 0↓ −↑ −↓	0↓	0	−1/2	−1/2	$^2P_{1/2}$
5	+↑ 0↑ 0↓ −↑ −↓	−↑	−1	1/2	−1/2	$^2P_{3/2}$
6	+↓ 0↑ 0↓ −↑ −↓	−↓	−1	−1/2	−3/2	$^2P_{3/2}$
	p^4	p^2				Term
1	+↑ +↓ 0↑ 0↓	+↑ +↓	2	0	2	^1D
2	+↑ +↓ 0↑ −↑	+↑ 0↑	1	1	2	^3P
3	+↑ +↓ 0↑ −↓	+↑ 0↓	1	0	1	{ ^1D
4	+↑ +↓ 0↓ −↑	+↓ 0↑	1	0	1	^3P }
5	+↑ +↓ 0↓ −↓	+↓ 0↓	1	−1	0	^3P
6	+↑ 0↑ 0↓ −↑	+↑ −↑	0	1	1	^3P
7	+↑ 0↑ 0↓ −↓	+↑ −↓	0	0	0	{ ^1D
8	+↑ +↓ −↑ −↓	0↑ 0↓	0	0	0	^1S
9	+↓ 0↑ 0↓ −↑	+↓ −↑	0	0	0	^3P }
10	+↓ 0↑ 0↓ −↓	+↓ −↓	0	−1	−1	^3P
11	+↑ 0↑ −↑ −↓	0↑ −↑	−1	1	0	^3P
12	+↑ 0↓ −↑ −↓	0↑ −↓	−1	0	−1	{ ^3P
13	+↓ 0↑ −↑ −↓	0↓ −↑	−1	0	−1	^1D }
14	+↓ 0↓ −↑ −↓	0↓ −↓	−1	−1	−2	^3P
15	0↑ 0↓ −↑ −↓	−↑ −↓	−2	0	−2	^1D

Die Terme für die Konfiguration p^3 suchen wir heraus, ohne das Schema der Kombinationen der $m_l\, m_s$-Wertepaare aufzustellen. Die Gesamtzahl der Zustände ist $\binom{6}{3} = 20$. Bei 3 Elektronen kann $|M_S| = 3/2$ und $1/2$ sein. $M_L = 3$ würde dem Pauli-Prinzip widersprechen, da dreimal $m_l = 1$ auftreten würde. $M_L = 2$ ist zusammen mit $M_S = 3/2$ nicht erlaubt, da zwei $m_l\, m_s$-Wertepaare übereinstimmen würden. Aber $M_L = 2$ und $M_S = 1/2$ sind zulässig. Hieraus folgt: $L = 2$, $S = 1/2$, also ^2D. $M_L = 1$ und $M_S = 3/2$ kommen gleichzeitig nicht in Frage, da zwei gleiche $m_l\, m_s$-Wertepaare vorhanden wären, aber $M_L = 1$ und $M_S = 1/2$. Es ergibt sich: $L = 1$, $S = 1/2$, $r = 2$, also ^2P. ^4S und ^2S sind zwei weitere mögliche Terme; davon hat ^4S gerade die an 20 fehlenden 4 Zustände.

Bei der Suche nach dem Grundniveau eines Elements, dem Niveau mit der niedrigsten Energie, sind die Hundschen Regeln anzuwenden. Danach liegen die Terme mit der größten Multiplizität r, also mit der größten Gesamtspinquantenzahl S, tiefer und von diesen der Term mit der größten Gesamtbahndrehimpulsquantenzahl L am tiefsten. Gehören zu einem Term mehrere Niveaus, so ist in der ersten Hälfte der Teilschale die Energie am niedrigsten, wenn die Gesamtelektronendrehimpulsquantenzahl J den kleinstmöglichen Wert hat, und in der zweiten Hälfte, wenn J den größtmöglichen Wert besitzt.

In die Tabelle II,3 sind die Grundniveaus außer für die Lanthanide und Actinide eingetragen. Wenn die Anordnung der Elektronen in der äußeren Schale und einer im Aufbau befindlichen inneren Teilschale bei den Elementen einer Gruppe nicht übereinstimmen, wie dies bei mehreren Nebengruppen der Fall ist, unterscheiden sich gewöhnlich auch die Grundniveaus. Mit Hilfe der Hundschen Regeln und des Pauli-Prinzips können wir das Grundniveau bestimmen, ohne das Schema der m_l m_s-Wertepaare für die Elektronenanordnung aufstellen zu müssen.

Als Beispiel wählen wir Kobalt mit der Konfiguration 1 s^2 2 s^2 p^6 3 s^2 p^6 d^7 4 s^2. Alle vollkommen besetzen Teilschalen können wir außer acht lassen. Es bleibt 3 d^7 übrig. m_l kann die Werte 2, 1, 0, - 1, - 2 annehmen. Dann stellen 5 d-Elektronen ihre Spins parallel zueinander und 2 antiparallel dazu ein, damit sich die größte Quantenzahl S ergibt, nämlich 3/2. Weil L möglichst groß sein soll, müssen die beiden Elektronen mit antiparallelem Spin die Quantenzahlen m_l = 2 und m_l = 1 haben. Dann ist die Summe der m_l-Werte der 7 Elektronen 2 + 1 + 2 + 1 + 0 - 1 - 2 = 3 und L = 3. Da bei 7 Elektronen bereits mehr als die Hälfte der d-Teilschale besetzt ist, muß J möglichst groß sein, also gleich 3 + 3/2. Das Grundniveau ist – bei Angabe des maßgeblichen Teils der Konfiguration – 3 d^7 4 s^2 $^4F_{9/2}$.

6.4 Die Wechselwirkungen in einem Mehrelektronenatom

Zwischen jedem einzelnen Elektron der Atomhülle und dem Atomkern besteht eine Coulombsche Anziehung. Außerdem tritt jeweils zwischen zwei Elektronen eine elektrostatische Wechselwirkung auf, die nach der klassischen Theorie nur in einer Abstoßung bestehen kann. Wie wir bereits beim Atom mit einem Elektron gesehen haben, ist eine magnetische Wechselwirkung zwischen der Bahnbewegung eines Elektrons und seinem Spin vorhanden. Sie wurde kurz als Spin-Bahn-Wechselwirkung bezeichnet. Außerdem besteht noch eine Wechselwirkung zwischen dem zum Spin gehörenden magnetischen Moment eines Elektrons und dem zum Bahndrehimpuls gehörenden magnetischen Moment eines anderen Elektrons. Schließlich gibt es auch noch die Wechselwirkung zwischen den zu den Spins zweier Elektronen gehörenden magnetischen Momenten und die zwischen den zu den Bahndrehimpulsen zweier Elektronen gehörenden magnetischen Momenten. Die Frage ist, in welchen Größenverhältnissen die einzelnen Wechselwirkungsenergien zueinander stehen und welche von ihnen dementsprechend meistens oder wenigstens unter gewissen Bedingungen vernachlässigt werden dürfen. Die relativistischen Effekte sind gewöhnlich so klein, daß sie außer Betracht bleiben können.

Hat das Atom keine inneren Teilschalen, die sich im Aufbau befinden, so ist das elektrische Feld des Kerns und der inneren Elektronen bestimmt kugelsymmetrisch. Die äußeren Elektronen bewegen sich in einem Zentralfeld mit der potentiellen Energie E_p, wobei E_p jedoch nicht mehr r^{-1} proportional ist, also eine Abweichung vom Coulomb-Feld vorliegt. Nehmen wir an, daß in nullter Näherung alle anderen Wechselwirkungsenergien klein gegenüber E_p sind, so erhalten wir für die N Außenelektronen die Schrödinger-Gleichung

$$\sum_{i=1}^{N} \left[-\frac{\hbar^2}{2\,m_e}\,\Delta_i + E_p(r_i)\right] \psi = E'\,\psi\,.$$

Sie läßt sich mit dem Ansatz $\psi = \psi_1 \cdot \psi_2 \cdot \ldots \cdot \psi_N$ in die Gleichungen für die einzelnen Außenelektronen separieren. Die Energie der Elektronen ohne Wechselwirkung miteinander ist $E' = E_1 + E_2 + \ldots + E_N$.

Eine weitere Vereinfachung wird erreicht, wenn

$$E_p(r_i) = -\frac{(Z - \sigma_i)\, e^2}{4\,\pi\,\epsilon_0\, r_i}$$

gesetzt wird. Dann sind die Funktionen ψ_i die bekannten Eigenfunktionen der Schrödinger-Gleichung des Atoms mit einem Elektron und der effektiven Kernladungszahl $Z^* = (Z - \sigma_i) \cdot \sigma_i$ ist eine Konstante, durch die die Abschirmung der Kernladung für das Elektron i berücksichtigt wird.

Die bereits erwähnte Abweichung des Feldes des „Atomrumpfes" vom Coulomb-Feld, die elektrostatische Wechselwirkung zwischen den äußeren Elektronen und die Spin-Bahn-Wechselwirkung dürfen als Störung angesehen werden. Zur Berechnung der Störungsenergie, um die sich der Energiewert ändert, dürfen die ψ-Funktionen verwendet werden, die sich unter den oben angegebenen Vereinfachungen ergeben haben.

6.5 Die Abweichung vom Coulomb-Feld

Bei einem reinen Coulomb-Feld, in dem ein Elektron eine potentielle Energie nach Gl. II,2 hat, tritt eine Bahnentartung auf; die Gesamtenergie hängt nur von der Hauptquantenzahl n ab, sofern nicht die Massenveränderlichkeit berücksichtigt wird. Bei den Atomen der I. Gruppe des Periodensystems mit ihrem einen Außenelektron können wir (außer beim H-Atom) den relativistischen Effekt vernachlässigen; denn die Abweichung des elektrischen Feldes vom Coulomb-Feld bewirkt bereits die Aufhebung der Bahnentartung und eine viel stärkere Aufspaltung der Energiewerte.

In Kernnähe kommt die Kernladung fast vollkommen zur Wirkung, so daß $E_p \approx - Z\, e^2/4\,\pi\,\epsilon_0\, r$ ist. Außerhalb des „Atomrumpfes" ist die effektive Kernladungszahl wegen der Abschirmung ungefähr gleich 1, so daß $E_p \approx - e^2/4\,\pi\,\epsilon_0\, r$ ist. Im Sommerfeldschen Atommodell gehen die Ellipsenbahnen mit der kleinsten Nebenquantenzahl am dichtesten am Kern vorbei; der Abstand zwischen dem kernnächsten Punkt der Bahn und dem Kern nimmt bei einer bestimmten Hauptquantenzahl mit wachsender Nebenquantenzahl zu (s. Abb. II,5). Das Elektron mit $k = 1 \mathrel{\hat{=}} l = 0$ bewegt sich demnach im Vergleich zu den Elektronen mit $k > 1$ am meisten in dem am wenigsten abgeschirmten Gebiet und hat deshalb die niedrigste Energie. Im wellenmechanischen Atommodell nimmt die radiale Wahrscheinlichkeitsdichte in Kernnähe bei einem bestimmten n mit wachsender Bahndrehimpulsquantenzahl l ab (s. Abb. II,13). Das s-Elektron hält sich also mehr im Bereich der wenig abgeschirmten Kernladung auf als das p-Elektron, dieses wieder mehr als das d-Elektron usf.. Dementsprechend liegt der S-Term am tiefsten; dann folgt der P-Term usw. (s. Abb. II,31). Da mit ansteigender Hauptquantenzahl die radiale Wahrscheinlichkeitsdichte in Kernnähe stark abnimmt, werden auch die Energiedifferenzen zwischen den Termen mit einer gemeinsamen Hauptquantenzahl n immer kleiner. Von einem Alkalimetall zum nächsten wächst jedoch die Kernladungszahl stark an. Deshalb beträgt die Energiedifferenz zwischen dem $6\,^2$P- und dem $6\,^2$S-Term beim Cäsium noch 1,4 eV; beim Lithium ist $\Delta E(2\,^2\mathrm{P} - 2\,^2\mathrm{S}) = 1{,}84$ eV.

Befinden sich mehrere Elektronen in der Außenschale, so bewegt sich das Leuchtelektron in dem durch die übrigen Elektronen abgeschirmten Kernfeld, das jedenfalls näherungsweise als kugelsymmetrisch angesehen werden kann. Die elektrostatische Wechselwirkung zwischen den Außenelektronen muß außerdem berücksichtigt werden.

6.6 Die elektrostatische Wechselwirkung zwischen den Elektronen

Das He-Atom hat überhaupt nur zwei Elektronen. Dementsprechend ist es der einfachste Fall für die Behandlung der elektrostatischen Wechselwirkung zwischen den Elektronen. Wir können als Wellenfunktionen für die beiden Elektronen näherungsweise Eigenfunktionen des einzelnen Elektrons im elektrischen Feld des Kerns verwenden. Ist das He-Atom angeregt, so befindet sich ein Elektron im 1s-Zustand und damit in unmittelbarer Kernnähe und das andere Elektron in einem Zustand mit $n \geqq 2$. Für das kernnahe Elektron ist in guter Näherung $Z = 2$. Für das andere Elektron wird die effektive Kernladungszahl $Z^* = 1$ gewählt.

Wegen der Ununterscheidbarkeit der Elektronen müssen wir eine symmetrische und eine antisymmetrische Wellenfunktion des Systems der beiden Elektronen bilden, wie wir dies in Abschn. 5.1 gelernt haben:

$$\psi_s = \frac{1}{\sqrt{2}} [\psi_\alpha(1) \cdot \psi_\beta(2) + \psi_\alpha(2) \cdot \psi_\beta(1)] ,$$

$$\psi_a = \frac{1}{\sqrt{2}} [\psi_\alpha(1) \cdot \psi_\beta(2) - \psi_\alpha(2) \cdot \psi_\beta(1)] .$$

α und β stehen an Stelle der drei Quantenzahlen n, l, m_l der beiden verschiedenen Zustände und 1 und 2 an Stelle der Ortskoordinaten der beiden Elektronen.

Die Energie der Coulombschen Abstoßung zwischen zwei Elektronen in einem Abstand r_{12} ist nach der klassischen Elektrizitätslehre

$$E^{\text{kl.}}_{e^- e^-} = \frac{e^2}{4\pi\epsilon_0 r_{12}} .$$

Nach der Quantenmechanik ist die elektrostatische Wechselwirkungsenergie zwischen den beiden Elektronen

$$E_{e^- e^-} = \frac{e^2}{4\pi\epsilon_0} \cdot \int \psi^*_{\substack{s\\a}} \frac{1}{r_{12}} \psi_{\substack{s\\a}} \, d\tau_1 \, d\tau_2 = J \pm K \tag{II,83}$$

mit

$$J = \frac{e^2}{4\pi\epsilon_0} \cdot \int \psi^*_\alpha(1) \cdot \psi^*_\beta(2) \frac{1}{r_{12}} \psi_\alpha(1) \cdot \psi_\beta(2) \, d\tau_1 \, d\tau_2 , \tag{II,84a}$$

$$K = \frac{e^2}{4\pi\epsilon_0} \cdot \int \psi^*_\alpha(1) \cdot \psi^*_\beta(2) \frac{1}{r_{12}} \psi_\alpha(2) \cdot \psi_\beta(1) \, d\tau_1 \, d\tau_2 . \tag{II,84b}$$

Das positive Vorzeichen gilt für die symmetrische und das negative für die antisymmetrische Gesamtwellenfunktion.

Die Größen $-e\,\psi_\alpha^*(1)\,\psi_\alpha(1)$ und $-e\,\psi_\beta^*(2)\,\psi_\beta(2)$ im Integral J sind die elektrischen Ladungsdichten, die vom Elektron 1 beim Punkt $P(x_1, y_1, z_1)$ und vom Elektron 2 beim Punkt $P(x_2, y_2, z_2)$ erzeugt werden (s. Abschn. 2.1). Der Wert des Integrals J ist die Energie der Coulombschen Abstoßung der beiden Elektronen. Wir hätten dieses Coulomb-Integral auch ohne Berücksichtigung des Elektronenaustausches erhalten.

In dem Integral K treten die Größen $-e\,\psi_\alpha^*(1)\,\psi_\beta(1)$ und $-e\,\psi_\beta^*(2)\,\psi_\alpha(2)$ auf, für die es keine anschauliche Deutung gibt. Wenn $|\psi_\alpha|$ und $|\psi_\beta|$ und dementsprechend auch die Ladungsdichten $-e\,\psi_\alpha^*\,\psi_\alpha$ und $-e\,\psi_\beta^*\,\psi_\beta$ im gleichen Raumbereich groß sind, ist der Wert des Integrals groß. Haben aber die Ladungsdichten in weit auseinander liegenden Raumbereichen ihre maximalen Werte wie z. B. bei einem 1s- und einem 8f-Zustand, so ist K sehr klein. Das Integral selbst wird als Austauschintegral und der Wert von K als Austauschenergie bezeichnet.

Wenn wir die Austauschenergie durch h dividieren, erhalten wir die Frequenz $\nu = K/h$. Die Wahrscheinlichkeit, das Elektron 1 im Zustand α und das Elektron 2 im Zustand β anzutreffen, ist gleich $\cos^2(2\pi K t/h)$ und die Wahrscheinlichkeit, daß sich das Elektron 1 im Zustand β und das Elektron 2 im Zustand α befindet, gleich $\sin^2(2\pi K t/h)$. Daraus folgt, daß die Elektronen jeweils nach einem Zeitintervall $T/4 = h/4K$ ihre Rollen vertauscht haben. Ist anfangs 1 in α und 2 in β, dann ist nach einer Zeit $T/4$ 1 in β und 2 in α und nach einem weiteren Zeitintervall $T/4$ wieder 1 in α und 2 in β. $T/4$ ist für ein 1s- und ein 2p-Elektron des Heliums gleich $8{,}1 \cdot 10^{-15}$ s und für ein 1s- und ein 5d-Elektron gleich $1{,}6 \cdot 10^{-11}$ s.

Bei der LS-Kopplung ist die Gesamtzustandsfunktion das Produkt der Gesamt-ψ-Funktion und der Gesamtspinfunktion χ. Bei 2 Elektronen sind die Werte der Quantenzahl S des Gesamtspins 1 und 0. Zu $S = 1$ gehören die drei M_S-Werte $+1$, 0, -1 und zu $S = 0$ nur $M_S = 0$. Wir müssen jetzt die Ununterscheidbarkeit der Elektronen berücksichtigen. Bei $S = 1$ und $M_S = +1$ ist die z-Komponente jedes der beiden Spins gleich $+\hbar/2$ ($m_{s1} = m_{s2} = +1/2$), bei $M_S = -1$ gleich $-\hbar/2$ ($m_{s1} = m_{s2} = -1/2$). Bei einer Vertauschung der Elektronen ändert sich nichts an diesen Zuständen. Es sind also zwei symmetrische Gesamtspinfunktionen vorhanden, die diese Zustände beschreiben:

$$\chi_s': (\uparrow\uparrow + \uparrow\uparrow) = 2(\uparrow\uparrow) \quad \text{und} \quad \chi_s''': (\downarrow\downarrow + \downarrow\downarrow) = 2(\downarrow\downarrow)\,.$$

Für $S = 1$ und $M_S = 0$ erhalten wir noch eine symmetrische Spinfunktion, wenn wir zwei Funktionen addieren, von denen die eine zu dem Zustand mit $m_{s1} = +1/2$ und $m_{s2} = -1/2$ und die andere zu $m_{s1} = -1/2$ und $m_{s2} = +1/2$ gehört:

$$\chi_s'': (\uparrow\downarrow + \downarrow\uparrow)\,.$$

Schließlich ergibt sich eine antisymmetrische Spinfunktion, wenn wir die beiden Funktionen nicht addieren, sondern subtrahieren:

$$\chi_a : (\uparrow\downarrow - \downarrow\uparrow) .$$

χ_a gehört zu $S = 0$ und $M_S = 0$.

Der Spin hat auf die Energie der elektrostatischen Wechselwirkung keinen Einfluß. Da die Gesamtzustandsfunktion nach dem Pauli-Prinzip antisymmetrisch sein muß, gehört zu dem Wert $J + K$, der sich für die symmetrische Gesamt-ψ-Funktion ergibt, eine antisymmetrische Gesamtspinfunktion ($S = 0$) und zu $J - K$ wegen der Antisymmetrie der Gesamt-ψ-Funktion eine symmetrische Gesamtspinfunktion ($S = 1$). Weil J und K positive Werte haben und die Gesamtenergie der beiden Elektronen negativ ist, muß der Betrag der Gesamtenergie, die zu einem Term des Singulettsystems ($S = 0$, antiparallele Spins) gehört, kleiner sein als der Betrag der Gesamtenergie, die zum entsprechenden Term des Triplettsystems ($S = 1$, parallele Spins) gehört; der Singulett-Term liegt höher als der Triplett-Term (Abb. II,28[1]). Die Energiedifferenz zwischen dem Singulett- und dem Triplett-Term ist $2\,K$.

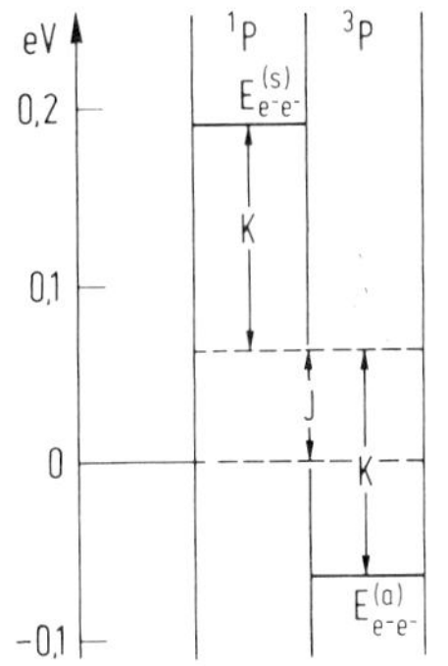

Abb. II,28. Die Austauschaufspaltung in die Terme ^{1}P und ^{3}P. Die Werte für J und K sind aufgrund der Energiewerte für die He-Terme 2 ^{1}P und 2 ^{3}P (s. Abb. II,33) berechnet worden; dabei mußte zuerst der Schwerpunkt der beiden Terme ermittelt werden.

Beim He-Atom bleibt ein Elektron im Zustand 1 s. Das andere ist beim unangeregten Atom ebenfalls in diesem Zustand. Deshalb gibt es nur eine symmetrische Gesamt-ψ-Funktion, und die Gesamtspinfunktion muß antisymmetrisch sein. Beim angeregten He-Atom kann das zweite Elektron beispielsweise im Zustand 2 s oder 2 p sein. Tabelle II,8 gibt Auskunft über die Gesamtzustandsfunktionen, die zu den Termen mit $n = 2$ gehören. In den Fällen, in denen ein 2 p-Elektron auftritt, ist statt der drei Gesamt-ψ-Funktionen für $m_l = +1, 0$ und -1 nur eine in die Tabelle eingetragen. Der Normierungs-

[1] Unter dem Schwerpunkt von Termen verstehen wir den Mittelwert der Energien der einzelnen Terme, der unter Berücksichtigung des statischen Gewichts jedes einzelnen Terms gebildet wird. Dieses ist gleich der Zahl der zum Term gehörenden Zustände.

Tab. II,8. Gesamtzustandsfunktionen und Terme für $n = 2$

Gesamt-ψ-Funktion	Gesamt-ψ-Funktionen Symm.	Zahl	Gesamt-Spin-funktionen Symm.	Zahl	Gesamt-Zustands-funktionen Zahl	Term
$\psi_{1s}(1)\,\psi_{2s}(2) + \psi_{1s}(2)\,\psi_{2s}(1)$	symm.	1	antisymm.	1	1	$2\,^1S$
$\psi_{1s}(1)\,\psi_{2s}(2) - \psi_{1s}(2)\,\psi_{2s}(1)$	antisymm.	1	symm.	3	3	$2\,^3S$
$\psi_{1s}(1)\,\psi_{2p}(2) + \psi_{1s}(2)\,\psi_{2p}(1)$	symm.	3	antisymm.	1	3	$2\,^1P$
$\psi_{1s}(1)\,\psi_{2p}(2) - \psi_{1s}(2)\,\psi_{2p}(1)$	antisymm.	3	symm.	3	9	$2\,^3P$

faktor $1/\sqrt{2}$ ist weggelassen. Das statistische Gewicht des Terms oder die Zahl der M_J-Subniveaus ist gleich der Zahl der Gesamtzustandsfunktionen.

6.7 Die Spin-Bahn-Wechselwirkung

In Abschn. 3.3 haben wir die Spin-Bahn-Wechselwirkungsenergie für das Atom mit einem Elektron berechnet. Der Gl. II,54b entsprechend gilt für das Mehrelektronenatom

$$E_{so} = f_{so}\,\frac{\boldsymbol{S}\cdot\boldsymbol{L}}{\hbar^2}\ . \tag{II,85}$$

Der Faktor f_{so} hängt von der Hauptquantenzahl n und der Gesamtdrehimpulsquantenzahl L ab und ist von Element zu Element verschieden. Mit wachsendem n nimmt er stark ab und wird bei konstantem n mit zunehmendem L kleiner. Das ist zu erwarten, wenn wir uns die erwähnte Gl. II,54b ansehen, wobei wir den Fall $l = 0$ außer Betracht lassen wollen.

Da nach Gl. II,82a $\boldsymbol{J} = \boldsymbol{S} + \boldsymbol{L}$ und demnach $|\boldsymbol{J}|^2 = |\boldsymbol{S}|^2 + 2\,\boldsymbol{S}\cdot\boldsymbol{L} + |\boldsymbol{L}|^2$ ist, gilt

$$\boldsymbol{S}\cdot\boldsymbol{L} = \frac{1}{2}\,[\,|\boldsymbol{J}|^2 - |\boldsymbol{S}|^2 - |\boldsymbol{L}|^2\,] = \frac{1}{2}\,[J(J+1) - S(S+1) - L(L+1)]\,\hbar^2\ .$$

Die Einsetzung dieser Gleichung in Gl. II,85 ergibt

$$E_{so} = \frac{f_{so}}{2}\,J(J+1) - \frac{f_{so}}{2}\,[S(S+1) + L(L+1)]\ . \tag{II,86}$$

Ein Term mit den Quantenzahlen n, L, S spaltet sich, wenn $L \geq S$ ist, in $r = 2S + 1$ Niveaus auf. Die Energiedifferenz zwischen zwei benachbarten Multiplettniveaus mit $J' = J$ und $J'' = J - 1$ ist

$$\Delta E = f_{so}\cdot J\ . \tag{II,87}$$

Das ist die Aussage der Landéschen Intervallregel.

Im Fall des Atoms mit einem Elektron liegt das Niveau mit der größeren Gesamtdrehimpulsquantenzahl j bei einer höheren Energie als das mit dem kleineren j, wie aus den

Gln. II,56a u. b hervorgeht. Dasselbe gilt für J bei allen Atomen der I. Gruppe des Periodensystems. Allgemein liegt das Niveau mit der kleinsten Gesamtdrehimpulsquantenzahl am tiefsten, sofern nicht schon die zweite Hälfte der Teilschale ausgebaut wird. Die Multiplettaufspaltung, bei der die Energie mit wachsendem J ansteigt, wird als regulär oder normal bezeichnet.

Wir nehmen an, daß es nur eine nichtabgeschlossene Teilschale gibt und daß in dieser gerade ein Elektron fehlt. Das entspricht einer aufgefüllten Teilschale mit einem Loch, das eine positive Elementarladung trägt. Deshalb muß dem Loch ein magnetisches Moment $\vec{\mu}_s$ zugeordnet werden, das s gleichgerichtet ist. Das hat zur Folge, daß jetzt das Dublettniveau mit dem größeren J tiefer liegt. Eine Multiplettaufspaltung, bei der die Energie der Niveaus mit wachsendem J absinkt, heißt irregulär oder umgekehrt. Sie tritt in der zweiten Hälfte nichtabgeschlossener Teilschalen auf. Das ist eine der in Abschn. 6.3 erwähnten Hundschen Regeln.

Aus den Gln. 56a u. b geht, da $|E_1| \sim Z^2$ ist, hervor, daß die Spin-Bahn-Wechselwirkungsenergie beim Atom mit einem Elektron Z^4 proportional ist. Wegen der Abschirmung der Kernladung bei Mehrelektronenatomen hängt die Spin-Bahn-Wechselwirkungsenergie für Außenelektronen nicht ganz so stark von der Kernladungszahl ab. Bei den Atomen mit höheren Ordnungszahlen hat das Anwachsen der Spin-Bahn-Wechselwirkung zur Folge, daß ein allmählicher Übergang von der LS- zur jj-Kopplung stattfindet. Hierauf werden wir im nächsten Abschnitt eingehen.

In den inneren Schalen der Atome wird offenbar wegen des starken elektrischen Feldes die Spin-Bahn-Kopplung besonders begünstigt. Dementsprechend sollten bei den inneren Elektronen der Bahndrehimpuls l und der Spin s fest miteinander gekoppelt sein. Dann sind die Quantenzahlen j, m_j für die Bezeichnung des Zustands des einzelnen Elektrons geeignet. Auch die vier Quantenzahlen n, l, j, m_j können dazu verwendet werden, um mit Hilfe des Paulischen Ausschließungsprinzips die Zahl der Plätze in den Elektronenschalen zu bestimmen. Die Zahl der Zustände, die zu einem bestimmten Wert von n und von l gehören, sind bei Benutzung der Quantenzahlen j, m_j und m_l, m_s gleich; denn es ist $[2(l + 1/2) + 1] + [2(l - 1/2) + 1] = 2(2l + 1)$. Wir können erwarten, daß die Elektronen mit gleichen Quantenzahlen n, l, j im Innern der Atomhülle die gleiche Energie haben und daß zwischen den Niveaus mit gleichen Werten von n und l, aber mit den unterschiedlichen j-Werten $l + 1/2$ und $l - 1/2$ wegen der starken Spin-Bahn-Kopplung eine verhältnismäßig große Energiedifferenz auftritt. In Abschn. 9.2 werden wir uns ausführlich mit den Energieniveaus der Elektronen im Innern der Atomhülle befassen.

6.8 Die Bedingungen für die LS- und die jj-Kopplung

Wir wollen zunächst die Ergebnisse der letzten Abschnitte ganz kurz zusammenfassen. Die Abweichung vom Coulomb-Feld bewirkt die Aufhebung der Bahnentartung. Ein Term mit einer bestimmten Hauptquantenzahl n spaltet in Terme mit unterschiedlichen Quantenzahlen L auf. Die elektrostatische Wechselwirkung der Außenelektronen und ihre Ununterscheidbarkeit haben die Entstehung von Niveausystemen verschiedener Multiplizität zur Folge. Dabei hat der Spin keinen Einfluß auf die Größe der Wechselwirkungsenergie, aber wegen des Pauli-Prinzips gehört zu jedem Niveausystem eine bestimmte Gesamtspinquantenzahl S. Die magnetische Wechselwirkung zwischen dem Gesamtbahndrehimpuls $\boldsymbol{L}$ und dem Gesamtspin $\boldsymbol{S}$ ist fast ausschließlich die Ursache der Aufspaltung der Terme mit gleichem n, L und S in Niveaus mit unterschiedlicher Quantenzahl J des Gesamtelektronendrehimpulses.

Wie wir in Abschn. 6.6 gesehen haben, ist die Wechselwirkung zwischen den Elektronen elektrostatischer Natur. Dementsprechend muß auch die Kopplung zwischen den Bahndrehimpulsen $\boldsymbol{l}_i$ elektrostatischen Kräften zugeschrieben werden. Die „allein gelassenen" Spins treten dann zu einem Gesamtspin zusammen. Die Kopplung zwischen den magnetischen Momenten, die zu den Bahndrehimpulsen $\boldsymbol{l}_i$ gehören, ist gegenüber der Kopplung durch die elektrostatischen Kräfte zu vernachlässigen. Damit die LS-Kopplung realisiert ist, muß die magnetische Kopplung zwischen $\boldsymbol{L}$ und $\boldsymbol{S}$ schwach gegenüber der elektrostatischen Kopplung der Bahndrehimpulse der einzelnen Elektronen sein.

Wenn die Spin-Bahn-Kopplung sehr stark ist, so setzen sich zunächst der Bahndrehimpuls $\boldsymbol{l}_i$ und der Spin $\boldsymbol{s}_i$ jedes einzelnen Elektrons zum Gesamtdrehimpuls $\boldsymbol{j}_i$ zusammen:

$$\boldsymbol{l}_i + \boldsymbol{s}_i = \boldsymbol{j}_i .$$

Der Gesamtelektronendrehimpuls $\boldsymbol{J}$ ergibt sich durch vektorielle Addition:

$$\boldsymbol{J} = \sum_i \boldsymbol{j}_i . \tag{II,88}$$

Deshalb wird dieser Kopplungstyp als jj-Kopplung bezeichnet. Die Kopplung der Drehimpulse $\boldsymbol{j}_i$ wird durch elektrostatische Kräfte bewirkt. Die Quantenzahlen j_i seien so geordnet, daß $j_1 \geqq j_2 \geqq \ldots$ ist. Dann kann die Quantenzahl J des Gesamtelektronendrehimpulses von den Werten $j_1 + j_2 + j_3 + \ldots, j_1 + j_2 + j_3 + \ldots - 1$, $j_1 + j_2 + j_3 + \ldots - 2, \ldots, j_1 - (j_2 + j_3 + \ldots)$ diejenigen annehmen, die nicht negativ sind. Zur Bezeichnung der Niveaus bei der jj-Kopplung werden die Gesamtdrehimpulsquantenzahlen der Elektronen zusammen in Klammern gesetzt und J als Index angefügt. Die Auswahlregeln sind $\Delta P \neq 0$, $\Delta J = 0, \pm 1$ und $\Delta j_i = 0, \pm 1$.

Die Bedingung für das Auftreten der LS- oder der jj-Kopplung läßt sich jetzt angeben: Ist die Spin-Bahn-Wechselwirkung klein gegenüber der elektrostatischen Wechselwirkung zwischen den Elektronen, so liegt eine LS-Kopplung vor, im umgekehrten Fall eine jj-Kopplung. Hieraus folgt das Kriterium: Wenn die Energiedifferenzen zwischen den Multiplettniveaus klein gegenüber der Energiedifferenz zwischen den Schwerpunkten der Terme mit gleichem n und L, aber verschiedenem S sind, handelt es sich um eine LS-Kopplung. Unter dem Schwerpunkt eines Terms verstehen wir den Mittelwert der Energien der einzelnen Niveaus, der unter Berücksichtigung der statistischen Gewichte gebildet wird. Für Atome mit einer kleinen Kernladungszahl ist die Bedingung für die LS-Kopplung erfüllt. Da die Spin-Bahn-Wechselwirkungsenergie mit wachsendem Z größer wird, findet mit zunehmender Ordnungszahl ein allmählicher Übergang von der LS- zur jj-Kopplung statt.

Dieser Übergang läßt sich bei den Atomen der IV. Hauptgruppe des Periodensystems gut beobachten. Die Konfiguration der nichtangeregten Atome ist n p^2, wenn alle abgeschlossenen Teilschalen unerwähnt bleiben, das Grundniveau $n\ ^3P_0$. Bei der Anregung ändert eines der beiden Elektronen seinen Zustand. Zwei mögliche neue Konfigurationen sind n p $(n+1)$ s und n p $(n+1)$ p. Hierzu gehören einerseits die Terme $(n+1)$ s $^1P^o$ sowie $(n+1)$ s $^3P^o$ und andererseits $(n+1)$ p ^1S, $(n+1)$ p ^3S, $(n+1)$ p ^1P, $(n+1)$ p ^3P, $(n+1)$ p ^1D und $(n+1)$ p ^3D. Bei der Bezeichnung der Terme ist noch die Quantenzahl l des Leuchtelektrons angegeben worden. Zwei Terme sind von ungerader Parität, worauf das „o" hinweist, die übrigen von gerader Parität.

In Abb. II,29 sind die Energie- und Wellenzahldifferenzen zwischen den Niveaus $(n+1)$ s $^1P_0^o$ und $(n+1)$ s $^3P_{2,1,0}^o$ und dem Schwerpunkt der vier Niveaus aufgetragen. Offensichtlich ist beim Kohlenstoff die Bedingung für die LS-Kopplung gut erfüllt. Die Energiedifferenz zwischen den beiden äußeren Triplettniveaus beträgt 0,0074 eV und die Differenz zwischen dem Singulett- und dem Triplett-Term 0,204 eV. Doch schon beim Germanium ist das Energieintervall zwischen den Niveaus 5 s $^1P_1^o$ und 5 s $^3P_2^o$ kleiner als das zwischen den Niveaus 5 s $^3P_2^o$ und 5 s $^3P_1^o$. Dadurch zeigt sich deutlich der Übergang von der LS- zur jj-Kopplung. Diese ist offensichtlich beim Zinn weitgehend realisiert.

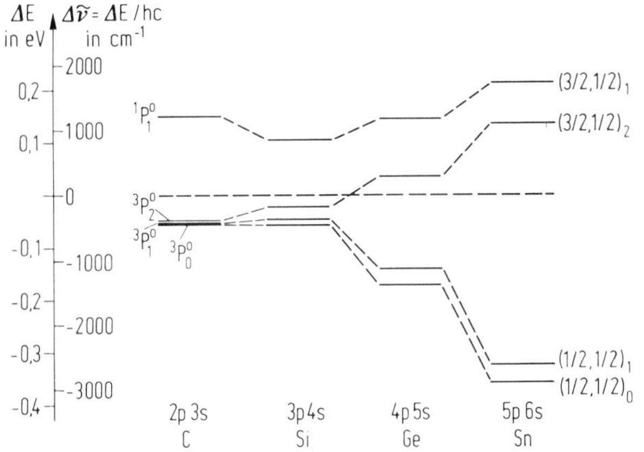

Abb. II,29. Der Übergang von der LS- zur jj-Kopplung bei den Elementen der IV. Hauptgruppe

6.9 Die radiale Ladungsverteilung

Zur numerischen Berechnung der radialen Ladungsverteilung in der Atomhülle stehen das Verfahren von L. H. Thomas und E. Fermi und die Methode von D. R. Hartree und V. Fock zur Verfügung.

Thomas und Fermi haben die Quantenstatistik, die für Teilchen mit halbzahliger Spinquantenzahl gültig ist, auf die Elektronen der Atomhülle angewandt, die Poisson-

Gleichung der Elektrostatik benutzt und eine Differentialgleichung für das Potential erhalten, die numerisch gelöst werden muß. Die durch $-e$ dividierte radiale Ladungsverteilung ist gleich der radialen Elektronendichte ρ_r, der Zahl der Elektronen zwischen r und $r + \Delta r$, dividiert durch Δr; es gilt

$$\rho_r = 1{,}200\left(\frac{r}{a_0}\right)^{1/2} Z^{3/2}[f(x)]^{3/2} \quad \text{in } a_0^{-1}$$

mit

$$x = \frac{Z^{1/3}}{0{,}885}\frac{r}{a_0} \quad .$$

Werte für f(x) sind in Tabelle II,9 zu finden. Die Thomas-Fermi-Methode ist für Atome mit einer größeren Zahl von Elektronen und für nicht zu große Abstände vom Kern ein gutes, relativ wenig Rechenaufwand erforderndes Näherungsverfahren. Aufgrund numerischer Rechnung ergibt sich, daß die Hälfte der gesamten Ladung der Elektronen innerhalb einer Kugel mit dem Radius $r \approx 1{,}7\, a_0\, Z^{-1/3}$ anzutreffen ist.

Tab. II,9. Werte der Funktion f(x)

x	f(x)	x	f(x)	x	f(x)	x	f(x)
0,00	1,000	0,4	0,660	1,0	0,424	6,0	0,0594
0,04	0,947	0,5	0,607	1,5	0,315	7,0	0,0461
0,08	0,902	0,6	0,561	2,0	0,243	8,0	0,0366
0,1	0,882	0,7	0,521	3,0	0,157	9,0	0,0296
0,2	0,793	0,8	0,485	4,0	0,108	10,0	0,0243
0,3	0,721	0,9	0,453	5,0	0,0788	15,0	0,0108

Wesentlich umfangreichere Rechnungen erfordert die „self-consistent field"-Methode von Hartree. Der Grundgedanke ist, daß sich jedes Elektron im elektrostatischen Feld des Atomkerns und aller übrigen Elektronen bewegt. Das i-te Elektron des Atoms mit der Eigenfunktion $\psi_i(r)$ besitzt beim Punkt P(r) die Wahrscheinlichkeitsdichte $\psi_i^*(r)\,\psi_i(r)$ und liefert dort den Beitrag $-e\,\psi_i^*(r)\,\psi_i(r)$ zur Ladungsdichte in der Atomhülle. Bei abgeschlossenen Teilschalen muß die Ladungsverteilung insgesamt kugelsymmetrisch sein. Da die radiale Ladungsverteilung ermittelt wird, können wir Gl. II,35a zur Berechnung des radialen Anteils $R_i(r)$ der ψ-Funktion heranziehen. Wir müssen aber noch die zustäzliche potentielle Energie $E_{p\,zus}^{(i)}(r)$ des i-ten Elektrons im Feld der übrigen Elektronen in die Gleichung einführen. Um $E_{p\,zus}^{(i)}$ zu erhalten, müssen wir zunächst einmal eine geeignete Ladungsverteilung wählen. Wir können beispielsweise die nach dem Thomas–Fermischen Verfahren ermittelte Ladungsverteilung nehmen und davon den näherungsweise berechneten Anteil subtrahieren, der vom i-ten Elektron selbst herrührt. Nacheinander berechnen wir die Funktionen R_i der einzelnen Elektronen und mit ihnen verbesserte Funktionen $E_{p\,zus}^{(i)}$; diese verwenden wir dann wieder. Das Verfahren muß so lange wiederholt werden, bis der Unterschied zwischen den zusätzlichen potentiellen Energien oder den Ladungsverteilungen in zwei aufeinanderfolgenden Schritten dieser sukzessiven

Approximation hinreichend klein ist. Die aufgrund des elektrostatischen Feldes berechneten Funktionen R_i der einzelnen Elektronen werden wieder zur Berechnung des Feldes benutzt, und wir erhalten dann dasselbe Feld; es ist „self-consistent". Fock hat die Methode von Hartree verbessert, indem er die Austauscheffekte berücksichtigt hat.

In Abb. II,30 ist die radiale Elektronendichte $\rho_r(r)$ für die Alkalimetallionen nach Hartree dargestellt und die Kurve für Cäsium eingezeichnet, die nach der oben angegebenen Gleichung des Thomas–Fermi-Verfahrens berechnet worden ist. Die ausgeprägten Maxima der Hartreeschen Kurven sind ein Beweis dafür, daß die Vorstellung von den Elektronenschalen eine gewisse Berechtigung hat. Mit wachsender Kernladungszahl wird der Abstand des Maximums, das einer bestimmten Schale entspricht, vom Kern kleiner.

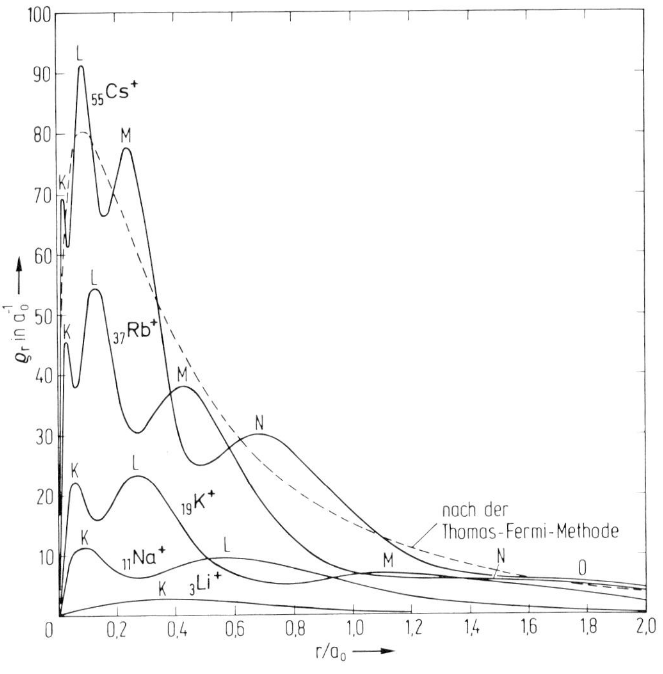

Abb. II,30. Die radiale Elektronendichte ρ_r der Alkalimetallionen nach Hartree und des Cs-Atoms, berechnet nach der Thomas–Fermi-Methode

6.10 Die Atome der I. Gruppe des Periodensystems

Außer dem Wasserstoff gehören die Alkalimetalle sowie Kupfer, Silber und Gold zur I. Gruppe des Periodensystems. Alle diese Elemente haben keine im Aufbau befindliche innere Teilschale. Deshalb ist der resultierende Gesamtdrehimpuls aller inneren

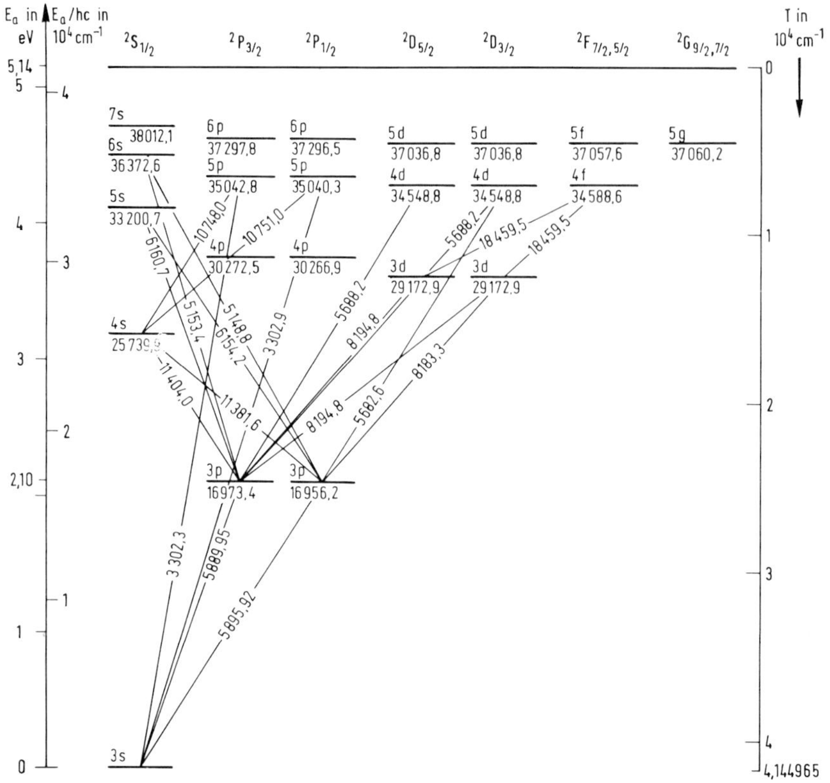

Abb. II,31. Niveauschema des Na-Atoms

Elektronen gleich Null. Da nur ein Außenelektron vorhanden ist, besitzen die Niveauschemata eine gewisse Ähnlichkeit mit dem des Wasserstoffatoms.

Abb. II,31 zeigt das Niveauschema des Natriumatoms. Die Multiplizität der Niveaus ist 2. Die Dublettaufspaltung nimmt mit wachsender Hauptquantenzahl n und mit steigender Bahndrehimpulsquantenzahl L ab. $3\,^2S_{1/2}$ ist das Grundniveau.

Wir wollen jetzt die Hauptquantenzahlen des tiefsten ^2S-, ^2P-, ^2D- und ^2F-Terms bestimmen. Dabei müssen wir einerseits daran denken, daß l maximal gleich $n-1$ sein kann, und andererseits beachten, welche Teilschalen schon besetzt sind. Für Wasserstoff sind die tiefsten der ^2S-, ^2P-, ^2D- und ^2F-Terme $1\,^2S$, $2\,^2P$, $3\,^2D$ und $4\,^2F$ und für Lithium wegen der besetzten 1s-Teilschale $2\,^2S$, $2\,^2P$, $3\,^2D$ und $4\,^2F$. Bei Natrium sind die 2s- und 2p-Teilschale besetzt. Dementsprechend ergeben sich die Terme $3\,^2S$, $3\,^2P$, $3\,^2D$ und $4\,^2F$. Bei Kalium sind die 3s- und die 3p-Teilschale aufgefüllt und die 3d- und 4f-Teilschale noch leer; demnach erhalten wir $4\,^2S$, $4\,^2P$, $3\,^2D$ und $4\,^2F$. Wegen der aufgefüllten 4s-, 4p- und 3d-Teilschale ergeben sich für Rubidium $5\,^2S$, $5\,^2P$, $4\,^2D$ und $4\,^2F$. Schließlich gilt wegen der besetzten 5s-, 5p- und 4d- und der immer noch leeren 4f-Teilschale für Cäsium: $6\,^2S$, $6\,^2P$, $5\,^2D$, $4\,^2F$.

Die Niveausysteme und die Spektren der Ionen, die nur ein äußeres Elektron haben und bei denen nicht gerade eine innere Teilschale aufgefüllt wird, sind denen der Alkalimetalle ähnlich.

Die vier wichtigen Spektralserien der Atome mit einem Außenelektron, die die Abb. II,32 für das Lithiumatom zeigt, lassen sich nach J. R. Rydberg durch folgende Formeln darstellen:

Hauptserie
oder Prinzipalserie
$$\tilde{\nu} = \frac{R_\infty}{(1+q_S)^2} - \frac{R_\infty}{(n'+q_P)^2} \qquad n' = 2, 3, 4, \ldots$$

II.
oder scharfe Nebenserie
$$\tilde{\nu} = \frac{R_\infty}{(2+q_P)^2} - \frac{R_\infty}{(n'+q_S)^2} \qquad n' = 2, 3, 4, \ldots$$

I.
oder diffuse Nebenserie
$$\tilde{\nu} = \frac{R_\infty}{(2+q_P)^2} - \frac{R_\infty}{(n'+q_D)^2} \qquad n' = 3, 4, 5, \ldots$$

Bergmann-
oder Fundamental-Serie
$$\tilde{\nu} = \frac{R_\infty}{(3+q_D)^2} - \frac{R_\infty}{(n'+q_F)^2} \qquad n' = 4, 5, 6, \ldots$$

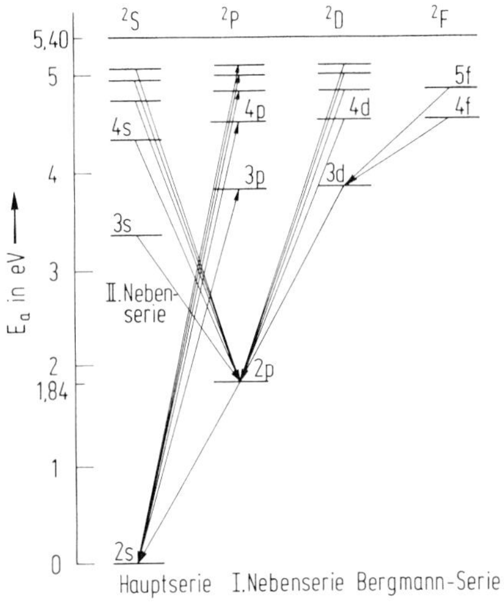

Abb. II,32. Niveauschema des Li-Atoms mit eingezeichneten Spektralserien

In den Rydberg-Formeln treten Differenzen von Termwerten auf. Mit diesen wollen wir uns jetzt befassen. Der Termwert für das Atom mit einem Elektron ist nach Gl. II,11 für $m_k \to \infty$

$$T_n = R_\infty \frac{Z^2}{n^2} \ .$$

Der Effekt der Mitbewegung des Kerns kann vernachlässigt werden. Es liegt nahe, Z durch die effektive Kernladungszahl Z^* zu ersetzen, die näherungsweise nur von L, tatsächlich aber teilweise noch geringfügig von n abhängt. Wir erhalten dann:

$$T_{n,L} = R_\infty \frac{Z^{*2}(L)}{n^2} \ . \qquad \text{(II,89)}$$

Tab. II,10. Effektive Quantenzahlen der Alkalimetallatome

Element	^2S ($n_H = 1$)				^2P ($n_H = 2$)				^2D ($n_H = 3$)				^2F ($n_H = 4$)			
	n	n^*	$n - n_H$	q	n	n^*	$n - n_H$	q	n	n^*	$n - n_H$	q	n	n^*	$n - n_H$	q
Li	2	1,588	1	0,59	2	1,966	0	- 0,03	3	2,999	0	0,00	4	4,00	0	0,00
Na	3	1,626	2	0,63	3	2,117	1	0,12	3	2,99	0	- 0,01	4	4,00	0	0,00
K	4	1,771	3	0,77	4	2,234	2	0,23	3	2,854	0	- 0,15	4	3,994	0	- 0,01
Rb	5	1,805	4	0,81	5	2,287	3	0,29	4	2,767	1	- 0,23	4	3,989	0	- 0,01
Cs	6	1,869	5	0,87	6	2,38	4	0,38	5	2,552	2	- 0,45	4	3,977	0	- 0,02

Häufig wird die effektive Kernladungszahl gleich 1 gesetzt und dafür die Hauptquantenzahl durch die effektive Quantenzahl n^* ersetzt. Diese ist nicht ganzzahlig und deshalb keine Quantenzahl im eigentlichen Sinne. Jetzt ist der Termwert

$$T_{n,L} = \frac{R_\infty}{n^{*2}} . \tag{II,90a}$$

Er kann aus den beobachteten Spektren ermittelt werden. Dann läßt sich n^* nach der Gleichung

$$n^* = \sqrt{\frac{T_{n,L}}{R_\infty}} \tag{II,90b}$$

berechnen. Die effektive Quantenzahl kann näherungsweise folgendermaßen dargestellt werden.

$$n^* = n - Q(L) = n_H + q(L) . \tag{II,90c}$$

n_H ist die Hauptquantenzahl des H-Atoms für den Term, für den das Alkalimetallatom die wahre Hauptquantenzahl n und die effektive Quantenzahl n^* hat. Für Wasserstoff selbst ist also $n = n_H = n^*$ und $Q = q = 0$. Je kleiner $|q|$ ist, um so wasserstoffähnlicher ist der Term des Alkalimetalls. In Tabelle II,10 sind die Werte von n, n^*, $n - n_H$ und $q = n^* - n_H$ für die tiefsten ^2S-, ^2P-, ^2D- und ^2F-Terme der Alkalimetallatome zusammengestellt. Aber es gilt nicht nur für die tiefsten Terme folgendes: Die ^2F-Terme aller Alkalimetalle, die ^2D-Terme des Lithiums und des Natriums sowie die ^2P-Terme des Lithiums weichen nur sehr wenig von den entsprechenden Termen des Wasserstoffs ab. Dagegen sind alle Alkalimetalle bezüglich ihrer ^2S-Terme dem Wasserstoff am unähnlichsten.

Da bei der Hauptserie und der II. Nebenserie nur der obere oder der untere Term aus zwei Niveaus besteht, tritt jeweils ein Liniendublett auf. Bei der I. Nebenserie und der Bergmann-Serie sind sowohl der obere als auch der untere Term in zwei Niveaus aufgespalten. Wegen der J-Auswahlregel sind aber nur drei Übergänge möglich. Zu dem Übergang $J' = 3/2 \rightarrow J'' = 3/2$ gehört eine erheblich schwächere Linie, die bei nicht genügender Auflösung das Dublett der beiden Hauptlinien als diffus erscheinen läßt. Die Anfangsbuchstaben der Serienbezeichnungen s (sharp), p (principal), d (diffuse) und f (fundamental) sind als Symbole für die Bahndrehimpulsquantenzahlen $l = 0, 1, 2, 3$ genommen worden.

Wir setzen voraus, daß sich bei einem Linienmultiplett zwischen dem oberen Term $n'\,{}^rL'$ und dem unteren Term $n''\,{}^rL''$ die Wellenlängen der einzelnen Linien nur geringfügig unterscheiden. Dann verhalten sich die Summen der Übergangswahrscheinlichkeiten für die Übergänge, die jeweils von einem oberen Niveau ausgehen, wie die statistischen Gewichte $2J' + 1$ der oberen Niveaus und die Summen der Übergangswahrscheinlichkeiten für die Übergänge, die jeweils auf einem unteren Niveau enden, wie die statistischen Gewichte $2J'' + 1$ der unteren Niveaus. Hierfür wollen wir zwei Beispiele durchsprechen.

Bei der Hauptserie gibt es immer zwei obere Niveaus, $n'\,{}^2P_{3/2}$ und $n'\,{}^2P_{1/2}$, und das untere Niveau $n''\,{}^2S_{1/2}$. Die beiden Übergangswahrscheinlichkeiten und die ihnen proportionalen Intensitäten der Linien $n''\,{}^2S_{1/2} \leftarrow n'\,{}^2P_{3/2}$ und $n''\,{}^2S_{1/2} \leftarrow {}^2P_{1/2}$ verhalten sich wie 4:2. Das trifft auch für das Intensitätsverhältnis der D_2- und D_1-Linie, der Resonanzlinien des Natriums, zu. Diese Linien sind die stärksten der Hauptserie, da die Übergangswahrscheinlichkeit mit wachsendem n′ abnimmt, und überhaupt die stärksten des ganzen Spektrums.

Bei der I. Nebenserie sind zwei obere Niveaus, $n'\,{}^2D_{5/2}$ und $n'\,{}^2D_{3/2}$, und zwei untere Niveaus, $n''\,{}^2P_{3/2}$ und $n''\,{}^2P_{1/2}$, vorhanden. Dementsprechend erhalten wir die beiden Gleichungen:

$$A({}^2P_{3/2} \leftarrow {}^2D_{5/2}) : [A({}^2P_{3/2} \leftarrow {}^2D_{3/2}) + A({}^2P_{1/2} \leftarrow {}^2D_{3/2})] = 6 : 4,$$

$$[A({}^2P_{3/2} \leftarrow {}^2D_{5/2}) + A({}^2P_{3/2} \leftarrow {}^2D_{3/2})] : A({}^2P_{1/2} \leftarrow {}^2D_{3/2}) = 4 : 2\,.$$

Hieraus folgt für die den Intensitäten proportionalen Übergangswahrscheinlichkeiten

$$A({}^2P_{3/2} \leftarrow {}^2D_{5/2}) : A({}^2P_{3/2} \leftarrow {}^2D_{3/2}) : A({}^2P_{1/2} \leftarrow {}^2D_{3/2}) = 9 : 1 : 5.$$

6.11 Das Heliumatom und die Atome der II. Gruppe des Periodensystems

Das Helium steht als Edelgas und Element, mit dem die K-Schale abgeschlossen wird, in der Gruppe 0 des Periodensystems. Mit seinen zwei s-Elektronen gehörte es in die II. Gruppe. Im Abschn. 6.6 haben wir uns bereits mit dem Zustandekommen der beiden Niveausysteme, des Singulett- und dem Triplettsystems, befaßt. Abb. II,33 zeigt das Niveauschema des Heliums. Interkombinationen zwischen den beiden Niveausystemen sind durch die Auswahlregel $\Delta S = 0$ verboten. Für die Atome auf Singulettniveaus wird noch die alte Bezeichnung Parhelium und für die Atome auf Triplettniveaus die Bezeichnung Orthohelium verwendet. Diese Namen deuten darauf hin, daß früher einmal die Meinung vertreten worden ist, es handle sich um zwei verschiedene Arten von Helium.

Das niedrigste Niveau des Triplettsystems ist das Niveau $2\,{}^3S_1$. Etwas höher liegt das Niveau $2\,{}^1S_0$. Zwischen diesen beiden Niveaus und dem Grundniveau $1\,{}^1S_0$ befindet

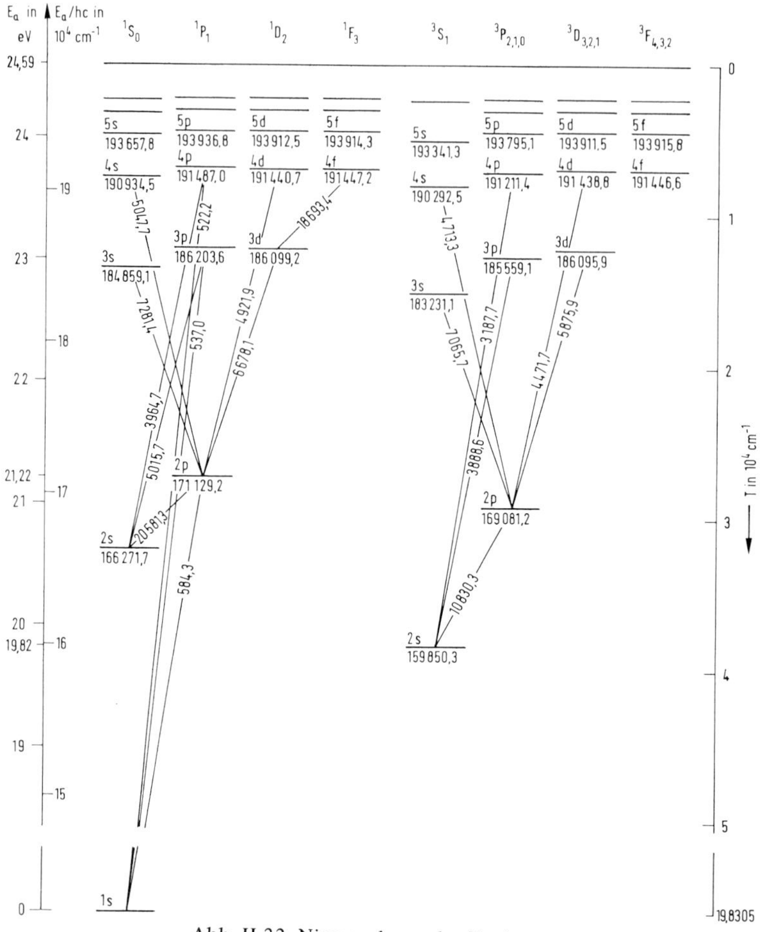

Abb. II,33. Niveauschema des He-Atoms

sich kein weiteres Niveau. Übergänge zwischen S-Niveaus sind für alle Strahlungsarten streng verboten. Dementsprechend sind die Niveaus 2 $^3S_1$ und 2 $^1S_0$ metastabil. Außerdem sind bei reiner LS-Kopplung alle Niveaus des niedrigsten ^{3}P-Terms wegen der Auswahlregel $\Delta S = 0$ metastabil. Der Übergang von den Niveaus $^3P_2$ und $^3P_0$ zum Grundniveau ist noch durch die J-Auswahlregel verboten.

Die Ionen, die nur zwei Elektronen besitzen, haben das gleiche Niveausystem und ähnliche Spektren wie das Heliumatom. Solche Ionen sind Li^+, Be^{2+}, B^{3+}, C^{4+}.

Nach der von W. Heisenberg angegebenen Näherungsformel ist die Energiedifferenz zwischen einem Triplettniveau und dem unaufgespaltenen ^{3}P-Term des Heliums und der heliumähnlichen Ionen

$$\Delta E = \frac{\alpha^2 (Z-1)^3 \, |E_0|}{6 n^3} \left[Z \{1, -1, -2\} - 3 \{1, -1, -2\} + \frac{1}{4} \{1, -5, 10\} \right] {}^{1} . \qquad \text{(II,91)}$$

[1] $|E_0| = 13{,}60$ eV (Gl. II,8 für $m_K \to \infty$, $Z = 1$, $n = 1$).

Bei der Ableitung dieser Gleichung ist über $1/r^3$ gemittelt worden. Dabei ist in der Gl. II,40d $Z - 1$ statt Z gesetzt worden, weil eine Abschirmung der Kernladung auftritt; in Gl. II,91 steht daher der Faktor $(Z - 1)^3$. Die Werte in den geschweiften Klammern gehören jeweils der Reihe nach zu den Niveaus mit $J = 2$, 1 und 0. Der erste, von Z abhängige Summand in der eckigen Klammer ist durch die Spin-Bahn-Wechselwirkung des p-Elektrons bedingt (vgl. Gln. II,56a u. b). Der zweite Summand gehört zur Wechselwirkung zwischen dem Spin des s-Elektrons und der Bahn des p-Elektrons und der dritte Summand zur Wechselwirkung der magnetischen Momente, die den Spins der beiden Elektronen zuzuordnen sind. Mit wachsender Kernladungszahl Z verlieren der zweite und der dritte Summand immer mehr an Bedeutung. Für die Energiedifferenzen $E(2\,^3P_0) - E(2\,^3P_1)$ und $E(2\,^3P_1) - E(2\,^3P_2)$ ergeben sich nach Gl. II,91 die Werte $7{,}1 \cdot 10^{-5}$ eV und $7{,}5 \cdot 10^{-6}$ eV; die Meßergebnisse sind $1{,}14 \cdot 10^{-4}$ eV und $8{,}8 \cdot 10^{-6}$ eV. Aus dem umgekehrten Triplett des Heliums, bei dem das Energieniveau mit $J = 0$ am höchsten und das mit $J = 2$ am tiefsten liegt, wird mit wachsender Ordnungszahl der heliumähnlichen Ionen ein reguläres Triplett.

Die Niveauschemata der Elemente der II. Gruppe des Periodensystems sind dem des Heliums ähnlich. Folgender Unterschied ist jedoch bemerkenswert: Die niedrigsten Energieniveaus liegen bei den Elementen der II. Gruppe etwa in der Mitte zwischen dem Grundniveau und der Ionisierungsgrenze oder noch tiefer, beim Helium dagegen viel näher an der Ionisierungsgrenze. Außerdem treten mit zunehmender Ordnungszahl

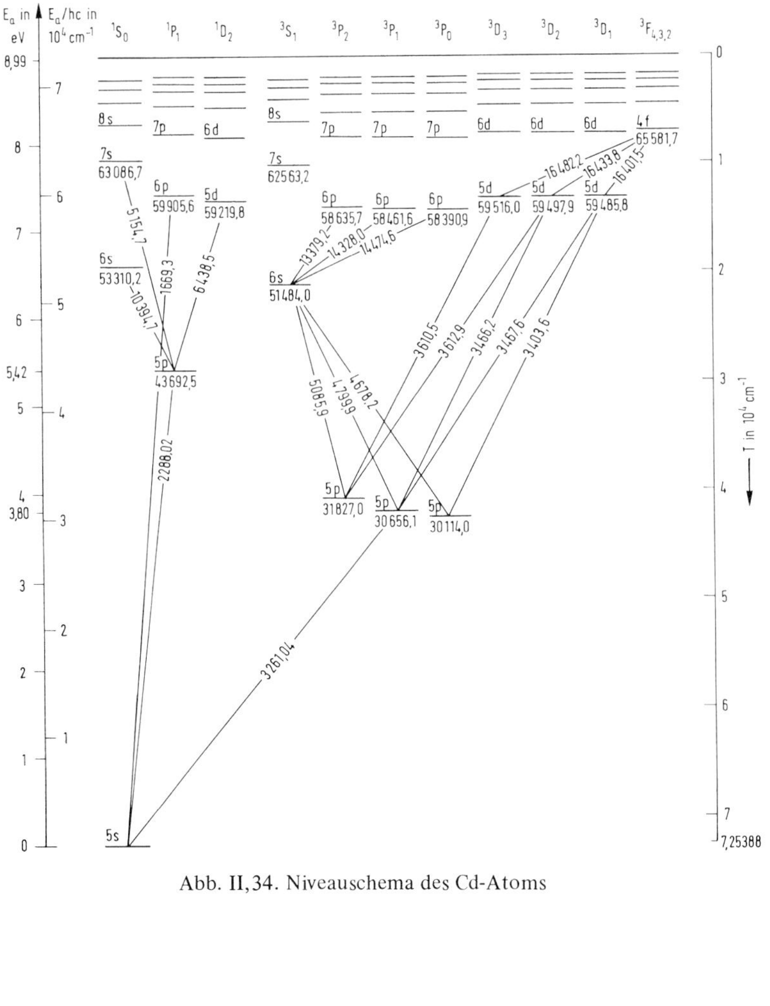

Abb. II,34. Niveauschema des Cd-Atoms

die Interkombinationslinien immer stärker auf, wenn auch mit erheblich geringerer Oszillatorenstärke als die entsprechenden Linien zwischen Niveaus mit ein und derselben Multiplizität. Beim Cadmium, dessen Niveauschema in Abb. II,34 dargestellt ist, gehört zu dem Übergang $5\,^1S_0 \leftarrow 5\,^3P_1$, bei dem die Interkombinationsresonanzlinie emittiert wird, die Oszillatorenstärke $f = 0{,}0019$ und zum Übergang $5\,^1S_0 \leftarrow 5\,^1P_1$, bei dem die Resonanzlinie ausgestrahlt wird, $f = 1{,}19$. Die mittleren Lebensdauern der beiden Niveaus $5\,^3P_1$ und $5\,^1P_1$ sind gleich $2{,}4 \cdot 10^{-6}$ s und $2{,}0 \cdot 10^{-9}$ s.

7. Atome im homogenen Magnetfeld

7.1 Der Landésche g-Faktor beim Zeeman-Effekt

Wie wir in Abschn. 6.1 gesehen haben, setzen sich bei der LS-Kopplung die Bahndrehimpulse der einzelnen Elektronen zum Gesamtbahndrehimpuls $\boldsymbol{L}$ und die Spins zum Gesamtspin $\boldsymbol{S}$ zusammen. Die magnetischen Momente, die zu den Bahndrehimpulsen und den Spins der einzelnen Elektronen gehören (s. Abschn. 3.1 u. 3.2), ergeben zusammen die resultierenden magnetischen Momente $\vec{\mu}_L$ und $\vec{\mu}_S$. Diese haben wegen der negativen Elementarladung des Elektrons die entgegengesetzte Richtung wie die Drehimpulse $\boldsymbol{L}$ und $\boldsymbol{S}$. Der Zusammenhang zwischen den magnetischen Momenten und den Drehimpulsen wird durch die folgenden Gleichungen beschrieben:

$$\vec{\mu}_L = -\frac{\mu_B}{\hbar}\boldsymbol{L}\,, \qquad \text{(II,92a)}$$

$$\vec{\mu}_S = -g_s\frac{\mu_B}{\hbar}\boldsymbol{S}\,. \qquad \text{(II,93a)}$$

Die Beträge der magnetischen Momente sind

$$|\vec{\mu}_L| = \mu_B\sqrt{L(L+1)}\,, \qquad \text{(II,92b)}$$

$$|\vec{\mu}_S| = g_s\,\mu_B\sqrt{S(S+1)}\,. \qquad \text{(II,93b)}$$

$\boldsymbol{L}$ und $\boldsymbol{S}$ setzen sich zum Gesamtelektronendrehimpuls $\boldsymbol{J}$ zusammen. Wir müssen jetzt das zu $\boldsymbol{J}$ gehörende magnetische Moment berechnen. Wie aus Abb. II,35a zu ersehen ist, hat das Moment $\vec{\mu} = \vec{\mu}_L + \vec{\mu}_S$ eine zu $\boldsymbol{J}$ senkrechte Komponente $\vec{\mu}_\perp$ und eine zu $\boldsymbol{J}$ parallele Komponente $\vec{\mu}(OC) = \vec{\mu}_J$. Wir setzen voraus, daß die magnetische Flußdichte B noch so klein ist, daß $\boldsymbol{L}$ und $\boldsymbol{S}$ viele Male um $\boldsymbol{J}$ präzessieren, bevor $\boldsymbol{J}$ und damit auch $\vec{\mu}_J$ eine Präzession um die Magnetfeldrichtung, die mit der z-Richtung übereinstimmt, ausgeführt hat (Abb. II,35b). Dann hebt sich im Mittel die zu $\boldsymbol{J}$ senkrechte Komponente $\vec{\mu}_\perp$ des magnetischen Moments auf, und es bleibt nur noch die zu $\boldsymbol{J}$ parallele Komponente $\vec{\mu}_J$ zu berechnen. $\vec{\mu}_J$ setzt sich aus den beiden Anteilen $\vec{\mu}(OA)$ und $\vec{\mu}(AC)$ zusammen, und zwar ist

$$|\vec{\mu}_J| = |\vec{\mu}_L|\cos\beta + |\vec{\mu}_S|\cos\alpha = \mu_B\sqrt{L(L+1)}\cos\beta + g_s\,\mu_B\sqrt{S(S+1)}\cos\alpha. \qquad \text{(II,94)}$$

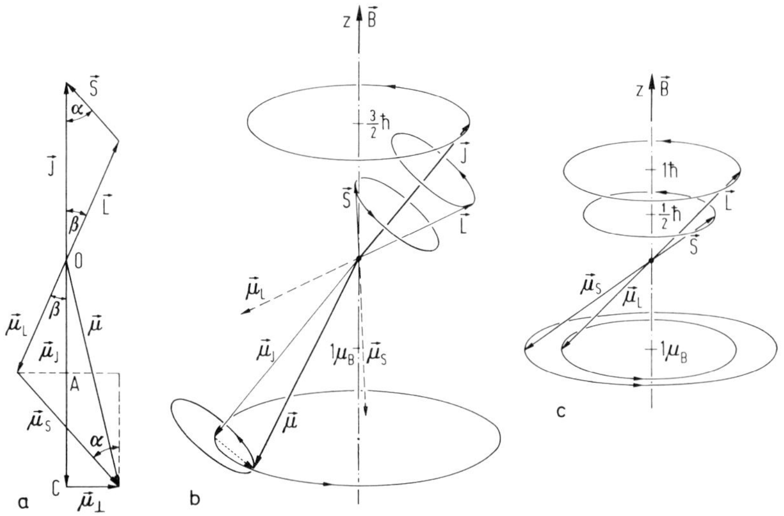

Abb. II,35.
a. Drehimpulse und magnetische Momente bei LS-Kopplung
b. Präzession der Drehimpulse und magnetischen Momente beim Zeeman-Effekt für $L = 1$, $S = 1/2$, $J = 3/2$, $M_J = 3/2$
c. Präzession der Drehimpulse und magnetischen Momente beim Paschen–Back-Effekt für $L = 1$, $S = 1/2$, $M_L = 1$, $M_S = 1/2$

Nach dem Cosinussatz folgen aus dem Drehimpulsdreieck die beiden Gleichungen

$$\cos\beta = \frac{|\boldsymbol{J}|^2 + |\boldsymbol{L}|^2 - |\boldsymbol{S}|^2}{2\,|\boldsymbol{J}|\,|\boldsymbol{L}|} \quad \text{und} \quad \cos\alpha = \frac{|\boldsymbol{J}|^2 - |\boldsymbol{L}|^2 + |\boldsymbol{S}|^2}{2\,|\boldsymbol{J}|\,|\boldsymbol{S}|}\,.$$

Nachdem wir in diese Gleichungen die Gln. II,80a, 81a u. 82b für die Beträge der Drehimpulse eingesetzt haben, eliminieren wir $\cos\alpha$ und $\cos\beta$ in Gl. II,94:

$$|\vec{\mu}_J| = \mu_B \sqrt{J(J+1)}\;\frac{(1+g_s)J(J+1) + (g_s-1)\,[S(S+1) - L(L+1)]}{2J(J+1)}$$

$$= \mu_B \sqrt{J(J+1)}\; g_J\,. \qquad \text{(II,95a)}$$

$$g_J = \frac{3{,}00232\,J(J+1) + 1{,}00232\,[S(S+1) - L(L+1)]}{2J(J+1)} \qquad \text{(II,95b)}$$

ist der Landésche Aufspaltungsfaktor oder der Landésche g-Faktor für das Atom. Weiterhin wollen wir statt mit den Faktoren 3,00232 und 1,00232 mit 3 und 1 rechnen. Diese Werte ergeben sich für $g_s = 2$. Damit vernachlässigen wir die Korrektur, die aufgrund der Quantenelektrodynamik anzubringen ist.

Für das magnetische Moment $\vec{\mu}_J$ und seine z-Komponente gelten folgende Gleichungen:

$$\vec{\mu}_J = -g_J\,\frac{\mu_B}{\hbar}\,\boldsymbol{J}\,, \qquad \text{(II,95c)}$$

$$\mu_{J_z} = -g_J\,M_J\,\mu_B\,. \qquad \text{(II,95d)}$$

Die Auswahlregel für die magnetische Quantenzahl M_J ist

$$\Delta M_J = 0, \pm 1 .$$

In den Tabellen II,11 u. 12 sind die Landéschen Aufspaltungsfaktoren und die zugehörigen $M_J \cdot g_J$-Werte für die Atome mit einem Niveausystem der Multiplizität 2 und mit Niveausystemen der Multiplizitäten 1 und 3 zusammengestellt.

Tab. II,11. g_J- und $M_J \cdot g_J$-Werte für Niveaus der Multiplizität 2

Niveau	L	S	J	g_J	$M_J \cdot g_J$ für M_J =					
					- 5/2	- 3/2	- 1/2	+ 1/2	+ 3/2	+ 5/2
$^2S_{1/2}$	0	1/2	1/2	2			- 1	+ 1		
$^2P_{1/2}$	1	1/2	1/2	2/3			- 1/3	+ 1/3		
$^2P_{3/2}$	1	1/2	3/2	4/3		- 2	- 2/3	+ 2/3	+ 2	
$^2D_{3/2}$	2	1/2	3/2	4/5		- 6/5	- 2/5	+ 2/5	+ 6/5	
$^2D_{5/2}$	2	1/2	5/2	6/5	- 3	- 9/5	- 3/5	+ 3/5	+ 9/5	+ 3

Tab. II,12. g_J- und $M_J \cdot g_J$-Werte für Niveaus der Multiplizitäten 1 und 3

Niveau	L	S	J	g_J	$M_J \cdot g_J$ für M_J =						
					- 3	- 2	- 1	0	+ 1	+ 2	+ 3
$^1S_0$	0	0	0	0/0				0			
$^1P_1$	1	0	1	1			- 1	0	+ 1		
$^1D_2$	2	0	2	1		- 2	- 1	0	+ 1	+ 2	
$^3S_1$	0	1	1	2			- 2	0	+ 2		
$^3P_0$	1	1	0	0/0				0			
$^3P_1$	1	1	1	3/2			- 3/2	0	+ 3/2		
$^3P_2$	1	1	2	3/2		- 3	- 3/2	0	+ 3/2	+ 3	
$^3D_1$	2	1	1	1/2			- 1/2	0	+ 1/2		
$^3D_2$	2	1	2	7/6		- 7/3	- 7/6	0	+ 7/6	+ 7/3	
$^3D_3$	2	1	3	4/3	- 4	- 8/3	- 4/3	0	+ 4/3	+ 8/3	+ 4

Die zusätzliche Energie des Atoms mit dem magnetischen Moment $\vec{\mu}_J$ im magnetischen Feld ist nach Gl. II,52

$$E_m = -\vec{\mu}_J \cdot \boldsymbol{B} .$$

Die z-Achse oder Polarachse wird in die Feldrichtung gelegt. Die z-Komponente des magnetischen Moments ist gequantelt. Wir erhalten unter Benutzung von Gl. II,95d

$$E_{M_J} = g_J\, M_J\, \mu_B\, B \qquad \text{(II,96a)}$$

$$= 9{,}2732 \cdot 10^{-24}\, g_J\, M_J\, B \quad \text{in J}$$

$$= 5{,}7882 \cdot 10^{-5}\, g_J\, M_J\, B \quad \text{in eV}$$

und

$$\frac{E_{M_J}}{h\,c} = 4{,}6686 \cdot 10^{1}\, g_J\, M_J\, B \quad \text{in m}^{-1}. \qquad \text{(II,96b)}$$

Die Aufspaltung der Energieniveaus und der Spektrallinien im schwachen Magnetfeld wird als Zeeman-Effekt[1] bezeichnet. Beim longitudinalen Zeeman-Effekt wird parallel zur Feldrichtung und beim transversalen Zeeman-Effekt senkrecht zur Feldrichtung beobachtet. Die einzelne Linienkomponente hat beim longitudinalen und beim transversalen Zeeman-Effekt eine unterschiedliche Intensität und Polarisation.

$\tilde{\nu}_0$ sei die Wellenzahl der Linie ohne Magnetfeld. M'_J gehöre zu einem Zeeman-Subniveau des höheren Energieniveaus und M''_J zu einem Subniveau des tieferen Energieniveaus. Die Zeeman-Komponente der Spektrallinie habe eine Wellenzahl $\tilde{\nu}(M''_J, M'_J)$. Dann ist die Differenz

$$\Delta\tilde{\nu}(M''_J, M'_J) = \tilde{\nu}(M''_J, M'_J) - \tilde{\nu}_0 = (M'_J g'_J - M''_J g''_J)\frac{\mu_B B}{h c} =$$

$$= (M'_J g'_J - M''_J g''_J) \cdot 46{,}686 \cdot B \text{ in m}^{-1}. \qquad \text{(II,97)}$$

$\Delta\tilde{\nu}$ ist also $(M'_J g'_J - M''_J g''_J)$ proportional. Für diese Differenz ist in den Abbn. II,36 u. 39 C geschrieben worden. Die Größe C gibt die relativen Abstände der einzelnen Komponenten von der unaufgespaltenen Linie an.

7.2 Der normale Zeeman-Effekt

Wie aus der Tabelle II,12 hervorgeht, bleibt das Niveau $^1S_0$ unaufgespalten, und das Niveau $^1P_1$ hat die drei Subniveaus, zu denen die $M_J \cdot g_J$-Werte − 1, 0 und + 1 gehören. Im Magnetfeld besteht die Linie, die bei dem Übergang $^1S_0 \leftarrow {}^1P_1$ emittiert wird, aus drei Komponenten (Abb. II,36). Diese besonders einfache Art des Zeeman-Effekts, der sogenannte normale Zeeman-Effekt, läßt sich auf der Grundlage der klassischen Physik behandeln. Tatsächlich liegt gerade ein Sonderfall vor; das obere und das untere Niveau haben den Gesamtspin 0. Das ist offensichtlich eine notwendige Voraussetzung dafür, daß die klassische Rechnung möglich ist. Auf diese wollen wir eingehen, weil wir davon eine gewisse Anschaulichkeit erwarten dürfen.

Die Kraft auf ein Elektron, das sich mit der Geschwindigkeit **v** im Magnetfeld bewegt, ist

$$\boldsymbol{F} = -e\,\mathbf{v} \times \boldsymbol{B};$$

sie steht senkrecht auf der Bewegungsrichtung. Deshalb wird bei konstanter magnetischer Flußdichte $\boldsymbol{B}$ keine Arbeit am Elektron verrichtet. Für den Einschaltvorgang muß die Maxwellsche Gleichung (Induktionsgleichung)

$$\operatorname{rot}\vec{\mathfrak{E}} = \nabla \times \vec{\mathfrak{E}} = -\frac{\partial B}{\partial t}$$

[1] 1896 beobachtete P. Zeeman eine Verbreiterung der D-Linien, die von einer Na-Flamme zwischen den Polen eines Elektromagneten emittiert wurden, und Polarisationserscheinungen.

herangezogen werden. Unter Verwendung des Stokesschen Satzes nimmt sie die Form an:

$$\oint_C \vec{\mathcal{E}} \cdot \mathrm{d}\, s = \int_A \mathrm{rot}\, \vec{\mathcal{E}} \cdot \mathrm{d}\, A = - \int_A \frac{\partial B}{\partial t} \cdot \mathrm{d}\, A\, .$$

Die Kurve C, über die sich das Linienintegral erstreckt, ist der Kreis, auf dem sich das Elektron bewegt. Zur Vereinfachung der Rechnung nehmen wir an, daß B linear mit der Zeit anwächst. Dann ist $\dot{B}$ konstant, und wir erhalten

$$\mathcal{E} = - \frac{\dot{B}\, \pi\, r^2}{2\, \pi\, r} = - \frac{r}{2}\, \dot{B}$$

(Abb. II,37a). Wir müssen noch voraussetzen, daß das Feld sehr langsam anwächst, damit das Elektron währenddessen viele Male umläuft und der Radius der Kreisbahn während der Umläufe konstant bleiben kann. Die Bahnbeschleunigung des Elektrons ist

$$a = \frac{- e\, \mathcal{E}}{m_e} = \frac{e\, r}{2\, m_e}\, \dot{B}$$

und die Winkelbeschleunigung

$$\alpha = \frac{a}{r} = \frac{e}{2\, m_e}\, \dot{B}\, .$$

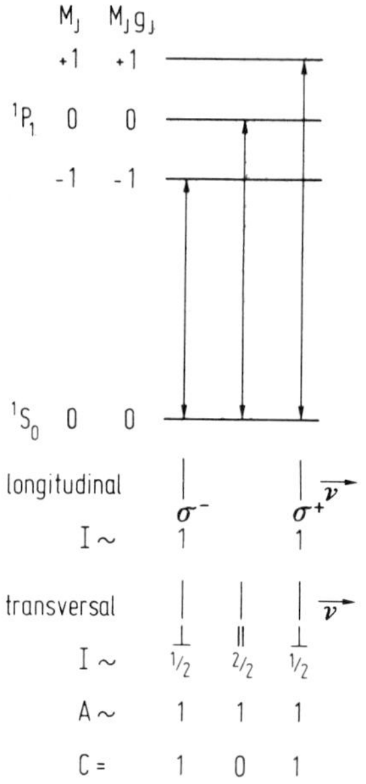

Abb. II,36. Aufspaltung des oberen Energieniveaus und der Spektrallinie beim normalen Zeeman-Effekt

Wie wir angenommen haben, wächst die magnetische Flußdichte linear mit der Zeit innerhalb von t auf ihren Endwert an. Dann ändert sich die Winkelgeschwindigkeit ω um

$$\omega_L = 2\, \pi\, \nu_L = \alpha\, t = \frac{e}{2\, m_e}\, \dot{B}\, t = \frac{e}{2\, m_e}\, B \qquad \text{(II,98)}$$

zu; ν_L ist die sogenannte Larmor-Frequenz (s. Gl. II,45b).

Abb. II,37b zeigt den Zusammenhang zwischen der Umlaufrichtung und dem Vorzeichen der Winkelgeschwindigkeit. In Abb. II,37c blicken wir in der Richtung des Magnetfelds. Die Winkelgeschwindigkeit ω_L ist nach Gl. II,98 positiv und hat deshalb den Drehsinn einer Rechtsschraube, die sich in der Feldrichtung vorschiebt. Das Elektron, das auf seiner Bahn mit der Kreisfrequenz ω_0 rechtsherum läuft, wird beschleunigt und das mit $|\omega_0|$ linksherum laufende Elektron abgebremst. Die Beschleunigungsarbeit und die Abbremsungsarbeit werden während des Anwachsens des Magnetfeldes verrichtet. Der Larmorsche Satz besagt, daß das Elektron nach dem langsamen Einschalten des Magnetfeldes die gleiche Bewegung in einem mit ω_L rotierenden Koordinatensystem ausführt wie vorher im ruhenden.

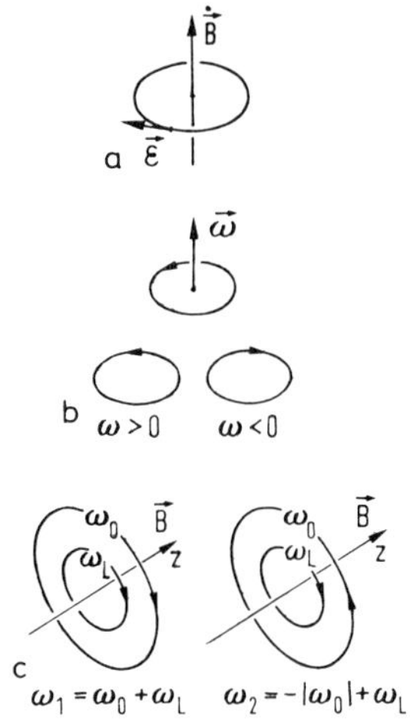

Abb. II,37. Zur Theorie des normalen Zeeman-Effekts

Setzen wir Gl. II,44 in Gl. II,97 ein und multiplizieren wir mit $2\pi c$, so erhalten wir

$$\Delta\,\omega = (M_J'\,g_J' - M_J''\,g_J'')\,\frac{e\,B}{2\,m_e} = (M_J'\,g_J' - M_J''\,g_J'')\,\omega_L\ .$$

Da $M_J' \cdot g_J'$ gleich + 1, 0, − 1 und $M_J'' \cdot g_J'' = 0$ ist, ergeben sich in Übereinstimmung mit der klassischen Theorie die drei $\Delta\,\omega$-Werte $+\,\omega_L$, 0 und $-\,\omega_L$ für $\Delta M_J = +1, 0, -1$ (Lorentz-Triplett).

ω und somit die kinetische Energie des Elektrons auf der Kreisbahn mit $L \perp B$ ($B \parallel$ z-Achse) ändert sich nicht, aber L präzessiert mit ω_L. Es ist

$$z = r\cos|\omega_0|\,t\ . \tag{II,99a}$$

Die Bewegung dieses Oszillators wird nicht durch das Magnetfeld beeinflußt. Für das Elektron, das auf einer Kreisbahn in der xy-Ebene rechtsherum läuft, wenn wir in der z-Richtung blicken, und Strahlung mit der Frequenz $\nu_0 + \nu_L$ emittiert, gelten die Gleichungen:

$$x_r = r\cos(|\omega_0| + \omega_L)\,t\ , \tag{II,99b}$$

$$y_r = r\sin(|\omega_0| + \omega_L)\,t\ . \tag{II,99c}$$

Für das Elektron, das linksherum läuft und Strahlung der Frequenz $\nu_0 - \nu_L$ aussendet, ist

$$x_1 = r \cos(|\omega_0| - \omega_L) t , \qquad \text{(II,99d)}$$

$$y_1 = -r \sin(|\omega_0| - \omega_L) t . \qquad \text{(II,99e)}$$

In Abschn. 4.3 haben wir bei der Berechnung der Übergangswahrscheinlichkeit im Fall $\Delta m = 0$ ein parallel zur z-Achse oszillierendes elektrisches Dipolmoment erhalten (vgl. Gl. II,76a und Gl. II,99a), in den Fällen $\Delta m = +1$ und -1 je zwei Dipolmomente, die parallel zur x- und y-Achse phasenverschoben schwingen (vgl. Gln. II,76b bis g und Gln. II,99b bis e). Vom Oszillator ($\Delta m = 0$) wird π-Strahlung und von den beiden Rotatoren ($\Delta m = \pm 1$) σ^+- und σ^--Strahlung emittiert. Allgemein gilt, daß sich die Polarisation einer Linienkomponente nicht ändert, auch wenn die magnetische Flußdichte B gegen 0 geht.

Beim normalen Zeeman-Effekt, bei dem $\Delta M_J = \Delta M_L$ ist, wird bei $\Delta M_J = 0$ π-Strahlung, bei $\Delta M_J = +1$ σ^+-Strahlung und bei $\Delta M_J = -1$ σ^--Strahlung ausgesandt. Diese Polarisationsregeln besitzen auch für den anomalen Zeeman-Effekt Gültigkeit.

Durch die Abb. II,38 soll der Zusammenhang zwischen der Stromrichtung in den Spulen, die das Magnetfeld erzeugen, der Richtung der magnetischen Flußdichte und dem

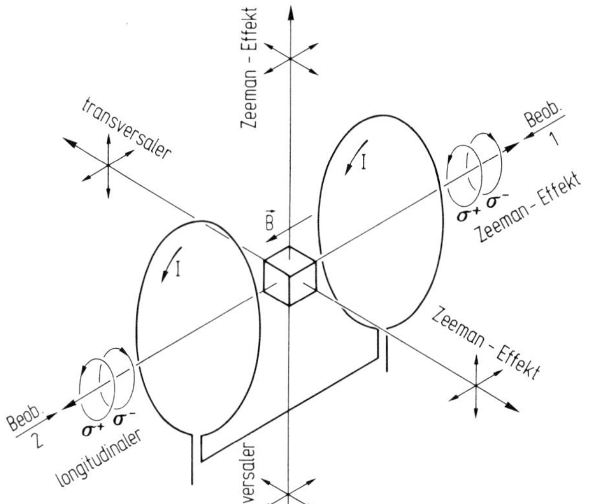

Abb. II,38. Der longitudinale und der transversale Zeeman-Effekt

Drehsinn der Rotatoren gezeigt werden, der mit dem Umlaufsinn des $\vec{\mathcal{E}}$-Vektors der emittierten zirkular polarisierten Welle übereinstimmt. Beim longitudinalen Zeeman-Effekt tritt nur σ^+- und σ^--Strahlung auf. Für den Beobachter 1 ist die σ^+-Strahlung rechtszirkular und für den Beobachter 2 linkszirkular polarisiert (s. auch Abb. II,21). Beim transversalen Zeeman-Effekt werden die parallel zu $\boldsymbol{B}$ linear polarisierte π-Strahlung und die senkrecht zu $\boldsymbol{B}$ linear polarisierte Strahlung beobachtet, die bei den Übergängen mit $\Delta M_J = \pm 1$ emittiert wird. In Abb. II,36 ist wie auch später in Abb. II,39a für jede Linienkomponente noch folgendes eingetragen: der Faktor C, der den relativen Abstand von der Linienmitte angibt, der Relativwert der Übergangswahrscheinlichkeit A sowie die Polarisation und der Relativwert der Intensität I im Fall des longitudinalen und des transversalen Zeeman-Effekts. Durch diese Angaben werden die Ergebnisse des Abschnitts kurz zusammengefaßt.

7.3 Der anomale Zeeman-Effekt

Als Beispiel für den anomalen Zeeman-Effekt, der meistens, nämlich außer beim Übergang $^1S_0 \leftarrow {}^1P_1$ auftritt, ist die Energieniveau- und Linienaufspaltung für die Übergänge $^2S_{1/2} \leftarrow {}^2P_{3/2}$ und $^2S_{1/2} \leftarrow {}^2P_{1/2}$ in Abb. II,39a dargestellt.

Um die relativen Intensitäten der Zeeman-Komponenten zu berechnen, gehen wir davon aus, daß in jeder beliebigen Richtung die Strahlung aller Zeeman-Komponenten einer Linie zusammen unpolarisiert ist. Bei der Ausstrahlung längs der Magnetfeldrichtung, also im Fall des longitudinalen Zeeman-Effekts, ist

$$\Sigma I_{\sigma+}((M_J - 1) \leftarrow M_J) = \Sigma I_{\sigma-}((M_J + 1) \leftarrow M_J) .$$

Auf der linken Seite der Gleichung steht die σ^+-Strahlung und rechts die σ^--Strahlung. Für die Emission senkrecht zur Magnetfeldrichtung, also im Fall des transversalen Zeeman-Effekts, gilt

$$\Sigma I_\perp((M_J - 1) \leftarrow M_J) + \Sigma I_\perp((M_J + 1) \leftarrow M_J) = \Sigma I_{/\!/}(M_J \leftarrow M_J) .$$

Die Strahlung der auf der linken Seite der Gleichung stehenden Linienkomponenten ist senkrecht und die der rechts aufgeführten Linienkomponenten parallel zur Feldrichtung polarisiert.

Alle Zeeman-Subniveaus haben das statistische Gewicht 1. Im thermodynamischen Gleichgewicht ist deshalb die Besetzung aller Subniveaus gleich, die zu einem bestimmten Niveau gehören. Von einem Zeeman-Subniveau des oberen Niveaus sind wegen der Auswahlregel $\Delta M_J = 0, \pm 1$ höchstens 3 Übergänge auf Zeeman-Subniveaus des unteren Niveaus möglich; entsprechend enden auch nur maximal 3 Übergänge auf einem Zeeman-Subniveau des unteren Niveaus. Nun können wir für jedes einzelne Subniveau des oberen Niveaus die Summe der Übergangswahrscheinlichkeiten bilden, die zu den Übergängen auf Subniveaus des unteren Niveaus gehören. Diese Summen sind für alle Subniveaus des oberen Niveaus gleich. Ebenso können wir für jedes einzelne Subniveau des unteren Niveaus die Summe der Übergangswahrscheinlichkeiten berechnen, die zu den Übergängen von Subniveaus des oberen Niveaus gehören. Diese Summen sind für alle Subniveaus des unteren Niveaus gleich.

Dem Übergang mit $\Delta M_J = +1$ werden zwei Dipole zugeordnet, die in der Ebene senkrecht zur Magnetfeldrichtung senkrecht aufeinander stehen und phasenverschoben schwingen. Die Intensität $I_\perp$ der senkrecht zur Feldrichtung emittierten und polarisierten Strahlung wird nur einem der beiden Dipole zugeschrieben und die Intensität $I_{\sigma+}$ beiden (vgl. Abschn. 4.3). Deshalb ist die Übergangswahrscheinlichkeit $A_\sigma = I_{\sigma+}/K = 2\,I_\perp/K$; K ist die Proportionalitätskonstante. Entsprechendes gilt für den Übergang $\Delta M_J = -1$. Dem Übergang $\Delta M_J = 0$ ist ein Dipol zuzuordnen, der parallel zur Magnetfeldrichtung schwingt und in der Schwingungsrichtung nicht ausstrahlt. Für die senkrecht zur Feldrichtung emittierte und parallel zu ihr polarisierte Strahlung gilt: $I_{/\!/} = K\,A_\pi$.

Jetzt sind wir in der Lage, die relativen Übergangswahrscheinlichkeiten und Intensitäten zu berechnen. Als Beispiel wählen wir die Zeeman-Effekt-Aufspaltung des Übergangs $^2S_{1/2} \leftarrow {}^2P_{3/2}$ (Abb. II,39a). Die Rechnung vereinfacht sich dadurch, daß die Intensitäten der Zeeman-Komponenten, die symmetrisch zur unaufgespaltenen Linie liegen, gleich sind und ebenfalls die dazu gehörenden Übergangswahrscheinlichkeiten. Wir erhalten folgende Gleichungen:

$$A_\sigma(1/2 \leftarrow 3/2) = A_\sigma(-1/2 \leftarrow 1/2) + A_\pi(1/2 \leftarrow 1/2)\ ,$$
$$2\,I_\perp(1/2 \leftarrow 3/2) = I_{\sigma+}(1/2 \leftarrow 3/2) = K\,A_\sigma(1/2 \leftarrow 3/2)\ ,$$
$$2\,I_\perp(-1/2 \leftarrow 1/2) = I_{\sigma+}(-1/2 \leftarrow 1/2) = K\,A_\sigma(-1/2 \leftarrow 1/2)\ ,$$
$$I_{/\!/}(1/2 \leftarrow 1/2) = K\,A_\pi(1/2 \leftarrow 1/2)\ .$$

Hieraus folgt:

$$2\,I_\perp(1/2 \leftarrow 3/2) = 2\,I_\perp(-1/2 \leftarrow 1/2) + I_{/\!/}(1/2 \leftarrow 1/2)\ .$$

Weil alle Linienkomponenten zusammen unpolarisierte Strahlung ergeben müssen, ist

$$I_\perp(1/2 \leftarrow 3/2) + I_\perp(-1/2 \leftarrow 1/2) = I_{/\!/}(1/2 \leftarrow 1/2)\ .$$

Aus den beiden letzten Gleichungen folgt:

$$I_\perp(1/2 \leftarrow 3/2) = 3\,I_\perp(-1/2 \leftarrow 1/2)\ ,$$
$$I_{/\!/}(1/2 \leftarrow 1/2) = 4\,I_\perp(-1/2 \leftarrow 1/2)\ .$$

Die übrigen relativen Intensitäten und die Übergangswahrscheinlichkeiten lassen sich durch Einsetzen dieser Ergebnisse in die vier ersten Gleichungen ermitteln.

7.4 Der Paschen–Back-Effekt

Wenn bei einer großen magnetischen Flußdichte $\boldsymbol{B}$ $\boldsymbol{J}$ viel schneller um die Feldrichtung präzessieren würde als $\boldsymbol{L}$ und $\boldsymbol{S}$ um $\boldsymbol{J}$ (Abb. II,35b), so würde sich offensichtlich nicht mehr die zu $\boldsymbol{J}$ senkrechte Komponente des magnetischen Moments $\vec{\mu}$ im Mittel aufheben. Im starken Magnetfeld sind $\boldsymbol{L}$ und $\boldsymbol{S}$ entkoppelt und präzessieren getrennt um $\boldsymbol{B}$ (Abb. II,35c). Es liegt der sogenannte Paschen–Back-Effekt vor. Die Bedingung dafür ist, daß die Aufspaltung der Niveaus im Magnetfeld groß gegenüber der Multiplettaufspaltung ist.

Für die z-Komponenten der Drehimpulse $\boldsymbol{L}$ und $\boldsymbol{S}$ und der dazu gehörenden magnetischen Momente gelten die Gleichungen:

$$L_z = M_L\,\hbar\ , \qquad \mu_{Lz} = -M_L\,\mu_B\ , \qquad \text{(II,100a,b)}$$
$$S_z = M_S\,\hbar\ , \qquad \mu_{Sz} = -2\,M_S\,\mu_B\ . \qquad \text{(II,100c,d)}$$

Dabei ist g_S gleich 2 gesetzt worden. Die magnetischen Quantenzahlen können die Werte annehmen:

$$M_L = L, L-1, \ldots, -L \quad \text{und} \quad M_S = S, S-1, \ldots, -S\,.$$

Die Summe der z-Komponenten der Drehimpulse ist

$$L_z + S_z = (M_L + M_S)\,\hbar \tag{II,100e}$$

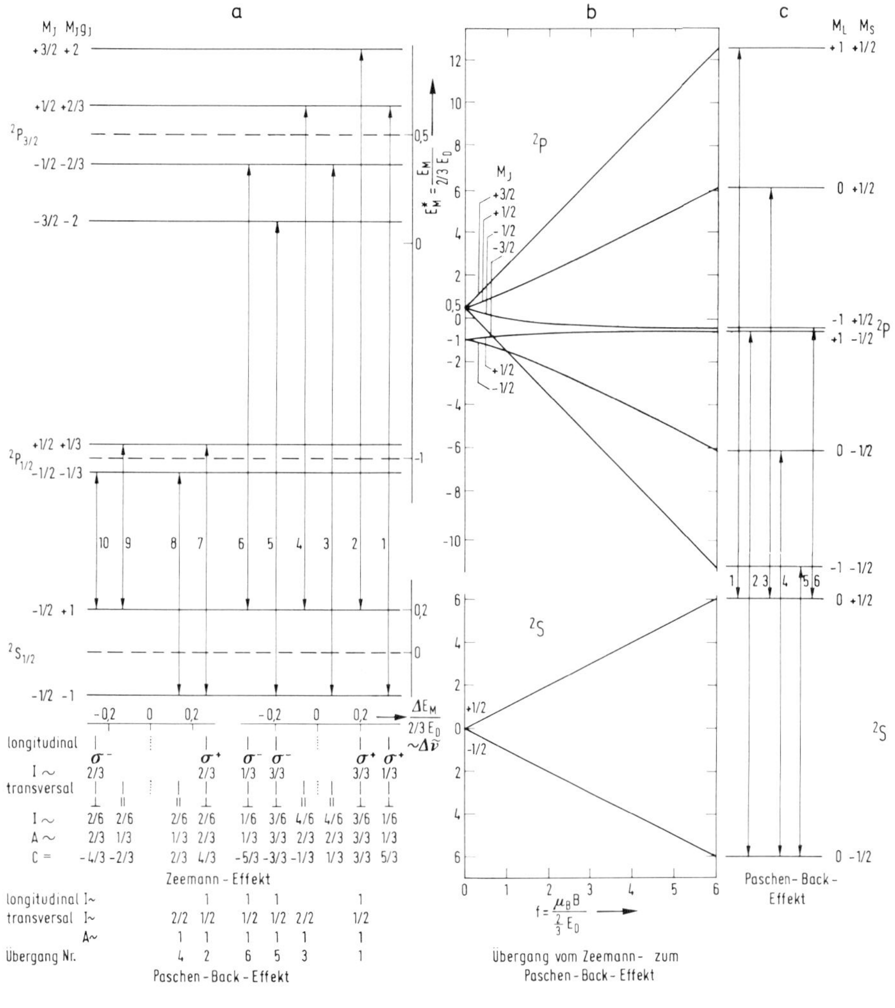

Abb. II,39.

a. Aufspaltung der Energieniveaus $^2P_{3/2}$, $^2P_{1/2}$ und $^2S_{1/2}$ und der dazu gehörenden Spektrallinien beim Zeeman-Effekt
b. Abhängigkeit der Energiedifferenzen zwischen den Subniveaus und den unaufgespaltenen Niveaus von der magnetischen Flußdichte B
c. Aufspaltung der Energieniveaus beim Paschen – Back-Effekt

und die Summe der z-Komponenten der dazu gehörenden magnetischen Momente

$$\mu_{Lz} + \mu_{Sz} = -(M_L + 2M_S)\,\mu_B\,. \tag{II,100f}$$

Mit Gl. II,52 ergibt sich dann die zusätzliche Energie

$$E_{M_L,\,M_S} = (M_L + 2M_S)\,\mu_B\,B\,. \tag{II,101}$$

Die Auswahlregeln, die für den Paschen–Back-Effekt neu hinzukommen, sind

$$\Delta M_S = 0\,,$$

$$\Delta M_L = \begin{cases} 0\ (\pi\text{-Strahlung}) \\ \pm 1\ (\sigma\text{-Strahlung}) \end{cases}$$

In Abb. II,39c ist die Paschen–Back-Effekt-Aufspaltung der Terme ^{2}P und ^{2}S dargestellt. Die getrennt gezeichneten Subniveaus mit $M_L = -1, M_S = +1/2$ und $M_L = +1, M_S = -1/2$ fallen beim idealen Paschen–Back-Effekt zusammen; denn nach Gl. II,101 ist $E_{M_L,\,M_S}$ in beiden Fällen gleich Null.

Zur Abkürzung wollen wir $E_B(M_L, M_S)$ für $E_{M_L,\,M_S}/\mu_B\,B$ schreiben. Dann erhalten wir für den oberen Term

$$\begin{aligned} E'_B(1, 1/2) &= 2, & E'_B(1, -1/2) &= 0, \\ E'_B(0, 1/2) &= 1, & E'_B(0, -1/2) &= -1, \\ E'_B(-1, 1/2) &= 0, & E'_B(-1, -1/2) &= -2, \quad \text{und} \\ E''_B(0, 1/2) &= 1, & E''_B(0, -1/2) &= -1 \end{aligned}$$

für den unteren Term. Wegen der Auswahlregeln $\Delta M_L = 0, \pm 1$ und $\Delta M_S = 0$ gibt es nur 6 Linienkomponenten. Von ihnen fallen immer zwei zusammen, da für diese die Werte für $E'_B - E''_B$ gleich sind. Deshalb tritt wie beim normalen Zeeman-Effekt ein Triplett auf, bei dem die Differenz der Frequenzen zweier benachbarter Komponenten gleich $\mu_B\,B/h = \nu_L$ ist (s. Gl. II,98).

Beim Lithium beträgt die Energiedifferenz E_D zwischen den beiden 2 ^{2}P-Niveaus $4{,}2 \cdot 10^{-5}$ eV und beim Natrium E_D zwischen den beiden 3 ^{2}P-Niveaus $2{,}13 \cdot 10^{-3}$ eV. Damit die Aufspaltung der Niveaus im Magnetfeld von der gleichen Größe wie die Multiplettaufspaltung ist, muß die magnetische Flußdichte $B \approx E_D/5{,}8 \cdot 10^{-5}$ T sein. Für Lithium erhalten wir $B \approx 0{,}7$ T und für Natrium $B \approx 40$ T. Für die Untersuchung des Paschen–Back-Effekts sind also die Li-Resonanzlinien geeignet, aber nicht mehr die Na-Resonanzlinien.

7.5 Der Übergang vom Zeeman- zum Paschen–Back-Effekt

Beim Übergang vom Zeeman-Effekt mit den Quantenzahlen n, L, S, J, M_J zum Paschen–Back-Effekt mit den Quantenzahlen n, L, S, M_L, M_S bleibt die magnetische Quantenzahl $M = M_J = M_L + M_S$ konstant. Dem entspricht die Erhaltung der z-Komponente des Gesamtdrehimpulses. E_D sei die Energiedifferenz zwischen den beiden ^{2}P-Niveaus. Zur Verallgemeinerung und Vereinfachung der Schreibweise führen wir noch folgende Größen ein:

$$f = \frac{\mu_B B}{\frac{2}{3} E_D} \quad \text{und} \quad E_M^* = \frac{E_M}{\frac{2}{3} E_D} .$$

E_M und dementsprechend auch E_M^* sind auf den Termschwerpunkt bezogen. Mit Hilfe der in Tabelle II,13 zusammengestellten Gleichungen können wir die Aufspaltung des ^{2}P- und des ^{2}S-Terms auch im Übergangsgebiet zwischen dem Zeeman- und dem Paschen–Back-Effekt berechnen. Die Ergebnisse sind in Abb. II,39b dargestellt. Es ist deutlich erkennbar, welches Zeeman- und welches Paschen–Back-Subniveau zusammengehören. Die Niveauaufspaltung ist ein Beispiel für die Regel, daß sich Subniveaus, die die gleiche magnetische Quantenzahl M haben und zum gleichen Term gehören, nicht überschneiden. Die Paschen–Back-Effekt-Aufspaltung in Abb. II,39c gilt für $f = 6$. Damit die Größe der Zeeman-Effekt-Aufspaltung mit der der Paschen–Back-Effekt-Aufspaltung verglichen werden kann, ist in Abb. II,39a rechts neben dem Subniveauschema und über dem Schema der Linienkomponenten ein E_M^*-Maßstab angebracht worden; dieser Maßstab gilt für $f = 0{,}2$.

Tab. II,13. Gleichungen für die Berechnung der Aufspaltung des ^{2}P- und des ^{2}S-Terms im Magnetfeld

Term		Zeeman-Effekt		Paschen–Back Effekt		
	M	J	M_J	M_L	M_S	E_M^*
^{2}P	+ 3/2	3/2	+ 3/2	+ 1	+ 1/2	$0{,}5 + 2f$
	+ 1/2	3/2	+ 1/2	0	+ 1/2	$0{,}5\,(f - 0{,}5 + \sqrt{f^2 + f + 2{,}25})$
	- 1/2	3/2	- 1/2	- 1	+ 1/2	$0{,}5\,(-f - 0{,}5 + \sqrt{f^2 - f + 2{,}25})$
	- 3/2	3/2	- 3/2	- 1	- 1/2	$0{,}5 - 2f$
	+ 1/2	1/2	+ 1/2	+ 1	- 1/2	$0{,}5\,(f - 0{,}5 - \sqrt{f^2 + f + 2{,}25})$
	- 1/2	1/2	- 1/2	0	- 1/2	$0{,}5\,(-f - 0{,}5 - \sqrt{f^2 - f + 2{,}25})$
^{2}S	+ 1/2	1/2	+ 1/2	0	+ 1/2	f
	- 1/2	1/2	- 1/2	0	- 1/2	$-f$

Abb. II,40 zeigt die Aufspaltung der beiden Linien, die zu den Übergängen $^2S_{1/2} \leftarrow {}^2P_{3/2}$ und $^2S_{1/2} \leftarrow {}^2P_{1/2}$ gehören, in Abhängigkeit von der Größe f. Damit die Zuordnung der 6 Paschen–Back-Komponenten zu den Zeeman-Komponenten deutlich zu erkennen ist, sind in Abb. II,39 die Übergänge im Zeeman- und im Paschen–Back-Schema durchnumeriert und in Abb. II,40 noch mit den Kennbuchstaben Z und PB versehen. Es sind 10 Zeeman-Komponenten vorhanden. Mit wachsender magnetischer Flußdichte nehmen die Intensitäten der Komponenten Z1, Z3, Z9 und Z10 auf Null ab. In Abb. II,39a sind unter den Zeeman-Komponenten noch einmal die entsprechenden Paschen–Back-Komponenten angegeben.

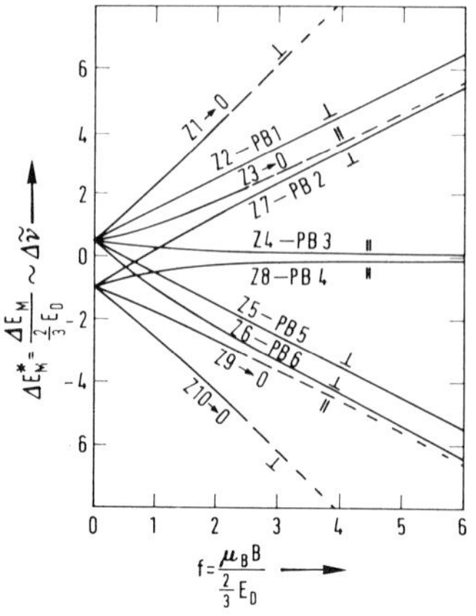

Abb. II,40. Aufspaltung der zu den Übergängen $^2S_{1/2} \leftarrow {}^2P_{3/2}$ und $^2S_{1/2} \leftarrow {}^2P_{1/2}$ gehörenden Linien in Abhängigkeit von der magnetischen Flußdichte B

Bei sehr großer magnetischer Flußdichte B werden die Bahndrehimpulse und die Spins der einzelnen Elektronen entkoppelt und präzessieren getrennt um die Feldrichtung. In Abb. II,41 sind für zwei Elektronen die verschiedenen Kopplungsarten bei Magnet-

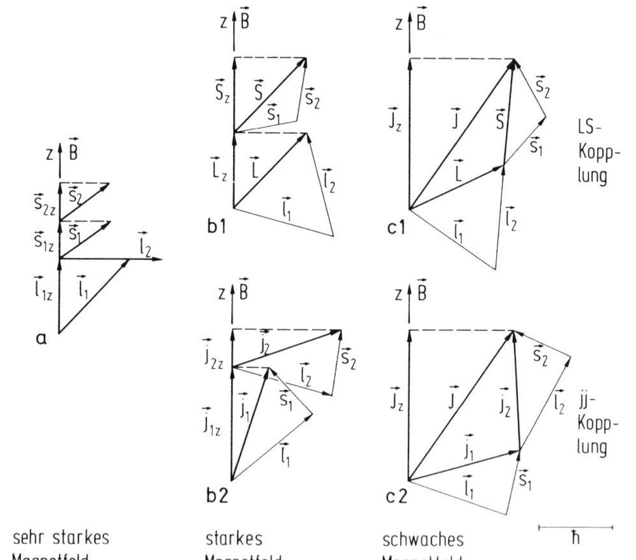

Abb. II,41. Der Einfluß der Stärke des Magnetfeldes auf die Art der Kopplung der Drehimpulse
a. $l_1 = 1$, $m_{l1} = 1$, $s = 1/2$, $m_{s1} = 1/2$, $l_2 = 1$, $m_{l2} = 0$, $s_2 = 1/2$, $m_{s2} = 1/2$
b1. $L = 1$, $M_L = 1$, $S = 1$, $M_S = 1$
c1. $L = 1$, $S = 1$, $J = 2$, $M_J = 2$
b2. $j_1 = 3/2$, $m_{j1} = 3/2$, $j_2 = 3/2$, $m_{j2} = 1/2$
c2. $j_1 = 3/2$, $j_2 = 3/2$, $J = 2$, $M_J = 2$

feldern unterschiedlicher Stärke dargestellt. Dabei ist auch die jj-Kopplung miterfaßt worden. Bei der Änderung der Kopplung bleibt die Summe der z-Komponenten der Drehimpulse und damit die magnetische Quantenzahl M erhalten, wobei für zwei Elektronen

$$M = m_{11} + m_{12} + m_{s1} + m_{s2} = \begin{cases} M_L + M_S = M_J \\ m_{j1} + m_{j2} = M_J \end{cases}$$

ist.

Wenn das Atom einen Kernspin $\boldsymbol{I}$ (Quantenzahl: I) hat, so setzt sich dieser mit dem Gesamtdrehimpuls $\boldsymbol{J}$ der Elektronen zum resultierenden Drehimpuls $\boldsymbol{F}$ zusammen:

$$\boldsymbol{F} = \boldsymbol{J} + \boldsymbol{I} . \tag{II,102a}$$

Die Energieniveaus werden aufgespalten, und die Spektrallinien haben eine Hyperfeinstruktur. Für die Hyperfeinstrukturquantenzahl F gilt:

$$F = J + I, \quad J + I - 1, \ldots, |J - I| .$$

Der Betrag von F ist

$$|\boldsymbol{F}| = \sqrt{F(F+1)}\ \hbar \tag{II,102b}$$

und die z-Komponente

$$F_z = M_F\ \hbar , \tag{II,102c}$$

wobei M_F die Werte $F, F-1, \ldots, -F$ annehmen kann.

Im Magnetfeld findet eine Zeeman-Effekt-Aufspaltung der Hyperfeinstrukturniveaus und dementsprechend der Hyperfeinstrukturlinienkomponenten statt. Weil die Energiedifferenz zwischen den Hyperfeinstrukturniveaus sehr klein ist, geht der Zeeman-Effekt bereits bei verhältnismäßig geringen magnetischen Flußdichten in den Paschen–Back-Effekt über. Bei Natrium sind der Gesamtelektronendrehimpuls $\boldsymbol{J}$ und der Kernspin $\boldsymbol{I}$ schon bei 0,02 T fast vollständig entkoppelt. Die Aufspaltung beim Paschen–Back-Effekt der Hyperfeinstruktur entspricht der Zeeman-Effekt-Aufspaltung der Feinstruktur.

7.6 Der Lamb-Shift

Zahlreiche spektroskopische Messungen ergaben einen kleineren Abstand zwischen den beiden Hauptkomponenten der H_α-Linie des Wasserstoffs, als es nach der Diracschen Theorie zu erwarten war. S. Pasternack nahm zur Erklärung des Meßergebnisses an, daß das $2\,^2S_{1/2}$-Niveau im Widerspruch zur Diracschen Theorie nicht mit dem $2\,^2P_{1/2}$-Niveau zusammenfällt, sondern etwa 0,03 cm^{-1} über ihm liegt. W. E. Lamb und R. C. Retherford bestätigten 1947 diese Niveauverschiebung mit Hilfe der Hochfrequenzspektroskopie.

Der sogenannte Lamb-Shift beruht vorwiegend auf der Wechselwirkung des Elektrons mit seinem virtuellen Strahlungsfeld. Diese Wechselwirkung ist in der Diracschen Theorie nicht enthalten. Das Elektron emittiert ein Photon und absorbiert wieder dasselbe Photon. Dieses tritt also nach außen gar nicht in Erscheinung. Solche Emissions- und Reabsorptionsprozesse sind möglich; wir sprechen von virtuellen Prozessen, virtuellen Photonen und einem virtuellen Strahlungsfeld. Es läßt sich ausrechnen, welchen Einfluß die Prozesse auf die Energie des Atoms und auf das magnetische Moment des Elektrons (Abschn. 3.2) haben. Der Vergleich der theoretischen und experimentellen Ergebnisse bestätigt die Notwendigkeit ihrer Berücksichtigung. Bei den virtuellen Prozessen ergeben sich Änderungen des Impulses des Elektrons, die zur Folge haben, daß es eine Zitterbewegung ausführt.

Um uns die Abhängigkeit des Lamb-Shifts von den Quantenzahlen n und L klarzumachen, wollen wir jetzt von dieser Zitterbewegung ausgehen. Sie wirkt sich so aus, als sei das sonst als Punkt angesehene Elektron eine Kugel mit $r_{Ku.} \approx 1 \cdot 10^{-13}$ m. Das hat eine Betragsverringerung seiner potentiellen Energie für $r < r_{Ku.}$ zur Folge. Dementsprechend wird das Energieniveau angehoben. Weil gerade beim s-Elektron die Aufenthaltswahrscheinlichkeit in Kernnähe besonders groß und wesentlich höher als in den Fällen mit $l > 0$ ist, tritt bei den S-Niveaus eine meßbare Niveauverschiebung auf, während sei bei den Niveaus mit $L > 0$ nur sehr klein sein kann. Der Lamb-Shift nimmt mit wachsender Hauptquantenzahl stark ab, da die Wahrscheinlichkeitsdichte in Kernnähe für die s-Elektronen mit zunehmendem n absinkt.

In Abb. II,42 ist die relative Lage der Energieniveaus dargestellt, die nach der Bohrschen, Sommerfeldschen und Diracschen Theorie zu den Hauptquantenzahlen 1, 2 und 3 gehören; die Größe des Lamb-Shift ist angegeben. Außerdem sind die Übergänge, bei denen die Komponenten der H_α-Linie emittiert werden, eingezeichnet und numeriert. Die Nummern sind in Abb. II,43 wiederzufinden, die die Abstände der Komponenten und ihre relativen Intensitäten zeigt. Bald nach dem hochfrequenzspektroskopischen Nachweis der Verschiebung des $2\,^2S_{1/2}$-Niveaus haben H. G. Kuhn und G. W. Series mit einer Anordnung der optischen Spektroskopie, die ein besonders hohes Auflösungsvermögen hatte, die H_α-Linie untersucht, und zwar mit einem Doppel-Fabry–Perot-Interferometer, und die Energiedifferenz zwischen dem $2\,^2S_{1/2}$- und $2\,^2P_{1/2}$-Niveau gemessen. G. Herzberg ist es gelungen, den Lamb-Shift für das $1\,^2S_{1/2}$-Niveau des Deuteriums zu bestimmen. Dabei betrug die relative Meßgenauigkeit der Wellenlänge der im Ultravioletten liegenden ersten Linie der Lyman-Serie 0,001 ‰.

Die Apparatur, die Lamb und Mitarbeiter benutzt und immer wieder verbessert haben, ist in Abb. II,44 dargestellt. Ein Zylinder aus Wolframblech ist mit einem mit Wasserstoff gefüllten Vorratsgefäß verbunden. Durch den Zylinder fließt ein Strom und erwärmt ihn. Bei 2500 K und 100 N m^{-2} beträgt der Dissiziationsgrad des Wasserstoffs 64%. Atome des Strahls, der vom Ofen ausgeht, werden durch Beschluß mit Elektronen auf Energieniveaus mit $n = 2$ ($E_a = 10{,}2$ eV) gebracht. Die Atome auf den beiden $2\,^2P$-Niveaus haben eine mittlere Lebensdauer $\tau = 1{,}2 \cdot 10^{-8}$ s, da optisch erlaubte Übergänge auf das Grundniveau führen. Vom $2\,^2S_{1/2}$-Niveau ist nur ein Übergang auf das $2\,^2P_{1/2}$-Niveau möglich. Die Übergangswahrscheinlichkeit ist aber wegen der geringen Energiedifferenz zwischen den Niveaus so klein (s. Gln. II,77a,b u. II,74), daß das $2\,^2S_{1/2}$-Niveau als metastabil angesehen werden muß. Die metastabilen Atome, die auf das Wolframblech prallen, bewirken den Austritt von Elektronen. Der Elektronenstrom, dessen Stärke der Zahl der pro

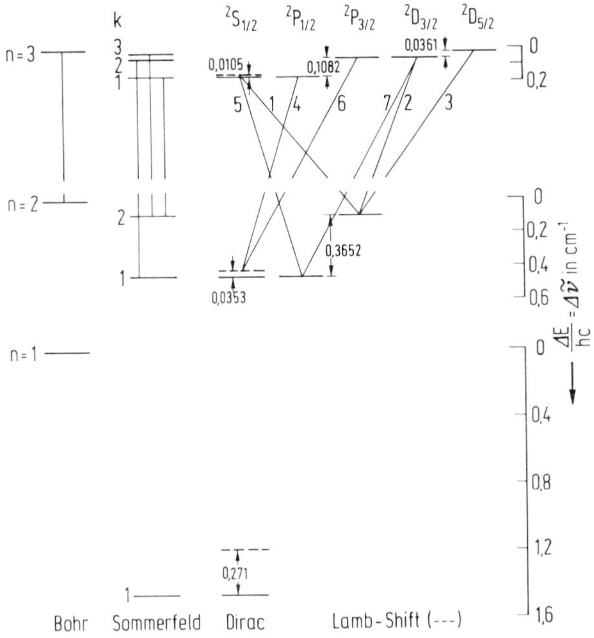

Abb. II,42.

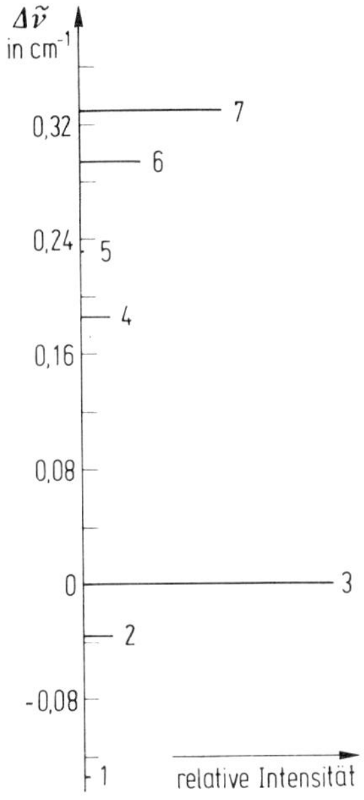

Abb. II,43.

Abb. II,42. Energieniveaus des H-Atoms nach der Bohrschen, Sommerfeldschen und Diracschen Theorie und Lamb-Shift. Eingezeichnet sind die Komponenten der H_α-Linie. Die Maßeinheit der angegebenen Werte ist cm^{-1}. Die Abstände zwischen den Energieniveaus mit unterschiedlichen Hauptquantenzahlen sind nicht maßstabsgerecht.

Abb. II,43. Komponenten der H_α-Linie (6 und 7 bilden zusammen eine Hauptkomponente.)

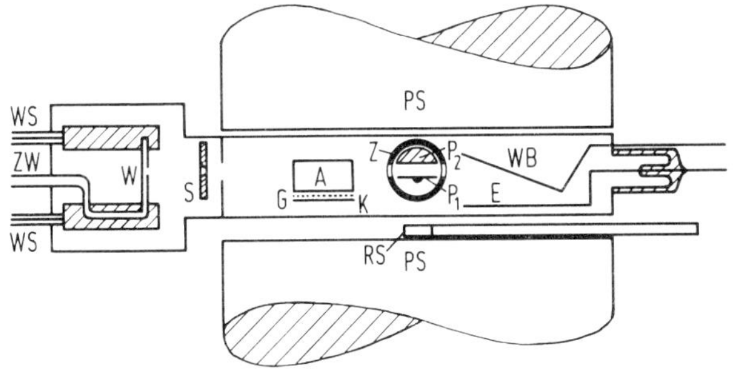

Abb. II,44. Schema der Apparatur zur Messung des Lamb-Shift
WS Wasserkühlung und Stromzuführung, ZW Zuleitung für Wasserstoff, W Zylinder aus Wolframblech mit Spalt, S justierbarer Spalt, K Kathode, G Gitter, A U-förmige Anode, PS Polschuhe des Elektromagneten, RS rotierende Spule zur Messung der magnetischen Flußdichte, WB Wolframblech, E Auffangelektrode für die Elektronen, Hochfrequenzfeld zwischen der Platte P_1 und dem Zylindersegment P_2, das durch eine dünne isolierende Teflonschicht vom Hohlzylinder Z getrennt ist. Für die Hochfrequenz hat der Kondensator P_2-Schicht-Z einen hinreichend kleinen Widerstand. Zur Erzeugung eines zusätzlichen elektrostatischen Feldes kann noch eine Gleichspannung zwischen P_1 und P_2 angelegt werden.

Zeiteinheit ankommenden metastabilen Atome proportional ist, wird mit Hilfe einer Elektrometerröhre und eines Verstärkers gemessen.

Geht der Atomstrahl durch ein Hochfrequenzfeld, dessen Frequenz variiert wird, so können bei zwei bestimmten Frequenzen Übergänge auf die beiden $2\,^2$P-Niveaus erzwungen werden. Diese Übergänge sind nach den Auswahlregeln für elektrische Dipolstrahlung erlaubt. Entsprechend der relativen Lage der Energieniveaus handelt es sich bei dem Übergang $2\,^2S_{1/2} \rightarrow 2\,^2P_{3/2}$ um eine Absorption und bei dem Übergang $2\,^2P_{1/2} \leftarrow 2\,^2S_{1/2}$ um eine erzwungene Emission. Die metastabilen Atome, die auf das Wolframblech fallen, nehmen bei den kritischen Frequenzen stark ab, und dementsprechend sinkt der gemessene Elektronenstrom. Aus den gemessenen Frequenzen lassen sich die Energiedifferenzen zwischen den Niveaus berechnen.

Von dieser prinzipiellen Versuchsanordnung weicht die verwendete dadurch ab, daß der Atomstrahl durch ein Magnetfeld geht. Durch dieses Feld werden geladene Teilchen vom Detektor ferngehalten und eine Zeeman-Effekt-Aufspaltung der Niveaus bewirkt, die in Abb. II,45 dargestellt ist[1]. Jetzt sind nicht mehr die Energiedifferenzen zwischen den Niveaus, sondern zwischen ihren Zeeman-Subniveaus für die kritischen Frequenzen des Hochfrequenzfeldes maßgeblich. Für Präzisionsmessungen ist es aus technischen Gründen günstiger, die Frequenz des Hochfrequenzgenerators während einer Meßreihe konstant zu halten. Dann muß die magnetische Flußdichte B innerhalb enger Grenzen um die Werte herum variiert werden, die zu den kritischen Frequenzen gehören; es ergeben sich typische Resonanzkurven.

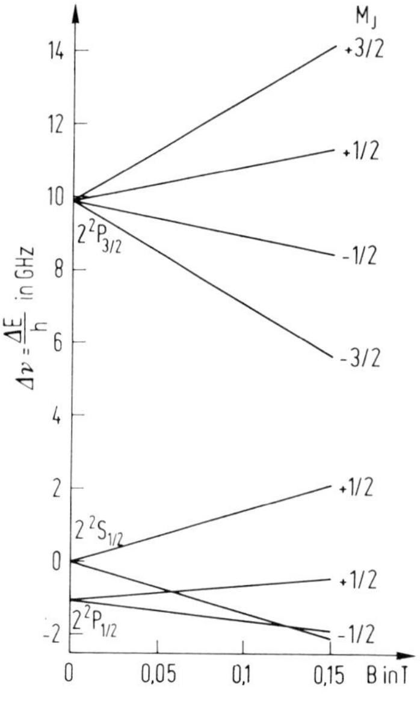

Abb. II,45. Aufspaltung der Energieniveaus $2\,^2P_{3/2}$, $2\,^2P_{1/2}$ und $2\,^2S_{1/2}$ des Wasserstoffatoms im Magnetfeld

7.7 Der Para- und der Diamagnetismus der Atome

Im Vakuum hängen die magnetische Flußdichte $\boldsymbol{B}$ und die magnetische Feldstärke $\boldsymbol{H}$ folgendermaßen miteinander zusammen:

$$\boldsymbol{B} = \mu_0\, \boldsymbol{H}\,. \tag{II,103a}$$

[1] Das Subniveau $2\,^2S_{1/2}\ M_J = -1/2$ fällt mit dem Subniveau $2\,^2P_{1/2}\ M_J = +1/2$ etwa bei 0,0575 T und mit dem Subniveau $2\,^2P_{1/2}\ M_J = -1/2$ etwa bei 0,119 T zusammen. Ein schwaches elektrisches Feld bewirkt, daß bei $B \approx 0{,}119$ T die mittlere Lebensdauer der Atome auf dem Subniveau $2\,^2S_{1/2}\ M_J = -1/2$ von der Größenordnung 10^{-8} s ist, während die mittlere Lebensdauer der Atome auf dem Subniveau $2\,^2S_{1/2}\ M_J = +1/2$ etwa 10^{-4} s beträgt und deshalb lang genug ist, damit die Atome im angeregten Zustand bis zum Detektor gelangen können.

Dabei ist der Proportionalitätsfaktor die magnetische Feldkonstante oder Induktionskonstante μ_0. In Materie gilt:

$$B = \mu_0(H + M) = \mu_0(1 + \chi_m) H . \qquad (II,103b)$$

Durch diese Gleichung sind die Magnetisierung M und die magnetische Suszeptibilität χ_m definiert:

$$\chi_m = \frac{M}{H} . \qquad (II,104)$$

Wenn $\chi_m > 0$ ist, liegt der Paramagnetismus und, wenn $\chi_m < 0$ ist, ein reiner Diamagnetismus vor.

Die Magnetisierung ist gleich dem Produkt aus der Anzahl N der Atome pro Volumeneinheit und dem mittleren magnetischen Moment $\bar{\mu}$ eines Atoms:

$$M = N \bar{\mu} . \qquad (II,105)$$

Wir werden jetzt das mittlere magnetische Moment und die magnetische Suszeptibilität im Fall des Paramagnetismus und anschließend im Fall des Diamagnetismus berechnen.

Damit der Paramagnetismus auftreten kann, müssen die unangeregten Atome ein magnetisches Moment haben. Die Gesamtdrehimpulsquantenzahl J muß dementsprechend für das Grundniveau ungleich 0 sein. Das magnetische Feld sei noch so schwach, daß eine Zeeman-Effekt-Aufspaltung vorliegt. Dann ist die zusätzliche Energie im Magnetfeld nach den Gln. II,96a u. 103a

$$E_{M_J} = g_J M_J \mu_B \mu_0 H . \qquad (II,96c)$$

Bei der Berechnung des mittleren magnetischen Moments müssen wir berücksichtigen, daß die einzelnen Zeeman-Subniveaus entsprechend der Boltzmann-Verteilung besetzt sind. Zur Abkürzung schreiben wir

$$q = \frac{g_J \mu_B \mu_0 H}{k T}$$

und verwenden Gl. II,95d. Dann ist das mittlere magnetische Moment

$$\bar{\mu} = \frac{-g_J \mu_B \sum_{M_J=-J}^{+J} M_J e^{-q M_J}}{\sum_{M_J=-J}^{+J} e^{-q M_J}} . \qquad (II,106a)$$

Wir setzen voraus, daß $E_{M_J} \ll k T$ ist. Das trifft für schwache Felder und nicht zu tiefe Temperaturen zu. Dann ist $q M_J \ll 1$ und $e^{-q M_J} \approx 1 - q M_J$. Für die Summe im Zähler der Gl. II,106a ergibt sich $-q \cdot \sum_{M_J=-J}^{+J} M_J^2 = -J(2J + 1)(J + 1) q/3$. Die

Summe im Nenner ist gleich $2J + 1$, da hier $q\,M_J$ gegenüber 1 vernachlässigt werden kann. Mit diesen Zwischenergebnissen erhalten wir

$$\bar{\mu} = \frac{g_J^2\,\mu_B^2\,\mu_0\,H}{3\,k\,T}\,J(J+1)\,. \qquad \text{(II,106b)}$$

Das mittlere magnetische Moment hat die gleiche Richtung wie das Magnetfeld. Setzen wir Gl. II,106b in Gl. II,105 und diese Gleichung darauf in Gl. II,104 ein, so ergibt sich für die paramagnetische Suszeptibilität

$$\chi_m = \frac{N\,\bar{\mu}}{H} = \frac{g_J^2\,\mu_B^2\,\mu_0\,N}{3\,k\,T}\,J(J+1)\,. \qquad \text{(II,107)}$$

Wie aus der Gleichung hervorgeht, ist die paramagnetische Suszeptibilität der absoluten Temperatur T umgekehrt proportional. Das ist die Aussage des Curieschen Gesetzes.

Wir wollen erörtern, wie das mittlere magnetische Moment in Feldrichtung zustande kommt. Beim Stern–Gerlach-Versuch, der in Abschn. 3.2 behandelt worden ist, fliegen die Silberatome durch das inhomogene Magnetfeld, ohne mit anderen Atomen oder noch vorhandenen Luftmolekülen zusammenzustoßen. Es treten mit gleicher Wahrscheinlichkeit die beiden Einstellungen gegenüber der Magnetfeldrichtung auf, die $M_J = \pm\,1/2$ entsprechen. Sonst würde keine Aufspaltung in zwei Strahlen mit gleichem Teilchenfluß stattfinden. Also kann die ungleiche Verteilung der Atome auf die Zeeman-Subniveaus, die für das Auftreten eines resultierenden magnetischen Moments erforderlich ist, nur durch Stöße zwischen den Atomen bewirkt werden. Der Einfachheit halber wollen wir bei den Atomen mit einem $^2S_{1/2}$-Grundniveau bleiben. Zu $M_J = +\,1/2$ gehört nach Gl. II,95d die negative z-Komponente des magnetischen Moments $\vec{\mu}_J \cdot \vec{\mu}_J$ umfährt die Magnetfeldrichtung auf einem Präzessionskegel mit einem bestimmten halben Öffnungswinkel $\vartheta_ö > \pi/2$. Die potentielle Energie von $\vec{\mu}_J$ im Magnetfeld oder die zusätzliche magnetische Energie ist nach Gl. II,96a positiv. Um diese Energie wird der Betrag der negativen Gesamtenergie des Atoms vermindert. Das Zeeman-Subniveau liegt über dem unaufgespaltenen Energieniveau. Zu $M_J = -\,1/2$ gehört eine positive z-Komponente des magnetischen Moments, also eine Orientierung in Feldrichtung. Die zusätzliche magnetische Energie ist negativ. Um ihren Betrag wird der Betrag der Gesamtenergie erhöht. Das Zeeman-Subniveau liegt unter dem unaufgespaltenen Energieniveau. Die Atome würden, wenn sie könnten, in diesen Zustand übergehen und dadurch eine maximale Magnetisierung erzeugen. Nach den Auswahlregeln für elektrische Dipolstrahlung sind aber solche Übergänge verboten.

Durch Stöße werden die Atome von einem auf das andere Zeeman-Subniveau übergeführt. Wie aus Gl. II,125 hervorgeht, hängt die Stoßzahl des einzelnen Atoms von seiner Geschwindigkeit ab, die mit der Temperatur anwächst, und vom Stoßquerschnitt, der eine Funktion der Relativgeschwindigkeit der Stoßpartner ist. Außerdem muß bei einer Stoßüberführung vom Subniveau mit $M_J = -\,1/2$ auf das mit $M_J = +\,1/2$ die Energie der Relativbewegung der Stoßpartner wenigstens so groß sein wie die Energiedifferenz zwischen den beiden Subniveaus, damit kinetische Energie in die fehlende Anregungsenergie umgewandelt werden kann. Da vorausgesetzt worden ist, daß $E_{M_J} \ll k\,T$ sein soll, sind die Stöße, bei denen die kinetische Energie nicht ausreicht, seltener, und ihre Zahl nimmt mit wachsender Temperatur noch ab. Der Querschnitt für die Stöße $M_J = -\,1/2 \to M_J = +\,1/2$ ist kleiner als der Querschnitt für die Stöße in umgekehrter Richtung. Infolge der Stoßprozesse resultiert eine Verteilung der Atome auf die beiden Subniveaus, bei der das untere Subniveau ein wenig stärker besetzt ist. Mit zunehmender Temperatur vermindert sich dieser Unterschied noch; dadurch nehmen das mittlere magnetische Moment und die Magnetisierung ab. Für die Stoßzahlen gilt:

$$\frac{\bar{S}(M_J = -\,1/2 \to M_J = +\,1/2)}{\bar{S}(M_J = +\,1/2 \to M_J = -\,1/2)} = e^{-\frac{|\Delta E|}{k\,T}} = e^{-\frac{2\,\mu_B\,\mu_0\,H}{k\,T}}$$

(vgl. Gl. II,141). Die Überlegungen lassen sich leicht auf eine größere Zahl von Zeeman-Subniveaus ausdehnen.

Für die diamagnetische Suszeptibilität läßt sich aufgrund der klassischen Theorie eine Gleichung ableiten. Wir nehmen an, daß sich das Elektron auf einer Kreisbahn mit dem Radius r bewegt. Dann gibt es die zwei Grenzfälle, in denen der Bahndrehimpuls $\boldsymbol{L}$ parallel und antiparallel zur magnetischen Feldstärke $\boldsymbol{H}$ ausgerichtet ist. Diese beiden Fälle sind bei der Behandlung des normalen Zeeman-Effekts erörtert worden. Wir müssen hier von dem allgemeinen Fall ausgehen, daß $\boldsymbol{L}$ mit der zu $\boldsymbol{H}$ parallelen z-Achse einen Winkel ϑ bildet (Abb. II,46). $\boldsymbol{L}$ präzessiert mit der Winkelgeschwindigkeit $\omega_L = 2\,\pi\,\nu_L$ um die z-Achse, wobei ν_L die Larmor-Frequenz ist (Gl. II,45b). Nach dem Larmorschen Satz ist die Bewegung in dem mit ω_L rotierenden Koordinatensystem dieselbe wie im ruhenden ohne Magnetfeld. Für das magnetische Moment, das wir berechnen wollen, ist nur die Larmor-Bewegung maßgeblich. Im rotierenden Koordinatensystem ändert die Kreisbahn, die zum Winkel ϑ gehört, ihre Lage nicht. Wir unterteilen den Kreisumfang in Bogenelemente $r\,\mathrm{d}\alpha$. Wenn wir uns vorstellen, daß die Ladung des Elektrons über die ganze Peripherie gleichmäßig verteilt ist, gehört zum Bogenelement $r\,\mathrm{d}\alpha$ die Ladungsmenge $\mathrm{d}Q = -\,e\,r\,\mathrm{d}\alpha/\,2\,\pi\,r$. Sie rotiert um die z-Achse; die Stärke des Kreisstroms ist

$$\mathrm{d}I = \frac{1}{T}\,\mathrm{d}Q = \nu_L\,\mathrm{d}Q = -\frac{e\,\mu_0\,H}{4\,\pi\,m_e}\cdot\frac{e\,\mathrm{d}\alpha}{2\,\pi}$$

und das dadurch erzeugte magnetische Moment

$$\mathrm{d}\mu = \pi\,\rho^2\,\mathrm{d}I\,.$$

Dabei ist ρ der Abstand des Bogenelements von der Drehachse.

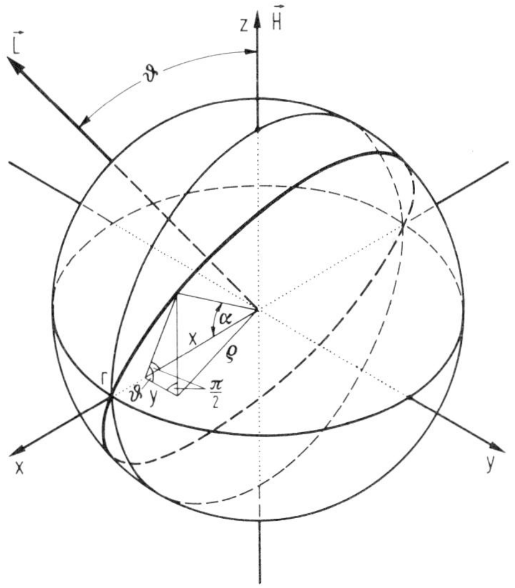

Abb. II,46. Zur Theorie des Diamagnetismus

Wie aus Abb. II,46 ersichtlich ist, gelten in dem Zeitpunkt, in dem die präzessierende Kreisbahn des Elektrons die x-Achse des ruhenden Koordinatensystems bei r und $-r$ schneidet, folgende Beziehungen:

$$x = r \cos\alpha \quad \text{und} \quad y = r \sin\alpha \cos\vartheta \,.$$

Hieraus folgt die allgemeine Gleichung:

$$\rho^2 = x^2 + y^2 = r^2(\cos^2\alpha + \sin^2\alpha \cos^2\vartheta) = r^2(1 - \sin^2\alpha \sin^2\vartheta)\,.$$

Wir erhalten dann für das magnetische Moment, das beim Umlauf des Elektrons auf der Kreisbahn mit dem Winkel ϑ zwischen $\boldsymbol{L}$ und der z-Achse auftritt:

$$\mu = -\frac{\mu_0 e^2 H r^2}{8\pi m_e} \int_0^{2\pi} (1 - \sin^2\alpha \sin^2\vartheta)\, d\alpha = -\frac{\mu_0 e^2 r^2 H}{8 m_e} (1 + \cos^2\vartheta)\,.$$

$= 2\pi - \sin^2\vartheta \int_0^{2\pi} \sin^2\alpha\, d\alpha = 2\pi - \pi \sin^2\vartheta = \pi(1+\cos^2\vartheta)$

Jetzt müssen wir noch über ϑ mitteln. Die Wahrscheinlichkeit, daß der Bahndrehimpulsvektor innerhalb des Raumwinkelelements $d\,\Omega = \sin\vartheta\, d\vartheta\, d\varphi$ liegt, ist gleich $\sin\vartheta\, d\vartheta\, d\varphi/4\pi$. Es ergibt sich schließlich

$$\overline{\mu} = -\frac{\mu_0 e^2 r^2 H}{8 m_e \cdot 4\pi} \int_0^{2\pi} d\varphi \int_0^{\pi} (1 + \cos^2\vartheta) \sin\vartheta\, d\vartheta = -\frac{\mu_0 e^2 r^2 H}{6 m_e}\,. \tag{II,108a}$$

$= 2\pi\left(-\cos\vartheta\big|_0^\pi + \int_0^\pi \cos^2\vartheta \sin\vartheta\, d\vartheta\right) = 2\pi\left(2 - \frac{1}{3}\cos^3\vartheta\big|_0^\pi\right) = 2\pi \cdot \frac{8}{3}$

Das mittlere magnetische Moment und damit auch die Magnetisierung sind beim Diamagnetismus der magnetischen Feldstärke entgegengerichtet. Die magnetische Flußdichte B wird also verringert. Die diamagnetische Suszeptibilität

$$\chi_m = -\frac{e^2 r^2 \mu_0 N}{6 m_e} \tag{II,109}$$

$M = N\overline{\mu} = \chi_m H \Rightarrow \chi_m = N\overline{\mu}/H$

ist negativ im Gegensatz zur positiven paramagnetischen Suszeptibilität (Gl. II,107). Wenn sich mehrere Elektronen in der Atomhülle befinden, muß r^2 durch $\sum_i r_i^2$ ersetzt werden.

Die klassische Theorie liefert uns zwar eine Gleichung für χ_m, aber sie ermöglicht uns nicht die Berechnung der Größe r^2 oder $\sum_i r_i^2$. Dazu brauchen wir die Quantenmechanik. Außerdem haben wir unserer Rechnung das Modell des kreisenden Elektrons zugrunde gelegt. Dem entspricht ein Bahndrehimpuls $\boldsymbol{L} \neq 0$. Die für $\overline{\mu}$ und χ_m erhaltenen Gleichungen gelten aber auch für Atome mit $\boldsymbol{L} = 0$. Das liegt daran, daß $|\boldsymbol{L}|$ nicht in die Rechnung eingegangen ist.

Auch bei Atomen, bei denen die Quantenzahl J im Grundzustand ungleich 0 ist, die also ein magnetisches Moment besitzen, wird durch das Magnetfeld noch ein magnetisches Moment erzeugt, das dem Feld entgegengerichtet ist. Dem starken Paramagnetismus überlagert sich immer ein schwacher Diamagnetismus. Dieser ist, wie wir gesehen haben, nur durch die Bahnbewegung der Elektronen bedingt und hat nichts mit ihrem Spin zu tun.

Jetzt wollen wir abschätzen, welchen Wert die magnetische Flußdichte $B_0 = \mu_0 H$ haben muß, damit das zum Diamagnetismus gehörende mittlere magnetische Moment $\bar{\mu}$ (Gl. II,108a) gleich dem Bohrschen Magneton μ_B (Gl. II,44) und damit von der Größe des magnetischen Moments eines paramagnetischen Atoms ist. Wir erhalten

$$\bar{\mu} = -\frac{\mu_B e r^2 B_0}{3\hbar} . \tag{II,108b}$$

r^2 ist von der Größenordnung 10^{-20} m^2. Dann muß B_0 von der Größenordnung 10^5 T sein, damit $|\bar{\mu}| \approx \mu_B$ ist.

Die magnetische Suszeptibilität χ_m ist der Zahl N der Atome pro Volumeneinheit proportional. Um eine Größe zu haben, die von der Gasdichte unabhängig ist, dividieren wir χ_m durch die Zahl der Kilomole pro m^3. Wir erhalten dann die Massensuszeptibilität χ_m^* in m^3 kmol^{-1}. Für diese Größe sind experimentelle Daten in Tablle II,14 zusammengestellt. Die magnetische Polarisierbarkeit ist

$$\beta = \frac{\bar{\mu}}{H} = \frac{\chi_m}{N} = -\frac{\mu_0 e^2 \sum_i r_i^2}{6 m_e} = \frac{\chi_m^*}{N_A} . \tag{II,110}$$

Tab. II,14. Magnetische Massensuszeptibilität und Polarisierbarkeit

	^{4}He	Ne	Ar	Kr	Xe
χ_m^* in 10^{-9} m^3 kmol^{-1}	- 24	- 85	- 245	- 352	- 533
β in 10^{-35} m^3	- 4,0	- 14,1	- 40,7	- 58,4	- 88,5

Indem wir die Massensuszeptibilität χ_m^* durch die Avogadro-Konstante N_A dividieren, erhalten wir die auf das einzelne Atom bezogene magnetische Polarisierbarkeit β; sie hat die Dimension eines Volumens[1].

7.8 Der Hamilton-Operator für ein Elektron im Magnetfeld

In den vorhergehenden Abschnitten haben wir die Atome im Magnetfeld ohne strenge quantenmechanische Rechnung behandelt. Wir wollen jetzt den Hamilton-Operator für ein Elektron im Magnetfeld bilden und die Bedeutung der einzelnen Glieder des Operators kurz erörtern.

Ein Teilchen mit der Ladung Q, das sich in einem elektrischen und einem magnetischen Feld bewegt, besitzt die Hamilton-Funktion

$$H = \frac{1}{2 m_e} (\boldsymbol{p} - Q \boldsymbol{A})^2 + E_p . \tag{II,111}$$

Dabei ist das Vektorpotential $\boldsymbol{A}$ durch die Gleichung

$$\boldsymbol{B} = \nabla \times \boldsymbol{A} = \mathrm{rot}\, \boldsymbol{A}$$

[1] Wird als magnetisches Moment nicht $\vec{\mu}$ in J T^{-1} = A m^2, sondern die Größe $\mu_0 \vec{\mu}$ in V s m eingeführt, so ergibt sich als magn. Polarisierbarkeit die Größe $\mu_0 \bar{\mu}/H$ in V s m^2 A^{-1}. – Es sei noch darauf hingewiesen, daß χ_m beim Übergang vom CGS-System zum SI mit 4π zu multiplizieren ist.

definiert. Dann ist der Hamilton-Operator für ein Elektron mit der Ladung $Q = -e$

$$\hat{H} = \frac{1}{2\,m_e}\left(\frac{\hbar}{i}\,\nabla + e\,A\right)^2 + E_p\,. \tag{II,112a}$$

Setzen wir $A_x = -\frac{B}{2}\,y$, $A_y = +\frac{B}{2}\,x$ und $A_z = 0$, so ist $B_x = B_y = 0$ und $B_z = B$; das homogene Magnetfeld liegt in der z-Richtung. Die Einsetzung von A_x, A_y und A_z in Gl. II,112a ergibt

$$\hat{H} = -\frac{\hbar^2}{2\,m_e}\,\Delta + \frac{\hbar\,e\,B}{i\,2\,m_e}\left(x\,\frac{\partial}{\partial y} - y\,\frac{\partial}{\partial x}\right) + \frac{e^2\,B^2}{8\,m_e}\,(x^2 + y^2) + E_p\,. \tag{II,112b}$$

Nun ist nach Gl. II,19f u. i

$$\frac{\hbar}{i}\left(x\,\frac{\partial}{\partial y} - y\,\frac{\partial}{\partial x}\right) = -\,i\,\hbar\,\frac{\partial}{\partial \varphi} = \hat{l}_z\,,$$

und wir erhalten

$$\hat{H} = -\frac{\hbar^2}{2\,m_e}\,\Delta + E_p + \frac{e\,B}{2\,m_e}\,\hat{l}_z + \frac{e^2\,B^2}{8\,m_e}\,(x^2 + y^2)$$

$$= \hat{H}_0 + \frac{e\,B}{2\,m_e}\,\hat{l}_z + \frac{e^2\,B^2}{8\,m_e}\,(x^2 + y^2)\,. \tag{II,112c}$$

$\hat{H}_0$ ist der Hamilton-Operator für das Elektron ohne Magnetfeld. Das zweite Glied in der zweiten Zeile von Gl. II,112c liefert bei einer Störungsrechnung mit den Eigenfunktionen von $\hat{H}_0$, den ortsabhängigen Wellenfunktionen ψ_{n,l,m_l} (Abschn. 2.4), die Energiedifferenzen zwischen den Subniveaus und dem unaufgespaltenen Niveau:

$$\frac{e\,B}{2\,m_e}\,\hbar\,m_l = \mu_B\,B\,m_l = E_{m_l}\,;$$

denn die Eigenwerte von $\hat{l}_z$ sind gleich $m_l\,\hbar$. Wenn der Spin berücksichtigt würde, so würde sich noch Gl. II,101 entsprechend eine zusätzliche Energie $2\,\mu_B\,B\,m_s$ ergeben.

Der von B^2 abhängige Summand in Gl. II,112c kann zur Berechnung des mittleren magnetischen Moments $\bar{\mu}$ beim Diamagnetismus benutzt werden. Nach Gl. II,21a u. b ist $x^2 + y^2 = r^2\,\sin^2\,\vartheta$. Weiter ist $\overline{\sin^2\,\vartheta} = \int_0^\pi \sin^3\,\vartheta\,d\vartheta / \int_0^\pi \sin\,\vartheta\,d\vartheta = 2/3$. Diese Mittelung hat zur Vorraussetzung, daß die ψ-Funktion kugelsymmetrisch ist ($l = 0$). Wir erhalten dann

$$\bar{\mu} = -\frac{d\,\overline{E_m}}{d\,B} = -\frac{d}{d\,B}\left(\frac{e^2\,B^2}{8\,m_e}\cdot\frac{2}{3}\,\overline{r^2}\right) = -\frac{e^2\,B\,\overline{r^2}}{6\,m_e} = -\frac{\mu_0\,e^2\,H\,\overline{r^2}}{6\,m_e}$$

(s. Gl. II,108a). Der Wert von $\overline{r^2}$ läßt sich nach Gl. II,40e errechnen.

8. Atome im homogenen elektrischen Feld

8.1 Der Stark-Effekt beim Wasserstoffatom

Werden Atome in ein elektrisches Feld gebracht, so spalten sich ihre Energieniveaus auf und verschieben sich. Da J. Stark als erster 1913 die Aufspaltung der Spektrallinien des Wasserstoffatoms im elektrischen Feld beobachtet hat, ist der Effekt nach ihm benannt worden.

Das elektrische Feld kann nicht auf das mit dem Elektronendrehimpuls zusammenhängende magnetische Moment wirken, vielmehr muß bereits ein elektrisches Dipolmoment vorhanden sein oder zunächst durch das elektrische Feld erzeugt werden. Im ersten Fall ist eine lineare Abhängigkeit der Aufspaltung der Energieniveaus von der elektrischen Feldstärke zu erwarten. Dieser lineare Stark-Effekt tritt beim H-Atom auf. Ihm werden wir uns zuerst zuwenden. Im zweiten Fall ist die Energieniveauverschiebung und -aufspaltung dem Quadrat der elektrischen Feldstärke proportional. Dieser quadratische Stark-Effekt ist bei allen Mehrelektronenatomen zu beobachten.

Wenn sich das Elektron des H-Atoms auf einer Ellipsenbahn bewegt, liegt der Schwerpunkt der negativen Ladung mitten zwischen Brennpunkt und Mittelpunkt. Der Kern steht im andern Brennpunkt. Also ist ein elektrisches Dipolmoment vorhanden, auf das das äußere elektrische Feld ein Drehmoment ausüben kann. Der zur Bahnebene senkrechte Drehimpuls führt eine Präzessionsbewegung aus. Dabei muß die Komponente des Bahndrehimpulses in Richtung des elektrischen Feldes gequantelt sein. Da der Umlaufsinn des Elektrons keinen Einfluß auf die Richtung des elektrischen Dipolmoments hat, unterscheiden sich die Energien nicht, wenn die Orientierungsquantenzahlen nur verschiedene Vorzeichen haben.

Wir haben bei dieser anschaulichen Darstellung die Perihelvorrückung außer acht gelassen. Sie folgt neben der Feinstrukturaufspaltung aus der Sommerfeldschen Theorie und hat eine Rosettenbahn des Elektrons zur Folge. Das Ignorieren der Perihelvorrückung steht im Einklang damit, daß die Feinstrukturaufspaltung, die ja beim H-Atom besonders klein ist, gegenüber der Stark-Effekt-Aufspaltung vernachlässigt wird. Dann kann davon ausgegangen werden, daß die Bahnentartung noch nicht aufgehoben ist, daß also zu allen Bahnen mit einer bestimmten Hauptquantenzahl n der gleiche Energiewert gehört.

K. Schwarzschild und P. Epstein haben 1916 das Bohr–Sommerfeldsche Atommodell zugrunde gelegt und die Aufspaltung der Wasserstoffspektrallinien im elektrischen Feld berechnet. Die Übereinstimmung ihrer Ergebnisse mit den experimentellen Werten war ein wesentliches Argument für die Sommerfeldsche Theorie, da nach der klassischen keine derartige Aufspaltung der Spektrallinien im elektrischen Feld zu erwarten ist.

Schrödinger hat dann 1926 die von ihm aufgestellte zeitunabhängige Wellengleichung zur Berechnung des Stark-Effekts benutzt. Die Separierung der Variablen ist bei Verwendung von Kugelkoordinaten und von rotationsparabolischen Koordinaten möglich. Für einen Zustand haben bei Kugelkoordinaten die Gesamtenergie, das Quadrat des Bahndrehimpulses und seine z-Komponente gleichzeitig bestimmte Werte (s. Abschn. 2.4); bei rotationsparabolischen Koordinaten gilt das nicht für das Quadrat des Bahndrehimpulses. Es besteht die Möglichkeit, von den Eigenfunktionen $\psi_{n,l,m}(r, \vartheta, \varphi)$ auszugehen und die Stark-Effekt-Aufspaltung mit Hilfe der quantenmechanischen Störungsrechnung zu ermitteln. Schrödinger hat die rotationsparabolischen Koordinaten $\lambda_1, \lambda_2, \varphi$ (s. Abb. II,47) benutzt. Die kartesischen Koordinaten hängen mit diesen Koordinaten in folgender Weise zusammen:

$$x = \sqrt{\lambda_1 \lambda_2}\, \cos\varphi, \quad y = \sqrt{\lambda_1 \lambda_2}\, \sin\varphi, \quad z = \frac{1}{2}(\lambda_1 - \lambda_2)\,.$$

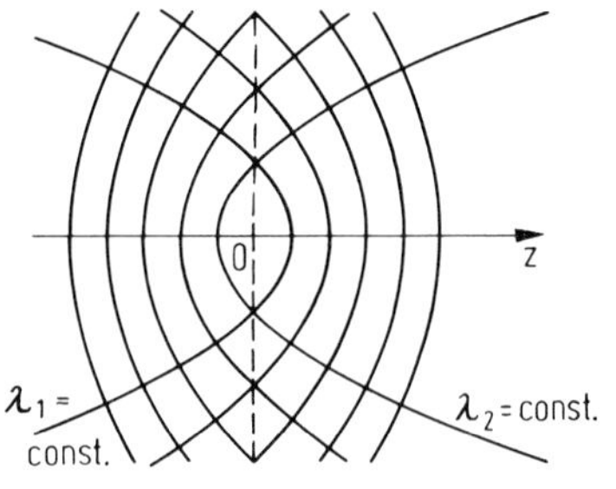

Abb. II,47. Schnitt durch ein rotationsparabolisches Koordinatensystem mit der z-Achse als Drehachse

Die z-Achse und damit die Drehachse des neuen Koordinatensystems wird in die Richtung der elektrischen Feldstärke $\vec{\mathcal{E}}$ gelegt. Durch das elektrische Feld wird eine kleine Störung hervorgerufen; der Hamilton-Operator ist

$$\hat{H} = \hat{H}_0 + e\,\mathcal{E}\,z\;. \tag{II,113}$$

Dabei wird mit $\hat{H}_0$ der Hamilton-Operator des ungestörten Problems bezeichnet.

Zu den drei rotationsparabolischen Koordinaten λ_1, λ_2, φ (Abb. II,47) gehören die drei Quantenzahlen n_1, n_2 und m. m ist wie bei den Kugelkoordinaten die Orientierungsquantenzahl. Die Komponente des Bahndrehimpulses in der z-Richtung ist gequantelt. $|m|$ ist wiederum gleich der Zahl der φ-Knotenflächen, der Knotenebenen, in denen die z-Achse liegt. Die λ_1- und λ_2-Knotenflächen sind Rotationsparaboloide mit der z-Achse als Drehachse; der Kern steht im Brennpunkt der Parabeln. n_1 dieser Rotationsparaboloide sind in der negativen und n_2 in der positiven z-Richtung offen. Wenn $n_1 > n_2$ ist, ist im Mittel die Aufenthaltswahrscheinlichkeit des Elektrons an Örtern mit $z > 0$ größer als an solchen mit $z < 0$. Außer für $n_1 = n_2$ ist also bei den rotationsparabolischen Koordinaten im Gegensatz zu den Kugelkoordinaten keine Symmetrie bezüglich der xy-Ebene vorhanden, so daß Zustände mit elektrischen Dipolmomenten auftreten. Zur Hauptquantenzahl

$$n = n_1 + n_2 + |m| + 1$$

gehören n^2 Eigenfunktionen; die entsprechenden Dichteverteilungen überlagern sich so, daß nicht nur eine Symmetrie bezüglich der xy-Ebene, sondern sogar eine Kugelsymmetrie resultiert. Bei einer bestimmten Hauptquantenzahl n können n_1, n_2 und $|m|$ die Werte 0, 1, . . ., $(n - 1)$ annehmen; es muß aber $n_1 + n_2 + |m| = n - 1$ sein. Zu n gehört nur ein Energiewert (Gl. II,8).

Die quantenmechanische Störungsrechnung liefert für die zusätzliche Energie des Atoms im Zustand mit den Quantenzahlen n, n_1, n_2 bei einer elektrischen Feldstärke $\mathcal{E}$ folgende Gleichung:

$$E_e^{(1)} = +\frac{3}{2} a_0\, e\, n(n_1 - n_2)\,\mathcal{E} = h\,c\,A_E\, n(n_1 - n_2)\,\mathcal{E}\;. \tag{II,114}$$

Dabei ist die Stark-Effekt-Konstante

$$A_E = \frac{3}{2}\frac{a_0 e}{h c} = 6{,}402 \cdot 10^{-5}\ V^{-1}\ .$$

Für den Abstand zwischen den beiden äußeren Stark-Subniveaus, die zur Hauptquantenzahl n gehören, ergibt sich

$$\Delta E_e = 2\, h\, c\, A_E\, n(n-1)\, \mathcal{E}\ .$$

In Abb. II,48 ist die Stark-Effekt-Aufspaltung der Niveaus mit $n = 2$ und $n = 3$ dargestellt. Die eingezeichneten Übergänge entsprechen den Komponenten der H_α-Linie, deren Nummern gleich $|n'(n_1' - n_2') - n''(n_1'' - n_2'')|$ sind. Die Feinstrukturaufspaltung des Niveaus mit $n = 2$ beträgt 0,365 cm^{-1}. Wenn die Stark-Effekt-Aufspaltung zwischen den äußeren Niveaus zehnmal so groß sein soll, muß die elektrische Feldstärke gleich $1{,}4 \cdot 10^6\ V\ m^{-1}$ sein. Für $\mathcal{E} \lessapprox 3 \cdot 10^5\ V\ m^{-1}$ darf also die Feinstrukturaufspaltung nicht mehr vernachlässigt werden, und Gl. II,114 verliert ihre Gültigkeit.

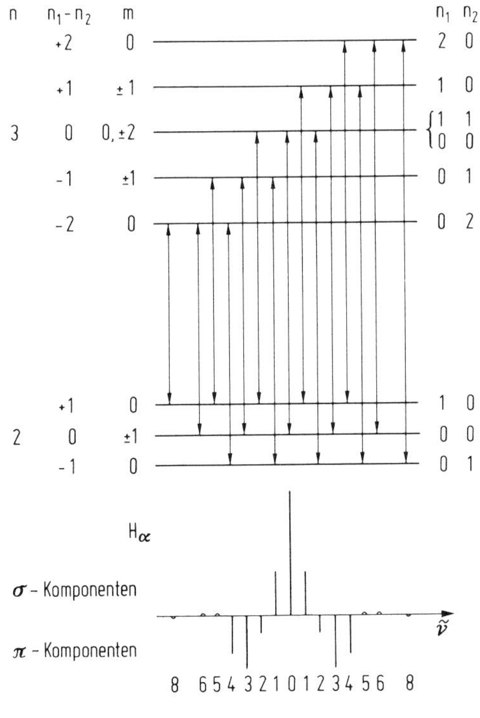

Abb. II,48. Stark-Effekt-Aufspaltung der Energieniveaus des Wasserstoffatoms mit $n = 2$ und 3 und Stark-Komponenten der H_α-Linie. Die Länge der Geraden gibt die relativen Intensitäten an, die Schrödinger für den Quereffekt berechnet hat. Die Intensitäten der Komponenten 5 und 6 verhalten sich zur Intensität der Komponente 0 ungefähr wie 1: 300 und die Intensität der Komponenten 8 zu der der Komponente 0 ungefähr wie 1: 5500.

Für die Quantenzahlen n_1 und n_2 gibt es keine Auswahlregeln. Aber die Linien sind meistens schwach, die zu Übergängen mit einer Vorzeichenänderung von $n_1 - n_2$ gehören. Für die Orientierungsquantenzahl gilt die Auswahlregel $\Delta m = 0, \pm 1$. Die Komponenten für die Übergänge mit $\Delta m = 0$ werden als π-Komponenten und die Komponenten für die Übergänge mit $|\Delta m| = 1$ als σ-Komponenten bezeichnet. Je nachdem, ob die parallel oder senkrecht zur Richtung des elektrischen Feldes ausgesandte Strahlung beobachtet wird, handelt es sich um den sogenannten Längseffekt oder den Quereffekt. Beim Längseffekt fehlen die π-Komponenten, und die σ-Komponenten sind unpolarisiert. Denn die Übergänge für $\Delta m = +1$ und $\Delta m = -1$, bei denen σ^+- und σ^--Strahlung emittiert wird (s. Abschn. 4.3), sind gleich häufig, und die Subniveaus für die Orientierungsquantenzahlen, die sich nur durch das Vorzeichen unterscheiden, fallen zusammen. Beim Quereffekt sind die π-Komponenten parallel und die σ-Komponenten senkrecht zur Feldrichtung linear polarisiert.

Bei Weiterführung der Störungsrechnung ergibt sich das Korrekturglied, das dem quadratischen Stark-Effekt entspricht:

$$E_e^{(2)} = -\frac{4\pi\epsilon_0 a_0^3}{16} n^* \mathcal{E}^2 = -h c A_E^* n^* \mathcal{E}^2 \qquad \text{(II,115)}$$

mit

$$A_E^* = \frac{\pi \epsilon_0 a_0^3}{4 h c} = 5{,}188 \cdot 10^{-18} \text{ m V}^{-2}.$$

und

$$n^* = n^4 [17 n^2 - 3(n_1 - n_2)^2 - 9 m^2 + 19] .$$

Da $|n_1 - n_2|$ und $|m|$ maximal gleich $n - 1$ sein können, was noch nicht einmal gleichzeitig möglich ist, muß die Summe in der Klammer stets einen positiven Wert haben. Deshalb ist $E_e^{(2)}$ immer negativ. Die Stark-Subniveaus werden also im Energieniveauschema etwas nach unten verschoben. Da n^* sehr stark mit n anwächst, sind die Energieänderungen für die Subniveaus des oberen Niveaus stets wesentlich größer als für die Subniveaus des unteren Niveaus. Deshalb sind die Stark-Komponenten der Linien nach kleineren Wellenzahlen hin, also nach Rot, verschoben.

Bei einer elektrischen Feldstärke $\mathcal{E} = 4 \cdot 10^7$ V m^{-1} ist für $n = 2$, $n_1 - n_2 = 1$, m = 0 $n^* = 1344$ und $\tilde{\nu}_e^{(2)} = E_e^{(2)}/hc = -0{,}111$ cm^{-1} und im Vergleich hierzu $\tilde{\nu}_e^{(1)} = E_e^{(1)}/hc = 51{,}22$ cm^{-1}. Für $n = 3$, $n_1 - n_2 = 2$, $m = 0$ ist $n^* = 12960$ und $\tilde{\nu}_e^{(2)} = -1{,}076$ cm^{-1} und im Vergleich hierzu $\tilde{\nu}_e^{(1)} = 153{,}65$ cm^{-1}. Demnach beträgt der Abstand der kürzerwelligen Stark-Komponente 4 der H_α-Linie von der Mitte der unaufgespaltenen Linie oder der Komponente 0 (s. Abb. II,48) 101,46 cm^{-1} und unter alleiniger Berücksichtigung des linearen Effekts 102,43 cm^{-1}.

8.2 Der Stark-Effekt bei den Mehrelektronenatomen

Bei den Mehrelektronenatomen ist die Feinstrukturaufspaltung gewöhnlich groß gegenüber der zu erwartenden Stark-Effekt-Verschiebung und -Aufspaltung.

Die Energiedifferenz zwischen einem Stark-Subniveau und dem unverschobenen, unaufgespaltenen Niveau ist

$$E_e = (C_1 + C_2 M_J^2)\, \mathcal{E}^2. \tag{II,116}$$

Dabei hängen die Größen C_1 und C_2 von der Hauptquantenzahl n und der Quantenzahl J des Gesamtelektronendrehimpulses ab. Die Orientierungsquantenzahl M_J ist maßgeblich für die Komponente des Gesamtelektronendrehimpulses in der Richtung des elektrischen Feldes. Die Subniveaus für Orientierungsquantenzahlen, die sich nur durch das Vorzeichen unterscheiden, fallen wiederum zusammen. Das kommt in Gl. II,116 dadurch zum Ausdruck, daß dort das Quadrat von M_J auftritt.

Wenn zwei oder mehr Energieniveaus so dicht zusammenliegen, daß bei höheren elektrischen Feldstärken die Stark-Effekt-Aufspaltung größer wird als die Energiedifferenz zwischen ihnen, geht der quadratische Stark-Effekt mit wachsender Feldstärke in einen linearen über.

Die folgenden beiden Verfahren zur Beobachtung des Stark-Effekts bei der Emission sind in Band III eingehender behandelt. Stark selbst hat die Spektrallinien untersucht, die von Wasserstoffkanalstrahlen beim Durchgang durch ein sehr starkes homogenes elektrisches Feld emittiert wurden, und Lo Surdo die Strahlung, die aus der Schicht zwischen der Kathode und dem Hittorfschen Dunkelraum einer Glimmentladung kam. Dort ist ein sehr starkes elektrisches Feld vorhanden, das aber nicht homogen ist. Eine Methode zur Messung des Stark-Effekts bei der Absorption haben H. Kopfermann und W. Paul (s. Lit.) entwickelt. Dabei wird ein Teil des eingestrahlten Lichts von einem Atomstrahl absorbiert, der durch ein sehr starkes elektrisches Feld geht. Kopfermann und Paul haben mit dem Verfahren den quadratischen Stark-Effekt der NaD-Linien untersucht.

Die Verwendung eines Atomstrahls hat den Vorteil, daß wegen des sehr geringen Drucks in der Apparatur eine hohe elektrische Feldstärke aufrechterhalten werden kann. Außerdem hätten die Atome des Strahls im Idealfall keine Geschwindigkeitskomponente senkrecht zur Strahlrichtung. Dementsprechend wäre auch keine Doppler-Verbreiterung der Absorptionslinien vorhanden, wenn Licht senkrecht zum Atomstrahl durch diesen hindurchgeht. Tatsächlich ist wegen der Breite der Spalte bei der Erzeugung des Strahls eine gewisse Doppler-Breite nicht zu vermeiden. Sie betrug aber nur etwa 0,009 cm^{-1} und damit ein Fünftel der Doppler-Breite bei Zimmertemperatur. Die eingestrahlten NaD-Linien hatten eine Halbwertsbreite von etwa 0,25 cm^{-1}. Sie können im Bereich der absorbierenden Stark-Komponenten als Strahlungskontinua angesehen werden. Abb. II,49 zeigt das Schema der Meßapparatur.

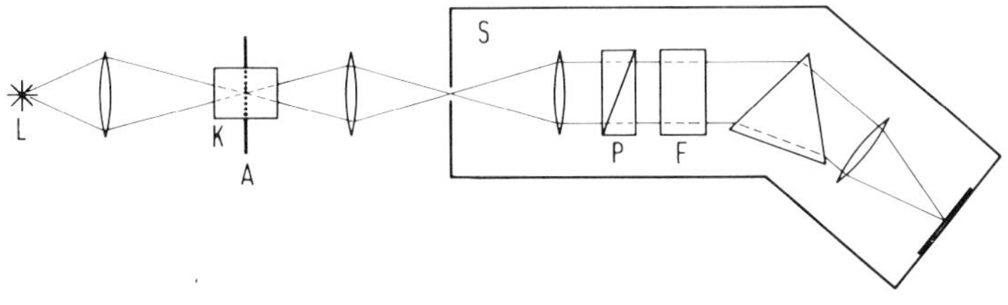

Abb. II,49. Schema der Apparatur zur Messung des Stark-Effekts in Absorption
L Lichtquelle (Na-Lampe), K Kondensatorplatten zur Erzeugung des elektrischen Feldes, A Na-Atomstrahl, S Spektrograph mit Polarisationsprisma (P) und Fabry–Perot-Etalon (F).

Da die Kernspinquantenzahl des Natriums $I = 3/2$ ist, spalten sich die beiden Niveaus $^2S_{1/2}$ und $^2P_{1/2}$ jeweils in zwei Hyperfeinstrukturniveaus mit $F = 2$ und 1 auf und das Niveau $^2P_{3/2}$ in vier Hyperfeinstrukturniveaus mit $F = 3, 2, 1$ und 0. Weil die Aufspaltung der beiden $3\,^2P$-Niveaus jedoch etwa um eine Zehnerpotenz kleiner als die des Grundniveaus ist, bleibt sie in Abb. II,50 unberücksichtigt. Wie die Messungen gezeigt haben, erfolgt die Stark-Effekt-Verschiebung $\mathcal{E}^2$ proportional. Sie ist bei $\mathcal{E} = 2{,}5 \cdot 10^7\ \mathrm{V\,m^{-1}}$ für das Grundniveau schon fast so groß wie dessen Hyperfeinstrukturaufspaltung; das geht aus der Abb. II,50 hervor.

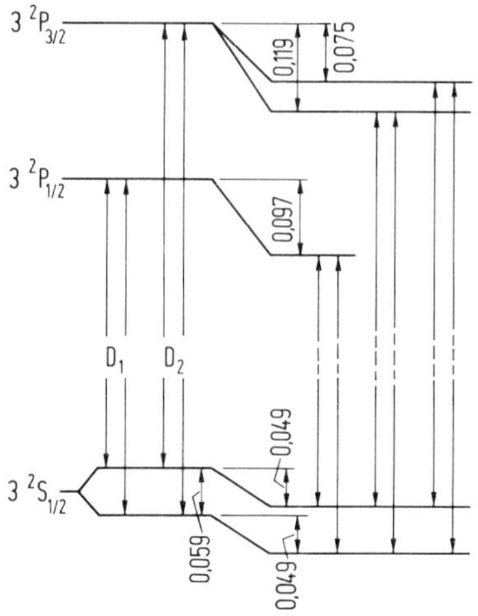

Abb. II,50. Stark-Effekt-Verschiebung der Na-Niveaus $3\,^2S_{1/2}$, $3\,^2P_{1/2}$ und $3\,^2P_{3/2}$ nach Kopfermann und Paul (s. Lit.). Die Maßeinheit der für $\mathcal{E} = 2{,}5 \cdot 10^7\ \mathrm{V\,m^{-1}}$ angegebenen Werte ist $\mathrm{cm^{-1}}$.

8.3 Die Herabsetzung der Ionisierungsenergie

Ein äußeres elektrisches Feld in der z-Richtung hat zur Folge, daß auf das Elektron wegen seiner negativen Ladung eine Kraft in der entgegengesetzten Richtung wirkt. Wenn sie größer als die Coulomb-Kraft ist, wird das Elektron vom Kern mit der Ladung *Ze* losgerissen. Abb. II,51 zeigt die potentielle Energie des Elektrons im Coulomb-

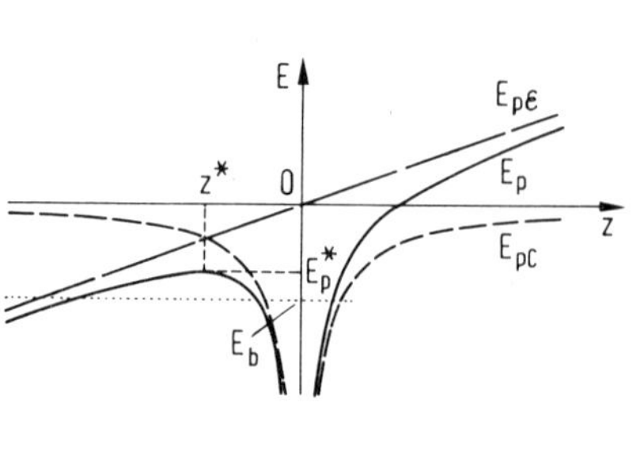

Abb. II,51. Potentielle Energie des Elektrons im Coulomb-Feld des Atomkerns (– – – –), im äußeren elektrischen Feld (— —) und in beiden zusammen (———)

Feld des Kerns und im äußeren Feld sowie die Summe beider Energien als Funktion von z. Für $z < 0$ ist die gesamte potentielle Energie

$$E_p = \frac{e^2 Z}{4 \pi \epsilon_0 z} + e \mathcal{E} z \, .$$

Die Koordinate z^* des Maximums der Summenkurve folgt aus der Gleichung

$$- \frac{e^2 Z}{4 \pi \epsilon_0 z^{*2}} = - e \mathcal{E} \, ;$$

es ist

$$z^* = - \sqrt{\frac{e Z}{4 \pi \epsilon_0 \mathcal{E}}} \, .$$

Wenn wir z^* in die Gleichung für E_p einsetzen, erhalten wir

$$E_p^* = - e \sqrt{\frac{e Z \mathcal{E}}{\pi \epsilon_0}} \, .$$

Die Ionisierungsenergie wird also durch das äußere elektrische Feld herabgesetzt (Feldionisierung). In dem Bereich, in dem sich ohne äußeres Feld diskrete Energieniveaus befinden, ist dann bereits das Energiekontinuum vorhanden, das sich an die Ionisierungsgrenze anschließt. Damit die Ionisierungsenergie um 0,1 eV erniedrigt wird, muß bei $Z = 1$ $\mathcal{E} = 1{,}75 \cdot 10^6$ V m^{-1} sein.

Befindet sich ein Elektron auf einem Niveau mit der Energie E_b, das etwas unterhalb der herabgesetzten Ionisierungsgrenze liegt (s. Abb. II,51), so besteht eine gewisse Wahrscheinlichkeit dafür, daß das Elektron durch den Potentialwall hindurch vom Atom freikommt. Dieser sogenannte Tunneleffekt wird später im Zusammenhang mit dem α-Zerfall besprochen. Wenn eine Wahrscheinlichkeit für eine solche „Autoionisation" besteht, wird offenbar die mittlere Lebensdauer des angeregten Atoms verkleinert. Der Effekt wirkt sich auf die Spektrallinien, die bei Übergängen vom betroffenen Niveau emittiert werden, so aus, daß ihre Intensitäten abnehmen und ihre Halbwertsbreiten größer werden.

9. Röntgenstrahlen

9.1 Das Emissions- und das Absorptionsspektrum

Das Röntgenemissionsspektrum besteht aus einem Kontinuum und Linien, die dem Kontinuum überlagert sind. Da die Wellenlängen der Linien für jedes Element verschieden sind, wird die linienhafte Emission als charakteristische Röntgenstrahlung bezeichnet. Das Emissionskontinuum der sogenannten Röntgenbremsstrahlung hat eine kurzwellige Grenze, die nicht vom Element, sondern nur von der Beschleunigungsspannung der Elektronen abhängt, die die Röntgenstrahlen erzeugen.

Gehen Röntgenstrahlen durch Materie, so findet eine von der Wellenlänge abhängige, kontinuierliche Absorption statt, die von Element zu Element verschieden ist. Bei bestimmten Wellenlängen, die vom durchstrahlten Material abhängen, fällt die Absorptionskonstante a stark ab. In der Darstellung der Absorptionskonstante als Funktion der Wellenlänge oder der Wellenzahl treten an diesen Stellen Kanten auf (s. Abb. II,55).

Im Wellenlängenbereich unterhalb von 20 Å können Kristalle zur spektralen Zerlegung der Röntgenstrahlung verwendet werden. Bei größeren Wellenlängen muß mit einem Strichgitter gearbeitet werden. Dabei werden Reflexionsgitter benutzt, auf die die Röntgenstrahlen mit einem Einfallswinkel von fast 90°, also nahezu streifend fallen.

Die X-Einheit wird sehr häufig als Längeneinheit für die Angabe der Wellenlängen von Röntgenstrahlen verwendet; es gilt:
$1\ X = (1{,}00202 \pm 0{,}00003) \cdot 10^{-13} m = (1{,}00202 \pm 0{,}00003) \cdot 10^{-3}$ Å. Die Abweichung von 1 ist dadurch bedingt, daß ältere Messungen für die Gitterkonstante des Calcits einen Wert ergeben haben, auf den die X-Einheit bezogen worden ist und der nach neueren Präzisionsmessungen einen Fehler von etwa 2 $^0/_{00}$ hat.

9.2 Die charakteristische Röntgenstrahlung

Bei der Absorption und der Emission im optischen Spektralbereich finden Übergänge auf unbesetzte Niveaus in den äußeren Schalen statt. Charakteristische Röntgenstrahlung wird emittiert, wenn ein Elektron in eine innere, dem Kern nähere Schale springt. Dazu muß vorher ein Platz in der vollbesetzten Schale frei gemacht werden. Hierin besteht die Anregung der charakteristischen Röntgenstrahlung. Sie kann durch Elektronenstoß oder Absorption genügend kurzwelliger Röntgenstrahlen erfolgen. Im ersten Fall setzt sich das Emissionsspektrum aus den Linien und dem Kontinuum zusammen. Im zweiten Fall besteht es nur aus Linien und wird zur Unterscheidung vom primären Spektrum, das durch Elektronenstoß erzeugt und zur Anregung benutzt wird, sekundäres Spektrum genannt; die emittierte Strahlung wird als Röntgenfluoreszenzstrahlung bezeichnet.

Das Atom mit den wenigsten Elektronen, bei dem die charakteristische Röntgenstrahlung auftreten kann, ist das Lithiumatom. Die Wellenlänge der Strahlung beträgt 228,0 Å; ihr entspricht eine Energie von 54,3 eV. Die kürzestwelligen charakteristischen Linien sind bei den Atomen mit den höchsten Kernladungszahlen und den meisten Elektronen zu beobachten. Beim Uranatom ist die kürzeste Wellenlänge $\lambda \approx 0{,}11$ Å und die entsprechende Energie $E_{Ph} \approx 1{,}1 \cdot 10^5$ eV.

Wenn wir uns jetzt den Elektronen der inneren Schalen zuwenden, dürfen wir nicht das Schema der optischen Niveaus, das sich ja nur auf äußere Elektronen bezieht, zu ergänzen versuchen. Falls nämlich durch Strahlungsabsorption ein Elektron aus einer inneren Schale nicht vom Atom abgetrennt wird, sondern auf einen der freien Plätze in den äußeren Schalen gebracht wird (Abb. II,52b1), so erhöht sich die Zahl der äußeren Elektronen um 1. Dann ist ein ganz anderes optisches Niveauschema zutreffend. Ein experimentelles Beispiel hierfür werden wir in Abschn. 9.3 besprechen.

In Abschn. 1.1 haben wir festgestellt, daß wir unter der Energie des Atoms in einem bestimmten, durch die Quantenzahlen charakterisierten Zustand die Bindungsenergie des Elektrons verstehen. Der Betrag der Bindungsenergie ist die für die Ionisierung erforderliche Energie. Das ionisierte Atom hat die Energie 0. Für das Röntgenniveauschema wird zweckmäßigerweise das Nullniveau anders festgelegt. Gewöhnlich wird bei der Anregung der Röntgenstrahlung ein inneres Elektron durch Elektronenstoß oder Strahlungsabsorption ganz aus der Atomhülle entfernt (Abb. II,52a1). Dieser Zustand wird durch das Symbol für das Röntgenniveau gekennzeichnet; für ihn wird der Energiewert in das Röntgenniveauschema eingetragen. Es wird

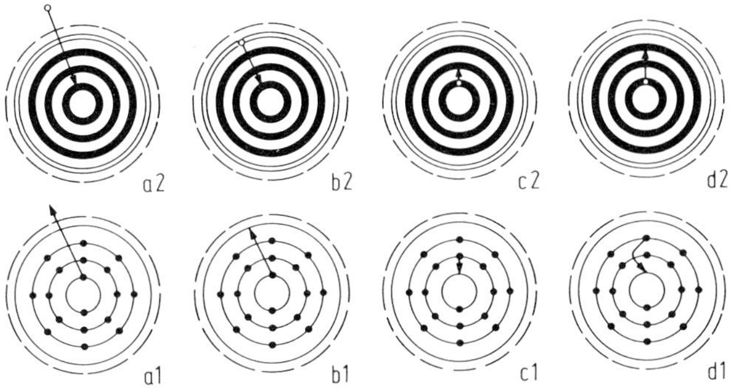

Abb. II,52. Die Absorption und Emission von Röntgenstrahlen. Die „Grenze" der Atomhülle ist durch eine unterbrochene Kreislinie angedeutet. Untere Reihe: Elektronen-Darstellung, obere Reihe: Löcher-Darstellung.

festgesetzt, daß das neutrale unangeregte Atom die Energie 0 hat. Dann hat das ionisierte Atom eine positive Energie. Sie ist gleich dem Betrag der frei gewordenen Bindungsenergie des abgetrennten Elektrons oder gleich der aufgewandten Ionisierungsenergie, also um so größer, je fester das Elektron vorher gebunden war. Dementsprechend liegt das Energieniveau für die K-Schale am höchsten. Abb. II,53 enthält

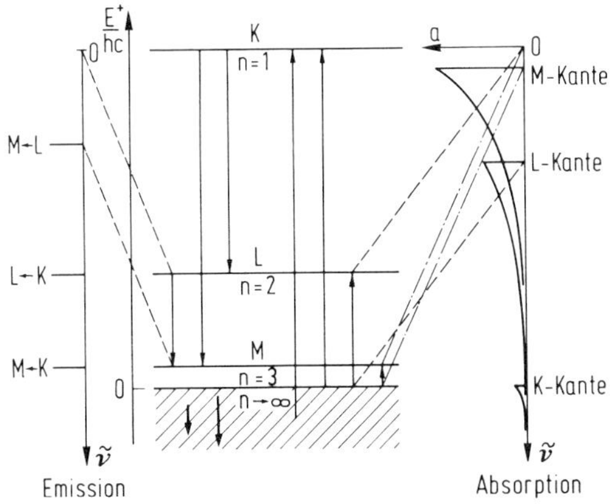

Abb. II,53. Röntgenniveauschema und zugehöriges Emissions- und Absorptionsspektrum (schematische Darstellung)

ein Schema der Röntgenniveaus (ohne Feinstruktur), das zugehörige linienhafte Emissionsspektrum und die Abhängigkeit der Absorptionskonstanten von der Wellenzahl; hierauf wird in Abschn. 7.3 und auf die beiden Übergänge innerhalb des Energiekontinuums in Abschn. 7.5 eingegangen.

Springt beispielsweise ein Elektron der M-Schale auf einen freien Platz in der K-Schale (Abb. II,52d1), so muß im Röntgenniveauschema ein Pfeil vom K-Niveau zum M-Niveau gezeichnet werden. Denn nach dem Übergang ist ein Platz in der M-Schale frei, und das Atom hat die entsprechende Energie. Fehlt in einer vollen Schale ein Elektron, so können wir sagen, in dieser Schale befinde sich ein Loch. Diesem ordnen wir eine positive Elementarladung zu. In dem angeführten Fall geht das Loch aus der K-Schale in die M-Schale (Abb. II,52d2). Der Pfeil für den Übergang im Röntgenniveauschema zeigt in der Richtung, in der der Platzwechsel des Loches erfolgt.

Zur Vereinfachung nehmen wir zunächst an, daß zu jeder einfach ionisierten Schale nur ein Energiewert gehört. Diesen berechnen wir mit Hilfe der Gleichung, die uns die Bohrsche Theorie geliefert hat. Weil die positive Kernladung zum Teil durch die negativen Elektronen abgeschirmt wird, subtrahieren wir von der Kernladungszahl Z die Abschirmkonstante σ_n; diese hängt von der Schale ab, die von der Ionisation betroffen ist. Für die Elektronen in der K-Schale ist die Abschirmung nur gering; σ_1 ist recht genau gleich 0,3. Nach der Vereinbarung über den Nullpunkt der Energieskala müssen wir dem Energiewert ein positives Vorzeichen geben. Um hierauf hinzuweisen, versehen wir den Buchstaben E mit einem Pluszeichen. Die Energie des Atoms mit der ionisierten n-ten Schale ist gleich der ihm bei der Ionisierung zugeführten Energie und der Gl. II,8 entsprechend

$$E_n^+ = h\, c\, R_\infty \frac{(Z - \sigma_n)^2}{n^2} \tag{II,117}$$

und die Wellenzahl der Röntgenlinie, die bei einem Übergang $n'' \leftarrow n'$ emittiert wird,

$$\tilde{\nu}_{n''n'} = \frac{E_{n'}^+ - E_{n''}^+}{h\, c} = R_\infty \left[\frac{(Z - \sigma_{n'})^2}{n'^2} - \frac{(Z - \sigma_{n''})^2}{n''^2}\right]. \tag{II,118a}$$

Aus Gl. II,117 folgt, daß die Energie E_1^+ des Atoms mit ionisierter K-Schale $(Z - 0{,}3)^2$-mal so groß ist wie die Ionisierungsenergie E_I des Wasserstoffatoms, daß also $E_1^+ = (Z - 0{,}3)^2 \cdot 13{,}6$ eV ist. Mit wachsender Hauptquantenzahl n nimmt E_n^+ wegen des Faktors $1/n^2$ und der mit n zunehmenden Abschirmkonstanten σ_n stark ab. Deshalb empfiehlt es sich, die Energie der Röntgenniveaus in logarithmischem Maßstab aufzutragen, wie dies in Abb. II,54 geschehen ist.

Die Linien, die bei Übergängen von einem bestimmten oberen Röntgenniveau emittiert werden, bilden eine Serie und werden nach dem oberen Niveau benannt. So gibt es eine K-Serie, eine L-Serie usw. Für eine bestimmte Röntgenlinie $(n'' \leftarrow n')$ können wir mit einer mittleren Abschirmkonstante $\overline{\sigma}_{n'',n'}$ rechnen. Diese ist durch die Gleichung

$$\frac{(Z - \sigma_{n'})^2}{n'^2} - \frac{(Z - \sigma_{n''})^2}{n''^2} = \frac{(Z - \overline{\sigma}_{n'',n'})^2}{n'^2} - \frac{(Z - \overline{\sigma}_{n'',n'})^2}{n''^2}$$

definiert. Wir erhalten dann Gl. II,118a in der Form

$$\sqrt{\frac{\tilde{\nu}_{n''n'}}{R_\infty}} = \sqrt{\frac{1}{n'^2} - \frac{1}{n''^2}}\,(Z - \bar{\sigma}_{n'',n'})\,. \qquad \text{(II,118b)}$$

Diese Beziehung zwischen der Wellenzahl und der Kernladungszahl ist das Moseleysche Gesetz für die Linien des Röntgenemissionsspektrums. Wenn $\sqrt{\tilde{\nu}_{n''n'}/R_\infty}$ über Z aufgetragen wird, soll sich eine Gerade ergeben. Die Abweichungen sind im allgemeinen gering. Abb. II,56 enthält u. a. das Moseley-Diagramm für die langwelligste Linie der K-Serie. Aufgrund der gemessenen Wellenlängen der Röntgenlinien der Elemente lassen sich mit Hilfe des Moseleyschen Gesetzes die Kernladungszahlen und damit die Ordnungszahlen für das Periodensystem bestimmen.

Wie aus dem charakteristischen Linienspektrum hervorgeht, ist entgegen der früheren vereinfachenden Annahme eine Feinstrukturaufspaltung der Energieniveaus, die zu den einzelnen Schalen gehören, vorhanden (s. Abb. II,54). In der ionisierten K-Schale ist nur ein 1s-Elektron. Zu dieser Konfiguration gehört das Niveau $1\,^2S_{1/2}$. Die Konfiguration der ionisierten L-Schale kann $2\,s\,p^6$ oder $2\,s^2\,p^5$ sein. Zur ersten Konfiguration gehört wie zu der Konfiguration 2 s das Niveau $2\,^2S_{1/2}$ und zur zwei-

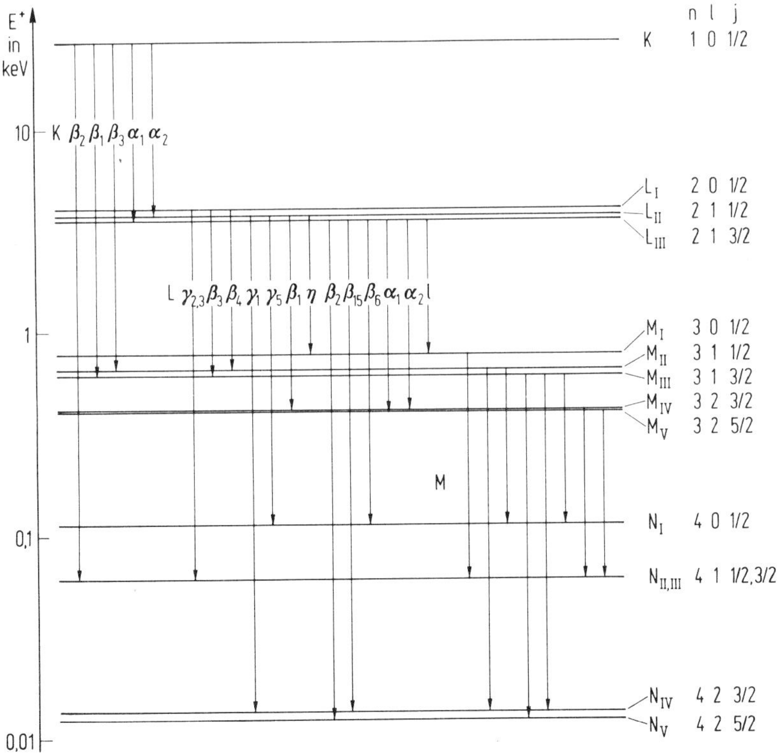

Abb. II,54. Röntgenniveauschema des Cadmiums

ten wie zu 2 p sowohl 2 $^2P_{1/2}$ als auch 2 $^2P_{3/2}$; das ist aus Tabelle II,7 in Abschn. 6.3 zu ersehen. Die Zuordnungen lassen sich fortsetzen. Allgemein gehören bei sonst leeren oder vollbesetzten Teilschalen zu der Konfiguration $n\,l^{2(2l+1)-1}$ dieselben Niveaus wie zur Konfiguration $n\,l$, und zwar mit der Multiplizität 2 wie bei den Atomen der I. Gruppe des Periodensystems. Das ist aufgrund folgender Überlegung sofort einzusehen. Ist eine Schale oder auch nur eine Teilschale vollbesetzt, so ist die Summe aller Drehimpulse gleich 0. Fehlt ein Elektron, so muß das Loch den Bahndrehimpuls, den Spin und den Gesamtdrehimpuls des Elektrons haben. Wie in Abschn. 6.7 dargelegt worden ist, liegt jedoch das Dublettniveau mit dem größeren J tiefer.

In Abschn. 6.7 haben wir festgestellt, daß die Spin-Bahn-Kopplung durch ein starkes Kernfeld begünstigt wird und daß deshalb die vier Quantenzahlen n, l, j, m_j zur Kennzeichnung der Zustände der inneren Elektronen geeignet sind. In Tabelle II,15 sind Elektronenanordnungen und die zugehörigen Quantenzahlen n, l, j, die Bezeichnungen der Niveaus wie bei den optischen Spektren und die Symbole der Röntgenniveaus sowie die statistischen Gewichte der Röntgenniveaus zusammengestellt. Durch einen Pfeil wird bei den Konfigurationen auf die Teilschale hingewiesen, in der ein Elektron fehlt.

Tab. II,15. Elektronenanordnungen und Röntgenniveaus

Elektronenanordnung	n	l	j	Opt. Niveau-Bezeichn.	Röntgen-niveau	Statist. Gewicht	Art des Dubl.
$\underset{\uparrow}{1\,s}\;2\,s^2\;p^6\;3\,s^2\;p^6\;d^{10}$	1	0	1/2	$1\,^2S_{1/2}$	K	2	
$1\,s^2\;\underset{\uparrow}{2\,s}\;p^6\;3\,s^2\;p^6\;d^{10}$	2	0	1/2	$2\,^2S_{1/2}$	L_I	2	
$1\,s^2\;2\,s^2\;\underset{\uparrow}{p^5}\;3\,s^2\;p^6\;d^{10}$ {	2	1	1/2	$2\,^2P_{1/2}$	L_{II}	2	} Absch.
	2	1	3/2	$2\,^2P_{3/2}$	L_{III}	4	} Spind.
$1\,s^2\;2\,s^2\;p^6\;\underset{\uparrow}{3\,s}\;p^6\;d^{10}$	3	0	1/2	$3\,^2S_{1/2}$	M_I	2	
$1\,s^2\;2\,s^2\;p^6\;3\,s^2\;\underset{\uparrow}{p^5}\;d^{10}$ {	3	1	1/2	$3\,^2P_{1/2}$	M_{II}	2	} Absch.
	3	1	3/2	$3\,^2P_{3/2}$	M_{III}	4	} Spind.
$1\,s^2\;2\,s^2\;p^6\;3\,s^2\;p^6\;\underset{\uparrow}{d^9}$ {	3	2	3/2	$3\,^2D_{3/2}$	M_{IV}	4	} Absch.
	3	2	5/2	$3\,^2D_{5/2}$	M_V	6	} Spind.

Für die Berechnung des Energiewerts, der zu den Quantenzahlen n, l, j gehört, steht folgende Gleichung, die den Gln. II,14 u. 57 entspricht, zur Verfügung:

$$E^+_{n,l,j} = h\,c\,R_\infty \left[\frac{(Z - \sigma^{(1)}_{n,l})^2}{n^2} + \frac{\alpha^2 (Z - \sigma^{(2)}_{n,l})^4}{n^4}\left(\frac{n}{j + \frac{1}{2}} - \frac{3}{4}\right)\right]. \qquad \text{(II,119)}$$

Bei der bisherigen Rechnung haben wir nur den ersten Summanden in der eckigen Klammer verwendet (s. Gl. II,117). Die Aufenthaltswahrscheinlichkeit des Elektrons erstreckt sich über das ganze Atom, und alle übrigen Elektronen sind an der Abschirmung der Kernladung beteiligt, selbstverständlich die Elektronen der weiter innen liegenden Schalen in stärkerem Maße. $\sigma^{(1)}$ wird daher die Konstante der vollständigen

Abschirmung genannt. Sie wächst stark mit n an. Außerdem nimmt sie mit l und Z zu[1].

Der zweite Summand in der eckigen Klammer der Gl. II,119 enthält den Einfluß der Spin-Bahn-Wechselwirkung auf den Energiewert (s. Abschn. 3.3). An dieser Wechselwirkung beteiligen sich sämtliche Elektronen der nicht vollbesetzten Teilschale, beispielsweise alle fünf p-Elektronen. Der Raumbereich, in dem alle diese Elektronen zusammen mit größter Wahrscheinlichkeit anzutreffen sind, ist das Volumen der Schale, zu der sie gehören. Dann erfolgt die Abschirmung des elektrischen Kernfelds durch die Elektronen, die dem Kern näher sind. Deshalb ist die Konstante der inneren Abschirmung $\sigma^{(2)}$ stets kleiner als die Konstante der vollständigen Abschirmung $\sigma^{(1)}$ $\sigma^{(2)}$ wächst wie $\sigma^{(1)}$ mit n und l an, hängt aber – außer bei leichten Atomen – nicht von Z ab.

Zwei Niveaus mit gleichen Quantenzahlen n und j, aber zwei um 1 differierenden Werten der Quantenzahl l werden als Abschirmdublett oder auch als irreguläres Dublett bezeichnet. Zwei Niveaus mit gleichen Quantenzahlen n und l, aber zwei um 1 verschiedenen j-Werten bilden ein Spindublett oder reguläres Dublett. Beispiele sind der Tabelle II,15 zu entnehmen.

Wir wenden uns zuerst den Abschirmdubletts zu und gehen von Gl. II,119 aus. Weil $\alpha^2 \approx 5 \cdot 10^{-5}$ ist und $(Z - \sigma^{(2)}_{n,l})^4/(Z - \sigma^{(1)}_{n,l})^2$ höchstens von der Größenordnung 10^3 sein kann, vernachlässigen wir den zweiten Summanden in der eckigen Klammer gegenüber dem ersten. Dann ist

$$\sqrt{\frac{E^+_{n,l,j}}{h\,c\,R_\infty}} - \sqrt{\frac{E^+_{n,l+1,j}}{h\,c\,R_\infty}} = \frac{\sigma^{(1)}_{n,l+1} - \sigma^{(1)}_{n,l}}{n} \,. \qquad \text{(II,120)}$$

Diese Differenz hängt offensichtlich nicht von Z ab.

Zur Berechnung der Energiedifferenz zwischen den Niveaus eines Spindubletts muß der zweite Summand in der eckigen Klammer der Gl. II,119 herangezogen werden. Wir setzen $j' = l - 1/2$ und $j'' = l + 1/2$ und erhalten die Spindublettformel

$$\Delta E^+_{n,l} = E^+_{n,l,l-1/2} - E^+_{n,l,l+1/2} = h\,c\,R_\infty\,\alpha^2\,\frac{(Z - \sigma^{(2)}_{n,l})^4}{n^3\,l(l+1)} \,. \qquad \text{(II,121)}$$

In Tabelle II,16 sind die aus den Röntgenspektren ermittelten Werte für die Konstante der inneren Abschirmung zusammengestellt.

Tab. II,16. Konstanten der inneren Abschirmung

Niveaus	$\sigma^{(2)}$
$L_{II,\,III}$	3,5
$M_{II,\,III}$	8,5
$M_{IV,\,V}$	13,0
$N_{II,\,III}$	17
$N_{IV,\,V}$	24
$N_{VI,\,VII}$	34

[1] $\sigma^{(1)}_{1,0} = 0{,}3$ ist nur wenig von Z abhängig. $\sigma^{(1)}_{2,0} = 13$ bis 21, $\sigma^{(1)}_{2,1} = 15$ bis 23 und $\sigma^{(1)}_{3,0} = 26$ bis 39 für $Z = 45$ bis 92.

Wie für die Übergänge zwischen optischen Niveaus gelten auch hier die Auswahlregeln

$$\Delta l = \pm 1 ,$$

$$\Delta j = 0, \pm 1 .$$

Übergänge mit $\Delta n = 0$ sind seltene Ausnahmefälle.

Wenn ein Atom durch die Ionisation einer inneren Schale angeregt ist, finden Übergänge statt, bis ein Zustand mit einem Minimum der Energie erreicht ist. Weil dem Atom ein Elektron fehlt, gelangt es noch nicht auf das Nullniveau der Energie; denn dieses gehört ja zum unangeregten neutralen Atom. Anschaulich können die Vorgänge bei der Abgabe der Anregungsenergie folgendermaßen beschrieben werden: Der Platz, der durch Elektronenstoß oder Strahlungsabsorption frei gemacht worden ist, wird von einem Elektron einer Schale eingenommen, die weiter vom Kern entfernt ist; in die dadurch entstandene Lücke springt ein Elektron aus einer Schale, deren Abstand vom Kern noch größer ist, usf. Welche Übergänge nun erfolgen und wie groß ihre relativen Häufigkeiten sind, hängt von den Übergangswahrscheinlichkeiten ab. Diese lassen sich nach den gleichen Methoden berechnen wie für die optischen Niveaus. Die größte Wahrscheinlichkeit hat im optischen Bereich der Übergang mit $n'_H - n''_H$[1] $= l' - l'' = j' - j'' = 1$, also im Röntgengebiet der Übergang mit $n' - n'' = l' - l'' = j' - j'' = -1$. Mit wachsendem $|\Delta n|$ nimmt die Übergangswahrscheinlichkeit ab.

Wie im optischen Bereich sind auch im Röntgengebiet die Intensitäten der Linien von den Anregungsbedingungen abhängig. Experimentell gut bestätigt ist, daß sich die Intensitäten der K α_1- und der K α_2-Linie wie die der beiden Resonanzlinien der Alkalimetalle wie 2 : 1 verhalten.

Die Abhängigkeit der Wahrscheinlichkeit für einen bestimmten erlaubten Übergang ist näherungsweise Z^4 proportional. Denn nach Gl. II,77a ist die Übergangswahrscheinlichkeit $\nu^3 \cdot p^2_{z\beta\alpha}$ proportional; ohne Berücksichtigung der Abschirmung ist nach Gl. II,118a $\nu^3 \sim Z^6$, und außerdem ist $p^2_{z\beta\alpha} \sim r_{n\beta} \cdot r_{n\alpha}$ und nach Gl. II,6 $r_{n\beta} \cdot r_{n\alpha} \sim Z^{-2}$.

Die natürliche Linienbreite in Wellenlängeneinheiten hat nach der klassischen Theorie einen konstanten Wert: $\Delta \lambda_N = 1{,}1803 \cdot 10^{-4}$ Å (Abschn. 4.1). Deshalb gewinnt sie bei den Röntgenlinien mit ihren kleinen Wellenlängen entscheidende Bedeutung. Für $\lambda = 1$ Å ist $\Delta \nu_N = |-\frac{c}{\lambda^2} \Delta \lambda_N| = 3{,}5 \cdot 10^{14}$ Hz und $h \cdot \Delta \nu_N = 1{,}5$ eV. Hinzu kommt noch eine Verbreiterung infolge des Auger-Effekts (Abschn. 9.4), die von äußeren Umständen unabhängig ist und sich deshalb bei Messungen nicht von der Strahlungsdämpfungsverbreiterung trennen läßt. Die durch den Auger-Effekt bedingte Linienbreite wird daher gewöhnlich unter der natürlichen Linienbreite mit angegeben. Bei Zimmertemperatur beträgt die Doppler-Breite der NaD-Linien ($\bar{\lambda} = 5893$ Å) nach Gl. II,70b $1{,}30 \cdot 10^9$ Hz gegenüber $\Delta \nu_N = 1{,}02 \cdot 10^7$ Hz. Würde das Na-Atom Strahlung der Wellenlänge 1 Å emittieren, so wäre $\Delta \nu_D = 7{,}7 \cdot 10^{12}$ Hz und $\Delta \nu_N = 3{,}5 \cdot 10^{14}$ Hz. Die Doppler-Breite ist also im Röntgengebiet klein gegenüber der natürlichen Linienbreite.

[1] Die Bedeutung von n_H ist in Abschn. 6.10 erklärt worden.

Für das obere Niveau einer Resonanzlinie kann, wie in Abschn. 4.2 dargelegt worden ist, die mittlere Lebensdauer τ des Anregungszustands nach Gl. II,67b berechnet werden. Demnach erhalten wir für die 3 ^{2}P-Niveaus des Na-Atoms $\tau = 1/(2\,\pi\,\Delta\,\nu_N) = 1{,}6 \cdot 10^{-8}$ s. Hätte die emittierte Strahlung nicht die Wellenlänge 5893 Å, sondern 1 Å, so würde sich $\tau = 4{,}5 \cdot 10^{-16}$ s ergeben.

9.3 Die Absorption der Röntgenstrahlen

Da die inneren Schalen vollbesetzt sind, können Röntgenstrahlen nur dann absorbiert werden, wenn dadurch in einem Atom ein inneres Elektron nach außen auf einen der vielen freien Plätze gebracht (Abb. II,52 b1) oder ganz abgetrennt wird (Photoionisation, Abb. II,52a1). In dem von uns verwendeten Röntgenniveauschema entspricht die Ionisierung der n-ten Schale einem Übergang des Atoms vom Nullniveau ($n \to \infty$) oder aus dem sich daran anschließenden negativen Energiekontinuum auf das Niveau n. Der Pfeil für jeden dieser Übergänge zeigt in Abb. II,53 nach oben.

Die Energieniveaus für die äußeren Schalen liegen so dicht über dem Nullniveau, daß wir zur Vereinfachung annehmen dürfen, sie fielen mit ihm zusammen. Denn beispielsweise beträgt für Silber, ein Element etwa in der Mitte des Periodensystems, die Ionisierungsenergie für das Leuchtelektron 7,58 eV, die Energie für die Ionisierung der L-Schale um 3,6 keV. Wäre nur das K-Niveau vorhanden, so würde die Absorption der Röntgenstrahlen bei der Wellenzahl $\tilde{\nu}_{\text{K-Kante}} = E_1^+/\,h\,c$ beginnen und sich zu höheren Wellenzahlen hin erstrecken. Denn bei dem Ionisierungsprozeß kann das Elektron noch eine gewisse kinetische Energie erhalten. Diese Energie fehlt dem unangeregten neutralen Atom, zu dem das Nullniveau gehört. Deshalb schließt sich an das Nullniveau ein Kontinuum negativer Energiewerte an. Aus dem Kontinuum können Übergänge auf die einzelnen Niveaus erfolgen. Die Wahrscheinlichkeit für diese Übergänge nimmt mit wachsender Energiedifferenz gegenüber dem Nullniveau ab. Das hat zur Folge, daß die Absorptionskonstante mit zunehmender Wellenzahl kleiner wird.

Wenn mehrere Röntgenniveaus vorhanden sind, tritt für alle Niveaus die beschriebene Absorption auf. Die dazu gehörenden Absorptionskonstanten addieren sich. Das Absorptionsspektrum hat die in Abb. II,53 schematisch dargestellte Form. An den Absorptionsgrenzen mit $\tilde{\nu} = E_n^+/\,h\,c$ tritt jeweils ein steiler Anstieg der Absorptionskonstante auf, der gewöhnlich als Kante bezeichnet wird. Die Kante der kernfernsten inneren Schale liegt an der längstwelligen Absorptionsgrenze.

Für $n'' \to \infty$ folgt aus Gl. II,118a das Moseleysche Gesetz für die Absorptionskanten

$$\sqrt{\frac{\tilde{\nu}_{\text{Kante n}}}{R_\infty}} = \frac{Z - \sigma_n}{n}\,. \tag{II,118c}$$

Wegen der bisher nicht beachteten Feinstrukturaufspaltung der Energieniveaus gibt es mehr Absorptionskanten. Zu jedem Röntgenniveau gehört eine Absorptionsgrenze; die Kante wird mit dem Symbol des Niveaus bezeichnet. In Abb. II,55 ist die Massenabsorptionskonstante a/ρ für Silber über der Wellenlänge aufgetragen. Abb. II,56 zeigt das Moseley-Diagramm für die K- und die drei L-Kanten. Die beiden Kurven für die L_I- und die L_{II}-Kante verlaufen parallel zueinander. Die Differenz der Quadratwurzeln aus den Wellenzahlen hängt also in Übereinstimmung mit Gl. II,120 nicht von Z ab.

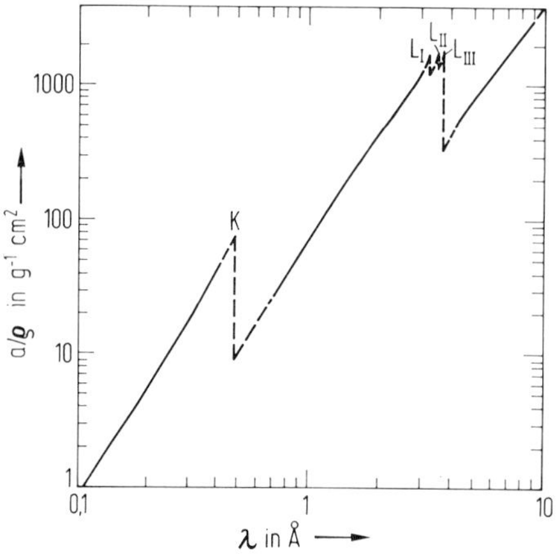

Abb. II,55.

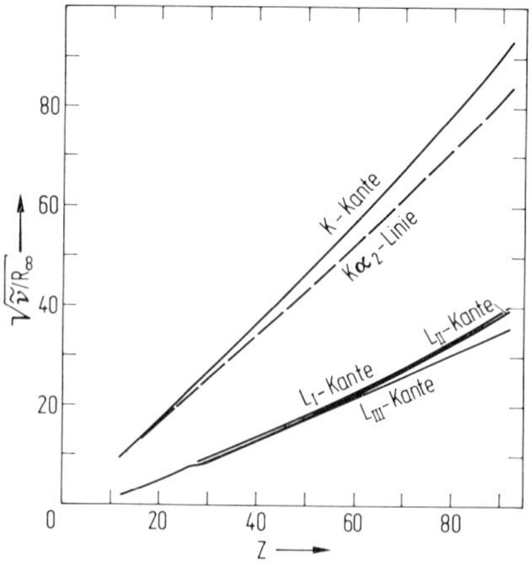

Abb. II,56.

Abb. II,55. Massenabsorptionskonstante von Silber

Abb. II,56. Moseley-Diagramm der K-, L_I-, L_{II}- und L_{III}-Kante und der K α_2-Linie

Dagegen nimmt der Abstand der Kurven für die L_{II}- und die L_{III}-Kante mit wachsender Ordnungszahl stark zu, was im Einklang mit Gl. II,121 ist.

Wenn wir von der Feinstruktur absehen, steht uns nach der Theorie von H. A. Kramers eine Näherungsformel zur Berechnung der Absorptionskonstante a_n zur Verfügung:

$$a_n = 1{,}04 \text{ g } N \frac{Z^4 \lambda^3}{n^4 (n+1)} Z_n \quad \text{in} \quad m^{-1} \, .$$

Der Index n gibt die Hauptquantenzahl des Röntgenniveaus an, auf dem die Übergänge enden. g ist eine Konstante, die außer für sehr große Wellenlängen zwischen 1,1 und 1,2 liegt. N ist die Zahl der Atome pro m^3, λ die Wellenlänge in m und Z_n die Zahl der Elektronen auf dem Niveau n; beispielsweise ist $Z_2 = 8$. Für $\lambda > \lambda_{\text{Kante n}} = h\,c/E_n^+$ ist $a_n = 0$.

Die meisten Untersuchungen der Röntgenstrahlung sind an Festkörpern vorgenommen worden. An der Bindung der Atome im Kristall beteiligen sich nur die Außenelektronen. Deshalb sollte überhaupt kein Unterschied im charakteristischen Linienspektrum vorhanden sein, wenn das betreffende Atom in verschiedenen Kristallen andere Nachbaratome hat. Dennoch lassen sich mit den Mitteln der modernen Meßtechnik sehr geringe Linienverschiebungen bei leichteren Atomen nachweisen. Bei der Absorption von Röntgenstrahlen kommt ein Elektron aus dem Innern der Atomhülle heraus und trifft ganz verschiedene Energieniveauverteilungen an, je nachdem, ob sein Atom in einen Kristall eingebaut ist oder sich in weitem Abstand von anderen Atomen befindet. Das wirkt sich auf den Verlauf der Absorptionskurve $a(\tilde{\nu})$ in einem engen Bereich um die Absorptionsgrenzen aus, also auf die Form der Absorptionskanten.

Bei Atomen mit einer niedrigen Kernladungszahl ist das Verhältnis der Ionisierungsenergien eines Elektrons der K-Schale und des Leuchtelektrons nicht so groß wie bei dem als Beispiel angeführten Silberatom. Deshalb ist zu erwarten, daß bei diesen Atomen in der Umgebung der K-Absorptionsgrenze Strukturen gefunden werden können, die Schlüsse auf die Energieniveaus der äußeren Schalen zulassen.

L. G. Parratt (s. Lit.) hat mit Hilfe eines Doppelkristallspektrometers Untersuchungen an Argon durchgeführt ($E_1^+ = 3{,}20$ keV). Abb. II,57 enthält die Meßpunkte für die Absorptionskonstante. Zwei sehr ausgeprägte Maxima mit einem Abstand von ungefähr 1,45 eV treten in Erscheinung. Diese Energiedifferenz haben gerade der $5\,^2$P- und der $4\,^2$P-Term des Kaliums. Das läßt sich folgendermaßen erklären.

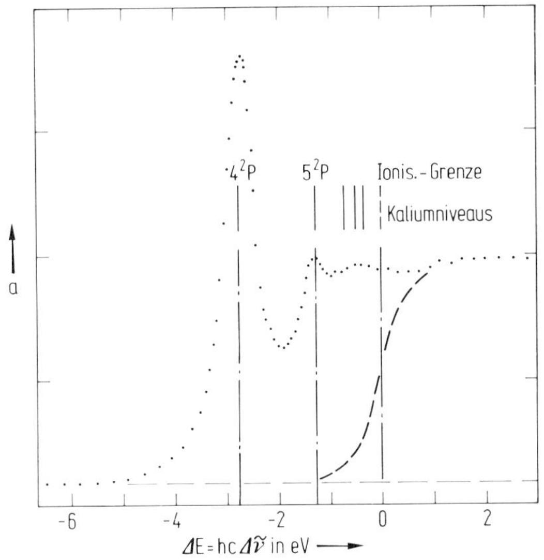

Abb. II,57. K-Absorptionskante des Argons nach Parratt (s. Lit.)

Durch die Absorption eines Photons mit der erforderlichen Energie kann ein Elektron der K-Schale in eine neue unbesetzte Schale des Argonatoms übergehen (Abb. II,52b1). In diesem Zustand stimmt die Besetzung der Schalen mit Elektronen, abgesehen von der K-Schale, mit der eines Kaliumatoms überein. Der Einfluß des Loches in der K-Schale auf das äußere Elektron ist so gering, daß für den optischen Bereich das Niveauschema des Kaliumatoms zutrifft. Nach den Auswahlregeln kann das Elektron aus der K-Schale nur auf $^2P_{3/2}$- und $^2P_{1/2}$-Niveaus übergehen. Dabei sind die Absorptionskonstante in der Linienmitte und die gesamte Absorption innerhalb der Linie für den Übergang $4\,^2P \leftarrow K$ am größten und nehmen mit wachsender Hauptquantenzahl des ^{2}P-Terms ab. Die gemessene Halbwertsbreite der Linie $4\,^2P \leftarrow K$ beträgt 0,58 eV.
Bis zur Ionisierungsgrenze überlagern sich die Absorptionslinien. Der Beginn der kontinuierlichen Absorption ist nicht scharf begrenzt, sondern hat den berechneten Verlauf, den die gestrichelte Kurve in Abb. II,57 angibt, und der Energiewert, bei dem die Absorptionskonstante die Hälfte des maximalen Werts erreicht, ist in dem Diagramm als Nullpunkt der Energieskala gewählt worden. Die Mitte der stärksten Absorptionslinie hat von diesem Nullpunkt den gleichen energetischen Abstand wie der $4\,^2$P-Term des Kaliums von der Ionisierungsgrenze. Infolge der Überlagerung der Absorptionslinien und der beginnenden kontinuierlichen Absorption treten nur die beiden ausgeprägten Maxima auf. Die erörterte linienhafte Absorption ist ohne Zweifel auch bei den ande-

ren Elementen vorhanden, aber wegen der Überlagerung meistens schlecht oder gar nicht zu erkennen.

9.4 Der Auger-Effekt

Durch Absorption von Röntgenstrahlen findet eine Photoionisation statt. Z. B. wird ein Elektron der K-Schale aus der Atomhülle entfernt (Abb. II,58a). Das Atom befindet sich dann auf dem K-Niveau. Danach geht beispielsweise ein Elektron der L_{III}-Teilschale auf den freien Platz in der K-Schale, und es wird hierbei nicht die K α_1-Linie emittiert, sondern ein Elektron der L_I-Teilschale fliegt weg. Für diese zweite Ionisierung des Atoms muß eine Energie $E^{+\prime}(L_I)$ aufgewandt werden, die größer als die Energie $E^+(L_I)$ bei der ersten Ionisierung und kleiner als die Energie für die erste Ionisierung der L_I-Teilschale des Atoms mit einer um 1 größeren Kernladungszahl oder ungefähr gleich dieser ist. Nach der zweiten Ionisierung hat das Atom gegenüber dem unangeregten neutralen Zustand die Energie $E^+(L_{III}) + E^{+\prime}(L_I)$. Deshalb muß das neue Energieniveauschema[1] so gegenüber dem ursprünglichen verschoben werden, daß sein Nullniveau in gleicher Höhe mit dem L_{III}-Niveau des alten Schemas liegt (Abb. II,58b). Das abgetrennte Elektron bekommt die kinetische Energie $E_k = E^+(K) - E^+(L_{III}) - E^{+\prime}(L_I)$ mit.

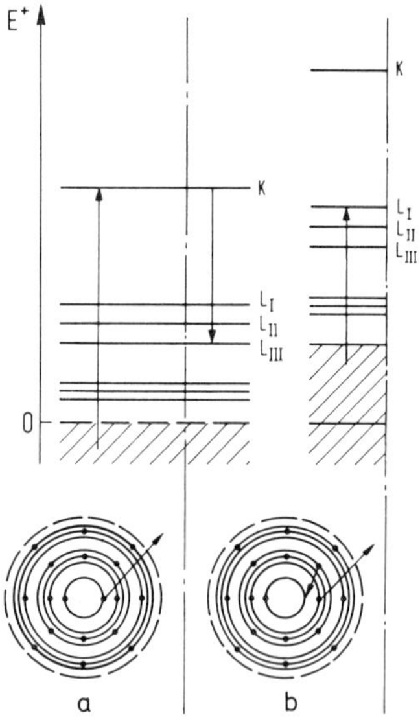

Abb. II,58. Der Auger-Effekt

[1] Die Linien, die nach einer doppelten Ionisierung innerer Teilschalen durch einen Elektronenstoß oder nach dem Auger-Effekt emittiert werden, haben wegen der dann vorhandenen geringeren Abschirmung der Kernladung eine etwas größere Wellenzahl als die sonst ausgestrahlten Röntgenlinien und werden als deren Satelliten bezeichnet.

Der beschriebene „innere Photoeffekt", der in dem erörterten Fall durch $K \to L_{III}\, L_I$ charakterisiert wird und der sich wiederholen kann, heißt nach seinem Entdecker Auger-Effekt. Dieser trägt zur Herabsetzung der mittleren Lebensdauer der angeregten Niveaus – hier des K-Niveaus – und damit zur Linienverbreiterung bei. Die Wahrscheinlichkeit für das Auftreten des Auger-Effekts hängt von den beteiligten Zuständen des Atoms ab. Die Beobachtungen haben ergeben, daß für ihn die Auswahlregel $\Delta l = \pm 1$ nicht zutrifft. Näherungsweise gilt, daß die Auger-Effekt-Wahrscheinlichkeit nicht von Z abhängt und die für die Emission maßgebliche Übergangswahrscheinlichkeit Z^4 proportional ist (s. Abschn. 9.2). Dementsprechend tritt der Auger-Effekt bei kleinen Kernladungszahlen viel häufiger als die Aussendung eines Röntgenquants auf, bei großen Kernladungszahlen seltener und bei $Z = 33$ ungefähr gleich oft, wenn K das Ausgangsniveau ist.

Im optischen Bereich kann ein ähnlicher Effekt wie der Auger-Effekt auftreten, wenn zwei Elektronen eines Atoms gleichzeitig angeregt sind und die Anregungsenergie des einen Elektrons gleich groß ist wie die Energie, die zur Abtrennung des anderen Elektrons aus seinem Anregungszustand heraus erforderlich ist, oder größer. Dann kann das eine Elektron ohne Strahlungsemission in den Grundzustand übergehen und das andere Elektron die Atomhülle verlassen, wobei es die überschüssige Energie als kinetische Energie mitnimmt. Dieser Prozeß wird als Autoionisation oder auch als Präionisation bezeichnet.

9.5 Röntgenbremsstrahlung

Die Röntgenbremsstrahlung hat ein kontinuierliches Spektrum, das sich bis zu einer bestimmten maximalen Grenzfrequenz oder einer kurzwelligen Grenze erstreckt. In Abb. II,59a ist der relative spektrale Strahlungsfluß $\Phi_{\nu\,\text{rel.}}$ über ν und in Abb. II,59b $\Phi_{\lambda\,\text{rel.}}$ über λ für eine massive Wolfram-Antikathode aufgetragen.

Der Strahlungsfluß $\Delta\Phi$ im Intervall $|\Delta\nu| = |\nu - \nu_0|$ muß gleich dem im Intervall $|\Delta\lambda| = |\lambda - \lambda_0|$ sein, wenn $\lambda = c/\nu$ und $\lambda_0 = c/\nu_0$ ist. Das Setzen der Absolutzeichen erweist sich als notwendig, da $\Delta\lambda$ einen negativen Wert hat, wenn $\Delta\nu$ positiv ist, und umgekehrt, der spektrale Strahlungsfluß aber stets positiv sein soll. Es gilt

$$\left|\frac{\Delta\Phi}{\Delta\nu}\right| \cdot |\Delta\nu| = \left|\frac{\Delta\Phi}{\Delta\lambda}\right| \cdot |\Delta\lambda| .$$

Lassen wir $\nu_0 \to \nu$ und damit auch $\lambda_0 \to \lambda$ gehen, so erhalten wir

$$\Phi_\nu(\nu) \cdot |d\nu| = \Phi_\lambda(\lambda) \cdot |d\lambda| = \Phi_\lambda(\lambda) \cdot \left| -\frac{c}{\nu^2}\, d\nu \right| .$$

Die Umrechnung kann nach der Gleichung

$$\Phi_\lambda = \frac{\nu^2}{c}\,\Phi_\nu = \frac{c}{\lambda^2}\,\Phi_\nu \qquad \text{(II,122)}$$

erfolgen.

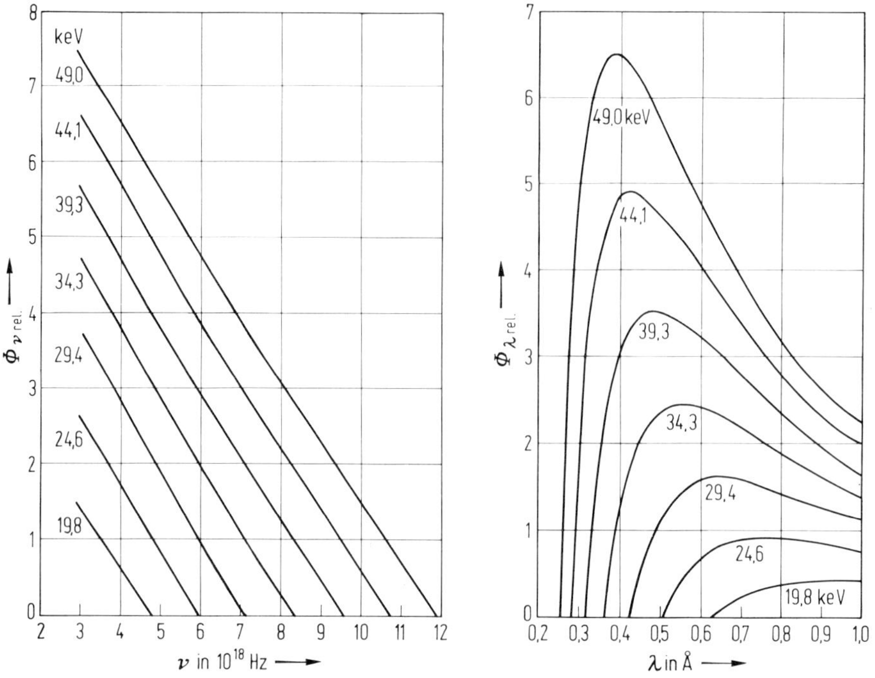

Abb. II,59. Spektrale Verteilung des Strahlungsflusses der Röntgenbremsstrahlung bei verschiedenen kinetischen Energien der Elektronen nach Kulenkampff und Schmidt (s. Lit.)

Wir wollen uns jetzt damit befassen, wie die spektrale Verteilung der Strahlungsleistung zustande kommt. Ein Elektron erhält durch die Beschleunigungsspannung U die kinetische Energie

$$E_k = \frac{1}{2} m_e v^2 = e U ,$$

fliegt auf einer geraden Bahn und kommt in die Nähe eines Atomkerns. Infolge der elektrostatischen Anziehung wird es abgelenkt und bewegt sich auf einer Hyperbel, in deren Brennpunkt der Atomkern steht (Abb. II,60). Die kinetische Energie des Elektrons bleibt dabei immer größer als seine potentielle. Die verlängerte Anfluggerade des Elektrons ist eine Asymptote der Hyperbel. Ihr kürzester Abstand b vom Kern wird als Stoßparameter bezeichnet. Von der kinetischen Energie, dem Stoßparameter und der Kernladung $Z e$ hängt die Form der Hyperbel ab. Nach dem Vorbeiflug am Atomkern würde sich das Elektron schließlich wieder mit der gleichen Geschwindigkeit wie am Anfang auf einer Geraden bewegen, der anderen Asymptote der Hyperbel, wenn es keine Strahlung aussenden würde. Während seines Fluges wird das Elektron auf den Brennpunkt der Hyperbel hin beschleunigt und muß nach der klassischen Elektrodynamik Strahlung aller Frequenzen von 0 bis ∞ emittieren.

Würde sich das Elektron mit konstanter Geschwindigkeit auf einer Kreisbahn bewegen, so entsprächen dieser periodischen Bewegung zwei zueinander senkrechte, um $\pi/2$ pha-

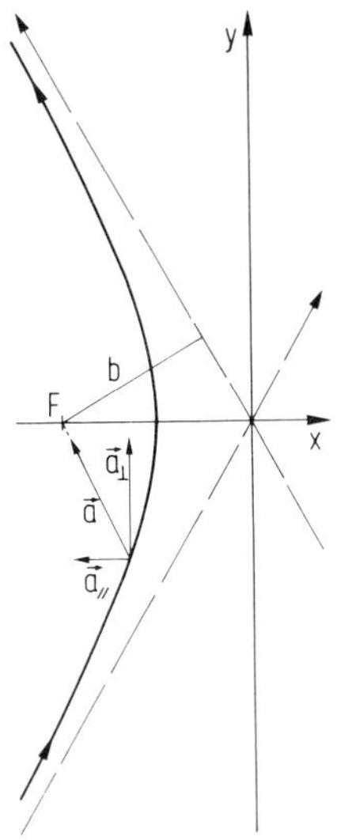

Abb. II,60.

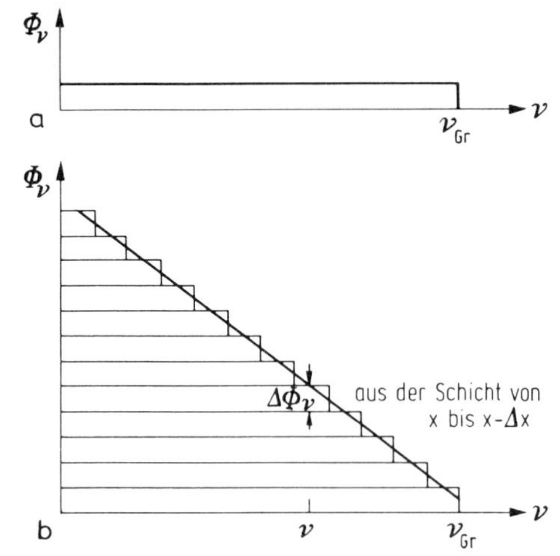

Abb. II,61.

Abb. II,60. Hyperbelbahn eines Elektrons

Abb. II,61. Spektrale Verteilung des Strahlungsflusses bei einer dünnen Schicht (a) und bei massivem Material (b)

senverschobene Schwingungen mit einer bestimmten Frequenz. Die unperiodische Bewegung des Elektrons auf einer Hyperbelbahn läßt sich in unendlich viele Schwingungen senkrecht und parallel zur Hyperbelachse mit unterschiedlichen Amplituden und Frequenzen von 0 bis ∞ zerlegen. Die Rechnung auf der Grundlage der klassischen Physik ergibt, daß der spektrale Strahlungsfluß

$$\Phi_\nu \sim \frac{Z^2}{\frac{1}{2} m_e \mathrm{v}^2} \sim \frac{Z^2}{U} \qquad \text{(II,123a)}$$

ist; er hängt nicht von der Frequenz ab.

Nach der Quantentheorie kann bei einem Emissionsprozeß maximal die gesamte kinetische Energie des Elektrons in Strahlungsenergie umgewandelt werden. Das bedeutet, daß für $\nu > \nu_{Gr}$ oder $\lambda < \lambda_{Gr}$ die spektrale Strahlungsleistung gleich Null sein muß (s. Abb. II,61a). Die Grenzfrequenz ν_{Gr} und die Grenzwellenlänge λ_{Gr} erhalten wir mit Hilfe der Gleichung

$$h\,\nu_{Gr} = \frac{h\,c}{\lambda_{Gr}} = \frac{1}{2} m_e \mathrm{v}^2 = e\,U\,; \qquad \text{(II,124a)}$$

es ist

$$\lambda_{Gr} = \frac{1{,}2398 \cdot 10^4}{U} \text{ in Å}, \qquad \text{(II,124b)}$$

wenn U in V eingesetzt wird[1].

Die in Abb. II,59a dargestellte spektrale Verteilung des Strahlungsflusses Φ_ν bei einer massiven W-Antikathode sinkt nahezu linear mit wachsender Frequenz bis zur Grenzfrequenz ab; es gilt

$$\Phi_\nu \sim Z(\nu_{Gr} - \nu)\,. \qquad \text{(II,123b)}$$

Der Grund für diese ν-Abhängigkeit ist die Abbremsung der Elektronen innerhalb des Antikathodenmaterials bei den gasgefüllten Röntgenröhren oder innerhalb des Anodenmaterials bei den Hochvakuumröntgenröhren.

Fällt ein paralleler Elektronenstrahl auf die Antikathode, so ist nach Gl. II,123a der aus einer Schicht der Dicke d x kommende spektrale Strahlungsfluß

$$\mathrm{d}\,\Phi_\nu \sim \frac{Z^2}{\frac{1}{2} m_e v^2}\,\mathrm{d}\,x\,. \qquad \text{(II,123a')}$$

v ist nur in der obersten Schicht gleich der Geschwindigkeit v_0 der auffallenden Elektronen und nimmt mit wachsender Eindringtiefe x ab. Dafür gilt das Whiddingtonsche Gesetz

$$\mathrm{d}\,x = -\,4\,\frac{v^3}{D\,Z}\,\mathrm{d}\,v\,.$$

Die Konstante D ist hier nicht von Interesse. Zur Strahlung mit der Frequenz ν leisten alle Schichten der Dicke d x bis zur Tiefe x, bei der die kinetische Energie der Elektronen auf $m_e\, v_\nu^2/2 = h\,\nu$ abgesunken ist, den gleichen Beitrag (Abb. II,61b). Elektronen mit einer geringeren kinetischen Energie können keine Strahlung mit der Frequenz ν emittieren. Wir erhalten durch Einsetzen der Whiddingtonschen Formel in Gl. II,123a' und Integration von v_0 bis v_ν

$$\Phi_\nu \sim \int_{v_\nu}^{v_0} Z\,v\,\mathrm{d}v = \frac{1}{2}\,Z(v_0^2 - v_\nu^2)\,. \qquad \text{(II,123c)}$$

Die Strahlung mit der Grenzfrequenz ν_{Gr} wird nur in der obersten Schicht erzeugt, in der die Elektronen noch die Geschwindigkeit v_0 haben: $\nu_{Gr} = m_e\, v_0^2/2\,h$. Weiter ist $\nu = m_e\, v_\nu^2/2\,h$. Wir erhalten dann, daß $(v_0^2 - v_\nu^2) \sim (\nu_{Gr} - \nu)$ ist, und nach dem Einsetzen in Gl. II,123c die Gl. II,123b.

Da $v_\nu^2 = 2\,h\,\nu/m_e$ und $v_0^2 = 2\,h\,\nu_{Gr}/m_e = 2\,e\,U/m_e$ ist, folgt aus Gl. II,123c für $\nu < \nu_{Gr}$

$$\Phi_\nu \sim \frac{e\,Z\,U}{m_e}\Big(1 - \frac{h\,\nu}{e\,U}\Big) \quad \text{und} \quad \Phi_\lambda \sim \frac{c\,e\,Z\,U}{\lambda^2\, m_e}\Big(1 - \frac{h\,c}{\lambda\, e\,U}\Big) = \frac{c^2\,h\,Z}{\lambda^3\,\lambda_{Gr}}(\lambda - \lambda_{Gr})\,.$$

Für eine bestimmte Frequenz ν oder Wellenlänge λ wächst also der spektrale Strahlungsfluß mit der Kernladungszahl Z und der Spannung U für die Beschleunigung der Elektronen an (s. Abb. II,59). Das Maximum von $\Phi_\lambda(\lambda)$ liegt bei $\lambda_{max} = 3\,\lambda_{Gr}/2$.

[1] Die Zusammenhänge zwischen der Verschiebung der Grenzwellenlänge der Röntgenbremsstrahlung und der Beschleunigungsspannung wurden bereits 1915 von W. Duane und L. Hunt erkannt.

Das Verhältnis der Leistung der gesamten Röntgenstrahlung zur Leistung des Elektronenstrahls, der die Strahlung erzeugt, ist ungefähr gleich $10^{-9}\, Z\, U$; dabei wird die Spannung U an der Röntgenröhre in V angegeben. Die meisten Prozesse, die zur Abbremsung der Elektronen führen, verlaufen also ohne Strahlungsemission.

Wir können sagen, die Röntgenbremsstrahlung[1] werde bei Übergängen innerhalb des negativen Energiekontinuums emittiert, und Pfeile von höheren zu niedrigeren Werten, also nach unten weisende, in das Röntgenniveauschema (Abb. II,53) eintragen. Dabei betrachten wir nicht das Verhalten der Elektronen, sondern das der Löcher, auf die wir schon in Abschn. 9.2 kurz eingegangen sind. Die gleiche Richtung des Übergangs liegt bei einem Prozeß der Emission charakteristischer Strahlung vor. Bei ihm springt das Loch in eine kernfernere Schale (Abb. II,52c2 u. d2). Beim Absorptionsprozeß ist der Pfeil für den Übergang nach oben gerichtet; eines der unendlich vielen Löcher in den äußeren Schalen oder außerhalb des Atoms springt in eine innere Schale (Abb. II,52b2 u. a2).

10. Elastische Stöße zwischen Atomen

10.1 Der Stoßquerschnitt und die Stoßzahl

Die gesamte kinetische Energie ist vor und nach einem elastischen Stoß die gleiche.

Bei der Erörterung der Stoßprozesse wollen wir zunächst von der Vorstellung ausgehen, die beiden zusammenstoßenden Atome seien starre Kugeln. Damit die Stoßpartner mit den Radien r_A und r_B aufeinandertreffen, darf der Abstand ihrer Mittelpunkte bei der stärksten Annäherung nicht größer als die Summe der beiden Radien sein. Wir können annehmen, der eine Stoßpartner habe einen Radius $r_{AB} = r_A + r_B$ und der andere sei punktförmig (Abb. II,62a). Auch dann findet immer ein Stoß statt, wenn der Abstand zwischen dem Punkt und dem Kugelmittelpunkt nicht größer als r_{AB} ist. Die Querschnittsfläche $\sigma = \pi\, r_{AB}^2$ bezeichnen wir als Querschnitt für einen elastischen Stoß zwischen den Teilchen A und B.

Den Begriff des Stoßquerschnittes können wir verallgemeinern und anschaulich folgendermaßen definieren: Der Stoßquerschnitt für einen Prozeß ist die Querschnittsfläche, die ein kugelförmiges Teilchen haben müßte, damit jeder darauf treffende, punktförmig gedachte Stoßpartner den bestimmten Vorgang auslöst. Dieser ist im Fall der elastischen Streuung die Ablenkung von der geraden Flugbahn.

n_A sei die Zahl der Teilchen A pro Volumeneinheit; wir wollen annehmen, daß sie sich nicht bewegen und punktförmig sind. Das Teilchen B habe die Querschnittsfläche σ und die Geschwindigkeit v. Dann überstreicht es pro Zeiteinheit ein Volumen $\sigma \cdot \mathrm{v}$ (Abb. II,62b). Die Zahl der dabei auf die Fläche σ treffenden Teilchen A ist gleich der Zahl der Stöße, die das Teilchen B mit den Teilchen A pro Zeiteinheit ausführt, kurz die Stoßzahl S; demnach gilt:

$$S = \sigma\, \mathrm{v}\, n_A \, . \qquad \text{(II,125)}$$

[1] Das in Abschn. 1.4 erwähnte Bremskontinuum wird von Elektronen erzeugt, die auf Hyperbeln um Ionen fliegen.

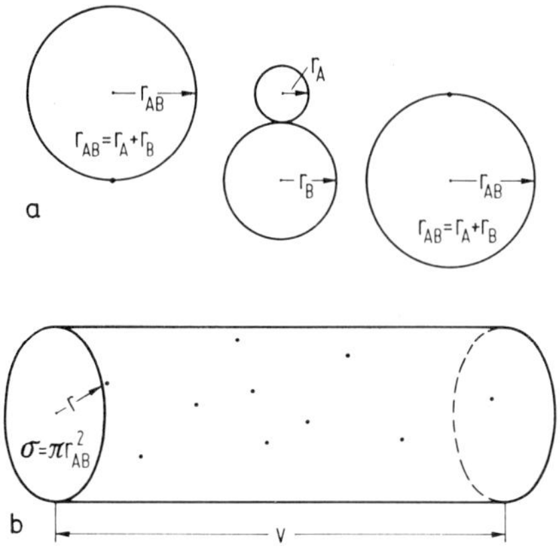

Abb. II,62. Zur Definition des Stoßquerschnitts und der Stoßzahl

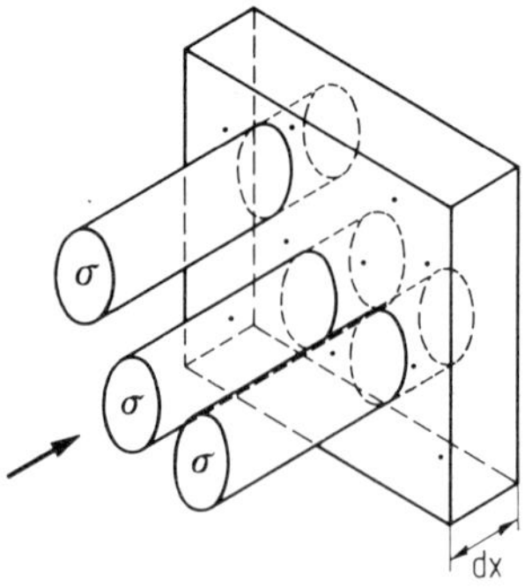

Abb. II,63. Durchgang eines Teilchenstrahls durch eine dünne Schicht

Wenn N_B Teilchen B eines Strahls eine sehr dünne Schicht der Dicke dx durchdringen (Abb. II,63) und jedes Teilchen eine Querschnittsfläche σ hat, so überstreichen sie zusammen ein Volumen $N_B\,\sigma\,dx$. Die Zahl der punktförmig gedachten Teilchen A pro Volumeneinheit sei wiederum n_A. Dann ist die Zahl der Stöße $dS^* = N_B\,\sigma\,n_A\,dx$. Bei jedem Stoßprozeß wird aber ein Teilchen B aus dem Strahl abgelenkt oder es verliert beispielsweise die für eine weitere Anregung notwendige Energie, so daß es nicht mehr zu einem zweiten erfolgreichen Stoß fähig ist. Dementsprechend ist $-\,d\,N_B = d\,S^*$ und

$$\frac{d\,N_B}{d\,x} = -\,N_B\,\sigma\,n_A\,.$$

Diese Differentialgleichung hat die Lösung

$$N_B = N_{B_0}\,e^{-\sigma n_A x} \qquad \text{(II,126a)}$$

unter der Bedingung, daß die Zahl der auf die Schicht der Dicke x treffenden Teilchen N_{B_0} ist.

$\mu = \sigma\,n_A$ ist der linearen Schwächungskoeffizient. Wenn $\sigma\,n_A\,x \ll 1$ ist, gilt für die Zahl der Teilchen, die beim Durchgang des Strahls durch die Schicht zwischen x_1 und x_2 ausscheiden ($x_1 < x_2$), oder für die Zahl der Stöße S_{12} auf diesem Wegabschnitt

$$N_{B_1} - N_{B_2} = S_{12} = N_{B_0}\,\sigma\,n_A(x_2 - x_1)\,. \qquad \text{(II,126b)}$$

Damit diese Gleichung zur Auswertung der Meßergebnisse herangezogen werden kann, muß das Produkt aus n_A, der Zahl der Atome pro Volumeneinheit, und der Länge des Weges innerhalb des Stoßraums klein genug sein.

10.2 Die Abhängigkeit der Wechselwirkungsenergie vom Abstand der Stoßpartner

Die Kurven, die die Abhängigkeit der Wechselwirkungsenergie V, also einer potentiellen Energie, vom Abstand r der beiden Stoßpartner darstellen, werden gewöhnlich als Potentialkurven bezeichnet.

Im Fall der starren Kugeln ist

$$V = \infty \quad \text{für} \quad r \leqq r_{AB}, \quad V = 0 \quad \text{für} \quad r > r_{AB} \tag{II,127}$$

(Abb. II,64a).

Wie wir sehen werden, ziehen sich die Atome in größeren Entfernungen an, wobei die Wechselwirkungsenergie

$$V = -\frac{C_s^-}{r^s} \tag{II,128a}$$

und gewöhnlich s = 6 ist (Abb. II,64c). Wenn sich bei der Annäherung der Stoßpartner ihre Atomhüllen immer stärker durchdringen, sollte die Abstoßung stark ansteigen und sich die Wechselwirkungsenergie am zutreffendsten durch eine Exponentialfunktion beschreiben lassen. Näherungsweise kann – wenigstens für gewisse r-Intervalle – die Funktion

$$V = +\frac{C_s^+}{r^s} \tag{II,128b}$$

verwendet werden. Dabei ist $s \gtrapprox 6$; zur Vereinfachung der Rechnung wird der Exponent s häufig gleich 12 gesetzt (Abb. II,64b). In diesem und im vorhergehenden Fall ist das Modell des Potenzkraftzentrums benutzt worden.

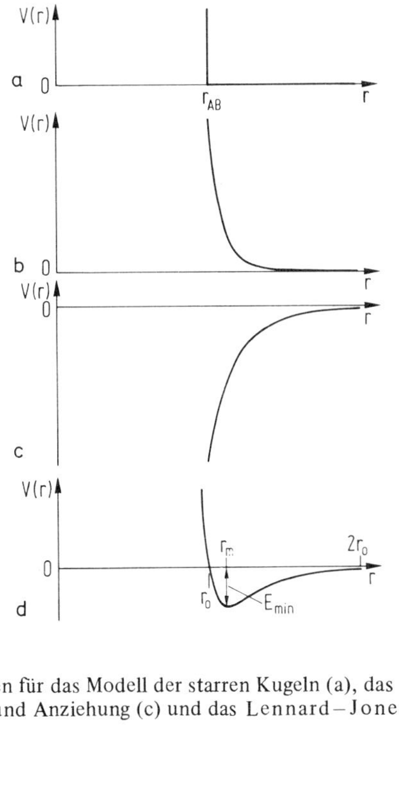

Abb. II,64. Potentialkurven für das Modell der starren Kugeln (a), das Modell des Potenzkraftzentrums bei Abstoßung (b) und Anziehung (c) und das Lennard–Jones-(12,6)-Potential (d)

Tatsächlich tritt bei größerer Entfernung der Stoßpartner eine Anziehung und bei kleineren Abständen eine Abstoßung auf, so daß die Summe der Gln. II,128a u. b eine gute Näherung für einen großen r-Bereich darstellt. Das sogenannte Lennard–Jones-(n,6)-Potential wird durch die Gleichung

$$V = \frac{6\,E_{\mathrm{min}}}{\mathrm{n}-6}\left[\left(\frac{r_{\mathrm{m}}}{r}\right)^{\mathrm{n}} - \frac{\mathrm{n}}{6}\left(\frac{r_{\mathrm{m}}}{r}\right)^{6}\right] \tag{II,129a}$$

wiedergegeben. Für n = 12 ergibt sich

$$V = E_{\mathrm{min}}\left[\left(\frac{r_{\mathrm{m}}}{r}\right)^{12} - 2\left(\frac{r_{\mathrm{m}}}{r}\right)^{6}\right] = 4\,E_{\mathrm{min}}\left[\left(\frac{r_0}{r}\right)^{12} - \left(\frac{r_0}{r}\right)^{6}\right]. \tag{II,129b}$$

Dabei ist, wie aus Abb. II,64d hervorgeht, r_0 der Schnittpunkt der Potentialkurve mit der Abszissenachse, E_{min} der absolute Betrag der Wechselwirkungsenergie im Minimum und $r_{\mathrm{m}} = r_0(\mathrm{n}/6)^{1/(\mathrm{n}-6)}$ die Koordinate des Minimums.

10.3 Die Bewegung der Stoßpartner im ortsfesten, Massenmittelpunkts- und Relativ-Koordinatensystem

Zur Beschreibung des Stoßvorgangs kann ein ortsfestes Koordinatensystem, das Laborsystem, verwendet werden. Im kartesischen System sind r'_{A} und r'_{B} die Ortsvektoren und v'_{A} und v'_{B} die Geschwindigkeitsvektoren der beiden Teilchen. Die gesamte kinetische Energie ist gleich der Summe der kinetischen Energien der Stoßpartner.

In Abb. II,65a ist die Bewegung von zwei Stoßpartnern, zwischen denen nur abstoßende Kräfte wirken, im ortsfesten Koordinatensystem x', y', z' dargestellt. Da keine äußere Kraft vorhanden ist, bewegt sich der Massenmittelpunkt mit konstanter Geschwindigkeit auf einer Geraden, in der Abbildung auf der y'-Achse in positiver Richtung. Beide Teilchen bewegen sich außerdem in einer mit dem Massenmittelpunkt mitbewegten Ebene, deren räumliche Richtung erhalten bleibt. In der Abbildung liegt ihre Normale parallel zur y'-Achse. Die fünf eingezeichneten Ebenen entsprechen Momentaufnahmen der Stoßpartner nach konstanten Zeitintervallen $\Delta\, t$.

Wir können ein neues Koordinatensystem wählen, dessen Nullpunkt der Massenmittelpunkt ist und in dessen $\xi\zeta$-Ebene sich die Stoßpartner bewegen. Die gesamte kinetische Energie setzt sich aus drei Anteilen zusammen: der Energie der Bewegung des Massenmittelpunkts, die keinen Einfluß auf den Ablauf des Stoßprozesses hat, und den Energien der Bewegung der beiden Stoßpartner. Nur in dem Sonderfall, der in Abb. II,65 dargestellt ist und in dem sich der Massenmittelpunkt auf der y'-Achse bewegt und die Normale der $\xi\zeta$-Ebene parallel zu dieser Achse ist, sind die Koordinaten der beiden Teilchen im Massenmittelpunktsystem $\xi_{\mathrm{A}} = x'_{\mathrm{A}}$, $\zeta_{\mathrm{A}} = z'_{\mathrm{A}}$, $\xi_{\mathrm{B}} = x'_{\mathrm{B}}$ und $\zeta_{\mathrm{B}} = z'_{\mathrm{B}}$. In Abb. II,65c liegt die in Abb. II,65b perspektivisch gezeichnete Ebene des Massenmittelpunktsystems in der Papierebene. Der Abstand b der beiden Geraden, auf denen die Teilchen A und B aneinander vorbeiflögen, wenn keine Wechselwirkungskräfte zwischen ihnen vorhanden wären, heißt Stoßparameter.

Der Vergleich der Abbn. II,65c u. d zeigt den Übergang vom Massenmittelpunkts- zum Relativkoordinatensystem.

Wenn wir zum Relativkoordinatensystem übergehen, führen wir das Zweikörperproblem auf ein Einkörperproblem zurück. Wollen wir vom ortsfesten Koordinaten-

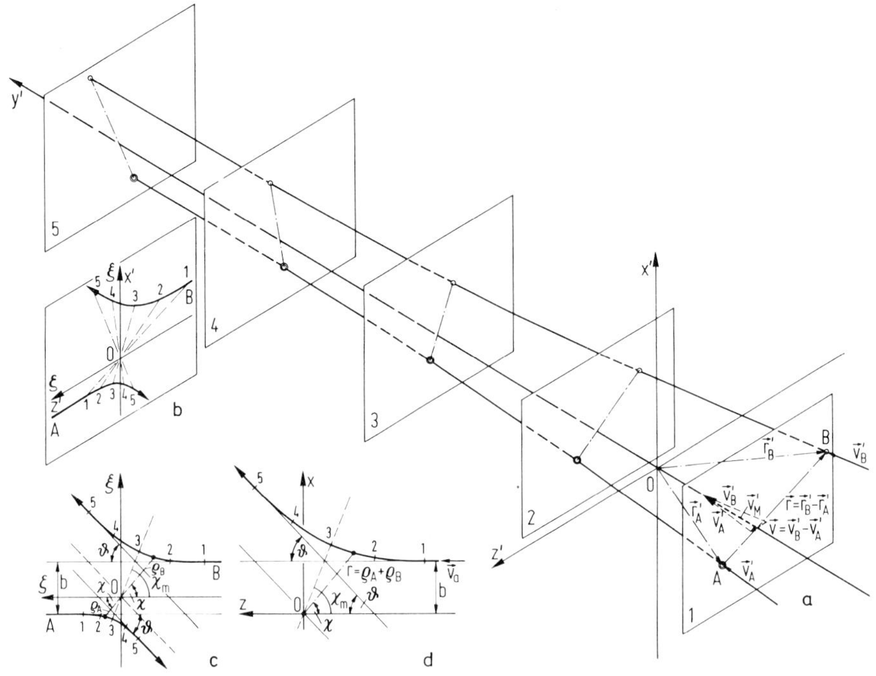

Abb. II,65. Bewegung der Stoßpartner im ortsfesten Koordinatensystem (a), im Massenmittelpunktskoordinatensystem (b u. c) und im Relativkoordinatensystem (d)

system (Abb. II,65a) zum Relativkoordinatensystem (Abb. II,65d) gelangen, so müssen wir $\boldsymbol{r} = \boldsymbol{r}'_B - \boldsymbol{r}'_A$ und $\mathbf{v} = \mathbf{v}'_B - \mathbf{v}'_A$ setzen. Wir dürfen uns folgendes vorstellen: Das Teilchen A ruht, und sein Mittelpunkt liegt im Nullpunkt des neuen Koordinatensystems. Das Teilchen B bewegt sich dann mit $\mathbf{v}$, der Relativgeschwindigkeit der Stoßpartner; sein jeweiliger Ort ist durch $\boldsymbol{r}$ gegeben. Dem Teilchen B wird die reduzierte Masse

$$m_r = \frac{m_A \cdot m_B}{m_A + m_B} \qquad \text{(II,130)}$$

zugeordnet. Ohne Wechselwirkung würde sich das Teilchen B auf einer Geraden bewegen; sein kürzester Abstand vom Nullpunkt wäre der Stoßparameter b.

Bei der rechnerischen Erfassung des Stoßvorganges wird angenommen, daß sich im Nullpunkt ein Kraftzentrum befindet, gegen das ein Teilchen mit der reduzierten Masse und der Relativgeschwindigkeit anfliegt. Wegen des Energieerhaltungssatzes muß bei elastischen Stößen der Betrag v_a der Relativgeschwindigkeit vor dem Stoß gleich dem der Relativgeschwindigkeit nach dem Stoß sein. Nur die Richtung der Relativgeschwindigkeit ändert sich. Der Bahndrehimpuls ist

$$\boldsymbol{L} = m_r \boldsymbol{r} \times \mathbf{v} = m_r(\boldsymbol{r}'_B - \boldsymbol{r}'_A) \times (\mathbf{v}'_B - \mathbf{v}'_A)\,. \qquad \text{(II,131a)}$$

Da er bei elastischen Stößen, bei denen die Kräfte zwischen den Stoßpartnern nur von deren Abstand abhängen, stets erhalten bleibt, muß die durch $(\boldsymbol{r}'_B - \boldsymbol{r}'_A) \times (\mathbf{v}'_B - \mathbf{v}'_A)$ gegebene Normale der mit dem Massenmittelpunkt mitbewegten Ebene ihre Richtung im Raum beibehalten. Diese Ebene ist ja gerade die Ebene des Massenmittelpunkts- und des Relativkoordinatensystems.

Für $r \to \infty$ ergibt sich folgender Betrag des Bahndrehimpulses

$$L = m_r\, b\, \mathrm{v_a} \tag{II,131b}$$

und folgende kinetische Energie

$$E_{k\infty} = \frac{1}{2} m_r\, \mathrm{v_a^2}\,. \tag{II,132a}$$

Um die gesamte kinetische Energie zu erhalten, die die Teilchen auch im ortsfesten Koordinatensystem besitzen, müßten wir noch die Energie der Massenmittelpunktsbewegung addieren.

Die Einführung von Polarkoordinaten ist vorteilhaft. Der Winkel χ soll mit abnehmendem Abstand des heranfliegenden Teilchens zunehmen (Abb. II,65d). Den Winkel bei der geringsten Entfernung vom Streuzentrum, also bei $r = r_{min}$, bezeichnen wir mit χ_m. Den Ablenkwinkel nennen wir ϑ. Wenn wir festsetzen, daß $\vartheta = \pi - 2\,\chi_m$ sein soll, ist ϑ bei überwiegender Abstoßung positiv und bei überwiegender Anziehung negativ.

10.4 Die Abhängigkeit des Ablenkwinkels und des Streuwinkels vom Stoßparameter

Aufgrund des Energieerhaltungssatzes gilt im Relativkoordinatensystem

$$E_{ges} = \frac{1}{2} m_r(\dot{r}^2 + r^2\,\dot{\chi}^2) + V(r) = \frac{1}{2} m_r\, \mathrm{v_a^2} = E_{k\infty}\,. \tag{II,132b}$$

Weil der Bahndrehimpuls erhalten bleiben muß, ist

$$L = m_r\, r^2\, \dot{\chi} = m_r\, b\, \mathrm{v_a}\,,$$

also

$$\dot{\chi} = \frac{b\, \mathrm{v_a}}{r^2}\,. \tag{II,131c}$$

Wir lösen Gl. II,132b nach $\dot{r}$ auf, eliminieren $\dot{\chi}$ und erhalten unter Verwendung von Gl. II,132a

$$\dot{r} = \pm\sqrt{\frac{2\,E_{k\infty}}{m_r}\left[1 - \left(\frac{b}{r}\right)^2 - \frac{V}{E_{k\infty}}\right]} = \pm\, \mathrm{v_a}\sqrt{1 - \left(\frac{b}{r}\right)^2 - \frac{V}{E_{k\infty}}} \tag{II,133}$$

Aufgrund der Gln. II,131c und II,133 ergibt sich

$$\frac{d\chi}{dr} = \frac{\dot{\chi}}{\dot{r}} = \pm \frac{b}{r^2\sqrt{1 - (\frac{b}{r})^2 - \frac{V}{E_{k\infty}}}}.$$

Wir nehmen das negative Vorzeichen, weil der Winkel χ von 0 bis χ_m anwächst, wenn r von ∞ bis r_{min} abnimmt. Dann ist der Ablenkwinkel

$$\vartheta = \pi - 2\chi_m = \pi - 2\int_0^{\chi_m} d\chi = \pi - 2\int_{r_{min}}^{\infty} \frac{b\,dr}{r^2\sqrt{1 - (\frac{b}{r})^2 - \frac{V}{E_{k\infty}}}}. \qquad \text{(II,134)}$$

Für $r = r_{min}$ muß $\dot{r} = 0$ sein; wir können also r_{min} mit Hilfe von Gl. II,133 berechnen. Für V wählen wir das Lennard–Jones-(12,6)-Potential (Gl. II,129b) und schreiben b^* für b/r_m und E^* für $E_{k\infty}/E_{min}$. Durch numerische Integration erhalten wir den Wert des Integrals in Gl. II,134 und damit den Ablenkwinkel ϑ für einen bestimmten b^*- und einen bestimmten E^*-Wert. In Abb. II,66 ist ϑ als Funktion von b^* für verschiedene E^*-Werte dargestellt.

Bei zentralen oder nahezu zentralen Stößen, also bei kleinen reduzierten Stoßparametern b^*, ist die Abstoßung vorherrschend ($\pi \geqq \vartheta > 0$). Die Anziehung überwiegt bei streifenden Stößen ($0 > \vartheta \geqq -\pi$) und umrundenden Stößen ($-\pi > \vartheta$). Bei diesen zuletzt genannten Stößen findet keine Molekülbildung statt. Wo die Kurve $\vartheta(b^*)$ die Abszissenachse schneidet, bei welchem reduzierten Stoßparameter sich also Abstoßung und Anziehung gleich stark auf den Stoßvorgang auswirken, hängt von der reduzierten Energie E^* ab.

Bei der Untersuchung der Streuung durch elastische Stöße läßt sich nicht feststellen, ob die Ablenkung durch überwiegende Abstoßung oder Anziehung zustande gekommen

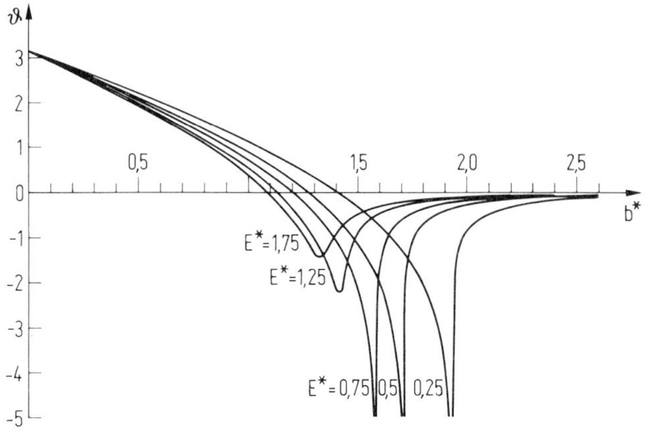

Abb. II,66. Der Ablenkwinkel ϑ in Abhängigkeit vom reduzierten Stoßparameter b^* für das Lennard–Jones-(12,6)-Potential

ist. Wir führen deshalb den Streuwinkel Θ ein, der gleich $|\vartheta|$ sein soll; von den umrundenden Stößen sehen wir ab. In den Winkel Θ, der im Relativkoordinatensystem definiert ist, läßt sich der im Laborkoordinatensystem gemessene Streuwinkel Θ^* umrechnen. Das ist jedoch im allgemeinen recht umständlich (s. einfaches Beispiel in Abschn. 11.2).

10.5 Der differentielle und der totale Streuquerschnitt

Im Nullpunkt des Koordinatensystems befindet sich das Kraftzentrum, das die elastische Streuung bewirkt. Auf dieses Streuzentrum ist ein paralleler Teilchenstrahl gerichtet (Abb. II,67). Die Ebene der Flugbahn jedes einzelnen Teilchens, die xz-Ebene in Abb. II,65d, ist um einen Winkel Φ um die z-Achse gedreht. Der Streuwinkel Θ hängt nicht von Φ ab, weil die Wechselwirkungskräfte nur eine Funktion der Entfernung vom Streuzentrum sein sollen.

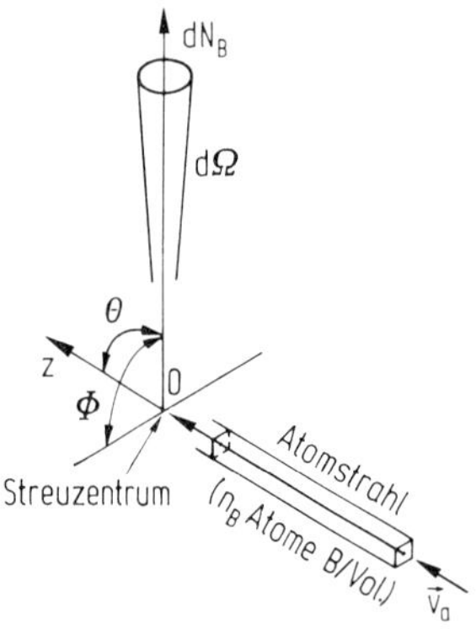

Abb. II,67.

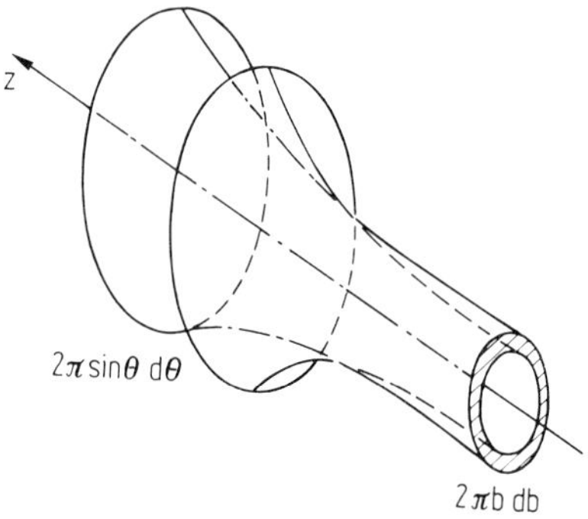

Abb. II,68.

Abb. II,67. Streuung an einem Kraftzentrum

Abb. II,68. Ablenkung der durch einen Kreisring fliegenden Teilchen (für den Fall der reinen Abstoßung)

Die im Strahl heranfliegenden Teilchen sollen vor dem Stoß eine einheitliche Geschwindigkeit v_a haben; ihre Zahl pro Volumeneinheit sei n_B. Dann ist die Zahl $d\,N_B$ derer, die pro Zeiteinheit um den Streuwinkel Θ in das Raumwinkelelement $d\,\Omega = \sin\Theta\, d\Theta\, d\Phi$ abgelenkt werden, n_B, v_a und $d\Omega$ proportional, also

$$d\,N_B = I\, n_B\, v_a \sin\Theta\, d\Theta\, d\Phi\,.$$

Die Bedeutung der Größe I, die wir als Proportionalitätskonstante eingeführt haben, wird uns später klarwerden. Die Zahl der Teilchen, die in einer Zeiteinheit um Winkel zwischen Θ und $\Theta + d\Theta$ in den Raumwinkel $2\pi \sin\Theta\, d\Theta$ gestreut werden (s. Abb. II,68), ist $I\, n_B\, v_a \cdot 2\pi \sin\Theta\, d\Theta$. Alle diese Teilchen sind zuvor während einer Zeiteinheit durch den Kreisring $2\pi\, b\, db$ geflogen; es sind $n_B\, v_a \cdot 2\pi\, b\, db$. Zu jedem Stoßparameter b gehört nämlich ein bestimmter Ablenkwinkel ϑ und ein bestimmter Streuwinkel $\Theta = |\vartheta|$. Weil Θ mit wachsendem b größer oder kleiner werden kann und deshalb zu $db > 0$ ein $d\Theta$ gehört, das größer oder kleiner als 0 sein kann, schreiben wir $|d\Theta|$ statt $d\Theta$ und erhalten

$$I\, n_B\, v_a\, 2\,\pi \sin\Theta\, |d\Theta| = n_B\, v_a\, 2\,\pi\, b\, db\,.$$

Hieraus folgt

$$I = \frac{2\,\pi\, b\, db}{2\,\pi \sin\Theta\, |d\Theta|} = \frac{b}{\sin\Theta} \left|\frac{db}{d\Theta}\right|\,.$$

I hängt wie b von Θ und $E_{k\infty}$ ab und wird als differentieller Streuquerschnitt bezeichnet. Wie aus der letzten Gleichung hervorgeht, kann I in $m^2\, sr^{-1}$ angegeben werden. Wenn ein am Nullpunkt des Koordinatensystems befindliches Teilchen A die Querschnittsfläche $2\,\pi\, b\, db$ hätte, so würden die punktförmig gedachten Teilchen B, die auf die Fläche fallen, um Streuwinkel zwischen Θ und $\Theta + d\Theta$ in den Raumwinkel $2\,\pi \sin\Theta\, d\Theta$ abgelenkt. Damit erhalten wir den Zusammenhang zwischen I und dem in Abschn. 10.1 definierten Stoßquerschnitt.

Da ein Streuwinkel zu mehreren Stoßparametern gehören kann, bekommen wir

$$I(\Theta, E_{k\infty}) = \frac{1}{\sin\Theta} \sum_i b_i \left|\frac{db_i}{d\Theta}\right|\,. \tag{II,135a}$$

Der totale Streuquerschnitt ist

$$\sigma_e(E_{k\infty}) = 2\,\pi \int_0^{\pi} I(\Theta, E_{k\infty}) \sin\Theta\, d\Theta\,. \tag{II,136}$$

Ist $\Theta = |\vartheta|$ gleich 0 oder geht $\frac{db}{d\Theta}$ gegen Unendlich, so wird der differentielle Streuquerschnitt nach Gl. II,135a unendlich groß. Damit Θ gleich 0 wird, muß der Stoßparameter unendlich groß werden oder einen bestimmten, von $E_{k\infty}$ und E_{min} abhängigen Wert annehmen (s. Abb. II,66). In diesem Fall heben sich während des Stoßprozesses Anziehung und Abstoßung in ihrer Wirkung gerade auf. Die Singularität wird als Strahlenkranz-Singularität bezeichnet. Die Kurven in Abb. II,66 haben bei einem bestimmten reduzierten Stoßparameter ein Minimum. Weil dort $\frac{d\vartheta}{db^*} = 0$ ist, ist $\frac{db}{d\Theta} = \infty$. Die hierdurch verursachte Singularität des differentiellen Streuquerschnitts wird Regenbogen-Singularität genannt.

Die kleinen Streuwinkel, die zu großen Stoßparametern gehören, werden durch die Anziehung bewirkt. Wenn das entsprechende Potenzkraftzentrenpotential (Gl. II,128a) zugrunde gelegt wird und $s > 2$ ist, ergibt sich

$$I(\Theta, E_{k\infty}) \sim \Theta^{-\frac{2s+2}{s}}\,. \tag{II,135b}$$

Für $\Theta \to 0$ sollte dann in Übereinstimmung mit den vorhergehenden Erörterungen $I \to \infty$ gehen. Aber nach der quantenmechanischen Rechnung ist das nicht der Fall. Daß eine solche Abweichung von der klassischen Theorie auftreten kann, läßt sich aufgrund folgender Überlegungen einsehen. Der Stoßparameter b eines heranfliegenden Teilchens, also seine x-Kordinate für $z \to -\infty$ (s. Abb. II,65d), sei mit einer Genauigkeit Δb bekannt. Dann muß nach der Heisenbergschen Unbestimmtheitsrelation die Unsicherheit der Impulskomponente $\Delta p_x \approx \hbar/\Delta x = \hbar/\Delta b$ sein. Die Impulskomponente p_z ist gleich $m_r \mathrm{v_a}$ und $\Delta \alpha \approx \Delta p_x/p_z = \Delta p_x/m_r \mathrm{v_a} \approx \hbar/m_r \mathrm{v_a} \Delta b$. Die Richtung der Anfluggeraden ist um den Winkel $\Delta \alpha$ gegenüber der z-Achse unbestimmt. Deshalb hat es keinen Sinn, von der Streuung des Teilchens zu sprechen, wenn der Streuwinkel Θ nicht größer als $\Delta \alpha$ ist.

Die Ergebnisse der quantenmechanischen Rechnung sind durch Messungen[1] bestätigt worden. In Abb. II,69 sind die Meßwerte für den differentiellen Stoßquerschnitt über dem Streuwinkel Θ^* im Laborsystem aufgetragen und die theoretische Kurve eingezeichnet. Für $\Theta^* \gtrsim 10'$ behält Gl. II,135b mit s = 6 ihre Gültigkeit.

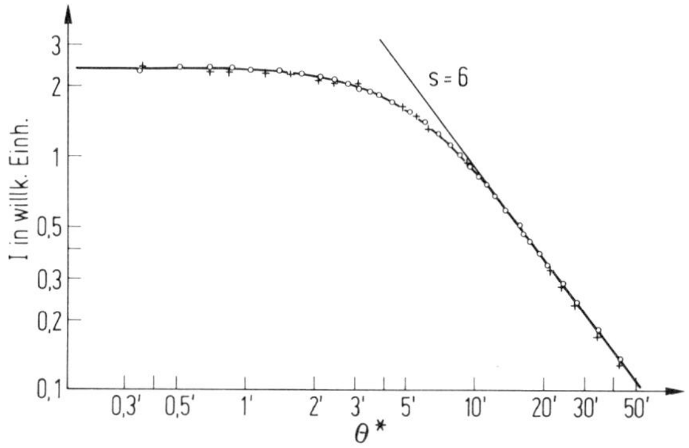

Abb. II,69. Der differentielle Streuquerschnitt bei sehr kleinen Winkeln. Meßwerte und berechnete Kurve für K – Xe nach Helbing und Pauly (s. Lit. Pauly und Toennies)

In der Quantenmechanik entspricht dem Parallelstrahl der Atome, die zum Streuzentrum hin fliegen, eine ebene Welle, die auf das Streuzentrum zu läuft, und den gestreuten Teilchen eine vom Streuzentrum ausgehende Kugelwelle. Die Wellen lassen sich in Partialwellen für die gequantelten Bahndrehimpulse unterteilen. Nach Gl. II,131b hängen in der klassischen Mechanik der Bahndrehimpuls L und der Stoßparameter b folgendermaßen zusammen: $L = m_r \mathrm{v_a} b$. Deshalb entspricht eine Partialwelle einem Teilstrahl aus Atomen mit gewissen Stoßparametern zwischen b und $b + \Delta b$. Bei der Überlagerung der Wellen, bei der die Phasendifferenzen ebenso wichtig sind wie die Amplituden, treten Interferenzen auf. Diese kommen dadurch zum Ausdruck, daß die Kurve der klassischen Mechanik für den differentiellen Streuquer-

[1] Damit die Winkelauflösung der Meßapparatur groß genug ist, müssen die Spaltbreiten und die Detektorbreite von der Größenordnung 10 μm sein. Außerdem muß sich der Detektor sehr genau senkrecht zum Atomstrahl verschieben lassen.

schnitt $I(\Theta)$ von wellenförmigen Schwankungen mit größeren und geringeren Breiten $\Delta\,\Theta$ überlagert wird.

Gemessene Schwankungen größerer Breite sehen wir in Abb. II,70. Außer einem Hauptmaximum treten noch Nebenmaxima bei kleineren Streuwinkeln auf. Der Streuwinkel der klassischen Regenbogen-Singularität liegt an der Stelle, an der der differentielle Streuquerschnitt mit zunehmendem Θ auf 44% seines Werts im Hauptmaximum abgesunken ist. Das Hauptmaximum wird als primäres Regenbogen-Maximum bezeichnet. Aufgrund der Meßergebnisse für $I(\Theta, E_{k\,\infty})$ in der Umgebung des Hauptmaximums können die Parameter E_{min} und r_m der Lennard–Jones-(n, 6)-Potentialkurve berechnet werden, auch n, wenn absolute und nicht nur relative Werte für den differentiellen Streuquerschnitt vorliegen.

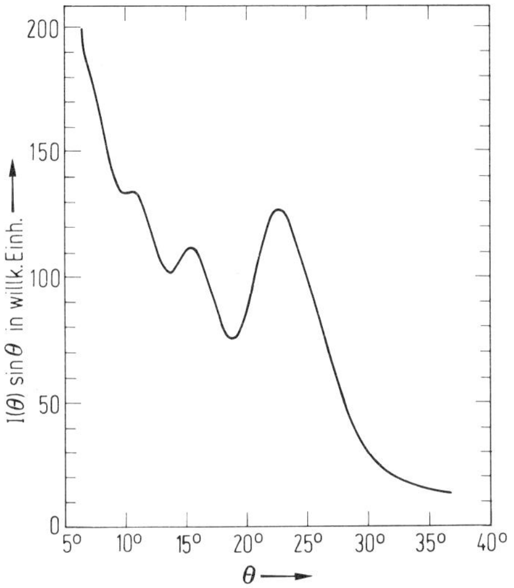

Abb. II,70.

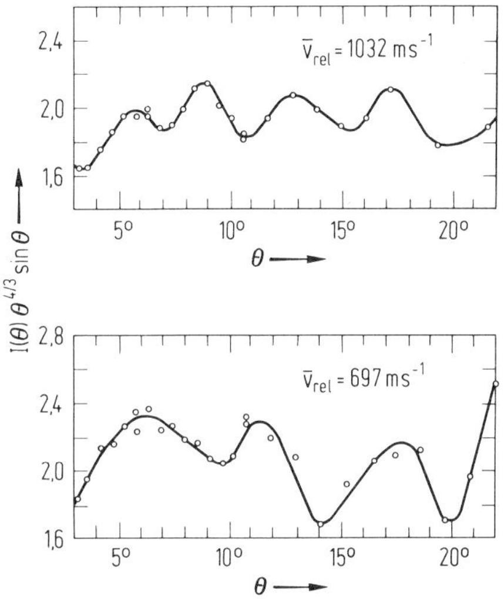

Abb. II,71.

Abb. II,70. Der mit der Gewichtsfunktion sin Θ multiplizierte gemessene differentielle Streuquerschnitt $I(\Theta)$ für das System Na – Hg nach Hundhausen und Pauly (s. Lit. Pauly und Toennies)

Abb. II,71. Der mit $\Theta^{4/3}$ sin Θ multiplizierte differentielle Streuquerschnitt $I(\Theta)$ für das System ^{7}Li – Hg nach Bernstein (s. Lit.)

Die Schwankungen geringerer Breite $\Delta\,\Theta$ können nur nachgewiesen werden, wenn die Meßapparatur eine hohe Geschwindigkeits- und Winkelauflösung besitzt. Damit der steile Anstieg des differentiellen Streuquerschnitts mit abnehmendem Streuwinkel unterdrückt wird, ist in Abb. II,71 der mit $\Theta^{4/3}$ sin Θ multiplizierte differentielle Streuquerschnitt aufgetragen. Bei einer Relativgeschwindigkeit der ^{7}Li- und Hg-Atome von 1032 m s^{-1} ist die de Broglie-Wellenlänge $\lambda = h/m_r\, v = 0{,}57$ Å. Aus der Optik ist uns bekannt, daß die Differenz $\Delta\,\gamma$ der Winkel, die bei der Beugung an einem Hindernis der Breite d zu benachbarten Intensitätsmaxima oder -minima gehören, mit einer Genauigkeit, die für unsere Abschätzung ausreicht, gleich λ/d ist. Für den mittleren Abstand der Maxima oder der Minima entnehmen wir der Abbildung $\overline{\Delta\Theta} \approx 4^\circ$. Dann ergibt sich $d \approx \lambda/\Delta\gamma \approx 8 \cdot 10^{-10}$ m. Nach dieser Abschätzung sieht es so aus, als fände eine Beugung des ^{7}Li-Atomstrahls an Teilchen mit einem Durchmesser von etwa $8 \cdot 10^{-10}$ m statt. Die quantenmechanische Rechnung ermöglicht es, aufgrund der zu den Extrema gehörenden Streuwinkeln den Parameter r_m der Kurve für das Lennard–Jones-(12,6)-Potential zu bestimmen; E_{min} braucht hierzu nur mit geringerer Genauigkeit bekannt zu sein.

Bei den Messungen des totalen Streuquerschnitts σ_e werden alle Atome, die auf die Detektorfläche treffen, als nicht gestreut registriert. Nur wenn die Breite B der Detektorfläche klein genug ist, wird in Übereinstimmung mit der Quantenmechanik ein endlicher und von B unabhängiger Wert für den totalen Streuquerschnitt erhalten.

Ebenso wie der differentielle hängt auch der totale Streuquerschnitt σ_e noch von der Energie der Relativbewegung der Stoßpartner ab. Dabei überlagern sich zwei Anteile σ_1 und σ_2. σ_1 ist $v_a^{-2/5}$ proportional, wenn Gl. II,128a mit s = 6 für die Wechselwirkungsenergie verwendet wird. Sie gilt für die Anziehung zwischen den Stoßpartnern bei größeren Abständen. Die Schwankungen von σ_2 werden mit wachsender Relativgeschwindigkeit v_a stärker; die Maxima liegen bei

$$v_a = \frac{0{,}134\, E_{min}\, r_m}{(n - \frac{3}{8})\hbar} \left(1 + \sqrt{1 - 0{,}71 \sqrt{\frac{E_{min}}{m_r}}\; \frac{(n - \frac{3}{8})\hbar}{0{,}134\, E_{min}\, r_m}}\right)$$

mit n = 1, 2, ... Hier ist das Lennard–Jones-(12,6)-Potential zugrunde gelegt. Die Schwankungen hängen mit der Strahlenkranz-Singularität zusammen. Wie die Abb. II,72 zeigt, sind bei dem System Li–Xe die Extrema der Kurve $\sigma_e(v)$ wegen der verhältnismäßig hohen Relativgeschwindigkeiten sehr deutlich ausgeprägt.

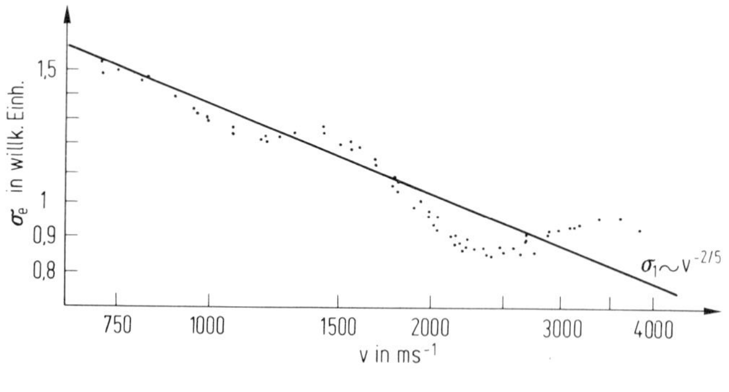

Abb. II,72. Der totale Streuquerschnitt für das System Li – Xe in Abhängigkeit von der Geschwindigkeit v der Li-Atome nach Rothe, Rol, Trujillo und Neynaber (s. Lit.)

In Tabelle II,17 sind E_{min}- und r_m-Werte der Lennard–Jones-(12,6)-Potentialkurven einiger Paare von Stoßpartnern zusammengestellt. Sie sind nach verschiedenen Methoden erhalten worden, und zwar durch Untersuchung der Regenbogen-Streuung (RS),

Tab. II,17. Parameter der Lennard–Jones-(12,6)-Potentialkurve

Stoßpartner	E_{min} in 10^{-21} J	E_{min} in eV	r_m in 10^{-10}	Art der Bestimmung
He – He	0,141	0,00088	2,89	V
Ne – Ne	0,38	0,0024	3,2	V
Kr – Kr	2,62	0,0164	4,05	V
Xe – Xe	3,16	0,0197	4,55	V
Li – Ne	0,18	0,00112	5,04	TS
Li – Kr	1,32	0,0082	5,16	TS
Li – Xe	2,02	0,0126	5,26	TS
Na – Xe	1,71	0,0107	5,3	RS
	1,95	0,0122	4,5	TS
Na – Hg	7,89	0,0493	7,3	RS
K – Kr	1,2	0,0075	6,8	RS
	1,3	0,0069	5,9	TS
K – Xe	1,76	0,0110	5,6	RS
K – Hg	7,51	0,0469	7,6	RS

der Geschwindigkeitsabhängigkeit des totalen Streuquerschnitts (TS) und der Viskosität (V). Durch die Messungen des differentiellen und des totalen Streuquerschnitts ist immer wieder bestätigt worden, daß die Anziehung zwischen den Atomen durch van der Waalsche Kräfte bewirkt wird, bei denen die potentielle Energie r^{-6} proportional ist.

Die van der Waalsschen Kräfte lassen sich nicht aufgrund der klassischen Theorie erklären. Sie ergeben sich in der zweiten Näherung der quantenmechanischen Störungsrechnung und zählen deshalb zu den Wechselwirkungskräften 2. Ordnung. In der zweiten Näherung wird die Deformation der Elektronenhüllen der beiden Atome berücksichtigt. Es handelt sich hier aber nicht um eine statische Verschiebung der Hüllen gegenüber den Kernen. Denn die van der Waalsschen Kräfte zwischen unangeregten Atomen hängen von den Quadraten der elektrischen Dipolmomente, die allen möglichen Übergängen vom Grundzustand zuzuordnen sind, und den zugehörigen Frequenzen ab. Eine Näherungsformel zur Berechnung der Konstante C_6^- in Gl. II,128a nach J. C. Slater und J. G. Kirkwood lautet

$$C_6^- = \frac{3}{2} \frac{e\hbar}{\sqrt{m_e}(4\pi\epsilon_0)^2} \frac{\alpha_1 \alpha_2}{\sqrt{\frac{\alpha_1}{N_1}} + \sqrt{\frac{\alpha_2}{N_2}}};$$

α_1 und α_2 sind die optischen Polarisierbarkeiten der Stoßpartner, wobei α in A s m^2 V^{-1} angegeben wird, und N_1 und N_2 die Zahlen der Elektronen in der äußersten Schale. Mit Hilfe von Streuexperimenten ist für K – Ar $C_6^- = 2{,}8 \cdot 10^{-77}$ J m^6 und für Li – Kr $C_6^- = 2{,}7 \cdot 10^{-77}$ J m^6 erhalten worden. In beiden Fällen liegen die experimentellen Werte nicht mehr als 10% über den theoretischen, während sonst noch beträchtliche Unterschiede bestehen. Die Konstante C_6^- für K – K ist etwa um eine Zehnerpotenz größer als für K – Ar.

Der Stoßquerschnitt für die Diffusion ist

$$\sigma_d = 2\pi \int_0^\pi I(\Theta)\,(1-\cos\Theta)\sin\Theta\,d\Theta = 4\pi \int_0^\pi I(\Theta)\sin^2\frac{\Theta}{2}\sin\Theta\,d\Theta \qquad \text{(II,137)}$$

und der Stoßquerschnitt für die Viskosität und Wärmeleitung

$$\sigma_{rw} = 2\pi \int_0^\pi I(\Theta)\sin^3\Theta\,d\Theta = 2\pi \int_0^\pi I(\Theta)\sin^2\Theta\sin\Theta\,d\Theta\,. \qquad \text{(II,138)}$$

Beide Stoßquerschnitte hängen ebenso wie der totale Streuquerschnitt noch von der Geschwindigkeit oder der kinetischen Energie ab. Das muß bei der Berechnung der mittleren Stoßquerschnitte für eine bestimmte Temperatur berücksichtigt werden. Wenn wir die drei Integrale in den Gln. II,136, 137 u. 138 miteinander vergleichen, sehen wir, daß sie verschiedene Gewichtsfunktionen enthalten: 1 beim totalen Streuquerschnitt, $2 \sin^2 \frac{\Theta}{2}$ beim Stoßquerschnitt für die Diffusion und $\sin^2 \Theta$ beim Stoßquerschnitt für die innere Reibung und die Wärmeleitung. Der Diffusionskoeffizient D ist σ_d^{-1} und die Viskosität η sowie die Wärmeleitfähigkeit λ sind σ_{rw}^{-1} proportional. Die Funktionen $\sin^2 \frac{\Theta}{2}$ und $\sin^2 \Theta$ geben gerade den Stößen ein größeres Gewicht, die die Diffusion, die innere Reibung und die Wärmeleitung behindern. Für $0 \leqq \Theta \leqq \pi$ liegt das Maximum von $\sin^2 \frac{\Theta}{2}$ bei π und für $\sin^2 \Theta$ bei $\pi/2$.

Wir wollen ein einfaches Beispiel für den Fall $\Theta = \pi$ betrachten. Bei einem geraden zentralen elastischen Stoß eines kugelförmigen Teilchens der Sorte B gegen ein ruhendes mit der gleichen Masse, das aber zur Sorte A gehört, fliegt dieses mit dem Impuls und der kinetischen Energie des stoßenden in dessen Flugrichtung weg; das Teilchen der Sorte B ist gestoppt worden. Durch einen derartigen Stoß wird also die Diffusion, die als Massetransport anzusehen ist, vollständig gehemmt, und die innere Reibung, die wir als Impulstransport auffassen können, sowie die Wärmeleitung, bei der ein Energietransport stattfindet, überhaupt nicht.

Es muß noch darauf hingewiesen werden, daß die Gewichtsfunktionen $\sin^2 \frac{\Theta}{2}$ und $\sin^2 \Theta$ den Einfluß der kleinen Streuwinkel unterdrücken und dadurch bewirken, daß die Stoßquerschnitte – im Gegensatz zum totalen Streuquerschnitt – auch nach der klassischen Theorie nicht unendlich groß werden.

10.6 Die Erzeugung von langsamen Atomstrahlen und die Messung des Teilchenflusses

Beim klassischen Atomstrahl oder Standardstrahl ist die Breite des rechteckigen Ofenspalts kleiner als die mittlere freie Weglänge der Atome im Ofen. Die Teilchenstromstärke ist $\cos \vartheta$ proportional; dabei ist ϑ der Winkel zwischen der Strahlrichtung und der Normale der Spaltfläche. Nur die Atome mit $\vartheta \approx 0$ gelangen durch den Austrittsspalt des Ofenraums in den Kollimatorraum und passieren dann einen Kollimatorspalt (Abb. II,73); die anderen werden abgepumpt oder an gekühlten Flächen ausgefroren.

Wenn die Atome für die Messungen bestimmte Geschwindigkeiten haben sollen, wird ein Geschwindigkeitsselektor verwendet. Im einfachsten Fall besteht er aus zwei Scheiben mit je einem Schlitz der Breite B. Die beiden Scheiben sitzen in einem Abstand L voneinander auf einer Achse, die sich mit der Winkelgeschwindigkeit ω dreht; die Schlitze sind um einen Winkel α gegeneinander versetzt. Dann ist für $B \to 0$ die Geschwindigkeit v der Atome, die ungehindert weiterfliegen, $v = \omega L/\alpha$. Damit einerseits das Geschwindigkeitsauflösungsvermögen $v/\Delta v$ groß ist und andererseits möglichst viele Atome innerhalb des betreffenden Geschwindigkeitsintervalls durchgelassen werden, bestehen die Geschwindigkeitsselektoren aus mehreren Scheiben mit vielen Schlitzen (beispielsweise 8 Scheiben mit 360 Schlitzen bei $\omega \approx 4000\ s^{-1}$).

Der Atomstrahl geht dann durch einen weiteren Kollimatorspalt und die Streukammer. An ihrer Stelle wird auch ein zweiter Atomstrahl verwendet. Statt des rechteckigen Spaltes besitzt der zugehörige Ofen eine Vielkanalanordnung; sie besteht aus 200 bis 10 000 parallelen Kanälen, die eine Länge bis zu 2,5 cm und eine Querschnittsfläche von etwa 0,001 bis 0,1 mm^2 haben. Diese Anordnung hat den Vorteil, daß die Halbwertsbreite des Teilchenstrahls viel kleiner ist als die des Standardstrahls. Deshalb braucht der mit einem Vielkanalofen erzeugte Sekundärstrahl nicht noch durch einen Kollimatorspalt zu gehen, sondern kann unmittelbar vor der Ofenöffnung vom Primärstrahl gekreuzt werden.

Wenn der totale Streuquerschnitt gemessen werden soll, befindet sich der fest stehende Strahldetektor in einem besonderen Raum. Für Messungen des differentiellen Streuquerschnitts muß der Detektor um bestimmte Winkel geschwenkt werden können.

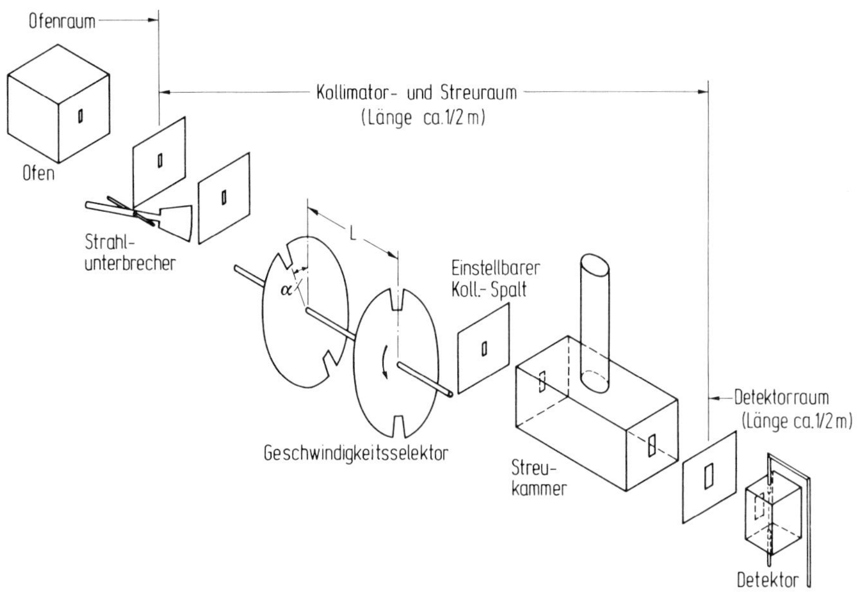

Abb. II,73. Schema einer Apparatur für die Messung des totalen Streuquerschnitts in Abhängigkeit von der Geschwindigkeit

Beim Stern–Pirani-Detektor fliegen die Atome durch einen schmalen Spalt in einen kleinen Raum und bewirken dort eine Druckerhöhung, die mit einem Wärmeleitungsmanometer gemessen wird. Wesentlich empfindlicher ist der Langmuir–Taylor- oder Oberflächenionisationsdetektor. Hierbei fliegen die Atome gegen einen heißen Draht aus reinem oder oxidiertem Wolfram und dampfen zum Teil wieder als Ionen ab. Dieser Ionenstrom ist dann leicht zu messen. Da die Ionisierungsenergie der Atome kleiner als die Austrittsarbeit der Elektronen aus dem Draht sein muß, ist dieser Detektor nur beschränkt anwendbar. Beim Elektronenstoß- oder Universaldetektor wird ein Teil der Strahlatome durch Stöße mit Elektronen ionisiert, gleichzeitig aber auch zwangsläufig eine Anzahl von Molekülen, die sich im Raum befinden. Nachdem durch ein Massenfilter eine Trennung erfolgt ist, wird der sehr kleine Strahlionenstrom mit einem Teilchenmultiplier gemessen.

11. Unelastische Stöße zwischen Atomen

11.1 Übersicht über die Stoßprozesse, die Geschwindigkeitsabhängigkeit der Stoßquerschnitte und die Spinerhaltung

Bei den unelastischen Stößen zwischen Atomen und Elektronen, Ionen oder Atomen wird kinetische Energie in eine andere Energieform, Anregungs- oder Ionisierungsenergie, umgewandelt oder umgekehrt. Im ersten Fall wird häufig von Stößen 1. Art und im anderen Fall von Stößen 2. Art gesprochen.

Wir können die Stoßvorgänge in Form chemischer Reaktionsgleichungen beschreiben. Die Buchstaben A und B werden für die beiden Atome benutzt, die auch zu ein und demselben Element gehören können. Das Kreuz kennzeichnet die einfache positive Elementarladung, die das Ion trägt, und der Stern die Anregung. e^- ist das Symbol für das Elektron. Zu jedem Stoßprozeß muß auch ein in der umgekehrten Richtung ablaufender Vorgang vorhanden sein. Einige wesentliche Stoßprozesse, die wir behandeln werden, und ihre Umkehrungen sollen hier zusammengestellt werden.

Stoßanregung und Stoßüberführung auf das Grundniveau:

$$e^- + A \rightleftarrows e^- + A^*$$
$$B^+ + A \rightleftarrows B^+ + A^*$$
$$B + A \rightleftarrows B + A^*$$

Stoßionisation und Rekombination im Dreierstoß:

$$e^- + A \rightleftarrows e^- + A^+ + e^-$$
$$B^+ + A \rightleftarrows B^+ + A^+ + e^-$$
$$B + A \rightleftarrows B + A^+ + e^-$$

Ladungsaustausch:

$$B^+ + A \rightleftarrows B + A^+$$

Wir wollen ein Analogon aus der Mechanik für die Energieübertragung zwischen den Stoßpartnern betrachten: zwei gekoppelte Pendel. Befindet sich zunächst das Pendel 2 mit einer Eigenfrequenz ν_2 im tiefsten Punkt und wird das Pendel 1 mit der nur wenig abweichenden Eigenfrequenz ν_1, das eine gewisse Auslenkung hat, freigegeben, so geht bei schwacher Kopplung die Schwingungsenergie innerhalb einer Zeit $T_{\text{Ü}} \approx 1/2\,|\nu_1 - \nu_2| = 1/2\,|\Delta\nu|$ fast vollständig vom Pendel 1 auf das Pendel 2 über. Danach finden weitere periodische Hin- und Rückübertragungen der Energie statt. Wird nach einer Zeit $T_S = T_{\text{Ü}}$ die Kopplung zwischen den Pendeln gelöst, so ist die Energie gerade von dem anfangs schwingenden auf das zunächst ruhende Pendel übergegangen. Ist $T_S < T_{\text{Ü}}$, so ist die Energieübertragung unvollständig. Für $T_S > T_{\text{Ü}}$ besteht auch nur eine geringe Wahrscheinlichkeit, daß sich gerade der größte Teil der Energie beim Pendel 2 befindet.

Bei einem Stoß mit einer Übertragung der Anregungsenergie (oder der Ionisierungsenergie) würde sich in Analogie $T_{\text{Ü}} = h/2\,|\Delta E|$ ergeben. Wenn v die Geschwindigkeit des stoßenden Teilchens und a die Linearausdehnung des Gebietes starker Wechselwirkungskräfte ist, so ist die Stoßdauer $T_S = a/\text{v}$. Hieraus würde die Bedingung $2\,a\,|\Delta E|/h\,\text{v} = 1$ für eine vollkommene Energieübertragung folgen. Gewöhnlich wird das nach H. S. W. Massey benannte Kriterium aufgrund von Ergebnissen der quantenmechanischen Rechnung jedoch folgendermaßen formuliert:

$$\frac{a\,|\Delta E|}{\hbar\,\text{v}} = K\,. \qquad (\text{II},139)$$

Für $K \approx 1$ dürfen wir einen „starken Stoß" erwarten. Wenn $K \gg 1$ ist, also bei verhältnismäßig kleinen Relativgeschwindigkeiten, liegt ein „adiabatischer Stoß" vor, bei dem das System der Stoßpartner genügend Zeit hat, um sich auf die Störung einzustellen. Falls $K \ll 1$ ist, also bei sehr großen Relativgeschwindigkeiten und sehr wenig Zeit für den Stoßvorgang, findet ein „plötzlicher Stoß" statt. Der Querschnitt für einen bestimmten Stoßprozeß wächst dementsprechend mit zunehmender Relativgeschwindigkeit der Stoßpartner an, erreicht für $K \approx 1$ ein Maximum und wird wieder kleiner. Das Massey-Kriterium kann angewandt werden, wenn $|\Delta E|$ klein gegenüber der Ionisierungs- oder der Anregungsenergie der Stoßpartner vor und nach dem Stoß ist, also in den Fällen des asymmetrischen Ladungsaustauschs (Abschn. 11.5) und der Stöße zwischen angeregten und unangeregten Atomen (Abschn. 11.6). Die Schwierigkeit bei der Benutzung des Kriteriums besteht in der Abschätzung der Größe a, die auch als „adiabatischer Parameter" bezeichnet wird.

Das Anwachsen und die dann folgende Abnahme des Stoßquerschnitts mit zunehmender Relativgeschwindigkeit der Stoßpartner ist bei allen unelastischen Stößen zu finden, die wir in diesem Abschnitt besprechen, sofern nicht der „Fall der exakten Resonanz" vorliegt, in dem keine Energieumwandlung notwendig ist ($\Delta E = 0$).

Die Teilchen der Sorte A können im Laborsystem als ruhend angesehen werden, wenn ein Strahl schneller Teilchen der Sorte B für die Untersuchung der Stöße zwischen A und B verwendet wird. Hat ein Teilchen B die Geschwindigkeit v_B, so ist dies dann zugleich die Relativgeschwindigkeit v_a (s. Abschn. 10.3). Die kinetische Energie des Teilchens B ist $E_{kB} = m_B v_B^2/2$ und die kinetische Energie im Massenmittelpunkts- und im Relativkoordinatensystem $E_{k\infty} = m_r v_a^2/2 = E_{kB}\, m_A/(m_A + m_B)$. Diese Energie kann maximal bei unelastischen Stößen in Anregungs- oder Ionisierungsenergie umgewandelt werden. Handelt es sich bei dem Teilchenstrahl um einen Elektronenstrahl, so ist $E_{k\infty}$ nur unwesentlich kleiner als die kinetische Energie E_{ke} der Elektronen im Laborsystem, da die Masse m_A der Atome A sehr groß gegenüber m_e ist. Bei den schnellen Atom- und Ionenstrahlen ist E_{kB} gewöhnlich viel größer als die umzuwandelnde Energie.

Nach der quantenmechanischen Stoßtheorie sind die Querschnitte für die Anregung und Ionisierung durch Elektronen und einfach positiv geladene Ionen gleich, wenn sie die gleiche Geschwindigkeit haben und diese groß gegenüber der Geschwindigkeit des vom Stoß betroffenen Atomelektrons ist. Das bedeutet: Wenn wir die Stoßquerschnitte σ über $E_k = E_{kB}\, m_e/m_B$ auftragen, sollen die Kurven $\sigma(E_k)$ für Elektronen und Ionen für große Werte der kinetischen Energie, also jenseits des Maximums, zusammenfallen.

Wenn die Spinquantenzahlen der beiden Stoßpartner vor dem Stoß S'_I und S'_{II} sind, so sind die möglichen Gesamtspinquantenzahlen $S' = S'_I + S'_{II}, S'_I + S'_{II} - 1, \ldots, |S'_I - S'_{II}|$. Nach dem Stoß seien die beiden Spinquantenzahlen S''_I und S''_{II}; demnach ist $S'' = S''_I + S''_{II}, S''_I + S''_{II} - 1, \ldots, |S''_I - S''_{II}|$. Nach E. Wigner muß $S' = S''$ sein.

Als Beispiel wollen wir die Anregung des $3\,^3S_1$-Niveaus des He-Atoms durch einen Stoß mit einem H-Atom und einem H^+-Ion erörtern:

$$H(1\,^2S_{1/2}) + He(1\,^1S_0) \rightarrow H(1\,^2S_{1/2}) + He(3\,^3S_1)$$

$$S'_I = 1/2 \qquad S'_{II} = 0 \qquad S''_I = 1/2 \qquad S''_{II} = 1$$

$$S' = 1/2 \qquad\qquad S'' = 1/2,\ 3/2$$

$S' = 1/2 = S'' = 1/2$; also ist der Stoßprozeß möglich.

$$H^+ + He(1\ ^1S_0) \leftrightarrow H^+ + He(3\ ^3S_1)$$
$$S' = S'_{II} = 0 \qquad S'' = S''_{II} = 1$$

Dieser Stoßprozeß ist nicht möglich, da das H^+-Ion kein Elektron hat und deshalb S' nicht gleich S'' sein kann.

11.2 Apparaturen zur Untersuchung der Stoßanregung, der Stoßionisierung und des Ladungsaustauschs

Wir wollen uns einen Überblick über die Verfahren zur Erzeugung von Elektronen-, Ionen- und schnellen Atomstrahlen verschaffen und auf einfache Anordnungen zur Bestimmung der Stoßquerschnitte für die Anregung, die Ionisierung und den Ladungsaustausch, der häufig auch als Umladung bezeichnet wird, kurz eingehen. Werden schnelle Atomstrahlen zur Untersuchung der in Abschn. 10 behandelten elastischen Streuung verwendet, so wird ein Teil der Potentialkurve dabei erfaßt, der zur Abstoßung gehört. Denn wegen der größeren kinetischen Energien der stoßenden Teilchen kann eine stärkere Annäherung der Stoßpartner stattfinden.

Die von der Elektronenquelle K, einer Glühkathode, ausgehenden Elektronen werden im elektrischen Feld zwischen der Kathode und der Anode A beschleunigt; durch ein elektronenoptisches System, das aus rohr- oder blendenförmigen Elektroden besteht, wird ein Parallelstrahl erzeugt (Abb. II,74a). Da die aus der Glühkathode austretenden Elektronen eine gewisse Geschwindig-

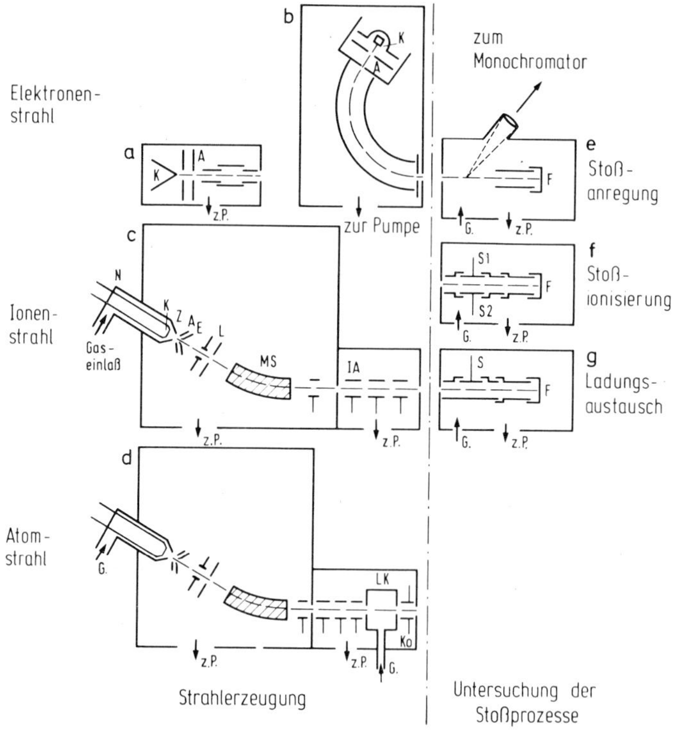

Abb. II,74. Schema der Apparaturen zur Messung der Querschnitte unelastischer Stöße keitsverteilung besitzen, kann der Elektronenstrahl noch durch einen Elektronenmonochromator gehen, der beispielsweise aus einem 127°-Zylinderkondensator besteht (Abb. II,74b). Dadurch läßt sich erreichen, daß die Halbwertsbreite der kinetischen Energie der Elektronen zwischen 0,05 und 0,1 eV liegt.

Den Ionenstrom liefert eine Niedervoltbogenionenquelle N (Unoplasmatron nach M. von Ardenne) (Abb. II,74c). Der Bogen brennt zwischen der Glühkathode K und der Anode A in dem Gas bei einem Druck von $5 \cdot 10^{-4}$ bis $2 \cdot 10^{-3}$ Torr. Damit wir eine Vorstellung von den angelegten Spannungen erhalten, sei erwähnt, daß beispielsweise die Zwischenelektrode Z auf einem Potential von + 30 V und die Anode auf einem solchen von + 70 V gegenüber der Kathode liegt. Die Extraktionselektrode E, die die positiven Ionen aus dem Bogen herauszieht, hat gegenüber der Kathode ein negatives Potential in der Größenordnung von kV. Die Ionenstromstärke beträgt etwa 0,1 mA. Die auf eine gewisse Geschwindigkeit beschleunigten Ionen fliegen durch eine Ionenlinse L und ein magnetisches Sektorfeld MS. Nach dem Passieren dieses Massenfilters geht der Ionenstrahl durch eine ionenoptische Anordnung IA und verläßt durch die Austrittsöffnung den Kollimatorraum.

Zur Erzeugung eines Strahls von Atomen mit hohen Geschwindigkeiten (Abb. II,74d) wird der Ionenstrahl noch durch einen Raum LK geleitet, in dem die Ionen Elektronen von Atomen des gleichen Elements übernehmen. Auf diesen Prozeß werden wir in Abschn. 11.5 eingehen. Aus dem Strahl, der nach dem Passieren der Ladungsaustauschkammer LK schnelle Ionen und Atome enthält, werden im Feld eines Kondensators Ko die Ionen entfernt, so daß nur noch Atome durch die Austrittsöffnung fliegen.

Die Elektronen oder Ionen des Strahls gelangen schließlich zu einer Auffangelektrode F (Abb. II,74e, f u. g), die wie ein Faraday-Becher geformt sein kann. Die Ionen werden dort neutralisiert. Die Strahlstromstärke läßt sich leicht messen. Da beim Auftreffen der Elektronen und Ionen auf Metalloberflächen wieder Elektronen von diesen ausgehen können, müssen Elektroden angebracht und auf ein solches Potential gelegt werden, daß die sonst störenden Elektronen aufgefangen werden und nicht in den Stoßraum kommen.

Methoden zur Messung des Teilchenflusses von langsamen Atomstrahlen haben wir in Abschn. 10.6 kennengelernt. Für schnelle Atomstrahlen können auch empfindliche Thermoelemente verwendet werden, die sich beim Auftreffen der energiereichen Teilchen erwärmen. Weiter kann der Impuls der Atome zur Messung des Teilchenflusses herangezogen werden, indem die Durchbiegung einer Membran gemessen oder eine Torsionswaage benutzt wird. Außerdem werden nicht nur durch Ionen und metastabile Atome beim Aufprallen auf Metalloberflächen Elektronen ausgelöst, sondern auch durch schnelle neutrale und nicht angeregte Atome. Das Verhältnis der emittierten Elektronen zu den auffallenden Atomen hängt von der Art der Oberfläche ab und wächst stark mit der kinetischen Energie der Atome an. Der Faraday-Becher F in den Abbn. II,74e u. f muß durch einen Detektor für die schnellen Strahlatome ersetzt werden, wenn die Anregung oder die Ionisierung durch Stöße mit Atomen untersucht werden soll.

Im Fall der Messung von Anregungsquerschnitten (Abb. II,74e) fällt die Strahlung, die in einem bestimmten Volumen durch anregende Stöße erzeugt worden ist, durch eine Linse auf den Eintrittsspalt eines Monochromators; hinter dem Austrittsspalt befindet sich ein Photomultiplier.

Werden schnelle Teilchenstrahlen verwendet, so kann das gestoßene Teilchen A im Laborsystem als ruhend angesehen werden. Wenn das Teilchen B des Strahls eine Geschwindigkeit v_B hat, so ist dies zugleich die Relativgeschwindigkeit v_a. Die z-Richtung des Relativkoordinatensystems in Abb. II,65d stimme mit der Strahlrichtung überein. Dann gelten für die Geschwindigkeitskomponenten parallel und senkrecht zur Strahlrichtung nach einem elastischen Stoß die Gleichungen (s. Abb. II,75)

$$v'_a = v_a, \quad v'_{B/\!/} - v'_{A/\!/} = v'_a \cos\vartheta \quad \text{und} \quad v'_{B\perp} - v'_{A\perp} = v'_a \sin\vartheta\,.$$

Nach dem Impulserhaltungssatz ist außerdem

$$m_A\, v'_{A/\!/} + m_B\, v'_{B/\!/} = m_B\, v_B = m_B\, v_a \quad \text{und} \quad m_A\, v'_{A\perp} + m_B\, v'_{B\perp} = 0\,.$$

Aufgrund der beiden Gleichungssysteme erhalten wir folgenden Zusammenhang zwischen den Ablenkwinkeln $\overset{*}{\vartheta}_B$ und $\overset{*}{\vartheta}_A$ der beiden Stoßpartner im Laborsystem und dem Ablenkwinkel ϑ im

Relativkoordinatensystem:

$$\tan \vartheta_B^* = \frac{v'_{B\perp}}{v'_{B\parallel}} = \frac{\sin \vartheta}{\frac{m_B}{m_A} + \cos \vartheta} \quad \text{und} \quad \tan \vartheta_A^* = \frac{v'_{A\perp}}{v'_{A\parallel}} = \frac{\sin \vartheta}{\cos \vartheta - 1} = -\cot \frac{\vartheta}{2} .$$

Hieraus folgt, daß zu kleinen Streuwinkeln $\Theta = |\vartheta|$ im Relativkoordinatensystem kleine Streuwinkel $|\vartheta_B^*|$ des heranfliegenden Teilchens und Streuwinkel $|\vartheta_A^*|$ des vor dem Stoß ruhenden Teilchens gehören, die nicht viel kleiner als 90° sind.

Wenn die kinetische Energie der Teilchen des Strahls groß gegenüber der beim unelastischen Stoß umzuwandelnden Energie ist, unterscheiden sich die Relativgeschwindigkeiten vor und nach dem Stoß nur wenig. Dann bleiben die obigen Gleichungen für die Ablenkwinkel näherungsweise gültig. Weil bei den Stößen mit einem Ladungsaustausch die Teilchen des Strahls nur schwach abgelenkt werden, fliegen also die Stoßpartner fast rechtwinklig weg. Deshalb ist es möglich, verhältnismäßig einfache Apparaturen zur Messung der Querschnitte für den Ladungsaustausch zu bauen.

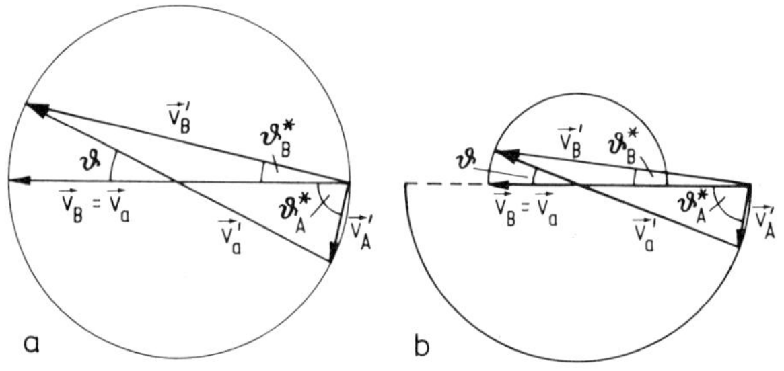

Abb. II,75. Ablenkwinkel beim elastischen Stoß im Labor- und Relativkoordinatensystem ($v_A = 0$)
a. $m_B = m_A$
b. $m_B = 2\,m_A$

Die nach dem Ladungsaustausch auftretenden langsamen Ionen gelangen zur Sammel- und Meßelektrode S, eine rechteckige Platte parallel zum Strahl (Abb. II,74g). Sie wird bezüglich der benachbarten und gegenüberliegenden Elektroden auf einem negativen Potential gehalten. Bei der Anordnung für die Stoßionisation (Abb. II,74f) fliegen die neugebildeten Ionen und Elektronen zu den beiden Sammelelektroden S1 und S2, zwei rechteckigen, einander gegenüberliegenden Platten parallel zum Strahl, zwischen denen eine Spannung liegt. Es wird dann ein entsprechender Strom gemessen. Wie wir später sehen werden, erreichen die Querschnitte für die Ionisation ihre Maxima erst bei so hohen kinetischen Energien, bei denen die Querschnitte für den Ladungsaustausch schon beträchtlich abgenommen haben. Deshalb können bei geringeren Genauigkeitsansprüchen die Ionisation und der Ladungsaustausch ohne besonderen Aufwand getrennt erfaßt werden.

Bei Elektronenstrahlen, die um Zehnerpotenzen niedrigere Energien haben als die Ionenstrahlen, können die Potentiale der Sammelelektrode S1 für die Ionen und die Auffangelektroden S2 und F für die Elektronen dazu führen, daß die Elektronen des Strahls in verschiedenen Bereichen des Stoßraums unterschiedliche kinetische Energien haben. Das läßt sich aber durch eine Modifizierung der Anordnung in Abb. II,74f weitgehend vermeiden.

11.3 Anregende Stöße

J. Franck und G. Hertz haben 1914 als erste die Anregung von Hg-Atomen durch Elektronenstoß mit folgender Apparatur untersucht. In einem zunächst evakuierten Glaskolben mit einer Glühkathode K, einer gitterförmigen Anode A und

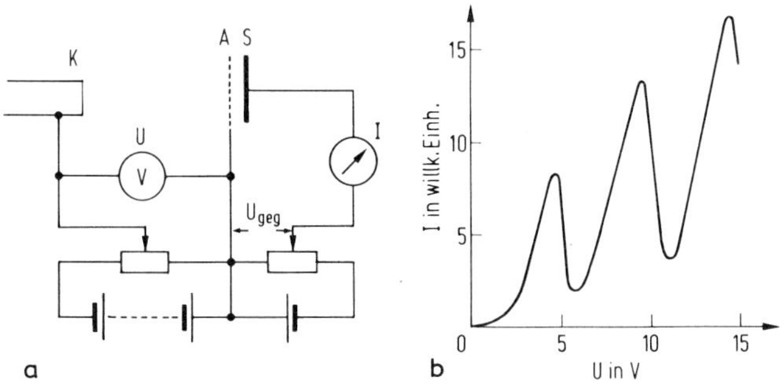

Abb. II,76. Schema der Versuchsanordnung von Franck und Hertz (a) und mit dieser Apparatur gemessene Stromspannungskurve (b)

einer weiteren Elektrode S wird ein gewisser Hg-Dampfdruck aufrechterhalten. Zwischen der Kathode K und der Anode A liegt eine Spannung U, zwischen A und der Auffangelektrode S eine Gegenspannung U_{geg} von etwa 1/2 V (Abb. II,76a). Die Elektronen werden im elektrischen Feld zwischen K und A beschleunigt und dann im Gegenfeld zwischen A und S verzögert.

Der Strom I steigt, wie aus Abb. II,76b zu ersehen ist, mit wachsender Spannung U an. Der anfängliche Verlauf der Stromspannungskurve zeigt eine gewisse Ähnlichkeit mit der Raumladungsstromkurve der Elektronenröhren. Die Elektronen werden zwar durch die elastischen Stöße mit Hg-Atomen häufig abgelenkt, erleiden dabei aber nur äußerst geringe Energieverluste. Bei $U = 4{,}9$ eV erreicht die Kurve ein Maximum und fällt dann bei weiterer Zunahme der Spannung auf ein Minimum ab. Dieser Abfall ist folgendermaßen zu erklären: Erst wenn die Elektronen eine kinetische Energie von wenigstens 4,9 eV erlangt haben, sind sie imstande, bei einem Stoß die Energie an ein Hg-Atom abzugeben, die erforderlich ist, um es auf das $6\,^3P_1$-Niveau zu bringen. Nach der Energieabgabe haben die Elektronen nicht mehr die nötige kinetische Energie, um trotz der Gegenspannung zur Elektrode S zu gelangen.

Nach der klassischen Theorie könnten die Energiebeträge, die die Hg-Atome zu ihrer Anregung erhalten, eine beliebige Größe haben. Nach der Quantentheorie muß aber dem Atom bei einem Elementarprozeß – hier bei der Anregung durch Elektronenstoß – ein ganz bestimmter Energiebetrag auf einmal zugeführt werden. Der Verlauf der Stromspannungskurve läßt sich nur aufgrund dieser Vorstellung erklären, und ist deshalb eine Bestätigung der Quantentheorie. Daher leisteten Franck und Hertz mit ihrem Experiment einen wesentlichen Beitrag für die allgemeine Anerkennung der damals noch jungen Theorie.

Daß der Strom bei 4,9 V nicht unmittelbar auf Null abfällt, hat folgenden Grund: Nur ein Teil der Elektronen stößt nach Erlangung von 4,9 eV noch mit einem Hg-Atom zusammen, bevor die Bewegung wieder im Gegenfeld verzögert wird. Wenn die Spannung U den Wert 4,9 V + U_{geg} überschreitet, hat ein Elektron auch nach der Energieabgabe noch die nötige kinetische Energie, um trotz des Gegenfeldes zur Sammelelektrode zu gelangen, und der Strom steigt wieder an. Die Elektronen nehmen ein zweites

Mal so viel Energie aus dem elektrischen Feld auf, daß sie ein Hg-Atom anregen können. Es bildet sich in einem Abstand von 4,9 V vom ersten Maximum ein zweites aus. Wenn die Spannung noch stärker erhöht wird, sind weitere Maxima und Minima zu beobachten. Zur genauen Bestimmung der Anregungsspannung $U_a = E_a/e$ ist die Messung der Abstände zwischen den Maxima geeigneter als die Ermittelung der Lage des ersten Maximums. Denn zwischen der Glühkathode und dem als Anode dienenden Gitter ist eine gewisse Kontaktspannung vorhanden. Außerdem muß auch bedacht werden, daß die aus der Glühkathode austretenden Elektronen bereits eine gewisse Geschwindigkeitsverteilung besitzen, die von der Temperatur der Kathode abhängt.

Zur Messung der Anregungsspannungen dicht beieinander liegender Niveaus haben Franck und Hertz noch ein zweites Drahtnetz in unmittelbarer Nähe der Kathode angebracht. Wenn dieses Drahtnetz als Anode benutzt und die zweite gitterförmige Elektrode A auf das gleiche Potential gelegt wird, führen die Elektronen fast ausschließlich die anregenden Stöße in dem feldfreien Raum zwischen diesen beiden Elektroden aus.

Später sind zahlreiche Anregungsfunktionen gemessen worden. Dabei wird die relative Intensität einer Spektrallinie in Abhängigkeit von der Spannung bestimmt, durch die die Elektronen beschleunigt werden. Das nächste Ziel war es, absolute Werte der Stoßquerschnitte für die Anregung durch Elektronen als Funktion der kinetischen Energie zu ermitteln und die Messungen auf die Stöße mit Ionen und Atomen auszudehnen. Weil hier noch nicht viele experimentelle Ergebnisse vorliegen und nur im Fall des Heliums die Möglichkeit besteht, Querschnitte für die Elektronen-, Ionen- und Atomstöße miteinander zu vergleichen, werden wir uns mit der Stoßanregung des Heliums befassen und mit den Elektronenstößen beginnen.

Wenn die Energieschwelle überschritten wird, die durch die Anregungsenergie E_a gegeben ist, wachsen die Querschnitte mit zunehmender kinetischer Energie der Elektronen allgemein sehr stark bis zu einem maximalen Wert an und fallen dann wieder ab, wie aus der Abb. II,77 zu ersehen ist. Hierbei zeigen sich Kurvenverläufe, die für die Anregung der verschiedenen Niveaus charakteristisch sind.

Die Kurve für $^1P_1$ zeigt einen breiten Bereich hoher Werte und einen schwachen Abfall. Dieser soll nach der Theorie proportional $E_k^{-1} \ln (4\, E_k/E_a)$ sein. Bei der Anregung des $^1D_2$-Niveaus wird das Maximum bei einem kleineren E_k-Wert erreicht; die Kurve fällt dann steiler ab, und zwar nach der Theorie proportional E_k^{-1}. Die Meßkurven für Elektronenstöße in Abb. II,78 zeigen das erwartete E_k^{-1} proportionale Abfallen für die $^1D_2$-Anregung und eine schwächere Abnahme des Stoßquerschnitts für die $^1P_1$-Anregung. Von den beiden bereits diskutierten Kurven der Abb. II,77 unterscheiden sich die Kurven für die Anregung der Triplettniveaus erheblich. Sie haben einen besonders steilen Anstieg, ein spitzes Maximum und einen steilen Abfall; mit zunehmender kinetischer Energie folgt dann ein flacherer Kurvenverlauf. Neuere Untersuchungen mit Elektronenstrahlen kleiner energetischer Halbwertsbreite, die mit der in Abb. II,74b dargestellten Apparatur erzeugt werden können, haben ergeben, daß die Kurven noch gewisse Strukturen aufweisen; hierauf soll aber nicht eingegangen werden.

Zu dem optisch erlaubten Übergang $1\,^1S_0 \rightarrow n\,^1P_1$ gehört ein elektrisches Dipolmoment und zum Übergang $1\,^1S_0 \rightarrow n\,^1D_2$ ein elektrisches Quadrupolmoment (s.

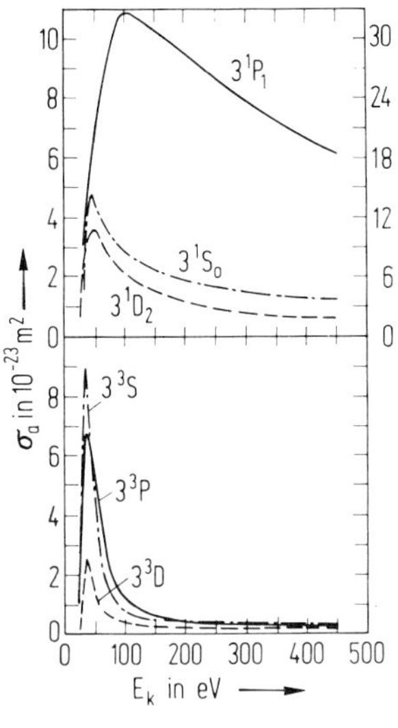

Abb. II,77.

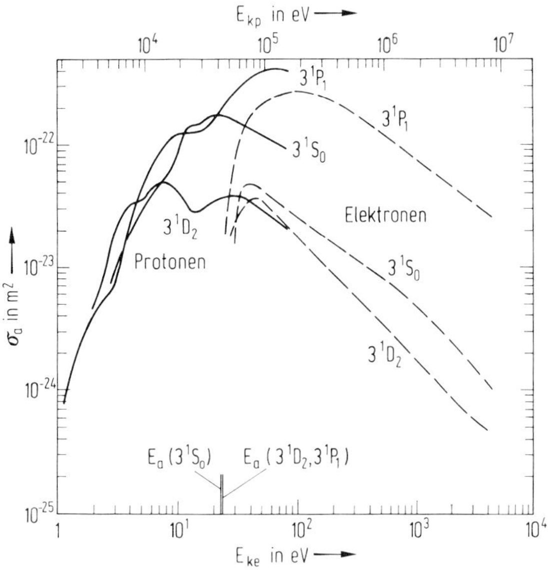

Abb. II,78.

Abb. II,77. Abhängigkeit der Querschnitte für die Stoßanregung der He-Niveaus mit $n = 3$ von der Energie der Elektronen

Abb. II,78. Abhängigkeit der Querschnitte für die Stoßanregung der He-Niveaus $3\,^1S_0$, $3\,^1P_1$ und $3\,^1D_2$ von der Energie der Elektronen und Protonen

Abschn. 6.2). Die Anregungsquerschnitte für die Niveaus $n\,^1P_1$ und $n\,^1D_2$ sind dem Quadrat des zugehörigen Übergangsdipol- und Übergangsquadrupolmoments proportional. Für ein und dieselbe Hauptquantenzahl ist das Übergangsdipolmoment wesentlich größer als das Übergangsquadrupolmoment; dementsprechend hat der Anregungsquerschnitt für das $^1P_1$-Niveau einen viel größeren Wert als der für das $^1D_2$-Niveau. Der Anregungsquerschnitt für das $3\,^1S_0$-Niveau ist wesentlich kleiner als der für das $3\,^1P_1$-Niveau, aber größer als der für das $3\,^1D_2$-Niveau; Übergänge mit Strahlungsabsorption oder -emission zwischen S-Niveaus sind nach den Auswahlregeln für alle Strahlungsarten verboten.

Die Anregung der Triplettniveaus ist mit einem Multiplizitätswechsel verbunden; es muß also ein Elektronenaustausch stattfinden. Wir wollen als Beispiel die Anregung der $3\,^3P$-Niveaus wählen:

$$\underset{\Uparrow}{e^-} + He(1\,^1S)_{\uparrow\downarrow} \rightarrow \underset{\downarrow}{e^-} + He(3\,^3P)_{\uparrow\Uparrow}$$

Der Querschnitt für die Anregung des $n\,^3P$-Terms ist wegen des erforderlichen Elektronenaustauschs beträchtlich kleiner als der für die Anregung des $n\,^1P_1$-Niveaus.

Mit wachsender Hauptquantenzahl n nehmen die Anregungsquerschnitte für die Niveaus mit einer bestimmten Gesamtdrehimpulsquantenzahl L und einer bestimmten Gesamtspinquantenzahl S stark ab.

Abb. II,78 gibt eine Übersicht über die Energieabhängigkeit der Querschnitte für die Anregung der drei He-Niveaus $3\,^1S_0(E_a = 22{,}92$ eV), $3\,^1P_1(E_a = 23{,}09$ eV) und $3\,^1D_2(E_a = 23{,}07$ eV) durch Elektronen- und Ionenstoß. Wie schon in Abschn. 11.1 erwähnt worden ist, sollen nach der quantenmechanischen Stoßtheorie die Anregungsquerschnitte gleich groß sein, wenn die Elektronen und Ionen die gleiche Geschwindigkeit haben und diese größer als die Geschwindigkeit des Leuchtelektrons ist. Die Geschwindigkeiten der Elektronen und $^1H^+$-Ionen (Protonen) sind gleich, wenn $E_{ke} = E_{kp}\, m_e/m_p$ ist (m_p Masse des Protons, E_{kp} kinetische Energie des Protons). Deshalb sind die Energieskalen für die Elektronen und Protonen gegeneinander verschoben, und zwar so, daß beispielsweise $E_{ke} = 10$ eV und $E_{kp} = 18{,}361$ keV zusammenfallen. Leider fehlen die Meßwerte bei großen Geschwindigkeiten der Protonen. Aber wir sehen schon, daß die Kurven für die Elektronen und Protonen recht gut zusammenpassen, besonders die für die Anregung der Niveaus $3\,^1P_1$ und $3\,^1D_2$. Die Maxima der Ionenstoßkurven liegen im Energiebereich um $E_a\, m_p/m_e$. Die Triplettniveaus werden wegen der notwendigen Spinerhaltung nicht durch Protonenstöße angeregt (s. Abschn. 11.1).

Die He-Atome können auch durch Stöße mit H-Atomen angeregt werden. Die bisher vorliegenden Meßergebnisse im Energiebereich von 10 bis 50 keV lassen erkennen, daß die Querschnitte für die anregenden Stöße durch die neutralen Atome und die zugehörigen einfach positiv geladenen Ionen von der gleichen Größenordnung sind. Durch die H-Atome werden auch Triplettniveaus angeregt; denn hier ist wieder ein Elektronenaustausch möglich.

11.4 Ionisierende Stöße

Die Querschnitte für die Ionisierung durch Elektronenstoß sollen theoretisch zunächst ungefähr proportional zur Differenz zwischen der kinetischen Energie E_{ke} der Elektronen und der Ionisierungsenergie E_I ansteigen und ihren maximalen Wert erreichen, wenn $E_{ke} = 4\,E_I$ ist. Für die kinetische Energie E_{max}, bei der das Maximum des Querschnitts der ionisierenden Ionenstöße liegt, lassen sich nach der klassischen Theorie des Zweierstoßes Grenzwerte berechnen:

$$1{,}46\,E_I \leqq \frac{m_e}{m_B}\,E_{max} \leqq 2{,}25\,E_I\,.$$

Vorausgesetzt wird dabei, daß die ionisierenden Teilchen Protonen oder andere vollständig ionisierte Atome sind; ihre Masse ist m_B.

Für höhere Geschwindigkeiten fallen die Querschnitte nach der quantenmechanischen Stoßtheorie proportional $E_k^{-1} \ln(E_k/C)$ ab, wobei C eine Konstante ist. Im Fall der Elektronenstöße ist $E_k = E_{ke}$; im Fall der Stöße einfach positiv geladener Ionen mit der Masse m_B und der kinetischen Energie E_{kB} gilt: $E_k = E_{kB}\, m_e/m_B$. Der Faktor $\ln(E_k/C)$ hat zur Folge, daß der Querschnitt schwächer als mit E_k^{-1} abnimmt. Die Ähnlichkeit der E_k-Abhängigkeit der Querschnitte für die Stoßanregung der $^1P_1$-Niveaus und für die Stoßionisierung beruht darauf, daß auch den Übergängen vom Grundniveau in das Energiekontinuum jenseits der Ionisierungsgrenze elektrische Dipolmomente zuzuordnen sind.

In Abb. II,79 sind die Querschnitte für die Ionisierung von Helium und Argon durch Elektronen und Protonen in Abhängigkeit von der kinetischen Energie der heranfliegenden Teilchen dargestellt. Die Energieskalen sind wieder wie in Abb. II,78 gegeneinander verschoben. Dadurch, daß in Abb. II,79 zahlreiche Meßkurven zusammengestellt sind, erhalten wir einen Überblick über einen Energiebereich von drei Zehnerpotenzen. Die Abhängigkeit der Ionisierungsquerschnitte von der kinetischen Energie der Elektronen und Ionen entspricht im wesentlichen den Erwartungen.

Verschiedene Messungen der Ionisierung von He-Atomen durch He-Atome und von Ar-Atomen durch Ar-Atome haben folgendes ergeben: Für Helium nimmt der Querschnitt σ_i von etwa $1 \cdot 10^{-22}$ m^2 bei einer kinetischen Energie von 10^2 eV fast linear bis etwa $1 \cdot 10^{-20}$ m^2 bei 10^4 eV zu und erreicht dann, immer schwächer anwachsend, bei 10^5 eV eine Größe von $3 \cdot 10^{-20}$ m^2. Der Ionisierungsquerschnitt für Argon steigt im Bereich von 10^2 bis 10^5 eV von etwa $1 \cdot 10^{-20}$ bis etwa $1 \cdot 10^{-19}$ m^2 an. Anscheinend wird in beiden Fällen das Maximum noch nicht ganz erreicht.

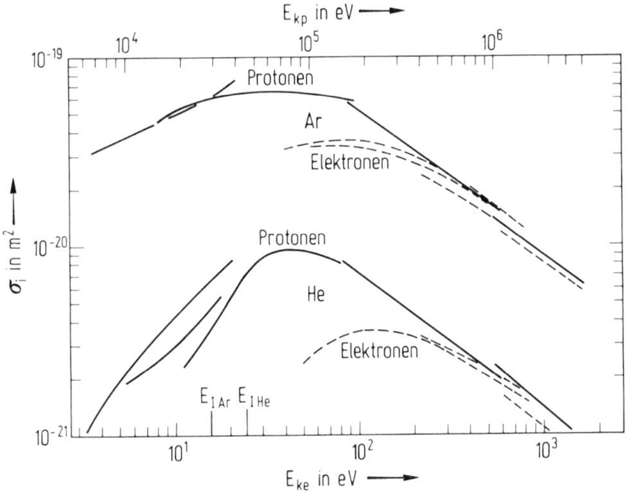

Abb. II,79. Abhängigkeit der Querschnitte für die Stoßionisierung des Heliums und Argons von der Energie der Elektronen und Protonen

Nach der Ionisierung einer inneren Schale, die durch Stöße mit Teilchen hoher Energien bewirkt werden kann, wird charakteristische Röntgenstrahlung emittiert (Abschn. 9.2). Es führt jedoch nur ein Teil der Ionisationen zur Ausstrahlung eines Röntgenquants (s. Abschn. 9.4). Beispielsweise kommen bei Aluminium, dessen K-Kante bei 7,9516 Å ≙ 1,560 keV liegt, nur 38 Emissionen eines Kα- oder Kβ-Photons auf 1000 Ionisationen.

Die Querschnitte für die Ionisierung durch z-fach geladene Ionen sollen z^2mal so groß sein wie die für die Ionisierung durch einfach geladene Ionen. Deshalb ist in Abb. II,80

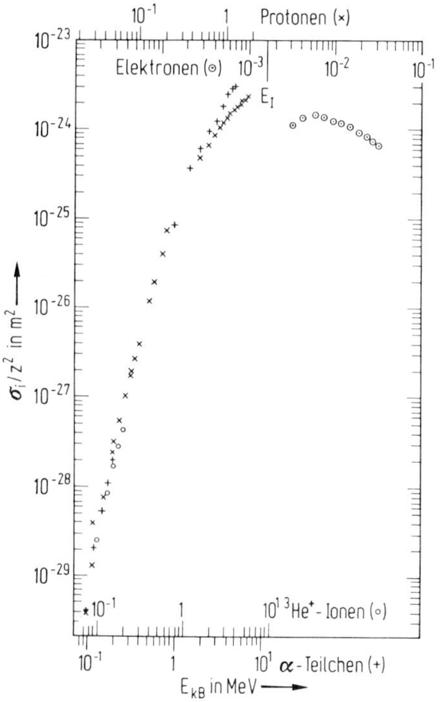

Abb. II,80. Ionisierung der Al-K-Schale durch Stöße von Protonen, $^3He^+$-Ionen, $^4He^+$-Ionen (+, $E_k < 0{,}5$ MeV), α-Teilchen (+, $E_k > 0{,}7$ MeV) und Elektronen

nicht der Querschnitt σ_i für die Ionisierung der K-Schale des Aluminiums, sondern σ_i/z^2 über der kinetischen Energie der heranfliegenden Teilchen aufgetragen. Dabei sind die Skalen wieder so gegeneinander verschoben, daß die Querschnitte für gleiche Geschwindigkeiten der Teilchen verglichen werden. In der doppeltlogarithmischen Darstellung liegen die Meßpunkte für $^1H^+$-Ionen (Protonen), $^3He^+$-, $^4He^+$- und $^4He^{++}$-Ionen (α-Teilchen) über 5 Zehnerpotenzen nahezu auf einer Geraden. Aus der Steigung der Geraden folgt, daß σ_i/z^2 proportional zu $E_{kB}^{4,5}$ anwächst. Nach der Theorie sollte der Exponent gleich 4 sein. Anscheinend ist in dem Energieintervall, das bei den Messungen erfaßt worden ist, das Maximum des Querschnitts für die Ionisierung der Al-K-Schale durch Ionen noch nicht erreicht worden. Das Maximum des Querschnitts für die Ionisierung durch Elektronen liegt bei 3,6 E_I, also in der Nähe des oben erwähnten theoretischen Werts von 4 E_I.

11.5 Der Ladungsaustausch

Zwischen dem heranfliegenden Ion und dem neutralen Atom ist eine „Polarisationskraft" mit $E_p = -\alpha e^2/(16\pi^2 \epsilon_0^2 r^4)$ wirksam, eine Wechselwirkungskraft 2. Ordnung wie die in Abschn. 10.5 erwähnten van der Waalsschen Kräfte. α ist die optische

Polarisierbarkeit in A s m^2 V^{-1}. Wenn sich das Ion dem Atom sehr genähert hat, bleibt die Zuordnung des auszutauschenden Elektrons nicht mehr erhalten. Die quantenmechanische Behandlung des Problems ergibt, daß eine Anziehung oder Abstoßung zwischen den Stoßpartnern stattfindet; es wird von Austauschkräften gesprochen. Sie können sonst auch die Bildung von Molekülen bewirken. Bei diesen werden, wie wir uns vorstellen dürfen, die gemeinsamen Elektronen zwischen den Atomen in häufigem Wechsel ausgetauscht. Mit einem Elektronenaustausch innerhalb eines Atoms haben wir uns bereits in Abschn. 6.6 eingehender befaßt.

Beim symmetrischen Ladungsaustausch geht ein Elektron vom neutralen Atom zum einfach positiv geladenen Ion des gleichen Elements über. Die zur Abtrennung des Elektrons erforderliche Energie wird bei der Bindung an das Ion wieder frei. Es braucht also keine kinetische Energie in Ionisierungsenergie umgewandelt zu werden. Demnach liegt der „Fall der exakten Resonanz“ vor. Der Stoßquerschnitt nimmt mit wachsender Relativgeschwindigkeit der Stoßpartner ab.

Im Bereich mittlerer Geschwindigkeiten soll nach der Theorie

$$\sqrt{\sigma_l} = C_1 - C_2 \ln v$$

sein. Dieser Zusammenhang zwischen der Quadratwurzel des Stoßquerschnitts σ_l und dem Logarithmus der Geschwindigkeit des heranfliegenden Ions ist durch die Meßergebnisse bestätigt worden, wie Abb. II,81 zeigt. Die Konstanten C_1 und C_2 werden mit abnehmender Ionisierungsenergie E_I größer, und zwar ist C_2 proportional $\sqrt{E_{IH}/E_I}$; dabei ist E_{IH} die Ionisierungsenergie des H-Atoms. Die obere Grenze des mittleren Geschwindigkeitsbereichs liegt dort, wo die Geschwindigkeit des heranfliegenden Ions nicht mehr klein gegenüber der Bahngeschwindigkeit des Atomelektrons ist, das ausgetauscht wird. An der unteren Grenze des Geschwindigkeitsbereichs ist die de Brolie-Wellenlänge $\lambda = h/m_r\, v_{rel}$ der Relativbewegung der Stoßpartner nicht mehr klein gegenüber der Wirkungssphäre der Wechselwirkungskräfte beim Ladungsaustausch.

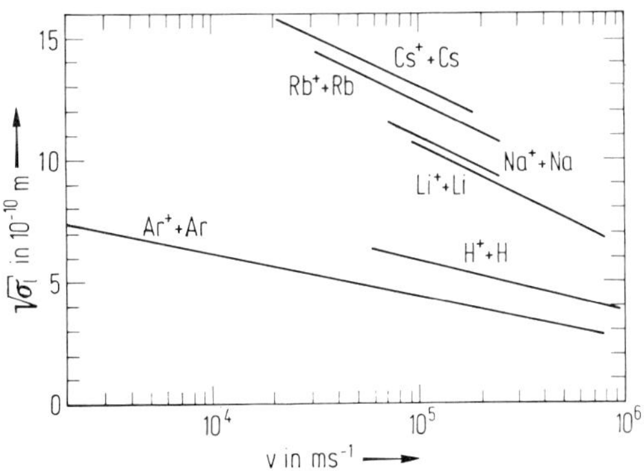

Abb. II,81. Abhängigkeit der Querschnitte für den symmetrischen Ladungsaustausch von der Geschwindigkeit der Ionen

Zwischen Ionen und Atomen verschiedener Elemente kann ebenfalls ein Ladungsaustausch stattfinden. Bei diesem asymmetrischen Ladungsaustausch muß kinetische Energie in Ionisierungsenergie umgewandelt werden, wenn die Ionisierungsenergie E_{IA} des Atoms größer als die Energie E_{IB} ist, die bei der Bindung des Elektrons an das Ion frei wird. Falls $\Delta E = E_{IA} - E_{IB} < 0$ ist, wird der Überschuß an Ionisierungsenergie kinetische Energie. Wie bei der Ionisation durch Ionen- oder Atomstöße können wir erwarten, daß mit wachsender Relativgeschwindigkeit der Stoßpartner ein Ansteigen des Stoßquerschnitts und nach dem Erreichen eines maximalen Werts wieder eine Abnahme stattfindet. In Abb. II,82 ist $\sqrt{\sigma_I}$ über der Geschwindigkeit der Protonen aufgetragen. Die Meßkurven zeigen den erwarteten Verlauf. Das Maximum liegt etwa bei der kinetischen Energie $E_{kp} = \Delta E\, m_p/m_e$ für $\Delta E > 0$.

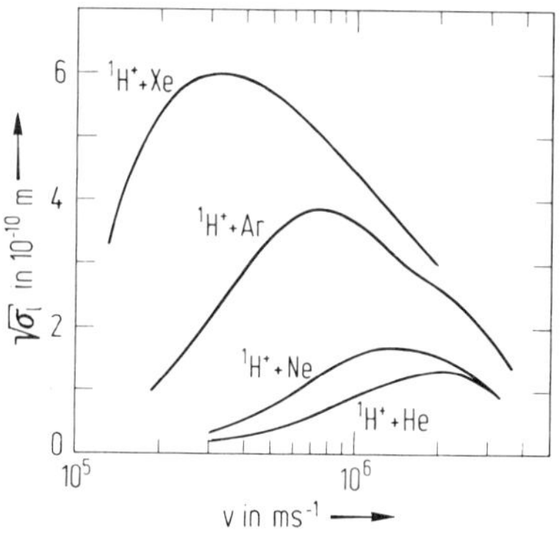

Abb. II,82. Abhängigkeit der Querschnitte für den asymmetrischen Ladungsaustausch von der Geschwindigkeit der Protonen

11.6 Unelastische Stöße zwischen angeregten und unangeregten Atomen

Das von einem Gas ausgesandte Licht wird als Fluoreszenzstrahlung bezeichnet, wenn die Anregung durch Strahlungsabsorption erfolgt. Zur Anregung eignen sich besonders gut Resonanzlinien, weil ihre Oszillatorenstärke wesentlich größer ist als die der anderen Linien, die noch zu Übergängen gehören, die vom Grundniveau ausgehen, und sie daher sehr stark absorbiert werden. Die Untersuchung der Fluoreszenzstrahlung ist die am häufigsten angewandte Methode zur Erforschung der Stoßprozesse zwischen angeregten und unangeregten Atomen. Die Geschwindigkeiten der Stoßpartner sind sogenannte thermische Geschwindigkeiten; sie liegen etwa zwischen 300 und 1000 m s^{-1}. Wenn keine Stöße stattfinden oder deren Häufigkeit verhältnismäßig klein ist, kann das Fluoreszenzlicht nur die Resonanzstrahlung enthalten, und diese hat einen bestimmten Polarisationsgrad, der von der Polarisation der anregenden Strahlung und der Beobachtungsrichtung relativ zum anregenden

Strahl abhängt. Infolge der Stöße der angeregten Atome mit unangeregten Atomen des gleichen oder eines anderen Elements findet eine Verbreiterung der Spektrallinien statt, ändert sich der Polarisationsgrad der Resonanzstrahlung, kann das Fluoreszenzlicht nicht eingestrahlte Linien oder Hyperfeinstrukturkomponenten enthalten und besteht die Möglichkeit einer Intensitätsabnahme der Resonanzstrahlung.

Die Stoßprozesse lassen sich allgemein folgendermaßen beschreiben: Ein Atom A in einem Anregungszustand 1 (Anregungsenergie E_{a1}) stößt mit einem unangeregten Atom B zusammen. Nach dem Stoß befindet sich ein Atom auf dem Grundniveau G und das andere in einem Zustand 2 (Anregungsenergie E_{a2}) oder auch auf dem Grundniveau. Grundsätzlich lassen sich also folgende Stoßvorgänge unterscheiden:

$$A^{(1)} + B^{(G)} \to \begin{cases} A^{(G)} + B^{(2)} \\ A^{(2)} + B^{(G)} \\ A^{(G)} + B^{(G)} . \end{cases}$$

Die bei einem Stoß auftretende Änderung des Zustands des Systems, das aus den beiden Stoßpartnern besteht, bezeichnen wir als „Überführung", um den Unterschied gegenüber dem „Übergang" bei der Absorption und Emission klar zum Ausdruck zu bringen. Wenn $\Delta E = E_{a2} - E_{a1} > 0$ ist, muß Energie der Relativbewegung der Stoßpartner in Anregungsenergie umgewandelt werden, falls $\Delta E < 0$ ist, Anregungsenergie in kinetische Energie. Je kleiner $|\Delta E|$ ist, um so häufiger treten die Stoßüberführungen auf. Den Stoßprozessen ist also ein Resonanzcharakter zuzuschreiben. Deshalb wird ΔE als Resonanzabweichung bezeichnet.

Wie die Stoßverbreiterung der Spektrallinien grundsätzlich zustande kommt, ist bereits in Abschn. 4.2 dargelegt worden. Auf die Verbesserung der Theorie durch die detaillierte Berücksichtigung der Stoßprozesse können wir hier nicht eingehen. Wir wollen uns nur mit dem Auftreten neuer Linien und der Löschung der Resonanzfluoreszenz befassen.

Das Erscheinen nicht eingestrahlter Linien im Fluoreszenzlicht wollen wir an einem Beispiel erörtern. R. W. Wood hat bereits 1914 folgendes beobachtet: Wird eine der beiden NaD-Linien in Natriumdampf genügend großer Dichte eingestrahlt, so enthält die Fluoreszenzstrahlung auch die andere D-Linie. Die Stoßprozesse, durch die das Auftreten der zweiten Dublettkomponente der Alkalimetallatome bewirkt wird, lassen sich durch folgende „Reaktionsgleichung" beschreiben:

$$\mathrm{M}\, n\, {}^2\mathrm{P}_{3/2} + \mathrm{M}\, n\, {}^2\mathrm{S}_{1/2} \rightleftarrows \mathrm{M}\, n\, {}^2\mathrm{S}_{1/2} + \mathrm{M}\, n\, {}^2\mathrm{P}_{1/2} + |\Delta E| .$$

Im Fall des Natriums ist für M das Elementsymbol Na und für die Hauptquantenzahl n 3 einzusetzen. Wenn die Anregung mit der D_2-Linie erfolgt, wird der Energiebetrag $|\Delta E| = 0{,}00213$ eV in kinetische Energie umgewandelt. Falls die D_1-Linie eingestrahlt wird, muß die Energie der Relativbewegung der Stoßpartner wenigstens gleich $|\Delta E|$ sein, damit das Defizit an Anregungsenergie gedeckt werden kann.

Zunächst wird die Stoßzahl $\overline{S}$ aufgrund der bei einer bestimmten Temperatur T gemessenen relativen Linienintensitäten[1] und dann der Stoßquerschnitt nach der Gleichung

$$\sigma = \frac{\overline{S}}{\overline{v}_{\mathrm{rel}}\, n_{\mathrm{A}}} \tag{II,140}$$

berechnet. Dabei ist $\overline{v}_{\mathrm{rel}}$ die mittlere Relativgeschwindigkeit der Stoßpartner und n_{A} die Zahl der unangeregten Atome A pro Volumeneinheit. Weil nur sehr wenige Atome angeregt sind, ist für n_{A} die Zahl der Alkalimetallatome pro Volumeneinheit einzusetzen. Aufgrund des Prinzips des detaillierten Gleichgewichts muß die Häufigkeit der Stoßprozesse, die vom $n\ ^2\mathrm{P}_{3/2}$- auf das $n\ ^2\mathrm{P}_{1/2}$-Niveau führen und bei denen die Energie der Relativbewegung zwischen E und $E + \mathrm{d}E$ liegt, gleich der Häufigkeit der Stoßprozesse sein, die in der umgekehrten Richtung verlaufen und bei denen die Energie der Relativbewegung Werte zwischen $E + |\Delta E|$ und $E + |\Delta E| + \mathrm{d}E$ hat. Bei Benutzung der Verteilungsfunktion $\mathrm{f}(E, T)$ für die Energie der Relativbewegung bei der Temperatur T ergibt sich für das Verhältnis der Stoßzahlen und der nach Gl. II,140 berechneten Stoßquerschnitte

$$\frac{\overline{S}(n\ ^2\mathrm{P}_{1/2} \rightarrow n\ ^2\mathrm{P}_{3/2})}{\overline{S}(n\ ^2\mathrm{P}_{1/2} \leftarrow n\ ^2\mathrm{P}_{3/2})} = \frac{\sigma(n\ ^2\mathrm{P}_{1/2} \rightarrow n\ ^2\mathrm{P}_{3/2})}{\sigma(n\ ^2\mathrm{P}_{1/2} \leftarrow n\ ^2\mathrm{P}_{3/2})} =$$

$$= \frac{g(^2\mathrm{P}_{3/2})\ g(^2\mathrm{S}_{1/2})}{g(^2\mathrm{S}_{1/2})\ g(^2\mathrm{P}_{1/2})}\, \mathrm{e}^{-\frac{|\Delta E|}{kT}} . \tag{II,141}$$

Dabei ist das statistische Gewicht $g(^2\mathrm{S}_{1/2}) = g(^2\mathrm{P}_{1/2}) = 2$ und $g(^2\mathrm{P}_{3/2}) = 4$. Mit Hilfe der statistischen Theorie der Wärme lassen sich zwar solche allgemeinen Aussagen über das Verhältnis der Querschnitte der Stoßprozesse in den beiden entgegengesetzten Richtungen machen, nicht aber über die Größe der Querschnitte selbst.

Den Übergängen $n\ ^2\mathrm{S}_{1/2} \leftrightarrow n\ ^2\mathrm{P}_{1/2}$ und $n\ ^2\mathrm{S}_{1/2} \leftrightarrow n\ ^2\mathrm{P}_{3/2}$ sind elektrische Dipolmomente zuzuordnen. Dementsprechend sollten bei den Stoßvorgängen Dipol-Dipol-Wechselwirkungskräfte auftreten. Die Wechselwirkungsenergie ist dann proportional zu r^{-3}, und die Stoßquerschnitte sollten verhältnismäßig große Werte annehmen, wenn es sich nach dem Massey-Kriterium (Gl. II,139) um „starke Stöße" handelt. Da aber die Geschwindigkeiten „thermisch", also relativ klein sind, liegen bei fast allen Alkalimetallen „adiabatische Stöße" vor. Die beiden Stoßpartner müssen bei starker Annäherung gleichsam als Molekül behandelt werden, und die Austauschkräfte spielen eine wesentliche Rolle. Die Atomniveaus gehen in die Molekülniveaus über, wobei die Energiewerte vom Abstand der beiden Atomkerne abhängen.

[1] Damit die Resonanzlinien nicht im Dampf reabsorbiert werden, muß der der Dampfdruck sehr niedrig sein. Dann sind Überführungen bei Stößen zwischen Atomen ein und desselben Elements verhältnismäßig selten. Das erschwert genaue Messungen. Werden die Untersuchungen bei höheren Drücken ausgeführt, so ist bei der Auswertung die „Strahlungsdiffusion" zu berücksichtigen. Dabei muß eine gewisse Ungenauigkeit in Kauf genommen werden. Deshalb ist die Wahl sehr niedriger Drücke bei der immer fortschreitenden Verbesserung der Meßapparaturen günstiger. In Abb. II,83 sind für die Stöße zwischen angeregten und unangeregten Alkalimetallatomen Querschnitte angegeben, die durch Messungen bei niedrigeren (○) und bei höheren Drücken (□) erhalten oder berechnet (+) worden sind.

Wenn Dipol-Dipol-Wechselwirkungskräfte oder andere Wechselwirkungskräfte 1. Ordnung wie z. B. die Dipol-Quadrupol-Wechselwirkungskräfte die Stoßüberführung bewirken, geht die Anregungsenergie von einem Stoßpartner auf den anderen über. Eine solche Energieübertragung, deren mechanisches Analogon die in Abschn. 11.1 besprochenen gekoppelten Pendel sind, ist bei der sensibilisierten Fluoreszenz deutlich erkennbar. Hierbei werden in einem Gemisch von Atomen zweier Elemente nur Atome der einen Sorte – meistens durch Einstrahlung einer Resonanzlinie – angeregt; die Fluoreszenzstrahlung enthält auch Linien der Atome des anderen Elements. Am Zustandekommen der Stoßüberführungen sind gewöhnlich sicher auch die Austauschkräfte maßgeblich beteiligt.

Die zweite NaD-Linie ist ebenfalls dann im Fluoreszenzlicht zu finden, wenn zwar die Natriumdampfdichte sehr klein ist, aber ein Edelgas mit hinreichend großem Druck zugesetzt ist. Die Überführungen von einem Resonanzniveau eines Alkalimetallatoms auf das andere bei „starken Stößen“ mit verhältnismäßig großen Stoßparametern lassen sich mit dem Auftreten von van der Waalsschen Kräften, Wechselwirkungskräften 2. Ordnung, erklären. Aber sonst besteht gerade bei Stößen, bei denen das Alkalimetallatom und das Edelgasatom einander sehr nahe kommen und deshalb zusammen als Quasimolekül aufgefaßt werden müssen, eine größere Wahrscheinlichkeit für eine Überführung von einem Resonanzniveau auf das andere. Energieübertragungen von den angeregten Alkalimetallatomen auf die Edelgasatome sind wegen der großen Resonanzabweichungen ΔE nicht möglich.

Bei den Metallen Zink, Cadmium und Quecksilber liegt unterhalb des $^3P_1$-Niveaus das metastabile $^3P_0$-Niveau. Bei Quecksilber beträgt beispielsweise die Energiedifferenz zwischen den beiden Niveaus $6\ ^3P_1$ und $6\ ^3P_0$ 0,219 eV. Stoßüberführungen auf das metastabile Niveau haben eine Löschung der Resonanzfluoreszenz zur Folge. Die metastabilen Atome können ihre Anregungsenergie bei weiteren Stoßprozessen abgeben, insbesondere bei Stößen gegen die Gefäßwände.

Die Resonanzniveaus der Alkalimetalle liegen unmittelbar über dem Grundniveau. Deshalb muß bei der Löschung eine direkte Überführung auf das Grundniveau stattfinden. Bei diesem Stoßprozeß wird die gesamte Anregungsenergie von mehreren eV in kinetische Energie umgewandelt. Deshalb sind für solche Stoßprozesse nur verhältnismäßig kleine Querschnitte zu erwarten. Diese Löschung ist die Umkehrung zur Anregung durch Atomstöße.

Die Abb. II,83[1] gibt einen Überblick über die Größe der Querschnitte für Stoßüberführungen und ihre Abhängigkeit von der Resonanzabweichung.

[1] S. letzte Fußnote.

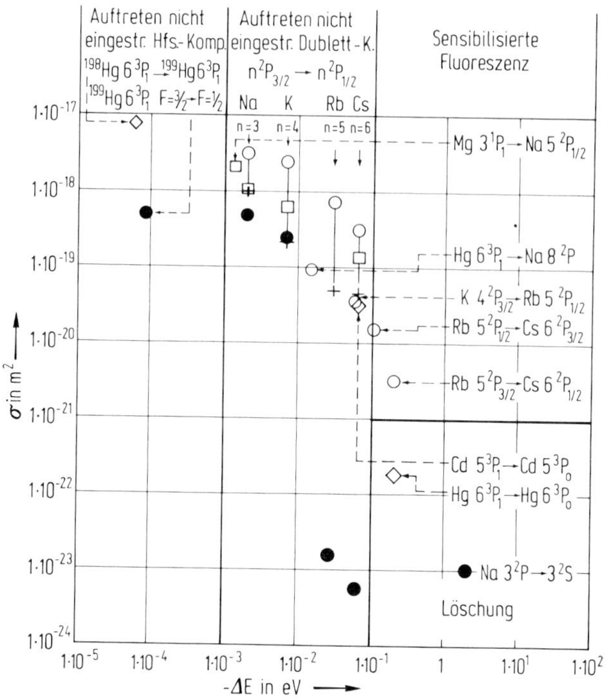

Abb. II,83. Querschnitte für Überführungen bei Stößen zwischen angeregten und unangeregten Metallatomen (○, □, ◇, +) und zwischen angeregten Metallatomen und unangeregten Ar-Atomen (●)

Literatur zum II. Kapitel

Zu Abschn. 1 bis 9

H. A. Bethe und E. E. Salpeter: Quantum Mechanics of One- and Two-Electron Systems, Handb. Physik Bd. XXXV S. 88–436, Springer-Verlag, Berlin 1957.

E. U. Condon und G. H. Shortley: The Theory of Atomic Spectra, 9. Aufl., At the University Press, Cambridge 1970.

D'Ans-Lax: Taschenbuch für Chemiker und Physiker, Bd. III, Springer-Verlag, Berlin 1970.

G. Herzberg: Atomic Spectra and Atomic Structure, 2. Aufl., Dover Publications, New York 1944.

H. G. Kuhn: Atomic Spectra, 2. Aufl., Longmans, London 1969.

R. B. Leighton: Principles of Modern Physics, McGraw-Hill Book Company, New York 1959.

L. D. Landau und E. M. Lifschitz: Quantenmechanik, 4. Aufl., Akademie-Verlag, Berlin 1971.

J. C. Slater: Quantum Theory of Atomic Structures, Bd. I u. II, McGraw-Hill Book Company, New York 1960.

A. Sommerfeld: Atombau und Spektrallinien, Bd. I, 8. Aufl., Bd. II, 4. Aufl., Vieweg, Braunschweig 1960.

Zu Abschn. 1

N. Bohr: Das Bohrsche Atommodell[1], Ernst Battenberg Verlag, Stuttgart 1964.

[1] Dokumente der Naturwissenschaft, Abteilung Physik, herausgegeben von A. Hermann.

A. Einstein: Die Hypothese der Lichtquanten[1], Ernst Battenberg Verlag, Stuttgart 1965.

A. E. Haas: Der erste Quantenansatz für das Atom[1], Ernst Battenberg Verlag, Stuttgart 1965.

M. von Laue: Geschichte der Physik, Athenäum-Verlag, Bonn 1950.

Zu Abschn. 2

M. Born: Zur statistischen Deutung der Quantentheorie[1], Ernst Battenberg Verlag, Stuttgart 1962.

A. R. Edmonds: Drehimpulse in der Quantenmechanik, Bibliographisches Institut, Hochschultaschenbücher-Verlag, Mannheim 1964.

W. Heisenberg und N. Bohr: Die Kopenhagener Deutung der Quantentheorie[1], Ernst Battenberg Verlag, Stuttgart 1963.

W. Magnus und F. Oberhettinger: Formeln und Sätze für die speziellen Funktionen der mathematischen Physik, 2. Aufl., Springer-Verlag, Berlin 1948.

E. Schrödinger: Die Wellenmechanik[1], Ernst Battenberg Verlag, Stuttgart 1963.

A. Sommerfeld: Partielle Differentialgleichungen der Physik, 6. Aufl., Akademische Verlagsgesellschaft, Leipzig 1966.

Zu Abschn. 3

P. A. M. Dirac: The Principles of Quantum Mechanics, 4. Aufl., At the Clarendon Press, Oxford 1957.

R. B. Leighton (s. oben), S. 191ff..

L. H. Thomas, Nature **117**, 514 (1926).

Zu Abschn. 4

M. Born, W. Heisenberg und P. Jordan: Zur Begründung der Matrizenmechanik[1], Ernst Battenberg Verlag, Stuttgart 1962.

R. G. Breene Jr.: The Shift and Shape of Spectral Lines, Pergamon Press, New York 1961; Handb. Physik Bd. XXVII S. 1–79, Springer-Verlag, Berlin 1964.

W. Heitler: The Quantum Theory of Radiation, 3. Aufl., At the Clarendon Press, Oxford 1954.

Zu Abschn. 6

P. Gombás: Statistische Behandlung der Atome und ihre Anwendungen, Springer-Verlag, Wien 1949; Statistische Behandlung des Atoms, Handb. Physik Bd. XXXVI S. 109–231, Springer-Verlag, Berlin 1956.

D. R. Hartree: The Calculations of Atomic Structures, John Wiley & Sons, New York 1957.

Landolt–Börnstein: Zahlenwerte und Funktionen, 6. Aufl., Bd. 1 T. 1, Springer-Verlag, Berlin 1950.

Ch. E. Moore: Atomic Energy Levels, Bd. I, II und III, Circular of the National Bureau of Standards 467, Washington 1949, 1952, 1958.

A. N. Zaidel, V. K. Prokofev, S. M. Raiskii, V. A. Slavnyi und E. Ya. Shreider: Tables of Spectral Lines, 3. Aufl., IFI/Plenum, New York 1970.

Zu Abschn. 7

W. E. Lamb Jr., R. C. Retherford, E. S. Dayhoff und S. Triebwasser: Fine Structure of the Hydrogen Atom, T. I bis VI, Phys. Rev. **79**, 549 (1950), **81**, 222 (1951), **85**, 259 (1952), **86**, 1014 (1952), **89**, 98 (1953), **89**, 106 (1953).

A. Sokolow: Quantenelektrodynamik, Akademie-Verlag, Berlin 1957.

S. Tolansky: Hyperfine Structure in Line Spectra and Nuclear Spin, 2. Aufl., Methuen & Co., London 1953.

Zu Abschn. 8

A. M. Bonch–Bruevich und V. A. Khodovoi: Current Methods for the Study of the Stark Effect in Atoms, Uspekhi Fiz. Nauk (USSR) **93**, 71–110 (1967), Soviet Phys. Uspekhi (USA) **10**, 637–657 (1968).

H. Kopfermann und W. Paul, Z. Physik **120**, 545 (1943).

J. Stark und P. Epstein: Der Stark-Effekt[1], Ernst Battenberg Verlag, Stuttgart 1965.

Zu Abschn. 9

Röntgenstrahlen, Handb. Physik Bd. XXX, Springer-Verlag, Berlin 1957.

E. H. S. Burhop: The Auger Effect, At the University Press, Cambridge 1952.

M. A. Blochin: Physik der Röntgenstrahlen, VEB Verlag Technik, Berlin 1957.

H. Kulenkampff und L. Schmidt, Ann. Physik (5) **43**, 494 (1943).

L. G. Parratt, Phys. Rev. **56**, 295 (1939).

M. Siegbahn: Spektroskopie der Röntgenstrahlen, 2. Aufl., Verlag von Julius Springer, Berlin 1931.

Zu Abschn. 10 und 11

J. B. Hasted: Physics of Atomic Collisions, 2. Aufl., Butterworths, London 1972.

H. S. W. Massey, E. H. S. Burhop und H. B. Gilbody: Electronic and Ionic Impact Phenomena, Bd. I, II, III und IV, At the Clarendon Press, Oxford 1969, 1969, 1971, 1974.

E. W. McDaniel: Collision Phenomena in Ionized Gases, John Wiley & Sons, New York 1964.

Zu Abschn. 10

R. B. Bernstein, Proc. 3rd Intern. Conf. Phys. Electronic and Atomic Collisions, London 1963, S. 895ff., North-Holland Publ., Amsterdam.

J. O. Hirschfelder, Ch. F. Curtiss und R. B. Bird: Molecular Theory of Gases and Liquids, John Wiley & Sons, New York 1954.

H. Pauly und J. P. Toennies: The Study of Intermolecular Potentials with Molecular Beams at Thermal Energies, Adv. Atomic and Molec. Phys. **1**, 195–344 (1965).

E. W. Rothe, P. K. Rol, S. M. Trujillo und R. H. Neynaber, Phys. Rev. **128**, 659 (1962).

Zu Abschn. 11.3

F. J. de Heer: Experimental Studies of Excitation Collisions between Atomic and Ionic Systems, Adv. Atomic and Molec. Phys. **2**, 327–384 (1966).

M. St. John, F. L. Miller und Chun. C. Lin, Phys. Rev. **134**, A888 (1964).

J. van den Bos, G. J. Winter und F. J. de Heer, Physica **40**, 357 (1968).

H. R. Moustafa Moussa, F. J. de Heer und J. Schutten, Physica **40**, 517 (1968).

Zu Abschn. 11.4

H. C. Hayden und R. C. Amme, Phys. Rev. **141**, 30 (1966).

W. Hink und A. Ziegler, Z. Physik **226**, 222 (1969).

B. Sellers, F. A. Hanser und H. H. Wilson, Phys. Rev. **182**, 90 (1969).

Zu Abschn. 11.5

H. L. Daley und J. Perel, 6th Intern. Conf. Phys. Electronic and Atomic Collisions, Massachusetts USA 1969, S. 1051ff. u. S. 1055ff..

J. B. Hasted: Recent Measurements on Charge Transfer, Adv. Atomic and Molec. Phys. **4**, 237–266 (1968).

J. E. Bayfield, Phys. Rev. **182**, 115 (1969).

D. Rapp und W. E. Francis, J. Chem. Phys. **37**, 2631 (1962).

Zu Abschn. 11.6

M. Czajkowski, G. Skardis und L. Krause, Can. J. Phys. **51**, 334 (1973).

E. I. Dashevskaya, E. E. Nikitin, A. I. Reznikov, A. I. Voronin und A. A. Zembekov, Canad. J. Phys. **47**, 1237 (1969), **48**, 981 (1970), J. Chem. Phys. **53**, 1175 (1970) (Theorie).

[1] Dokumente der Naturwissenschaft, Abteilung Physik, herausgegeben von A. Hermann.

L. Krause: Collisional Transfer between Fine-structure Levels, Phys. Electronic and Atomic Collisions, VII ICPEAC 1971, S. 65–83, North-Holland Publ., Amsterdam 1972.

R. Seiwert: Unelastische Stöße zwischen angeregten und unangeregten Atomen, Springer Tracts Mod. Phys. Bd. 47 S. 143–184, Springer-Verlag, Berlin 1968.

III. Kapitel

Moleküle und Bindungsarten

(Jürgen Geiger, Kaiserslautern)

1. Einleitung

Dieses Kapitel befaßt sich mit der Struktur, mit den Spektren und mit dem Aufbau von Molekülen, d. h. unter anderem auch mit der Frage, auf welche Weise die das Molekül bildenden Atome durch die Elektronen zusammengehalten werden. Es ist klar, daß zwischen diesen einzelnen Themen ein enger Zusammenhang besteht.

Wir wollen uns im folgenden auf einfache Moleküle beschränken. Unter einfachen Molekülen sollen hier vorwiegend zweiatomige Moleküle verstanden werden, seltener drei- und mehratomige. Zunächst werden Methoden behandelt, mit denen man die Struktur der Moleküle bestimmen kann; dem schließt sich eine Systematik der Molekülspektren und der Molekülterme an. Ob ein optischer Übergang zwischen zwei Molekültermen tatsächlich stattfindet, wird durch die Auswahlregeln und durch das Franck-Condon-Prinzip geregelt. Wir werden sehen, daß die zu einem Molekülzustand gehörende Energie E in fast allen Fällen zusammengesetzt werden kann aus drei getrennten Anteilen, die der elektronischen Anregung E_{el}, der Schwingungs- und Rotationsanregung E_{vib} und E_{rot} zugeordnet werden können:

$$E = E_{\text{el}} + E_{\text{vib}} + E_{\text{rot}}. \qquad \text{(III,1)}$$

Der Grund liegt darin, daß nach dem Born-Oppenheimer-Theorem Elektronen- und Kernbewegung voneinander separiert werden können. Diese Energien werden meist in Elektronenvolt (eV) angegeben. Sie entstammen überwiegend spektroskopischen Messungen. Spektroskopisch mißt man jedoch die Wellenlänge λ in Ångström [Å]. Um eine der Energie proportionale Größe zu haben, bildet man den Kehrwert $\frac{1}{\lambda}$ und bezeichnet ihn mit $\tilde{\nu}$ oder neuerdings auch mit σ. Man nennt diese Größe Wellenzahl und gibt sie in cm^{-1} oder Kayser [K] an. Die Umrechnung ergibt sich aus

$$E = h\,\nu = \frac{h\,c}{\lambda} = h\,c\,\tilde{\nu}.$$

h ist das Plancksche Wirkungsquantum, ν die Frequenz und c die Lichtgeschwindigkeit. Zahlenmäßig findet man die folgenden Äquivalenzen

$$E \cdot \lambda = 1{,}24 \cdot 10^4 \ [\mathrm{eV} \cdot \text{Å}] \qquad \text{oder} \qquad 1\ \mathrm{cm}^{-1} \mathrel{\hat{=}} 0{,}124\ \mathrm{meV}$$

für die Umrechnung von Wellenzahlen in Elektronenvolt-Energien. Nützlich ist es auch, die Relation zwischen Photonenenergie und Lichtfrequenz ν zu kennen. Eine Photonenenergie von 1 eV entspricht einer Lichtfrequenz $\nu = 2{,}4 \cdot 10^{14}$ Hz.

Zunächst soll der Unterschied zwischen einem Atomspektrum und einem Molekülspektrum an einem Beispiel erläutert werden. Übersichtlich und sehr geeignet wäre natürlich das Spektrum des atomaren Wasserstoffs. Da aber das einfachste neutrale Molekül das Wasserstoffmolekül ist, welches bereits zwei Elektronen besitzt, wird zum Vergleich das Heliumspektrum herangezogen. Die in Abb. III,1 und Abb. III,2 gezeigten Energieverlustspektren schneller Elektronen entsprechen sowohl bezüglich ihrer Anregungsenergien als auch ihrer Intensitäten (bis auf einen Korrekturfaktor) einem Lichtabsorptionsspektrum. Sie geben also unmittelbar einen Begriff davon, welche Übergänge mit welchen Wahrscheinlichkeiten vom Grundzustand des Heliumatoms oder des Wasserstoffmoleküls stattfinden können.

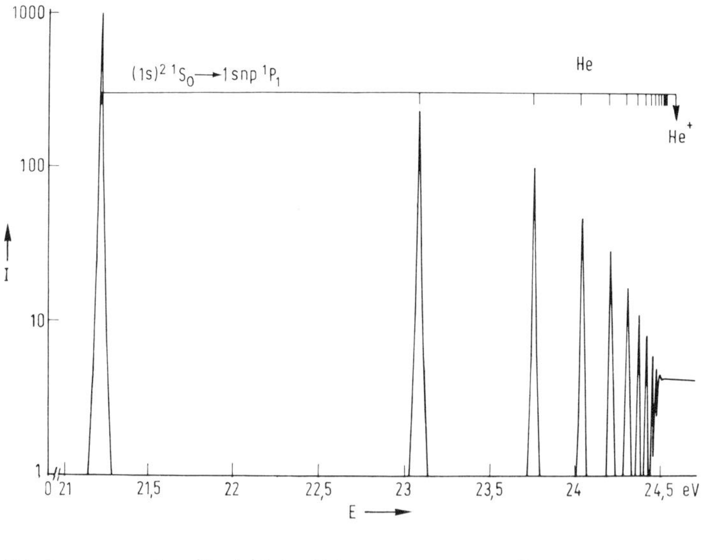

Abb. III, 1. Die Resonanzserie n $^1P-1\ ^1S$ des Heliumatoms aus dem Energieverlustspektrum von 25 keV-Elektronen. Um das große Intensitätsintervall darstellen zu können, ist die Skala der Ordinate logarithmisch geteilt (Boersch, Geiger, Schröder, Abh. Dtsch. Akad. Wiss. Berlin, [1967], 15)

Das Heliumspektrum besteht im wesentlichen aus einer Rydbergserie; die Intensität der Linien innerhalb der Serie nimmt mit zunehmender Hauptquantenzahl n schnell ab.

Die Photonenenergien $\hbar\omega$ für die Linien der Spektralserie, die vom Grundzustand ausgeht (Resonanzserie), sind

$$\hbar\omega = R_y Z^2 (1 - \frac{1}{n^2}) \qquad \text{(III,2)}$$

für das Wasserstoffatom und für wasserstoffähnliche Ionen mit der Kernladungszahl Z. R_y ist die Rydbergkonstante, $R_y = 13{,}61$ eV, $\hbar$ eine Abkürzung für $h/2\pi$ und $\omega = 2\pi\nu$ ist die Kreisfrequenz. $\hbar\omega$ ist mit dem Energieverlust E identisch. Bei Gl. (III,2) ist vorausgesetzt, daß sich das Atomelektron, das durch die Einwirkung des Lichts zu Übergängen angeregt wird, in einem Coulombfeld, das heißt in dem elektrischen Feld einer Punktladung, bewegt. Dieses Feld wird beim Wasserstoffatom durch das Proton erzeugt.

Weicht das Feld, das auf das Atomelektron wirkt, von einem Coulombfeld ab, was dann möglich ist, wenn weitere Atomelektronen vorhanden sind, kommt die Nebenquantenzahl oder Bahndrehimpulsquantenzahl l ins Spiel. Die Anregungsenergien für die Linien einer Spektralserie können dann geschrieben werden:

$$\hbar\omega = \text{const.} - \frac{R_y}{(n-\delta)^2}. \qquad \text{(III,3)}$$

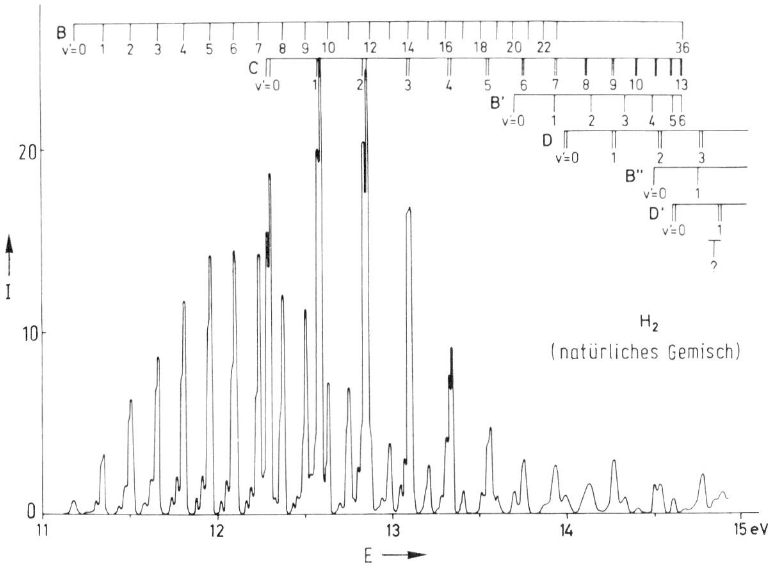

Abb. III, 2. Energieverlustspektrum von 25 keV-Elektronen am Wasserstoffmolekül. Das Spektrum ist einem Lichtabsorptionsspektrum analog (Geiger, Topschowsky, Z. Natorforschg. **21a** [1966], 626)

δ ist der Quantendefekt, der für verschiedene Bahnquantenzahlen l verschieden, jedoch im wesentlichen unabhängig von der Hauptquantenzahl n ist. Der Nenner in Gl. (III,3) wird auch manchmal $n^* = (n - \delta)$ geschrieben. n^* ist die effektive Hauptquantenzahl. Der Quantendefekt δ ist immer positiv.

Das Termschema des Heliumatoms ist bekannt. Im Spektrum Abb. III,1 treten die im Termschema Abb. III,3 eingezeichneten Übergänge auf. Es werden nur Singulettzustände angeregt. Übergänge vom Singulett- zum Triplettsystem finden nicht statt. Sie sind verboten.

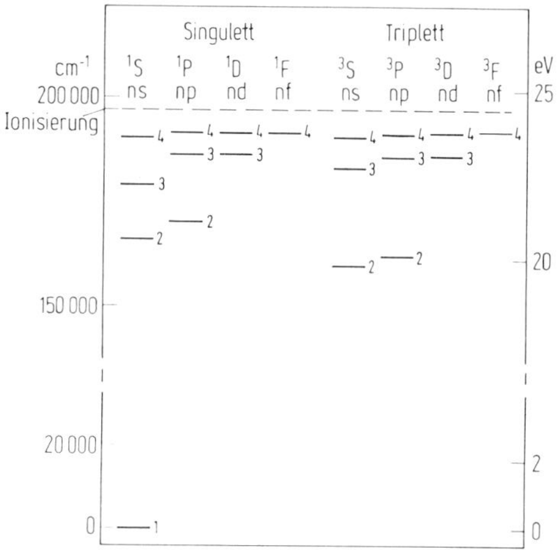

Abb. III, 3. Termschema des Heliums. Die vollständige Bezeichnung der Terme ist ^1S 1s ns, ^1P 1s np usw. Zwischen 2 und 20 eV ist der Energiemaßstab verkürzt

Das Spektrum des Wasserstoffmoleküls (Abb. III,2) zeigt auf den ersten Blick eine völlig andere Struktur als das Heliumspektrum. Jedoch kann man sich aus der Intensitätsverteilung im Spektrum eine Systematik der Molekülanregungen herstellen. Das Spektrum zeigt viele, nahezu äquidistante „Linien", die in Wirklichkeit Banden sind. Sie sind der Anregung von Schwingungstermen zuzuschreiben. Aus dem Intensitätsverlauf und aus den verschiedenen Abständen der Schwingungsbanden erkennt man, daß die Banden in der Hauptsache zwei Elektronenbandensystemen zuzuordnen sind. Es sind dies die Lyman-(B-)Banden und die Werner-(C-)Banden. Abb. III,2 zeigt weniger deutlich bei höheren Energien noch weitere Bandensysteme. Betrachtet man schließlich die einzelnen Schwingungsbanden im Spektrum genauer, so stellt man eine Unterstruktur fest. Sie kommt durch die Anregung von Rotationsübergängen zustande.

Die Ursache für die größere Mannigfaltigkeit im Molekülspektrum Abb. III,2, verglichen mit dem Atomspektrum Abb. III, 1, ist, daß die Zahl der Freiheitsgrade zugenommen hat: Die beiden Wasserstoffkerne können Schwingungen gegeneinander ausführen sowie um eine Achse senkrecht zur Kernverbindungslinie rotieren. Die Abb. III,4 zeigt ein Termschema ausgewählter Elektronenzustände des Wasserstoffmoleküls, das in Analogie zum Heliumatom gekennzeichnet wurde. Nur übergänge in das Singulettsystem sind vom Grundzustand aus erlaubt. Übergänge zwischen Singulett- und

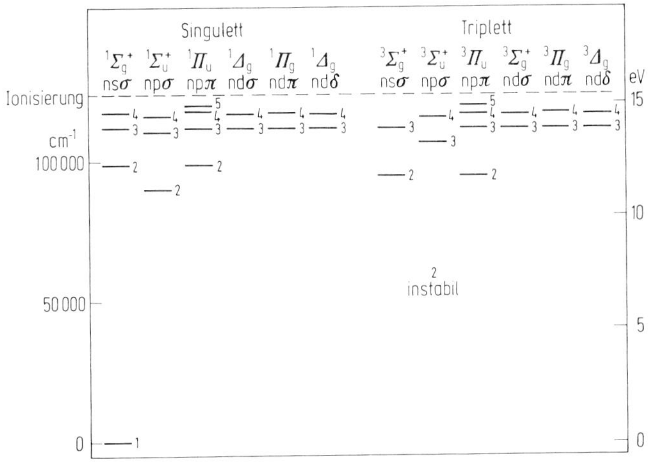

Abb. III, 4. Termschema der Elektronenzustände des Wasserstoffmoleküls. Es sind nur Zustände angegeben, bei denen *eines* der beiden Elektronen angeregt ist. Die vollständigen Bezeichnungen sind daher $^1\Sigma_g^+$ 1s σ ns σ . . . usw.

Triplettsystem sind verboten. Auf die am Kopf der Abb. III,4 angegebenen Termsymbole soll hier nicht eingegangen werden, sie werden später erklärt. Natürlich darf nicht vergessen werden, daß jedes Elektronenniveau in Schwingungsniveaus und diese wieder in Rotationsniveaus aufgegliedert ist.

Beim Wasserstoffmolekül haben wir den Fall, daß tatsächlich wie beim Heliumatom in den Elektronentermen Rydbergserien auftreten. Das ist nicht immer so: Bei vielen Molekülen hat man keine klaren Termserien gefunden. Zum Teil rührt das daher, daß gerade das Leuchtelektron die Bindung der Atome aneinander bewerkstelligt. Die weitere Anregung dieses Elektrons führt daher häufig zur Dissoziation des Moleküls. Man unterscheidet daher bei einem Molekül Rydbergzustände und Valenzzustände.

2. Elektronenbeugung an Molekülen

Eine der wichtigsten Methoden zur Bestimmung der Molekülstruktur ist neben der Mikrowellenspektroskopie die Beugung von Elektronen an Molekülen. Unter bestimmten Annahmen, die für die Streuung von schnellen Elektronen (20–60 keV Primärelektronenenergie) gültig sind, kann die Elektronenbeugung an Molekülen relativ einfach behandelt werden, wenn die Streuung an einem isolierten Atom als bekannt vorausgesetzt wird.

Die Annahmen sind:

a) jedes Atom streut unabhängig von allen anderen Atomen im Molekül
b) jede Umverteilung der Atomelektronen durch die Molekülbindung ist unbedeutend, so daß jedes Atom streut als wäre es frei

c) Vielfachstreuung im Molekül ist vernachlässigbar
d) die Phasendifferenz, die zur Interferenz der Elektronen Anlaß gibt, hängt nur vom relativen Abstand der Atome im Molekül ab.

Es ist klar, daß es für die Bedingung a) notwendig ist, daß die Wellenlänge der Elektronen klein gegenüber den Atomabständen ist. Das erfordert, daß die Elektronen schnell sind, so daß die 1. Bornsche Näherung für die Streuung der Elektronen an den Atomen gültig sein wird.

Fällt eine ebene Elektronenwelle auf ein Atom A_i, so wird sie an diesem gestreut. Die Streuwelle ist eine Kugelwelle, deren Amplitude von der Streurichtung, also vom Streuwinkel ϑ (Abb. III,5) abhängt. Sie hat die Form (vgl. Abb. III,5):

$$\frac{e^{ikr}}{r} f(\vartheta). \tag{III,4}$$

$k = 2\pi/\lambda$ ist die Wellenzahl der Elektronenwelle, r ist der Abstand vom streuenden Atom und $f(\vartheta)$ die Amplitude der gestreuten Welle. Das Streuatom A_i sei nun Teil eines Moleküls. Nach Abb. III,5 befindet es sich im Koordinatenursprung. Die einfallende Welle laufe entlang der z-Achse, ihre Amplitude sei auf 1 normiert. Insgesamt wird dann die einfallende Welle einschließlich der gestreuten Welle beschrieben durch:

$$e^{ikz} + \frac{e^{ikr}}{r} f(\vartheta). \tag{III,4a}$$

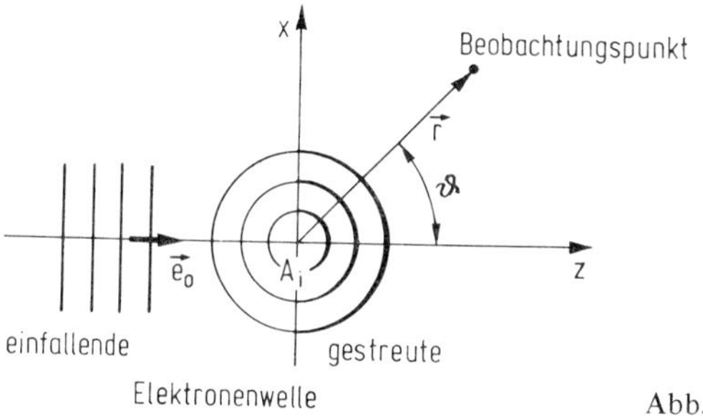

Abb. III, 5. Zur Definition der Streuamplitude $f(\vartheta)$

Jetzt wird der Koordinatenursprung 0 zu einem Punkt innerhalb des Moleküls, an dem nicht unbedingt ein Atom sich befinden muß, verschoben (Abb. III,6). Der Ortsvektor zum Atom A_i ist $\boldsymbol{r}_i$. Der Ausdruck für die einfallende und gestreute Elektronenwelle lautet nun

$$e^{ik(z_0-z_i)} + \frac{e^{ik|\boldsymbol{r}_0-\boldsymbol{r}_i|}}{|\boldsymbol{r}_0-\boldsymbol{r}_i|} f_i(\vartheta). \tag{III,5}$$

Ersichtlich wird in Gl. (III,5) die Phase immer noch vom Atom A_i gezählt. Wenn aber die Phase auf den neuen Koordinatenursprung bezogen wird, wird aus Gl. (III,5)

$$e^{ikz_0} + \frac{e^{ik(z_i+|\boldsymbol{r}_0-\boldsymbol{r}_i|)}}{|\boldsymbol{r}_0-\boldsymbol{r}_i|} f_i(\vartheta). \tag{III,6}$$

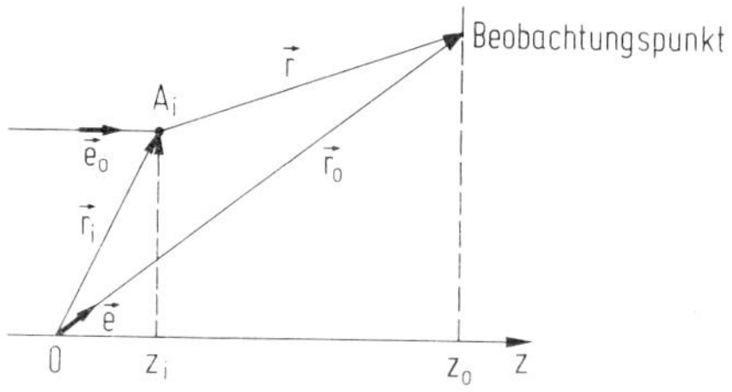

Abb. III, 6. Zur Bestimmung der Phase der Elektronenwellen bei der Streuung an einem Atom A_i im Molekül. In Wirklichkeit ist der Abstand vom Ursprung zum Beobachtungspunkt $|\boldsymbol{r}_0|$ sehr viel größer als in der Abbildung dargestellt

Der Abstand des Beobachtungspunkts vom Molekül $|\boldsymbol{r}_0|$ ist sehr viel größer als die innermolekularen Abstände $|\boldsymbol{r}_i|$. Tatsächlich ist in einer Elektronenbeugungsanordnung der Abstand vom Streuzentrum zum Elektronendetektor (z. B. Photokamera) von der Größenordnung 50 cm, die Atomabstände im Molekül sind einige Ångström. Daher gilt in guter Näherung

$$|\boldsymbol{r}_0 - \boldsymbol{r}_i| \approx \sqrt{r_0^2 - 2(\boldsymbol{r}_0, \boldsymbol{r}_i)} \approx r_0\left(1 - \frac{(\boldsymbol{r}_0, \boldsymbol{r}_i)}{r_0^2}\right) = r_0 - (\boldsymbol{e}, \boldsymbol{r}_i), \tag{III,7}$$

wobei $\boldsymbol{e}$ ein Einheitsvektor in Beobachtungsrichtung $\boldsymbol{r}_0$, d. h. in Streurichtung, ist. Für die durch das Atom A_i gestreute Welle ergibt sich (vgl. Abb. III,6)

$$\frac{1}{r_0 - (\boldsymbol{e}, \boldsymbol{r}_i)}\, e^{ik[(\boldsymbol{e}_0, \boldsymbol{r}_i) + r_0 - (\boldsymbol{e}, \boldsymbol{r}_i)]}\, f_i(\vartheta) \approx \frac{e^{ikr_0}}{r_0}\, e^{ik([\boldsymbol{e}_0 - \boldsymbol{e}], \boldsymbol{r}_i)}\, f_i(\vartheta). \tag{III,8}$$

Dieser Ausdruck berücksichtigt die Wegdifferenzen der Elektronenwelle zwischen Streuzentren an verschiedenen Orten $\boldsymbol{r}_i$. Die Streuamplitude der gestreuten Welle ergibt sich durch Summation über alle Atome i und Vergleich mit Gl. (III,4), die Intensität durch Quadrierung $I(\vartheta) = |f(\vartheta)|^2$.

$$I(\vartheta) = |\sum_i e^{ik([\boldsymbol{e}_0 - \boldsymbol{e}], \boldsymbol{r}_i)}\, f(\vartheta)|^2 = \sum_i \sum_j f_i\, f_j^*\, e^{ik([\boldsymbol{e}_0 - \boldsymbol{e}], \boldsymbol{r}_{ij})} \tag{III,9}$$

mit $\boldsymbol{r}_{ij} = \boldsymbol{r}_i - \boldsymbol{r}_j$.

Diese Streuformel ist jedoch noch unvollständig, weil darin angenommen wird, daß das Molekül eine feste Orientierung gegenüber dem Elektronenstrahl besitzt. Das ist in Wirklichkeit jedoch nicht der Fall. Die tatsächliche Streuverteilung muß also durch Mittelung über alle möglichen Orientierungen des Moleküls erhalten werden. Die Mittelung wird für jedes Glied der Summe einzeln durchgeführt. Wählt man $\boldsymbol{e}_0 - \boldsymbol{e}$ als polare Achse (Abb. III,7), so ist zur Mittelung über alle Orientierungen des Vektors $\boldsymbol{r}_{ij}$ bezüglich dieser Achse die folgende Integration durchzuführen

$$\frac{1}{4\pi} \int_0^{2\pi} d\Phi_{ij} \int_0^{\pi} \sin\Theta_{ij}\, e^{isr_{ij}\cos\Theta_{ij}}\, d\Theta_{ij}\,. \tag{III,10}$$

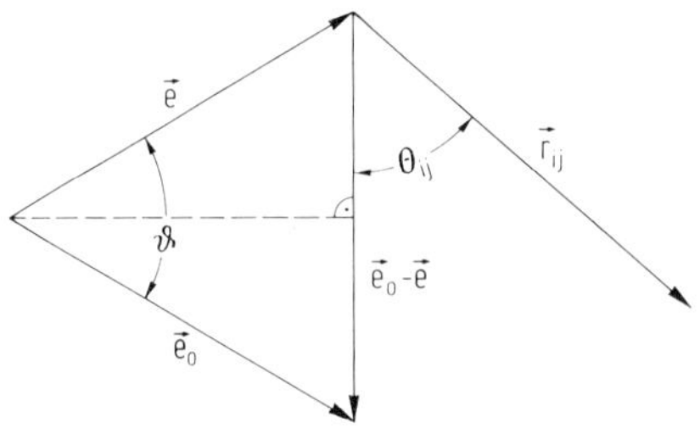

Abb. III, 7. Mittelung über alle Orientierungen des Kernverbindungsvektors r_{ij} bezüglich $e_0 - e$

Dabei sind Φ_{ij} und Θ_{ij} Azimutal- und Polarwinkel der Kernverbindungslinie $\boldsymbol{r}_{ij}$ bezüglich der Achse $\boldsymbol{e}_0 - \boldsymbol{e}$ und s die üblicherweise benutzte Abkürzung $s = k\,|\boldsymbol{e}_0 - \boldsymbol{e}| = 2\,k \sin \vartheta/2$ (Abb. III,7).

Das Integral über Θ ist bekannt:

$$\int_0^{\pi} e^{i z \cos x} \sin x \, dx = \frac{2 \sin z}{z}.$$

Für die Mittelungsprozedur hat man also

$$\frac{1}{4\pi} \cdot 2\pi \cdot \frac{2 \sin s r_{ij}}{s r_{ij}}.$$

Damit folgt für die Intensität

$$\bar{I}(s) = \sum_i \sum_j f_i f_j^* \frac{\sin s r_{ij}}{s r_{ij}}. \qquad \text{(III,11)}$$

Nimmt man nun aus der Doppelsumme die Glieder mit i = j, also mit $r_{ij} = 0$ heraus, folgt wegen $\lim_{s r_{ij} \to 0} \frac{\sin s r_{ij}}{s r_{ij}} = 1$, ($f$ reell angenommen)

$$\bar{I} = \sum_i f_i^2 + \sum_{i \neq j} \sum f_i f_j \frac{\sin s r_{ij}}{s r_{ij}}, \qquad \text{(III,12)}$$

wo $\sum_i f_i$ die Streuung an den einzelnen Atomen und die Doppelsumme den infolge der zwischenatomaren Interferenz hinzukommenden Anteil bedeuten. Der 2. Term ist wegen der darin vorkommenden Kernabstände r_{ij} charakteristisch für das Molekül und bewirkt die Molekülinterferenzen. Den Verlauf der in Gl. (III,12) enthaltenen sin x/x-Funktion zeigt Abb. III,8.

Nach dieser kann eine grobe Abschätzung der Lage der Intensitätsmaxima vorgenommen werden. Für kleine Streuwinkel ist $\sin \vartheta/2 \approx \vartheta/2$ also $s \approx \frac{2\pi}{\lambda} \vartheta$, wenn λ die Materiewellenlänge der Elektronen ist.

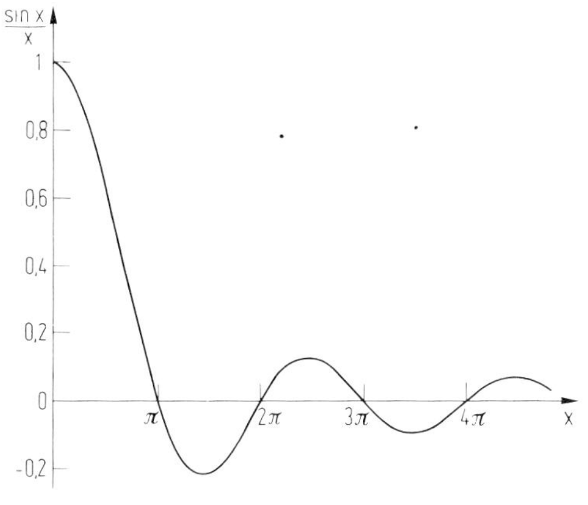

Abb. III, 8. Die Funktion $\frac{\sin x}{x}$

Für das erste Maximum muß z. B. $s\,r_{ij} = \frac{5}{2}\pi$ erfüllt sein, der entsprechende Streuwinkel ist $\vartheta_1 = \frac{5\lambda}{4\,r_{ij}}$. Beim Wasserstoffmolekül mit $r_{H\text{-}H} = 0{,}75$ Å folgt $\vartheta_1 = 7°$, wenn 25 keV Elektronen ($\lambda = 0{,}075$ A) verwendet werden.

Wegen des von der Streuung an den Atomen herrührenden ersten Terms wird die Streuverteilung jedoch stark verändert. So ergibt z. B. für das homonukleare zweiatomige Molekül J_2 die Intensitätsformel

$$I(s) = f_J^2\left(2 + 2\,\frac{\sin s\,r_{J\text{-}J}}{s\,r_{J\text{-}J}}\right) \qquad \text{(III,13)}$$

ohne Atomformfaktor f_J für das Jod eine sehr charakteristische Folge von Interferenzmaxima (gestrichelte Kurve in Abb. III,9), mit dem Atomformfaktor f_J jedoch die weniger eindrucksvolle ausgezogene Kurve der Abb. III,9.

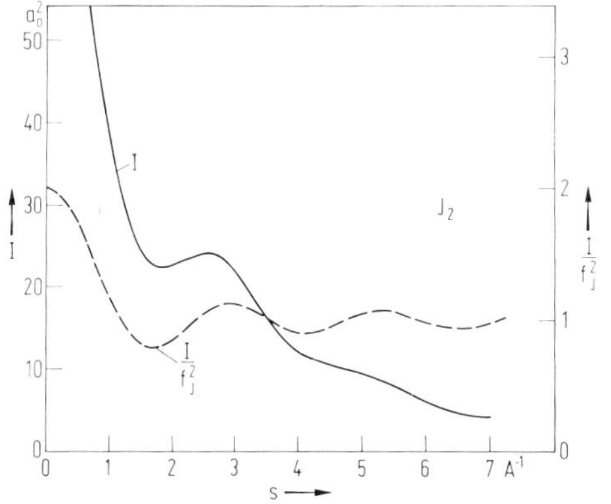

Abb. III, 9. Elektronenbeugung am Jodmolekül: Interferenzterm $I/f_J^2 = 2 + 2\,\frac{\sin s\,r_{J-J}}{s\,r_{J-J}}$ und Gesamtintensität I Gl. (III,13) unter Berücksichtigung des Atomformfaktors f_J^2, I in atomaren Einheiten $a_0^2 = 0{,}28$ Å^2

Die 1. Bornsche Näherung liefert ganz allgemein für ein Atom i die Streuamplitude

$$f_i(\vartheta) = \frac{2}{a_0} \frac{Z_i - F_i(\vartheta)}{s^2}. \qquad \text{(III,14)}$$

$a_0 = \hbar^2/m\,e^2$ ist der Bohrsche Wasserstoffradius, Z_i die Ordnungszahl des Atoms i und F_i sein Atomformfaktor für Röntgenstrahlen. F_i hängt vom Streuwinkel ϑ ab. Werte für den Atomformfaktor für Röntgenstrahlen findet man in Tabellen. Für die Berechnung ist die Kenntnis der Elektronendichteverteilung in dem betreffenden Atom erforderlich.

Der Einfluß der immer vorhandenen unelastischen Streuung, bei der sich der energetische Zustand des streuenden Atoms ändert, soll hier nicht diskutiert werden.

3. Bestimmung der Kernabstände aus Elektronenbeugungsuntersuchungen

Experimentell (Abb. III,10) werden Kernabstände im Molekül aus der Radialverteilungsfunktion $D(r)$ ermittelt. Um diese Verteilungsfunktion zu erhalten, geht man von dem allgemeinen Ausdruck für die Intensität im Elektronenbeugungsbild eines Moleküls Gl. (III,11) aus

$$I(s) = \sum_i \sum_j f_i f_j \frac{\sin s\, r_{ij}}{s\, r_{ij}}. \qquad \text{(III,15)}$$

In Gl. (III,15) waren r_{ij} der Abstand zweier Atome i und j im Molekül und s eine Variable, die vom Streuwinkel ϑ und von der Materiewellenlänge der Strahlelektronen abhing. Wir ersetzen die Doppelsumme in Gl. (III,15) durch ein Integral:

$$I(s) = K' \int_0^\infty \frac{r^2\, D(r)}{s^4} \frac{\sin s\, r}{s\, r}\, dr\,. \qquad \text{(III,16)}$$

Die bei der Umwandlung der Doppelsumme in das Integral auftretenden Konstanten sind in K' zusammengefaßt.

Statt des Produktes der Streuamplituden f_i und f_j der Atome i und j steht jetzt in der Gl. (III,16) der Faktor $r^2\, D(r)/s^4$. s^{-4} ist abgesehen von einem Faktor das Streuvermögen einer Punktladung von der Größe einer Elementarladung e für ein Elektron (s. Gl. (III,14) mit $Z = 1$ und $F = 0$). $r^2\, D(r)/s^4$ gibt also das Streuvermögen aller Volumenelemente an, die sich in einem Abstand r voneinander befinden. Besonders große Ladungsdichte, – und damit großes Streuvermögen –, ist natürlich in der Nähe der Atomkerne vorhanden. Die Maxima der Radialverteilungsfunktion $D(r)$ werden also den Kernabständen im Molekül entsprechen.

Den Vorteil, den die Einführung der Radialverteilungsfunktion $D(r)$ bringt, erkennt man sofort, wenn man die Gl. (III,16) etwas anders schreibt:

$$s^5\, I(s) = K' \int_0^\infty r\, D(r) \sin r\, s\, dr\,. \qquad \text{(III,17)}$$

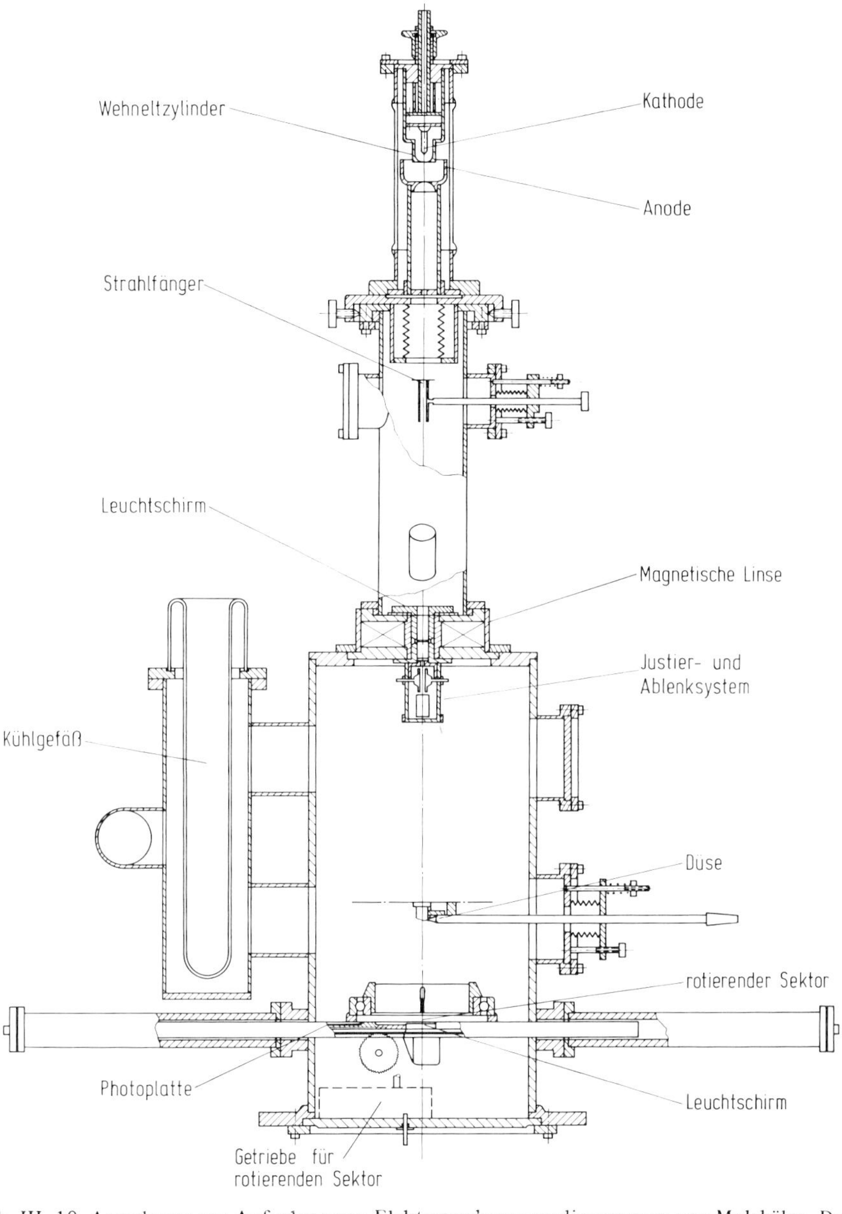

Abb. III, 10. Anordnung zur Aufnahme von Elektronenbeugungsdiagrammen von Molekülen. Durch den Wehneltzylinder und die magnetische Linse wird ein feiner und intensiver Elektronenstrahl erzeugt. Er kreuzt den Gasstrom unmittelbar vor der Düse. Hier werden die Elektronen gestreut. Das Elektronenbeugungsdiagramm wird photographisch aufgenommen. Unmittelbar vor der Photoplatte ist ein rotierender Sektor eingebaut, der den durch den Atomformfaktor verursachten steilen Intensitätsabfall mit zunehmendem Streuwinkel mildert. Leistungsfähige Vakuumpumpen und ein Kühlgefäß zum Abpumpen kondensierbarer Gase sorgen dafür, daß trotz des Gaseinlassens durch die Düse ein ausreichendes Vakuum (10^{-4} bis 10^{-5} Torr) in der Apparatur aufrechterhalten wird (nach Bartell, Brockway, Rev. Sci. Instr. **25** [1954], 569)

Nach dieser Beziehung ist nämlich $s^5\, I(s)$ die Fouriertransformierte von r D(r). Durch inverse Transformation erhält man D(r) explizit:

$$D(r) = K'' \int_0^\infty s^6\, I(s)\, \frac{\sin r\, s}{r\, s}\, ds. \qquad (III,18)$$

Wenn also die Elektronenintensitäten $I(s)$ im Elektronenbeugungsdiagramm eines Molekül gemessen worden sind, kann daraus im Prinzip mit Hilfe von Gl. (III,18) die Radialverteilungsfunktion D(r) berechnet werden. Damit hat man die gewünschte Information über die im Molekül vorkommenden Kernabstände gewonnen. Beispiele für Elektronenbeugungsdiagramme und die daraus gewonnenen Radialverteilungsfunktionen gibt die Abb. III,11.

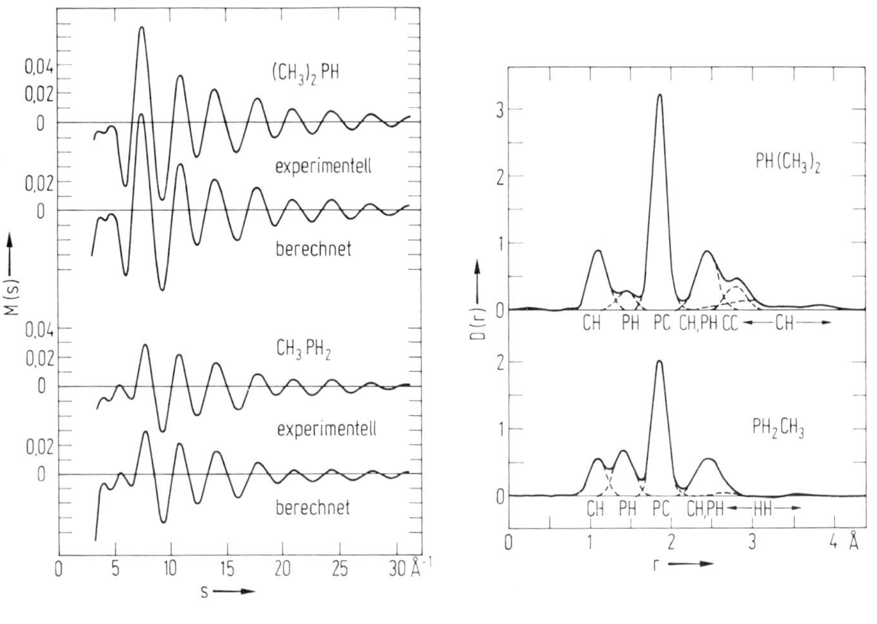

Abb. III, 11. Links: Experimentelle und theoretische Intensitätsverteilung im Elektronenbeugungsdiagramm von $(CH_3)_2PH$ und CH_3PH_2 (nur Interferenzterm); Rechts: Aus Elektronenbeugungsdiagrammen gewonnene Radialverteilungsfunktionen. Die zu den Maxima der Verteilungsfunktion gehörenden Kernabstände sind an der Abszisse angegeben (Bartell, J. Chem. Phys. **32** [1960] 832)

Das Atomgerüst eines Moleküls stellt kein starres Gebilde dar, sondern die Lage der Atome schwankt infolge der schon im Schwingungsgrundzustand vorhandenen Nullpunktsschwingungen auch bei der Temperatur T = 0 K. Das macht sich bei den Werten für die Kernabstände im Molekül, die aus Elektronenbeugungsunterschungen ermittelt werden, bemerkbar und muß korrigiert werden.

Die nachfolgende Tabelle gibt einen Eindruck von der Genauigkeit, mit der Kernabstände in einem Molekül durch Elektronenbeugungsuntersuchungen und durch spektroskopische Messungen bestimmt werden können.

Tab. III,1. Kernabstände in Å, ermittelt aus Elektronenbeugung und spektroskopischen Messungen. Werte nach L. S. Bartell, K. Kuchitsu, R. J. DeNeui, J. Chem. Phys. **35**, 1211 (1961) und K. Kuchitsu, J. Chem. Phys. **44**, 906 (1966)

Molekül	Abstand	Elektronenbeugung	spektroskopisch
CH_4	C–H	$1{,}084_7$	$1{,}085_0$
CD_4	C–D	$1{,}086_3$	$1{,}085_6$
C_2H_4	C=C	$1{,}335_6$	$1{,}334_4$
	C–H	$1{,}089_8$	$1{,}090_5$
C_2D_4	C=C	1,336	$1{,}333_8$
	C–D	1,089	$1{,}086_5$

4. Rotation eines starren Moleküls

Ein im Raum ohne äußere Felder rotierendes Molekül stellt nichts anderes als einen kräftefreien, rotierenden Kreisel dar, wie er im Bd. I Nr. 39 behandelt worden ist. Dementsprechend werden die Moleküle, wenn es um Rotationsspektren geht, nach der Form ihres Trägheitsellipsoids charakterisiert, die von dem Aufbau und der Symmetrie des Moleküls abhängt. Das Trägheitsmoment I eines starren Moleküls um jede Achse, die durch seinen Schwerpunkt geht, ist definiert durch:

$$I = \sum_i m_i r_i^2 .$$

Hierin ist r_i der senkrechte Abstand von der Achse und m_i die Masse des i-ten Atomkerns. Das **Molekül** wird nach der **Form** des zugehörigen Trägheitsellipsoids **klassifiziert.** Trägt man $1/\sqrt{I}$ längs der Achsen, die durch den Schwerpunkt gehen, auf, so erhält man das Trägheitsellipsoid, das seinen Mittelpunkt im Schwerpunkt des Moleküls hat. Die 3 senkrecht aufeinanderstehenden Achsen des Trägheitsellipsoids sind die 3 Hauptträgheitsachsen. Drehungen um diese Achsen sind dynamisch im Gleichgewicht. Es ist üblich, die Achsen des **Ellipsoids** mit a, b, c zu bezeichnen, wobei a die größte, c die kleinste Achse ist. Da die Achsenlängen proportional $I^{-1/2}$ sind, folgt, daß $I_a < I_b < I_c$ sind.

Schnitte durch das Trägheitsellipsoid des CH_2O-Moleküls zeigt die Abb. III,12. Bei der Rotation um die Achse, die durch das Kohlenstoff- und Sauerstoffatom geht, tragen nur die beiden Wasserstoffatome zum Trägheitsmoment bei. Dadurch sind die Richtung des kleinsten Trägheitsmoments I_a und die größte Achse a des Trägheitsellipsoids gegeben.

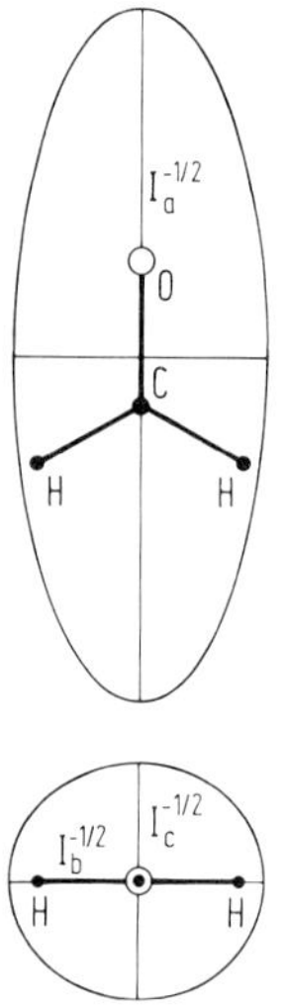

Abb. III, 12. Schnitte durch das Trägheitsellipsoid des Formaldehyd-Moleküls CH_2O

In der klassischen Mechanik ist die Gesamtenergie eines Rotators mit **einem** Freiheitsgrad durch die kinetische Energie gegeben

$$E_{rot} = \frac{1}{2} I \omega^2 = \frac{(I\omega)^2}{2I} = \frac{L^2}{2I}, \qquad \text{(III,20)}$$

wobei ω die Winkelgeschwindigkeit um die Bezugsachse und $\boldsymbol{L}$ der Drehimpuls sind. Allgemein hat die Rotation eines **Moleküls** Komponenten in drei aufeinander senkrechten Richtungen (sie hat **3 Freiheitsgrade**), und daher ist die Gesamtenergie gegeben durch

$$E_{rot} = \frac{L_a^2}{2I_a} + \frac{L_b^2}{2I_b} + \frac{L_c^2}{2I_c}. \qquad \text{(III,21)}$$

$L_a = I_a\,\omega_a$, $L_b = I_b\,\omega_b$, $L_c = I_c\,\omega_c$ sind die Komponenten des Drehimpulses längs der Hauptachsen a, b, c. Das Quadrat des gesamten Drehimpulses ist

$$L^2 = L_a^2 + L_b^2 + L_c^2.$$

Bevor die Quantenmechanik auf das rotierende Molekül angewendet wird, sollen mögliche Vereinfachungen der klassischen Formel (III,21) wegen der Symmetrie der Moleküle diskutiert werden. Die Symmetrie des Moleküls wird sich auf die Symmetrie des Trägheitsellipsoids auswirken. Es werden 4 Klassen unterschieden:

a) Die höchste Symmetrie des Ellipsoids ergibt sich, wenn alle 3 Achsen gleich sind. Das Trägheitsellipsoid wird dann eine Kugel mit a = b = c. Die Rotationsenergie ist

$$E_{rot} = (L_a^2 + L_b^2 + L_c^2)/2I = \frac{L^2}{2I}. \qquad \text{(III,22 a)}$$

Solche Moleküle zählt man zur Klasse der Kugelkreisel, z. B. CH_4, CCl_4. Diese Moleküle sind wegen ihrer Symmetrie elektrisch isotrop und besitzen kein Rotationsspektrum im Grundzustand.

b) Bei einem linearen Molekül ist kein Trägheitsmoment um die Kernverbindungsachse vorhanden, $I_a = 0$ und $I_b = I_c$. Die Hauptträgheitsachsen stehen aufeinander senkrecht und senkrecht zur Kernverbindungsachse. Der Trägheitsellipsoid ist ein Kreiszylinder unendlicher Länge. Da $L_a = 0 = I_a\,\omega$ ist, ist $L^2 = L_b^2 + L_c^2$ und die Rotationsenergie

$$E_{rot} = \frac{L^2}{2\,I_b}. \qquad \text{(III,22b)}$$

c) Ein symmetrischer Kreisel hat 2 gleiche Trägheitsmomente, das dritte Hauptträgheitsmoment ist von diesen verschieden.

Abweichend von dem oben festgelegten wird oft das Trägheitsmoment I_a auf die Rotation um die Figurenachse bezogen. Wir schließen uns dem hier an. Der Kreisel ist gestreckt, wenn $I_a < I_b\ (= I_c)$, oder abgeplattet, wenn $I_a > I_b\ (= I_c)$ ist.

Der Trägheitstensor eines symmetrischen Kreisels ist ein Rotationsellipsoid.

Ein gestreckter Kreisel hat z. B. die Form eines Federballs. Beispiele von Molekülen sind CH_3Cl, CH_3CN. Ein abgeplatteter Kreisel hat die Form eines Diskus, entsprechende Moleküle sind BF_3, C_6H_6.

Für einen gestreckten symmetrischen Kreisel ergibt sich die Energie aus dem Vektordiagramm Abb. III,13

$$E_{rot} = \frac{L_a^2}{2\,I_a} + \frac{1}{2\,I_b}(L_b^2 + L_c^2) = \frac{L_a^2}{2\,I_a} + \frac{1}{2\,I_b}(L^2 - L_a^2)$$

$$E_{rot} = \frac{L^2}{2\,I_b} + \frac{L_a^2}{2}\left(\frac{1}{I_a} - \frac{1}{I_b}\right). \qquad \text{(III,22c)}$$

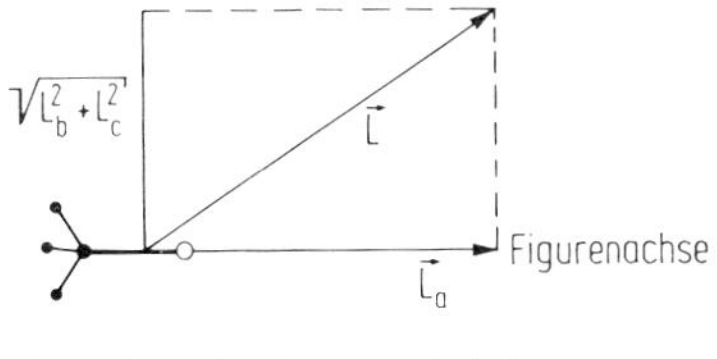

Abb. III, 13. Komponenten des Drehimpulsvektors L bei einem gestreckten symmetrischen Kreisel-Molekül, z. B. dem CH_3Cl-Molekül

Die Rotationsenergie ist die Summe aus Nutationsenergie (1. Term) und Rotationsenergie um die Figurenachse (2. Term auf der rechten Seite von Gl. (III,22c)).

Die Superposition der beiden Bewegungen, Nutation der Figurenachse L_a um L und Rotation der Moleküle um L_a ist nicht einfach eine Rotation des Moleküls um die L-Achse. L ist nämlich nicht fest bezüglich des Moleküls. Man beobachtet vielmehr eine Art von Dreh- und Nickbewegung, wie sie im Bd. I in Abb. IV,113 beschrieben ist.

Für die Frequenz ν der Umdrehung um die Figurenachse erhält man

$$\nu = \frac{1}{2\pi}\left(\frac{1}{I_a} - \frac{1}{I_b}\right) L_a.$$

Für alle nicht zufällig symmetrischen Kreisel-Moleküle liegt der Vektor des Dipolmoments längs der Figurenachse. Daher kann Energie, die aus einem elektromagnetischen Feld absorbiert wird, nur in Nutationsbewegung umgewandelt werden und nicht die Rotation um die Figurenachse beschleunigen. Denn nur die Nutation ist mit einer Änderung der Richtung des Dipolmoments verknüpft.

d) Der unsymmetrische Kreisel repräsentiert eine Klasse von Molekülen, die 3 verschiedene Hauptträgheitsmomente besitzen. Die Rotationsenergie ist daher durch die Ausgangsgleichung Gl. (III,21) ohne Vereinfachung gegeben.

5. Quantisierung der Rotation

Die Quantisierung der Rotation beschränkt die Rotationsenergie der Moleküle auf diskrete Werte, die von der Wellenmechanik erlaubt sind. Die Lösung der Schrödingergleichung für den **symmetrischen Kreisel** führt zu den Kugelflächenfunktionen Y_{JK} als Eigenfunktionen. Von der quantenmechanischen Behandlung des Wasserstoffatoms ist bekannt, daß sich für den Winkelanteil ebenfalls die Kugelflächenfunktion Y_{lm} ergibt. Wir werden daher viele Analogien zum Wasserstoffatom antreffen.

Mit dieser Kenntnis kann der symmetrische Kreisel quantisiert werden: In der Quantenmechanik wird der Buchstabe $\boldsymbol{J}$ zur Bezeichnung des Gesamtdrehimpulses benutzt. Wie beim Wasserstoffatom wird der Gesamtdrehimpuls quantisiert, so daß gilt

$$|\boldsymbol{J}|^2 = J(J+1)\,\hbar^2 \qquad J = 0, 1, 2, 3\ldots \tag{III,23}$$

Im Zusammenhang mit der Rotation eines Moleküls heißt J Rotationsquantenzahl. Außerdem wird die Komponente des Gesamtdrehimpulses längs der Figurenachse, die mit K oder J_a bezeichnet wird, nach der Vorschrift

$$|\boldsymbol{K}|^2 = K^2\,\hbar^2 \tag{III,24}$$

quantisiert, wobei K eine zweite Quantenzahl ist, die alle ganzzahligen Werte einschließlich der Null annehmen kann. Da jedoch $\boldsymbol{K}$ die axiale Komponente von $\boldsymbol{J}$ ist, kann K nicht größer als J sein:

$$K = 0, \pm 1, \pm 2, \ldots \pm J.$$

Die gleichzeitige Quantisierung des Gesamtdrehimpulses und der Komponente längs der Figurenachse bedeutet, daß die Orientierung des Gesamtdrehimpulses bezüglich dieser Achse quantisiert ist. Dieser Winkel kann nur diskrete Werte annehmen. Sie sind

$$\cos\vartheta = \frac{|\boldsymbol{K}|}{|\boldsymbol{J}|} = \pm\frac{K}{\sqrt{J(J+1)}}\,.$$

Die Richtungsquantisierung ist in Abb. III,14 für $J = 3$ gezeigt. Es gibt ersichtlich $2J + 1$ mögliche Einstellungen des Drehimpulsvektors J. Da der Betrag von $J(J + 1)\,\hbar$ des Vektors $\boldsymbol{J}$ größer ist als der Maximalwert von $K = J\,\hbar$, ist klar, daß J nie exakt in Richtung der Achse zeigen kann.

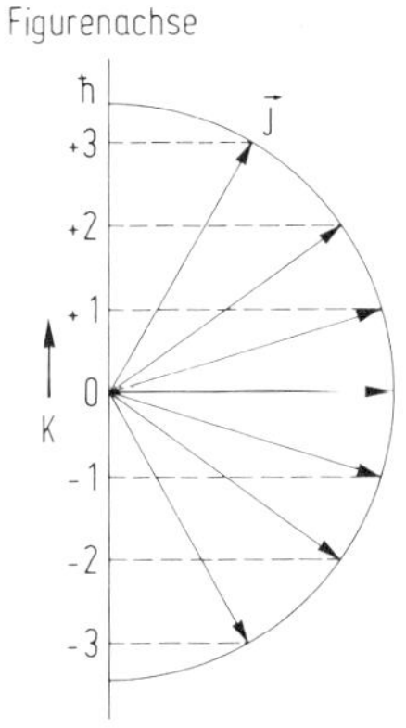

Abb. III, 14. Mögliche Einstellungen des Drehimpulses J zur Figurenachse für J = 3. Die Komponenten von J in Richtung der Figurenachse sind $\hbar$K, K = 0, ± 1, ± 2, ± 3

Wir wollen jetzt die quantisierten Rotationsniveaus bestimmen: Substitution von $\boldsymbol{J}$ und $\boldsymbol{K}$ für $\boldsymbol{L}$ und L_a

$$E_{rot} = \frac{J^2}{2I_b} + \frac{K^2}{2}\left(\frac{1}{I_a} - \frac{1}{I_b}\right) \qquad \text{(III,25)}$$

und Einführung der Quantenzahlen gibt

$$E_{rot} = J(J+1)\,\frac{h^2}{8\pi^2 I_b} + K^2\left(\frac{1}{I_a} + \frac{1}{I_b}\right)\frac{h^2}{8\pi^2}. \qquad \text{(III,26)}$$

Division durch $h\,c$ führt schließlich zu den Termwerten in Wellenzahlen

$$\frac{E_{rot}}{h\,c} = J(J+1)\,\mathrm{B} + K^2(\mathrm{A} - \mathrm{B}) \quad \text{mit} \quad \mathrm{A} = \frac{h}{8\pi^2 c I_a} \quad \text{und} \quad \mathrm{B} = \frac{h}{8\pi^2 c I_b}. \qquad \text{(III,27)}$$

A und B heißen Rotationskonstanten. Sie sind dem reziproken Trägheitsmoment proportional. In Abb. III,15 sind die Rotationsniveaus eines gestreckten Kreisels dargestellt. Die Energie ist unabhängig vom Vorzeichen der Quantenzahl K.

Ein lineares Molekül, insbesondere auch ein zweiatomiges Molekül, besitzt, wie im vorigen Abschnitt auseinandergesetzt, kein Trägheitsmoment um die Kernverbindungsachse. Seine Rotationsterme folgen aus Gl. (III,22b) in Wellenzahlen

$$F(J) = \frac{E_{rot}}{h\,c} = J(J+1)\,\mathrm{B}\,. \qquad \text{(III,28)}$$

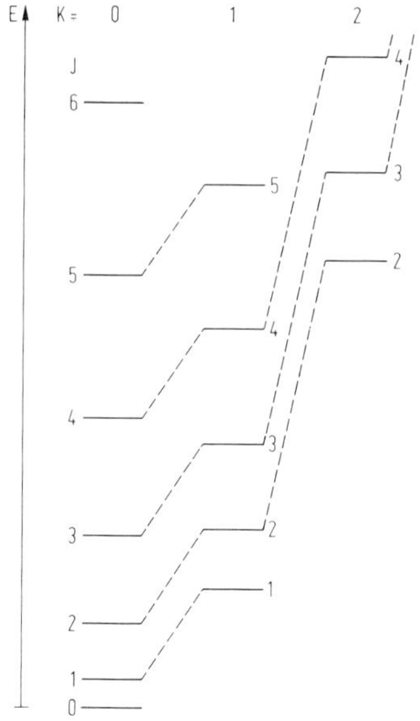

Abb. III. 15. Rotationsniveaus eines gestreckten symmetrischen Kreisel-Moleküls. Da K nicht größer als J sein kann, gilt für J: J = K, K + 1, K + 2 . . . Daher kommen im Termschema J-Werte kleiner als K nicht vor

Tatsächlich umgeben jedoch die Elektronen die Kerne. Das Trägheitsmoment um die Kernverbindungsachse ist daher zwar klein, aber von Null verschieden. Es muß also das Modell des symmetrischen Kreisels herangezogen werden. Die entscheidende Größe, die jetzt zusätzlich ins Spiel kommt, ist die Bahndrehimpulskomponente $\vec{\Lambda}$ der Elektronen längs der Kernverbindungsachse. Die damit verknüpfte Quantenzahl Λ tritt an die Stelle von K in Gl. (III,27). Hat der Elektronenzustand des Moleküls keine Bahndrehimpulskomponente längs der Kernverbindungsachse, liegt ein Σ-Zustand vor, und Gl. (III,28) gilt wieder. Auch beim zweiatomigen Molekül kommt jeder Rotationsterm $(2\,J + 1)$ mal mit gleicher Energie vor, er ist $(2\,J + 1)$ fach entartet.

6. Optische Übergänge zwischen Rotationsniveaus, Rotationsspektren

Nach der klassischen Elektrodynamik kann ein Molekül nur elektromagnetische Strahlung emittieren oder absorbieren, wenn mit dem Molekülübergang eine Dipolmomentsänderung verbunden ist. Bei der Rotation kann das Feld eines sich ändernden Dipols durch ein rotierendes permanentes Dipolmoment erzeugt werden. Beschränkt man sich auf zweiatomige Moleküle, so haben alle Moleküle, die aus ungleichen Atomen bestehen, – alle heteronuklearen zweiatomigen Moleküle –, ein permanentes Dipolmoment. Sie sollten bei Rotationsübergängen Strahlung absorbieren und emittieren können.

Die Auswahlregeln für optische Übergänge, die aus der Quantenmechanik folgen, sind:

a) das Molekül muß, wie in der klassischen Elektrodynamik verlangt, ein permanentes Dipolmoment besitzen
b) $\Delta J = \pm 1$ ist ganz analog der Auswahlregel $\Delta l = \pm 1$ für die Nebenquantenzahl bei Atomen,
c) $\Delta K = 0$ entspricht der Auswahlregel für die magnetische Quantenzahl bei Atomen.

Vereinbarungsgemäß werden bei einem spektroskopischen Übergang die zum energetisch höheren Niveau gehörenden Größen mit $'$ und die zum energetisch tieferen gehörenden mit $''$ gekennzeichnet. Die Frequenz für einen Übergang von einem oberen Niveau mit der Energie E' zu einem unteren Niveau mit der Energie E'' ist dementsprechend

$$\nu = \frac{1}{h} (E' - E'') .$$

Ein spektroskopischer Übergang wird durch die beiden Symbole, die die betreffenden Niveaus charakterisieren, dargestellt, wobei zuerst das obere Niveau und, verbunden durch einen Gedankenstrich, an zweiter Stelle das untere Niveau genannt werden, also

$$(J', K') - (J'', K'').$$

Die Richtung des Übergangs kann durch einen Pfeil angegeben werden. Will man einen Absorptionsprozeß kennzeichnen, schreibt man

$$(J', K') \leftarrow (J'', K'');$$

ein Emissionsübergang wird durch

$$(J', K') \rightarrow (J'', K'')$$

charakterisiert.

Die Differenz zwischen zwei Rotationsquantenzahlen ist nach Konvention festgelegt durch

$$\Delta J = J' - J''.$$

Durch diese Definition reduziert sich die Auswahlregel b) zu

$$\Delta J = + 1.$$

Wir wollen jetzt die Wellenzahl $\tilde{\nu}$ des in einem Emissions- oder Absorptionsprozeß emittierten oder absorbierten Lichts bei einem Rotationsübergang bestimmen. Der Übergang findet zwischen zwei „Rotationstermen" (gemessen in cm^{-1}) statt. Für den durch die Rotationsquantenzahl J charakterisierten Rotationsterm ist die Bezeichnung $F(J)$ eingeführt worden. Die Rotationsterme eines zweiatomigen Moleküls sind gegeben durch Gl. (III,28)

$$F(J) = B\, J(J + 1). \qquad \text{(III,28)}$$

Für die Wellenzahl $\tilde{\nu}$ des absorbierten oder emittierten Lichts kann man schreiben

$$\tilde{\nu} = F(J') - F(J'') = B\,J'(J' + 1) - B\,J''(J'' + 1).$$

Wird von der Auswahlregel $J' = J'' + 1$ Gebrauch gemacht, ergibt sich schließlich für die Wellenzahl

$$\tilde{\nu} = B(J'' + 1)\,(J'' + 2) - B\,J''(J'' + 1) = 2\,B(J'' + 1), \qquad (III,29)$$

d. h., die Wellenzahlen von Rotationslinien, die in Absorption von aufeinanderfolgenden Rotationstermen J'' ausgehen oder in Emission bei den Termen J'' enden, differieren jeweils um 2 B (vgl. Abb. III,16).

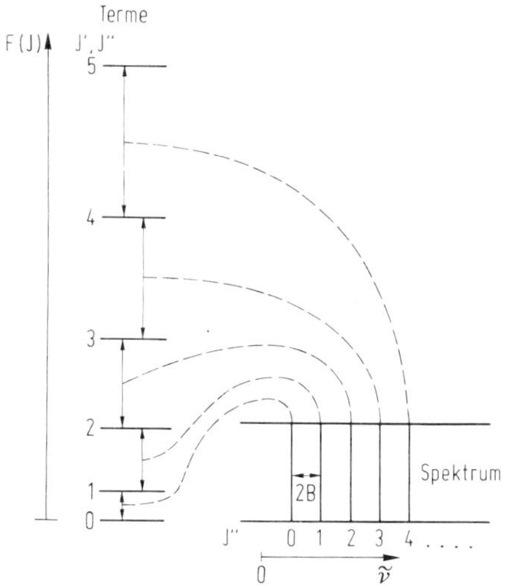

Abb. III, 16. Rotationsterme und Rotationsspektrum eines zweiatomigen Moleküls

In Abb. III,16 ist vorausgesetzt worden, daß auch alle Rotationsniveaus, die hier interessieren, und von denen Übergänge ausgehen sollen, tatsächlich besetzt sind (vgl. Abschnitt 8).

Nur bei den Wasserstoffhalogeniden liegen die Rotationsübergänge im noch erreichbaren optischen Spektralbereich, die Rotationslinien aller schweren Moleküle liegen im fernen infraroten oder im Mikrowellenbereich.

7. Spektroskopie im Mikrowellenbereich

Vor 1945 war nur wenig über die Rotationsspektren der Moleküle bekannt, wenn man von den allerleichtesten absieht. Obwohl der Inversionsübergang des Ammoniak bereits

1934 gefunden wurde, war erst die Entwicklung des Klystrons und anderer Mikrowellenquellen erforderlich.

Ein Mikrowellenspektrometer hat dieselben Merkmale wie jedes Absorptionsspektrometer: Es besteht aus einer Quelle für monochromatische Strahlung in einem geeigneten Frequenzintervall, einer Absorptionszelle, einem Strahlungsdetektor und Vorrichtung, um das Spektrum darzustellen.

Das Prinzip eines Mikrowellenspektrometers ist folgendes: Die in einem Klystron, Magnetron oder anderem Mikrowellengenerator erzeugte Strahlung wird über Hohlleiter-Bauelemente in die mit Gas gefüllte Absorptionszelle geleitet. Ein Kristalldetektor mißt die austretende Strahlungsleistung und zeigt den durch Absorption hervorgerufenen Leistungsverlust an. Die vom Detektor gelieferte Spannung wird verstärkt und auf dem Schirm eines Oszillographen (y-Ablenkung) oder mit einem Schreiber registriert. Um in einem gewissen Spektralbereich die Absorption zu untersuchen, wird die Frequenz des Strahlers – meist durch Modulation mit einer sägezahnförmigen Spannung – niederfrequent geändert. Die gleiche Spannung steuert synchron die x-Ablenkung des Oszillographen. Der Nachteil dieser Anordnung ist, daß die Signalverstärkung breitbandig erfolgen muß.

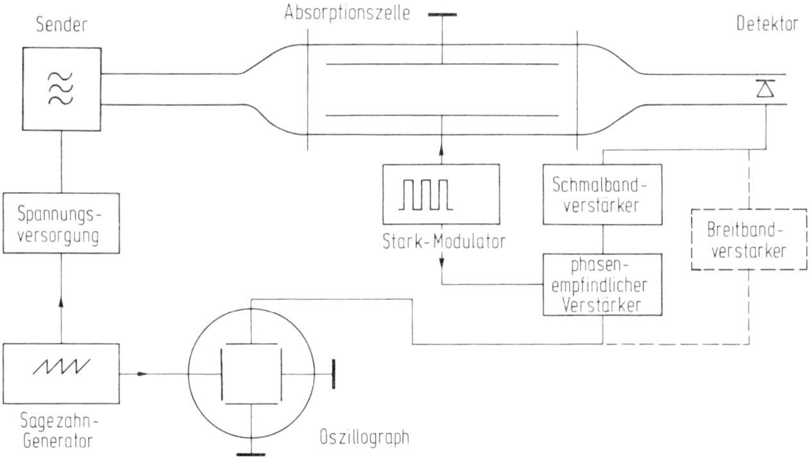

Abb. III, 17. Prinzipieller Aufbau eines Mikrowellenspektrometers

Eine Verbesserung ist es, wenn die auf den Detektor treffende Mikrowellenintensität moduliert wird. Diese Intensitätsmodulation kann mit Hilfe des Stark-Effektes über die Rotationslinie selbst erfolgen. Die Moleküle werden einem hochfrequenten elektrischen Wechselfeld, dessen Frequenz meist zwischen 10 und 100 kHz liegt, ausgesetzt. Im Takte dieses Wechselfeldes wird wegen des Stark-Effektes die Linie hin- und hergeschoben. Jetzt braucht nur noch das Signal der Stark-Modulations-Grundfrequenz schmalbandig verstärkt zu werden, dessen Amplitude und Phase sich beim Durchfahren einer Resonanz entsprechend der Linienform ändern. Ein zweiter Verstärker, der phasenempfindlich arbeitet, liefert schließlich das zu registrierende Gleichstromsignal.

Als Beispiel eines Mikrowellenspektrums ist in der Abb. III,18 das Oszillogramm des Rotationsübergangs $J'' + 1 \leftarrow J'' = 9 \leftarrow 8$ von Fluoroform bei $\lambda = 1{,}61$ mm gezeigt. Die Wellenlängen für Rotationsübergänge mit gleichem J'' aber verschiedenen Quantenzahlen K sollten nach dem Termschema des symmetrischen Kreisels Abb. III,15 zusammenfallen. Die von der Quantenzahl K abhängige Zentrifugalverzerrung bewirkt jedoch die in Abb. III,18 beobachtete Aufspaltung des Rotationsübergangs.

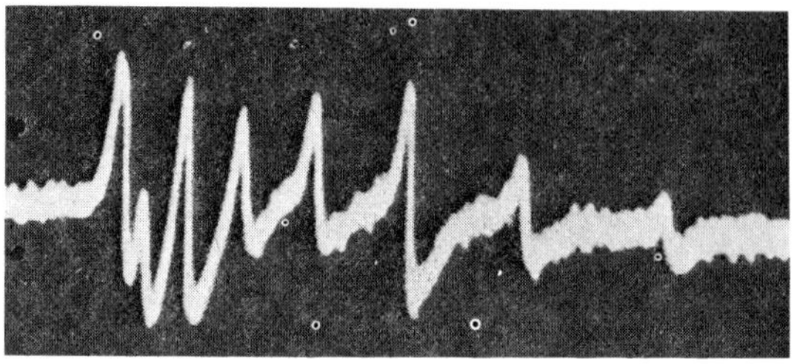

Abb. III, 18. Oszillogramm des Mikrowellenspektrums des Rotationsüberganges J = 9 – 8 von Fluoroform, CF_3H bei 1,61 mm Wellenlänge. Das CF_3H-Molekül ist ein symmetrischer Kreisel. Die Struktur im Spektrum kommt durch die unterschiedliche Zentrifugalverzerrung der verschiedenen K-Komponenten zustande. Das Spektrum erstreckt sich über 21 MHz (nach Burrus, Gordy, J. Chem. Phys. **26** [1957] 391)

8. Thermische Besetzung von Rotationsniveaus

In einem Gas haben wir es mit einer großen Anzahl von Molekülen zu tun, einige von ihnen werden im Grundzustand ($J = 0$) sein, andere in angeregten Zuständen. Nach dem Boltzmannschen Verteilungsgesetz ist die Zahl der Moleküle mit der klassischen Energie E_{rot} proportional zu $e^{-E_{rot}/kT}$. In der Quantenmechanik müssen wir den Boltzmann-Faktor $e^{-E_{rot}/kT}$ mit der Zahl multiplizieren, die angibt, wie oft das Niveau auftritt, so daß die Besetzung des Niveaus E_{rot} proportional ist zu

$$g\, e^{-E_{rot}/kT}$$

g ist das statistische Gewicht des Niveaus E_{rot}.

Die weitere Diskussion ist ziemlich kompliziert und unübersichtlich, es sei denn, man beschränkt sich auf lineare, unsymmetrische Moleküle. Wir wollen dies im folgenden tun.

Für lineare unsymmetrische Moleküle ist das statistische Gewicht g einfach gleich der Anzahl entarteter Rotationsterme mit der Quantenzahl J, $g = 2J + 1$ (vgl. Abschnitt 5). Substitution von g und der Rotationsenergie E_{rot} nach Gl. III,28 führt zu

$$N_J \sim (2J + 1)\, e^{-\frac{h c J(J+1) B}{k T}} \qquad \text{(III,30)}$$

N_J ist die Zahl der Moleküle im Zustand J. Die Gesamtzahl N der Moleküle ist einfach die Summe über alle Moleküle in den Zuständen J

$$N = \Sigma_J N_J$$

Die in Gl. (III,30) zu ergänzende Proportionalitätskonstante ist für alle Rotationsniveaus gleich. Man darf also für die Summe schreiben

$$N \sim \sum_J (2J+1)\, e^{-h c J(J+1) B/k T} \qquad \text{(III,31)}$$

Die Summe auf der rechten Seite von Gl. (III,31) ist die Rotationszustandssumme. Für ein lineares unsymmetrisches Molekül lautet sie explizit

$$Q_{rot} = 1 + 3\, e^{-2 h c B/k T} + 5\, e^{-6 h c B/k T} + \ldots \qquad \text{(III,32)}$$

Wenn die Niveaus eng nebeneinander liegen und die Temperatur nicht zu tief ist, kann die Summe durch ein Integral ersetzt werden. Wird weiter $J(J+1) = y$ gesetzt, erhält man

$$\int_0^\infty (2J+1)\, e^{-h c J(J+1) B/k T}\, dJ = \int_0^\infty e^{-\frac{h c B}{k T} y}\, dy = \frac{k T}{h c B} \qquad \text{(III,33)}$$

Für HCN (B = 44 316 MHz) bei 300 °K ist Q_{rot} = 141,00. Der exakte Summenwert ist Q_{rot} = 141,25.

Der nächste Schritt ist, die Besetzung der einzelnen Niveaus auf die Zustandsdichte zu beziehen; damit hebt sich die Proportionalitätskonstante heraus:

$$\frac{N_J}{N} = \frac{(2J+1)\, e^{-h c J(J+1) B/k T}}{Q_{rot}} = \frac{h c (2J+1) B}{k T}\, e^{-h c J(J+1) B/k T} \qquad \text{(III,34)}$$

$\frac{N_J}{N}$ ist der Bruchteil der Moleküle im Rotationszustand J.

Abb. III,19 zeigt den Verlauf von $\frac{N_J}{N}$ mit J für HCN bei 300 °K. Da die Entartung mit J zunimmt, der Boltzmann-Faktor aber exponentiell mit J abnimmt, durchläuft die Besetzung ein Maximum. Die Lage des Maximums erhält man durch Differentiation der Gl. (III,34) nach J:

$$J_{max} = \sqrt{\frac{k T}{2 h c B}} - \frac{1}{2} \qquad \text{(III,35 a)}$$

Daraus folgt für die Energie des Rotationsniveaus mit der größten Besetzung

$$E_{rot}\left(\frac{N_J}{N}\right)_{max} = h\, c\, J_{max}(J_{max} + 1)\, B = \frac{1}{2} k T - \frac{1}{4} h c B \qquad \text{(III,35 b)}$$

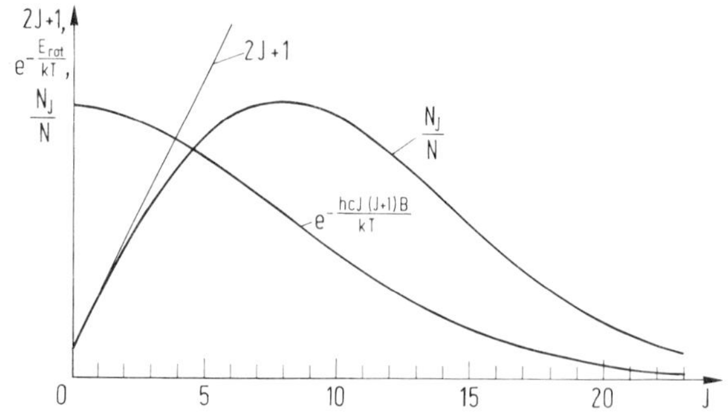

Abb. III, 19. Verlauf der relativen Besetzung der Rotationsniveaus N_J/N für das HCN-Molekül bei 300 K, sowie des Boltzmann-Faktors exp $(-E_{rot}/kT)$ und der Entartung 2 J + 1

Abgesehen von sehr tiefen Temperaturen ist $\frac{1}{2}\,k\,T \gg \frac{1}{4}\,h\,c\,B$. Die Energie des am häufigsten besetzten Niveaus ist deshalb unter dieser Voraussetzung

$$E_{rot}\left(\frac{N_J}{N}\right)_{max} \approx \frac{1}{2}\,k\,T \qquad \text{(III,35c)}$$

Es ist die klassische Energie für einen einzelnen Freiheitsgrad (s. Bd. I, Nr. 103).

9. Der harmonische Oszillator als Modell für ein schwingendes Molekül

Wie wir bereits wissen, können in einem Molekül die Kerne gegeneinander Schwingungen ausführen. Wir wollen jetzt diese Schwingungen näher untersuchen und betrachten dazu zuerst den einfachen Fall der Schwingungen eines zweiatomigen Moleküls. Wie wir gleich sehen werden, werden wir sehr ähnliche Verhältnisse wie bei einem linearen harmonischen Oszillator vorfinden.

Der lineare Oszillator besteht z. B. aus einer Masse m, die zwischen zwei festen Wänden an zwei Spiralfedern aufgehängt ist (Abb. III,20). Die Masse kann sich längs der x-Achse bewegen. In der Gleichgewichtslage befindet sie sich an der Stelle $x = 0$. Wird die Masse aus der Ruhelage um die Strecke x ausgelenkt, so wirkt auf sie die rücktreibende Kraft

$$f = -F\,x. \qquad \text{(III,36)}$$

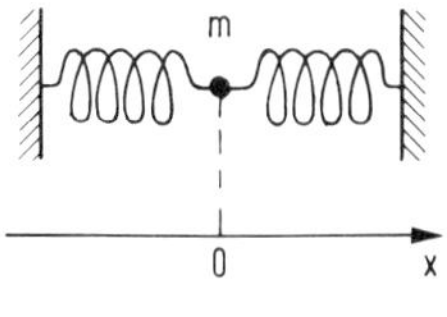

Abb. III, 20. Linearer Oszillator

F ist die Federkonstante. Die potentielle Energie V der Masse m ist

$$V(x) = \frac{1}{2} F x^2, \tag{III,37}$$

wie sich nachprüfen läßt, da $f = -\,\mathrm{d}V(x)/\mathrm{d}x$ sein muß. Der Verlauf der potentiellen Energie ist in Abb. III,21 gezeigt. Je größer die Federkonstante F ist, desto steiler ist die Parabel, die die potentielle Energie wiedergibt. Kleines F bedeutet eine offene Parabel.

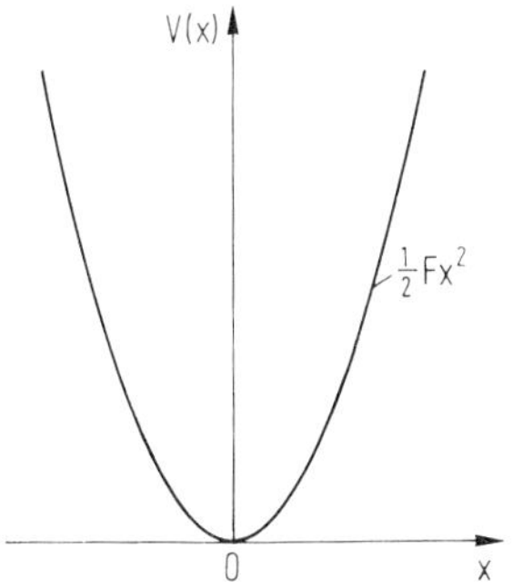

Abb. III, 21. Potential des harmonischen Oszillators

Die Hamiltonfunktion, die Summe aus kinetischer Energie T und potentieller Energie V in kanonischen Koordinaten, ist gegeben durch

$$H = T + V = \frac{1}{2} m \dot{x}^2 + \frac{1}{2} F x^2. \tag{III,38}$$

Die Masse m führt Schwingungen um ihre Gleichgewichtslage $x = 0$ aus. Die Bewegungsgleichung lautet

$$\ddot{x} + \frac{F}{m} x = 0. \tag{III,39}$$

Die Kreisfrequenz der Schwingung ist

$$\omega_{\mathrm{vibr.}} = \sqrt{\frac{F}{m}} \tag{III,40}$$

Das ist die klassische Frequenz des linearen harmonischen Oszillators.

Die Bewegung zweier zu einem Molekül elastisch gekoppelter Atome der Massen m_1 und m_2, die sich im Abstande r_1 und r_2 von ihrem gemeinsamen Schwerpunkt befinden, soll nun auf die harmonische Schwingung eines Massenpunktes um die Gleichgewichtslage zurückgeführt werden. r_e ist der Gleichgewichtsabstand zwischen den beiden Atomen (Abb. III,22).

Für das Atom **1** gilt mit dem Potential Abb. III,21

$$m_1 \ddot{r}_1 = -F(r - r_e) \tag{III,41 a}$$

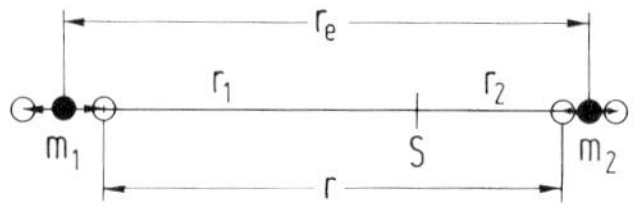

Abb. III, 22. Das zweiatomige heteronukleare Molekül als harmonischer Oszillator; S ist der Schwerpunkt des Moleküls. Gezeichnet sind die Gleichgewichtslage (volle Kreise) und die Maximalauslenkungen der Kerne (offene Kreise); $r = r_1 + r_2$

und für das Atom 2 entsprechend

$$m_2 \ddot{r}_2 = -F(r - r_e). \tag{III,41b}$$

Durch Substitution mit Hilfe des Schwerpunktsatzes:

$$r_1 = \frac{m_2}{m_1 + m_2} r \quad \text{und} \quad r_2 = \frac{m_1}{m_1 + m_2} r$$

ergibt sich die gemeinsame Beziehung

$$\frac{d^2}{d\,t^2}(r - r_e) + \frac{F}{\mu}(r - r_e) = 0\,, \qquad \mu^{-1} = m_1^{-1} + m_2^{-1}. \tag{III,42}$$

Vergleicht man diese Gleichung (III,42) mit der Bewegungsgleichung (III,39) für **eine** Masse m, steht jetzt statt x die Abweichung vom Gleichgewichtsabstand $(r - r_e)$. Die Gl. (III,42) kann neu interpretiert werden: Sie beschreibt die Schwingung eines Massenpunktes mit der reduzierten Masse μ; seine Amplitude ist gleich der Abweichung des momentanen Kernabstandes vom Gleichgewichtsabstand.

Die klassische Frequenz der Molekülschwingung ist

$$\omega_{\text{vibr}} = \sqrt{\frac{F}{\mu}} = \sqrt{F\left(\frac{1}{m_1} + \frac{1}{m_2}\right)}. \tag{III,43}$$

10. Quantisierung des linearen harmonischen Oszillators

Für den linearen harmonischen Oszillator hatten wir in Gl. (III,37) die potentielle Energie zu $V = \frac{F}{2} x^2$ gefunden. Die Eigenfunktionen und die erlaubten Energien E des Oszillators genügen der Schrödingergleichung. Wir verwenden den Ausdruck (III,37) für die potentielle Energie und schreiben

$$\left(-\frac{\hbar^2}{2m}\frac{d^2}{dx^2} + \frac{F}{2}x^2\right)\psi = E\,\psi\,. \tag{III,44}$$

Bei der Anwendung auf die Schwingungen eines zweiatomigen Moleküls müssen, wie wir bereits wissen, x durch $r - r_e$ und m durch die reduzierte Masse μ ersetzt werden.

Wir substituieren

$$x = \frac{\eta}{\sqrt{\beta}} \quad \text{mit} \quad \beta = \frac{\omega_{vibr}\, m}{\hbar} \quad \text{und} \quad \omega_{vibr}^2 = \frac{F}{m}, \tag{III,45 a}$$

sowie

$$E = \frac{a}{2}\, \hbar\, \omega_{vibr} \tag{III,45 b}$$

und erhalten damit

$$\left(-\frac{d^2}{d\,\eta^2} + \eta^2\right) \psi = a\, \psi. \tag{III,45}$$

Das ist eine Differentialgleichung der Form

$$\frac{d^2\, u}{d\, z^2} + (a - z^2)\, u = 0. \tag{III,46}$$

Wir suchen Lösungen dieser Differentialgleichung. Um diese zu finden, untersuchen wir zunächst, welche Form die Differentialgleichung für große Werte z annimmt. In diesem Fall kann a gegenüber z^2 vernachlässigt werden, und man kann schreiben

$$-\frac{d^2\, u}{d\, z^2} + z^2\, u = 0 \quad \text{für} \quad z^2 \gg a. \tag{III,47}$$

Eine Näherungslösung von (III,47) ist sicher $u_1 = e^{-\frac{z^2}{2}}$, denn eingesetzt ergibt sich

$$-(z^2 - 1)\, e^{-\frac{z^2}{2}} \to 0, \quad \text{für} \quad z^2 \gg 1,$$

da für große z die 1 in der Klammer vernachlässigt werden kann. Die Lösung mit positivem Exponenten muß ausgeschlossen werden, weil diese für unendlich große z nicht verschwindet. Als nächstes versuchen wir die Lösung

$$u_2 = z\, e^{-\frac{z^2}{2}}.$$

Die Substitution in die Differentialgleichung für $z^2 \gg a$ Gl. (III,47) führt zu

$$-(z^3 - 3\, z)\, e^{-\frac{z^2}{2}} + z^3\, e^{-\frac{z^2}{2}} \to 0 \quad \text{für} \quad z^2 \gg 1$$

und läßt sich ebenfalls für große z erfüllen.

Diese Versuche und ihre Resultate legen nahe, daß die allgemeine Lösung die Form

$$u = y(z)\, e^{-\frac{z^2}{2}} \tag{III,48}$$

haben wird, wobei y(z) im allgemeinen eine Funktion von z, unter Umständen auch konstant sein kann. Das Problem läuft darauf hinaus, zu finden, wie die Funktion y(z) beschaffen ist. Durch

Einsetzen von (III,48) in die Differentialgleichung (III,46) erhält man eine Differentialgleichung für y

$$\frac{d^2 y}{d z^2} - 2 z \frac{d y}{d z} + 2 v y = 0 \tag{III,49}$$

mit der Abkürzung 2 v = a – 1.

Gl. (III,49) ist die Hermitesche Differentialgleichung, deren Lösung

$$y = (-1)^v e^{z^2} \frac{d^v}{d z^v} e^{-z^2} = H_v(z) \tag{III,50}$$

für alle positive v einschließlich v = 0 ist. Die Funktion wird gewöhnlich mit dem Symbol $H_v(z)$ bezeichnet und ist das Hermitesche Polynom vom Grade v. Die Hermiteschen Polynome für v = 0, 1, 2 und 3 sind:

$$H_0(z) = 1 \qquad H_2(z) = 4 z^2 - 2$$

$$H_1(z) = 2 z \qquad H_3(z) = 8 z^3 - 12 z$$

Durch Einsetzen von $y(z) = H_v(z)$ in den Lösungsansatz Gl. (III,48) wird

$$u_v = H_v(z)\, e^{-\frac{z^2}{2}} \tag{III,51}$$

für alle ganzzahligen Werte von v. Die Größe a kann die Werte

$$a = 2 v + 1 \qquad v = 0, 1, 2 \ldots$$

annehmen.

Damit erhält man für die Energie des harmonischen Oszillators gemäß (III,45 b)

$$E_v = (v + \frac{1}{2}) \hbar\, \omega_{vibr} . \tag{III,52}$$

Der Index v an E bedeutet, daß eine ganze Reihe diskreter Energieniveaus durch die Laufzahl v definiert wird. ω_{vibr} ist die klassische Kreisfrequenz des Oszillators, v ist die Schwingungsquantenzahl. Während beim Rotator die Rotationsenergie bei der Quantenzahl $J = 0$ verschwindet, ist dies beim Oszillator nicht der Fall. Hier verbleibt für v = 0

$$E_{v=0} = \frac{1}{2} \hbar\, \omega_{vibr}$$

die „Nullpunktsenergie".

Die normierten Eigenfunktionen erhält man durch Wechsel der Variablen $z = x \sqrt{\beta}$ aus Gl. (III,51)

$$\psi_v = N_v\, H_v(x \sqrt{\beta})\, e^{-\frac{1}{2} \beta x^2} \quad \text{mit} \quad N_v = \sqrt{\frac{1}{2^v\, v!} \sqrt{\frac{\beta}{\pi}}} . \tag{III,53}$$

Die Normierungskonstante N_v ergibt sich aus dem Normierungsintegral

$$\int_{-\infty}^{+\infty} \psi_v^2\, dx = 1 , \tag{III,54}$$

wie später (S. 229) gezeigt wird.

Die Eigenfunktionen ψ_v sind in Abb. III,23 dargestellt. Das Maximum der Eigenfunktion für den Schwingungsgrundzustand v = 0 liegt beim harmonischen Oszillator an der gleichen Stelle wie das Minimum der Potentialkurve. Bei einem zweiatomigen Molekül steht in β die reduzierte Masse, $\beta = \omega_{vibr}\, \mu/\hbar$, und x steht für $x = r - r_e$. r_e ist der Kernabstand des Minimums der Potentialkurve. Der Kernabstand, bei dem sich das Maximum der Eigenfunktion v = 0 befindet, wird mit r_0 bezeichnet. Beim harmonischen Oszillator ist also $r_e = r_0$.

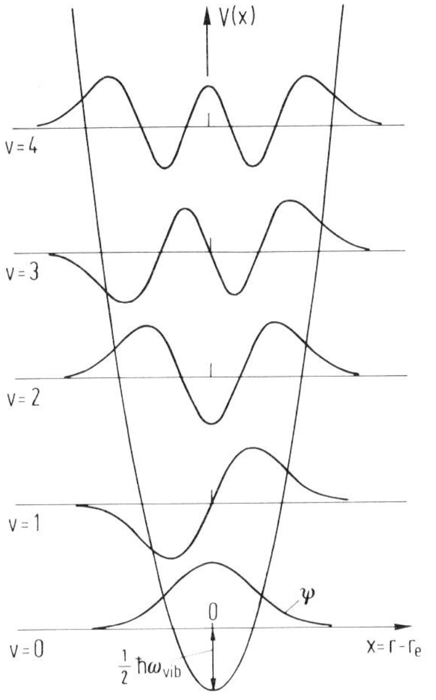

Abb. III, 23. Eigenfunktionen des harmonischen Oszillators

11. Optische Übergänge zwischen Schwingungsniveaus

Wie schon bei der Erörterung der Auswahlregeln bei Rotationsübergängen erwähnt, kann nach der klassischen Elektrodynamik elektromagnetische Strahlung nur absorbiert oder emittiert werden, wenn mit dem Übergang des Moleküls von dem einen Zustand in den anderen eine Dipolmomentsänderung verbunden ist. Im Zusammenhang mit einem Molekülschwingungsübergang ist dabei an die Längenänderung eines Dipols zu denken. Klassisch würde man von einem schwingenden Dipol

$$\mu(t) = e\, x_0 \sin \omega t$$

Ausstrahlung von elektromagnetischer Strahlung der Frequenz ω erwarten.

Quantenmechanisch sind die Verhältnisse ähnlich. Bei einem Übergang zwischen zwei verschiedenen Zuständen eines Moleküls kann dann elektromagnetische Strahlung absorbiert oder emittiert werden, wenn mit diesem Übergang eine Dipolmomentsänderung verknüpft ist. Um zu ermitteln, ob eine Dipolmomentsänderung stattfindet, muß man natürlich die Eigenfunktionen, die die beiden interessierenden Zustände – hier Schwingungszustände – beschreiben, kennen und dann das „Übergangsmoment" $\mathfrak{R}$ bilden:

$$\mathfrak{R}_{v'v''} = \int_{-\infty}^{+\infty} \psi_{v'}(x)\, \mu(x)\, \psi_{v''}(x)\, \mathrm{d}\, x. \tag{III,55}$$

Wir haben uns wieder auf ein zweiatomiges Molekül beschränkt. $\psi_{v'}$ ist die Schwingungseigenfunktion des oberen Schwingungszustands v', $\psi_{v''}$ ist die Schwingungseigenfunktion des unteren Zustandes v'', $\mu(x)$ ist das elektrische Dipolmoment des Moleküls. Das Molekül besteht aus den positiv geladenen Kernen und den negativen Elektronen. Bei einer Schwingung des Moleküls schwingen nicht nur die Kerne gegeneinander, sondern es ändert sich auch die Elektronendichteverteilung. Die Ladungsverschiebungen erfolgen längs der Kernverbindungsachse $x = r - r_e$; wie die Ladungsverschiebungen erfolgen, ist meistens nicht bekannt. Wir trugen einer möglichen Änderung des Dipolmoments mit dem Kernabstand Rechnung, indem wir in Gl. (III,55) $\mu(x)$ schrieben. Wie im einzelnen der Verlauf der Funktion $\mu(x)$ aussieht, weiß man nur bei sehr wenigen Molekülen. Man kann aber davon ausgehen, daß das Dipolmoment μ für sehr große ($r \to \infty$) und sehr kleine ($r \to 0$) Kernabstände verschwinden wird, und daß daher die Abhängigkeit des Dipolmoments vom Kernabstand etwa so, wie in Abb. III,24 dargestellt ist, verläuft.

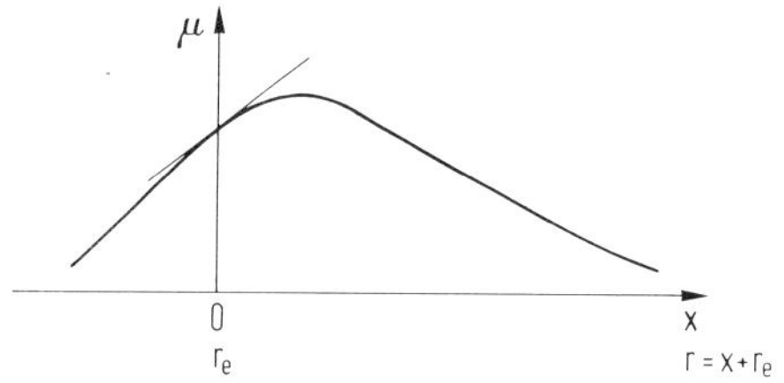

Abb. III, 24. Schematischer Verlauf der Änderung des Dipolmoments eines zweiatomigen heteronuklearen Moleküls

Damit überhaupt das Molekül durch einen harmonischen Oszillator beschrieben werden kann, müssen die Amplituden der Schwingungen klein sein. Unter diesen Umständen brauchen wir uns aber nur für das Verhalten des Dipolmoments $\mu(x)$ in unmittelbarer Nähe des Gleichgewichtsabstandes $x = r - r_e = 0$ zu kümmern und uns mit der Entwicklung

$$\mu(x) = \mu^0 + \left(\frac{\mathrm{d}\,\mu}{\mathrm{d}\,x}\right)_{x=0} x + \ldots \tag{III,56}$$

zu begnügen. μ^0 ist das Dipolmoment im Gleichgewichtsabstand. Setzt man nun die Entwicklung Gl. (III,56) in den Ausdruck für das Übergangsmoment Gl. (III,55) ein, so ergibt sich

$$\mathcal{R}_{v'v''} = \mu^0 \int \psi_{v'}(x)\, \psi_{v''}(x)\, d\,x + \left(\frac{d\,\mu}{d\,x}\right)_{x=0} \int \psi_{v'}(x)\; x\; \psi_{v''}(x)\, d\,x + \ldots \quad \text{(III,57)}$$

Wir müssen uns jetzt die beiden Integrale, die die Schwingungseigenfunktionen enthalten, ansehen. Die Eigenfunktionen des harmonischen Oszillators lauteten nach Gl. (III,53):

$$\psi_v(x) = N_v\, H_v(x\sqrt{\beta})\, e^{-\frac{1}{2}\beta x^2} .$$

Die Hermiteschen Polynome sind orthogonale Polynome. Für sie gilt die Orthogonalitätsrelation

$$\int_{-\infty}^{+\infty} H_n(z)\, H_m(z)\, e^{-z^2}\, d\,z = \begin{cases} 0 & \text{für} \quad n \neq m \\ (-1)^{2n}\, 2^n\, n! \int_{-\infty}^{+\infty} e^{-z^2}\, d\,z = 2^n\, n! \sqrt{\pi} & \text{für} \quad m = n. \end{cases} \quad \text{(III,58)}$$

Mit Hilfe dieser Beziehung läßt sich die Normierungskonstante N_v ermitteln:

$$\int_{-\infty}^{+\infty} |\psi_v|^2\, d\,x = N_v^2 \frac{1}{\sqrt{\beta}} \int_{-\infty}^{+\infty} |H_v(\eta)|^2\, e^{-\eta^2}\, d\eta = N_v^2\, 2^v\, v! \sqrt{\frac{\pi}{\beta}} = 1$$

und damit

$$N_v = \sqrt{\frac{1}{2^v\, v!} \sqrt{\frac{\beta}{\pi}}} . \quad \text{(III,59)}$$

Wir wenden uns wieder der Gl. (III,57) für das Übergangsmoment zu und stellen fest, daß wegen der Orthogonalität der Eigenfunktionen Gl. (III,58) der erste Term auf der rechten Seite von Gl. (III,57) verschwindet. Denn, damit ein Schwingungsübergang stattfindet, muß $v' \neq v''$ sein, die Schwingungsquantenzahlen müssen sich unterscheiden. Von Gl. (III,57) verbleibt dann nur noch

$$\mathcal{R}_{v'v''} = N_{v'}\, N_{v''} \left(\frac{d\,\mu}{d\,x}\right)_{x=0} \frac{1}{\beta} \int H_{v'}(\eta)\, \eta\, H_{v''}(\eta)\, e^{-\eta^2}\, d\,\eta \quad \text{(III,60)}$$

Das Integral kann man mit Hilfe der Rekursionsformel

$$\eta\, H_v(\eta) = \frac{1}{2} H_{v+1}(\eta) + v\, H_{v-1}(\eta) \quad \text{(III,61)}$$

auswerten:

$$\mathcal{R}_{v'v''} = N_{v'}\, N_{v''} \left(\frac{d\,\mu}{d\,x}\right)_{x=0} \frac{1}{\beta} \left\{ \frac{1}{2} \int H_{v'}(\eta)\, H_{v''+1}(\eta)\, e^{-\eta^2}\, d\,\eta + v'' \int H_{v'}(\eta)\, H_{v''-1}(\eta)\, e^{-\eta^2}\, d\,\eta \right\} . \quad \text{(III,62)}$$

Wir ziehen wieder die Orthogonalitätsrelation der Hermiteschen Polynome Gl. (III,58) heran und bemerken, daß das erste Integral auf der rechten Seite von Gl. (III,62) für alle Werte von v′ verschwindet, außer wenn v′ = v″ + 1 ist. Das zweite Integral verschwindet nur für v′ = v″ − 1 nicht.

Da definitionsgemäß v′ das obere und v″ das untere Schwingungsniveau bezeichnen, lautet die Auswahlregel für erlaubte Dipolübergänge

$$\Delta v = v' - v'' = +1. \qquad \text{(III,63)}$$

Für die Energieniveaus eines harmonischen Oszillators hatten wir

$$E_v = (v + \frac{1}{2})\,\hbar\,\omega_{vibr}\,. \qquad \text{(III,52)}$$

Für die Kreisfrequenz des absorbierten oder emittierten Lichts folgt mit $\Delta v = 1$

$$\omega = \omega_{vibr}$$

Das gilt für alle Quantenzahlen v, die die Auswahlregel Gl. (III,63) erfüllen.

Die erlaubten Übergänge sind in Abb. III,25 als Pfeile eingezeichnet. Alle diese Übergänge geben bei einem harmonischen Oszillator Spektrallinien gleicher Wellenlängen. Da bei Zimmertemperatur bei den meisten Molekülen das unterste Schwingungsniveau weitaus die höchste thermische Besetzungsdichte hat, treten in Absorption vorwiegend $v' \leftarrow v'' = 1 \leftarrow 0$ Übergänge auf. Bei einem Oszillator, der nicht exakt harmonisch ist, können auch Übergänge mit $\Delta v > 1$ stattfinden, wenn auch mit geringer Wahrschein-

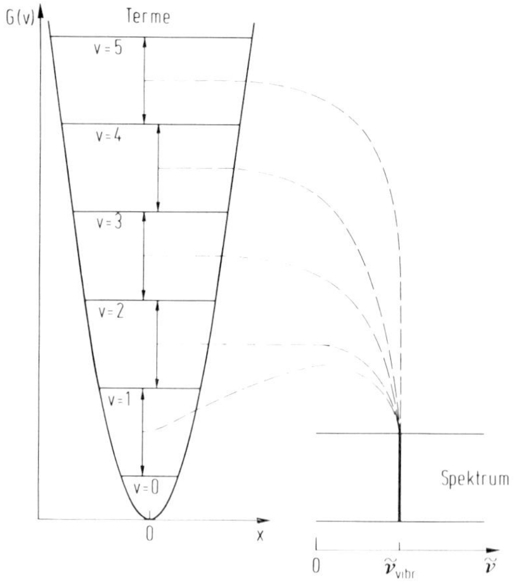

Abb. III, 25. Erlaubte Übergänge bei einem harmonischen Oszillator und zugehöriges Spektrum lichkeit. Übergänge mit Δ v = 2, 3, . . . heißen Obertöne. (Vgl. auch den Abschnitt 18: Der anharmonische Oszillator.)

Für das Übergangsmoment $\mathfrak{R}_{v'v''}$ erhält man insbesondere für $v' = v'' + 1$ nach Gl. (III,62)

$$\mathfrak{R}_{v'v''} = N_{v''} N_{v''+1} \left(\frac{d\mu}{dx}\right)_{x=0} \frac{1}{2\beta} \int [H_{v''+1}(\eta)]^2 e^{-\eta^2} d\eta$$

$$= \left(\frac{d\mu}{dx}\right)_{x=0} \sqrt{\frac{v''+1}{2\beta}} . \tag{III,64}$$

Der Term $([v'' + 1]/2\beta)^{1/2}$ ist die „Nullschwingungsamplitude". Sie hängt von der Schwingungsquantenzahl v und von den Moleküleigenschaften nur durch β, also nach Gl. (III,45a) von Oszillatorfrequenz und (reduzierter) Masse ab.

Die individuellen Eigenschaften eines Moleküls schlagen sich vielmehr in der Änderung des Dipolmoments mit dem Kernabstand nieder. Diese Größe ist bisher nur für wenige Moleküle berechnet worden. Viel häufiger ist $\left(\frac{d\mu}{dx}\right)_{x=0}$ experimentell bestimmt worden. Der Wert der Dipolmomentsänderung kann aus der Stärke der Lichtabsorption für eine Schwingungsbande, die proportional zu $|\mathfrak{R}_{v'v''}|^2$ ist, ermittelt werden.

Aus dem Übergangsmoment $\mathfrak{R}_{v'v''}$ Gl. (III,64) folgt, daß die Erfüllung der Auswahlregel Δ v = + 1 keineswegs garantiert, daß mit diesem Übergang Lichtemission oder -absorption tatsächlich auftritt. Zusätzlich darf auch $\left(\frac{d\mu}{dx}\right)_{x=0}$ nicht verschwinden.

Zum Beispiel wird bei zweiatomigen homonuklearen Molekülen keine Absorption im infraroten Spektralbereich beobachtet. Schwingungs- und Rotationsübergänge sind also bei diesen Molekülen verboten. Der Grund ist, daß diese homonuklearen Moleküle kein permanentes Dipolmoment besitzen und aus Symmetriegründen $\left(\frac{d\mu}{dx}\right)_{x=0} = 0$ ist.

Wir kommen noch einmal auf die Gl. (III,57) für das Übergangsmoment zurück, deren erster Term auf der rechten Seite

$$\mu^0 \int \psi_{v'}(x)\, \psi_{v''}(x)\, dx,$$

wie wir gesehen haben, wegen der Orthogonalitätsrelation für $v' \neq v''$ verschwindet. Im Gegensatz zu Übergängen zwischen Rotationsniveaus spielt offenbar das permanente Dipolmoment μ^0 für Schwingungsübergänge direkt keine Rolle. Bei mehratomigen Molekülen ist es sogar möglich, daß, obwohl kein permanentes Dipolmoment vorhanden ist, dennoch optisch erlaubte Schwingungsübergänge stattfinden.

12. Schwingungen mehratomiger Moleküle, Normalschwingungen und Normalkoordinaten

In der von uns betrachteten Näherung ändert sich bei einer Molekülschwingung die Elektronenenergie nicht. Wir können also die Elektronen völlig außer acht lassen und das Molekül auf das Skelett der Kerne reduzieren, deren relative Lage durch irgendwelche intramolekularen Kräfte festgelegt sind. Das Modell für die Schwingungen mehratomiger Moleküle ist ein System von Massenpunkten, deren Massen und deren potentielle Energie als Funktion der Abstände gegeben sind.

Die *Zahl der Freiheitsgrade*, die ein Molekül besitzt, ist die Zahl der Koordinaten, die notwendig ist, um die Lage der Kerne vollständig zu bestimmen. Da für jeden Kern 3 Koordinaten notwendig sind, um seine Lage im Raum festzulegen, besitzt ein Molekül mit N Atomen insgesamt 3 N Freiheitsgrade. Von diesen beschreiben 3 die Translationsbewegung des Schwerpunkts des Moleküls im Raum und weitere 3 die Rotationsbewegung des Moleküls als Ganzes um seinen Schwerpunkt. Die restlichen 3N–6 Freiheitsgrade müssen also mit der Relativbewegung der Kerne gegeneinander verknüpft sein, also mit den inneren Schwingungen des Moleküls. Lineare Moleküle bilden eine Sonderklasse, denn bei einer Rotation des Moleküls um die Kernverbindungsachse ändert sich keine der Kernkoordinaten; es gibt nur 2 Freiheitsgrade der Rotation. Lineare Moleküle besitzen demnach 3 N-5 Freiheitsgrade der Schwingung.

Die Schwingungen eines Moleküls, das aus vielen Atomen besteht, sind zweifellos sehr verwirrend und unübersichtlich. Jedoch kann man bei kleiner Amplitude die Auslenkungen der Kerne aus ihrer Gleichgewichtslage in eine Reihe von Auslenkungen ganz spezieller Schwingungen zerlegen, bei denen die Kerne geradlinig und in Phase schwingen. In-Phase-Schwingen bedeutet, alle Kerne laufen gleichzeitig durch ihre Gleichgewichtslagen und erreichen gleichzeitig ihren Umkehrpunkt. Diese speziellen Schwingungen heißen *Normalschwingungen* oder Fundamentalschwingungen. Die Zahl der Normalschwingungen ist gleich der Zahl der Schwingungsfreiheitsgrade.

Zur Bestimmung der Normalschwingungen geht man folgendermaßen vor: Man drückt die potentielle Energie V als Funktion der Auslenkungen aus der Gleichgewichtslage in kartesischen Koordinaten und die kinetische Energie T durch die entsprechenden zeitlichen Ableitungen aus. Durch geeignete lineare Transformation der Auslenkungskoordinaten kann man für die Hamiltonfunktion des Systems die folgende Schreibweise erzielen:

$$H = \frac{1}{2} \sum_{k} \dot{Q}_k^2 + \frac{1}{2} \sum_{k} \lambda_k Q_k \qquad k = 1, 2, 3 \ldots 3N. \qquad \text{(III,65)}$$

N ist die Zahl der Atome, aus denen das Molekül besteht. Von den Größen λ_k haben 6 (bei linearen Molekülen 5) den Wert Null, die entsprechenden Q_k beschreiben die Translation und die Rotation des Moleküls. Alle anderen Q_k beschreiben Schwingungen des Moleküls. Dabei erfolgen die Bewegungen im Molekül so, daß jede der Koordinaten Q_k unabhängig von den anderen eine harmonische Schwingung

$$Q_k = a_k \cos(\sqrt{\lambda_k}\, t + \zeta_k) \qquad \text{(III,66)}$$

mit der Kreisfrequenz $\sqrt{\lambda_k} = \omega_k$ ausführt. Dieses sind die Normalschwingungen, Q_k sind die Normalkoordinaten.

Um dies im einzelnen klar zu machen, betrachten wir zwei einfache Beispiele.

Beispiel 1: zwei gekoppelte Oszillatoren

Dieses Beispiel (Abb. III,26) entspricht ganz dem der bekannten gekoppelten Pendeln, die bereits in Band 1 S. 199 behandelt wurden, und deren Normalschwingungen (dort Eigenschwingungen genannt) wir schon kennen. Wir wollen jetzt den prinzipiellen Weg kennenlernen, wie man die Normalschwingungen bestimmen kann. Die zwei gekoppelten Oszillatoren bestehen aus zwei Massen m_1 und m_2, die durch Federn miteinander verbunden sind und zwischen zwei festen Wänden aufgehängt sind. Die Federkonstanten sind F_1 und F_2, die Auslenkungen aus den Gleichgewichtslagen ξ_1 und ξ_2. Wir betrachten nur eindimensionale Schwingungen längs der Federachsen. Die potentielle Energie V hängt einerseits von ξ_1 und ξ_2 ab, wenn die Federn F_1 zwischen den Massen und Wänden beansprucht werden, andererseits von der Differenz $\xi_1 - \xi_2$ bei Belastung der Feder F_2 zwischen m_1 und m_2. Wir können also schreiben

$$2\,V = F_1(\xi_1^2 + \xi_2^2) + F_2(\xi_1 - \xi_2)^2. \tag{III,67}$$

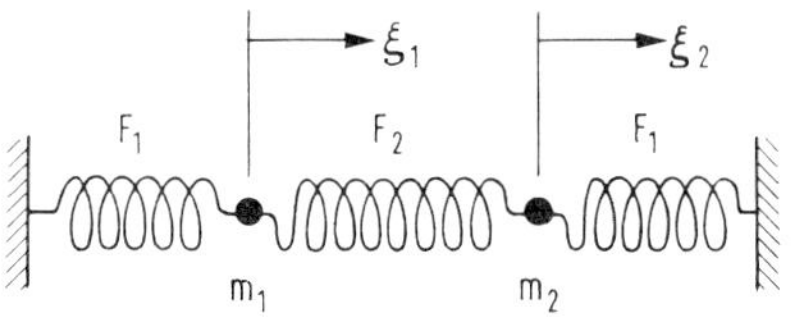

Abb. III, 26. Zwei gekoppelte lineare Oszillatoren

Die Kräfte f_1 und f_2, die auf die beiden Massen wirken, ergeben sich aus der negativen Ableitung der potentiellen Energie nach den entsprechenden Koordinaten

$$\begin{aligned} f_1 &= -F_1\,\xi_1 - F_2(\xi_1 - \xi_2) \\ f_2 &= -F_1\,\xi_2 - F_2(\xi_2 - \xi_1). \end{aligned} \tag{III,68}$$

An dieser Stelle ist es üblich und zweckmäßig, massenbezogene Auslenkungen $q_i = \xi_i/\sqrt{\mu_i}$ einzuführen, wobei $\mu_i = m_i^{-1}$ ist*. Die Bewegungsgleichungen lauten dann

$$\begin{aligned} \frac{\ddot{q}_1}{\sqrt{\mu_1}} &= -F_1\sqrt{\mu_1}\,q_1 - F_2(\sqrt{\mu_1}\,q_1 - \sqrt{\mu_2}\,q_2) \\ \frac{\ddot{q}_2}{\sqrt{\mu_2}} &= -F_1\sqrt{\mu_2}\,q_2 - F_2(\sqrt{\mu_2}\,q_2 - \sqrt{\mu_1}\,q_1). \end{aligned} \tag{III,69}$$

Wir suchen die Normalschwingungen; diese sollen harmonische Schwingungen

$$q_i = A_i \cos(\sqrt{\lambda}\,t + \zeta) \tag{III,70}$$

sein. A_i ist die Amplitude der Masse m_i; Kreisfrequenz $\sqrt{\lambda}$ und Phase ζ sind für alle Massen bei einer Normalschwingung gleich. Die q_i gehorchen der Differentialgleichung für die harmonische Schwingung

$$\ddot{q}_i = -\lambda\,q_i. \tag{III,71}$$

* Massebezogene Koordinaten sind deshalb nützlich, weil sie die kinetische Energie in einfacher Form geben $\left(T = \frac{1}{2}\dot{q}^2\right)$ und wegen der damit zusammenhängenden Tatsache, daß ihre Transformation zu Normalkoordinaten orthogonal ist (siehe später).

Setzt man die beiden Ausdrücke (III,70) und (III,71) in Gl. (III,69) ein, so erhält man 2 lineare Gleichungen

$$\left(F_1 \sqrt{\mu_1} + F_2 \sqrt{\mu_1} - \frac{\lambda}{\sqrt{\mu_1}}\right) A_1 - F_2 \sqrt{\mu_2}\, A_2 = 0$$

$$- F_2 \sqrt{\mu_1}\, A_1 + \left(F_1 \sqrt{\mu_2} + F_2 \sqrt{\mu_2} - \frac{\lambda}{\sqrt{\mu_2}}\right) A_2 = 0. \qquad \text{(III,72)}$$

Damit diese beiden Gleichungen nicht-triviale Lösungen für die Amplituden A_1 und A_2 der beiden Normalschwingungen haben, – Lösungen also, bei denen A_1 und A_2 nicht identisch Null sind –, muß die Koeffizientendeterminante verschwinden. Die Koeffizientendeterminante ist für dieses Beispiel besonders einfach:

$$\begin{vmatrix} F_1 + F_2 - \mu^{-1}\lambda & -F_2 \\ -F_2 & F_1 + F_2 - \mu^{-1}\lambda \end{vmatrix} = 0 \qquad \text{(III,73)}$$

Dabei ist angenommen worden, daß $m_1 = m_2$ ist.

Wird die Determinante aufgelöst, so ergibt sich eine quadratische Gleichung für die Unbekannte λ mit den beiden Lösungen λ_k

$$\lambda_1 = \mu F_1 \quad \text{und} \quad \lambda_2 = \mu(F_1 + 2 F_2). \qquad \text{(III,74)}$$

Wie die Bewegung der beiden Massen m_1 und m_2 erfolgt, ersieht man aus den Amplituden A_{ik}. Der Index i bezeichnet den schwingenden Massepunkt, der Index k charakterisiert die verschiedenen Lösungen λ_k. Die Amplituden erhält man durch Einsetzen von λ_k in die beiden linearen Gleichungen (III,72):

$$\text{für} \quad \lambda_1 : A_{11} = A_{21} \quad \text{und für} \quad \lambda_2 : A_{12} = -A_{22}. \qquad \text{(III,75)}$$

Für die beiden gekoppelten Oszillatoren haben wir also 2 Normalschwingungen. Bei der Normalschwingung 1 schwingen die beiden Massen mit der kleineren Frequenz $\omega_1 = \sqrt{\lambda_1} = \sqrt{F_1/m}$ gleichphasig in jedem Augenblick in gleiche Richtung; die Frequenz der Normalschwingung 2, $\omega_2 = \sqrt{F_1/m + 2\,F_2/m}$, ist größer als die der Normalschwingung 1, die beiden Massen schwingen gegenphasig (siehe Abb. III,27).

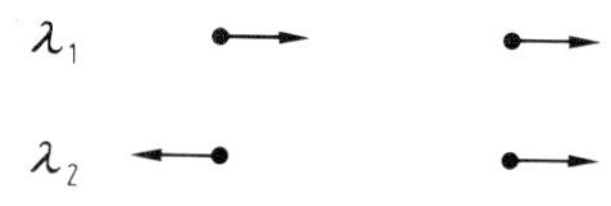

Abb. III, 27. Normalschwingungen zweier gekoppelter linearer Oszillatoren

Wir haben eine symmetrische und eine antimetrische Normalschwingung, ω_1 und ω_2. Die Differenz zwischen den Frequenzen beider Schwingungen ist um so größer, je stärker die Kopplung zwischen den beiden Oszillatoren ist. Die Stärke der Kopplung wird durch die Größe der Federkonstante F_2 ausgedrückt.

Werden die beiden gekoppelten Oszillatoren von den Wänden entkoppelt, wird also $F_1 = 0$ gesetzt, so wirkt nur noch die Feder F_2 zwischen den beiden Massen m. Die Frequenz der symmetrischen Normalschwingung verschwindet, $\omega_1 = 0$, und für die Frequenz der antimetrischen Schwingung ergibt sich

$$\omega_2 = \sqrt{\frac{2\,F_2}{m}}.$$

Das ist die klassische Schwingungsfrequenz eines zweiatomigen homonuklearen Moleküls mit den Kernmassen m und der Kraftkonstante F_2 (vergl. Gl. (III,43)).

Beispiel 2: Schwingung eines 3-atomigen linearen Moleküls

Bei der Behandlung der Normalschwingungen eines 3-atomigen linearen Moleküls, wie es z. B. das CO_2- oder CS_2-Molekül darstellt, beschränken wir uns auf die Valenzschwingungen parallel zur Kernverbindungsachse. Das System hat 3 Freiheitsgrade, davon entspricht einer der Translation des Gesamtmoleküls.

Die Kernbewegung wird durch 3 Koordinaten ξ_1, ξ_2, ξ_3 mit dem Ursprung an den Kernorten im Gleichgewichtszustand beschrieben (Abb. III,28). Diese Verschiebungen ξ aus der Gleichgewichtslage sollen sehr klein sein, so daß die rücktreibenden Kräfte, die auf jeden Kern wirken, proportional zu diesen Verschiebungen sind.

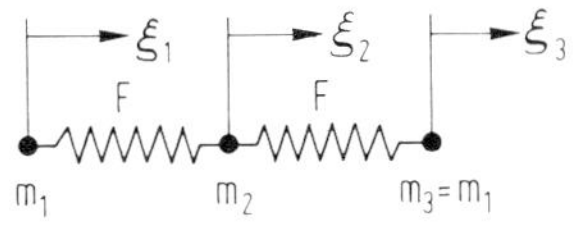

Abb. III. 28. Lineares dreiatomiges Molekül

Die auftretenden Kräfte kommen durch den Widerstand, den die chemische Bindung einer Streckung oder Stauchung entgegensetzt, zustande. Sie werden durch Kraftkonstanten F_i, analog zu den Federkonstanten im Beispiel 1 charakterisiert.

Die Änderung der Bindungslängen sind dann zwischen Masse 1 und Masse 2, $\xi_1 - \xi_2$, und zwischen Masse 2 und Masse 3 $\xi_2 - \xi_3$, so daß wir für die potentielle Energie bekommen

$$2\,V = F[(\xi_1 - \xi_2)^2 + (\xi_2 - \xi_3)^2\,]. \tag{III,76}$$

In unserem Modellmolekül sind die Bindungen identisch, infolgedessen kommt nur eine Kraftkonstante F vor. Die Beiträge zur potentiellen Energie durch die einzelnen Bindungen sind additiv, gegenseitige Wechselwirkungen werden vernachlässigt.

Durch Differentation berechnen wir aus der potentiellen Energie die auf die drei Kerne wirkenden Kräfte f_1, f_2 und f_3:

$$\begin{aligned} f_1 &= -F(\xi_1 - \xi_2) \\ f_2 &= \;\; F(\xi_1 - 2\,\xi_2 + \xi_3) \\ f_2 &= \;\; F(\xi_2 - \xi_3). \end{aligned} \tag{III,77}$$

Die rücktreibenden Kräfte hängen linear mit den relativen Verschiebungen zusammen. Wir ersetzen die Auslenkungen ξ_i durch massebezogene Auslenkungen q_i und setzen $m_1 = m_3$, wie bei dem Molekülvorbild CO_2 oder CS_2. Die Bewegungsgleichungen lauten:

$$\begin{aligned} &\frac{\ddot{q}_1}{\sqrt{\mu_1}} + \sqrt{\mu_1}\,F\,q_1 - \sqrt{\mu_2}\,F\,q_2 &&= 0 \\ &\frac{\ddot{q}_2}{\sqrt{\mu_2}} - \sqrt{\mu_1}\,F\,q_1 + 2\sqrt{\mu_2}\,F\,q_2 - \sqrt{\mu_1}\,F\,q_3 &&= 0 \\ &\frac{\ddot{q}_3}{\sqrt{\mu_1}} - \sqrt{\mu_2}\,F\,q_2 + \sqrt{\mu_1}\,F\,q_3 &&= 0. \end{aligned} \tag{III,78}$$

Das ist ein System gekoppelter Differentialgleichungen. Wir suchen Lösungen in Form harmonischer Schwingungen

$$q_i = A_i \cos(\sqrt{\lambda}\; t + \zeta),$$

bei der alle Atome mit gleicher Frequenz geradlinig schwingen und die gleiche Phase ζ haben. A_i ist die Amplitude des Atoms mit der Masse m_i. Die zugehörige Differentialgleichung lautet:

$$\ddot{q}_i = -\lambda q_i.$$

Damit erhält man ein System von 3 linearen Gleichungen (Säkulargleichung)

$$\begin{aligned} &(\mu_1 F - \lambda) A_1 - \sqrt{\mu_1 \mu_2}\, F A_2 &&= 0 \\ &-\sqrt{\mu_1 \mu_2}\, F A_1 + (2\mu_2 F - \lambda) A_2 - \sqrt{\mu_1 \mu_2}\, F A_3 &&= 0 \\ &-\sqrt{\mu_1 \mu_2}\, F A_2 + (\mu_1 F - \lambda) A_3 &&= 0, \end{aligned} \tag{III,79}$$

aus denen λ für die Schwingungen mit der Amplitude A_i bestimmt werden kann.

Nicht-triviale Lösungen für λ, bei denen die A_i nicht verschwinden, erhält man aus der Säkulardeterminante

$$\begin{vmatrix} F - \mu_1^{-1}\lambda & -F & 0 \\ -F & 2F - \mu_2^{-1}\lambda & -F \\ 0 & -F & F - \mu_1^{-1}\lambda \end{vmatrix} = 0 \tag{III,80}$$

Die Elemente dieser Determinante sind die Koeffizienten von A_i in der Säkulargleichung. Wenn für einen speziellen Wert von λ die Koeffizientendeterminante verschwindet, schwingen die Kerne in Phase mit der Frequenz $\omega_k = \sqrt{\lambda_k}$ und eine Normalschwingung liegt vor. Wenn diese Lösungen für λ in die Säkulargleichung eingesetzt werden, können die relativen Schwingungsamplituden A_i ermittelt werden.

Nach Auflösung der Säkulardeterminante erhält man

$$(\lambda - \mu_1 F)\, \lambda [\lambda - (\mu_1 + 2\mu_2) F] = 0.$$

Lösungen λ_k dieser Gleichung und die zugehörigen Amplituden A_{ik} sind:

$$\begin{aligned} &\lambda_1 = \mu_1 F &&: \quad A_{11} = -A_{31}\,,\ A_{21} = 0 \\ &\lambda_2 = 0 &&: \quad A_{12} = A_{32}\,,\ A_{22} = \sqrt{\frac{\mu_1}{\mu_2}}\, A_{12} \\ &\lambda_3 = (\mu_1 + 2\mu_2) F &&: \quad A_{13} = A_{33}\,,\ A_{23} = -2\sqrt{\frac{\mu_2}{\mu_1}}\, A_{13}. \end{aligned} \tag{III,81}$$

Nun werden die Amplituden normiert, so daß die Gesamtenergie in jedem Schwingungsmodus die gleiche ist, wie es nach dem Gleichverteilungssatz erforderlich ist:

$$\sum_{i=1}^{3} (A_{ik})^2 = 1 \qquad k = 1, 2, 3. \tag{III,82}$$

Wir bezeichnen die normierten Amplituden mit a_{ik}. Es ist also zum Beispiel

$$a_{11} = \frac{A_{11}}{\sqrt{A_{11}^2 + A_{21}^2 + A_{31}^2}}. \tag{III,83}$$

Die Lösungen für die eindimensionalen Schwingungen unseres 3-atomigen Moleküls sind

$$\begin{array}{cccc}
i = & 1 & 2 & 3 \\
k = 1 & \frac{1}{\sqrt{2}} & 0 & -\frac{1}{\sqrt{2}} \\
2 & \sqrt{\frac{\mu_2}{\mu_1 + 2\,\mu_2}} & \sqrt{\frac{\mu_1}{\mu_1 + 2\,\mu_2}} & \sqrt{\frac{\mu_2}{\mu_1 + 2\,\mu_2}} \\
3 & \sqrt{\frac{\mu_1}{2(\mu_1 + 2\,\mu_2)}} & -2\sqrt{\frac{\mu_2}{2(\mu_1 + 2\,\mu_2)}} & \sqrt{\frac{\mu_1}{2(\mu_1 + 2\,\mu_2)}}
\end{array} \qquad \text{(III,84)}$$

Die Normalschwingungen sind in der Abb. III,29 skizziert.

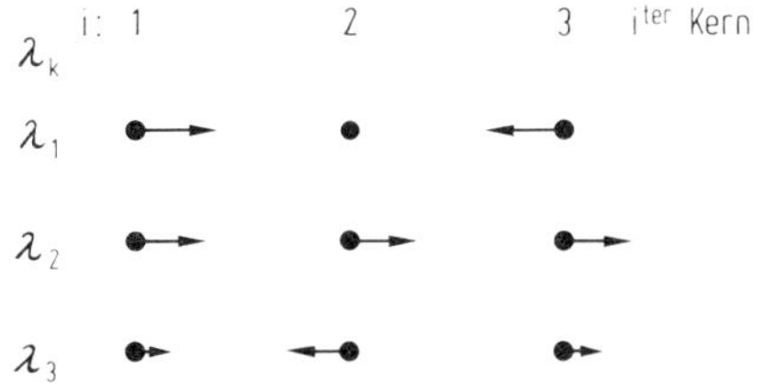

Abb. III, 29. Eindimensionale Normalschwingungen eines linearen dreiatomigen Moleküls

Die Länge der Pfeile in Abb. III,29 ist proportional zu a_{ik}. Die Lösung $\lambda_2 = 0$, die einer Schwingung mit der Frequenz 0 entspricht, stellt eine Translation des Moleküls entlang der Achse ohne relative Verschiebung der Kerne dar. Die beiden übrigen Schwingungen sind echte Normalschwingungen. Es ist zu beachten, daß in der Abbildung die a_{ik} in massen-bezogenen Koordinaten q_i ausgedrückt sind. Um die tatsächlichen Verschiebungen zu erhalten, müssen die Längen mit der Wurzel aus den entsprechenden Massen multipliziert werden.

Die *Normalkoordinaten* der Normalschwingung mit der Frequenz ω_k, die sich aus der Lösung λ_k der Säkulardeterminante ergeben, werden definiert durch

$$Q_k = \sum_i a_{ik}\, q_i = \sum_i \frac{A_{ik}}{\sqrt{\sum_i A_{ik}^2}}\, q_i . \qquad \text{(III,85)}$$

Die Normalkoordinaten für die Translation und die beiden Normalschwingungen unseres Modellmoleküls im Beispiel 2 sind also

$$\begin{aligned}
Q_1 &= \frac{1}{\sqrt{2}}(q_1 - q_3) \\
Q_2 &= \frac{\sqrt{\mu_2}\, q_1 + \sqrt{\mu_1}\, q_2 + \sqrt{\mu_2}\, q_3}{\sqrt{\mu_1 + 2\,\mu_2}} \\
Q_3 &= \frac{\sqrt{\mu_1}\, q_1 - 2\sqrt{\mu_2}\, q_2 + \sqrt{\mu_1}\, q_3}{\sqrt{2(\mu_1 + 2\,\mu_2)}}
\end{aligned} \qquad \text{(III,86)}$$

Die Längen der Pfeile in Abb. III,29 sind proportional zu den a_{ik}. Sie geben daher nicht nur die relativen Amplituden der Kerne für die Normalschwingungen, sondern auch die Koeffizienten in der Definitionsgleichung für die Normalkoordinaten Q_k wieder.

Um zu prüfen, ob die Koordinaten Q_k tatsächlich Normalkoordinaten sind, bilden wir die Summe

$$\sum_k \lambda_k Q_k^2$$

der 3 Normalkoordinaten für das Modellmolekül. Zu dieser tragen nur die von Null verschiedenen Lösungen bei:

$$\lambda_1 Q_1^2 + \lambda_3 Q_3^2 = \frac{1}{2} \mu_1 F(q_1 - q_3)^2 + (\mu_1 + 2\mu_2) \frac{(\sqrt{\mu_1}\, q_1 - 2\sqrt{\mu_2}\, q_2 + \sqrt{\mu_1}\, q_3)^2}{2(\mu_1 + 2\mu_2)} F$$
$$= F[(\xi_1 - \xi_2)^2 + (\xi_2 - \xi_3)^2] = 2V$$

Wie erforderlich, haben wir gefunden, daß die potentielle Energie in Normalkoordinaten ausgedrückt werden kann durch

$$2V = \sum_k \lambda_k Q_k^2. \qquad \text{(III,87)}$$

Andererseits ergibt die Auswertung der folgenden Summe

$$\sum_k Q_k^2 = Q_1^2 + Q_2^2 + Q_3^2 = \frac{1}{2}(q_1 - q_3)^2 + \frac{(\sqrt{\mu_2}\, q_1 + \sqrt{\mu_1}\, q_2 + \sqrt{\mu_2}\, q_3)^2}{\mu_1 + 2\mu_2}$$
$$+ \frac{(\sqrt{\mu_1}\, q_1 - 2\sqrt{\mu_2}\, q_2 + \sqrt{\mu_1}\, q_3)^2}{2(\mu_1 + 2\mu_2)} = q_1^2 + q_2^2 + q_3^2 \qquad \text{(III,88)}$$

Die verallgemeinerte Beziehung $\sum_k Q_k^2 = \sum_i q_i^2$ folgt aus der Definitionsgleichung für die Normalkoordinaten Gl. (III,85) unter Berücksichtigung, daß

$$\sum_k a_{ik}\, a_{jk} = \mathbf{1} \quad \text{für i = j und} \quad \sum_k a_{ik}\, a_{jk} = 0 \quad \text{für i} \neq \text{j}, \qquad \text{(III,89)}$$

die Normalschwingungen also orthogonal zueinander sind.

Entsprechend gilt für die Ableitungen nach der Zeit

$$\sum_k \dot{Q}_k^2 = \sum_i \dot{q}_i^2. \qquad \text{(III,90)}$$

Für unser Modell ist die kinetische Energie längs der Kernverbindungsachse

$$2T = \frac{\dot{\xi}_1^2}{\mu_1} + \frac{\dot{\xi}_2^2}{\mu_2} + \frac{\dot{\xi}_3^2}{\mu_3} = \sum_i \dot{q}_i^2.$$

In den Normalkoordinaten kann die kinetische Energie T ausgedrückt werden durch

$$2T = \sum_i \dot{q}_i^2 = \sum_k \dot{Q}_k^2. \qquad \text{(III,91)}$$

Die Hamiltonfunktion $H = T + V$ ist also [Gl. (III,65)]

$$H = \frac{1}{2} \sum_k \dot{Q}_k^2 + \frac{1}{2} \sum_k \lambda_k Q_k^2.$$

Der einfache harmonische Oszillator, – ein Massepunkt m_1, der längs der x-Achse schwingt –, hat die Hamiltonfunktion [Gl. (III,38)]

$$H = \frac{1}{2} m (\dot{x}^2 + \frac{1}{2} \lambda x^2) .$$

Wie am Anfang des Abschnittes behauptet, kann die Gesamtenergie des Moleküls in voneinander unabhängige Teile zerlegt werden, von denen jeder Teil die Hamiltonfunktion eines harmonischen Oszillators mit der Masse *Eins* hat. Die Bewegung der gebundenen Atome kann als Superposition voneinander unabhängiger harmonischer Bewegungen aufgefaßt werden, deren Koordinaten die Normalkoordinaten sind.

Wenn wir nun von dem Fall mit 2 und 3 Massen verallgemeinern auf ein Molekül mit N Kernen, werden wir eine Säkulardeterminante mit 3 N Zeilen und 3 N Spalten erhalten. Will man also im allgemeinen Fall die Normalschwingungen finden, muß man die Säkulardeterminante lösen. Schon bei sehr kleinen Molekülen wäre aber die Lösung sehr kompliziert und langwierig. Durch Symmetriebetrachtung am Molekül, die eine entsprechende Symmetrie der Säkulargleichung zur Folge hat, kann die Rechnung wesentlich vereinfacht werden.

13. Schwingungsniveaus, Eigenfunktionen und Auswahlregeln für Schwingungsübergänge bei mehratomigen Molekülen

Da die Hamiltonfunktion nach Gl. (III,65)

$$\frac{1}{2} \sum_k \dot{Q}_k^2 + \frac{1}{2} \sum_k \lambda_k Q_k^2$$

in den Normalkoordinaten als Summe von harmonischen Schwingungen geschrieben werden kann, ist auch die Formulierung der Schrödingergleichung in auswertbarer Form nicht schwierig. Sie lautet

$$\frac{\hbar^2}{2} \sum_k \frac{\partial^2}{\partial Q_k^2} \psi + (E - \frac{1}{2} \sum_k \lambda_k Q_k^2) \psi = 0. \qquad \text{(III,92)}$$

Die Differentialgleichung kann in den Normalkoordinaten separiert werden; man kann also einen Produktansatz machen, bei dem die Gesamtschwingungseigenfunktion geschrieben werden kann als Produkt von Eigenfunktionen für die einzelnen harmonischen Normalschwingungen:

$$\Psi = \psi_{v_1}(Q_1)\, \psi_{v_2}(Q_2)\, \psi_{v_3}(Q_3) \ldots \psi_{v_k}(Q_k). \qquad \text{(III,93)}$$

Jede dieser Schwingungseigenfunktionen ψ_{v_k} genügt der Schrödingergleichung für den harmonischen Oszillator

$$\frac{\hbar^2}{2}\frac{\partial^2}{\partial Q_k^2}\psi_{v_k} + (E_{v_k} - \frac{\lambda_k}{2}Q_k^2)\,\psi_{v_k} = 0,$$

deren Lösung bekannt ist (siehe Abschnitt 10). Die Schwingungsenergie des Moleküls setzt sich aus der Schwingungsenergie der einzelnen Normalschwingungen additiv zusammen:

$$E(v_1, v_2, v_3 \ldots v_k) = \hbar\omega_1(v_1 + \frac{1}{2}) + \hbar\omega_2(v_2 + \frac{1}{2}) + \ldots \hbar\omega_k(v_k + \frac{1}{2}). \qquad \text{(III,94)}$$

Wie beim harmonischen Oszillator sind Übergänge nur möglich, wenn sich eine Schwingungsquantenzahl um Eins ändert. Ob dieser Übergang in Absorption oder Emission auch gefunden wird, hängt davon ab, ob mit diesem Übergang ein Übergangsmoment verknüpft ist. Das Vorhandensein eines Übergangsmoments hängt wieder eng mit den Symmetrieeigenschaften der Moleküle zusammen.

Abb. III,30 zeigt die Schwingungsniveaus des H_2O-Moleküls. Alle Übergänge vom Grundzustand, die Raman-aktiv oder infrarot-aktiv sind, werden beobachtet. Es werden auch Obertöne ($\Delta v > 1$) und Kombinationsschwingungsübergänge, bei denen sich mehr als eine Quantenzahl ändert, gefunden; das ist eine Folge mechanischer und elektrischer Anharmonizität.

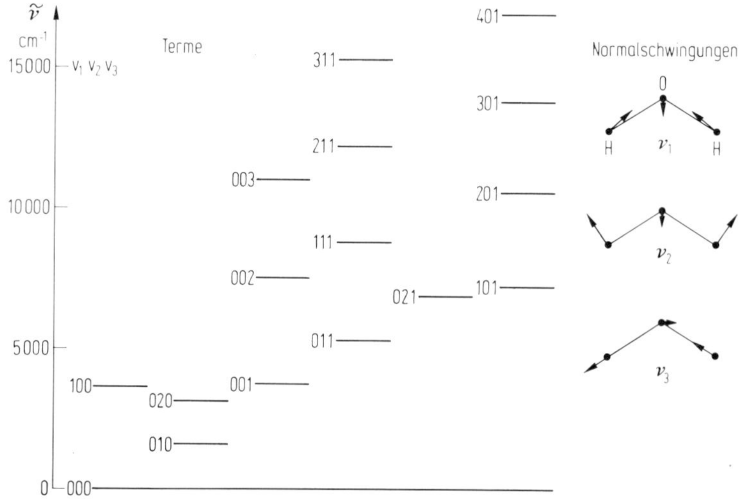

Abb. III, 30. Schwingungsniveaus des H_2O-Moleküls. Rechts ist schematisch die Form der 3 Normalschwingungen des H_2O-Moleküls gezeigt

14. Torsionsschwingungen

Eine Art von Schwingungen ist besonders zu erwähnen, bei der es zu einer Rotation eines Molekülteils gegen einen anderen kommt. Diese Schwingungen werden Torsionsschwingungen genannt. Das rücktreibende Drehmoment bei dieser Art von Schwingungen kommt durch den Widerstand der Bindung der beiden Molekülteile gegenüber Torsion zustande.

Torsionsschwingungen können z. B. beim Äthan- und beim Äthylenmolekül auftreten. Der stabile Gleichgewichtszustand des Äthylenmoleküls C_2H_4 ist der, in dem sich die Wasserstoffatome der beiden CH_2-Gruppen in einer Ebene befinden. Man erhält beim Äthylenmolekül eine äquivalente Konfiguration, wenn eine CH_2-Gruppe um 180° gedreht wird (Abb. III,31). Um von der einen in die andere Lage überzugehen, ist die Überwindung einer Potentialbarriere erforderlich. Bei kleinen Amplituden ist die Torsionsschwingung nichts anderes als eine Oszillation einer CH_2-Gruppe gegenüber der anderen in einem Potential, dessen Minima den beiden um 180° versetzten Gleichgewichtskonfigurationen entsprechen. Nimmt die Amplitude der Schwingung genügend zu, so kann schließlich die Potentialbarriere überwunden werden. Wir haben es mit einer „gehemmten inneren Rotation" zu tun. Solche „gehemmten Rotationen" kommen auch bei Kristallen vor. In Ammoniumhalogenidkristallen können die NH_4-Komplexe im Festkörper „gehemmte Rotationen" ausführen. Dies ist experimentell, z. B. mit Hilfe von Infrarot- oder Ramanspektroskopie und auch durch Elektronenenergieverlustspektroskopie nachgewiesen.

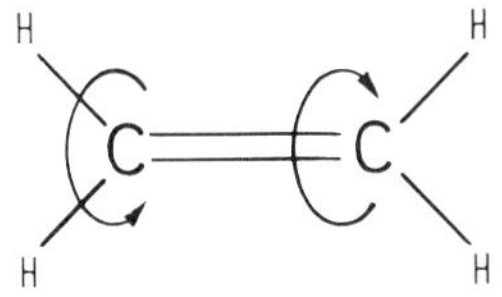

Abb. III, 31. Torsionsschwingung des Äthylenmoleküls

Beim Äthanmolekül gibt es 3 äquivalente Konfigurationen der Methylgruppen, nämlich dann, wenn die CH_3-Gruppe um 120° gedreht wird. In Äthylen-Derivaten ist die Torsionsschwingung ein möglicher Mechanismus für thermische cis-trans-Umwandlung der Isomere.

Für die Torsionsschwingung des Äthylenmoleküls kann man z. B. folgende Annahme für die Form des Potentials, dem diese Schwingung unterliegt, machen:

$$V = \frac{1}{2} V_0(1 - \cos 2\Phi)$$

Φ ist der Winkel zwischen den Ebenen der beiden CH_2-Gruppen, gemessen vom Potentialminimum (Abb. III,32).

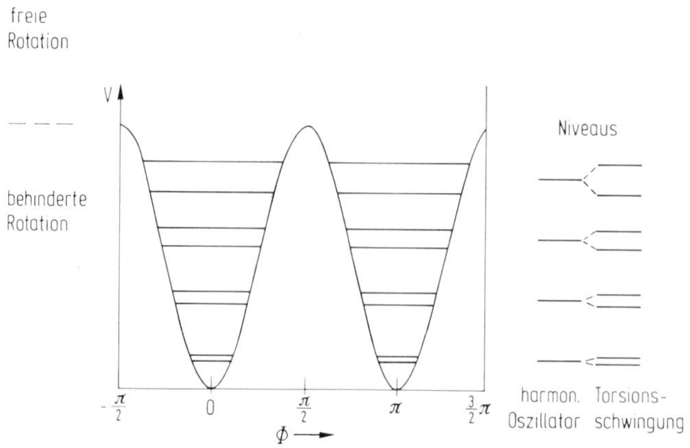

Abb. III, 32. Links: Potential und Energieniveaus für die behinderte Rotation (Torsionsschwingung) eines dem Äthylen ähnlichen Moleküls (schematisch). Rechts: Vergleich der Energieniveaus der Torsionsschwingung mit denen des harmonischen Oszillators

In nullter Näherung haben wir in den beiden Minima der Potentialkurve identische Energieniveaus, ähnlich wie beim harmonischen Oszillator, die jedoch zweifach entartet sind. Die Entartung wird aufgehoben, wenn die Abweichungen der Potentialkurve von der des harmonischen Oszillators und der Tunneleffekt durch die Potentialbarriere berücksichtigt werden. Dann tritt Aufspaltung in 2 Unterniveaus auf. Die Aufspaltung nimmt mit zunehmender Schwingungsquantenzahl v zu. Für große Energien oberhalb der Potentialmaxima gehen die Energieniveaus der Torsionsschwingung in die des freien Rotators über: Es findet freie Rotation der beiden Gruppen gegeneinander statt.

15. Inversionsschwingungen

Die Inversionsschwingung ist eine spezielle Schwingung bei einem symmetrischen Kreisel-Molekül. Wir beginnen mit dem ebenen BF_3-Molekül (vgl. Abb. III,33) und interessieren uns für die Schwingung, bei der das Boratom durch die Ebene, die von den 3 Wasserstoffatomen aufgespannt wird, hindurchschwingt. Wenn wir diese Schwingung als eindimensionale Schwingung auffassen, dann bewegt sich das Boratom in einem Parabelpotential, es liegt ein System ähnlich wie beim harmonischen Oszillator mit äquidistanten Energieniveaus vor. Das NH_3-Molekül kann man nicht mehr als ebenes Molekül auffassen. Seine Potentialfunktion unterscheidet sich so sehr von der eines harmonischen Oszillators, daß sich das Stickstoffatom vorwiegend in einem gewissen Abstand von der durch die Wasserstoffatome aufgespannten Ebene aufhält (Abb. III,33). Die Energieniveaus eines harmonischen Oszillators sind äquidistant, wie

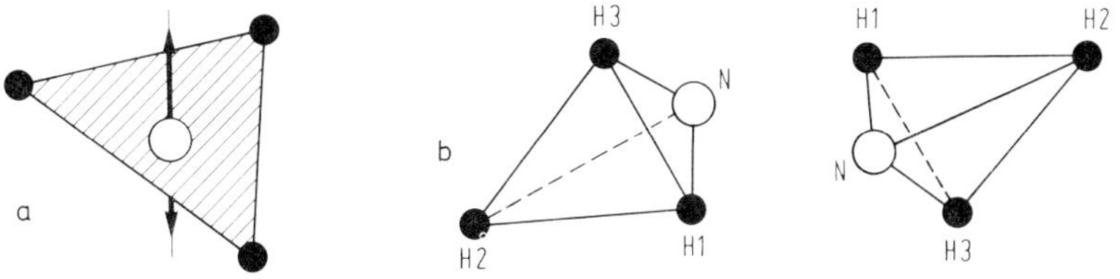

Abb. III, 33. a) Schwingung des Boratoms in BF_3
b) Inversion des NH_3-Moleküls. Die beiden Konfigurationen können durch einfache Drehung nicht ineinander überführt werden, wie man mit Hilfe der Numerierung der Wasserstoffatome erkennen kann

in Abb. III,34a gezeigt ist. Wenn das Potential durch eine Barriere in der Mitte (Abb. III,34b) gestört wird, so nähern sich die Niveaus paarweise. Auch wenn die Potentialbarriere so hoch ist, daß die Energie nicht ausreicht, klassisch die Barriere zu überwinden, tritt der quantenmechanische Tunneleffekt ein; auf diese Weise kann das Atom von einer Seite der Barriere auf die andere schwingen. Für eine sehr hohe Potentialbarriere sind wieder äquidistante Energieniveaus vorhanden, und zwar jeweils eine Termleiter für Schwingungen rechts und links der Barriere (Abb. III,34c).

Beim NH_3-Molekül ist die Potentialbarriere nicht sehr hoch (etwa 2000 cm^{-1}): Das Molekül kann ziemlich häufig im Potentialminimum mit einem Stickstoffatom auf

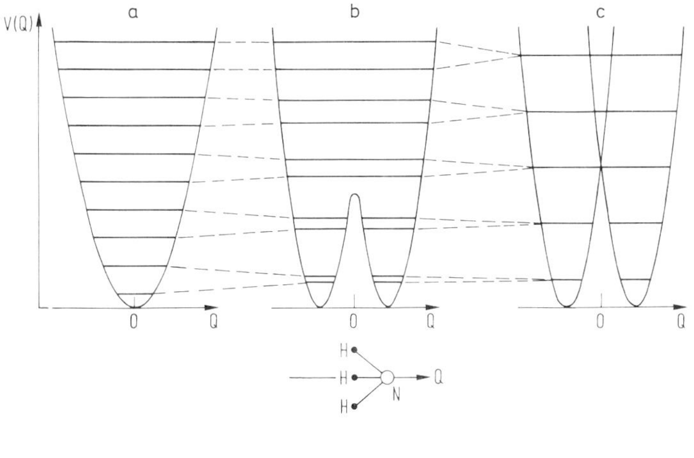

Abb. III, 34. Inversionsdublett-Schwingungsniveaus bei verschiedener Höhe der Potentialbarriere und Vergleich mit den Niveaus eines harmonischen Oszillators (Höhe Null der Barriere, ganz links)

einer Seite schwingen, und erst nach einer großen Zahl Schwingungen wird es durch die Barriere tunneln und auf der anderen Seite weiterschwingen (das Innere des Moleküls stülpt sich dabei nach außen, das Molekül invertiert, daher Inversionsschwingung). Die schnelle Schwingung in den Potentialtälern liegt im infraroten Spektralbereich um 950 cm^{-1}, die viel kleinere Tunnelungsfrequenz (Inversionsfrequenz) bei 0,8 cm^{-1} und ist damit im Mikrowellenbereich ($\nu \approx 24\,000$ MHz). Im 1. angeregten Schwingungsniveau ist die Aufspaltung durch Inversion natürlich größer, weil die Barriere schmaler geworden ist.

Man kann sich die Inversionsaufspaltung am Beispiel der gekoppelten Pendel klar machen. Wenn eines der beiden Pendel angestoßen wird, so fängt je nach Stärke der Kopplung das zweite Pendel mehr oder weniger schnell an zu schwingen. Bald ist die gesamte Energie an das zweite Pendel übertragen worden. Dann kehrt sich der Prozeß um und die Schwingungsenergie wird an das erste Pendel wieder zurückübertragen. Es ist der gleiche Vorgang wie bei der Inversionsschwingung. Die Übertragung der Schwingungsenergie von einem Pendel an das andere entspricht dem Durchtunneln durch die Potentialbarriere. Die Stärke der Kopplung zwischen den beiden Schwingungen wird durch die Höhe der Potentialbarriere bestimmt. Eine geringe Höhe entspricht starker Kopplung der beiden Pendel. Die beiden Normalschwingungen der gekoppelten Pendel können mit den beiden Linien des Inversionsdubletts identifiziert werden.

Es ist interessant, welche Inversionsfrequenzen sich für andere Moleküle abschätzen lassen: Für PH_3 bei einer Höhe der Barriere von 6085 cm^{-1} ergeben sich für den Grundzustand eine Inversionsfrequenz von 0,14 MHz und für den ersten angeregten Zustand 7,2 MHz. Für AsH_3 ist die Barriere etwa doppelt so hoch: 11 220 cm^{-1}. Entsprechend sind die Inversionsfrequenzen viel kleiner, 0,5 pro Jahr für den Grundzustand und 1 pro Tag im ersten angeregten Zustand, also nicht mehr beobachtbar.

16. Der Ammoniak-Maser

Da der erste von Gordon, Zeiger und Townes publizierte Maser mit der Inversionsaufspaltung des NH_3-Moleküls arbeitete, soll hier das Prinzip des Ammoniak-Masers erläutert werden.

Ein Schema der Anordnung zeigt Abb. III,35. Ein Molekülstrahl wird hergestellt, indem die Ammoniakmoleküle aus einer Düse, die aus vielen kleinen parallelen Rohren

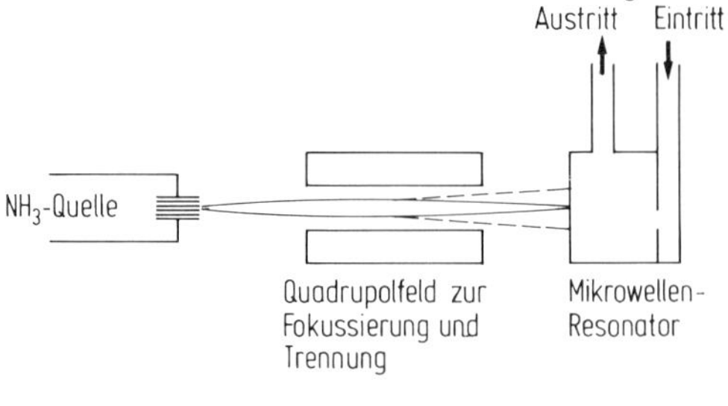

Abb. III, 35. Ammoniak-Maser

besteht, austreten. Um Masertätigkeit zu erzielen, muß Besetzungsinversion hergestellt werden, d. h., die Moleküle, die sich im unteren Inversionszustand E_1 befinden, müssen aus dem Strahl ausgesondert werden. Dies geschieht in einem inhomogenen elektrischen Feld auf folgende Weise:

Wird das Ammoniakmolekül in ein elektrisches Feld mit der Feldstärke $|\mathcal{E}|$ gebracht, so ändert sich die Inversionsaufspaltung infolge des (quadratischen) Stark-Effekts. Die Änderung des oberen Energieniveaus E_2 und des unteren Energieniveaus E_1 kann ausgedrückt werden durch: (vgl. Abb. 36)

$$E_1 = E_0 - \sqrt{A^2 + \mu^2 \mathcal{E}^2} \qquad \text{(III,95a)}$$

$$E_2 = E_0 + \sqrt{A^2 + \mu^2 \mathcal{E}^2}. \qquad \text{(III,95b)}$$

$2A$ ist die Inversionsaufspaltung für das Feld Null und μ ist das elektrische Dipolmoment, das mit einer der beiden Lagen des Stickstoffatoms relativ zur Ebene der Wasserstoffatome verknüpft ist. Da das Stickstoffatom durch diese Ebene hin- und herschwingen kann, hebt sich das Dipolmoment im Zeitmittel weg.

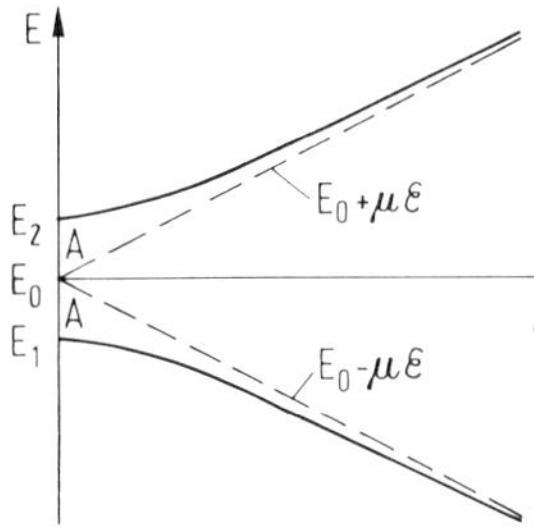

Abb. III, 36. Stark-Effekt bei der Inversionsaufspaltung von NH_3

In allen praktischen Fällen ist $\mu\,|\mathcal{E}|$ sehr viel kleiner als A, so daß die Quadratwurzel entwickelt werden kann, und man erhält für die Energieniveaus

$$E_1 = E_0 - A - \frac{\mu^2 \mathcal{E}^2}{2A} \quad \text{und} \quad E_2 = E_0 + A + \frac{\mu^2 \mathcal{E}^2}{2A}. \qquad \text{(III,96)}$$

Laufen nun die Moleküle durch ein elektrisches Feld, das stark inhomogen ist, so werden die Moleküle in den Zuständen E_1 und E_2 in verschiedene Richtungen abgelenkt. Ein Molekül im Zustand E_1 besitzt eine Energie, die mit $|\mathcal{E}|^2$ abnimmt; es wird daher in eine Richtung abgelenkt in der $|\mathcal{E}|^2$ zumimmt. Ein anderes Molekül im Zustand E_2 wird in die entgegengesetzte Richtung abgelenkt, denn dessen Energie nimmt mit $|\mathcal{E}|^2$ zu und wird daher in Richtung kleinerer $|\mathcal{E}|^2$ abgelenkt. Die auf die Moleküle wirkende Kraft ist, wenn die Näherung Gl. (III,96) gilt,

$$f = \frac{\mu^2}{2A} \operatorname{grad} \mathcal{E}^2. \qquad \text{(III,97)}$$

Die Proportionalitätskonstante $\mu^2/2A$ ist die Polarisierbarkeit des Moleküls.

Die Fokussierung des Strahles mit den Molekülen im Zustand E_2 kann mit einem elektrischen Quadrupolfeld (vgl. Abb. III,37) vorgenommen werden. Die Elektroden haben hyperbolischen Querschnitt, das Potential ist $V = 15 \ldots 30$ kV. Die Äquipotentiallinien sind Hyperbeln $V = V_0 + c\,x\,y$ und damit die Feldstärke

$$|\mathcal{E}| = \sqrt{(c\,x)^2 + (c\,y)^2} = c\,r$$

proportional dem Abstand r von der Achse des Quadrupolfeldes. Bei richtig gewählten optischen Eigenschaften des Quadrupolfeldes und der Geometrie der Anordnung werden die Moleküle im Zustand E_2 durch die Eintrittsöffnung in den Resonator fokussiert, in dem dann Übergänge in das tiefere Niveau induziert werden. Beim Betrieb des Masers als Spektrometer wird das Mikrowellensignal an den Resonator gelegt und die Frequenz durchgefahren. Resonanz des Mikrowellensignals mit dem Molekülübergang äußert sich in einer plötzlichen Zunahme der Mikrowellenleistung am Resonatorausgang. Der Maser arbeitet als sehr schmalbandiger Verstärker. Bei hoher Dichte des Molekularstrahls oszilliert der Resonator von selbst.

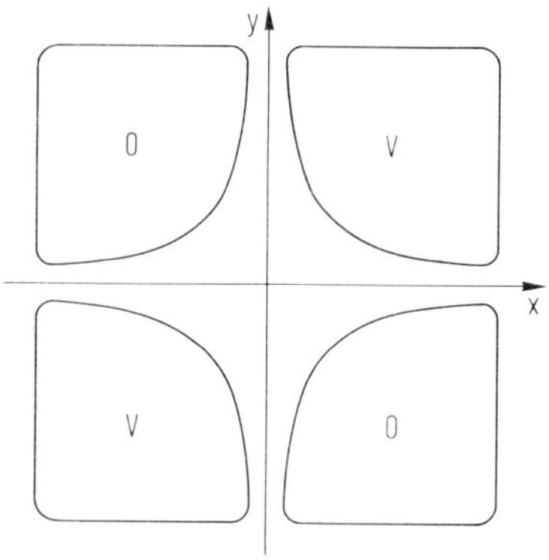

Abb. III, 37. Schnitt durch ein Quadrupolfeld

Die Inversionsaufspaltung hängt vom Rotationszustand ab. Die Rotationsfrequenzen des NH_3-Moleküls sind beträchtlich größer als die Inversionsfrequenzen, so daß keine Resonanzeffekte zu erwarten sind. Die Rotation jedoch z. B. um die Achse senkrecht zur Ebene der H-Atome ändert deren Abstand durch Zentrifugalkräfte, und damit die Frequenz, mit der das Molekül invertiert. Die Inversionslinien können also durch die Quantenzahlen J und K des symmetrischen Kreisels charakterisiert werden. Es gibt keine Linien mit $K = 0$. Besonders große Intensität ist für die Inversionsübergänge zu erwarten, die mit Rotationszuständen gekoppelt sind, die ihrer Energie und Entartung wegen bei Zimmertemperatur besonders stark besetzt sind. Dies ist für den Rotationszustand $J = 3, K = 3$ der Fall. Der Übergang heißt (3 – 3) Inversion, die Frequenz ist 23 870 MHz. Es läßt sich eine Frequenzstabilität von $\Delta\,\nu/\nu \approx 10^{-12}$ im Maser mit dieser Linie erreichen.

Eine noch höhere Kurzzeitstabilität von $\Delta \nu/\nu \approx 10^{-14}$ kann man mit einem Wasserstoffmaser erhalten. Beim Wasserstoffmaser werden Übergänge zwischen Hyperfeinniveaus im Grundzustand des Wasserstoffatoms benutzt.

17. Der Raman-Effekt

Der Raman-Effekt wird bei der Streuung von Licht an einem Molekül (oder einem Kristall) beobachtet. Im Spektrum des gestreuten Lichts treten neben der Frequenz des einfallenden Lichts noch Linien auf, deren Frequenzen ein wenig gegen die Frequenz des einfallenden Lichts verschoben sind. Diese Linien sind im allgemeinen sehr schwach in ihrer Intensität verglichen mit der unverschobenen Lichtstreuintensität. Der Frequenzabstand ist charakteristisch für das streuende Molekül.

Das Prinzip eines Ramanspektrometers zeigt die Abb. III,38. Als Lichtquelle wählt man oft statt der Quecksilberlampe heute häufig einen Laser, da dieser monochromatische Strahler hohe Intensität liefert. Beispiele für Raman-Spektren zeigt die Abb. III,39.

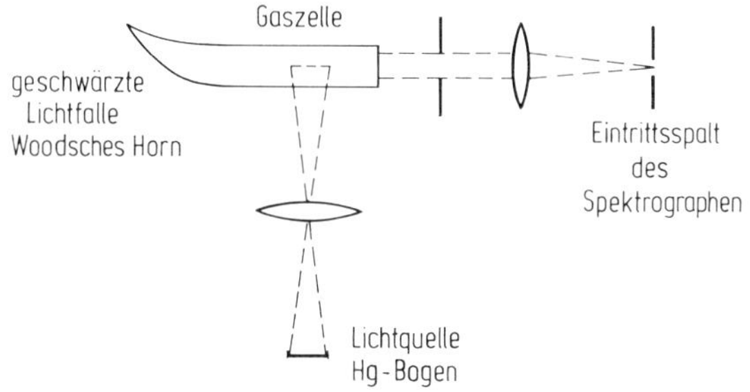

Abb. III, 38. Zur Messung des Raman-Spektrums

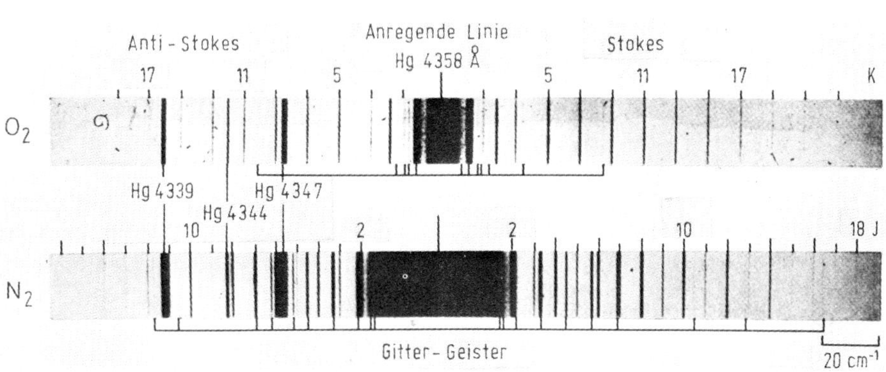

Abb. III, 39. Rotations-Raman-Spektren von N_2 und O_2 (Stroicheff, High Resolution Raman-Spectroscopy, Adv. in Spectroscopy, **1**[1959] 91)

Welche Übergänge im Molekül bei der Lichtstreuung vor sich gehen, ist schematisch in Abb. III,40 dargestellt. Wenn ein Lichtquant der Energie $\hbar\omega$ mit einem Molekül in Wechselwirkung tritt, so nimmt das Molekül zunächst die Energie des Lichtquants auf. Befindet sich das Molekül ursprünglich im Zustand E_1, so wird seine Energie $\hbar\omega + E_1$, war es im Zustand E_2, so wird sie $\hbar\omega + E_2$. Das Molekül hat keinen erlaubten Zustand mit dieser Energie, das Photon wird gestreut. Wenn nun das Molekül in den ursprünglichen Zustand zurückkehrt, bleibt die Energie des Photons $\hbar\omega$ erhalten, Rayleigh-Streuung liegt vor. Geht aber das Molekül in einen anderen Zustand über, kann entweder Energie an das Molekül übertragen werden, oder das Molekül gibt Energie an das Photon ab. In diesem Falle haben wir Raman-Streuung. Wie man aus der Abb. III,40 unmittelbar erkennt, gibt die Raman-Verschiebung die Energiedifferenz im Termsystem an. Die Raman-Linie, die auf der Seite längerer Wellen als die des einfallenden Lichts liegen, sind die Stokes'schen Linien, und die, die zu kürzeren Wellenlängen verschoben sind, die Anti-Stokes'schen Linien.

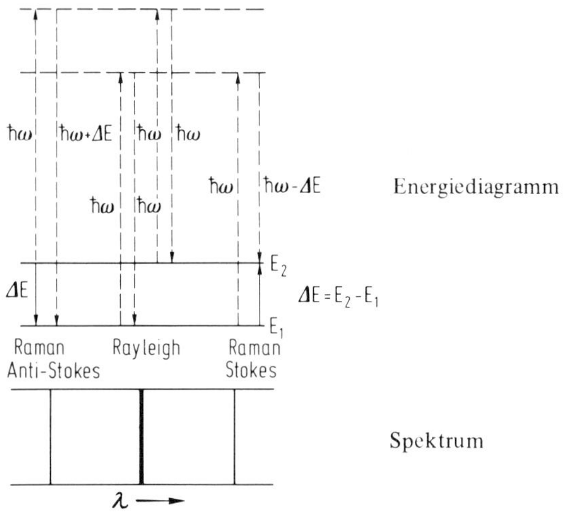

Abb. III, 40. Energiediagramm für die Deutung der Raman- und Rayleigh-Streuung. Die gestrichelten Linien stellen virtuelle Übergänge dar. Unten ist das beobachtete Spektrum dargestellt

Die in die Abb. III,40 eingezeichneten gestrichelten Niveaus entsprechen keinen möglichen Energieniveaus des Moleküls, es sind „virtuelle Niveaus". Die gestrichelt eingezeichneten Übergänge sind „virtuelle Übergänge".

Schon mit klassischen Überlegungen kann man qualitativ den Raman-Effekt verstehen. Wir wählen als Beispiel ein zweiatomiges Molekül. Wenn das Molekül in ein elektrisches Feld mit der Feldstärke $\mathfrak{E}$ gebracht wird, so wird ein Dipolmoment $\boldsymbol{p}$ in dem Molekül induziert. Der Ladungsschwerpunkt der positiven Ladungen wird ein kleines Stück in die eine Richtung verschoben und der Ladungsschwerpunkt der negativen Ladungen ein wenig in die andere Richtung. Das resultierende Dipolmoment ist der elektrischen Feldstärke proportional

$$p = \alpha\, \mathcal{E}. \tag{III,98}$$

α ist die Polarisierbarkeit des Moleküls. α ist eigentlich ein Tensor und hängt von Aufbau und Orientierung des Moleküls ab. Wir gehen darauf anschließend ein. Wir orientieren unser zweiatomiges Molekül im Raum so, daß die Kernverbindungslinie parallel zur Richtung des elektrischen Feldvektors $\mathcal{E}$ liegt.

Wenn nun das Licht der Frequenz ω auf das Molekül fällt, steht dieses unter der Wirkung eines elektrischen Wechselfeldes der Form

$$\mathcal{E} = \mathcal{E}_0 \sin \omega t. \tag{III,99}$$

Dieses Feld induziert ein veränderliches Dipolmoment, das wiederum eine Emission von Licht gleicher Frequenz wie das einfallende Licht verursacht. Das ist die **Rayleigh-Streuung**.

Andererseits finden im Molekül Schwingungen statt, bei denen sich der Kernabstand im Molekül ändert. Wenn sich der Kernabstand ändert, so muß sich die Polarisierbarkeit ändern, wenn auch nur sehr wenig. Außerdem hängt die Polarisierbarkeit von der Orientierung des Moleküls bezüglich des Feldes ab. Eine Änderung der Polarisierbarkeit – d. h. eine Änderung der Amplitude des induzierten Dipolmoments – ist also sowohl mit der **Schwingung** als auch mit der **Rotation** des Moleküls verknüpft. Wir beschränken uns auf den Schwingungs-Raman-Effekt und schreiben in Näherung

$$\alpha = \alpha^0 + \alpha_1 \sin \omega_{\mathrm{vibr}}\, t \tag{III,100}$$

Dabei ist α^0 die Polarisierbarkeit im Gleichgewichtsabstand und α_1 die Maximalamplitude mit der sich die Polarisierbarkeit bei der Molekülschwingung ändert. Es ist stets $\alpha^0 \gg \alpha_1$. ω_{vibr} ist die Kreisfrequenz der Molekülschwingung.

Das induzierte elektrische Dipolmoment wird dann mit Gl. (III,98), (III,99) und (III,100)

$$p = \alpha^0\, \mathcal{E}_0 \sin \omega t + \alpha_1\, \mathcal{E}_0 \sin \omega t \sin \omega_{\mathrm{vibr}}\, t. \tag{III,101}$$

Verwendet man eine trigonometrische Umrechnungsformel, so ergibt sich

$$p = \alpha^0\, \mathcal{E}_0 \sin \omega t + \frac{1}{2}\, \alpha_1\, \mathcal{E}_0 \left\{\cos (\omega - \omega_{\mathrm{vibr}})\, t - \cos (\omega + \omega_{\mathrm{vibr}})\, t\right\}. \tag{III,102}$$

Wegen der Änderung der Polarisierbarkeit α mit dem Kernabstand variiert das induzierte Dipolmoment nicht nur mit der Frequenz des einfallenden Lichts ω, sondern auch mit den Frequenzen $\omega - \omega_{\mathrm{vibr}}$ und $\omega + \omega_{\mathrm{vibr}}$. Im Spektrum erwartet man daher 3 Linien, eine Hauptlinie und beiderseitig je eine verschobene Linie mit dem Frequenzabstand ω_{vibr}.

Nach Gl. (III,102) sollten die Intensitäten der verschobenen Linien sehr viel kleiner als die der unverschobenen Linie und für beide Satelliten gleich sein. Außerdem sollten die

Intensitäten der beiden Raman-Linien von der Amplitude der Molekülschwingungen abhängen, und schließlich muß das Molekül schon schwingen, damit überhaupt Raman-Effekt auftritt.

Diese beiden Resultate stehen im Widerspruch zur Erfahrung. So wird auch Raman-Streuung beobachtet, wenn sich das Molekül im Schwingungs-Grundzustand befindet, und die Raman-Linie bei größerer Wellenlänge, die Stokes'sche Linie, hat gewöhnlich viel größere Intensität als die Anti-Stokes'sche Linie.

Diese Effekte werden durch die **quantenmechanische Behandlung** der Raman-Streuung erklärt.

Wie wir bereits bei der klassischen Beschreibung des Raman-Effekts erkannt haben, kommt die Lichtstreuung dadurch zustande, daß das einfallende elektromagnetische Feld ein zeitveränderliches Dipolmoment im Molekül induziert. Halbklassisch ist daher die Intensität der von dem Dipol emittierten Strahlung

$$I = \frac{4}{3\,c^3}\,\omega^4\,|\boldsymbol{p}_{\mathrm{nm}}|^2 . \qquad \text{(III,103)}$$

$\boldsymbol{p}_{\mathrm{nm}}$ ist jetzt aber das Matrixelement des induzierten elektrischen Dipolmoments des Systems, das zum Zustand n und Zustand m gehört. Unter gewissen Näherungsbedingungen, die im Experiment im allgemeinen erfüllt sind, kann man für das induzierte Dipolmoment schreiben

$$\boldsymbol{p}_{\mathrm{nm}} = (\alpha)_{\mathrm{nm}}\,\mathcal{E} \qquad \text{(III,104)}$$

mit $\mathcal{E}$, dem elektrischen Feldvektor der Lichtwelle.

Nun hängt die Energie eines Elektronenzustandes eines Moleküls von den Kernabständen ab. Wenn also das Molekül Schwingungsbewegungen ausführt, wird sich die Elektronenenergie des Moleküls periodisch ändern. Wenn sich die Elektronenenergie ändert, so muß sich auch der Widerstand, den die Elektronen einer Verschiebung durch ein äußeres elektrisches Feld entgegensetzen, ändern. Die Polarisierbarkeit wird also mit der Kernbewegung variieren. Die Wahrscheinlichkeit, daß sich die Kerne in einer bestimmten Lage befinden, ist $\varphi_n\,\varphi_n^*$, wobei φ_n die Eigenfunktion der Rotation und Schwingung im Zustand n ist. Der Mittelwert der Polarisierbarkeit für alle möglichen Lagen ist daher

$$(\alpha)_{\mathrm{nn}} = \int \varphi_n^*\,\alpha\,\varphi_n\,\mathrm{d}\,\tau\,. \qquad \text{(III,105)}$$

Wenn das Molekül einen Übergang von n nach m macht, ist analog

$$(\alpha)_{\mathrm{nm}} = \int \varphi_n^*\,\alpha\,\varphi_m\,\mathrm{d}\,\tau. \qquad \text{(III,106)}$$

Wenn für zwei Zustände n und m das Integral nicht verschwindet, kann ein Übergang von dem einen Zustand zum anderen bei der Wechselwirkung von Licht mit dem Molekül stattfinden. Die Energie des Photons nach der Wechselwirkung ist dann $E = \hbar\,\omega + (E_n - E_m)$. Solche Übergänge nennt man Raman-aktiv. Das Quadrat der rechten Seite von Gl. (III,106) mit dem Integral ist proportional zur Intensität der

Raman-Linie. Für $n = m$ ergibt sich die unverschobene Frequenz des Lichts ω. Das Quadrat des Integrals gibt jetzt die Rayleigh-Streuintensität an.

Ist die Polarisierbarkeit α des Systems unabhängig von der Schwingung oder Rotation, kann α vor das Integralzeichen gezogen werden. Dann wird das Integral wegen der Orthogonalität der Eigenfunktionen gleich Null, außer für $n = m$. Dann gibt es nur Rayleigh-Streuung und keinen Raman-Effekt. Ein Übergang von einem Zustand zu einem anderen, eine Raman-Verschiebung, kann nur erfolgen, wenn sich die Polarisierbarkeit α während des betrachteten Prozesses (Schwingung, Rotation) ändert.

Wenn wir uns wieder auf den Schwingungs-Raman-Effekt eines zweiatomigen Moleküls beschränken, müssen in das Matrixelement

$$(\alpha_x)_{v'v''} = \int \psi_{v'}\, \alpha_x\, \psi_{v''} \tag{III,107}$$

die Schwingungseigenfunktionen ψ_v z. B. des harmonischen Oszillators Gl. (III,53) eingesetzt werden. Für die Änderung der Polarisierbarkeit mit dem Kernabstand wird in 1. Näherung gesetzt

$$\alpha_x = \alpha_x^0 + \left(\frac{d\,\alpha_x}{d\,x}\right)_{x=0} x + \ldots\ . \tag{III,108}$$

Hierin ist $x = r - r_0$, die Verschiebung aus der Gleichgewichtslage $x = 0$.

Substitution von α_x aus Gl. (III,108) in die Gl. (III,107) ergibt

$$(\alpha)_{v'v''} = \alpha_x^0 \int \psi_{v'}\, \psi_{v''}\, d\,x + \left(\frac{d\,\alpha_x}{d\,x}\right)_0 \int \psi_{v'}\, x\, \psi_{v''}\, d\,x. \tag{III,109}$$

Wegen der Orthogonalität der Eigenfunktionen verschwindet das 1. Integral, außer wenn $v' = v''$ ist, also für die unverschobene Frequenz (Rayleigh-Streuung). Der 2. Term enthält das gleiche Integral wie bei der Berechnung der Übergangswahrscheinlichkeiten beim harmonischen Oszillator. Wie wir gesehen haben, ist es nur von Null verschieden, wenn $v' = v'' + 1$ ist. Damit haben wir schon die Auswahlregel für den Schwingungs-Raman-Effekt.

Die Auswahlregel bezüglich der Schwingungsquantenzahlen ist für die Lichtabsorption bzw. Lichtemission und für den Schwingungs-Raman-Effekt die gleiche.

Der Mechanismus für die beiden Anregungsprozesse ist jedoch ganz verschieden.

Raman-Effekt tritt nur dann auf, wenn sich die Polarisierbarkeit während der Molekülschwingung ändert. Dagegen wird Licht von einer Molekülschwingung absorbiert, wenn mit dieser Schwingung eine Änderung des elektrischen Dipolmoments verbunden ist.

Für einen Raman-Übergang muß $\left(\frac{d\,\alpha_x}{d\,x}\right)_{x=0} \neq 0$ sein. Je größer $\left(\frac{d\,\alpha_x}{d\,x}\right)_{x=0}$ ist, desto größer ist die Intensität der Raman-Schwingungs-Linie. Während das Dipolmoment und die Änderung des Dipolmoments für homonukleare zweiatomige Moleküle exakt Null sind, verschwinden bei diesen Molekülen Polarisierbarkeit und deren Änderung keineswegs. Allerdings ist $\left(\frac{d\,\alpha_x}{d\,x}\right)_{x=0}$ für Moleküle, die aus nahezu undeformierten

Ionen bestehen, sehr klein. Dagegen ist für Moleküle mit homöopolarer Bindung, bei denen Elektronen zwischen den Kernen die Bindung erzeugen, $(\frac{d\,\alpha_x}{d\,x})_{x=0}$ groß. Das heißt, die Raman-Linien sind sehr stark. Bei diesen Molekülen ist die Infrarotabsorption aber gerade sehr schwach oder fehlt vollständig. Messungen des Raman-Spektrums und des Lichtabsorptions- oder Emissionsspektrums ergänzen sich gegenseitig.

Ob eine Schwingung infrarotaktiv oder/und Raman-aktiv ist oder nicht, läßt sich bei einfachen Molekülen aus Symmetrieüberlegungen bestimmen. Als Beispiel dient das CO_2-Molekül. In Abb. III,41 sind die verschiedenen Schwingungstypen dieses Moleküls angegeben, im unteren Teil der Abbildung ist angedeutet, wie sich die Polarisierbarkeit

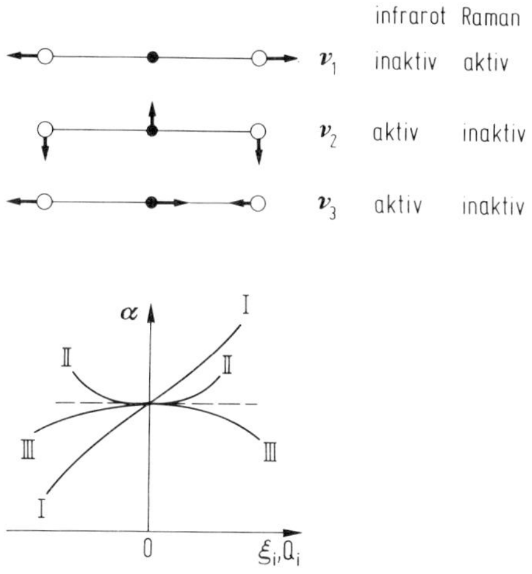

Abb. III, 41. Normalschwingungen des CO_2-Moleküls und Änderung der Polarisierbarkeit α als Funktion der Normalkoordinaten Q_i

für diese Fundamentalschwingungen bei einer Auslenkung aus der Gleichgewichtslage ändert. Bei der symmetrischen Valenzschwingung ν_1 werden die die Bindung bewirkenden Elektronen „komprimiert" und „dilatiert", der Verlauf der Polarisierbarkeit als Funktion der Normalkoordinate Q_1 wird etwa der Kurve I entsprechen, $(\frac{\partial\,\alpha}{\partial\,Q_1})_{Q_1=0}$ ist von Null verschieden: diese Schwingung ν_1 ist Raman-aktiv. Bei der zweifach-entarteten Knickschwingung ν_2 und bei der antisymmetrischen Valenzschwingung ν_3 ist die Änderung der Ladungsdichteverteilung jeweils symmetrisch bei einer Auslenkung der Kerne aus der Gleichgewichtslage. Der Verlauf der Polarisierbarkeit als Funktion der Normalkoordinate Q_i entspricht den Kurven II oder III. Für $Q_i = 0$ ist die Tangente parallel zur Abszisse: $(\frac{\partial\,\alpha}{\partial\,Q_i})_{Q_i=0} = 0$, diese beiden Schwingungen sind Raman-inaktiv.

Für die Möglichkeit der Absorption von Licht ist dagegen das bei der Schwingung entstehende Dipolmoment entscheidend. Das lineare, symmetrische CO_2-Molekül besitzt für die Schwingung ν_1 **kein** Dipolmoment, genauso wie es im Grundzustand kein Dipolmoment besitzt. Dagegen entstehen wegen der Asymmetrie der Auslenkungen bei den beiden Normalschwingungen ν_2 und ν_3 Dipolmomente senkrecht und parallel zur Molekülachse. Diese beiden Normalschwingungen sind daher infrarot-aktiv.

Die Polarisierbarkeit α ist in Wirklichkeit ein Tensor und der Zusammenhang zwischen induziertem Dipolmoment und elektrischer Feldstärke lautet korrekt

$$\begin{aligned} p_x &= \alpha_{xx}\,\mathcal{E}_x + \alpha_{xy}\,\mathcal{E}_y + \alpha_{xz}\,\mathcal{E}_z \\ p_y &= \alpha_{yx}\,\mathcal{E}_x + \alpha_{yy}\,\mathcal{E}_y + \alpha_{yz}\,\mathcal{E}_z \\ p_z &= \alpha_{zx}\,\mathcal{E}_x + \alpha_{zy}\,\mathcal{E}_y + \alpha_{zz}\,\mathcal{E}_z . \end{aligned} \tag{III,110}$$

Die α_{xx}, α_{xy} usw. sind die Komponenten des Polarisierbarkeitstensors. Zweckmäßigerweise werden die x-, y- und z-Achse bezüglich des Moleküls so orientiert, daß alle Elemente außer den Diagonalelementen des Tensors verschwinden, der Tensor also auf Hauptachsen transformiert wird. Längs der Richtung der Hauptachsen haben induziertes Dipolmoment $\boldsymbol{p}$ und elektrische Feldstärke $\mathcal{E}$ die gleiche Richtung

$$p_x = \alpha_{xx}\,\mathcal{E}_x \qquad p_y = \alpha_{yy}\,\mathcal{E}_y \qquad p_z = \alpha_{zz}\,\mathcal{E}_z, \tag{III,111}$$

was sonst im allgemeinen nicht der Fall ist. Die Hauptachsen des Polarisierbarkeitsellipsoids haben die Längen

$$\frac{2}{\sqrt{\alpha_{xx}}}, \frac{2}{\sqrt{\alpha_{yy}}}, \frac{2}{\sqrt{\alpha_{zz}}}.$$

Das Polarisierbarkeitsellipsoid hat die gleiche Symmetrie wie das Molekül. Wenn alle 3 Achsen des Ellipsoids gleich sind, ist die Polarisierbarkeit isotrop. Für ein zweiatomiges Molekül gilt, wenn die Kernverbindungsachse längs der z-Achse gelegt wird, $\alpha_{xx} = \alpha_{yy}$. Das Polarisierbarkeitsellipsoid ist ein Rotationsellipsoid. Gleiches gilt auch für den symmetrischen Kreisel, die Polarisierbarkeit ist anisotrop.

Rotations-Raman-Effekt ist nur möglich, wenn die Polarisierbarkeit anisotrop ist. Für das Methanmolekül ist das Polarisierbarkeitsellipsoid eine Kugel, die Polarisierbarkeit ändert sich nicht bei Rotation, und daher ist für dieses Kugelkreisel-Molekül ein reiner Rotations-Raman-Effekt nicht möglich. Der Vollständigkeit halber sei noch die Auswahlregel für den Rotations-Raman-Effekt ohne nähere Begründung angegeben. Sie ist von der Auswahlregel für Rotationsübergänge bei Absorptions- und Emissionsprozessen verschieden und lautet $\Delta J = 2$.

18. Der anharmonische Oszillator

Wir hatten früher festgestellt, daß der harmonische Oszillator durch eine parabolische Potentialkurve charakterisiert ist (siehe Abb. III,42). Bei ihm nimmt die potentielle Energie V und die rücktreibende Kraft immer weiter zu, wenn der Kernabstand r

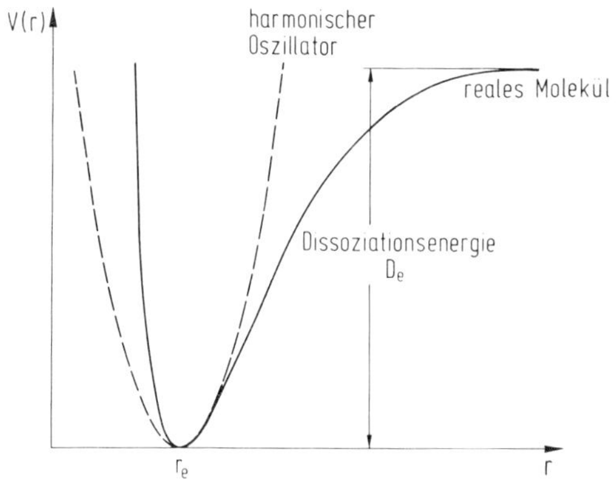

Abb. III, 42. Potentialkurven eines harmonischen und eines anharmonischen Oszillators

gegenüber dem Gleichgewichtsabstand r_e verkleinert oder vergrößert wird. Bei einem realen Molekül sind aber, wenn die beiden Atome, aus denen das Molekül besteht, sehr weit voneinander entfernt werden, die anziehenden Kräfte sicher vernachlässigbar klein. Außerdem hat die potentielle Energie für große Kernabstände einen konstanten Wert, die Dissoziationsenergie D_e. Die Potentialkurve für ein reales Molekül hat also im Bereich dieser Kernabstände nichts mit der für den harmonischen Oszillator gemein. In der Nähe des Gleichgewichtsabstandes r_e unterscheidet sich jedoch die Potentialkurve des Moleküls nur wenig von einer Parabel. Aus diesem Grunde können viele charakteristischen Eigenschaften des Schwingungsspektrums eines Moleküls befriedigend mittels des Modells des harmonischen Oszillators erklärt werden. Hierauf beruht die große Bedeutung dieses Modells.

Eine bessere Annäherung an die in Wirklichkeit vorliegende Potentialkurve wäre zum Beispiel, wenn das quadratische Potential des harmonischen Oszillators durch Glieder höherer Ordnung in $(r - r_e)$ ergänzt wird. Bei einer klassischen Behandlung muß dann mit diesem Potential die Bewegungsgleichung, bei der quantenmechanischen die Schrödingergleichung gelöst werden. Eine breite Anwendung hat jedoch nicht die Darstellung der Potentialkurve durch eine Potenzreihe gefunden, sondern u. a. der Ansatz von Morse. Hierauf wird im nächsten Abschnitt kurz eingegangen.

Zunächst folgen einige qualitative Betrachtungen zum anharmonischen Oszillator.

In der **klassischen Darstellung** ist bei der in Abb. III,42 gezeichneten Potentialkurve für den anharmonischen Oszillator die Aufenthaltswahrscheinlichkeit am rechten flachen Zweig der Potentialkurve größer als in der Nähe des linken, kernnahen Zweiges. Die Bewegung ist nicht mehr einfach eine Sinus-Funktion wie beim harmonischen Oszillator. Wegen der Asymmetrie der Potentialkurve liegt der zeitliche Mittelwert der Schwingung nicht mehr beim Kernabstand r_e für das Potentialminimum.

Um die diskreten Energieniveaus des quantenmechanischen anharmonischen Oszillators wenigstens näherungsweise zu finden, erinnern wir uns, daß beim harmonischen Oszillator der Abstand der Niveaus von der Öffnung des Parabelpotentials abhing, die durch den Wert der Federkonstante F bestimmt ist.

Bei einer offenen Parabel (F klein) liegen die Niveaus sehr dicht beieinander, bei einer sehr steilen Parabel (F groß) ist der energetische Abstand zwischen den Niveaus entsprechend groß.

Betrachtet man die Potentialkurve eines anharmonischen Oszillators stückweise, müssen die Energieniveaus analog mit zunehmender potentieller Energie immer enger werden (Abb. III,43). Die Energieniveaus des anharmonischen Oszillators, also auch eines realen Moleküls, können durch den folgenden Ausdruck angenähert werden

$$E_{\text{vibr}} = \hbar\,\omega_{\text{vibr}}(\text{v} + \tfrac{1}{2}) - \hbar\,x\omega_{\text{vibr}}(\text{v} + \tfrac{1}{2})^2 + \hbar\,y\omega_{\text{vibr}}(\text{v} + \tfrac{1}{2})^3 + \ldots, \qquad \text{(III,112)}$$

wobei gilt $\omega_{\text{vibr}} \gg |x\omega_{\text{vibr}}| \gg |y\omega_{\text{vibr}}|$. Für die Termwerte (in cm^{-1}) ist die Schreibweise üblich

$$G(\text{v}) = \sigma_e(\text{v} + \tfrac{1}{2}) - x_e\sigma_e(\text{v} + \tfrac{1}{2})^2 + y_e\sigma_e(\text{v} + \tfrac{1}{2})^3 + \ldots, \; \sigma_e \gg |x_e\sigma_e| \gg |y_e\sigma_e|. \qquad \text{(III,113)}$$

In fast allen Fällen ist $x_e\sigma_e > 0$; $y_e\sigma_e$ ist immer klein, kann jedoch sowohl positiv als auch negativ sein.

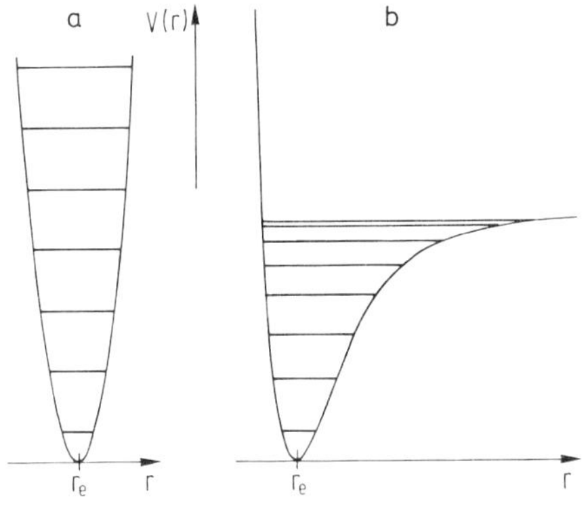

Abb. III, 43. Energieniveaus eines harmonischen (a) und anharmonischen (b) Oszillators

Die Eigenfunktionen des anharmonischen Oszillators werden sich von denen des harmonischen Oszillators nicht sehr unterscheiden: Wegen der größeren Aufenthaltswahrscheinlichkeit am kernfernen Umkehrpunkt wird das kernferne Maximum breiter sein als das kernnahe. Insbesondere ist der Kernabstand für die Lage des Maximums der Eigenfunktion für den Schwingungs-Grundzustand v = 0, der mittlere Kernabstand r_0, nicht mehr mit dem Kernabstand für das Minimum der Potentialkurve, mit dem Gleichgewichts-Kernabstand r_e, identisch. Der mittlere Kernabstand r_0 ist vom Isotop abhängig, während der Gleichgewichtsabstand r_e unabhängig vom Isotop ist. Die Auswahlregel Δ v = ± 1 wird auch hier wenigstens näherungsweise gelten und den intensivsten Übergang geben. Doch jetzt sind auch Übergänge mit Δ v = ± 2, ± 3 erlaubt, jedoch mit schnell abnehmender Intensität.

Das Absorptionsspektrum besteht aus nahezu äquidistanten Linien mit schnell abfallender Intensität, der anharmonische Oszillator besitzt „Obertöne" (höhere harmonische Schwingungen) (Abb. III,44).

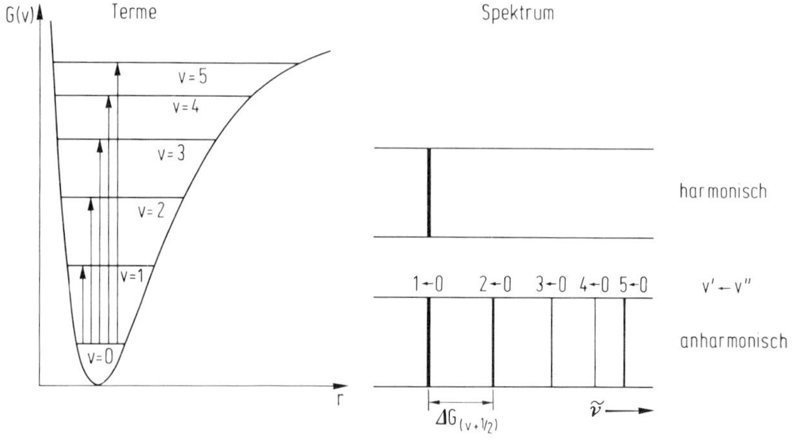

Abb. III, 44. Absorptionsspektrum eines anharmonischen Oszillator-Moleküls, verglichen mit dem eines harmonischen Oszillators. Nur der Schwingungs-Grundzustand ist thermisch besetzt

Wenn man den kubischen Term in Gl. (III,113) vernachlässigt, findet man für den Abstand zweier aufeinanderfolgender Absorptionsbanden

$$\Delta G(\mathrm{v}) = G(\mathrm{v}') - G(\mathrm{v} = \mathrm{v}' - 1) = \sigma_e - 2\,x_e\sigma_e - 2\,x_e\sigma_e\,\mathrm{v} \qquad \text{(III,114)}$$

und für die 2. Differenz

$$\Delta^2\,G = -\,2\,x_e\sigma_e. \qquad \text{(III,115)}$$

Man kann also die Schwingungskonstanten σ_e und $x_e\sigma_e$ aus dem beobachteten Absorptionsspektrum eines 2-atomigen Moleküls bestimmen. Aus der Tabelle der Rotations-Schwingungs-Banden von HCl entnimmt man $x_e\sigma_e = 51{,}6\ \mathrm{cm}^{-1}$. σ_e erhält man zum Beispiel für v = 0 nach (III,114) $\sigma_e = \Delta\,G(0) + 2\,x_e\sigma_e = 2989{,}1\ \mathrm{cm}^{-1}$.

Tab. III, 2. Schwingungsbanden von HCl (nach Herzberg, Spectra of Diatomic Molecules)

v = v' - 1	$\tilde{\nu}$ [cm^{-1}]	$\Delta\,G$ [cm^{-1}]	$\Delta^2 G$ [cm^{-1}]
0	2885,9	2885,9	
1	5668,0	2782,1	- 103,8
2	8346,9	2678,9	- 103,2
3	10923,1	2576,2	- 102,8
4	13396,5	2473,4	- 102,6

19. Das Morse-Potential

Ein geschlossener mathematischer Ausdruck, mit dem die Potentialkurve eines realen Moleküls angenähert werden kann, ist das Morse-Potential

$$V(r) = D_e(1 - e^{-a(r-r_e)})^2 \qquad \text{(III,116)}$$

Dies ist eine Funktion mit den 3 freien Parametern D_e, a und r_e. D_e ist die Dissoziationsenergie, r_e der Gleichgewichtsabstand, entsprechend dem Minimum der Potentialkurve, und a ein Parameter, der noch festzulegen ist, wie aus der anschließenden Diskussion folgt.

Nach Gl. (III,116) geht die Morse-Funktion exponentiell für große Kernabstände r nach D_e, der Dissoziationsenergie. Sie hat ein Minimum bei $r = r_e$ dem Gleichgewichtsabstand und nimmt große positive Werte für $r \to 0$ an, wenn der Parameter a klein gegenüber dem reziproken Gleichgewichtsabstand ist, $a \ll r_e^{-1}$. In Abb. III,45 wird – willkürlich – die potentielle Energie vom Minimum der Potentialkurve aus gezählt. Die experimentell gemessene Dissoziationsenergie D_0 ist daher kleiner als D_e (die vom Potentialminimum aus gerechnet wird), weil noch die Nullpunkts-Schwingungsenergie in Abzug gebracht werden muß.

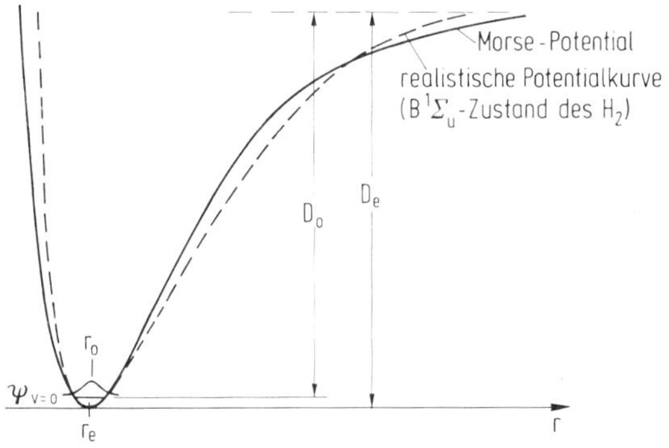

Abb. III, 45. Das Morse-Potential und Vergleich mit einer realistischen Potentialkurve. Für den Schwingungszustand v = 0 ist die Eigenfunktion skizziert. Der Kernabstand des Maximums der Schwingungseigenfunktion wird mit r_0 bezeichnet, der Kernabstand des Minimums der Potentialkurve war r_e

Das Morse-Potential ist eine Näherung, was man daraus ersieht, daß die bei relativ großen Kernabständen stattfindende van-der-Waals-Anziehung, die proportional zu r^{-6} verläuft, durch eine Exponentialfunktion ersetzt ist.

Für $r < r_e$ ergibt sich Abstoßung; entgegen der Wirklichkeit bleibt das Morse-Potential für $r = 0$ endlich.

Der große Vorteil des Morse-Potentials und der Grund, warum es als bessere Näherung statt des harmonischen Oszillators häufig benutzt wird, ist, daß mit dieser Potentialform die Schrödingergleichung fast streng gelöst werden kann. Für die Energieniveaus erhält man

$$E_{\text{vibr}}(\text{v}) = \sqrt{\frac{2 D_e}{\mu}}\, a\, \hbar (\text{v} + \frac{1}{2}) - \frac{a^2 \hbar^2}{2\mu} (\text{v} + \frac{1}{2})^2. \tag{III,117}$$

Vergleicht man mit den Energieniveaus des anharmonischen Oszillators in 1. Näherung

$$E_{\text{vibr}}(\text{v}) = \hbar\, \omega_{\text{vibr}} (\text{v} + \frac{1}{2}) - \hbar x\, \omega_{\text{vibr}} (\text{v} + \frac{1}{2})^2, \tag{III,118}$$

so läßt sich durch Vergleich der Koeffizienten der ersten Terme auf der rechten Seite von Gl. (III,117) und (III,118) der Parameter a bestimmen:

$$a = \sqrt{\frac{\mu}{2 D_e}}\, \omega_{\text{vibr}}, \quad \text{oder, } \tilde{D}_e \text{ und } \sigma_e \text{ in Wellenzahlen, } a = \sigma_e \sqrt{\frac{2\pi^2 \mu c}{\tilde{D}_e \text{h}}}.$$

Durch die 2. Terme ist dann allerdings eine Verknüpfung zwischen der Schwingungskonstanten $x_e \sigma_e$ und der Dissoziationsenergie D_e hergestellt; die beiden Größen sind in dieser Theorie nicht mehr voneinander unabhängig. Es sind nämlich

$$x \omega_{\text{vibr}} = \frac{\hbar}{4 D_e} \omega^2_{\text{vibr}} \quad \text{oder} \quad x_e \sigma_e = \frac{1}{4 \tilde{D}_e} \sigma_e^2 .$$

Da in den meisten Fällen nur die unteren Schwingungsniveaus betrachtet werden, ist es am besten, die experimentell bestimmte Anharmonizitätskorrektur $x_e\ \sigma_e$ zu benutzen, um a in Gl. (III,116) zu berechnen. Allerdings muß man dann unter Umständen eine mit der Erfahrung nicht übereinstimmende Dissoziationsenergie in Kauf nehmen.

Es gibt Elektronenzustände (z. B. der C-Zustand des H_2-Moleküls), deren Potentialkurve sich mit der Morse-Funktion ausgezeichnet beschreiben lassen. Bei anderen Zuständen (z. B. B-Zustand von H_2) würde die Anwendung der Morse-Funktion zu völlig falschen Ergebnissen führen.

20. Der nicht-starre Rotator, Zentrifugalverzerrung

Wir hatten uns ein Modell eines schwingenden zweiatomigen Moleküls gemacht, indem wir uns vorstellen, daß die beiden als Massenpunkte gedachten Kerne durch eine elastische Feder zusammengehalten werden. Ist das Modellmolekül in Ruhe, so befinden sich die beiden Kerne im Gleichgewichtsabstand r_e. Rotiert aber das Molekül, so nimmt wegen der Zentrifugaldehnung der Kernabstand, und damit auch das Trägheitsmoment, mit wachsender Rotationsgeschwindigkeit zu. Der Ausdruck für den Rotationstermwert des starren Rotators

$$F(J) = \frac{E_{\text{rot}}}{h c} = B\, J(J + 1)$$

bedarf also einer von der Rotationsquantenzahl J abhängigen Korrektur, da die Rotationskonstante B das Trägheitsmoment des Moleküls im Gleichgewichtsabstand r_e enthält.

Bei einem rotierenden Molekül stellt sich der Wert für den Kernabstand r ein, bei dem die Zentrifugalkraft gleich der Radialkraft, nämlich der Rückstellkraft durch die Feder in unserem Modell des harmonischen Oszillators ist

$$\mu \omega^2 r = F(r - r_e).$$

Dabei sind μ die reduzierte Masse des Moleküls, ω seine Winkelgeschwindigkeit und F die Kraft- oder Federkonstante. Unter Verwendung des Drehimpulses $L = \mu r^2 \omega$ erhält man für die Kernabstandsänderung

$$r - r_e = \frac{L^2}{\mu r^3 F}. \tag{III,119}$$

Die Gesamtenergie E des nichtstarren Rotators besteht aus der kinetischen Energie $L^2/2I$ und der potentiellen Energie $\frac{1}{2} F(r - r_e)^2$

$$E = \frac{L^2}{2 \mu r_e^2} - \frac{L^2}{\mu r_e^3} (r - r_e) + \frac{1}{2} F(r - r_e)^2 \tag{III,120}$$

Da wir uns nur für Kernabstände r interessieren, die sich sehr wenig vom Gleichgewichtsabstand r_e unterscheiden, wurde die kinetische Energie nach Taylor in der Nähe des Gleichgewichtsabstandes $r = r_e$ entwickelt.

Substitution des Ausdrucks für die Kernabstandsänderung $r - r_e$, Gl. (III,119), führt zu

$$E = \frac{L^2}{2 \mu r_e^2} - \frac{L^4}{2 \mu^2 r_e^6 F}. \tag{III,121}$$

In der Quantenmechanik ist, wie wir früher gesehen haben, das Quadrat des Drehimpulses gemäß $\hbar\sqrt{J(J+1)}$ gequantelt.

Damit erhalten wir für die Energieeigenwerte des nichtstarren Rotators

$$E_{rot} = \frac{\hbar^2}{2 \mu r_e^2} J(J+1) - \frac{\hbar^4}{2 \mu^2 r_e^6 F} J^2(J+1)^2 , \tag{III,122}$$

Transformation zu Termwerten [cm^{-1}] ergibt

$$F(J) = \frac{E_{rot}}{h c} = \frac{\hbar}{4 \pi c I} J(J+1) - \frac{\hbar^3}{4 \pi \mu^2 r_0^6 c F} J^2(J+1)^2. \tag{III,123}$$

oder abgekürzt

$$F(J) = B J(J+1) - D J^2(J+1)^2. \tag{III,124}$$

Die Rotationskonstante D hängt von der Kraftkonstante F und damit von der Schwingungsfrequenz ω_{vibr} ab. Je kleiner ω_{vibr} ist, desto flacher ist die Potentialkurve in der

Umgebung des Minimums und desto größer ist der Einfluß der Zentrifugalverzerrung. Die Kraftkonstante hängt mit der Schwingungsfrequenz zusammen durch $F = \omega_{\text{vibr}}^2 \mu$. Damit folgt für die Rotationskonstante D:

$$D = \frac{4 B^3 (2 \pi c)^2}{\omega_{\text{vibr}}^2} = \frac{4 B^3}{\tilde{\nu}_{\text{vibr}}^2}, \tag{III,125}$$

$\tilde{\nu}_{\text{vibr}}$ ist immer sehr viel größer als B und daher D immer sehr viel kleiner als B.

Die Tatsache, daß in die Rotationskonstante D die Schwingungsfrequenz ω_{vibr} eingeht, zeigt, daß wir es mit einer Wechselwirkung oder Kopplung von Rotation und Schwingung zu tun haben (siehe auch den Abschnitt über den schwingenden Rotator).

Die Auswahlregel $\Delta J = + 1$ gilt auch für den nichtstarren Rotator. Für die Wellenzahlen erlaubter Linien erhalten wir für das **reine** Rotationsspektrum

$$\Delta F = \tilde{\nu}_{\text{rot}} = F(J'' + 1) - F(J'') = 2 B(J'' + 1) - 4 D(J'' + 1)^3. \tag{III,126}$$

Die Linien sind jetzt nicht mehr äquidistant, sondern ihr Abstand nimmt mit zunehmendem J ab. Der Effekt ist klein, da $D \ll B$. Er wird jedoch beobachtet, z. B. bei HCl ist $B = 10{,}395$ und $D = 0{,}0004\ \text{cm}^{-1}$. Wenn die Schwingungsfrequenz ω_{vibr} eines Moleküls nicht bekannt ist, kann sie aus den Werten von D und B, die man dem Rotationsspektrum entnimmt, nach Gl. (III,125) berechnet werden.

Dieser Wert $\tilde{\nu}_{\text{vibr}}$ wird natürlich nicht sehr genau sein, da D ja nur eine Korrektionsgröße ist. Für HCl z. B. erhält man aus B und D $\tilde{\nu}_{\text{vibr}} = 3350\ \text{cm}^{-1}$, während das Schwingungsspektrum $\tilde{\nu}_{\text{vibr}} = 2989{,}74\ \text{cm}^{-1}$ liefert.

21. Der schwingende Rotator

Eine Korrektur des Modells des starren Rotators, die die beim Molekül vorhandene elastische Bindung zwischen den Kernen in Rechnung stellt, haben wir bereits in der Zentrifugaldehnung kennengelernt. Man kann es als einfachste „Rotations-Schwingungs-Wechselwirkung" auffassen. Eine weitere Korrektur ist deswegen erforderlich, weil Rotations- und Schwingungsbewegung gleichzeitig vor sich gehen.

Die Rotationskonstante B war

$$B = \frac{h}{8 \pi^2 c \mu r_e^2},$$

wobei r_e der Gleichgewichtsabstand des starr gedachten Moleküls ist. Tatsächlich befindet sich aber das Molekül nicht dauernd im Gleichgewichtsabstand, sondern schwingt während der Rotation. Die Schwingungsdauer ist von der Größenordnung 10^{-14} sec und damit sehr viel kleiner als die Zeit, die ein Molekül für eine Rotation benötigt (größenordnungsmäßig 10^{-12} sec). Es muß daher mit einem mittleren reziproken Abstand $\langle \frac{1}{r^2} \rangle$ gerechnet werden:

$$\langle \frac{1}{r^2} \rangle_v = \int \psi_v^* \frac{1}{r^2} \psi_v \, dr . \qquad \text{(III,127)}$$

Dieser mittlere reziproke Abstand und damit auch die Rotationskonstante hängen von der Schwingungsquantenzahl v ab:

$$B_v = \frac{h}{8 \pi^2 c \mu} \langle \frac{1}{r^2} \rangle_v . \qquad \text{(III,128)}$$

Bei einem realen Molekül mit einer Potentialkurve wie Abb. III,45 wird B_v mit wachsender Schwingungsquantenzahl v kleiner, denn mit zunehmender Vibration wird wegen der Anharmonizität der mittlere Kernabstand größer.

Die Termwerte des schwingenden Rotators sind also (vgl. Abb. III,46)

$$T = G(v) + F_v(J) = \sigma_e(v + \frac{1}{2}) - \sigma_e x_e(v + \frac{1}{2})^2 + \ldots + B_v J(J+1) - D J^2 (J+1)^2 . \qquad \text{(III,129)}$$

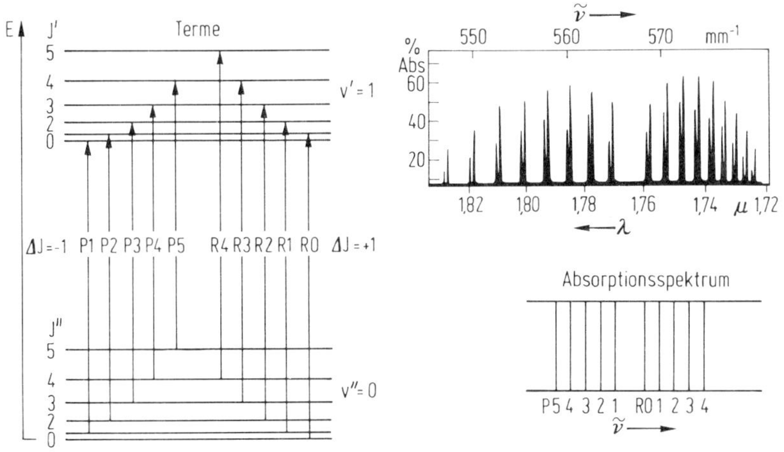

Abb. III, 46. Energieniveaus des schwingenden Rotators und Absorptionsspektrum. Die angedeutete Intensitätsverteilung ist wesentlich durch die thermische Besetzung der Rotationszustände von v'' = 0 bestimmt. Beispiel: Absorptionsspektrum des HCl im Infraroten (Meyer, Levin, Phys. Rev. **34** [1929] 44), 1. Oberschwingung. Die Dublettstruktur der Rotationslinien kommt durch die isotope Zusammensetzung $H^{35}Cl$ und $H^{37}Cl$ zustande

Genaugenommen ist die Zentrifugaldehnung, die durch D berücksichtigt ist, auch vom Schwingungszustand v abhängig. Diese Abhängigkeit ist jedoch klein und kann oft vernachlässigt werden.

Für Übergänge im Rotationsschwingungsspektrum eines zweiatomigen Moleküls gelten natürlich die Auswahlregeln für Schwingungsübergänge Δ v = (±) 1 mit größter Intensität und für Rotationsübergänge $\Delta J = \pm 1$. Für einen speziellen Schwingungsübergang v′ - v″ treten also Linien mit den Wellenzahlen $\tilde{\nu}$ auf

$$\tilde{\nu} = \tilde{\nu}_{00} + B_v'(J' + 1)J' - B_v'' J''(J'' + 1). \qquad \text{(III,130)}$$

$\tilde{\nu}_{00} = G(\text{v}') - G(\text{v}'')$ ist die Wellenzahl des reinen Schwingungsübergangs. Die Auswahlregel führt nun zu zwei Reihen von Rotationslinien; für $\Delta J = J' - J'' = +1$ erhält man für den R-Zweig:

$$\tilde{\nu}_R = \tilde{\nu}_{00} + 2B_v' + (3B_v' - B_v'')J'' + (B_v' - B_v'')J''^2 \qquad J'' = 0, 1, 2 \ldots \qquad \text{(III,131 a)}$$

und für $\Delta J = J' - J'' = -1$ den P-Zweig:

$$\tilde{\nu}_P = \tilde{\nu}_{00} - (B_v' + B_v'')J'' + (B_v' - B_v'')J''^2 \qquad J'' = 1, 2, \ldots \qquad \text{(III,131 b)}$$

Im P-Zweig läuft J'' von 1 an aufwärts, weil es $J' = -1$ nicht gibt. Eine Linie mit $\tilde{\nu} = \tilde{\nu}_{00}$ kommt nicht vor.

Dies gilt, wenn die Elektronen des Moleküls keine Drehimpulskomponente längs der Molekülachse haben, der Elektronengrundzustand also ein $^1\Sigma$-Zustand ist. Das ist auch bei den meisten Molekülen der Fall.

Haben jedoch die Elektronen eine Bahndrehimpulskomponente Λ längs der Kernverbindungsachse, so ist der Gesamtdrehimpuls $\boldsymbol{J}$ nicht mehr identisch mit dem Drehimpuls der reinen Kernrotation $\boldsymbol{R}$ (Abb. III,47). Mit $\boldsymbol{R}$ ist aber keine Quantenzahl verknüpft sondern mit J. Das zweiatomige Molekül verhält sich dann analog wie ein symmetrischer Kreisel. Außerdem sind jetzt Übergänge mit $\Delta J = 0$ erlaubt, weil für $\Lambda \neq 0$ die Kernbewegung eine Komponente in $\boldsymbol{J}$-Richtung hat.

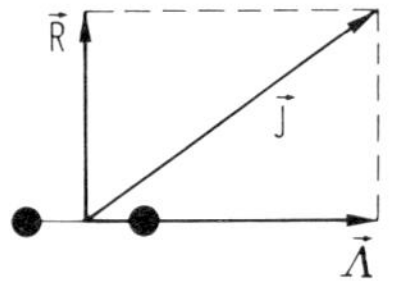

Abb. III, 47. Drehimpuls der reinen Kernrotation R, Gesamtdrehimpuls J und Bahndrehimpulskomponente Λ der Elektronen längs der Kernverbindungsachse eines zweiatomigen Moleküls

22. Elektronenzustände eines zweiatomigen Moleküls

Nachdem bisher die durch Molekülrotation und durch Molekülvibration verursachten Spektren behandelt worden sind, fehlen jetzt noch die Elektronenspektren. Sie kommen durch Übergänge zwischen verschiedenen Elektronenzuständen zustande, wobei wir uns für die Spektren im sichtbaren und ultravioletten Spektralbereich interessieren, für die die äußeren Elektronen verantwortlich sind. Diese Elektronen sind auch für die Bindung im Molekül wichtig. Hierauf wird später noch ausführlich zurückzukommen sein.

Während bei der quantenmechanischen Behandlung der Elektronen in einem Atom ihr Bahndrehimpuls eine wichtige Größe ist, hat dieser bei einem Molekül keine wesentliche Bedeutung mehr. Mit ihm ist keine gute Quantenzahl verbunden. Die Bewegung des Leuchtelektrons in einem Atom erfolgt in einem Zentralfeld und der Bahndrehimpuls $\boldsymbol{l}$ des Elektrons ist zeitlich konstant. In einem zweiatomigen Molekül hingegen hat das Feld Zylindersymmetrie. Daher ist jetzt der Drehimpuls $\boldsymbol{l}$ des Elektrons auf seiner Bahn nicht mehr konstant. Die auf das Elektron gerichteten Kräfte sind auf die Molekülachse gerichtet (Abb. III,48). Das auf das Elektron wirkende Drehmoment relativ zum Molekülmittelpunkt steht senkrecht auf der Kernverbindungsachse. Die

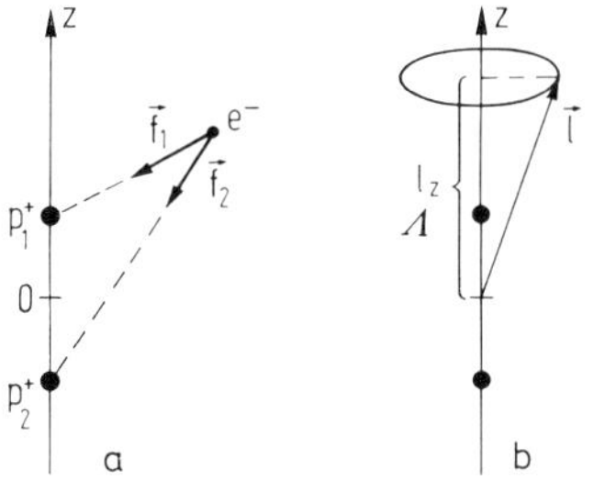

Abb. III, 48. a) Kräfte f auf ein Elektron e^- in einem zweiatomigen Molekül, symbolisiert duch die beiden Protonen p_1^+ und p_2^+
b) Zur Illustration der Quantenzahl Λ

Komponente des Elektronenbahndrehimpulses l_z längs der Kernverbindungsachse ist daher konstant. Wir haben ähnliche Verhältnisse wie bei einem Atom in einem starken elektrischen Feld, wobei das Feld parallel zur Kernverbindungslinie liegt: Es findet Präzession von $\boldsymbol{l}$ um die Feldrichtung statt (Abb. III,48). Die Komponente des Bahndrehimpulses l_z längs der Kernverbindungsachse kann daher die Werte

$$l_z = m_l \hbar \qquad m_l = 0, \pm 1, \pm 2, \ldots \pm l$$

annehmen. Das Vorzeichen von m_l bestimmt den Drehsinn um die z-Achse, die Elektronenenergie ist aber *unabhängig* von diesem Vorzeichen. Bei Molekülen verwendet man die Quantenzahl λ bzw. $\Lambda = |m_l|$ für die Komponente des Bahndrehimpulses längs der Kernverbindungsachse. Den kleinen Buchstaben λ verwendet man, wenn man den Zustand eines einzelnen Elektrons beschreiben will, den großen Buchstaben Λ für den Gesamtzustand, der mehrere Elektronen enthalten kann. Alle Zustände mit $\Lambda \neq 0$ sind zweifach entartet. Die Elektronenzustände eines zweiatomigen Moleküls mit $\Lambda = 0, 1, 2, 3 \ldots$ werden mit $\Sigma, \Pi, \Delta, \Phi \ldots$ bezeichnet, entsprechend den S, P, D, F ...-Zuständen eines Atoms. Wir haben diese Termsymbole schon einige Male benutzt. Die Multiplizität wird links oben an das Symbol geschrieben.

23. Potentialkurven zweiatomiger Moleküle

Die Energie eines Moleküls setzt sich aus der potentiellen und kinetischen Energie seiner Elektronen und der potentiellen und kinetischen Energie der Kerne zusammen. Zunächst nehmen wir an, daß sich die Kerne in Ruhe befinden. Die Elektronenenergie hängt von der Gestalt des von den Kernen erzeugten elektrischen Feldes ab. Zu jedem Kernabstand gehört ein bestimmter Wert der Elektronenenergie. Die Abhängigkeit der

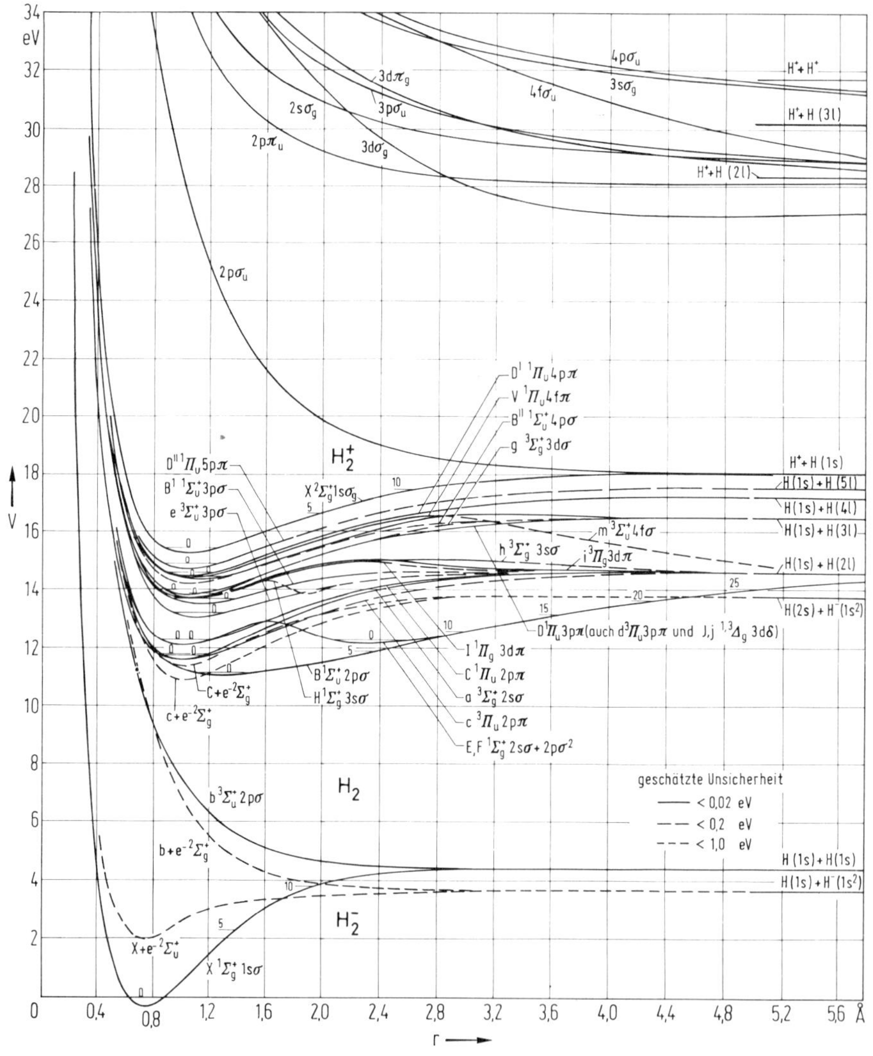

Abb. III, 49. Potentialkurven des Wasserstoffmoleküls und seiner Ionen H_2^+ und H_2^- (Sharp, Atomic Data **2** [1971] 119)

Elektronenenergie vom Kernabstand wird für verschiedene Elektronenkonfigurationen, also für verschiedene Elektronenzustände, verschieden sein.

Wir lassen jetzt Schwingungen der Kerne zu. Da die Elektronen viel leichter als die Kerne sind, ist ihre Geschwindigkeit viel größer als die der Kerne. Die Elektronen werden daher die kinetische und potentielle Energie annehmen, die dem momentanen Kernabstand entspricht. Wenn die Lage der Kerne geändert wird, muß daher nicht nur Arbeit gegen die Coulomb-Wechselwirkung zwischen den Kernen geleistet, sondern auch die totale Elektronenenergie geändert werden. Die Coulomb-Energie der Kerne zusammen mit der Elektronenenergie stellen also die potentielle Energie dar, unter deren Wirkung das Molekül schwingt.

Die Kurven, die die Abhängigkeit dieser „effektiven" potentiellen Energie der Kerne vom Kernabstand beschreiben, heißen **Potentialkurven**. Jeder Elektronenzustand ist charakterisiert durch eine bestimmte Potentialkurve. Wenn die Potentialkurve für einen Elektronenzustand ein Minimum besitzt, ist in diesem Zustand das Molekül stabil. Wenn kein Minimum vorhanden ist, nennt man den Molekülzustand instabil. Beispiele von Potentialkurven zeigt die Abb. III,49.

24. Born-Oppenheimer-Theorem

Die im vorherigen Abschnitt qualitativ plausibel gemachte Trennung von Elektronen- und Kernbewegung, die auf eine Separierung der Eigenfunktionen für die Elektronen und für die Kerne hinausläuft, wird jetzt einer genaueren Prüfung unterzogen. Weil die Elektronen sich so schnell bewegen, befinden sich für diese die Kerne in erster Näherung in Ruhe, und für die Betrachtung der Elektronenbewegung spielen die Kernkoordinaten nur die Rolle von Parametern. Formal wird die Trennung von Elektronen- und Kernbewegung folgendermaßen ausgeführt:

Die Lagen der Kerne mit der Masse M_i werden durch die Ortsvektoren $\boldsymbol{R}_i$, die der Elektronen (Masse m) durch $\boldsymbol{r}_j$ gekennzeichnet. Die potentielle Energie $V(\boldsymbol{R}_i, \boldsymbol{r}_j)$ kommt durch die elektrostatische Wechselwirkung aller geladenen Partikel zustande und hängt von den gegenseitigen Abständen der Elektronen und Kerne ab. Für ein zweiatomiges Molekül mit zwei Elektronen hat man z. B.

$$V_{2,2} = e^2 \left(\frac{1}{|\boldsymbol{R}_1 - \boldsymbol{R}_2|} + \frac{1}{|\boldsymbol{r}_1 - \boldsymbol{r}_2|} - \frac{1}{|\boldsymbol{R}_1 - \boldsymbol{r}_1|} - \frac{1}{|\boldsymbol{R}_1 - \boldsymbol{r}_2|} - \frac{1}{|\boldsymbol{R}_2 - \boldsymbol{r}_1|} - \frac{1}{|\boldsymbol{R}_2 - \boldsymbol{r}_2|} \right). \quad \text{(III,132)}$$

Die zeitunabhängige Schrödinger-Gleichung lautet für ein Molekül

$$\left[- \sum_i \frac{\hbar^2}{2 M_i} \Delta_i - \frac{\hbar^2}{2 m} \sum_j \Delta_j + V(\boldsymbol{R}_i, \boldsymbol{r}_j) \right] \Psi(\boldsymbol{R}_i, \boldsymbol{r}_j) = E\, \Psi(\boldsymbol{R}_i, \boldsymbol{r}_j). \quad \text{(III,133)}$$

Δ_i ist der Laplace-Operator, angewandt auf die Koordinaten des Kernes i, und Δ_j der entsprechende Operator, angewandt auf die Koordinaten des Elektrons j. E ist die Gesamtenergie.

Die erste Näherung, die Born und Oppenheimer einführten, war, in der exakten Schrödinger-Gleichung den Operator der kinetischen Energie der Kerne Δ_i wegzulassen. Physikalisch heißt das, die Schrödinger-Gleichung wird für Elektronen gelöst, die sich im Feld festgehaltener Kerne bewegen. Die vereinfachte Schrödinger-Gleichung lautet jetzt:

$$\left[- \frac{\hbar^2}{2 m} \sum_j \Delta_j + V(\boldsymbol{R}_i, \boldsymbol{r}_j) \right] \psi_{el}(\boldsymbol{R}_i, \boldsymbol{r}_j) = E_{el}(\boldsymbol{R}_i)\, \psi_{el}(\boldsymbol{R}_i, \boldsymbol{r}_j). \quad \text{(III,134)}$$

Die „Elektronenwellenfunktion" $\psi_{el}(\boldsymbol{R}_i, \boldsymbol{r}_j)$ hängt von der Lage der Kerne als Parameter ab, ebenso die „Elektronenenergie" $E_{el}(\boldsymbol{R}_i)$; $\psi_{el}(\boldsymbol{R}_i, \boldsymbol{r}_j)$ und $\Psi(\boldsymbol{R}_i, \boldsymbol{r}_j)$ sind verschiedene Funktionen, weil sie Lösungen zweier verschiedener Differentialgleichungen sind.

Bei einem zweiatomigen Molekül hängen die Elektroneneigenwerte E_{el} nur vom Abstand der beiden Kerne voneinander, nicht von der Orientierung der Kerne im Raum ab. Daher kann bei zweiatomigen Molekülen $E_{el}(R)$ statt $E_{el}(\boldsymbol{R}_i)$ geschrieben werden.

Wir folgen Born und Oppenheimer weiter und benutzen jetzt die von den relativen Kernlagen abhängigen Elektronenenergien $E_{el}(\boldsymbol{R}_i)$ als potentielle Energie für die Kernbewegung. Wir schreiben also

$$\left[-\sum_i \frac{\hbar^2}{2M_i}\Delta_i + E_{el}(\boldsymbol{R}_i)\right]\psi_{Kern}(\boldsymbol{R}_i) = E\,\psi_{Kern}(\boldsymbol{R}_i). \qquad \text{(III,135)}$$

Die Wellenfunktion $\psi_{Kern}(\boldsymbol{R}_i)$ hängt nur von den Kernkoordinaten ab. Die Energie E ist nun von keinem Parameter mehr abhängig. Wenn nun die beiden Differentialgleichungen, eine für die Elektronenbewegung und eine für die Kernbewegung, gelöst worden sind, dann besagt das Born-Oppenheimer-Theorem, daß E in Gl. (III,135) eine gute Näherung für die exakte Schrödinger-Gleichung ist, und daß man in guter Näherung für die Wellenfunktion $\Psi(\boldsymbol{R}_i, \boldsymbol{r}_j)$ das Produkt

$$\Psi(\boldsymbol{R}_i, \boldsymbol{r}_j) = \psi_{el}(\boldsymbol{R}_i, \boldsymbol{r}_j)\,\psi_{Kern}(\boldsymbol{R}_i) \qquad \text{(III,136)}$$

schreiben kann.

Zur Prüfung des Born-Oppenheimer-Theorems gehen wir davon aus, daß wir geeignete Funktionen $\psi_{el}(\boldsymbol{R}_i, \boldsymbol{r}_j)$ und $\psi_{Kern}(\boldsymbol{R}_i)$ gefunden haben. Den Produktansatz führen wir in die exakte Schrödinger-Gleichung Gl. (III,133) ein. Der Einfachheit halber wird die Rechnung nur eindimensional durchgeführt. Der Produktansatz

$$\Psi(X_i, x_j) = \psi_{el}(X_i, x_j)\,\psi_{Kern}(X_i) \qquad \text{(III,137)}$$

wird in die ursprüngliche Schrödinger-Gleichung substituiert, die dann lautet

$$\begin{aligned}&-\frac{\hbar^2}{2M_i}\frac{\partial^2}{\partial X_i^2}\psi_{el}(X_i, x_j)\,\psi_{Kern}(X_i) - \frac{\hbar^2}{2m}\frac{\partial^2}{\partial x_j^2}\psi_{el}(X_i, x_j)\,\psi_{Kern}(X_i)\\ &+ V(X_i, x_j)\,\psi_{el}(X_i, x_j)\,\psi_{Kern}(X_i) = E\,\psi_{el}(X_i, x_j)\,\psi_{Kern}(X_i).\end{aligned} \qquad \text{(III,138)}$$

Die Kerneigenfunktion ψ_{Kern} hängt von den Elektronenkoordinaten x_j nicht ab, Gl. (III,138) kann also geschrieben werden:

$$\begin{aligned}&-\frac{\hbar^2}{2M_i}\left\{\psi_{Kern}\frac{\partial^2}{\partial X_i^2}\psi_{el} + \psi_{el}\frac{\partial^2}{\partial X_i^2}\psi_{Kern} + 2\frac{\partial}{\partial X_i}\psi_{Kern}\frac{\partial}{\partial X_i}\psi_{el}\right\}\\ &+ \psi_{Kern}\left\{-\frac{\hbar^2}{2m}\frac{\partial^2}{\partial x_j^2}\psi_{el} + V\,\psi_{el}\right\} = E\,\psi_{el}\,\psi_{Kern}.\end{aligned} \qquad \text{(III,139)}$$

Nach Gl. (III,134) erfüllt aber die Elektroneneigenfunktion $\psi_{el}(X_i, x_j)$ die Differentialgleichung

$$-\frac{\hbar^2}{2m}\frac{\partial^2}{\partial x_j^2}\psi_{el} + V\,\psi_{el} = E_{el}\,\psi_{el}, \qquad \text{(III,134)}$$

so daß wir statt Gl. (III,139) schreiben können

$$\begin{aligned}&-\frac{\hbar^2}{2M_i}\left\{\psi_{Kern}\frac{\partial^2}{\partial X_i^2}\psi_{el} + 2\frac{\partial}{\partial X_i}\psi_{Kern}\frac{\partial}{\partial X_i}\psi_{el}\right\} - \frac{\hbar^2}{2M_i}\psi_{el}\frac{\partial^2}{\partial X_i^2}\psi_{Kern}\\ &+ \psi_{Kern}\,E_{el}\,\psi_{el} = E\,\psi_{el}\,\psi_{Kern}.\end{aligned} \qquad \text{(III,140)}$$

Für die Kerneigenfunktion ψ_{Kern} soll schließlich die Differentialgleichung gelten

$$-\frac{\hbar^2}{2M_i}\frac{\partial^2}{\partial X_i^2}\psi_{\text{Kern}} + E_{\text{el}}\,\psi_{\text{Kern}} = E\,\psi_{\text{Kern}}. \qquad \text{(III,135)}$$

Durch Vergleich der letzten beiden Gleichungen (III,135) und (III,140) erkennt man, daß der Produktansatz Gl. (III,137) nach Born und Oppenheimer die exakte Differentialgleichung (III,138) für das Molekül nur dann erfüllt, wenn der Term

$$-\frac{\hbar^2}{2M_i}\left\{\psi_{\text{Kern}}\frac{\partial^2}{\partial X_i^2}\psi_{\text{el}} + 2\frac{\partial}{\partial X_i}\psi_{\text{Kern}}\frac{\partial}{\partial X_i}\psi_{\text{el}}\right\} \qquad \text{(III,141)}$$

vernachlässigbar klein ist.

Auf den ersten Blick kann man sagen, daß der Term (III,141) sicher klein sein wird, wenn $\frac{\partial^2}{\partial X_i^2}\psi_{\text{el}}$ und $\frac{\partial}{\partial X_i}\psi_{\text{el}}$ klein sind, wenn also die Funktion $\psi_{\text{el}}(X_i, x_j)$ nur wenig mit den Kernkoordinaten X_i variiert.

Die Differentialgleichung (III,135) kann für die Kernbewegung in sphärischen Polarkoodinaten separiert werden. Als weitere Näherung kann die Kerneigenfunktion als Produkt aus Schwingungsfunktion ψ_{vibr} und Rotationseigenfunktion ψ_{rot}, z. B. für ein zweiatomiges Molekül

$$\psi_{\text{Kern}}(R, \vartheta, \varphi) = \frac{1}{R}\,\psi_{\text{vibr}}(R)\,\psi_{\text{rot}}(\vartheta, \varphi) \qquad \text{(III,142)}$$

geschrieben werden. Man kann nun die Bedingung für die Anwendbarkeit der Born-Oppenheimer-Näherung bei einem zweiatomigen Molekül vereinfacht so ausdrücken: Eine Zerlegung von Schwingung und Elektronenbewegung ist um so besser möglich, je schwächer die Abhängigkeit der Elektroneneigenfunktion $\psi_{\text{el}}(R, r_j)$ von Kernabstand R verglichen mit der Abhängigkeit der Schwingungseigenfunktion ψ_{vibr} vom Kernabstand R ist. Nur bei Gültigkeit der Born-Oppenheimer-Näherung ist es gerechtfertigt, die kinetische und potentielle Elektronenenergie E als Potentialfunktion $E(R)$ für die Kernschwingung zu verwenden. Wie schon erwähnt, ist für den Zusammenhalt des Moleküls, für die Bindung, der Verlauf der Energie $E(R)$ der Elektronenhülle maßgebend.

Wir haben aus dem Bisherigen gelernt, daß die Gesamteigenfunktion eines Moleküls Ψ als Produkt der Wellenfunktionen für Elektronenbewegung, Schwingung und Rotation

$$\Psi = \frac{1}{R}\,\psi_{\text{el}}\,\psi_{\text{vibr}}\,\psi_{\text{rot}} \qquad \text{(III,143)}$$

geschrieben werden. Außerdem kann in gleicher Näherung die Gesamtenergie aus Elektronenanregung, Schwingung und Rotation zusammengesetzt werden:

$$E = E_{\text{el}} + E_{\text{vibr}} + E_{\text{rot}}\,, \qquad \text{(III,144a)}$$

für die Termwerte [cm^{-1}] gilt entsprechend

$$T = T_e + G + F. \qquad \text{(III,144b)}$$

In höherer Näherung kann der als klein angenommene Term (III,141) nicht vernachlässigt werden. Das Konzept der Potentialkurven $E(R)$ für einen Elektronenzustand eines zweiatomigen Moleküls wird dann weniger gut, und Elektronenzustände sind dann nicht mehr richtig definiert.

25. Schwingungsstruktur eines Elektronenbandensystems

Ein Elektronenbandensystem stellt mit seinen vielen Linien im allgemeinen eine Bande mit einer komplizierten Struktur dar. Dies gilt oft sogar auch dann noch, wenn die Rotationsstruktur wie in diesem Abschnitt unberücksichtigt bleibt. Jeder Elektronenzustand besitzt seine eigene für ihn charakteristische Potentialkurve. Deren Form bestimmt wiederum die Lage der Schwingungsniveaus, also die Schwingungskonstanten $\sigma_e, x_e\sigma_e, y_e\sigma_e$.

In einem Absorptionsspektrum sind die Verhältnisse übersichtlicher als in einem Emissionsspektrum. Bei den meisten Molekülen ist bei Zimmer-Temperatur nur merklich der Schwingungsgrundzustand $v'' = 0$ besetzt, so daß Übergänge nur von diesen ausgehen können. Es treten also im Absorptionsspektrum nur „Schwingungsbanden" (tatsächlich Rotationsschwingungsbanden, siehe Abschnitt 27) auf, deren Abstände charakteristisch für die Schwingungszustände der angeregten Elektronenzustände sind. Die Wellenzahlen der „Schwingungsbanden" sind

$$\tilde{\nu} = T'_e - (\frac{1}{2}\sigma''_e - \frac{1}{4}x''_e\sigma''_e) + \sigma'_e(v' + \frac{1}{2}) - x'_e\sigma'_e(v' + \frac{1}{2})^2, \qquad \text{(III,145)}$$

wenn die Anharmonizität in erster Näherung berücksichtigt wird (Abb. III,50). Diese möglichen Linien treten nicht alle mit gleicher Intensität auf; manche Schwingungs-

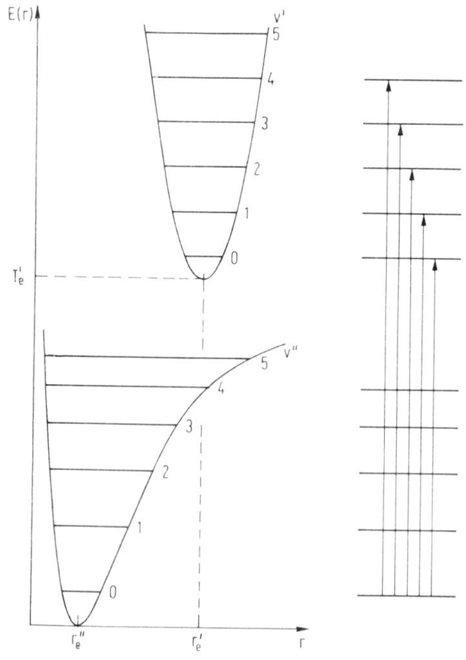

Abb. III, 50. Schwingungsstruktur eines Elektronenbandensystems, schematisch banden können eine so geringe Intensität haben, daß sie praktisch nicht beobachtbar sind. Jedoch gibt es für die Schwingungsquantenzahlen v′ und v″ bei Übergängen zwischen verschiedenen Elektronenzuständen eines Moleküls keine so einfachen Auswahlregeln in der Weise, daß gewisse Werte der Differenz v′ – v″ erlaubt oder verboten sind. Vielmehr richten sich die Intensitäten der Schwingungsübergänge nach dem **Franck-Condon-Prinzip**.

26. Intensitäten in einem Elektronenbandensystem

(Franck-Condon-Prinzip)

Drei typische Intensitätsverteilungen für die Rotationsschwingungsbanden einer Elektronensprungbande sind in der Abb. III,51 dargestellt; sie sind folgendermaßen charakterisiert:

a) Die erste Bande ist sehr intensiv, bei den nächsten Banden nimmt die Intensität schnell ab (Beispiel: Sauerstoff, atmosphärische Bande).

b) Mit wachsender Schwingungsquantenzahl v′ nimmt die Intensität zunächst zu, erreicht ein Maximum und nimmt dann ab (Beispiele gibt es bei vielen Molekülen, z. B. Lyman- und Werner-Banden bei H_2).

c) Es tritt eine lange Progression von Schwingungslinien auf, deren Intensitäten allmählich zunehmen, das Maximum liegt im Kontinuum (Beispiele sind die Schuman-Runge-Banden einschließlich des Kontinuums des Sauerstoffs).

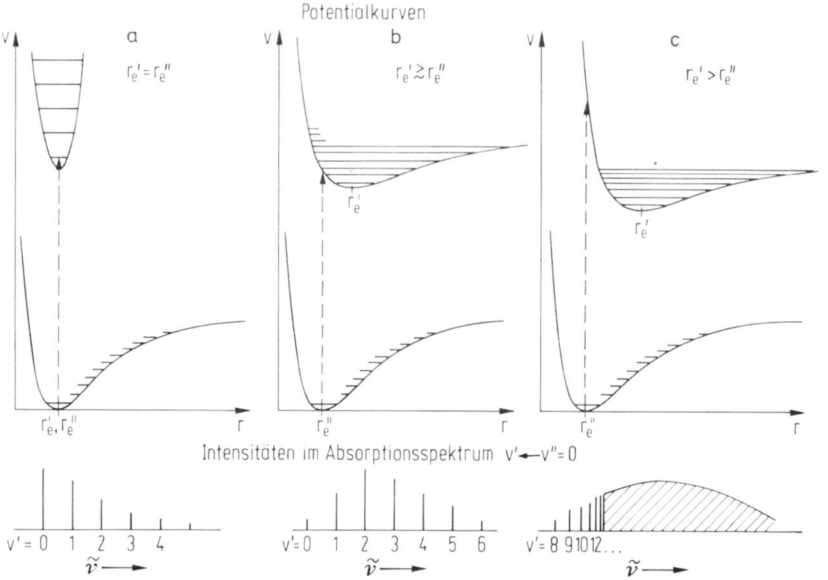

Abb. III, 51. a)–c) Intensitäten der Rotationsschwingungsbanden innerhalb eines Elektronenbandensystems (unten) in Abhängigkeit von der relativen Lage der Potentialkurven (oben) der beiden Elektronenzustände

Die verschiedenen Intensitätsverteilungen können nach dem Franck-Condon-Prinzip verstanden werden. Die klassische Formulierung stammt von Franck: Der Elektronensprung erfolgt, verglichen mit der Schwingungsbewegung der Kerne, so schnell, daß vor und nach dem Elektronensprung die Kerne dieselbe Lage und dieselbe Geschwindigkeit besitzen.

Die quantenmechanische Formulierung des Prinzips gab Condon. Die Wahrscheinlichkeit dafür, daß in einem Molekül ein Übergang vom Grundzustand Ψ'' zu einem angeregten Zustand Ψ' stattfindet, ist proportional dem Quadrat des Übergangsmoments $|\mathfrak{R}|^2$ mit

$$\mathfrak{R} = \int \Psi'^* \left(\sum_n e\vec{r}_n\right) \Psi'' \, d\tau. \qquad \text{(III,146)}$$

$\vec{r}_n$ sind die Ortsvektoren der Elektronen und der Kerne. $d\tau$ ist das Volumenelement aller Koordinaten.

Im folgenden beschränken wir uns auf zweiatomige Moleküle, wenden das Born-Oppenheimer-Theorem an und schreiben für die Wellenfunktion des Moleküls

$$\Psi = \psi_{el}(r, \vec{r}_j)\, \psi_v(r). \qquad \text{(III,147)}$$

Die Molekülrotation haben wir außer acht gelassen. $\vec{r}_j$ ist der Ortsvektor der Elektronen, r der Kernabstand und $\psi_v(r)$ die Schwingungseigenfunktion mit der Quantenzahl v. Die Elektroneneigenfunktion ψ_{el} enthält den Kernabstand r als Parameter!

Dann wird aus dem Übergangsmoment

$$\begin{aligned}\mathfrak{R} = &\int\int \psi'^*_{el}(r, \vec{r}_j)\, \psi'_v(r) \left(\sum_j e\vec{r}_j\right) \psi''_{el}(r, \vec{r}_j)\, \psi''_v(r)\, d\vec{r}_j\, dr + \\ &+ \int\int \psi'^*_{el}(r, \vec{r}_j)\, \psi'_v(r)\, e\, r\, \psi''_{el}(r, \vec{r}_j)\, \psi''_v(r)\, d\vec{r}_j\, dr.\end{aligned} \qquad \text{(III,148)}$$

Für den 2. Term von Gl. (III,148) kann man schreiben

$$\int \psi'_v(r)\, e\vec{r}\, \psi''_v(r)\, dr \int \psi'^*_{el}(r, \vec{r}_j)\, \psi''_{el}(r, \vec{r}_j)\, d\vec{r}_j.$$

Die Elektroneneigenfunktionen sind orthogonal, also verschwindet in diesem Term das Integral über die Elektronenkoordinaten $\vec{r}_j$ und mithin der ganze Term. Es verbleibt also nur noch

$$\mathfrak{R} = \int \psi'_v(r)\, \psi''_v(r)\, dr \int \psi'^*_{el}(r, \vec{r}_j) \left(\sum_j e\vec{r}_j\right) \psi''_{el}(r, \vec{r}_j)\, d\vec{r}_j.$$

Das Integral über die Elektronenkoordinaten $\vec{r}_j$ liefert das Elektronenübergangsmoment

$$\mathfrak{R}_{el}(r) = \int \psi'^*_{el}(r, \vec{r}_j) \left(\sum_j e\vec{r}_j\right) \psi''_{el}(r, \vec{r}_j)\, d\vec{r}_j\,, \qquad \text{(III,149)}$$

welches aber vom Kernabstand abhängt. Damit ergibt sich aus Gl. (III,148) für das Quadrat des Übergangsmoments

$$|\mathfrak{R}|^2 = \left|\int \psi'_v(r)\, \mathfrak{R}_{el}(r)\, \psi''_v(r)\, dr\right|^2 = p_{v'v''}\,. \qquad \text{(III,150)}$$

$p_{v'v''}$ heißt Bandenstärke. Nimmt man an, daß das Elektronenübergangsmoment nur sehr schwach vom Kernabstand r abhängt, kann $\mathfrak{R}_{el}(r)$ durch einen mittleren Wert $\overline{\mathfrak{R}}_{el}$ ersetzt und vor das Integral gezogen werden. In dieser Näherung wird

$$p_{v'v''} = |\overline{\mathfrak{R}}_{el}|^2 \, |\int \psi_{v'}(r) \, \psi''_v(r) \, \mathrm{d}\, r|^2 = |\overline{\mathfrak{R}}_{el}|^2 \, q_{v'v''}. \tag{III,151}$$

Hierin ist

$$q_{v'v''} = |\int \psi'_v(r) \, \psi''_v(r) \, \mathrm{d}\, r|^2 \tag{III,152}$$

das Quadrat des Überlappungsintegrals und wird Franck-Condon-Faktor genannt. Überlappungsintegral heißt dieses Integral deswegen, weil es dann große Werte annimmt, wenn die beiden Funktionen $\psi'_v(r)$ und $\psi''_v(r)$ für gleiche Kernabstände r gleichzeitig große Werte annehmen, wenn sie sich also möglichst gut „überlappen" (Abb. III,52).

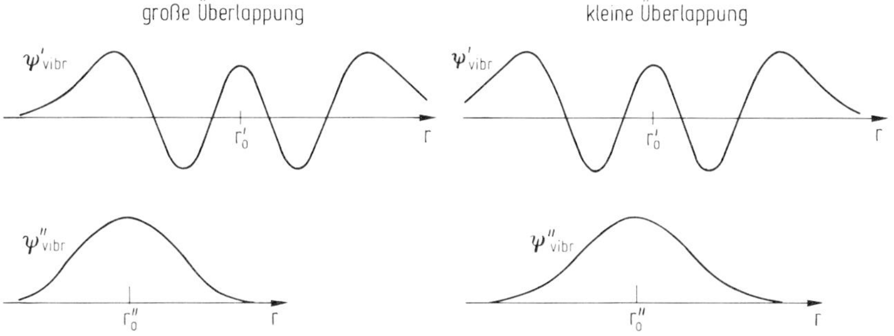

Abb. III, 52. Zur Interpretation des Überlappungsintegrals (Franck-Condon-Faktor)

Wir können jetzt die in Abb. III,51 (a), (b) und (c) gezeigten Intensitätsverteilungen verstehen. Die betrachteten Anregungsprozesse finden alle vom untersten Schwingungsniveau $v'' = 0$ des Elektronengrundzustandes statt. Die zugehörige Schwingungseigenfunktion ψ''_v besitzt ein Maximum bei $r = r_0$. Übergänge werden mit besonders hoher Intensität stattfinden, wenn die Schwingungseigenfunktion des angeregten Elektronenzustandes für Kernabstände $r \approx r''_0$ groß ist. Das ist der Fall in Abb. III,51 (a) für das unterste Schwingungsniveau $v'' = 0$, denn hier ist $r''_0 \approx r'_0$, die Minima der beiden Potentialkurven liegen nahezu bei gleichen Kernabständen. Das heißt, die Bandenstärke für den Übergang $v' = 0 - v'' = 0$ wird maximal sein.

Bei den höheren Schwingungsniveaus spielen die Maxima der Schwingungseigenfunktion in der Nähe der klassischen Umkehrpunkte, also nahe der kernnahen und kernfernen Zweige der Potentialkurve die entscheidende Rolle. In Abb. III,51 (b) und (c) tritt demzufolge bei der Schwingungsbande v'', deren Niveaulinie den kernnahen Ast der Potentialkurve in der Nähe des Kernabstandes $r = r''_0$ schneidet, maximale Übergangswahrscheinlichkeit im Spektrum auf.

Die Potentialkurve des oberen Zustandes im dritten gezeichneten Fall (c) liegt so weit rechts, daß der Franck-Condon-Bereich auch einen Teil der kontinuierlichen Zustände oberhalb der Dissoziationsgrenze erfaßt. Wie das darunter gezeichnete schematische Spektrum zeigt, schließt sich in diesem Fall an die v′-Progression ein Dissoziationskontinuum an, bei dem das Molekül – nachdem es in den oberen Zustand gebracht wurde – in die getrennten Atome zerfällt.

Bei Emissionsprozessen sind die Verhältnisse meist komplizierter. Im allgemeinen sind viele Schwingungsniveaus v′ besetzt und die Verteilung der Moleküle auf die angeregten Schwingungszustände ist nicht bekannt. Wir nehmen an, daß die höheren Schwingungszustände gleichmäßig besetzt sind. Betrachtet man die Intensitäten aller auftretenden v′, v″-Übergänge, so liegen die intensivsten in der Nähe einer Parabel, der Franck-Condon-Parabel. Das heißt, zu jedem vorkommenden v′-Niveau gibt es zwei v″-Niveaus, zu denen intensitätsstarke Übergänge stattfinden. Der Grund hierfür liegt darin, daß die angeregten Schwingungsniveaus zwei Umkehrpunkte haben, von denen aus senkrechte Übergänge zu im allgemeinen verschiedenen v″-Niveaus stattfinden können. Die stärksten Linien liegen der Franck-Condon-Parabel am nächsten.

v′/v″	0	1	2	3	4	5
0	4.004- 1	3.303- 1	1.659- 1	6.667- 2	2.382- 2	7.974- 3
1	3.985- 1	2.870- 3	1.592- 1	1.964- 1	1.301- 1	6.543- 2
2	1.614- 1	2.744- 1	6.881- 2	2.203- 2	1.246- 1	1.427- 1
3	3.425- 2	2.765- 1	9.561- 2	1.516- 1	5.161- 3	4.233- 2
4	4.087- 3	9.696- 2	2.968- 1	7.481- 3	1.509- 1	5.122- 2
5	2.737- 4	1.638- 2	1.689- 1	2.426- 1	1.053- 2	9.513- 2
6	1.028- 5	1.433- 3	3.907- 2	2.296- 1	1.559- 1	5.812- 2
7	2.213- 7	6.402- 5	4.331- 3	7.186- 2	2.653- 1	7.415- 2
8	9.797-13	1.401- 6	2.325- 4	9.923- 3	1.121- 1	2.709- 1
9	2.026-10	5.104- 9	5.580- 6	6.295- 4	1.905- 2	1.556- 1
10	6.572-10	3.032-10	2.895- 8	1.670- 5	1.421- 3	3.244- 2
11	4.738-11	4.918-10	6.866-10	1.210- 7	4.316- 5	2.833- 3
12	1.141-10	6.939-11	1.103- 9	2.933-11	4.082- 7	9.778- 5
13	1.229-10	2.991-11	2.949-12	1.422- 9	8.494-10	9.405- 7
14	1.121-12	1.805-10	2.429-10	7.036-11	1.852-12	5.403-10
15	3.165-11	9.859-11	1.226-10	9.347-10	1.492-10	5.474-10
16	1.815-11	1.289-12	6.591-11	6.938-10	2.368-10	6.531-11
17	1.168-13	6.422-11	2.198-11	1.035-11	1.086- 9	3.629-11

Abb. III, 53. Berechnete Franck-Condon-faktoren und die Franck-Condon-Parabel für das erste positive Bandensystem des N_2-Moleküls (nach Halmann und Laulicht, J. Chem. Phys. **46** [1967] 2684). Auf der Franck-Condon-Parabel liegen die jeweils größten Franck-Condon-Faktoren jeder v″-Spalte

Nicht immer ist die Annahme erfüllt, daß das Elektronenübergangsmoment $\Re_{el}$ nicht oder nur sehr schwach vom Kernabstand r abhängt. Besonders gut sind in dieser Hinsicht die Lyman-Banden des Wasserstoffmoleküls erforscht. Die Abb. III,54 zeigt die Abhängigkeit des Elektronenübergangsmoments wie sie von Browne und Wolniewicz berechnet wurde. In der Nähe des Gleichgewichtsabstandes des Grundzustandes, $r_e = 0{,}75$ Å, ist die Abhängigkeit $\Re_{el}(r)$ sehr stark und bei $r = 1{,}6$ Å befindet sich ein Maximum.

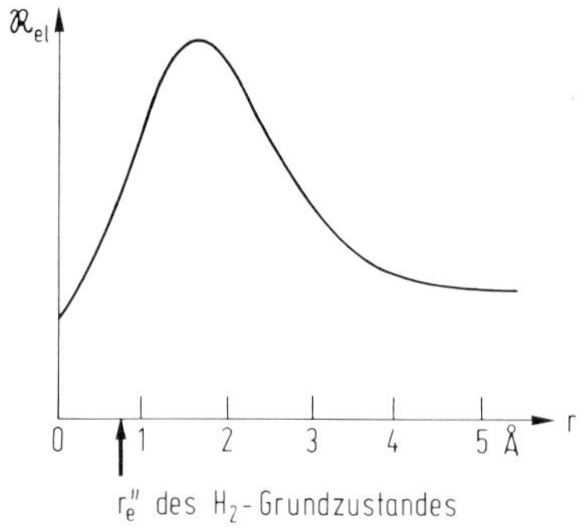

Abb. III, 54. Abhängigkeit des Elektronenübergangsmoments $\mathcal{R}_{el}$ vom Kernabstand r für die Lyman-Banden des Wasserstoffmoleküls (nach Wolniewicz, J. Chem. Phys. **51** [1969] 5002)

27. Rotationsstruktur eines Elektronenbandensystems. Bandenzweige und Bandkanten

Wie bei einem Rotations-Schwingungsspektrum haben wir für die Wellenzahlen der beobachteten Rotationslinien im Spektrum

$$\tilde{\nu} = \tilde{\nu}_{00} + F'(J') - F''(J'').$$

Hierin beinhaltet $\tilde{\nu}_{00}$ den Elektronen- und Schwingungsübergang.

$F'(J')$ ist der Rotationsterm im oberen Zustand und $F''(J'')$ der Rotationsterm im unteren Zustand, $F(J) = B\,J(J+1)$.

Bei einer Elektronensprungbande können im Gegensatz zum infraroten Spektralbereich der obere und der untere Zustand verschiedene Elektronen-Bahndrehimpulse haben. Wenn einer der Elektronenzustände wenigstens $\Lambda \neq 0$ hat, ist die Auswahlregel für Rotationslinien

$$\Delta J = J' - J'' = 0, \pm 1.$$

Sind beide Elektronenzustände Σ-Zustände, also $\Lambda = 0$, so ist wie bei einem Rotations-Schwingungsspektrum $\Delta J = 0$ verboten. Wir erwarten also 3 bzw. 2 Zweige von Rotationslinien mit den Bezeichnungen:

P-Zweig, wenn $J' = J'' - 1$
Q-Zweig, wenn $J' = J''$
R-Zweig, wenn $J' = J'' + 1$ ist.

Explizit ergibt sich für die Wellenzahl der einzelnen Zweige

$$\text{R-Zweig} \quad \tilde{\nu} = \tilde{\nu}_{00} + 2B' + (3B' - B'')J + (B' - B'')J^2 = \text{R(J)} \qquad \text{(III,153 a)}$$

$$\text{Q-Zweig} \quad \tilde{\nu} = \tilde{\nu}_{00} + (B' - B'')J + (B' - B'')J^2 = \text{Q(J)} \qquad \text{(III,153 b)}$$

$$\text{P-Zweig} \quad \tilde{\nu} = \tilde{\nu}_{00} - (B' + B'')J + (B' - B'')J^2 = \text{P(J)} \qquad \text{(III,153 c)}$$

$B' = h/(8\,\pi^2\,c\,I')$ ist die Rotationskonstante im oberen Elektronenzustand (I' das dazugehörende Trägheitsmoment) und B'' die im unteren Elektronenzustand.

Wenn man für die verschiedenen Zweige der Rotationsstruktur in einer Elektronenbande das „Fortrat-Diagramm“ aufzeichnet, gibt es nicht einfach Geraden wie in guter Näherung bei den Rotationsschwingungsbanden im Infraroten, sondern wegen des in J quadratischen Terms Parabeln. In vielen Fällen kehrt eine der beiden Banden P oder R um, so daß eine Vertex im Fortrat-Diagramm entsteht. Im Spektrum erscheint eine Bandkante. Das ist für viele Banden im sichtbaren und im ultravioletten Spektralbereich charakteristisch, Abb. III,55.

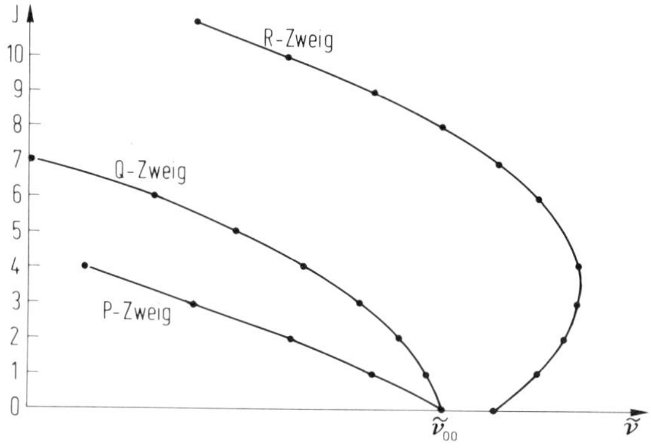

Abb. III, 55. Fortrat-Diagramm für einen Σ-Π-Übergang

Eine Bandkante im R-Zweig wird gebildet, wenn $(B' - B'')$ in Gl. (III,153 a) negativ ist, denn dann haben linearer und quadratischer Term entgegengesetztes Vorzeichen. Infolgedessen wird für ein bestimmtes J ein maximaler Wert $\tilde{\nu}$ erreicht. Die Bande erstreckt sich nach kleinen Wellenzahlen, also größeren Wellenlängen, sie ist „rot abschattiert“. Negatives $(B' - B'')$ bedeutet aber, daß der das Trägheitsmoment des Moleküls im oberen Elektronenzustand bestimmende Kernabstand größer ist als der im unteren Zustand. Das ist dann der Fall, wenn die Potentialkurve des höheren Zustandes insgesamt bei größerem Kernabstand liegt, als die des unteren Zustandes.

Umgekehrt, wenn der Kernabstand im oberen Zustand kleiner als im unteren ist, ist der Koeffizient $B' - B''$ positiv und die Bandkante liegt im P-Zweig. Die Bande ist in Richtung kürzerer Wellenlängen, sie ist „violett abschattiert“.

Alle Linien und Banden, die zu einem Elektronenübergang gehören, nennt man als Ganzes ein „Bandensystem“. Die Folge der Rotationslinien, die zu einem Schwingungsübergang gehört, heißt „Rotationsschwingungsbande“ oder einfach „Bande“. Reihen von Rotationsschwingungsbanden, die von einer Schwingungsquantenzahl v′ oder v″ ausgehen oder dort enden, sind Progressionen. Rotationsschwingungsbanden, deren Differenzen der Schwingungsquantenzahlen

$$\Delta v = v' - v'' = \text{const}$$

gleich sind, bilden Sequenzen (vgl. Abb. III,56).

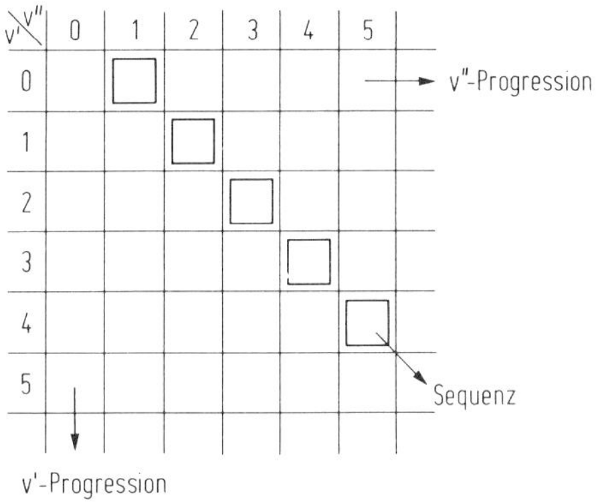

Abb. III, 56. Progressionen und Sequenz in einem v′, v″-Schema

28. Symmetrie der Moleküleigenfunktionen

Wir haben schon von der Tatsache Gebrauch gemacht, daß die Übergangswahrscheinlichkeit zwischen zwei Molekülzuständen und damit die Intensität der Absorption und Emission von Licht, proportional dem Quadrat des Übergangsmoments $\mathfrak{R}$ ist,

$$\mathfrak{R} = \int \Psi'^* (\sum_n e \boldsymbol{r}_n) \Psi'' \, d\tau. \tag{III,154}$$

Ψ', Ψ'' sind die Eigenfunktionen, die diese Molekülzustände beschreiben, und $\boldsymbol{r}_n$ die Ortsvektoren aller Partikel im Molekül. Die Integration geht über das Volumen aller Koordinaten. Für die folgende Betrachtung genügt es, wenn wir uns auf das Integral

$$\int \Psi'^* e \boldsymbol{r} \Psi'' \, d\tau \tag{III,155}$$

beschränken. Die x-, y-, z-Komponenten dieses Integrals

$$\int \Psi'^* x \Psi'' \, d\tau, \quad \int \Psi'^* y \Psi'' \, d\tau, \quad \int \Psi'^* z \Psi'' \, d\tau \tag{III,156}$$

sind die Koordinatenmatrixelemente (mit der Elementarladung e multipliziert sind es die Dipolmatrixelemente) für den in Frage stehenden Übergang.

Wenn das Integral (III,155) bzw. die Integrale (III,156) für den Übergang verschwinden, ist dieser Übergang verboten. Ist dagegen z. B. ein Integral, ein Koordinatenmatrixelement von (III,156) verschieden von Null, so ist der Übergang optisch erlaubt und die emittierte Strahlung linear polarisiert. Die Elemente (III,156) geben also auch Auskunft über die Polarisation der Strahlung.

In den meisten Fällen sind die genauen Formen der Eigenfunktionen Ψ' und Ψ'' gar nicht bekannt, so daß das Übergangsmoment $\mathfrak{R}$ nicht berechnet werden kann. Es ist aber möglich, aus der Symmetrie der Wellenfunktionen bezüglich Inversion zu entscheiden, ob ein Übergang erlaubt oder verboten ist. Dies ist ein Grund, warum die Symmetrie der Wellenfunktion von großem Interesse ist.

Inversion der Wellenfunktion heißt Spiegelung am Koordinatenursprung, d. h. Ersetzen aller Koordinaten x_i, y_i, z_i durch $-x_i$, $-y_i$ und $-z_i$. Die Schrödinger-Gleichung eines Systems ist gegenüber Inversion invariant. Die Eigenfunktionen können also lediglich ihr Vorzeichen wechseln oder überhaupt unbeeinflußt bleiben. Analoges gilt auch für die Vertauschung gleicher Partikel, insbesondere für den Austausch der Kerne bei den homonuklearen zweiatomigen Molekülen wie H_2, N_2 ...

Die Integrale (III,156) sind über den gesamten Raum auszuführen. Wir zerlegen jedes Integral in eine Summe von zwei Integralen, eins über alle positiven Werte x, y, z und ein zweites über alle negativen Werte. Das zweite Integral erhält man aus dem ersten durch die Transformation $x \to -x'$, $y \to -y'$, $z \to -z'$. Natürlich ändern die Integrale bei dieser Transformation ihren Wert nicht, es könnte nur ein Vorzeichenwechsel stattfinden. Haben aber Ψ' und Ψ'' gleiche Symmetrie bezüglich Inversion, so ist das Integral über den gesamten Raum gleich einer Summe zweier Integrale gleicher Größe, aber entgegengesetzten Vorzeichens. Das Übergangsmoment verschwindet, der Übergang ist verboten.

Wir definieren folglich:

Ein Term soll positiv heißen, wenn die zugehörige Eigenfunktion bei Inversion aller Partikel (Kerne und Elektronen) das Vorzeichen beibehält, negativ, wenn sie es wechselt. Die Rotationszustände werden dementsprechend mit + oder mit – bezeichnet.

Gemäß dem Integral Gl. (III,155), das die Auswahlregeln für Dipolstrahlung festlegt, können also nur positive Rotationszustände mit negativen Rotationszuständen kombinieren.

Wenn wir annehmen, daß Elektronen- und Kernbewegungen voneinander unabhängig sind, können wir für die Gesamteigenfunktion schreiben

$$\Psi = \psi_{el}\,\psi_{vibr}\,\psi_{rot}. \qquad \text{(siehe Gl. III,143)}$$

Dann kann man über den Symmetriecharakter der Eigenfunktion bei einem zweiatomigen Molekül folgendes aussagen:

Die Schwingungseigenfunktion hängt vom Betrag des Kernabstandes ab, sie ändert sich bei Inversion also nicht. Der Elektronenzustand soll zunächst keinen Drehimpuls besitzen, wir betrachten also Σ-Zustände, die Drehimpulskomponente der Elektronen längs der Kernverbindungsachse ist natürlich ebenfalls Null, wir haben $\Lambda = 0$ und der Fall des einfachen Rotators liegt vor. Die Symmetrieeigenschaft positiv und negativ des Rotationsterms, gegeben durch die Gesamteigenfunktion, hängt also von der Symmetrie der Elektroneneigenfunktion und der Rotationseigenfunktion ab. Die Eigenfunktionen des Rotators sind die Kugelflächenfunktionen, ihre Symmetrie in Abhängigkeit von der Rotationsquantenzahl ist bekannt. Wie verhält sich nun die Elektroneneigenfunktion bei der Inversion des Moleküls? Jedes zweiatomige heteronukleare oder homonukleare Molekül ist zylindersymmetrisch und jede Ebene durch die Kernverbindungsachse ist eine Symmetrieebene. Je nachdem nun die Eigenfunktion eines Σ-Zustandes bei der Spiegelung der Elektronen an dieser Ebene ihr Vorzeichen ändert oder nicht, wird der Zustand mit Σ^- oder Σ^+ bezeichnet.

Eine Inversion des Moleküls ist aber einer Drehung des Moleküls um eine Achse senkrecht zur Kernverbindungsachse um 180° und einer anschließenden Spiegelung an der Symmetrieebene in der Kernverbindungsachse senkrecht zu der Drehachse äquivalent. Die Drehoperation hat keinen Einfluß auf die Elektroneneigenfunktion, da diese nur von den Elektronenkoordinaten relativ zu den Kernen abhängt; die Spiegelung läßt die Elektroneneigenfunktion bei einem Σ^+-Zustand unverändert und ändert ihr Vorzeichen bei einem Σ^--Zustand. Bleibt das Vorzeichen der Elektroneneigenfunktion ψ_{el} bei Spiegelung erhalten (Σ^+-Zustand), sind alle Rotationszustände mit geradem J positive Zustände. Ändert sich das Vorzeichen von ψ_{el} bei der Spiegelung (Σ^--Zustand), sind alle Rotationszustände mit geradem J negative Zustände (Abb. III,57).

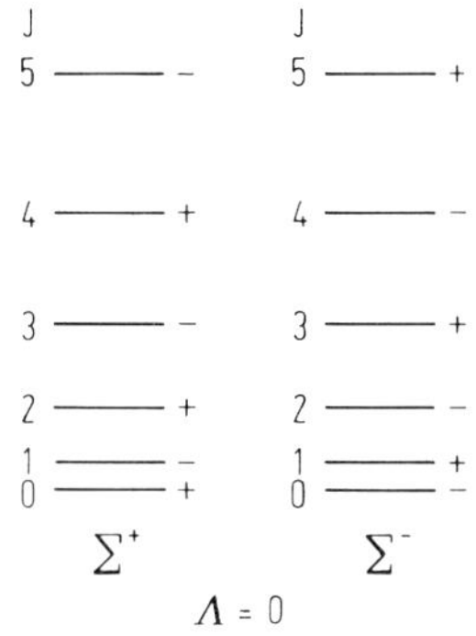

Abb. III, 57. Symmetrie der Rotationsterme bei einem Elektronenzustand mit $\Lambda = 0$. (Wegen der Bezeichnung Σ^- und Σ^+ siehe den Text)

Für $\Lambda \neq 0$ können wir das Modell des symmetrischen Kreisels heranziehen. Die Eigenfunktionen enthalten die Jacobischen Polynome. Jedes Rotationsniveau ist zweifach entartet, weil die Energie der Zustände unabhängig von der Richtung von $\vec{\Lambda}$ ist: Für jeden Wert der Rotationsquantenzahl J gibt es je einen postiven und einen negativen Rotationszustand mit gleicher Energie.

Mit zunehmender Rotation wird der Bahndrehimpuls der Elektronen immer weniger stark an die Molekülachse gebunden und stellt sich mehr und mehr im Magnetfeld der Kernrotation ein. Wegen der beiden Einstellmöglichkeiten ergibt das eine mit J zunehmende Aufspaltung der Rotationsniveaus, die Λ-Verdoppelung (Abb. III,58).

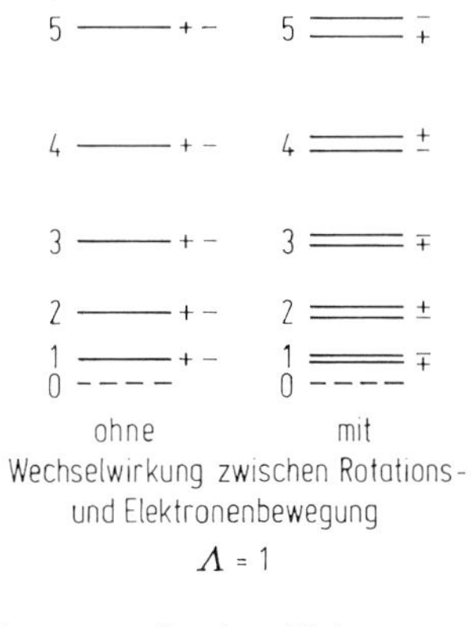

Abb. III, 58. Symmetrie der Rotationsterme für einen Elektronenzustand mit $\Lambda = 1$, ohne und mit Wechselwirkung zwischen Rotations- und Elektronenbewegung

Wie man sieht, sind die früher abgeleiteten Auswahlregeln für den Rotator $\Delta J = \pm 1$ und für den symmetrischen Kreisel $\Delta J = 0, \pm 1$ in Übereinstimmung mit der Forderung, daß nur Rotationszustände verschiedener Symmetrie miteinander kombinieren.

Bei zweiatomigen Molekülen mit gleichen, aber unterscheidbaren Kernen, z. B. Moleküle aus Isotopen des gleichen Elements, hat das von den Kernen erzeugte elektrische Feld ein Symmetriezentrum. Die Elektronenzustände werden jetzt zusätzlich nach ihrem Verhalten bezüglich Inversion (Spiegelung der Elektronen am Molekülmittelpunkt) klassifiziert. Ein Elektronenterm heißt gerade (g), wenn die zugehörige Eigenfunktion bei Inversion der Elektronen das Vorzeichen behält, ungerade (u), wenn sie es wechselt. Können Elektronen- und Kernbewegung gut voneinander separiert werden, so kombinieren die Zustände Σ_g^+ mit Σ_u^+ und Σ_g^- mit Σ_u^-.

Bei zweiatomigen Molekülen mit gleichen, ununterscheidbaren Kernen muß schließlich noch das Symmetrieverhalten beim Vertauschen der Kerne berücksichtigt werden. Denn, wenn die Kerne ununterscheidbar sind, darf sich auch die Eigenfunktion bei Vertauschung der Kerne nicht ändern, es kann lediglich ein Vorzeichenwechsel stattfinden. Ein Term soll in den Kernen symmetrisch heißen, wenn die zugehörige Eigenfunktion bei Vertauschung der Kerne das Vorzeichen beibehält, antisymmetrisch, wenn sie es wechselt. Eine Vertauschung der Kerne kann durch Inversion aller Teilchen am Koordinatenursprung und zusätzlicher Inversion der Elektronen allein ersetzt werden. Bei der ersten Symmetrieoperation bleibt die Eigenfunktion unverändert für positive Rotationszustände und wechselt das Vorzeichen bei negativen Rotationszuständen. Bei der zweiten Symmetrieoperation bleibt die Eigenfunktion bei geraden Elektronenzuständen unverändert und wechselt das Vorzeichen bei ungeraden. Symmetrisch sind also die positiven Rotationszustände eines geraden Elektronenzustandes und die negativen Rotationszustände eines ungeraden Elektronenzustandes, also $J = 0, 2, 4$ von ${}^1\Sigma_g^+$ oder ${}^1\Sigma_u^-$; antisymmetrisch sind die positiven Rotationszustände eines ungeraden Elektronenzustandes und die negativen eines geraden Elektronenzustandes. Die Zuordnung symmetrisch (s) und antisymmetrisch (a) zu den Rotationszuständen eines Σ_g^+- und eines Σ_u^+-Zustandes zeigt die Abb. III,59.

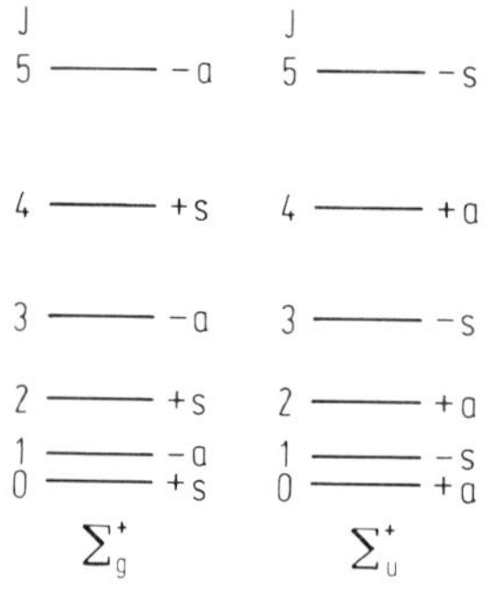

Abb. III, 59. Symmetrie der Rotationsterme eines homonuklearen zweiatomigen Moleküls

Wenn die Kerne keinen Spin haben oder wenn die Wechselwirkung des Kernspins mit dem übrigen Molekül klein ist, dann sind Übergänge von einem symmetrischen in einen antisymmetrischen Zustand und umgekehrt verboten. Das ist leicht zu verstehen: Im Übergangsmoment

$$\mathfrak{R}_x = \int \Psi' \, x \, \Psi'' \, d\tau$$

bleibt x unverändert, wenn die beiden ununterscheidbaren Kerne vertauscht werden. Ist Ψ' symmetrisch und Ψ'' antisymmetrisch, so wechselt das Integral sein Vorzeichen beim Austausch der Kerne. Der Wert des Integral kann jedoch nicht davon abhängen, wie die Kerne bezeichnet sind, es muß daher verschwinden. Hieraus kann man auch das Fehlen eines Rotations- und Rotationsschwingungsspektrums im Infraroten von homonuklearen zweiatomigen Molekülen verstehen. Bei diesen Molekülen hat jedes Paar von Rotationszuständen, die miteinander gemäß $\Delta J = \pm 1$ kombinieren könnten, entgegengesetzte Symmetrie in den Kernen. Diese Übergänge sind daher verboten.

29. Einfluß des Kernspins auf das Molekülspektrum

Um den Einfluß des Kernspins auf die Intensität in einem zweiatomigen Molekülspektrum verstehen zu können, vergegenwärtigen wir uns den Einfluß des Elektronenspins auf das Spektrum eines Atoms mit zwei Elektronen. Die zu den Elektronenzuständen des Atoms gehörende Eigenfunktion ohne Berücksichtigung des Spins (Bahneigenfunktionen) ist entweder symmetrisch oder antisymmetrisch. Durch Berücksichtigung des Spins (der Spinfunktion) kann sie auf einfache oder dreifache Weise zu einer insgesamt antisymetrischen Eigenfunktion ergänzt werden. In der anschaulichen Deutung durch Addition der Vektoren der Eigendrehimpulse der beiden Elektronen besitzt der erste Zustand den Gesamtspin $S = 0$ und der zweite Zustand den Gesamtspin $S = 1$. Durch die Wechselwirkung zwischen dem Eigendrehimpuls (Spin) und dem Bahndrehimpuls der Elektronen spalten die Terme in Multipletts auf, es wird ein „Singulett" und ein „Triplett" beobachtet.

Ein Austausch der Elektronen bringt nichts Neues. Die Spinfunktion ändert sich nicht, es kann sich höchstens das Vorzeichen ändern. Die Gesamtfunktion kann also symmetrisch oder antisymmetrisch sein. Elektronen gehorchen der Fermistatistik, ihre Gesamteigenfunktion ist antisymmetrisch.

Wir betrachten jetzt zweiatomige homonukleare Moleküle mit Kernen ohne Spin (z. B. das Sauerstoffmolekül). Die Eigenfunktion ist symmetrisch in den Kernen (Bosestatistik). Erlaubte Rotationsübergänge zwischen zwei Elektronenzuständen müssen den Auswahlregeln: symmetrisch – symmetrisch, $\Delta J = \pm 1$, + – –, g – u, genügen. Es können also Übergänge zwischen Σ_g^+- und Σ_u^+- sowie zwischen Σ_g^-- und Σ_u^--Elektronenzuständen stattfinden, wenn man sich hier auf $\Lambda = 0$ beschränkt. Aus Abb. III,60 sieht man gleich, daß zwischen Σ^+-Elektronenzuständen nur die Übergänge

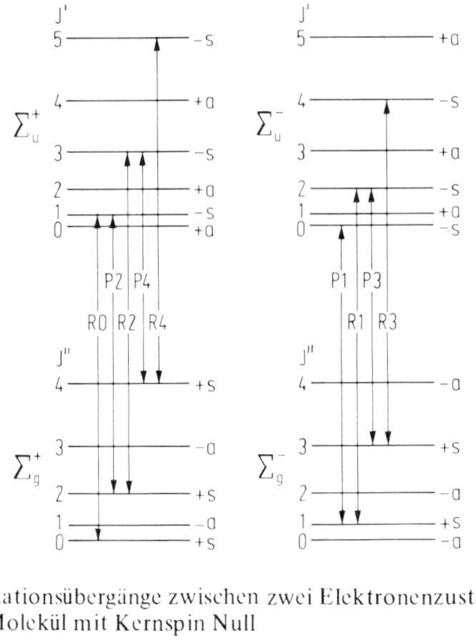

Abb. III, 60. Erlaubte Rotationsübergänge zwischen zwei Elektronenzuständen bei einem homonuklearen zweiatomigen Molekül mit Kernspin Null

$J' - J''$: 1 – 0, 3 – 2, 5 – 4, . . ., 1 – 2, 3 – 4, . . . und so weiter, bei Σ^--Zuständen die Übergänge $J' - J''$: 2 – 1, 4 – 3, . . ., 0 – 1, 2 – 3, . . . und so weiter stattfinden können. Es treten also nur die Hälfte aller sonst möglichen Rotationslinien auf.

Zweiatomige homonukleare Moleküle, deren Kerne den Spin 1/2 (z. B. H_2) haben, haben eine in den Kernen antisymmetrische Eigenfunktion (Spin eingeschlossen). Wie bei den Zweielektronenatomen ist die Eigenfunktion des Moleküls ohne Kernspin bezüglich des Kerns symmetrisch oder antisymmetrisch. Durch Hinzufügen der Kernspinfunktion kann aus der symmetrischen auf einfache Weise, aus der antisymmetrischen auf dreifache Weise eine antisymmetrische Gesamteigenfunktion gebildet werden. Der Einfluß des Kernspins auf die Energie der Zustände ist sehr klein, daher wird im allgemeinen deine Aufspaltung der Rotationsniveaus beobachtet. Der Kernspin macht sich aber in der Intensität der Rotationslinien bemerkbar, denn die Moleküle mit Gesamtkernspin $I = 0$ haben ein statistisches Gewicht **1**, die mit dem Gesamtkernspin $I = \mathbf{1}$ wegen der dreifachen Einstellmöglichkeit das statistische Gewicht 3. Da ohne Berücksichtigung der Kernspinfunktion bei $I = 0$ nur die symmetrischen Rotationszustände und bei $I = 1$ nur die antisymmetrischen existieren (Abb. III,61), können nur diese miteinander kombinieren, so daß unter Vernachlässigung aller anderen intensitätsbestimmenden Faktoren die Intensität der Rotationslinien im Verhältnis 1 : 3 wechselt.

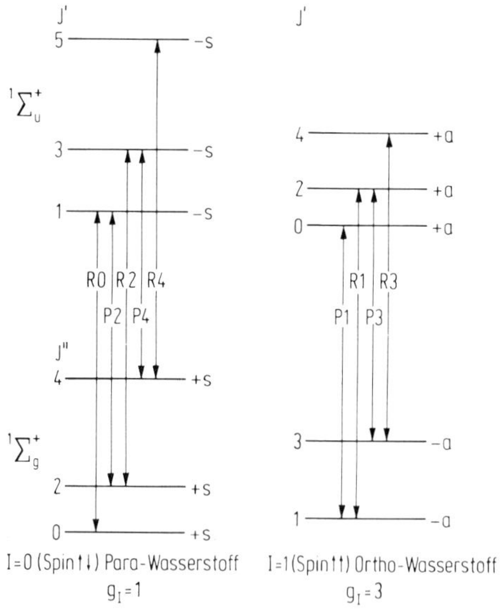

Abb. III, 61. Rotationsübergänge zwischen zwei Elektronenzuständen bei einem homonuklearen zweiatomigen Molekül mit Kernspin $\frac{1}{2}$ (z. B. H_2), g_I ist das statistische Gewicht. Die Symmetrie s und a ist die der Moleküleigenfunktion ohne Kernspinfunktion

30. Molekülaufbau und Elektronenzustände

Wir müssen uns jetzt fragen, welche Elektronenzustände in einem Molekül auf Grund der Quantenmechanik zu erwarten sind. Diese Frage führt notwendigerweise dazu, die Stabilität eines Elektronenzustandes zu diskutieren, d. h. die Abhängigkeit der Energie vom Kernabstand, – bei zweiatomigen Molekülen den Verlauf der Potentialkurve – zu untersuchen. Das wiederum ist gleichbedeutend mit der Theorie der chemischen Bindung.

Schon bei einem Mehrelektronen*atom* ist es unmöglich, die Schrödinger-Gleichung exakt zu lösen, die Lösung ist bei Molekülen noch schwieriger schon deshalb, weil keine Kugelsymmetrie mehr vorliegt. Es sind daher besondere Näherungsverfahren notwendig. In den vergangenen Jahren sind im wesentlichen 2 Methoden entwickelt worden, die allgemein verwendet werden; dies sind

1. Die Näherung der Molekülorbitale (MO-Theorie). Die Kerne werden wie gewünscht gruppiert; dann werden die einzelnen Elektronen nacheinander hinzugefügt. Die zu untersuchende Frage ist u. a., ob die Elektronen sich so arrangieren, daß ein bindender, ein stabiler Elektronenzustand gebildet wird, oder ob ein instabiler Zustand entsteht. Das Verfahren ist eine dem beim Aufbau von Atomen verwendeten analoge Prozedur und wurde von Hund, Mulliken, Lennard-Jones und Herzberg entwickelt.

2. Die Näherung der Valenzbindung (VB-Theorie). Bei diesem Verfahren geht man von den ungestörten Atomen aus und bringt sie zusammen bis die Kerne sich an den für das Molekül charakteristischen Positionen befinden. Die äußersten Elektronenschalen werden sich dann überlappen, die inneren Elektronen bleiben unbeeinflußt. Man berücksichtigt, daß die Valenz-Elektronen ununterscheidbar sind und nicht mehr einem bestimmten Kern zugeordnet sind. Dies ist das Verfahren nach Heitler und London. Es entspricht in vielen Zügen dem in der Chemie entwickelten Konzept der kovalenten Bindung. Wenn Atome zum Molekül zusammengefügt werden, sollen die inneren, fest gebundenen Atomelektronen unbeeinflußt bleiben. Nur die äußersten, die Valenzelektronen in unabgeschlossenen Schalen stehen unter dem Einfluß des durch die inneren Elektronen abgeschirmten elektrischen Kernfeldes und der elektrischen Felder der übrigen Valenzelektronen im Molekül. Diese Valenzelektronen sind für die chemische Bindung und für viele physikalische Eigenschaften des Moleküls verantwortlich.

31. Molekülorbitale (MO)

a) Atomorbitale (AO)

Wir wollen hier die Lösungen der Schrödinger-Gleichung für das Wasserstoffatom wiederholen, weil wir die Wasserstoffeigenfunktionen im folgenden benötigen. Der

Weg sei kurz skizziert: Beim Wasserstoffatom wie bei jedem Atom hängt wegen der Kugelsymmetrie die potentielle Energie nur vom Betrag des Abstandes r vom Kern ab, es liegt ein Zentralpotential $V = V(r)$ vor. Daher ist die Einführung sphärischer Polarkoordinaten r, ϑ, φ zweckmäßig, und der Separationsansatz

$$\psi(r, \vartheta, \varphi) = R(r)\,\Theta(\vartheta)\,\Phi(\varphi) = R(r)\,Y(\vartheta, \varphi) \qquad \text{(III,157)}$$

möglich. Der Radialanteil oder die Radialeigenfunktion $R(r)$ hängt von der speziellen Form des Potentials $V(r)$ ab. Die orbitale und azimutale Eigenfunktion $\Theta(\vartheta)\,\Phi(\varphi) = Y(\vartheta, \varphi)$ sind für alle Zentralfelder, also für alle Atome gleich. Sie hängen von der Bahndrehimpulsquantenzahl l und der magnetischen Quantenzahl m ab.

$Y_{lm}(\vartheta, \varphi)$ ist die Kugelflächenfunktion 1. Art, ihre analytische Form ist im einzelnen:

l	m	Y_{lm}
0	0	$Y_{00} = \frac{1}{2\sqrt{\pi}}$
1	0	$Y_{10} = \frac{1}{2}\sqrt{\frac{3}{\pi}}\cos\vartheta$
	± 1	$Y_{1\pm1} = \frac{1}{2}\sqrt{\frac{3}{2\pi}}\sin\vartheta\, e^{\pm i\varphi}$
2	0	$Y_{20} = \frac{1}{4}\sqrt{\frac{5}{\pi}}(3\cos^2\vartheta - 1)$
	± 1	$Y_{2\pm1} = \frac{1}{2}\sqrt{\frac{15}{2\pi}}\sin\vartheta\cos\vartheta\, e^{\pm i\varphi}$
	± 2	$Y_{2\pm2} = \frac{1}{4}\sqrt{\frac{15}{2\pi}}\sin^2\vartheta\, e^{\pm i2\varphi}$

(III,158)

Die Wahrscheinlichkeitsdichteverteilung in Richtung ϑ, φ ist

$$\Phi\,\Phi^*\,\Theta\,\Theta^* = N[P_l^{|m|}(\cos\vartheta)]^2 \qquad \text{(III,159)}$$

unabhängig von φ, rotationssymmetrisch um die z-Achse, wie in der Abb. III,62 angedeutet. $P_l^{|m|}(\cos\vartheta)$ ist die zugeordnete Legendresche Kugelfunktion erster Art vom Grade l der Ordnung m.

In der physikalischen Chemie werden die Eigenfunktionen oft ‚Orbitale' genannt. Für die Diskussion der Bindung in Molekülen wird meist eine andere Schreibweise der Winkeleigenfunktion gewählt.

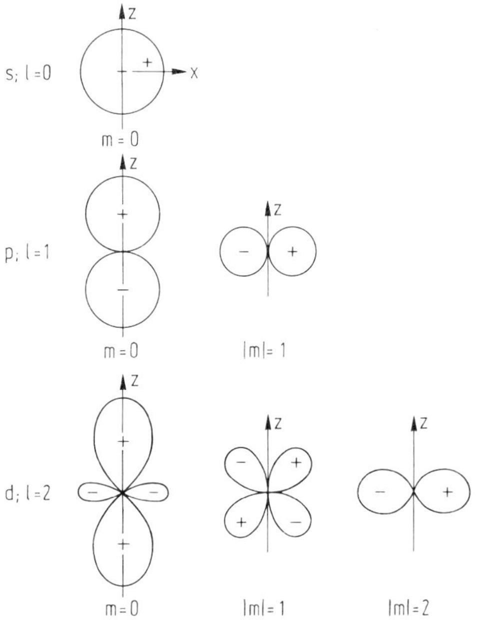

Abb. III, 62. Die orbitale und azimutale Eigenfunktionen für s-, p-, und d-Zustände des Wasserstoffatoms, Schnitte für $\varphi = 0°$ bzw. $\varphi = 180°$

Um die komplexe Schreibung der Orbitale zu vermeiden, bildet man p_x- und p_y-Orbitale durch die folgenden Linearkombinationen

$$p_x = \frac{1}{\sqrt{2}}(Y_{1+1} + Y_{1-1}) = \frac{1}{4}\sqrt{\frac{3}{\pi}} \sin\vartheta(e^{i\varphi} + e^{-i\varphi}) = \frac{1}{2}\sqrt{\frac{3}{\pi}} \sin\vartheta \cos\varphi$$

(III,160)

$$p_y = \frac{-i}{\sqrt{2}}(Y_{1+1} - Y_{1-1}) = \frac{-i}{4}\sqrt{\frac{3}{\pi}} \sin\vartheta(e^{i\varphi} - e^{-i\varphi}) = \frac{1}{2}\sqrt{\frac{3}{\pi}} \sin\vartheta \sin\varphi.$$

Das p_z-Orbital

$$p_z = Y_{10} = \frac{1}{2}\sqrt{\frac{3}{\pi}} \cos\vartheta \qquad \text{(III,161)}$$

ist ohnehin reell.

Die *s*-Orbitale sind kugelsymmetrisch. Es gibt keine Vorzugsorientierung der Elektronenbahnen, die Elektronen besitzen keinen Bahndrehimpuls. Bei den *p*-Orbitalen liegt vorzugsweise eine Orientierung der Elektronen längs der Koordinatenachse vor (Abb. III,63). Dieses Verhalten ist wichtig zur Beschreibung der Bindung.

Die Radialeigenfunktion des Wasserstoffatoms hängt von der Hauptquantenzahl n und von der Bahndrehimpulsquantenzahl l ab, nicht jedoch von m. Wir nennen hier nur die Radialeigenfunktion des Grundzustandes $n = 1$, $l = 0$.

$$R_{10}(r) = 2\left(\frac{Z}{a_0}\right)^{3/2} e^{-\frac{Zr}{a_0}} \qquad \text{(III,162)}$$

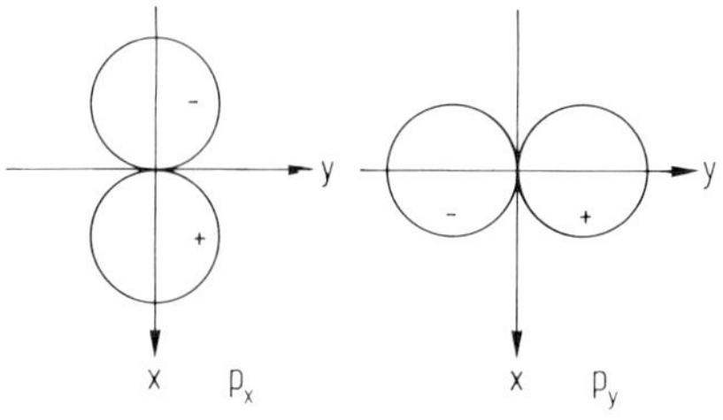

Abb. III, 63. p_x- und p_y-Orbitale des Wasserstoffatoms nach Gl. (III,160), Schnitt längs der x, y-Ebene, das p_z-Orbital entspricht der Abb. III, 62, $l = 1$, m = o

Z ist die Ordnungszahl und $a_0 = \hbar^2/me^2 = 0{,}53$ Å der Bohrsche Wasserstoffradius. Der Verlauf von $R_{10}(r)$ ist in Abb. III,64 gezeigt. Die in Abb. III,62 und III,63 dargestellten Konturen können wir als schematische Darstellungen der Gesamteigenfunktionen in dem Sinne auffassen, daß dort die Eigenfunktion R bis zu einem bestimmten Prozentsatz, z. B. auf 10% abgefallen ist.

Die bei höheren Zuständen in der Radialfunktion auftretenden Knoten liegen in Kernnähe, sie werden bei der Betrachtung der Molekülbindung keine wesentliche Rolle spielen.

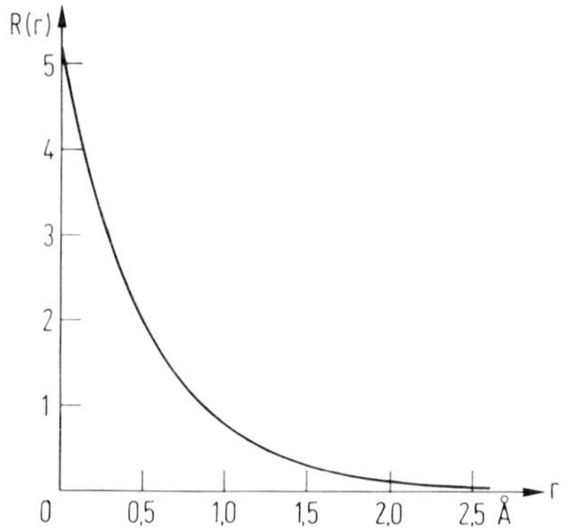

Abb. III, 64. Die Radialeigenfunktion R für n = 1, l = 0 des Wasserstoffatoms

b) Das Wasserstoffmolekülion. Prinzip der bindenden und bindungslockernden Elektronen

Als erstes, einfachstes Beispiel versuchen wir ein Molekülorbital für das Wasserstoffmolekülion zu konstruieren. Das Elektron bewegt sich im Feld zweier Protonen, die sich im Abstand r voneinander befinden. Die potentielle Energie des Systems ist (Abb. III,65)

$$V = \underbrace{\left(-\frac{1}{r_A} - \frac{1}{r_B}\right.}_{\substack{\text{Anziehung}\\ \text{des Elek-}\\ \text{trons durch}\\ \text{die beiden}\\ \text{Protonen}}} \underbrace{\left.+\frac{1}{r}\right)}_{\substack{\text{Abstoßung}\\ \text{der}\\ \text{Protonen}}} e^2. \qquad \text{(III,163)}$$

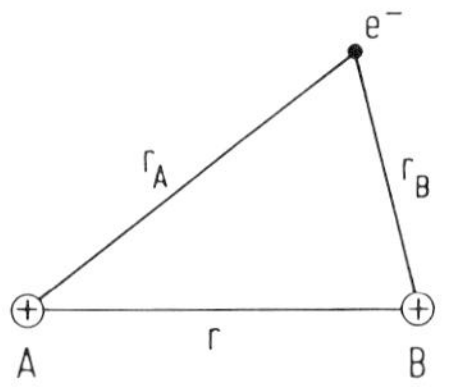

Abb. III, 65. Das Wasserstoffmolekülion, Bezeichnungen der Abstände zwischen den Kernen A, B und dem Elektron e^-

Wir bauen uns nun ein Wasserstoffmolekülion auf und machen zunächst den Abstand zwischen den beiden Protonen A und B sehr groß. Das Elektron bewegt sich nur um Proton A, wobei es ein Wasserstoffatom im Grundzustand 1s bildet. Das andere Proton B ist sehr weit entfernt und stört das Elektron im Orbital um A nicht.

Als zweite Möglichkeit kann man das Elektron sich um das Proton B bewegen lassen, und Proton A ist weit entfernt, so daß es keinen Einfluß ausübt.

Wird nun der Abstand zwischen den beiden Protonen A und B vermindert, so wird sich das 1s-Orbital des Elektrons allmählich ändern, weil das andere Proton das Elektron anzieht. Die Symmetrie des Potentials legt eine entsprechende Symmetrie der Wahrscheinlichkeitsdichte des Elektrons nahe. Die beiden möglichen Elektronenwellenfunktionen für das Molekül, die die erforderliche Symmetrie haben, erhält man durch lineare Kombination atomarer Wellenfunktionen (linear combination of atomic orbitals – LCAO).

Nach dieser Vorschrift setzen wir die Moleküleigenfunktion ψ zusammen aus dem Atomorbital ψ_A für die „Bewegung" des Elektrons um den Kern A und aus einem Atomorbital ψ_B für die „Bewegung" um Kern B:

$$\psi = c_1\, \psi_A + c_2\, \psi_B,$$

oder auch (III,164)

$$\psi = N[\psi_A + \tau\, \psi_B],$$

wobei N ein Normierungsfaktor ist. Da das Molekül vollkommen symmetrisch ist, kann man die Atomorbitale ψ_A und ψ_B vertauschen. Die resultierende Moleküleigenfunktion lautet

$$\psi = N(\psi_B + \tau\, \psi_A). \tag{III,165}$$

Durch diesen Austausch kann kein neuer Zustand entstehen; die Wahrscheinlichkeitsdichten müssen für beide Funktionen gleich sein:

$$N^2(\psi_A + \tau\, \psi_B)^2 = N^2(\psi_B + \tau\, \psi_A)^2, \tag{III,166}$$

Diese Bedingung Gl. (III,166) kann nur erfüllt werden, wenn $\tau = \pm 1$ ist. Das bedeutet, wir haben als mögliche Molekülorbitale die beiden Funktionen

$$\psi(\sigma_g\ 1s) = N_g[\psi_A(1s) + \psi_B(1s)] \tag{III,167a}$$

und

$$\psi(\sigma_u\ 1s) = N_u[\psi_A(1s) - \psi_B(1s)]. \tag{III,167b}$$

Beide Molekülorbitale unterscheiden sich in ihrer Symmetrie. Die Funktion $\psi(\sigma_g\ 1s)$ behält ihr Vorzeichen, die Funktion $\psi(\sigma_u\ 1s)$ wechselt ihr Vorzeichen bei Inversion der Elektronen am Molekülmittelpunkt. Da die Atomorbitale keinen Bahndrehimpuls besitzen – sie sind 1s-Zustände – hat auch das resultierende Molekülorbital keine Komponente des Bahndrehimpulses in Richtung der Kernverbindungsachse. Es liegt ein Σ-Elektronenzustand vor (siehe später).

Die 1s-Eigenfunktion des Wasserstoffs ist im wesentlichen exp $(-r/a_0)$, wobei r der Abstand des Elektrons vom Kern ist. Im Molekül wird r_A vom Kern A, r_B vom Kern B gemessen:

$$\psi(\sigma_g\ 1s) \sim e^{-\frac{r_A}{a_0}} + e^{-\frac{r_B}{a_0}} \tag{III,168a}$$

$$\psi(\sigma_u\ 1s) \sim e^{-\frac{r_A}{a_0}} - e^{-\frac{r_B}{a_0}} \tag{III,168b}$$

Diese Molekülorbitale sind in Abb. III,66 in einem Schnitt längs der Kernverbindungsachse dargestellt. Die von den Molekülorbitalen $\psi(\sigma_g\ 1s)$ und $\psi(\sigma_u\ 1s)$ beschriebenen

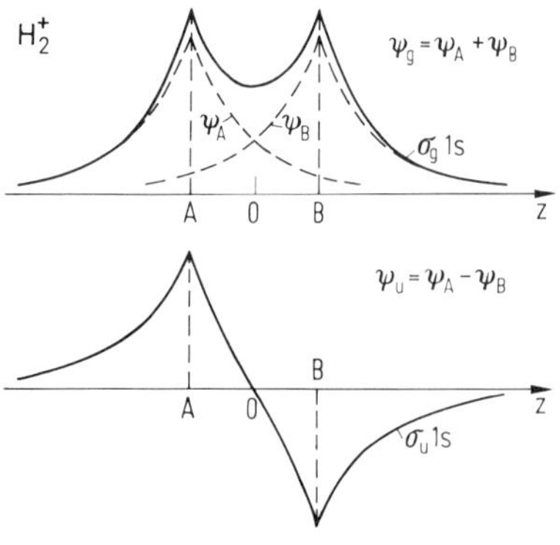

Abb. III, 66. Die Molekülorbitale $\psi(\sigma_g\ 1s)$ und $\psi(\sigma_u\ 1s)$ des Wasserstoffmolekülions und ihre Zusammensetzung aus den Atomorbitalen ψ_A und ψ_B

Zustände müssen verschiedene Energien haben. In beiden Fällen ist die Elektronendichte in der Nähe der Protonen maximal. $\psi(\sigma_g\ 1s)$ hat jedoch beträchtliche Werte im Bereich zwischen den beiden Protonen, während $\psi(\sigma_u\ 1s)$ in diesem Gebiet sehr klein und Null wird.

Wenn das Elektron eine beträchtliche Aufenthaltswahrscheinlichkeit zwischen den Protonen hat, wird die elektrostatische Abstoßung der beiden Protonen kompensiert und sogar durch die Elektronendichte im Zwischenbereich eine Anziehung bewirkt. Eine stabile Konfiguration resultiert. Das Elektron bindet die beiden Protonen in σ_g-Orbital, wogegen das Elektron im σ_u-Orbital eine bindungslockernde Wirkung hat. Energetisch heißt das, der σ_g 1s-Zustand hat eine kleinere Energie als der σ_u 1s-Zustand. Diese Energiedifferenz hängt vom Abstand der beiden Protonen ab. Wir beginnen mit einem getrennten Wasserstoffatom und einem Proton. Wenn der Abstand abnimmt, gibt es 2 Energien für jeden Abstand, eine die dem σ_g 1s- und eine die dem σ_u 1s-Zustand entspricht. Da das anziehende Potential der Elektronen im σ_g-Zustand die Abstoßung der Protonen überkompensiert, nimmt die Energie mit abnehmendem r ab. Für sehr kleinen Abstand, $r < r_e$, sind die Protonen einander so nahe gekommen, daß ihre Abstoßung wieder eine Rolle spielt. Die Energie nimmt für $r < r_e$ wieder zu.

Die Abb. III,67 zeigt die beiden Potentialkurven für H_2^+.

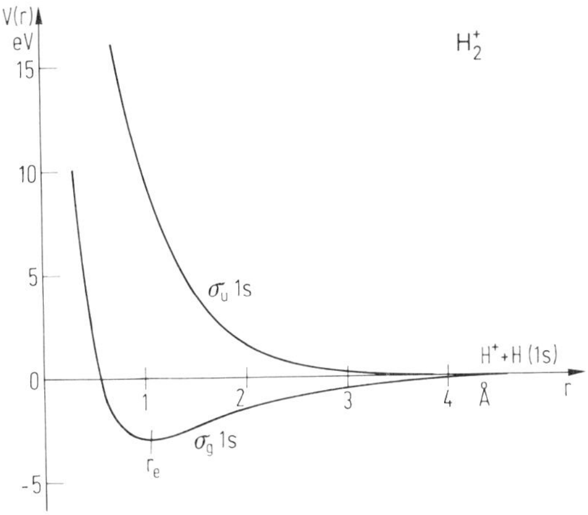

Abb. III, 67. Potentialkurven σ_u 1s und σ_g 1s des H_2^+-Moleküls. Für den Zustand σ_u 1s ist auch die Bezeichnung 2p σ_u gebräuchlich (Notation der „vereinigten Atome", siehe Abb. III,70)

Die MO-LCAO-Funktion ist für große Kernabstände r eine gute Näherung, sie wird für kleine Kernabstände schlechter. Wir können die Näherung für alle Kernabstände verbessern, wenn wir schreiben

$$\psi(\sigma_g\ 1s) = N_g[e^{-\alpha \frac{r_A}{a_0}} + e^{-\alpha \frac{r_B}{a_0}}]\,. \qquad \text{(III,169)}$$

α ist ein variabler Parameter, der Orbitalexponent, Abschirmkonstante oder effektive Kernladung genannt wird. α hängt vom Kernabstand ab. Für große Kernabstände $r \to \infty$ muß $\alpha = 1$ sein, und für $r = 0$ möchten wir $\alpha = 2$ haben, denn dann liegt ein Heliumion He^+ mit der Kernladung 2 e vor. Die Abhängigkeit $\alpha(r)$ wird mit Hilfe einer Variationsrechnung erhalten.

c) Molekülorbitale zweiatomiger homonuklearer Moleküle

Das nächstkomplizierte Molekül ist das H_2-Molekül. Wir haben jetzt 2 Elektronen und müssen also auch das Pauli-Prinzip berücksichtigen. Neben der Bahn des Elektrons spielt jetzt auch ein Spin eine wichtige Rolle.

Die Einelektronenzustände werden durch die Komponente des Bahndrehimpulses der Elektronen längs der Kernverbindungsachse charakterisiert. Kleingeschriebene Buchstaben verwendet man wie üblich, wenn man den Zustand eines einzelnen Elektrons beschreiben will, große Buchstaben für den Gesamtzustand, der mehrere Elektronen enthalten kann (Abschnitt 22).

Tab. III,3. Bezeichnung der Elektronenzustände λ nl

Symbol :	σ	π	δ	φ . . .
λ :	0	1	2	3 . . .
Entartung ohne Spin:	1-	2-	2-	2-fach

Alle Zustände $\lambda \neq 0$ sind 2-fach entartet. Wenn noch der Spin berücksichtigt wird, passen in einen σ-Zustand 2 Elektronen (eines mit Spin aufwärts, eines mit Spin abwärts) und in π, δ, φ, . . . Zustände 4 Elektronen.

Man kann auf H_2 die gleichen Prinzipien anwenden, wie bereits bei H_2^+ geschehen, nur haben wir jetzt 2 Valenzelektronen, Elektron Nr. 1 und 2.

Die LCAO-MO-Näherung für das Wasserstoffmolekül lautet einfach

$$\Psi(1,2) = \psi(\sigma_g\, 1s/1)\, \psi(\sigma_g\, 1s/2) = N_g' [\psi_A(1s/1) + \psi_B(1s/2)]\, [\psi_A(1s/2) + \psi_B(1s/1)] \tag{III,170}$$

mit

$$\psi_A(1s/1) \sim e^{-\frac{\alpha r_{A1}}{a_0}} \quad \text{und} \quad \psi_B(1s/1) \sim e^{-\frac{\alpha r_{B1}}{a_0}} .$$

r_{A1} ist der Abstand zwischen Kern A und Elektron 1; die übrigen Größen folgen sinngemäß.

Beim Wasserstoffmolekül können nach dem Pauli-Prinzip 2 Elektronen mit entgegengesetztem Spin im σ_g 1s-Zustand sein, womit sich eine Konfiguration $(\sigma_g\, 1s)^2$ ergibt. Beide Elektronen sind in einem bindenden Zustand, es ergibt sich ein stabiles Molekül.

Wenn beide Elektronen parallelen Spin haben, muß ein Elektron im Bindungszustand σ_g 1s und das andere im bindungslockernden Zustand σ_u 1s sein. Ein abstoßender Zustand ist die Folge (Abb. III,68).

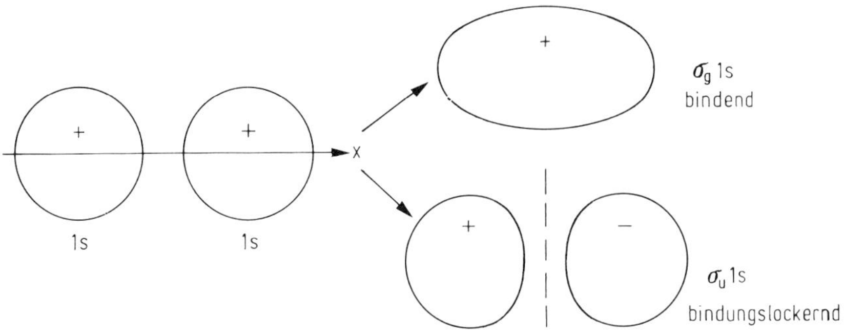

Abb. III, 68. Überlagerung von s-Orbitalen, σ-Bindung

Man kann nun dieses Verfahren fortsetzen und die MO-LCAO-Methode auf kompliziertere zweiatomige Moleküle anwenden, wobei es darauf ankommt, ob und wieviele bindende und bindungslockernde Elektronenorbitale auftreten. Nach dem Pauli-Prinzip können höchstens 2 Elektronen, die entgegengesetzten Spin haben müssen, das gleiche Orbital einnehmen. Ein 3-Elektronenmolekül wäre das Heliummolekülion He_2^+ mit der Konfiguration $(1s\ \sigma_g)^2\ (2s\ \sigma_u)$ und zwei bindenden Elektronen und einem bindungslockerndem Elektron. Danach sollte ein stabiles Molekül zu erwarten sein. Das Molekül ist tatsächlich beobachtet worden, seine Dissoziationsenergie beträgt 3,0 eV.

Zwei Heliumatome im Grundzustand ergeben die Konfiguration $(1s\ \sigma_g)^2\ (1s\ \sigma_u)^2$, also ein Paar bindender Elektronen und ein Paar bindungslockernder Elektronen. Das He_2-Molekül ist nicht stabil. Befindet sich aber eines der Heliumatome, bevor es die Molekülbindung eingeht, in einem angeregten Zustand, z. B. im 1s 2s-Zustand, dann kann die stabile Konfiguration $(\sigma_g\ 1s)^2\ (\sigma_u\ 1s)\ (\sigma_g\ 2s)$ entstehen. Es sind jetzt 3 bindende Elektronen und 1 bindungslockerndes Elektron vorhanden. Dieses Molekül findet man experimentell in einer Gasentladung und kann es an Hand des Emissionsspektrums nachweisen.

Die als nächste folgenden Atomorbitale sind 2s-Elektronen. Sie verhalten sich nicht anders als die 1s-Orbitale. Aus zwei Lithiumatomen mit je 3 Elektronen wird das Li_2-Molekül gebildet:

$$\mathrm{Li}(1s^2\ 2s) + \mathrm{Li}(1s^2\ 2s) \rightarrow \mathrm{Li}_2[(1s\ \sigma_g)^2\ (1s\ \sigma_u)^2\ (2s\ \sigma_g)^2] \mathrel{\hat{=}} \mathrm{Li}_2\ [KK(2s\ \sigma_g)^2].$$

Nur die äußeren Elektronen sind für die Stabilität eines Moleküls entscheidend. Die K-Elektronen tragen zur Bindung nichts bei, sie sind durch „KK" symbolisiert. Der 2s σ_g-Orbital ist bindend, wir erwarten ein stabiles Molekül mit dem Grundzustand $^1\Sigma_g$.

Das Be_2-Molekül existiert nicht, seine Konfiguration $[KK(2s\,\sigma_g)^2\,(2s\,\sigma_u)^2]$ besitzt keinen Überschuß an Bindungselektronen.

Wir kommen nun zu den 2p-Orbitalen. Auch hier können wir im Rahmen der LCAO-Näherung zwei Atome mit dem Atomorbital $\psi_A(2p)$ und $\psi_B(2p)$ linear kombinieren

$$\psi = \psi_A(2p) \pm \psi_B(2p) \qquad \text{(III,171)}$$

und erhalten wieder je ein Molekülorbital mit gerader und ungerader Symmetrie bei Spiegelung der Elektroneneigenfunktion am Molekülmittelpunkt. Die stärkste Bindung bzw. Bindungslockerung erhalten wir, wenn die p-Orbitale längs der Kernverbindungsachse, in Abb. III,69 parallel zur x-Achse, liegen. Die Molekülorbitale sind dann (Abb. III,69 oben):

$$\begin{aligned} \psi(2p\,\sigma_g) &= \psi_A(2p_x) + \psi_B(2p_x) \\ \psi(2p\,\sigma_u) &= \psi_A(2p_x) - \psi_B(2p_x). \end{aligned} \qquad \text{(III,172)}$$

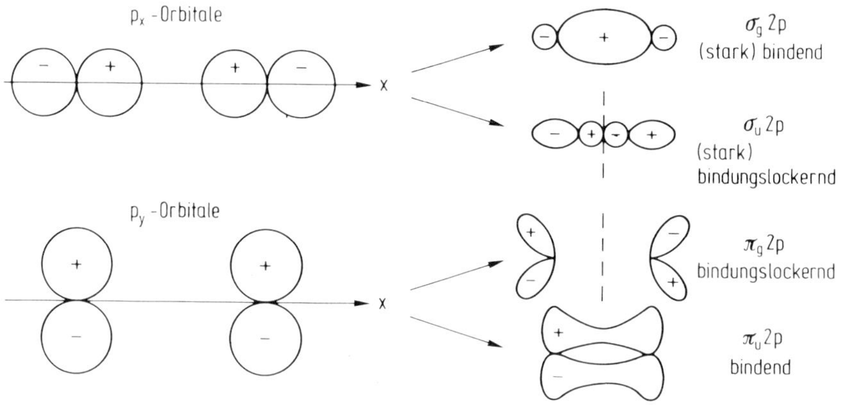

Abb. III, 69. Überlagerung von p-Orbitalen σ- und π-Bindung

Diese Molekülorbitale sind rotationssymmetrisch bezüglich der Kernverbindungsachse. Sie haben keinen Bahndrehimpuls um diese Achse, es ist $\lambda = 0$; sie sind also σ-Orbitale. Für Molekülorbitale, die aus p_y- und p_z-Atomorbitalen gebildet werden, gilt dies nicht mehr, sie sind von dem vorherigen völlig verschieden (Abb. III,69 unten). Wenn die beiden $2p_y$ (oder $2p_z$)-Orbitale zusammengebracht werden, verschmelzen beide Seiten der Orbitale und ergeben oberhalb und unterhalb der Kernverbindungsachse charakteristische wurstförmige Bereiche. Die resultierenden Molekülorbitale sind jetzt nicht mehr rotationssymmetrisch in Bezug auf die Kernverbindungsachse. Sie besitzen daher eine Bahndrehimpulskomponente längs der Kernverbindungsachse. Die zugehörige Quantenzahl ist $\lambda = 1$, wir haben es mit π-Orbitalen zu tun.

Die nun zur Verfügung stehenden Molekülorbitale sind, geordnet nach zunehmender Energie, diese:

$$1s\,\sigma_g < 1s\,\sigma_u < 2s\,\sigma_g < 2s\,\sigma_u < 2p\,\sigma_g < 2p_y\,\pi_u = 2p_z\,\pi_u < 2p_y\,\pi_g = 2p_z\,\pi_g < 2p\,\sigma_u.$$

Ein vollständiges Verständnis der in der obigen Zusammenstellung aufgeführten Molekülorbitale erhält man, wenn man die Frage untersucht, in welche Atomorbitale die Molekülkonfiguration übergeht, wenn der Abstand zwischen den beiden Kernen des homonuklearen zweiatomigen Moleküls sehr groß gemacht wird – dann liegen zwei getrennte Atome vor – oder auf Null reduziert wird. Im letzten Falle verschmelzen die Kerne miteinander und es entsteht ein Atom mit doppelter Kernladung und doppelter Anzahl von Elektronen. Abb. III,70 zeigt ein solches Korrelationsdiagramm. Das Diagramm basiert auf dem Pauliprinzip und der Regel, daß sich Niveaulinien gleicher Symmetrie (σ, π, . . . g, u) nicht kreuzen dürfen. Die Koordinatenmaßstäbe in Abb. III,70 sind rein schematisch.

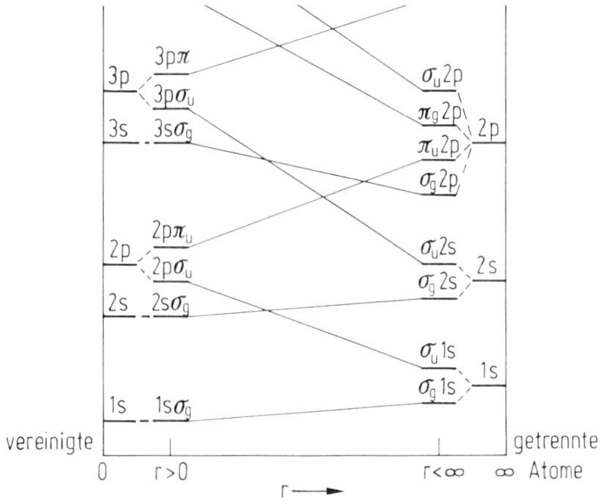

Abb. III, 70. Korrelationsdiagramm für zweiatomige homonukleare Moleküle; rechts getrennte Atome, links verschmolzene Kerne (nach Mulliken, Rev. Mod. Phys. **4** [1932] 1)

Aus dem Korrelationsdiagramm kann man nun entnehmen, ob ein Molekülorbital bindend oder bindungslockernd ist. Dies hängt davon ab, ob die Niveaulinie ansteigt oder abfällt, wenn die getrennten Atome zum Molekül zusammengebracht werden. Sie spiegeln nämlich wieder, ob dabei Energie aufgewandt werden muß oder gewonnen wird. Nach Abb. III,70 sind die folgenden Orbitale bindend

$$1s\,\sigma_g,\ 2s\,\sigma_g,\ 2p\,\sigma_g,\ 2p\,\pi_u,\ 3s\,\sigma_g,\ 3p\,\sigma_g,\ 3p\,\pi_u,\ \text{auch}\ 3d\,\sigma_g,\ 3d\,\pi_u,\ 3d\,\delta_g.$$

Wir können nun die Konfigurationen weiterer zweiatomiger Moleküle bestimmen, indem wir die Orbitale mit je 2 Elektronen mit entgegengesetztem Spin auffüllen.

Beim Stickstoffmolekül

$$N[1s^2\ 2s^2\ 2p^3] + N[1s^2\ 2s^2\ 2p^3] \rightarrow N_2[KK(2s\ \sigma_g)^2\ (2s\ \sigma_u)^2\ (2p\ \sigma_g)^2\ (2p\ \pi_u)^4]$$

haben wir 6 bindende Elektronen $(2p\ \sigma_g)^2\ (2p\ \pi_u)^4$. Wir können sagen, daß eine 3-fach-Bindung vorliegt. Eine Bindung ist eine σ-Bindung, die anderen beiden sind π-Bindungen. Mann kann auch 3 äquivalente Bindungen durch Einbeziehung des ersten angeregten Zustandes bilden.

Das Sauerstoffmolekül ist ein interessanter Fall. Formal können wir schreiben

$$O[1s^2\ 2s^2\ 2p^4] + O[1s^2\ 2s^2\ 2p^4]$$
$$\rightarrow O_2[KK(2s\ \sigma_g)^2\ (2s\ \sigma_u)^2\ (2p\ \sigma_g)^2\ (2p\ \pi_u)^4\ (2p\ \pi_g)^2].$$

Hier sind 4 Bindungselektronen, also eine Doppelbindung, bestehend aus σ- und π-Bindung vorhanden. Im Sauerstoffmolekül ist der $2p\ \pi_g$-Orbital, der 4 Elektronen aufnehmen kann, nur halb gefüllt. Nach der Hundschen Regel werden die beiden Elektronen je ein Unterniveau $(2p_y\ \pi_g)$ und $(2p_z\ \pi_g)$ besetzen und parallelen Spin haben. Der resultierende Gesamtspin des Sauerstoffmoleküls ist daher $S = 1$. Die Multi-

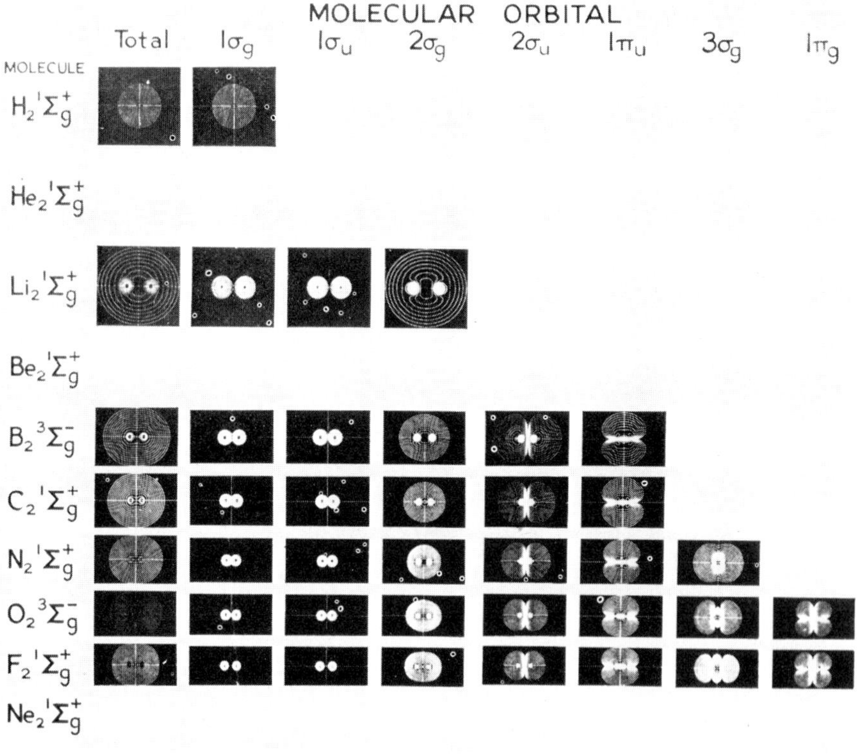

Abb. III. 71. Bilder des Molekülorbitals von H_2, Li_2, B_2, C_2, N_2, O_2 und F_2, berechnet mit einem Computer (Wahl, Science **151** [1966] 961) [Copyright 1966 by the American Association for the Advancement of Science]

plizität ist $2S + 1 = 3$, der Grundzustand ist $^3\Sigma$. Das Molekül ist wegen der ungepaarten Elektronen paramagnetisch.

Bilder der Konturen von Molekülorbitalen einer Reihe zweiatomiger Moleküle zeigt Abb. III,71. Es sind sowohl die totalen Elektronendichten als auch die Dichten der Unterschalen dargestellt. Sie wurden mittels eines Computers berechnet.

d) Molekülorbitale zweiatomiger heteronuklearer Moleküle

In heteronuklearen Molekülen ist die Wechselwirkung jedes Kernes mit den Elektronen verschieden. Das Molekül besitzt kein Symmetriezentrum mehr, so daß nicht mehr zwischen g- und u-Termen unterschieden wird. Wir wenden wieder die LCAO-Näherung an und schreiben für ein Molekülorbital

$$\psi = \psi_A + \tau\, \psi_B, \qquad \text{(III,173)}$$

jedoch ist jetzt im allgemeinen $\tau \neq \pm 1$. Wir können wie bei homonuklearen Molekülen ein Korrelationsdiagramm (Abb. III,72), das die Elektronenterme für sehr große Kernabstände (getrennte Atome) und für ein Atom mit vereinigten Kernen miteinander in Verbindung setzt, zeichnen. Der wesentliche Unterschied ist, abgesehen vom Fehlen der g-, u-Symmetrie, daß bei den getrennten Atomen die Terme gleicher Konfiguration verschiedene Energien besitzen.

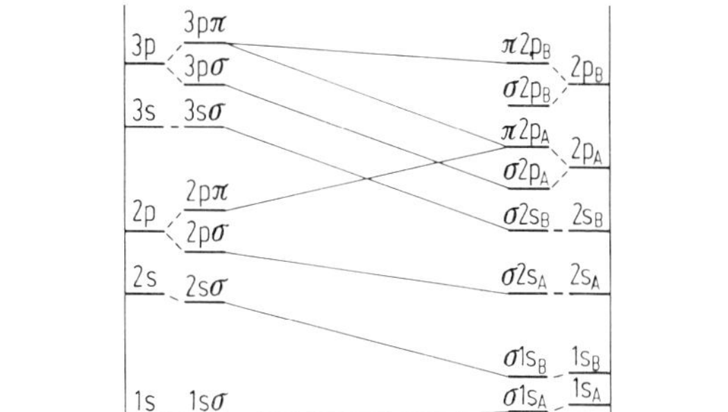

Abb. III, 72. Korrelationsdiagramm für zweiatomige heteronukleare Moleküle (nach Mulliken, Rev. Mod. Phys. **4** [1932] 1)

Die Größe τ in Gl. III,173 beschreibt die Polarität des Orbitals und hängt demgemäß mit dem Dipolmoment des Moleküls zusammen. Wenn z. B. in Gl. (III,173) die Größe $|\tau| > 1$ ist, spielt ψ_B im Molekülorbital eine größere Rolle als ψ_A. Die Elektronendichte beim Kern B ist größer als beim Kern A. Man kann daher der Größe τ grob die folgende Interpretation geben:

Der Anteil der Elektronenladung am Kern A ist durch $(1 + \tau^2)^{-1}$ und der am Kern B $\tau^2(1 + \tau^2)^{-1}$ gegeben. Nimmt man an, daß die Ladungsverteilungen ihre Mittelpunkte bei A und B haben, ergibt sich für das aus den positiven Kernladungen und den negativen Ladungsverteilungen der Elektronen erzeugte Dipolmoment

$$\mu = \frac{(\tau^2 - 1)\, e\, r_e}{1 + \tau^2}. \tag{III,174}$$

Wir betrachten als Beispiel das NaCl-Molekül. Bei diesem Molekül ist die Elektronenwolke zum Chlorkern hinübergeschoben, das Ergebnis ist ein Molekül mit ungleicher Ladungsverteilung, es ist polarisiert. Ein Maß für die Größe der Polarisation ist das Verhältnis $\beta = \mu/e\, r_e$, wobei μ das tatsächlich beobachtete Dipolmoment, e die Elementarladung und r_e der Kernabstand sind. $\beta = 1$ bedeutet, daß ein Elektron ganz zu einem der Kerne verschoben ist. Beim NaCl-Molekül wird $\beta = 0{,}75$ gefunden. 75% der Elektronenverteilung des Valenzelektrons befinden sich also beim Chlorkern. Wir können das Molekül als durch die Coulombkräfte zweier Ionen gebunden ansehen und schreiben Na^+Cl^-. Dieser Bindungstyp heißt Ionenbindung, während die Bindung bei homonuklearen Molekülen kovalent genannt wird.

Die Potentialkurve im Grundzustand eines vorwiegend durch Ionenbindung gebundenen Moleküls zeigt Abb. III,73 am Beispiel des NaCl. Bei großen Kernabständen ist die Wechselwirkung zwischen dem Natrium- und dem Chloratom sehr klein. Erst bei einem Abstand, der um 10 Å liegt, beginnt sich die eben besprochene Ladungsverschiebung auszuwirken und bei einer weiteren Verringerung des Kernabstandes verläuft die

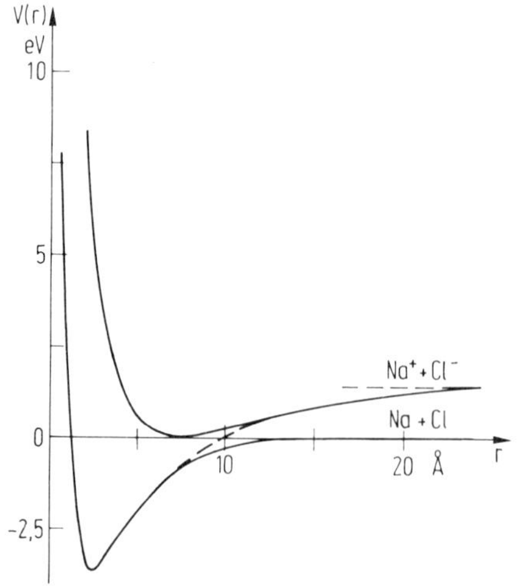

Abb. III, 73. Potentialkurven des NaCl-Moleküls als Beispiel für ein Molekül mit vorwiegender Ionenbindung

Potentialkurve ähnlich dem anziehenden Coulombpotential zwischen Na^+ und Cl^-, nämlich $E \sim - e^2/r$. Wegen der endlichen Ausdehnung der Ionen machen sich bei sehr kleinen Kernabständen, wenn die beiden Elektronenwolken ineinander eindringen, Abweichungen von diesem Coulombpotential bemerkbar. Diese Abweichung bewirkt eine Abstoßung der Kerne.

32. Das Heitler-London-Verfahren (Valenzbindungs-Methode) am Beispiel des Wasserstoff-Moleküls

Das Charakteristikum des Valenzbindungsverfahrens ist, daß es zunächst die Atome getrennt betrachtet, sie zum Molekül zusammenbringt, und die Atome dann miteinander wechselwirken läßt. Dieses Verfahren unterscheidet sich von der Methode der Molekülorbitale, bei der erst die Kerne in die richtige Lage gebracht werden und anschließend die Elektronen in Mehrzentrenorbitale arrangiert werden. Das Valenzbindungsverfahren (VB-Verfahren) ist der klassischen Vorstellung vom Aufbau der Moleküle sehr ähnlich, bei der die Atome ihre äußeren Elektronen, die „Valenzelektronen" hergeben, um die chemische Bindung zu bewerkstelligen.

Wir betrachten als Beispiel das Wasserstoffmolekül. Jedes Wasserstoffatom liefert ein Valenzelektron und die Rümpfe sind einfach Protonen. Das Näherungsverfahren geht von einem Paar neutraler Wasserstoffatome aus, die sich in einem großen Abstand voneinander befinden. Die Wellenfunktion des Gesamtsystems ist dann einfach gleich dem Produkt der einzelnen Wellenfunktionen der beiden Wasserstoffatome:

$$\Phi_1 = \psi_A(\boldsymbol{r}_1)\, \psi_B(\boldsymbol{r}_2). \qquad \text{(III,175)}$$

Die Bezeichnungen sind in der Abb. III,74 erklärt.

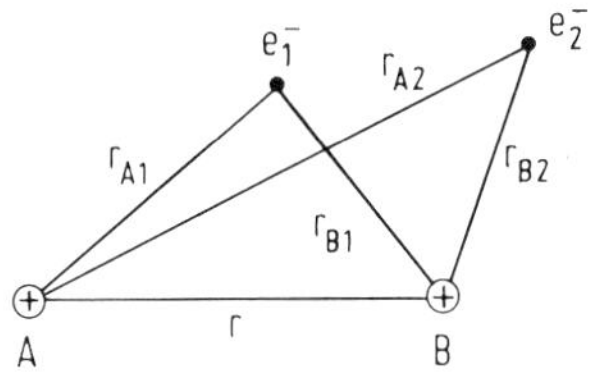

Abb. III, 74. Wasserstoffmolekül, Bezeichnungen der Abstände zwischen den Kernen A, B und den beiden Elektronen e_1^- und e_2^-

Nach der Funktion Gl. (III,175) gehört das Elektron 1 zum Atom A, während das Elektron 2 zum Atom B gehört. Da jedoch die Elektronen ununterscheidbar sind, kann man die Elektronen 1 und 2 vertauschen, ohne daß sich physikalisch etwas ändert. Der

Ununterscheidbarkeit muß Rechnung getragen werden, wenn die Atome dicht beieinander sind. Es gibt zwei einfache Möglichkeiten der Kombination:

$$\begin{aligned} \psi_s &= N_s[\psi_A(r_1)\,\psi_B(r_2) + \psi_A(r_2)\,\psi_B(r_1)] \\ \psi_a &= N_a[\psi_A(r_1)\,\psi_B(r_2) - \psi_A(r_2)\,\psi_B(r_1)]. \end{aligned} \qquad \text{(III,176)}$$

ψ_s ist symmetrisch, ψ_a ist antisymmetrisch in den Elektronenkoordinaten. Die Normierungsfaktoren N_s und N_a sind

$$N_s = \frac{1}{\sqrt{2(1+S^2)}} \qquad \text{(III,177 a)}$$

$$N_a = \frac{1}{\sqrt{2(1-S^2)}}\,. \qquad \text{(III,177 b)}$$

$$S = \int \psi_A(r)\,\psi_B(r)\,d\tau \qquad \text{(III,178)}$$

ist das Überlappungsintegral. Es gibt die Größe der „Überlappung“ der beiden Eigenfunktionen ψ_A und ψ_B an. Ein „Überlappungsintegral“ tritt auch im Franck-Condon-Faktor auf (vgl. Abschnitt 26 und Abb. III,52). Dort handelt es sich allerdings um die Überlappung von Schwingungseigenfunktionen, während es hier um die Überlappung von Elektroneneigenfunktionen geht.

Einen Begriff, welche Werte das Überlappungsintegral (III,178) annehmen kann, gibt die folgende Überlegung. Wenn die Atomorbitale ψ_A und ψ_B normiert sind, ist

$$\int \psi_A^*(r)\,\psi_A(r)\,d\tau = 1 \quad \text{und} \quad \int \psi_B^*(r)\,\psi_B(r)\,d\tau = 1.$$

Die Eigenfunktionen ψ sind orthogonale Funktionen. Beschreiben ψ' und ψ'' zwei verschiedene Elektronenzustände eines Atoms, so wird

$$\int \psi'^*(r)\,\psi''(r)\,d\tau = 0.$$

ψ_A und ψ_B haben aber die an verschiedenen Orten gelegenen Kerne A und B als Mittelpunkt. Die beiden Orbitale sind daher nicht mehr notwendigerweise orthogonal zueinander und im allgemeinen ist das Überlappungsintegral (III,178) $S \neq 0$.

Sind ψ_A und ψ_B Orbitale vom gleichen Typ, wie wir hier annehmen wollen, beschreiben also beide 1s-Wasserstoffzustände, so ist auch aus dem gleichen Grunde $S < 1$. Sind die beiden Kerne sehr weit voneinander entfernt, ist $S = 0$. Macht man den Kernabstand verschwindend klein, indem man die Kerne vereinigt, wird $S = 1$. In vielen Fällen ist das Überlappungsintegral $S \ll 1$ und kann in Gl. (III,177) vernachlässigt werden.

Wenn wir wissen wollen, ob die Valenzbindungstheorie ein stabiles Molekül liefert, müssen wir die Energie in Abhängigkeit vom Kernabstand bestimmen. Wenn die Energie für einen bestimmten Kernabstand ein Minimum besitzt, kann ein stabiles

Molekül existieren. Um die Energie zu berechnen, gehen wir von der Schrödinger-Gleichung in Operatorschreibweise

$$H \psi = E \psi \tag{III,179}$$

aus, multiplizieren rechts und links mit ψ^* und integrieren über den gesamten Raum

$$\int \psi^* H \psi \, d\tau = \int \psi^* E \psi \, d\tau .$$

E hängt von den Elektronenkoordinaten nicht ab, daher haben wir

$$E = \frac{\int \psi^* H \psi \, d\tau}{\int \psi^* \psi \, d\tau} . \tag{III,180}$$

Im Nenner auf der rechten Seite von Gl. (III,180) steht das Normierungsintegral. In diese Beziehung Gl. (III,180) setzen wir die symmetrische Funktion ψ_s der Heitler-London-Näherung Gl. (III,176) ein:

$$\begin{aligned} E = {} & \frac{1}{\sqrt{2(1+S^2)}} \int \int \psi_S(r_1, r_2) H(r_1, r_2) \psi_A(r_1) \psi_B(r_2) \, d\tau_1 \, d\tau_2 + \\ & + \frac{1}{\sqrt{2(1+S^2)}} \int \int \psi_S(r_1, r_2) H(r_1, r_2) \psi_A(r_2) \psi_B(r_1) \, d\tau_1 \, d\tau_2 . \end{aligned} \tag{III,181}$$

Die beiden Integrale auf der rechten Seite von Gl. (III,181) sind gleich. Das erkennt man, wenn man die Variablen r_1 und r_2 vertauscht und die Symmetrie von ψ_s bei einem solchen Austausch berücksichtigt.

Den Hamiltonoperator kann man folgendermaßen zerlegen

$$H(r_1, r_2) = \left(-\frac{\hbar^2}{2m} \Delta_1 - \frac{e^2}{r_{A1}}\right) + \left(-\frac{\hbar^2}{2m} \Delta_2 - \frac{e^2}{r_{B2}}\right) + U \tag{III,183}$$

mit

$$U = e^2 \left(\frac{1}{r} - \frac{1}{r_{A2}} - \frac{1}{r_{B1}} + \frac{1}{r_{12}}\right). \tag{III,183}$$

Da $\psi_A(r)$ und $\psi_B(r)$ 1s-Orbitale des Wasserstoffatoms sind, gilt für diese die Schrödinger-Gleichung für die getrennten Atome A und B,

$$\left(-\frac{\hbar^2}{2m} \Delta_1 - \frac{e^2}{r_{A1}}\right) \psi_A(r_1) = R_y \, \psi_A(r_1)$$

und (III,184)

$$\left(-\frac{\hbar^2}{2m} \Delta_2 - \frac{e^2}{r_{B2}}\right) \psi_B(r_2) = R_y \, \psi_B(r_2).$$

R_y = 13,6 eV ist die Bindungsenergie des Elektrons im Grundzustand des Wasserstoffatoms.

Wir führen außerdem noch die Abkürzungen

$$C = \int\int \psi_A(r_1)\, \psi_B(r_2)\, U\, \psi_A(r_1)\, \psi_B(r_2)\, d\,\tau_1\, d\,\tau_2 \qquad \text{(III,185)}$$

und

$$A = \int\int \psi_B(r_1)\, \psi_A(r_2)\, U\, \psi_A(r_1)\, \psi_B(r_2)\, d\,\tau_1\, d\,\tau_2 \qquad \text{(III,186)}$$

ein.

C ist das Coulombintegral und A das Austauschintegral. Beide Integrale hängen vom Kernabstand r ab.

Für die Energie als Funktion des Kernabstandes findet man mit diesen Abkürzungen und der symmetrischen Eigenfunktion ψ_s

$$E_s(r) = 2\,R_y + \frac{C + A}{1 + S^2}\,. \qquad \text{(III,187)}$$

Diese Funktion Gl. (III,187) ist für den Verlauf der Potentialkurve maßgebend.

Mit der antisymmetrischen Eigenfunktion ψ_a ergibt sich analog

$$E_a(r) = 2\,R_y + \frac{C - A}{1 - S^2}. \qquad \text{(III,188)}$$

Die beiden Terme auf den rechten Seiten von Gl. (III,187) und (III,188) sind leicht interpretierbar. Der erste Term $2\,R_y$ ist die Energie des Moleküls für sehr große Kernabstände. Denn bei sehr großen Kernabständen besteht zwischen den beiden Wasserstoffatomen, aus denen das Molekül zusammengesetzt ist, keinerlei Wechselwirkung. Die Energie, mit der jedes der beiden Elektronen gebunden ist, beträgt ein Rydberg R_y = 13,6 eV. Das ist die Ionisierungsenergie des Wasserstoffatoms. Der zweite Term beschreibt die Wechselwirkung der beiden Wasserstoffatome, wenn sie sich einander nähern und die das Proton umgebenden Elektronen sich gegenseitig stören.

Um die physikalische Bedeutung des Coulombintegrals C herauszuarbeiten, formen wir es um, wobei wir uns erinnern, daß ψ_A und ψ_B Orbitale des Wasserstoffgrundzustandes 1s sein sollen. Wir erhalten mit r_{12}, dem Abstand zwischen den beiden Elektronen,

$$C = \frac{e^2}{r} + \int\int \frac{e^2}{r_{12}}\, \psi_A^2(r_1)\, \psi_B^2(r_2)\, d\,\tau_1\, d\,\tau_2 - 2 \int \frac{e^2}{r_{A2}}\, \psi_B^2(r_2)\, d\,\tau_2\,. \qquad \text{(III,189)}$$

Wir sehen, daß C die „klassische" Coulombwechselwirkung im Molekül, die zusätzlich zum Atom auftritt, angibt: Der 1. Term auf der rechten Seite von Gl. (III,189) beschreibt die Wechselwirkung zwischen den beiden Protonen im Abstande r, der 2. Term die Wechselwirkung zwischen den beiden Elektronenwolken $\psi_A^2(r_1)$ und $\psi_B^2(r_2)$ und der 3. Term die Wechselwirkung zwischen dem Elektron 1 und dem Proton B und zwischen Elektron 2 und Proton A. Dieser letzte Term auf der rechten Seite von Gl. (III,189) hat als einziger ein negatives Vorzeichen. Damit Bindung zwischen den beiden Wasserstoffatomen stattfindet, muß die Energie $E(r)$ nach Gl. (III,187) oder (III,188) für gewisse Kernabstände ein Minimum durchlaufen. Sieht man einmal von dem Austauschintegral ab, so kann dies nur geschehen, wenn dieser letzte Term im Coulombintegral Gl. (III,189) überwiegt.

Das Austauschintegral kann gleichfalls umgeschrieben werden:

$$A = \frac{e^2 S^2}{r} + \int\int \frac{e^2}{r_{12}} \psi_A(r_1)\,\psi_A(r_2)\,\psi_B(r_1)\,\psi_B(r_2)\,d\tau_1\,d\tau_2 - \\ - 2\,S \int \frac{e^2}{r_{A2}} \psi_A(r_2)\,\psi_B(r_2)\,d\tau_2. \qquad \text{(III,190)}$$

Die numerische Auswertung für H_2 zeigt, daß A für $0{,}3 < R < 30$ Å negativ ist. Nach Gl. (III,187) kann also die symmetrische Orbitalfunktion ein stabiles Molekül liefern.

Das Austauschintegral kann nicht so anschaulich interpretiert werden wie das Coulombintegral. Es ist dadurch gekennzeichnet, daß es das Molekülorbital ψ_A und ψ_B und nicht etwa die Wahrscheinlichkeitsdichten $|\psi_A|^2$ und $|\psi_B|^2$ enthält. Das Austauschintegral berücksichtigt die Interferenz der Atomorbitale ψ_A und ψ_B. Ferner wird bei einem Molekül nicht mehr das eine Elektron dem Kern A und das andere Elektron dem Kern B, sondern jedes Elektron beiden Kernen zugeordnet. Das Molekülorbital besteht aus Atomwellenfunktionen, die sich über beide Kerne erstrecken. Aus diesen beiden Gründen resultiert die Austauschenergie Gl. (III,190). Sie ist aber rein elektrostatischer Natur.

Bisher haben wir den Elektronenspin und das Pauliprinzip unberücksichtigt gelassen. Nach dem Pauliprinzip gibt es nur solche Elektronenzustände, deren Eigenfunktionen antisymmetrisch sind. Wenn es also keinen Spin gäbe, würde nur das Molekülorbital ψ_a auftreten und, wie sich gleich zeigen wird, ein stabiles Wasserstoffmolekül wäre unmöglich.

Die Elektronenspinquantenzahl s kann den Wert $+\frac{1}{2}$ und $-\frac{1}{2}$ annehmen, sie bestimmt die Größe und die Richtung des Spins. Wir führen 2 Spinfunktionen α und β ein und schreiben α der Quantenzahl $s = \frac{1}{2}$ und β dem Wert $s = -\frac{1}{2}$ zu.

Für das Wasserstoffmolekül mit 2 Elektronen gibt es dann vier Kombinationen der Spinfunktionen α und β

Spinfunktion des Zweielektronensystems	Spin des Elektron 1	Spin des Elektron 2
$\alpha(1)\,\alpha(2)$	$+\frac{1}{2}$	$+\frac{1}{2}$
$\alpha(1)\,\beta(2)$	$+\frac{1}{2}$	$-\frac{1}{2}$
$\beta(1)\,\alpha(2)$	$-\frac{1}{2}$	$+\frac{1}{2}$
$\beta(1)\,\beta(2)$	$-\frac{1}{2}$	$-\frac{1}{2}$

Wie beim Molekülorbital muß auch bei der Spinfunktion die Ununterscheidbarkeit der Elektronen beachtet werden, d. h., die Funktion muß in den Elektronen 1 und 2 gleichwertig sein. Wir erhalten 3 symmetrische Spinfunktionen

$$\alpha(1)\cdot\alpha(2)$$
$$\beta(1)\cdot\beta(2)$$
$$\alpha(1)\,\beta(2)+\alpha(2)\,\beta(1)$$

und eine antisymmetrische Spinfunktion $\alpha(1)\,\beta(2) - \alpha(2)\,\beta(1)$.

Die vollständige Eigenfunktion des Systems erhält man durch Kombination der 4 Spinfunktionen mit den möglichen Molekülorbitalen. Nach dem Pauliprinzip muß die Gesamteigenfunktion antisymmetrisch bei gleichzeitigem Austausch der Lage- und Spinkoordinaten für die beiden Elektronen sein. Die möglichen Gesamteigenfunktionen sind daher die, die aus symmetrischem Orbital und antisymmetrischer Spinfunktion oder aus antisymmetrischem Orbital und symmetrischer Spinfunktion zusammengesetzt sind:

Orbital	Spinfunktion	Gesamt-spin S	Multiplizität $2S+1$	Term
$\psi_s = \psi_A(1)\,\psi_B(2) + \psi_A(2)\,\psi_B(1)$	$\alpha(1)\,\beta(2) - \alpha(2)\,\beta(1)$	0	1 (Singulett)	$^1\Sigma$ „Spins anti-parallel" ↑↓
$\psi_a = \psi_A(1)\,\psi_B(2) + \psi_A(2)\,\psi_B(1)$	$\left\{\begin{matrix}\alpha(1)\,\alpha(2)\\ \beta(1)\,\beta(2)\\ \alpha(1)\,\beta(2)+\alpha(2)\,\beta(1)\end{matrix}\right\}$	1	3 (Triplett)	$^3\Sigma$ „Spins parallel" ↑↑

Die symmetrische Orbitalfunktion ψ_s kann nur auf einfache Weise mit einer Spinfunktion kombiniert werden, die Gesamtfunktion wird dem Singulettsystem zugeschrieben; die antisymmetrische Funktion ψ_a kann auf dreifache Weise mit Spinfunktionen kombiniert werden, die resultierenden Gesamtfunktionen beschreiben Triplettzustände.

Die theoretischen Ergebnisse von Heitler, London und Sugiura sind in der Abb. III,75 gezeigt. Der $^1\Sigma_g^+$-Zustand hat eine Potentialkurve, die ein Minimum besitzt; das

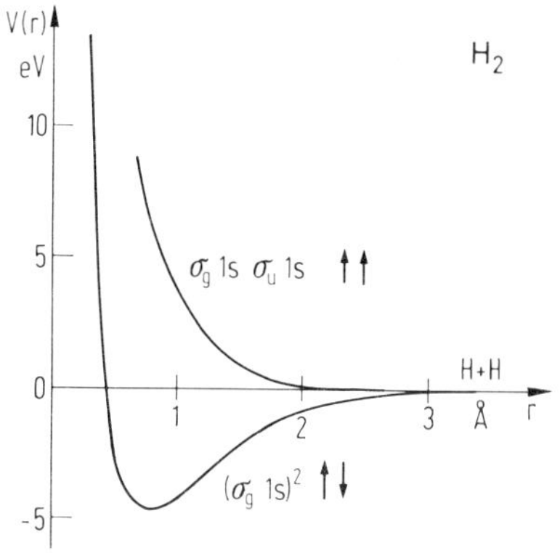

Abb. III, 75. Potentialkurven für die beiden niedrigsten Elektronenzustände des Wasserstoffmoleküls σ_g 1s σ_u 1s $^3\Sigma_g^+$ (Spins parallel) und $(\sigma_g\ 1s)^2\ ^1\Sigma_g^+$ (Spins antiparallel)

Molekül ist in diesem Elektronenzustand stabil. Die Potentialkurve des $^3\Sigma_g^+$-Zustandes weist kein Minimum auf, das H_2-Molekül ist in diesem Zustand instabil. Beide Potentialkurven sind experimentell gut bekannt. Unter Normalbedingungen befinden sich die Wasserstoffmoleküle im Singulettgrundzustand $^1\Sigma_g^+$, die beiden Elektronen haben, wie man sich etwas lax ausdrückt, antiparallelen Spin. Gelingt es nun z. B. durch Elektronenstoß, – unter Umständen über den Umweg über einen weiteren Elektronenzustand –, den Spin des einen Elektrons umzudrehen, wird das Wasserstoffmolekül instabil und die beiden Wasserstoffatome fahren mit einer gewissen kinetischen Energie auseinander. Die Größe ihrer kinetischen Energie hängt natürlich davon ab, an welchem Kernabstand r dieser Übergang vom Singulettzustand $(\sigma_g\ 1s)^2\ ^1\Sigma_g^+$ zum Triplettzustand $(\sigma_g\ 1s)\,(\sigma_u\ 1s)\ ^3\Sigma_g^+$ erfolgt.

33. Vergleich von Valenzbindungs (VB)- und Molekülorbitalverfahren (MO)

Die VB-Methode geht von den einzelnen getrennten Atomen aus und betrachtet dann die Wechselwirkung zwischen ihnen. Für ein Molekül mit zwei Kernen A und B und den Elektronen 1 und 2 schreibt man also

$$\psi_{VB} = \psi_A(1)\,\psi_B(2) + \psi_A(2)\,\psi_B(1).$$

Die MO-Methode beginnt mit dem fertigen Kerngerüst und verwendet für die Elektronenbahnfunktionen Molekülorbitale, die im einfachsten Falle aus einer linearen Kombination von Atomorbitalen bestehen (LCAO – MO). Danach gilt für ein Molekül mit zwei Kernen

$$\psi_{MO} = \psi_1\ \psi_2 = \psi_A(1)\,\psi_A(2) + \psi_B(1)\,\psi_B(2) + \psi_A(1)\,\psi_B(2) + \psi_A(2)\,\psi_B(1).$$

Der Vergleich zwischen den beiden ausgeschriebenen Funktionen ψ_{VB} und ψ_{MO} zeigt sofort den Unterschied zwischen den beiden Näherungen. Die letzten beiden Terme der MO-Funktion ψ_{MO} stimmen mit der Valenzbindungsfunktion ψ_{VB} überein. Diese beiden Terme beschreiben einen Elektronenzustand, bei dem sich jeweils eines der Elektronen bei dem einem Kern und das andere Elektron bei dem anderen Kern befindet. Die beiden ersten Terme in der Funktion ψ_{MO} sind so zu interpretieren, daß sich die beiden Elektronen entweder beim Kern A oder beim Kern B aufhalten. In der MO-Methode werden daher Ionenstrukturen der Form A^+B^- und A^-B^+ mitberücksichtigt. Die Valenzbindungsmethode vernachlässigt diese Ionenterme. In Wirklichkeit überschätzt die MO-Funktion die Ionenterme beträchtlich, während die VB-Funktion diese unterschätzt. Die Verhältnisse bei realen Molekülen liegen meistens dazwischen.

34. Bindungen in mehratomigen Molekülen

Wir hatten im vorangegangenen Abschnitt gesehen, daß im Bilde der Molekülorbital-Funktionen sich die Bindungselektronen mit endlicher Wahrscheinlichkeit bei allen

Atomen des Kerngerüsts aufhalten (nichtlokalisierte Elektronen). Bei VB-Funktionen dagegen sind die für die Bindung verantwortlichen Elektronen im wesentlichen zwischen zwei Atomen anzutreffen (lokalisierte Elektronen). Wenn wir jetzt den Aufbau mehratomiger Moleküle im Vergleich zu den bisher betrachteten zweiatomigen behandeln, so spielt ein neuer Gesichtspunkt, nämlich die Struktur und die Symmetrie des zu bildenden Moleküls, eine Rolle. Die Prinzipien, die wir im weiteren benutzen wollen, sind die folgenden: wie bei den zweiatomigen Molekülen bekommen wir dann eine Bindung, wenn sich die Atomorbitale zwischen zwei Kernen möglichst stark überlappen, denn hierdurch wird begünstigt, daß sich ein Elektronenpaar (von jedem Kern wird ein Elektron geliefert) zwischen den Kernen aufhält. Auf diese Weise wird der Zusammenhalt des Moleküls durch elektrostatische Kräfte bewerkstelligt. Zusätzlich kann ausgenutzt werden, daß es lokalisierte Molekülorbitale gibt, um auf diese Weise die Geometrie des Moleküls zu bestimmen.

Zunächst muß der Begriff der Hybridisierung von Atomorbitalen erläutert werden. Wir tun dies am Beispiel des Li_2-Moleküls. Der wesentliche Teil der Wellenfunktion des Lithiummoleküls, der die Bindung beschreibt, ist

$$\psi_{VB,Li_2} = \psi_A(2s, 1)\,\psi_B(2s, 2) + \psi_A(2s, 2)\,\psi_B(2s, 1). \qquad (III,191)$$

Diese Funktion ist mit der VB-Funktion des Wasserstoffmoleküls identisch, wenn statt 2s-Orbitale 1s-Orbitale geschrieben werden, z. B.:

$$\psi_A(2s, 1) \to \psi_A(1s, 1) = \psi_A(1).$$

Der Unterschied gegenüber dem H_2-Molekül liegt aber vor allem in dem folgenden Umstand: Im Wasserstoffatom ist die Energiedifferenz zwischen dem 1s-Grundzustand und dem ersten angeregten 2p-Zustand sehr groß und liegt bei 10,2 eV. Beim Lithiumatom ist diese Energiedifferenz mit ungefähr 2 eV viel kleiner. Das Lithiumatom kann daher leicht vom 2s- zum 2p-Zustand angeregt werden, und es ist gut möglich, daß das für die Bindung verantwortliche Orbital eine Mischung von 2s- und 2p-Orbitalen ist. Eine solche Mischung von Atomorbitalen nennt man hybridisierte Atomorbitale. Für die Hybridisierung muß atomare Energie aufgebracht werden, sie kann aber zu einer größeren Überlappung der Valenzorbitale der Atome und damit zu einem Gewinn an Bindungsenergie führen, die den Verlust an inneratomarer Energie überkompensiert.

Der Effekt der Hybridisierung wird mittels Abb. III,76 anschaulich gemacht. Sie stellt einen Schnitt durch das Molekülorbital längs der Kernverbindungsachse durch die beiden Lithiumkerne (einschließlich der K-Schalen) A und B dar. Diese Achse soll hier x-Achse sein. Die Vorzeichen der zuzumischenden Orbitale $\psi_A(2p_x)$ und $\psi_B(2p_x)$ werden so gewählt, daß $\psi_A(2p_x)$ beim Li-Kern B und $\psi_B(2p_x)$ beim Li-Kern A positive Vorzeichen haben. Hybridisierung heißt nun, daß in Gl. (III,191) $\psi_A(2s)$ und $\psi_B(2s)$ ersetzt werden durch

$$\begin{aligned} \varphi_A &= \psi_A(2s)\cos\omega + \psi_A(2p)\sin\omega \\ \varphi_B &= \psi_B(2s)\cos\omega + \psi_B(2p)\sin\omega. \end{aligned} \qquad (III,192)$$

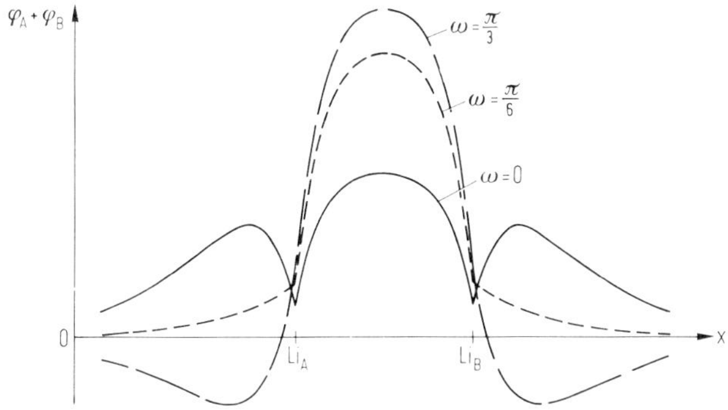

Abb. III, 76. Schnitt durch das hybridisierte Orbital $\varphi_A + \varphi_B$ von Li_2 längs der Kernverbindungsachse x. ω gibt den Grad der Hybridisierung an

Der Parameter ω ist ein Maß für den Grad der Hybridisierung. Keine Hybridisierung ist durch $\omega = 0$ charakterisiert, wir haben reine s-Bindung. $\omega = \frac{\pi}{2}$ heißt reine p σ-Bindung. Wenn ω zunimmt, wird auch die Wahrscheinlichkeit, daß sich die Elektronen zwischen den Kernen befinden, größer und die Bindung stärker; dementsprechend nimmt die Ladungsdichte im äußeren Bereich des Moleküls ab.

Die Bildung eines s p-Hybrid-Orbitals ist in Abb. III,77 schematisch nochmals gezeigt.

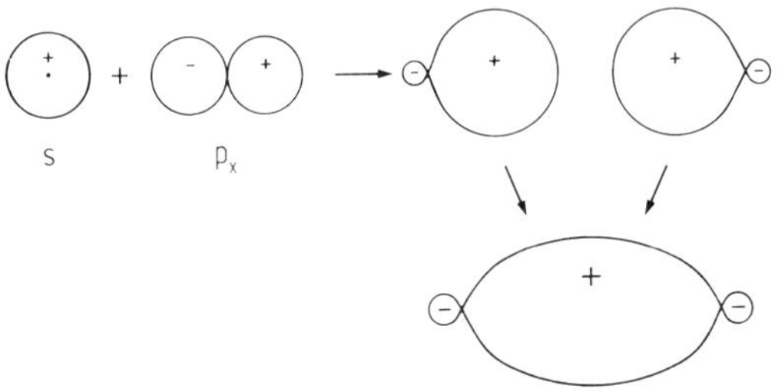

Abb. III, 77. Bildung eines s p-Hybrid-Atomorbitals und Molekülbindung durch zwei s p-Hybrid-Atomorbitale

Welcher Grad der Hybridisierung eintritt, hängt natürlich von dem speziellen Molekül ab. Er ergibt sich aus der Forderung, daß die totale Elektronenenergie des Moleküls ein Minimum annehmen muß.

Eine wichtige Rolle spielt die Hybridisierung von Atomorbitalen in der organischen Chemie. Sie ist z. B. notwendig, um die Vierwertigkeit des Kohlenstoffatoms zu erklären.

Als erstes Beispiel für ein mehratomiges Molekül behandeln wir das Wassermolekül H_2O. Das Sauerstoffatom besitzt im Grundzustand die Konfiguration

$(1s)^2$ $(2s)^2$ $(2p)^4$. In erster Näherung brauchen für die Bindung nur die zwei der vier 2p-Elektronen mit parallelem (ungepaartem) Spin berücksichtigt zu werden. Ihre beiden Orbitale müssen verschieden voneinander sein. Wir können ihnen ein p_x- und p_y-Orbital zuschreiben. Die beiden Elektronen mit antiparallelem Spin besetzen dann ein p_z-Orbital. Bei der Molekülbildung werden sich dann die beiden Wasserstoffatome so im Raume anordnen, daß maximale Überlappung mit den Orbitalen der ungepaarten Elektronen des Sauerstoffatoms stattfindet (Abb. III,78).

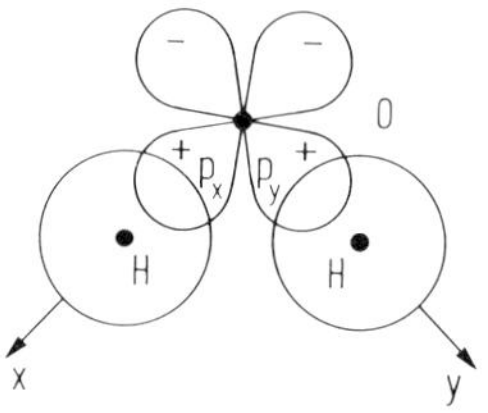

Abb. III, 78. Wassermolekül 1. Näherung, Bindungswinkel 90°

Die Wasserstoffatome befinden sich also auf der x-Achse bzw. auf der y-Achse im gleichen Abstand vom Sauerstoffatom, und es ergibt sich ein rechter Winkel zwischen den beiden O–H-Bindungen. Tatsächlich ist dieser Winkel etwas größer und beträgt 104,5°. Eine Vergrößerung des Bindungswinkels erhält man durch Berücksichtigung der Abstoßung zwischen den beiden Wasserstoffatomen und s p-Hybridisierung. Besonderen Erfolg hat die Anwendung der Hybridisierung bei der Erklärung der Vierwertigkeit des Kohlenstoffatoms, z. B. im Methanmolekül CH_4. Der Grundzustand des Kohlenstoffatoms ist $(1s)^2$ $(2s)^2$ $(2p_x)$ $(2p_y)$. Das Atom hat nur zwei ungepaarte Elektronen für die Herstellung von zwei homöopolaren Bindungen. Bringt man jedoch ein 2s-Elektron in den dritten 2p-Zustand, so wären 4 Bindungselektronen, die ungepaart sind, vorhanden. Aus der Spektroskopie und aus der Chemie des CH_4-Moleküls weiß man jedoch, daß alle 4 Bindungen äquivalent sind. Das kann man durch Mischung des s-Orbitals mit den drei p-Orbitalen erreichen (s p^3-Hybridisierung). Unter der Bedingung der Orthogonalität der Hybridorbitale und maximaler Überlappung mit den 1s-Wasserstofforbitalen gelingt es, Orbitale zu konstruieren, die in die Ecken eines Tetraeders zeigen, so daß ein Tetraedermolekül entsteht (Abb. III,79).

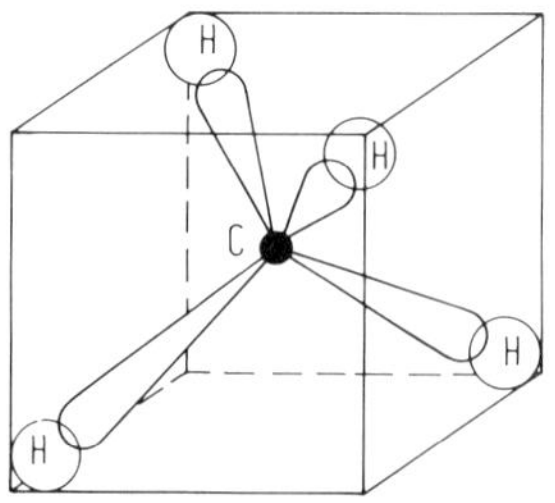

Abb. III, 79. Aufbau des CH_4-Moleküls

Das Äthanmolekül (H_3C-CH_3) kann auf ähnliche Weise aufgebaut werden. Die Einfach-Bindung der beiden Kohlenstoffatome kommt durch Überlappung zweier hybridisierter s p^3-Orbitale zustande. Die Bindung ist eine σ-Bindung, wie wir sie bei den zweiatomigen Molekülen bereits kennengelernt haben.

Es gibt noch andere mögliche Arten der Hybridisierung. So entstehen z. B. aus der Kombination von s-, p_x- und p_y-Wellenfunktionen drei s p^2-Hybride in der (x, y)-Ebene, deren Maxima miteinander einen Winkel von 120° bilden. Ein viertes Elektron kann ein p_z-Orbital besetzen, das senkrecht zu dieser Ebene steht. Zwei s p^2-Hybride sind erforderlich, um die Doppelbindung im Äthylenmolekül $H_2C = CH_2$ zu erklären. Die Doppelbindung ergibt sich einmal aus der Überlappung der s p^2-Hybride von jedem Kohlenstoffatom längs der Kernverbindungslinie (σ-Bindung), zum anderen aus der Überlappung der p_z-Orbitale, wodurch eine π-Bindung zustandekommt. Das Äthylenmolekül (Abb. III,80) ist daher ein ebenes Molekül und einer Verdrehung der CH_2-Radikale gegeneinander wird ein gewisser Widerstand entgegengesetzt (Torsionsschwingungen, siehe Abschnitt 14).

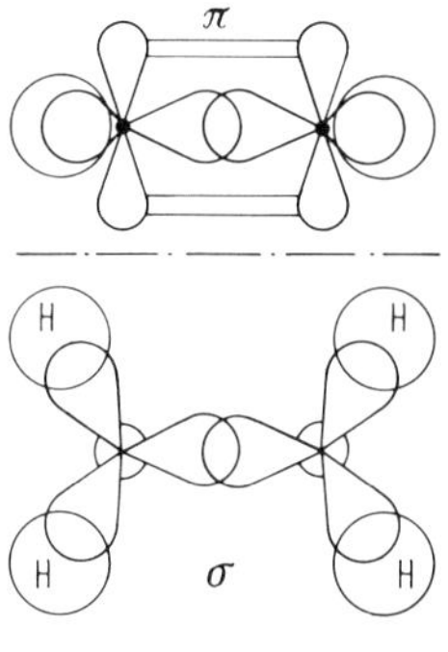

Abb. III, 80. π- und σ-Bindung des Äthylenmoleküls, Zweitafelprojektion

In ganz ähnlicher Weise kann auch die Dreifachbindung des Kohlenstoffs in Azetylen $HC \equiv CH$ erklärt werden. Hier wird eine s p-Hybridisierung erforderlich, wie wir sie bereits am Beispiel des Lithiummoleküls kennengelernt haben. Die Dreifachbindung ergibt sich aus der Überlappung der s p-Hybride längs der x-Achse, wodurch eine σ-Bindung entsteht, sowie aus zwei π-Bindungen als Ergebnis der Überlagerung der beiden p_y- und p_z-Orbitale. Die beiden Wasserstoffatome sitzen mit den Kohlenstoffatomen auf einer Geraden, so daß wir ein lineares Molekül vor uns haben.

35. Aromatische Moleküle und konjugierte Doppelbindungen

Der Aufbau der in den vorhergehenden Abschnitten besprochenen Moleküle konnte durch lokalisierte Bindungen mittels lokalisierter Elektronen beschrieben werden. Es gibt jedoch eine Vielzahl von Verbindungen, bei denen eine solche Beschreibung nicht mehr möglich ist. Es sind dies die Moleküle mit konjugierter Doppelbindung und die aromatischen Moleküle, bei denen ein Teil der Bindungselektronen weitgehend delokalisiert ist.

Als Beispiel ziehen wir das Benzolmolekül C_6H_6 heran. Wie man z. B. aus Röntgenuntersuchungen weiß, liegen die Kerne der Kohlenstoffatome in einer Ebene und bilden die Ecken eines gleichseitigen Sechsecks. Weiterhin beträgt der Bindungswinkel C–C–H 120°. Da wir es beim Benzol mit nichtlokalisierten Bindungen zu tun haben, ist es zweckmäßig, die MO-Methode anzuwenden. Insgesamt sind beim Benzolmolekül 42 Elektronen vorhanden. Zur Vereinfachung teilt man die Elektronen in zwei Gruppen ein: in eine Gruppe lokalisierter Elektronen, – das sind 36 Elektronen –, und in eine Gruppe nichtlokalisierter Elektronen – dies sind die verbleibenden 6 Elektronen.

Von den 36 lokalisierten Elektronen gehören $6 \times 2 = 12$ Elektronen zur K-Schale der Kohlenstoffatome; sie sind uninteressant, da sie zur Bindung in erster Näherung nichts beitragen. Von den beiden 2s-Elektronen wird eines in den 2p-Zustand angeregt, wie schon früher im Zusammenhang mit der Vierwertigkeit des Kohlenstoffs diskutiert. Aus dem verbleibenden 2s-Elektron wird zusammen mit zwei 2p-Elektronen ein sp^2-Hybridorbital konstruiert. Dieser sp^2-Hybridorbital besitzt drei „Keulen", die jeweils einen Winkel von 120° bilden. Die Hybridorbitale von den 6 Kohlenstoffatomen werden dann benutzt, um je eine σ-Bindung mit den beiden benachbarten Kohlenstoffatomen und eine mit dem 1s-Atomorbital des Wasserstoffatoms zu erzeugen (Abb. III,81).

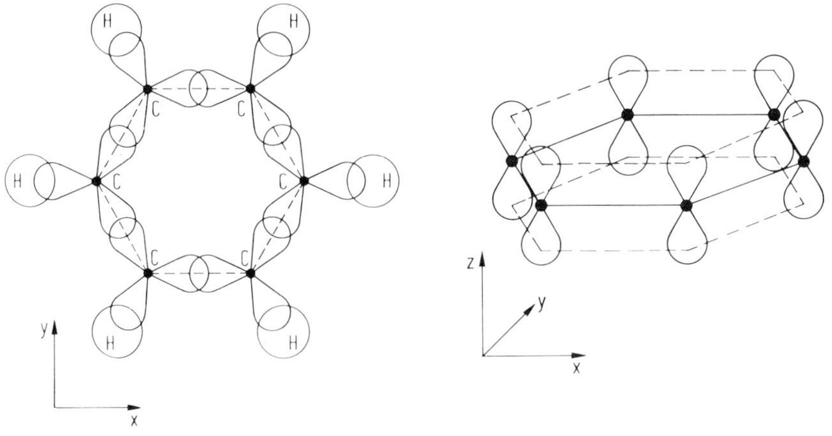

Abb. III, 81. Aufbau des Benzolmoleküls. a) σ-Bindungen, b) π-Bindungen durch p_z-Orbitale

Damit sind die 36 lokalisierten Elektronen aufgebraucht. Es verbleiben noch 6 2p-Elektronen, die, wenn die Molekülebene in der (x, y)-Ebene liegt, p_z-Orbitale sind. Ihre „Keulen" liegen senkrecht zur Ebene des Moleküls. Die von diesen p_z-Orbitalen herrührenden π-Elektronen sind mehr oder weniger frei und bewegen sich entlang des Sechsecks, wie etwa mittels der gestrichelten Linie in Abb. III,81 angedeutet ist. Diese freie Beweglichkeit der π-Elektronen ist für den starken Diamagnetismus von Benzol und anderen zyklischen Molekülen verantwortlich.

Literatur

1. Allgemein

G. Herzberg: Molecular Spectra and Molecular Structure
Vol. I Spectra of Diatomic Molecules
Vol. II Infrared and Raman Spectra of Polyatomic Molecules
Vol. III Electronic Spectra and Electronic Structure of Polyatomic Molecules
Van Nostrand Co., Princeton N. J., 1950/1945/1966

H. A. Stuart: Molekülstruktur, Springer, Berlin, Heidelberg, New York, 1967

J. C. Slater: Quantum Theory of Molecules and Solids
Vol. 1 Electronic Structure of Molecules, McGraw-Hill, New York, 1963

2. Elektronenbeugung an Molekülen

L. O. Brockway: Electron Diffraction, in: Physical Methods of Organic Chemistry (edited by A. Weissberger) Vol. 1/2 p. 1739, Interscience Publ., New York, London, 1960

O. Bastiansen: P. N. Skancke, Advances in Chem. Phys. **3**, 232 (1961)

L. O. Brockway: Rev. Mod. Phys. **8**, 231 (1936)

3. Rotationsspektren

C. M. Townes, A. L. Schawlow: Microwave Spectroscopy, McGraw-Hill, New York, 1955

W. Gordy, R. F. Trambarulo, W. V. Smith: Microwave Spectroscopy, Wiley, New York, 1953

W. Gordy, R. L. Cook: Microwave Molecular Spectra, Interscience Publ., New York, 1970

J. E. Wollrab: Rotational Spectra and Molecular Structure, Academic Press, New York, 1967

4. Schwingungsspektren

D. Steele: Theory of Vibrational Spectroscopy, Saunders Co., Philadelphia, 1971

E. B. Wilson, J. C. Decius, P. C. Cross: Molecular Vibrations, McGraw-Hill, New York, 1955

5. Raman-Effekt

A. Anderson (editor): The Raman Effect, Dekker, New York, 1971

H. A. Szymanski: Raman-Spectroscopy, Plenum Press, New York 1967

Methods of Experimental Physics (edited by L. Marton) Vol. 3: B. P. Stoicheff, Raman Effect, Acadamic Press, New York 1962

6. Ammoniak-Maser

E. Mollwo, W. Kaule: Maser und Laser, Bibliographisches Institut, Mannheim, 1968

J. R. Singer: Maser and other Quantum Mechanical Amplifier, Advances in Electronics and Electron Physics, **15**, 73 (1961)

7. Chemische Bindung

L. Pauling: The Nature of the Chemical Bond, Cornell University Press, Ithaca, N. Y. 1960

C. A. Coulson: Die chemische Bindung, Hirzel, Stuttgart 1969

IV. Kapitel

Flüssigkeiten

A. Nichtelektrolytische Flüssigkeiten

(K. Ueberreiter, Berlin)

1. Struktur der Flüssigkeiten

1.1 Phänomenologische Beschreibung

1.1.1 Ordnungsfaktoren in Flüssigkeiten

Kräfte. Die zwischenmolekulare Wechselwirkung der Moleküle einer Flüssigkeit ergibt sich durch Superposition von mehreren Kräften elektrischer Art: Das sind die Induktionskräfte, Dispersionskräfte, Dipolkräfte und die Wasserstoffbrückenbindung. Alle diese Kräfte haben keine sehr große Reichweite und sind bis auf die Wasserstoffbrückenbindung ungerichtet und nicht abzusättigen; die Wasserstoffbrückenbindung dagegen ist gerichtet und kann abgesättigt werden. Während die erst genannten Kräfte bei allen Molekülarten vorhanden sind, tritt die Wasserstoffbrückenbindung hauptsächlich bei Molekülen mit OH- oder NH-Gruppen auf, die mit stark negativen Atomen in Wechselwirkung stehen, z. B. O, F, Cl-Atomen usw. Eine sehr bekannte Wasserstoffbrückenbindung tritt beim Wasser ein und bei der Bildung von Doppelmolekülen von organischen Säuren; sie spielt eine Hauptrolle bei biochemisch wichtigen Makromolekülen zur Stabilisierung ihrer äußeren Form.

Die genannten Kräfte sind alle Anziehungskräfte; es treten aber auch abstoßende Kräfte auf, deren Größe mit der Annäherung sehr schnell wächst. Aus der Superposition der anziehenden und abstoßenden Kräfte resultiert dann die Gesamtwechselwirkung der zwischenmolekularen Kräfte. Die potentielle Energie U zwischen zwei Molekülen wird meist mit einem von Lennard-Jones gegebenen Ansatz als Funktion ihres Abstands r beschrieben, welcher mathematisch gut zu behandeln ist. Er lautet

$$U = -\frac{\mathrm{a}}{r^6} + \frac{\mathrm{b}}{r^{\mathrm{n}}} \qquad \text{(IV,1)}$$

(n $\geqslant$ 12; a, b, sind Konstante)

Molekülform. Nicht nur die Art und Stärke der zwischenmolekularen Kräfte spielt beim Aufbau der Struktur einer Flüssigkeit eine große Rolle, sondern auch die Form der Moleküle. Das zeigen ganz besonders deutlich Versuche, wie sie Abb. IV,1 zeigt, bei denen kleine Modellkörper auf einer Schüttelmaschine in eine heftige, ungeordnete Bewegung versetzt wurden und ihre Bewegung gefilmt wurde. Die Abb. IV,1a zeigt im Vergleich zur Abb. IV,1b wie die Dichte stark auf die Orientierung der Teilchen einwirkt und wie ihre längliche Form, entsprechend dem sterischen Aufbau der Moleküle, auf die Nahordnung einen großen Einfluß ausübt. Es treten parallele Molekülketten auf, die auch zu verzweigten und versetzten Parallelketten führen, so daß also allein schon durch die Form der Moleküle eine Struktur in der Flüssigkeit aufgebaut wird. Im Benzol beispielsweise werden sich die einzelnen Moleküle scheibenförmig aufeinanderlagern, man spricht von einer „Geldrollenanordnung", und bei Paraffinen wird eine Parallellagerung der Moleküle eintreten, die besonders bei längerkettigen Paraffinen stärker in Erscheinung tritt.

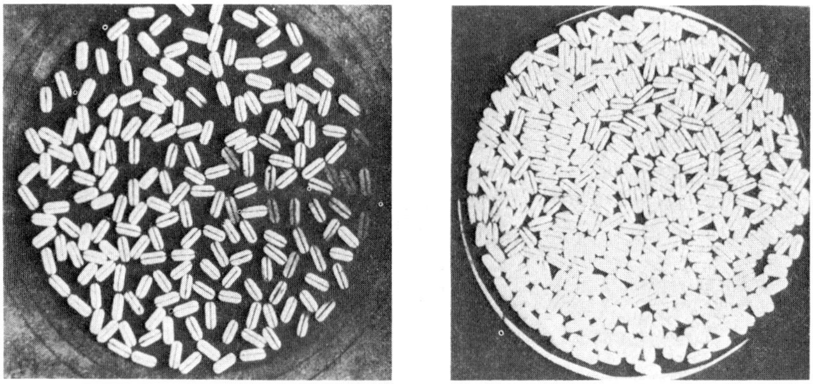

Abb. IV,1. Die Nahordnung in einer Flüssigkeit als Folge der Packungsdichte und unsymmetrischen Molekülform: a) Packungsdichte 0.4; b) Packungsdichte 0.7 (nach Modellversuchen von Rehaag und Stuart)

1.1.2 Durch Kräfte und Form erzeugte Flüssigkeitsstrukturen

Kristalline Flüssigkeiten. Die schematischen Zeichnungen in Abb. IV,2 geben ein anschauliches Bild für die Strukturen, die vom Kristall bis zur völlig isotropen Flüssigkeit auftreten können. Die Struktur des Kristalles in Abb. IV,2a zeigt die für einen kristallinen Körper charakteristische Nah- und Fernordnung. Manche Kristalle, z. B. die des Äthyl-p-azoxybenzoats, schmelzen nicht sofort zu einer völlig isotropen ungeordneten Flüssigkeit auf. Der Strukturwechsel erfolgt vielmehr ganz allmählich. So zeigt uns die Abb. IV,2b eine Flüssigkeitsstruktur, welche als kristalline Flüssigkeit bezeichnet wird, und zwar in diesem Falle als smektische Struktur (von σμῆγμα = Seife). In einer smektisch kristallinen Flüssigkeit tritt kein Fließen auf, wie man es von

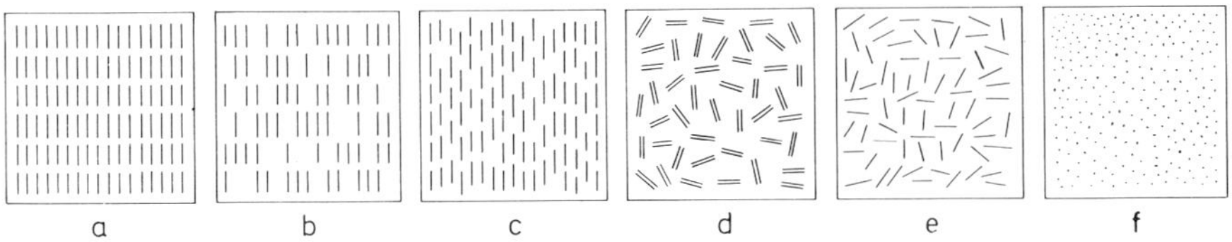

Abb. IV,2.
a) Kristallstruktur: Nah- und Fernordnung
Flüssigkeitsstrukturen:
b) smektisch: ausgerichtete Anordnung in Ebenen gleichen Abstands, keine Fernordnung.
c) nematisch: Nahordnung durch Ausrichtung, ohne Fernordnung
d) Assoziation: Doppelmoleküle
e) Flüssigkeit mit stabförmigen Teilchen: ausgeprägte Nahordnung
f) Normale Flüssigkeit: Nahordnung nur durch Packungsdichte bestimmt

isotropen Flüssigkeiten her kennt, sondern eine Ebene der Moleküle gleitet über der anderen hinweg. Auch sind die Tropfen nicht normal geformt, sondern sie sind stufenartig. Abb. IV,2c zeigt eine nematische Struktur ($\nu\tilde{\eta}\mu\alpha$ = Nadel). Nematisch kristalline Flüssigkeiten sind schon sehr stark flüssigkeitsähnlich, sie sind niedrig viskos und fließen sehr gut. Im Unterschied zu einer isotropen Flüssigkeit besitzen sie jedoch eine leichte Trübung. Die Röntgen-Beugungsbilder weisen nur diffuse Ringe wie echte Flüssigkeiten auf, so daß die Schichten der smektischen Phase fehlen. Als Beispiel für diese Art von kristallinen Flüssigkeiten sei p-Azoxyanisol genannt, welches bei 116° schmilzt und bei 135 °C den sogenannten Klärpunkt, nämlich den Übergangspunkt zur Normalflüssigkeit, aufweist.

Kristalline Flüssigkeiten scheinen für biologische Funktionen sehr wichtig zu sein. Sie kombinieren Leichtflüssigkeit und Diffusionsvermögen mit den Möglichkeiten der inneren Struktur, wie sie nur Kristallen zu eigen ist.

Assoziate. Die in Abb. IV,2d gezeigten Zusammenlagerungen von Molekülen, die von Nebenvalenzkräften ausgehen, nennt man Assoziate. Sind die Assoziationskomplexe stöchiometrisch definiert und stehen sie unter sich und mit ihren Komponenten nach dem Massenwirkungsgesetz im Gleichgewicht, so sprechen wir von Molekülverbindungen, ohne zu unterscheiden, ob es Assoziate zwischen gleichen oder ungleichartigen Molekülen sind.

Assoziation erfolgt, wenn benachbarte Moleküle sich so gegeneinander orientieren, daß die potentielle Energie ein Minimum aufweist. Daraus folgt, daß Assoziation nur eintreten kann, wenn die Nebenvalenzbindungskräfte eines Moleküls richtungsverschieden sind. Das ist besonders bei den Wasserstoffbrücken der Fall; die Doppelmoleküle der Fettsäuren sind ein bekanntes Beispiel dafür.

Schwärme. Räumlich stark anisotrope Moleküle bilden Molekülanhäufungen – Schwärme –, in denen die Moleküle gegenseitig orientiert sind. Diesem Zustand würde das Schemabild Abb. IV,2e und auch der Modellversuch in Abb. IV,1b entsprechen. Die Molekülschwärme sind zeitlich statistisch schwankend und einer dauernden Auflösung und Neubildung unterworfen. Mischungen aus Benzol und Cyclohexan haben beispielsweise eine Mischungsentropie, die im Bereich mittlerer Zusammensetzungen oberhalb der idealen Mischungsentropie liegt. Das darf eigentlich nicht der Fall sein und weist darauf hin, daß die Entropien der reinen Stoffe nicht denen einer völlig ungeordneten Flüssigkeit entsprechen, sondern einen gewissen Ordnungsgrad aufweisen, der erst laufend durch Zumischung der zweiten Molekülart herabgesetzt wird.

Normale Flüssigkeiten. Schließlich kommen wir zu dem Schemabild der Abb. IV,2f, welches normale Flüssigkeiten versinnbildlichen soll. Als Beispiele dieser Art kämen flüssiges Argon, Helium usw. in Frage, also kugelförmige Moleküle, welche weder eine geometrische noch eine Kräfteanisotropie aufweisen. Man erkennt sie an der idealen Mischungsentropie ihrer Mischungen und am Fehlen irgendwelcher Mischungswärmen. Man könnte diese Flüssigkeiten also auch als „ideale" Flüssigkeiten bezeichnen. Diese normalen Flüssigkeiten sind bei niedrigen Temperaturen verhältnismäßig selten, wie das Beispiel Edelgase anzeigt. Bei sehr hohen Temperaturen aber nähern sich viele Flüssigkeiten, welche bei niedrigen Temperaturen irgendwelche Strukturen aufweisen, diesem idealen Zustand an. Die Anisotropie der Kräfte und auch der Gestalt der Moleküle wird dann durch ihre heftige Temperaturbewegung, insbesondere ihre Rotationsbewegung, abgeschwächt, so daß sie einem quasi idealen Kugelmolekül ähnlicher werden.

1.2 Mathematische Beschreibung der Flüssigkeitsstruktur

1.2.1 Allgemeiner Überblick

Bislang haben wir gesehen, wie sich aus der Unordnung eine strukturelle Ordnung durch den Einfluß von Kräften und Molekülformen ergibt. Jetzt wollen wir einmal sehen, wie schnell die Ordnung eines kristallinen Gefüges verschwinden kann.
Abb. IV,3 zeigt einen zweidimensionalen Kristall, bei dem ein Molekül von sechs nächsten Nachbarn umgeben ist. Schaffen wir bei einem Molekül eine abnorme Koordinationszahl von nur 5 anstelle von 6 nächsten Nachbarn, so genügt das, um die Fernordnung des Kristalls zum Verschwinden zu bringen. Wenn also die thermische Bewegung

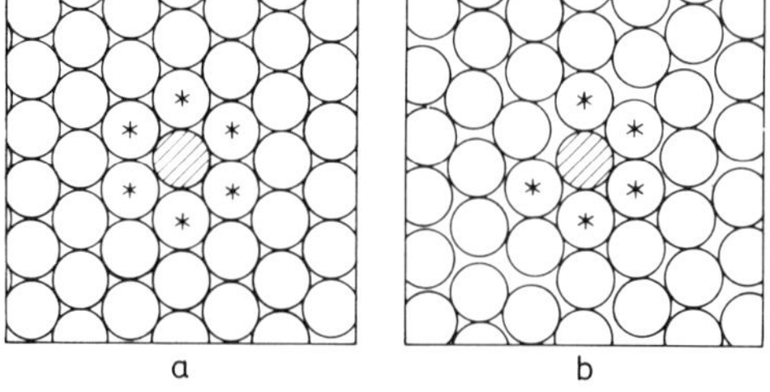

Abb. IV,3. Modell eines zweidimensionalen Kristalls (a) und einer Flüssigkeit (b), erhalten durch Verminderung der Koordinationszahl 6 in (a) auf 5

in einer Gegend des Kristalls eine solche Fehlordnung erzeugen kann, so geht sie kooperativ durch den ganzen Kristall, wodurch der Schmelzvorgang erklärt wird.

Die Nah- und Fernordnung läßt sich mathematisch durch eine Verteilungsfunktion $g(r)$ darstellen, wie sie Abb. IV,4 zeigt. $g(r)$ vermittelt ein Bild der Wahrscheinlichkeit, ein Molekül in einem bestimmten Raumgebiet zu finden. In einem idealen Kristall ist diese Funktion über einen beliebig großen Bereich von r periodisch (Abb. IV,4a), in einer Flüssigkeit ist sie zwar in unmittelbarer Nähe eines Nachbarn annähernd so groß wie in einem Kristall, aber bereits nach wenigen Molekülabständen sinkt sie auf den für Gase charakteristischen Wert ab (Abb. IV,4b). Der Verlust der Fernordnung der Flüssigkeit bedeutet also $\lim_{r \to \infty} g(r) = 1$. Das Aufstellen von solchen Verteilungsfunktionen ist ein wichtiges Mittel zur exakten Beschreibung der Struktur in Flüssigkeiten.

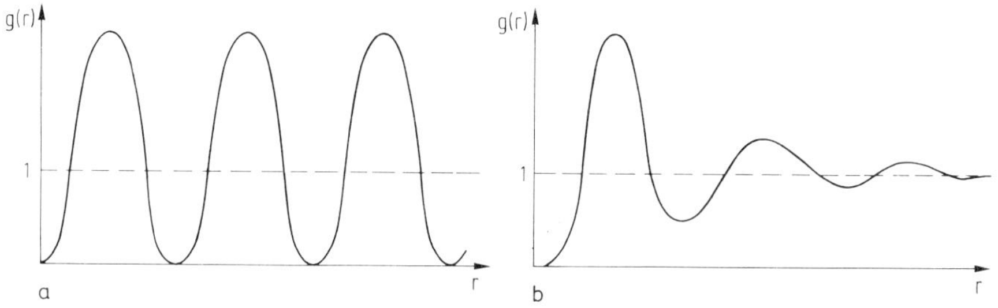

Abb. IV,4. Verteilungsfunktionen:
a) eines Kristalls: Nah- und Fernordnung (Periodizität)
b) einer Flüssigkeit: Nahordnung ohne Periodizität

1.2.2 Verteilungsfunktionen

Wir betrachten eine Flüssigkeit als aus N gleichartigen Molekülen oder Atomen bestehend. Ihre räumliche Lage sei durch N-Vektoren $\boldsymbol{r}_1 \ldots \boldsymbol{r}_i \ldots \boldsymbol{r}_N$ beschrieben, wobei $\boldsymbol{r}_i$ die Komponenten x_i, y_i, z_i habe, ein Volumenelement im Konfigurationsraum ist deshalb $d\boldsymbol{r}_i$ (mit dx_i, dy_i, dz_i). Das Moment des Teilchens i sei $\boldsymbol{p}_i$ (mit $p_{x_i}, p_{y_i}, p_{z_i}$), das Volumenelement im Phasenraum entsprechend $d\boldsymbol{p}_i$. Die Wechselwirkungsenergie zwischen den N-Molekülen sei $U(\boldsymbol{r}_1, \ldots, \boldsymbol{r}_N)$. Die kanonische Verteilungsfunktion ist

$$Q = \sum_i e^{-E_i/kT}$$

Bei Vernachlässigung der inneren Energiezustände des Teilchens ist die Energie des i-ten Quantenzustands

$$E_i = \sum_{i=1}^{3N} \frac{p_{x_i}^2 + p_{y_i}^2 + p_{z_i}^2}{2m} + U(\boldsymbol{r}_1, \ldots, \boldsymbol{r}_N)$$

Nähern wir die Verteilungsfunktion Q durch ein Integral im klassischen Phasenraum an, so ergibt sich

$$Q = \frac{1}{N!\,h^{3N}} \int \ldots \int e^{-\frac{1}{kT}\Sigma(p_{x_i}^2 + p_{y_i}^2 + p_{z_i}^2)/2m}\, e^{-U(r_1, \ldots, r_N)/kT}\, dp_1 \ldots dp_N\, dr_1 \ldots dr_N$$

Die Moleküle sehen wir dabei als unterscheidbar an, zur Korrektur dividieren wir dann die Verteilungsfunktion durch N!. Das Integral ist separierbar, die Integration über die Momente ergibt $(2\pi mkT)^{1/2}$. Setzen wir $\lambda = (h^2/(2\pi mkT)^{1/2})$, so erhalten wir

$$Q = \frac{Z}{N!\,\lambda^{3N}} \tag{IV,2}$$

mit dem Konfigurationsintegral

$$Z(T, V) = \int \ldots \int e^{-U(r_1, \ldots, r_N)/kT}\, dr_1 \ldots dr_N \tag{IV,3}$$

Die Wahrscheinlichkeit, das System zu beobachten mit

Teilchen 1 im Volumenelement dr_1 bei r_1
Teilchen 2 im Volumenelement dr_2 bei r_2 ...
Teilchen i im Volumenelement dr_i bei r_i ist

$$p(r_1, \ldots, r_N)\, dr_1 \ldots dr_N = \frac{1}{Z}\, e^{-U(r_1, \ldots, r_N)/kT}\, dr_1 \ldots dr_N$$

Dieser Ausdruck ergibt sich durch den klassischen Ersatz des quantenmechanischen $e^{-E_i/kT}/Q$ mit dem Zusatz, daß die kinetische Energie der Teilchen nicht berücksichtigt zu werden braucht. Wir führen weiterhin die sog. spezifische Verteilungsfunktion ein, bei welcher eine kleine Teilchenzahl n aus der Gesamtzahl $N (n < N)$ betrachtet wird. Die Wahrscheinlichkeit, Teilchen Nummer 1 bei r_1, ... Nummer i bei r_i usw. zu finden, ist

$$p^{(n)}(r_1, \ldots, r_N) = \frac{1}{Z} \int \ldots \int e^{-U(r_1, \ldots, r_N)/kT}\, dr_1 \ldots dr_N \tag{IV,4}$$

Eine weitere Verallgemeinerung stellt die erzeugende Verteilungsfunktion dar, welche nur angibt, das irgendein Teilchen bei r_1, irgendein zweites bei r_2 usw., irgendein n-tes sich bei r_n befindet. Die Wahrscheinlichkeiten, irgendeines der Teilchen bei r_1 usw. zu finden, sind gleich groß, und wir können auf $N(N-1) \ldots (N-(n-1))$ Weisen n Teilchen aus N auswählen. Damit wird

$$\rho^{(n)}(r_1, \ldots, r_N) = \frac{N!}{(N-n)!}\, p^{(n)}(r_1, \ldots, r_N) \tag{IV,5}$$

In einer Flüssigkeit ohne jede Beziehung zwischen den Lagen der Teilchen untereinander sind alle Lagen gleichberechtigt. Es ist also

$$p^{(1)}(r_1) = \frac{1}{V}; \quad \rho^{(1)}(r_1) = \frac{N}{V}$$

Die Wahrscheinlichkeit, ein weiteres bei r_2 zu finden, wenn wir schon wissen, das erste ist bei r_1, ist $(N - 1)/V$, also ist

$$\rho^{(2)}(r_1, r_2) = \frac{N}{V} \cdot \frac{N-1}{V} \approx \frac{N^2}{V^2}$$

Wegen der Wechselwirkung der Teilchen untereinander sollte eine Beziehung zwischen ihren Lagen auftreten, welche wir durch die radiale Verteilungsfunktion $g(r)$ berücksichtigen:

$$\rho^{(2)}(r_1, r_2) = \rho^{(2)}(r_{12}) = \left(\frac{N}{V}\right)^2 g(r_{12}) \tag{IV,6}$$

$(N/V)g(r)$ ist also die Wahrscheinlichkeit pro Einheitsvolumen, ein zweites Teilchen im Abstand $r = r_{12} = |r_2 - r_1|$ von einem gegebenen Teilchen zu finden. Damit wird die Wahrscheinlichkeit, ein Molekül in einer Kugelschale im Abstand r vom ersten Molekül zu finden:

$$\frac{N}{V} g(r)\, 4\, \pi\, r^2\, d\, r$$

1.2.3 Theoretische Berechnung von g(r) aus den Kräften

Im Augenblick gibt es keine voll befriedigende Methode, $g(r)$ aus der Potentialfunktion $U(r)$ abzuleiten. Die vorliegenden Methoden erfordern entweder mathematische Nähe-

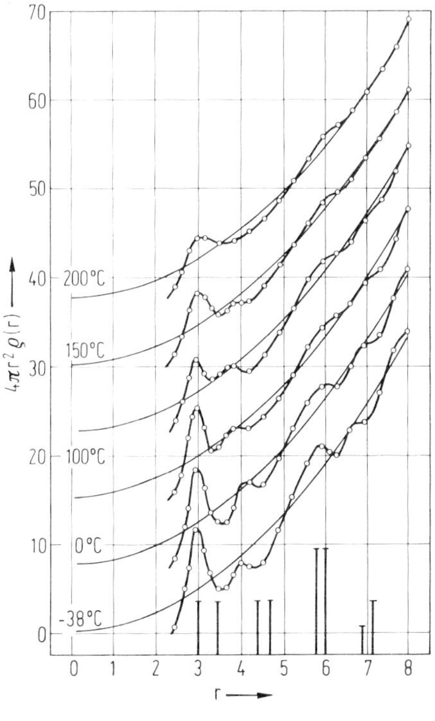

Abb. IV,5. Radiale Verteilungsfunktion von flüssigem Quecksilber. Ordinate der Einzelkurven verschoben (nach Campbell und Hildebrand)

rungen oder physikalische Vereinfachungen. Einige Theorien geben gute Näherungen bei geringen Dichten an der Gasgrenze, andere, wie die Zellentheorie, bei höheren Dichten. Deshalb bleibt vorerst hauptsächlich die experimentelle Bestimmung von $g(r)$. Die Röntgenstrahlenbeugungsbilder von Flüssigkeiten werden angenähert von Pulveraufnahmen von Kristallen, wenn die kristallinen Partikel Größen von 100 Å erreichen, aus Linien werden dann diffuse Ringe. Aber wenn die Flüssigkeit ohne jede Ordnung wäre, sollte ein kontinuierliches Streubild ohne Maxima und Minima erhalten werden, das ist aber nicht der Fall. Es gibt ein, zwei oder mehrere Maxima, deren Lage einige der größeren Abstände in den zugehörigen kristallinen Strukturen entsprechen. Die im Vergleich zum Kristall geringere Zahl der Maxima entspricht eben dem Fehlen der Fernordnung der Kristalle, welche die kleinen Abstände hervorrufen. Man kann die Röntgenstreuungsdaten analysieren und erhält dann Bilder von radialen Verteilungsfunktionen, welche den Streufunktionen zugeordnet sind. Einige Beispiele zeigt Abb. IV,5.

2. Ansätze zur statistischen Theorie des flüssigen Zustandes

2.1 Allgemeiner Überblick

Zustandsgleichungen für Flüssigkeiten sind natürlich sehr wichtig, aber die Ordnungszustände in Flüssigkeiten und die starke Wechselwirkung der Teilchen untereinander erschweren den theoretischen Zugang sehr. Kurz zusammengefaßt gibt es bislang zwei Wege zur Theorie: den mathematisch formalen und den modellmäßigen. Beim letzteren wird ein einfaches physikalisches Modell einer Flüssigkeit angenommen, aus diesem die Verteilungsfunktion entwickelt und daraus die Eigenschaften der Flüssigkeit berechnet.

Eine Modelltheorie ist beispielsweise die „Käfig"-theorie, welche annimmt, daß ein Molekül in einem kugelförmigen Käfig der Größe $v_f = 4/3 \cdot \pi(b - a)^3$ aus seinen Nachbarn gebildet sich bewegen kann. Hier ist b der Abstand der Mittelpunkte zweier benachbarter Moleküle und a der Abstand von den Käfigbildnern. Die Verteilungsfunktion der N! verschiedenen Anordnungen von N Molekülen in N Käfigen gibt dann einfach

$$Q = v_f^N ,$$

woraus sich eine der van der Waalschen Gleichung ähnliche, einfache Zustandsgleichung für Flüssigkeiten ableiten läßt (Eyring).

Eine Verbesserung dieser einfachen Theorie wurde erzielt (Lennard-Jones und Devonschire), indem man das Potential (IV,1) $U(r)$ zur Beschreibung des Käfig- oder Zellvolumens heranzieht:

$$v_f = \int_{\text{Käfig}} e^{[U(r) - U(0)]/kT} \, d r$$

Die Weiterentwicklung der Käfigvorstellung führt zu „leeren Käfigen“ oder „Löchern“ in der Flüssigkeit, die in ihr unregelmäßig und fluktuierend verteilt sind und eine Änderung der Koordinationszahl der Moleküle der Flüssigkeit bewirken, so daß sich eine Abhängigkeit des freien Volumens von der Koordinationszahl ergibt. Diese funktionelle Abhängigkeit ist wiederum der Gegenstand mehrerer Theorien. Dieses Modell ergibt gute Übereinstimmung in der Gegend des kondensierten Gases. Die Löcheridee wurde noch zur Tunnelidee erweitert, sie verbindet die Löcher zu wurmartigen Tunneln verschiedener Anordnung und Länge. Diese Theorie stellt wiederum eine Verbesserung dar und kann beispielsweise Energie und Volumen von flüssigem Argon gut beschreiben. Schließlich kommt noch die verbesserte Theorie von Eyring in Frage, welche im Abschnitt 2.3 besprochen wird.

2.2 Zustandsgleichung aus der Verteilungsfunktion

Die mathematisch formelle Methode geht von der Voraussetzung aus, daß die zwischenmolekularen Kräfte in einer Flüssigkeit sich hauptsächlich als Summe von Teilchen-Wechselwirkungen ergeben. Wenn also mehrere Teilchen einer Flüssigkeit dicht gepackt zusammenliegen, so erhält man die Gesamtenergie des Systems als Summe der Energien der Teilchenpaare und vernachlässigt dritte, vierte usw. Teilcheneinflüsse aufeinander. Diese Paartheorie basiert auf der schon im Abschnitt 1.2.2 definierten Paarverteilungsfunktion.

Der statistische Ausdruck für die Gesamtenergie eines Systems ist

$$E = kT^2 \left(\frac{\partial \ln Q}{\partial T}\right)_{N,V}$$

mit der Verteilungsfunktion Q (IV,2). Mit (IV,3) ergibt sich

$$\left(\frac{\partial \ln Q}{\partial T}\right)_{N,V} = \frac{3\,N}{2\,T} + \frac{kT^2}{Z} \int \ldots \int U\, e^{-U/kT}\, dr_1 \ldots dr_N$$

und daraus

$$E = \frac{3}{2}\,N\,kT + \frac{1}{Z} \int \ldots \int U\, e^{-U/kT}\, dr_1 \ldots dr_N = \frac{3}{2}\,N\,kT + \bar{U}$$

Dieses Zwischenergebnis zeigt sehr schön, daß die gesamte Energie aus der mittleren kinetischen Energie des Systems und aus der mittleren potentiellen Energie besteht. Die letztere ist bei idealen Gasen infolge des Fehlens von Wechselwirkungen zwischen den Gasmolekülen Null.

Jetzt führen wir die Annahme ein, daß die gesamte Energie der Flüssigkeit sich als Summe der Paar-Potentiale beschreiben läßt

$$U(r_1, \ldots, r_N) = \sum_{1 \leqslant i \leqslant k \leqslant N} u(r_{ik})$$

Da aus N Teilchen $\binom{N}{2}$ unterscheidbare Paare herausgegriffen werden können, wird

$$\bar{U} = \binom{N}{2} \frac{1}{Z} \int \ldots \int u(r_{12})\, e^{-U(r_1, \ldots, r_N)/kT}\, dr_1 \ldots dr_N$$

Zur Einführung unserer im Abschnitt 1.2.2 definierten Paarverteilungsfunktion schreiben wir mit (IV,4) und (IV,6)

$$\bar{U} = \frac{1}{2} \int \ldots \int u(r_{12})\, N(N-1)\, p^{(2)}(r_1, r_2)\, dr_1\, dr_2$$

mit (IV,5) und (IV,6)

$$\bar{U} = \frac{1}{2} \left(\frac{N}{V}\right)^2 V \int_{r_{12}} u(r_{12})\, g(r_{12})\, dr_{12}$$

wegen $dr_{12} = 4\,\pi\, r^2\, dr$ schließlich

$$\bar{U} = N \frac{\rho}{2} \int u(r)\, g(r)\, 4\,\pi\, r^2\, dr \qquad \text{mit} \qquad \rho = N/V$$

Damit wird die gesamte Energie eines flüssigen Systems

$$E = N \left\{ \frac{3}{2} kT + \frac{\rho}{2} \int u(r)\, g(r)\, 4\,\pi\, r^2\, dr \right\} \tag{IV,7}$$

Wir erkennen sofort, das das Integral die Eigenschaften der Flüssigkeit widerspiegelt und bei keinerlei Wechselwirkung verschwindet.

Versuchen wir noch einmal, das Wechselwirkungsintegral zu verstehen:

a) $(4\,\pi\, r^2\, dr)\, g(r)$ ist die mittlere Teilchenzahl in einer Kugelschale zwischen r und $(r + dr)$ von einem gegebenen Teilchen.

b) $(4\,\pi\, r^2\, dr)\, g(r)\, u(r)$ ist die potentielle Wechselwirkungsenergie mit diesen Nachbarn.

c) die gesamte potentielle Energie erhält man durch Integration über r.

d) das gilt für ein Molekül, nach Multiplikation mit N ergibt sich die Energie für das gesamte System, wobei durch 2 dividiert werden muß, um zu verhindern, daß jede Paarwechselwirkung doppelt gezählt wird.

e) Das Ergebnis ist

$$N \frac{\rho}{2} \int u(r)\, g(r)\, 4\,\pi\, r^2\, dr$$

Aus (IV,7) können nun andere Größen berechnet werden, wie beispielsweise die Molwärme

$$C_V = \left(\frac{\partial E}{\partial T}\right)_V = \frac{3}{2} R + \frac{N\rho}{2} \int \left(\frac{\partial g(r)}{\partial T}\right)_V u(r)\, 4\,\pi\, r^2\, dr$$

In diesem Ausdruck muß die Temperaturabhängigkeit der radialen Verteilungsfunktion bekannt sein und darin liegt eine große Schwierigkeit. Die Paarwechselwirkung war nämlich bei der Ableitung als temperaturunabhängig angenommen worden.

2.3 Freie Volumentheorie

Aus Messungen der Kompressibilität kann man schließen, daß in einer normalen Flüssigkeit bei Zimmertemperatur etwa 3% freies Volumen vorhanden ist. Bis zu 1000 atm nimmt nämlich das Volumen um 3% ab, weitere Kompression erfordert sehr viel höhere Druckzunahme. Das schematische Bild der Flüssigkeit in Abb. IV,6 zeigt dynamische Löcher der Art, daß eine Volumeneinheit der Flüssigkeit etwa die gleiche Menge Löcher, wie das gleiche Volumen des Dampfes Moleküle, enthält. Von den Löchern sind einige kleiner, andere größer als das Volumen eines Moleküls, aber im Mittel sind es Löcher von molekularer Größe. Mit der Temperatur nimmt die Dichte der Flüssigkeit ab und die Dichte des Dampfes zu. Eine Ausdehnung um 12% entspricht bei flüssigem Argon etwa der Wegnahme jedes 8-ten Moleküls flüssigen Argons. Bei der kritischen Temperatur werden schließlich die Dichte der Flüssigkeit und des Dampfes einander gleich. Diese Verhältnisse wurden zuerst von Cailletet und Mathias entdeckt; ihre Regel besagt, daß die Dichten ρ eines Stoffes im flüssigen oder gesättigten Dampfzustand bei derselben Temperatur eine lineare Funktion der Temperatur seien: $(\rho_{Fl} + \rho_D)/2 = aT + b$. Ein Beispiel zeigt Abb. IV,7. Das freie Volumen in der Flüssigkeit ist also in Form von Löchern molekularer Größe verteilt, die Nachbarn eines Loches haben gasartige Eigenschaften, der Molenbruch gasartiger Moleküle in Lochnachbarschaft ist dann $(V - V_{fest})/V$, wenn V das Volumen der Flüssigkeit und

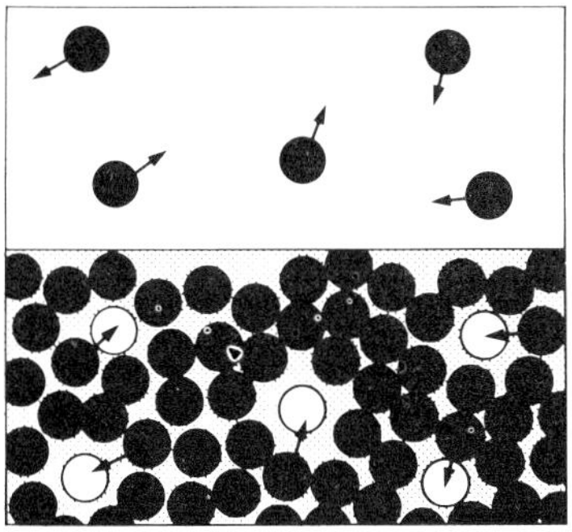

Abb. IV,6

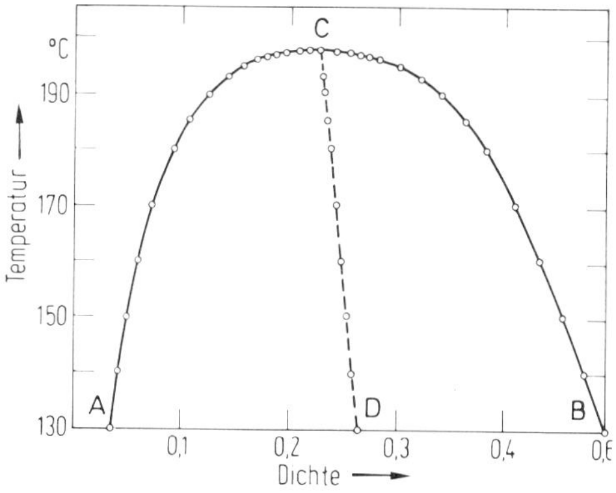

Abb. IV,7

Abb. IV,6. Löcher in einer Flüssigkeit ähneln Gasmolekülen. In der Flüssigkeit bewegen sich die Löcher zwischen Molekülen wie die des Gases zwischen Hohlräumen

Abb. IV,7. Dichten von gesättigtem Dampf (AC) und Flüssigkeit (BC) von n-Pentan. Die mittleren Dichten (CD) folgen der Beziehung $\rho = 0.3231$ 0.00046 t und ergeben die kritische Temperatur C

V_{fest} das des Festkörpers ist; der Rest V_{fest}/V ist festkörperartig. Abb. IV,8 zeigt als Beispiel die Molwärme bei konstantem Volumen C_v von flüssigem Argon, sie wurde als Summe der Wärmebeträge des gasartigen und festkörperartigen Argonmoleküls nach der Beziehung

$$C_V = 3\,\frac{V - V_{fest}}{V} + 6\,\frac{V_{fest}}{V}$$

berechnet. Bild IV,8 zeigt, daß Übereinstimmung zwischen experimenteller und berechneter Kurve erstaunlich gut ist.

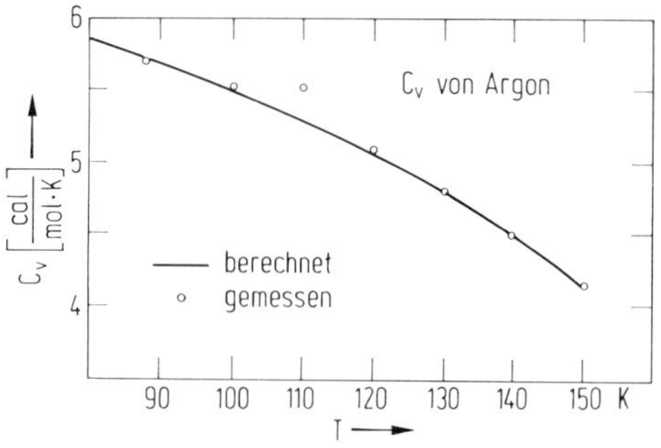

Abb. IV,8. Molwärme bei konstantem Volumen von flüssigem Argon (nach Eyring und Ree)

Diese Anschauung läßt sich auf viele Eigenschaften der Flüssigkeiten, wie thermische Leitfähigkeit, Viskosität und Dielektrizitätskonstante usw. übertragen und ist infolge ihrer Anschaulichkeit und mathematischen Durchführbarkeit sehr bestechend.

3. Kinetische Eigenschaften der Flüssigkeiten

3.1 Allgemeiner Überblick

Wir haben bislang nur Gleichgewichtszustände der Flüssigkeiten betrachtet und wollen jetzt ihre dynamischen Eigenschaften, d. h. hauptsächlich die Transporteigenschaften untersuchen. Dabei werden die Bewegungen der Teilchen in der Flüssigkeit betrachtet, während früher nur ihre Gleichgewichtslagen – ausgedrückt durch $g(r)$ – von Bedeutung waren. Wir brauchen also Verteilungsfunktionen, die sowohl Funktionen der Lage als auch der Zeit sind. Die wichtigste dieser Funktionen ist wieder die Paarverteilungsfunktion $G(r, t)$, während $g(r)$ nur die Correlationsfunktion der Zeitgrenze $t = 0$ ist. Zur Berechnung der Transportkoeffizienten aus $G(r, t)$ kommt man schließlich zu Integralen über alle Zeiten, die nicht wie bisher auf einfache Weise durch Paarpotential-$u(r)$ und Paarverteilungsfunktionen $g(r)$ ausdrückbar und zu berechnen sind.

Deshalb ist es üblich, auf diese Art der Berechnung zu verzichten; man zieht es vor, ein Modell für eine Flüssigkeit auszusuchen und dann den Transportkoeffizienten dafür zu berechnen. Aus diesem Grunde wollen wir auch ein Modell auswählen und nehmen als anschaulichstes das Platzwechselmodell.

3.2 Platzwechselvorgänge in Flüssigkeiten

Die Teilchen einer Flüssigkeit schwingen in ihrem quasikristallinen Gitter mit einer Frequenz von etwa 10^{13} Hz, ihre Energie ist verschieden groß und ändert sich dauernd, daher schwankt die Amplitude und Frequenz der Teilchen stetig. Die Energieschwankungen bringen es mit sich, daß ein Teilchen mit besonders großer Energie sich in eine Fehlstelle zwängen kann, was durch Rotation mit einem seiner Nachbarn um eine gemeinsame Achse geschehen kann, wie die Abb. IV,9 schematisch zeigt. In der dazugehörigen Abb. IV,10 ist die Mindestenergie ΔU, welche ein solcher Platzwechsel erfordert, zu entnehmen. Viskositäts- und Diffusionsmessungen ergeben, daß ein Platz-

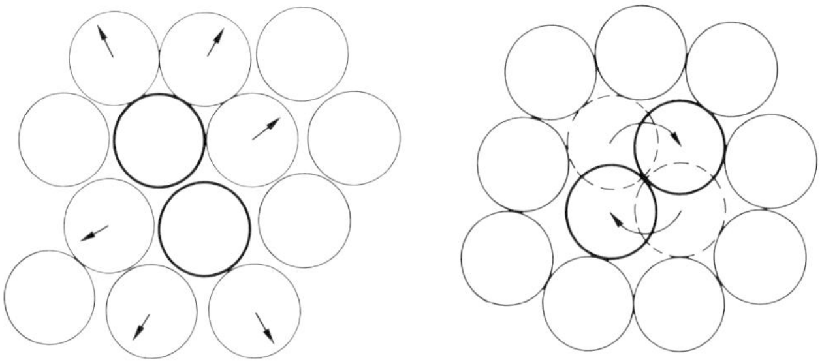

Abb. IV,9. Platzwechsel in einer Flüssigkeit

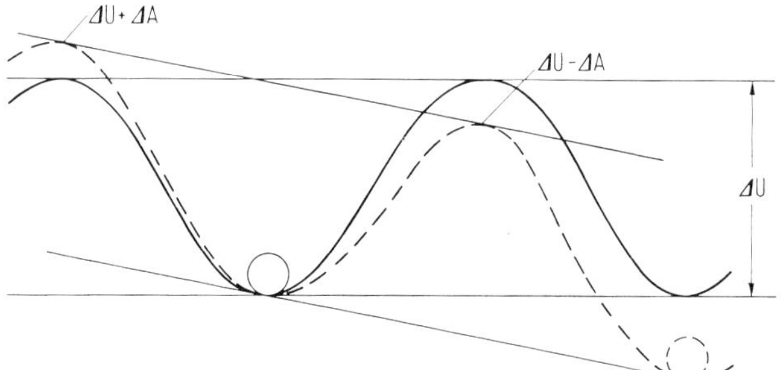

Abb. IV,10. Potentialverlauf für ein Teilchen in einer Flüssigkeit. —— Verlauf im Gleichgewicht ---- Verlauf mit einer Schubspannung wechsel etwa 10^8 mal pro Sekunde vorkommt. Das gibt vom Molekül aus gesehen das Recht, von einem Quasi-Kristallgitter der Flüssigkeit zu sprechen, denn das Molekül wechselt erst nach jeder 10^5-ten Schwingung seinen Platz, bleibt also sehr lange an seiner Stelle. Andererseits ist die Verweilzeit mit der uns zur makroskopischen Lagenänderung der Flüssigkeit gewohnten Zeit von Sekunden verglichen so extrem klein, daß wir die „fluiden" Eigenschaften einer Flüssigkeit ohne weiteres verstehen können.

Die phänomenologische Behandlung der Transportvorgänge in einer Flüssigkeit führen wir auf diesen Platzwechsel zurück und definieren j als die Zahl der Platzwechsel eines Teilchens pro Sekunde. Die ν-Schwingungen eines Moleküls geben 2 ν-Stöße, von denen der Bruchteil $\exp(-\Delta U/kT)$ zum Platzwechsel führen kann. Damit ergibt sich für die Platzwechselzahl

$$j = \kappa\, 2\, \nu\, e^{-\Delta U/kT} = \nu_0\, e^{-\Delta U/kT} \qquad (IV,8)$$

mit dem sterischen Faktor κ. Dieser trägt der Tatsache Rechnung, daß nicht nur ausreichende Sprungenergie ΔU vorhanden sein, sondern sich auch das Molekül in einer dem Platzwechsel günstigen Lage befinden muß.

Beim Versuch, j statistisch abzuleiten (Eyring), muß man die Voraussetzung machen, daß ein Gleichgewicht zwischen aktivierten und platzwechselunfähigen Molekülen besteht: $K^* = -RT \ln F^*$. Hieraus läßt sich der präexponentielle Faktor zu $(kT/h) \exp(\Delta S^*/R)$ mit der Aktivierungsentropie ΔS^* berechnen. Die Transportgrößen ergeben aber auch mit dieser Platzwechselzahl wegen des dominanten Einflusses der Exponentialfunktion praktisch die gleichen Ausdrücke wie mit der soeben gegebenen Formulierung, weshalb auf diese längere und formelle Ableitung verzichtet wird.

3.3 Diffusion

Die Platzwechsel in einer Flüssigkeit erfolgen in ganz unregelmäßigen Richtungen, wie das auch bei der Brownschen Molekularbewegung der Fall ist. Bei Diffusionserscheinungen hingegen wird eine Richtung durch einen Gradienten des chemischen Potentials, bei idealen Stoffen durch das Konzentrationsgefälle, bevorzugt. Das setzt eigentlich Lösungen voraus, doch können wir auch sog. Selbstdiffusionskoeffizienten der Flüssigkeit dadurch messen, daß das fremde Lösungsmittelmolekül durch radioaktiv markierte eigene Teilchen ersetzt werden kann. Die Empfindlichkeit der Methode gestattet äußerst geringe Zusätze, wodurch die Bedingung der „Idealität" gesichert ist.

Das Platzwechselmodell ergibt den Diffusionsstrom als Differenz der Sprünge in der Diffusionsrichtung x zu

$$N = \vec{N} - \overleftarrow{N}$$

Die Konzentrationen in Molen pro ml gelöster Moleküle im Anfangs- und Endzustand der Diffusion seien nun c und $(c + \lambda\, \partial c/\partial x)$, wenn λ die Sprungweite von einer Potentialmulde in die andere ist. Die Anzahl der in der Diffusionsrichtung durch eine gedachte Wand von 1 cm^2 springenden Moleküle ist also

$$\vec{N} = \frac{1}{6} N_A \, c \, \lambda \, j$$

da keine Sprungrichtung bevorzugt ist. N_A ist dabei die Avogadro-(Loschmidt-)Konstante. Entsprechend ist die Zahl der in der Rückwärtsrichtung platzwechselnden Moleküle

$$\overleftarrow{N} = \frac{1}{6} N_A (c + \lambda \frac{\partial c}{\partial x}) \lambda \, j$$

Der resultierende Molekülstrom von links nach rechts ist dadurch

$$I = -\frac{1}{6} N_A \, \lambda^2 \, j (\frac{\partial c}{\partial x}) \quad [\text{Mol. cm}^2 \text{ sec}^{-1}]$$

Vergleichen wir diesen Ausdruck mit dem 1. Fickschen Gesetz:

$$I = - D N_A (\frac{\partial c}{\partial x}) \quad [\text{Mol. cm}^2 \text{ sec}^{-1}]$$

Der den Molekülstrom mit dem Konzentrationsgefälle verbindende Proportionalitätsfaktor D wird als Diffusionskoeffizient bezeichnet. Wir erhalten also

$$D N_A (\frac{\partial c}{\partial x}) = \frac{1}{6} N_A \, \lambda^2 \, j (\frac{\partial c}{\partial x})$$

oder

$$D = \frac{1}{6} j \, \lambda^2$$

Führen wir noch die Temperaturabhängigkeit der Platzwechselzahl nach (IV,8) ein:

$$D = \frac{1}{6} \lambda^2 \, \nu_0 \, e^{-\Delta U/kT}$$

Man pflegt $\ln D$ gegen $1/T$ aufzutragen und den Wert von ΔU aus der Steigung der Geraden zu entnehmen. Wasser beispielsweise hat demnach eine Potentialschwelle für die Selbstdiffusion von etwa 5,3 kcal mol^{-1}.

3.4 Viskosität

Als nächste Transporterscheinung betrachten wir die Viskosität von Flüssigkeiten. In Band I (IV,28) wurde gezeigt, daß die Viskosität eine Vorstellung gibt für den Widerstand der Verschiebung von Flüssigkeitsschichten gegeneinander. Die von Newton abgeleitete Beziehung ist:

$$\tau = \eta \frac{d v}{d h}$$

Die Viskosität η ist also das Verhältnis von Schubspannung τ zum Geschwindigkeitsgefälle d v/d h. Bei Normalflüssigkeiten ist η eine Konstante, man bezeichnet solche Flüssigkeiten als Newtonsche Flüssigkeiten, wenn η eine Funktion von τ ist, spricht man von Nicht-Newtonschen Flüssigkeiten.

Die Viskosität einer Flüssigkeit beruht wieder vom Molekül aus betrachtet auf Platzwechselvorgängen, die durch Anlage einer Schubspannung in einer Richtung bevorzugt werden. Betrachten wir die Abb. IV,10, so sehen wir, daß das Anlegen einer Schubspannung die Potentialkurve verändert. Der Potentialberg $\lambda/2$ ist um ΔA erniedrigt, der bei $-\lambda/2$ um den gleichen Betrag erhöht. Die Energie ΔA, welche die Potentialschwellen ändert, geht nach dem Platzwechsel in ungeordnete Wärmebewegung über.

Nehmen wir der Einfachheit halber an, das platzwechselnde Molekül befände sich in einem kubischen Kasten der Sprungkantenlänge λ. Will ein Molekül den Platz wechseln, dann braucht es wie früher die Energie ΔU, um die Höhe des Potentialberges überwinden zu können, aber die Potentialgipfel sind durch die Schubspannung verändert, wie Abb. IV,10 zeigt. Beim Platzwechsel in Richtung der Strömung schiebt es die Schubspannung über den Berg dadurch, daß sie auf der Halbsprungstrecke mit der Kraft $\tau\,\lambda^2$ die Arbeit $\frac{1}{2}\,\tau\,\lambda^3$ liefern hilft. Sprünge gegen die Stromrichtung werden um den gleichen Betrag erschwert. Somit ergibt sich für den Überschuß der Sprünge in Strömungsrichtung

$$\Delta j = \vec{j} - \overleftarrow{j} = \frac{1}{2}\,\nu_0\, e^{\left(-\frac{\Delta U - \Delta A}{kT}\right)} - \frac{1}{6}\,\nu_0\, e^{\left(-\frac{\Delta U + \Delta A}{kT}\right)}$$

Mit j nach Gl. (IV,8) weiterhin

$$\Delta j = \frac{1}{3}\, j \sin h\left(\frac{\tau\lambda^3}{2\,k\,T}\right) = \frac{1}{3}\, j\, \frac{\tau\lambda^3}{2\,k\,T}\; \frac{\sin h\left(\frac{\tau\lambda^3}{2\,k\,T}\right)}{\frac{\tau\lambda^3}{2\,k\,T}}$$

Bei Schubspannungen, welche die Bedingung $\tau\,\lambda^3 \ll 2\,k\,T$ erfüllen, erhält man durch Reihenentwicklung des sin h, (Ersatz des sin h durch sein Argument)

$$\Delta j \cong \frac{1}{6}\,\tau\,\lambda^3\; j/k\,T$$

Das im Ansatz von Newton enthaltene Geschwindigkeitsgefälle d v/d h kann durch die Platzwechselzahl j ersetzt werden, da die Geschwindigkeit eines Teilchens gleich der mit der Sprunglänge λ multiplizierten Platzwechselzahl ist, bei Anlegung einer Schubspannung also $\lambda\,\Delta j$. Hieraus ergibt sich das Newtonsche Gesetz mit dem Geschwindigkeitsgefälle v/λ zu

$$\tau = \eta\,\Delta j$$

oder

$$\eta = \frac{\tau}{\Delta j} = \frac{6\,k\,T}{\lambda^3 j} = \frac{6\,k\,T}{\nu_0\,\lambda^3}\,e^{\Delta\,U/k\,T}$$

$$\eta = \eta_0\,T\,e^{\Delta\,U/R\,T}$$

Weil ln T eine sehr schwache Funktion ist, ergibt die Auftragung von ln η gegen $1/T$ eine Gerade, wenn der Temperaturbereich nicht zu groß ist. Wegen

$$\frac{d\ln\eta}{d\,T} = \frac{1}{T} - \frac{\Delta\,U}{R\,T^2}$$

und

$$\frac{d(1/T)}{d\,T} = -\frac{1}{T^2}$$

wird

$$\frac{d\ln\eta}{d(1/T)} = \frac{\Delta\,U - R\,T}{R}$$

Man bezeichnet deshalb die aus dem Anstieg der Geraden ln η gegen $1/T$ berechenbare Größe

$$\Delta\,U - R\,T = \Delta\,H^*$$

als Aktivierungsenergie des viskosen Fließens.

Es war bei dem Platzwechselmodell angenommen, daß ein passendes Loch oder eine Gitterleerstelle verfügbar sein muß, damit ein platzwechselndes Molekül sich hineinzwängen kann, ein Vorgang, der durch das Überschreiten einer Potentialschwelle $\Delta\,U$ beschrieben wurde. Die Arbeit, welche nötig ist, um ein Loch von molekularer Größe zu schaffen, kann größenordnungsmäßig der Verdampfungswärme gleichgesetzt werden und deshalb muß man annehmen, daß die Platzwechsellücke einen Arbeitsanteil der Verkampfungswärme betragen wird. Zahlreiche Versuche ergaben etwa die Beziehung $E_{vap}/E_{vis} = 2.5$. Die innere Verdampfungswärme beträgt deshalb etwa 1/3 der äußeren Verdampfungswärme.

Über die Platzwechselfrequenz, welche sowohl in den Ausdrücken für die Diffusionskonstante D als auch für die Viskosität η vorkommt, kann man beide Größen miteinander verknüpfen. Es ist

$$D = \frac{\lambda^2}{6}\,j \quad \text{und} \quad \eta = \frac{6\,k\,T}{\lambda^3\,j}$$

Aus beiden Formeln j eliminiert ergibt die gewünschte Beziehung zu

$$D = \frac{k\,T}{\lambda \cdot \eta}$$

Das von Stokes-Einstein unter der Voraussetzung, die Flüssigkeit sei ein Kontinuum, abgeleitete Gesetz lautet

$$D = \frac{k\,T}{6\,\pi\,r\,\eta}$$

so daß im Nenner wegen $\lambda \cong 2\,r$ anstelle des Faktors 2 nur ein Faktor $3\,\pi$ steht.

Literatur

T. L. Hill: Introduction to Statistical Thermodynamics. Addison-Wesley Publ. Comp.

B. Hochpolymere Flüssigkeiten

(K. Ueberreiter, Berlin)

1. Aufbau der Makromoleküle

Makromoleküle entstehen durch hauptvalenzmäßige Verknüpfung von Mikromolekülen mit den chemischen Methoden der Polymerisation, Polykondensation und Polyaddition. Das Bauprinzip des Makromoleküls ist also eine sich wiederholende chemische Einheit, Struktureinheit genannt, ihre Anzahl im Makromolekül heißt Polymerisationsgrad P. Abb. IV,11a zeigt die Struktureinheit des technisch wichtigen Polymerisates Polyvinylchlorid und Abb. IV,11b die der technischen Faser Polyäthylenterephthalat.

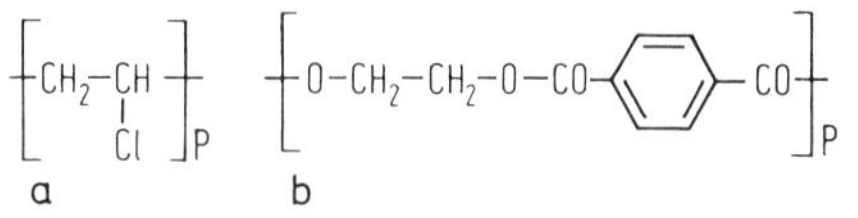

Abb. IV,11.
a) Polyvinylchlorid
b) Polyäthylenterephthalat

Die Struktureinheiten können in der gezeigten, regelmäßigen Anordnung das Makromolekül aufbauen oder aber sterisch unterschiedlich in der Kette sich zusammenlagern. Je nachdem, ob die Struktureinheiten geordnet oder ungeordnet in der Kette enthalten sind, spricht man von taktischen oder ataktischen Makromolekülen, das sei am Beispiel des Polystyrols gezeigt. In Abb. IV,12a heißt die Form mit den Substituenten auf einer Seite iso-, und wenn jeder zweite auf der anderen Seite liegt, syndiotaktisch (Abb. IV,12b), bei statistisch regelloser Anordnung hingegen ataktisch (Abb. IV,12c). Weiterhin kann das Makromolekül aus verschiedenen Grundeinheiten zusammengesetzt sein, es sina dann Misch- oder Copolymere, ihr Aufbau kann wieder statistisch oder

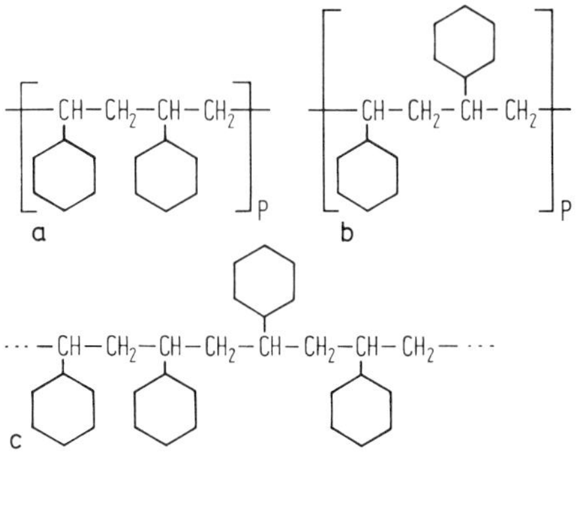

Abb. IV,12.
a) isotaktisches Polystyrol
b) syndiotaktisches Polystyrol
c) ataktisches Polystyrol

geordnet sein, wenn längere Reihen des einen Gliedes auf solche des anderen folgen, spricht man von Segmentpolymeren. Alle Polymeren bilden also Riesenmoleküle, deren äußere Form entweder eine lineare Kette ist, diese kann auch regelmäßig oder unregelmäßig verzweigt sein oder es können räumliche Netzwerke entstehen (z. B. vulkanisierter Kautschuk). Die äußere Form und große molekulare Ausdehnung des Makromoleküls sind der Grund für viele Eigenschaften, welche den aus Mikromolekülen aufgebauten Stoffen nicht zu eigen sind.

2. Form der Makromoleküle

2.1 Kräfteeinfluß

Bei den bei Makromolekülen wirksamen Kräften können wir zwischen-(inter-) und inner-(intra)molekulare Kräfte unterscheiden. Natürlich sind beide desselben Ursprungs, also Dispersions-, Dipol-, Induktions-, Wasserstoffbrücken- und abstoßende Kräfte, die eine Grundeinheit im Makromolekül genauso in ihrem Verhalten bestimmen, als wenn es monomeres Teilchen in einer normalen Flüssigkeit wäre. Aber die Zweiteilung des Kräfteeinflusses ist dennoch sinnvoll, denn die Einheit im Makromolekül hat hauptvalenzmäßig mit ihr verknüpfte nächste Nachbarn der gleichen Kette, die es intramolekular beeinflussen und entferntere Nachbarn in fremden Makromolekülen, die es intermolekular beeinflussen.

2.1.1 Intramolekulare Kräfte

Dem idealen Gas entspricht bei Makromolekülen, daß die Struktureinheiten um alle Bindungen völlig frei (sogar „körperlos“ auf sich selbst zurück) drehbar sind, das ist ebenfalls nur ein Grenzfall. Das reale Makromolekül hat wenigstens einen bestimmten Bindungswinkel Θ, um den alle möglichen Orientierungen auftreten können, z. B. im zweidimensionalen Fall, der Abb. IV,13 entsprechend. Ein einzelnes Makromolekül

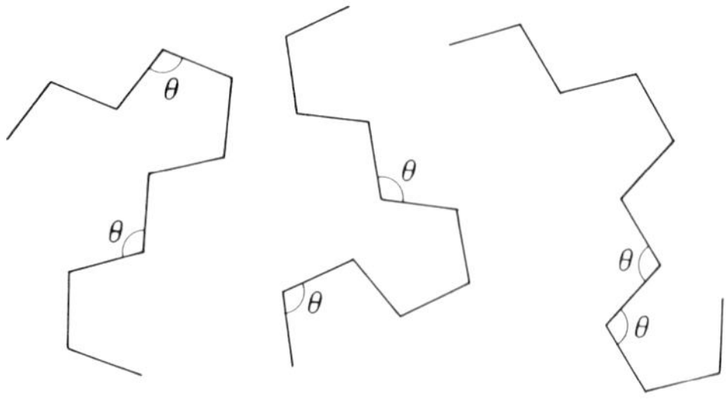

Abb. IV,13. Konformationen einer zweidimensionalen Kette mit dem Valenzwinkel Θ

kann dann im zeitlichen Ablauf sehr viele verschiedene Strukturen annehmen, die Konformationen genannt werden, ein System (Ensemble) aus Makromolekülen hat verschiedene Konfigurationen, je nachdem wie die einzelnen Konformationen anteilmäßig vertreten sind. Im realen Makromolekül ist außerdem die Orientierung eines Kettengliedes nicht völlig frei, sondern noch von seinen Nachbarn abhängig, besonders in verschieden starkem Ausmaß von dem zweiten vorhergehenden Glied, dabei gibt es meistens drei Orientierungen mit ausgeprägten Minima der potentiellen Energie. In Abb. IV,14a ist eine Anzahl von Gliedern eines Makromoleküls gezeichnet, wobei die trans-Lage die stabilste, zwei gauche-Lagen ebenfalls ausgezeichnet und die cis-Lage die wenigst stabilste sein möge. Stabile Lagen bedeuten Minima der potentiellen Energie bei bestimmten Rotationswinkeln, wie sie Abb. IV,14b den Lagen der Abb. IV,14a zugeordnet zeigt; ein Bild, das sich aber von Makromolekül zu Makromolekül unterscheiden kann und somit jedes Makromolekül zu einem besonderen Individuum macht.

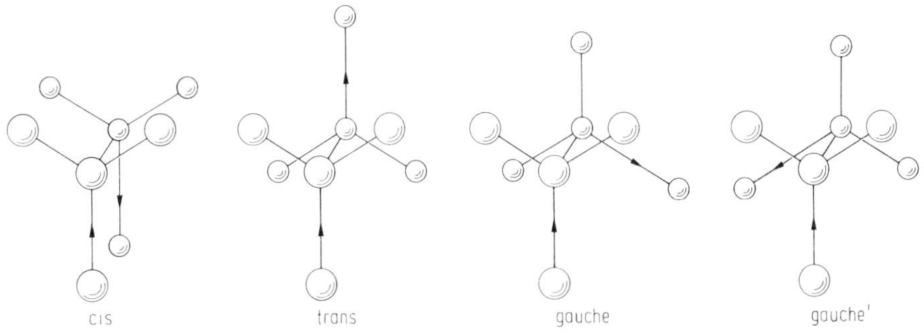

Abb. IV,14a. trans, gauche, gauche', cis Lagen benachbarter Kettenatome. Die Pfeile deuten den Verlauf der Makromolekülkette an

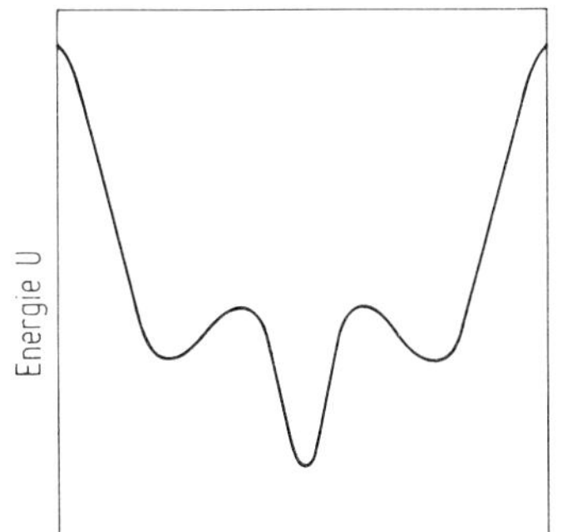

Abb. IV,14b. Energiewechsel bei Rotation zweier benachbarter Kettenatome. Die trans-Lage ist in diesem Beispiel am stabilsten

Es hängt vom Zwischenspiel der Resonanzeffekte und von der van der Waalschen Anziehung und Abstoßung ab, welche Potentialkurve sich ergibt, wozu noch der sterische Einfluß der Substituenten kommt; ausgeprägte Minima und damit besonders stabile Lagen können innermolekulare Wasserstoffbrücken erzeugen.

2.1.2 Intermolekulare Kräfte

Alle soeben geschilderten Einflüsse gelten natürlich auch für die Beeinflussung eines Makromoleküls durch seinen Nachbarn, sie treten bei Wasserstoffbrücken besonders in Erscheinung. Beispielsweise zeigt Schema IV,15 zwei Polyamide vom Typ $-(CH_2)_x-CO-NH-$, welche in Abhängigkeit von ihrer Konstitution eine verschieden große Zahl von Wasserstoffbrücken miteinander bilden können. Beim 7-Nylon (Zahl = Anzahl der C-Atome) ist x geradzahlig (6), und alle H-Brücken können gebildet werden, unabhängig davon, in welchem Sinne die Ketten geordnet sind; bei 6- oder 8-Nylon usw. nicht. Das ist makroskopisch an der Lage des Schmelzpunktes – viele Wasserstoffbrücken, höhere Lage des Schmelzpunktes – erkennbar.

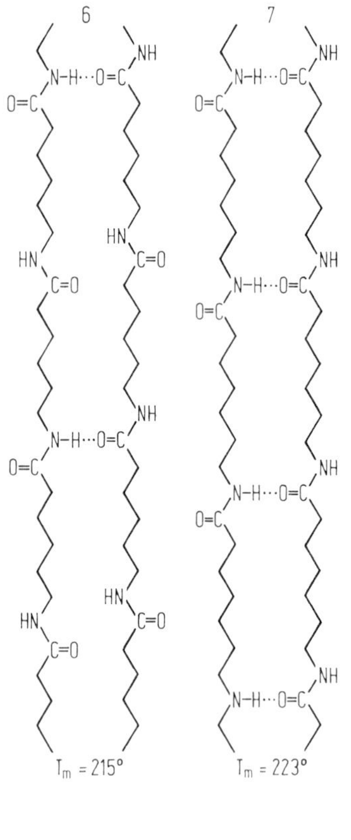

Abb. IV,15. Möglichkeiten der Wasserstoffbrückenbildung im 6- und 7-Nylon und ihr Einfluß auf den Schmelzpunkt

2.2 Formeinfluß

2.2.1 Form der Struktureinheit

Nicht nur die Kräfte beeinflussen die endgültige Gestalt eines Makromoleküls, auch die Form der Struktureinheit, insbesondere die Größe und Raumerfüllung der an ihr hängenden Seitengruppen, spielt eine wesentliche Rolle. Die Polyäthylenkette $-CH_2-CH_2-$ bildet im Kristallgitter einen ebenen Streifen, in welchem die (Zick-Zack)-Kette liegt. Werden die H-Atome der CH_2-Gruppen durch Substituenten ersetzt, so stören sich die nächsten Nachbarn räumlich, wenn sie eine bestimmte Größe besitzen, indem sie sich zur Seite wegdrängen und dabei die Kettenebene verdrillen. Es entsteht eine Schraubenebene, deren Zähligkeit (nach der Wiederkehr der gleichen Orientierung einer Seitengruppe beim Aufstieg in der Wendel) von der Sperrigkeit des Substituenten abhängt, einige Beispiele zeigt Abb. IV,16. Obwohl diese Konformation im Kristall vorliegt, kann man doch annehmen, daß auch die Struktur im flüssigen Zustand, da die gleichen sterischen Hinderungen vorliegen und nur die Fernordnung fehlt, dadurch entscheidend beeinflußt wird.

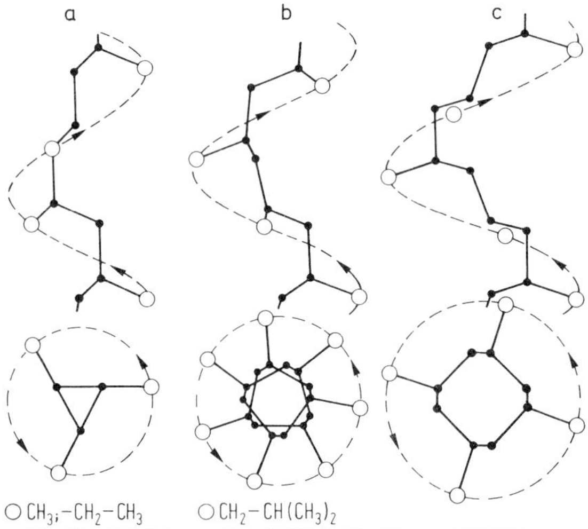

Abb. IV,16. Schraubenachsen einiger Ketten mit verschiedenen Seitengruppen (Natta)

2.2.2 Extremformen: Helix-Knäuel

Inter- und intramolekulare Kräfte und die sterische Form der Grundeinheit bestimmen also die Form eines Makromoleküls. Daraus resultiert die Tatsache, daß jedes Makromolekül ein Individuum ist und die verallgemeinernde Aussage des statistischen Makromolekülknäuels zu oberflächlich ist. Das möge am Beispiel von zwei Extremformen herausgestellt werden, zwischen denen alle möglichen Übergänge existieren: die Helix und das Knäuel. Das Letztere bedarf keiner weiteren Beschreibung, es entsteht durch eine völlig statistisch ungeordnete Lage der einzelnen Ketteneinheiten. Die Helix ist eine hochgeordnete Form des Makromoleküls und tritt bei normalen Makromolekülen ohne intramolekular stabilisierende Kräfte in Form von H-Brücken nur im kristallinen Zustand oder kristallin-flüssigen Zuständen auf, wie soeben beschrieben wurde. Intramolekular stabilisierend wirken hauptsächlich die Wasserstoffbrücken einiger Aminosäuren in Peptiden und Biomakromolekülen, die sich in Form einer Helix darstellen. Die Helixform ist so stabil, daß sie sogar in normalen Lösungsmitteln erhalten bleibt und nur durch „helixbrechende" Lösungsmittel verlorengeht. Die geordnete Helix wird dann zum statistischen Knäuel, ein Vorgang, der als Helix-Knäuel-Umwandlung bezeichnet wird und den sog. Denaturierungsvorgängen zugrunde liegt. Ein Schema zeigt Abb. IV,17.

Abb. IV,17. Eine einfache Helix und einige Knäuel

3. Mathematische Beschreibung der Gestalt eines Makromoleküls

Bei Makromolekülen ist nicht die Paarverteilungsfunktion die zur Beschreibung der Struktur charakteristische Größe, da diese Funktion nur die triviale Aussage machen würde, daß der häufigst vorkommende Abstand zweier Gruppen derjenige in einem Makromolekül sei, was wir ohnehin schon wissen. Wir brauchen daher eine Funktion, welche die ganze Gestalt eines Makromoleküls, wie sie in Abb. IV,18 in einem Kalottenmodell veranschaulicht wird, zu beschreiben in der Lage ist.

Dazu dienen zwei Funktionen: das Zeitmittel des Abstandquadrats der Makromolekülenden und das Quadrat ihres Abstandes in jedem Augenblick, d. h. die Kettenendenverteilungsfunktion; das Quadrat wird gewählt, weil das Mittel des einfachen Abstandes Null ist.

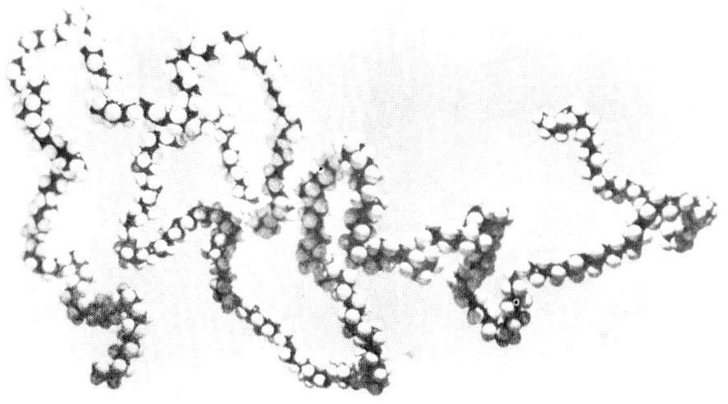

Abb. IV,18. Wahrscheinliche Gestalt (statistischer Knäuel) des Moleküls eines normalen Paraffinkohlenwasserstoffs $C_{500}H_{1002}$ in Benzol oder Cyclohexan gelöst

3.1 Das mittlere Abstandsquadrat der Kettenenden

3.1.1 Der allgemeingültige Ausdruck

Der Mittelwert des quadratischen Abstandes der Enden von n Makromolekülen ist

$$\overline{r^2} = \frac{1}{n} \sum_{i=1}^{n} r_i^2 \qquad \text{(IV,9)}$$

mit r_i dem Endenabstand des i-ten Makromoleküls. Es wird also zur Berechnung einfach eine große Zahl n von Makromolekülen betrachtet und ihr mittlerer quadratischer Abstand berechnet. Die Kette eines dieser Makromoleküle bestehe aus N starren Bindungen des Makromolekülskeletts und zu jedem Bindungsende zeige vom Makromolekülanfang her ein Bindungsvektor

$$r_j = \sum_{j=1}^{N} a_j$$

Es ergibt sich dann mit (IV,9)

$$\overline{r^2} = \frac{1}{n} \sum_{i=1}^{n} \left(\sum_{j=1}^{N} a_j \right)_i^2$$

Dieser Ausdruck gilt noch völlig exakt für jedes beliebige Makromolekül. Entwicklung der inneren Summe ergibt

$$\overline{r^2} = \frac{1}{n} \sum_{i=1}^{n} (a_1^2 + \ldots + a_i^2 + \ldots + a_N^2 + a_1 \cdot a_2 + a_1 \cdot a_3 + \ldots + a_{N-1} \cdot a_N)_i$$

Darin ist $a_1^2 = a_2^2 = \ldots = a_N^2 = a^2$ und $\boldsymbol{a}_n \cdot \boldsymbol{a}_m = a_n a_m \cos \Theta$, mit Θ dem (vorerst beliebigen) Winkel zwischen den Bindungen a_n und a_m. Da $N\,a^2$ für jedes Makromolekül den gleichen Wert hat, wird

$$\overline{r^2} = N\,a^2 + \frac{1}{n} \sum_{i=1}^{n} (\boldsymbol{a}_1 \cdot \boldsymbol{a}_2 + \boldsymbol{a}_1 \cdot \boldsymbol{a}_3 + \ldots + \boldsymbol{a}_{N-1} \cdot \boldsymbol{a}_N)_i \qquad \text{(IV,10)}$$

Auch dieser Wert gilt noch für jede Polymerkette aus N Bindungen. Bei Kenntnis der Bindungsvektoren wäre der Ausdruck exakt berechenbar; das ist leider sehr schwierig, und wir müssen Modelle zur Erzielung einer Näherung wählen.

3.1.2 Die frei bewegliche Kette ohne Valenzwinkel

Das einfachste Modell ist eine Kette mit völlig freier Rotation um die Bindungsachsen, benachbarte Bindungen können also jeden beliebigen Winkel zueinander bilden, ja sich sogar überlappen. Die Endpunkte des Vektor $\boldsymbol{a}_j$ liegen auf einer Kugel um den vorangehenden Vektor $\boldsymbol{a}_{j-1}$, d. h. $\boldsymbol{a}_{j-1} \cdot \boldsymbol{a}_j$ und alle anderen Mittelwerte der inneren Produkte sind Null. Es ergibt sich daher

$$\overline{r^2} = N\,a^2 \qquad \text{(IV,11)}$$

3.1.3 Die frei bewegliche Valenzwinkelkette

Bei wenigen anderen Modellen kann Gl. (IV,10) noch berechnet werden. Es ergibt sich ein Ausdruck der Form

$$\overline{r^2} = c\,N\,a^2$$

für irgendeine lange Kette. Die Konstante c hat den Wert von 1 bis 10.

Ein interessanter Sonderfall ist die Valenzwinkelkette, besonders bei Makromolekülen mit Kohlenstofftetraedern im Skelett. Die Rotation jeder Bindung ist bei dieser Kette auf einen Kegelmantel des Öffnungswinkels Θ beschränkt. Bei großem N erhält man die Näherung

$$\overline{r^2} \cong N\,a^2\,\frac{1 + \cos\Theta}{1 - \cos\Theta}$$

Beim Kohlenstofftetraeder ist $\cos\Theta = 1/3$ und deshalb

$$\overline{r^2} = 2\,N\,a^2 .$$

3.1.4 Das reale Makromolekül

Die völlig frei bewegliche Kette nimmt nur an, daß die Kette aus N gleichartigen „Bindungen“ der Länge a besteht, die sich frei orientieren können. Fassen wir im realen Makromolekül eine Unterkette von Bindungen zu einem statistischen Fadenelement oder Segment zusammen, dann kann diesem wieder die Länge a zugeteilt werden. Das reale Makromolekül besteht so wieder aus N Segmenten (anstelle von Bindungen) der Länge a. Diese Festsetzung ist völlig willkürlich bis auf die Bedingung, daß der beobachtete Wert von $\overline{r^2_{\text{beob}}}$ der Bedingung

$$\overline{r^2_{\text{beob}}} = \mathrm{N}\, a^2$$

gehorchen muß. Meistens ist noch die weitere Bedingung gegeben, daß die völlig gestreckte Kette aus statistischen Segmenten der Länge des gestreckten, realen Makromoleküls gleichen muß:

$$L = \mathrm{N}\, a$$

Aus diesen Bedingungen kann N und a durch die meßbaren Größen $\overline{r^2_{\text{beob}}}$ und L ausgedrückt werden. Ohne diese Bedingung kann auch $L \lesseqgtr \mathrm{N}\, a$ gelten, weshalb man meistens auf ihre Erfüllung bedacht ist, denn in diesem Fall ist N direkt dem Molekulargewicht proportional. Die Größen N und a, welche das Realmakromolekül durch eine gleichwertige, statistische Segmentkette ersetzen, werden entweder theoretisch aus den bekannten Dimensionen der Kette berechnet oder experimentell aus Messungen der Viskosität in Lösung oder der Sedimentation bestimmt.

3.2 Die Verteilungsfunktion der Kettenendenabstände

Gl. (IV,9) ergab das zeitliche Mittel des Abstandes der Enden eines Makromoleküls, eine wichtige Größe aber ist ihr Abstand in jedem Augenblick, d. h. die Verteilung der Kettenenden um diesen Mittelwert. Grob veranschaulicht könnte man dieses Problem auf folgende Weise lösen: Es wird ein auf einer Platte in thermischer Bewegung befindliches Makromolekül mit einer außerordentlich großen Bildzahl gefilmt. In jedem Einzelbild wird die Länge der Projektion des Kettenendenabstandes r_x auf eine Seite des Bildes ausgemessen und es wird gezählt, wieviele Bilder die gleichen Abstände aufweisen. Nach Division dieser Bildzahl durch die Zahl aller Bilder erhalten wir eine der Abb. IV,19 ähnliche (noch nicht normierte) Funktion.

Mathematisch vorgehend definieren wir eine Wahrscheinlichkeit $W(x, y, z)\mathrm{d}x\, \mathrm{d}y\, \mathrm{d}z$ dafür, daß das Ende des freien Kettenmoleküls im Volumenelement $\mathrm{d}x\, \mathrm{d}y\, \mathrm{d}z$ am Punkt x, y, z gemessen vom Anfang der Kette liegt (Abb. IV,19a). Ihre Berechnung ergibt

$$W(x, y, z)\mathrm{d}x\, \mathrm{d}y\, \mathrm{d}z = \left(\frac{\beta}{\pi^{1/2}}\right)^3 \mathrm{e}^{-\beta^2 r^2}\, \mathrm{d}x\, \mathrm{d}y\, \mathrm{d}z \qquad \text{(IV,12)}$$

Die Länge des Abstandvektors r des Punktes (x, y, z) vom Anfang ist dabei

$$r^2 = x^2 + y^2 + z^2 \quad \text{und} \quad \beta = \frac{1}{a}\left(\frac{3}{2\,\mathrm{N}}\right)^{1/2}$$

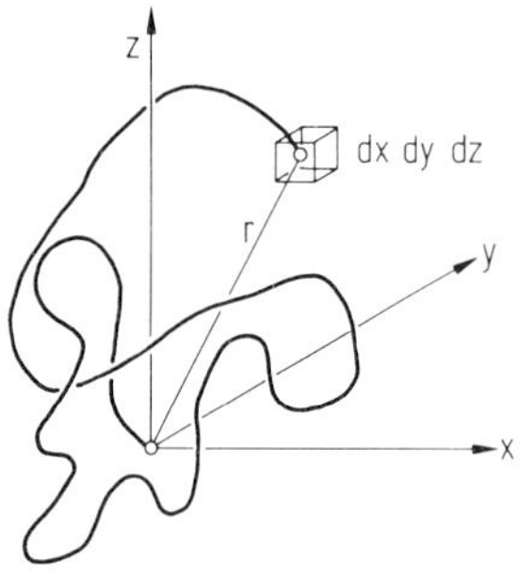

Abb. IV,19a

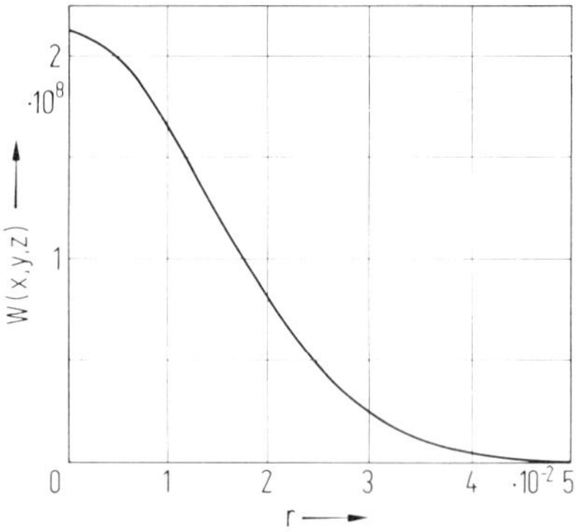

Abb. IV,19b

Abb. IV,19a. Räumliche Lage eines Kettenmoleküls. Eine Endgruppe im Koordinatennullpunkt, die zweite in dx dy dz (nach Flory)

Abb. IV,19b. Gauß-Verteilungskurve des Abstandsvektors r der Kettenenden (Abb. IV,19a) für Ketten aus 10^4 Gliedern der Länge $a = 2.5$ Å, r in Å und W in $Å^{-3}$ (nach Flory)

Ein Bild der Dichteverteilungsfunktion der Kettenendenvektoren, die vom Anfangs- zum letzten Segment zeigen, ist für 10 000 Segmente, jedes der Länge 2.5 Å, in Abb. IV,19b zu sehen. Die Kurven für andere Parameterzahlen sind ähnlich, sie werden mit wachsendem Polymerisationsgrad nur breiter und flacher. Ihr Maximum, also die größte Dichte, ist bei $r = 0$, die wahrscheinlichste Lage des Kettenendes ist deshalb an der Seite des Anfangsgliedes. Wie bei gewöhnlichen Flüssigkeiten definieren wir auch eine radiale Verteilungsfunktion der Kettenenden: Sie gibt die Wahrscheinlichkeit an, das Ende eines Makromoleküls in einer Kugelschale zwischen r und $(r + \mathrm{d}r)$ zu finden, wenn das Anfangssegment des Makromoleküls im Koordinatennullpunkt fixiert ist. Diese Funktion $W(r, \mathrm{d}r)$ ergibt sich aus $W(x, y, z)$ durch Multiplikation mit $4\,\pi\, r^2\, \mathrm{d}r$. Ihr Bild ist in Abb. IV,20 zu sehen; es tritt nun ein Maximum bei $r_{\mathrm{max}} = 1/\beta$ auf, denn nach Abb. IV,19 ist zwar die Wahrscheinlichkeit, das zweite Kettenende zu finden, im Nullpunkt am größten, dort ist aber das Kugelvolumen sehr klein. Deshalb verschiebt

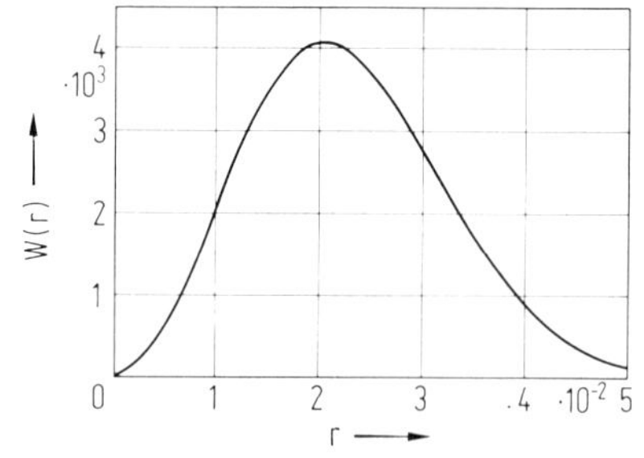

Abb. IV,20. Radiale Verteilungsfunktion $W(r)$ des Kettenendenvektors r für die Ketten der Abb. IV,19b. $W(r)$ in $Å^{-3}$ (nach Flory)

sich das Maximum aus dem Nullpunkt, da anfangs das Kugelschalenvolumen stärker zunimmt als die Zahl der Kettenlängen abnimmt, später überwiegt der zweite Einfluß.

Mit dieser Verteilungsfunktion können wir nun wichtige Mittelwerte berechnen, die elastisches und hydrodynamisches oder Lichtstreuungsverhalten des Makromoleküls beschreiben. Für die mittlere Länge des Abstandes r der Kettenenden (gültig auch für Abstände innerhalb der Kette, wenn nur n genügend groß ist) ergibt sich

$$\overline{r^2} = \int_0^\infty r^2 \, W(r) dr \Big/ \int_0^\infty W(r) dr$$

Es ist aber

$$\int_0^\infty W(r) dr = 1$$

und damit

$$\overline{r^2} = \frac{3}{2} \beta^{-2} = N a^2 \qquad \text{oder} \qquad (\overline{r^2})^{1/2} = a \sqrt{N}.$$

Dieses Ergebnis stimmt mit (IV,12) überein, es besagt, daß bei einem Makromolekül mit völlig frei beweglichen Gliedern der Fadenendenabstand gleich der Segmentlänge multipliziert mit der Wurzel aus der Segmentzahl ist. Das Verhältnis der Länge des völlig linear ausgestreckten Makromoleküls zu seinem Fadenabstand im frei geknäuelten Zustand ergibt die Grenzen seiner Streckbarkeit, woraus sich entnehmen läßt, daß die für Makromoleküle typische hohe Elastizität eine Folge ihrer großen Kettenlänge ist, weil dann der Faktor $\sqrt{N}$ besonders groß wird.

4. Zustandsdiagramm der Polymeren

Diffusionsmessungen ergeben, daß ein Mikromolekül im flüssigen Zustand pro Sekunde etwa 10^8 mal seinen Platz wechselt, was den fluiden Charakter erklärt. Diese Platzwechselfrequenz nimmt aber nach Gl. (IV,8) mit fallender Temperatur ab, um schließlich bei Unterkühlung unter den Schmelzpunkt im Gebiet des Glasüberganges die Größenordnung von Stunden, Tagen usw. anzunehmen. Die Einfrier- oder Glastemperatur T_G ist deshalb die untere Grenze des flüssigen Zustands bei glasigen Polymeren, welche nicht kristallisieren können, bei kristallisierfähigen ist es natürlich der Schmelzpunkt.

Ein Makromolekül ist ein übergeordneter Verband aus leicht beweglichen Mikromolekülen, die den Teilchen einer normalen Flüssigkeit entsprechen. Wir müssen deshalb unterscheiden zwischen der sog. Mikro-Brownschen Bewegung, welche Konformationsänderungen in kleinen Bereichen bewirkt und zuläßt, und der Makro-Brownschen

Bewegung, welche die Form des gesamten Makromoleküls verändert, wodurch ein makroskopisch erkennbares Fließen beim Anlegen einer äußeren Spannung in Erscheinung tritt. Ein Makro-Brownscher Platzwechsel des gesamten Makromoleküls ist nur oberhalb einer sog. Fließtemperatur T_F möglich (Abb. IV,21), welche die mittlere Temperatur eines Fließintervalls angibt, sie ist keine Übergangstemperatur im Sinne einer thermodynamischen Umwandlung. Wie die Abb. IV,21 zeigt, ist es für Mikromoleküle charakteristisch, daß der Übergang vom Glas zur Flüssigkeit in einem sehr kleinen Temperaturintervall erfolgt.

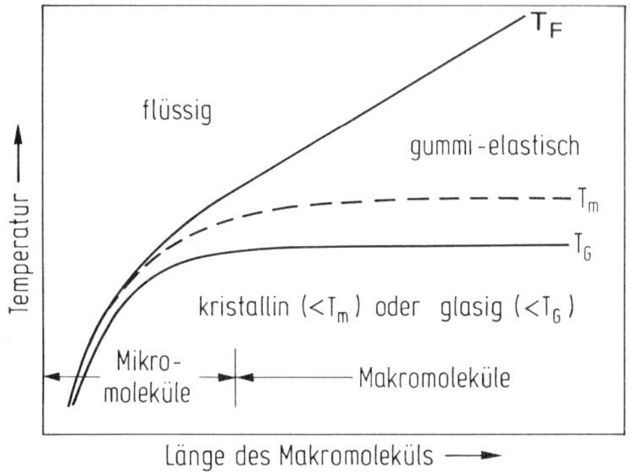

Abb. IV,21. Zustandsdiagramm von Makromolekülen wachsender Kettenlänge. Übergang von Mikro- zu Makromolekülen etwa im Bereich der Molekulargewichte von 10 000 (Ueberreiter)

Bei Makromolekülen liegt besonders bei großen Kettenlängen (hohe Molekulargewichte) zwischen dem Aufhören der Kettengliedbeweglichkeit (Mikro-Brownsche Bewegung) im Glasübergangsgebiet und dem Beginn der Beweglichkeit des Gesamtmoleküls (Makro-Brownsche Bewegung) im Fließbereich ein großes Temperaturintervall, in dem ein nur bei Makromolekülen auftretender, besonders gearteter, flüssiger Zustand herrscht: der gummielastische Zustand. Er ist charakterisiert durch die Freiheit der Mikro-Brownschen Bewegung durch eine genügend hohe Zahl von thermisch platzwechselunfähigen Haftstellen. Die Zahl der Haftstellen nimmt mit steigender Temperatur bei nicht vernetzten Makromolekülen, wie sie im Schema IV,21 zugrunde liegen sollen, ab, so daß schließlich die Fließtemperatur erreicht wird, oberhalb deren der flüssige Zustand herrscht, in dem das Makromolekül in seiner Gesamtheit wie ein Mikromolekül platzwechseln kann. Bei vernetzten Stoffen existiert diese Übergangstemperatur nicht mehr.

Das Schemabild IV,21 ermöglicht die Einteilung der Makromoleküle in drei Gruppen, je nach der relativen Lage der den gummielastischen Zustand zu tiefen Temperaturen hin abgrenzenden Glastemperatur T_G zur Umgebungstemperatur von etwa 20 °C:

$T_G < 20\ °C$	Elastomere
$T_G > 20\ °C$	Plastomere
$T_G >$ Zersetzungstemperatur	Duromere

Die Namensgebung der Plastomeren und Duromeren deutet also ihr Verhalten bei Erwärmung des Stoffes an.

5. Gummielastischer Zustand der Polymeren

5.1 Die Natur der Gummielastizität

Zur Gewinnung eines Überblicks wollen wir das Bild IV,22 betrachten, welches erste Experimente auf dem Gebiet der Gummielastizität von Meyer und Ferry darstellt. Sie maßen die Abhängigkeit der Spannung eines Kautschukfadens, mit einer als Para-

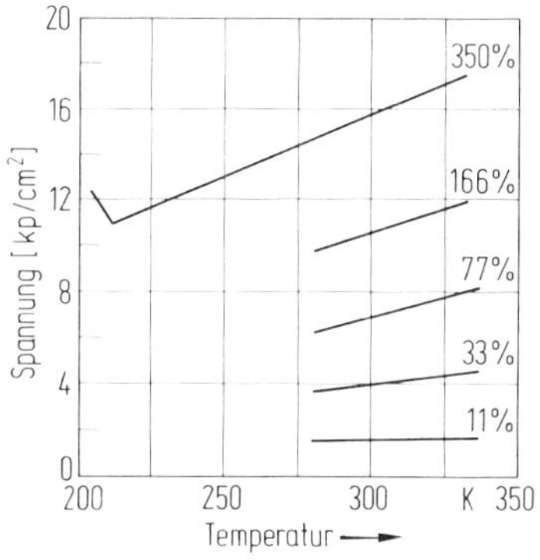

Abb. IV,22. Die Spannung von gedehntem Naturkautschuk in Abhängigkeit von der absoluten Temperatur (nach Meyer und Ferri)

meter angegebenen, konstant gehaltenen Dehnung. Die oberste Kurve zeigt zwei verschiedene Temperaturverhalten des Fadens unterhalb und oberhalb der Glastemperatur, welche durch den Knick charakterisiert wird. Im glasigen Zustand verhält sich das Elastomere wie ein normaler Stoff, z. B. Stahldraht: Er wird mit der Temperatur weicher. Daraus ist zu schließen, daß in diesem Gebiet entweder die intramolekularen Kettengliedabstände sich aus der Lage minimalster potentieller Energie verschoben oder die Valenzwinkel der Kette deformiert wurden, mit anderen Worten: in diesem Bereich nahm die innere Energie mit der Spannung zu

$$\left(\frac{\partial U}{\partial l}\right) > 0$$

Dieses Hooke'sche Verhalten ändert sich offenbar bei Erweichung des Polymeren im Glasumwandlungsgebiet. In diesem Bereich wird die Mikro-Brownsche Bewegung frei, es tritt daher eine Verschiebbarkeit und Konformationsänderung der Kette in kleinen Bereichen auf, während die Makro-Brownsche Bewegung, das Fließen der Gesamtkette, noch nicht möglich ist, wir haben eine Flüssigkeit mit fixierter Struktur vorliegen

(Ueberreiter). Damit sind affine Dehnungen, z. B. die Änderung der Form eines Würfels in ein Parallelokant bei Volumengleichheit, möglich geworden. Als Folge der Freiheit der Mikro-Brownschen Kettengliedbeweglichkeit beobachten wir auf allen Kurven der Abb. IV,22 eine Zunahme der Spannung, in erster Näherung proportional zur Temperatur. Wir wollen diesen Befund sowohl thermodynamisch als auch kinetisch erklären.

5.2 Thermodynamische Beziehungen

Unter Vorwegnahme des Ergebnisses können wir sagen, die Untersuchungen auf thermodynamischer Grundlage zeigen, daß Gummielastizität hauptsächlich auf Entropieänderungen beruht im Gegensatz zur Elastizität im eingefrorenen, glasigen Zustand, wo wie bei harten Festkörpern die Dehnung hauptsächlich Änderungen der inneren Energie zur Folge hat. Ganz allgemein läßt sich der Wechsel der inneren Energie beim Strecken eines Elastomeren formulieren:

$$\mathrm{d}\,U = \delta\,Q + \delta\,A$$

Dabei sind $\delta\,Q$ und $\delta\,A$ Elemente zugeführter Wärme und Arbeit. Wenn nur Volumen- und elastische Arbeit geleistet werden kann, ist

$$\delta\,A = \mathrm{d}\,A = -p\,\mathrm{d}\,V + Z\,\mathrm{d}\,l$$

mit dem äußeren Druck p und der äußeren Rückstellkraft Z. Bei reversiblem Prozeß ist

$$\delta\,Q = \mathrm{d}\,Q_{\mathrm{rev}} = T\,\mathrm{d}\,S$$

mit S der Entropie des Elastomeren. In der Annahme, daß p und Z ihre Gleichgewichtswerte erhalten haben, gilt

$$\mathrm{d}\,U = T\,\mathrm{d}\,S - p\,\mathrm{d}\,V + Z\,\mathrm{d}\,l \qquad \text{(IV,13)}$$

Bei Einführung des thermodynamischen, Gibbschen Potentials G und der Beachtung der Definition der Enthalpie $H = U + pV$ ergibt sich

$$\mathrm{d}\,G = \mathrm{d}\,U + p\,\mathrm{d}\,V + V\,\mathrm{d}\,p - T\,\mathrm{d}\,S - S\,\mathrm{d}\,T$$

schließlich mit (IV,13)

$$\mathrm{d}\,G = -S\,\mathrm{d}\,T + V\,\mathrm{d}\,p + Z\,\mathrm{d}\,l \qquad \text{(IV,14)}$$

daraus

$$\left(\frac{\partial G}{\partial l}\right)_{\mathrm{T,p}} = Z$$

und damit wegen $G = H - TS$

$$Z = \left(\frac{\partial H}{\partial l}\right)_{\mathrm{T,p}} - T\left(\frac{\partial S}{\partial l}\right)_{\mathrm{T,p}} \qquad \text{(IV,15)}$$

Weiterhin folgt aus (IV,14)

$$\left(\frac{\partial G}{\partial T}\right)_{p,l} = -S$$

Mit der Regel von Schwartz berechnet sich

$$-\left(\frac{\partial S}{\partial l}\right)_{T,p} = \left(\frac{\partial Z}{\partial T}\right)_{p,l}$$

und nach Einsatz in (IV,15) erhalten wir die Zustandsgleichung des gummielastischen Polymeren

$$Z = \left(\frac{\partial H}{\partial l}\right)_{T,p} + T\left(\frac{\partial Z}{\partial T}\right)_{p,l} \qquad \text{(IV,16)}$$

welche als Analogon der Zustandsgleichung eines Gases

$$p = -\left(\frac{\partial U}{\partial V}\right)_T + T\left(\frac{\partial p}{\partial T}\right)_V$$

angesehen werden kann. Bei der Gummielastizität gilt

$$\left(\frac{\partial H}{\partial l}\right)_{T,p} \cong \left(\frac{\partial U}{\partial l}\right)_{T,p}$$

so daß aus (IV,16)

$$Z = \left(\frac{\partial U}{\partial l}\right)_{T,p} + T\left(\frac{\partial Z}{\partial T}\right)_{p,l}$$

wird. Man kann weiterhin zeigen, daß

$$Z = \left(\frac{\partial U}{\partial l}\right)_{T,U} + T\left(\frac{\partial Z}{\partial T}\right)_{p,\alpha} \qquad \text{(IV,17)}$$

mit $\alpha = l/l_0$, l_0 der Länge des nicht gedehnten Elastomeren ist. Man beachte, daß die spezifische Längenänderung der inneren Energie $(\partial U/\partial l)_{T,V}$ in (IV,17) bei konstantem Volumen betrachtet wird, was für die Erklärung der Experimente in Abb. IV,12 nützlich ist, denn die auf Null Kelvin extrapolierten Geraden ergeben $(\partial U/\partial l)_{T,p} \neq 0$ bei konstantem Druck, aber Gl. (IV,17) zeigt, daß mit abnehmender Dehnung $\alpha \to 1$ auch

$$\left(\frac{\partial U}{\partial l}\right)_{T,V} = 0 \qquad \text{(IV,18)}$$

gelten muß; das ist bei Elongationen bis 200% der Fall.

5.3 Ideale Gummielastizität

Der wichtige experimentelle Befund (IV,18) bedeutet, daß die intermolekulare Wechselwirkung durch Dehnungen bei konstantem Volumen kaum berührt wird. Wir nehmen deshalb die Erfüllung der Beziehung (IV,18) als Bedingung für einen idealen Gummi an. Damit ergibt sich sofort

$$Z = T\left(\frac{\partial Z}{\partial T}\right)_{p,\alpha} = -T\left(\frac{\partial S}{\partial l}\right)_{V,T}$$

In gleicher Weise gilt für das ideale Gas

$$p = T\left(\frac{\partial S}{\partial V}\right)_T$$

womit der Druck eines idealen Gases einzig und allein auf die Zunahme seiner Entropie mit dem Volumen begründet ist. Ebenso ist jetzt die Rückstellkraft Z eines idealen Gummis nur auf die thermischen Bewegungen der Makromoleküle zurückzuführen, welche der Abnahme der Entropie bei Zunahme der Dehnung entgegenwirken, wie wir bei der kinetischen Betrachtung sehen werden.

5.4 Kinetische Betrachtung der Gummielastizität

5.4.1 Elastizität eines einzelnen Makromoleküls

Die kinetische Betrachtung der Entropieelastizität eines Gummis soll nicht nur als Ergänzung der thermodynamischen dienen, sie soll darüber hinaus die besondere Form der σ-α-Kurve in Abb. IV,24 erklären. Diese sagt aus, daß die Steigung der σ-Kurve eine Funktion der Elongation ist, bei strenger Geradlinigkeit wäre das Hooke'sche Gesetz erfüllt und die Steigung, der Elastizitätsmodul, eine Konstante.

Zur Untersuchung dieser Abweichungen vom Hooke'schen Gesetz bei Elastomeren untersuchen wir zuerst die Elastizität eines einzelnen Makromoleküls. Betrachten wir zu diesem Zweck ein Makromolekül in thermischer Bewegung und zählen wir in gewissen Zeitabschnitten wie oft wir seine Kettenenden im Abstand $0 < r < 0.1\ l_0$ oder $0.1 < r < 0.2\ l_0$ usw. finden. Die Kurve sähe wie Abb. IV,10 aus, welche die Häufigkeit gegebener Abstände r der Kettenenden bei freier thermischer (Mikro- und Makro Brownscher) Bewegung des Makromoleküls angibt. Hielten wir jetzt zwei Kettenenden in einem bestimmten Abstand r fest, so verspürten wir im Mittel einen Zug zu kleineren Werten von r und das, obwohl bei einzelnen Konformationen auch durchaus ein Stoß zu einer gedehnteren Konformation zu spüren wäre. Aber man kann einsehen, daß im Mittel stets ein Zug zu verspüren wäre, wenn die Kettenenden nicht aufeinanderlägen. Das Makromolekül verhält sich also wie eine Feder mit der Gleichgewichtslänge Null. Wenn die Makromolekülenden in Abständen, die größer als Null sind, festgehalten werden, wird das Makromolekül wie eine gedehnte Feder reagieren und versuchen, r nach Null zu bringen. Das gilt, wie betont werden muß, für den Mittelwert der Kontraktionskraft und besagt nicht, daß die Feder auch manchmal sich auszudehnen sucht.

Betrachten wir jetzt den mittleren Fadenendenabstand unter einer Streckspannung σ an den Kettenenden, welche die Kette spannt, in Kombination mit der soeben geschilderten thermischen Bewegung des Makromoleküls. Die Kettenbindung der Länge a wird in einer der thermischen Bewegung unterworfenen, freien Kette keinerlei bevorzugte Orientierung besitzen. Beim Anlegen einer Spannung σ an ein Ende der Bindung, die um die Mitte des Bindungsvektors **a** drehbar mit der Richtung der Spannung den Winkel ϑ bilden soll, wird diese eine Richtungsabhängigkeit der potentiellen Energie U ergeben.

$$\mathrm{d}\,U = -\frac{2\,a\,\sigma\,\mathrm{d}(\cos\vartheta)}{2} = \mathrm{a}\,\sigma\,\sin\vartheta\,\mathrm{d}\,\vartheta$$

Bei Annahme von $U = 0$, wenn σ in Richtung der x-Achse weist, berechnet sich die potentielle Energie zu

$$U(\vartheta) = a\,\sigma \int_{\pi/2}^{\vartheta} \sin\vartheta\,\mathrm{d}\,\vartheta = -\,a\,\sigma\cos\vartheta$$

In Anbetracht der überlagerten thermischen Bewegung ist die Wahrscheinlichkeit, daß das Kettenglied einen Winkel mit der x-Achse bildet, nach dem Boltzmanschen Verteilungsgesetz exp(- U/kT). Damit ergibt sich der Mittelwert der Komponente von ***a*** in der x-Richtung bei thermischer Bewegung der Kette und der Spannung zu

$$\overline{a_{\mathrm{x}}} = \frac{\int_0^{\pi}(\mathrm{a}\cos\vartheta)\,\mathrm{e}^{\mathrm{a}\,\sigma\,\cos\vartheta/\mathrm{kT}}\,2\,\pi\,a^2\,\sin\vartheta\,\mathrm{d}\,\vartheta}{\int_0^{\pi}\mathrm{e}^{\mathrm{a}\,\sigma\,\cos\vartheta/\mathrm{kT}}\,2\,\pi\,a^2\,\sin\vartheta\,\mathrm{d}\,\vartheta}$$

also

$$\overline{a_{\mathrm{x}}} = a[\coth(a\,\sigma/kT) - (kT/a\,\sigma)] \qquad \text{(IV,19)}$$

Der mittlere Kettenendenabstand eines Makromoleküls aus N Bindungen wird N-mal so groß sein wie die mittlere x-Komponente eines Gliedes, also mit dem Symbol für die in (IV,19) stehende sog. Langevinsche Funktion

$$\overline{r_{\mathrm{x}}} = \overline{r} = \mathrm{N}\,a\,\mathrm{L}(a\,\sigma/kT)$$

Da wegen der Gleichrichtung von σ mit der x-Ric'ıtung keine Spannung in den y, z-Richtungen herrscht, ist der Index von r überflüssig. Für die Spannung, die für die Aufrechterhaltung einer mittleren Elongation r nötig ist, ergibt sich mit dem Symbol für die inverse Langevinsche Funktion

$$\sigma = \frac{k\,T}{a}\,\mathrm{L}^*(r/\mathrm{N}\,a) \qquad \text{(IV,20)}$$

Gl. (IV,20) kann durch eine Reihe approximiert werden:

$$\sigma = \frac{k\,T}{a}\left[3\left(\frac{r}{Na}\right) + \frac{9}{5}\left(\frac{r}{Na}\right)^3 + \frac{297}{175}\left(\frac{r}{Na}\right)^5 + \ldots\right] \qquad \text{(IV,21a)}$$

In erster Näherung für $r \ll Na$ erhalten wir

$$\sigma \cong \frac{3\,kT}{Na^2}\,r \qquad \text{(IV,21b)}$$

Beziehung (IV,21) bestätigt einerseits das Hooke'sche Gesetz und damit das Bild, welches das Makromolekül mit einer Feder vergleicht. Die Federkonstante ist $3\,kT/Na^2$ und erklärt nun weiterhin den Befund der Abb. IV,22, daß die „Makromolekülfeder" mit steigender Temperatur steifer wird. Das ist leicht einzusehen, denn die thermische Bewegung des Makromoleküls wird bei höheren Temperaturen stärker, weshalb es schwerer in Spannungsrichtung festzuhalten ist. Außerdem ergibt Gl. (IV,21), daß die Feder mit wachsender Länge des Elastomeren weicher und die Spannung bei $r = Na$ unendlich wird, was natürlich beim angenommenen Modell vernünftig ist, bedeutet doch $r = Na$ die völlig gestreckte Kette und, wenn die Kette unendlich lang wird, sollte auch die Spannung unendlich werden. Die Form der Kurve in Gl. (IV,21) ist in Abb. IV,23 zu sehen.

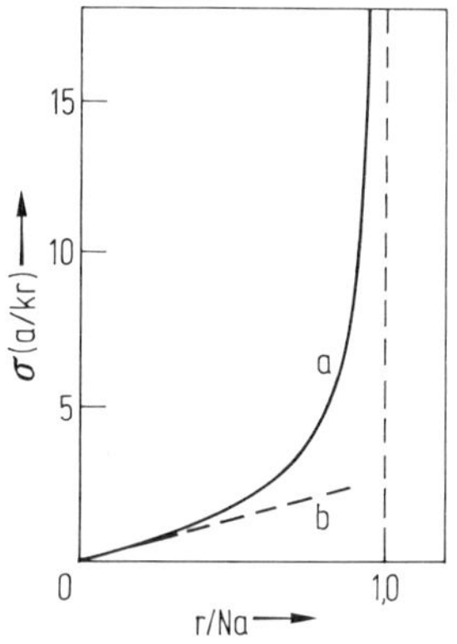

Abb. IV,23. Die Abhängigkeit der Rückstellkraft (a/k T) von der relativen Dehnung r/Na. Die ausgezogene Kurve entspricht Gl. IV,21a, die gestrichelte der Näherung IV,21b

5.4.2 Elastizität eines Netzes aus Makromolekülen

Völlige Freiheit der Mikro- und keinerlei Makro-Brownsche Bewegung, d. h., völliges Fehlen von plastischem Fließen, läßt sich nur durch schwache Vernetzung von Makromolekülen erreichen, dann entfällt die Fließtemperatur und wir haben vollkommene Elastomere. Stellen wir uns ein Netz vor, dessen Maschen aus ν Makromolekülen pro Volumeneinheit aufgebaut ist, für die das soeben entwickelte Federmakromolekülmodell gilt. Wir betrachten das Einheitsvolumen des Gummis, an welchem in der x-Richtung eine Spannung σ angreift. Der kompressible Gummi nimmt dadurch neue Dimensionen an: die Kante x wächst mit α, die y- und z-Kante reduzieren sich um $1/\sqrt{\alpha}$, dabei bleibt natürlich das Volumen konstant. Wir führen also eine affine Deformation durch

$$x_0 \to \alpha x_0; \quad y_0 \to y_0/\sqrt{\alpha}; \quad Z_0 \to Z_0/\sqrt{\alpha}$$

Die Deformationsarbeit pro Kette beträgt

$$A = \int_{x_0}^{\alpha x_0} \sigma_x \, dx + \int_{y_0}^{y_0/\sqrt{\alpha}} \sigma_y \, dy + \int_{z_0}^{z_0/\sqrt{\alpha}} \sigma_z \, dz$$

In erster Näherung war die Kraft zur Erzielung einer Elongation x nach Gl. (IV,21) ausdrückbar, mit gleichen Ausdrücken für σ_y und σ_z; deshalb wird die Arbeit für ein Makromolekül

$$A = \frac{3kT}{2Na^2}[(\alpha^2 - \alpha^{-1})x_0^2 + (\alpha^{-1} - 1)r_0^2] \qquad \text{(IV,22)}$$

mit

$$r_0^2 = x_0^2 + y_0^2 + z_0^2$$

Die mittlere Arbeit für das gesamte Netz erhält man nun durch Multiplikation von (IV,22) mit der Verteilungsfunktion (IV,12) und einer Integration über alle Werte von x_0, y_0 und z_0: Das bedeutet nur, wir müssen die Mittelwerte von r_0^2 und x_0^2 in (IV,22) kennen, die $r^2 = Na^2$ und $r^2/3$ sind, und diese in (IV,22) einsetzen. Dieses Resultat für die Arbeit eines Maschenmakromoleküls muß noch mit der Maschenzahl ν pro Einheitsvolumen multipliziert werden, um die Arbeit zu finden, welche die Spannung σ bei der Deformation des Einheitsvolumens um $d\alpha$ leistet. Sie ist

$$A_{\text{Netz}} = \frac{3}{2}kT[\frac{1}{3}(\alpha^2 - \alpha^{-1}) + (\alpha^{-1} - 1)] \qquad \text{(IV,23)}$$

Die im System gespeicherte Arbeitsenergie ist

$$A_{\text{Netz}} = \int_{\alpha=1}^{\alpha} \sigma \, d\alpha$$

und deshalb gilt

$$\sigma = \frac{\partial A_{\text{Netz}}}{\partial \alpha}$$

Durch Differentiation von (IV,23) finden wir also die gesuchte Deformationsabhängigkeit der Spannung

$$\sigma = \nu kT(\alpha - \alpha^{-2}) \qquad \text{(IV,24)}$$

mit ν der Anzahl von Ketten pro Volumeneinheit. Die Kurve (IV,24) ist in Abb. IV,24 gezeichnet: Werte von $\alpha < 1$ beschreiben die Kompression, $\alpha > 1$ die Deh-

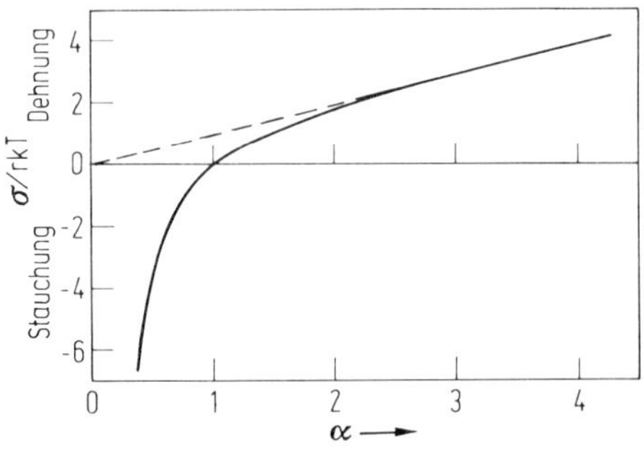

Abb. IV,24. Die Spannung $\sigma/r\,k\,T$ eines schwach vernetzten Gummis in Abhängigkeit von der Dehnung α nach Gl. IV,24

nung des Gummis. Die Beziehung (IV,24) kann die Kurve in ihrem prinzipiellen Verlauf gut erklären, sie gilt bis zu hohen Elongationen. Die statistischen Eigenschaften der frei beweglichen Kette reichen demnach aus, um das Verhalten eines Elastomeren mit einfachen Mitteln ausreichend zu erklären.

6. Der visko-elastische Zustand

Ideale Gummielastizität verlangt schwache Vernetzung. Auch nicht vernetzte Elastomere zeigen natürlich hohe Entropieelastizität, aber man kann doch beobachten, daß die ursprüngliche Länge nicht mehr eingenommen wird, wenn die Spannung längere Zeit aufrechterhalten wurde. Das tritt natürlich um so stärker ein, je höher die Temperatur ist und so mehr sie sich demgemäß der Fließtemperatur nähert. Aus dem rein elastischen wird ein visko- oder plasto-elastisches Verhalten. Die sog. Relaxationstheorie gilt für die Beschreibung des visko-elastischen Verhaltens für alle Hochpolymeren, die deformiert werden, es können viele mechanische Eigenschaften damit erklärt werden, weshalb wir kurz auf diese Theorie eingehen wollen.

Da die molekularkinetischen Modelle bei der Erarbeitung von Formeln für das viskoelastische Verhalten auf große mathematische Schwierigkeiten stoßen, führt man mechanische Modelle ein, welche die Beschreibung sehr erleichtern, aber natürlich in keiner Weise mit den molekularen Komponenten des Systems identifiziert werden dürfen. Es sind zwei Modellelemente, die Feder und der Dämpfungskolben, die jede für sich ein Gesetz repräsentieren: die Feder das Hooke'sche Gesetz:

$$\sigma = E\,\gamma$$

Sie beschreibt die zeitunabhängige elastische Deformation. Der Dämpfungskolben veranschaulicht das Gesetz von Newton

$$\sigma = \eta\,\dot{\gamma}\,,$$

also die zeitabhängige viskose Deformation. Daraus ergibt sich unter Reihenschaltung von Feder und Kolben das sog. Maxwell Modell in Abb. IV,25 a. Die gleiche Spannung

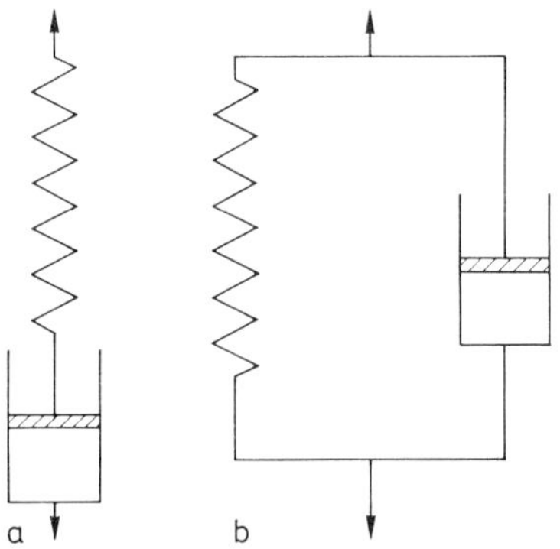

Abb. IV,25. Einfache mechanische Modelle zur Beschreibung der Visko-Elastizität.
a) Maxwell-Element
b) Voigt-Element

belastet Feder und Kolben und die Gesamtdehnung ist die Summe aus der Dehnung der beiden Elemente: $\gamma = \gamma_F + \gamma_K$ oder $\dot{\gamma} = \dot{\gamma}_F + \dot{\gamma}_K$ auch

$$\dot{\gamma} = \frac{1}{E}\dot{\sigma} + \frac{1}{\eta}\sigma$$

mit der Relaxationszeit $\tau^* = \eta/E$. Wenn zur Zeit $t = 0$ das Modell plötzlich gedehnt wird, so streckt sich die Feder und die Deformationsenergie, am Anfang nur in der Feder gespeichert, wird mit der Zeit auf den Kolben übertragen und dort dissipiert, wobei die Spannung verschwindet. Der Elastizitätsmodul nimmt dabei exponentiell mit der Zeit ab:

$$E(t) = E\,e^{-t/\tau^*}$$

Manchmal stellt man sofort nach Entfernung der Spannung eine Deformation fest, die entweder bleibend ist oder aber allmählich („kriechend") zurückgeht. Auch dieser Vorgang ließe sich prinzipiell durch ein Maxwell-Modell beschreiben, das ist aber mathematisch viel schwieriger als wenn das sog. Voigt-Modell benutzt wird. Im Gegensatz zur Relaxation, welche die Abnahme der Spannung bei konstanter Deformation behandelt, wird damit das Kriechen als viskose Deformation bei konstanter Spannung behandelt. Das Voigt-Modell besteht aus Feder und Kolben in Parallelschaltung, wie Abb. IV,25 b zeigt. Bei diesem Modell ist die Dehnung der Feder und des Dämpfungskolben gleich und die Spannungen sind additiv:

$$\sigma = \sigma_F + \sigma_K$$

oder

$$\sigma = \eta\,\dot{\gamma} + E\,\gamma$$

und durch Integration

$$\gamma = \frac{\sigma}{E}(1 - e^{-Et/\eta})$$

Die Retardations- oder Orientierungszeit τ stellt die Zeit dar, die bei konstanter Spannung nötig ist, damit die Dehnung den $(1 - 1/e)$-ten Teil des Endwertes erreicht.

Maxwell- und Voigt-Elemente allein genügen aber nicht zur völligen Beschreibung des visko-elastischen Verhaltens von Hochpolymeren. Man führt deshalb komplizierte Reihen- und Parallelschaltungen dieser Elemente aus und gewinnt dadurch ein Relaxationszeit- oder Retardationszeitspektrum, welches das visko-elastische Verhalten beliebig genau darstellen läßt. Trotz des mechanischen Charakters der Modelle und ihrer Schaltungen geben diese Spektren doch Einblicke in das molekulare Verhalten und ermöglichen dadurch Hinweise, wie durch Änderungen der chemischen Konstitution die Eigenschaften des Werkstoffes in gezielter Weise beeinflußt werden können.

7. Der flüssige Zustand

Das Überschreiten der Fließtemperatur gelingt nur bei Polymeren mit einer nicht allzu großen Kettenlänge. Darunter fallen alle technisch wichtigen, als Fäden verspritzbaren Faserbildner, bei denen in der Schmelze echte Makro-Brownsche-Molekülbewegung möglich ist, müssen sie doch aus der sehr feinen Fadenspritzdüse viskos ausfließen können.

Zur Beschreibung ihres Verhaltens im flüssigen Zustand müßte eigentlich die Beziehung $\eta = A\ e^{B/T}$ genügen. Diese Formel sagt aus, daß ein Platzwechsel bis zum absoluten Nullpunkt möglich sei. Das stimmt natürlich genau genommen überhaupt nicht, weil vorher die Flüssigkeit entweder kristallisiert oder glasig erstarrt, dennoch ist bei einer normalen Flüssigkeit die Beziehung in einem sehr großen Temperaturbereich bis zum Schmelzpunkt erfüllt. Bei Makromolekülen müssen wir aber mindestens der glasigen Erstarrung Rechnung tragen und beschreiben deshalb ihr viskoses Fließen besser mit einer η-Beziehung, welche die Glastemperatur oder eine ihr äquivalente Temperatur als Parameter enthält.

Eine solche η-Formel läßt sich sehr gut entwickeln, wenn man von dem Modell des sog. freien Volumens ausgeht. Darunter versteht man einen „Käfig", gebildet aus benachbarten Molekülen, in welchen unser „fließwilliges" Bezugsmolekül (oder Fließsegment) entgesperrt ist. Viele solcher molekularen Käfige sehr unterschiedlicher Größe sind in der Flüssigkeit enthalten, sie entstehen und vergehen durch die thermische Bewegung der Moleküle. Wenn wir ein kritisches freies Volumen v* annehmen, dessen Käfiggröße gerade noch zum Platzwechsel eines Molekülpaares ausreicht, dann läßt sich der Diffusionskoeffizient definieren zu

$$D = \int_{v^*}^{\infty} D(v)\ p\ (v)\ dv.$$

Solange sich D(v) nur wenig ändert, kann man es gleichsetzen mit D(v*) und erhält

$$D = D(v^*)\, p(v^*) \tag{IV,25}$$

mit der Wahrscheinlichkeit p(v*), daß eine freie Volumenzelle die Mindestgröße für ein platzwechselndes Paar besitzt (Turnbull). Diese Wahrscheinlichkeit berechnet sich zu

$$p(v^*) = e^{-\epsilon v^*/v_f} \tag{IV,26}$$

Darin ist v_f das freie Volumen in der Flüssigkeit (vgl. Abb. IV,26), das sich angenähert als Differenz des Volumens der Flüssigkeit v und des Eigenvolumens der Moleküle v_0 berechnen läßt: $v_f = v - v_0$. ϵ ist ein geometrischer Faktor, welcher der Tatsache Rechnung trägt, daß Teile des freien Volumens durch „Überlappung" dem Diffusionsvermögen verlustig gehen. Der Diffusionskoeffizient läßt sich weiterhin mit Hilfe des Käfigdurchmessers $a(v)$ und der gaskinetischen, thermischen Geschwindigkeit u des Moleküls darstellen:

$$D = g \cdot a(v) \cdot u \tag{IV,27}$$

g ist wieder ein sterischer Faktor, welcher der äußeren Form des platzwechselnden Moleküls Rechnung trägt. Setzt man (IV,26) und (IV,27) in (IV,25) ein und führt die Integration aus, so erhält man

$$D = g \cdot a(v^*) \cdot u \cdot e^{-\epsilon v^*/v_f}$$

Schließlich läßt sich das freie Volumen noch durch

$$v_f = a_{fl}\, v_m (T - T_0)$$

approximieren. Darin ist α_{fl} der wie üblich definierte Ausdehnungskoeffizient der Flüssigkeit, v_m das mittlere Molvolumen und T_0 eine kritische Temperatur unterhalb der Glastemperatur T_G, bei welcher das freie Volumen verschwindet. Die Skizze in Abb. IV,26 möge diese Verhältnisse veranschaulichen. Benutzt man die Stokes-sche

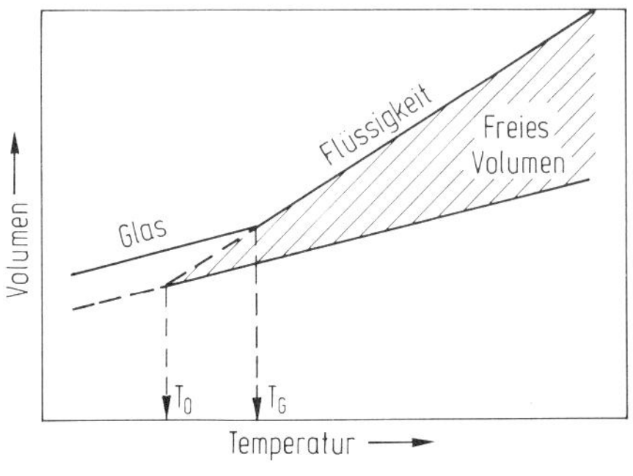

Abb. IV,26. Temperaturabhängigkeit des Volumens einer glasig einfrierenden Flüssigkeit. T_G = Glastemperatur bei normaler Abkühlungsgeschwindigkeit, T_0 = Grenztemperatur der Vogel-Gleichung IV,28

Beziehung zwischen dem Diffusionskoeffizienten und der Viskosität, so erhält man schließlich die sog. Vogel-Gleichung

$$\eta = \frac{k\,T}{3\,\pi\,a_0\,g\,a^*\,u} \exp\left(\frac{\epsilon\,v^*}{\alpha_{fl}\,v_m(T - T_0)}\right)$$

$$\eta = \zeta_0 \exp\left(\frac{\alpha^{-1}}{T - T_0}\right) \qquad \text{(IV,28)}$$

welche wieder den exponentiellen Anstieg der Viskosität mit der Temperatur wiedergibt, aber im Gegensatz zur Beziehung $\eta = A\ e^{B/T}$, der sog. Andrade-Formel, einen Pol bei T_0 besitzt, also die Glasbildung voraussagt. Die Vogel-Gleichung stellt die Viskositätsmessungen ausgezeichnet dar, weshalb versucht wurde, ihre Parameter durch Experimente anderer Art zu bestimmen, die leichter ausführbar sind. Dazu gehört besonders die Messung der Glastemperatur. Die nach Williams, Landel und Ferry benannte sog. WLF-Gleichung erfüllt diese Wünsche in der Form

$$\ln \frac{\eta_B}{\eta} = \frac{20.4(T - T_0)}{102 - (T - T_B)} \qquad \text{(IV,29)}$$

darin ist η_B eine Bezugsmessung der Viskosität ausgeführt bei der (absoluten) Temperatur T_B. Um den Voraussetzungen der WLF-Gleichung (IV,29) nahe zu kommen, wird die Bezugstemperatur nach Möglichkeit zu $T_B = T_G + 50$, also 50° oberhalb der Glastemperatur T_G, gewählt.

Bevor wir dieses Kapitel abschließen, sei noch erwähnt, daß die Vogel-Gleichung (IV,28) nicht nur für polymere Schmelzen, sondern auch für normale nicht glasbildende Flüssigkeiten gilt, z. B. sogar sehr gut für Metallschmelzen. Außerdem ist sie sehr genau in der Lage, die Änderung der Molekülbewegung als Funktion des Druckes zu beschreiben. Man muß deshalb annehmen, daß die Beziehung (IV,28) von großer Bedeutung ist und allgemeine Gültigkeit besitzt.

Literatur

H. G. Elias: Makromoleküle. Hüthig und Wepf, Heidelberg 1971

C. Eingefrorene Flüssigkeiten (Gläser)

(K. Ueberreiter, Berlin)

1. Struktur der Gläser

1.1 Voraussetzungen zur Glasbildung

Die strukturellen Voraussetzungen, welche eine Flüssigkeit bieten muß, um leicht in den glasigen Zustand überführt zu werden, lassen sich am besten negativ ausdrücken durch die Frage: Wie läßt sich ihre Kristallisation verhindern? Betrachten wir kurz den Vorgang der Kristallisation, er setzt sich aus zwei Teilvorgängen zusammen: Der Keimbildung – Primärkeimbildung zur Bildung eines neuen Kristalls und Sekundärkeimbildung als Wachstum des Primärkristalls – und der Diffusion von Teilchen aus der flüssigen Phase an die wachsenden Kristalle. Da die Keimbildung infolge einer mit der Unterkühlung unter den Schmelzpunkt stark abnehmenden Größe des gerade noch existenzfähigen Primärkeimes stark zunimmt und die Diffusion andererseits stark abnimmt, ergibt sich für das Zusammenspiel beider Vorgänge ein Maximum in einem bestimmten Temperaturgebiet. Bei sehr gut kristallisierenden Substanzen ist die maximale Kristallisationsgeschwindigkeit außerordentlich groß, dazu gehören die Metalle, bei schlecht kristallisierenden ist sie sehr gering oder praktisch Null. Diese letzteren Stoffe sind natürlich für die Glasbildung am bequemsten, mit ihnen hat auch die Erforschung des Gebietes begonnen. Dazu gehören beispielsweise die Silikatgläser oder auch organische Gläser wie glasiges Glycerin, Kolophinum usw. Die Ursache einer sehr geringen maximalen Kristallisationsgeschwindigkeit ist also einerseits eine erschwerte Diffusion, was experimentell meistens durch eine äußerst schnelle Unterkühlung zu niedrigen Temperaturen bewerkstelligt wird. Bei Metallen insbesondere benutzt man Abkühlungsgeschwindigkeiten von 10^5 - 10^6 °C/s. Andererseits versucht man eine Erleichterung der Glasbildung durch eine Erschwerung der Keimbildung zu erreichen. Die einfachste Methode dazu wäre an sich eine Mischung von Teilchen, die alle voneinander verschieden sind. Das scheint von vornherein unsinnig, läßt sich aber doch in einem starken Maße annähern. Bei Metallen geht man an Stelle von reinen Metallen zu Legierungen über. So konnte man beispielsweise amorphe Fäden aus einer Legierung von Palladium mit 20 Atom% Silicium durch Abschrecken mit 10^6 °C/s aus dem flüssigen Zustand herstellen (R. Maddin). Diese spröden Fäden wiesen bei Raumtemperatur eine Bruchfestigkeit von 130 kp/mm^2 auf; das ist etwa eine Größenordnung mehr, als dem reinen, kristallinen Palladium zukommt. Verschiedene Teilchen an sich gleicher Bauart erzielt man auch, wenn man sie in sterisch verschiedenen Lagen aneinander koppelt; aus einer Teilchenart wird dann eine große Anzahl verschiedenartiger wie beim Selen oder den zahlreichen organischen Makromolekülen. Damit ist ein wichtiges Prinzip zu Glasbildung vorgezeichnet.

1.2 Gläser aus Makromolekülen

Der Begriff Glas ist zweifelsohne mit Silikatgläsern verknüpft. Die Erforschung dieses Zustands hat aber durch die makromolekularen, organischen Gläser einen überaus starken Auftrieb erhalten. Außerdem ist das Prinzip der Glasbildung – Kopplung gleicher Teilchen in sterisch verschiedenen Lagen – bei Polymeren leichter einzusehen, weshalb diese Stoffklasse vorangestellt werden soll.

Nehmen wir dazu ein Makromolekül mit einem Seitenatom oder einer Gruppe R am Kettenskelett Abb. IV,12a zeigt isotaktische, IV,12b syndiotaktische und IV,12c ataktische Kopplung zu einem Makromolekül. Die Strukturen a und b der Abb. IV,12 zeigen die Voraussetzungen zur Kristallisation, c die zur Glasbildung. Bei den Kettenstrukturen ist noch zu bedenken, daß zur Primärkeimbildung der Kristallisation nicht nur ein, sondern mehrere Ketten nötig sind, weshalb sich die Glasbildungsfähigkeit der ataktischen Struktur besonders erhöht, weil dadurch das Prinzip – jeder kleine Kettenteil sei von dem anderen verschieden – noch leichter durchführbar ist; das gilt besonders auch für Mischpolymerisate aus verschiedenen Struktureinheiten. Ungezählte Arten von synthetischen Makromolekülen erfüllen diese strukturellen Bedingungen zur Glasbildung.

1.3 Anorganische Gläser

Das Prinzip der Glasbildung – Kopplung von an sich gleichen Teilchen in sterisch verschiedenen Lagen – läßt sich auch bei anorganischen Gläsern beobachten. Betrachten wir dazu als einfaches Beispiel ein Oxid der Formel X_2O_3 in Abb. IV,27. Teilbild a zeigt das Oxid in kristalliner Form, Bild b ist die Projektion der gleichen Verbindung im glasigen Zustand (Zachariasen). Beide Strukturen sind gleich; ein Beobachter wird vom Atom X (schwarze Punkte) aus jeweils im kristallinen oder glasigen Zustand die gleichen Nachbarn sehen. Der kristalline Zustand unterscheidet sich aber dennoch durch das Vorliegen einer Fernordnung vom glasigen, denn im Kristall liegen die beiden X-Atome, welche dem Sauerstoff zugeordnet sind, auf einer Geraden durch seinen Mittelpunkt, beim Glas hingegen nicht. Dadurch entstehen Ringe verschiedener Größe – das Prinzip voneinander verschiedener Teilchen – und das kristalline Prinzip sich identisch wiederholender Strukturteile fehlt. Die potentiellen Energien beider Strukturen werden sich nicht sehr unterscheiden, das einmal erzeugte Glas also sehr stabil sein.

Der Abb. IV,27 ähnelnde Strukturen haben B_2O_3 und As_2O_3. Im Quarzglas würde es ähnlich aussehen, nur ist dann jedes Si-Atom tetraedisch mit vier O-Atomen verbunden, jedes von diesen wieder mit zwei Si-Atomen, so daß anstelle der zweidimensionalen

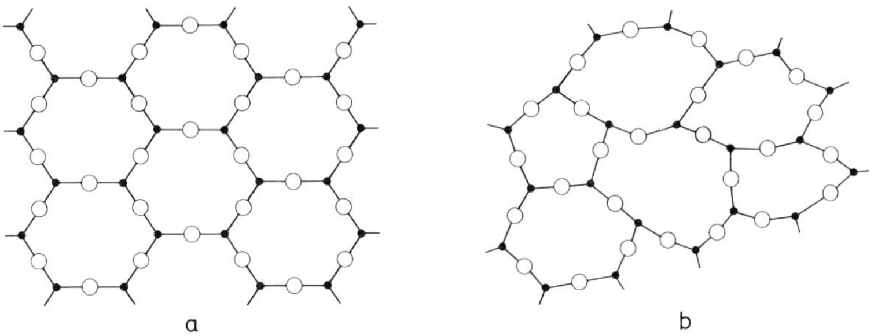

Abb. IV,27. Oxid X_2O_3
a) kristallin
b) glasig

Struktur der Abb. IV,27 eine dreidimensionale entsteht. Ein organischer Glasbildner, z. B. ein Oxid, ist also in der Lage, ein zwei- oder dreidimensionales Netz ohne Periodizität zu bilden, dessen Energieinhalt sich wie das des ataktischen vom taktischen Polymeren nur geringfügig vom Kristall unterscheidet. Zusammenfassend kann man sagen, daß die Struktureinheiten im glasigen und kristallinen Zustand zwar die gleichen sind, aber im glasigen sterisch unregelmäßig und im kristallinen regelmäßig miteinander verkoppelt sind.

In diese Stoffklasse gehören auch die glasigamorphen Halbleiter oder auch beispielsweise glasiges Selen. Es bildet eine Anzahl von Ringen und linearen Ketten von unterschiedlicher Atomzahl, deren Mischung und verschiedene Größe für die geforderte Verschiedenheit der Teilchen sorgen; Selen ist aus diesem Grunde leicht glasig zu erhalten.

1.4 Gläser mit Wasserstoffbrücken

Das Koppeln der strukturellen Einheiten muß natürlich stark genug erfolgen, damit nicht die thermische Energie der Gruppen eine Umorientierung ermöglicht. Das ist bei der Hauptvalenzbindung der organischen Makromoleküle gewiß der Fall, auch die ionischen Bindungen der anorganischen Gläser sind stark genug, dazu kommen noch Wasserstoffbrückenbindungen von ausreichender Stärke, um stabile Kopplungen in sterisch unterschiedlichen Lagen, also Netz- und Ringstrukturen, zu schaffen. Die einfachsten organischen Glasbildner dieser Art wie beispielsweise Glycerin und Glukose enthalten mehrere Hydroxylgruppen im Molekül, welche die Teilchen zu einem Netzwerk in Art der Abb. IV,27b verbinden.

1.5 Rotationsisomere

Das Prinzip der unterschiedlichen Teilchen kann auch intramolekular verwirklicht werden, wenn Gruppen in Molekülen sich bei höheren Temperaturen durch Rotation umlagern können, bei tieferen aber wegen der dazu erforderlichen hohen Aktivierungsenergie nicht mehr, weshalb sie bei genügend schneller Abkühlung eine Vielzahl von Rotationsisomeren bilden. Beispiele hierfür sind viele technische Weichmacher, bei denen gerade eine außerordentlich geringe Neigung zur Kristallisation eine entscheidende Qualität darstellt.

2. Äußere Erscheinungen des Glasübergangs

2.1 Volumen

Die Volumendilatometrie ist eine der am häufigsten benutzten Methoden zur Bestimmung der Glastemperatur T_G. Das Schema in Abb. IV,28 zeigt die Temperaturabhän-

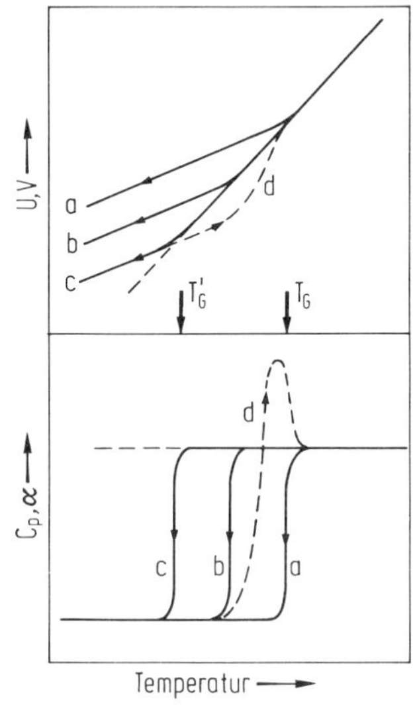

Abb. IV,28. Die Zustandsfunktionen H und V und ihre ersten Ableitungen c_p und α einer glasig einfrierenden Flüssigkeit. a) schnelle Abkühlung b) normale Abkühlung c) sehr langsame Abkühlung d) Erwärmung des getemperten Glases

gigkeit des Volumens eines Stoffes, der zum Glas unterkühlt werden kann. Das wäre beispielsweise Selen oder isotaktisches Polystyrol, um nur zwei Beispiele von unendlich vielen zu nennen. Wir bemerken die allmähliche Volumenänderung im Einfrierintervall im Gegensatz zum diskontinuierlichen Volumensprung beim Schmelzen. Im Einfriergebiet wird der Endwert des Volumens durch die Abkühlungsgeschwindigkeit bestimmt, das größere, porenhaltige Volumen entsteht durch schnelle Abkühlung (a), das geringere durch sehr langsame (b) oder durch sog. Tempern (c). Die Glastemperatur T_G – man definiert sie als Schnitt der beiden Volumengeraden – der abgeschreckten Flüssigkeit liegt deshalb höher als die der langsam abgekühlten bei T'_G.

2.2 Thermodynamische Eigenschaften

Die kalorische Zustandsfunktion, die Enthalpie H, folgt einer ähnlichen Kurve in Abb. IV,28 wie das Volumen. Da sie aber nicht unmittelbar gemessen wird, sondern die Integralkurve der experimentell bestimmbaren spezifischen Wärmekurve ist, wollen wir sie im Zusammenhang mit der letzteren sehen und dabei gleichzeitig die Änderung der Kurven bei unterschiedlichen Temperaturänderungsgeschwindigkeiten beobachten. Wir können in der Abb. IV,28 das Verschieben der Glastemperatur durch Abschrecken (a), normales (b) und äußerst langsames Abkühlen (c) beobachten. Wir sehen außerdem, daß die c_p-Erwärmungskurve (d) der langsam abgekühlten Substanz ein Maximum aufweist, das durch „Unterfahren" der H-Kurve erzeugt wird, da in diesem Bereich die Viskosität noch sehr groß ist, so daß die Geschwindigkeit der Einstellung der Gleichgewichtsstruktur von der Änderungsgeschwindigkeit übertroffen wird.

2.3 Mechanische Eigenschaften

In Abb. IV,29 ist die Viskosität glasigen Selens vom leicht flüssigen bis zum glasharten Zustand als Funktion der Temperatur aufgetragen. Die Glastemperatur im Einfrier-

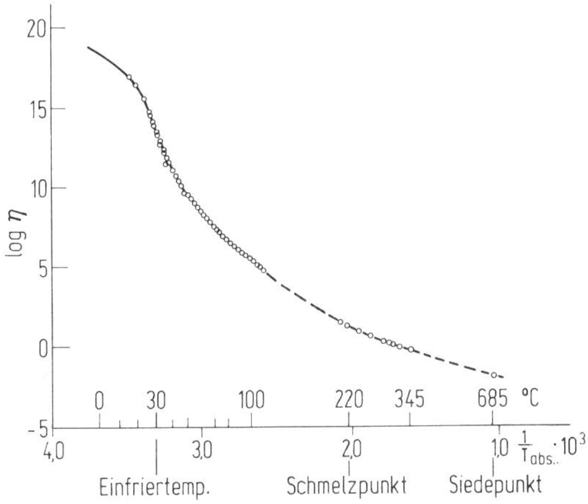

Abb. IV,29. Die Schmelzviskosität von glasigem bis flüssigem Selen (Ueberreiter und Orthmann)

intervall ist hier schwer erkennbar, weshalb man es vorzieht, sie durch Volumen-Temperaturmessungen zu definieren, da sie als Schnitt der beiden Geraden V_G-T und V_{fl}-T leichter bestimmbar ist. Abb. IV,30 zeigt die Temperaturabhängigkeit der Temperaturleitfähigkeit, einer Größe, die durch ihre Abhängigkeit vom Elastizitätsmodul indirekt eine Änderung des elastischen Verhaltens des Stoffes wiedergibt. Es handelt sich um glasiges Polystyrol, man kann zwei Übergänge erkennen: Der stärker ausge-

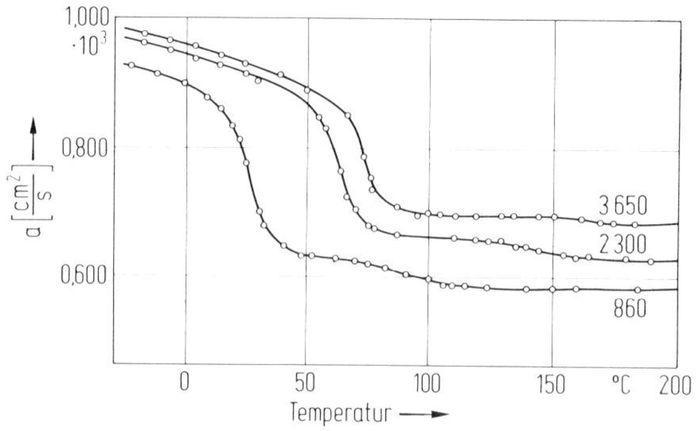

Abb. IV,30. Die Temperaturabhängigkeit der Temperaturleitfähigkeit einiger Polystyrole. Parameter: Molekulargewicht (Ueberreiter und Otto–Laupenmühlen)

prägte Übergang wird beim Erwärmen durch Freiwerden der Mikro-Brown'schen Bewegung der Ketten, der schwächere durch Freiwerden der Makro-Brown'schen Bewegung verursacht (s. Abb. IV,21).

3. Theorien zur Glasbildung

3.1 Freie Volumen-Theorie

Wir haben bereits bei der Besprechung der Schmelzviskosität (Kap. IV, b 7) die Konzeption eines freien Volumens kennengelernt, was wir uns durch Betrachtung der Abb. IV,26 in Erinnerung bringen wollen. Dabei sehen wir, daß es eine Temperatur T_0 gibt, bei der das freie Volumen verschwindet. Es scheint deshalb einleuchtend, daß etwas oberhalb dieser Grenztemperatur T_0 die Glastemperatur T_G liegen wird, wenn nicht sogar T_0 als die kritische Grenztemperatur angesehen werden muß. Ein freies Volumen ist zum Platzwechsel der Teilchen bei der Mikro-Brownschen Bewegung unbedingt erforderlich, unterschreitet es eine kritische Größe, so wird dieser unmöglich gemacht. Es kommt zu Einfriererscheinungen, weil das freie Volumen aus Poren unterschiedlicher Größe von molekularen Dimensionen besteht, die bei schneller Abkühlung infolge sterisch ungünstiger Position einen an sich noch möglichen Platzwechsel vieler Gruppen verhindern, bei langsamer Abkühlung oder Tempern aber durch Umgruppierung noch ermöglichen (sog. Nachwirkung).

3.2 Kinetische Theorie der Glasbildung

Die Betrachtung der Abb. IV,28 zeigt, daß die Glastemperatur T_G als kinetisches Phänomen angesehen werden kann. Wenn oberhalb der Glastemperatur eine Flüssigkeit eine Temperaturänderung erfährt, so wird sich das der neuen Temperatur entsprechende Volumen in unmeßbar kurzer Zeit einstellen. Unterkühlt man aber in Bereiche in der Nähe der Glastemperatur, so wird die Einstellung des Gleichgewichtsvolumens Sekunden, Minuten, Stunden, Tage usw. dauern, so daß schließlich irgendeine Abkühlungsgeschwindigkeit die Einstellungszeit des Volumens überspielen wird. Diese Relaxationserscheinung läßt sich durch das Vorhandensein zweier Mechanismen deuten: der eine reagiert momentan und beruht auf dem Wechsel der Amplituden der anharmonischen, thermischen Schwingungen wie in einem Kristallgitter und ist Ursache des thermischen Ausdehnungskoeffizienten $\alpha_G = \alpha_{\text{Kristall}} < \alpha_{\text{fl}}$, der andere Mechanismus ist zeitabhängig, er benötigt eine Neuorientierung der Moleküle oder Makromolekülsegmente in ihre der veränderten Temperatur entsprechenden Gleichgewichtslagen. Aber gerade dieser Prozeß unterliegt einer inneren Viskosität, er beansprucht nach Aussage der Vogel-Gleichung bei der Glastemperatur Zeiten, die jede endliche Änderungsgeschwindigkeit überschreiten. Dieser Mechanismus, welchem die Differenz der Ausdehnungskoeffizienten und der Sprung der spezifischen Wärme im Glaseinfrierintervall zugeordnet werden muß, ist für die Vermehrung oder Verkleinerung des freien Volumens verantwortlich. Damit erklärt sich der Knick auf der Volumenkurve, wie ihn Abb. IV,28 zeigt, das Einfrieren eines freien Volumens im Glasumwandlungsgebiet, seine Konstanz bei weiterer schneller Abkühlung einerseits und seine allmähliche Abnahme auf den Gleichgewichtswert der Schmelze noch unterhalb eines gewissen Temperaturbereichs unter der Glastemperatur bis zu T_G' (Abb. IV,28) bei langen Temperzeiten.

3.3 Thermodynamische Theorie der Glasumwandlung

Wir haben gesehen, daß im Gebiet der Glasumwandlung die Gleichgewichtskonformation der Flüssigkeit sich nicht mehr so schnell einstellen kann, daß sie der Temperaturerniedrigung zu folgen vermag. Bei unendlich langen Wartezeiten sollte jedoch auch das Glas dem Nernstschen Hauptsatz ($S = 0$ bei $T = 0$) gehorchen. Das beinhaltet aber, daß das Glas dann die gleiche Struktur wie der Kristall haben müßte und kontinuierlich sich in diesen umwandeln sollte, beides ist außerordentlich unwahrscheinlich. Darüber hinaus fand Kauzmann durch Auftragen des reduzierten Entropieunterschieds zwischen unterkühlter Flüssigkeit und Kristall gegen die reduzierte Temperatur die störende Tatsache, daß eine Extrapolation auf tiefe Temperaturen negative Entropiewerte ergibt. Seine Lösung dieses Widerspruchs war die Annahme, daß die Aktivierungsenergie der Kristallkeimbildung mit der Temperatur ab, die des viskosen Fließens aber zunehme. Es gäbe dann eine kritische Temperatur, bei der beide gleich seien und die Flüssigkeit übergangslos kristallisierte, weshalb die Extrapolation zu tiefen Temperaturen sinnlos sei. Dieser Gedanke hilft aber überhaupt nicht bei ataktischen Makromolekülen, deren chemischer Aufbau die Kristallisation ausschließt.

Wir wollen deshalb einmal Überlegungen anstellen, ob die Glasbildung nicht doch eine thermische Umwandlung anstelle eines ausschließlich kinetischen Phänomens sein könne. Dazu betrachten wir die Konformation eines Makromoleküls im Verlauf einer Abkühlung von hohen zu tiefen Temperaturen. Die Anzahl der Konformationen eines

Makromoleküls, dessen Skelettatome durch Seitengruppen rotationsbehindert sind, ist bedeutend geringer als ein solches mit völlig freier Drehbarkeit. Bei hohen Temperaturen werden bei der in Abb. IV,14 angenommenen Lage der Potentialminima gauche, gauche′ und cis Lagen noch ausreichende Wahrscheinlichkeit besitzen und die Gesamtzahl der möglichen Gestalten (Konformationen) des Makromoleküls wird demnach sehr groß sein. Bei Energieverminderung durch Abkühlung werden sich zuerst die cis-Lagen „entleeren" und schließlich bei tieferen Temperaturen auch die gauche-Lagen; das bedeutet eine gewaltige Verminderung der Zahl der Formen, die das Makromolekül noch annehmen kann. Schließlich wird nur noch eine sehr geringe Zahl von Konformationen und damit das Ensemble von Makromolekülen eine ebenso kleine Anzahl von Konfigurationen (Zuständen) mit nicht vernachlässigbarer Wahrscheinlichkeit besitzen. Die Freie-Energie-Schwellen zum Fließen sind dadurch sehr groß geworden, denn die wenigen noch vorkommenden Konfigurationen sind sehr voneinander verschieden (weit im Phasenraum getrennt), und um vom einen zum anderen Zustand zu kommen, ist ein großer Wechsel der Topologie des Systems nötig. Deshalb wird das System nur sehr langsam auf äußere Kräfte in diesem Temperaturgebiet ansprechen und die Relaxationszeiten, welche das viskose Verhalten beschreiben, außerordentlich ansteigen (Einfrieren infolge „Konfigurationsmangel"). Bis hierher können wir der Darstellung ohne Bedenken folgen: Sie erklärt uns wiederum das Einfrieren von einem anderen Blickpunkt betrachtet.

Gibbs und Di Marzio haben nun die Konfigurationen eines Ensembles von Makromolekülen berechnet, deren Konformationszahl mit der Temperatur abnimmt. Damit läßt sich die Zustandssumme Q des Systems berechnen und aus ihr die Entropie

$$S = k\,T\left(\frac{\partial \ln Q}{\partial T}\right)_{\mathrm{V,N}} + k \ln Q$$

und die Zustandsfunktionen F und U. Es ergibt sich nun der wichtige Befund, daß es eine Temperatur T_2 gibt, bei welcher die Werte dieser Zustandsfunktionen von niedrigeren Temperaturen ($< T_2$) kommend, denen von hoher Temperatur ($> T_2$) kommend gleichen:

$$F_{<\mathrm{T}_2}(T_2) = F_{>\mathrm{T}_2}(T_2);$$
$$S_{<\mathrm{T}_2}(T_2) = S_{>\mathrm{T}_2}(T_2);$$
$$U_{<\mathrm{T}_2}(T_2) = U_{>\mathrm{T}_2}(T_2);$$

Das entspräche einer Umwandlung II. Ordnung, wie ein Blick auf die Schemazeichnung Abb. IV,31 ergibt, welche das Fehlen eines Sprungs der Zustandsfunktionen bei ihrer Umwandlungstemperatur im Gegensatz zur Umwandlung I. Ordnung, wie sie einem Schmelz- oder Kristallisationsprozeß entspricht, zeigt. Unterhalb der Temperatur T_2 ist die Konfigurationsentropie Null, ein sehr angenehmer Befund, der die Thermodynamik des Systems wieder mit dem 3. Hauptsatz in Einklang bringt. Die Temperatur T_2 konnte von Adam und Gibbs mit der Temperatur T_0 der Vogel-Gleichung in

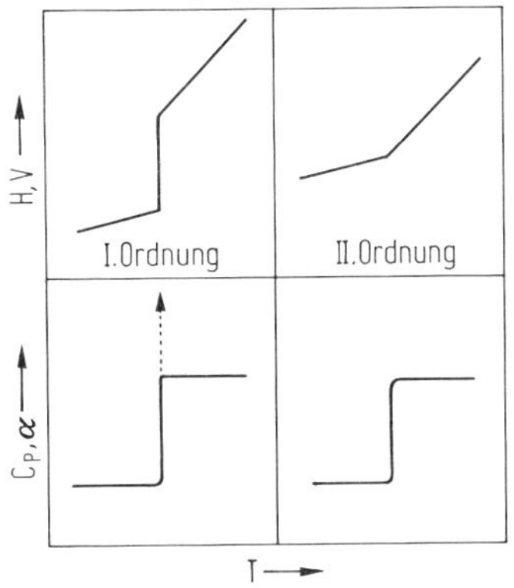

Abb. IV,31. Schema der Auswirkung von Umwandlungen I. und II. Ordnung auf die Zustandsfunktionen *H* und *V* und ihre 1. Ableitungen

Zusammenhang gebracht werden. Sie ergibt eine gute Übereinstimmung von Experiment und Theorie. Man erhält für eine sehr große Anzahl von Gläsern die Beziehung

$$T_G/T_2 = 1.3 \quad \text{und} \quad T_G - T_2 = 55\ ^\circ\text{C}.$$

Diese Verbindung von kinetischer und thermodynamischer Theorie hat den Vorteil, Kinetik und Thermodynamik der Glasumwandlung in Einklang zu bringen, sie hat aber den mindestens ebenso großen Nachteil, daß ein direkter, experimenteller Nachweis der tatsächlichen Existenz einer Umwandlungstemperatur T_2 bislang nicht geglückt ist.

Das Auftreten zweier Kurvenäste der Entropie-Temperatur-Kurve ist damit nur theoretisch mit Hilfe der Gittertheorie polymerer Lösungen abgeleitet, experimentell aber unbewiesen. Deshalb kann die Hypothese eines nichtlinearen, monotonen Verlaufs dieser Funktion mit sinkender Temperatur zum Wert Null am absoluten Nullpunkt, damit Fehlens einer Umwandlungstemperatur T_2 und Deutung der Glasbildung ausschließlich als Einfrierphänomen, ebenfalls nicht abgelehnt werden, die meisten Experimente sprechen nur für dieses.

Aus diesen Darstellungen geht hervor, daß ein so wichtiger Vorgang wie die Glasbildung auch heute noch nicht restlos geklärt ist.

4. Glasumwandlung und Bau der Moleküle

Die Erkenntnis, daß die Konfigurationsentropie bei der Glasumwandlung in nicht Gleichgewichtswerte gerät, führt dazu, Rotationsbehinderungen, wie sie Abb. IV,14 zeigt, als Hauptursachen für die Lage der Glastemperatur zu sehen. Dazu gehört die innere Beweglichkeit der Glieder der Skelettkette, wie sie die Ketten des Polydimethylsiloxans und Polyisobutylens in Abb. IV,32 als Beispiel zeigen mögen. Die Siloxankette ist äußerst beweglich und zeigt deshalb eine Glastemperatur von – 123 °C, die Kohlenstoffkette ist steifer und Polyisobutylen hat deshalb eine Glastemperatur von – 65 °C. Die innere Beweglichkeit des Kettenskeletts kann durch sterische (oder polare) Versteifung verändert werden: Substitution der leicht beweglichen CH_3-Gruppen durch schwerer bewegliche und sterisch sehr große aromatische Gruppen setzt die Glastemperatur stark herauf, wie die Beispiele der Formelbilder IV,33 zeigen.

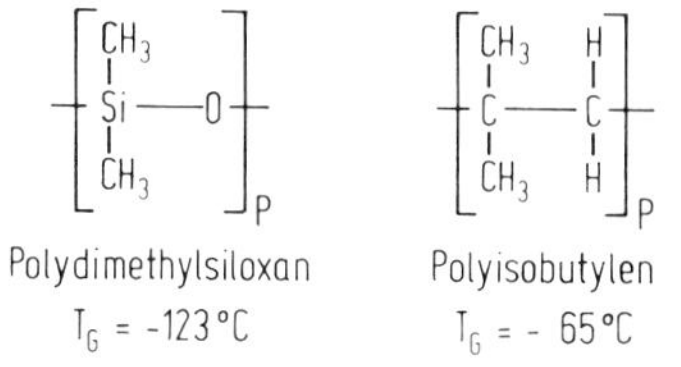

Abb. IV,32.

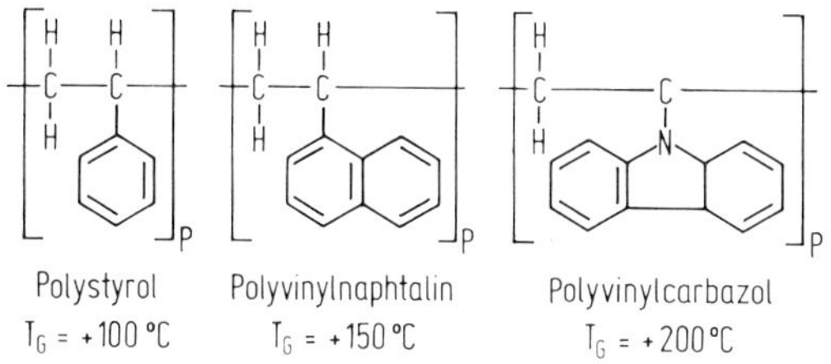

Abb. IV,33.

Diese wenigen Beispiele mögen das Prinzip des Einflusses der chemischen Konstitution auf die Beweglichkeit der Makromoleküle und damit die Glasbildung aufzeigen, inzwischen ist dieser Zusammenhang auch bei anorganischen Gläsern viel studiert worden, jedoch muß auf weiteres Eingehen auf diese Frage hier verzichtet und auf die Fachliteratur verwiesen werden.

Literatur

H. G. Elias: Makromoleküle. Hüthig und Wepf, Heidelberg 1971

D. Flüssige Kristalle

(K. Ueberreiter, Berlin)

1. Arten von Flüssigkristallen

Eine Betrachtung der Typen von Flüssigkeiten in Abb. IV,2 zeigt, daß zur Erzielung einer Struktur eine von der Kugelform abweichende Gestalt der Moleküle Voraussetzung ist. Wenn ein Kristall Schichten langgestreckter und zur Bildung einer Mesophase (einer in der „Mitte" zwischen Kristall und isotroper Flüssigkeit befindlichen Phase) geeigneter Moleküle enthält, wie Abb. IV,34 veranschaulicht, dann wird er smektogen

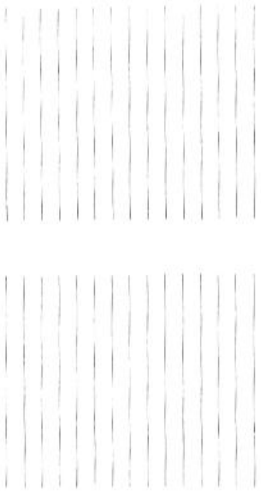

Abb. IV,34. Struktur eines smektogenen Kristalls

– nach der von ihm erzeugten smektischen Phase – genannt, wenn seine Moleküle dachziegelartig gestaffelt sind (Abb. IV,35) nematogen. Diese Namen entstammen dem Griechischen – smectos – seifenähnlich und – nematos – nadelförmig.

Abb. IV,35. Struktur eines nematogenen Kristalls

Solche Mesophasen erzeugenden Kristalle können einerseits durch thermische Anregung aufgelockert werden, also schmelzen, man spricht dann von thermotrop erzeugten flüssigen Kristallen, geschieht das Auflösen durch Lösungsmittel, dann heißen die zugehörigen flüssigen Kristalle lyotrop. Letztere haben hauptsächlich große biologische Bedeutung, zur Begrenzung des zu besprechenden Gebietes wollen wir hier nur die thermotropen flüssigen Kristalle wegen ihrer technischen Bedeutung besprechen.

Zuerst wollen wir die äußere Erscheinungsform der Mesophasen studieren durch Schmelzen von smektogenen Kristallen, deren smektische Mesophase außerdem noch in eine nematische übergehen soll. Wir nehmen eine Schmelzpunktsbestimmungskapillare, füllen sie mit dem mesophasegenen Kristall und erhöhen in dem Schmelzpunktsbestimmungsgefäß in der üblichen Weise die Temperatur: Wir beobachten das Schmelzen und dann ein Zusammenlaufen der Substanz, wie es Abb. IV,36 zu zeigen versucht, es bilden sich schwer bewegliche Tropfen der smektischen Phase. Die bei weiterer Temperaturerhöhung sich bildende nematische Mesophase unterscheidet sich von der normalen isotropen Flüssigkeit nur durch Trübung. Die Übergangstemperatur wird deshalb richtungsabhängig als Klär- oder Trübungspunkt bezeichnet.

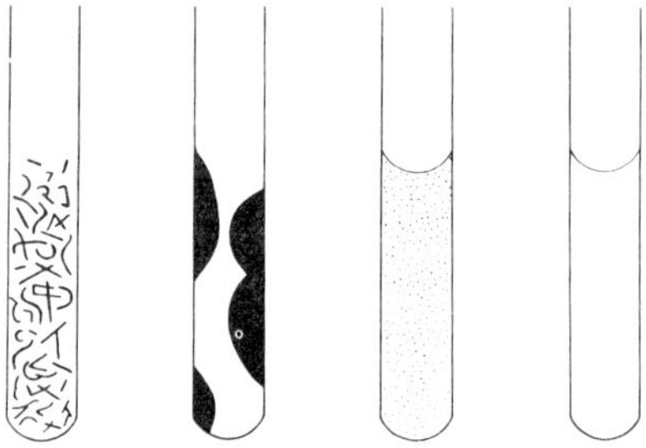

Abb. IV,36. Kristalle, smektische, nematische und isotrope Flüssigkeit

Die Zahl der Übergänge kann noch größer sein, als Abb. IV,36 andeutet. Es können mehrere smektische und noch eine besondere nematische Phase, die cholesterische, auftreten; letztere wird an ihren irrisierenden Farben erkannt. Ihr Name kommt daher, daß diese Gruppe hauptsächlich von Derivaten des Cholesterols gestellt wird.

Stets enantiotrop, also beliebig oft in beiden Richtungen ablaufend, ist nur der nematisch-isotrope Übergang, während die smektische Umwandlung oftmals monotrop ist, und diese Mesophasen nur durch geeignete Unterkühlungsmaßnahmen erzeugbar sind.

2. Molekulare Ordnung der Flüssigkristalle

Einen Hinblick auf die molekulare Ordnung der smektischen Phase ergibt die nähere Betrachtung der Tropfen aus Abb. IV,36 welche in Abb. IV,37 vergrößert gezeichnet sind: Sie sind treppenförmig aufgebaut, ihre Terassen stellen Gleitebenen für das

Abb. IV,37. Treppenförmiger Tropfen einer smektischen Flüssigkeit

viskose Fließen dar. Da es sich um langgestreckte Moleküle handelt, nimmt man an, daß in der smektischen Phase Schichten auftreten, bei denen die Endgruppen der stäbchenförmigen Moleküle in Ebenen ausgerichtet sind. Das führt uns zur Problematik des Aufbaus der übrigen Mesophasen, deren Besprechung wir nun vornehmen wollen, weil sich dann die Diskussion des chemischen Aufbaus erleichtert, den Moleküle aufweisen müssen, die Mesophasen bilden können.

Eine schematische Darstellung von einigen Arten von flüssigen Kristallen zeigt Abb. IV,38. Die smektischen Schichten in den verschiebbaren, aufeinander abgleiten-

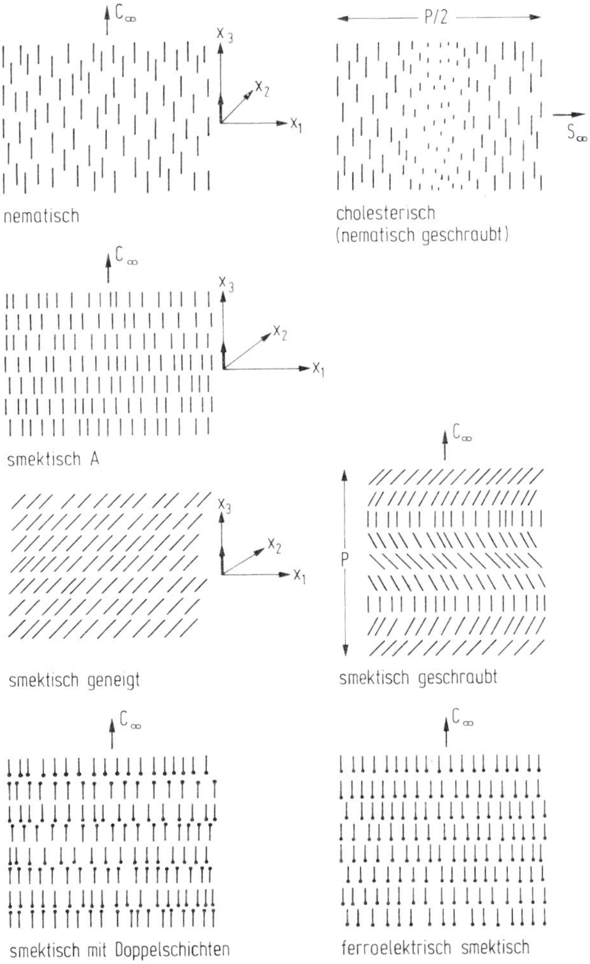

Abb. IV,38. Strukturen von mesomorphen Phasen

den Schichten der stufenförmig aufgebauten Tropfen können aufrecht stehende oder einheitlich geneigte Moleküle enthalten und deren Neigung kann in jeder Schicht relativ zur vorangegangenen verschieden sein und sich erst nach einer Reihe von Schichten wiederholen. Es liegt dann eine Schraubenachse in Richtung der Stäbchenmoleküle vor. Die smektischen Flüssigkristalle sind optisch 1-achsig und nicht durch ein Magnetfeld beeinflußbar. Abb. IV,38 zeigt auch, daß der Hauptunterschied zwischen smektischer und nematischer Phase darin besteht, daß die Schichtenorientierung der smektischen Phase bei der nematischen verloren gegangen ist und nur noch eine 1-dimensionale Ordnung durch Parallel-Lagerung der Moleküle übriggeblieben ist. Die Translationsbewegung der Moleküle ist in allen drei Richtungen frei, Rotationen sind aber nur um ihre Molekül-Längsachse möglich. Diese Mesophase ist deshalb diamagnetisch, dielektrisch, optisch und rheologisch anisotrop.

Wenn die parallel liegenden Stäbchen in einzelnen Bezirken zu ihrer vorangehenden Orientierung verdrillt sind, entsteht eine Schraubenachse: Es liegt dann eine cholesterische Mesophase vor.

3. Chemische Konstitution der Flüssigkristalle

Fragen wir jetzt nach der chemischen Konstitution, welche den Molekülen zugrunde liegen muß, damit sie eine Mesophase bilden können. Man erkennt als erstes Prinzip eine langgestreckte Form der Moleküle, die außerdem „formfest" sein muß. Deshalb sind beispielsweise Paraffinmoleküle ungeeignet, sie sind zwar langgestreckt, aber ihre Kettenglieder sind um das C-Atom Skelett frei drehbar, weshalb in der Schmelze die im Kristall langgestreckte Form des Moleküls durch Knäuelung verloren geht. Eine starre und langgestreckte Form liefern etwa Moleküle der Gestalt

$$E-\langle\bigtimes\rangle-E \qquad E = -O-\overset{\overset{O}{\|}}{C}-Me$$

Aber diese sind erstaunlicherweise nicht zur Bildung einer mesomorphen Phase befähigt. Wohl ist aber ein Molekül der Form

$$E-\langle\bigcirc\rangle-\underset{H}{C}=\underset{H}{C}-\langle\bigcirc\rangle-E \tag{A}$$

und noch mehr der Form

$$E-\langle\bigcirc\rangle-C\equiv C-\langle\bigcirc\rangle-E \tag{B}$$

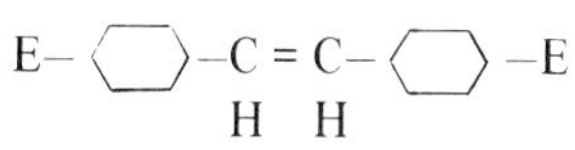

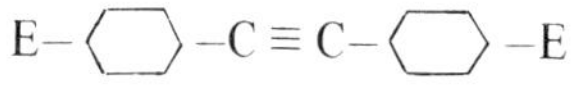

oder ganz allgemein der Bauart

E–[ ]–M–[ ]–E geeignet,

wobei noch andere Endgruppen E als die soeben genannte möglich sind. Offensichtlich hängt also die Orientierung von der Stärke der gegenseitigen Anziehung der („brettförmigen") Moleküle und deren gerichteter Wirkung zusammen.

Die Anziehungskräfte, welche in Frage kommen, sind
1) Dipol – Dipol Anziehung, beide Dipole permanent
2) Induzierte Dipol Anziehung verursacht durch Polarisation der permanenten Dipole
3) Dispersionskräfte.
Bei Paraffinen gibt es 1) und 2) nicht, wohl aber 3), die Dispersionskräfte sind aber zu schwach. Aus der Tatsache, daß Molekül (A) stabilere Mesophasen bildet als (B) können wir schließen, daß 2) ebenfalls eine notwendige Bedingung ist, denn die Polarisation nimmt in der Reihe der Gruppen C–C, C=C und C≡C zu. Zur Erzielung einer Mesophase ist also ein permanenter Dipol der Endgruppe E und der Mittelgruppe M nötig, die aufeinander senkrecht stehen oder einen gewissen Winkel bilden können. Das soll Abb. IV,39 schematisch andeuten.

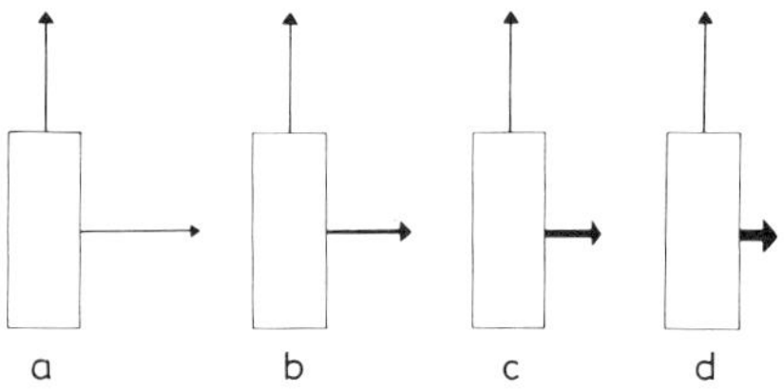

Abb. IV,39. Dipole eines stereochemisch zur Bildung einer Mesophase fähigen Moleküls

Aber nicht nur das Vorhandensein von permanenten Dipolen der End- und Mittelgruppen ist allein ausreichend, es muß noch zusätzlich ein günstiges Stärkeverhältnis vom end- zum mittelständigen Dipol vorliegen. Bei Gleichheit der Dipole wie das Modell a in Abb. IV,39 andeuten soll, bildet sich keine Mesophase, sondern nur eine isotrope Flüssigkeit. Das Molekül b der Abb. IV,39 ist nur zur Bildung einer nematischen Phase fähig, während Molekül c sowohl eine nematische als auch schon eine smektische Phase bilden kann. Das Molekül d ist dann bereits zum Aufbau einer so ausgedehnten smektischen Phase fähig, daß eine nematische Phase nicht mehr auftritt. Das wurde an Reihen von Flüssigkristallen erforscht, deren Gruppen systematisch verändert wurden.

Die Übergänge am Schmelzpunkt zu der darauf folgenden Mesophase und wenn mehrere davon existieren, bei diesen untereinander und schließlich der Klärpunkt sind thermodynamisch betrachtet Phasenübergänge I. Art, sie weisen also eine sprunghafte Änderung der Zustandsfunktionen V und H an den Umwandlungstemperaturen auf. Die Viskositäten der Mesophasen sind anisotrop und zeigen ebenfalls Unstetigkeiten in den Umwandlungsgebieten wie auch die elektrischen und magnetischen Eigenschaften. Besonders die Letzteren werden bei nematischen Flüssigkristallen vorkommend jetzt in hohem Maße bereits technisch ausgenutzt.

4. Technische Anwendung der Flüssigkristalle

Die technische Anwendung der Flüssigkristalle ist in starkem Fortschritt begriffen. Sehr geringer Stromverbrauch und Störanfälligkeit haben dazu beigetragen, sie als Grundlage für Anzeigeeinheiten in der Elektronik zu verwenden. Aber auch viele Versuchsmodelle für künftige Verwendung sind schon gebaut worden. Elektronische Uhren ohne bewegliche Teile, Gläser mit elektronisch gesteuerter Lichtdurchlässigkeit, digitale Anzeigeeinrichtungen sogar in Armbanduhren usw., dazu kommen variable Farbfilter, Speichersysteme für Computer und Flachbildschirme für Fernseher, die mit niedrigen Spannungen arbeiten. Die künftige Entwicklung erscheint sehr erfolgversprechend zu sein, weshalb wir uns über den derzeitigen Stand orientieren wollen.

Eine Flüssigkristallzelle als Grundeinheit ist im Grunde genommen ein Plattenkondensator mit der Mesophase als Dielektrikum wie Abb. IV,40 zeigt. Die Kondensatorplatten sind Glasplatten, welche mit Hilfe von Zinnoxid an den Innenflächen elektrisch leitfähig gemacht wurden. Die Kapazität beträgt etwa 200 pF/cm^2. Legt man eine Gleichspannung (6 V) oder eine niedrigfrequente Spannung (60 Hz) an, dann wird die Zelle undurchsichtig. Die optoelektrische Schaltereigenschaft beruht auf dem vor kurzem entdeckten Prinzip der dynamischen Streuung.

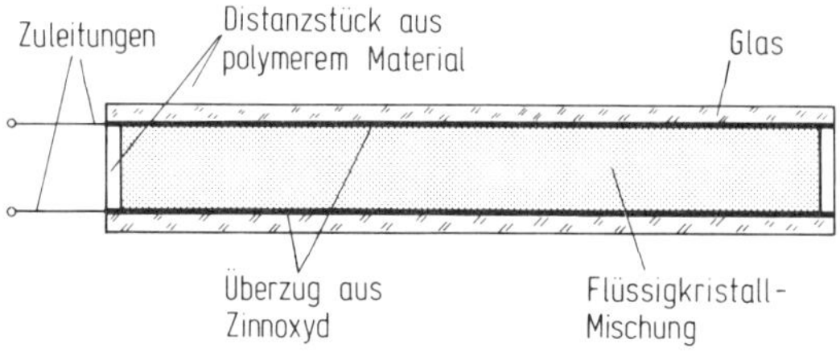

Abb. IV,40. Eine Flüssigkristall-Zelle besteht im Prinzip aus einem Plattenkondensator mit der Flüssigkristallsubstanz als Dielektrikum. Zu ihrer Herstellung bringt man einen Tropfen Flüssigkristall auf eine Glasplatte und deckt diese dann mit einer weiteren Glasplatte ab. Die Dicke der aktiven Schicht wird durch Distanzstücke aus einem polymeren Material bestimmt

Diese läßt sich nur mit nematischen Mesophasen erzeugen, bei denen das Dipolmoment der Endgruppen nicht in Richtung der Molekülhauptachse zeigt. Beim Anlegen eines elektrischen Feldes bilden deshalb die Moleküle dieser nematischen Phase einen Winkel zwischen Molekülachse und Feld. Das ist eine notwendige Voraussetzung, um die zweite Komponente einer solchen Zelle, ein in Ionen dissoziierter Stoff, der in der Mesophase löslich ist, feldwirksam werden zu lassen. Die Ionen wandern nämlich in

Richtung des elektrischen Feldes und stören dabei die Ordnung der gewinkelt zum Feld ausgerichteten nematischen Moleküle. Ihre Verteilung wird dadurch unregelmäßig, es entstehen Zentren, welche das eingestrahlte Licht streuen, so daß beim Anlegen der Spannung die vorher durchsichtige Zelle undurchsichtig wird. Da die streuenden Moleküle Haufen von etwa 5 bis 10-facher Größe der Wellenlänge des eingestrahlten Lichtes bilden, ist die Streuung von der Wellenlänge fast unabhängig und kann Licht beliebiger Wellenlänge sein. Abb. IV,41 versucht dies zu veranschaulichen.

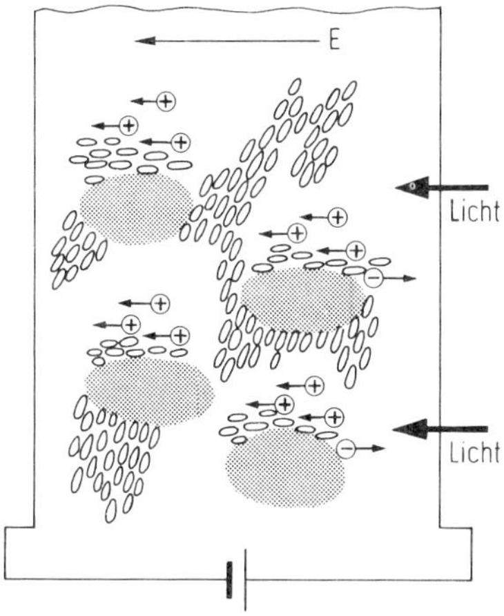

Abb. IV,41. Die wichtigste Eigenschaft von Flüssigkristallen ist die dynamische Streuung. Bei gewissen nematischen Substanzen bewirkt das Dipolmoment eine Orientierung unter einem Winkel in bezug auf das Feld. Wandern Ionen durch die Substanz, dann werden einige Moleküle in ihrer Orientierung durch die Ionenfelder beeinflußt, was sich in lokalen Änderungen der Brechzahl auswirkt. Derartige Stellen wirken als Streuzentren mit einem Durchmesser von 1 bis 5 μm

Eine Änderung des Charakters der nematischen Moleküle und der ihnen zugesetzten Indikatormoleküle ermöglicht die Umwandlung der Flüssigkristallzelle in eine Farbschalterzelle. Die Indikatoren dürfen dabei im Gegensatz zu den soeben beschriebenen in Ionen dissoziierenden Substanzen nicht dissoziieren, außerdem brauchen sie nicht in der Mesophase löslich zu sein. Es handelt sich um sog. pleochroitische Farbstoffe, deren Absorptionsspektrum von der Orientierung der Farbstoffmoleküle relativ zum einfallenden Licht abhängt. Es sind ebenfalls längliche Moleküle, die nur dann polarisiertes Licht absorbieren, wenn sie parallel zum elektrischen Vektor des einfallenden polarisierten Lichtes liegen. Im Gegensatz zu den bei der dynamischen Streuung benutzten flüssigen Kristallen sind aber nun Moleküle nötig, bei denen das Dipolmoment der Endgruppen in Richtung der Hauptmolekülachse zeigt, wie sie in Abb. IV,39 vorliegen. Legt man eine Spannung an eine solcherart mit Mesophase und Farbstoff ausgerüstete Zelle an, so werden die nematischen Moleküle in Feldrichtung orientiert und nehmen dabei die Farbstoffmoleküle mit. Die Farbe des Farbstoffes wird dadurch wegen der Übereinstimmung von Feld- und Lichtvektor zum Verschwinden gebracht und das durchgestrahlte, polarisierte Licht erscheint in seiner Farbe. Beim Wegnehmen des elektrischen Feldes werden die Farbstoffmoleküle sich wieder desorientieren können, und es tritt demzufolge eine Mischfarbe auf. Abb. IV,42 versucht diese Vorgänge zu zeigen.

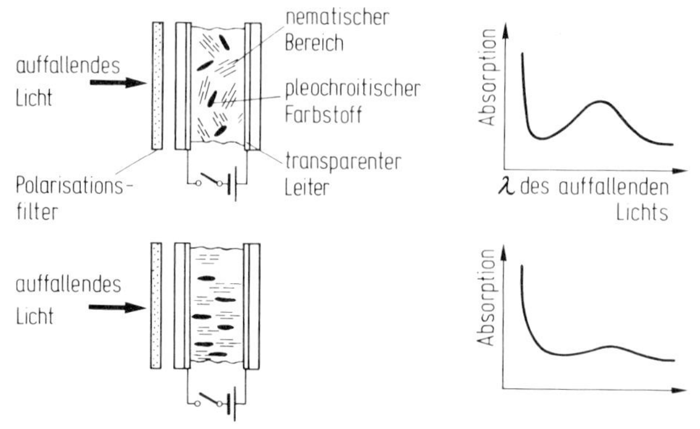

Abb. IV,42. Ohne ein angelegtes Feld sind die nematischen Bereiche und pleochroitischen Farbstoffe wahllos ausgerichtet. Der Farbstoff absorbiert das einfallende Licht und färbt die Zelle. Eine angelegte Spannung richtet die Bereiche und Farbstoffe aus. Das Licht wird nicht mehr absorbiert und die Zelle nimmt die Färbung des Lichtes an

Es ist anzunehmen, daß spätere Fotoapparate wie auch Farbfernseher mit solchen Einrichtungen ausgerüstet werden. Das wird noch besonders variabel gestaltet werden können, wenn Mischungen von pleochroitischen und photochromatischen Farbstoffen einen „Farbumschlag" vorzunehmen gestatten. Die Entwicklung dieser Anwendungen ist in vollem Gange.

Cholesterinische Flüssigkristalle zeigen Farbunterschiede bei sehr geringen Temperaturänderungen. Einige Beispiele sind in Abb. IV,43 zu sehen, es sind aber im Handel bereits weit mehr Stoffe erhältlich, so daß eine große Temperaturskala zwischen – 20°

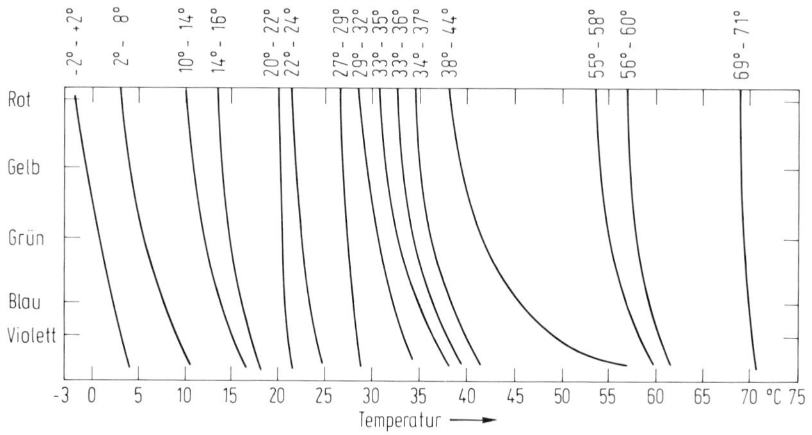

Abb. IV,43. Eine Auswahl der vielen möglichen Flüssigkristallsysteme

und 250 °C verfügbar ist. Es ist mit diesen Cholesterolderivaten eine quantitative Temperaturmessung mit einer Genauigkeit von etwa 0.1° möglich. Das Anwendungsgebiet liegt in der thermischen Prüfung von Metallen und nichtmetallischen Werkstoffen und der thermischen Prüfung von elektronischen Geräten und Bauteilen. In Abb. IV,44 ist gezeigt, wie der Boden einer Compoundplatte gekühlt und mit Hilfe einer Warmluftquelle ein Temperaturgradient im Werkstück erzeugt wird. Dadurch ist es möglich, mangelhafte Klebungen in der Wabenkonstruktion durch eine aufgebrachte dünne Testschicht eines cholesterinischen Flüssigkristalls sichtbar zu machen. Die gut verklebten Stücke der Wabenstruktur unterhalb der Oberfläche leiten die Wärme schnell nach unten ab. Dadurch entsteht ein charakteristisches Muster in der Flüssigkristallschicht. Gut verarbeitete Werkstücke müssen stets das gleiche bekannte Muster aufweisen, das auf eine genau reproduzierte, stetig durchlaufende Klebung hinweist.

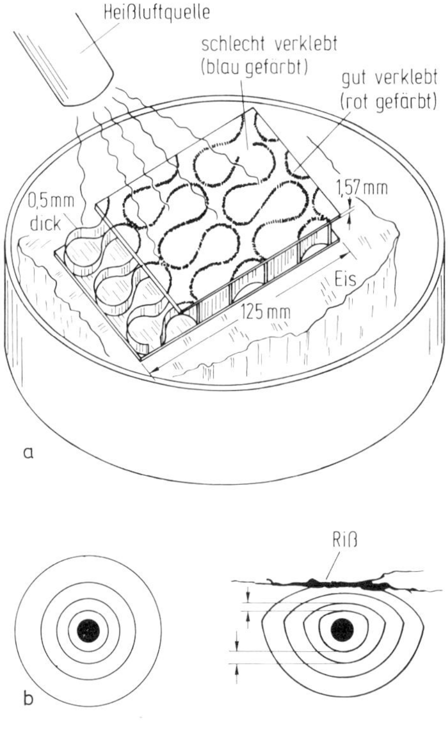

Abb. IV,44a. Prüfung einer Compound-Platte. Schlechte Verklebungen machen sich durch Verfärbung bemerkbar

b) Der Wärmestau an einem Riß verformt die Isothermen um eine stationäre Wärmequelle

Auch in der medizinischen Forschung können diese Art von Flüssigkristallen angewendet werden, um Durchblutungsstörungen oder cancerogene Tumore sichtbar zu machen. In Plastikfolien eingebracht eignen sie sich hervorragend zur Justierung von

UR-Strahlengängen und zur Darstellung von Mikrowellenfeldern. Weitere Anwendungsgebiete werden laufend erschlossen.

Literatur

G. W. Gray: Molecular Structure and Properties of Liquid Crystals. Academic Press

E. Elektrolytische Flüssigkeiten

(R. Thull, Erlangen)

Eine besondere Stellung in der Physik der Flüssigkeiten nehmen die sogenannten Elektrolyte oder elektrolytischen Flüssigkeiten ein. Im allgemeinen wird zwischen zwei Gruppen unterschieden, den echten und den potentiellen Elektrolyten. **Echte Elektrolyte** enthalten unabhängig von ihrem Aggregatzustand die Ionen in den heteropolar gebundenen Molekülen bereits vorgebildet. Hierzu gehören alle in Ionengittern kristallisierenden Stoffe, also fast sämtliche Salze. **Potentielle Elektrolyte** dagegen können erst durch die Reaktion mit einem Lösungsmittel Ionen bilden, z. B.

$$H_2O + H_2O \rightleftharpoons H_3O^+ + OH^-$$

$$HCl + H_2O \rightleftharpoons H_3O^+ + Cl^-$$

Ohne ein Lösungsmittel sind solche Stoffe deshalb Nichtleiter. Verständlich wird diese Einteilung erst durch genauere Kenntnisse über die Struktur der elektrolytischen Flüssigkeiten, d. h. insbesondere über die Wechselwirkungen der Ionen mit dem Lösungsmittel und die Wechselwirkung der Ionen untereinander. Im folgenden werden die zugehörigen Modellvorstellungen ohne wesentliche Einschränkung der Allgemeingültigkeit stets mit dem Lösungsmittel Wasser entwickelt. Bevor jedoch darauf näher eingegangen wird, muß ein Abschnitt über die frühen empirischen Beschreibungen elektrolytischer Flüssigkeiten vorangestellt werden, wie sie sich in größerem Umfang seit Ende des neunzehnten Jahrhunderts entwickelt haben.

1. Van't Hoffsches Gesetz; Dissoziationstheorie von Svante Arrhenius

Im Jahre 1887 wurde von Van't Hoff rein empirisch ein Gesetz über den **osmotischen Druck von Flüssigkeiten** gefunden, das für die Entwicklung der Physik elektrolytischer Flüssigkeiten eine besondere Bedeutung erlangte.

$$\pi = c\,R\,T$$

R molare Gaskonstante = $(8{,}3127 \pm 0{,}0015) \cdot 10^7$ erg K^{-1} mol^{-1}
T Temperatur K
c molare Lösungskonzentration mol/l

Bei der Prüfung dieses Gesetzes für verschiedene Lösungen wurde beobachtet, daß die Lösungen ganz bestimmter Verbindungen mit der angegebenen Gesetzmäßigkeit nicht übereinstimmten und erhebliche Abweichungen zeigten. Diese Abweichungen äußerten sich durch größere Werte des osmotischen Drucks als sie mit der jeweiligen Konzentration der Lösung erwartet wurden. Darüber hinaus zeigten sich Veränderungen der nur von der Teilchenzahl der Lösung abhängigen, sogenannten **osmotischen Eigenschaften**, wie z. B. Dampfdruck, Siedepunkt und Gefrierpunkt (Bd. I, Nr. 110). Bei den gelösten Verbindungen, die dieses Verhalten zeigen, handelt es sich vor allem um Säuren, Basen und die Mehrzahl der Salze, während sich die organischen Verbindungen osmotisch normal verhalten. Um die Gültigkeit der grundlegenden Beziehungen auch auf Lösungen von Salzen, Säuren und Basen auszudehnen, führte Van't Hoff den empirischen Korrekturfaktor g **(Van't Hoff'scher Koeffizient)** ein, so daß sich für den osmotischen Druck einer solchen Lösung ergibt:

$$\pi = g\, c\, R\, T$$

Der Van't Hoffsche Koeffizient errechnet sich aus dem Quotienten des gemessenen, dividiert durch den theoretisch erwarteten osmotischen Druck und ist abhängig von der stöchiometrischen Zusammensetzung und Konzentration der gelösten chemischen Verbindung. Für Salze verschiedener Zusammensetzung zeigt Abb. IV,45 den Van't Hoffschen Koeffizienten in Abhängigkeit von der molaren Konzentration. Dabei steigt g mit wachsender Verdünnung an und nähert sich einem für die stöchiometrische Zusammensetzung charakteristischen Grenzwert ($g \rightarrow 2$ für KCL und $MgSO_4$, $g \rightarrow 3$ für K_2SO_4, $g \rightarrow 4$ für $K_3Fe\,(CN)_6$).

Die erste Begründung für den Van't Hoffschen Koeffizienten gab 1887 Svante Arrhenius auf Grund der Tatsache, daß die Lösungen der Verbindungen, die die beschriebenen Abweichungen aufweisen, auch den elektrischen Strom leiten, also Elektrolyte sind. Arrhenius konnte nachweisen, daß die osmotischen Effekte unmittelbar mit der Vermehrung der Zahl der osmotisch wirksamen Teilchen durch die als **Dissoziation** bezeichnete Spaltung der Moleküle in Ionen zusammenhängt.

So ist z. B. in verdünnten NaCl-Lösungen, bei denen $g \rightarrow 2$ gilt, die Zahl der osmotisch wirksamen Teilchen doppelt so groß, wie die Zahl der gelösten NaCl-Moleküle, entsprechend der Dissoziation eines NaCl-Moleküls in ein Na^+-Ion und ein Cl^--Ion (binärer Elektrolyt). Für verdünnte K_2SO_4-Lösungen gilt, da die Dissoziation eines K_2SO_4-Moleküls in $2K^+$-Ionen und ein SO_4^{2-}-Ion erfolgt, $g \rightarrow 3$ (ternärer Elektrolyt).

Die in Abb. IV,45 dargestellte Abweichung der Koeffizienten von ganzen Zahlen erklärte Arrhenius durch eine unvollständige Dissoziation. Aus dieser Auffassung ergab sich der Begriff des **Dissoziationsgrades** α als des Bruchteils der in Ionen gespaltenen Moleküle. Dies bedeutet, daß α stets in den Grenzen, Grenzwerte eingeschlossen, 0 (keine Dissoziation) und 1 (vollständige Dissoziation) liegt.

Zerfällt ein Molekül in ν Ionen ($\nu = 2$ für binäre, $\nu = 3$ für ternäre Elektrolyte usw.) und ist der Elektrolyt zum Bruchteil α dissoziiert, so folgt für den Van't Hoffschen Koeffizienten:

$$g = 1 + (\nu - 1)\,\alpha$$

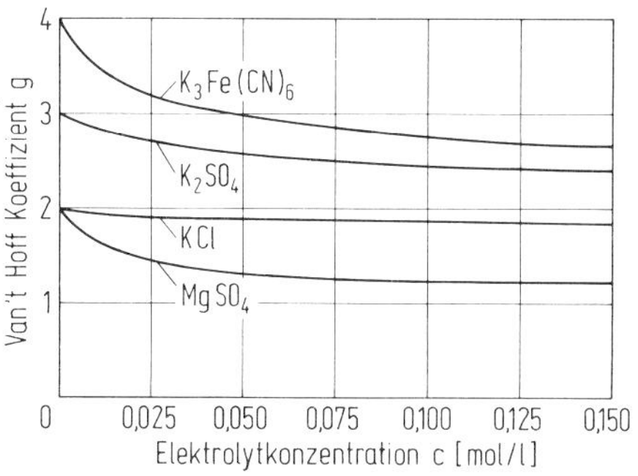

Abb. IV,45. Van't Hoffscher Koeffizient für Salze verschiedener Wertigkeiten in Abhängigkeit von der der Konzentration

Für genügend verdünnte Lösungen ist g gleich dem Verhältnis der Zahl der Ionen dividiert durch die Anzahl der gelösten Moleküle. Umgekehrt kann aus der Beobachtung der osmotischen Eigenschaften von Lösungen, z. B. mit Hilfe des osmotischen Drucks, der Dissoziationsgrad[1] ermittelt werden. Ist z. B. bei konstanter Temperatur der berechnete osmotische Druck $\pi_1 = \text{const} \cdot c$, der gemessene dagegen $\pi_2 = \text{const} \cdot g \cdot c$, so folgt:

$$\frac{\pi_2}{\pi_1} = g = 1 + (\nu - 1)\,\alpha$$

oder

$$\alpha = \frac{1}{\nu - 1}\;\frac{\pi_2 - \pi_1}{\pi_1}$$

Die am häufigsten angewendete Methode zur Bestimmung des Dissoziationsgrads beruht jedoch auf Leitfähigkeitsmessungen des Elektrolyten. Dabei wird ausgenutzt, daß die Stärke des durch den Elektrolyten fließenden Stroms beim Anlegen einer Spannung dieser proportional ist, d. h. das Ohmsche Gesetz erfüllt ist. Als Maß der elektrischen Leitfähigkeit wird die **spezifische Leitfähigkeit** κ, die sich auf ein Lösungsvolumen von 1 cm^3 bezieht, und die **äquivalente molare Leitfähigkeit** Λ_c als dem Produkt aus der spezifischen Leitfähigkeit und dem Volumen, indem ein **äquivalentes Mol** gelöst ist, bezeichnet.

Die spezifische Leitfähigkeit eines aus zwei Ionensorten bestehenden Elektrolyten ist (Bd. II, Nr. 60) gegeben durch:

$$\kappa = \frac{c\,n_e}{1000}\,(l_{M^+} + l_{A^-})$$

[1] Bei der Bestimmung des Dissoziationsgrades α mit Hilfe der osmotischen Effekte, ist vorausgesetzt, daß sich die Lösungen wie ideale verdünnte Lösungen verhalten. Auf Grund der noch zu behandelnden interionischen Wechselwirkung ist diese Voraussetzung nur angenähert zu erfüllen.

und ist damit der molaren Konzentration c, der **elektrochemischen Wertigkeit** $n_e = \nu_{M^+} \cdot z_{M^+} = \nu_{A^-} \cdot z_{A^-}$ (ν_{M^+}, ν_{A^-} stöchiometrische Faktoren; z_{M^+}, z_{A^-} Ladungszahlen) und der Beweglichkeit l_{M^+} der positiven bzw. l_{A^-} der negativen Ionen proportional. Für die äquivalente molare Leitfähigkeit ergibt sich entsprechend der getroffenen Definition:

$$\Lambda_0 = \frac{\kappa \cdot 1000}{c\, n_e} = l_{0\,K^+} + l_{0\,A^-} \tag{IV,30}$$

d. h. die äquivalente molare Leitfähigkeit Λ_0 setzt sich bei einem vollständig dissoziierten und unendlich verdünnten Elektrolyten additiv aus den Beweglichkeiten der beteiligten Ionen zusammen.

Ist der Elektrolyt nicht vollständig, sondern nur zum Bruchteil α in seine Ionen zerfallen, so gilt dagegen

$$\Lambda_c = \alpha(l_{M^+} + l_{A^-}) \tag{IV,31}$$

Bei abnehmender Konzentration des Elektrolyten wird α eins und Gl. (IV,31) geht über in Gl. (IV,30). Zur Bestimmung des Dissoziationsgrades wird der Quotient aus der gemessenen äquivalenten molaren Leitfähigkeit Λ_c und der auf die Konzentration Null extrapolierten äquivalenten molaren Leitfähigkeit Λ_0 gebildet.

$$\frac{\Lambda_c}{\Lambda_0} = \alpha\,\frac{(l_{M^+} + l_{A^-})}{(l_{0\,M^+} + l_{0\,A^-})}$$

Wird zur Vereinfachung näherungsweise vorausgesetzt, daß die Ionenbeweglichkeiten l_{M^+}, l_{A^-} konzentrationsunabhängig sind, ergibt sich für den Dissoziationsgrad[1]:

$$\alpha = \frac{\Lambda_c}{\Lambda_0} \tag{IV,32}$$

Gelingt es also aus den Messungen, Λ_0 durch Extrapolation auf eine unendlich verdünnte Lösung zu bestimmen, so bietet dieses Verfahren ebenso wie die Messung des osmotischen Drucks die Möglichkeit, den Dissoziationsgrad zu ermitteln. Die Ergebnisse solcher Messungen zeigt Abb. IV,46 für verschiedene Konzentrationen einer wässrigen KCL-Lösung.

Ostwaldsches Verdünnungsgesetz. Da es sich bei der elektrolytischen Dissoziation um ein Gleichgewicht zwischen Ionen und Molekülen handelt, kann es durch eine Gleichgewichtsgleichung beschrieben werden. Hieraus ergibt sich für einen aus zwei Ionensorten bestehenden Elektrolyten:

$$MA \underset{k_2}{\overset{k_1}{\rightleftharpoons}} \nu_{M^+}\, M^{z+} + \nu_{A^-}\, A^{z-}$$

Die Pfeile deuten an, daß die Reaktion in beiden Richtungen verlaufen kann, also eine Gleichgewichtsreaktion ist. k_1 und k_2 sind die Konstanten der Reaktionsgeschwindig-

1 s. Fußnote vorher.

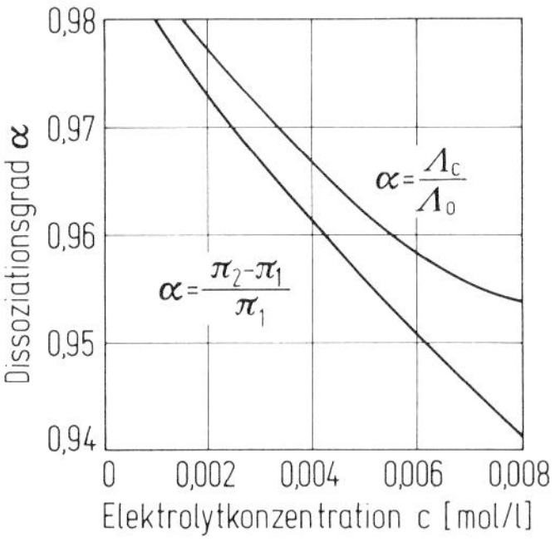

Abb. IV,46. Dissoziationsgrad einer wäßrigen KCL-Lösung in Abhängigkeit von der Konzentration, ermittelt aus der äquivalenten molaren Leitfähigkeit und dem osmotischen Druck des Elektrolyten

keiten. Ein solches Gleichgewicht kann nach Guldberg und Waage auch mit Hilfe des **Massenwirkungsgesetzes MWG** beschrieben werden. Das MWG besagt, daß das Verhältnis aus dem Produkt der Ionenkonzentrationen zur Konzentration der nicht dissoziierten Moleküle stets konstant ist.

$$\frac{\bar{c}_{M^{z+}}^{\nu_{M^+}} \cdot \bar{c}_{A^{z-}}^{\nu_{A^-}}}{\bar{c}_{MA}} = \frac{k_1}{k_2} = K_c' \qquad \text{(IV,33)}$$

Für einen binären Elektrolyten mit $\nu_{A^-} = \nu_{M^+} = 1$ vereinfacht sich diese Gleichung zu

$$\frac{\bar{c}_{M^{z+}} \cdot \bar{c}_{A^{z-}}}{\bar{c}_{MA}} = \frac{k_1}{k_2} = K_c'$$

Die Größen $\bar{c}_{M^+}$, $\bar{c}_{A^-}$ und $\bar{c}_{MA}$ sind die Gleichgewichtskonzentrationen. Die **Massenwirkungs-** oder **thermodynamische Gleichgewichtskonstante** K_c' hängt bei unendlich verdünnten Lösungen nur vom Druck und von der Temperatur ab. Das MWG läßt sich umformen, wenn die Konzentrationen $\bar{c}_{M^+}$, $\bar{c}_{A^-}$ und $\bar{c}_{AB}$ durch den Dissoziationsgrad α und die molare Konzentration c ersetzt werden.

$$K_c' = \frac{\alpha^2 \cdot c^2}{(1-\alpha)\, c} = \frac{\alpha^2}{1-\alpha}\, c$$

Unter Berücksichtigung des Zusammenhangs zwischen dem Dissoziationsgrad und der äquivalenten molaren Leitfähigkeit, Gl. (IV,32), folgt hieraus abschließend das sogenannte **Ostwaldsche Verdünnungsgesetz**.

$$K_c' = \frac{\Lambda_c^2 \cdot c}{(\Lambda_0 - \Lambda_c)\, \Lambda_0} \qquad \text{(IV,34)}$$

Für schwach dissoziierte Elektrolyte ist K_c' relativ klein, während für stark dissoziierte Elektrolyte, wegen $\alpha \sim 1$, K_c' groß ist. Das Gesetz von Ostwald ist für eine große Anzahl schwach dissoziierender organischer Säuren und Basen sehr gut bestätigt, dagegen gilt es für stark dissoziierte Elektrolyte nicht einmal näherungsweise (s. Tab. IV,1).

Tab. IV,1 Dissoziationskonstante und äquivalente molare Leitfähigkeit in Abhängigkeit von der Konzentration für Salz- und Essigsäure

HCl in H_2O			CH_3COOH in H_2O		
25 °C; $\Lambda_0 = 42656^{-1}$ cm^2 mol^{-1}			25 °C; $\Lambda_0 = 390{,}7\ \Omega^{-1}$ cm^2 mol^{-1}		
c[mol/l] · 10^3	Λ_c	K'_c	c[mol/l] · 10^3	Λ_c	$K'_c \cdot 10^5$
0,02841	425,1	0,00116	0,02801	210,4	1,760
0,08118	424,9	0,00266	0,15321	112,1	1,767
0,17743	423,9	0,00335	1,02831	48,15	1,781
0,31836	423,6	0,00514	2,41400	32,22	1,789
0,59146	422,5	0,00600	5,91153	20,96	1,798
0,75404	421,8	0,00717	12,829	14,38	1,803
1,5768	420,0	0,01059	50,00	7,36	1,808
1,8766	419,8	0,01212	52,30	7,20	1,811

Dieses Ergebnis folgt auch aus dem Ostwaldschen Verdünnungsgesetz. Für hohe Verdünnungen, für die $\alpha \sim 1$ und $\Lambda_c \sim \Lambda_0$ gilt, geht Gl. (IV,34) über in:

$$\Lambda_c = \Lambda_0 - \frac{\Lambda_c^2 \cdot c}{K'_c \cdot \Lambda_0} \sim \Lambda_0 - \frac{\Lambda_0}{K'_c} c \mathrel{\hat{=}} \mathrm{b} + \mathrm{m}\, c$$

Die äquivalente molare Leitfähigkeit sollte also in sehr verdünnten Lösungen eine angenähert lineare Funktion der Konzentration sein. Tatsächlich lassen sich jedoch die Ergebnisse von Messungen in verdünnten stark dissoziierenden Elektrolyten viel besser mit dem von Kohlrausch im Jahre 1900 empirisch gefundenen **Quadratwurzelgesetz**

$$\Lambda_c = \Lambda_0 - \mathrm{A}\sqrt{c} \qquad \text{(IV,35)}$$

annähern.

Dies zeigt, daß die Vernachlässigung der Wechselwirkung zwischen den einzelnen Ionen offenbar auch in sehr verdünnten Lösungen stark dissoziierender Elektrolyte nicht zulässig ist. Die Begründung hierfür findet sich insbesondere in der großen Reichweite der Coulombschen Anziehungskräfte, so daß die Gesetzmäßigkeiten idealer, unendlich verdünnter Lösungen hier nicht mehr anwendbar sind. Darüberhinaus bedeutet diese Einschränkung, daß die Dissoziationskonstante K'_c im MWG nur scheinbar eine Konstante ist, da sie auf Grund der gegenseitigen Beeinflussung der Ionen nicht nur vom Druck und von der Temperatur, sondern auch von der Ionenkonzentration abhängt. Zur Beschreibung solcher stark dissoziierender Elektrolyte müssen also Zusatzannahmen gemacht werden.

Die Nichtidealität der elektrolytischen Lösungen wird formal berücksichtigt, wenn in Analogie zum Vorgehen bei realen Gasgemischen, zwar die Form des MWG beibehalten wird, anstelle der molaren Konzentration c_i der Ionensorte i oder des entsprechenden

Molenbruchs $x_i = c_i/(c_1 + c_2 + c_3 + \ldots)$, die als **Aktivität** der Ionensorte i bezeichnete Hilfsvariable a_i eingeführt wird.

$$a_i = c_i f_{i_c} = x_i f_i \qquad \text{(IV,36)}$$

Die Korrekturfaktoren f_{i_c} bzw. f_i werden als **Aktivitätskoeffizienten** bezeichnet und sind auf die Eigenschaften der ideal verdünnten Lösung normiert, so daß gilt:

$$\lim_{c_i \to 0} f_{i_c} = \lim_{x_i \to 0} f_i = 1$$

In den meisten Fällen müssen die Aktivitätskoeffizienten empirisch ermittelt werden; lediglich für verdünnte Elektrolytlösungen lassen sie sich aus der Debye-Hückelschen Theorie (s. unten) berechnen, weil die Wechselwirkungskräfte zwischen den Ionen in genügender Näherung durch das Coulombsche Gesetz beschrieben werden können. Da Konzentration und Molenbruch nur in stark verdünnten Lösungen einander proportional sind, sind f_{ic} und f_i in konzentrierten Lösungen verschieden voneinander, können jedoch ineinander umgerechnet werden.

2. Die Struktur elektrolytischer Flüssigkeiten

Wechselwirkung zwischen Ion und Lösungsmittel. Bisher wurden einige Eigenschaften elektrolytischer Flüssigkeiten beschrieben, die sich aus Ergebnissen einfacher experimenteller Untersuchungen herleiteten. Dabei wurde die Frage zurückgestellt, auf Grund welcher Vorgänge aus einem im festen Aggregatzustand befindlichen Ionenkristall (z. B. NaCl) eine elektrolytische Flüssigkeit gebildet wird. Offensichtlich müssen dazu die Bindungskräfte zwischen den Ionen so weit gelockert werden, daß zu den Schwingungsfreiheitsgraden ein Translationsfreiheitsgrad hinzukommt. Dies kann entweder durch Erwärmung des Kristalls und durch Erhöhung der kinetischen Energie der Ionen erfolgen, bis der Kristall schmilzt, oder durch Auflösen des Kristalls in einem geeigneten Lösungsmittel. Bis zu welchem Grad die gelösten Salzmoleküle dann in Ionen zerfallen, hängt vom Ionisierungsvermögen der Lösungsmittel ab. So kann der gleiche Elektrolyt in derselben Verdünnung in verschiedenen Lösungsmitteln gelöst, ganz verschiedene Dissoziationsgrade zeigen. Die Darstellung des genauen Zusammenhangs zwischen Ionisierungsvermögen und physikalischen Eigenschaften des Lösungsmittels scheitert bisher an der nicht vorhandenen Theorie des flüssigen Zustandes. Die Beschreibung der Wechselwirkung zwischen dem Ion einerseits und dem umgebenen Lösungsmittel andererseits muß deshalb durch Modellvorstellungen angenähert werden. Dies geschieht im folgenden einmal durch das **Bornsche Modell** (1920), das von einer geladenen Kugel mit dem Radius r_i als Ion und einem Kontinuum mit der Dielektrizitätskonstante ϵ_L als Lösungsmittel ausgeht; zum anderen wird das Lösungsmittel durch das **Ion-Dipol-Modell** von Bernal und Fowler (1933) dargestellt, indem der strukturelle Aufbau des Lösungsmittels mitberücksichtigt wird.

Das Bornsche Modell. Die Wechselwirkung zwischen einem Ion und dem ihn umgebenen Lösungsmittel wird aus der Änderung der freien Enthalpie $\Delta G_{i\text{-}L}$ zwischen den Zuständen eines freien Ions einerseits und einem mit dem Lösungsmittel wechselwirkenden Ion andererseits berechnet. Im Bornschen Modell wird das Ion als geladene Kugel mit dem Radius r_i angenommen, das eine Ladung von $Q = z_i\, e$ (z_i Wertigkeit des Ions) trägt. Das Lösungsmittel wird als strukturloses Kontinuum mit einer makroskopischen Dielektrizitätskonstante (DK) aufgefaßt. Für die Berechnung der freien Enthalpie wird ein thermodynamischer Kreisprozeß zu Grunde gelegt. Die einzelnen Schritte des Kreisprozesses sind in Abb. IV,47 mit den zugehörigen Änderungen der

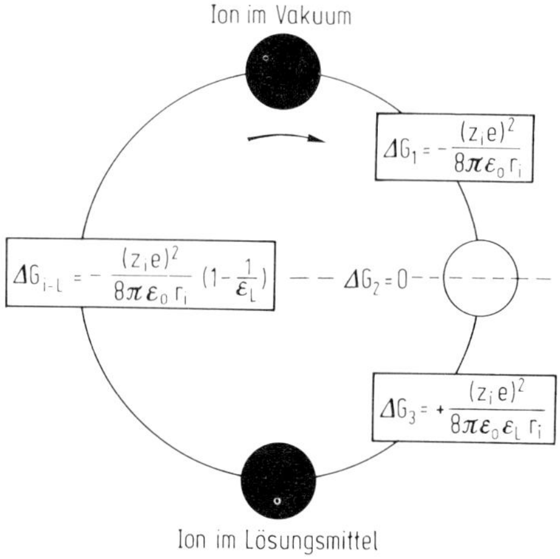

Abb. IV,47. Bornsche Modellvorstellung zur Wechselwirkung eines Ions mit dem Lösungsmittel

freien Enthalpie dargestellt (ΔG_1 für die Entladung des Ions im Vakuum, ΔG_2 für die Einbringung des entladenen Ions ins Lösungsmittel, ΔG_3 für die Wiederaufladung des Ions in der Lösung und $\Delta G_{i\text{-}L}$ für die Überführung des Ions aus der Lösung zurück ins Vakuum). Aus dem Energieerhaltungssatz folgt als Bilanz

$$\Delta G_1 + \Delta G_2 + \Delta G_3 - \Delta G_{i\text{-}L} = 0$$

Da im Bornschen Modell nur ein Wechselwirkungsbeitrag zwischen dem geladenen Ion und dem Lösungsmittel angenommen wird, vereinfacht sich die letzte Gleichung noch zu

$$\Delta G_{i\text{-}L} = \Delta G_1 + \Delta G_3 \quad \text{mit} \quad \Delta G_2 = 0$$

ΔG_1 ist die Arbeit, die notwendig ist, eine Hohlkugel mit der Ladung $z_i e$ zu entladen, d. h.

$$\Delta G_1 = \int_{z_i e}^{0} \varphi_{r_i}\, d\,q = \frac{1}{4\,\pi\,\epsilon_0} \int_{z_i e}^{0} \frac{q}{r_i}\, d\,q = -\frac{(z_i e)^2}{8\,\pi\,\epsilon_0\, r_i} \qquad \text{(IV,37)}$$

ϵ_0 Elektrische Feldkonstante
z_i Wertigkeit des Ions i
φ_{r_i} Potential an der als Kugelschale angenommenen Oberfläche des Ions

Da die Feldstärke unter sonst gleichen Voraussetzungen in einem stofferfüllten Raum auf Grund der Polarisierbarkeit des Stoffes kleiner ist als im Vakuum, muß die Dielektrizitätskonstante ϵ_L als Maß für die Schwächung der Feldstärke durch das Lösungsmittel bei der Berechnung der freien Enthalpieänderung beim Aufladen des ungeladenen Ions berücksichtigt werden. Daraus folgt:

$$\Delta G_3 = \frac{(z_i\, e)^2}{8\,\pi\,\epsilon_0\,\epsilon_L\,r_i} \qquad \text{(IV,38)}$$

ϵ_L DK des Lösungsmittels

Für die gesamte Änderung der freien Enthalpie folgt dann:

$$\Delta G_{i\text{-}L} = -\frac{(z_i\, e)^2}{8\,\pi\,\epsilon_0\,r_i}\left(1 - \frac{1}{\epsilon_L}\right)$$

und umgerechnet auf ein Mol:

$$\Delta G_{i\text{-}L}/\text{mol} = -N_A\,\frac{(z_i\, e)^2}{8\,\pi\,\epsilon_0\,r_i}\left(1 - \frac{1}{\epsilon_L}\right) \qquad \text{(IV,39)}$$

N_A Avogadro(Loschmidt)-Konstante

d. h. die Wechselwirkung zwischen dem Ion i und dem Lösungsmittel ist um so größer, je kleiner der Ionenradius und je größer die DK des Lösungsmittels ist. Diese Aussage entspricht der **Nernst-Thomsonschen Regel**, die davon ausgeht, daß die Vereinigung von zwei Ionen zu einem undissoziierten Salzmolekül in Lösungsmitteln niedriger DK größer ist als in solchen großer DK. Tab. IV,2 führt die röntgenografisch bestimmten Radien einiger häufig vorkommender Ionen auf.

Tab. IV,2 Kristallographischer Ionenradius für häufig vorkommende Ionen

Ion	Radius [Å]	Ion	Radius [Å]
Li^+	0,60	Fe^{2+}	0,76
Na^+	0,95	Co^{2+}	0,74
K^+	1,33	Ni^{2+}	0,72
Rb^+	1,48	Cu^{2+}	0,72
Cs^+	1,69	Al^{3+}	0,50
Ag^+	1,26	Sc^{3+}	0,81
Be^{2+}	0,31	La^{3+}	1,15
Mg^{2+}	0,61	Fe^{3+}	0,64
Ca^{2+}	0,99	F^-	1,36
Sr^{2+}	1,13	Cl^-	1,81
Ba^{2+}	1,35	Br^-	1,95
Zn^{2+}	0,74	I^-	2,16
Mn^{2+}	0,80		

Die physikalische Bedeutung der freien Enthalpieänderung leitet sich aus dem Gesetz her, daß jedes physikalische System versucht, den Zustand der minimalen freien Enthalpie einzunehmen. Da die Änderung der freien Wechselwirkungsenthalpie für ein in der Lösung befindliches Ion negativ ist, folgt, daß das Ion in der Lösung stabiler ist als im Vakuum. Dies gilt wegen $\epsilon_L > 1$ für alle Lösungsmittel.

Um die Ergebnisse der Bornschen Theorie mit Ergebnissen kalorischer Messungen vergleichen zu können, muß mit Hilfe der Gibbs-Helmholtzschen Gleichung (Bd. I, Nr. 108) aus der Änderung der freien Enthalpie die Änderung der Enthalpie berechnet werden. Sie ergibt sich, indem von der Änderung der freien Enthalpie die mit der Temperatur multiplizierte partielle Ableitung $T(\partial \Delta G/\partial T)_p$ abgezogen wird.

$$\Delta H_{i\text{-}L} = \Delta G_{i\text{-}L} - T\left(\frac{\partial \Delta G}{\partial T}\right)_p$$

Bei der Differentiation muß berücksichtigt werden, daß die DK des Lösungsmittels temperaturabhängig ist, wie Abb. IV,48 am Beispiel des Wassers zeigt. Damit folgt für die Enthalpieänderung pro Mol:

$$\Delta H_{i\text{-}L}/\text{mol} = -N_A \frac{(z_i e)^2}{8\pi \epsilon_0 \epsilon_L r_i}\left(1 - \frac{1}{\epsilon_L} - \frac{T}{\epsilon_L^2}\frac{\partial \epsilon_L}{\partial T}\right) \quad \text{(IV,40)}$$

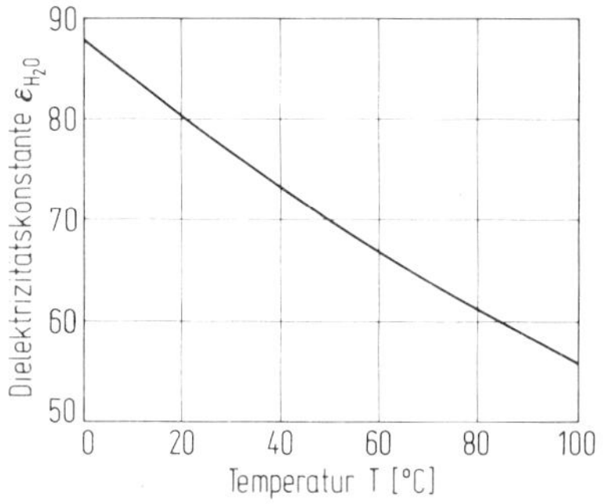

Abb. IV,48. Die Dielektrizitätskonstante des Wassers in Abhängigkeit von der Temperatur

Experimentell werden die Wechselwirkungsenthalpien aus der Lösungsenthalpie ermittelt. Für Salze betragen die Lösungsenthalpien im Betrag weniger als 10 kcal/mol und sind damit klein gegenüber den berechneten Wechselwirkungsenthalpien zwischen den Ionen und dem Lösungsmittel ($\Delta H_{i\text{-}L}/\text{mol}(K^+) = -125{,}3$ kcal · mol^{-1}). Um den Zusammenhang zwischen der Lösungsenthalpie und der berechneten Enthalpieänderung $\Delta H_{i\text{-}L}$ deutlich zu machen, wird wieder ein Kreisprozeß angenommen (Abb. IV,49). Zunächst muß zur Lösung der Ionen aus dem Kristallgitter die Gitterenthalpie ΔH_G aufgebracht werden. Anschließend daran werden die freien Ionen unter Änderung der Enthalpie ΔH_{S-L} in das Lösungsmittel eingebracht. Dabei ist ΔH_{S-L} die Summe der Wechselwirkungsenthalpien aller Ionensorten des Salzes mit dem Lösungsmittel. Der Kreis schließt sich durch Aufwendung der Lösungsenthalpie

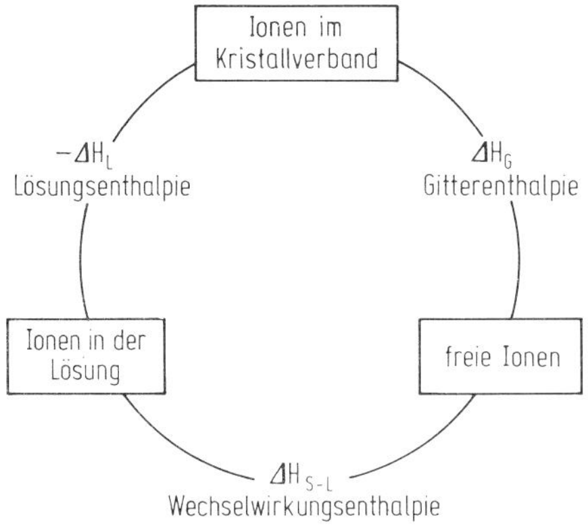

Abb. IV,49. Modell für den Zusammenhang zwischen Gitter-, Wechselwirkungs- und Lösungsenthalpie eines Ionenkristalls

$-\Delta H_L$, um die einzelnen Ionen wieder zu einem Kristall zusammenzufügen. Insgesamt ergibt sich also:

$$\Delta H_G + \Delta H_{S-L} - \Delta H_L = 0 \qquad \text{(IV,41)}$$

Die Gitter- und Lösungsenthalpien können durch kalorische Messungen z. B. mit Hilfe des Differentialkalorimeters bestimmt werden. Tab. IV,3 gibt die Ergebnisse für häufig

Tab. IV,3 Gitter-, Lösungs- und Wechselwirkungsenthalpien für 1-1 wertige Salze

Salz	ΔH_G/mol [kcal/mol]	ΔH_L/mol [kcal/mol]	ΔH_{S-L}/mol [kcal/mol]
LiF	246,3	1,1	- 245,2
NaF	217,9	0,1	- 217,8
KF	193,6	- 4,2	- 197,8
RbF	186,4	- 6,3	- 192,7
CsF	177,9	- 0,9	- 186,9
NaCl	184,7	+ 0,9	- 183,8
KCl	167,9	+ 4,1	- 163,8
NaBr	177,1	- 0,2	- 177,3
KBr	162,1	+ 4,8	- 157,3
RbBr	157,4	+ 5,2	- 152,2
KI	152,4	+ 4,9	- 147,5
RbI	148,6	+ 6,2	- 142,4
CsI	144,5	+ 7,9	- 136,6

vorkommende binäre Salze wieder. Die Lösungsenthalpien werden wie Abb. IV,50 für Kaliumjodid in Wasser gezeigt, auf unendliche Verdünnung extrapoliert, um den Einfluß der Wechselwirkung zwischen den Ionen auszuschalten.

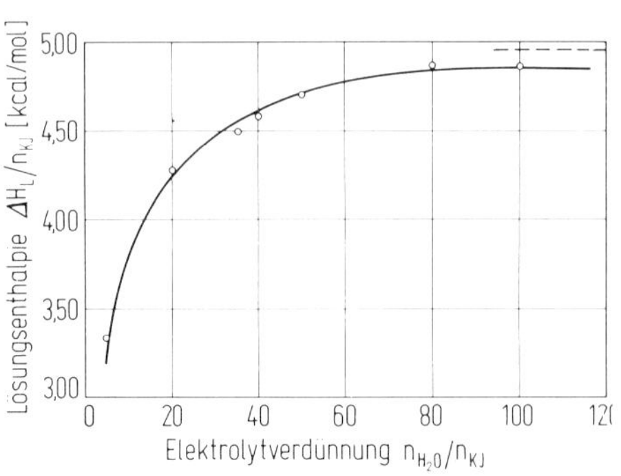

Abb. IV,50. Lösungsenthalpie einer KJ-Lösung in Abhängigkeit von der Elektrolytverdünnung zur Bestimmung der Mischungswärme

Obwohl die Enthalpieänderung aller Ionen mit dem Lösungsmittel durch Messung der Gitter- und Lösungsenthalpie bestimmt werden kann, ist es nicht möglich, die für einen Vergleich mit den berechneten Wechselwirkungsenthalpien $\Delta H_{\text{i-L}}$ notwendigen Einzelenthalpien aller im Salz vorhandener Ionensorten anzugeben. Hierzu sind Zusatzannahmen erforderlich, die aus dem Bornschen Modell hergeleitet werden müssen.

Für ein aus dem Kathion M^{z+} und dem Anion A^{z-} bestehenden Salz, ergeben sich aus den Gl. IV,40 und IV,41

$$\frac{\Delta H_{M^{z+}\text{-L}}}{\Delta H_{A^{z-}\text{-L}}} = \frac{z_+^2 \cdot r_{A^{z-}}}{z_-^2 \cdot r_{M^{z+}}}$$

und

$$\Delta H_{\text{S-L}} = \Delta H_{M^{z+}\text{-L}} + \Delta H_{A^{z-}\text{-L}}$$

Aus diesen beiden Gleichungen läßt sich die Wechselwirkungsenthalpie der beiden einzelnen Ionensorten mit dem Lösungsmittel folgendermaßen angeben:

$$\Delta H_{M^{z+}\text{-L}} = \Delta H_{\text{S-L}} \cdot \frac{z_+^2 \cdot r_{A^{z-}}}{z_+^2\, r_{A^{z-}} + z_-^2\, r_{M^{z+}}}$$

und

$$\Delta H_{A^{z-}\text{-L}} = \Delta H_{\text{S-L}} \cdot \frac{z_-^2 \cdot r_{M^{z+}}}{z_+^2\, r_{A^{z-}} + z_-^2\, r_{M^{z+}}}$$

Die für die einzelnen Ionen ermittelten Wechselwirkungsenthalpien sind in Abb. IV,51 in Abhängigkeit vom reziproken Ionenradius dargestellt. Zum Vergleich sind die Ergebnisse der Bornschen Theorie nach Gl. IV,40 in die Abbildung miteingezeichnet. Für Ionen mit kleinen reziproken Ionenradien (z. B. Halogenionen) ist die Übereinstimmung der berechneten mit den experimentell bestimmten Enthalpien gut. Dagegen

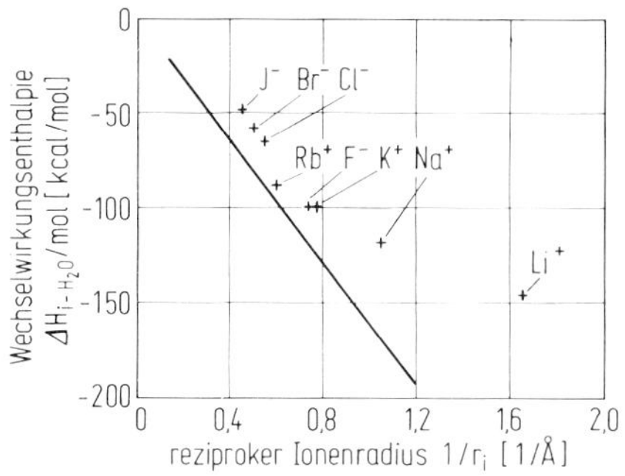

Abb. IV,51. Wechselwirkungsenthalpien zwischen Ionen und Wasser, experimentell und aus dem Bornschen Modell berechnet

treten für Ionen mit großen reziproken Ionenradien erhebliche Abweichungen auf. Ein Grund dafür ist, daß der wirkliche Gleichgewichtsabstand zwischen dem betrachteten Ion und den Lösungsmittelmolekülen nicht mit dem aus Röntgenstruktur-Untersuchungen der betreffenden Salze ermittelten Abstand übereinstimmt. Erst eine empirische Vergrößerung der kristallografischen Ionenradien, wie sie von Latimer, Pitzer und Slansky 1939 eingeführt wurde, führt zu einer befriedigenden Übereinstimmung der berechneten und der gemessenen Wechselwirkungsenthalpien. Die Korrekturen der Radien betragen für positive Ionen 0,85 Å, für negative Ionen 0,1 Å.

Mit dem Bornschen Modell läßt sich diese Korrektur plausibel nicht erklären. Zur Erweiterung des Modells sind deshalb Annahmen über die Struktur, Packungsdichte und Orientierung der Lösungsmittelmoleküle in der Nähe der Ionen zu machen. Dies führt zu dem von Bernal und Fowler 1933 angegebenen **Ion-Dipol-Modell** für die Wechselwirkung zwischen dem einzelnen Ion und den umgebenen Lösungsmittelmolekülen. Im folgenden ist das erweiterte Modell für Wasser als Lösungsmittel ausführlich dargestellt.

Ion-Dipol-Modell. Ein Wassermolekül ist eine chemische Verbindung aus einem Sauerstoff- und zwei Wasserstoffatomen. Das Sauerstoffatom hat im ungebundenen Zustand 6 Elektronen in der zweiten Schale (2s, 4p-Elektronen). Bei einer Verbindung des Sauerstoffs mit zwei Wasserstoffatomen kommt es zu einer Wechselwirkung der sechs Elektronen des Sauerstoffs mit den zwei (je 1s Elektron) des Wasserstoffs und der Ausbildung von vier Elektronenpaaren. Die größte quantenmechanische Aufenthaltswahrscheinlichkeit der vier Elektronenpaare ist im Raumgebiet (orbitals) in Richtung der vier Ecken eines Tetraeders realisiert. Von diesen vier Orbitals werden zwei zur O—H—Bindung benutzt, während die restlichen zwei ungebunden bleiben. Die Wechselwirkung der vier Elektronenpaare untereinander führt zu einer Verringerung des aus der Tetraederkonfiguration erwarteten Winkels zwischen den beiden O—H—Bindungen von $109^\circ\ 28'$ auf 105°. Die gewinkelte Struktur des H_2O-Moleküls hat ein permanentes Dipolmoment von $\mu_{H_2O} = e \cdot l = 1{,}87 \cdot 10^{-27}$ As · cm zur Folge (für e ist die Elementarladung, evtl. ein ganzes Vielfaches einzusetzen; l ist der Abstand der Schwerpunkte der positiven und negativen Ladungen im Molekül, nicht der Kernabstand der Dipolatome). Die hohe Assoziationsneigung der Wassermoleküle untereinander wird durch die zwei vorhandenen, nicht abgesättigten Elektronenpaare bewirkt; die Bindung erfolgt über Wasserstoffbrückenbindungen.

Die Assoziationskomplexe des ungestörten Lösungsmittels werden empfindlich durch das elektrische Feld eingebrachter Ionen beeinflußt. Auf Grund der Coulomb-Wechselwirkung werden einzelne Wassermoleküle aus der vernetzten Struktur herausgerissen und im elektrischen Feld der Ionen ausgerichtet. Die an das Ion gebundenen Wassermoleküle sind bis auf die Bewegung des Ions unbeweglich und werden deshalb kinetisch als Einheit betrachtet (Abb. IV,52). Im Bereich zwischen den orientierten Dipolen und dem nicht orientierten Volumen des Lösungsmittels stellt sich nach Bockris ein Bereich ein, der sowohl vom elektrischen Feld des Ions als auch von den assoziierten Wasserdipolen des Lösungsmittelvolumens beeinflußt wird. Noch weiter vom Ion entfernt, kann das Lösungsmittel als ungestört in der tetraedrischen Netzwerkstruktur betrachtet werden.

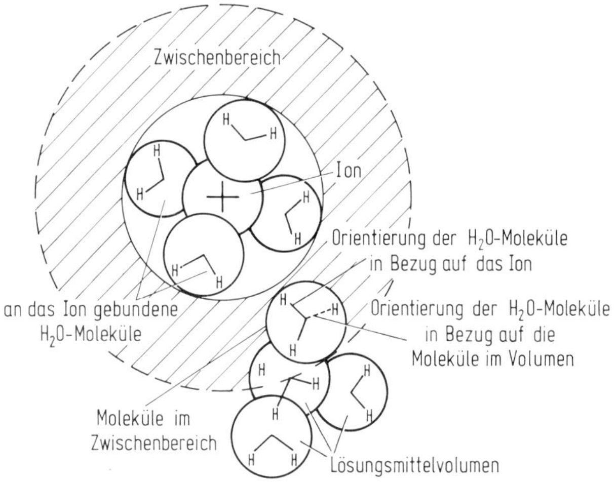

Abb. IV,52. Orientierung von Wasserdipolen in der Umgebung eines Ions (n. I. O'M Bockris u. A. K. Reddy)

Die drei beschriebenen Bereiche unterscheiden sich durch die Schärfe ihrer Abgrenzung gegeneinander. Der erste Bereich des solvatisierten Ions ist scharf gegen den zweiten Bereich mit den nur teilweise gebundenen Wassermolekülen abgegrenzt. Dagegen ist der Übergang vom zweiten Bereich zum ungestörten Lösungsmittelvolumen fließend und nicht genau festzulegen.

Zur Bestimmung der Wechselwirkung zwischen den Ionen und den Lösungsmittelmolekülen wird wie im Bornschen Modell zunächst ein freies Ion außerhalb des Lösungsmittels betrachtet, und dann die Arbeit berechnet, die notwendig ist, das freie Ion in die Lösung zu bringen. Zur Vereinfachung der Rechnung soll jedoch hier im Gegensatz zu der früheren Darstellung von der Berücksichtigung möglicher Entropieanteile an der freien Enthalpie ΔG abgesehen werden, d. h. es soll hier nur die Wechselwirkungsenthalpie ΔH zwischen Ion und Lösungsmittel betrachtet werden. Der vernachlässigte Entropieanteil ergibt sich aus der Änderung von Freiheitsgraden der H_2O-Moleküle, die beim Übergang von der Netzstruktur des ungestörten Lösungsmittelvolumens zur Ion-Dipol Assoziationsstruktur entsteht. Zur Berechnung der Wechselwirkungsenthalpie wird der in Abb. IV,53 dargestellte Kreisprozeß benutzt.

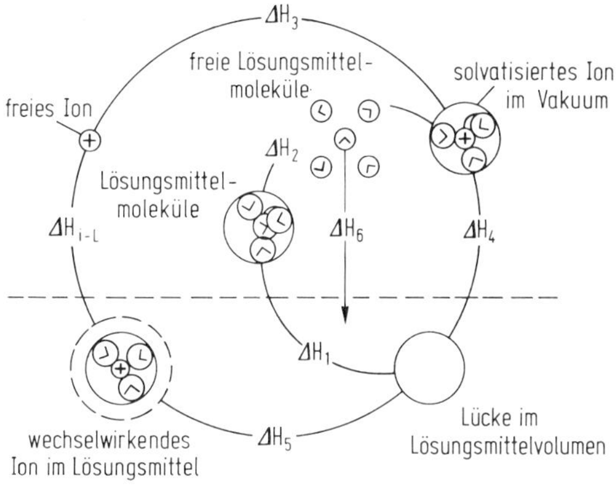

Abb. IV,53. Modellvorstellung zur Wechselwirkung eines Ions und dem Lösungsmittel nach Bernal und Fowler

Zur Bildung der Lücke für das Ion und zum Aufbau des Ion-Dipol-Assoziationskomplexes müssen n + 1 (hier: 4 + 1 – s. Abb. IV,54) Wassermoleküle aus dem Lösungsmittelvolumen unter Aufwendung der Enthalpie ΔH_1 herausgebracht werden. Darüber hinaus ist es zur Orientierung der H_2O-Moleküle um das Ion notwendig, die n + 1 Moleküle aus ihrer Vernetzung zu befreien, d. h. der Wasserkomplex aus n + 1 vernetzter Moleküle muß unter Aufwendung der Enthalpie ΔH_2 in n + 1 unabhängige Moleküle dissoziieren. Die weiteren Enthalpieanteile ergeben sich aus der Wechselwirkung ΔH_3 des Ions mit den n zugehörigen Wasserdipolen und aus der Arbeit ΔH_4, die notwendig

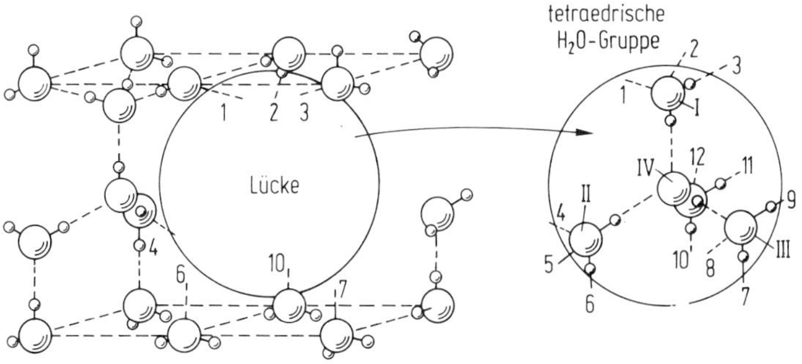

Abb. IV,54. Modell zur Lückenbildung im Lösungsmittel (n. J. O'M Bockris u. A. K. Reddy)

ist, den Ion-Dipolkomplex in die vorgebildete Lücke im Volumen des Lösungsmittels zu überführen. Schließlich muß noch die Enthalpie ΔH_5 für die Bildung des Übergangsbereichs und die Kondensationsenthalpie ΔH_6 zur Überführung des von den n + 1 Wassermolekülen übriggebliebenen Moleküls in den Elektrolyten berücksichtigt werden. Der Kreis wird geschlossen, indem das hydratisierte Ion aus dem Lösungsmittel unter Aufwendung der zu berechnenden Wechselwirkungsenthalpie $\Delta H_{i\text{-}L}$ ins Vakuum zurückgebracht wird. Für die Energiebilanz folgt zusammenfassend:

$$\Delta H_1 + \Delta H_2 + \Delta H_3 + \Delta H_4 + \Delta H_5 + \Delta H_6 - \Delta H_{i\text{-}L} = 0$$

Die zur Einbringung des Ion-Dipolkomplexes ins Lösungsmittel notwendige Enthalpie ΔH_4 wird analog zum Bornschen Modell berechnet. Dies ist möglich, da das Lösungsmittelvolumen, abgesehen von der gebildeten Lücke ungestört ist und deshalb durch die konstante DK ϵ_L charakterisiert werden kann.

$$\Delta H_4 = -\frac{(z_i\, e)^2}{8\,\pi\,\epsilon_0(r_i + 2\,r_L)}\left(1 - \frac{1}{\epsilon_L} - \frac{T}{\epsilon_L^2}\frac{\partial\,\epsilon_L}{\partial\,T}\right)$$

Wie die Abb. IV,55 zeigt, muß hier im Gegensatz zum Bornschen Modell der in Gl. IV,40 allein berücksichtigte Ionenradius r_i durch den Radius des gesamten Ion-Hydrationskomplexes (r_i + 2 r_L) ersetzt werden.

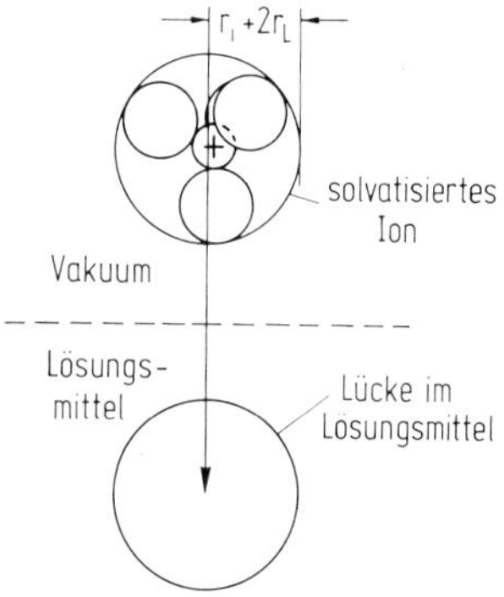

Abb. IV,55. Solvatisiertes Ion im Ion-Dipol Modell

Für die Wechselwirkungsenthalpie zwischen einem Ion und einem Dipol mit dem Dipolmoment μ_L und dem Abstand der Ladungsschwerpunkte 2 r_L ergibt sich: $-(z_i\, e\, \mu_L)/(4\,\pi\,\epsilon_0(r_i + r_L)^2)$ (Bd. II, Nr. 7). Da hier das Ion von n Wassermolekülen hydratisiert ist, folgt für ΔH_3:

$$\Delta H_3 = -\frac{n\, z_i\, e\, \mu_L}{4\,\pi\,\epsilon_0(r_i + r_L)^2}$$

Im Gegensatz zu den Enthalpien ΔH_3 und ΔH_4 können die Enthalpiebeiträge ΔH_1, ΔH_2, ΔH_5 und ΔH_6 nur experimentell bestimmt oder abgeschätzt werden.

ΔH_2: Zur Dissoziation des aus n + 1 (hier: 4 + 1) Wassermolekülen bestehenden Assoziationskomplexes müssen, wie Abb. IV,54 zeigt, vier[1] Wasserstoffbrückenbindungen (I–IV) gelöst werden. Da für eine Brückenbindung pro mol etwa die Energie 5 kcal/mol aufgebracht werden muß, folgt für ΔH_2:

$$\Delta H_2(\mathrm{n} = 4) = 20/N_\mathrm{A} \text{ kcal}$$

ΔH_6: Mit der experimentell ermittelten Kondensationsenthalpie von - 10 kcal/mol ergibt sich für ΔH_6:

$$\Delta H_6 = -\ 10/N_\mathrm{A} \text{ kcal}$$

ΔH_1 und ΔH_5: Die Enthalpie ΔH_1 zur Bildung der Lücke im Lösungsmittelvolumen und die Enthalpie ΔH_5 zum Aufbau des Übergangbereichs zwischen dem Ion-Dipolkomplex und dem ungestörten Lösungsmittelvolumen kann nur abgeschätzt werden. Bockris und Reddy erhalten bei konsequenter Anwendung des tetraedrischen Wasserstrukturmodells Enthalpiewerte von 10 kcal/mol für positive und 20 kcal/mol für negative Ionen. Daraus folgt für die Summe der Enthalpiewerte ΔH_1 und ΔH_5:

$$(\Delta H_1 + \Delta H_5)_+ = 10/N_\mathrm{A} \text{ kcal}$$

und

$$(\Delta H_1 + \Delta H_5)_- = 20/N_\mathrm{A} \text{ kcal}$$

Die höheren Enthalpiewerte für negative Ionen ergeben sich wie die Abb. IV,56 und 57 zeigen aus der Tatsache, daß beim Einbringen eines positiven hydratisierten Ions

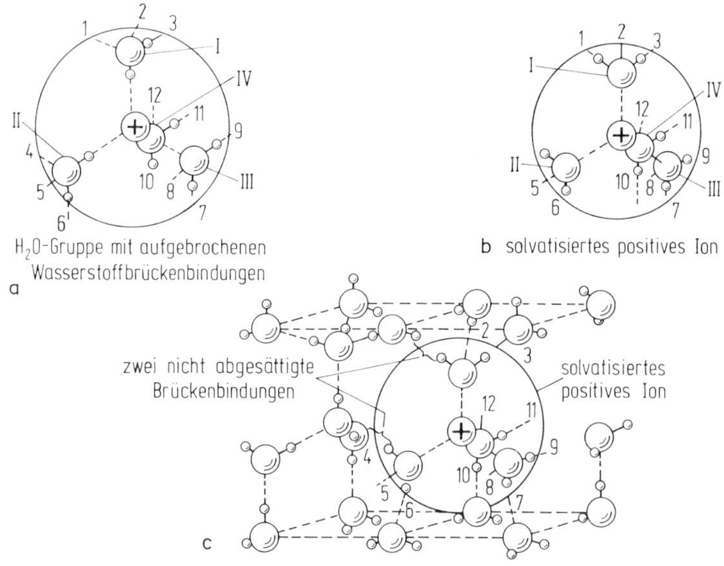

Abb. IV,56. Solvatisierung eines positiven Ions (n. J. O'M Bockris u. A. K. Reddy)

[1] Die hier vorausgesetzte tetraedrische Nahstruktur des Wassers wird von Bernal und Fowler auf Grund röntgenografischer Untersuchungen angegeben. Im Gegensatz dazu zeigen gleiche Messungen von Morgan und Warren die tetraedrische Konfiguration nur als teilweise erfüllt.

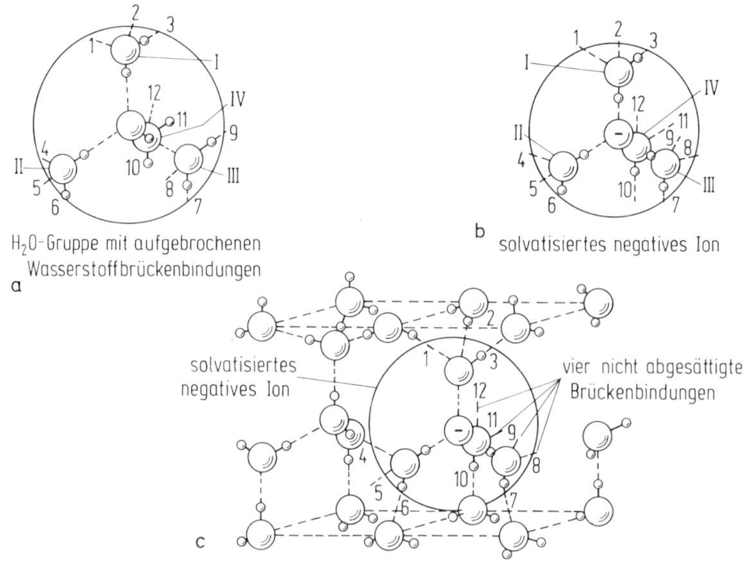

Abb. IV,57. Solvatisierung eines negativen Ions (n. J. O'M Bockris u. A. K. Reddy)

lediglich zwei, beim Einbringen eines negativen hydratisierten Ions dagegen vier Wasserstoffbrückenbindungen unabgesättigt bleiben.

Für die Wechselwirkungsenthalpie $\Delta H_{i\text{-}L}$ eines Mols positiver Ionen mit dem Lösungsmittel Wasser ergibt sich als Ergebnis des benutzten Kreisprozesses im Ion-Dipol-Modell:

$$\text{für positive Ionen: } \Delta H_+/\text{mol} = 20\ \text{kcal/mol} - \frac{N_A |z_+| e\, \mu_{H_2O}}{\pi \epsilon_0 (r_+ + r_{H_2O})^2} - \frac{N_A (|z_+| e)^2}{8 \pi \epsilon_0 (r_+ + 2 r_{H_2O})} \left(1 - \frac{1}{\epsilon_{H_2O}} - \frac{T}{\epsilon_{H_2O}^2} \frac{\partial \epsilon_{H_2O}}{\partial T}\right) \quad \text{(IV,42)}$$

$$\text{für negative Ionen: } \Delta H_-/\text{mol} = 30\ \text{kcal/mol} - \frac{N_A |z_-| e\, \mu_{H_2O}}{\pi \epsilon_0 (r_- + r_{H_2O})^2} - \frac{N_A (|z_-| e)^2}{8 \pi \epsilon_0 (r_+ + 2 r_{H_2O})} \left(1 - \frac{1}{\epsilon_{H_2O}} - \frac{T}{\epsilon_{H_2O}^2} \frac{\partial \epsilon_{H_2O}}{\partial T}\right) \quad \text{(IV,43)}$$

Ein Vergleich von berechneten mit gemessenen Wechselwirkungsenthalpiewerten ist in Tab. IV,4 dargestellt. Die gute Übereinstimmung zeigt, daß das Ion-Dipol-Modell dem Bornschen Kontinuumsmodell (Abb. IV,51) überlegen ist. Die Abweichungen der berechneten von den gemessenen Enthalpiewerten betragen nur etwa 10%. Es muß

Tab. IV,4 Wechselwirkungsenthalpien zwischen Ionen und Wasser, experimentell und aus dem Ion-Dipol Modell berechnet

Ion	$\Delta H_{i\text{-}H_2O}$/mol [kcal/mol]	$\Delta H_{i\text{-}H_2O}$/mol experimentell [kcal/mol]
Li^+	- 160,1	- 146,3
Na^+	- 119,2	- 118,9
K^+	- 90,5	- 98,9
Rb^+	- 81,9	- 93,8
Cs^+	- 71,8	- 88,0
F^-	- 78,6	- 98,9
Cl^-	- 56,8	- 64,9
Br^-	- 51,6	- 58,4
I^-	- 44,7	- 48,6

jedoch berücksichtigt werden, daß zur Berechnung der Enthalpie für die einzelnen Ionen auch hier auf das Kontinuumsmodell zurückgegriffen werden mußte.

Für einatomige edelgasähnliche Ionen ist qualitativ bestätigt, daß die Hydratation und damit die Dissoziation im wesentlichen auf elektrostatische Kräfte zurückzuführen ist, d. h. die Ion-Dipol-Wechselwirkung ist um so stärker – oder anders ausgedrückt – der Dissoziationsgrad ist um so größer, je kleiner der Radius, je größer die Ladung des Ions und je größer das Dipolmoment der Lösungsmittelmoleküle ist. Diese Vorstellungen können jedoch nicht verallgemeinert werden. So ist z. B. die Wechselwirkungsenthalpie des Ag^+-Ions mit H_2O-Molekülen größer als die von K^+ und Na^+-Ionen, obwohl der Radius des Ag^+-Ions zwischen den Radien der beiden Alkaliionen liegt. Ebenso dissoziieren zahlreiche Alkalihalogenide, wie NaCl, KCl, NaBr, KJ und andere in Wasser ($\mu_{H_2O} = 1{,}87 \cdot 10^{-27}$ As · cm) stärker als in Blausäure (HCN), obwohl das Dipolmoment mit $\mu_{HCN} = 2{,}6 \cdot 10^{-27}$ As · cm größer ist, als das Dipolmoment des Wassers. Dies deutet darauf hin, daß für den Solvationsvorgang (wird nicht Wasser, sondern ein beliebiges anderes Lösungsmittel benutzt, wird die Hydratation allgemeiner als Solvatation bezeichnet) nicht ausschließlich rein elektrostatische Ion-Dipol-Wechselwirkungen maßgebend sein können.

Die Dissoziation der gelösten „Elektrolytmoleküle" ist Folge der Solvatation. Dabei gibt das negative Vorzeichen der freien Enthalpie (näherungsweise auch der Enthalpie) an, daß der dissoziierte Zustand gegenüber dem nicht dissoziierten Zustand die größere Wahrscheinlichkeit aufweist. Im Zusammenhang damit kann der Betrag der freien Enthalpie als ein Maß für die Fähigkeit des Lösungsmittels angesehen werden, die gelösten „Elektrolytmoleküle" zu dissoziieren.

Die Solvatationszahl gibt die Anzahl der im Wechselwirkungsbereich des Ions orientierten Wassermoleküle an. Obwohl das elektrische Feld des Ions erst im Unendlichen exakt verschwindet, ist die für eine wirksame Wechselwirkung zwischen Ion und Molekülen des Lösungsmittels notwendige minimale Feldstärke bereits nach wenigen Molekülabständen erreicht. Dies führt zu einer relativ geringen Anzahl permanent an das Ion angelagerten Moleküle des Lösungsmittels, die jedoch sowohl die Eigenschaften des gesamten Elektrolyten (z. B. Kompressibilität, DK und Aktivitätskoeffizient) als auch die spezifischen Eigenschaften der einzelnen Ionensorten (z. B. Beweglichkeit und Diffusionskoeffizient) beeinflussen. Umgekehrt kann aus der Änderung dieser Elektrolyteigenschaften die Solvatationszahl experimentell bestimmt werden. Inwieweit solche Solvatationszahlen eine reelle Bedeutung besitzen, läßt sich schwer beurteilen. Dies gilt um so mehr, als die verschiedenen Meßmethoden (Tab. IV,5) zu

Tab. IV,5 Hydratationszahlen nach Ulrich, Eucken und Passynsky

Ion	Ionenbeweglichkeit nach Ulrich	Ionenbeweglichkeit nach Eucken	Kompressibilität nach Passynsky
H_3O^+			1–2
Li^+	3,5– 7	6,0	5–6
Na^+	2– 4	3,1	6–7
K^+		1,5	6–7
Rb^+		1,8	
Cs^+			
Mg^{2+}	10,5–13	1,4	16
Ca^{2+}	7,5–10,5	11,8	
Al^{3+}			
F^-			2
Cl^-		0,9	0–1
Br^-		0,6	
J^-		0,2	0

recht unterschiedlichen Ergebnissen führen. Die erheblichen Abweichungen deuten an daß der Einfluß der Ionen sich nicht auf die Anlagerung von Lösungsmittelmolekülen beschränkt, sondern daß die Solvatation einen für jedes Ion spezifischen Vorgang darstellt. Ein allgemeingültiger Mechanismus kann mit den heutigen Kenntnissen über die Struktur von elektrolytischen Flüssigkeiten nicht angegeben werden.

Ion-Ion-Wechselwirkung. Neben der Wechselwirkung der Ionen mit den Molekülen des Lösungsmittels, bestimmt die Wechselwirkung der Ionen untereinander wesentlich die Eigenschaften einer elektrolytischen Flüssigkeit. Dies gilt z. B. für die äquivalente molare Leitfähigkeit und die Viskosität des Elektrolyten. Die Abhängigkeit dieser Eigenschaften von der Ion-Ion-Wechselwirkung ist um so ausgeprägter, je höher die Konzentration der Ionen und je geringer der Abstand zwischen den einzelnen Ionen im Elektrolyten ist. Auf Grund der sehr großen Anzahl von Ionen (in einer 10^{-3}-molaren wässrigen NaCl-Lösung sind $c \cdot N_A/1000\ cm^{-3}$, also $6{,}203 \cdot 10^{17}\ Na^+$ und die gleiche Anzahl Cl^--Ionen pro cm^3 vorhanden) im Elektrolyten, ist eine theoretische Beschreibung der Wirkung aller Ionen auf die Eigenschaften einer elektrolytischen Lösung nur mit Hilfe einer Modellvorstellung möglich. Die Zulässigkeit des gebildeten Modells muß dann anschließend an Hand von Experimenten geprüft werden.

Ein einfaches, in seinen Auswirkungen jedoch sehr weitreichendes Modell für die Wechselwirkung zwischen den Ionen wurde 1923 von Debye und Hückel angegeben.

In diesem Modell besteht eine elektrolytische Lösung aus solvatisierten Ionen und Lösungsmittelmolekülen. Ein Grundpfeiler dieses Modells ist das sogenannte **Zentralion**, das aus der Gesamtheit aller Ionen willkürlich herausgegriffen wird. Allein diesem Zentralion wird eine diskrete Ladung, die sowohl positiv als auch negativ sein kann, zugeordnet. Die Ladungen der restlichen Ionen sind über die gesamte sogenannte **Ionenwolke** zeitlich verschmiert und kugelsymmetrisch um das Zentralion verteilt (Abb. IV,58). Dabei ist die Gesamtladung der Ionenatmosphäre wie die Rechnung noch ergeben wird, gleich groß wie die des Zentralions, jedoch von entgegengesetztem Vorzeichen. Obwohl für den gesamten Elektrolyten die Elektroneutralitätsbedingung natürlich erfüllt sein muß, gilt für die unmittelbare Umgebung des Zentralions, daß sich infolge elektrostatischer Kräfte mehr Ionen entgegengesetzten Vorzeichens als gleichen Vorzeichens ansammeln.

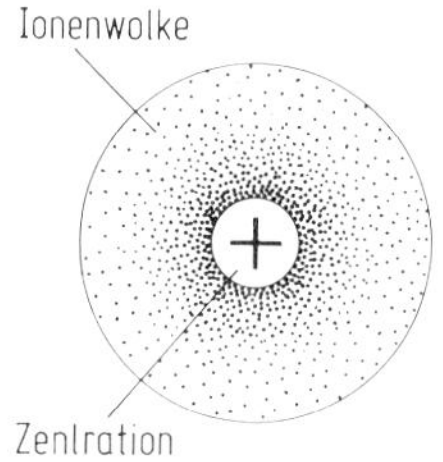

Abb. IV,58. Zentralion und Ionenwolke

Als Voraussetzung für die Berechnung von Debye und Hückel über die Eigenschaften wechselwirkender Ionen lassen sich zusammenfassend folgende fünf Bedingungen aufstellen:

1. Für die interionische Wechselwirkung sind allein elektrostatische Kräfte entsprechend des Coulombschen Gesetzes maßgebend; alle übrigen zwischenmolekularen Kräfte werden vernachlässigt.
2. Für die DK der elektrolytischen Lösung wird die des reinen Lösungsmittels benutzt, d. h. die Änderung der DK durch die in der Lösung vorhandenen Ionen wird nicht berücksichtigt.
3. Die Ionen werden als kugelförmige und unpolarisierbare Ladungen mit Kugelsymmetrischem Feld betrachtet.
4. Die elektrostatische Anziehungsenergie auf Grund der interionischen Wechselwirkung wird als klein gegenüber der kinetischen Energie der Ionen infolge der Temperaturbewegung vorausgesetzt.
5. Die elektrolytischen Lösungen werden bei allen Konzentrationen als vollständig dissoziiert angesehen.

Da sich in der Nähe des Zentralions mehr Ionen entgegengesetzten als gleichen Vorzeichens befinden, entsteht im Abstand r vom Zentralion ein elektrisches Potential $\overline{\varphi}_r$, das durch die Arbeit $z_i e \overline{\varphi}_r$ (Bd. II, Nr. 7) definiert ist, die aufgebracht werden muß, um ein Ion der Ladung $z_i\, e$ vom Potential Null an die Stelle des betrachteten Volumenelements d V der Lösung zu bringen. Die Abhängigkeit des Potentials $\overline{\varphi}_r$ vom Abstand r des Volumenelementes d V vom Zentralion läßt sich durch Integration der **Poisson-Gleichung** angeben, die in Polarkoordination lautet:

$$\frac{1}{r^2}\,\frac{d}{dr}\left(r^2\,\frac{d\,\overline{\varphi}_r}{dr}\right) = -\,\frac{1}{\epsilon_0\,\epsilon_L}\,\overline{\rho}_r$$

wenn $\overline{\rho}_r$ die Summe der elektrischen Ladungen aller Ionen im Volumenelement und ϵ_L die DK des ungestörten Lösungsmittelvolumens bedeuten.

Die resultierende Ladungsdichte $\overline{\rho}_r$ der im Volumenelement enthaltenen $N_1, N_2, N_3, \ldots, N_i, N_{i+1} \ldots$ Ionen verschiedener Ionensorten mit den zugehörigen elektrischen Ladungen pro Ion $z_1e, z_2e, z_3e, \ldots, z_i e, z_{i+1}e, \ldots$ wird mit Hilfe des **Boltzmannschen Verteilungssatzes** (Bd. I, Nr. 103) bestimmt. Die Konzentration jedes Ions im Volumenelement ergibt sich in Abhängigkeit des Verhältnisses von elektrostatischer Anziehungsenergie und kinetischer Energie als Folge der Temperaturbewegung zu:

$$d\,N_i = N_i \exp(-\,z_i\,e\,\overline{\varphi}_r/k\,T)\,d\,V$$

Über die Ionen aller Ionensorten summiert ergibt sich daraus für die resultierende Ladungsdichte:

$$\overline{\rho}_r = \sum_i z_i\,e\,\frac{d\,N_i}{d\,V} = \sum_i N_i\,z_i\,e\,\exp(-\,z_i\,e\,\overline{\varphi}_r/k\,T)$$

Dieser Ausdruck läßt sich vereinfachen, wenn die Bedingung $|\,z_i\,e\,\overline{\varphi}_r| \ll k\,T$, wie vorausgesetzt erfüllt ist. Dann gilt:

$$\exp(-\,z_i\,e\,\overline{\varphi}_r/k\,T) = 1 - \frac{z_i\,e\,\overline{\varphi}_r}{k\,T} + \frac{1}{2}\left(\frac{z_i\,e\,\overline{\varphi}_r}{k\,T}\right)^2 + \ldots$$

und bei Vernachlässigung der Glieder mit höheren Potenzen als die erste ergibt sich daraus die für die Interpretation der Poisson-Gleichung wichtige resultierende Ladungsträgerdichte im Abstand r vom Zentralion.

$$\overline{\rho}_r = e\sum_i N_i\,z_i - \frac{e^2}{k\,T}\sum_i N_i\,z_i^2\,\overline{\varphi}_r$$

Der erste Term gibt die Gesamtladung aller Ionen des Elektrolyten an, die auf Grund der Elektroneutralitätsbedingung null sein muß. Es bleibt:

$$\overline{\rho}_r = -\,\frac{e^2}{k\,T}\sum_i N_i\,z_i^2\,\overline{\varphi}_r \qquad \text{(IV,44)}$$

Mit diesem Ergebnis und der Abkürzung

$$\kappa^2 = \frac{e^2}{\epsilon_0\,\epsilon_L\,k\,T}\sum_i N_i\,z_i^2 \qquad \text{(IV,45)}$$

entsteht dann aus der Poisson-Gleichung:

$$\frac{1}{r^2}\frac{d}{dr}(r^2\frac{d\overline{\varphi}_r}{dr}) = \kappa^2\,\overline{\varphi}_r$$

Diese Differentialgleichung läßt sich auf eine Gleichung des Typs

$$\frac{d^2y}{dr^2} = \kappa^2\,y$$

reduzieren, wenn für $\overline{\varphi}_r$ die Substitution $\overline{\varphi}_r = y/r$ gesetzt wird. Die allgemeine Lösung dieses Differentialgleichungstyps lautet:

$$y = C_1\,\exp(-\kappa\,r) + C_2\,\exp(\kappa\,r),$$

so daß sich für den gesuchten Potentialverlauf in Abhängigkeit vom Abstand zum Zentralion ergibt:

$$\overline{\varphi}_r = C_1\,\frac{\exp(-\kappa\,r)}{r} + C_2\,\frac{\exp(\kappa\,r)}{r}$$

Die Konstanten C_1 und C_2 lassen sich aus den physikalischen Randbedingungen des Problems ermitteln. Die Bedingung, daß $\overline{\varphi}_r$ auch für $r \to \infty$ endliche Werte haben muß, läßt sich nur erfüllen, wenn $C_2 = 0$ wird, d. h. der Ausdruck für den Potentialverlauf vereinfacht sich zu:

$$\overline{\varphi}_r = C_1\,\frac{\exp(-\kappa\,r)}{r} \qquad \text{(IV,46)}$$

Zur Bestimmung der Konstanten C_1 wird die Elektroneutralitätsbedingung benutzt, d. h. die Gesamtladung der Ionenwolke muß gleich der Ladung $z_i\,e$ des Zentralions j, jedoch mit umgekehrtem Vorzeichen sein, d. h. es gilt:

$$\underbrace{\int_a^\infty 4\,\pi\,r^2\,\overline{\rho}_r\,dr}_{\text{Ladung der Ionenwolke}} = \underbrace{-\,z_j\,e}_{\text{Ladung des Zentralions}} \qquad \text{(IV,47)}$$

Die untere Grenze a ergibt sich aus dem Minimalabstand, auf den sich ein beliebiges Ion aus der Ionenwolke dem Zentralion nähern kann. Als zusätzliche Näherung wird hier vorausgesetzt, daß a für alle Ionen gleich sei.

Die Bestimmungsgleichung für die Konstante C_1 ergibt sich aus Gl. IV,47 wenn für $\overline{\rho}_r$ der Ausdruck der Gl. IV,44 unter Berücksichtigung von Gl. IV,45 und 46 eingesetzt wird.

$$4\,\pi\,C_1\cdot\epsilon_0\cdot\epsilon_L\cdot\kappa^2\int_a^\infty r\,\exp(-\kappa\,r)\,dr = z_j\,e$$

Hieraus folgt durch partielle Integration:

$$C_1 = \frac{z_j e}{4 \pi \epsilon_0 \epsilon_L} \frac{\exp(\kappa a)}{1 + \kappa a}$$

Es kann nun der Potentialverlauf $\overline{\varphi}_r = f(r)$ geschlossen angegeben werden

$$\overline{\varphi}_r = \frac{z_j e}{4 \pi \epsilon_0 \epsilon_L} \cdot \frac{\exp(\kappa a)}{1 + \kappa a} \frac{\exp(- \kappa r)}{r} \qquad \text{(IV,48)}$$

Dies ist die grundlegende Gleichung der Theorie von Debye und Hückel und damit der interionischen Wechselwirkung. Aus ihr ergeben sich alle Änderungen der thermodynamischen Größen von Elektrolytlösungen, die auf Grund der gegenseitigen Ionenbeeinflussung entstehen.

Das Potential $\overline{\varphi}_r$ eines Volumenelementes im Abstand r vom Zentralion entsteht durch Überlagerung von zwei Anteilen, dem Anteil des Zentralions $\overline{\varphi}_{rj}$ und dem Anteil $\overline{\varphi}_{rw}$ der Ionenwolke. Der Beitrag des Zentralions ergibt sich aus den elektrostatischen Gesetzen,

$$\overline{\varphi}_{rj} = \frac{z_j e}{4 \pi \epsilon_0 \epsilon_L r}$$

der Beitrag der Ionenwolke errechnet sich dann aus Gl. IV,48 mit dem Potentialbeitrag des Zentralions entsprechend zu:

$$\overline{\varphi}_{rw} = \overline{\varphi}_r - \overline{\varphi}_{rj}$$

$$= \frac{z_j e}{4 \pi \epsilon_0 \epsilon_L r} \left(\frac{\exp(\kappa a)}{1 + \kappa a} \exp(- \kappa r) - 1 \right)$$

Für r = a folgt aus dieser Gleichung der Potentialbeitrag der Ionenwolke im Abstand a vom Mittelpunkt des Zentralions

$$\overline{\varphi}_{rw}(r = a) = - \frac{z_j e}{4 \pi \epsilon_0 \epsilon_L} \cdot \frac{\kappa}{1 + \kappa a}$$

In verdünnten Lösungen, in denen $\kappa a \ll 1$ ist (für eine Salzlösung der Konzentration $c < 10^{-1}$ mol/l ist $\kappa a < 10^{-2}$), kann der Ausdruck noch vereinfacht werden. Es ergibt sich mit dieser Bedingung

$$\overline{\varphi}_{rw}(r = a) = - \frac{z_j e}{4 \pi \epsilon_0 \epsilon_L \cdot \kappa^{-1}}$$

Der Potentialbeitrag der Ionenwolke ist also am Ort des Zentralions ebenso groß, wie der Beitrag eines virtuellen Ions mit einem im Vergleich zum Zentralion entgegengesetzten Vorzeichen im Abstand $r = \kappa^{-1}$. Diese Tatsache führte dazu, den Abstand $r = \kappa^{-1}$ als Radius der Ionenwolke zu bezeichnen. Zur Berechnung des Radius der Ionenwolke wird in Gl. IV,45 die Ionenzahl der Sorte i, N_i pro cm^3, durch die molare

Konzentration c_i ersetzt und es ergibt sich: $c_i = 1000 \cdot N_i/N_A$ mol/l. Vereinfacht folgt also für κ^2:

$$\kappa^2 = \frac{2\,e^2\,N_A}{\epsilon_0\,\epsilon_L\,k\,T}\underbrace{\frac{1}{2}\sum_i c_i\,z_i^2}_{J} \qquad \text{(IV,49)}$$

Der Ausdruck $\frac{1}{2}\sum_i c_i\,z_i^2$ wird nach Lewis und Randall als **Ionenstärke** J der elektrolytischen Lösung bezeichnet. In Abhängigkeit von der Ionenstärke ergibt sich damit für den Radius der Ionenwolke:

$$\kappa^{-1} = \left(\frac{\epsilon_0\,\epsilon_L\,k\,T}{2\,e^2\,N_A}\right)^{1/2} \cdot (J)^{-1/2}$$

Der Radius der Ionenwolke wird um so größer, die Anreicherung entgegengesetzt geladener Ionen um das Zentralion und damit die freie Enthalpie der interionischen Wechselwirkung um so geringer, je kleiner die Ionenstärke und je größer die DK und die Temperatur der elektrolytischen Lösung sind. Als zusammenfassendes Ergebnis ist in Tabelle IV,6 der Radius der Ionenwolke in Abhängigkeit von der Ionenstärke, von der Konzentration und von der Temperatur angegeben.

Tab. IV,6 Radius der Ionenwolke

c [mol/l]	Radius der Ionenwolke $1/\kappa$ [Å]					
	Wertigkeit $z_+ - z_-$ 0 °C; $\epsilon_{H_2O} = 87{,}74$					
	1–1	1–2	2–2	1–3	1–4	2–4
10^{-4}	306,9	177,1	153,4	125,3	97,0	88,6
10^{-3}	97,0	56,0	48,5	39,6	30,7	28,0
10^{-2}	30,7	17,7	15,3	12,5	9,7	8,9
10^{-1}	9,7	5,6	4,8	4,0	3,1	2,8
	25 °C; $\epsilon_{H_2O} = 78{,}30$					
10^{-4}	302,4	174,5	151,4	123,5	95,6	87,3
10^{-3}	95,6	55,2	47,8	39,0	30,2	27,6
10^{-2}	30,2	17,5	15,1	12,3	12,3	8,7
10^{-1}	9,6	5,5	4,8	3,9	3,0	2,8
	100 °C; $\epsilon_{H_2O} = 55{,}72$					
10^{-4}	286,9	165,6	143,4	117,1	90,7	82,8
10^{-3}	90,9	52,4	45,4	37,0	28,7	26,2
10^{-2}	28,7	16,6	14,3	11,7	9,1	8,3
10^{-1}	9,1	5,2	4,5	3,7	2,9	2.6

Die freie Enthalpie der interionischen Wechselwirkung eines Ions ergibt sich analog zu Gl. IV,37, wenn für das Potential der Beitrag der Ionenwolke am Ort des Zentralions j eingesetzt wird.

$$\Delta G_{je} = \int_0^{z_j e} \overline{\varphi}_{rw}\, d\, q = - \int_0^{z_j e} \frac{q_j}{4\,\pi\,\epsilon_0\,\epsilon_L\,\kappa^{-1}}\, d\, q_j$$

Mit Gl. IV,20, d. h. $\kappa = \text{const} \cdot q_j$ folgt daraus weiter,

$$\Delta G_{je} = - \frac{C}{4\,\pi\,\epsilon_0\,\epsilon_L} \int_0^{z_j e} q_j^2\, d\, q_j = - \frac{\kappa\, q_j^2}{12\,\pi\,\epsilon_0\,\epsilon_L} \Big|_0^{z_j e} = - \frac{(z_j\, e)^2}{12\,\pi\,\epsilon_0\,\epsilon_L\,\kappa^{-1}}$$

worin C eine Zusammenfassung aller Konstanten bedeutet.

Der gesamte elektrostatische Beitrag zur freien Enthalpie der interionischen Wechselwirkung ergibt sich durch Summierung über alle in der elektrolytischen Lösung befindlichen $n_j \cdot N_A$ Ionen (n_j Molzahl der Ionensorte j), also:

$$\Delta G_e = - \sum_j \frac{n_j\, N_A\, z_j^2\, e^2}{12\,\pi\,\epsilon_0\,\epsilon_L \cdot \kappa^{-1}}$$

Im allgemeinen ist jedoch nicht die freie Enthalpie aller Ionen im Elektrolyten für die weitere Anwendung der Theorie von Debye und Hückel wichtig, sondern vielmehr deren Verteilung auf die einzelnen Ionensorten. Diese partielle Änderung der freien Enthalpie, das sogenannte **chemische Potential** der Ionensorte j, ist nach Definition folgendermaßen festgelegt.

$$\Delta \mu_j = \frac{\partial}{\partial\, n_j}\, \Delta G$$

Dies bedeutet für den Anteil der Ionensorte j an der interionischen Wechselwirkung (bei der Differentiation ist darauf zu achten, daß auch κ von n_j abhängt) eine Änderung des chemischen Potentials von:

$$\Delta \mu_j = \frac{\partial}{\partial\, n_j}\, \Delta G_e = - \frac{N_A\, (z_j\, e)^2}{12\,\pi\,\epsilon_0\,\epsilon_L\,\kappa^{-1}} \qquad \text{(IV,50)}$$

Ohne Berücksichtigung des Einflusses der interionischen Wechselwirkung ergibt sich für das chemische Potential einer elektrolytischen Lösung, in Anlehnung an den thermodynamischen Ausdruck für das chemische Potential einer nicht-elektrolytischen Lösung:

$$\mu_j(\text{ideal}) - \mu_j^0 = R\, T \ln x_j \qquad \text{(IV,51)}$$

Dabei bedeutet x_j den Molenbruch der Ionensorte j und μ_j^0 das chemische Potential unter Standardbedingungen, d. h. hier:

$$\mu_j = \mu_j^0 \quad \text{für} \quad x_j = 1$$

Während in nicht-elektrolytischen Flüssigkeiten Gl. IV,51 wegen der fehlenden Fernwirkungskräfte ihre Gültigkeit erst bei sehr hohen Lösungskonzentrationen verliert, treten bei elektrolytischen Flüssigkeiten Abweichungen schon bei sehr geringen Lösungskonzentrationen auf. Wenn Gl. IV,51 an die realen Verhältnisse im Elektrolyten angepaßt werden soll, muß hier, ähnlich wie beim MWG, für den Molenbruch die zugehörige Aktivität eingeführt werden.

$$\begin{aligned} \mu_j(\text{real}) - \mu_j^0 &= R\,T \ln a_j \\ &= R\,T \ln f_j\, x_j \\ &= R\,T \ln x_j + R\,T \ln f_j \end{aligned} \qquad \text{(IV,52)}$$

Durch Kombination der Gl. IV,51 und 52 ist es jetzt möglich, dem **Aktivitätskoeffizienten** f_j mit Hilfe der Theorie von Debye und Hückel eine physikalische Interpretation zu geben. Für die Differenz der chemischen Potentiale ergibt sich:

$$\mu_j(\text{real}) - \mu_j(\text{ideal}) = R\,T \ln f_j = \Delta\,\mu_j$$

Für den Aktivitätskoeffizienten der Ionensorte j folgt mit Gl. IV,50 weiter:

$$R\,T \ln f_j = -\frac{N_A (z_j\, e)^2}{8\,\pi\,\epsilon_0\,\epsilon_L\,\kappa^{-1}} \qquad \text{(IV,53)}$$

Analoge Ausdrücke entstehen für den Aktivitätskoeffizienten f_{jc}, wenn nicht vom Molenbruch der Ionensorte j, sondern von deren molarer Konzentration c_j ausgegangen wird.

Es ist jedoch auch hier wieder darauf hinzuweisen, daß ein unmittelbarer Zusammenhang der berechneten Aktivitätskoeffizienten einer einzelnen Ionensorte mit gemessenen Werten nicht herzustellen ist, da die experimentelle Bestimmung des Aktivitätskoeffizienten einer isolierten Ionensorte prinzipiell scheitert. Auf Grund der Neutralitätsbedingung ist es nur möglich, den Aktivitätskoeffizient von insgesamt neutralen Ionenkombinationen zu messen, d. h. von mindestens zwei Ionensorten. Es ist deshalb notwendig, eine Verknüpfung zwischen dem berechneten und dem gemessenen Aktivitätskoeffizienten zu ermitteln. Zur Bestimmung dieses Zusammenhangs wird ein binärer Elektrolyt MA (z. B. NaCl, mit $\nu_+ = 1$, $z_+ = 1$ und $\nu_- = 1$, $z_- = 1$) angenommen. Dann ergeben sich für das chemische Potential des Kathions M^+:

$$\mu_{M^+} = \mu_{M^+}^0 + R\,T \ln x_{M^+} + R\,T \ln f_{M^+}$$

und für das chemische Potential des Anions A^+:

$$\mu_{A^-} = \mu_{A^-}^0 + R\,T \ln x_{A^-} + R\,T \ln f_{A^-}$$

Als Summe folgt daraus:

$$\mu_{M^+} + \mu_{A^-} = (\mu_{M^+}^0 + \mu_{A^-}^0) + R\,T \ln(x_{M^+} x_{A^-}) + R\,T \ln(f_{M^+} f_{A^-})$$

Dies ist das chemische Potential aus einem Mol M^+-Ionen und einem Mol A^--Ionen, die durch Dissoziation eines Mols des neutralen Salzes MA entstanden sind. Da die individuellen chemischen Potentiale keine thermodynamische Bedeutung besitzen, wird der arithmetische Mittelwert gebildet, d. h.

$$\frac{\mu_{M^+} + \mu_{A^-}}{2} = \frac{\mu^0_{M^+} + \mu^0_{A^-}}{2} + R\,T \ln(x_{M^+} x_{A^-})^{1/2} + R\,T \ln(f_{M^+} f_{A^-})^{1/2}$$

Damit ergeben sich also die folgenden gemittelten Größen:

das mittlere chemische Potential $\mu_\pm$

$$\mu_\pm = \frac{\mu_{M^+} + \mu_{A^-}}{2}$$

und unter Standardbedingungen $\mu^0_\pm$

$$\mu^0_\pm = \frac{\mu^0_{M^+} + \mu^0_{A^-}}{2}$$

der mittlere Molenbruch $x_\pm$

$$x_\pm = (x_{M^+} x_{A^-})^{1/2}$$

und **der mittlere Aktivitätskoeffizient** $f_\pm$

$$f_\pm = (f_{M^+} \cdot f_{A^-})^{1/2} \tag{IV,54}$$

Für einen beliebigen Elektrolyten mit ν_+-Molen positiver Ionen der Ladungszahl z_+, ν_--Molen negativen Ionen mit der Ladungszahl z_- und $\nu = \nu_+ + \nu_-$ ergibt sich durch Bildung der zugehörigen chemischen Potentiale $\nu_+\,\mu_+$ und $\nu_-\,\mu_-$ der folgende mittlere Aktivitätskoeffizient

$$f_\pm = (f_+^{\nu_+} f_-^{\nu_-})^{1/2}$$

wobei jetzt f_+ der Aktivitätskoeffizient der positiven und f_- der Aktivitätskoeffizient der negativen Ionen ist.

Zur Bestimmung des mittleren Aktivitätskoeffizienten aus der Theorie von Debye und Hückel müssen die beiden Seiten des letzten Ausdrucks logarithmiert werden. Es folgt:

$$\ln f_\pm = -\frac{1}{\nu}(\nu_+ \ln f_+ + \nu_- \ln f_-)$$

und daraus durch Einsetzen der entsprechenden Ausdrücke für f_+ und f_- aus Gl. IV,53

$$\ln f_\pm = -\frac{1}{\nu}\left[\frac{N_A\, e^2}{8\,\pi\,\epsilon_0\,\epsilon_L\,\kappa^{-1}\,R\,T}(\nu_+ z_+^2 + \nu_- z_-^2)\right]$$

Da der Elektrolyt insgesamt elektrisch neutral ist, gilt zusätzlich $\nu_+ z_+ = \nu_- \cdot z_-$, d. h. der letzte Ausdruck läßt sich mit folgenden Umformungen

$$\begin{aligned}\nu_+ z_+^2 + \nu_- z_-^2 &= \nu_- z_- z_+ + \nu_+ z_+ z_- \\ &= z_+ z_-(\nu_+ + \nu_-) \\ &= z_+ z_- \nu\end{aligned}$$

noch vereinfachen zu:

$$\ln f_\pm = -\frac{N_A(z_+ z_-) e^2}{8 \pi \epsilon_0 \epsilon_L \kappa^{-1} R T}$$

Wird κ endlich noch durch Gl. IV,49 substituiert, d. h.

$$\begin{aligned}\kappa &= \left(\frac{2 N_A e^2}{\epsilon_0 \epsilon_L k T}\right)^{1/2} \cdot J^{1/2} \\ &= B J^{1/2}\end{aligned}$$

mit

$$B = \left(\frac{2 N_A e^2}{\epsilon_0 \epsilon_L k T}\right)^{1/2}$$

und

$$J = \frac{1}{2} \sum_i c_i z_i^2 \qquad \text{(Ionenstärke)}$$

folgt als abschließendes Ergebnis:

$$\ln f_\pm = -\frac{N_A(z_+ z_-) e^2}{8 \pi \epsilon_0 \epsilon_L R T} B J^{1/2}$$

oder

$$\log f_\pm = \underbrace{-0{,}403 \frac{N_A e^2}{8 \pi \epsilon_0 \epsilon_L R T} B}_{A}(z_+ z_-) J^{1/2} = -A(z_+ z_-) J^{1/2} \qquad \text{(IV,55)}$$

Für das Lösungsmittel Wasser ist die Konstante A für verschiedene Temperaturen in Tab. IV,7 eingetragen.

Aus Gl. IV,55 geht hervor, daß der Logarithmus des mittleren Aktivitätskoeffizienten der Quadratwurzel der Ionenstärke proportional ist und außer von der einfach zu bestimmenden Konstanten A nur von der Wertigkeit der Ionen, nicht aber von deren chemischen Eigenschaften abhängt. Damit ist es für die Berechnung des mittleren Aktivitätskoeffizienten unerheblich, ob es sich bei dem dissoziierten Salz um NaCl oder KBr handelt. Die Richtigkeit dieser gesetzmäßigen Abhängigkeit zwischen dem

Tab. IV,7 Werte der Konstanten A im Debye-Hückelschen Grenzgesetz

Konstante A			
Lösungsmittel: H_2O			
[°C]	A $[l^{1/2}\ mol^{-1/2}]$	[°C]	A $[l^{1/2}\ mol^{-1/2}]$
0	0,457	50	0,499
10	0,463	60	0,510
20	0,471	70	0,522
25	0,475	80	0,535
30	0,477	90	0,549
40	0,488	100	0,565

Aktivitätskoeffizienten und der Ionenstärke des Elektrolyten ist jedoch nur in gewissen Grenzen vorhanden. Sie gilt uneingeschränkt für verdünnte, für konzentrierte Lösungen dagegen muß vorausgesetzt werden, daß stets die Bedingung $\kappa\ a \ll 1$ erfüllt ist. Dies führt zu einer oberen Grenze für die Ionenstärke, die die Gültigkeit der Gl. IV,55 auf Ionenstärken von etwa $I < 10^{-1}$ mol/l beschränkt. Aus diesem Grund wird diese Gleichung als **Debye-Hückelsches Grenzgesetz** bezeichnet. Eine Prüfung des Grenzgesetzes für verschieden wertige Elektrolyte (Abb. IV,59) zeigt, daß der experimentell bestimmte mittlere Aktivitätskoeffizient in Abhängigkeit von der Ionenstärke durch das Gesetz richtig wiedergegeben wird.

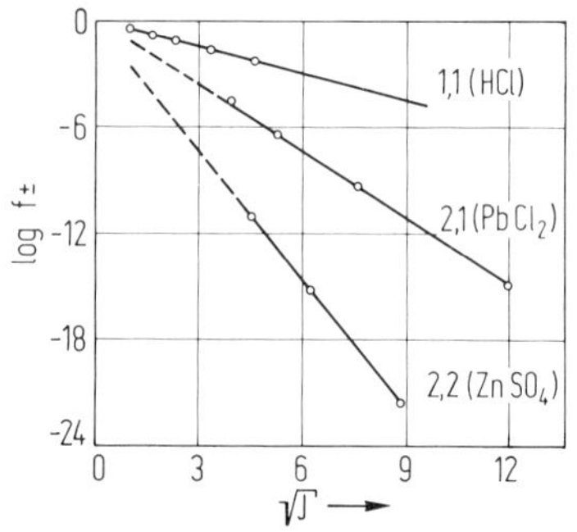

Abb. IV,59. Experimentelle Prüfung des Debye–Hückelschen Grenzgesetzes für verschieden wertige Elektrolyte

Experimentelle Bestimmung des Aktivitätskoeffizienten. Wie bereits festgestellt wurde, muß die Dissoziationskonstante K_c im MWG mit den Ionenaktivitäten und nicht mit den Ionenkonzentrationen berechnet werden. Für einen aus zwei Ionensorten bestehenden Elektrolyten ergibt sich also ganz allgemein:

$$K_c = \frac{\bar{a}_{M^+}^{\nu_+} \cdot \bar{a}_{A^-}^{\nu_-}}{\bar{a}_{MA}} = \frac{\bar{c}_{M^+}^{\nu_+}\ \bar{c}_{A^-}^{\nu_-}}{\bar{a}_{MA}} \cdot \frac{f_{cM^+}^{\nu_+} f_{cA^-}^{\nu_-}}{f_{MA}}$$

Diese Gleichung kann vereinfacht werden, wenn der Aktivitätskoeffizient der nicht-dissoziierten Moleküle eins gesetzt wird, was erfahrungsgemäß für Lösungen $I < 10^{-2}$ mol/l zulässig ist.

$$K_c = \frac{\bar{c}_{M^+}^{\nu_+} \, \bar{c}_{A^-}^{\nu_-}}{\bar{c}_{MA}} \cdot f_{cM^+}^{\nu_+} \cdot f_{cA^-}^{\nu_-} = K_c' \cdot f_{\pm c}^{\nu}$$

K_c' ist im Gegensatz zu der Dissoziationskonstante K_c keine echte Konstante, sondern hängt vom Dissoziationsgrad α und dem Gehalt der Lösung an Fremdionen ab. K_c' kann jedoch mit Hilfe des Ostwaldschen Verdünnungsgesetzes (Gl. IV,34) über den Dissoziationsgrad experimentell bestimmt werden. Aus einer Extrapolation auf die Ionenkonzentration Null läßt sich aus diesen Messungen K_c bestimmen und daraus der mittlere Aktivitätskoeffizient für beliebige Ionenkonzentrationen mit der letzten Gleichung folgendermaßen berechnen.

$$f_{\pm} = \sqrt[\nu]{\frac{K_c}{K_c'}}$$

Neben den Messungen des Dissoziationsgrades sind noch andere Methoden gebräuchlich, bei denen entweder die Löslichkeit der Salze, die Messung der EMK galvanischer Zellen oder die Messung der Dampfdruckerhöhung, der Gefrierpunktserniedrigung und der Siedepunktserhöhung zur Bestimmung des mittleren Aktivitätskoeffizienten benutzt werden.

Grenzgesetz für die äquivalente molare Leitfähigkeit und die Viskosität. Bei der phänomenologischen Behandlung der äquivalenten molaren Leitfähigkeit einer elektrolytischen Lösung wurde bereits festgestellt, daß die experimentell bestimmte Abhängigkeit zwischen Leitfähigkeit und Ionenkonzentration im Gegensatz zum erwarteten linearen Zusammenhang, besser durch das empirische Quadratwurzelgesetz von Kohlrausch wiedergegeben wird. Da schon bei kleinen Elektrolytkonzentrationen die Bewegung jedes einzelnen Ions abhängig von den umgebenen anderen ist, muß auch für die Berechnung der äquivalenten molaren Leitfähigkeit die interionische Wechselwirkung der Ionen berücksichtigt werden. Dies führt dann zu einem Gesetz, das formal mit dem Quadratwurzelgesetz übereinstimmt.

Für den Einfluß der interionischen Wechselwirkung auf die thermodynamischen Zustandsgrößen, wie z. B. auf das chemische Potential einer elektrolytischen Lösung, ist der Radius der Ionenatmosphäre von besonderer Bedeutung. Bei irreversiblen Vorgängen in einem Elektrolyten (z. B. die Wanderung der Ionen im elektrischen Feld) wird die Ionenatmosphäre durch die gerichtete Bewegung des Zentralions ständig gestört. Dieser Störung muß durch einen dauernden Neuaufbau entgegengewirkt werden. Die zum Neuaufbau benötigte Zeit wird als **Relaxationszeit** bezeichnet. Da die Wiederherstellung einer symmetrischen Ionenwolke auf Grund des Relaxationseffektes bei einem bewegten Ion nie vollständig möglich ist, entsteht stationär eine unsymmetrische Ionenwolke. Dabei ist wie die Abb. IV,60 zeigt, die mittlere Ladungsdichte der Wolke gegenüber dem Gleichgewicht vor dem Ion etwas kleiner – hinter dem Ion

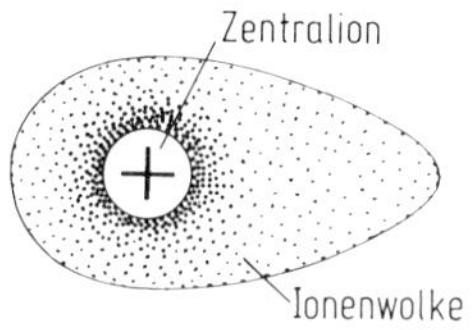

Abb. IV,60. Deformation der Ionenwolke bei der Wanderung des Zentralions im elektrischen Feld

etwas größer. Diese Unsymmetrie der Ionenwolke hat eine elektrostatische Bremswirkung und eine Verzögerung des Ions zur Folge, da die Ionenwolke wegen der Elektronentralitätsbedingung das entgegengesetzte Vorzeichen besitzt, wie das Zentralion. Die mit der Unsymmetrie verbundene (dem von außen angelegten Feld $\boldsymbol{E}$ entgegenwirkende) Feldstärke $\boldsymbol{E}_{\mathrm{Rel}}$ ist nach Rechnungen von Debye, Hückel und Onsager außer vom Radius der Ionenwolke von spezifischen Eigenschaften der Ionen, wie Ladungszahl und Beweglichkeit abhängig. Die Rechnung ergibt für einen in zwei Ionensorten dissoziierenden Elektrolyten:

$$\boldsymbol{E}_{\mathrm{Rel}} = -\frac{|z_+||z_-|\,e^2}{12\,\pi\,\epsilon_0\,\epsilon_{\mathrm{L}}\,k\,T}\,\frac{q\,\kappa}{1+\sqrt{q}}\,\boldsymbol{E}$$

mit

$$q = \frac{|z_+||z_-|}{|z_+|+|z_-|}\,\frac{l_{0+}+l_{0-}}{|z_+|\,l_{0-}+|z_-|\,l_{0+}}$$

l_{0+}, l_{0-} sind die Beweglichkeiten der positiven bzw. negativen Ionen nach Extrapolation auf eine unendliche Verdünnung. Bei der Ableitung des Ausdrucks wurde vorausgesetzt, daß $\boldsymbol{E}_{\mathrm{Rel}}$ sehr viel kleiner als das außen angelegte Feld $\boldsymbol{E}$ und darüber hinaus $\kappa\,a \ll 1$ ist. Für die Beweglichkeit der Ionen ergibt sich unter Berücksichtigung des Relaxationseffektes:

$$l_{\mathrm{j}} = l_{0\mathrm{j}}\left(1-\frac{|\boldsymbol{E}_{\mathrm{Rel}}|}{|\boldsymbol{E}|}\right)$$

Neben dem Relaxationseffekt wirkt noch ein zweiter, der sogenannte **elektrophoretische Effekt** verringernd auf die Ionenbeweglichkeit ein. Die Erklärung für diese Erscheinung läßt sich ebenfalls mit dem Modell der Ionenwolke angeben. Das Zentralion bewegt sich in einem beschleunigenden äußeren Feld nämlich nicht relativ zu einer ruhenden, sondern relativ zu einem entgegenströmenden Medium. Diese Gegenströmung wird durch die in der Ionenwolke bevorzugt vorhandenen Ionen umgekehrten Vorzeichens zum Zentralion erzeugt, wenn sie sich unter Mitnahme ihrer Solvathülle im elektrischen Feld entgegengesetzt zum Zentralion bewegen. Ebenso wie der Relaxationseffekt muß auch der elektrophoretische Effekt mit der Ionenkonzentration zunehmen, so daß beide Effekte zusammen eine Erklärung dafür geben, daß die äquivalente molare Leitfähigkeit mit zunehmender Konzentration des Elektrolyten absinkt. Im Gegensatz zum Relaxationseffekt ist der elektrophoretische Effekt jedoch von den spezifischen Eigenschaften des Ions unabhängig. Für den Einfluß des elektrophoretischen Effekts auf die Beweglichkeit des Zentralions ergibt sich unter Berücksichtigung der schon oben eingeführten Vereinfachungen

$$l_{\mathrm{jEl}} = -\frac{|z_j| e F \kappa}{6 \pi \eta} \left(1 - \frac{|E_{\mathrm{Rel}}|}{|E|}\right)$$

Da sich die äquivalente molare Leitfähigkeit aus der Summe der Ionenbeweglichkeiten ergibt, folgt:

$$\begin{aligned} \Lambda_c &= l_+ + l_- \\ &= \left[\Lambda_0 - \frac{(|z_+| + |z_-|) e F \kappa}{6 \pi \eta}\right] \left(1 - \frac{|E_{\mathrm{Rel}}|}{|E|}\right) \\ &= \Lambda_0 - \left[\frac{(|z_+||z_-| e^2}{12 \pi \epsilon_0 \epsilon_L k T} \frac{q}{1 + \sqrt{q}} \cdot B \cdot \Lambda_0 + \frac{(|z_+| + |z_-|) e F}{6 \pi \eta} B\right] J^{1/2} \end{aligned}$$

mit

$$B = \left(\frac{2 N_A e^2}{\epsilon_0 \epsilon_L k T}\right)^{1/2}$$

und der zusätzlichen Vereinfachung

$$\frac{(|z_+| + |z_-|) e F \kappa}{6 \pi \eta} \cdot \frac{|E_{\mathrm{Rel}}|}{|E|} \ll \Lambda_0$$

Dieser als **Debye-Hückel-Onsager-Gleichung** bezeichnete Ausdruck entspricht vollständig der empirischen Beziehung von Kohlrausch. Die hier abgeleitete Gleichung hat jedoch den Vorteil, die Konstante A im **Quadratwurzelgesetz** (Gl. IV,35) physikalisch zu interpretieren. Im einfachsten Fall 1,1-wertiger Elektrolyte ($|z_+| = |z_-| = 1$) wird Λ_c für $T = 298$ K und Wasser als Lösungsmittel ($\epsilon_{H_2O} = 78{,}30$; $\eta = 8{,}937 \cdot 10^{-3}$ Poise)

$$\Lambda_c = \Lambda_0 - (0{,}23 \text{ mol}^{-1/2} \text{ l}^{1/2} \Lambda_0 + 60{,}3 \ \Omega^{-1} \text{ cm}^2 \text{ mol}^{-3/2} \text{ l}^{1/2}) \sqrt{J}$$

Die Debye-Hückel-Onsager-Gleichung ist für eine große Anzahl elektrolytischer Lösungen bestätigt. Bei Konzentrationen größer als 10^{-3} mol/l machen sich jedoch die durch Vernachlässigung des Eigenvolumens der Ionen ($\kappa\, a \ll 1$) bedingten Abweichungen bemerkbar, so daß genauere Theorien solcher Elektrolyte erforderlich sind. Diese Theorien berücksichtigen neben dem Ionenradius die mögliche Bildung von Doppelionen gleichen Vorzeichens, sowie die Bildung von Ionendipolen aus entgegengesetzt geladenen Ionen.

Die prinzipielle Richtigkeit der Vorstellungen über den Einfluß der Ionenwolke auf die elektrolytische Leitfähigkeit wird noch durch zwei auf Grund der Theorie vorausgesagte und dann später als existent nachgewiesene Effekte bestätigt. Einmal handelt es sich dabei um die Abhängigkeit der äquivalenten molaren Leitfähigkeit von der

Frequenz des zur Messung benutzten Wechselstroms. Überschreitet die Meßfrequenz einen bestimmten Grenzwert, so daß die Schwingungsdauer klein gegenüber der Relaxationszeit ist, so oszilliert das Zentralion innerhalb der Ionenwolke, ohne sie jedoch zu verlassen. In diesem Fall kommt es dann nicht mehr zu einem Auf- und Abbau der Ionenwolke, und der Einfluß ihrer Unsymmetrie auf die Geschwindigkeit des Ions entfällt. Aus diesem Grund vergrößert sich die äquivalente molare Leitfähigkeit in einem bestimmten Frequenzgebiet und erreicht bei weiterer Frequenzsteigerung einen Grenzwert, bei dem dann nur noch der elektrophoretische Effekt wirksam ist **(Debye-Falkenhagen-Effekt)**.

Bei dem zweiten Effekt handelt es sich um den sogenannten **Wien-Effekt**, der sich im Anschluß an die Debye-Hückel-Theorie qualitativ aus den Eigenschaften der Ionenwolke und ihrer Relaxationszeit verstehen läßt. Der Wien-Effekt tritt auf, wenn die von außen angelegten Feldstärkewerte so groß sind, daß die resultierenden Geschwindigkeiten der Ionen ausreichen, um Strecken zurückzulegen, die von gleicher Größenordnung sind wie der Radius der Ionenwolke. Dies bedeutet, daß sich die Ionenwolke nicht mehr ausbilden kann. Damit verschwinden die Relaxations- und elektrophoretischen Effekte, so daß die äquivalente molare Leitfähigkeit bis zu einem Wert nahe bei Λ_0 ansteigen kann.

Neben der äquivalenten molaren Leitfähigkeit sind auch alle die Größen konzentrationsabhängig, die sich aus der Ionenbeweglichkeit ableiten lassen. So konnte Falkenhagen 1931 auch für die Viskosität von elektrolytischen Lösungen aus der Debye-Hückel-Theorie ein Grenzgesetz angeben. Danach gilt für Elektrolyte aus zwei Ionensorten, wenn η_0 die Viskosität des reinen Lösungsmittels bezeichnet:

$$\eta = \eta_0(1 + A\sqrt{c})$$

A ist eine komplizierte Funktion der Beweglichkeit der Ionen, deren Wertigkeiten, sowie der Temperatur und der DK des Lösungsmittels. Das Grenzgesetz für die Viskosität läßt sich mit dem Modell der Ionenwolke folgendermaßen plausibel machen.

Der in einem Rohr strömende Elektrolyt erzeugt senkrecht zur Strömungsrichtung einen Geschwindigkeitsgradienten, so daß sich die Ionen mit einer von innen nach außen zunehmenden Geschwindigkeit bewegen. Dies führt zu einer Deformation der Ionenwolke und daraus folgend zu einer zusätzlichen Reibung verbunden mit einer Erhöhung der Viskosität der elektrolytischen Lösung.

Mit der Ionenwolke als Grundlage der Debye-Hückel-Theorie sind die Eigenschaften elektrolytischer Flüssigkeiten eindeutig zu erklären. Allerdings ist die Übereinstimmung zwischen Modell und experimentellen Ergebnissen nur bis zu Konzentrationen von 10^{-3} bis 10^{-1} mol/l zufriedenstellend. Die Übereinstimmung genügt nicht, wenn die Ionenwolke infolge hoher Ionenkonzentrationen keine genügend große Ausdehnungsmöglichkeit findet. Dieser Zustand ist mit wachsender Ionenkonzentration schnell erreicht, da das für die Ionenwolke zur Verfügung stehende Volumen stärker abnimmt als die Ionenkonzentration zunimmt. Phänomenologisch macht sich die Einengung der Ionenwolke durch ein anomales Verhalten des mittleren Aktivitätskoeffizienten bemerkbar. Wie Abb. IV,17 zeigt, nimmt der Aktivitätskoeffizient entsprechend dem

Grenzgesetz von Debye und Hückel bis zu einer Ionenkonzentration von 10^{-3} mol/l ab. Diese Abnahme verringert sich jedoch für höhere Konzentrationen bis der Aktivitätskoeffizient bei Ionenkonzentrationen $c > 1$ mol/l wieder ansteigt. Die Ursache für das anomale Verhalten ergibt sich aus der Verringerung des Radius der Ionenwolke, die dazu führt, daß die in den Rechnungen benutzte zeitliche Mittelwertbildung der potentialbestimmenden Ladungsverteilung nicht mehr erfüllt ist, also die Debye-Hückel-Theorie auf solche Elektrolyte nicht mehr anwendbar ist.

Dies bedeutet, daß für hohe Ionenkonzentrationen neue von den bisherigen Vorstellungen abweichende Modelle für die Beschreibung der elektrolytischen Flüssigkeiten gefunden werden müssen. Dies kann eventuell erreicht werden, indem die Ionenwolke durch eine diskontinuierliche diffuse Gitterwolke ersetzt wird. Dieses Gitterwolkenmodell ginge dann schließlich über in eine Struktur wie sie auch Hydratkristalle nach Streumessungen mit Röntgenstrahlen zeigen. In solchen Kristallen sind die Wassermoleküle zwischen den Ionen des Salzgitters verteilt. So wird z. B. die Ionenverteilung in den konzentrierten Lösungen der Nitrate der Elemente Li, Ca, Al, Ce und Th nach Untersuchungen von Mathieu und Lannsbury den Kristallhydraten sehr ähnlich wie sie aus den entsprechenden Lösungen auch auskristallisieren. Im Grenzfall entsteht aus dem stark konzentrierten Elektrolyten eine elektrolytische Flüssigkeit frei jeden Lösungsmittels. Dieser Zustand ist durch eine Salzschmelze verwirklicht.

Salzschmelzen sind als Grenzfall stark konzentrierter Elektrolyte und auf Grund ihrer wirtschaftlichen Bedeutung zur Gewinnung von Natrium, Aluminium und Magnesium besonders interessant. Darüber hinaus sind die Salzschmelzen als Lösungsmittel und Reaktionsmedien wichtig geworden.

Im Gegensatz zu verdünnten elektrolytischen Lösungen ist es jedoch weitaus schwieriger für Schmelzen ein Modell zur Beschreibung ihrer Struktur anzugeben. Die größte Annäherung an die tatsächliche Struktur wird wahrscheinlich mit Hilfe eines **Gittermodells** erreicht. Dafür spricht die Tatsache, daß die Schmelzwärme, die notwendig ist, die Ionen aus dem Kristallverband heraus in eine Flüssigkeit zu verwandeln, für die meisten Salze lediglich 3–5% der Gitterenthalpie beträgt. Die Coulombsche Wechselwirkung der Ionen im Kristall wird also durch den Schmelzprozeß nur wenig verringert. Dieser Tatsache folgend wird es möglich, die Struktur der Schmelze direkt aus der Struktur des Kristalls unter Berücksichtigung von Gitterleerstellen (Schottky-Defekte) und besetzten Zwischengitterplätzen (Frenkel-Defekte) herzuleiten. Die Modellvorstellung wird durch Beobachtungen des Schmelzprozesses bestätigt. Dabei zeigt sich, daß das Molvolumen der Schmelze nur um etwa 10–25% über dem des Kristalls liegt. Diese Volumenvergrößerung wird durch lokale Verdünnungen in der Schmelze, etwa durch Schottky-Defekte hervorgerufen. Gleichzeitig verringert sich der Abstand zwischen Ionen entgegengesetzten Vorzeichens. Dies läßt sich bei Beachtung der in der Schmelze nicht mehr vorhandenen kompensierten Coulombschen-Kräften sofort verstehen.

Abschließend muß erwähnt werden, daß neben dem Gittermodell noch weitere Strukturbeschreibungen für Salzschmelzen benutzt werden. Hier ist u. a. das sogenannte **Zellenmodell** zu nennen, in dem die Bewegungsfreiheit eines betrachteten Ions von den umgebenen Ionen auf einen kleinen Raum beschränkt wird. Dieses zur freien Bewegung verbleibende Volumen v_j ergibt sich aus dem gemittelten Bewegungsraum jedes einzelnen anderen Ions $\bar{v}$ vermindert um das Eigenvolumen v_{j0} des betrachteten Ions, d. h.

$$v_j = \bar{v} - v_{j0} = \frac{V}{N} - v_{j0}$$

V Gesamtvolumen
N Ionenzahl

Literatur

zum IV. Kapitel, Abschnitt E.

K. J. Vetter: Elektrochemische Kinetik, Springer-Verlag, Berlin–Göttingen–Heidelberg (1961)

G. Kortüm: Lehrbuch der Elektrochemie, Verlag Chemie GmbH, Weinheim/Bergstraße (1966)

H. S. Frank: Solvent Models and the Interpretation of Ionization and Solvation Phenomena in: B. E. Conway and P. G. Barradas, Chemical and Physics of Ionic Solution, John Wiley & Sons, Inc., New York (1966)

J. O'M Bockris and A. K. N. Reddy: Modern Electrochemistry, Plenum Press, New York (1970)

V. Kapitel

Der feste Körper

1. Die Kristalle

a) Struktur

(H. Strunz, Berlin)

Kristalle sind feste Körper, deren chemische Bausteine – Atome, Ionen, Moleküle – nach den Prinzipien eines Raumgitters richtungsmäßig geordnet sind und deren physikalische Eigenschaften folglich richtungsabhängig sein müssen. Wir sprechen von Anisotropie der Kristallstruktur und von Anisotropie der physikalischen und morphologischen Eigenschaften.

Das Raumgitter und die 230 Raumgruppen

Ein Punktgitter im Sinne der Mathematik besteht aus unendlich vielen translatorisch identischen Punkten, die alle gleiche Umgebung besitzen. Es gibt lineare Punktgitter, planare Punktgitter und räumliche Punktgitter oder Raumgitter (Abb. V,1).

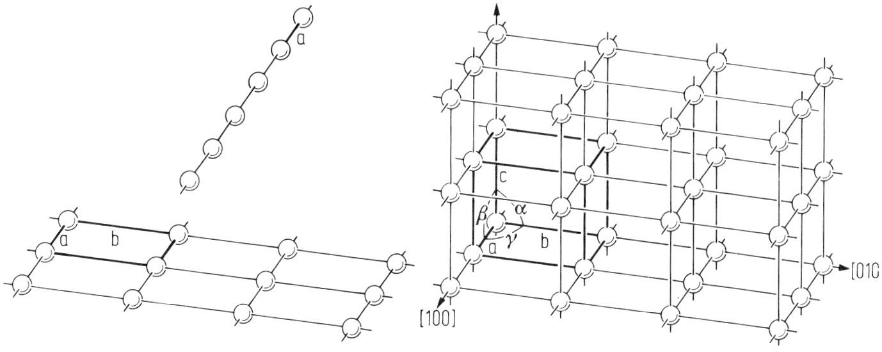

Abb. V,1. Lineares Punktgitter, planares Punktgitter, Raumgitter

Ein Raumgitter allgemeiner Art entsteht aus einem (asymmetrischen) Ausgangspunkt durch Anwendung von drei nichtkoplanaren Translationen von beliebiger Länge a, b, c und beliebiger Richtung α, β, γ, wobei als Orientierung konventionsgemäß die der Abb. V,2 gewählt wird. Die Orte der translatorisch identischen Punkte sind durch den Vektor $t = \mathrm{m}\,\boldsymbol{a} + \mathrm{n}\,\boldsymbol{b} + \mathrm{p}\,\boldsymbol{c}$ definiert, mit m, n, p als ganze Zahlen einschließlich Unendlich. In der Röntgenkristallographie werden die experimentell bestimmbaren Gitterkonstanten a, b, c (in Ångström-Einheiten, 1 Å = 10^{-8} cm) den Translationsvektoren $\boldsymbol{a}, \boldsymbol{b}, \boldsymbol{c}$ gleichgesetzt.

Mit den Gitterkonstanten a, b, c und α, β, γ sind Form und absolute Größe der Einheitszelle des Raumgitters einer Kristallart gegeben. Das Raumgitter kann auch als dreidimensional translatorisch identische Wiederholung der Einheitszelle aufgefaßt werden. Die Kenntnis der Einheitszelle des Raumgitters nach Form und Größe, sowie nach Inhalt, Verteilung und Bindungsart der atomaren Bausteine ist die Kenntnis der Kristallstruktur.

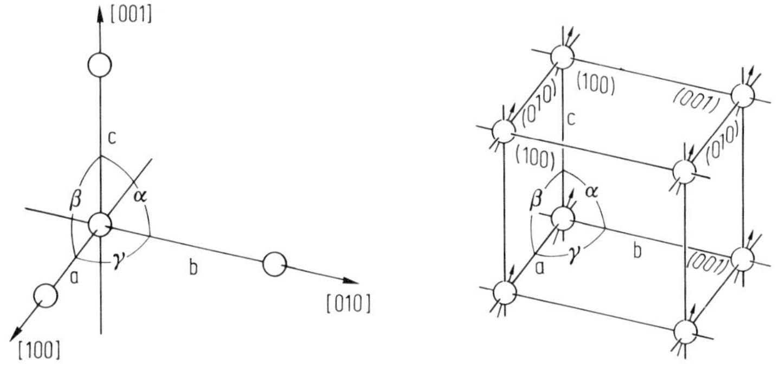

Abb. V,2. Koordinatenkreuz und Einheitszelle eines triklinen Kristalls: c steht immer vertikal, b verläuft vom Koordinatenanfangspunkt nach rechts, a nach vorn; α erblickt man in Richtung der a-Achse, β in Richtung der b-Achse, γ in Richtung der c-Achse

Als Koordinatenkreuz zur Lagendefinition von Kristallflächen und Kanten wurde in der Zeit vor der Röntgenkristallographie, also von 1817 (Christian Samuel Weiss) bis 1912 (Max von Laue) das aus Winkelmessungen mit dem Goniometer am Makrokristall abgeleitete Achsenverhältnis verwendet. Gleichbedeutend verwenden wir heute das aus den Gitterkonstanten ableitbare Achsenverhältnis a : b : c einschließlich α, β, γ, wobei b = 1 gesetzt wird (z. B. für Topas: a = 4.65, b = 8.80, c = 8.40 Å; a : b : c = 4.65/8.80 : 1 : 8.40/8.80 = 0.528 : 1 : 0.955; $\alpha = \beta = \gamma = 90°$). Die Lagendefinition unter Bezug auf diese für jede Kristallart charakteristische „Metrik" (Abb. V,2) erfolgt mit Hilfe der Millerschen Indizes (hkl) für Kristallflächen bzw. Netzebenen, mit [uvw] für Kristallkanten bzw. Gittergerade, mit xyz für Punktlagen der Atome in der Einheitszelle („Atomkoordinaten", angegeben in Bruchteilen der Gitterkonstanten). Die morphologische Winkelmessung, Flächenindizierung usw. etwa vor oder parallel einer Röntgenuntersuchung, hat auch heute große Bedeutung für die

Strukturbestimmung als solche wie für die Lösung spezieller wachstumskinetischer, kristallphysikalischer u. a. Probleme (man vergleiche dazu Band III, Nr. IV,9 sowie die Lehrbücher der Kristallographie und Mineralogie).

Das Korrespondenzprinzip der Kristallographie sucht die Beziehungen zwischen der Kristallstruktur einerseits und den morphologischen, insbesondere physikalischen Eigenschaften der Kristalle andererseits zu präzisieren. Aus dem Vorhergehenden verstehen wir, daß jede Fläche und Kante am ungestört gewachsenen Makrokristall als eine Schar von unendlich vielen parallelen Netzebenen bzw. Gittergeraden im Raumgitter vorgegeben ist (Abb. V,3), daß gleicherweise ein spezieller Punkt im Makrokristall, etwa ein Symmetriezentrum, im Raumgitter translatorisch identisch unendlich

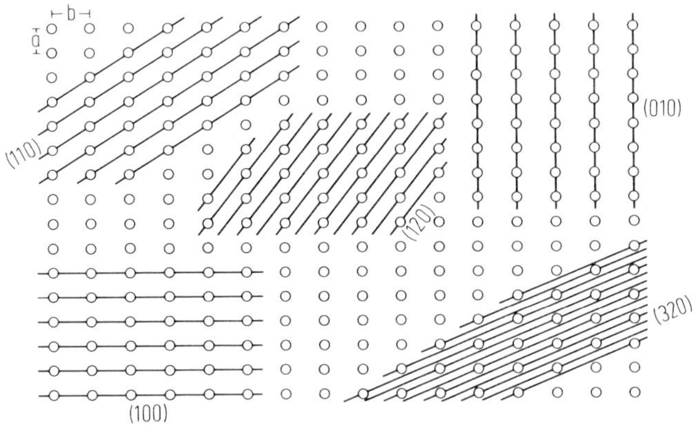

Abb. V,3. Bevorzugte Grenzflächen eines Kristalles in Abhängigkeit von der Besetzungsdichte korrespondierender Netzebenen im Raumgitter

oft wiederkehrt. Gleicherweise ist jede Symmetrieachse oder -ebene des Makrokristalls im Kristallgitter unendlich oft vorhanden. Schraubenachsen und Gleitspiegelebenen des Gitters lassen sich am Makrokristall nur als Drehungsachsen bzw. Spiegelebenen erkennen, d. h. Teiltranslationen des Gitters als Bruchteile der Gitterkonstanten sind nur röntgenographisch wahrnehmbar (siehe Strukturbestimmung, Auslöschungsgesetze). Auch eine asymmetrische oder eine richtungs-polare physikalische Eigenschaft des Makrokristalles ist in jeder Einheitszelle des Raumgitters vorgegeben.
Es erscheint in diesem Zusammenhang trivial, daß die am ungestört wachsenden Kristall entstehenden Flächen und Kanten dem Gesetz der Winkelkonstanz und dem Rationalitätsgesetz gehorchen, und daß heute – unter Beachtung der äußeren Wachstumsbedingungen – die tatsächlich entstehenden Flächen und Kanten, sowie viele der kristallphysikalischen Eigenschaften aus der Struktur abgeleitet werden können. Aus Abb. V,3 ist auch ersichtlich, daß der Normalenabstand d_{hkl} einer Netzebene hkl – es ist dies d der Braggschen Gleichung – um so kleiner ist je „höher" die Indizierung ist und daß „niedrig"-indizierte Netzebenen dichter mit translatorisch identischen Atomen als „höher"-indizierte besetzt sind. Die Folgen der dichteren Besetzung sind energetisch günstige Grenzflächen, zugleich Flächen, deren Millersche Indizes einfachen rationalen Zahlen (hkl) entsprechen.

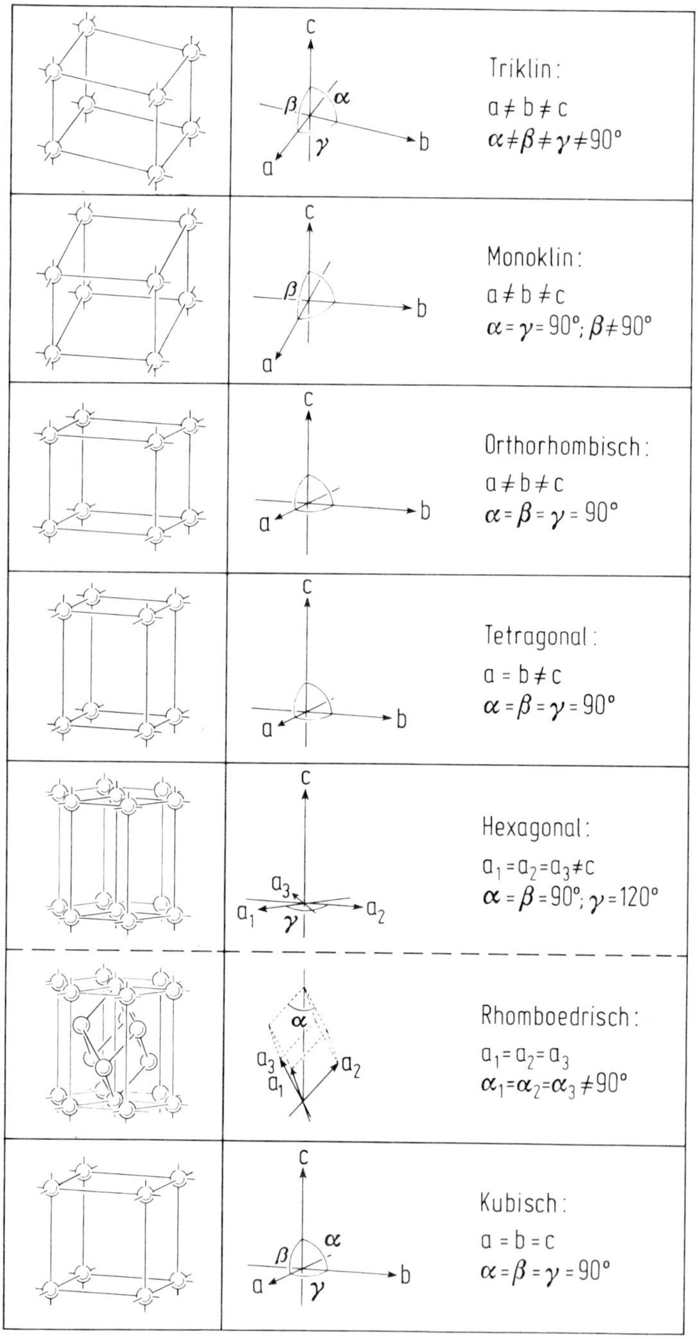

Abb. V,4. Koordinatenkreuze der sieben Kristallsysteme und zugehörige P-Translationsgruppen

Ein Raumgitter im Sinne der Mathematik würde einen unbegrenzt großen Idealkristall erfordern. Demgegenüber haben wir es im Labor, in der Technik und Natur stets mit dem Realkristall, meist mit kristallinen Aggregaten zu tun, mit speziellen Grenzflächen und Fehlstellen der Kristallite. Durch die Fehlstellen geometrischer und chemischer Art wird das physikalische Verhalten der kristallinen Materie z. T. gravierend beeinflußt, so daß diese und damit der Realkristall – auch in mehreren Kapiteln des vorliegenden Buches – speziell behandelt werden müssen. Hier befassen wir uns mit dem Idealkristall.

Wir gehen vom allgemeinen Raumgitter aus und führen hinsichtlich relativer Richtung und Länge der Translationsvektoren alle denkbaren speziellen Bedingungen ein, etwa $\alpha = 90^\circ$, $\alpha = \beta = \gamma = 90^\circ$, $\boldsymbol{a} = \boldsymbol{b}$, $\boldsymbol{a} = \boldsymbol{b} = \boldsymbol{c}$ usw.; auf diese Weise erhalten wir 14 Trans-

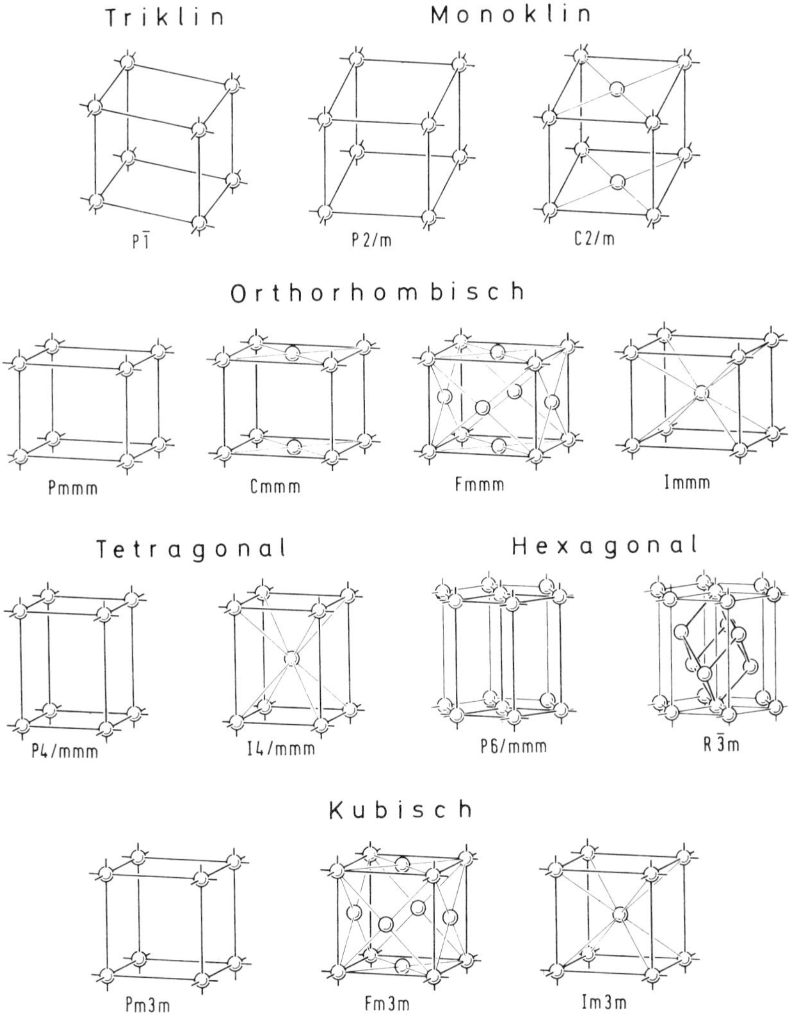

Abb. V,5. Die 14 Translationsgruppen der Kristalle

lationsgruppen, welche nach wie vor die Forderung erfüllen, daß jeder translatorisch identische Punkt gleiche Umgebung besitzt (Bravais 1850). Wir könnten hier stets eine Einheitszelle herausgreifen, die nur durch einen einzigen translatorisch identischen Punkt besetzt ist, was jedoch zu wenig übersichtlichen Translationsrichtungen bzw. Koordinatenkreuzen führen würde. Wir bevorzugen orthogonale Koordinatenkreuze, wo immer ein solches sinnvoll möglich ist, und erreichen damit die in der Kristallmorphologie übliche Unterteilung in 7 Kristallsysteme: triklin, monoklin, orthorhombisch, tetragonal, trigonal (rhomboedrisch), hexagonal und kubisch (Abb. V,4). Dabei akzeptieren wir, daß von den 14 Translationsgruppen 7 „primitive" P-Gitter bleiben und 7 als „zentrierte" C-, F- oder I-Gitter erscheinen (Abb. V,5).

Wir gehen nun einen letzten und wesentlichen Doppelschritt weiter: in den 14 Translationsgruppen führen wir an Stelle der singulären Punkte die 32 Punktgruppen ein (die den 32 Symmetrieklassen der Kristallmorphologie entsprechen, Tab. V,3) und erkennen zugleich den 14 Translationsgruppen Symmetrie in Form von Schraubenachsen und Gleitspiegelebenen zu. Damit erhalten wir die 230 Raumgruppen der

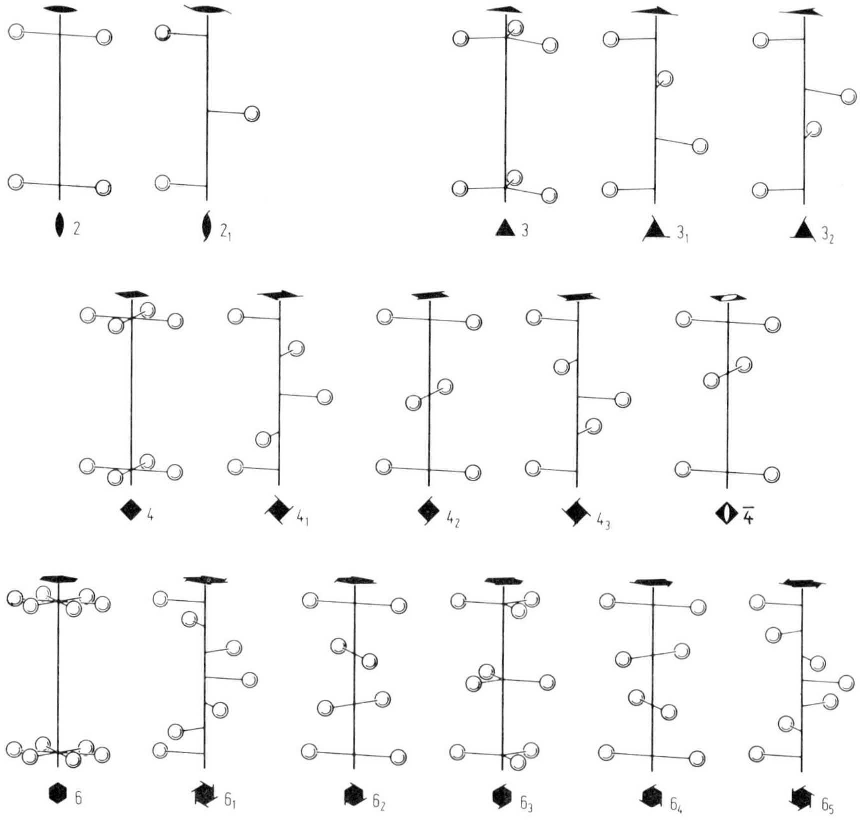

Abb. V,6. Die in den 230 Raumgruppen möglichen Drehungs- und Schraubenachsen sowie die vierzählige Drehinversionsachse $\bar{4}$

Kristallographie, übersichtlich unterteilt in 7 Kristallsysteme, 32 Punktgruppen und 14 Translationsgruppen (Tab. V,2). Zum gleichen Ergebnis kommen wir durch die gruppentheoretische Kombination von Drehungs- und Schraubenachsen 2, 2_1, 3, 3_1, 3_2, 4, 4_1, 4_3, 4_2, 6, 6_1, 6_5, 6_2, 6_4, 6_3 mit Spiegel- und Gleitspiegelebenen m, n, a, b, c, d sowie Inversionszentren i und Drehinversionsachse $\overline{4}$ (Schoenflies, Federow, beide 1891). Hierbei gibt es z. B. keine 5- und 7-Zähligkeit etc. der Gruppensymmetrien, d. h. Symmetrieelemente außer den erst genannten sind unvereinbar mit dem Raumgitterprinzip der Kristallstruktur.

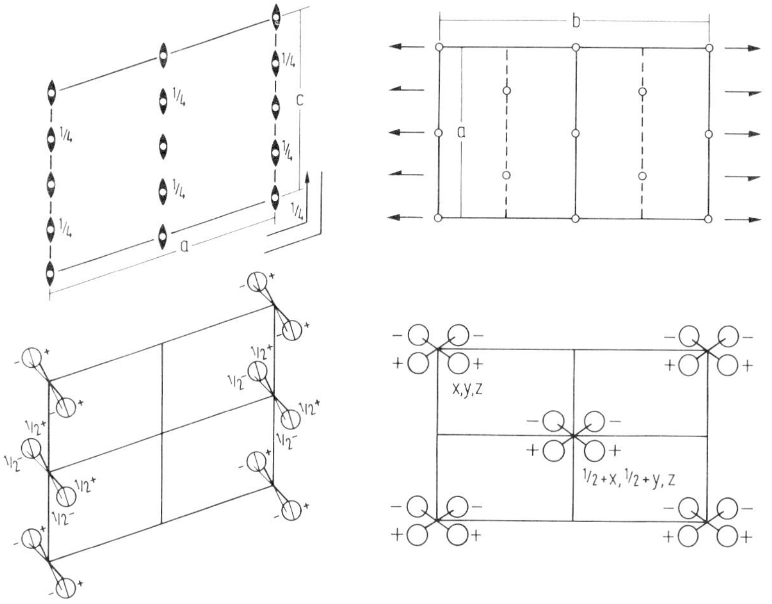

Abb. V,7. Raumgruppe C_{2h}^3–C 2/m.
links) Projektionen auf b(010) = Seitenansicht; rechts) Projektionen längs c[001] = Grundriß

Im Grundriß sind die Drehungsachsen 2 und Schraubenachsen 2_1 als Pfeile bzw. Halbpfeile gezeichnet; die Spiegelebenen sind dick ausgezogen, die Gleitspiegelebenen mit der Gleitkomponente a/2 gestrichelt. Die Symmetriezentren sind als kleine Kreise dargestellt (entsprechend den International Tables for X-Ray Crystallography).

Die Punkte allgemeiner Lage besitzen 8-Zähligkeit (siehe untere Abbildungen) und setzen sich aus zwei 4-Punktlagen je von der Symmetrie 2/m zusammen. An jedem Schnittpunkt von 2 und m entsteht ein Inversionszentrum = Punktlagen *e* und *f* in Tab. V,1.

Tab. V,1. Die Punktlagen und Auslöschungsgesetze der Raumgruppe C_{2h}^3–C 2/m (vgl. Abb. V,7)

Zähligkeit	Wyckoff-Notation	Punktsymmetrie	Koordinaten innerhalb der Einheitszelle der jeweils zusammengehörigen Punkte (Atome) allgemeiner Lage (*j*) sowie spezieller Lagen (*a* bis *i*)	Auslöschungsgesetze (vergleiche Seite 428)
8	*j*	1	$x, y, z;\ x, \bar{y}, z;\ \bar{x}, y, \bar{z};\ \bar{x}, \bar{y}, \bar{z}.$	hkl: nur mit h + k = 2 n
			$\frac{1}{2}+x, \frac{1}{2}+y, z;\ \frac{1}{2}+x, \frac{1}{2}-y, z;\ \frac{1}{2}-x, \frac{1}{2}+y, \bar{z};\ \frac{1}{2}-x, \frac{1}{2}-y, \bar{z}$	h0l: nur mit (h = 2 n)
			(Punktlage mit 3 Freiheitsgraden)	0k0: nur mit (k = 2 n)
				Speziell: wie oben, plus
4	*i*	*m*	$x, 0, z;\ \bar{x}, 0, \bar{z};\ \frac{1}{2}+x, 0, z;\ \frac{1}{2}-x, \frac{1}{2}, \bar{z}$ (2 Freiheitsgrade)	
4	*h*	2	$0, \bar{y}, \frac{1}{2};\ 0, y, \frac{1}{2};\ \frac{1}{2}, \frac{1}{2}+y, \frac{1}{2};\ \frac{1}{2}, \frac{1}{2}-y,$ (1 Freiheitsgrad)	keine Auslöschungen
4	*g*	2	$0, y, 0;\ 0, y, 0;\ \frac{1}{2}, \frac{1}{2}+y, 0;\ \frac{1}{2}, \frac{1}{2}-y, 0$ (1 Freiheitsgrad)	
4	*f*	$\bar{1}$	$\frac{1}{4}, \frac{1}{4}, \frac{1}{2};\ \frac{1}{4}, \frac{3}{4}, \frac{1}{2};\ \frac{3}{4}, \frac{3}{4}, \frac{1}{2};\ \frac{3}{4}, \frac{1}{4}, \frac{1}{2}$ (ohne Freiheitsgrad)	
				hkl: $h = 2n$; ($k = 2n$)
4	*e*	$\bar{1}$	$\frac{1}{4}, \frac{1}{4}, 0;\ \frac{1}{4}, \frac{3}{4}, 0;\ \frac{3}{4}, \frac{3}{4}, 0;\ \frac{3}{4}, \frac{1}{4}, 0$ (ohne Freiheitsgrad)	
2	*d*	2/*m*	$0, \frac{1}{2}, \frac{1}{2};\ \frac{1}{2}, 0, \frac{1}{2}$ (ohne Freiheitsgrad)	
2	*c*	2/*m*	$0, 0, \frac{1}{2};\ \frac{1}{2}, \frac{1}{2}$ (ohne Freiheitsgrad)	keine Auslöschungen
2	*b*	2/*m*	$0, \frac{1}{2}, 0;\ \frac{1}{2}, 0, 0$ (ohne Freiheitsgrad)	
2	*a*	2/*m*	$0, 0, 0;\ \frac{1}{2}, \frac{1}{2}, 0$ (ohne Freiheitsgrad)	

Die 230 Raumgruppen sind die explizite mathematische Darstellung aller mit dem Raumgitterprinzip zu vereinbarenden Kombinationen von Punktlagen und Punktsymmetrien, wobei jede einzelne Raumgruppe viele Punktlagen aufweisen kann, mit Punktzähligkeiten (entsprechend gleichen Atomarten der Kristallstruktur) von 1 bis 4 × 48, mit Freiheitsgraden der einzelnen Punktlagen (Atomkoordinaten xyz) von 0 bis 3, und mit Punktsymmetrien von Asymmetrie (bei Punkten allgemeiner Lage) bis zu m 3 m (bei Punkten spezieller Lage, z. B. Punktlage 000 in P m 3 m). Die Raumgruppenbestimmung ist eine Vorstufe zur Bestimmung einer jeden Kristallstruktur. Hierbei stehen als übersichtliches und bequemes Hilfsmittel die International Tables for X-Ray Crystallography zur Verfügung.

Tab. V,2. Übersicht bzw. Auswahl der 230 Raumgruppen, geordnet nach den 7 Kristallsystemen, 32 Punktgruppen und 14 Translationsgruppen

Triklin: 2 Punktgruppen, 1 Translationsgruppe, 2 Raumgruppen

	$C_1 - 1$	$C_i - \bar{1}$
P	$C_1^1 - P\,1$	$C_i^1 - P\,\bar{1}$

Monoklin: 3 Punktgruppen, 2 Translationsgruppen, 13 Raumgruppen

	$C_2 - 2$	$C_s - m$	$C_{2h} - 2/m$
P	$C_2^1 - P\,2$	$C_s^1 - P\,m$	$C_{2h}^1 - P\,2/m$
	$C_2^2 - P\,2_1$	$C_s^2 - P\,c$	$C_{2h}^5 - P\,2_1/n$
C	$C_2^3 - C\,2$	$C_s^3 - C\,m$	$C_{2h}^3 - C\,2/m$
	–	$C_s^4 - C\,c$	$C_{2h}^6 - C\,2/c$

Orthorhombisch: 3 Punktgruppen, 4 Translationsgruppen, 59 Raumgruppen

	$D_2 - 222$	$C_{2v} - mm2$	$D_{2h} - mmm$
P	$D_2^1 - P\,222$	$C_{2v}^1 - P\,mm2$	$D_{2h}^1 - P\,mmm$
	$D_2^4 - P\,2_1 2_1 2_1$	$C_{2v}^{10} - P\,nn2$	$D_{2h}^{16} - P\,nma$
C	$D_2^5 - C\,222_1$	$C_{2v}^{11} - C\,mm2$	$D_{2h}^{17} - C\,mcm$
	$D_2^6 - C\,222$	$C_{2v}^{13} - C\,cc2$	$D_{2h}^{22} - C\,cca$
F	$D_2^7 - F\,222$	$C_{2v}^{18} - F\,mm2$	$D_{2h}^{23} - F\,mmm$
	–	$C_{2v}^{19} - F\,dd2$	$D_{2h}^{24} - F\,ddd$
I	$D_2^8 - I\,222$	$C_{2v}^{20} - I\,mm2$	$D_{2h}^{25} - I\,mmm$
	$D_2^9 - I\,2_1 2_1 2_1$	$C_{2v}^{22} - I\,ma2$	$D_{2h}^{28} - I\,cmm$

Tetragonal: 7 Punktgruppen, 2 Translationsgruppen, 68 Raumgruppen

	$C_4 - 4$	$S_4 - \bar{4}$	$C_{4h} - 4/m$	$D_4 - 422$	$C_{4v} - 4mm$	$D_{2d} - \bar{4}2m$	$D_{4h} - 4/mmm$
P	$C_4^1 - P\,4$	$S_4^1 - P\,\bar{4}$	$C_{4h}^1 - P\,4/m$	$D_4^1 - P\,422$	$C_{4v}^1 - P\,4mm$	$D_{2d}^1 - P\,\bar{4}2m$	$D_{4h}^1 - P\,4/mmm$
	$C_4^4 - P\,4_3$	–	$C_{4h}^4 - P\,4_2/n$	$D_4^8 - P\,4_3 2_1 2_1$	$C_{4v}^8 - P\,4_2 bc$	$D_{2d}^8 - P\,\bar{4}n2$	$D_{4h}^{16} - P\,4_2/ncm$
I	$C_4^5 - I\,4$	$S_4^2 - I\,\bar{4}$	$C_{4h}^5 - I\,4/m$	$D_4^9 - I\,422$	$C_{4v}^9 - I\,4mm$	$D_{2d}^9 - I\,\bar{4}m2$	$D_{4h}^{17} - I\,4/mmm$
	$C_4^6 - I\,4_1$	–	$C_{4h}^6 - I\,4_1/a$	$D_4^{10} - I\,4_1 22$	$C_{4v}^{12} - I\,4_1 cd$	$D_{2d}^{12} - I\,\bar{4}2d$	$D_{4h}^{20} - I\,4_1/acd$

Trigonal: 5 Punktgruppen, 2 Translationsgruppen, 25 Raumgruppen

	C_3–3	C_{3i}–$\bar{3}$	D_3–32	C_{3v}–3m	D_{3d}–$\bar{3}$m
P	C_3^1–P 3	C_{3i}^1–P $\bar{3}$	D_3^1–P 3 12	C_{3v}^1–P 3m1	D_{3d}^1–P $\bar{3}$1m
	C_3^3–P 3_2	–	D_3^6–P $3_2$21	C_{3v}^4–P 31c	D_{3d}^4–P $\bar{3}$c1
R	C_3^4–R 3	C_{3i}^2–R $\bar{3}$	D_3^7–R 32	C_{3v}^5–R 3m	D_{3d}^5–R $\bar{3}$m
	–	–	–	C_{3v}^6–R 3c	D_{3d}^6–R $\bar{3}$c

Hexagonal: 7 Punktgruppen, 1 Translationsgruppe, 27 Raumgruppen

	C_6–6	C_{3h}–$\bar{6}$	C_{6h}–6/m	D_6–622	C_{6v}–6mm	D_{3h}–$\bar{6}$m2	D_{6h}–6/mmm
P	C_6^1–P 6	C_{3h}^1–P $\bar{6}$	C_{6h}^1–P 6/m	D_6^1–P 622	C_{6v}^1–P 6mm	D_{3h}^1–P $\bar{6}$m2	D_{6h}^1–P 6/mmm
	C_6^6–P 6_3	–	C_{6h}^2–P 6_3/m	D_6^6–P $6_3$22	C_{6v}^4–P 6_3mc	D_{3h}^4–P $\bar{6}$2c	D_{6h}^4–P 6_3/mmc

Kubisch: 5 Punktgruppen, 3 Translationsgruppen, 36 Raumgruppen

	T–23	T_h–m3	O–432	T_d–$\bar{4}$3m	O_h–m3m
P	T^1–P 23	T_h^1–P m3	O^1–P 432	T_d^1–P $\bar{4}$3m	O_h^1–P m3m
	T^4–P $2_1$3	T_h^6–P a3	O^7–P $4_1$32	T_d^4–P $\bar{4}$3m	O_h^4–P n3m
F	T^2–F 23	T_h^3–F m3	O^3–F 432	T_d^2–F $\bar{4}$3m	O_h^5–F m3m
	–	T_h^4–F d3	O^4–F $4_1$32	T_d^5–F $\bar{4}$3c	O_h^8–F d3c
I	T^3–I 23	T_h^5–I m3	O^5–I 432	T_d^3–I $\bar{4}$3m	O_h^9–I m3m
	T^5–I $2_1$3	T_h^7–I a3	O^8–I $4_1$32	T_d^6–I $\bar{4}$3d	O_h^{10}–I a3d

Symmetrie der physikalischen Eigenschaften und die 32 Punktgruppen

Mit Kenntnis der Raumgruppe einer Kristallart kennen wir einerseits das Symmetriegerüst der Struktur, andererseits die Symmetrie der morphologischen und physikalischen Eigenschaften eines jeden Kristallindividuums. Voraussetzung für die Raumgruppenbestimmung ist die Kenntnis der Punktgruppe oder Symmetrieklasse, die ihrerseits an Hand von vielerlei morphologischen und physikalischen Beobachtungen an möglichst idiomorph gewachsenen Einkristallen, einschließlich Verwendung der Laue-Methode, bestimmt werden kann. Im folgenden befassen wir uns mit der Symmetrie der physikalischen Eigenschaften und ab Seite 419 mit den Röntgenmethoden der Raumgruppen- und Strukturbestimmung. Hinsichtlich der Morphologie muß auf die Lehrbücher der Kristallographie und Mineralogie verwiesen werden.

Um die Kristallsymmetrie hinsichtlich einer speziellen physikalischen Eigenschaft festzustellen, müssen wir die Eigensymmetrie dieser Eigenschaft in Betracht ziehen.

Dichte und Temperatur sind isotrop; es handelt sich um skalare, nicht um vektorielle Größen. Mit Hilfe von Dichte- und Temperaturbestimmung ist keine Kristallsymmetrie feststellbar.

Hingegen handelt es sich bei der Thermischen Leitfähigkeit um eine anisotrope, eine vektorielle Eigenschaft. Die Wärmeleit-Geschwindigkeitsfläche ist entweder ein dreiachsiges Ellipsoid, und zwar (a) bei triklinen Kristallen mit asymmetrischer Lage zur Kristallbegrenzung, (b) bei monoklinen Kristallen mit spiegelsymmetrischer Lage zur Kristallbegrenzung, (c) bei orthorhombischen Kristallen mit vollsymmetrischer Lage zur Kristallbegrenzung, oder (d) ein Rotationsellipsoid bei tetragonalen, trigonalen und hexagonalen Kristallen, oder (e) eine Kugel bei kubischen Kristallen. Die gleiche Eigensymmetrie wie die Thermische Leitfähigkeit am Einzelkristall weisen auf: die Thermische Ausdehnung, die Elektrische Leitfähigkeit und – was leicht zu untersuchen ist – die Lichtausbreitung. Hinsichtlich der letzteren kann bei durchsichtigen Kristallen mit einem Polariskop oder einem Polarisationsmikroskop fast auf einen Blick entschieden werden, ob es sich um einen optisch isotropen und damit um einen kubischen Kristall handelt, oder um einen optisch einachsigen und damit um einen tetragonalen, trigonalen oder hexagonalen Kristall oder um einen optisch zweiachsigen mit Unterscheidungsmöglichkeit auf Grund der Dispersion der optischen Achsen, ob orthorhombische, monokline oder trikline Symmetrie vorliegt. Es können also mit diesen Eigenschaften 5 Symmetrieklassen unterschieden werden (Abb. V,8).

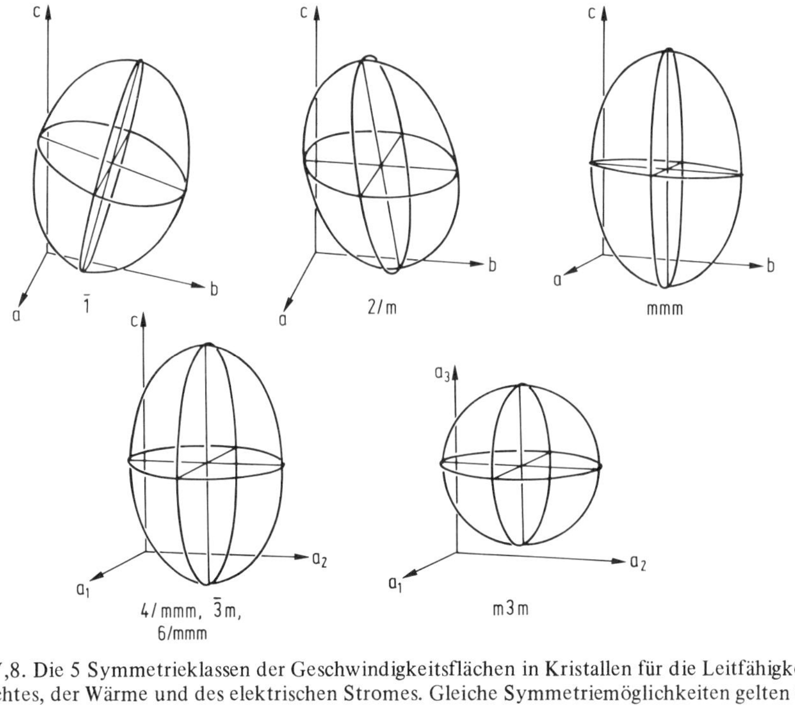

Abb. V,8. Die 5 Symmetrieklassen der Geschwindigkeitsflächen in Kristallen für die Leitfähigkeit des Lichtes, der Wärme und des elektrischen Stromes. Gleiche Symmetriemöglichkeiten gelten für die thermische Ausdehnung

Eine weitere Unterscheidungsmöglichkeit gibt uns die Prüfung der optischen Aktivität, womit wir die Fähigkeit von Kristallen bestimmter Symmetrie verstehen, die Polarisationsebene des Lichtes zu drehen. Wir kennen sie bei Quarz und Zinnober, die beide der Symmetrieklasse D_3-32 angehören, also einer Klasse ohne Inversionszentrum (i) und Spiegelebene (m). Einzelheiten entnehme man in Band III, Nr. IV,8.

Die Prüfung auf Piezoelektrizität, die meist mit einem einfachen Versuch durchführbar ist, läßt uns bei Feststellung eines positiven Effektes erkennen, daß in der Symmetrieklasse der untersuchten Kristalle das Inversionszentrum fehlt. Eine Ausnahme macht Klasse 0-432, wo trotz Fehlens des Inversionszentrums auf Grund von Symmetriehäufung ein piezoelektrischer Effekt nicht erkennbar ist (vgl. Bd. II, Nr. 16). Die Prüfung auf Pyroelektrizität läßt uns bei Feststellung eines positiven Effektes das Vorliegen polarer Achsen erkennen. Es muß also mindestens das Inversionszentrum fehlen; in der Klasse C_s - m ist ein Effekt nur in Richtungen innerhalb der Spiegelebene zu erwarten, bei C_{2v} - mm2, C_{3v} - 3m, C_{4v} - 4mm, C_{6v} - 6mm nur in Richtung der 2-, 3-, 4-, 6-zähligen Achse usw. Hinsichtlich des Pyromagnetismus sind nur zwei Symmetrieklassen a und b unterscheidbar. – Hinsichtlich der Elastizitätsfiguren (Abb. V,9) läßt sich die Zugehörigkeit zu den 7 Kristallsystemen feststellen; hinsichtlich der Härtekurven (Abb. V,10) erhalten wir in günstigen Fällen auch nähere Auskunft über die Punktgruppenzugehörigkeit.

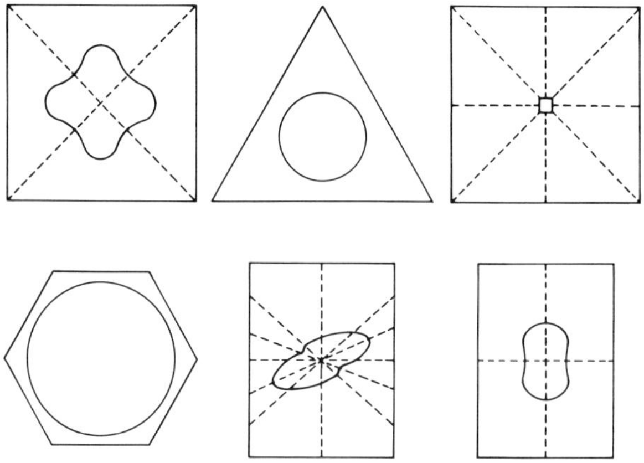

Abb. V,9. Elastizitätsfiguren der Kristalle

Vertiefen wir uns in Tab. V,3, so stellen wir fest, daß die experimentelle Bestimmung all der genannten physikalischen Eigenschaften keine vollständige Bestimmung der Punktsymmetrie gestattet, auch dann nicht, wenn wir die Möglichkeiten der Röntgenuntersuchung hinzuziehen (vgl. ab S. 419). Diese Feststellung unterstreicht die Bedeutung der Morphologie, d. h. des Studiums der bei ungestörtem Wachstum am Einkristall entstehenden Kristallformen einschließlich der Wachstumshügel und der Ätzfiguren (vgl. z. B. Klockmanns Lehrbuch der Mineralogie). Aber auch das mor-

C_i - $\overline{1}$
Triklin-pinakoidal
○

C_{2h} - 2/m
Monoklin-prismatisch
1⬮ 1m ○

D_{2h} - mmm
Rhombisch-dipyramidal
1+1+1⬮ 1+1+1m ○

D_{4h} - 4/mmm
Ditetragonal-dipyramidal
1■ 2+2⬮ 1+2+2m ○

D_{3d} - $\overline{3}$m
Ditrigonal-skalenoedr.
1▲ 3⬮ 3m ○

D_{6h} - 6/mmm
Dihexagonal-dipyramidal
1⬢ 3+3⬮ 1+3+3m ○

O_h - m3m
Hex'oktaedrisch
3■ 4▲ 6⬮ 3+6m ○

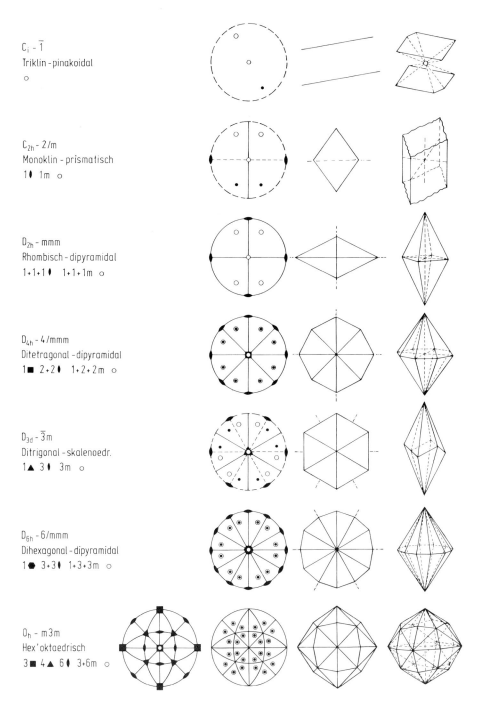

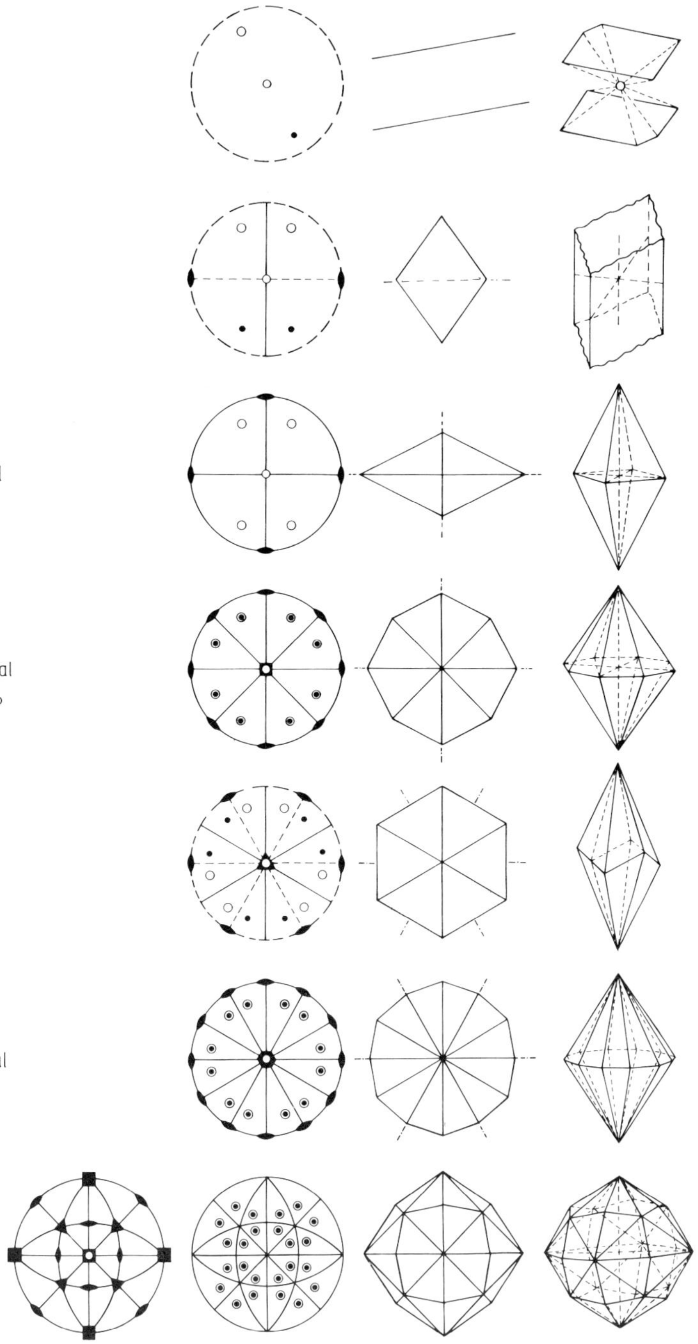

Abb. V,11. Die höchstsymmetrischen (holoedrischen) Punktgruppen der 7 Kristallsysteme. Stereographische Projektion mit den Symmetrie-Elementen, Punktlagen und Flächenformen allgemeiner Lage

Tab. V,3. Die 7 Kristallsysteme, 32 Kristallklassen und deren Symmetrie (p hinter dem Achsensymbol heißt *polar*)

System	Kristallklasse: Groth	Kristallklasse: Schoenflies	Kristallklasse: Hermann & Mauguin	Symmetrie-Elemente: Drehungsachsen			Symmetrie-Elemente: Spiegelebenen			Symmetriezentren	Zähligkeit	Nr.
				[001]	[010]	[100]	(001)	(010)	(100)			
Triklin	Triklin-pedial	C_1	1	–	–	–	–	–	–	–	1	1
	Triklin-pinakoidal	C_i	$\bar{1}$	–	–	–	–	–	–	*i*	2	2
Monoklin	Monoklin-sphenoidisch	C_2	2	–	⬮p	–	–	–	–	–	2	3
	Monoklin-domatisch	C_s	*m*	–	–	–	–	*m*	–	–	2	4
	Monoklin-prismatisch	C_{2h}	2/*m*	–	⬮	–	–	*m*	–	*i*	4	5
Orthorhomb.	Rhombisch-disphenoidisch	D_2	222	⬮	⬮	⬮	–	–	–	–	4	6
	Rhombisch-pyramidal	C_{2v}	*mm*2	⬮p	–	–	–	*m*	*m*	–	4	7
	Rhombisch-dipyramidal	D_{2h}	*mmm*	⬮	⬮	⬮	*m*	*m*	*m*	*i*	8	8
				[001]	+	×	(001)	+	×			
Tetragonal	Tetragonal-pyramidal	C_4	4	■p	–	–	–	–	–	–	4	9
	Tetragonal-disphenoidisch	S_4	$\bar{4}$	◩	–	–	–	–	–	–	4	10
	Tetragonal-dipyramidal	C_{4h}	4/*m*	■	–	–	*m*	–	–	*i*	8	11
	Tetragonal-trapezoedrisch	D_4	422	■	2⬮	2⬮	–	–	–	–	8	12
	Ditetragonal-pyramidal	C_{4v}	4*mm*	■p	–	–	–	2 *m*	2 *m*	–	8	13
	Tetragonal-skalenoedrisch	D_{2d}	$\bar{4}2m$	◩	2⬮	–	–	–	2 *m*	–	8	14
	Ditetragonal-dipyramidal	D_{4h}	4/*mmm*	■	2⬮	2⬮	*m*	2 *m*	2 *m*	*i*	16	15
				[0001]	✳	✳	(0001)	✳	✳			
Trigonal	Trigonal-pyramidal	C_3	3	▲p	–	–	–	–	–	–	3	16
	Trigonal-rhomboedrisch	C_{3i}	$\bar{3}$	▲	–	–	–	–	–	*i*	6	17
	Trigonal-trapezoedrisch	D_3	32	▲	3⬮ p	–	–	–	–	–	6	18
	Ditrigonal-pyramidal	C_{3v}	3*m*	▲p	–	–	–	–	3 *m*	–	6	19
	Ditrigonal-skalenoedrisch	D_{3d}	$\bar{3}m$	▲	3⬮	–	–	–	3 *m*	*i*	12	20
Hexagonal	Hexagonal-pyramidal	C_6	6	⬢p	–	–	–	–	–	–	6	21
	Trigonal-dipyramidal	C_{3h}	$\bar{6}$	▲	–	–	*m*	–	–	–	6	22
	Hexagonal-dipyramidal	C_{6h}	6/*m*	⬢	–	–	*m*	–	–	*i*	12	23
	Hexagonal-trapezoedrisch	D_6	622	⬢	3⬮	3⬮	–	–	–	–	12	24
	Dihexagonal-pyramidal	C_{6v}	6 *mm*	⬢p	–	–	–	3 *m*	3 *m*	–	12	25
	Ditrigonal-dipyramidal	D_{3h}	$\bar{6}2m$	▲	–	3⬮ p	*m*	–	3 *m*	–	12	26
	Dihexagonal-dipyramidal	D_{6h}	6/*mmm*	⬢	3⬮	3⬮	*m*	3 *m*	3 *m*	*i*	24	27
				[001]	[111]	[110]	(001)	(110)				
Kubisch	Tetartoidisch	T	23	3⬮	4▲p	–	–	–		–	12	28
	Disdodekaedrisch	T_h	*m*3	3⬮	4▲	–	3 *m*	–		*i*	24	29
	Gyroidisch	O	432	3■	4▲	6⬮	–	–		–	24	30
	Hex'tetraedrisch	T_d	$\bar{4}3m$	3◩	4◬	–	–	6 *m*		–	24	31
	Hex'oktaedrisch	O_h	*m*3*m*	3■	4▲	6⬮	3 *m*	6 *m*		*i*	48	32

Tab. V,4. Die 7 Kristallsysteme, 32 Kristallklassen, zugehörige physikalische Eigenschaften und Beispiele

System	Klasse	Laue-Symmetrie	Enantiomorphie	Elastizität	Opt. Symm. Wärme- u. Elektr. Leitung Therm. Ausdehng	Opt. Aktiv.	Piezoelektr.	Pyroelektr.	Pyromagnet.	Beispiele (in Klammern Nichtmineralien)	Nr.
Triklin	$C_1 - 1$	↓	+	↓	↓	+	+	+	a	Parahilgardit	1
	$C_i - \bar{1}$	$\bar{1}$	–	a	a	–	–	–	a	Albit	2
Monoklin	$C_2 - 2$	↓	+	↓	↓	+	+	+	b	$(CHOHCOOH)_2$	3
	$C_s - m$	↓	–	↓	↓	x	+	+	b	Hilgardit	4
	$C_{2h} - 2/m$	$2/m$	–	b	b	–	–	–	b	Sanidin	5
Orthorhomb.	$D_2 - 222$	↓	+	↓	↓	+	+	–	–	Epsomit	6
	$C_{2v} - mm2$	↓	–	↓	↓	x	+	+	–	Struvit	7
	$D_{2h} - mmm$	mmm	–	c	c	–	–	–	–	Topas	8
Tetragonal	$C_4 - 4$	↓	+	↓	↓	+	+	+	b	Wulfenit	9
	$S_4 - \bar{4}$	↓	–	↓	↓	x	+	–	b	Cahnit	10
	$C_{4h} - 4/m$	$4/m$	–	↓	↓	–	–	–	b	Scheelit	11
	$D_4 - 422$	↓	+	↓	↓	+	+	–	–	Phosgenit	12
	$C_{4v} - 4mm$	↓	–	↓	↓	–	+	+	–	Diaboleit	13
	$D_{2d} - \bar{4}2m$	↓	–	↓	↓	x	+	–	–	Chalkopyrit	14
	$D_{4h} - 4/mmm$	$4/mmm$	–	d	↓	–	–	–	–	Zirkon	15
Trigonal	$C_3 - 3$	↓	+	↓	↓	+	+	+	b	$(MgSO_3 \cdot 6\,H_2O)$	16
	$C_{3i} - \bar{3}$	$\bar{3}$	–	↓	↓	–	–	–	b	Dolomit	17
	$D_3 - 32$	↓	+	↓	↓	+	+	–	–	Quarz	18
	$C_{3v} - 3m$	↓	–	↓	↓	–	+	+	–	Turmalin	19
	$D_{3d} - \bar{3}m$	$\bar{3}m$	–	e	↓	–	–	–	–	Calcit	20
Hexagonal	$C_6 - 6$	↓	+	↓	↓	+	+	+	b	Nephelin	21
	$C_{3h} - \bar{6}$	↓	–	↓	↓	–	+	–	b	–	22
	$C_{6h} - 6/m$	$6/m$	–	↓	↓	–	–	–	b	Apatit	23
	$D_6 - 622$	↓	+	↓	↓	+	+	–	–	Hochquarz	24
	$C_{6v} - 6\,mm$	↓	–	↓	↓	–	+	+	–	Wurtzit	25
	$D_{3h} - \bar{6}2m$	↓	–	↓	↓	–	+	–	–	Benitoit	26
	$D_{6h} - 6/mmm$	$6/mmm$	–	f	d	–	–	–	–	Beryll	27
Kubisch	$T - 23$	↓	+	↓	↓	+	+	+	–	Ullmannit	28
	$T_h - m3$	$m3$	–	↓	↓	–	–	–	–	Pyrit	29
	$O - 432$	↓	+	↓	↓	+	(-)	?	–	–	30
	$T_d - \bar{4}3\,m$	↓	–	↓	↓	–	+	–	–	Zinkblende	31
	$O_h - m3m$	$m3m$	–	g	e	–	–	–	–	Steinsalz	32

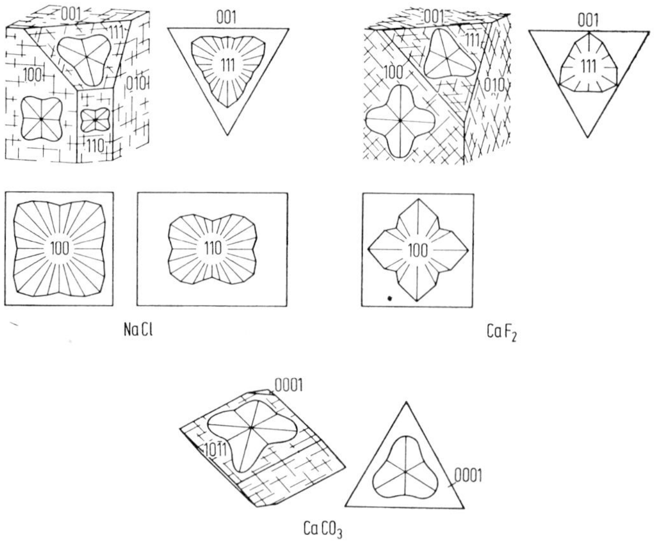

Abb. V,10. Härtekurven der Kristalle

phologische Studium führt nicht immer zu eindeutiger Symmetriebestimmung, so daß als Vorstufe für eine Strukturbestimmung zwecks Feststellung der Punktsymmetrie morphologische und physikalische Untersuchungen Hand in Hand gehen müssen.

Strukturbestimmung

Beugung der Röntgenstrahlen. Lauesche Gleichungen. Das Raumgitter mit seiner Translations- und Punktsymmetrie wird in den Kristallen durch die Atome repräsentiert, deren Elektronenhüllen beim Auftreffen von Röntgenstrahlen zu Schwingungszentren werden, die nach allen Richtungen kohärente Strahlung von gleicher Wellenlänge wie die auftreffende Strahlung emittieren. Greifen wir in Gedanken aus dem Kristallgitter eine mit äquidistanten Atomen besetzte Gittergerade heraus und lassen wir einen fein ausgebündelten Röntgenstrahl auftreffen, so werden – ganz analog der Interferenzerscheinung am zweidimensionalen Strichgitter beim Auftreffen von sichtbarem Licht – neben dem durch den Kristall hindurchgehenden Primärstrahl gebeugte Strahlen mit der Phasendifferenz $h \cdot \lambda = a(\cos\alpha - \cos\alpha_0)$ entstehen (Abb. V,12). Der Effekt ist auf einer Photoplatte schon nach etwa einer halben Stunde Belichtungsdauer deutlich wahrnehmbar, da ja im mm-großen Kristall jede Gittergerade in paralleler Orientierung als Schar millionenfach wiederkehrt und zum Beugungseffekt beiträgt.

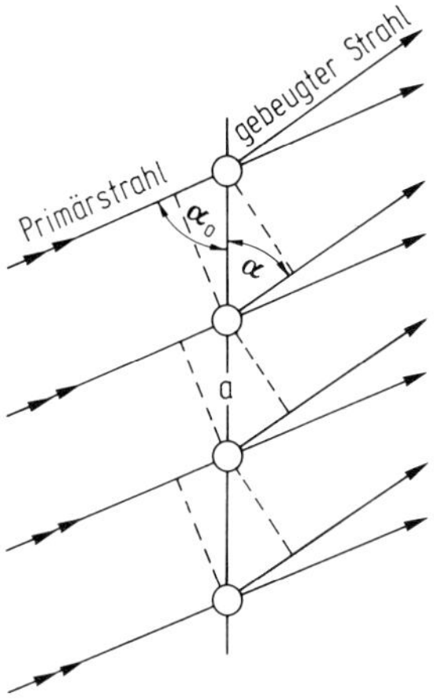

Abb. V,12. Entstehung eines gebeugten Röntgenstrahles an einer äquidistanten Atomreihe. Beugungsbedingung: Phasendifferenz $h \cdot \lambda = a(\cos\alpha - \cos\alpha_0)$; $h = 1, 2, 3, n$ (Ordnung der Beugung), λ = Wellenlänge, a = Gitterkonstante

Wie bereits gesagt, emittieren die Atome das Röntgenlicht nach allen Richtungen des Raumes (in Abb. V,12 nicht berücksichtigt), so daß bei der Versuchsanordnung entsprechend Abb. V,13a um die Atomreihe herum koaxiale Beugungskegel 1., 2., . . . n. Ordnung mit dem Öffnungswinkel $2\,\alpha_1, 2\,\alpha_2, \ldots 2\,\alpha_n$ entstehen, die sich auf einer senkrecht zum Primärstrahl und parallel zur Atomreihe stehenden Photoplatte als kontinuierliche Hyperbeln abbilden, deren Schwärzungsintensität auf Grund des Atomformfaktors nach dem Rande zu schwächer wird. Da die Kristalle aus drei nicht koplanaren Atomreihen (Gittergerade des Raumgitters, jede in paralleler Orientierung als Schar „unendlich" oft wiederkehrend) aufgebaut sind, werden gleichzeitig auch die Beugungskegel einer zweiten und dritten Schar von Gittergeraden wirksam, mit der Folge, daß nur längs der gemeinsamen Schnittgeraden der drei Beugungskegel gebeugte Strahlen entstehen und auf der Photoplatte als Schwärzungspunkte oder „Gitterreflexe" sichtbar werden. Jeder Reflex muß die Bedingungen der drei Laueschen Gleichungen (1912) erfüllen:

$$h \cdot \lambda = a(\cos\alpha - \cos\alpha_0); \; k \cdot \lambda = b(\cos\beta - \cos\beta_0); \; l \cdot \lambda = c(\cos\gamma - \cos\gamma_0) .$$

Wählen wir die Versuchsanordnung so, daß der Kristall mit seinen gegebenen Gitterkonstanten a, b, c, unter Verwendung von monochromatischem Röntgenlicht, also mit konstantem $\alpha_0, \beta_0, \gamma_0$ zwischen Primärstrahl und Gittergeraden verbleibt, so wird es verständlicherweise nur wenige Gerade geben, in denen sich die drei Beugungskegel schneiden und damit Beugungsreflexe erhalten werden. Um möglichst viele Reflexe zu bekommen, nehmen wir im Experiment entweder weißes Röntgenlicht mit vielerlei Wellenlängen bei konstanter Lage des Kristalles (Laue-Aufnahmen) oder man variiert die Einfallsrichtung durch Drehen des Kristalls (Drehkristall-, Weißenberg-, Präzessions-Aufnahmen) oder man verwendet ein Pulverpräparat mit unterschiedlicher Orien-

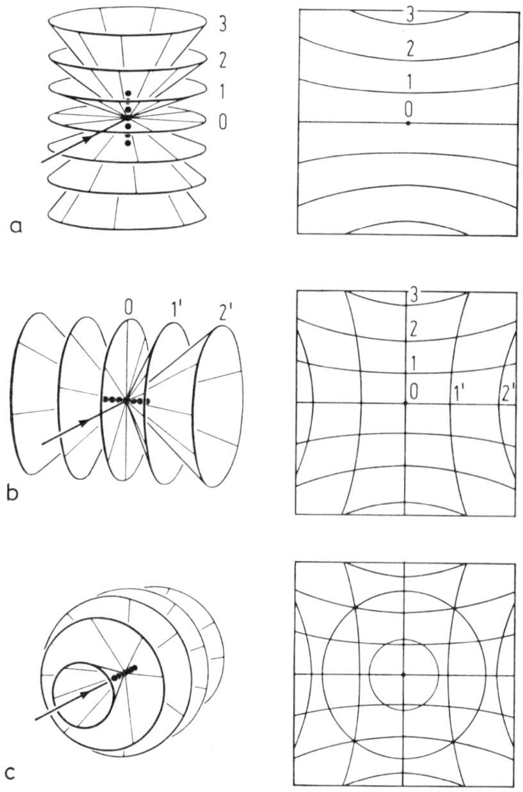

Abb. V,13. Beugung an einem Raumgitter als Überlagerung der Beugung an drei Atomreihen

tierung vieler Kristallite zum Primärstrahl und zusätzlicher Drehung während der Belichtung (Pulver-Aufnahmen).

Reflexion der Röntgenstrahlen. Braggsche Gleichung. Nach W. H. und W. L. Bragg (1913) kann das Verhalten von Röntgenstrahlen in Kristallen als Reflexion an einer Schar paralleler Gitterebenen (Netzebenen *hkl*) aufgefaßt werden, wobei aber diese „Interferenz-Reflexion" im Gegensatz zur echten Reflexion nur unter ganz bestimmten Einfallswinkeln, den Glanzwinkeln, wirksam werden kann. Immer dann, wenn für die an benachbarten Netzebenen „reflektierten" Strahlen die Wegdifferenz 1 λ, 2 λ, . . . n λ beträgt, ist diese Bedingung erfüllt. Es ist erforderlich, den Kristall während der Aufnahme kontinuierlich zu drehen, damit nacheinander die reflexionsfähigen Stellungen durchlaufen werden. In reflexionsfähiger Stellung 1. Ordnung (Abb. V,14a) gilt $\sin \vartheta = \frac{\lambda/2}{d}$ oder $\lambda = 2\,d \sin \vartheta$, allgemein $n\,\lambda = 2\,d \sin \vartheta$ (Braggsche Gleichung); hierbei ist d der senkrechte Abstand zweier benachbarter Netzebenen und ϑ der Glanzwinkel = Hälfte des Winkels zwischen verlängertem Primärstrahl und reflektiertem Strahl und n die Ordnung des Reflexes (Abb. V,14c, d).

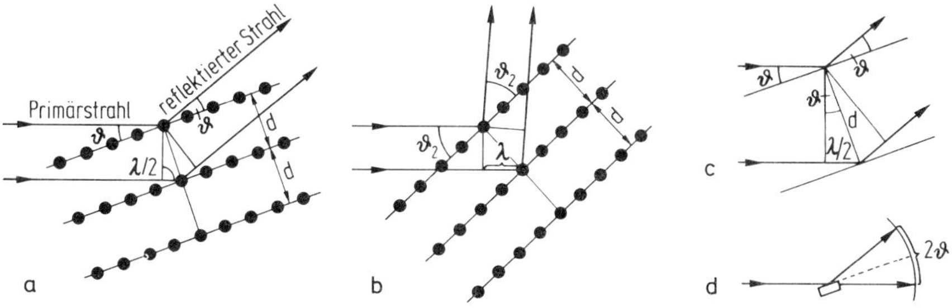

Abb. V,14. Interferenz-Reflexion an benachbarten translatorisch identischen Netzebenen, a) Reflexion 1. Ordnung, b) zweiter Ordnung, c, d) zur Ableitung der Braggschen Gleichung

Das von Bragg (Vater und Sohn) entwickelte Einkristallverfahren verwendete zur Winkelmessung ein Goniometer der Kristallmorphologie, auf dessen Achse der Einkristall und über dessen Teilkreis eine schwenkbare Ionisationskammer montiert waren.

Polanyi und Schiebold führten (1921/22) die heute üblich gewordene zylindrische Kammer mit dreh- oder schwenkbarer zentraler Achse für den Kristall und mit innen angelegtem Film ein. Die mit der Drehungsachse koaxialen Ausbreitungskegel der Reflexe schneiden den Filmzylinder in parallelen Kreisen, die nach dem Ausbreiten des Films auf Geraden, den Schichtlinien angeordnet sind (Abb. V,15).

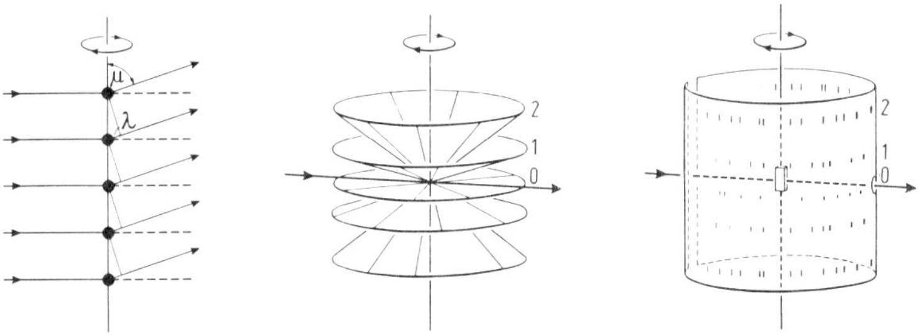

Abb. V,15. Entstehung der Schichtlinien auf Drehkristallaufnahmen

Aus den Schichtlinienabständen kann der Identitätsabstand P der Atome in Richtung der Drehungsachse berechnet werden (Abb. V,16):

$$\cot \mu_1 = \frac{e_1}{R};\quad P = \frac{\lambda}{\cos \mu_1} \qquad \text{(1. Schichtlinie)}$$

$$\cot \mu_2 = \frac{e_2}{R};\quad P = \frac{\lambda}{\cos \mu_2} \qquad \text{(2. Schichtlinie)}$$

$$\cot \mu_n = \frac{e_n}{R};\quad P = \frac{\lambda}{\cos \mu_n} \qquad \text{(n. Schichtlinie)}$$

P = Identitätsperiode (Gitterkonstante in Å)
λ = Wellenlänge (in Å)

e = Schichtlinienabstand (in mm)
μ = Winkel zwischen Drehungsachse und gebeugtem Strahl
R = Abstand Kristallmittelpunkt–Film = Radius der zylindrischen Kammer (in mm)

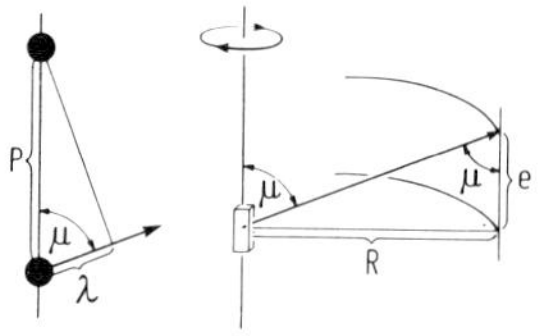

Abb. V,16. Berechnung der Gitterkonstanten aus Schichtlinienabständen

Gitterkonstanten und Zellinhalt. Aus den Schichtlinienabständen eines orthorhombischen Kristalls um die a-, b- und c-Achse erhalten wir, – wenn auch nicht mit großer Genauigkeit, so doch einwandfrei hinsichtlich Verdoppelung oder Halbierung – die Gitterkonstanten a, b, c. Das Volumen V = a · b · c [$Å^3$], multipliziert mit der am Makrokristall bestimmten Dichte, ergibt das absolute Gewicht V · D des Inhalts der Einheitszelle. Wissen wir aus der chemischen Analyse, daß die chemische Zusammensetzung z. B. der Formel $BaSO_4$ entspricht, so kennen wir das absolute Gewicht eines $BaSO_4$-„Moleküls" als M/N_A, wobei M das Molekulargewicht (= Summe der Atomgewichte) und N_A die Avogadro'sche Zahl sind. Die Anzahl Z der Atome in der Einheitszelle ist dann $Z = \frac{V \cdot D \cdot N_A}{M}$. Genauere Gitterkonstanten erhält man aus Pulveraufnahmen, insbesondere nach dem Guinierverfahren.

Für das Volumen der Einheitszelle gilt in den speziellen Fällen der 7 Kristallsysteme:

Triklin:	$V = a\,b\,c\sqrt{1 - \cos^2\alpha - \cos^2\beta - \cos^2\gamma + 2\cos\alpha\cos\beta\cos\gamma}$
Monoklin:	$V = a\,b\,c\,\sin\beta$
Orthorhombisch:	$V = a\,b\,c$
Tetragonal:	$V = a^2\,c$
Hexagonal:	$V = a^2\,c\,\frac{\sqrt{3}}{2}$
Rhomboedrisch:	$V = a_{rh}^3(1 - \cos\alpha)\sqrt{1 + 2\cos\alpha}$
Kubisch:	$V = a^3$.

Indizierung der Reflexe. Nach der Braggschen Gleichung $n\lambda = 2\,d\sin\vartheta$ oder $\sin\vartheta = \frac{n\lambda}{2\,d}$ entspricht jedem reflektierten Strahl mit dem Winkel ϑ ein bestimmter Netzebenenabstand d. Um die Indizierung durchzuführen, d. h. um die Indizes $h\ k\ l$ der reflektierenden Netzebene festzustellen, bringt man die Braggsche Gleichung in die quadratische Form $\sin^2\vartheta = \frac{n^2\lambda^2}{4\,d^2}$ und führt für d die aus der Mathematik für jedes

Kristallsystem zwischen d_{hkl}, $h\ k\ l$ und den Gitterkonstanten $a, b, c, \alpha, \beta, \gamma$ bekannte Beziehung ein, z. B. für das orthorhombische System

$$d_{hkl}^2 = \frac{1}{(h/a)^2 + (k/b)^2 + (l/c)^2} \quad \text{(vgl. Abb. V,17).}$$

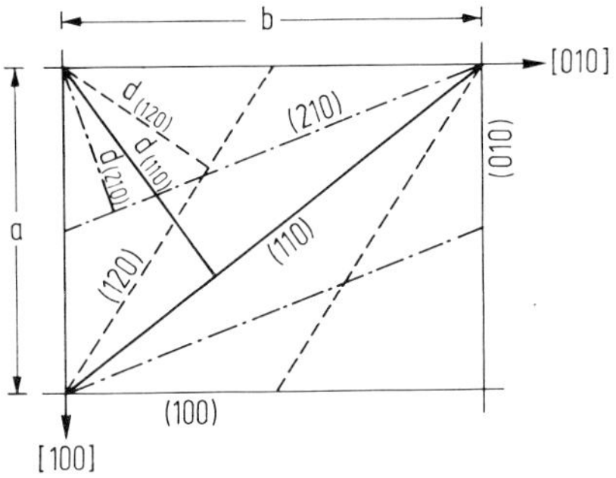

Abb. V,17. Zur Ableitung der „quadratischen Form" des orthorhombischen Kristallsystems

Die „Quadratischen Formen" für die orthogonalen Kristallsysteme lauten:

$$\sin^2 \vartheta = \frac{\lambda^2}{4} \left\{ \left(\frac{h}{a}\right)^2 + \left(\frac{k}{b}\right)^2 + \left(\frac{l}{c}\right)^2 \right\} \quad \text{(orthorhombisch),}$$

$$\sin^2 \vartheta = \frac{\lambda^2}{4\,a^2} \left\{ (h^2 + k^2) + \left(\frac{a}{c}\right)^2 l^2 \right\} \quad \text{(tetragonal),}$$

$$\sin^2 \vartheta = \frac{\lambda^2}{4\,a^2} \left\{ h^2 + k^2 + l^2 \right\} \quad \text{(kubisch).}$$

Als eine Information bei der Indizierung verwendet man unter anderem die aus der Kristallmorphologie zwischen Flächen $(h\ k\ l)$ und Geraden $[u\ v\ w]$ bekannte Zonengleichung $h \cdot u + k \cdot v + l \cdot w = 0$; ist z. B. [001] Drehungsachse, so liegen auf dem Äquator der Drehaufnahme nur Reflexe $(h\ k\ 0)$, auf der 1. Schichtlinie Reflexe $(h\ k\ 1)$, auf der 2. Schichtlinie Reflexe $(h\ k\ 2)$ usw. Große Hilfe leistet das reziproke Gitter, das in der Ewaldschen Konstruktion heute allgemein zur Indizierung von Schwenk-, Dreh- und Präzessions-Aufnahmen angewendet wird, auf das hier jedoch nicht näher eingegangen werden kann (vgl. Abb. V,18 bis 20).

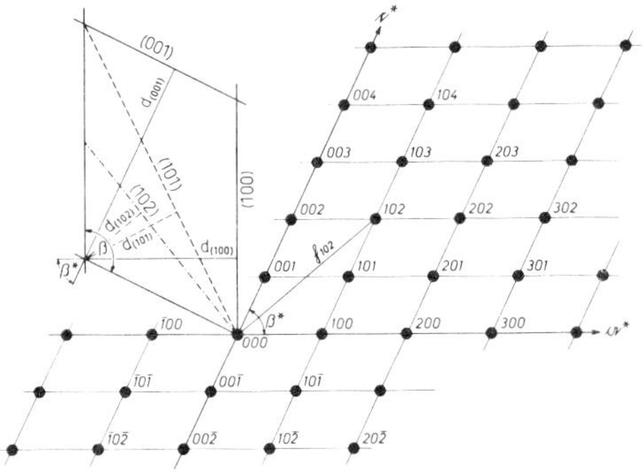

Abb. V,18. Netzebenen des reellen Kristallgitters und Gitterpunkte des reziproken Gitters

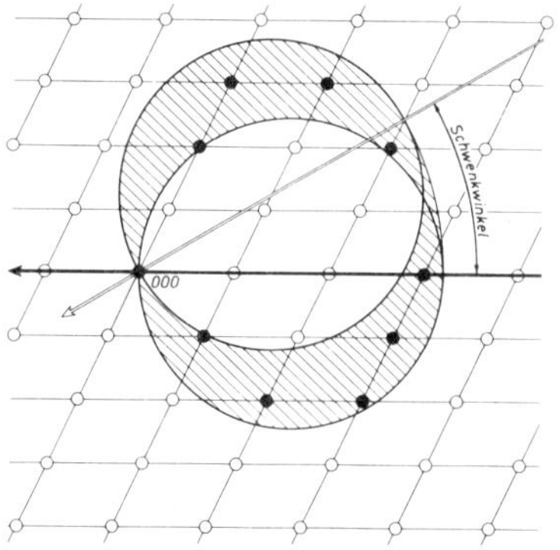

Abb. V,19. Reflexionsfähige Punkte (entsprechend Netzebenen) bei Schwenkaufnahmen

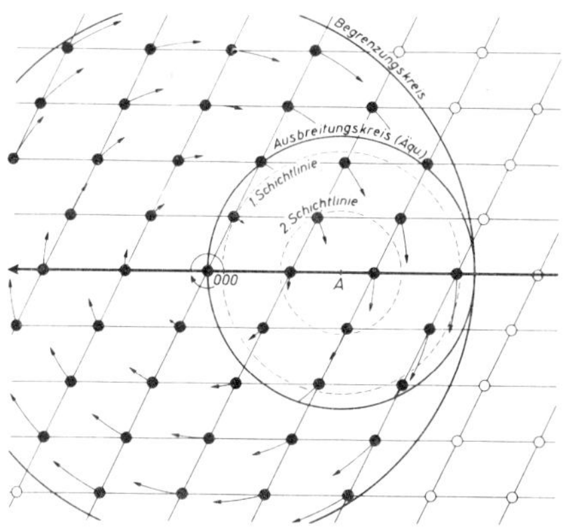

Abb. V,20. Reflexionsfähige Punkte (entsprechend Netzebenen) bei Drehkristall-Aufnahmen

Eine möglichst ausführliche Indizesstatistik, z. T. nach verschiedenen Aufnahmemethoden gewonnen, ist erforderlich, um die Auslöschungsgesetze zu erkennen und damit – zugleich auf der Kenntnis der Kristallklasse fußend – die Raumgruppe zu bestimmen.

Auslöschungsgesetze und Raumgruppenbestimmung. Im Kristallgitter können parallel zu den translatorisch identischen Netzebenen zusätzlich durch Schraubenachsen und Gleitspiegelebenen erzeugte gleichbesetzte Netzebenen vorhanden sein (Abb. V,21 und 22). Der Gangunterschied der an zwei translatorisch identischen Netzebenen reflektierten Strahlen beträgt bei einer Reflexion 1. Ordnung 1 λ; liegt eine gleichbesetzte Netzebene dazwischen, so wird bei gleicher Stellung zum Primärstrahl der Gangunterschied nur noch $\lambda/2$ betragen: Wellenberg trifft auf Wellental, es tritt Auslöschung ein, möglich sind nur noch Reflexe 2., 4., 6. usw. Ordnung.

Seriale Auslöschung. Eine Schraubenachse erzeugt zusätzliche Netzebenen senkrecht zu dieser Achse (Abb. V,21). Entsprechend dem oben hinsichtlich des Gangunterschiedes Gesagten ist leicht erkennbar, daß Reflexionen an Netzebenen senkrecht zu Schraubenachsen nur in solchen Ordnungen auftreten, die der Zähligkeit der Schraubenachse entsprechen, bei Zweizähligkeit der Schraubung in Richtung [001] nur Reflexe 002, 004, 006 usw., also nur mit $l = 2\,n$; bei Dreizähligkeit nur 003, 006, 009 usw., also nur mit $l = 3\,n$; bei Vierzähligkeit nur 004, 008, 0012 usw., also nur mit $l = 4\,n$; bei Sechszähligkeit nur 006, 0012, 0018 usw., also nur mit $l = 6\,n$. Schraubenachsen parallel [001] ergeben Auslöschungen in der Reflex-Serie $00l$, parallel [010] in der Serie $0k0$, parallel [100] in der Serie $h00$.

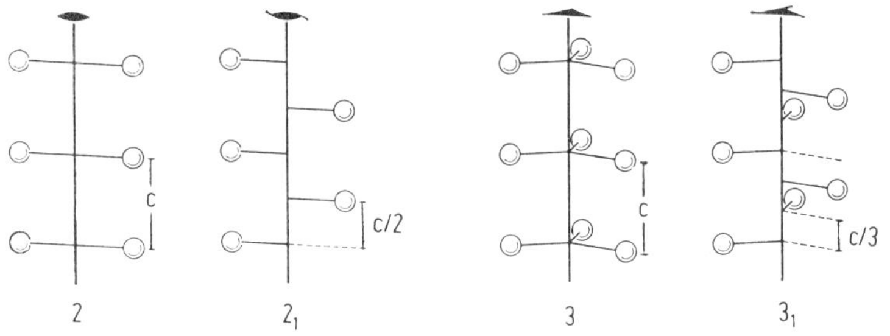

Abb. V,21. Netzebenenfolge bei 2- und 3-zähligen Drehungs- und Schraubenachsen in Richtung c[001].
Es sind gleichbesetzte Netzebenen $00\,l$ bei 2_1-Achsen auch in $c/2$, bei 3_1-Achsen auch in $c/3$ und $2\,c/3$ der Einheitszelle vorhanden

Zonale Auslöschungen. Eine Gleitspiegelebene erzeugt zusätzliche Netzebenen in der Zone senkrecht zu dieser Ebene, und zwar kann beispielsweise bei Gleitspiegelebenen parallel (010) (Abb. V,22) je nach der Gleitrichtung, ob [100] (Abb. V,22b) oder [001] (Abb. V,22c) oder [101] (Abb. V,22d), der Abstand der Netzebenen ($h00$) oder ($00l$) oder ($h0l$) halbiert werden; im ersteren Fall treten Reflexe $h0l$ nur mit $h = 2\,n$ auf, im zweiten nur mit $l = 2\,n$ und im letzteren mit nur $h + l = 2\,n$, zutreffend z. B. in den Raumgruppen $C\,mm2$, $A\,mm2$ und $I\,mm2$.

Integrale Auslöschungen. Reflexe hkl treten in einem primitiven Translationsgitter ohne Einschränkung auf, in einem I-Gitter nur mit $h + k + l = 2\,n$, in einem C-Gitter nur mit $h + k = 2\,n$, in einem F-Gitter nur mit $h + k$, $k + l$, $h + l = 2\,n$ und in einem R-Gitter nur mit $h - k + l = 3\,n$.

Die Kenntnis der Symmetrieklasse einer Kristallart und die Kenntnis der Auslöschungsgesetze ermöglichen die Raumgruppenbestimmung

Aufnahmemethoden:

Laue-Methode (1912). Man verwendet „weißes“ Röntgenlicht bei feststehendem Kristall; der planare Film oder die Fotoplatte ist senkrecht zum Primärstrahl angeordnet. Die gebeugten Strahlen liegen auf Kegeln, die den Film in Ellipsen schneiden. Die Anordnung der Reflexe entspricht der Symmetrie des Kristalles in der Durch-

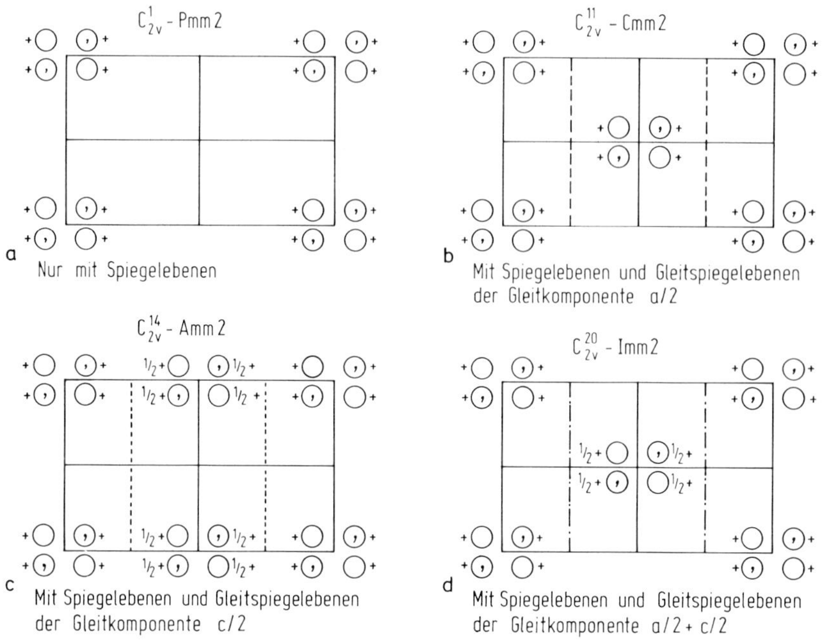

Abb. V,22. Netzebenenfolge mit Symmetrieebenen parallel (010). (Weitere Symmetrieelemente der genannten 4 Raumgruppen sind nicht eingezeichnet)

strahlungsrichtung. Da die Eigensymmetrie der Laue-Methode zentrosymmetrisch ist, also zu jeder der 32 Kristallklassen ein Inversionszentrum hinzugefügt wird, können nur 11 Laue-Gruppen unterschieden werden (vgl. Tab. V,4, Abb. V,23, 24).

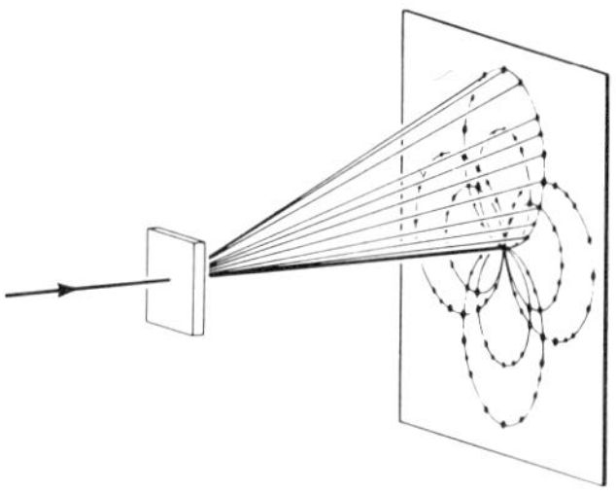

Abb. V,23. Anordnung und Schema der Herstellung einer Laue-Aufnahme

Drehkristall-Methode (1913/21). Man vergleiche Abb. V,14, 15, 16 und 25.

Debye-Scherrer-Diagramme (1915). Man verwendet statt des Einkristalles ein feines Kristallpulver. Das Präparat befindet sich im Mittelpunkt einer zylindrischen Kammer, der Primärstrahl fällt senkrecht zur Zylinderachse auf. Monochromatisches Röntgenlicht. Die Reflexionskegel um den Primärstrahl als Kegelachse erzeugen auf dem Film kontinuierliche Schwärzungslinien. Die Methode eignet sich besonders zur

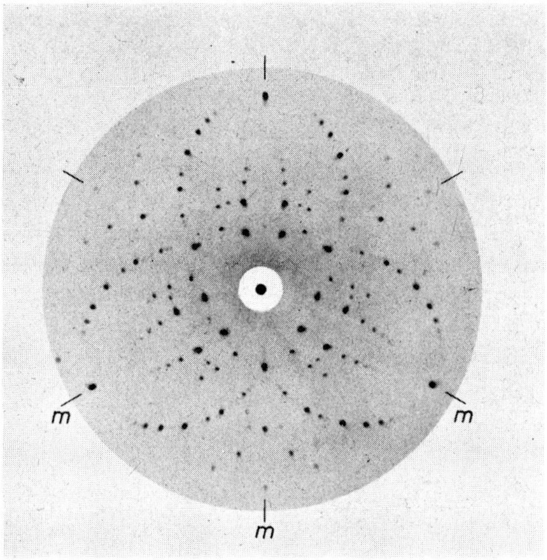

Abb. V,24. Laue-Aufnahme von Calcit, Durchstrahlungsrichtung $c[0001]$

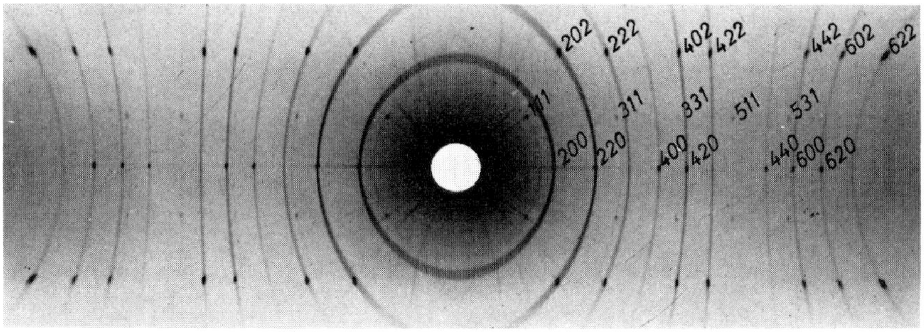

Abb. V,25. Drehkristallaufnahme von Steinsalz um $c[001]$, überdeckt von einer Pulveraufnahme von Steinsalz. Reflexe $h\ k\ l$ sind nur mit $h + k, h + l, k + l = 2\ n$ vorhanden, entsprechend einem flächenzentrierten Translationsgitter

Identifizierung (unmittelbarer Vergleich mit Standard-Diagrammen oder Vergleich mit Karteien, in denen die „*d*-Werte" jeder untersuchten Substanz tabellarisch aufgeführt sind, z. B. in der ASTM-Kartei, American Society for Testing and Materials), auch zur qualitativen und quantitativen Bestimmung der Komponenten in Substanzgemengen, ferner zur Berechnung sehr genauer Gitterkonstanten, da systematische Fehler verhältnismäßig leicht eliminiert werden können (Abb. V,26, 27, 28).

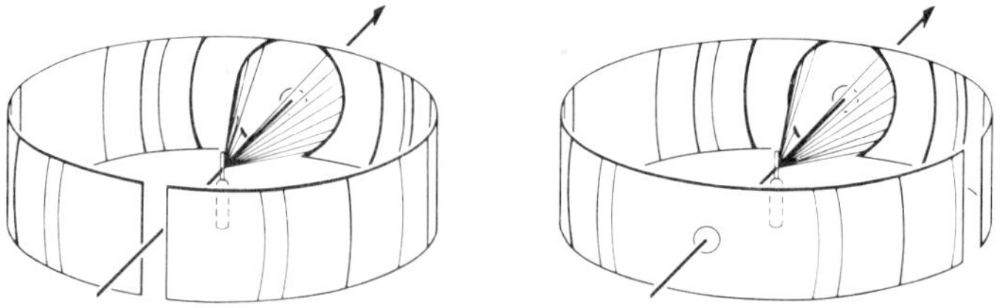

Abb. V,26. Die Entstehung der Schwärzungskurven bei Pulveraufnahmen, symmetrische Filmlage (links), asymmetrische Filmlage (rechts)

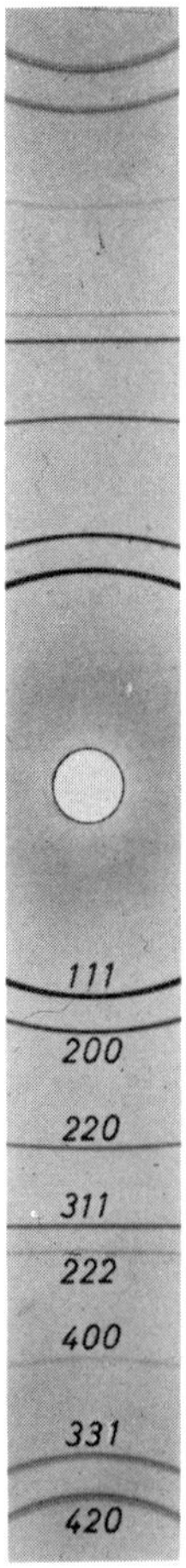

Abb. V,27. Indizierte Pulveraufnahme von Kupfer. Reflexe *hkl* sind nur mit $h + k, h + l, k + l = 2n$ vorhanden, was einem flächenzentrierten Translationsgitter entspricht

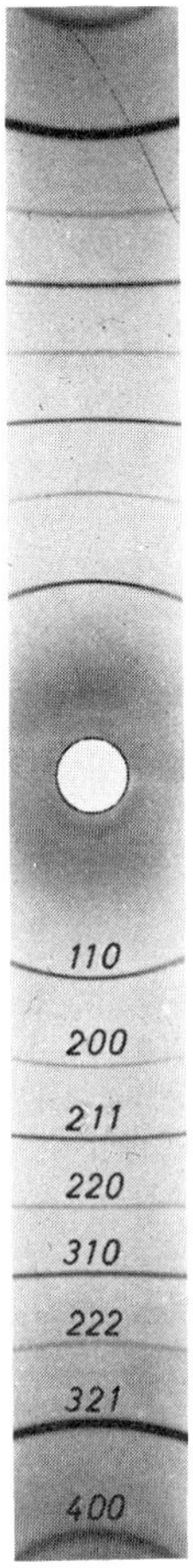

Abb. V,28. Indizierte Pulveraufnahme von Wolfram. Reflexe *hkl* sind nur mit $h + k + l = 2n$ vorhanden, was einem innenzentrierten Translationsgitter entspricht

Guinier-Aufnahmen stellen eine verfeinerte Pulvermethode dar, bei der durch einen fokussierenden Kristallmonochromator und die besondere Präparatanordnung eine größere Linienschärfe und ein höheres Auflösungsvermögen erreicht werden (Abb. V,29).

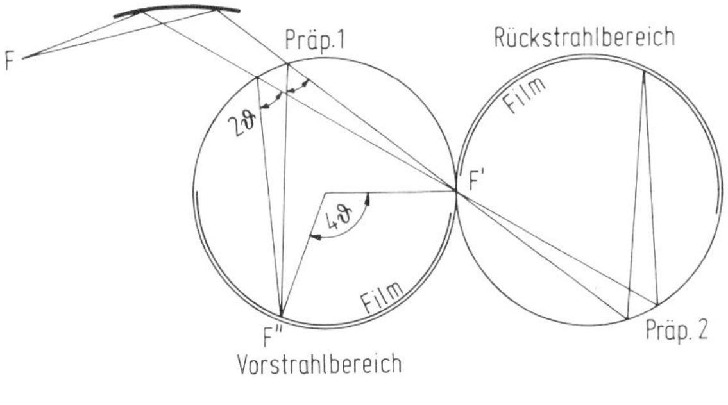

Abb. V,29. Das Prinzip des Guinier-Verfahrens (in asymmetrischer Stellung)

Weissenberg-Methode (1924). Die experimentelle Anordnung entspricht weitgehend der von Drehkristallaufnahmen, nur wird der Film während der Aufnahme synchron mit der Kristalldrehung parallel verschoben. Durch ein besonderes Blendensystem wird erreicht, daß jeweils nur die Reflexe einer Schichtlinie auf den Film gelangen können. Dies ist wichtig für eine eindeutige Indizierung (vgl. Abb. V,30, 31).

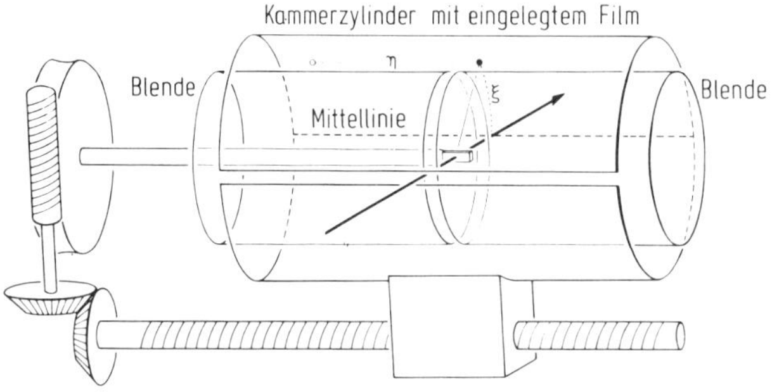

Abb. V,30. Das Prinzip der Weissenberg-Aufnahmen

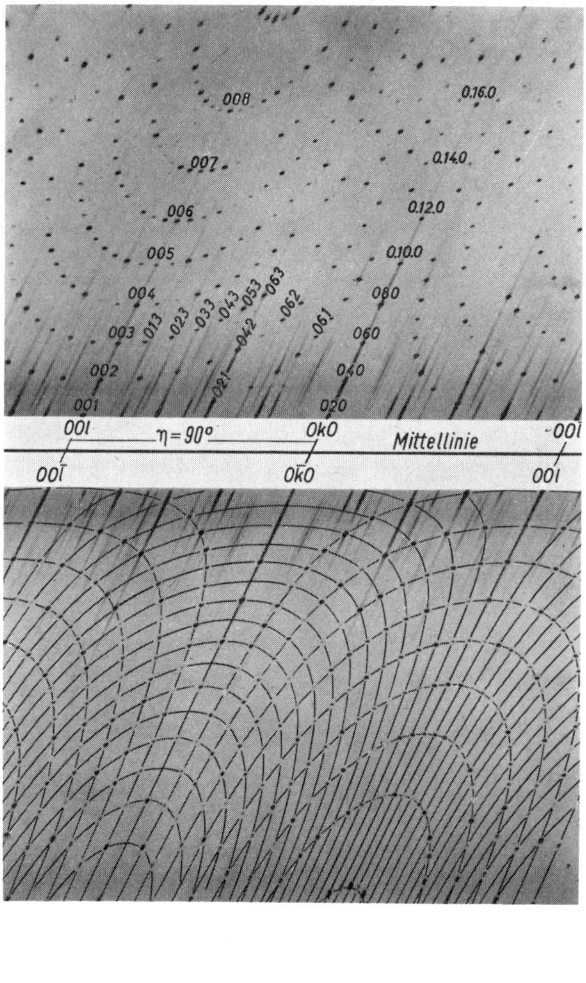

Abb. V,31. Weissenberg-Aufnahme von Harmotom (monoklin) um a[100], Äquator. Im unteren Teil sind die Indizierungskurven, im oberen Teil die Indizes eingezeichnet. Reflexe $0k0$ sind nur mit $k = 2n$, Reflexe $00l$ in allen Ordnungen vorhanden

Precession-Methode (Buerger, 1937/1949). Diese Methode verknüpft das Prinzip der monochromatischen Strahlung und der Ausblendung einer einzigen Schichtlinie durch einen bestimmten Bewegungsmechanismus (Precession-, auch Präzessionsbewegung) von Kristall und Film mit der geometrisch-symmetrischen Anordnung der Laue-Aufnahmen.

Zählrohr-Pulverdiagramme sind den photographierenden Aufnahmen überlegen, erfordern aber einen wesentlich größeren apparativen Aufwand. Zu einer kompletten Anlage gehören außer dem Röntgenapparat das Zählrohr-Goniometer, das Zählrohr, die Zählrohrverstärkeranlage und der Registrierschreiber.

Seit ca. 1960 benutzt man in steigendem Maße automatische, computergesteuerte Einkristalldiffraktometer (abgekürzt AED-Geräte). Sie übernehmen die zeitraubende Arbeit der Intensitätsmessung der Reflexe und deren Registrierung, sowie eventuell notwendige Nachjustierungen während der Messung. Der Goniometerkopf mit dem vorjustierten Kristall, Drehachse [*uvw*], kann mit Hilfe von 3 bzw. 4 unabhängigen, motorbewegten und lochstreifengesteuerten Meßkreisen (Eulerwiege) in jede beliebige Position zum Primärstrahl eingefahren werden, soweit dabei keine mechanische Behinderung eintritt. Die Intensitäten sowie der Strahlungsuntergrund in der Nachbarschaft der Reflexe werden mit einem Szintillationszähler gemessen und zusammen mit der Indizierung *hkl* auf Lochstreifen oder Magnetband für die weitere mathematische Auswertung festgehalten.

Bestimmung der Punktlagen der Atome (Intensitätsberechnung). Die Intensität der Röntgenreflexe ist im wesentlichen einerseits vom charakteristischen Streuvermögen der beteiligten Atome, andererseits von ihrem gegenseitigen Zusammenwirken abhängig. Bezeichnet man das charakteristische Streuvermögen einer Atomart, das in erster Näherung und ohne Berücksichtigung der Richtung proportional der Elektronenzahl ist, als Atomformfaktor (Abb. V,32), dann stellt der Struktur-

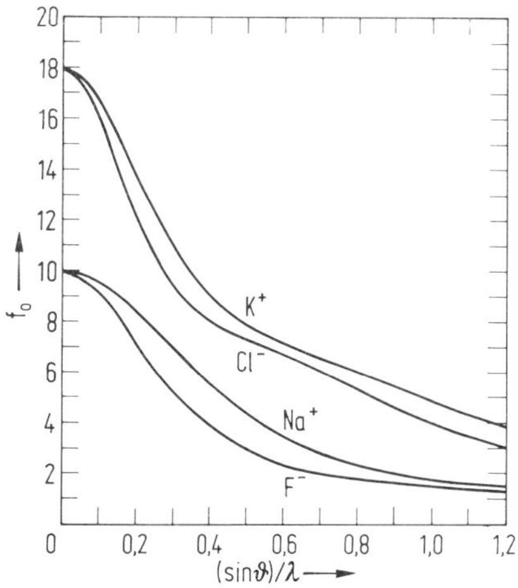

Abb. V,32. Die Kurven der Atomformfaktoren für Na^+, K^+, F^- und Cl^-

faktor das Streuvermögen der ganzen Einheitszelle dar, das durch Summation aller von den einzelnen Atomen gestreuten Wellen entsteht.

Die Addition mehrerer Wellenzüge wird im allgemeinen vektoriell ausgeführt, indem man die den Amplituden entsprechenden Vektoren auf ein rechtwinkliges Koordinatensystem bezieht, in ihre X- und Y-Komponenten (cos- und sin-Glieder) zerlegt und diese addiert (Abb. V,33).

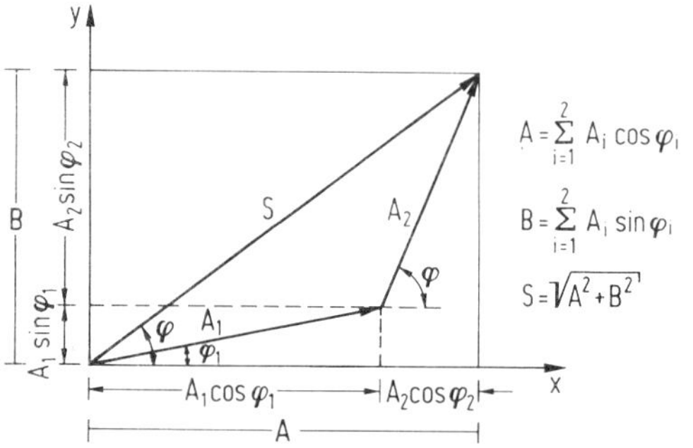

Abb. V,33. Vektorsummation zweier Amplituden A_1 und A_2 durch Zerlegung in cos- und sin-Glieder

Entsprechend den integralen Auslöschungen etc. (siehe oben), bewirkt ein Atom mit den Atomkoordinaten $x\,y\,z$ die Phasendifferenz $2\pi \cdot (h\,x + k\,y + l\,z)$. Berücksichtigt man die vorhandenen n Punktlagen mit den Koordinaten $x_i\,y_i\,z_i$ ($i = 1$ bis n) und ferner die charakteristischen Atomformfaktoren f_i der beteiligten Atomarten, so erhält man als Strukturfaktor

$$F_{hkl} = \sqrt{\sum_i (f_i \cdot A_i)^2 + \sum_i (f_i \cdot B_i)^2},$$

wobei

$$A_i = \sum_i \cos 2\pi(h\,x_i + k\,y_i + l\,z_i),$$

$$B_i = \sum_i \sin 2\pi(h\,x_i + k\,y_i + l\,z_i).$$

Die Intensität ist proportional dem Quadrat der Strukturamplitude, also

$$I_{hkl} \sim |F_{hkl}|^2.$$

In allen Strukturen mit Symmetriezentrum existiert zu einer Punktlage $x\,y\,z$ die äquivalente Punktlage $\bar{x}\,\bar{y}\,\bar{z}$. Für B, die Summe der Sinusglieder, gilt dann in jedem Fall $\sin 2\pi \cdot (h\,x + k\,y + l\,z) = -\sin 2\pi \cdot (h\,\bar{x} + k\,\bar{y} + l\,\bar{z})$; die Sinusglieder von Punkt und Gegenpunkt heben sich auf, $B = 0$.

Außer der prinzipiellen Abhängigkeit der Intensität vom Strukturfaktor sind für die Höhe der Intensität noch eine Reihe weiterer Faktoren verantwortlich, von denen die wichtigsten hier nur kurz erwähnt werden können.

Der Flächenfaktor (m) oder die Flächenhäufigkeitszahl berücksichtigt die symmetriegebundenen Koinzidenzen. So ist z. B. für die 6 Würfelflächen eines kubischen Kristalles im Pulverpräparat die Wahrscheinlichkeit einer reflexionsfähigen Stellung gleich groß, alle haben den gleichen Glanzwinkel und fallen daher in einem Reflex zusammen. Analoges gilt für die den 8 Oktaederflächen entsprechenden Reflexe 111, für die 12 den Rhombendodekaederflächen entsprechenden Reflexe 110 usw. Ohne Vorliegen einer bevorzugten Orientierung ist also bei Pulveraufnahmen die Intensität proportional der Flächenzahl.

Der Lorentzfaktor berücksichtigt das Ansprechvermögen der Netzebenen, wenn die Braggsche Gleichung nicht streng erfüllt ist. Dieser Faktor ist je nach Aufnahmeart verschieden und wesentlich von der Geschwindigkeit abhängig, mit der eine Netzebene die reflexionsfähige Stellung durchläuft.

Der Polarisationsfaktor trägt dem Intensitätsabfall mit zunehmendem ϑ Rechnung. Dieser Intensitätsabfall wird dadurch verursacht, daß die Elektronen der streuenden Atome nur senkrecht zur Strahlrichtung schwingen. Lorentz- und Polarisationsfaktor ergeben für Pulveraufnahmen den Faktor

$$LP = \frac{1 + \cos^2 2\vartheta}{2 \sin^2 \vartheta \cdot \cos \vartheta}.$$

Unter Berücksichtigung dieser Faktoren läßt sich die Intensität eines Reflexes ausdrücken durch

$$I_{hkl} \sim |F_{hkl}|^2 \cdot m \cdot LP.$$

Berechnet man unter Zugrundelegung eines plausiblen Strukturvorschlages, der sowohl die chemischen als auch die gittergeometrischen Voraussetzungen berücksichtigt, für möglichst viele Reflexe die Intensitäten, dann kann man durch Vergleich mit den beobachteten Intensitäten und schrittweise Veränderung der Atomparameter schließlich volle Übereinstimmung der beobachteten und berechneten Werte erreichen. Diese Methode wird als „trial and error"-Methode bezeichnet.

Fourier- und Patterson-Synthesen. Beim Versuch, Möglichkeiten für eine direkte Atomkoordinatenbestimmung aus den beobachteten Intensitäten zu finden, kam es schon frühzeitig zur Entwicklung von Fouriersynthesen. Wir bestimmen dabei nicht die Atomschwerpunkte, sondern die Elektronendichteverteilung $\rho(x, y, z)$ in der Einheitszelle. Da die Atome nach den Prinzipien eines Raumgitters angeordnet sind, ist auch die Elektronendichteverteilung eine periodische Funktion und läßt sich als Fourier-Reihe darstellen.

$$\rho(x, y, z) = \frac{1}{V} \sum_{h=-\infty}^{\infty} \sum_{k=-\infty}^{\infty} \sum_{l=-\infty}^{\infty} |F(h, k, l)| \cos[2\pi(hx + ky + lz) - \alpha(h, k, l)],$$

$\alpha(h, k, l)$ ist die Phase, die nicht experimentell bestimmt werden kann. Bei zentrosymmetrischen Kristallen vereinfacht sich das Problem der Phasenbestimmung zu einer Vorzeichenbestimmung von $F(h, k, l)$, da aus dem Experiment die Intensitäten, also

$|F|^2$, bekannt sind. Man muß also auch hier im allgemeinen von einer Näherungsstruktur ausgehen.

Um $\rho(x, y, z)$ berechnen zu können, muß man für möglichst viele Reflexe die $F(h, k, l)$- und $\alpha(h, k, l)$-Werte bzw. die Vorzeichen bestimmen. Die dreifache Summation liefert dann die gesuchte Elektronendichteverteilung. Um die hierzu notwendige Rechenarbeit zu verringern, berechnet man häufig zweidimensionale Schnitte bzw. Projektionen (vgl. Abb. V,34). Auf die Methoden zur Vorzeichenbestimmung und speziellen Verfahren zur Anwendung, Auswertung und Verfeinerung von Fouriersynthesen kann hier verständlicherweise nicht eingegangen werden.

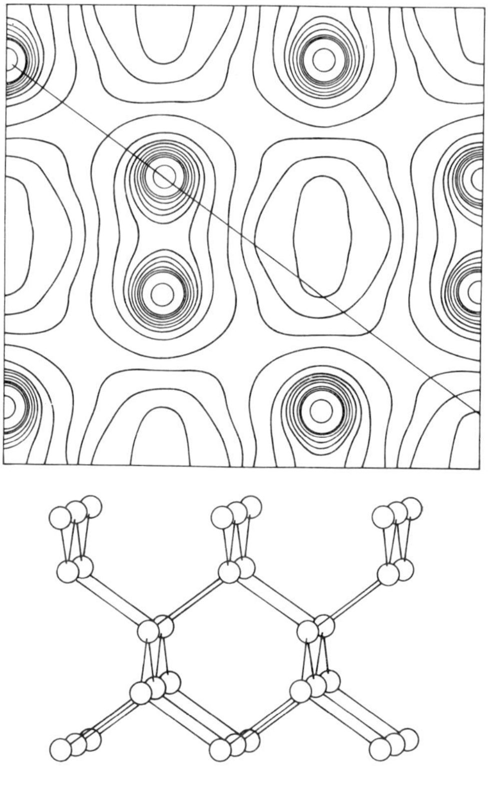

Abb. V,34. Elektronendichteverteilung und Struktur des Diamanten, projiziert längs (110) (Brill und Mitarbeiter)

Um die Schwierigkeiten der Phasen- bzw. Vorzeichenbestimmung zu umgehen, kann man auch direkt aus den $|F|^2$-Werten Fourierreihen entwickeln, die als Pattersonreihen bezeichnet werden. Man sieht dabei die Elektronendichteverteilung um irgendeinen Punkt x als Funktion eines Parameters u an. Für den dreidimensionalen Fall gilt dann

$$P(u, v, w) = \frac{1}{V} \sum_{h=-\infty}^{\infty} \sum_{k=-\infty}^{\infty} \sum_{l=-\infty}^{\infty} |F(h, k, l)|^2 \cos 2\pi(h u + k v + l w).$$

Auch hier werden häufig Projektionen bzw. Schnitte berechnet, für die sich die Rechenarbeit wesentlich vereinfacht. Die Maxima der erhaltenen Diagramme geben nicht die tatsächlichen Atomlagen an, die Diagramme enthalten jedoch alle Atomabstände der Struktur als Vektoren vom Nullpunkt zu einem Patterson-Maximum. Pattersondiagramme haben grundsätzlich ein Symmetriezentrum.

Der Gang einer Strukturbestimmung:

a) Kristallsystem und Kristallklasse sind zunächst mit nichtröntgenographischen Methoden zu bestimmen (Morphologie, Optik, Ätzfiguren, Pyro- und Piezoelektrizität).
Eventuell Bestätigung oder Unterscheidung durch Laue-Aufnahmen.

b) Bestimmung der Gitterkonstanten und Indizierung. Indizes-Statistik. Zugleich Registrierung der relativen Intensitäten der Reflexe.

c) Bestimmung der Raumgruppe mit Hilfe der integralen, zonalen und serialen Auslöschungen.

d) Bestimmung der Zahl der Formeleinheiten pro Einheitszelle.

e) Zahlenmäßiger Vergleich der in der Zelle nach d) enthaltenen Atome (Ionen oder Moleküle) mit den in der Raumgruppe möglichen Punktlagen. Zunächst versucht man, mit Punktlagen ohne Freiheitsgrad auszukommen, wenn nicht, werden Punktlagen mit 1, 2, schließlich mit 3 Freiheitsgraden hinzugezogen.
Berücksichtigung von Atom- und Ionenradien, Koordinationszahlen, Paulingscher elektrostatischer Valenzregel, Gitterbau bei chemisch ähnlichen Stoffen etc.

f) Berechnung der theoretischen Intensitäten für die gefundene (± vorläufige) Atomanordnung und Vergleich mit den beobachteten Intensitäten.
Für Punkte mit Freiheitsgrad schrittweise Veränderung der variablen Parameter und Berechnung „intensitätsempfindlicher" Reflexe („trial and error").

g) Pattersondiagramme unter Verwendung der beobachteten $|F|^2$-Werte. Übertragung der zu entnehmenden Atomabstände in ein Strukturmodell, Bestimmung der Vorzeichen für die F-Werte und Berechnung von Fouriersynthesen.

h) Verfeinerungen der Atomkoordinaten.

Elektronen- und Neutronen-Beugung. Die für die Röntgenbeugung an Kristallen gültigen Laueschen und Braggschen Beziehungen gelten gleicherweise für Materiewellen, sofern zwischen dem Materiestrom und den atomaren Bausteinen des Gitters irgendeine Wechselwirkung besteht. Der Elektronenstrahl tritt auf Grund der Coulombschen Kräfte in Wechselwirkung mit den Elektronen und dem Kern der Atome. Der Neutronenstrahl erleidet dank der magnetischen Momente der Neutronen eine magnetische Wechselwirkung mit den Momenten der Elektronenhüllen und der Kerne (magnetische Dipol-Dipol-Wechselwirkung). Damit ist die Lage der Reflexe im Prinzip die gleiche wie bei der Röntgenbeugung, nicht jedoch deren Intensität.
So ist beispielsweise die Relativintensität der Elektronenstrahl-Reflexe etwa 10^8-mal so groß wie die der Röntgenstrahl-Reflexe, was kurze Belichtungszeiten oder direkte Beobachtung auf dem Leuchtschirm des Elektronenmikroskopes ermöglicht.

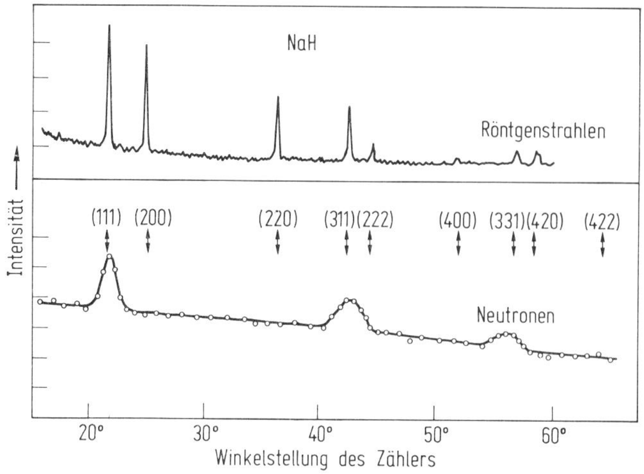

Abb. V,35. Natriumhydrid NaH. Für den Röntgenstrahl (oben) ist das H-Ion „unsichtbar", für den Neutronenstrahl „sichtbar", es zeigt sich der kleine NaH-Abstand bei großem Beugungswinkel (nach Shull und Wollan)

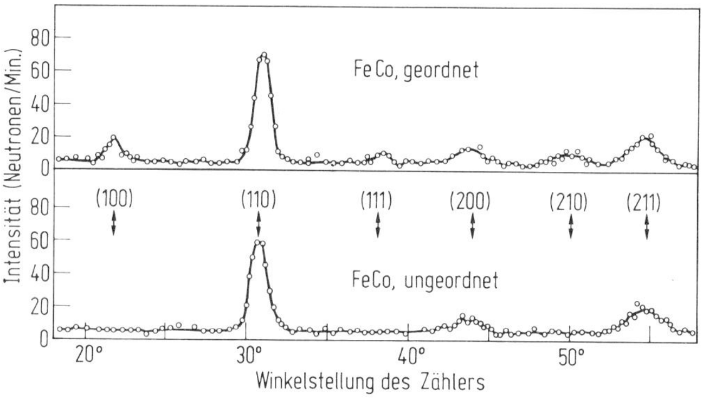

Abb. V,36. Neutronenbeugung an der FeCo-Legierung. -- In geordnetem Zustand entspricht die Struktur dieser Legierung zwei ineinandergestellten kubisch-primitiven Gittern und zeigt keine Auslöschungen; im ungeordneten Zustand ist sie statistisch kubisch-innenzentriert mit Reflexen *hkl* nur mit $h + k + l = 2n$ (Aufnahmen nach Shull und Wollan)

Da die Röntgenbeugung hinsichtlich der Intensitäten auf die Elektronenzahl der Atome anspricht (Atomformfaktor), ist es damit nicht möglich, beispielsweise die Ionen von im Periodensystem benachbarten Elementen oder Isotopen zu unterscheiden, oder die Lage von Wasserstoffionen (= Protonen) festzulegen oder die Lage von leichten Elementen (mit geringer Elektronenzahl) neben schwereren Elementen (mit großer Elektronenzahl) zu bestimmen. Diese Unterscheidung wird durch die Neutronenbeugung möglich. Die Neutronen werden selbst von sehr leichten Kernen, z. B. der Wasserstoffe (Abb. V,35), stark abgelenkt; die Beugung der Neutronen am Kern hängt nach Amplitude und Phase vom Niveauschema des individuellen Kernes ab, so daß selbst die Lage einzelner Isotope und magnetische Strukturen bestimmt werden können. Verwendung findet die Neutronenbeugung auch zur Bestimmung des Ordnungs-Unordnungszustandes von Legierungen, wie FeCo (Abb. V,36), oder von Alumosilikaten, wie $K[AlSi_3O_8]$ usw.

Strukturtypen

α-Polonium (< -76 °C). Kubisch, $O_h^1 - Pm3m$; $a = 3{,}35$ Å; $Z = 1$, Atomkoordinate 000, d. h. es liegt eine primitive kubische Einheitszelle vor (Abb. V,37). Koordinationszahl ist [6], das Koordinationspolyeder ist das Oktaeder. Polonium ist ein kurzlebiges Zerfallsprodukt der Uranreihe; 1000 Tonnen Pechblende enthalten ca. 0,03 g Po. Bei -75 °C ± 15 entsteht rhomboedrisch-pseudokubisches β-Po mit $a_{rh} = 3{,}37$ Å, $\alpha = 98°$ und $Z = 1$.

α-Eisen. Kubisch, $O_h^9 - Im3m$; $a = 2{,}867$ Å; $Z = 2$, mit den Atomkoordinaten 000 und $\frac{1}{2}\frac{1}{2}\frac{1}{2}$, entsprechend innenzentrierter kubischer Einheitszelle (Abb. V,38). Koordinationszahl ist [8], Koordinationspolyeder ist der Würfel. Bevorzugte Translationsebene ist (101), Translationsrichtung $[11\bar{1}]$. Es sind nahezu 30 Beispiele von chemischen Elementen bekannt, die in diesem Strukturtypus kristallisieren, z. B. Wolfram.

Kupfer. Kubisch, $O_h^5 - Fm3m$; $a = 3{,}615$ Å; $Z = 4$, mit den Atomkoordinaten 000, $\frac{1}{2}\frac{1}{2}0$, $\frac{1}{2}0\frac{1}{2}$, $0\frac{1}{2}\frac{1}{2}$, entsprechend flächenzentrierter kubischer Einheitszelle (Abb. V,39). Kubisch dichteste Kugelpackung, Koordinationszahl [12], Koordinationspolyeder ist das Kubooktaeder. Die morphologisch wichtigste Form, das Oktaeder, wird von Ebenen mit dichtester Packung der Atome begrenzt; die Kristalle sind häufig nach einer Oktaederfläche blechförmig oder nach einer Oktaederkante strähnig entwickelt. Bei Zwillingen nach (111) wird entlang der Zwillingsebene für eine einzelne Atomebene das Koordinationspolyeder ein „Disheptaeder" wie im Zinktypus. Bevorzugte Translationsebene ist (111), Translationsrichtung $[1\bar{1}0]$. Es sind ca. 30 Beispiele von chemischen Elementen bekannt, die in diesem Strukturtypus kristallisieren.

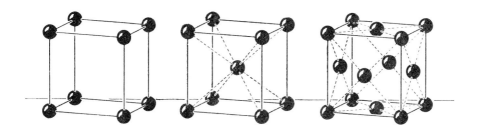

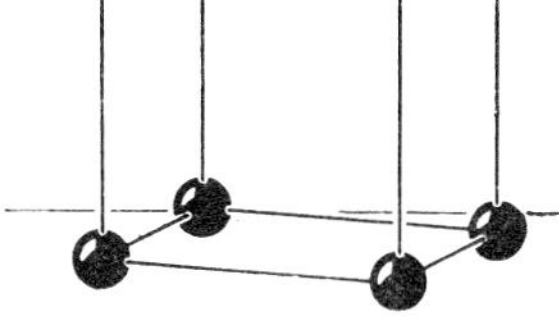

Abb. V,37. α-Polonium

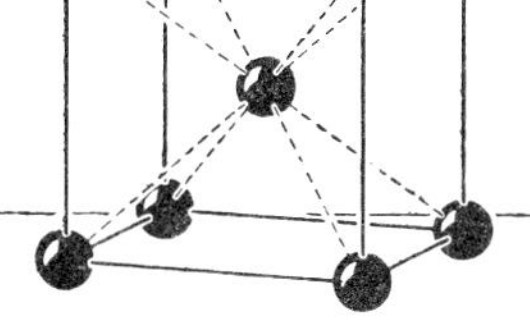

Abb. V,38. α-Eisen, Wolfram

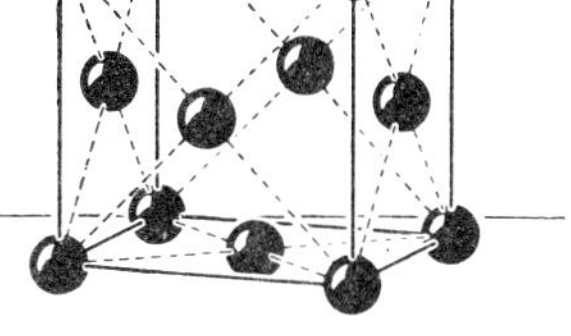

Abb. V,39. Kupfer

Zink. Hexagonal, D_{6h}^4 - $P\,6_3/mmc$; a = 2,665, c = 4,947 Å; $a : c$ = 1 : 1,856; Z = 2, mit den Atomkoordinaten 000, $\frac{121}{332}$ (Abb. V,40). Es liegt eine hexagonal dichteste Kugelpackung vor, in der jedes Atom von 12 Nachbaratomen in Form eines Disheptaeders umgeben ist. Gleiche Struktur besitzen ca. 30 weitere Metalle, einige nur bei hohen oder sehr tiefen Temperaturen, auch Helium und Wasserstoff. He (bei - 271,5 °C) besitzt a = 3,57, c = 5,83 Å, mit $a : c$ = 1 : 1,633 entsprechend einer Packung idealer Kugeln, während Zink von allen bekannten Beispielen am stärksten nach c gestreckt, Os mit 1 : 1,576 am stärksten kontrahiert ist. Kovalente Bindungsanteile und darin begründete Kontraktion innerhalb der hexagonalen Schichten mögen bei Zink dafür verantwortlich sein. Translationsebene ist (0001), Translationsrichtung [11$\bar{2}$0].

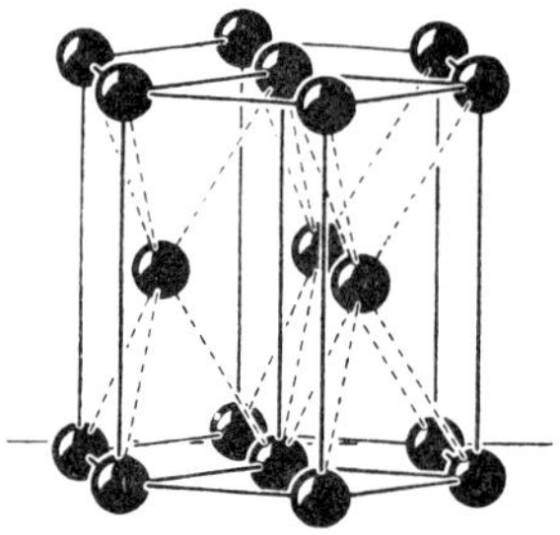

Abb. V,40. Zink

Graphit. Es gibt zwei Strukturvarianten, Graphit-2 H und Graphit-3 R, die sich in der Stapelung 121212 bzw. 123123 unterscheiden.

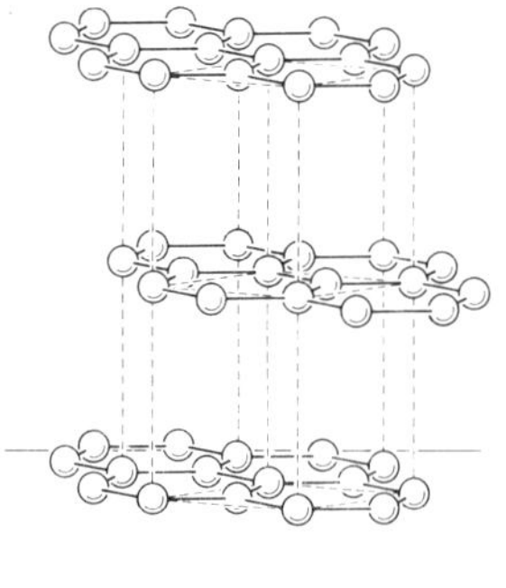

Abb. V,41. Graphit (- 2 H)

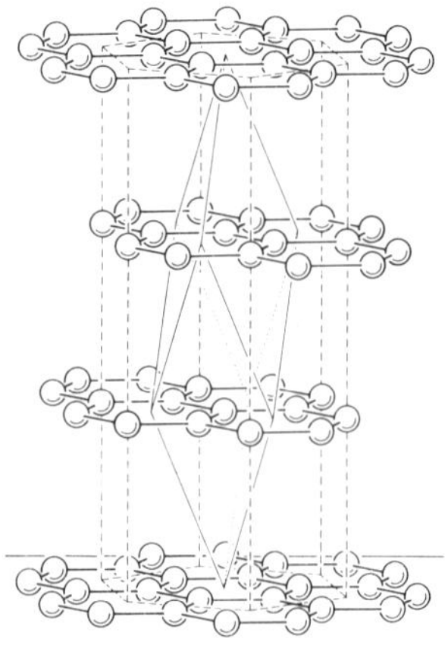

Graphit (- 3 R)

Graphit-2 *H*. Hexagonal, $D_{6h}^4 - P\,6_3/mmc$; $a = 2{,}46$, $c = 6{,}70$ Å; $Z = 4$, mit *C* in den Punktlagen 000, $\frac{1}{3}\frac{2}{3}$ 0, 00 $\frac{1}{2}$, $\frac{2}{3}\frac{1}{3}\frac{1}{2}$ (Abb. V,41 links).

Graphit-3 *R*. Rhomboedrisch, $D_{3d}^5 - R\,\bar{3}m$; $a = 2{,}46$, $c = 10{,}04$ Å; $Z = 6$, mit *C* in den Punktlagen 000, $\frac{1}{3}\frac{2}{3}$ 0, 00 $\frac{1}{3}$, $\frac{2}{3}\frac{1}{3}\frac{1}{3}$, $\frac{1}{3}\frac{2}{3}\frac{2}{3}$, $\frac{2}{3}\frac{1}{3}\frac{2}{3}$ (Abb. V,41 rechts).

In beiden Strukturen ist jedes *C*-Atom innerhalb der gleichen Schicht mit 3 Nachbar-*C* im Abstand 1,42 Å koordiniert; der Abstand zu einem vierten *C* in der nächsten Schicht beträgt 3,40 Å. Innerhalb der Schicht bestehen starke, vorzugsweise kovalente Bindungen, zu den Nachbarschichten schwache metallische Bindungen. Die Folge davon sind die nach (0001) blättrige morphologische Entwicklung und die gute basale Translationsfähigkeit und Spaltbarkeit der Graphitkristalle, ferner das halbmetallische Verhalten hinsichtlich Glanz und elektrischer Leitfähigkeit, schließlich die Wärmeleitfähigkeit entsprechend einem flachen Rotationsellipsoid mit $a : c = 4{,}0 : 1$.

Steinsalz. Kubisch, $O_h^5 - F\,m3m$; $a = 5{,}64$ Å; $Z = 4$; Na^+ in 000, 0 $\frac{1}{2}\frac{1}{2}$, $\frac{1}{2}$ 0 $\frac{1}{2}$, $\frac{1}{2}\frac{1}{2}$ 0, Cl^- in 00 $\frac{1}{2}$, 0 $\frac{1}{2}$ 0, $\frac{1}{2}$ 00, $\frac{1}{2}\frac{1}{2}\frac{1}{2}$ (Abb. V,42). Na^+ hat gegenüber Cl^- die Koordinationszahl [6], Cl^- hat gegenüber Na^+ gleichfalls die Koordinationszahl [6], die Koordinationspolyeder sind Oktaeder. Die Struktur kann man auch beschreiben als zwei flächenzentrierte Gitter je einer Ionenart, die mit einer Verschiebung von $\frac{1}{2}a$ ineinandergestellt sind. In diesem Typus kristallisieren mehr als 200 Verbindungen, darunter viele Halogenide, Oxide, Sulfide, Selenide, Telluride, auch Nitride und Carbide. Die häufigste morphologische Form ist der Würfel, der von dichtesten Netzebenen begrenzt wird, weniger häufig sind Oktaeder und Rhombendodekaeder. Härte, Spaltbarkeit etc. entsprechen Wertigkeit, Bindungsart und Radiensumme der atomaren Teilchen.

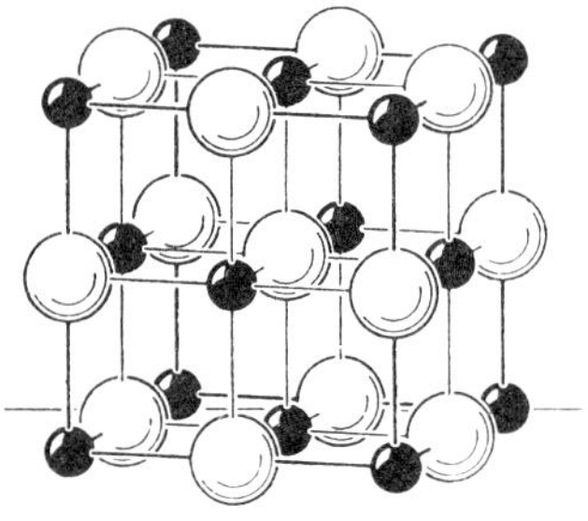

Abb. V,42. Steinsalz

Zinksulfid. Unter Hinweis auf Graphit sei hier nachgetragen, daß bei ca. 80 kbar eine sp^3-Hybridisierung der Valenzelektronen des *C*-Atoms erfolgt und Diamant mit tetraedrisch orientierter Elektronenpaar-Bindung entsteht. Diamant hat kubische Symmetrie, bei Schockwellensynthese entsteht auch Diamant-2 *H* mit hexagonaler Symmetrie. Beide Phasen sind aus einem kontinuierlichen Gerüst von CC_4-Tetraedern aufgebaut. Trotz der hohen Dichte und sonstigen extremen physikalischen Eigenschaften ist die Struktur lückenhaft, d. h. die Hälfte der Tetraederzentren ($\frac{111}{444}$ etc.) sind nicht besetzt und damit besteht die Möglichkeit, insbesondere bei den verwandten Zinksulfiden Zinkblende und Wurtzit additive Teilchen in diese Lücken aufzunehmen. Gleiche Struktur wie Diamant besitzen Si, Ge und graues Sn, mit verminderter Symmetrie auch die 3,5-, 2,6- und 1,7-Halbleiter. Zu diesen Strukturen gehören Zinkblende und Wurtzit.

Zinkblende. Kubisch, $T_d^2 - F\bar{4}3m$; $a = 5{,}41$ Å; $Z = 4$; Zn in 000, $\frac{11}{22}0$, $\frac{1}{2}0\frac{1}{2}$, $0\frac{11}{22}$, S in $\frac{131}{444}$, $\frac{311}{444}$, $\frac{113}{444}$, $\frac{333}{444}$ (Abb. V,43). Die Struktur entspricht dem Diamanttypus mit geordnetem Ersatz von 2 C durch Zn + S. Jedes Zn ist tetraedrisch von 4 S umgeben, jedes S tetraedrisch von 4 Zn, alle Tetraeder sind in Richtung [111] polar orientiert. Häufigste Wachstumsformen sind Tetraeder und Rhombendodekaeder, beste Spaltbarkeit erfolgt nach (110). Gleiche Struktur besitzen AlP, AlAs, GaP, GaAs, GaSb, InAs etc., bei hohem Druck auch Borazon BN.

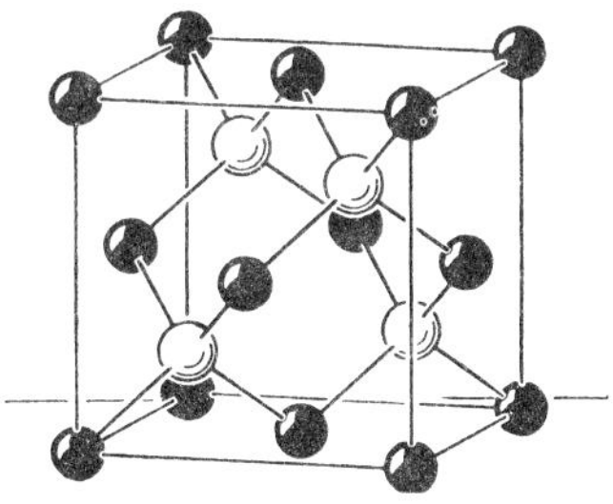

Abb. V,43. Zinkblende ZnS (kub.)

Wurtzit. Hexagonal, $C_{6v}^4 - P\,6_3mc$; $a = 3{,}81$, $c = 6{,}23$ Å, $a : c = 1 : 1{,}636$; $Z = 2$; Zn in $\frac{21}{33}z$; $0, 0, z + \frac{1}{2}$ mit $z \approx \frac{1}{8}$, S in 000, $\frac{211}{332}$ (Abb. V,44). Zn ist tetraedrisch von 4 Zn umgeben, alle Tetraeder sind in Richtung der c-Achse polar orientiert, was z. B. polare hexagonale Wachstumsformen und piezoelektrischen Effekt ermöglicht. Isotyp mit Wurtzit sind Carborund SiC, Greenockit β-CdS, Cadmoselit β-CdSe, Bromellit BeO, Zinkit ZnO, Iodargyrit AgI u. a.

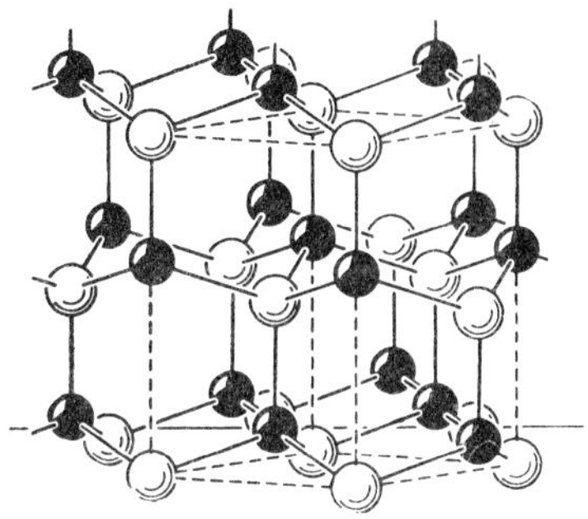

Abb. V,44. Wurtzit ZnS (hex.)

Außer der normalen Wurtzit-Struktur (Wurtzit-2 *H*) mit $c = 6{,}23$ gibt es noch eine ganze Reihe polytyper Strukturvarianten, die sich durch die Schichtenfolge unterscheiden, man kennt bei hexagonaler Schichtenfolge Wurtzit-4 *H* mit $c = 12{,}46$, - 6 *H* mit $c = 18{,}73$, - 8 *H* mit $c = 24{,}96$ und - 10 *H* mit $c = 31{,}20$ Å, bei rhomboedrischer Schichtenfolge - 9 *R* mit $c = 28.08$, - 12 *R* mit $c = 37{,}44$, - 15 *R* mit $c = 46{,}88$, - 21 *R* mit $c = 65{,}52$ Å.

Zinkblende und Wurtzit besitzen kovalente Bindung. Da tetraedrische Koordination vorliegt und für jede Bindung 2 Valenzelektronen (1 Elektronenpaar) notwendig sind, müssen insgesamt 8 Valenzelektronen zur Verfügung stehen, wobei es nach Grimm und Sommerfeld nicht notwendig ist, daß diese von den Bindungspartnern zu gleichen Teilen geliefert werden. Abgesehen von den vierwertigen Elementen C, Si, Ge, Sn mit Diamantstruktur, sind daher bevorzugt solche Paare *A B* zur Bildung eines Zinkblende- oder Wurtzitgitters befähigt, deren Wertigkeitssumme 8 ergibt. Ihre Bedeutung als Halbleiter etc. wird an anderer Stelle dieses Buches besprochen.

Literatur

zum V. Kapitel, Abschnitt 1a (Struktur der Kristalle);

Azároff, L. V.: Introduction to Solids, McGraw-Hill Book Company, Inc., New York–Toronto–London, 1960

Buerger, M. J.: Contemporary Crystallography, McGraw-Hill Book Company New York–Düsseldorf–London, 1970

Buerger, M. J.: Elementary Crystallography, J. Wiley & Sons, Inc., New York Chapmann & Hall, Ltd., London, 1956

Buerger, M. J.: X-Ray Crystallography, J. Wiley & Sons, Inc., New York Chapman & Hall. Ltd. London, 1949

Buerger, M. J.: Crystal-Structure Analysis, J. Wiley & Sons, Inc., London, 1960

Buerger, M. J.: The Precession Method in X-Ray Crystallography, J. Wiley & Sons, Inc., New York–London–Sydney 1964

Buerger, M. J.: Vector Space and its Application in Crystal-structure Investigation, Wiley & Sons, Inc., New York Chapman & Hall, Ltd., London, 1959

Bradley, C. J. and A. P. Cracknell: The Mathematical Theory of Symmetry in Solids, Clarendon Press Oxford, 1972

Donnay, J. D. H. and H. M. Ondik: Crystal Data (Determinative Tables) Secretary of Commerce on behalf of the United States Government 1973 (Library of Congress Catalog Card Number: 77–187758)

International Tables for X-ray Crystallography, The Kynoch Press Birmingham,
Vol. I Symmetry Groups 1952
Vol. II Mathematical Tables 1959
Vol. III Physical and Chemical Tables 1962

Ramdohr, P. und H. Strunz: Klockmanns Lehrbuch der Mineralogie (Kristallkunde, Mineralkunde), 16. Auflage, Enke Verlag Stuttgart, 1976

Strunz, H.: Mineralogische Tabellen, 5. Auflage, Akademische Verlagsgesellschaft Leipzig, 1970

Strunz, H. and Ch. Tennyson: Strunz' Mineral Tables, 6. Auflage, Akademische Verlagsgesellschaft und Springer-Verlag, 1976

Strukturberichte, Band 1–7, Akademische Verlagsgesellschaft Leipzig (1913–1939)

Structure Reports, Vol. 8 bis ca 30, N. V. A. Oosthoeks Uitgevers Mij Utrecht, seit 1956

Wyckoff, W. G.: Crystal Structures, Vol. I–VI, Interscience Publishers, Inc., New York, seit 1960

b) Gitterschwingungen

(Udo Scherz, Berlin)

1. Einleitung

Die vorher betrachtete regelmäßige, periodische Anordnung der Atome im Kristall gilt streng genommen nur bei der absoluten Temperatur $T = 0$ K. Bei allen erreichbaren Temperaturen besteht die Wärmebewegung darin, daß die einzelnen Atome Schwingungen um ihre Ruhelagen ausführen. Während sich die Wärmebewegung der Moleküle bei Gasen einfach aus einer Translation und einer Rotation zusammensetzt, kann die Schwingung eines Kristallatoms sehr kompliziert sein. Trotzdem lassen sich die Gitterschwingungen in einfacher Weise beschreiben, und auch relativ gut messen. Selbst bei sehr tiefen Temperaturen haben die Gitterschwingungen einen entscheidenden Einfluß auf die physikalischen Eigenschaften der Kristalle. Die Wechselwirkung mit den Kristallelektronen kann man mit einfachen Stoßgesetzen beschreiben, wobei fiktive Gitterschwingungsteilchen – die **Phononen** – mit den Kristallelektronen zusammenstoßen. Das gleiche gilt für die Wechselwirkung der Gitterschwingungen mit Lichtquanten (Photonen). Schließlich können die Phononen auch noch untereinander in Wechselwirkung treten, also Stöße miteinander ausführen.

Die betrachteten Kristalle mögen aus einer periodischen Aneinanderreihung der **Elementarzelle** bestehen, die von den drei Vektoren $\boldsymbol{a}_1, \boldsymbol{a}_2, \boldsymbol{a}_3$ aufgespannt wird. In einer Elementarzelle können ein oder mehrere verschiedene Atome sein. Sind t_1, t_2 und t_3 ganze Zahlen, so bezeichnet man den Vektor $\boldsymbol{t} = t_1\boldsymbol{a}_1 + t_2\boldsymbol{a}_2 + t_3\boldsymbol{a}_3$ als einen **Gittervektor**. Die **Periodizitätsbedingung** lautet dann für eine beliebige Eigenschaft f des Kristalles $f(\boldsymbol{r} + \boldsymbol{t}) = f(\boldsymbol{r})$. Dabei wird der Kristall stets als unendlich ausgedehnt angenommen. Da die drei **Basisvektoren der Elementarzelle** $\boldsymbol{a}_1, \boldsymbol{a}_2, \boldsymbol{a}_3$ i. A. nicht aufeinander senkrecht stehen und auch nicht gleich lang sind, führt man zur Vereinfachung der Rechnungen die **Basis des reziproken Gitters** $\boldsymbol{b}_1, \boldsymbol{b}_2, \boldsymbol{b}_3$ durch die Definition

$$\boldsymbol{b}_i = \frac{2\pi}{\Omega}\, \boldsymbol{a}_j \times \boldsymbol{a}_k \qquad \text{mit } i,j,k \text{ zyklisch} \tag{V,1}$$

ein, wobei $\Omega = \boldsymbol{a}_1 \cdot (\boldsymbol{a}_2 \times \boldsymbol{a}_3)$ das Volumen der Elementarzelle bezeichnet. Dann gilt $\boldsymbol{a}_i \cdot \boldsymbol{b}_j = 2\pi\delta_{ij}$. Sind jetzt n_1, n_2 und n_3 ganze Zahlen, so bezeichnet man den Vektor $\boldsymbol{n} = n_1\boldsymbol{b}_1 + n_2\boldsymbol{b}_2 + n_3\boldsymbol{b}_3$ als einen **Vektor des reziproken Gitters**. Es gilt dann $\boldsymbol{t} \cdot \boldsymbol{n} = 2\pi g$; wobei g wiederum eine ganze Zahl bezeichnet.

Die Schwingungsamplituden der Atome sind nur sehr klein und es handelt sich daher um **harmonische Schwingungen**, solange nicht Temperaturen in der Nähe des Schmelzpunktes betrachtet werden. Dies gilt allerdings nicht für die festen Edelgase, die

Quantenkristalle, bei denen schon die Nullpunktsbewegung so groß ist, daß die Schwingungen nicht mehr harmonisch sind. Den Kristall denkt man sich dann aus punktförmigen Atomen zusammengesetzt, die durch kleine Federn mit ihren Nachbarn verbunden sind. In diesem Modell kann sich die Schwingung eines Atoms über die Kopplungsfedern auf den ganzen Kristall ausdehnen und man hat es mit einem System aus sehr vielen gekoppelten harmonischen Oszillatoren zu tun. Die typischen Eigenschaften eines solchen Systems erkennt man am einfachsten am Beispiel einer zweiatomigen linearen Kette, also an einem eindimensionalen Kristallmodell, das jetzt etwas genauer betrachtet werden soll.

2. Zweiatomige lineare Kette

Die lineare Kette möge aus zwei verschiedenen Atomsorten der Massen M_1 und M_2 bestehen, deren Ruhelagen auf der x-Achse der Abb. V,45 den Abstand d haben. Der Kristall ist dann mit der Gitterkonstanten $a = 2d$ periodisch. Ist $x_{2\nu}$ die Auslenkung eines Atoms der Masse M_1 am Ort $2\nu d$ und $x_{2\nu+1}$ die Auslenkung eines Atoms der Masse M_2 am Ort $(2\nu + 1)d$ wie in der Abb. V,46 angegeben, so ist

$$\begin{aligned} M_1\,\ddot{x}_{2\nu} &= -C\,[(x_{2\nu} - x_{2\nu-1}) - (x_{2\nu+1} - x_{2\nu})] \\ &= -C\,[2\,x_{2\nu} - x_{2\nu-1} - x_{2\nu+1}] \\ M_2\,\ddot{x}_{2\nu+1} &= -C\,[2\,x_{2\nu+1} - x_{2\nu} - x_{2\nu+2}] \end{aligned} \qquad \text{(V,2)}$$

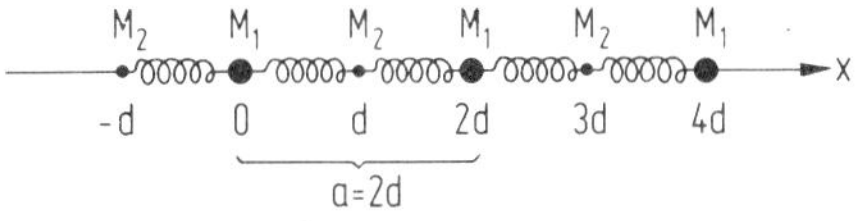

Abb. V,45. Eindimensionales Kristallmodell.

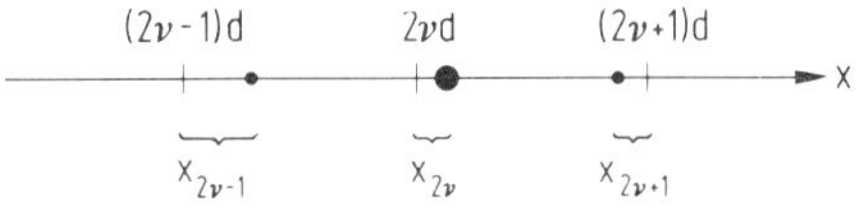

Abb. V,46. Auslenkungen der Atome.

wobei C die Direktionskraft der Kopplungsfeder bezeichnet. Dieses gekoppelte Differentialgleichungssystem wird am einfachsten mit einem Ansatz **ebener Wellen** gelöst:

$$x_{2\nu} = A_1\, e^{i(2\nu q d - \omega t)}\,, \quad x_{2\nu+1} = A_2\, e^{i(2\nu q d - \omega t)}\,, \qquad \text{(V,3)}$$

wobei ω die Frequenz und A_1, A_2 die Amplituden der ebenen Wellen sind. q bedeutet die Wellenzahl, die mit der Wellenlänge λ durch $q = 2\pi/\lambda$ verknüpft ist. Setzt man diesen Ansatz in Gl. V,2 ein, so erhält man ein lineares homogenes Gleichungssystem für die Amplituden A_1 und A_2:

$$M_1 \omega^2 A_1 = 2 C A_1 - 2 C A_2 e^{-iqd} \cos qd \qquad (V,4)$$
$$M_2 \omega^2 A_2 = 2 C A_2 - 2 C A_1 e^{iqd} \cos qd$$

Daraus erhält man die Bedingung

$$\begin{vmatrix} M_1 \omega^2 - 2C & 2C e^{-iqd} \cos qd \\ 2C e^{iqd} \cos qd & M_2 \omega^2 - 2C \end{vmatrix} = 0 \qquad (V,5)$$

die eine Dispersionsgleichung also eine Beziehung zwischen der Frequenz ω und der Wellenzahl q darstellt. Die Ausrechnung der Determinante liefert zu jedem q zwei verschiedene Kreisfrequenzen ω_+, ω_-

$$\omega_\pm^2 (q) = \frac{C (M_1 + M_2)}{M_1 M_2} \left[1 \pm \sqrt{1 - \frac{4 M_1 M_2}{(M_1 + M_2)^2} \sin^2 qd} \right]$$

die zu zwei verschiedenen Schwingungsformen gehören. Beide Zweige der **Dispersionskurven** sind in der Abb. V,47 schematisch eingezeichnet. Der obere **optische Zweig** verläuft recht flach, und die optische Schwingungsfrequenz hängt nur wenig von q ab, so

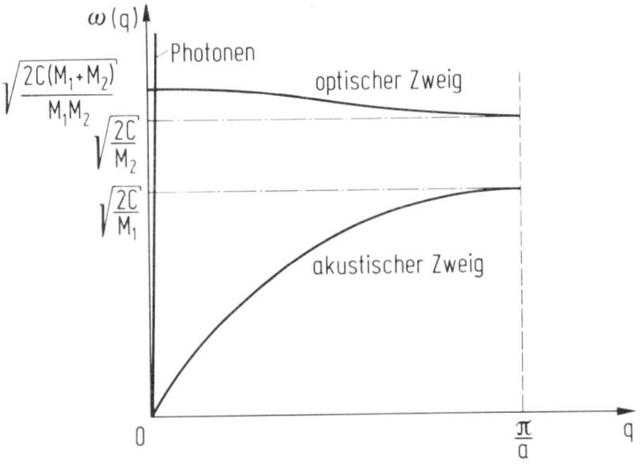

Abb. V,47. Dispersion der Gitterschwingungen für $M_1 > M_2$.

daß sie für viele Zwecke durch ihren Wet bei $q = 0$ ersetzt werden kann, der zugleich die höchste mögliche Frequenz ist. Der **akustische Zweig** hat dagegen an der Stelle $q = 0$ die Frequenz $\omega = 0$. Zur Veranschaulichung des Unterschiedes zwischen der optischen und akustischen Schwingungsform sei das Amplitudenverhältnis benachbarter Atome betrachtet. Es ergibt sich aus Gl. V,4 zu

$$\frac{A_1}{A_2} = - \frac{2 C e^{-iqd} \cos qd}{M_1 \omega^2 - 2 C}$$

und wird für große Wellenlängen – also $q \approx 0$ – bei optischen Schwingungen negativ und bei akustischen Schwingungen positiv. Benachbarte Gitteratome sind also in der akustischen Schwingungsform in der gleichen Richtung ausgelenkt, in der optischen Schwingungsform schwingen sie aber gegeneinander. In der Abb. V,48 sind die Auslenkungen der Atome zu einer festen Zeit schematisch dargestellt. Man erkennt daraus, daß die akustische Schwingung die Form einer Schallwelle hat, wie sie sich in einem beliebigen Medium ausbreitet. Die optische Schwingungsform ist jedoch in einem kontinuierlichen Medium nicht möglich. Bei der optischen Schwingungsform entstehen durch die Gegeneinanderbewegung benachbarter Gitterteilchen starke elektrische Dipole, wodurch

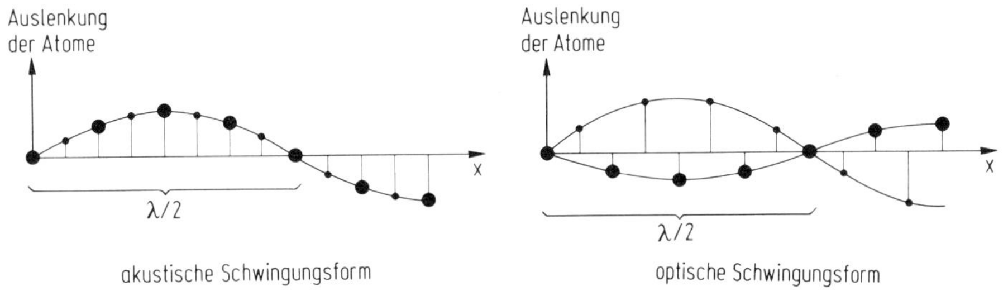

Abb. V,48. Mögliche Gitterschwingungsformen der linearen Kette.

eine besonders große Wechselwirkung mit elektromagnetischen Wellen (Licht) gegeben ist. Daher der Name: optische Schwingung im Gegensatz zur akustischen Schwingung, die eine Schallschwingung darstellt.

Für große Wellenlängen λ, also kleine $q = 2\pi/\lambda$, geht das **Dispersionsgesetz** des akustischen Zweiges in das der Schallwellen $\omega = \mathrm{v}q = \mathrm{v}\,\frac{2\pi}{\lambda}$ (v = Schallgeschwindigkeit) über

$$\omega_{\text{akustisch}}(q) \approx \sqrt{\frac{2C}{M_1 + M_2}}\, q d \quad \text{also} \quad \mathrm{v} = d\sqrt{\frac{2C}{M_1 + M_2}} \qquad (\text{V},6)$$

so daß man durch Messung der Schallgeschwindigkeit die Federkonstante C bestimmen kann. Andererseits hängt C auch mit dem Elastizitätsmodul E zusammen: Die Ausbreitungsgeschwindigkeit longitudinaler Schallwellen in einem homogenen Medium ist $\mathrm{v} = \sqrt{E/\rho}$ und die Dichte ρ ergibt sich bei einem kubisch primitiven Gitter aus zwei Atomsorten zu $\rho = 4\,(M_1 + M_2)/a^3$. Daraus erhält man dann:

$$\mathrm{v} = d\sqrt{\frac{2C}{M_1 + M_2}} = \frac{a}{2}\sqrt{\frac{aE}{M_1 + M_2}} \quad \text{oder} \quad C = dE\,.$$

In der Abb. V,47 sind die Dispersionskurven nur bis $q = \pi/a$ eingezeichnet, denn für größere q wiederholen sie sich periodisch. Zunächst entnimmt man aus Gl. V,5, daß für die Dispersionskurven $\omega(-q) = \omega(q)$ gelten muß, denn der Übergang $q \to -q$ bedeutet den Übergang zur konjugiert komplexen Gleichung, die dieselben reellen Wurzeln hat.

Ersetzt man andererseits im Ansatz Gl. V,3 q durch $q + \frac{2\pi}{a} n$ wo n eine beliebige ganze Zahl ist, so verändert sich der Ansatz nicht:

$$A_1 \, e^{i[2\nu (q + \frac{2\pi}{a} n) d - \omega t]} = A_1 \, e^{i(2\nu q d - \omega t)} \; e^{i 2\pi\nu n} = A_1 \, e^{i(2\nu q d - \omega t)}$$

Die Dispersionskurven sind also mit der Periode $\frac{2\pi}{a}$ periodisch und es genügt den in der Abb. V,47 eingezeichneten Teil zu betrachten. Das Intervall $-\pi/a < q \leqslant \pi/a$ bezeichnet man als den **reduzierten Bereich**.

In derselben Abb. V,47 ist zusätzlich das Dispersionsgesetz für Photonen $\omega = c\,q$ (c = Lichtgeschwindigkeit) eingezeichnet. Die Gerade verläuft sehr steil, dicht an der ω-Achse, denn die Lichtgeschwindigkeit ist sehr viel größer als die Schallgeschwindigkeit, die die Steigung der Tangente des akustischen Zweiges bei $q = 0$ ist.

3. Dispersionskurven der Kristalle

Bei realen Kristallen hängt die Zahl der Dispersionskurven von der Zahl der Atome ab, die sich in der Elementarzelle befinden. Sind allgemein s Teilchen in der Elementarzelle, so bestehen die Dispersionskurven aus drei akustischen und $3s - 3$ optischen Zweigen. Bei der akustischen Schwingungsform gibt es eine **longitudinal akustische Schwingung** LA und zwei verschiedene **transversal akustische Schwingungen** TA_1 und TA_2. Entsprechend unterscheidet man auch bei den optischen Schwingungen **longitudinal optische Schwingungen** LO und **transversal optische Schwingungen** TO_1 und TO_2. Die Abb. V,49

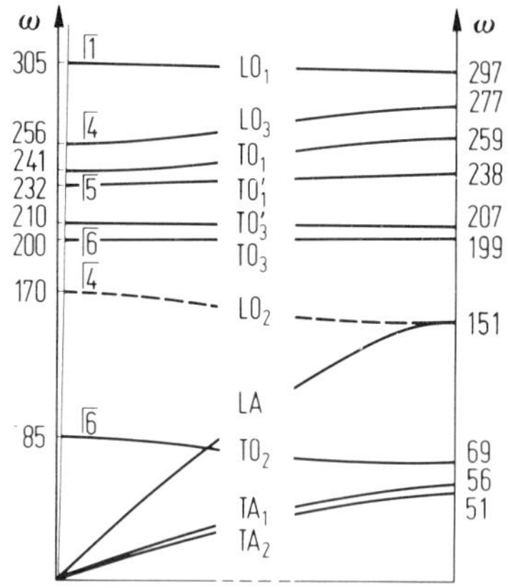

Abb. V,49. Dispersionskurven von CdS-Kristallen nach Balkanski [1].

zeigt als Beispiel die Dispersionskurven eines CdS-Kristalles, dessen Elementarzelle aus 2 Cd- und 2 S-Atomen besteht, und der deshalb 3 akustische und 9 optische Dispersionszweige besitzt, von denen ein Zweig in der Abbildung nicht enthalten ist. Diamanten haben zwei Kohlenstoffatome in der Elementarzelle und demgemäß 3 akustische und 3 optische Dispersionszweige, während z.B. Al-Einkristalle nur 3 akustische Dispersionszweige besitzen, vergl. Abb. V,60.

Wird die Elementarzelle von den drei Vektoren $\boldsymbol{a}_1, \boldsymbol{a}_2, \boldsymbol{a}_3$ aufgespannt, so ist der dreidimensionale reduzierte Bereich definiert durch

$$-\pi < \boldsymbol{q} \cdot \boldsymbol{a}_i \leqslant \pi \,, \quad i = 1,2,3$$

und $\boldsymbol{q}$ ist jetzt der **Wellenvektor**, der die Ausbreitungsrichtung der Welle anzeigt und dessen Betrag die Wellenlänge λ mißt: $|\boldsymbol{q}| = 2\pi/\lambda$. Anstelle des reduzierten Bereiches wird oft auch die **Brillouin-Zone** verwendet, die das gleiche Volumen besitzt. Die Gitterschwingungen sind allgemein durch Angabe der einzelnen Dispersionszweige $\omega_j(\boldsymbol{q})$ charakterisiert, wobei $\boldsymbol{q}$ alle Werte im reduzierten Bereich annehmen kann und j die einzelnen Zweige unterscheidet. Die Phasengeschwindigkeit $\omega_j(\boldsymbol{q})/|\boldsymbol{q}|$ und die Gruppengeschwindigkeit $d\omega_j(\boldsymbol{q})/d\boldsymbol{q}$ sind für die einzelnen Dispersionszweige verschieden. Bei den akustischen Zweigen sind beide bei sehr großen Wellenlängen gleich der Schallgeschwindigkeit, die wiederum für longitudinal akustische Schwingungen und für die beiden transversal akustischen Schwingungen verschieden sein kann.

In den bisherigen Überlegungen war stets die Voraussetzung enthalten, daß der Kristall unendlich ausgedehnt ist, denn ein realer endlicher Kristall erfüllt ja wegen seiner Oberflächen nicht die Periodizitätsbedingung. Bei endlichen Kristallen wird die Periodizitätsbedingung dadurch eingehalten, daß man periodische Randbedingungen einführt, indem man sich den ganzen Kristall periodisch bis ins Unendliche wiederholt denkt. Im eindimensionalen Fall entspräche das einer zu einem Ring geschlossenen linearen Kette. Die periodischen Randbedingungen führen nun dazu, daß der Wellenvektor $\boldsymbol{q}$ eine diskrete Variable wird. $\boldsymbol{q}$ kann nur noch G verschiedene äquidistante Werte annehmen, wenn G die Zahl der Elementarzellen ist, aus denen der Kristall besteht. Nun ist G im allgemeinen eine sehr große Zahl, etwa in der Größenordnung der Loschschmidt-Konstanten, so daß man $\boldsymbol{q}$ praktisch doch wieder als kontinuierlich annehmen kann. Man sagt, $\boldsymbol{q}$ sei eine **quasidiskrete Variable.**

4. Phononen

Bisher wurden die Gitterschwingungen in Form von ebenen Wellen beschrieben, die mit verschiedenen Geschwindigkeiten durch den Kristall wandern. Die einzelnen Atome führen dabei recht komplizierte Bewegungen aus, die die Lösungen des gekoppelten Differentialgleichungssystems Gl. V,2 sind. Die Bewegung eines Gitterteilchens hängt ja von den Bewegungen der Nachbarn und damit auch aller anderen Gitterteilchen ab. Dies erkennt man z.B. wenn man sich zunächst alle Gitterteilchen ruhend vorstellt und dann nur eines auslenkt. Die Schwingung des einen Gitterteilchens wird dann dazu führen, daß alle anderen ebenfalls in Bewegung geraten. Mathematisch gibt es nun eine Möglichkeit im Differentialgleichungssystem Gl. V,2 Normalkoordinaten derart einzuführen, daß ein **System ungekoppelter harmonischer Oszillatoren** entsteht. Die Normalkoordinaten bedeuten aber nicht mehr die Auslenkung eines Gitterteilchens, sondern hängen von den Amplituden der verschiedenen möglichen ebenen Wellen ab. Im dreidimensionalen Fall entstehen gerade 3 sG verschiedene ungekoppelte harmonische Oszillatoren, die durch den Wellenvektor $\boldsymbol{q}$ und durch den Dispersionszweig $\omega_j(\boldsymbol{q})$ charakterisiert werden, denn es gibt 3 s Dispersionszweige und G verschiedene Wellenvektoren $\boldsymbol{q}$. Seien also etwa $Q_{j\boldsymbol{q}}$ die richtigen Normalkoordinaten, so lautet das ungekoppelte Differentialgleichungssystem im allgemeinen dreidimensionalen Fall einfach

$$\ddot{Q}_{j\boldsymbol{q}} + \omega_j^2(\boldsymbol{q})\, Q_{j\boldsymbol{q}} = 0$$

Sind $P_{j\boldsymbol{q}}$ die zugehörigen kanonisch konjugierten Variablen, so ergibt sich die Hamiltonfunktion zu

$$H = \sum_{j=1}^{3s} \sum_{\boldsymbol{q}}^{1\ldots G} \left[\frac{1}{2M} P_{j\boldsymbol{q}}^2 + \frac{1}{2} M \omega_j^2(\boldsymbol{q})\, Q_{j\boldsymbol{q}}^2\right]$$

wobei M die Gesamtmasse aller Gitterteilchen in der Elementarzelle ist. H ist also einfach die Summe der Hamiltonfunktionen der einzelnen harmonischen Oszillatoren.

Betrachtet man nun die Gitterschwingungen vom quantenmechanischen Standpunkt aus, so hat jeder dieser harmonischen Oszillatoren ein äquidistantes Energiespektrum

$$E_{j\boldsymbol{q}}\, n_{j\boldsymbol{q}} = \hbar\, \omega_j(\boldsymbol{q})\, (n_{jq} + \tfrac{1}{2}) \quad \text{mit} \quad n_{jq} = 0,1,2,\ldots \qquad \text{(V,7)}$$

Man kann also nur Energien in ganzzahligen Vielfachen von $\hbar\, \omega_j(\boldsymbol{q})$ zu- oder abführen. Dies führt unmittelbar zu dem Begriff des **Phonons**, worunter man ein Quasiteilchen versteht mit der Energie $\hbar\, \omega_j(\boldsymbol{q})$ und dem Impuls $\hbar\boldsymbol{q}$. Das Phonon ist also ein Schwingungsenergiequantum das dem Kristall zu- oder abgeführt werden kann und man spricht demgemäß von **Phononenerzeugung** oder **Phononenvernichtung**. Entsprechend der Zahl der verschiedenen harmonischen Oszillatoren unterscheidet man 3 sG verschiedene Phononen die in 3 s Dispersionszweigen zusammengefaßt sind. Es gibt also z.B. longitudinal akustische Phononen (LA) oder transversal optische Phononen (TO) usw. je nachdem zu welchem Dispersionszweig das Phonon gehört.

Wie wertvoll der Begriff des Phonons ist, zeigt sich aber erst, wenn man die Wechselwirkung der Gitterschwingungen mit Leitungselektronen oder mit eingestrahltem Licht (Photonen) betrachtet. Eine quantenmechanische Rechnung zeigt nämlich, daß die Wechselwirkung einfach durch einen elastischen Stoß des Elektrons bzw. Photons mit einem Phonon beschrieben werden kann, wobei Energie- und Impulssatz gelten müssen. Dabei können Phononen erzeugt oder vernichtet werden.

Betrachtet man etwa einen elektrischen Strom in einem Leiter, so geben die Leitungselektronen nach dem Ohmschen Gesetz Energie an das Gitter ab. Der elektrische Widerstand kommt durch die Erzeugung und Vernichtung von Phononen zustande, wie sie in der Abb. V,50 schematisch angedeutet sind. Dabei bedeuten E,E' bzw. $\boldsymbol{p},\boldsymbol{p}'$ die Energien

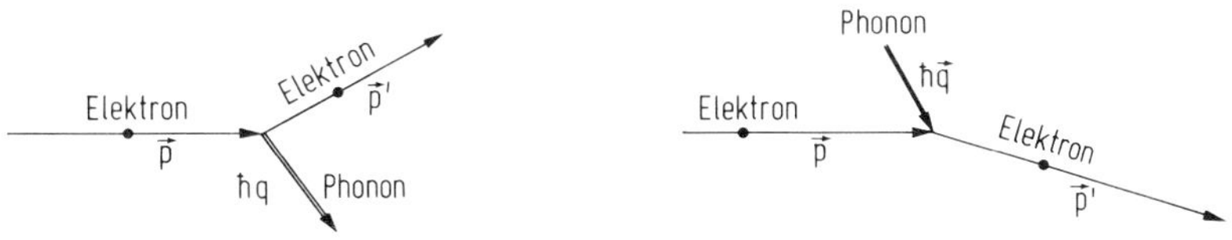

a Erzeugung eines Phonons   b Vernichtung eines Phonons

Abb. V,50. Elektron-Phonon-Wechselwirkung.

bzw. Impulse eines Leitungselektrons vor und nach dem Stoß mit einem Phonon. Im Falle der Erzeugung eines Phonons a.) lauten Energie- und Impulssatz

$$E = E' + \hbar\,\omega_j\,(q), \quad \boldsymbol{p} = \boldsymbol{p}' + \hbar\,\boldsymbol{q}$$

und bei der Vernichtung eines Phonons b.) gilt entsprechend

$$E + \hbar\,\omega_j\,(q) = E', \quad \boldsymbol{p} + \hbar\,\boldsymbol{q} = \boldsymbol{p}'$$

In beiden Fällen wird das Elektron aus seiner Bahn abgelenkt. Der elektrische Widerstand ergibt sich aus der Summierung der Stoßprozesse mit allen akustischen Phononen[1]. Bei tiefen Temperaturen spielt bei Metallen und Halbleitern außerdem noch die Streuung an Störstellen eine Rolle.

Bei dem Impulssatz ist allerdings zu beachten, daß der Wellenvektor $\boldsymbol{q}$ im reduzierten Bereich gewählt wurde. Ergibt sich bei einem solchen Stoß ein Wellenvektor außerhalb, so ist jeweils der äquivalente Wellenvektor im reduzierten Bereich zu nehmen. Daher muß der Impulssatz eigentlich allgemeiner folgendermaßen geschrieben werden:

$$\boldsymbol{p} = \boldsymbol{p}' + \hbar\,\boldsymbol{q} + \hbar\,\boldsymbol{n} \qquad \text{bei Erzeugung eines Phonons}$$

$$\boldsymbol{p} + \hbar\,\boldsymbol{q} + \hbar\,\boldsymbol{n} = \boldsymbol{p}' \qquad \text{bei Vernichtung eines Phonons}$$

wobei $\boldsymbol{n}$ ein Vektor des reziproken Gitters ist, der einen beliebigen Punkt in einen äquivalenten im reduzierten Bereich überführt. Solche Prozesse, bei denen ein Vektor des reziproken Gitters beteiligt ist, nennt man **Umklappprozesse**. Sie spielen bei der elektrischen Leitfähigkeit nur eine untergeordnete Rolle.

Strahlt man in einen Kristall Licht ein, so können die Photonen ebenfalls in Wechselwirkung mit den Gitterschwingungen treten und Phononen erzeugen, wobei wieder Energie- und Impulssatz gelten müssen. Nun ist aber der Impuls der Photonen $h/\lambda_{\text{Photon}}$ sehr klein gegen den Phononenimpuls $\hbar q = h/\lambda$, denn die Wellenlänge der Photonen liegt im sichtbaren Bereich zwischen 3000 und 5000 Å, wohingegen q in der Größenordnung $2\pi/a$ und λ in der Größenordnung der Gitterkonstanten also einiger Å liegt. Daher kann im Impulssatz der Impuls des Photons vernachlässigt werden.

1) Die optischen Phononen haben einen sehr viel geringeren Einfluß auf den elektrischen Widerstand.

Wir betrachten zunächst den Fall, daß ein Photon im Kristall unmittelbar vernichtet d.h. absorbiert wird, wobei ein Phonon entsteht. Ist $h\nu$ die Energie des Photons, so muß also gelten

$$h\,\nu = \hbar\,\omega_j\,(\boldsymbol{q}) \quad \text{und} \quad \hbar\,\boldsymbol{q} \approx 0$$

Dies erkennt man auch unmittelbar aus der Abb. V,47, in der das Dispersionsgesetz der Photonen mit eingezeichnet ist. Ein solcher Prozeß ist nur am Schnittpunkt der Photonengeraden mit der Dispersionskurve, also nur mit dem optischen Zweig möglich, denn die Steigung der Photonengeraden ist die Lichtgeschwindigkeit c, die Steigung des akustischen Zweiges für kleine q aber die Schallgeschwindigkeit v. Durchstrahlt man z.B. einen NaCl-Kristall, so findet man bei der Frequenz des optischen Zweiges eine sehr geringe Durchlässigkeit, also starke Absorption vergl. Abb. V,51. Die Absorptionslinie ist nur bei dünnen Kristallen schmal, weil bei dickeren Kristallen Mehrphononenprozesse zunehmend eine Rolle spielen. Die optische Wellenlänge λ, bei der die Absorption zu erwarten ist, läßt sich leicht aus der Kreisfrequenz des optischen Zweiges abschätzen. Diese ist im eindimensionalen Modell nach Abb. V,47 an der Stelle $q = 0$:

$$\omega_{\text{opt}} = \sqrt{\frac{2\,C\,(M_1 + M_2)}{M_1\,M_2}} \tag{V,8}$$

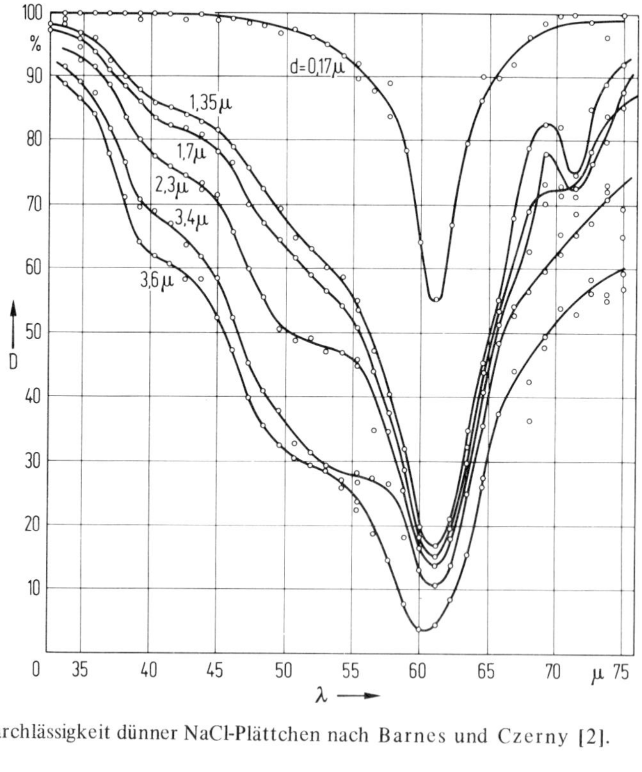

Abb. V,51. Durchlässigkeit dünner NaCl-Plättchen nach Barnes und Czerny [2].

Die unbekannte Federkonstante C findet man aus der Schallgeschwindigkeit für longitudinale Schallwellen nach Gl. (V,6). Setzt man diese Gleichung in Gl. (V,8) ein, so erhält man:

$$\omega_{\text{opt}} = \frac{\text{v}}{d} \frac{M_1 + M_2}{\sqrt{M_1 M_2}} = \frac{\text{v}}{d} \frac{1 + \frac{M_1}{M_2}}{\sqrt{\frac{M_1}{M_2}}}$$

Damit ergibt sich die optische Wellenlänge λ zu

$$\lambda = \frac{2\pi c}{\omega_{\text{opt}}} = \frac{2\pi c d}{\text{v}} \frac{\sqrt{\frac{M_1}{M_2}}}{1 + \frac{M_1}{M_2}}$$

Verwendet man die mit Ultraschallmethoden bestimmte Schallgeschwindigkeit für longitudinale Schallwellen in NaCl-Kristallen $\text{v} = 4{,}7 \cdot 10^5$ cmsec^{-1} und den Abstand zwischen Na- und Cl-Ionen $d = 2{,}8 \cdot 10^{-8}$ cm sowie das Massenverhältnis $\frac{M_{\text{Cl}}}{M_{\text{Na}}} = \frac{35{,}5}{23} \approx 1{,}5$, so erhält man eine Wellenlänge von

$$\lambda = \frac{2\pi \cdot 3 \cdot 10^{10}\ \text{cm sec}^{-1} \cdot 2{,}8 \cdot 10^{-8}\ \text{cm} \cdot 1{,}2}{4{,}7 \cdot 10^5\ \text{cm sec}^{-1} \cdot 2{,}5} = 5{,}4 \cdot 10^{-3}\ \text{cm} = 54\ \mu\text{m}$$

Dies ist in guter Übereinstimmung mit dem Durchlässigkeitsminimum der Abb. V,51 bei einer Wellenlänge von 61 μm. Bei Kristallen mit vielen verschiedenen Dispersionszweigen ergeben sich i.a. recht komplizierte Absorptionsspektren und die Zuordnung der einzelnen Absorptionsmaxima zu den verschiedenen Phononen ist nicht leicht.

Bei der Absorption eines Photons können aber auch zwei Phononen erzeugt werden, deren Impulse dann entgegengesetzt gleich sein müssen:

$$h\nu = \hbar\,\omega_{j1}(q_1) + \hbar\,\omega_{j2}(q_2), \quad \hbar q_1 + \hbar q_2 \approx 0$$

Prozesse dieser Art führen z.B. zur Verbreiterung der Absorptionslinie Abb. V,51, indem etwa gleichzeitig mit dem optischen Phonon noch ein akustisches Phonon erzeugt wird. Die Beteiligung von akustischen Phononen führt allgemein zu breiteren Banden, während durch optische Phononen scharfe Linien entstehen.

Meist ist die Absorption im Bereich des optischen Zweiges so stark, daß sie direkt auf optischem Wege nur an sehr dünnen Plättchen gemessen werden kann. Einfacher ist es, man mißt die Reflexion, die in der Nähe des Transmissionsminimums ein Maximum hat. Bei wiederholter Reflexion bleibt schließlich nur noch eine Frequenz im Lichtstrahl übrig: die **Reststrahlenfrequenz**.

Oft kommt es auch vor, daß ein Photon im Kristall nur einen Teil seiner Energie abgibt um ein oder mehrere Phononen zu erzeugen. Sendet z.B. ein irgendwie angeregtes Leuchtzentrum im Kristall ein Photon aus, so werden bei der spektroskopischen Untersuchung des Fluoreszenzlichtes neben der ursprünglichen Spektrallinie eine ganze Reihe von **Phononensatelliten** beobachtet. Dies geht soweit, daß bei höheren Temperaturen i.a. überhaupt keine scharfen Linien, sondern nur noch breite Banden gefunden werden. Ist $h\nu$ die freiwerdende Energie des Leuchtzentrums, und $h\nu'$ die im Detektor beobachtete Wellenlänge, so lautet der Energiesatz bei Erzeugung eines Phonons

$$h\,\nu' = h\,\nu - \hbar\,\omega_j\,(\boldsymbol{q})$$

so daß die Energie der Phononensatelliten immer niedriger ist als die der ursprünglichen Linie. Der Impulssatz braucht hier nicht zu gelten, weil der Vorgang an einem festen Zentrum im Kristall stattfindet, welches einen beliebigen Impuls aufnehmen und auf den gesamten Kristall übertragen kann. Außerdem können auch mehrere gleiche oder verschiedene Phononen erzeugt werden. Etwa so:

$h\,\nu = h\,\nu' + 2\,\hbar\,\omega_j\,(\boldsymbol{q})$	Erzeugung von 2 gleichen Phononen
$h\,\nu = h\,\nu' + 3\,\hbar\,\omega_j\,(\boldsymbol{q})$	Erzeugung von 3 gleichen Phononen
$h\,\nu = h\,\nu' + 4\,\hbar\,\omega_j\,(\boldsymbol{q})$	Erzeugung von 4 gleichen Phononen
$h\,\nu = h\,\nu' + \hbar\,\omega_{j1}\,(\boldsymbol{q}_1) + \hbar\,\omega_{j2}\,(\boldsymbol{q}_2)$	Erzeugung von 2 verschiedenen Phononen

usw. In der Abb. V,52 sind eine Reihe solcher Phononensatelliten zu erkennen. Die ursprüngliche Emissionslinie liegt bei der Energie 1,986 eV und auf der linken niederenergetischen Seite finden sich periodisch wiederkehrende Linien, die von der Erzeugung von 1,2,3,4 usw. optischen Phononen herrühren. Oben sind die äquidistant liegenden Phononensatelliten besonders markiert. Die scharfen Linien bezeichnen jeweils optische Phononen, da sich die Energie der optischen Zweige bei den verschiedenen Wellenvektoren $\boldsymbol{q}$ nur sehr wenig ändert. Die Erzeugung von akustischen Phononen

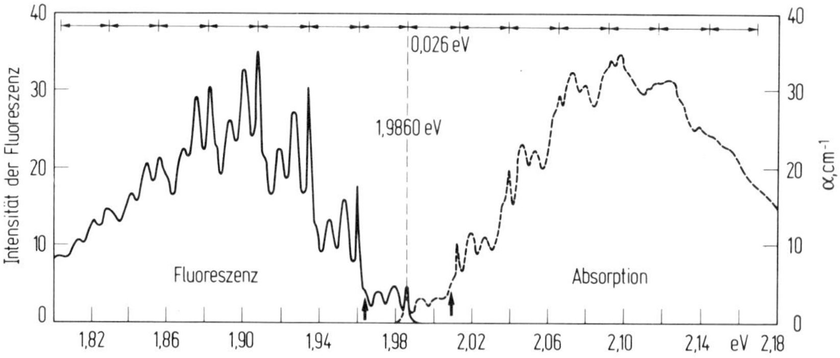

Abb. V,52. Emissions- und Absorptionsspektrum eines Zentrums in ZnTe-Einkristallen nach Dietz, Thomas, Hopfield [3].

führt zu breiteren Linien und zu einer breiten Bande, die den optischen Phononensatelliten überlagert ist. Dies ist ebenfalls in der Abb. V,52 gut zu erkennen. Mißt man die Absorption des Zentrums, so erhält man das gestrichelt gezeichnete Spektrum der Abbildung V,52 bei dem die Phononensatelliten auf der energiereicheren Seite der ursprünglichen Linie liegen. Ist wieder $h\nu$ die Energie, die das Leuchtzentrum aufnimmt und $h\nu'$ die Energie, deren Absorption im Detektor beobachtet wird, so lautet nämlich der Energiesatz bei der Erzeugung eines Phonons

$$h\,\nu' = h\,\nu + \hbar\,\omega_{\mathrm{j}}\,(\boldsymbol{q})$$

Genau wie beim Emissionsvorgang können natürlich auch mehrere Phononen gleichzeitig erzeugt werden.

Natürlich können Phononen auch an der Absorption von Photonen im reinen Kristall beteiligt sein. Die elektronischen Anregungen im **Bändermodell** werden bei Phononenbeteiligung indirekte Übergänge genannt, und erst später im Abschnitt „Energiezustände in Kristallen (Bandstrukturen)“ besprochen. Bei den indirekten Übergängen müssen bei der Erzeugung oder Vernichtung von Phononen ganz entsprechend Energie- und Impulssatz erfüllt sein.

Schwieriger ist es die Streuung von Photonen durch Erzeugung oder Vernichtung von Phononen unmittelbar am reinen Kristall zu beobachten: **Raman-Streuung, Brillouin-Streuung**. Wegen der geringen Streuwahrscheinlichkeit muß man Laser als Lichtquellen verwenden, die eine hohe Lichtintensität in einem sehr kleinen Frequenzbereich liefern. Um den schwachen gestreuten Strahl vom Laserstrahl zu trennen, beobachtet man gewöhnlich das gestreute Licht unter einem rechten Winkel zum einfallenden Laserstrahl oder man beobachtet das rückwärts gestreute Licht. Die Streuung eines Photons, bei der ein Phonon erzeugt wird, ist schematisch in Abb. V,53 dargestellt. In diesem Fall lauten Energie- und Impulssatz:

$$h\,\nu = h\,\nu' + \hbar\,\omega_{\mathrm{j}}\,(\boldsymbol{q})\,, \qquad h\,\nu\,\frac{n}{c}\,\boldsymbol{e}_1 = h\,\nu'\,\frac{n}{c}\,\boldsymbol{e}_2 + \hbar\,\boldsymbol{q}$$

Dabei bedeuten $h\nu$ bzw. $h\nu'$ die Photonenenergien vor bzw. nach der Streuung, n den Berechnungsindex des Kristalles, c die Lichtgeschwindigkeit und $\boldsymbol{e}_1$ bzw. $\boldsymbol{e}_2$ Einheitsvektoren in Richtung des einfallenden bzw. gestreuten Strahles. Die Streuung des Photons kann aber auch durch mehrere Phononen geschehen, wobei Phononen vernichtet und erzeugt werden können.

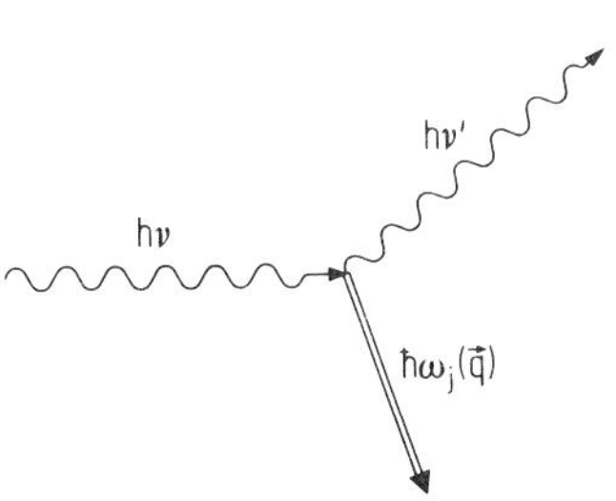

Abb. V,53. Streuung eines Photons und Erzeugung eines Phonons.

Die Abb. V,54 zeigt das **Raman-Spektrum** von GaP-Kristallen bei Zimmertemperatur, wobei auf der Abzisse gleich die Energieverschiebung $h\nu - h\nu'$ in den in der Spektroskopie üblichen Energieeinheiten $1\ \text{cm}^{-1} = \frac{1}{8065{,}73}$ eV (auch **Kaiser** genannt) aufgetragen ist. Die rechte Liniengruppe entsteht durch die Erzeugung eines optischen Phonons und die Vernichtung eines akustischen Phonons, die mittlere Liniengruppe durch Erzeugung eines optischen und eines akustischen Phonons und die linke Liniengruppe durch Erzeugung zweier optischer Phononen.

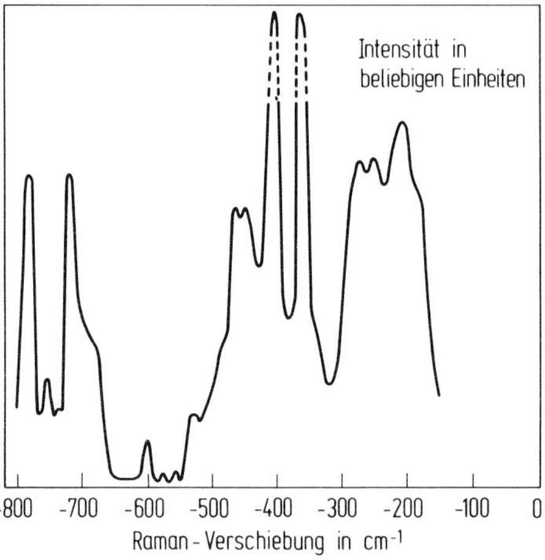

Abb. V,54. Raman-Spektrum von GaP-Kristallen nach Hobden und Russel [4].

Bei der Erzeugung nur eines akustischen Phonons, gibt das Photon nur einen sehr kleinen Teil seiner Energie an das Gitter ab. Ist ω_{max} die maximale Kreisfrequenz eines akustischen Phonons, das durch Streuung an einem Photon erzeugt werden kann, ω_{Photon} die Kreisfrequenz des Photons und v die Schallgeschwindigkeit, so gilt nämlich:

$$\frac{\omega_{\text{max}}}{\omega_{\text{Photon}}} \approx 2\,n\,\frac{\text{v}}{c} \ll 1$$

Die Abb. V,55 zeigt das Vektordiagramm des Stoßprozesses der Abb. V,53. Dabei wurde angenommen, daß bei der Streuung nur die Richtung des Photonimpulses geändert wird, während sich der Betrag nur sehr wenig ändert. Dies gilt für sichtbares Licht und ergibt sich unmittelbar aus dem Energiesatz: $h\nu - h\nu' = \hbar\,\omega_j\,(\boldsymbol{q})$. Ist ϑ der Streuwinkel des Photons so entnimmt man der Abb. V,55

$$\frac{\hbar q}{2} = h\,\nu\,\frac{n}{c}\,\sin\frac{\vartheta}{2}$$

Setzt man das für kleine q näherungsweise gültige Dispersionsgesetz der akustischen Phononen

$$\omega\,(q) = \text{v}\,q$$

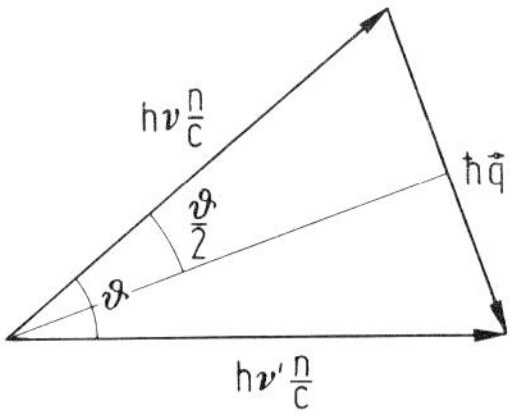

Abb. V,55. Vektordiagramm der Impulse bei der Streuung eines Photons und Erzeugung eines Phonons.

ein, so erhält man mit $\omega_{\text{Photon}} = 2\,\pi\,\nu$:

$$\omega = \omega_{\text{Photon}}\, 2\,n\,\frac{v}{c}\,\sin\frac{\vartheta}{2}$$

Die maximal erzeugbare Energie des akustischen Phonons ergibt sich danach bei einem Streuwinkel von π.

Die Impulssätze der Streuprozesse gelten alle nur bis auf einen beliebigen Vektor des reziproken Gitters, der hier fortgelassen wurde. Berücksichtigt man jedoch den Vektor des reziproken Gitters bei der Streuung von Photonen, so bedeutet das, daß der Streuung an Phononen noch zusätzlich die **Bragg-Reflexion** überlagert ist, also die elastische Streuung von Photonen am Kristallgitter.

Phononen können auch untereinander Stoßprozesse ausführen, wobei wieder Energie- und Impulssatz gelten müssen. Die Wechselwirkung kommt dabei durch kleine anharmonische Glieder in der Kopplung benachbarter Gitterteilchen zustande. Denn die Annahme rein harmonischer Schwingungen, die zum Phononenbegriff geführt hatte, ist natürlich nur eine Näherungsannahme. Die beiden wichtigsten Stoßprozesse, die bei der **Wärmeleitung** eine Rolle spielen, sind

1.) Vernichtung zweier Phononen und Erzeugung eines Phonons:

$$\hbar\,\omega_{j1}(\boldsymbol{q}_1) + \hbar\,\omega_{j2}(\boldsymbol{q}_2) = \hbar\,\omega_{j3}(\boldsymbol{q}_3), \quad \hbar\,\boldsymbol{q}_1 + \hbar\,\boldsymbol{q}_2 = \hbar\,\boldsymbol{q}_3 + \hbar\,\boldsymbol{n}$$

2.) Vernichtung eines Phonons und Erzeugung zweier Phononen:

$$\hbar\,\omega_{j1}(\boldsymbol{q}_1) = \hbar\,\omega_{j2}(\boldsymbol{q}_2) + \hbar\,\omega_{j3}(\boldsymbol{q}_3), \quad \hbar\,\boldsymbol{q}_1 = \hbar\,\boldsymbol{q}_2 + \hbar\,\boldsymbol{q}_3 + \hbar\,\boldsymbol{n}$$

Im Impulssatz ist jeweils ein Vektor des reziproken Gitters $\boldsymbol{n}$ hinzugefügt, da die **Umklappprozesse** bei der **Phonon-Phonon-Streuung** eine besondere Rolle spielen. Nur durch sie ist es nämlich zu erklären, daß sich in Kristallen die Wärme nicht mit Schallgeschwindigkeit, sondern sehr viel langsamer ausbreitet. Hat im Fall 1 z.B. der Vektor des reziproken Gitters eine Komponente in Richtung des Wärmestromes so kann aus zwei Phononen mit Komponenten in Richtung des Wärmestromes ein Phonon mit einer Komponente in der umgekehrten Richtung entstehen vergl. Abb. V,56.

Stellt man die Frage, wie viele Phononen mit welchen Energien bei einer bestimmten Temperatur des Kristalles vorhanden sind, so findet man, daß sich die Phononen auch

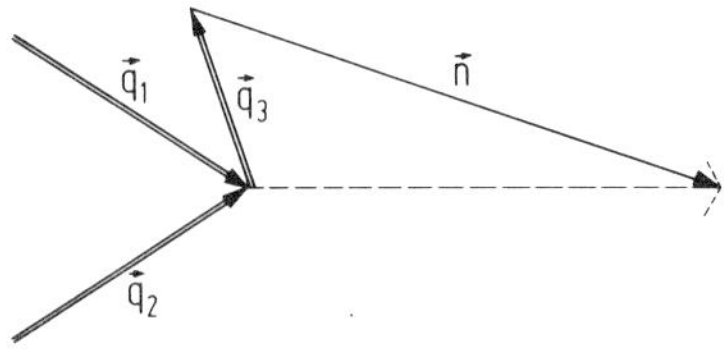

Abb. V,56. Stoß zweier Phononen mit Umklapp-Prozeß $\boldsymbol{q}_1 + \boldsymbol{q}_2 = \boldsymbol{q}_3 + \boldsymbol{n}$. Der gestrichelt eingezeichnete Vektor wäre das Ergebnis eines normalen Stoßprozesses der beiden Phononen $\boldsymbol{q}_1$ und $\boldsymbol{q}_2$, während $\boldsymbol{q}_3$ das resultierende Phonon beim Umklappprozeß anzeigt, und $\boldsymbol{n}$ der beteiligte Vektor des reziproken Gitters ist.

hierbei wie Teilchen behandeln lassen, denn sie gehorchen als spinlose Quasiteilchen der **Bose-Einstein-Statistik**.

Die Verteilungsfunktion ergibt sich, wenn man annimmt, daß die äquistanten Energieniveaus Gl. V,7 der harmonischen Oszillatoren nach Boltzmann besetzt sind: Im thermodynamischen Gleichgewicht ist die Zahl der Oszillatoren, die sich im Energiezustand E_n befinden, proportional zu $\exp\left\{-\frac{E_n}{\kappa T}\right\}$. Dabei bedeutet κ die **Boltzmannsche Konstante** und der Einfachheit halber sind die Indizes j und $\boldsymbol{q}$ fortgelassen. Die mittlere Energie, also die Energie über alle Energieniveaus gemittelt ist dann:

$$\bar{E}_n = \frac{\sum\limits_{n=0}^{\infty} E_n \exp\{-E_n/\kappa T\}}{\sum\limits_{n=0}^{\infty} \exp\{-E_n/\kappa T\}} = -\frac{d}{dZ} \ln\left(\sum_{n=0}^{\infty} \exp\{-E_n Z\}\right)$$

Wobei zur Abkürzung $Z = 1/\kappa T$ gesetzt wurde. Nun ist mit Hilfe von Gl. V,7

$$\sum_{n=0}^{\infty} \exp\{-E_n Z\} = \exp\left\{-\frac{\hbar\omega}{2} Z\right\} \sum_{n=0}^{\infty} \exp\{-\hbar\omega n Z\} = \frac{\exp\left\{-\frac{\hbar\omega}{2} Z\right\}}{1 - \exp\{-\hbar\omega Z\}}$$

Damit erhält man für die mittlere Energie:

$$\bar{E}_n = -\frac{d}{dZ} \ln \exp\left\{-\frac{\hbar\omega}{2} Z\right\} + \frac{d}{dZ} \ln\left(1 - \exp\{-\hbar\omega Z\}\right)$$

$$= \frac{\hbar\omega}{2} + \frac{\hbar\omega \exp\{-\hbar\omega Z\}}{1 - \exp\{-\hbar\omega Z\}} = \frac{\hbar\omega}{2} + \frac{\hbar\omega}{\exp\left\{\frac{\hbar\omega}{\kappa T}\right\} - 1}$$

Setzt man jetzt

$$\bar{E}_n = \hbar\omega\left(\bar{n} + \frac{1}{2}\right)$$

so ergibt sich für die Quantenzahl im Mittel $\bar{n}$:

$$\bar{n} = \frac{1}{\exp\left\{\frac{\hbar\omega}{\kappa T}\right\} - 1}$$

Da n auch gleichzeitig die Zahl der Phononen (Energiequanten) angibt mit der Energie $\hbar\,\omega$ ist $\bar{n}$ die mittlere Anzahl der Phononen dieser Energie.

Die Verteilungsfunktion der Phononen im thermodynamischen Gleichgewicht ist also die **Bose-Einstein-Verteilung:**

$$n_{jq} = \frac{1}{\exp\left\{\frac{\hbar\,\omega_j(q)}{\kappa\,T}\right\} - 1} \tag{V,9}$$

Zum Schluß sei noch kurz auf die **lokalisierten Phononen** eingegangen. Außer den Gitterschwingungen eines idealen Kristalles, können noch besondere Schwingungen an einer Störstelle oder Störung des Kristalles auftreten. Besteht z.B. die Störung darin, daß ein Fremdatom am Ort eines Gitterteilchens oder auf einem Zwischengitterplatz sitzt, so kann die Umgebung der Störstelle molekülähnliche Schwingungen ausführen, die fest mit der Störstelle verbunden sind. Solche lokalisierten Phononen lassen sich unmittelbar im Absorptionsspektrum dotierter Halbleiter nachweisen. Dazu dotiert man die Kristalle mit verschiedenen Isotopen, da die Energien der lokalisierten Phononen von der Masse der Störstellenatome abhängt. In der Abb. V,57 ist das Absorptionsspek-

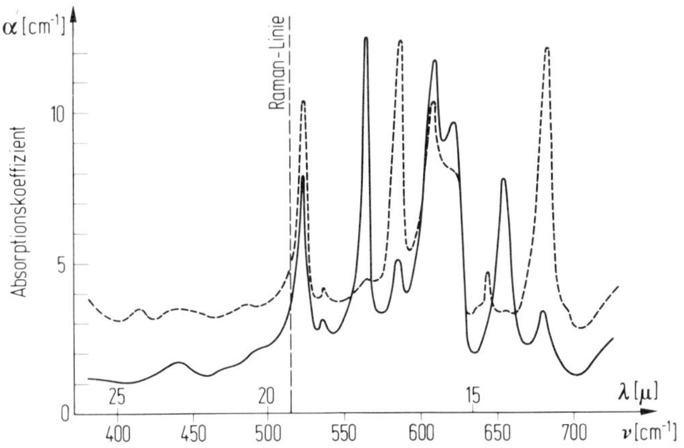

Abb. V,57. Absorptionsspektrum von Si-Kristallen mit B und Li dotiert nach Balkanski [1].

trum von mit Li und B dotierten Si-Kristallen gezeigt. Die ausgezogene Kurve rührt von Kristallen her, die mit natürlichem Bor, also einem Gemisch von 80 % ^{11}B und 20 % ^{10}B dotiert wurden, während die gestrichelte Kurve von einem Kristall stammt, der mit reinem ^{10}B dotiert wurde. Die beiden starken Absorptionslinien der gestrichelten Kurve sind also lokalisierte Phononen der Störstellen des ^{10}B-Isotopes, während die bei etwas niedrigeren Energien liegenden stärkeren Linien der ausgezogenen Kurven zum ^{11}B-Isotop gehören.

5. Messung von Dispersionskurven durch Neutronenspektrometrie

Die beste Methode, die Dispersionskurven der Phononen zu bestimmen, ist die **unelastische Streuung thermischer Neutronen am Kristallgitter**. Durch die Messung der Neutronengeschwindigkeiten vor und nach der Streuung durch den Kristall, gelingt es die Energie $\hbar\omega_j(\boldsymbol{q})$ und den Impuls $\hbar\boldsymbol{q}$ der dabei erzeugten Phononen unabhängig voneinander zu bestimmen, und man erhält auf diese Weise die Dispersionskurven in der ganzen Brillouin-Zone.

Neutronen eignen sich besonders gut zur Erzeugung von Phononen weil sie mit den Elektronen des Kristalles keine elektromagnetische Wechselwirkung haben. Die Neutronen werden nur an den Atomkernen gestreut und regen so Gitterschwingungen an, ohne daß störende Elektronenanregungen auftreten. Die Wechselwirkung der Neutronen mit den Gitterschwingungen wird genau wie bei der Elektron-Phonon-Wechselwirkung und bei der Photon-Phonon-Wechselwirkung, einfach wie ein elastischer Stoß der Neutronen mit Phononen beschrieben. Wird z.B. bei der Streuung eines Neutrons nur ein Phonon erzeugt, so lauten Energie- und Impulssatz:

$$\frac{p^2}{2m_n} - \frac{p'^2}{2m_n} = \hbar\,\omega_j(\boldsymbol{q}), \quad \boldsymbol{p} - \boldsymbol{p}' = \hbar\,\boldsymbol{q} + \hbar\,\boldsymbol{n} \qquad \text{(V,10)}$$

dabei bedeuten $\boldsymbol{p}$ bzw. $\boldsymbol{p}'$ die Neutronenimpulse vor bzw. nach der Streuung, m_n die Neutronenmasse und $\boldsymbol{n}$ einen Vektor des reziproken Gitters. Sind die Kristalle hinreichend dünn, so daß Mehrfachstreuung der Neutronen ausgeschlossen werden kann, so genügt es die Neutronenimpulse vor und nach der Streuung zu messen, um aus den Gleichungen V,10 $\hbar\omega_j(\boldsymbol{q})$ und $\hbar\boldsymbol{q}$ zu bestimmen.

Während der Energiesatz Gl. V,10 unmittelbar klar ist, kann man sich den Impulssatz mit Hilfe der Bragg-Reflexion veranschaulichen. Diese tritt nämlich auf, wenn das Neutron am Kristall elastisch gestreut wird, also kein Phonon erzeugt. Den Neutronenstrahl denkt man sich als Wellenzug mit der **De Broglie-Wellenlänge** $\lambda = h/|\boldsymbol{p}|$. Die **Bragg-Reflexion** ist dann einfach die Beugung dieser Welle am Kristallgitter. Ist $\boldsymbol{t}$ ein Gittervektor in der Gitterebene an der die Beugung erfolgt, und $\boldsymbol{e}$ bzw. $\boldsymbol{e}'$ Einheitsvektoren in Richtung der einfallenden bzw. gebeugten Welle, so ergibt sich aus Abb. V,58 die Bedingung, daß der Gangunterschied $\boldsymbol{t}\cdot\boldsymbol{e} - \boldsymbol{t}\cdot\boldsymbol{e}'$ ein ganzzahliges Vielfaches der Wellenlänge sein muß:

$$\boldsymbol{t}\,(\boldsymbol{e} - \boldsymbol{e}') = n\,\lambda$$

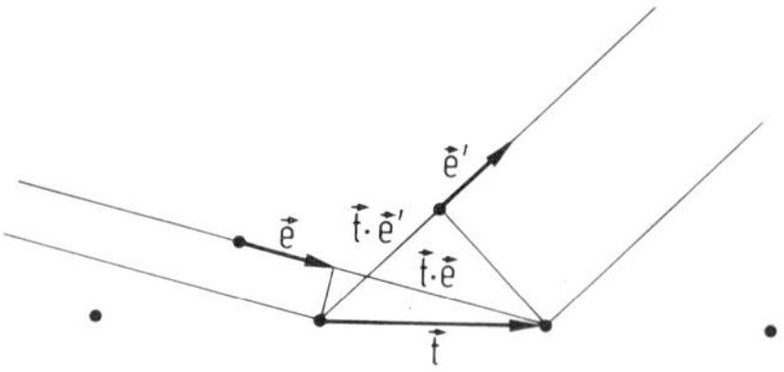

Abb. V,58. Zur Ableitung der Bragg-Reflexion.

wobei n eine ganze Zahl bezeichnet. Die Bedingung ist nur erfüllt, wenn

$$\boldsymbol{e} - \boldsymbol{e}' = \frac{\lambda}{2\pi}\,\boldsymbol{n}$$

ist, wobei $\boldsymbol{n}$ ein beliebiger Vektor des reziproken Gitter ist, denn es ist $\boldsymbol{t} \cdot \boldsymbol{n} = 2\pi n$, wobei n eine ganze Zahl bedeutet. Nun gilt

$$\boldsymbol{p} = \frac{h}{\lambda}\,\boldsymbol{e} \quad \text{und} \quad \boldsymbol{p}' = \frac{h}{\lambda}\,\boldsymbol{e}'$$

und daher lautet die Bedingung für die Bragg-Reflexion der Neutronen:

$$\boldsymbol{p} - \boldsymbol{p}' = \hbar\,\boldsymbol{n}$$

Wird nun das Neutron unelastisch gestreut, so tritt zusätzlich noch eine Impulsänderung durch die Erzeugung eines Phonons auf, so daß sich der Impulssatz Gl. V,10 ergibt.

Zur Streuung der Neutronen am Kristallgitter muß die De Broglie-Wellenlänge der Neutronen $\lambda = h/|\boldsymbol{p}|$ in der Größenordnung der Gitterkonstanten des Kristalles sein. Nimmt man einmal $\lambda = 4$ Å an, so entspricht das einer Energie der Neutronen von

$$E = \frac{p^2}{2m_\text{n}} = \frac{h^2}{2m_\text{n}\lambda^2} = \frac{(6{,}6 \cdot 10^{-27}\ \text{erg sec})^2}{2 \cdot 1{,}7 \cdot 10^{-24}\ \text{g} \cdot (4 \cdot 10^{-8}\ \text{cm})^2} \approx 8{,}0 \cdot 10^{-15}\ \text{erg} = 5\ \text{meV}$$

und einer Geschwindigkeit von

$$\frac{|\boldsymbol{p}|}{m_\text{n}} = \frac{h}{m_\text{n}\lambda} = \frac{6{,}6 \cdot 10^{-27}\ \text{erg sec}}{1{,}7 \cdot 10^{-24}\ \text{g} \cdot 4 \cdot 10^{-8}\ \text{cm}} \approx 10^5\ \text{cm sec}^{-1}$$

Man muß also sehr langsame thermische Neutronen verwenden. Zur Messung richtet man einen möglichst monoenergetischen Neutronenstrahl auf den Kristall, und mißt die Geschwindigkeit der unter einem bestimmten Winkel gestreuten Neutronen. Zur Bestimmung des Phononenimpulses $\hbar\boldsymbol{q}$ muß noch der Vektor des reziproken Gitters $\boldsymbol{n}$ im Impulssatz Gl. V,10 eliminiert werden. Dazu verwendet man die Ebene des reziproken Gitters, in der der einfallende und der gestreute Neutronenstrahl liegen. Abb. V,59 zeigt eine solche Ebene bei einem kubisch raumzentrierten Gitter. Die durch $\hbar$ dividierten Impulse der einfallenden und gestreuten Neutronen werden von einem Gitterpunkt des reziproken Gitters aus eingezeichnet, wobei der Streuwinkel 90° betragen möge. $\boldsymbol{q}$ ergibt sich dann aus dem Abstand zum nächstgelegenen Gitterpunkt des reziproken Gitters. Wird der Kristall etwas gedreht, so ergibt sich aus der gestrichelt eingezeichneten Streuung ein anderer Wellenvektor.

Mit Hilfe der Neutronenimpulse $\boldsymbol{p}$ bzw. $\boldsymbol{p}'$ und des Wellenvektors $\boldsymbol{q}$ können also $\hbar\boldsymbol{q}$ und $\hbar\omega_\text{j}(\boldsymbol{q})$ nach Gl. V,10 unabhängig voneinander bestimmt werden, woraus sich die Dispersionskurven ergeben.

Als Beispiel zeigt die Abb. V,60 die drei akustischen Zweige von Aluminium-Einkristallen, wobei die Frequenzen auf einer bestimmten Geraden der Brillouin-Zone gemessen wurden. Auf der Abszisse ist die reduzierte Wellenzahl $\zeta_\text{i} = \boldsymbol{q} \cdot \boldsymbol{a}_\text{i}/\pi$ aufgetragen, die am Rande des reduzierten Bereiches den Wert 1 annimmt.

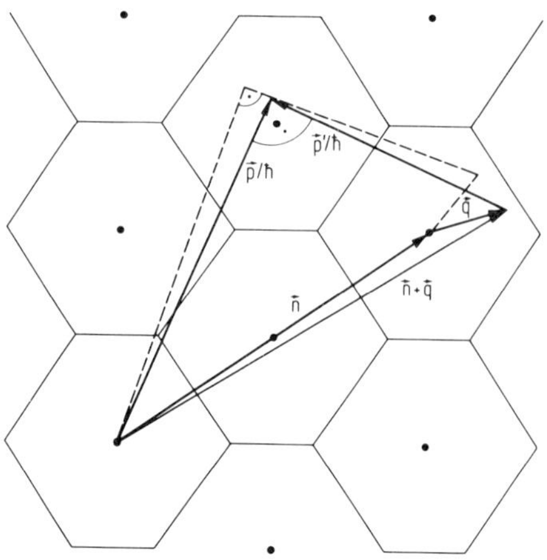

Abb. V,59. Bestimmung des Wellenvektors $\boldsymbol{q}$ im reziproken Gitter. Die Sechsecke sind Schnitte durch die einzelnen Brillouin-Zonen und x sind die Gitterpunkte des reziproken Gitters.

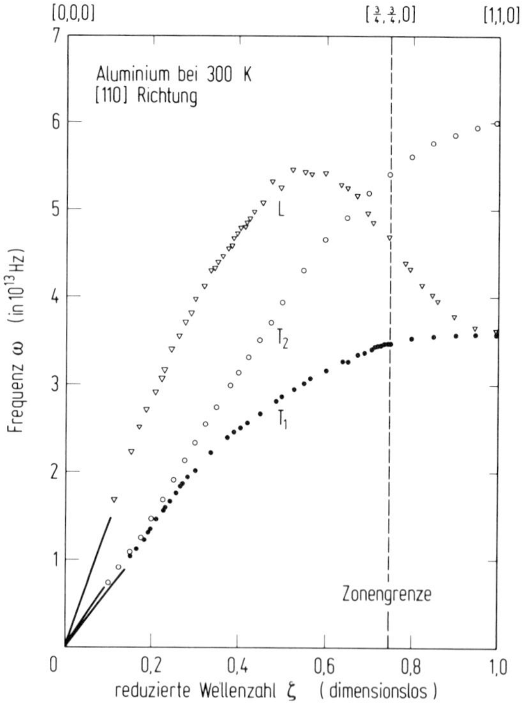

Abb. V,60. Durch Neutronenstreuung bestimmte Dispersionskurven von Al nach Yarnell, Warren, Koenig [5].

6. Spezifische Wärmekapazität

Die spezifische Wärmekapazität der Kristalle kann nur durch das Verständnis der Gitterschwingungen richtig interpretiert werden. Wegen der geringen thermischen Volumenausdehnung der Kristalle unterscheiden sich die spezifischen Wärmen bei konstantem Druck c_p und bei konstantem Volumen c_v nur unwesentlich. Gewöhnlich wird c_p gemessen und unmittelbar mit dem berechneten c_v verglichen. Bei Kristallen setzt sich c_v aus einem **Gitteranteil** und einem **Elektronenanteil** zusammen. In den meisten Fällen kann der Elektronenanteil vernachlässigt werden, nur bei Metallen bei sehr tiefen Temperaturen wird er wesentlich. Wie bereits im ersten Band dieses Lehrbuches ausgeführt, haben viele Kristalle bei hohen Temperaturen eine molare Wärmekapazität von etwa 6 cal/mol. grd **(Dulong-Petitsches Gesetz)** bei tiefen Temperaturen fällt sie aber steil ab und ist dort etwa T^3 proportional **(Debyesches T^3-Gesetz)**. Beide Gesetze ergeben sich unmittelbar aus der Energie der Gitterschwingungen.

Die innere Energie, d.h. die Energie, die in den Gitterschwingungen enthalten ist, ist nach Gl. V,7

$$U = \sum_{j\,\boldsymbol{q}} \hbar\,\omega_j(\boldsymbol{q})\,(n_{j\boldsymbol{q}} + \frac{1}{2})$$

wobei für $n_{j\boldsymbol{q}}$ einfach die Bose-Einstein-Verteilung Gl. V,9 einzusetzen ist. Dabei ist über alle Dispersionszweige j und über alle Wellenvektoren $\boldsymbol{q}$ zu summieren, deren Anzahl vom Kristallvolumen V abhängt. Die Summe kann in ein Integral über die Phononenfrequenz ω umgeformt werden:

$$U = \int_0^\infty \hbar\,\omega\,(n + \frac{1}{2})\,g(\omega)\,d\,\omega$$

wobei $g(\omega)d\omega$ die Anzahl der Phononenfrequenzen im Intervall $d\omega$ bezeichnet. Die **Dichtefunktion** $g(\omega)$ hängt dabei von der genauen Form aller Dispersionszweige ab, und ist daher für jeden Kristall verschieden. Da nur n von der Temperatur abhängt (Gl. V,9), ergibt sich also die spezifische Wärmekapazität aus:

$$c_v = \left(\frac{\partial U}{\partial T}\right)_v = \hbar \int_0^\infty \omega\,g(\omega)\cdot\frac{\partial}{\partial T}\left\{\frac{1}{\exp.\{\frac{\hbar\,\omega}{\kappa\,T}\} - 1}\right\}d\,\omega \qquad \text{(V,11)}$$

Die Integration braucht nur bis zum obersten optischen Zweig ausgeführt zu werden, weil $g(\omega)$ für höhere Frequenzen verschwindet. Bei hohen Temperaturen $\kappa T \gg \hbar\omega$ kann die Bose-Einstein-Verteilung durch $\kappa T/\hbar\omega$ approximiert werden und man erhält das **Dulong-Petitsche Gesetz**:

$$c_v = \kappa \int_0^\infty g(\omega)\,d\,\omega = \kappa\;3\,s\,G = 3\,R$$

wenn es sich um einen Kristall aus $sG = N_A$ Gitterteilchen handelt, wo N_A die **Loschmidt-Konstante** und R die **Gaskonstante** bezeichnet. 3 sG ist dabei die Gesamtzahl aller möglichen Phononen des Kristalles.

Das allgemein gültige **Debyesche T^3-Gesetz** bei tiefen Temperaturen läßt sich ebenfalls aus Gl. V,11 ableiten, wenn man annimmt, daß die akustischen Phononen mit einem linearen Dispersionsgesetz $\omega(\boldsymbol{q}) = v|\boldsymbol{q}|$ den Hauptbeitrag zur spezifischen Wärme liefern. Die Dichtefunktion $g(\omega)$ ergibt sich in diesem Falle proportional zu ω^2 und die Integration muß bei einem geeigneten ω_{max} abgebrochen werden. Man bestimmt ω_{max} aus der Bedingung

$$\int_0^{\omega_{max}} g(\omega)\, d\omega = 3\, s\, G$$

Anstelle der maximalen Phononenfrequenz ω_{max}, die in der Nähe des obersten optischen Zweiges (**Reststrahlenfrequenz**) liegt, wird meistens die **Debye-Temperatur** θ verwendet, die durch $\theta = \hbar\omega_{max}/\kappa$ definiert ist. Die Debye-Temperatur hat für die meisten Kristalle Werte von einigen hundert K. Für tiefe Temperaturen $T \ll \theta$ führt die Auswertung des Integrals Gl. V,11 unmittelbar auf das **Debyesche T^3-Gesetz**:

$$c_v \approx \frac{12\,\pi^4}{5} R \left(\frac{T}{\theta}\right)^3$$

Die Abweichungen von diesem Gesetz sind natürlich mit der groben Näherung der zur Herleitung verwendeten Dichtefunktion zu erklären. Zur quantitativen Berechnung der spezifischen Wärme muß der genaue Verlauf aller Dispersionskurven berücksichtigt werden. Die Abb. V,61 zeigt als Beispiel die Dichtefunktion von Wolfram und Silber im Vergleich mit der **Debyeschen Näherungsform**.

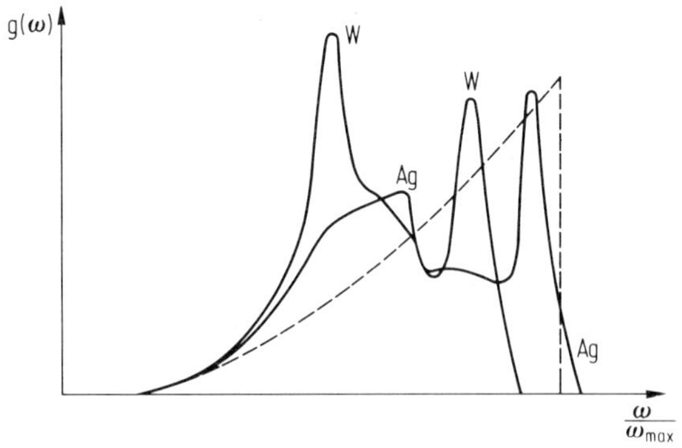

Abb. V,61. Dichtefunktion $g(\omega)$ der Phononenfrequenzen von W und Ag im Vergleich mit der Debyeschen Näherung nach Keesom und Pearlman [6].

Der **Elektronenanteil** der spezifischen Wärmekapazität ist bei Metallen bei tiefen Temperaturen näherungsweise proportional zu T und kann bei sehr tiefen Temperaturen den schneller abfallenden Gitteranteil überwiegen. Bei tiefen Temperaturen wird also die Temperaturabhängigkeit der spezifischen Wärmekapazität von Metallen näherungsweise durch

$$c_{\mathrm{v}} = \alpha T^3 + \gamma T$$

beschrieben, wobei der erste Term den **Gitteranteil** und der zweite den **Elektronenanteil** darstellt.

Literatur

Georg Busch, Horst Schade: Vorlesungen über Festkörperphysik, Birkhäuser Verlag, Basel 1973

K. H. Hellwege: Einführung in die Festkörperphysik I, Springer Verlag, Berlin 1968

Wolfgang Ludwig: Festkörperphysik I, Akademische Verlagsgesellschaft, Frankfurt am Main 1970

Otfried Madelung: Festkörpertheorie I, II, III, Springer Verlag, Berlin 1973

Charles Kittel: Einführung in die Festkörperphysik, R. Oldenbourg Verlag, München 1969

B. Donovan, J. F. Angress: Lattice Vibrations, Chapman and Hall, London 1971

c) Lichtabsorption und Dispersion

(H. Gobrecht und A. Tausend, Berlin)

1. Einleitung

Während des vergangenen Jahrhunderts und in den ersten Jahrzehnten dieses Jahrhunderts wurden die optischen Spektren von Atomen und Molekülen sehr ausführlich untersucht. Ihre Diskussion erfolgte zunächst anhand von empirischen Formeln, später dann durch moderne quantenmechanische Überlegungen. Durch dieses sehr umfangreiche Meßmaterial und die daraus gewonnenen theoretischen Folgerungen besitzt man heute umfangreiche Kenntnisse über den Aufbau von Atomen und Molekülen.

Die Erweiterung der Wellenmechanik auf periodisch angeordnete Atomgitter zeigte den Weg auf, aus dem optischen Verhalten eines Festkörpers Aussagen über seine elektrischen Eigenschaften gewinnen zu können. Richtungsweisend waren hier um 1930 die Messungen von Hilsch und Pohl an den Alkalihalogeniden. Die Ergebnisse dieser Arbeiten lassen sich dahingehend zusammenfassen, daß auf der langwelligen Seite des Absorptions-Spektrums schmale, oszillatorähnliche Absorptionsbanden auftreten, während auf der kurzwelligen Seite breite Absorptionsbänder gefunden wurden. Die charakteristische Struktur dieser Bänder wurde theoretisch meist mittels der nahezu freien Elektron-Näherung berechnet. Für das elektrische und das optische Verhalten sind dabei meist zwei Bänder, das Valenzband und das Leitungsband, von besonderer Bedeutung. Der energetische Abstand dieser beiden Bänder erlaubt eine grobe Klassifizierung der Festkörper in Isolatoren mit sehr großem Bandabstand einerseits und sich überlappenden Bändern bei den Metallen andererseits; dazwischen erstreckt sich das heute technisch und wissenschaftlich so interessante Gebiet der Halbleiter mit Bandabständen etwa zwischen 0,3 und 3 eV.

Das optische Verhalten eines Festkörpers kann nach der klassischen Maxwellschen Theorie als Wechselwirkung einer elektromagnetischen Welle mit den Elektronen und den Gitterrümpfen aufgefaßt werden. Durch die Einstrahlung von Photonen ist es möglich, den Ladungsträgern erhebliche Energiebeträge zuzuführen, ohne gleichzeitig das Gitter aufzuheizen, was zu einer zunehmenden Entfernung vom Idealzustand der völligen Periodizität führen würde. Das Photon ist als eine Sonde aufzufassen, die bei Wechselwirkungen mit dem Gitter nur eine sehr schwache Kopplung besitzt. Ein weiterer Gesichtspunkt ist oft maßgebend: Ein Photon besitzt die große Energie $h\,\nu$, verfügt aber andererseits gegenüber den Gitterschwingungen (Phononen) über nur einen verschwindend kleinen Impuls.

Dieser hier nur kurz skizzierte Sachverhalt läßt bereits erkennen, daß die Problemstellungen, die in der Festkörperphysik durch die Messung der optischen Daten in Angriff genommen werden können, außerordentlich mannigfaltiger Natur sind.

2. Die optischen Konstanten

Die Absorptionskonstante K und die Brechzahl n.

Zum besseren Verständnis der heute fast ausschließlich angewendeten Meßmethoden sei zunächst ein kurzer Abriß über die optischen Eigenschaften des Festkörpers vorausgeschickt.

Das optische Verhalten eines Mediums kann phänomenologisch durch die Angabe von zwei Konstanten, der Brechzahl n und der Absorptionskonstanten K – beide in Abhängigkeit von der Wellenlänge – beschrieben werden.

Als Ausgangspunkt für eine Beschreibung des Verhaltens von elektromagnetischen Wellen an und in leitenden Festkörpern können die Maxwellschen Gleichungen dienen:

$$\begin{aligned} \operatorname{rot} \boldsymbol{H} &= \frac{4\pi}{c} \boldsymbol{j} + \frac{1}{c} \dot{\boldsymbol{D}} \\ \operatorname{rot} \boldsymbol{E} &= -\frac{1}{c} \dot{\boldsymbol{B}} \\ \operatorname{div} \boldsymbol{D} &= 4\pi\rho \\ \operatorname{div} \boldsymbol{B} &= 0 \end{aligned} \qquad \text{(V,12)}$$

$\boldsymbol{E}$ = elektrische Feldstärke
$\boldsymbol{H}$ = magnetische Feldstärke
$\boldsymbol{D}$ = elektrische Verschiebung
$\boldsymbol{B}$ = magnetische Flußdichte
$\boldsymbol{j}$ = elektrische Stromdichte
ρ = Raumladungsdichte
c = Vakuumlichtgeschwindigkeit

Unter Einbeziehung der Materialgleichungen (V,13)

$$\begin{aligned} \boldsymbol{j} &= \sigma \cdot \boldsymbol{E} \\ \boldsymbol{D} &= \epsilon \boldsymbol{D} \\ \boldsymbol{B} &= \mu \boldsymbol{H} \end{aligned} \qquad \text{(V,13)}$$

σ = elektrische Leitfähigkeit
ϵ = Dielektrizitätszahl
μ = Permeabilität

läßt sich für leitende Körper ($\rho \sim \exp(-\frac{4\pi\sigma}{\epsilon} t) \rightarrow 0$) aus dem Gleichungssystem V,12 die sog. „Telegraphengleichung"

$$\frac{\epsilon\mu}{c^2} \frac{\partial^2 \boldsymbol{E}}{\partial t^2} + \frac{4\pi\sigma}{c^2} \frac{\partial \boldsymbol{E}}{\partial t} = \Delta \boldsymbol{E} \qquad \text{(V,14)}$$

ableiten. Für den $\boldsymbol{H}$-Vektor ergibt sich eine analoge Gleichung.

Für den eindimensionalen Fall erweist sich der Lösungssatz

$$E_y = f(x) \cdot \exp(-i\,\omega\,t) \qquad (V,15)$$

als sinnvoll. (V,15) in (V,14) eingesetzt, führt (mit der fast immer auftetenden Vereinfachung $\mu = 1$) zu

$$f''(x) + (\frac{\epsilon}{c^2}\,\omega^2 - i\,\frac{4\,\pi\,\sigma}{c^2}\,\omega) \cdot f(x) = 0. \qquad (V,16)$$

Mit dem Ansatz

$$f(x) = A \cdot \exp\,[-\frac{i\,x}{c}\,\sqrt{\epsilon\,\omega^2 - i\,4\,\pi\,\sigma\,\omega}\,] \qquad (V,17)$$

erhält man die Abhängigkeit des $\boldsymbol{E}$-Vektors der elektromagnetischen Welle in Abhängigkeit von ϵ, σ, ω, x und t. Das Verhalten von $\boldsymbol{E}$ ist damit vollständig beschrieben.

Die Abhängigkeit des $\boldsymbol{E}$-Vektors von n und dem Extinktionskoeffizienten k ergibt sich auf folgende Weise:

Als komplexe Brechungszahl n^* definiert man die Wurzel des Klammerausdrucks in Gl. (V,17).

$$n^* = n - i\,k = \frac{1}{c}\,\sqrt{\epsilon\,\omega^2 - i\,4\,\pi\,\sigma\,\omega} \qquad (V,18)$$

Mit (V,18) läßt sich (V,17) schreiben

$$f(x) = A\,\exp\,[-\frac{\omega\,k}{c}\,x - i\,\frac{\omega\,n}{c}\,x]. \qquad (V,19)$$

Dann hat man die gleichwertige Abhängigkeit

$$E_y = A \cdot \exp\,(-\frac{\omega\,k}{c}\,x) \cdot \exp\,[i\,(\omega\,t - \frac{\omega\,n}{c}\,x)]. \qquad (V,20)$$

Die erste e-Funktion beschreibt dabei die Absorption, die zweite die Periodizität und die Brechung.

Unter der Absorptionskonstanten K versteht man die reziproke Entfernung, bei der die Lichtstrom Φ auf den e-ten Teil abgefallen ist. Wegen

$$\Phi \sim \boldsymbol{E}\,\boldsymbol{E}^* \sim \exp\,(-\frac{2\,\omega\,k}{c}\,x) = \exp\,(-K\,x) \qquad (V,21)$$

ist

$$K = \frac{2\,\omega\,k}{c} = \frac{4\,\pi\,k}{\lambda} \qquad (V,22)$$

Der so definierte Zusammenhang zwischen n, k, ϵ und σ liefert

a)
$$n^2 = \frac{1}{2}\left(\epsilon + \sqrt{\epsilon^2 + \left(\frac{4\pi\sigma}{\omega}\right)^2}\right)$$
$$k^2 = \frac{1}{2}\left(\epsilon - \sqrt{\epsilon^2 + \left(\frac{4\pi\sigma}{\omega}\right)^2}\right) \qquad (V,23)$$

b) Für den Sonderfall des Isolator oder Vakuums ($\sigma = 0$) ergibt sich die bekannte Maxwellsche Relation

$$n^* = n = \sqrt{\epsilon}$$
$$k = 0. \qquad (V,24)$$

Analog n und k lassen sich auch ϵ und σ zu einer komplexen Dielektrizitätszahl zusammenfassen

$$\epsilon^* = \epsilon_1 - i\,\epsilon_2 \qquad (V,25)$$

mit

$$\epsilon_2 = \frac{4\pi\sigma}{\omega}. \qquad (V,26)$$

Daraus folgen die drei Beziehungen

$$n^{*2} = \epsilon^*$$
$$\mathrm{Re}(\epsilon^*) = n^2 - k^2 \qquad (V,27)$$
$$\mathrm{Im}(\epsilon^*) = 2\,n\,k$$

Der Reflexionsgrad. Unter dem Reflexionsgrad ρ versteht man den Quotienten aus dem reflektierten und dem einfallenden Lichtstrom ϕ_r bzw. ϕ_0. Der Reflexionsgrad ist eng verknüpft mit der Brechzahl. Der Zusammenhang wird durch die Fresnelschen Gleichungen wiedergegeben.

Aus meßtechnischen Gründen wird meistens bei nahezu senkrechtem Einfall gearbeitet. Aus diesem Grunde soll der Zusammenhang zwischen dem Reflexionsgrad und den optischen Konstanten nur für diesen Spezialfall abgeleitet werden. Der Festkörper grenze dabei immer an ein Medium mit der Brechzahl eins.

Die Tangentialkomponente des $\boldsymbol{E}$-Vektors muß stetig durch die Grenzfläche treten.

$$E_0 + E_r = E_d \qquad (V,28)$$

E_0 = Amplitude der einfallenden Welle
E_r = Amplitude der reflektierten Welle
E_d = Amplitude der durchgehenden Welle

Der Lichtstrom der in den Festkörper eintretenden Welle ist gleich der Differenz der Lichtströme der auffallenden und der reflektierten Welle. Unter den oben angegebenen Voraussetzungen gilt

$$n^* E_d^2 = E_0^2 - E_r^2 \tag{V,29}$$

Eine Zusammenfassung der Gleichungen (V,21) und (V,23) ergibt bereits den gewünschten Zusammenhang

$$\rho = \frac{\Phi_r}{\Phi_0} = \frac{E_r^2}{E_0^2} = \frac{(n-1)^2}{(n+1)^2} \tag{V,30}$$

bzw.

$$\rho = \frac{(n-1)^2 + k^2}{(n+1)^2 + k^2} \tag{V,31}$$

im Falle einer komplexen Brechzahl. Diese Formel gilt nur für eine einmalige Reflexion. Diese Bedingung wäre z. B. nicht mehr erfüllt bei der Reflexion an einer dünnen Schicht mit schwacher Absorption.

Der Transmissionsgrad τ ist definiert als der Quotient des durchgehenden und des einfallenden Lichtstromes Φ_{tr} bzw. Φ_0. Auch der Transmissionsgrad läßt sich als Funktion der optischen Konstanten angeben. Zur experimentellen Bestimmung der optischen Konstanten wird der Transmissionsgrad meist an planparallelen Platten gemessen. Berücksichtigt man auch Mehrfachreflexionen, so ergibt sich für den Transmissionsgrad der komplizierte Ausdruck

$$\tau = \frac{(1-\rho)^2 + 4\rho \sin^2 \psi}{e^{Kd} + \rho^2 e^{-Kd} - 2\rho \cos(\chi + \psi)} \tag{V,32}$$

mit den Abkürzungen

$$\chi = \frac{4nd}{\lambda}\pi; \quad \psi = \mathrm{tg}^{-1} \frac{2k}{n^2 + k^2 - 1} \tag{V,33}$$

Dabei bedeuten:

τ = Transmissionsgrad
ρ = Reflexionsgrad
d = Schichtdicke
n = Brechzahl
λ = Wellenlänge
K = Absorptionskonstante
k = Absorptionskoeffizient

3. Meßprinzip

Die Messung der optischen Konstanten K und n erfolgt heute fast ausschließlich durch die Bestimmung des Transmissionsgrades τ und des Reflexionsgrades ρ an planparallelen Platten.

Ausgangspunkt für die Messung der optischen Konstanten ist die Gleichung (V,32). Prinzipiell ist es möglich, den Transmissiongrad τ an zwei planparallelen Proben mit zwei verschiedenen Schichtdicken d zu messen. Aus den zwei Bestimmungsgleichungen lassen sich dann die beiden Größen n und K ermitteln.

In der Praxis geht man jedoch aus sofort ersichtlichen Gründen andere Wege; dabei hat man die Probengeometrie den jeweiligen Gegebenheiten anzupassen. Prinzipiell kann man drei Fälle unterscheiden:

Sehr schwache Absorption

ist gekennzeichnet durch die Bedingung $K\,d \ll 1$. Transmissionsgrad τ und Reflexionsgrad ρ sind hier überwiegend durch die Brechzahl n bedingt. Maßgebend ist der Ausdruck (V,33, links). Man erkennt sofort an Gl. (V,32), daß hier Interferenzerscheinungen der mehrfach reflektierten Wellenzüge auftreten. Ein Meßbeispiel zeigt Abb. V,62.

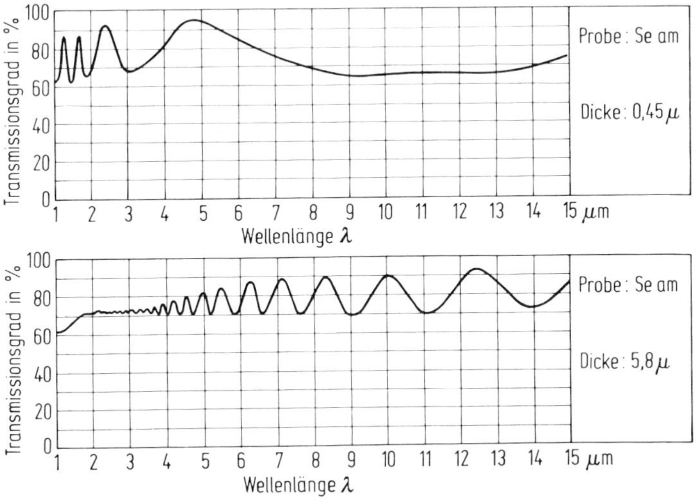

Abb. V,62. Interferenzerscheinungen an dünnen amorphen Selenschichten [1]

Aus diesen Interferenzerscheinungen läßt sich die Brechzahl berechnen. Gl. (V,32) enthält im Nenner eine cos-Funktion. Man wird in den Wellenlängenbereichen einen periodischen Verlauf des Transmissionsgrades erwarten können, bei denen die optische Dicke $n\,d$ in der Größenordnung der jeweiligen Wellenlänge λ liegt.

Der Rechengang für die Bestimmung von n gestaltet sich wie folgt: An einer bestimmten Stelle λ sei der Cosinus gerade + 1. Das ist der Fall, wenn

$$\frac{8\,n\,d}{\lambda} = \gamma,$$

γ = gerade Zahl

An einer benachbarten Stelle $\lambda + d\,\lambda$ sei der Cosinus - 1. Die Brechzahl n sei auf $n + \Delta\, n$ gewachsen. Sie hat sich um den Wert 1 erhöht. Folglich ist

$$\frac{8(n + \Delta\, n)\, d}{\lambda + \Delta\, \lambda} = \gamma + 1\ .$$

Subtrahiert man diese beiden Ausdrücke voneinander, so erhält man nach einer kleinen Umrechnung

$$n = \frac{(\lambda + \Delta\,\lambda)\,\lambda}{8\,d\,\Delta\,\lambda} + \lambda\,\frac{\Delta\, n}{\Delta\,\lambda} \qquad \text{(V,34)}$$

Das zweite Glied in Gl. (V,34) stellt praktisch nur eine Korrektur bei kleineren Änderungen von n dar.

Mittlere Absorption

In diesem Fall ist $K\,d \approx 1$. Im Nenner der Gleichung (V,32) können das 2. und 3. Glied gegenüber dem 1. Glied vernachlässigt werden. Gl. (V,32) vereinfacht sich dann zu

$$\tau = (1 - \rho)^2 \exp\,(- K\,d) \qquad \text{(V,35)}$$

Nach dieser Gleichung werden fast alle Absorptionskonstanten K bestimmt. Die Gültigkeit von (V,35) läßt sich wie folgt prüfen: Durch Logarithmieren folgt

$$\ln \tau = 2 \ln (1 - \rho) - K\,d \qquad \text{(V,36)}$$

Trägt man $\ln \tau$ über d auf, so erhält aus dem Ordinatenabschnitt den Reflexionsgrad ρ, während die Absorptionskonstente K gleich der Steigung dieser Geraden ist. Ein Meßbeispiel zeigt die Abb. V,63.

Sehr starke Absorption ($K\ d \gg 1$)

Dieser besonders bei Metallen vorliegende Fall bedeutet, daß selbst sehr dünne Schichten praktisch lichtundurchlässig sind. Die Eindringtiefe des Lichts ist klein gegen die Wellenlänge. Wegen der starken Absorption können die beiden optischen Konstanten somit nur aus Reflexionsmessungen ermittelt werden. Man läßt zu diesem Zweck linearpolarisiertes Licht auf die zu untersuchende Substanz fallen. Das reflektierte Licht ist elliptisch polarisiert.

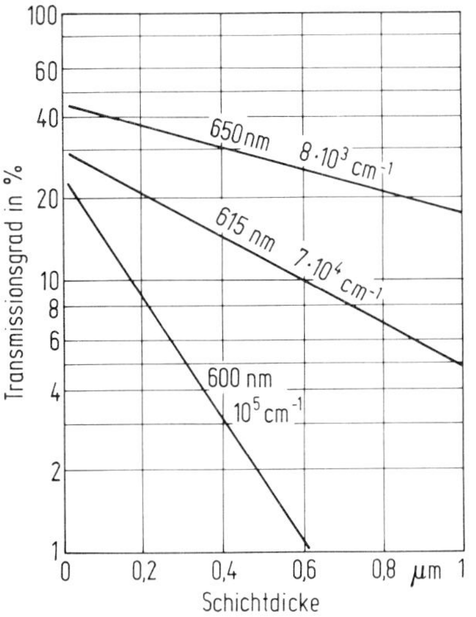

Abb. V,63. Transmissionsgrad in Abhängigkeit von der Probendicke am Beispiel amorpher Selenschichten [1]

Aus der Messung der Elliptizität ergeben sich zwei Bestimmungsgrößen, aus denen die beiden optischen Konstanten rechnerisch ermittelt werden können. Dieser Rechengang wird im folgenden beschrieben.

Das Verhalten einer elektromagnetischen Welle bei der Reflexion an einer ebenen Grenzfläche wird beschrieben durch die Fresnelschen Gleichungen:

$$R_p = \frac{\operatorname{tg}(\varphi - \chi)}{\operatorname{tg}(\varphi + \chi)} E_p$$
$$R_s = \frac{\sin(\varphi - \chi)}{\sin(\varphi + \chi)} E_s \qquad (V,37)$$

Darin bedeuten:

R_p, R_s = Komponenten des elektrischen Feldvektors der reflektierten Welle parallel bzw. senkrecht zur Einfallsebene

E_p, E_s = Komponenten des elektrischen Feldvektors der einfallenden Welle parallel bzw. senkrecht zur Einfallsebene

φ = Einfallswinkel

χ = Brechungswinkel .

Da im folgenden stets nur das Verhalten der reflektierten Welle behandelt wird (die Fresnelschen Gleichungen für die gebrochene Welle blieben deshalb unberücksichtigt), muß der Brechungswinkel eliminiert werden. Dies geschieht mit Hilfe des Snelliusschen Brechungsgesetzes

$$\sin \chi = \frac{\sin \varphi}{n} \tag{V,38}$$

n = Brechzahl.

Die Fresnelschen Gleichungen und das Snelliussche Brechungsgesetz gelten zunächst nur für schwach absorbierende Medien. Sie lassen sich aber auch auf stark absorbierende Medien anwenden, wenn anstelle der reellen Brechzahl n die komplexe Brechzahl

$$\mathrm{n}^* = n - \mathrm{i}\,k \tag{V,39}$$

k = Absorptionskoeffizient

n, k reell, $\mathrm{i} = \sqrt{-1}$

eingeführt wird. Da bei wird durch die Größe k die Absorption berücksichtigt. Gl. (V,38) lautet jetzt:

$$\sin \chi = \frac{\sin \varphi}{n - \mathrm{i}\,k}. \tag{V,40}$$

Demnach ist der Brechungswinkel χ komplex, d. h., auch die Komponenten R_p und R_s in den Fresnelschen Gleichungen (V,37) sind jetzt komplexe Größen. Physikalisch bedeutet dies, daß zwischen den Komponenten parallel und senkrecht zur Einfallsebene bei der Reflexion eine relative Phasendifferenz entstanden ist. Man kann also schreiben:

$$\begin{aligned} R_\mathrm{p} &= |R_\mathrm{p}|\, \mathrm{e}^{\mathrm{i}\delta_\mathrm{p}} \\ R_\mathrm{s} &= |R_\mathrm{s}|\, \mathrm{e}^{\mathrm{i}\delta_\mathrm{s}} \end{aligned} \tag{V,41}$$

wo $\delta_\mathrm{p} - \delta_\mathrm{s} = \Delta$ die relative Phasendifferenz bedeutet. Beschränkt man sich nun auf den Fall, daß die einfallende Welle unter 45° zur Einfallsebene polarisiert ist, so wird

$$E_\mathrm{p} = E_\mathrm{s}$$

und man kann aus den Fresnelschen Gleichungen (V,37) leicht den Quotienten $\frac{R_\mathrm{p}}{R_\mathrm{s}}$ bilden.

$$\frac{R_\mathrm{p}}{R_\mathrm{s}} = -\frac{\cos(\varphi + \chi)}{\cos(\varphi - \chi)} = r \cdot \mathrm{e}^{\mathrm{i}\Delta} \tag{V,42}$$

Dabei ist $r = \frac{R_\mathrm{p}}{R_\mathrm{s}}$ das Verhältnis der reellen Komponenten des E-Vektors der reflektierten Welle. Eine einfache Umformung von Gl. (V,42) ergibt:

$$\begin{aligned} \frac{1 + r\,\mathrm{e}^{\mathrm{i}\Delta}}{1 - r\,\mathrm{e}^{\mathrm{i}\Delta}} &= \frac{\cos(\varphi - \chi) - \cos(\varphi + \chi)}{\cos(\varphi - \chi) + \cos(\varphi + \chi)} \\ &= \frac{\sin \varphi \sin \chi}{\cos \varphi \cos \chi}. \end{aligned} \tag{V,43}$$

Nun läßt die beabsichtigte Elimination von χ sich leicht durchführen. Das Brechungsgesetz lautete für stark absorbierende Medien:

$$\sin \chi = \frac{\sin \varphi}{n - \mathrm{i}\, k},$$

demnach ist

$$\begin{aligned} \cos \chi &= \sqrt{1 - \sin^2 \chi} \\ &= \frac{1}{n - \mathrm{i}\, k} \sqrt{(n - \mathrm{i}\, k)^2 - \sin^2 \varphi} \end{aligned} \qquad (V,44)$$

Damit wird aus Gl. (V,43):

$$\frac{1 + r\, \mathrm{e}^{\mathrm{i}\Delta}}{1 - r\, \mathrm{e}^{\mathrm{i}\Delta}} = \frac{\sin \varphi \operatorname{tg} \varphi}{\sqrt{(n - \mathrm{i}\, k)^2 - \sin^2 \varphi}} \qquad (V,45)$$

Diese Gleichung beschreibt den strengen Zusammenhang zwischen dem Einfallswinkel φ, dem Verhältnis $\frac{R_p}{R_s} = r$ und der Phasendifferenz Δ. Sie zeigt, daß für $\varphi = 0$ (senkrechte Inzidenz) $\Delta = 180^\circ$ ist, was zu erwarten war, und daß für $\varphi = \frac{\pi}{2}$ (streifende Inzidenz) $\Delta = 0$ wird. Für diese beiden Grenzfälle ist demnach das reflektierte Licht linear polarisiert. Für alle anderen Werte von φ ist

$$0 < \Delta < 180^\circ,$$

d. h. das reflektierte Licht ist elliptisch polarisiert. Die Funktion $\Delta(\varphi)$ ist eine Kurve, die mit wachsendem φ von 180° auf Null abfällt, und zwar ist an der Stelle $\Delta = \frac{\varphi}{2}$ der Abfall am steilsten. Deshalb ist die Meßgenauigkeit am größten, wenn Δ bei einem Einfallswinkel gemessen wird, der in der Nähe des Haupteinfallswinkels liegt.

Die weitere Umformung von Gl. (V,45) geht nun so vor sich, daß man nach Trennung von Real- und Imaginärteil zwei Gleichungen für n und k erhält, die auf die Form

$$n = n(\varphi, r, \Delta)$$
$$k = k(\varphi, r, \Delta)$$

gebracht werden müssen. Die explizite Lösung ist aber so umfangreich, daß zunächst nach einer Näherungslösung gesucht werden soll, und zwar soll vorausgesetzt werden, daß

$$\sin^2 \varphi \ll n^2 - k^2. \qquad (V,46)$$

Die Frage, ob diese Näherung zulässig ist, soll später behandelt werden. Mit Anwendung der Beziehung (V,46) auf Gl. (V,45) erhält man:

$$\frac{1 + r\, \mathrm{e}^{\mathrm{i}\Delta}}{1 - r\, \mathrm{e}^{\mathrm{i}\Delta}} = \frac{\sin \varphi \operatorname{tg} \varphi}{n - \mathrm{i}\, k}. \qquad (V,47)$$

Gelingt es nun, die Phasendifferenz Δ zu kompensieren und damit zu messen, so entsteht wieder linear polarisiertes Licht mit einer Schwingungsebene, die gegen die Flächennormale der Einfallsebene um den Winkel ψ geneigt ist. ψ heißt „Azimut der wiederhergestellten Polarisation" und ist mit der Größe r durch die Beziehung

$$r = \operatorname{tg} \psi \tag{V,48}$$

verknüpft. Ersetzt man nun in Gl. (V,47) r durch $\operatorname{tg} \psi$ und trennt Real- und Imaginärteil, so erhält man für n und k die Bestimmungsgleichungen

$$n = \sin \varphi \operatorname{tg} \varphi \frac{\cos 2\psi}{1 + \sin 2\psi \cos \Delta} \tag{V,49 a}$$

$$k = \sin \varphi \operatorname{tg} \varphi \frac{\sin 2\psi \sin \Delta}{1 + \sin 2\psi \cos \Delta}\,. \tag{V,49 b}$$

Diese Gleichungen vereinfachen sich weiter; wenn man denjenigen Einfallswinkel aufsucht, für den $\Delta = \frac{\pi}{2}$ ist. Er heißt „Haupteinfallswinkel $\overline{\varphi}$". Das zugehörige Azimut heißt „Hauptazimut $\overline{\psi}$". Mit $\Delta = \frac{\pi}{2}$, $\varphi = \overline{\varphi}$ und $\psi = \overline{\psi}$ wird aus (V,49)

$$n = \sin \overline{\varphi} \operatorname{tg} \overline{\varphi} \cos 2\overline{\psi} \tag{V,50 a}$$

$$k = \sin \overline{\varphi} \operatorname{tg} \overline{\varphi} \sin 2\overline{\psi}. \tag{V,50 b}$$

$\overline{\varphi}$ und $\overline{\psi}$ sind Materialkonstanten, die den Konstanten n und k gleichwertig sind. Sie hängen nur noch von der Wellenlänge ab. Ferner bedeutet $\Delta = \frac{\pi}{2}$, daß die Schwingungsellipse gerade auf die Hauptachsen transformiert ist, und zwar steht für $\Delta = \frac{\pi}{2}$ ihre große Achse senkrecht und ihre kleine Achse parallel zur Einfallsebene. Der umgekehrte Fall ist nicht möglich, denn, wie Gl. (V,16 a) zeigt, muß stets

$$\overline{\psi} \leqslant 45^\circ$$

sein, sonst würde $n < 0$ werden.

$\overline{\psi}$ ist gleichzeitig das kleinste aller bei konstanter Wellenlänge und gleicher Beschaffenheit der reflektierenden Grenzfläche möglichen Azimute. Es bestimmt weitgehend den Absorptionskoeffizienten k, während $\overline{\varphi}$ hauptsächlich für die Brechzahl n maßgebend ist.

Wie schon bemerkt, stellen die Gleichungen (V,50 a) und (V,50 b) nur Näherungslösungen dar, und es sollen nun strengere Lösungen der Gleichungen (V,50) diskutiert werden. Drude führt zur Vereinfachung die Hilfsgrößen P, Q und S ein. Sie sind definiert durch die Beziehungen

$$\begin{aligned} \operatorname{tg} Q &= \sin \Delta \operatorname{tg} 2\psi \\ \cos P &= \cos \Delta \sin 2\psi \\ S &= \operatorname{tg} \frac{P}{2} \sin \varphi \operatorname{tg} \varphi. \end{aligned} \tag{V,51}$$

Mit Hilfe einer Reihenentwicklung nach Potenzen von S kommt Drude zu einer weitaus besseren Näherung als die Gleichungen (V,50 a) und (V,50 b) sie darstellen. Und zwar gilt nach Drude in 2. Näherung, d. h. unter Vernachlässigung von $\frac{1}{S^6}$ gegen 1:

$$\begin{aligned} n &= S \cos Q \left(1 + \frac{1}{2\,S^2}\right) \\ k &= S \sin Q \left(1 - \frac{1}{2\,S^2}\right). \end{aligned} \tag{V,52}$$

Zum Vergleich sei auch die strenge Drudesche Lösung der Gl. (V,49) mitgeteilt: nach Einführung einer vierten Hilfsgröße W, definiert durch die Gleichung

$$\operatorname{tg} W = \frac{S^2 \sin 2\,Q}{S^2 \cos 2\,Q + \sin^2 \varphi} \tag{V,53}$$

erhält Drude ohne jede Vernachlässigung:

$$\begin{aligned} n^2 &= \frac{S^2 \sin 2\,Q}{2 \operatorname{tg} \frac{W}{2}} \\ k^2 &= \frac{1}{2}\, S^2 \sin 2\,Q \operatorname{tg} \frac{W}{2}. \end{aligned} \tag{V,54}$$

Zur Diskussion sind am besten die Gleichungen (V,50) geeignet, und zwar wiederum angewandt auf den Sonderfall $\Delta = \frac{\pi}{2}$. Dann wird nämlich

$$\begin{aligned} Q &= 2\,\overline{\psi} \\ P &= \frac{\pi}{2} \\ S &= \sin \overline{\varphi} \cdot \operatorname{tg} \overline{\varphi} \end{aligned} \tag{V,55}$$

und man erhält statt (V,50):

$$n = \sin \overline{\varphi} \cdot \operatorname{tg} \overline{\varphi} \cdot \cos 2\,\overline{\psi} \left(1 + \frac{1}{2 \sin^2 \overline{\varphi} \operatorname{tg}^2 \overline{\varphi}}\right) \tag{V,56a}$$

$$k = \sin \overline{\varphi} \cdot \operatorname{tg} \overline{\varphi} \cdot \sin 2\,\overline{\psi} \left(1 - \frac{1}{2 \sin^2 \overline{\varphi} \operatorname{tg}^2 \overline{\varphi}}\right). \tag{V,56b}$$

Man erkennt sofort, daß diese Gleichungen die Beziehungen (V,50) in 1. Näherung enthalten. Weiter liest man ab, daß $S = \sin \overline{\varphi} \cdot \operatorname{tg} \overline{\varphi}$ die entscheidende Größe dafür ist, welche Näherung angewendet werden darf, oder ob notfalls die strenge Lösung (V,56) zur Berechnung von n und k erforderlich ist. Es muß nämlich bei Anwendung der

1. Näherung die Bedingung

$$\frac{1}{S^2} \ll 1$$

und bei Anwendung der 2. Näherung

$$\frac{1}{S^6} \ll 1$$

erfüllt sein.

Die Größe S hat außerdem eine über ihren Hilfsgrößencharakter hin ausgehende physikalische Bedeutung:

Durch Quadrieren und Addieren der Gleichungen (V,50) erhält man nämlich:

$$n^2 + k^2 = \sin^2 \overline{\varphi} \cdot \mathrm{tg}^2 \overline{\varphi}. \tag{V,57}$$

Somit gilt in erster Näherung:

$$S^2 = n^2 + k^2. \tag{V,58}$$

Der Absorptionskoeffizient k ist mit der Absorptionskonstanten K durch die Beziehung

$$K = \frac{4\,\pi\,k}{\lambda}$$

(k = n κ in Bd. III, II. Kap.)
λ = Wellenlänge

verknüpft. K stellt eine anschauliche Größe dar, denn ihr Kehrwert $\frac{1}{K}$ ist gleich der Eindringtiefe δ. Das ist diejenige Strecke, nach der die Lichtstärke der eindringenden Welle auf den e-ten Teil abgefallen ist.

Zum Schluß der theoretischen Vorbetrachtungen sei noch darauf hingewiesen, daß die Fresnelschen Gleichungen und das Snelliussche Brechungsgesetz und damit sämtliche daraus abgeleiteten Beziehungen nur für isotrope Medien gelten. Ihre Anwendung auf Kristalle führt aber trotzdem zu vernünftigen Ergebnissen, wenn man sich auf Spezialfälle beschränkt. Eine notwendige aber nicht hinreichende Bedingung für die Anwendbarkeit der Gleichungen (V,49) bis (V,56) ist die Beziehung

$$\overline{\psi} \leqq \frac{\pi}{4}.$$

Es wird angenommen, daß sich stark absorbierende einachsige Kristalle in den beiden Spezialfällen optisch wie zwei verschiedene isotrope Medien verhalten.

4. Experimentelle Bestimmung der optischen Konstanten

Monochromatoren

Eine Meßanordnung, mit der sowohl der Transmissionsgrad $\tau = \Phi_{tr}/\Phi_0$ als auch der Reflexionsgrad $\rho = \Phi_r/\Phi_0$ auf einfache Weise bestimmt werden kann, zeigt die Abb. V,64. Dabei wird der Austrittsspalt des Monochromators mittels zweier Hohlspiegel auf die Probe P abgebildet. Das in der Stellung 1 befindliche Thermo- oder

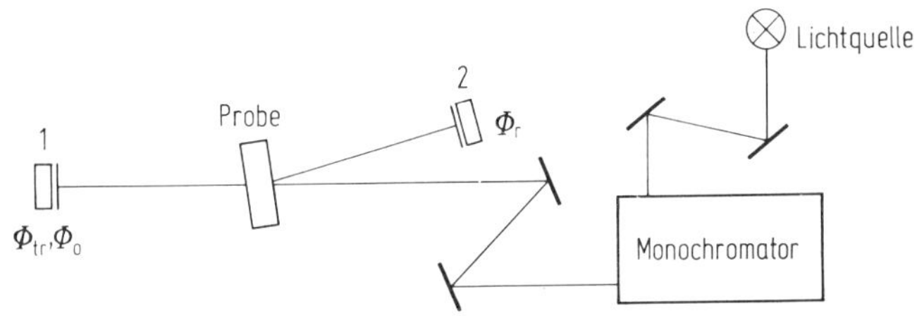

Abb. V,64. Apparatur zur Messung des Transmissionsgrades und des Reflexionsgrades

Photoelement zeigt einen dem durchgelassenen Lichtstrom Φ_{tr} proportionalen Ausschlag an. Die Stellung 1 ohne Probe liefert den Wert Φ_0. In die Stellung 2 herumgeschwenkt zeigt das Instrument den Wert Φ_r an. Die Probe muß für die Reflexionsmessung etwas gedreht werden.

Wie aus den Fresnelschen Formeln folgt, beträgt die Abweichung des gemessenen Wertes vom Wert bei genau senkrechtem Einfall weniger als 1%, wenn der Einfallswinkel um weniger als 7° von der Flächennormalen der Probe abweicht.

Für die spektrale Zerlegung des Lichts verwendet man sog. Einfach- bzw. Doppel-Monochromatoren. Die Abb. V,65 zeigt die Strahlengänge solcher Geräte. Der große Vorteil dieser Geräte gegenüber den üblichen Spektralapparaten liegt darin, daß beim Durchlaufen des Spektrums die gesamte Apparatur einschließlich Probe ortsfest sind. Die Geräte sind aufgrund der großen Öffnungswinkel des Strahlenganges sehr lichtstark. Die Verwendung einer Spiegeloptik erweitert erheblich den Meßbereich: Monochromatoren ermöglichen das Arbeiten im Wellenlängenbereich zwischen 0,2 und 20 μm bei Verwendung geeigneter Prismen. Doppelmonochromatoren zeichnen sich durch ein sehr geringes Streulicht aus.

Infrarot-Spektrographen

Die Entwicklung der kommerziellen Infrarot-Spektrographen hat in den Nachkriegsjahren durch die Erfordernisse insbesondere der organischen Chemie eine stürmische Entwicklung erfahren. Die heute überwiegend mit Alkalihalogenid-Prismen ausgerüsteten IR-Spektrographen erlauben Messungen bis etwa 40 μm (s. hierzu Abb. V,66). Als Lichtquelle dient heute noch fast ausschließlich der sog. Nernstift (das ist ein gesintertes Stäbchen aus Oxyden seltener Erden), wenngleich eine monochromatische

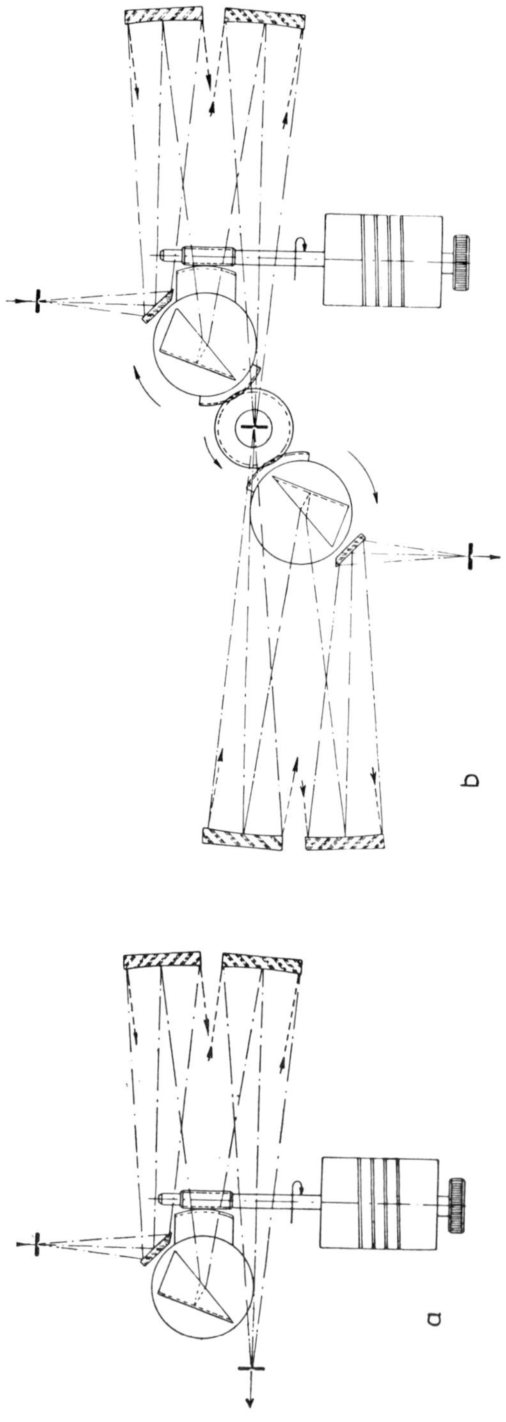

Abb. V,65. Strahlengänge des Einfach- und Doppelmonichromators (Fa. Carl Leiss, Berlin)

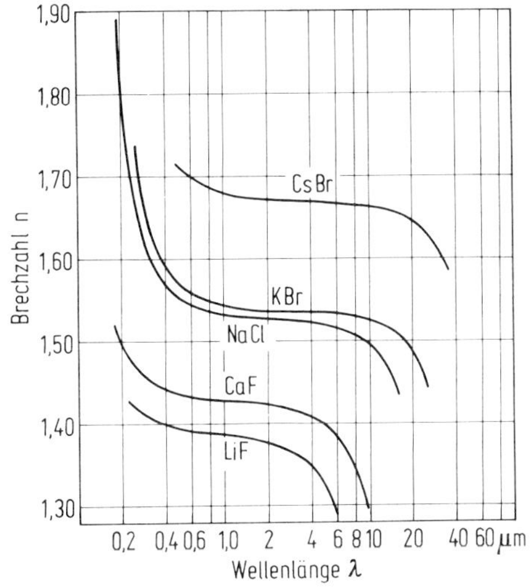

Abb. V,66. Brechzahl $n(\lambda)$ verschiedener Salze

Lichtquelle abstimmbarer Frequenz, die die heutige Laserforschung in den Bereich des Möglichen rückt, ideal wäre. Der Nernststift besitzt eine spektrale Emission, die eine gewisse Ähnlichkeit mit der Planckschen Strahlungskurve aufweist.

Da die Intensität mit größer werdenden Wellenlängen sehr stark abfällt, muß für eine ausreichende Nachverstärkung des Detektorsignals gesorgt werden. So wird bei allen IR-Spektrographen das Licht mit einem Sektorenspiegel (Frequenz etwa 12,5 Hz) zerhackt und das am Thermoelement eintreffende Wechselsignal schmalbandig verstärkt.

Die Abb. V,67 zeigt das Funktionsschema eines IR-Spektrometers.

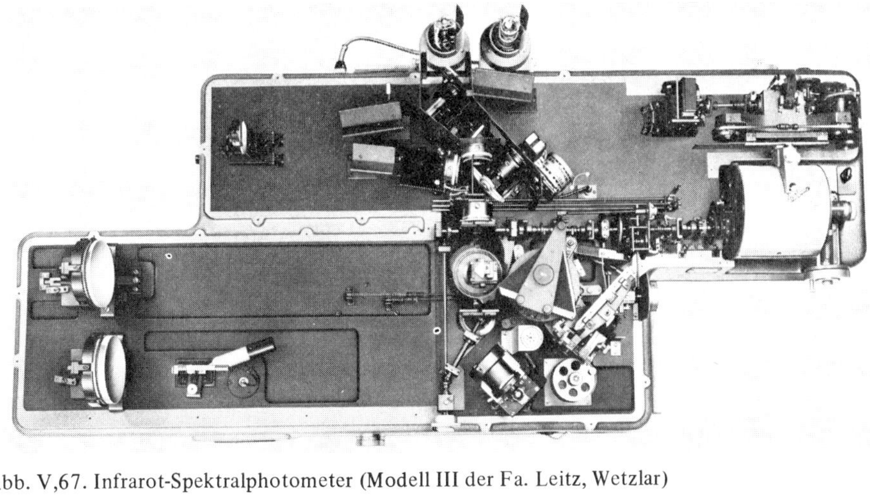

Abb. V,67. Infrarot-Spektralphotometer (Modell III der Fa. Leitz, Wetzlar)

Das vom Nernststift 5 emittierte Strahlenbündel wird durch die beiden Planspiegel 4 und 6 in zwei gleiche Teilbündel, den Meßstrahlengang, in dem sich die Probe 3 befindet, und in den Vergleichsstrahlengang aufgeteilt; dieser wird durch die Meßblende 13 auf den Lichtstrom des durch die Probe tretenden Lichts abgeglichen. Die sphärischen Spiegel 2 und 14 bilden den Nernststift auf den Monochromator-Eintrittsspalt 10 ab. Der rotierende Sektorenspiegel 8 (12,5 Hz) reflektiert während einer halben Umdrehung den Meßstrahl und läßt während der an deren Halbperiode den Vergleichsstrahl passieren. Der Eintrittsspalt 10 wird mittels des Kollimatorspiegels 32 ins Unendliche abgebildet. Das parallele Lichtbündel durchläuft zweimal das Prisma und wird durch 32 auf den Austrittsspalt 27 abgebildet. Durch Drehen des Littrow-Spiegels 23 kann das Spektrum durchlaufen werden.

Der in Abb. V,67 angegebene Aufbau ist der Verwendungsmöglichkeit der Chemie angepaßt. Für die Anwendung der IR-Spektroskopie wählt man aus folgenden Gründen eine von den meisten kommerziellen Geräten abweichende Strahlenführung:

1. In der Festkörperphysik stehen meist nur kleine Proben zur Verfügung. Die Probe muß deshalb an einen Ort gebracht werden, an dem das Strahlenbündel einen kleinen Querschnitt besitzt.
2. Die Messungen müssen oft bei sehr tiefen Temperaturen erfolgen, d. h. am Probenort muß genügend Platz für einen Kryostaten zur Verfügung stehen.
3. Die spezifischen Wärmen der meisten Festkörper sind bei der Temperatur des flüssigen Heliums etwa um den Faktor 10^4 kleiner als bei Zimmertemperatur. Dies bedeutet, daß bereits geringe absorbierte Lichtmengen zu erheblichen Temperaturerhöhungen führen. Man wird aus diesem Grund die Probe nicht mit dem Gesamtlichtstrom des weißen Lichts belasten, sondern wird sie meistens in den Strahlengang des bereits spektral zerlegten Lichts bringen.

Eine diesen Erfordernissen angepaßte Strahlenführung haben wir mit dem im II. Physikalischen Institut der Technischen Universität Berlin entwickelten IR-Spektrographen verwirklicht (Abb. V,68). Der untere Teil der Abb. V,68 stellt im wesentlichen einen Teil eines kommerziellen Geräts (Perkin-Elmer, 13 U) dar. Das an dem Austrittsspalt S 11 austretende spektral zerlegte Licht wird mittels der Spiegeloptik S 13, S 14 auf die Probe in Kryostaten abgebildet. Durch Schwenken des Planspiegels S 17 kann wechselweise der Lichtstrom des durchtretenden bzw. des reflektierten Lichts mit dem Thermoelement T gemessen werden.

Fourier-Spektroskopie (FS)

Unter diesem Begriff versteht man die Aufnahme eines Zweistrahl-Interferogramms der zu untersuchenden Strahlung, aus dem dann durch eine Fouriertransformation das gesuchte Frequenz-Spektrum berechnet wird.

Die FS, die sich erst in den letzten Jahren als spektroskopische Technik durchgesetzt hat, eignet sich vor allem für Messungen in dem sonst sehr schwer zugänglichen Spektralbereich zwischen 20 und 1000 μm.

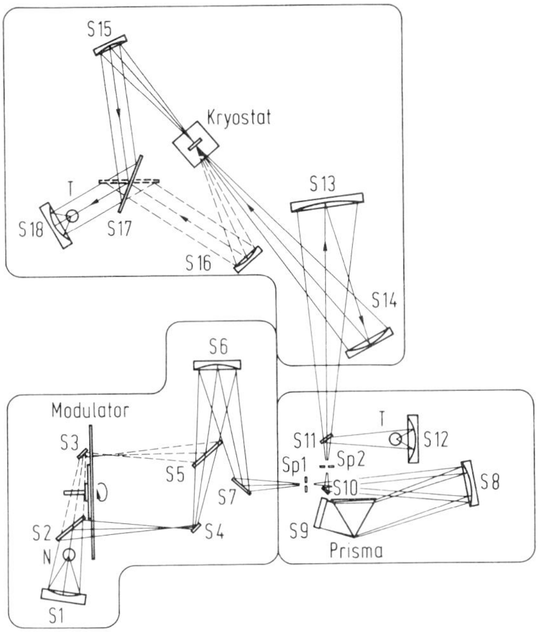

Abb. V,68. Infrarot-Spektralphotometer zur Messung des Reflexionsgrades und des Transmissionsgrades bei tiefen Temperaturen an kleinen Proben

Die FS zeichnet sich durch wesentliche Gesichtspunkte gegenüber der konventionellen Spektroskopie aus:

1. Die FS besitzt über den gesamten Wellenlängenbereich ein konstantes und außerordentlich hohes Auflösungsvermögen. Die Schwierigkeiten der konventionellen Spektrosiopie mit der Streustrahlung bzw. der geeigneten Filterung entfallen grundsätzlich.
2. Alle Spektralelemente des gesamten Spektrums treffen gleichzeitig auf den Detektor; dies bedeutet einen großen Gewinn im Signal/Rausch-Verhältnis. Dies ist besonders wichtig, weil für ferne Infrarot nur sehr schwache Strahler zur Verfügung stehen.

Die späte Einführung der FS hat ihren Grund in der Schwierigkeit der mathematischen Umrechnung. Obgleich das Prinzipielle der Methode schon seit den Arbeiten von Fizeau (1862) und insbesondere Michelson (dieser löste 1891 mit dieser Methode die Na-Doppellinie auf) bekannt ist, wurde sie erst durch die großen Rechenmaschinen für die Aufnahme komplizierter Spektren anwendbar.

Die Funktionsweise der FS kann man sich anhand des bekannten Michelson-Interferometers (MI) (Abb. V,69) veranschaulichen. Das MI besteht aus zwei Planspiegeln M_1 und M_2, einem Strahlenteiler (halbdurchlässiger Spiegel), dem Empfänger D und dem Strahler S. Der Spiegel M_1 kann parallel zu sich verschoben werden. γ ist der

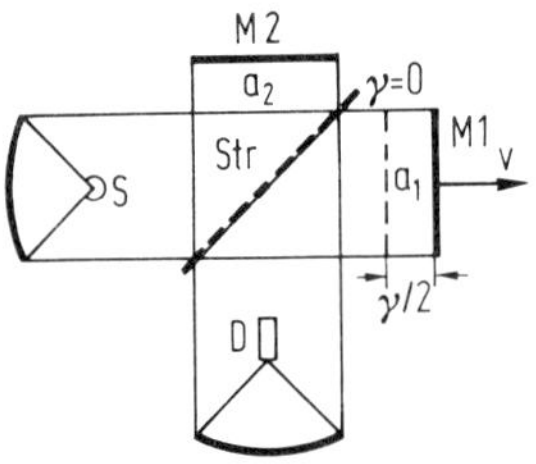

Abb. V,69. Schematischer Strahlengang eines Michelson-Interferometers
S = Strahler; Str = Strahlenteiler; M2 = feststehender Spiegel; M1 = beweglicher Spiegel; γ = Gangunterschied zwischen den beiden Interferometerbündeln a_1 und a_2; D = Detektor

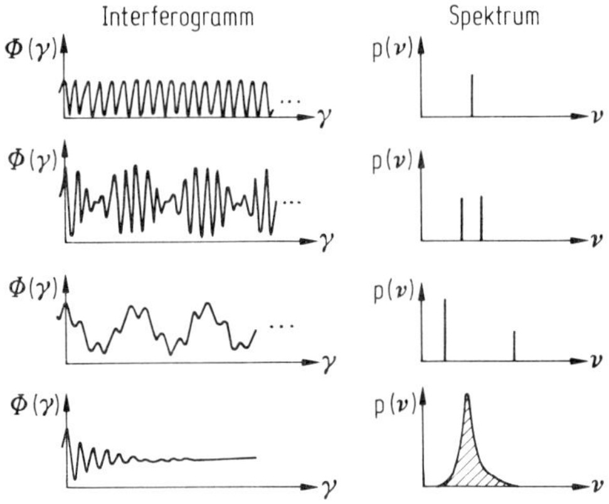

Abb. V,70. Interferogramme einfacher Spektren

Gangunterschied der optischen Wege a_1 und a_2. Die Abb. V,70 zeigt die Interferogramme einfacher Spektren. Hier ist der Lichtstrom $\Phi(\gamma)$ der im Detektor D auftreffenden Strahlung bei einer Verschiebung des Spiegels M_1 um $\gamma/2$ dem Lichtstrom des vom Strahler emittierten Spektrums $p(\nu)$ gegenübergestellt.

a) Ist $p(\nu)$ streng monochromatisch (ideale „Linie" im Frequenzspektrum), so stellt $\Phi(\gamma)$ eine cos-Funktion dar.

b) Besteht $p(\gamma)$ aus zwei eng benachbarten Linien gleicher Amplitude, so setzt sich $\Phi(\gamma)$ aus der additiven Überlagerung von zwei cos-Funktionen zusammen, d. h. in D wird eine Schwebung registriert.

c) Weiter auseinanderliegende Linien ungleicher Amplitude führen bereits zu einem komplizierten Interferogramm.

d) Spektrallinien besitzen eine natürliche Linienbreite („Halbwertsbreite"), die mit einer endlichen Kohärenzlänge verknüpft ist. Bei wachsendem Gangunterschied γ werden die zur Interferenz betragenden Teilbereiche der Wellenzüge immer kleiner, so daß der Kontrast des Interferogramms $\Phi(\gamma)$ abnimmt. Die Hüllkurve von $\Phi(\gamma)$ erlaubt daher Rückschlüsse auf die Halbwertsbreite der Spektrallinien. Das Interferogramm setzt sich aus der phasenrichtigen Superposition der einzelnen Spektralelemente zusammen. Einem Gangunterschied γ eines Spektralelements entspricht die Phasendifferenz

$$\Delta\varphi = 2\pi \frac{\gamma}{\lambda} = 2\pi\nu\gamma. \qquad \text{(V,59)}$$

Die Amplituden der beiden Interferometerarme können somit für eine Frequenz ν dargestellt werden durch

$$\begin{aligned} a_1 &= p_1^{1/2} \exp(\mathrm{i}\,\omega\,\mathrm{t} + \mathrm{i}\,2\pi\nu\gamma) \\ a_2 &= p_2^{1/2} \exp(\mathrm{i}\,\omega\,\mathrm{t} - \mathrm{i}\,\Phi(\nu)) \end{aligned} \qquad \text{(V,60)}$$

Ohne dispersive Elemente ist $\varphi = 0$. Die Stellung $\gamma = 0$ heißt „white-light-Position".

Der Detektor mißt additiv die über alle Frequenzen ν vereinigten Amplituden als Funktion des Gangunterschiedes γ.

$$\Phi(\gamma) = \int_0^\infty (a_1 + a_2)^2\,\mathrm{d}\nu = \int_0^\infty (p_1 + p_2)\,\mathrm{d}\nu + \int_0^\infty (a_1 a_2^* + a_1^* a_2)\,\mathrm{d}\nu. \qquad \text{(V,61)}$$

Der erste Term der rechten Seite ist unabhängig von γ; man bezeichnet ihn mit $\Phi(\infty)$, da für $\gamma \to \infty$ das zweite Glied wegen der endlichen Kohärenzlänge verschwindet.

Für die Auswertung ist lediglich der zweite Term von Bedeutung

$$\mathrm{F}(\gamma) = \Phi(\gamma) - \Phi(\infty) = 2\int_0^\infty (p_1 p_2)^{1/2} \cos(2\pi\nu\gamma + \varphi)\,\mathrm{d}\nu. \qquad \text{(V,62)}$$

Läßt man formal auch negative Frequenzen mit der Festlegung

$$p(-\gamma) = p(\nu) \qquad \text{(V,63)}$$

zu, so wird (da der cos eine gerade Funktion ist)

$$\mathrm{F}(\gamma) = \int_{-\infty}^{+\infty} p(\nu) \cos(2\pi\nu\gamma)\,\mathrm{d}\nu. \qquad \text{(V,64)}$$

Damit liegt gerade der als „Kosinus-Transformation" bezeichnete Spezialfall der Fourier-Transformation vor (Abb. V,71). Wegen der Reziprozität der Fourier-Transformation gilt auch umgekehrt

$$p(\nu) = \int_{-\infty}^{+\infty} \mathrm{F}(\gamma) \cos(2\pi\nu\gamma)\,\mathrm{d}\nu, \qquad \text{(V,65)}$$

so daß bei Kenntnis von $\mathrm{F}(\gamma)$ für alle Gangunterschiede von 0 bis ∞ das exakte Spektrum berechnet werden kann. In Wirklichkeit mißt man um das Interferogramm für

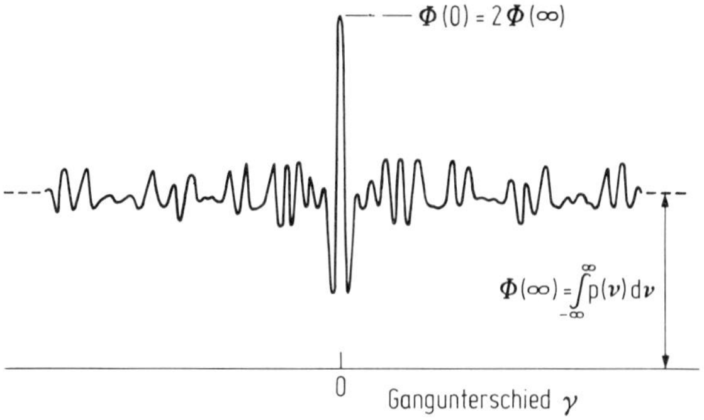

Abb. V,71. Symmetrisches Interferogramm $\Phi(\gamma) = \Phi(\infty) + \int_{-\infty}^{+\infty} p(\nu) \cos 2\pi\nu\, d\nu$

diskrete Werte $n \cdot \Delta x$ des optischen Wegunterschiedes bis zu einem Maximalwert $N \cdot \Delta x$, dabei nimmt n die Werte n = 0, 1, 2 . . . N an. Δx ist das sog. „Sampling-Intervall", das aufgrund des Samplingtheorems der Informationstheorie zu

$$\Delta x \leqslant \frac{1}{2(\nu_{max} - \nu_{min})} \qquad \text{(V,66)}$$

gewählt werden muß. $(\nu_{max} - \nu_{min})$ ist die optische Bandbreite. Wenn das Interferogramm nur im Gangunterschiedsbereich $0 \leqslant x \leqslant N \cdot \Delta x$ für diskrete x aufgenommen wird, kann das Fourierintegral der Gleichung (V,65) durch eine Fourierreihe angenähert werden:

$$p(\nu) = \sum_{n=0}^{n=N} F(n \cdot \Delta x) \cos(2\pi \nu_i n \cdot \Delta x) \Delta x \qquad \text{(V,67)}$$

$\Delta \nu$ ist mit $\gamma_{max} = N \cdot \Delta x$ über die sog. Apparate- („scanning"-) Funktion $S(\nu)$ verknüpft:

$$S(\nu - \nu_i) = \frac{2\gamma \sin[2\pi(\nu - \nu_i)\gamma]}{2\pi(\nu - \nu_i)\gamma}\,. \qquad \text{(V,68)}$$

Die Funktion entspricht in der FS der Spaltfunktion der konventionellen Monochromatoren; sie bestimmt mit ihrer Halbwertsbreite Δx die Auflösung

$$\Delta \nu \approx \frac{1}{2\gamma_{max}}\,. \qquad \text{(V,69)}$$

Für γ_{max} = 10 cm ergibt sich z. B. die Auflösung zu 0,1 cm^{-1}. Die Abb. V,72 und V,73 zeigen den Strahlengang und das Blockbild des Fourier-Spektrometers FIR 30.

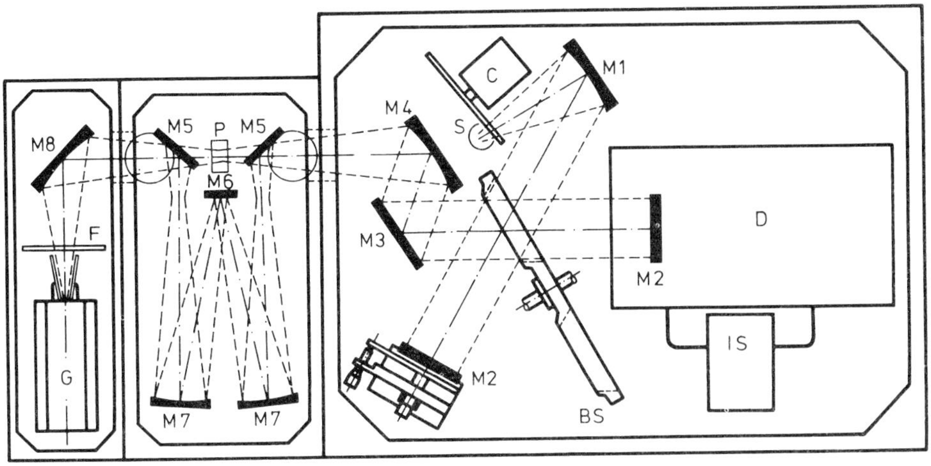

M1 Paraboloid-Kollimator
M2 Michelson-Spiegel
M3 Planspiegel
M4 Paraboloid-Kondensor
M5 Planspiegel (klappbar)
M6 Planspiegel
M7 Sphärischer Spiegel
M8 Elliptischer Spiegel
C Modulator
S Hg-Hochdrucklampe
BS Strahlteilerwechsler
D Spiegel-Verschiebeschlitten
IS Inkrement-Meßwerk
F Filterwechsler
G Golay-Detektor
P Probenhalter-Küvette

Abb. V,72. Strahlengang des Fourier-Spektrometers FIR 30 der Fa. Perkin-Elmer
M1 = Paraboloid-Kollimator; M2 = Michelson-Spiegel; M3 = Planspiegel; M4 = Paraboloid-Kondensor; M5 = klappbarer Planspiegel; M6 = Planspiegel; M7 = Sphärischer Spiegel; M8 = elliptischer Spiegel; C = Modulator; S = Hg-Hochdrucklampe; BS = Strahlenteilerwechsler; D = Spiegel-Verschiebeschlitten; IS = Inkrement-Meßwerk; F = Filterwechsler; G = Golay-Detektor; P = Probenhalter-Küvette

Modulations-Spektroskopie

Ein im allgemeinen glatt verlaufendes optisches Spektrum besitzt oft eine schwache Unterstruktur. So treten z. B. an kritischen Punkten schwache Knickstellen im Verlauf des Reflexionsgrades ρ auf, die mit konventionellen Methoden nicht mehr erfaßt werden können. Anstelle der direkten ρ-Bestimmung mißt man hier unter Verwendung einer geeigneten Elektronik die Ableitung von ρ nach λ. Man variiert hierbei λ periodisch um den Wert d λ und registriert mit einem phasenempfindlichen Verstärker den Wert d ρ. Der große Vorteil des Verfahrens liegt darin, daß der strukturlose Untergrund eliminiert wird. Die Abb. V,74 zeigt eine derartige Meßanordnung. Zur Unterdrückung des Untergrundes muß im Zweistrahlbetrieb gearbeitet werden. Der von der Lichtquelle und auf den Eintrittsspalt des Monochromators abgebildete Lichtstrom wird mit einem Zerhacker mit der Frequenz Ω_1 amplitudenmoduliert; er wird ferner durch periodisches Schwenken einer Platte aus dispergierendem Material mit der Frequenz Ω_2 phasenmoduliert. Das im Monochromator spektral zerlegte Licht wird durch den

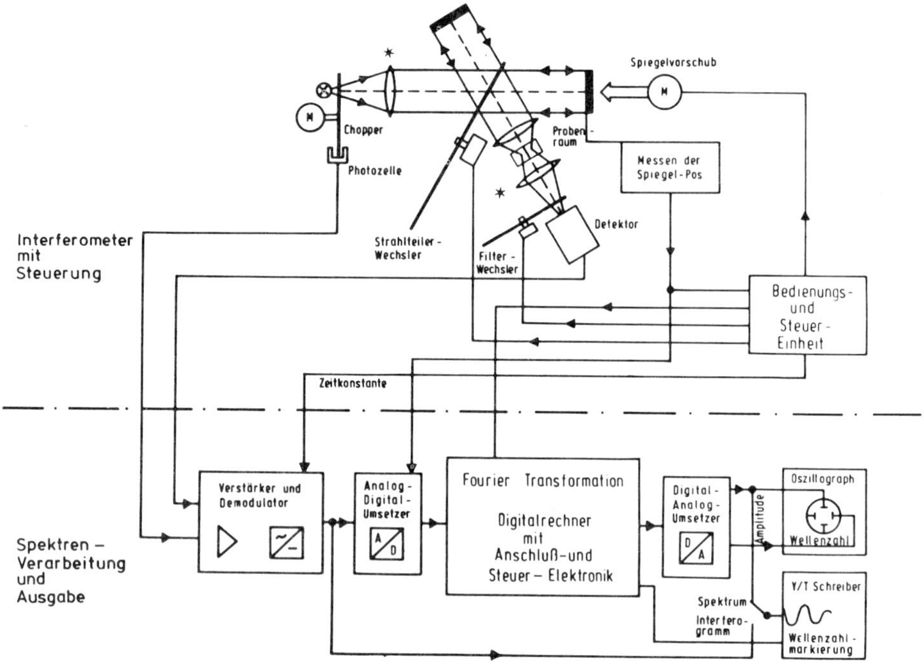

Abb. V,73. Blockbild des Fourier-Spektrometers FIR 30

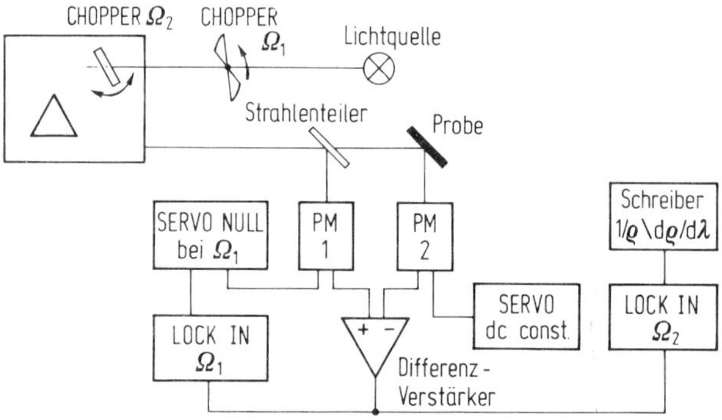

Abb. V,74. Meßanordnung zur Aufnahme eines Modulationsspektrums (relative Änderung des Reflexionsgrades in Abhängigkeit von der Wellenlänge)

Strahlenteiler in zwei Teilbündel 1 und 2 aufgespalten. Der Photomultiplier PM 1 registriert den einfallenden Lichtstrom $\Phi = \Phi_0\, \rho$. Das Signal der Frequenz Ω_1 in PM 1 ist proportional Φ_0, in PM 2 proportional Φ. Bei der Frequenz Ω_2 registriert PM 1 den Wert $d\,\Phi_0/d\,\lambda$ und PM 2 den Wert $d\,\Phi/d\,\lambda = \rho\,\frac{d\,\Phi_0}{d\,\lambda} + \Phi_0\,\frac{d\,\rho}{d\,\lambda}$.

Ein Regler regelt die Hochspannung von PM 1 so, daß die Ausgangsspannung des Differenz-Verstärkers für Ω_1 jeweils Null ist (d. h. $d\,\Phi_0/d\,\lambda = 0$). Der zweite Regler hält durch Regelung der Hochspannung von PM II seine Ausgangs-Gleichspannung konstant. Das Anzeigegerät registriert somit unmittelbar den Wert $d\,\rho/\rho \cdot d\,\lambda$.

Die Bestimmung der optischen Konstanten bei metallischer Absorption

Wie die Ableitung der Formeln zur Berechnung von n und k gezeigt hat, gibt es für die Messung zwei Möglichkeiten:

Man kann einmal für jede eingestellte Wellenlänge den Einfallswinkel φ so lange variieren, bis die Phasenverschiebung den Wert $\frac{\pi}{2}$ erreicht hat. Dann ist der Haupteinfallswinkel $\overline{\varphi}$ gefunden, und man bracht nur noch das Hauptazimut ψ zu messen. Dazu muß natürlich bei jeder Änderung des Einfallswinkels das gesamte System, das der Lichtstrahl nach der Reflexion durchläuft, um die Achse von T_1 in Abb. V,75 nachgedreht werden. Die Messung wird dadurch sehr langwierig, dafür vereinfacht sich aber die Auswertung.

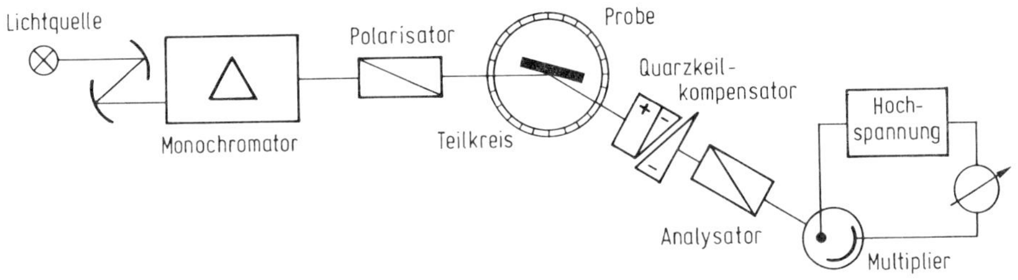

Abb. V,75. Meßanordnung zur Bestimmung der beiden optischen Konstanten durch Analyse der Schwingungsellipse des reflektierten Lichts

Die andere Möglichkeit besteht darin, bei festem mittlerem Einfallswinkel, der zwischen den Extremwerten des Haupteinfallswinkels liegen soll, die Phasenverschiebung Δ und das Azimut ψ zu messen. Mit dieser Vereinfachung der Messung muß aber die kompliziertere Auswertung in Kauf genommen werden.

Die Meßgenauigkeit läßt sich noch erheblich steigern, wenn man von der Tatsache Gebrauch macht, daß für den Kompensator gilt:

$$\Phi \sim \sin^2 \frac{D - \Delta}{2}. \qquad \text{(V,70)}$$

Darin bedeutet:

Φ = Lichtstrom
D = die von der Stellung der Mikrometerschraube abhängige, laufende Phasendifferenz
Δ = die zu messende Phasendifferenz.

Entsprechend gilt für den Analysator:

$$\Phi \sim \cos^2 (\chi - \psi) \qquad \text{(V,71)}$$

wo χ = das von der Analysatorstellung abhängige, laufende Azimut
ψ = das zu messende Azimut bedeutet.

Beide Funktionen verlaufen symmetrisch zu ihren Minima bei $D = \Delta$ bzw. $\chi = \frac{\pi}{2} + \psi$.

5. Die Kramers-Kronig-Relation (KKR)

Wie die Gleichungen (V,23) bis (V,27) zeigen, sind die beiden optischen Konstanten n und k nicht voneinander unabhängig. Diese Abhängigkeit beschränkt sich keinesfalls auf den sichtbaren Spektralbereich, sondern diese „Dispersions-Relation" gilt für alle physikalischen Erscheinungen, die durch eine Absorption und eine Phasenverschiebung einer Welle beschrieben werden können.

Unabhängig von einander haben Kramers [2] und Kronig [3] in den Jahren 1926 bis 1929 diese allgemein gültigen Beziehungen aufgestellt.

Die KKR basiert auf dem Zusammenhang zwischen der einfallenden elektromagnetischen Welle der Frequenz ω und der dadurch verursachten Verschiebung der Elektronen gegen die Gitterrümpfe, d. h. der Polarisation $\boldsymbol{P}$. Die Polarisation $\boldsymbol{P}$ zur Zeit $t = 0$ kann als eine Einwirkung des elektrischen Feldes $\boldsymbol{E}$ an diesem Ort zur Zeit $t \leqslant 0$ aufgefaßt werden. Nimmt man nun einen linearen Zusammenhang zwischen $\boldsymbol{P}$ und $\boldsymbol{E}$ an ($\boldsymbol{P} = \chi \boldsymbol{E}$) an, so liefert eine Fourierkomponente des elektrischen Feldes der Frequenz ω einen Beitrag zu $\boldsymbol{P}$ bei der gleichen Frequenz ω. Die allgemeine Relation zwischen $\boldsymbol{P}(t)$ und $\boldsymbol{E}(t)$ lautet dann

$$4\,\pi\,\boldsymbol{P}(t) = \int_0^\infty \mathrm{G}(t') \cdot \boldsymbol{E}(t - t')\,\mathrm{d}\,t'. \qquad \text{(V,72)}$$

Die physikalische Bedeutung der Funktion $\mathrm{G}(t)$ wird anschaulich klar, wenn man für das elektrische Feld $\boldsymbol{E}(t)$ eine Delta-Funktion $\delta(t)$ annimmt, so daß die Gl. (V,72) übergeht in

$$4\,\pi\,\boldsymbol{P}(t) = \int_0^\infty \mathrm{G}(t) \cdot \delta(t - t')\,\mathrm{d}\,t' = \mathrm{G}(t) \qquad \text{(V,73)}$$

Die Funktion $\mathrm{G}(t)$ hat hier die Bedeutung einer Polarisation, die durch einen elektrischen Puls verursacht wird; sie ist Null für $t < 0$ und sie fällt andererseits für $t \to \infty$ wieder auf den Wert Null ab.

Setzt man für $\boldsymbol{E}(t - t') = \boldsymbol{E}_0 \exp[-\,\mathrm{i}\,\omega(t - t')]$ an, so wird (V,72) zu

$$4\,\pi\,\boldsymbol{P}(t) = \boldsymbol{E}_0 \exp(-\,\mathrm{i}\,\omega\,t) \int_0^\infty \mathrm{G}(t') \exp(\mathrm{i}\,\omega\,t')\,\mathrm{d}\,t'. \qquad \text{(V,74)}$$

Bekanntlich besteht zwischen der dielektrischen Verschiebung $\boldsymbol{D}$ und der Polarisation $\boldsymbol{P}$ die Beziehung $\boldsymbol{D} = \boldsymbol{E} + 4\pi \boldsymbol{P}$, so daß zwischen G($t$) und der Dielektrizitätszahl $\epsilon(\omega)$ gelten muß

$$\epsilon(\omega) - 1 = \int_0^\infty G(t') \exp(i\,\omega\,t')\,d\,t'. \tag{V,75}$$

Die Zerlegung dieser Gleichung in Real- und Imaginärteil führt unmittelbar zu den beiden Gleichungen

$$\begin{aligned} \epsilon_1(\omega) - 1 &= \int_0^\infty G(t') \cos(\omega\,t')\,d\,t' \\ \epsilon_2(\omega) &= \int_0^\infty G(t') \sin(\omega\,t')\,d\,t'. \end{aligned} \tag{V,76}$$

Die Umkehr der Fourier-Transformation der Gl. (V,75) ergibt

$$\begin{aligned} G(t) &= \frac{1}{2\pi} \int_{-\infty}^{+\infty} [\epsilon(\omega) - 1] \cdot \exp(-\,i\,\omega\,t)\,d\,\omega \\ &= \frac{1}{\pi} \int_0^\infty [(\epsilon_1(\omega) - 1) \cos\omega\,t + \epsilon_2(\omega) \sin\omega\,t]\,d\,\omega\,. \end{aligned}$$

Die Kausalitätsbedingung (G(t) = 0 für $t < 0$) wird erfüllt für $t > 0$; daraus folgt

$$\int_0^\infty [\epsilon_1(\omega) - 1] \cos\omega\,t \cdot d\,\omega = \int_0^\infty \epsilon_2(\omega) \sin\omega\,t \cdot d\,\omega \tag{V,77}$$

und ferner für $t > 0$

$$G(t) = \frac{2}{\pi} \int_0^\infty [\epsilon_1(\omega) - 1] \cos\omega\,t \cdot d\,\omega = \frac{2}{\pi} \int_0^\infty \epsilon_2(\omega) \sin\omega\,t \cdot d\,\omega. \tag{V,78}$$

Benutzt man diese Ausdrücke für G(t) in Gl. (V,76), so können daraus die beiden Beziehungen zwischen $\epsilon_1(\omega)$ und $\epsilon_2(\omega)$ aufgestellt werden:

$$\epsilon_1(\omega) - 1 = \frac{2}{\pi} \int_0^\infty \epsilon_2(\omega') \frac{\omega'}{\omega'^2 - \omega^2}\,d\,\omega'; \tag{V,79}$$

$$\epsilon_2(\omega) = \frac{2}{\pi} \int_0^\infty \epsilon_1(\omega') \frac{\omega}{\omega^2 - \omega'^2}\,d\,\omega'. \tag{V,80}$$

Die erste Beziehung ist für eine Interpretation experimenteller Daten sehr nützlich: Wenn ein ausgezeichneter Wert für $\epsilon_2(\omega')$ vorliegt, dann kann daraus $\epsilon_1(\omega)$ rechnerisch ermittelt werden.

Die alleinige Messung des Reflexionsgrades $\rho(\omega)$ ist meist einfacher und schneller durchzuführen als eine Vielzahl von Transmissionsmessungen.

Die folgende mathematische Umformung erlaubt aus $\rho(\omega)$ die Errechnung der beiden optischen Konstanten:

$$\ln(\rho^{1/2} \exp i\,\Delta) = \frac{1}{2} \ln \rho + i\,\Delta. \tag{V,81}$$

Aus der KKR errechnet sich der Phasensprung Δ zu

$$\Delta(\omega) = \frac{2}{\pi} \int_0^\infty \left[\frac{1}{2} \ln \rho(\omega')\, \frac{\omega}{\omega^2 - \omega'^2}\, d\,\omega'\right]. \tag{V,82}$$

Die beiden optischen Konstanten n und k können aus den gemessenen Werten $\rho(\omega)$ und den berechneten Werten Δ anhand der Gleichungen des Abschnitts 2 getrennt berechnet werden.

6. Lichtabsorption durch Ladungsträger

Die Gitterschwingungen und die Interbandübergänge sind in den Abschnitten b und e gesondert behandelt, so daß sich dieser Artikel auf die Wechselwirkung des Elektrons mit der elektromagnetischen Welle bzw. dem Photon beschränken kann.

Ein Elektron kann gekennzeichnet werden durch die Angabe seiner Elementarladung $-e$, seiner effektiven Masse m^* und seines Absorptionsquerschnitts q. Wie man aus einer Dimensionsbetrachtung sofort ersehen kann, ist der Absorptionskoeffizient K gegeben durch

$$K = n \cdot q \tag{V,83}$$

wenn n die Elektronendichte ist. Man erkennt aus dieser einfachen Beziehung bereits, daß Metalle aufgrund ihrer hohen Elektronendichte (pro Gitteratom steht etwa ein freies Elektron zur Verfügung; n hat somit die Größenordnung 10^{22} cm^{-3}) das Licht sehr stark absorbieren. Im Gegensatz dazu absorbieren die Halbleiter wegen der hier sehr viel kleineren Dichte der freien Ladungsträger je nach der Stärke ihrer Dotierung das Licht sehr viel schwächer.

Das Matrixelement $\langle k'|\, e \cdot \text{grad}\, |k\rangle$ wird gleich Null, wenn direkte Übergänge zwischen den Zuständen $|k\rangle$ und $|k'\rangle$ betrachtet werden und wenn mit ebenen Wellen gerechnet wird. Aus dem Verschwinden der Matrix muß somit gefolgert werden, daß nur indirekte Übergänge möglich sind, m. a. W., daß eine Photonenabsorption nur unter Mitwirkung einer Elektron-Phonon-Wechselwirkung erfolgen kann. Das Elektron durchläuft bei diesen Übergängen praktisch eine kontinuierliche Folge von Energiezuständen. Man kann sich diese Übergänge anschaulich so vorstellen, daß das Elektron während des Überganges beschleunigt wird und dabei der elektromagnetischen Welle Energie entzieht. Diese gegenüber dem thermischen Gleichgewicht energiereicheren Elektronen geben anschließend durch Stöße ihre überschüssige Energie wieder an das Gitter ab und heizen es dabei auf. Dieser hier nur kurz skizzierte Sachverhalt würde es nahelegen, die Lichtabsorption durch Ladungsträger mit Hilfe der Boltzmannschen

Stoßgleichung in Analogie zur Wärmeleitung als Transportproblem zu behandeln. Die Behandlung der Lichtabsorption auf dieser Basis ist mathematisch nicht einfach.

Die Theorie von Drude

Das Grundsätzliche kann jedoch schon anhand der klassischen Theorie von Drude verstanden werden.

Man betrachtet dazu die Bewegung eines Ladungsträgers der Masse m^* unter dem Einfluß der elektrischen Kraft $-eE$ in einem Medium, in dem er einer geschwindigkeitsabhängigen Reibungskraft $\gamma \cdot \dot{x}$ unterliegt. Für dieses Modell wird nun die Hochfrequenzleitfähigkeit berechnet. Die Bewegungsgleichung lautet für das Elektron

$$m^*(\dot{\mathrm{v}} + \gamma\,\mathrm{v}) = -eE = -eE_0\,\mathrm{e}^{-\mathrm{i}\omega t}. \tag{V,84}$$

Nimmt man für die Geschwindigkeit v die gleiche Zeitabhängigkeit $\mathrm{e}^{-\mathrm{i}\omega t}$ an, so wird

$$j = \sigma E = -en\vec{\mathrm{v}} = \sigma_0\,\gamma\,\frac{\gamma + \mathrm{i}\,\omega}{\gamma^2 + \omega^2}\,\boldsymbol{E}, \tag{V,85}$$

mit

$$\sigma_0 = \frac{n\,e^2\,\tau}{m^*} \quad \text{und} \quad \tau = \frac{1}{\gamma}.$$

Man erkennt, daß die Leitfähigkeit $\sigma(\omega)$ komplex ist

$$\sigma(\omega) = \sigma_1(\omega) - \mathrm{i}\,\sigma_2(\omega). \tag{V,86}$$

Bezeichnet man die Stromdichte mit $j(\omega)$, so läßt sich das Ohm'sche Gesetz wie folgt schreiben

$$j(\omega) = \sigma(\omega) \cdot E_0\,\mathrm{e}^{-\mathrm{i}\omega t}. \tag{V,87}$$

Legt man an den Festkörper zur Zeit $t = 0$ einen kurzzeitigen Spannungspuls in Form einer Delta-Funktion, so kann man $\sigma(\omega)$ als Fourier-Integral schreiben

$$\sigma(\omega) = \int_0^\infty j(t')\,\mathrm{e}^{\mathrm{i}\omega t'}\,\mathrm{d}\,t'. \tag{V,88}$$

Das gepulste elektrische Feld führt zu einer Anfangsstromdichte

$$j_0 = \frac{n\,e^2}{m^*}\,. \tag{V,89}$$

Im weiteren Zeitverlauf fällt die Stromdichte infolge der Wechselwirkung Elektron-Elektron und Elektron-Photon ab. Die Abb. V,76 zeigt in einer halblogarithmischen Darstellung die Zeitabhängigkeit $j(t)$, die hier etwa den gemessenen Werten von Aluminium bei Zimmertemperatur angepaßt ist.

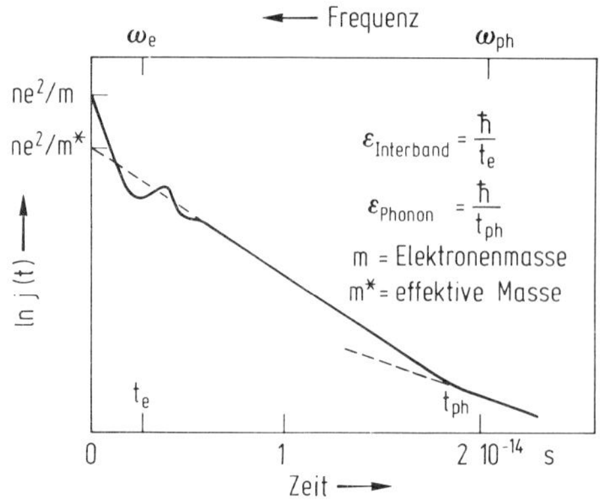

Abb. V,76. Zeitverlauf der Stromdichte $j(t)$ in Aluminium nach Anlegen eines Strompulses bei $t = 0$

a) Der anfängliche Abfall erfolgt exponentiell mit einer Relaxationszeit von etwa 10^{-16} s; er beruht auf der Elektron-Elektron-Wechselwirkung.

b) Der nachfolgende oszillatorische Teil ergibt sich aus der Energielücke von 1,6 eV im Anregungsspektrum der Leitungselektronen des Aluminiums.

c) Der weitere Abfall von $j(t)$ zwischen 0,4 und $2{,}0 \times 10^{-14}$ s ergibt sich durch die Abbremsung des Elektrons infolge Stoßes mit dem Gitteratom.

d) Der Wert von 2×10^{-14} s ist der reziproke Wert einer typischen Gitter-Eigenfrequenz in Aluminium. Nach dieser Zeit kann $j(t)$ aufgefaßt werden als die Bewegung eines Quasiteilchens, das aus einem Elektron und einer mitbewegten, polarisierten Gitterstelle besteht (Polariton). $j(t)$ fällt infolge weiterer Stöße dieses Quasiteilchens mit den Phononen und den Gitterfehlstellen weiter auf Null ab.

Mit Ausnahme des odzillatorischen Teils kann der zeitliche Verlauf durch ein Gesetz der Form

$$j(t) = j_0 \, e^{-\gamma t} \tag{V,70}$$

beschrieben werden. Für $t = 0$ bis ∞ folgt daraus

$$\sigma(\omega) = \frac{j_0}{\gamma - i\,\omega}. \tag{V,91}$$

Diese Formel ist gültig für die Frequenzbereiche

$$\omega \gg \omega_{\text{Elektron}};\quad \omega_{\text{Elektron}} \gg \omega > \omega_{\text{Phonon}};\quad \omega < \omega_{\text{Phonon}}.$$

Im mittleren Frequenzbereich ist

$$\sigma(\omega) = \frac{n\,e^2}{m^*(\gamma - i\,\omega)}. \tag{V,92}$$

Eine Extrapolation auf $\omega = 0$ liefert

$$\sigma_1(\omega) = \frac{n\,e^2}{m^*\,\gamma} = \frac{n\,e^2}{m^*}\,\tau. \tag{V,93}$$

Die Aufgliederung von $\sigma(\omega) = \frac{j_0}{\gamma - i\,\omega}$ in Real- und Imaginärteil ergibt schließlich

$$\mathrm{Re}(\sigma) = \sigma_1(\omega) = \frac{n\,e^2}{m^*}\,\frac{\gamma}{\gamma^2 + \omega^2} = \frac{\sigma_1(0)}{1 + \omega^2\,\tau^2} \tag{V,94}$$

$$\mathrm{Im}(\sigma) = \sigma_2(\omega) = -\frac{n\,e^2}{m^*}\,\frac{\omega}{\gamma^2 + \omega^2}.$$

In Abb. V,77 ist die berechnete Kurve für $\sigma_1(\omega)$ für Gold bei zwei verschiedenen Temperaturen angegeben.

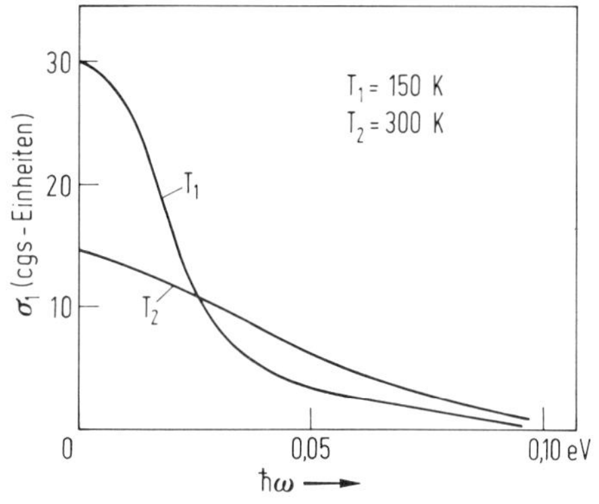

Abb. V,77. Verlauf von σ_1 über $\hbar\,\omega$ für Gold

Die Oszillatorenstärke

Befindet sich ein Elektron im Zustand E_n und unterliegt es einer Lichtwelle der Feldstärke $\boldsymbol{E}$ und der Frequenz ν, dann ist die Wahrscheinlichkeit W, daß sich das Elektron nach einer Zeit t im Zustand E_m befindet, durch den Ausdruck

$$W_{nm}\;t = \left(\frac{e\,\boldsymbol{E}}{2\,mh\,\nu}\right)^2 |p_{nm}|^2\,\frac{\sin^2\left[\pi\left(\nu - \frac{E_m - E_n}{h}\right)t\right]}{\pi^2\left(\nu - \frac{E_m - E_n}{h}\right)^2} \tag{V,95}$$

gegeben. Dieser Ausdruck ist nur dann wesentlich von Null verschieden, wenn $E_m - E_n \simeq h\,\nu$ ist, m. a. W., es muß also der Energiesatz erfüllt sein. Der Ausdruck $|p_{nm}|$ läßt sich durch die folgende Matrix darstellen

$$p_{nm}^{(x)} = \frac{h}{i}\int \psi_m^*\,\frac{\partial}{\partial x}\,\psi_n\,d\,\tau. \tag{V,96}$$

Dieser Ausdruck ist nun wenig anschaulich. Die Drudesche Theorie erklärt – auch wenn sie quantenmechanisch angepaßt wird – nicht alle Fälle der Dispersion. Die Beschleunigung a eines Elektrons, das sich in einem Festkörper befindet, ist im elektrischen Feld

$$a = \frac{e\,E}{m}\,f_{nk} = a_0\,f_{nk}, \tag{V,97}$$

wobei a_0 die Beschleunigung eines freien Elektrons bedeuten soll. Diese Größe f_{nk} ist charakteristisch für ein Elektron im Zustand (n, k). Die Beschleunigung dieses Elektrons der Masse m^*_{nk} im Kristallfeld ist genau so groß wie die eines freien Elektrons der Masse m, d. h.

$$m^*_{nk} = m/f_{nk}. \tag{V,98}$$

f_{nk} kann nun sowohl positive als auch negative Werte annehmen; f_{nk} ist positiv, solange mit wachsender Geschwindigkeit auch die Energie des Elektrons ansteigt, und negativ, wenn mit zunehmender Energie die Geschwindigkeit kleiner wird. Insbesondere ist f_{nk} in der Mitte eines Bandes Null (s. Abb. V,78). Die „Oszillatorenstärken", die in der

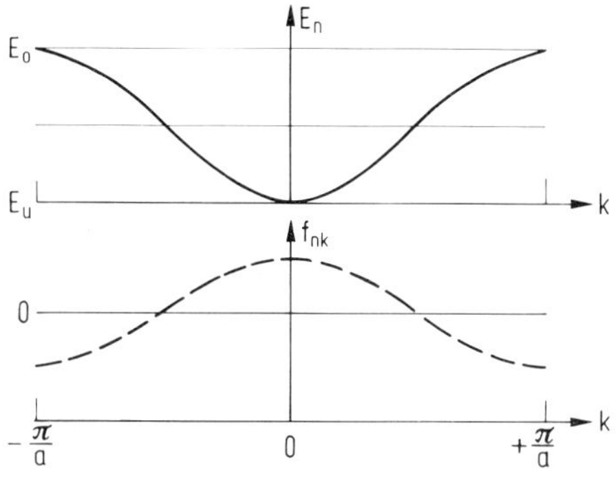

Abb. V,78. Energie E_n und Oszillatorenstärke f_{nk} in Abhängigkeit von der Wellenzahl k; E_0, E_u = obere bzw. untere Bandkante

quantenmechanischen Dispersionstheorie eingeführt werden, haben nun folgende anschauliche Bedeutung: Ein Elektron im Zustand (n, k) verhält sich gegen die elektromagnetische Welle des Lichts (falls die Wellenlänge des Lichts λ groß gegen die Gitterkonstante ist) wie eine Reihe von klassischen Oszillatoren der Frequenzen

$$\nu_{nmk} = \frac{E_{mk} - E_{nk}}{h}\,. \tag{V,99}$$

Man kann theoretisch zeigen, daß ein Summensatz der Form

$$\sum_m f_{nmk} = 1 \tag{V,100}$$

gilt. Die Bedeutung dieses Summensatzes ist darin zu sehen, daß aus der experimentellen Bestimmung einzelner f_{nk} auf die Größe der anderen geschlossen werden kann. Durch die Einführung des Begriffes „Oszillatorenstärke" ist es möglich, ein der klassischen Anschauung entsprechendes Ersatzsystem von freien und mehr oder weniger stark gebundenen Elektronen festzulegen.

Im Falle einer negativen Oszillatorenstärke folgt der ungewöhnliche, in der klassischen Drudeschen Theorie nicht erklärbare Fall, daß die Dispersion negativ wird. Die Erscheinung einer negativen (anomalen) Dispersion wurde erstmals theoretisch von Ladenburg und Carst [4] behandelt.

Das Auftreten der anomalen Dispersion wurde von vielen Forschern bereits sehr viel früher nachgewiesen (s. Bd. III).

Metalle

Im Gegensatz zu den Nichtmetallen und zu den Isolatoren sind bei Metallen die Elektronen frei beweglich. Im Idealfall des Metalls treten überhaupt keine gebundenen Elektronen auf, so daß hier keine Eigenfrequenzen zu erwarten sind. Diesem Idealfall des Metalls kommt das Quecksilber am nächsten. Bei den meisten Metallen beobachtet man mehr oder weniger große Abweichungen von diesem Idealverhalten, die durch die Verhältnisse der Kristallstruktur gegeben sind.

Für die Bestimmung der beiden optischen Konstanten bei Metallen stehen drei Verfahren zur Verfügung:

a) Bestimmung des Haupteinfallswinkels und des Hauptazimuts;
b) Aufnahme des Reflexionsgrades und rechnerische Auswertung anhand der Kramers-Kronig-Relation;
c) direkte Messung des Transmissionsgrades und des Reflexionsgrades in Abhängigkeit von der Wellenlänge an sehr dünnen Schichten.

Die von den verschiedenen Autoren angegebenen Werte über die optischen Konstanten der Metalle weichen stark voneinander ab. Dies ist darauf zurückzuführen, daß die optischen Konstanten in starkem Maße von der Beschaffenheit der untersuchten Metallflächen abhängen. Als Hauptfehlerquellen treten dabei die zu einer Verkleinerung des Haupteinfallswinkels führenden Unebenheiten der Oberfläche sowie ihre mikrokristalline Struktur auf. In neuerer Zeit werden die optischen Konstanten vorwiegend an Metalleinkristallen gemessen. Die verläßlichsten Werte erhält man bei Messungen im Ultrahochvakuum, in dem die zu untersuchende Probe durch Spalten des Kristalls frisch hergestellt wird. Die Abb. V,79 zeigt den spektralen Verlauf von n und k für Gold und Silber.

Bemerkenswert ist, daß die Brechzahlen den Wert 1 erheblich unterschreiten. Die Phasengeschwindigkeit kann in Silber fast $20 \cdot 10^8$ m/sec erreichen (Phasengeschwindigkeit im Vakuum $3 \cdot 10^8$ m/sec). Der Absorptionskoeffizient k steigt von Sichtbaren steil und stetig in Richtung längerer Wellenlängen. Bei $\lambda = 5\ \mu$m ergibt sich bei Gold $k = 33$, d. h. die mittlere Eindringtiefe dieser Strahlung beträgt nur noch rund 1/400

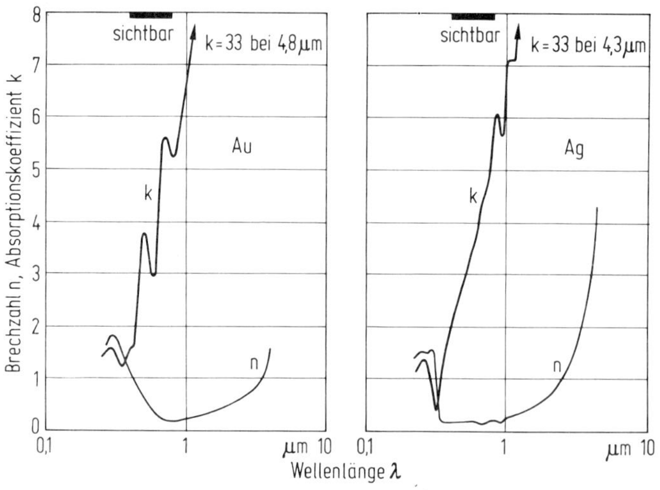

Abb. V,79. Absorptionskoeffizient k und Brechzahl n von Gold und Silber

der Wellenlänge. Im sichtbaren Spektralbereich und auch im Ultraviolett tritt vielfach bei Metallen ein schmaler Bereich erhöhter Durchlässigkeit auf. Dünne Metallschichten können deshalb als Filter für bestimmte Wellenlängenbereiche benutzt werden. Die Metalle zeigen eine Zunahme des Absorptionsgrades und des Reflexionsgrades mit steigenden Wellenlängen. In Abb. V,80 ist der Verlauf des Reflexionsgrades für verschiedene Metalle dargestellt.

Bei Nichtleitern gilt die Maxwellsche Beziehung, wenn die Schwingungsfrequenz genügend klein gegen die Eigenfrequenz geworden ist. Eine ähnliche Beziehung wurde

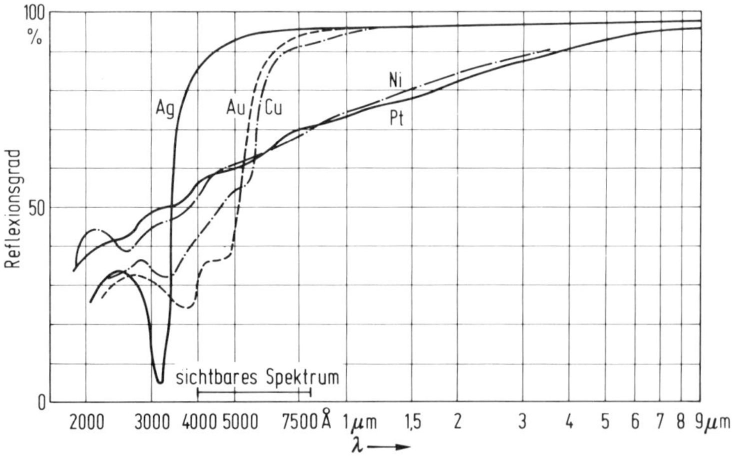

Abb. V,80. Reflexionsgrade verschiedener Metalle

auch für Metalle von Drude angegeben:

$$1 - \rho = \frac{2}{\sqrt{\sigma \cdot \tau}} \tag{V,101}$$

τ = Schwingungsdauer der Strahlung.

Das Drudesche Gesetz gilt um so exakter, je größer τ ist, d. h. je langwelliger die auffallende Strahlung ist. Bei wachsenden Wellenlängen verlieren offensichtlich die Eigenschwingungen immer mehr an Einfluß. Wie aus der obigen Formel ersichtlich ist, besteht auch ein Zusammenhang zwischen dem Reflexionsgrad und der elektrischen Leitfähigkeit. Da die Leitfähigkeit eine Funktion der Temperatur ist, muß auch der Reflexionsgrad temperaturabhängig sein. Untersuchungen von Hagen und Rubens [5] im Ultraroten haben diesen Zusammenhang bestätigt.

Die Temperaturabhängigkeit ist besonders bei langen Wellen stark ausgeprägt und verschwindet zunehmend in Richtung kleiner Wellenlängen. So verläuft z. B. bei Platin und bei Platin-Rhodium zwischen 6 und 4 μm der Reflexionsgrad noch bei einer Temperatur von 1440 °C proportional mit $1/\sqrt{\sigma}$, bei 2 μm dagegen hängt es praktisch nicht mehr von der Temperatur ab.

Die experimentell ermittelten Werte der beiden optischen Konstanten für sehr dünne Metallfilme stimmen nicht mehr mit den an Metallkristallen gewonnenen Werten überein. Die für massive Metalle geltenden Werte werden z. B. für Kupfer erst bei 50 μm Dicke, für Silber bei 105 μm und für Palladium bei 90 μm erreicht. Für diese Dickenabhängigkeit der optischen Konstanten werden verschiedene Deutungsmöglichkeiten herangezogen:

Falkenhagen [6] nimmt an, daß beim Zerstäuben bzw. beim chemischen Niederschlagen eines Metalls nicht sofort eine zusammenhängende Metallschicht entsteht, sondern daß sich in der ersten Phase sehr feine, diskrete Metallteilchen, wie bei einer kolloidialen Lösung, auf der Oberfläche des Trägers niederschlagen. Die Dicke dieser Schicht ist durch die Oberflächenbeschaffenheit des Trägers bestimmt und ändert sich nicht in der ersten Phase; der Metallgehalt der Schicht wächst jedoch. Erst ab einem bestimmten Metallgehalt schließt sich die Schicht zu einer zusammenhängenden Metalldecke zusammen, so daß erst in dieser zweiten Phase eine Schichtdickenvergrößerung erfolgt. Ein Argument für die Richtigkeit dieser Theorie ist darin zu sehen, daß bei sehr dünnen kathodischen Gold- und Silberschichten die Durchlässigkeit mit steigender Wellenlänge zunimmt. Diese Durchlässigkeitskurve hat einen analogen Verlauf, wie der bei kolloidialen Lösungen und Farbgläsern mit kolloidialer Färbung. Stellt man unter den gleichen Bedingungen dickere Schichten her, so bleibt der Kurvenverlauf des Transmissionsgrades zunächst der gleiche, um dann von einer gewissen Schichtdicke ab einen gegenteiligen Verlauf anzunehmen, d. h. der Transmissionsgrad nimmt jetzt mit zunehmender Wellenlänge ab.

Die Abweichungen der optischen Konstanten bei sehr dünnen Schichten lassen sich aber auch anhand der Drudeschen Theorie verständlich machen, wenn man berücksichtigt, daß die Eindringtiefe des Lichtes außerordentlich klein ist. Die Oberflächennahen Elektronen werden an der Metalloberfläche reflektiert, d. h. sie unterliegen einem besonderen Streumechanismus (die Dämpfungskonstante für diese oberflächennahen Elektronen unterscheidet sich von denjenigen im Metallinneren).

Halbleiter. Bereits bei den ersten Infrarotuntersuchungen an Halbleitern hatte man gefunden, daß zwischen den elektrischen Eigenschaften des Halbleiters und seinen optischen Daten eindeutige Zusammenhänge bestehen. So erkannte man, daß ein Halbleiter im Infraroten um so stärker absorbiert, je größer seine elektrische Leitfähigkeit ist (s. Abb. V,81). Zwischen der Absorptionskonstanten K und der Ladungsträgerkonzentration n besteht ein linearer Zusammenhang.

Verhältnismäßig einfach gestaltet sich der Verlauf der Absorptionskonstanten K mit der Wellenlänge bei n-dotiertem Germanium (Abb. V,81). Die Absorptionskonstante K

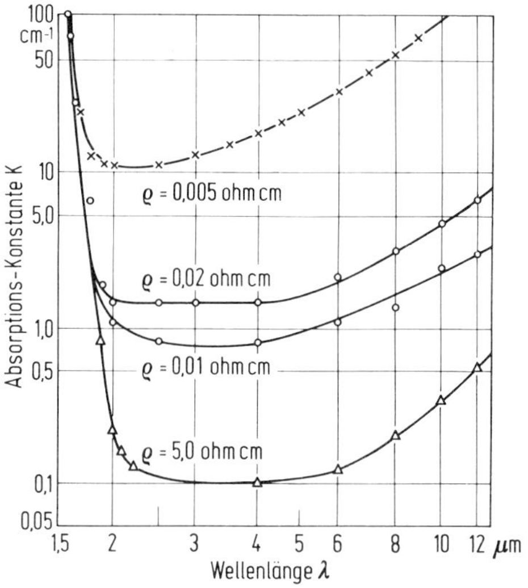

Abb. V,81. Absorptionskonstante von n-leitendem Germanium [7]

verläuft gemäß der Drudeschen Theorie proportional zu λ^2. Wegen dieses linearen Zusammenhanges zwischen der Absorptionskonstanten und der Ladungsträgerkonzentration ist es zweckmäßig, den Wirkungsquerschnitt aufzutragen, der sich aus dem Quotienten zwischen der Absorptionskonstanten und der Ladungsträgerkonzentration ergibt. Wenn das λ^2-Gesetz streng erfüllt ist, so kann man aus dem Proportionalitätsfaktor das Verhältnis N/m^* bestimmen (N = Ladungsträgerkonzentration, m^* = effektive Masse). Bestimmt man mit Hilfe des Hall-Effektes N, so ist damit m^* bekannt.

Der Verlauf der Absorptionskonstanten mit der Wellenlänge befolgt nicht immer diese einfache Gesetzmäßigkeit. Allgemein läßt sich der Anstieg der Absorptionskonstanten durch ein Gesetz der Form $K \sim \lambda^a$ wiedergeben. Neben dem bereits erwähnten Fall a = 2, der sich aus der einfachen Dispersionstheorie begründen läßt, findet man für a

Werte zwischen 3/2 und 7/2. Die von 2 abweichenden Werte lassen sich theoretisch durch die Wechselwirkung der Ladungsträger mit dem Gitter interpretieren.

Man konnte zeigen, daß der Wert 7/2 dann auftritt, wenn eine Wechselwirkung der Elektronen mit geladenen Störstellen eintritt, während der Wert 3/2 sich durch einen Stoßmechanismus mit den akustischen Phononen begründen läßt. Aus dem Verlauf des Absorptionskoeffizienten mit der Wellenlänge kann man somit bei Elektronen Aussagen über die effektive Masse der Ladungsträger und über die Art der Wechselwirkung dieser Teilchen mit den Bausteinen des Gitters machen.

Ein vom eben beschriebenen Fall sehr abweichendes Verhalten findet man beim p-dotierten Germanium. Auch hier kann man zunächst einen Wirkungsquerschnitt berechnen, der aber nicht ein λ^a-Gesetz befolgt, sondern man stellt eine ausgesprochen bandenhafte Absorption fest (s. Abb. V,82). – Die Absorption freier Elektronen in HgSe gehorcht einem Gesetz der Form $K \sim \lambda^{3,5}$. Hier liegt eine Streuung der Elektronen an elektrischen Dipolen vor (Abb. V,83).

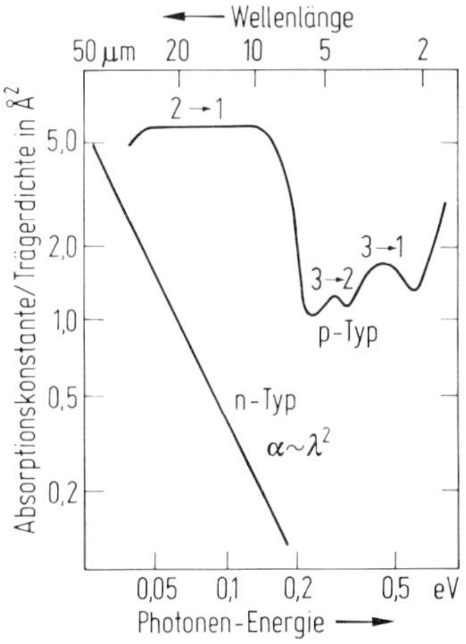

Abb. V,82. Absorption freier Ladungsträger in n- und p-leitendem Germanium [8]

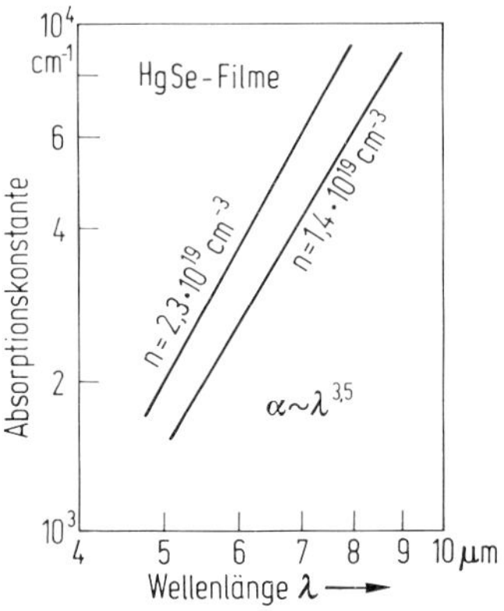

Abb. V,83. Absorption freier Elektronen in HgSe [9]

Die freien Ladungsträger haben bei einem Halbleiter ebenfalls einen starken Einfluß auf den Verlauf des Reflexionsgrades. Aus der Wellenlänge λ_{min}, bei der der Reflexionsgrad ein Minimum durchläuft und der mit Hilfe des Hall-Effektes bestimmten Ladungsträgerkonzentration läßt sich ebenfalls die effektive Masse der Ladungsträger berechnen. Die Ursache für dieses Reflexionsminimum ist auf einen Plasmaeffekt zurückzuführen (s. folgenden Abschnitt Nr. 7).

Cooper-Paare

Für eine Reihe von Festkörpern ist bekannt, daß sie bei Temperaturen unterhalb einer für sie charakteristischen Sprungtemperatur T_c supraleitend werden. Unterhalb T_c bilden zwei Elektronen mit entgegengesetztem Spin ein sog. „Cooper-Paar". Die Bindungsenergie eines solchen Cooper-Paares ist für $T = 0$ proportional der Energie eines virtuellen Phonons mal einer Exponentialfunktion, die die Wechselwirkungskonstante V und die Zustandsdichte $z(E_F)$ an der Fermi-Oberfläche enthält:

$$\Delta = 2\hbar\,\omega_g \exp\left[-\frac{2}{z(E_F)\,V}\right]. \qquad (V,102)$$

Die Zustandsichte $z_n(E)\,d\,E$ des Normalleiters ändert sich bei Einsetzen der Supraleitung in die Zustandsdichte $z_s(\bar{\epsilon})\,d\,\bar{\epsilon}$ des Supraleiters. Hierbei ist $\bar{\epsilon}$ die Energie der Quasiteilchen. Der Zusammenhang zwischen E und $\bar{\epsilon}$ ist gegeben durch

$$E = E_F + \sqrt{\bar{\epsilon}^2 + \Delta^2}, \qquad (V,103)$$

so daß

$$z_s(\bar{\epsilon}) = z_n(E)\,\frac{d\,E}{d\,\bar{\epsilon}} = z_n(E)\,\frac{\bar{\epsilon}}{\sqrt{\bar{\epsilon}^2 - \Delta^2}}. \qquad (V,104)$$

In Abb. V,84 ist die Energieabhängigkeit der Zustandsdichten für Temperaturen $T \gtrless T_c$ dargestellt. Die Bindungsenergie eines Cooper-Paares führt zu einer Energie-

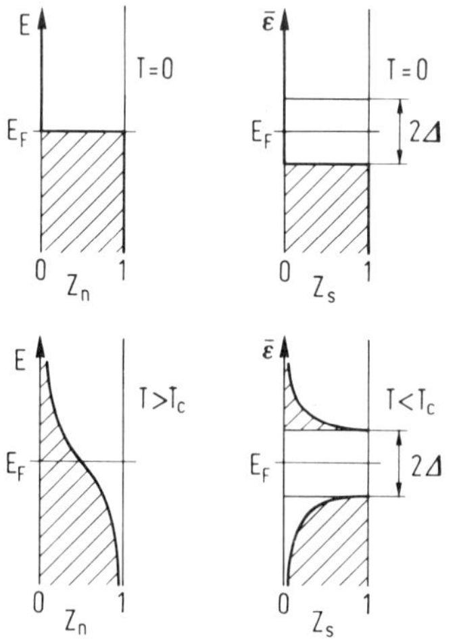

Abb. V,84. Energieabhängigkeit der Zustandsdichte z(E) für den normalleitenden Zustand (z_n) und den supraleitenden Zustand (z_s). E_F = Fermi-Energie. Die besetzten Zustände sind schraffiert lücke der Breite 2 Δ um die Fermienergie E_F. Ein Photon ist nur dann in der Lage, ein Cooper-Paar aufzubrechen, wenn seine Energie $h \cdot \nu \geqslant 2\,\Delta$ ist. Die im fernen Infrarot zu erwartende Absorptionskante für Festkörper im supraleitenden Zustand ist kürzlich experimentell nachgewiesen worden (Abb. V,85).

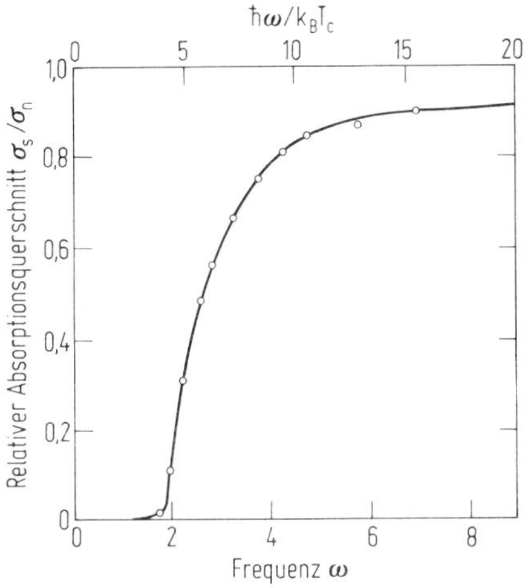

Abb. V,85. Lichtabsorption des supraleitenden Indiums [10]

7. Materie im Magnetfeld

Daß ein Magnetfeld den Lichtdurchgang durch einen Festkörper beeinflussen kann, weiß man schon seit 1845, als der englische Physiker Faraday entdeckte, daß die Polarisationsebene des Lichts beim Durchtritt durch einen Körper, der sich in einem Magnetfeld befindet, gedreht wird. Faraday fand, daß der Drehwinkel der Magnetfeldstärke und der Dicke der Probe proportional ist. Faraday hatte ursprünglich beabsichtigt, die Frequenz des Lichts durch ein Magnetfeld zu beeinflussen. Dies gelang ihm nicht; wie wir heute wissen, waren die Nachweismethoden der damaligen Zeit für die Entdeckung dieses Effektes noch nicht ausreichend. Erst 1896 konnte der holländische Physiker Zeeman zeigen, daß in einem Magnetfeld die bekannte Na-Doppellinie in mehrere Komponenten aufspaltet.

Der Faraday-Effekt (Drehung der Polarisationsebene) besitzt bei der Untersuchung von Festkörpern eine große Bedeutung. Mit Hilfe von klassischen Vorstellungen nach der Drudeschen Theorie gelingt es, Zusammenhänge zwischen der Drehung der Polarisationsebene und atomistischen Daten, wie z. B. Masse und Ladung der Elektronen im Festkörper herzuleiten. Im folgenden soll nunmehr ein kurzer Abriß über die verschiedenen Experimente gegeben werden, bei denen gleichzeitig ein Magnetfeld und ultrarote Strahlung bei der Untersuchung von Festkörpern verwendet werden. Ein Elektron der Geschwindigkeit v senkrecht zur magnetischen Induktion B unterliegt der

Lorentz-Kraft $F = e \cdot v \cdot B$. Das Elektron durchläuft dabei eine Kreisbahn mit der Umlauffrequenz $\omega_c = \frac{e}{m^*} B$. Auf dieser Gleichung beruht bekanntlich die Wirkungsweise des Zyklotrons, mit dem man Ionen auf hohe Energien beschleunigen kann. Dieses Zyklotronresonanzverfahren läßt sich „im Kleinen" auch in einem Halbleiter mit freien Ladungsträgern durchführen. Stimmt die Umlauffrequenz ω_c mit der eingestrahlten Frequenz ω_L überein, so entzieht das Elektron der einfallenden Lichtwelle Energie, was eine Absorption bedeutet. Beim historisch ersten Versuch wurden dabei die Ladungsträger durch ein Mikrowellenfeld beschleunigt. Das Experiment gelingt nur an sehr rein darstellbaren Halbleitern und bei tiefen Temperaturen. Man kann sich anschaulich vorstellen, daß die Ladungsträger eine so große Lebensdauer τ besitzen müssen, daß sie mindestens einen Umlauf ausführen können, d. h. also, daß die Bedingung $\omega_c \cdot \tau \geqslant 1$ erfüllt sein muß. Die Infrarottechnik bietet die Möglichkeit, das Experiment bei viel höheren Frequenzen durchzuführen, so daß die eben genannte einschränkende Bedingung für die Lebensdauer stark gemildert ist. Als Beispiel sei hier die Aufnahme der Zyklotronresonanzabsorption in n-leitendem InSb aufgeführt (Abb. V,86). Während die Kurve bei 300 K noch relativ verwaschen erscheint (hier hat die Lebensdauer noch nicht den Wert der Umlaufzeit erreicht), treten bei 80 K deutliche Absorptionsmaxima auf. Aus einer Analyse solcher Kurven lassen sich die effektive Masse und die Lebensdauer ermitteln.

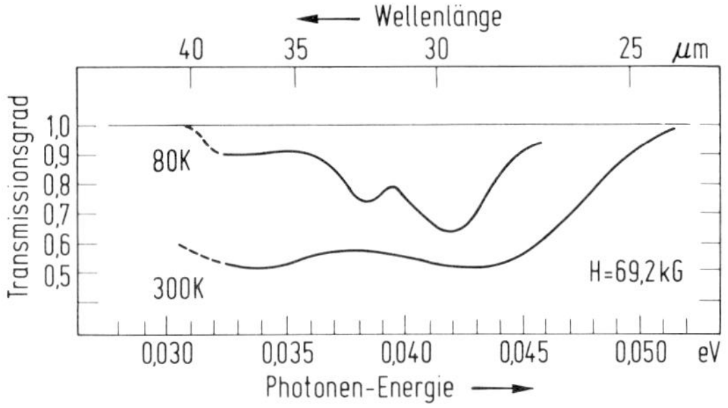

Abb. V,86. Zyklotronresonanzabsorption in n-leitendem InSb [11]

Unabhängig voneinander entdeckten in den Jahren 1956/57 zwei Forschergruppen, daß unmittelbar im Anschluß an die Bandkante bei Durchlässigkeitsmessungen an Halbleitern in hohen Magnetfeldern oszillatorische Effekte auftreten. Sie fanden, daß die Stärke der Oszillation mit steigendem Magnetfeld zunimmt und daß darüber hinaus sich die Extremalwerte der Transmission mit steigendem Magnetfeld zu größeren Photonenenergien verschieben. Die Abb. V,87 gibt als Beispiel die Magnetoabsorption in Ge wieder.

Zwischen der Photonenenergie an den Transmissionsminima und der Magnetfeldstärke besteht ein linearer Zusammenhang (Abb. V,88). Die Anstiege der einzelnen Geraden verhalten sich wie $\frac{1}{2} : \frac{3}{2} : \frac{5}{2} : \frac{7}{2}$ usw. Die Geraden schneiden sich bei der

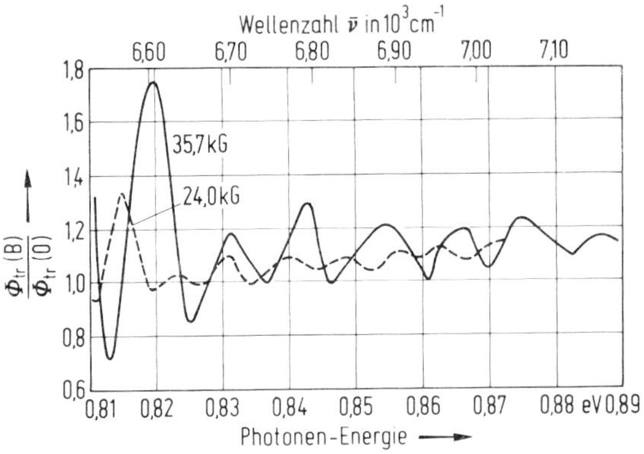

Abb. V,87. Oszillatorische Magnetoabsorption bei Germanium [12] (Ordinate ist der Quotient des Transmissionsgrades mit und ohne Magnetfeld)

Magnetfeldstärke Null. Dieser Wert entspricht bei Ge dem Wert (0,803 ± 0,001) eV, d. h. dem Bandabstand; er kann auf diese Weise erheblich genauer bestimmt werden als aus rein elektrischen Messungen.

Eine theoretische Interpretation dieser Magnetooszillation ist mit Hilfe der sog. Landau-Niveaus möglich. In Analogie zum Zeeman-Effekt hatte Landau vorausgesagt, daß sich auch die Energiebänder der Festkörper unter dem Einfluß eines Magnetfeldes in Teilbänder aufspalten sollten. Nach einer quantenmechanischen Rechnung erhielt Landau dabei folgende Formel

$$E_L = E_0 + (n + 1/2)\,\hbar\,\omega_c \qquad \text{(V,105)}$$

mit $\quad n = 0, 1, 2, 3, \ldots$

Die Abb. V,88 bestätigt diese Gleichung quantitativ; so verhalten sich die Anstiege der Geraden wie 1/2 : 3/2 : 5/2 : 7/2 : . . .

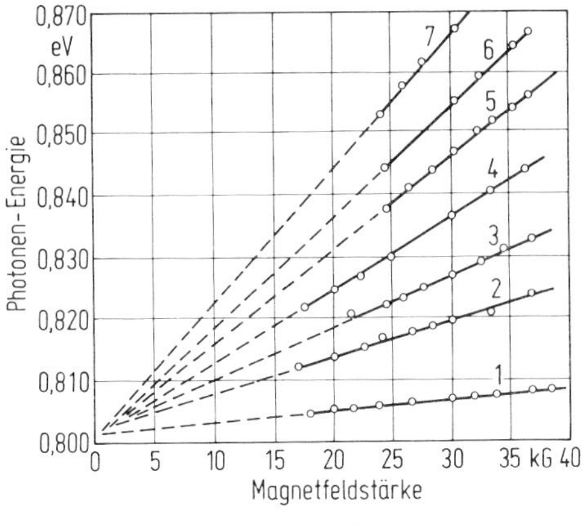

Abb. V,88. Energetische Lage der Absorptionsmaxima in Abhängigkeit von der magnetischen Feldstärke bei Germanium [12]

Da für $B \to 0$ der zweite Term der Gl. (V,105) gegen Null strebt, entspricht der Wert E_0 gerade dem Bandabstand. Man kann gemäß dieser Formel aus dem zweiten Term recht genau die effektive Masse unter Einbeziehung der Formel $\omega_c = \frac{e}{m^*} B$ und aus dem ersten sehr genau den Bandabstand bestimmen. Dies ist bisher die genaueste Bestimmung des Bandabstandes. Eine Vermessung der Magnetooszillation bei verschiedenen Temperaturen erlaubt in einfacher Weise auch die Aufnahme der Temperaturabhängigkeit von E_0 und m^*.

In Gl. (V,105) müßte man den Term mit ω_c korrekterweise für Elektronen und Defektelektronen getrennt ansetzen. In vielen Halbleitern ist die effektive Masse der Elektronen sehr viel kleiner als die der Defektelektronen, so daß der von den Defektelektronen herrührende Term gegen den der Elektronen vernachlässigt werden kann. Solche Übergänge finden somit praktisch von der Oberkante des Valenzbandes in die einzelnen Teilbänder des Leitfähigkeitsbandes statt.

Während man die Absorptionsmaxima der Magnetooszillation bei Germanium noch recht gut in die Gl. (V,105) einordnen konnte, ergaben sich bei einer Zuordnung der entsprechenden Werte an InSb Schwierigkeiten. Es gelang zunächst nicht, die nahe der Bandkante liegenden Absorptionsmaxima in die Gl. (V,105) einzuordnen, während die weiteren Maxima recht gut dieser Gleichung gehorchen. Durch die energetische Verschiebung in Abhängigkeit von der Magnetfeldstärke konnte aus der Steigung der Geraden geschlossen werden, daß die Ordnungen n = 1 und n = 2 das erwartete Verhalten zeigen, während den ersten beiden Absorptionsmaxima die Ordnung n = 0 zugeschrieben werden muß, deren Verschiebung aber ebenfalls linear mit der Magnetfeldstärke verläuft (Abb. V,89). So mußte der Gl. (V,105) ein dritter Term hinzugefügt werden

$$E_L = E_0 + (n + 1/2)\hbar\omega_c \pm 1/2\, g\beta B. \qquad (V,106)$$

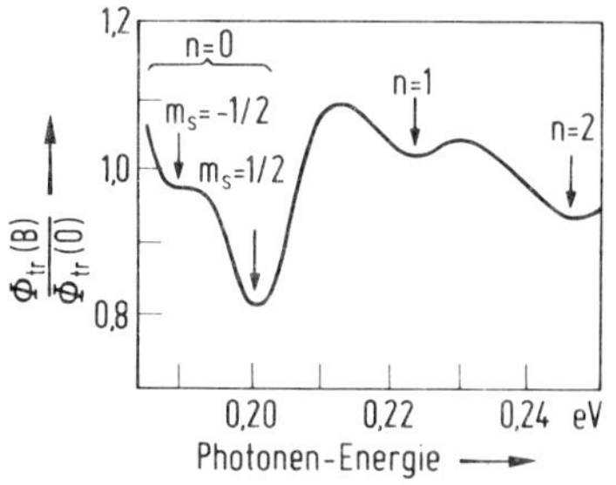

Abb. V,89. Spektrum der Landau-Niveaus in InSb (magnetische Induktion B = 36,9 kG, T = 298 K) [13]

Durch diesen dritten Term kommt vor allem der Einfluß des Elektronenspins der freien Ladungsträger im Leitfähigkeitsband zur Geltung. Analog zur theoretischen Deutung des Zeeman-Effektes in der Atomhülle bedeutet hier g den sog. „g-Faktor" der Elektronen im Leitfähigkeitsband. Während dieser Wert in der Atomhülle verhältnismäßig klein ist (etwa 2), wird er hier bei InSb experimentell zu - 50 bestimmt. Die Magnetooszillation an InSb wurde bei hoher Auflösung wiederholt. Die Absorptionsminima zeigen dabei eine Feinstruktur. Die Ergebnisse dieser Präzisionsmessungen sind in Abb. V,90 zusammengefaßt. Bei dieser hohen Auflösung macht sich auch der Einfluß der Teilbänder des Valenzbandes bemerkbar, der früher wegen der großen Masse der Defektelektronen vernachlässigt war.

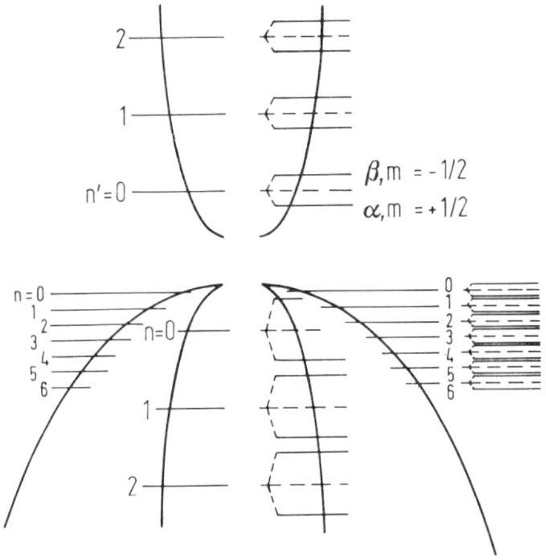

Abb. V,90. Energietermschema der magnetischen Aufspaltungen in InSb. In der linken Seite der Abb. sind die Landau-Niveaus eingetragen, in der rechten ihre Spinaufspaltungen [14]

Unter einem **Plasma** (der Begriff stammt ursprünglich aus der Gasentladungsphysik) versteht man ein Gas, das aus zwei elektrisch entgegengesetzt geladenen Teilchensorten gleicher Konzentration besteht. Am bekanntesten ist vielleicht der Einfluß eines Plasmas in den oberen Schichten der Erdatmosphäre bei der Reflexion von Radiowellen. Die Plasmaphysik spielt seit einigen Jahren eine außerordentlich bedeutsame Rolle bei dem Fragenkomplex der Kernenergiegewinnung durch Fusion.

Ein Störstellenhalbleiter, z. B. vom n-Typ, besitzt freie Elektronen; die elektrische Neutralität wird durch die räumlich feststehenden positiven Donatoren hergestellt, so daß wir also auch in der Halbleiterphysik von einem Plasma sprechen können. Ein Plasma besitzt eine Eigenresonanz ω_p. Rein anschaulich kann man sich das Zustandekommen von ω_p so vorstellen: Erfolgt wegen eines äußeren elektrischen Feldes eine Trennung der Schwerpunkte der positiven und negativen Ladungsträger, so sucht die elektrostatische Anziehung diese Trennung wieder rückgängig zu machen. Diese rücktreibende Kraft ist Ladung mal Feldstärke, also $N e \cdot N e/\epsilon \cdot r$, so daß damit die Federkonstante $N^2 e^2/\epsilon$ beträgt. Die Masse ist durch $N m^*$ gegeben. Der Quotient aus Federkonstante und Masse ist nach den einfachsten Gesetzen der Mechanik bekanntlich das Quadrat der Kreisfrequenz, so daß also gilt

$$\omega_p^2 = \frac{N e^2}{m^* \epsilon} \qquad \text{(V,107)}$$

Während bei den Zyklotronresonanzexperimenten die Plasmaerscheinungen außerordentlich störend wirken, kann man sie dagegen bei der Messung des Reflexionsvermögens zur Bestimmung von Halbleiterdaten verwenden. Besonders aufschlußreich werden die Ergebnisse, wenn die Plasmaerscheinungen in magnetischen Feldern untersucht werden. Wie man durch Überlegungen der klassischen Dispersionstheorie zeigen kann, läßt sich der komplexe Brechungsindex durch folgende Formel darstellen:

$$(n - \mathrm{i}\,k)^2_\pm = \epsilon\,[1 - \frac{\omega_p^2}{\omega(\omega \mp \omega_c - \mathrm{i}/\tau)}]. \qquad \text{(V,108)}$$

Das ± Zeichen trägt dem Richtungssinn bei zirkularer Polarisation Rechnung. Die Magnetoreflexion kann man in longitudinaler und transversaler Form beobachten. Bei der longitunalen Magnetoreflexion steht das Magnetfeld senkrecht auf der Probenoberfläche, im transversalen Fall liegt es parallel zur Oberfläche. Beim transversalen Effekt wirkt nur diejenige Komponente des elektrischen Feldes, die senkrecht auf der Magnetfeldrichtung steht. Wie das linear polarisierte Licht kann man sich auch das unpolarisierte Licht aus einem links- und einem rechtszirkularpolarisierten Anteil zusammengesetzt denken. Da die Formel (V,108) additiv ist und vor ω_c das ± Zeichen steht, wird man bei Anlegen eines Magnetfeldes zwei Minima in der Reflexion erwarten. Das Ergebnis der Messung einer solchen transversalen Magnetoplasmareflexion am InSb zeigt die Abb. V,91.

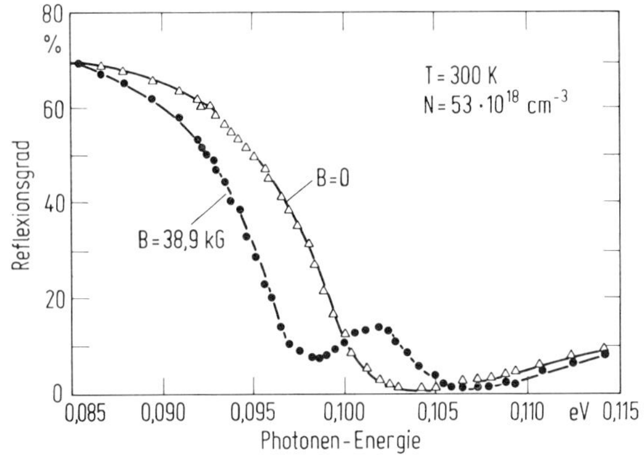

Abb. V,91. Transversale Magneto-Plasma-Reflexion in InSb [15]

Während man bei allen optischen Messungen ohne Magnetfeld immer nur das Verhältnis N/m^* erhält, kann man durch die Messung der Magnetoplasmareflexion mehrere Größen auf einmal getrennt bestimmen. Nach Formel (V,107) steckt in ω_p das Verhältnis N/m^*; im Nenner des zweiten Terms der Gleichung tritt ω_c auf, so daß gemäß $\omega_c = \frac{e}{m^*} B$ damit m^* allein berechnet werden kann. Als weiterer Parameter erscheint noch die Stoßzeit τ, die durch Angleichung damit auch bestimmt werden kann. Als vierte Größe läßt sich schließlich auch noch die Dielektrizitätszahl ϵ ablesen.

Die getrennte Bestimmung von vier verschiedenen Daten eines Halbleiters durch eine einzige Messung kennzeichnet noch nicht vollständig die Bedeutung dieser Beobachtungsart. Bei der Zyklotronresonanzmethode benötigt man (die hohen Anforderungen an die Reinheit der Proben wurden bereits angeführt) in den meisten Fällen entweder sehr große Wellenlängen oder sehr hohe Magnetfelder. Die Schwierigkeit bei der Durchführung der Magnetooszillation beruht vor allem darauf, daß man hier mit einem sehr großen Auflösungsvermögen arbeiten muß, was im Ultraroten nur sehr schwer zu erreichen ist. Die Magnetoplasmareflexion schlägt hier gewissermaßen einen goldenen Mittelweg ein. Durch die Wahl der Ladungsträgerkonzentration wird ω_p vorgegeben; man kann es also dadurch in ein bequem zugängliches Wellenlängengebiet verlegen. Um deutlich die beiden Reflexionsminima erkennen zu können, genügt es, daß ω_c einige Prozent von ω_p beträgt; das ist durch die technisch herstellbaren Magnetfelder ohne Schwierigkeiten zu erreichen.

Bei den bisher beschriebenen magnetooptischen Effekten wurde ω_c entweder direkt – wie bei der Zyklotronresonanzmethode – gemessen, oder ω_c erschien als additives Glied in den Formeln, die den Verlauf des Absorptionskoeffizienten mit der Wellenlänge beschreiben. Um die Bedingung $\omega_c \cdot \tau \gg 1$ einhalten zu können, konnten die Effekte nur bei solchen Halbleitern gefunden werden, die eine genügend große Beweglichkeit aufweisen.

Beim Faraday-Effekt wird die Phasendifferenz zwischen dem rechts- und linkszirkularpolarisierten Lichtanteil gemessen. Dabei wird die Drehung der Polarisationsebene experimentell bestimmt. In kleinen Magnetfeldern, bei hohen Frequenzen $\omega (\omega_c \ll \omega)$ und bei kleiner Absorption ist beim Faraday-Effekt der Drehwinkel pro Längen- und Magnetfeldeinheit gegeben durch [16]

$$\theta = \frac{\omega \cdot \omega_c}{2\,c} \cdot \frac{\mathrm{d}\,n}{\mathrm{d}\,\lambda} \tag{V,109}$$

Um aus dem Faraday-Effekt ω_c die effektive Masse bestimmen zu können, muß die Dispersion $\mathrm{d}\,n/\mathrm{d}\,\lambda$ gesondert gemessen werden. Bei vielen bisher veröffentlichten Messungen beruhte der Faraday-Effekt auf dem Einfluß der freien Ladungsträger auf die Dispersionsverhältnisse. Will man den Effekt nur bei einer einzigen Wellenlänge beobachten, dann mißt man an Stelle der Dispersion die Brechzahl n und die Ladungsträgerkonzentration N.

8. Kristallfeldaufspaltung

Ein Kristall wird durch die hohen elektrischen Felder zusammengehalten, die zwischen den Gitterbausteinen – Ionen bzw. Atomen – herrschen. Jedes zum Kristallgitter gehörende oder eingebaute fremde Ion oder Atom, sei es auf einem Gitter- oder Zwischengitterplatz, unterliegt damit auch dem elektrischen Feld, das an der betreffenden Stelle herrscht (**Kristallfeld**). Hat das Ion oder Atom außer den abgeschlossenen Elektronenschalen ein oder mehrere Elektronen in einer nicht aufgefüllten Schale, so können diese leicht durch Energiezufuhr (z. B. Lichteinstrahlung) entweder an das

Kristallgitter abgegeben oder kurzzeitig einen höheren Energiezustand im Atom annehmen. Bei Rückkehr in den ursprünglichen Zustand kann das Ion oder Atom Licht emittieren; man spricht von einer Lumineszenz des Kristalls.

Die Energiezustände des Ions oder Atoms werden durch das Kristallfeld verändert; sie werden aufgespalten (Starkeffekt). Wegen des räumlichen Feldes im Kristall ist die Aufspaltung auch abhängig von der **Symmetrie des elektrischen Feldes**. Durch Einbau von Fremdatomen in ein Kristallgitter oder durch Wahl geeigneter Atome als Gitterbausteine besteht somit die Möglichkeit, die Stärke und die Symmetrie des Feldes zu bestimmen. Bei der Wahl der Atomart ist entscheidend, daß möglichst linienhafte Lichtemission (oder -absorption) beobachtet werden kann. Dies ist dann der Fall, wenn alle eingebauten Fremdatome einen gleichartigen Platz im Kristallgitter einnehmen, an dem ein Kristallfeld von gleicher Stärke und Symmetrie herrscht.

Ein schönes Beispiel gibt das Cr^{+++} im Al_2O_3. Ein bei hoher Temperatur (im Kohlebogen) gewachsener Kristall ist ein künstlicher Rubin, dessen dunkelrote Fluoreszenz aus scharfen Spektrallinien besteht, wie sie sonst nur von Gasen her bekannt sind (O. Deutschbein 1934). Diese scharfen Energiezustände werden heute in Festkörper-Lasern ausgenutzt. Das Chrom gehört zu den sog. Übergangselementen, bei welchen die 3 d-Schale aufgefüllt wird, also überwiegend unvollständig besetzt ist. – Auch die Ionen der Seltenen Erden eignen sich besonders gut. Sie besitzen Elektronen in der inneren, nicht aufgefüllten 4 f-Schale, die von den äußeren, vollständig besetzten 5 s und 5 p-Schalen geschützt ist. Durch Änderung der vektoriellen Zusammensetzung von Bahnimpuls und Spin können die Elektronen der 4 f-Schale Energie aufnehmen oder abgeben, ohne daß sie dabei die 4 f-Schale verlassen. Die Spektren bestehen daher auch in festen Körpern aus schmalen Banden und Linien.

H. Bethe hat in einer frühen theoretischen Arbeit (Ann. d. Phys. 5. Folge, 3, 133, 1929) die Aufspaltung der Energieterme in Kristallen untersucht, indem er den Einfluß des elektrischen Feldes von vorgegebener Symmetrie, also des Kristallfeldes auf ein Atom, wellenmechanisch behandelt. Die Aufspaltung einer Energiestufe hängt einerseits von der Symmetrie des Feldes und andererseits vom Drehimpuls l bzw. j ab, bei mehreren Elektronen und $(L\ S)$-Kopplung somit von L bzw. J. Eine Energiestufe spaltet entweder gar nicht oder in 2 oder mehr Terme auf, weil das elektrische Feld von bestimmter Symmetrie die Richtungsentartung des freien Atoms aufhebt. Aus der Tabelle kann man die Zahl der Terme für verschiedene Gesamtdrehimpulswerte entnehmen.

Tab. V,5. Zahl der Energiestufen für verschiedene Gesamtdrehimpulswerte J bei unterschiedlicher Symmetrie eines schwachen elektrischen Feldes. (Die Kristallfeldaufspaltung ist klein gegen den Termabstand innerhalb eines Multipletts.)

J	0	0	2	3	4	5	6	$\frac{1}{2}$	$\frac{3}{2}$	$\frac{5}{2}$	$\frac{7}{2}$	$\frac{9}{2}$	$\frac{11}{2}$	$\frac{13}{2}$
kubisch	1	1	2	3	4	4	6	1	1	2	3	3	4	5
hexagonal	1	2	3	5	6	7	9	1	2	3	4	5	6	7
tetragonal	1	2	4	5	7	8	10	1	2	3	4	5	6	7
rhombisch und niedriger	1	3	5	7	9	11	13	1	2	3	4	5	6	7

Um 1930 war es unmöglich, die von Bethe gefundenen theoretischen Ergebnisse experimentell nachzuprüfen. Die einzige Möglichkeit boten die Ionen der Seltenen Erden wegen ihrer linienhaften Spektren auch in Festkörpern. Aber die Analyse ihrer vielen Linien erschien damals hoffnungslos.

Als Erster hat H. Gobrecht (1936) dieses Problem in Angriff genommen. Dadurch, daß er das Spektralgebiet der Absorptions- und Emissionslinien der Seltenen Erden auch im Infrarot untersuchte, gelang ihm die Bestimmung einiger Übergänge. Die Terme, zwischen denen die Absorption oder Emission erfolgt, unterscheiden sich nur durch verschiedene vektorielle Zusammensetzung von Bahnimpuls L und/oder Spin S. Die Elektronen verlassen also die 4 f-Schale nicht. Dadurch bestehen die Spektren aus sehr scharfen Linien, zumal auch die 4 f-Elektronen von den 5 s- und 5 p-Elektronen geschützt sind. Die Richtigkeit konnte am dreiwertigen Ytterbium-Ion bestätigt werden. Dieses besitzt 13 Elektronen in der 4 f-Schale und sonst nur vollständig besetzte Schalen. Die Berechnung der möglichen Energiezustände in der 4 f-Schale ergibt einen $^2F_{7/2,5/2}$-Term (also ein Dublett für die beiden Spinzustände eines Elektrons. Da die 4 f-Schale 14 Elektronen aufnehmen kann, verhält sich das Loch ebenso wie ein Elektron.) Nun kann man die Multiplettaufspaltung $\Delta\,\nu$ dieses Dubletts ausrechnen nach der Formel

$$\Delta\,\nu = \frac{R\,\alpha^2(2\,L+1)\,(Z-\sigma)^4}{n^3\,l(l+1)\,(2\,l+1)} \qquad \text{(V,110)}$$

R = Rydbergkonstante
α = Feinstrukturkonstante (Sommerfeld)
Z = Kernladungszahl
σ = Abschirmungszahl
L = Gesamtbahndrehimpuls
n, l = Haupt-, Nebenquantenzahl

Bei $\sigma = 35{,}9$, das sich aus Extrapolation von den anderen Seltenen Erden ergibt, errechnet sich ein Abstand der beiden Dublett-Terme von 10300 cm^{-1}. Genau bei dieser Energie über dem Grundzustand, d. i. bei einer Wellenlänge von 0,97 μm, wurde die einzig mögliche Absorption des Yb^{+++} durch Übergang von $^2F_{7/2}$ nach $^2F_{5/2}$ gefunden (H. Gobrecht, Ann. d. Phys. 5, 31, 755, 1938). Es wurde das Salz $Yb_2(SO_4)_3 \cdot 8\,H_2O$ untersucht. Bei anderen Verbindungen des Yb^{+++} oder beim Einbau in andere Stoffe findet man die Absorption immer bei der gleichen Wellenlänge, jedoch ist durch die verschiedenartigen Kristallfelder die Absorptionslinie immer anders aufgespalten. Sie beweist, daß der Energieübergang innerhalb der 4 f-Schale vor sich geht.

Gobrecht hat nun bei Salzen der Seltenen Erden nach einer Emission (Fluoreszenz) oder Absorption gesucht, die auch bei Lösung des Salzes in Wasser aus einer scharfen Linie bestehen bleibt. Diese Spektrallinie müßte durch Übergang zwischen zwei solchen Termen entstehen, die beide in keinem elektrischen Feld aufspalten. Denn in einer Lösung haben die Seltenen Erdionen verschiedene Umgebungen und sind daher elektrischen Feldern verschiedener Symmetrie und Stärke ausgesetzt. Da beim Eu^{+++}

die unterste Stufe des Grundterms ^{7}F den Gesamtdrehimpuls $J = 0$ hat, also nicht aufspalten kann, wurde bei einer Europiumsalzlösung nach einer linienhaften Absorption gesucht, die durch Übergang vom $^7F_0$-Term zu einem höher gelegenen, nicht aufspaltbaren Niveau geht. Die Linie wurde in Absorption und Fluoreszenz gefunden (Abb. V,92). Sie ist schwach, weil es sich um einen „verbotenen" Übergang handelt, der beim freien Ion überhaupt nicht vorkommt, aber im festen Körper durch das elektrische Feld ermöglicht wird.

a)

b)

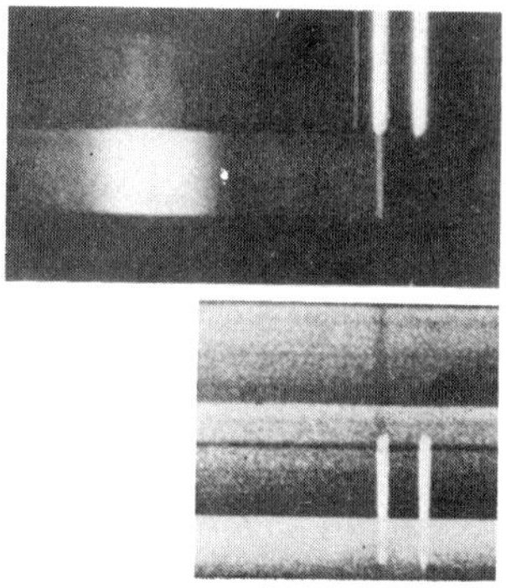

Abb. V,92a). Ausschnitt aus dem Fluoreszenzspektrum von konz. $Eu(NO_3)_3$-Lösung. Die scharfe Linie, zufällig von gleicher Wellenlänge wie die Linie Hg 5790,7 Å, entsteht durch Übergang von einem nicht aufspaltenden, höheren Term nach $^7F_0$. Die links davon befindliche, längerwellige Fluoreszenzbande entsteht durch Übergang vom gleichen, oberen Term nach $^7F_1$. Wegen der geringen Ordnung der Flüssigkeitsatome besteht dieser Term mit J = 1 aus unendlich vielen, verschiedenen Aufspaltungsstufen und die Fluoreszenz daher nicht aus scharfen Linien

Abb. V,92b). Absorption von konz. $Eu(NO_3)_3$-Lösung (Schichtdicke = 2 cm) im gelben Spektralgebiet

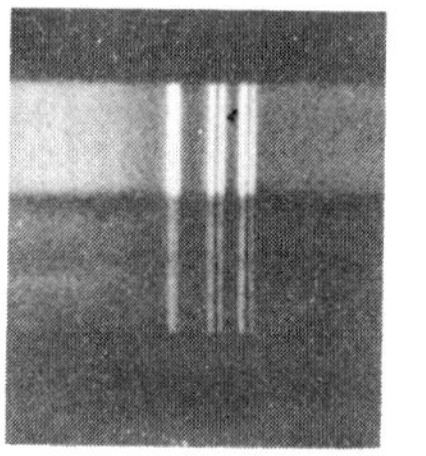

Abb. V,93. Ausschnitt aus dem Fluoreszenzspektrum von $Eu_2(SO_4)_3 \cdot 8\,H_2O$, aufgenommen bei − 180 °C. Das Bild zeigt den Übergang von einem nicht aufspaltenden, höheren Term nach $^7F_3$. Man sieht, daß dieser Term mit J = 3 fünffach aufgespalten ist

Nachdem nun ein höher gelegener Term bekannt war, der nicht aufspaltet, wurden Übergänge untersucht, die von diesem Term ausgehen und zu den Energiestufen des Grundtermmultipletts gehen. Die Abb. V,93 zeigt einen kleinen Ausschnitt vom Fluoreszenzspektrum des Europiumsulfats. Es handelt sich um den Übergang nach $^3F_3$, was aus dem ganzen Grundtermmultiplett zu erkennen ist. Aus der Tabelle kann man ablesen, daß sich das Europiumion in einem elektrischen Feld von hexagonaler oder tetragonaler Symmetrie befindet, da – wie die 5 Fluoreszenzlinien zeigen – der Term $J = 3$ fünffach aufgespalten ist. Der Übergang nach $J = 4$ zeigt nun eine Aufspaltung in 6 Linien. Dadurch ist entschieden, daß das Feld von hexagonaler Symmetrie ist. Diese Kenntnis erlaubt die Bestimmung anderer Terme. Die Abb. V,94 zeigt ein Beispiel. Da die Absorption bei tiefer Temperatur von der untersten Stufe ($J = 0$) ausgeht, die nicht aufspaltet, muß der obere Term, der aus 5 Komponenten besteht, den Wert $J = 3$ haben. Die Kristallfeldaufspaltung hat also, wie gezeigt wurde, wesentlich bei der Analyse der Linienspektren der Seltenen Erden in festen Körpern mitgeholfen. Und andererseits kann nach Kenntnis der Energiezustände des Ions das Kristallfeld bestimmt werden, dem das Ion ausgesetzt ist.

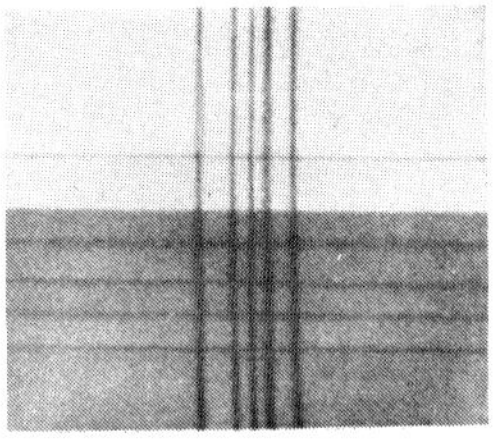

Abb. V,94. Ausschnitt aus dem Absorptionsspektrum bei 465 nm von $Eu_2(SO_4)_3 \cdot 8\ H_2O$, aufgenommen bei – 180 °C. Aus der fünffachen Aufspaltung erkennt man, daß der obere Term die innere Quantenzahl J = 3 besitzt

Bei den Seltenen Erden ist die Kristallfeldaufspaltung klein im Vergleich zur Multiplettaufspaltung. Dies liegt an der Abschirmung des Feldes durch die Elektronen, welche die 4 f-Elektronen umgeben. Bei den Elementen mit unvollständiger 3 d-Schale ist diese Abschirmung des Kristallfeldes wesentlich kleiner und damit die Aufspaltung entsprechend größer.

9. Raman- und Brillouin-Streuung

Wir haben bisher nur diejenigen Fälle betrachtet, bei denen die Frequenz des durchtretenden Lichts gleich der Frequenz des einfallenden Lichts war, m. a. W.: Das einfallende Photon wird entweder absorbiert oder es kann den Festkörper ohne Energieverlust passieren. Ferner wurde das gestreute, aber nicht absorbierte Licht pauschal in den Absorptionskoeffizienten mit einbezogen.

Man bezeichnet die inelastische Streuung von Licht (die mit einer Frequenzverschiebung verbunden sein kann) bei Mitwirkung eines Phonons als Raman-Streuung, wenn das Phonon einem optischen Zweig angehört, als Brillouin-Streuung, wenn das Phonon einem akustischen Zweig zuzuordnen ist.

In Abb. V,95 sind drei Wechselwirkungsprozesse in der Graphendarstellung angegeben. a) und b) beschreiben die Stokes'sche (Emission eines Phonons) und die Anti-Stokes'-

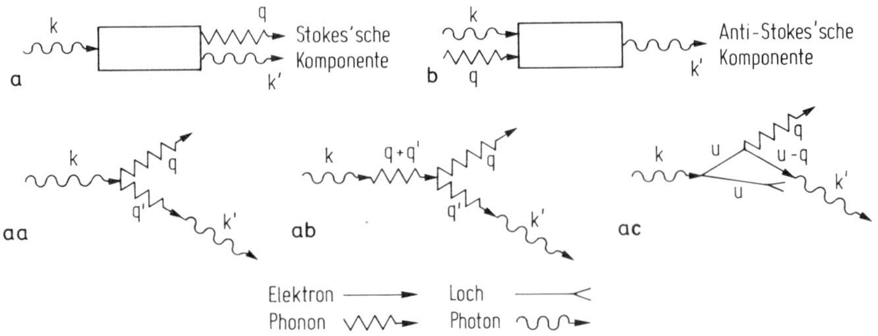

Abb. V,95. Graphen zur Raman- und Brillouin-Streuung.

sche (Absorption eines Phonons) Komponente der Raman-Streuung. Der Wechselwirkungsprozeß verläuft dabei über Zwischenschritte. Für die Stokes'sche Komponente sind dabei folgende drei Prozesse denkbar:

aa) Das Photon mit dem Impuls k zerfällt in zwei Phononen mit Impulsen q und q', von denen sich das Phonon q' in das Photon mit dem Impuls k' (kleiner als k) umwandelt.

ab) Das eintreffende Photon k wandelt sich in ein Phonon um, das durch anharmonische Kopplung in zwei Phononen q und q' zerfällt; aus dem Phonon q' wird dann das Phonon k'.

ac) Aus dem Photon k entsteht ein virtuelles Elektron-Lochpaar. Das Elektron (bzw. das Loch) emittiert ein Phonon q. Durch nachfolgende Rekombination des Elektron-Lochpaares wird das Photon k' emittiert.

Wie die Theorie zeigt, ist bei nichtpolaren Festkörpern nur der Prozeß ac) möglich. Dieser Prozeß läßt sich anschaulich so deuten, daß das Licht den Festkörper polarisiert und dabei ein virtuelles Elektron-Loch-Paar bildet. An dieses Elektron-Loch-Paar koppeln die Gitterschwingungen. Während die Photonen-Absorption bei der IR-Spektroskopie ein Dipolmoment voraussetzt, ist der Ramaneffekt mit dem Tensor der Polarisierbarkeit verknüpft. Dieser hier kurz skizzierte Ramaneffekt „erster Ordnung" ergibt sich aus dem ersten Glied einer Entwicklung des Tensors der Polarisierbarkeit nach Potenzen der Gitterschwingungen. Das nachfolgende Glied zweiter Ordnung liefert den Ramaneffekt „zweiter Ordnung". Beim Ramaneffekt zweiter Ordnung können zwei Prozesse erster Ordnung durch ein virtuelles Photon miteinander verknüpft sein; oder zwei Phononen können durch ein virtuelles Elektron-Loch-Paar emittiert bzw. absorbiert werden. Im ersten Fall erhält man ein Linienspektrum mit den Energiedifferenzen zwischen dem primären und dem sekundären Photon; diese Energiedifferenz setzt sich additiv oder subtraktiv aus den Raman-Energien erster Ordnung zusammen. Im zweiten Fall müssen für das Phononenpaar lediglich Energie- und Impulssatz erfüllt sein. Da die beiden Phononen-Impulswerte beliebig innerhalb der Brillouinzone liegen dürfen, erhält man hier ein kontinuierliches Spektrum.

Die Abb. V,96 zeigt die Ramanstreuung an InP. Dem Kontinuum des Ramaneffektes zweiter Ordnung ist hier das Linienspektrum der TO- und LO-Phononen des Ramaneffektes erster Ordnung überlagert. Die ausgeprägte Struktur des Untergrundes ist auf die kritischen Punkte der kombinierten Zustandsdichte zurückzuführen.

Die Abb. V,97 zeigt die Brillouin-Spektren von zwei Quarzproben [18].

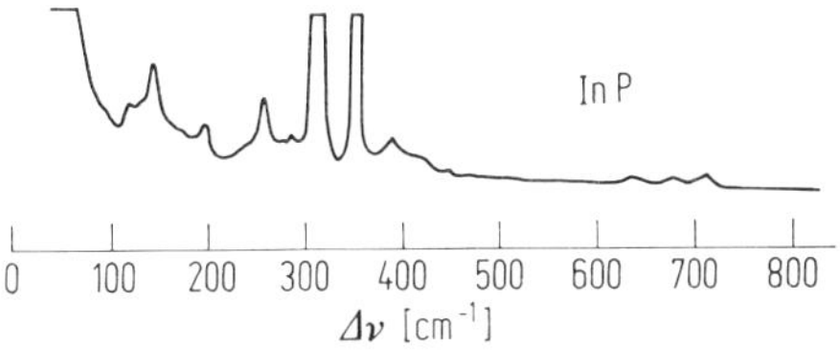

Abb. V,96. Frequenzverschiebung im Raman-Spektrum erster und zweiter Ordnung von InP (T = 293 K) [17]

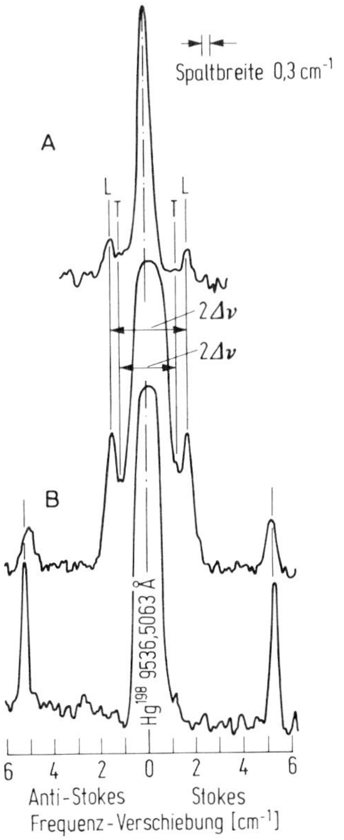

Abb. V,97. Brillouin-Spektren von zwei Quarz-Proben mit longitudinalen (L) und transversalen (T) Komponenten [18]

10. Zwei-Photonen-Absorption

Die Zwei-Photonen-Absorption wurde erstmals im Jahre 1931 von Maria Göppert-Meyer theoretisch behandelt. Die Grundidee ist dabei folgende: Durch die Absorption des Photons $h\,\nu_1$ wird ein Elektron vom Grundzustand E_0 in einen Zustand E_1 angehoben. Durch die unmittelbar darauffolgende Absorption eines zweiten Photons $h\,\nu_2$ gelangt das Elektron in den Endzustand E_2.

Um Zwei-Photonen-Spektroskopie betreiben zu können muß berücksichtigt werden, daß die Summe der beiden Photonenenergien variierbar ist; m. a. W., eine der Lichtquellen muß zumindest ein kontinuierliches Spektrum emittieren, aus dem mit Hilfe eines Monochromators Photonen diskreter Energie ausgesondert werden können.

Im Gegensatz zur Ein-Photonen-Absorption ist die Wahrscheinlichkeit für eine Zwei-Photonen-Absorption um viele Größenordnungen geringer. Um eine Zwei-Photonen-Absorption zu messen – sie liegt etwa in der Größenordnung $K_2 \sim 10^{-2}\ \mathrm{cm}^{-1}$ – benötigt man als zweite Lichtquelle einen Riesen-Impuls-Laser sehr hoher Leistung (größenordnungsmäßig 10^7 Watt), der möglichst monochromatisch emittieren soll. Da Laser mit diesen Anforderungen erst seit etwa 1960 verfügbar sind, konnte die Existenz einer Zwei-Photonen-Absorption somit erst drei Jahrzehnte nach der theoretischen Behandlung durch Goeppert-Mayer experimentell nachgewiesen werden.

Das Meßprinzip besteht darin, daß man die Änderung des durchtretenden Lichtstromes $\Delta\,\Phi$ an der zu untersuchenden Probe für die Photonen der einen Lichtquelle ($h \cdot \nu_2$ variabel; Lichtstrom Φ_2) mißt, die durch das gleichzeitige Eintreffen der Photonen des Lasers ($h \cdot \nu_1$, Lichtstrom Φ_1) induziert wird. Der zeitliche Verlauf von $\Delta\,\Phi_2(t)$ läßt sich beschreiben durch

$$\Delta\,\Phi_2(t) = \Phi_2[1 - \exp(-K_2(t) \cdot d)] \qquad \text{(V,111)}$$

$$K_2(t) \cdot d \sim \Phi_1(t) \qquad \text{(V,112)}$$

K_2 = Zwei-Photonen-Absorptionskonstante
d = Dicke der Probe;

folglich ist

$$\Delta\,\Phi_2(t) \sim \Phi_2 \cdot \Phi_1(t) \quad \text{für} \quad K_2 \cdot d \ll 1. \qquad \text{(V,113)}$$

Die Eigenschaft des Zwei-Photonen-Signals, daß für $K \cdot d \ll 1$ auch $\Delta\,\Phi_2(t)$ dem zeitlichen Verlauf des Laserimpulses folgt, läßt eine Abtrennung des Zwei-Photonen-Signals vom Ein-Photonen-Signal zu.

Ist die Lebensdauer des Zwischenzustandes E_1 größer als die Lebensdauer des Laserpulses, so folgt das Absorptionssignal in seinem zeitlichen Verlauf der Lebensdauer des Zwischenzustandes E_1. Die Lebensdauer der Zustände E_1 liegen in der Größenordnung von 10^{-15} s. Es ist heute technisch möglich, die Impulsdauern von Riesenlasern bis zu 10^{-12} s zu erniedrigen; damit kann man in einen Zeitbereich vordringen, der eine einwandfreie Trennung der zwei Absorptionsmechanismen – der 2-Photonen-Absorption über einen virtuellen Zwischenzustand E_1 und der Ein-Photonen-Absorption über den reellen Zustand unterscheiden.

Die Abb. V,98 zeigt den prinzipiellen Versuchsaufbau eines Zwei-Photonen-Spektrometers. Die Probe befindet sich in einem Kryostaten; sie kann gleichzeitig durch eine Xenon-Hochdrucklampe und einen Rubinlaser durchstrahlt werden. Auf einem Zweistrahloszillographen werden der Lichtstrom $\Phi_1(t)$ – aufgenommen wird das Ausgangssignal des Photomultipliers I – und die Änderung des Signals des Photomultipliers II, d. h. also $\Delta\,\Phi_2(t)$ aufgenommen.

Anstelle der Xenon-Hochdrucklampe verwendet man heute zweckmäßigerweise einen Flüssigkeitslaser (großes Φ_2, d. h. also auch ein großes Meßsignal $\Delta\,\Phi_2$, dessen Frequenz durchstimmbar ist). Als Meßbeispiel ist die 1- und 2-Photonen-Absorptionskonstante von **KBr** in Abb. V,99 angeführt.

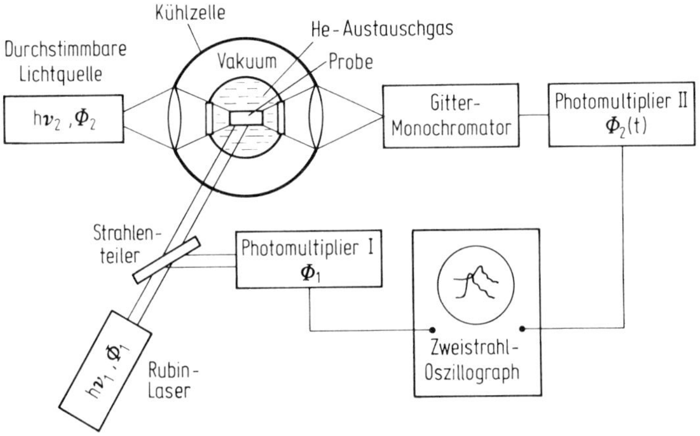

Abb. V,98. Apparatur zur Messung der 2-Photonen-Absorption [19]

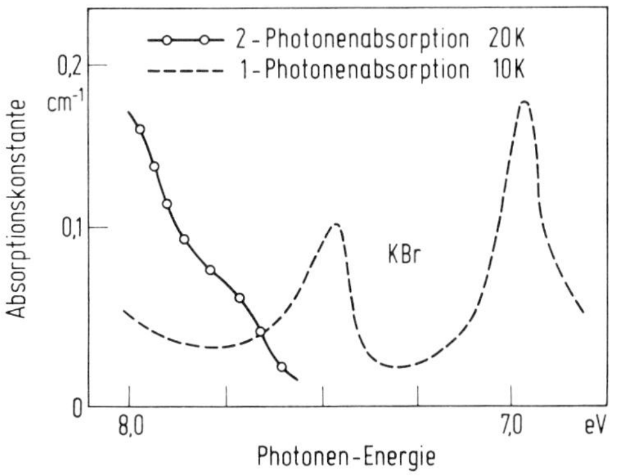

Abb. V,99. 1- und 2-Photonenabsorption an KBr [20]

11. Nichtlineare Optik

Die klassische (sog. „lineare Optik") beruht auf den Maxwellschen Gleichungen (V,12) und den Materialgleichungen (V,13). Zwischen der elektrischen Verschiebung $\boldsymbol{D}$ und der elektrischen Feldstärke $\boldsymbol{E}$ besteht demnach ein linearer Zusammenhang. Bei konventionellen Lichtquellen ist dieser Ansatz durchaus gerechtfertigt, denn die Auslenkung eines Elektrons aus einer Ruhelage durch das elektrische Feld der Lichtwelle ist so klein, daß das Problem als harmonischer Oszillator behandelt werden kann.

Um Auslenkungen des Elektrons zu erreichen, die in der Größenordnung der Gitterkonstanten liegen, benötigt man elektrische Feldstärken, die ca. 10^8 V/cm betragen. Diese Abschätzung ergibt sich anschaulich für Nichtmetalle aus dem Quotienten „Bandabstand : Gitterkonstante".

Der Laser eröffnet auch hier ein völlig neuartiges Gebiet der Optik, nämlich der sog. „nichtlinearen Optik". Einer mit Lasern durchaus erreichbare Flußdichte von 10^9 Watt/cm^2 entspricht eine elektrische Feldstärke von 10^6 V/cm. Bei so hohen Feldstärken muß der lineare Ansatz zwischen $\boldsymbol{D}$ und $\boldsymbol{E}$ ersetzt werden durch eine Gleichung der Form $\boldsymbol{D} = \epsilon(\boldsymbol{E}) \cdot \boldsymbol{E}$.

Die Konsequenzen, die sich aus diesem nichtlinearen Zusammenhang ergeben, lassen sich am einfachsten anhand des klassischen Atommodells für den nichtlinearen Fall verstehen. Man betrachtet dabei die Bewegung eines Elektrons, das unter dem Einfluß von linear polarisiertem Licht steht. Die Bewegungsgleichung für den nichtlinearen Fall lautet dann:

$$\ddot{x} + \omega_0^2 + \mathrm{f}\, x^2 = \frac{e}{m} E_0 \exp(\mathrm{i}\,\omega\, t). \qquad \text{(V,114)}$$

Vernachlässigt man in erster Näherung das quadratische Glied, so erhält man die bereits bekannte Lösung

$$x = \frac{e}{m} (\omega_0^2 - \omega^2)^{-1} E_0 \exp(\mathrm{i}\,\omega\, t). \qquad \text{(V,115)}$$

In der zweiten Näherung wird dieses Ergebnis in das nichtlineare Glied eingesetzt. Es ergibt sich nunmehr ein Beitrag für die Auslenkung x, der proportional zum Quadrat des elektrischen Feldes verläuft:

$$x \sim [E_0 \exp(\mathrm{i}\,\omega\, t) + \text{const.}\, E_0^2 \exp(2\,\mathrm{i}\,\omega\, t)]. \qquad \text{(V,116)}$$

Die Polarisation $\boldsymbol{P}$, die der Auslenkung proportional ist, erhält nun neben dem linearen Glied noch einen quadratischen Anteil

$$\boldsymbol{P} = \mathrm{a}_1 \boldsymbol{E}_0 \exp(\mathrm{i}\,\omega\, t) + \mathrm{a}_2 \boldsymbol{E}_0^2 \exp(2\,\mathrm{i}\,\omega\, t) \qquad \text{(V,117)}$$

$\mathrm{a}_1, \mathrm{a}_2$ = Konstante.

Um zu verstehen, daß die Polarisation der Materie auf das Licht zurückwirkt, muß man sich vergegenwärtigen, daß schwingende elektrische Dipole ihrerseits elektrische Felder erzeugen; diese schwingenden Dipole liefern zusätzliche Beiträge zum durch die einfallende Welle verursachten Wellenfeld.

Die Wellengleichung des Lichts hat die Form

$$\frac{d^2 \boldsymbol{E}}{d x^2} - \frac{1}{c^2} \frac{d^2 \boldsymbol{E}}{d t^2} = \frac{4 \pi}{c^2} \frac{d^2 \boldsymbol{P}}{d t^2}. \qquad (V,118)$$

Für den nichtlinearen Effekt ist das 2. Glied der Gl. (V,117) von Bedeutung. Setzt man diesen Termin Gl. (V,118) ein, so ergibt sich

$$\frac{d^2 \boldsymbol{E}}{d x^2} - \frac{1}{c^2} (1 + \frac{a_1}{c^2}) \frac{d^2 \boldsymbol{E}}{d t^2} = \frac{4 \pi}{c^2} a_2 \boldsymbol{E}_0^2 \exp (2 \omega t - 2 i k x) \qquad (V,119)$$

Diese äußere Kraft erzeugt also eine Welle, die mit der doppelten Frequenz den Kristall durchläuft. Wie man der Gl. (V,119) ansieht, ist für die Welle mit der Frequenz 2ω noch die Bedingung zu erfüllen, daß die Wellenzahl den zweifachen Wert der einfallenden Welle besitzen muß. Man muß daher an den nichtlinearen Kristall noch die Forderung stellen, daß die beiden Wellen der Frequenzen ω und 2ω die gleiche Phasengeschwindigkeit aufweisen.

In Abb. V,100 ist schematisch eine Anordnung zur Frequenzverdopplung angegeben. Ein Rubinlaser sendet Licht der Wellenlänge $\lambda = 6940$ Å(ω_1) aus, das ein Transmissionsfilter F 1 für diese Wellenlänge durchläuft. Als nichtlineares Medium wurde bei diesem Versuch ein Quarzkristall verwendet. Die vom Quarz austretende Welle der Frequenz ω_1 wird durch das Filter F 2 absorbiert; F 2 ist ein Transmissionsfilter für die Wellenlänge $\lambda = 3470$ Å. Mit einer Photozelle kann dieses Licht nachgewiesen werden.

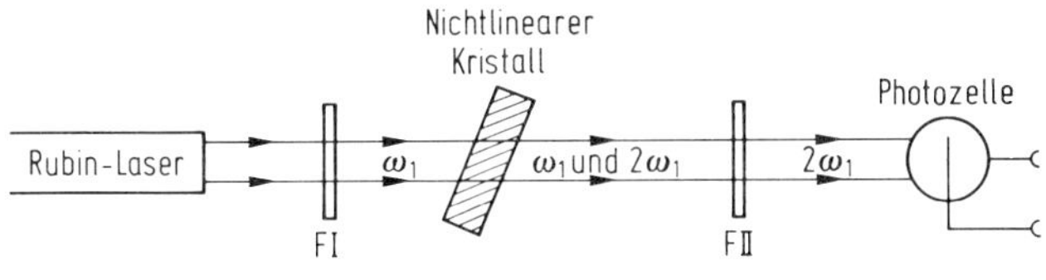

Abb. V,100. Meßanordnung für den Nachweis der Frequenzverdopplung [21]

Mit einer verbesserten Technik gelingt heute bereits die Züchtung von nichtlinearen Kristallen, bei denen 80% der einfallenden Lichtintensität in Licht der doppelten Frequenz umgewandelt werden.

Durch die Frequenzvervielfachung eröffnen sich neue Aspekte in der Nachrichtentechnik und der Datenverarbeitung. Wegen der außerordentlich hohen Intensität der Laser können Kernreaktionen eingeleitet werden.

Literatur

A. Tausend: Diss. TU Berlin (1961).

H. A. Kramers: Phys. Z. **30**, 522 (1929).

R. de L. Kronig: J. Opt. Soc. Amer. **12**, 547 (1926).

R. Ladenburg u. A. Carst: Z. Phys. **48**, 192 (1928).

E. Hagen u. H. Rubens: Berl. Ber. 269 (1903), Phys. ZS **9**, 874 (1908).

H. Falkenhagen: In Handbuch d. phys. Optik von Gehrke, Bd. 1, 795, Leipzig 1927.

H. Y. Fan u. M. Becker: Proc. of the International Conference on Semiconductors, Reading (1951).

W. Kaiser, R. J. Collins u. H. Y. Fan: Phys. Rev. **91**, 1380 (1953).

H. Gobrecht, U. Gerhardt, B. Peinemann u. A. Tausend: J. Appl. Phys. Suppl. **32**, 2246 (1961).

J. S. Blakemore: Solid State Physics, Philadelphia–London–Toronto, W. B. Saunders Comp. (1969 (1969).

E. D. Palik, S. Teitler u. R. F. Wallis: J. Appl. Phys. Suppl. **32**, 2132 (1961).

S. Zwerling, B. Lax u. L. M. Roth: Phys. Rev. **108**, 1402 (1957).

F. Burstein u. G. S. Picus: Phys. Rev. **105**, 1123 (1957).

S. Zwerdling, H. W. Kleiner u. J. P. Theriault: J. Appl. Phys. Suppl. **32**, 2118 (1961).

G. B. Wright u. B. Lax: J. Appl. Phys. Suppl. **32**, 2113 (1961).

H. Gobrecht, I. Bach u. A. Tausend: Z. Phys. **166**, 76 (1962).

A. Mooradian: In Festkörperprobleme IX, Pergamon, Vieweg 74 (1969).

P. Flubacher, A. J. Leadbetter, J. A. Morrison u. B. P. Stoicheff: J. phys. chem. solids **12**, 53 (1959).

J. J. Hopfield, J. M. Worlock u. K. Park: Phys. Rev. Letters **11**, 414 (1963).

K. Park u. R. G. Stafford: Phys. Rev. Letters **22**, 1426 (1968).

P. A. Franken u. Mitarb.: Phys. Rev. Letters **7**, 118 (1961).

d) Paramagnetische Resonanzen

(Jürgen Dietrich, Berlin)

1. Allgemeine Beschreibung

Bei der paramagnetischen Resonanz handelt es sich um eine Gruppe von Erscheinungen, die folgendermaßen beschreibbar ist: Die Energieniveaus eines paramagnetischen Systems, etwa eines Atomkerns, Atoms, Ions oder Moleküls, spalten unter gewissen Bedingungen in einem Magnetfeld auf. Zwischen je zwei solcher benachbarten Niveaus können Strahlungsübergänge induziert und als Resonanzabsorption beobachtet werden. Die Eigenschaften dieser Absorption (Frequenz, spektrale Breite, Absorptionskoeffizient usw.) sind abhängig vom eingeprägten Magnetfeld, von den individuellen Eigenschaften des betrachteten Systems und von dessen Umgebung. Die theoretischen Verfahren sind heute sehr weit entwickelt, so daß man aus den erhaltenen Spektren eine Fülle von Informationen gewinnen kann. Das energetische Auflösungsvermögen der meisten Spektrometer für paramagnetische Resonanz liegt mehrere Größenordnungen unter der natürlichen Linienbreite, so daß auch die Form einzelner Resonanzkurven zur Information herangezogen werden kann. Die Empfindlichkeit moderner Spektrometer ist so hoch, daß Substanzmengen von etwa 10^{-10} g bei einem Molekulargewicht von 100 g/mol noch bequem nachweisbar sind. Auf Grund der hochgezüchteten Technik hat die paramagnetische Resonanz seit ihrer Entdeckung (1945 Zavoisky paramagnetische Elektronenresonanz, 1946 Bloch und Purcell paramagnetische Kernresonanz) schnell Eingang in verschiedene Wissenschaftszweige gefunden. Die wesentlichen Anwendungsbereiche sind:

- Messung von magnetischen Feldern,
- Untersuchungen zum Atombau der Nebengruppenelemente,
- Ermittlung der Konstitution von Molekülen,
- Untersuchung des Ablaufes chemischer Reaktionen (Radikalbildung und Rekombination),
- Ermittlung der Konstitution von Zentren in Festkörpern (Donatoren, Farbzentren usw.),
- Untersuchung von Strahlungseinflüssen (Fehlstellenbildung),
- Nachweis geringer Substanzmengen.

Die Erscheinung der paramagnetischen Resonanz steht in enger Beziehung zu einigen anderen physikalischen Phänomenen, von denen die bekanntesten genannt seien: optischer Zeeman-Effekt, MASER-Effekt, adiabatische Entmagnetisierung.

Die Einordnung der paramagnetischen Resonanz in eine physikalische Phänomenologie kann im Wesentlichen von zwei Standpunkten her vorgenommen werden: Einmal kann man von der Spektroskopie als Oberbegriff ausgehen, zum anderen auch vom Paramagnetismus. Das kann in Kürze so formuliert werden: Bei den beobachteten Strahlungsübergängen handelt es sich um magnetische Dipol-Strahlung (siehe Elektrodynamik), die in Absorption beobachtet wird – im Gegensatz zur meist üblichen optischen Emissionsspektroskopie – und zwar im Radio- und Mikrowellenbereich. Es sind Resonanzen innerhalb von Elektronen- bzw. Kernzuständen, die sich nur in der magnetischen Quantenzahl unterscheiden. In der üblichen optischen Spektroskopie kann diese Resonanz nur indirekt als Linienaufspaltung im Magnetfeld (optischer Zeeman-Effekt) ermittelt werden. Die Wechselwirkung der einzelnen Oszillatoren untereinander ist nur sehr schwach (im Gegensatz etwa zu ferromagnetischen, antiferromagnetischen oder allgemeinen Spinwellen-Resonanzen). Andere nicht-paramagnetische Resonanzen sind z.B. Zyklotron-Resonanz (= diamagnetische Resonanz), Plasma-Resonanz, Helikon-Resonanz.

Die paramagnetische Resonanz kann auf zwei Weisen behandelt werden: klassisch und quantenmechanisch. Hier sollen beide Wege angedeutet werden: der klassische Weg am Beispiel der Kernresonanz (Kerninduktion, heute als nuclear magnetic resonance, NMR, bezeichnet), der quantenmechanische Ansatz bei der paramagnetischen Elektronen-Resonanz (Elektronenspinresonanz, ESR).

Von den historischen Grundlagen seien hier einige wesentliche Stationen ohne eingehende Behandlung vermerkt:

1896 Zeeman (Linienaufspaltung im Magnetfeld)
1915 Einstein, De Haas (Anomalie des Spins)
1921 Stern, Gerlach (mechanische Trennung der Spinzustände)
1924 Pauli (Kernspin und kernmagnetisches Moment)
1925 Uhlenbeck, Goudsmit (mathematische Einführung des Elektronenspins)
1939 Rabi (induzierte Übergänge zwischen verschiedenen Spinzuständen)
1945 Zavoisky (Elektronenspinresonanz)
1946 Bloch (Kerninduktion), Purcell (Kernresonanz)

2. Klassische Rechnung für die Kerninduktion

Wenn man von typisch quantenmechanischen Eigenschaften (z.B. Richtungs- und Energie-Quantelung) absieht, können atomare Erscheinungen wenigstens qualitativ klassisch berechnet werden. Dieser Weg ist tatsächlich von Bloch bei der theoretischen Behandlung der Kerninduktion gegangen worden. Man setzt voraus, daß ein atomares System beschrieben werden kann als ein Kreisel mit dem Drehimpuls $\boldsymbol{L}$ und mit einem dazu parallelen magnetischen Moment $\boldsymbol{m}$ (gyromagnetisches Verhältnis γ)

$$\boldsymbol{m} = \gamma \cdot \boldsymbol{L} \, .$$

Bei Anwesenheit eines äußeren magnetischen Feldes der Flußdichte $\boldsymbol{B}$ liefert die Magnetostatik für das auf $\boldsymbol{m}$ wirkende Drehmoment $\boldsymbol{T} = \boldsymbol{m} \times \boldsymbol{B}$, die mechanische Grundgleichung für den Kreisel lautet $\mathrm{d}\boldsymbol{L}/\mathrm{d}t = \boldsymbol{T}$. Das führt auf die Bewegungsgleichung eines einzelnen atomaren Dipoles

$$\mathrm{d}\,\boldsymbol{m}/\mathrm{d}\,t = \gamma \cdot \boldsymbol{m} \times \boldsymbol{B}\,. \qquad \text{(V,120)}$$

Zur Lösung dieser Vektordifferentialgleichung wählt man ein kartesisches Koordinatensystem mit einer zu $\boldsymbol{B}$ parallelen z-Achse (Abb. V,101). Durch skalare Multiplikation von (V,120) mit $\boldsymbol{m}$ erhält man $|\boldsymbol{m}| = \text{const}$, durch skalare Multiplikation mit $\boldsymbol{B}$ ergibt sich $m_z = \text{const}$. Die verbleibenden Gleichungen $\mathrm{d}m_x/\mathrm{d}t = \gamma \cdot B \cdot m_y$ und $\mathrm{d}m_y/\mathrm{d}t = -\gamma \cdot B \cdot m_x$ können integriert werden:
$\boldsymbol{m} = (m_t \cos(\gamma Bt + \varphi), -m_t \sin(\gamma Bt + \varphi), m_z)$; dabei ist m_t die transversale Magnetisierung, φ eine beliebige Phase (Integrationskonstante). Der Vektor $\boldsymbol{m}$ präzediert um $\boldsymbol{B}$ mit der Winkelgeschwindigkeit

$$\omega_L = \gamma \cdot B \quad (\text{Larmor-Frequenz})\,.$$

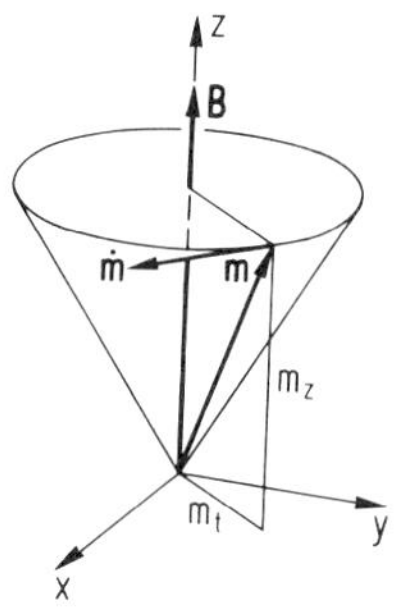

Abb. V,101. Präzession eines atomaren Dipoles im magnetischen Feld. Gezeichnet ist der Fall $\gamma>0$.

Diese Betrachtung kann erweitert werden auf ein Dipolkollektiv, das sich in einem Volumen V befindet. Die Magnetisierung dieses Kollektivs ist dann $\boldsymbol{M} = (1/V) \sum_i \boldsymbol{m}_i$; summiert wird über alle Dipole im Volumen V. Setzt man voraus, daß 1. das äußere Feld $\boldsymbol{B}$ homogen ist, 2. identische Systeme vorliegen (d.h. alle $|\boldsymbol{m}_i|$ und alle γ_i identisch) und 3. innere Wechselwirkung vernachlässigbar sind, so folgt für das makroskopische System die Gleichung

$$\mathrm{d}\,\boldsymbol{M}/\mathrm{d}\,t = \gamma \cdot \boldsymbol{M} \times \boldsymbol{B}\,. \qquad \text{(V,121)}$$

Der Gleichgewichtsfall wird dadurch gekennzeichnet sein, daß die Phasen φ der einzelnen Dipol-Präzessionen statistisch (gleichmäßig) verteilt sind, so daß für die Quermagnetisierung im Gleichgewicht $M_x = M_y = 0$ folgt (anders ausgedrückt: Es liegt eine Invarianz gegenüber Drehungen um die z-Achse vor). Liegt eine Abweichung vom thermodynamischen Gleichgewicht vor, so liefert Gl. (V,121) keine Aussage über einen Ausgleichsprozess, da dieser entweder nicht konservativ ist (keine Energieerhaltung), oder über die hier vernachlässigten inneren Wechselwirkungen abläuft. Diese Fälle können durch Zusatzglieder in Gl. (V,121) berücksichtigt werden, die man aus dem Maxwell'schen Relaxationstheorem gewinnt. Unter Relaxation versteht man allgemein das Bestreben eines physikalischen Systems, seinen Zustand dem thermodynamischen Gleichgewicht anzunähern. Das Relaxationstheorem lautet dann: Die durch Relaxation bedingte Änderung einer physikalischen Größe X besitzt diejenige Richtung, die die Differenz zur jeweiligen Gleichgewichtsgröße X_g verringert. Für kleine Abweichungen vom Gleichgewicht gilt angenähert die Maxwell'sche Relaxationsgleichung

$$\mathrm{d}\,X/\mathrm{d}\,t = -\frac{1}{T}(X - X_g)\,,$$

wobei T die sogenannte Relaxationszeit ist.

Häufig – z.B. bei abgeschlossenen Systemen – ist X_g eine Systemkonstante; die Relaxationsgleichung besitzt dann eine Exponentialfunktion als Lösung.

Da in unserem Falle zwei physikalisch nicht gleichwertige Richtungen (nämlich parallel und senkrecht zu $\boldsymbol{B}$) vorliegen, wird man zwei verschiedene Relaxationszeiten einführen: T_1 beschreibt die Relaxation von M_z (longitudinale Relaxationszeit), T_2 diejenige von M_x und M_y (transversale Relaxationszeit). Dabei nehmen wir – wie oben erklärt – als Gleichgewichtswerte $M_{xg} = M_{yg} = 0$, $M_{zg} = M_g$ an. Dann lauten die so vervollständigten Bloch'schen Gleichungen

$$\frac{\mathrm{d}\,M_{x,y}}{\mathrm{d}\,t} = \gamma \cdot (\boldsymbol{M} \times \boldsymbol{B})_{x,y} - \frac{1}{T_2}\,M_{x,y}$$

$$\frac{\mathrm{d}\,M_z}{\mathrm{d}\,t} = \gamma \cdot (\boldsymbol{M} \times \boldsymbol{B})_z - \frac{1}{T_1}\,(M_z - M_g)\,.$$

Der Einfluß eines zusätzlichen zu $\boldsymbol{B}$ senkrechten magnetischen Wechselfeldes $\boldsymbol{B}_1$, etwa $B_1\cos(\omega t)$ in x-Richtung, kann am besten beschrieben werden, wenn dieses Wechselfeld in zwei gegensinnig rotierende zirkular polarisierte Komponenten zerlegt wird. Von diesen Komponenten wird nur diejenige wesentlichen Einfluß haben, die im gleichen Umlaufsinn wie die Larmor-Präzession von $\boldsymbol{M}$ rotiert. Wir nehmen also von vornherein ein zusätzliches rotierendes Hochfrequenzfeld der Form $\boldsymbol{B}_1 = (B_1\cos\omega t, -B_1\sin\omega t, 0)$ an. Eine strenge Lösung der Bloch'schen Gleichungen ist dann nicht mehr möglich, jedoch kann eine Näherung für kleine Störfelder $B_1 \ll B$ im thermischen Gleichgewicht (d.h. ohne das Einschwingverhalten) erhalten werden: Die Quermagnetisierung ist periodisch wie das Erregerfeld B_1 und ihm gegenüber phasenverschoben. Betrachtet man die x-y-Ebene als Gauss'sche Zahlenebene, so kann man dieses Verhalten durch eine komplexe Suszeptibilität beschreiben: $\boldsymbol{M} = \chi \cdot \boldsymbol{H}$, $\boldsymbol{H}$ = äußere Feldstärke und $\chi = \chi' - \mathrm{i} \cdot \chi''$. Die Rechnung liefert für Real- und Imaginärteil der Suszeptibilität

$$\chi' = -(\omega_L - \omega) \cdot T_2 \cdot \chi''$$

$$\chi'' = -\frac{\mu_0}{2} \cdot \frac{\gamma\,T_2\,M_g}{1 + (\omega_L - \omega)^2\,T_2^2 + \gamma^2\,B_1^2\,T_1\,T_2}\,. \qquad \text{(V,122)}$$

Die von den atomaren Systemen absorbierte HF-Leistung beträgt (auf die Volumeneinheit bezogen):

$$P = \boldsymbol{B} \cdot \mathrm{d}\boldsymbol{M}/\mathrm{d}\,t = -\,\omega \cdot \chi'' \cdot B_1^2/\mu_0 \,. \qquad \text{(V,123)}$$

Die Frequenzabhängigkeit von P wird im Wesentlichen durch χ'' beschrieben und hat die Form einer Lorentz-Linie (Resonanzlinie) mit der Linienbreite

$$\Delta\,\omega_H = \frac{2}{T_2}\sqrt{1+\gamma^2 B_1^2\, T_1\, T_2} = \frac{2}{T_2}\sqrt{s}\,, \qquad \text{(V,124)}$$

$s = 1 + \gamma^2 B_1^2\, T_1\, T_2$ heißt Sättigungsfaktor.

Der Nachweis dieser Resonanzerscheinung kann auf drei Wegen erfolgen: Das erste Verfahren beruht auf der Feststellung, daß im Resonanzfall die einzelnen Elementarmagnete in ihrer Präzessionsbewegung synchronisiert werden (im nicht-Resonanzfall waren die Phasen gleichmäßig verteilt). Dadurch wirkt die präzedierende Gesamtmagnetisierung wie der sich drehende Magnet eines Dynamos. Legt man eine Detektorspule an die Probe, so wird in ihr eine Wechselspannung induziert, die das Vorhandensein der Synchronisation (also den Resonanzfall) anzeigt (daher der Name Kerninduktion). Zur Entkopplung werden Erreger- und Detektor-Spule senkrecht zueinander angeordnet (Kreuzspulenanordnung, Abb. V,102).

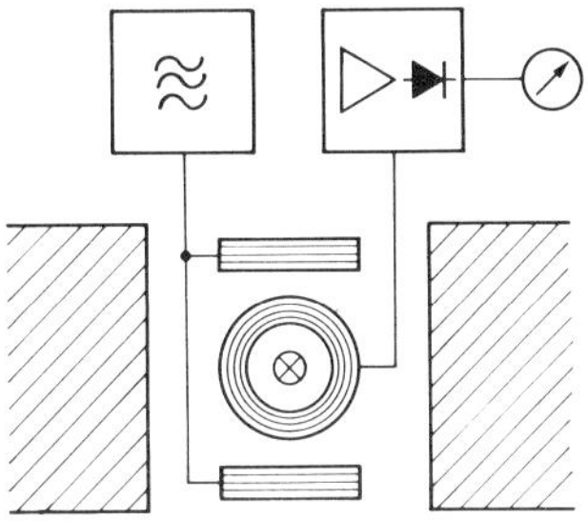

Abb. V,102. Schema der Kreuzspulenanordnung zur Messung der kernmagnetischen Induktion.

Die zweite Möglichkeit des Resonanznachweises besteht in der Ermittlung der absorbierten HF-Leistung (Gl. V,123). Als Erreger des hochfrequenten Magnetfeldes benützt man dabei die Spule eines konstant erregten HF-Schwingkreises. Im Resonanzfall wird von der Probe nach Gl. V,123 Leistung absorbiert, d.h. der Schwingkreis wird stärker bedämpft und die Schwingungsamplitude nimmt ab (die geringe Veränderung der Resonanzfrequenz des Schwingkreises möge unberücksichtigt bleiben). Diese Abnahme der Schwingungsamplitude wird mit einem Amplitudendetektor gemessen und zum Nachweis der Resonanz herangezogen. Die relative Änderung der Schwingungsamplitude $\Delta A/A$ durch eine geringfügige Zunahme der Dämpfung $\Delta\delta/\delta$ ist im Resonanzpunkt der mittleren Dämpfung umgekehrt proportional: $\Delta A/A = -\Delta\delta/\delta$. Die Empfindlichkeit wird also umso größer sein, je kleiner die mittlere Dämpfung δ (bzw. je größer die Güte) des Schwingkreises ist (Abb. V,103).

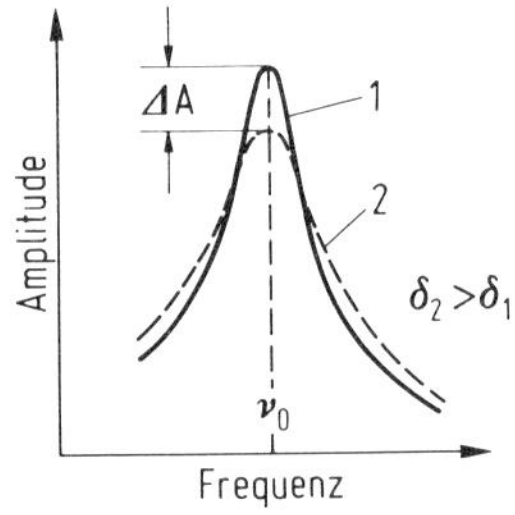

Abb. V,103. Resonanzkurven eines Schwingkreises bei verschiedenen Dämpfungen δ.

Als drittes Verfahren findet eine Hochfrequenz-Brückenschaltung Verwendung (siehe Elektrizitätslehre). Sie hat den Vorteil, daß man durch einfache Änderung des Abgleiches sowohl den absorbierenden (χ'') als auch den dispersiven (χ') Teil der Suszeptibilität messen kann.

Aus den Gl. V,122 und V,123 folgt, daß der Resonanzfall bei $2\pi\nu = \omega_L = \gamma \cdot B$ eintritt. Aus den Messungen von Resonanzfrequenz und magnetischer Flußdichte läßt sich also das gyromagnetische Verhältnis γ bestimmen. Dies ist der eigentliche Sinn der Kernresonanzmessungen.

3. Quantenmechanische Behandlung

In der Quantenmechanik wird angenommen, daß der gesamte (atomare) Drehimpuls $\boldsymbol{F}$ (incl. Kernspin) eines freien Systems eine definierte konstante Größe eines Systemzustandes ist (Zustandsgröße); genauer ausgedrückt: Jede Zustandsfunktion ψ ist eine Eigenfunktion von $\boldsymbol{F}^2$ und F_z.

Meistens sind aber auch die Drehimpulse der Hülle, $\boldsymbol{J}$, und des Kerns, $\boldsymbol{I}$, für sich alleine in guter Näherung Zustandsgrößen (in der Sprache der Quantenmechanik: $\boldsymbol{J}^2, J_z, \boldsymbol{I}^2, I_z$ sind gute Quantenzahlen), weil die Verkopplung von Elektronenhülle und Kern nur sehr schwach ausgeprägt ist. Häufig können selbst bei der Elektronenhülle noch andere scharfe Drehimpulse gekennzeichnet werden. Man unterscheidet zwei Extremfälle:

1) Die Kopplung der Elektronen untereinander ist so schwach, daß jedes Elektron für sich durch einen Drehimpuls $\boldsymbol{j}_\nu$ gekennzeichnet werden kann; die Verkopplung der einzelnen $\boldsymbol{j}_\nu$ wird dann nur durch Korrekturen berücksichtigt (jj-Kopplung). Das ist nur bei sehr schweren Atomen der Fall.

2) Die Elektronen haben zwar untereinander eine starke Wechselwirkung, jedoch wechselwirken Bahndrehimpuls eines Elektrons und Spin desselben Elektrons vergleichsweise nur wenig miteinander. Durch die Verkopplung wird dann der Gesamtbahndrehimpuls $\boldsymbol{L}$ und der Gesamtelektronenspin $\boldsymbol{S}$ jeweils eine Erhaltungsgröße; die Kopplung zwischen $\boldsymbol{L}$ und $\boldsymbol{S}$ wird dann durch Korrekturen berücksichtigt (LS-Kopplung, auch

Russel-Saunders-Kopplung genannt). Dies ist bei den leichten und mittelschweren Atomen gut erfüllt. Wir wollen uns im Folgenden stets auf den Fall der LS-Kopplung beschränken.

Jeder atomare Drehimpuls ist i.A. von einem zu ihm parallelen magnetischen Moment begleitet. Für den Bahndrehimpuls kann das nach der klassischen Elektrodynamik hergeleitet werden. Danach besitzt ein Kreisstrom der Stromdichte $\boldsymbol{i}$ ein magnetisches Moment $\vec{\mu} = (1/2) \int \boldsymbol{r} \times \boldsymbol{i}\, \mathrm{d}\, V$; mit $\boldsymbol{i} = \mathrm{v} \cdot \rho = \mathrm{v} \cdot \rho_\mathrm{m} \cdot e_-/m_0$ (ρ = Ladungsdichte, ρ_m = Massendichte, e_- = Elementarladung des Elektrons, m_0 = Elektronenmasse, v = lokale Geschwindigkeit) wird daraus $\vec{\mu} = (e_-/2m_0) \int \boldsymbol{r} \times \rho_\mathrm{m} \mathrm{v}\, \mathrm{d}\, V$. Beachtet man weiterhin, daß $\boldsymbol{r} \times \rho_\mathrm{m} \mathrm{v}\, \mathrm{d}\, V = \boldsymbol{r} \times \mathrm{v}\, \mathrm{d}m = \boldsymbol{r} \times \mathrm{d}\boldsymbol{p} = \mathrm{d}\boldsymbol{L}$ das Drehimpulselement darstellt, so wird daraus $\vec{\mu} = (e_-/2m_0)\boldsymbol{L}$. Eine entsprechende Rechnung für den Elektronenspin (Modell der ladungsbelegten Kugel) liefert das gleiche Ergebnis; das ist jedoch einen Faktor 2 zu klein[1)], wie die genauere (relativistische) Quantentheorie nach Dirac zeigt.

Es ist also

$$\vec{\mu}_\mathrm{L} = (e_-/2\, m_0)\, \boldsymbol{L}$$
$$\vec{\mu}_\mathrm{S} = (e_-/m_0)\, \boldsymbol{S}\,.$$

Damit folgt für den gesamten Elektronendrehimpuls $\boldsymbol{J} = \boldsymbol{L} + \boldsymbol{S}$

$$\vec{\mu} = (e_-/2\, m_0)\, (\boldsymbol{L} + 2\, \boldsymbol{S})$$

Der Kern liefert einen analogen Anteil $\vec{\mu}_\mathrm{I} \sim (e_+/m_\mathrm{n})\, \boldsymbol{I}$, der jedoch wegen $m_\mathrm{n} \approx 1838 m_0$ kaum ins Gewicht fällt.

Nach der quasi-klassischen Betrachtungsweise stellt man sich vor, daß $\boldsymbol{L}$ und $\boldsymbol{S}$ gemeinsam um $\boldsymbol{J}$ präzedieren (bei exakter quantenmechanischer Berechnung kann man auf diese Vorstellung verzichten). Damit präzediert auch $\vec{\mu}$ um $\boldsymbol{J}$, und die (wesentliche) Komponente von $\vec{\mu}$ in Richtung $\boldsymbol{J}$ wird

$$\langle\vec{\mu}\rangle = (\vec{\mu}\, \boldsymbol{J})\, \boldsymbol{J}/\boldsymbol{J}^2 = (e_-/2\, m_0) \cdot g \cdot \boldsymbol{J}\,.$$

Der so definierte skalare Faktor

$$g = (\vec{\mu}\, \boldsymbol{J})\, (2\, m_0/e_-)/\boldsymbol{J}^2$$

heißt Landé-Faktor, spektroskopischer Aufspaltungsfaktor oder kurz g-Faktor. Seine Berechnung ergibt $g = (\boldsymbol{L} + 2\, \boldsymbol{S}\,,\ \boldsymbol{L} + \boldsymbol{S})/\boldsymbol{J}^2 = 1 + \boldsymbol{S}\, \boldsymbol{J}/\boldsymbol{J}^2$. Wenn man $\boldsymbol{SJ}$ durch Quadrate von $\boldsymbol{L}$, $\boldsymbol{S}$ und $\boldsymbol{J}$ ausdrückt, folgt $g = 1 + (\boldsymbol{J}^2 + \boldsymbol{S}^2 - \boldsymbol{L}^2)/2\, \boldsymbol{J}^2$, und da gemäß den entsprechenden Eigenwertgleichungen gesetzt werden kann $\boldsymbol{L}^2 = \hbar l(l+1)$, $\boldsymbol{S}^2 = \hbar^2 s(s+1)$, $\boldsymbol{J}^2 = \hbar^2 j(j+1)$ folgt

$$g = 1 + \frac{j(j+1) - l(l+1) + s(s+1)}{2\, j\, (j+1)}$$

---

1) Noch genauer lautet der Faktor 2,00229 . . .

Man setzt noch zur Abkürzung $-(e_{-}\hbar/2m_0) = \mu_B$ (Bohr'sches Magneton). Untersucht man die Komponente von $\langle\vec{\mu}\rangle$ in einer von außen aufgeprägten Vorzugsrichtung (z. B. magnetisches Feld; man nennt diese Richtung „Quantisierungsachse"), so erhält man die Richtungsquantelung

$$\langle\mu\rangle_z = -\mu_B \cdot g \cdot M$$

mit $M = J_z/\hbar$ = „magnetische Quantenzahl".

Ein solcher magnetischer Dipol besitzt in einem eingeprägten Magnetfeld der Flußdichte $\boldsymbol{B}$ eine potentielle Energie $E_{magn} = -\langle\vec{\mu}\rangle \boldsymbol{B} = -\langle\mu\rangle_z B$; ($\boldsymbol{B}$ liegt in der z-Richtung: $B = B_z = |\boldsymbol{B}|$). Auf Grund der Quantelung von $\langle\mu\rangle_z$ ist also auch E_{magn} gequantelt, und der entsprechende Energiewert eines Niveaus beträgt dann

$$E(M) = E_0 + \mu_B \cdot g \cdot B \cdot M,$$

wobei E_0 die Termenergie im Falle $B = 0$ ist. Diese Aufspaltung eines Energieniveaus wird als quantenmechanischer Zeeman-Effekt bezeichnet (als optischen Zeeman-Effekt bezeichnet man die daraus resultierende Aufspaltung einer Spektrallinie in mehrere, häufig äquidistante Linien).

Unter paramagnetischer Resonanz ist ein Resonanz-Strahlungsübergang innerhalb dieser Energieniveaugruppe zu verstehen. Dazu ist jedoch zu bemerken, daß die normalen Auswahlregeln (d.h. für elektrische Dipolübergänge) zwar solche Strahlungsübergänge verbieten. Nicht verboten sind sie jedoch für magnetische Dipolstrahlung. Die entsprechende Auswahlregel lautet hier $\Delta M = \pm 1$ und $\Delta L = 0$[1], sodaß die Absorption eines Quants $h\nu$ durch einen Übergang $M \to M + 1$ möglich wird:

$$h\nu = E(M+1) - E(M) = \mu_B \cdot g \cdot B.$$

Dies ist die Resonanzbedingung.

Die hier dargestellte Ableitung ist halbklassisch, d.h. sie wurde gewonnen aus klassischen Überlegungen, in die quantenmechanische Effekte (Richtungsquantelung) eingearbeitet wurden. Eine exakte quantenmechanische Behandlung geht aus vom Spin-Hamilton-Operator $\hat{H}_s$. Dieser Operator kann – vereinfacht – durch Folgendes gekennzeichnet werden:

1) Der Grundzustand des betrachteten Systems wird durch einen „effektiven Spin" S beschrieben.

2) Die Aufspaltung im Magnetfeld wird durch einen Tensor beschrieben (g-Tensor), dessen Anisotropie die Überlagerung von Stark-Effekt (Ligandenfeld) und Zeeman-Effekt (Magnetfeld) wiedergibt. Da die Wirkung dieser Überlagerung sicher abhängig ist vom Winkel zwischen elektrischem und magnetischem Feld, und da die Orientierung

---

[1]) Die genauen Auswahlregeln lauten $\Delta M = 0, \pm 1$ und Paritätserhaltung, d.h. $\Delta\Sigma l_i = 0, \pm 2, \pm 4, \ldots$; da in unserem Falle $\Delta\Sigma l_i = 0$ ist, spielt der Fall $\Delta M = 0$ hier keine Rolle

der Substanz im Magnetfeld beliebig wählbar ist, wird man i.A. je nach Orientierung verschiedene Linienlagen und evt. Übergangswahrscheinlichkeiten erhalten (Anisotropie der Spektren).

3) Die Nullfeldaufspaltung, das ist die unter Umständen bereits bei $B = 0$ vorhandene Stark-Effekt-Aufspaltung der Energieniveaus durch das Ligandenfeld, die zu einer Linienaufspaltung (Feinstruktur) führt, wird durch „äquivalente Spinoperatoren" berücksichtigt. Die darin enthaltenen Konstanten – je nach Ligandenfeldsymmetrie, Elektronenkonfiguration und Quantisierungsachse null bis max. 15 – sind ein Maß für die Aufspaltungsgröße. g-Tensor und Ligandenfeldoperator beschreiben den gesamten Kristallfeldeinfluß.

4) Die magnetische Wechselwirkung mit dem Kern, die je nach Kernspin zu weiteren Aufspaltungen (Hyperfeinstruktur) führt, wird ebenfalls durch einen Operator beschrieben, der von Substanz zu Substanz verschiedene Faktoren enthält.

5) Weitere Wechselwirkungen können durch weitere Operatoren beschrieben werden.

So lautet z.B. der Spin-Hamilton-Operator für max. drei d-Elektronen in einem axialen (trigonalen oder tetragonalen) Kristallfeld

$\hat{\mathrm{H}}_{\mathrm{S}} = \mu_{\mathrm{B}} \cdot B \cdot \mathbf{g} \cdot \hat{\mathbf{S}} + D\,(\hat{\mathrm{S}}_z^2 - \frac{1}{3}\,S\,(S+1)) + \hat{\mathbf{I}} \cdot A \cdot \hat{\mathbf{S}}$; der **g**-Tensor enthält nur zwei unabhängige Komponenten, $g_{\parallel}$ und $g_{\perp}$, $\hat{\mathbf{S}}$ und $\hat{\mathrm{S}}_z$ sind Operatoren des effektiven Spin, $\hat{\mathbf{I}}$ der Operator des Kerndrehimpulses, D und A sind Konstante. Es ist dann das Eigenwertproblem

$$\hat{\mathrm{H}}_{\mathrm{S}}\,\psi = E \cdot \psi$$

zu lösen, wobei E die Energie der einzelnen Niveaus darstellt. Zur Ermittlung von E hat man die Säkulargleichung

$$\det\,(\mathrm{H}_{\mathrm{S}} - E \cdot 1) = 0$$

zu lösen; dabei ist H_{S} die Matrixdarstellung von $\hat{\mathrm{H}}_{\mathrm{S}}$, 1 ist die Einheitsmatrix. Die Lösungen der Säkulargleichung sind abhängig von den Quantenzahlen M und m (kernmagnetische Quantenzahl), dem äußeren Feld B und von der Orientierung des Feldes zu den Kristallachsen: E = funktion (M,m,B). Die Linienlagen, das sind die Werte der magnetischen Induktion, an denen bei Einstrahlung mit einer konstanten Frequenz ν Resonanz-Übergänge beobachtbar sind, lassen sich gemäß der Auswahlregeln $\Delta M = \pm 1$ und $\Delta m = 0$ berechen aus der Gleichung

$$E\,(M,m,B) - E\,(M-1,m,B) = h\,\nu\,.$$

4. Statistik und Relaxation

Die konsequente quantenmechanische Behandlung der paramagnetischen Resonanzen ist zwar prinzipiell möglich, aber außerordentlich aufwendig. Es ist daher günstig, einige Aspekte des Phänomens – z.B. das der kontinuierlichen Leistungsabsorption – mit allgemeineren Methoden, wie z.B. der Statistik zu behandeln. Wir gehen dabei zunächst von einem Kramers-Dublett ($S = 1/2$) aus, das im Magnetfeld in zwei einfache Niveaus ($M = \pm 1/2$) aufspaltet. Es gibt dann drei Arten von Übergängen unter Beteiligung von Strahlung (magnetische Dipol-Strahlung) mit $\nu = \Delta E/h$: spontane Emission, Absorption und induzierte Emission (a, b und c in Abb. V,104). Die spontane Emission von

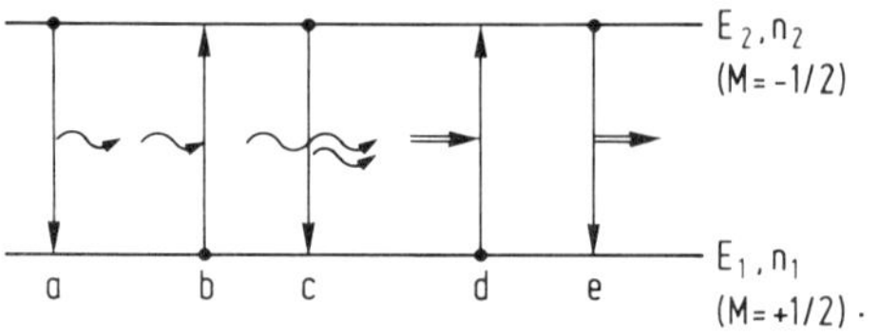

Abb. V,104. Strahlungsbeteiligte (a, b, c) und strahlungslose (d, e) Übergänge in einem Zwei-Niveau-System.

magnetischer Dipol-Strahlung ist gegenüber allen anderen Prozessen vernachlässigbar; ihre Übergangswahrscheinlichkeit ist mindestens um einen Faktor 10^{-3} kleiner als die der übrigen Prozesse. Für die Absorptionsrate z_{12} (das ist die Anzahl der Übergänge $1 \to 2$ pro Zeitintervall) gilt: $z_{12} = W_{12} \cdot n_1$; W_{12} ist die Absorptionswahrscheinlichkeit. Entsprechend gilt für die induzierte Emissionsrate $z_{21} = W_{21} \cdot n_2$ mit der Emissionswahrscheinlichkeit W_{21}. Sowohl W_{12} als auch W_{21} sind der Strahlungsdichte im Resonanzbereich $h\nu = \Delta E$ proportional, die Proportionalitätskonstanten sind – wie die Strahlungstheorie zeigt – einander gleich (Einstein-Koeffizienten), sodaß gilt $W_{12} = W_{21} = W$. Für die bei der Messung beobachtete resultierende Absorption z_{abs} gilt: $z_{abs} = z_{12} - z_{21} = W(n_1 - n_2) = W \cdot \Delta n = dn_2/dt = -dn_1/dt$, wobei $n_1 + n_2 = N$ = Gesamtanzahl der Systeme, $n_1 - n_2 = \Delta n$ = Besetzungsunterschied. Daraus folgt

$$d n_2/d t - d n_1/d t = - d(\Delta n)/d t = 2 \cdot W \cdot \Delta n .$$

Bei stationärer Einstrahlung (W = const.) folgt weiter:

$$\Delta n \sim \exp(-2 W t) .$$

Die Besetzungszahldifferenz wird also exponentiell gegen Null gehen, die resultierende Absorption $z_{abs} \sim W \cdot \Delta n$ verläuft ebenfalls gegen Null. Man wird also bei stationärer Einstrahlung keine Absorption beobachten können, abgesehen von der kurzen Anfangszeit, in der der Exponentialfaktor noch nicht als klein betrachtet werden kann.

Daß man dennoch eine stationäre Absorption beobachten kann und daß im Gleichgewicht $\Delta n \neq 0$ ist, liegt an den strahlungslosen Übergängen (d und e in Abb. V,104). Diese können – je nach System – sehr unterschiedlichen Charakter besitzen: Stöße zweiter Art bei Gasen, Reaktionen mit Phononen im Festkörper. Wir wollen sie hier zunächst pauschal behandeln und bezeichnen im Folgenden strahlungslose Übergangsraten mit y. Zunächst machen wir auch hier den Ansatz $y_{12} = w_{12} \cdot n_1$, $y_{21} = w_{21} \cdot n_2$

mit w_{12}, w_{21} bzgl. der Zeit konstant. Im thermodynamischen Gleichgewicht (ohne Strahlung!) gilt $n_1 = n_{10}$; $n_2 = n_{20}$; $n_{10}/n_{20} = \exp(\Delta E/kT)$ (Boltzmann); $n_{10} - n_{20} = (\Delta n)_0 = N \cdot \tanh(\Delta E/2kT)$; $y_{12} = y_{21}$ und damit $w_{21}/w_{12} = \exp(\Delta E/kT)$. Im strahlungslosen Nicht-Gleichgewichtsfall erhält man

$$\mathrm{d}\,n_1/\mathrm{d}\,t = -\,\mathrm{d}\,n_2/\mathrm{d}\,t = y_{21} - y_{12} = w_{21} \cdot n_2 - w_{12} \cdot n_1$$
$$\mathrm{d}\,(\Delta\,n)/\mathrm{d}\,t = -\,(w_{21} + w_{12}) \cdot \Delta\,n + (w_{21} - w_{12})N\,.$$

Mit der Setzung

$$w_{21} + w_{12} = \frac{1}{\tau}$$

folgt $w_{21} - w_{12} = (1/\tau)\tanh(\Delta E/2kT)$ und

$$\Delta\,n - (\Delta\,n)_0 \sim \exp(-\,t/\tau)\,.$$

Eine Abweichung vom Gleichgewicht wird durch die strahlungslosen Übergänge mit einer Zeitkonstanten τ abgebaut. Gemäß dem im zweiten Absatz dargestellten Relaxationstheorem bezeichnet man τ als Relaxationszeit.

Kehren wir zum Einfluß der Strahlung zurück. Es gilt dann $\mathrm{d}n_2/\mathrm{d}t = z_{12} - z_{21} + y_{12} - y_{21} = -\,\mathrm{d}n_1/\mathrm{d}t$, und im stationären Fall, d.h. bei $\mathrm{d}n_\mathrm{k}/\mathrm{d}t = 0$, gilt dann $2W \cdot \Delta n = -\,(\Delta n/\tau) + (N/\tau)\tanh(\Delta E/2kT)$, $\Delta n = (\Delta n)_0/(1 + 2W\tau)$, und die resultierende Absorptionsrate $z_{\mathrm{abs}} = z_{12} - z_{21} = W \cdot \Delta n$ wird im Näherungsfall $\Delta E \ll kT$ (das ist für Temperaturen oberhalb 1 K meist erfüllt):

$$z_{\mathrm{abs}} = \frac{W}{1 + 2\,W\,\tau} \cdot \frac{N\,\Delta\,E}{2\,k\,T}\,.$$

Die von der Probe absorbierte HF-Leistung ($h\nu = \Delta E$) wird dann $P_{\mathrm{abs}} = z_{\mathrm{abs}} \cdot h\nu$; setzt man noch $1 + 2W\tau = s$ = Sättigungsfaktor (siehe Gl. V,124) und $W = \mathrm{const} \cdot P_0$, so gilt

$$P_{\mathrm{abs}} = \mathrm{const} \cdot P_0 \cdot \frac{(\Delta\,E)^2}{s} \cdot \frac{N}{k\,T}\,. \qquad \text{(V,125)}$$

Die offenbar sehr wichtigen strahlungslosen Übergänge (Relaxationsprozesse) lassen sich in drei große Gruppen einteilen:

a) Spin-Gitter-Relaxation
b) Spin-Spin-Relaxation
c) andere, hier weniger bedeutende Prozesse, z.B. Kreuz-Relaxation.

Mit Spin-Gitter-Relaxation wird eine Anzahl von Prozessen bezeichnet, die die bei einem Spin-Umklapp-Prozess freiwerdende Energie (etwa e in Abb. V,104) in Gitter-Schwingungsenergie verwandeln, und entsprechend auch die dazu inversen Prozesse.

Man unterscheidet drei Arten solcher Prozesse (bei der NMR spielt die erste Art keine Rolle):

a1) direkter Prozess; bei ihm wird ein Phonon der Energie ΔE erzeugt: $\Delta E = \hbar\omega$;
a2) Raman-Prozess: bei ihm wird ein Phonon unelastisch (antistokesch) gestreut: $\hbar\omega_1 + \Delta E = \hbar\omega_2$;
a3) Orbach-Prozess: bei ihm wird ein Phonon $\hbar\omega_1 \gg \Delta E$ absorbiert, ein Zweites $\hbar\omega_2$ emittiert (Phononenfluoreszenz): $E_2 + \hbar\omega_1 = E_n = \hbar\omega_2 + E_1$.

Von diesen drei Prozessen überwiegen jeweils ein oder zwei in bestimmten Temperaturbereichen (beispielsweise finden in der ESR bei Temperaturen um 1 K überwiegend direkte Prozesse statt). Sie lassen sich auf Grund ihrer verschiedenen Temperaturverhalten gut trennen (Abb. V,105). So gilt
bei a1) $\tau \sim T^{-1}$,
bei a2) $\tau \sim T^{-9}$ bei Kramers-Zuständen,
$\sim T^{-7}$ bei Nicht-Kramers-Zuständen,
bei a3) $\tau \sim \exp(\Delta/kT)$, wobei $\Delta = E_n - E_1$ ist. Außerdem zeigt der direkte Prozeß eine Magnetfeld- bzw. Frequenz-Abhängigkeit. Bei allen drei Prozessen tritt in den Formeln für τ die Spin-Bahn-Koppelkonstante auf. Das kann man sich im Fall eines Ionenkristalls dadurch plausibel machen, daß man sich die Gitterschwingungen von elektrischen Fluktuationen begleitet vorstellt. Da aber ein Spin als magnetisches System nicht unmittelbar mit den elektrischen Feldern wechselwirken kann, bedarf es der Vermittlerfunktion der Bahnsysteme, die sowohl magnetische wie auch elektrische Wechselwirkungen zeigen.

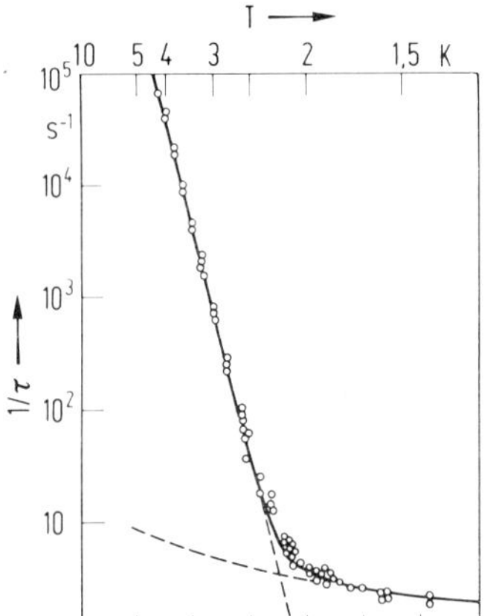

Abb. V,105. Temperaturabhängigkeit der Relaxationszeit von Nd^{3+} in $La_2Mg_3(NO_3)_{12} \cdot 24\,H_2O$. Die durchgezogene Linie stellt die beste Anpassung an eine Summe aus direktem Prozeß und Orbach-Prozeß dar (nach Scott et al.): $1/\tau = 6{,}3 \cdot 10^9 \exp(-47{,}6/T) + 1{,}7 \cdot T$ (τ in sec, T in K).

Unter Spin-Spin-Relaxation versteht man Wechselwirkungsprozesse der Spins untereinander. Die einzelnen Spins stellen ja magnetische Dipole $\vec{\mu}_k$ dar, die eine Dipol-Dipol-Wechselwirkung $(\vec{\mu}_i\,\vec{\mu}_k)/r^3$ aufweisen. Wenn einer dieser Spins seine Orientierung ändert, verändert sich auch seine potentielle Energie im äußeren Feld $E = -(\vec{\mu}\boldsymbol{B})$. Es ist aber möglich, daß dabei die gesamte innere Dipol-Wechselwirkungsenergie um einen gleichgroßen aber entgegengesetzten Anteil geändert wird. Die Gesamtenergie bleibt dann erhalten, es ändern sich die freie Energie und die Entropie des Systems.

Der gleiche Effekt wird nicht nur durch die magnetische Dipol-Wechselwirkung bestimmt, sondern auch durch Austausch-Wechselwirkung (wenn sich die ψ-Funktionen der einzelnen paramagnetischen Systeme überlappen) und durch elektrische Multipol-Wechselwirkung (nur in wenigen Fällen nachweisbar).

5. Technologie der Resonanz-Spektrometer

Bei dem Entwurf einer Meßapparatur sind zunächst zwei Fragen zu diskutieren: 1. Wie genau soll die Messung sein (Empfindlichkeit und Auflösung der Apparatur)? 2. Wie läßt sich die geforderte Genauigkeit technisch sinnvoll realisieren (Stabilität des Spektrometers, Reproduzierbarkeit der Meßparameter, Kosten der Anlage)?

Die Antwort auf die erste Frage wird durch die Anwendung bestimmt. So erwartet man, daß bei der Messung eines g-Faktors noch die dritte Nachkommastelle genau meßbar sein sollte, daß also die Meßfehler sich erst in der vierten Stelle nach dem Komma bemerkbar machen (relativer Fehler ca 10^{-5}). Da die Messung des g-Faktors nach der Formel $\Delta E = g \cdot \mu_B \cdot B = h\nu$ $(\Delta M = \pm 1)$ über die Bestimmung der magnetischen Induktion B und der dazugehörigen Resonanzfrequenz ν erfolgt, muß gefordert werden: B und ν müssen mit einer Genauigkeit von 10^{-5} gemessen werden; die Stabilität innerhalb der Meßzeit muß in derselben Größenordnung liegen; die Induktion B muß innerhalb des Probenvolumens die Homogenität 10^{-5} aufweisen.

Die Empfindlichkeit der Meßapparatur wird durch die von der Probe im Resonanzfall absorbierten Leistung P_{abs} einerseits und durch die stets vorhandene Rauschleistung P_r andererseits bestimmt. Eine sinnvolle Messung ist nur bei $P_{abs} > P_r$ möglich. Man hat also zu versuchen, die Leistungsabsorption möglichst hoch zu machen, sofern das mit technischen Maßnahmen gelingt, und das Rauschen soweit als möglich zu unterdrücken. Nach Gl. V,125 bestehen folgende Möglichkeiten zur Erhöhung von P_{abs}:

1. Vergrößerung der Probensubstanz (N!),
2. Verringerung der Temperatur T,
3. Erhöhung der eingestrahlten Leistung P_0,
4. Erhöhung der Quantenenergie $\Delta E = h\nu$, und damit auch Vergrößerung von B.

Die erste Möglichkeit ist nicht generell gangbar, da häufig nur bestimmte Substanzmengen zur Verfügung stehen (z.B. gegebene Kristallgröße) oder weil aus anderen Gründen (z. B. dielektrische Verluste in wäßrigen Lösungen) eine Beschränkung auf kleine Substanzmengen erforderlich ist. Die Möglichkeit der Temperatur-Senkung wird in der Praxis sehr häufig in Anspruch genommen. Der dritte Weg ist auf Grund der bei hohen Einstrahlungsleistungen eintretenden Sättigung, der zunehmenden Rauschleistung und des damit verbundenen Informations- und Empfindlichkeitsverlustes erfolglos. Die vierte Möglichkeit wird innerhalb der technischen Grenzen stets beschritten. Die technische Grenze wird in der Hauptsache dadurch vorgegeben, daß Magnetfelder mit der geforderten Homogenität nur bis ca 2 T mit vertretbarem Aufwand zu erzeugen sind. Im Falle der ESR sind dann Strahlungen im mm-Wellenlängenbereich notwendig. Die in diesem Falle notwendigen Hohlraumresonatoren haben nur kleine Abmessungen und machen die Handhabung der Proben, z.B. Kühlung, recht kompliziert. Sinnvolle Kompromisse, die den meisten Anwendungen gerecht werden, sind Folgende:

	ESR	NMR
Strahlung:	feste Frequenz ca 10^{10} Hz $\hat{=}$ 3 cm Wellenlänge (X-Band-Radar)	variable Frequenz ca 20 bis 100 MHz $\hat{=}$ 3 bis 15 m Wellenlänge (KW bis UKW)
Quelle:	Klystron, Gunn-Oszillatoren	schwach schwingende Oszillatoren
Magnetfeld:	variabel, 0 bis 0,5 T	fest, 1,5 T

Das auftretende Rauschen (Widerstände, Gleichrichter, Strahlungsquelle) macht in den meisten Fällen – trotz Maximierung von P_{abs} – eine direkte Messung der absorbierten Leistung unmöglich. Zur Verringerung der Rauschleistung können mehrere Wege beschritten werden. Am wenigsten aufwendig und daher am meisten benützt ist die Verwendung der Ableitungstechnik. Man unterdrückt das am Verstärker eingangsseitig anliegende Rauschen dadurch, daß man schmalbandige Wechselspannungsverstärker verwendet (Frequenz f, Bandbreite Δf). Dazu führt man eine Effektmodulation durch: Dem eingestellten Magnetfeld B_1 wird ein Wechselfeld $B_{mod} \cdot \cos \omega t$ überlagert (die doppelte Amplitude wird kleiner als die halbe Linienbreite gewählt; $\omega = 2\pi f$). Dadurch tritt auch in der Absorption eine Wechselkomponente $A_{mod} \cdot \cos \omega t$ auf (Abb. V,106),

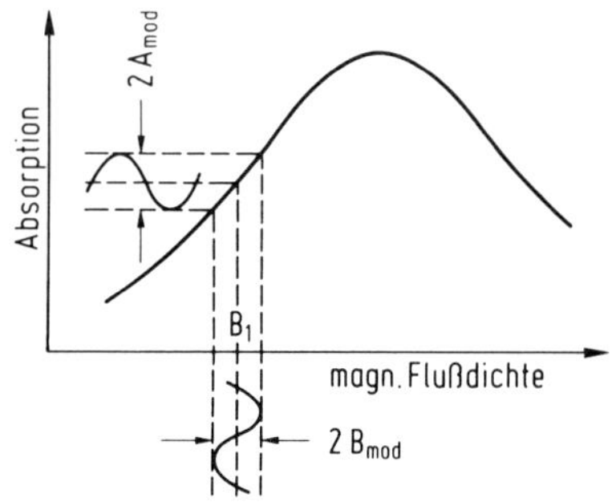

Abb. V,106. Prinzip der Effektmodulation: Eine Modulation der unabhängigen Variablen (B) bedingt eine Modulation der abhängigen Variablen (A).

deren Amplitude in erster Näherung der Steilheit der Absorptionskurve, d.h. der Ableitung $\partial A/\partial B$ bei B_1, proportional ist. Bei konstanter Modulation B_{mod} erhält man dann die Beziehung $A_{mod}(B) = \text{const} \cdot \partial A(B)/\partial B$. Man mißt die Amplitude $A_{mod}(B)$, indem man das Feld B_1 langsam verändert: $dB_1/dt = \text{const}$ („Feldsweep"). Wenn die

Änderungen in $A_{mod}(B)$ richtig übertragen werden sollen, muß der auf f abgestimmte Wechselspannungsverstärker einschließlich des nachfolgenden phasenempfindlichen Gleichrichters eine endliche Bandbreite besitzen: $\Delta f \geqslant (dB/dt)(10/\Delta B_{pp})$, ΔB_{pp} = Wendepunktsbreite der Absorptionskurve. Beispiel: Bei $\Delta B_{pp} = 10^{-4}$ T (= 1 Gs), $f = 100$ kHz und $\Delta f = 1$ Hz beträgt die maximale Sweep-Geschwindigkeit $dB/dt = 10^{-5}$ T/sec.

Die Tatsache, daß dem Absorptions-Maximum in der Ableitung ein Nulldurchgang entspricht, wird bei der Messung des Resonanzpunktes meist von Vorteil sein. Legt man dennoch Wert auf eine Originaldarstellung der Absorptionskurve, so läßt sich das ohne Schwierigkeit durch einen nachgeschalteten Integrator erreichen.

6. Aufbau eines ESR-Spektrometers (Abb. V,107)

Die Probe befindet sich in einem Hohlraumresonator R an einer Stelle maximalen magnetischen Wechselfeldes (das ist zur Erzeugung einer magnetischen Dipol-Resonanz notwendig). Die Aufspaltung der Energieniveaus wird durch ein äußeres Magnetfeld bewirkt, das aus einem starken, nur langsam veränderlichen Gleichfeld besteht (durch einen Elektromagneten mit Eisenkern, M, erzeugt), dem ein schwaches Wechselfeld überlagert ist (durch zusätzliche Spulen H in der Resonatorwand erzeugt; Frequenz ca 100 kHz). Aufspaltendes Feld und Mikrowellen-Magnetfeld stehen aufeinander senkrecht, da dann die Resonanzabsorption maximal wird. Die Ermittlung der Mikrowellenabsorption geschieht prinzipiell in einer Brückenanordnung: Die vom Mikrowellengenerator K kommende Strahlung wird in zwei leistungsgleiche Teile aufgespalten. Ein Teil gelangt zum Meßresonator R, der andere Teil zu einem bezüglich Phase und Amplitude einstellbaren Reflexionsteil T. Der von Letzterem reflektierte Mikrowellenanteil wird mit der vom Resonator reflektierten Strahlung so überlagert, daß Auslöschung eintritt, d.h. also: gleiche Reflexionsamplituden, Phasendifferenz π. Es liegt dann Brückengleichgewicht vor. Jede Änderung der Absorption im Resonator macht sich als entsprechende Änderung seines Reflexionsvermögens bemerkbar. Es kommt dann zur Störung des Brückengleichgewichtes. Die durch die Modulation hervorgerufene periodische Änderung des Brückengleichgewichtes wird durch den Detektor D aufgenommen und im

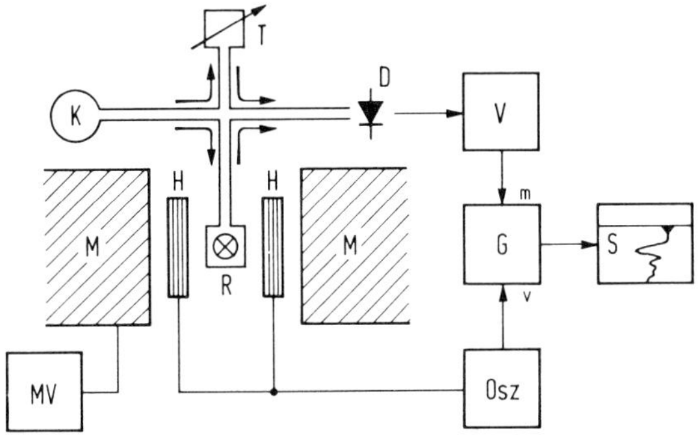

Abb. V,107. Prinzipieller Aufbau eines ESR-Spektrometers (Erläuterungen siehe Text).

Schmalbandverstärker V verstärkt. Im nachfolgenden phasenempfindlichen Gleichrichter G wird die Amplitude der 100 kHz-Wechselkomponente bestimmt und mit dem richtigen Vorzeichen als Meßgröße ausgegeben.

7. Anwendungen der NMR

Die Resonanzbedingung für einen präzedierenden magnetischen Dipol (gyromagnetisches Verhältnis γ) lautet

$$\omega_{res} = \omega_L = \mu_0 \cdot \gamma \cdot H$$

Dabei setzt sich die magnetische Feldstärke am Kernort H zusammen aus dem äußeren „eingeprägten" Feld H_a und der Magnetisierung $M = \chi \cdot H_a$. Die Magnetisierung besteht im Allgemeinen aus einem diamagnetischen Anteil, der von den abgeschlossenen Elektronenschalen des betrachteten Atoms herrührt, und einem paramagnetischen Anteil, der durch die im Magnetfeld ungleiche Spin-Besetzung des Leitungsbandes (Pauli) entsteht.

Leitungselektronen tragen durch ihre Zyklotronbewegung auch zum Diamagnetismus bei, der allerdings kleiner ist als der Pauli'sche Paramagnetismus. Der Einfluß eines paramagnetischen Anteils durch unabgesättigte Elektronenschalen – etwa bei Übergangselementen – ist meist so groß, daß die Resonanzbedingung nicht mehr erfüllbar ist. In diesen Fällen ist Kernresonanz nur mit Sondertechniken (ENDOR) durchführbar.

Im Falle des Diamagnetismus gilt: $\chi_D < 0$, $H = (1 - |\chi_D|) H_a$. Legen wir ein festes äußeres Feld (bzw. eine feste Resonanzfrequenz) zugrunde, so verschiebt sich die Resonanzstelle mit zunehmendem Diamagnetismus zu niederen Frequenzen (bzw. zu höheren Feldstärken). Verschiedene chemische Bindungspartner beim gleichen Element bewirken unterschiedliche elektronische Struktur, d.h. auch unterschiedliche Suszeptibilitäten χ_D und damit auch verschieden große Resonanz-Verschiebungen („chemische Verschiebung"). Ein gutes Beispiel bietet die Strukturanalyse vom Diketon $C_4H_4O_2$ durch Protonenresonanz:

H2C=C—CH2
O—C=O
H3C—C=CH
O—C=O
O=C—CH2
H2C—C=O

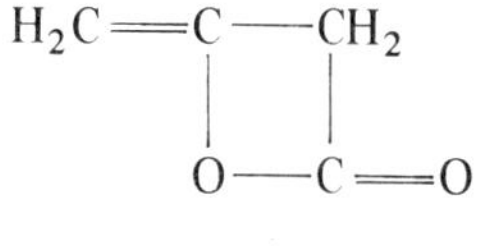

I II III

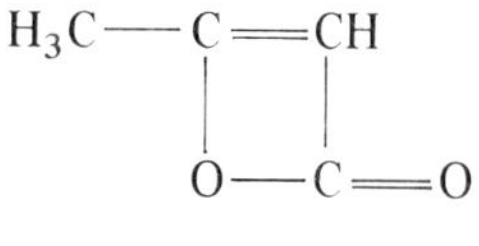

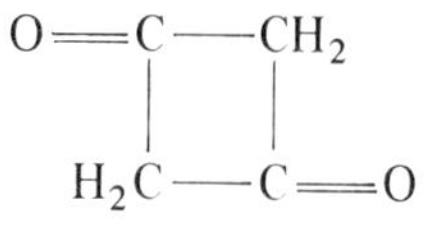

Für die feste Phase wurde durch Röntgen-Strukturanalyse die Konstitution I ermittelt. Für die flüssige Phase ist eine Röntgen-Strukturanalyse nicht durchführbar; Infrarot-Spektralmessungen lassen auch die Konstitutionen II und III zu. Für die NMR der Protonen sind folgende Spektren zu erwarten:

von I zwei gleichgroße, dicht benachbarte Linien von den Gruppen $H_2C{=}C$ und

H2C
C
C
;

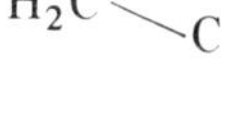

von II zwei Linien im Intensitätsverhältnis 3:1 von den Gruppen H_3C——C und $HC\!\begin{smallmatrix}=C\\ -C\end{smallmatrix}$;

von III eine einzelne Linie von den Gruppen $H_2C\!\begin{smallmatrix}-C\\ -C\end{smallmatrix}$.

Die Messung ergab, daß auch in der flüssigen Phase die Konstitution I vorliegt.

Als Beispiele für die Größen der chemischen Verschiebungen mögen die angegebenen Tabellen für H^1 und N^{14} dienen. Die chemische Verschiebung δ ist dabei definiert als

$$\delta = 10^6\,(H - H_0)/H_0\ ,$$

wobei H die eingeprägte Feldstärke bei Resonanz und H_0 die Resonanzfeldstärke einer Vergleichssubstanz (für H : H_2O; für N : NO_3^-) bedeuten.

Tabelle V,6: Chemische Verschiebung von Protonen

Gruppe	δ
$\equiv C-CH_3$	+3,8 bis +3,2
$>N-CH_3$	+2,5
$-O-CH_3$	+1,5
$=CH_2$	−0,4
$\equiv CH$	+2,3
$-CHO$	−3,1 bis −4,7
$-COOH$	−6,5
C_6H_6	−2,0

Tabelle V,7: Chemische Verschiebung von N^{14}

Gruppe	δ
NH_4^+	346
NH_3	290
SCN^-	151
CN^-	112
N_2	14
NO_2^-	−254

Da Protonen ein sehr großes gyromagnetisches Verhältnis besitzen, sind bei ihnen auch Aufspaltungen und Verschiebungen sehr groß. Die Protonen-NMR eignet sich deshalb im besonderen Maße zu Strukturanalysen. Da außerdem bei kristallinen Substanzen die Lage der H-Atome in der Elementarzelle nicht durch Röntgen-Strukturanalyse ermittelt werden kann (die Röntgenstreuung nimmt mit der Anzahl der Hüllenelektronen zu), stellt die NMR neben der sehr viel aufwendigeren Neutronenstreuung die einzige Methode zur Lagenanalyse von Protonen (und von anderen leichten Nukliden) dar. Beispielsweise liefern Kristallwasser-Protonen relativ breite Linien; die Linienbreite von OH-Gruppen-Protonen beträgt nur etwa ein Drittel davon. Dadurch konnte etwa beim Borax nachgewiesen werden, daß die üblicherweise angegebene Formel $Na_2B_4O_7 \cdot 10\,H_2O$ falsch ist und richtiger als $Na_2B_4O_5(OH)_4 \cdot 8\,H_2O$ geschrieben werden muß. Außerdem konnte auch die komplizierte Kristall- und Bindungs-Struktur geklärt werden.

Im Falle von Halbleitern und Metallen überwiegt der paramagnetische Anteil von den Leitungselektronen den oben besprochenen diamagnetischen Anteil um ca eine Größenordnung und bewirkt eine Verschiebung der Resonanz zu höheren Frequenzen bzw. zu niederen Feldstärken (Knight-shift). Diese Verschiebung wird mit Erfolg zur Untersuchung der Leitungselektronen herangezogen. Bei Supraleitern sollte die Knight-shift für T gegen Null auch verschwinden, da nach der einfachen BCS-Theorie bei $T = 0$ K keine ungepaarten Spins mehr vorhanden sind. Das ist nach Messungen an kolloidalem Hg jedoch nicht der Fall, und dieser Sachverhalt konnte mit der verfeinerten Theorie von Bogoljubow (kritischer Einfluß der Partikelgröße) geklärt werden.

Die hauptsächlichen Anwendungsgebiete der NMR sind:

- chemische Konstitution (Linienbreite, chem. Verschiebung)
- Bindungsabstand (Aufspaltungen)
- kovalenter Bindungsanteil (chem. Verschiebung)
- Leitungselektronen und Supraleiter (Knight-shift)
- Protonen im Kristall (Anisotropie, siehe ESR-Beispiel)
- Diffusion (Linienverbreiterung)
- Strukturumwandlungen in Legierungen.

Als Sonde dienen NMR-fähige Isotope, von denen einige wichtige Vertreter in Tabelle V,8 aufgeführt sind.

Tabelle V,8: Einige NMR-fähige Nuklide

Nuklid	nat. Isotopenhäufigkeit in %	Kernspinquantenzahl	Resonanzfrequenz in MHz bei $B = 1$ T
H^1	99,985	1/2	42,576
H^2	0,015	1	6,536
H^3	–	1/2	45,414 (Maximum)
C^{12}	98,892	0	–
C^{13}	1,108	1/2	10,705
N^{14}	99,635	1	3,076
O^{16}	99,759	0	–
O^{17}	0,003	5/2	5,772
F^{19}	100	1/2	40,055
Na^{23}	100	3/2	11,262
P^{31}	100	1/2	17,236
Cl^{35}	75,4	3/2	4,172
Cl^{37}	24,6	3/2	3,472
K^{39}	93,08	3/2	1,987
K^{41}	6,91	3/2	1,092
Co^{59}	100	7/2	10,103
Sn^{115}	0,35	1/2	13,92
Sn^{117}	7,67	1/2	15,17
Sn^{119}	8,68	1/2	15,87
Au^{197}	100	3/2	0,731
Bi^{209}	100	9/2	6,842
Bi^{210}	–	1	0,335 (Minimum)

8. Anwendungen der ESR

Während von nahezu jedem wichtigen Element ein NMR-fähiges Isotop existiert, ist dies bzgl. der ESR nicht der Fall. Die Möglichkeit von ESR-Untersuchungen ist beschränkt auf solche Systeme, die ungepaarte Elektronen besitzen. Vor allem sind dies freie Atome und freie Radikale (Gasentladungen, chemische Reaktionen), Nebengruppenelemente (nicht vollständig gefüllte 3d-, 4d- oder 5d-Unterschale) und Lanthaniden und Aktiniden (nicht vollständig gefüllte 4f- oder 5f-Unterschale), weiterhin auch freie Valenzen durch Störstellen in Festkörpern (Donatoren, Akzeptoren, Farbzentren usw.) und Leitungselektronen in Halbleitern.

Da die Elektronen die chemische Bindung bewirken und dem Feld umgebender Ionen unmittelbar ausgesetzt sind, wird die ESR in weit stärkerem Maße als die NMR von der unmittelbaren Umgebung des resonanzfähigen Systems beeinflußt. Besonders ausgeprägt ist dieser Effekt bei den Nebengruppenelementen, bei denen der Einfluß der Umgebung („Ligandenfeld") häufig sogar stärker ist, als die Spin-Bahn-Kopplung. Der Ligandenfeld-Einfluß auf die ESR besteht in einer Linienaufspaltung (Feinstruktur) und einer Anisotropie der Resonanzlinienlagen. Als Beispiel sei Cr^{3+} in $LaAlO_3$ genannt. Cr^{3+} besitzt in der 3d-Unterschale 3 Elektronen (nach Hund'scher Regel Spinquantenzahl $S = 3/2$, Bahndrehimpulsquantenzahl $L = 3$). Die kubische Kristallfeld-Komponente bewirkt eine teilweise Aufhebung der Bahnentartung in zwei Tripletts und ein Singulett, das den Grundzustand bildet. Bei einem Bahnsingulett kann definitionsgemäß keine weitere Bahnniveau-Aufspaltung stattfinden, sodaß der Paramagnetismus durch den Elektronenspin allein bewirkt wird („Unterdrückung" des Bahnmomentes durch das Kristallfeld). Durch die trigonale Kristallfeld-Komponente wird das Spin-Quartett $(2S + 1 = 4)$ in zwei wenig voneinander getrennte Dubletts ($M = \pm 1/2$ und $M = \pm 3/2$)

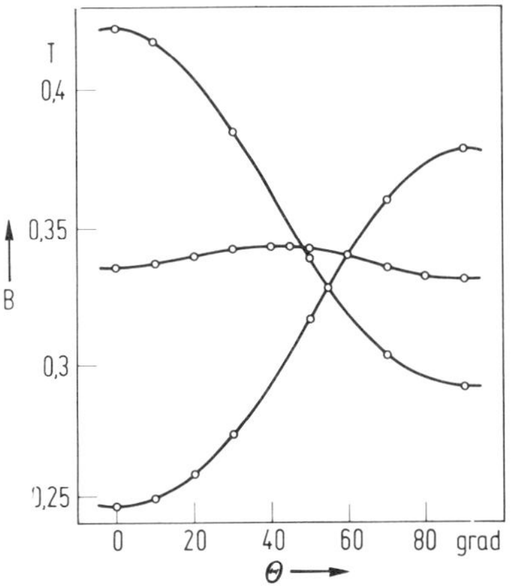

Abb. V,108. Anisotropie der ESR-Feinstruktur von Cr^{3+} in $LaAlO_3$ (Cr auf Al-Platz) bei Raumtemperatur (nach Kiro et al.). θ ist der Winkel zwischen $\boldsymbol{B}$ und der kristallographischen c-Achse. Konstanten des Spin-Hamilton-Operators: $g_{\parallel} = g_{\perp} = 1{,}98$, $D/g \cdot \mu_B = 45 \cdot 10^{-3}$ T.

aufgespalten. Der Spin-Hamilton-Operator entspricht dem in einem früheren Absatz zitierten Operator mit $S = 3/2$. Die Lösung des Problems liefert die Linienlagen in Abhängigkeit vom Winkel θ zwischen magnetischem Feld und trigonaler Achse (Abb. V,108). Allgemein gilt: Die Feinstruktur des ESR-Spektrums spiegelt die Symmetrie des paramagnetischen Zentrums wieder. Diese kann geringer sein als die Kristallfeld-Symmetrie. Beispiel: Substitution mit benachbarter Leerstelle im kubischen Kristall bewirkt axiale Symmetrie.

Als weiterer Effekt sei die Wechselwirkung mit einem eventuellen Kernmoment erwähnt. Im klassischen Bild präzediert sowohl der Elektronenspin $\boldsymbol{S}$ (z-Komponente S_z) als auch der Kernspin $\boldsymbol{I}$ (z-Komponente I_z) um das Magnetfeld $\boldsymbol{B}$ (in z-Richtung), sodaß im Zeitmittel die Wechselwirkungsenergie $E \sim \overline{\vec{\mu}_S \cdot \vec{\mu}_I} \sim S_z \cdot I_z$ besteht. Dies führt dazu, daß ein Niveau, das bisher durch $S_z = \hbar M$ charakterisiert war, aufspaltet in $2I + 1$ Niveaus, die durch $S_z = \hbar M$ und $I_z = \hbar m$ charakterisiert sind. Das bewirkt wegen der Auswahlregeln $\Delta M = \pm 1$, $\Delta m = 0$ eine Linienaufspaltung, die Hyperfeinstruktur. Als Beispiel möge Yb^{3+} in Zinkblende ZnS dienen (Abb. V,109).

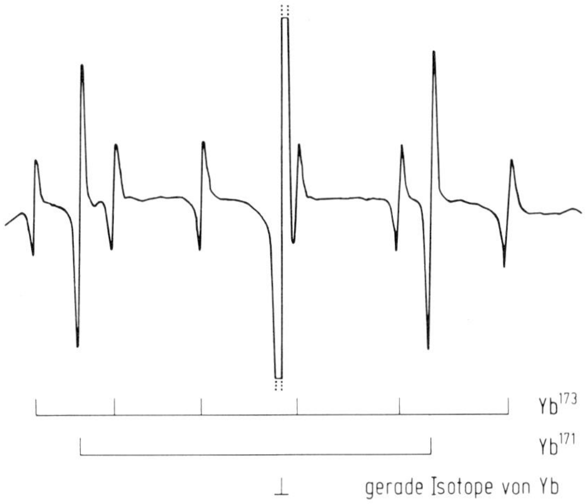

Abb. V,109. ESR-Hyperfeinstruktur von Yb^{3+} in Zinkblende. Das zentrale Signal ist über achtmal so stark, wie die Resonanzen vom Yb^{171}. Man beachte die durch die Effektmodulation bedingte Signalkurvenform.

Yb besitzt die Isotope 168, 170, 172, 174, 176 (je $I = 0$), 171 ($I = 1/2$) und 173 ($I = 5/2$), deren Häufigkeiten etwa 70 % (Summe der geraden Isotope), 14 % und 16 % betragen. Das Spektrum besteht demgemäß aus drei Liniengruppen zu jeweils eins, zwei und sechs Linien. Die Intensitätssumme einer Liniengruppe ist der Häufigkeit proportional. Durch diesen Effekt der Hyperfeinstruktur konnten von einer ganzen Reihe von Übergangsmetall-Isotopen die Kernspins bestimmt werden (Tab. V,9).

Tabelle V,9: Einige Nuklide, deren Kernspins mit ESR gemessen wurden

Nuklid	Kernspin-quantenzahl	nat. Isotopen-häufigkeit in %
V^{50}	6 (!)	0,24
Cr^{53}	3/2	9,54
Mn^{53}	7/2	–
Fe^{57}	1/2	2,245
Co^{56}	4	–
Co^{57}	7/2	–
Co^{60}	5	–
Ni^{61}	3/2	1,25
Mo^{95}	5/2	15,78
Mo^{97}	5/2	9,60
Ce^{141}	7/2	–
Eu^{154}	3	–
Er^{167}	7/2	22,82
Pu^{239}	1/2	–
Pu^{241}	5/2	–

9. Sondertechniken

Spin-Echo-Methode. Wie im Abschnitt Kerninduktion dargelegt wurde, präzedieren die einzelnen Kern-Dipole um die magnetische Feldrichtung mit statistisch gleichmäßiger Phasenverteilung, sofern kein synchronisierendes HF-Feld angelegt ist. Bei Anlegen eines geeigneten HF-Feldes tritt die Synchronisation mit einer Zeitkonstanten T_2 ein. Wird jedoch nur ein HF-Impuls mit einer Zeitdauer $\tau' < T_2$ eingestrahlt, kann offensichtlich keine vollständige Synchronisation eintreten; vielmehr erhalten die einzelnen Dipole je nach Phasenlage unterschiedliche Winkelbeschleunigungen. Führt man der Probe eine kurze Zeit τ später einen zweiten HF-Impuls zu ($\tau' < \tau < T_2$), so beobachtet man ein weiteres Zeitintervall τ später ein Signal (ohne eingespeistes HF-Feld!), das sogenannte Spin-Echo (Hahn, 1950). Sein Entstehen hängt wesentlich mit dem Einschwingverhalten der Phasensynchronisation zusammen. Aus der funktionalen Abhängigkeit der Echo-Amplitude von dem Pulsintervall τ kann man die transversale Relaxationszeit T_2 bestimmen.

Auf ähnlichen Überlegungen basiert auch die Nutations-Resonanz (Torrey, 1949), für deren Behandlung wir jedoch auf Spezialliteratur verweisen.

ENDOR und Overhauser-Effekt. Wir nehmen an, es läge ein System $J = 1/2$, $I = 1/2$ vor. Im Magnetfeld erhält man eine vollständige Aufspaltung in vier Niveaus, deren Gleichgewichtsbesetzung durch die Boltzmann-Statistik gegeben ist.

Für halbzahligen Spin gilt natürlich exakt die Fermi-Statistik, jedoch sind die Entartungskriterien oberhalb etwa 1 K erfüllt.

Durch Einstrahlung $h\nu$ und Sättigung des ESR-Überganges 2↔3 in Abb. V,110 erhält man ungefähr eine Gleichbesetzung dieser Niveaus, $n_2 = n_3$, die dazu führt, daß die Besetzungsdifferenz der Kernspin-Niveaus, etwa im unteren Dublett, relativ groß werden kann (um ein bis drei Größenordnungen höher als im Gleichgewicht) und bevorzugt Zustände mit $m = -1/2$ (für $M = +1/2$) besetzt sind [„Dynamische Kernpolarisation", Overhauser, 1953]. Das hat zwei Folgen: Durch die erhöhte Besetzungszahldifferenz wird der NMR-Übergang 1↔2 bei Einstrahlung $h\nu'$ sehr viel intensiver (die absorbierte Leistung ist der Besetzungsdifferenz proportional). Außerdem wird durch einen NMR-

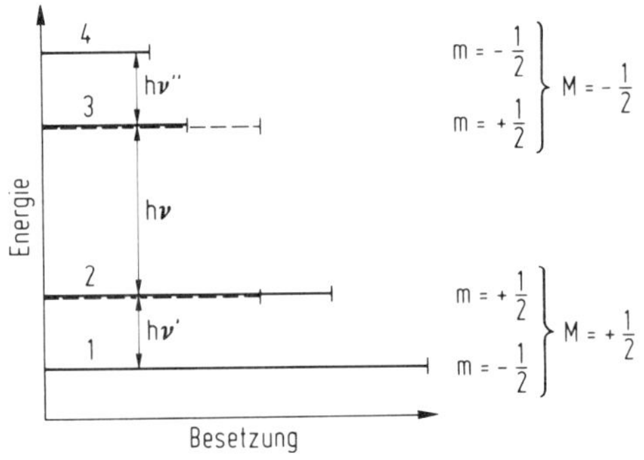

Abb. V,110. Kernpolarisation in einem Vier-Niveau-System.

Übergang 1→2 die Sättigung des ESR-Überganges 2↔3 aufgehoben, sodaß (bei Verwendung einer linearen Detektor-Charakteristik) das ESR-Signal wieder wächst (Feher, 1956). Bei **ENDOR** (= Electron Nuclear **DO**uble **R**esonance) sättigt man einen geeigneten ESR-Übergang und mißt die ESR-Signalintensität in Abhängigkeit von der NMR-Frequenz ν'. Auf diese Weise kombiniert man die hohe Empfindlichkeit der ESR-Messung mit der hohen Auflösung von NMR-Untersuchungen.

Akustische Paramagnetische Resonanz (Ultraschall-Resonanz). Ebenso, wie Strahlungsübergänge durch geeignete Strahlungsquanten induziert werden können, ist es möglich, strahlungslose Übergänge durch geeignete Schallquanten zu induzieren (Proctor & Tantila, 1955). Man benützt dazu einen Hochfrequenz-Quarz als Ultraschallgeber und mißt die durch den Schall bedingte Besetzungsänderung indirekt durch Messung der Magnetisierung, da direkte Messungen des transmittierten Ultraschalls zu unempfindlich sind. Abgesehen von den Auswahlregeln gelten unsere Überlegungen zum Resonanzfall unverändert.

Verwendung von Mittelwert-Rechnern. Das bei den Resonanzmessungen störende Rauschen kann nachträglich verringert werden, indem man eine große Anzahl N einzelner Messungen (N ca 100 bis 10000) überlagert, d.h. Punkt für Punkt addiert. Wie die Statistik zeigt, nimmt das Gesamtrauschen dann mit $\sqrt{N}$ zu, während die Signalintensität mit N wächst. Man erhält also ein um den Faktor $\sqrt{N}$ besseres Signal-Rausch-Verhältnis. Man benützt dazu Mittelwert-Rechner, die jede Resonanzkurve in z.B. 4000 einzelne Meßpunkte zerlegen und die N Messungen nacheinander in diese 4000 Kanäle hineinaddieren. Das Ergebnis ist die verbesserte, in 4000 Meßpunkte zerlegte Meßkurve.

Fourier-Spektroskopie. Regt man eine resonanzfähige Probe mit kurzen, starken HF-Impulsen an und mißt etwa in einer Kreuzspulenanordnung (Abb. V,102) den zeitlichen Verlauf der induzierten Spannung, so erhält man – wegen der nicht erfolgten Synchronisation – keine Resonanz. Diese kurzen Impulse stellen jedoch mathematisch ein mehr oder weniger breites Frequenzband dar (Stichwort: Fourier-Analyse), aus denen die einzelnen Dipole gemäß ihrer Resonanzeigenschaften ihre entsprechende Resonanzfrequenz herausfiltern können. Das erhaltene Signal stellt dann die Überlagerung aller individuellen Induktionssignale dar („Interferogramm"), d.h. mathematisch gesprochen die Fourier-Transformierte der Resonanzkurve. Quantenmechanisch liegt dem Effekt die Unschärfe zugrunde: Je kürzer die Impulsdauer (= Wechselwirkungszeit), desto größer die Energie-Unschärfe (= wirksame Energie-Breite). Innerhalb dieser Energie-Unschärfe können Übergänge zwischen dem Grundniveau und (evt. mehreren etwas unterschiedlichen) angeregten Zuständen stattfinden. Das erhaltene Interferogramm muß nur noch einer Fourier-Transformation unterworfen werden, um die Resonanzkurve zu erhalten. Heute verwendet man dazu die oben genannten Mittelwert-Rechner, die die Meßkurven aufnehmen und anschließend fourier-transformieren. Als Beispiel sei das Protonen-NMR-Spektrum des Trimethylphosphits, $P(OCH_3)_3$, erwähnt. Bei geringer Auflösung bestünde das Spektrum aus einer Linie bei ω_L (Breite $\Delta\omega$) von den physikalisch und chemisch gleichartigen H-Atomen. Das entsprechende Interferogramm wäre eine abklingende Schwingung mit der Frequenz ω_L und der Relaxationszeit τ als Abklingzeitkonstanten ($\tau \sim 1/\Delta\omega$). Bei höherer Auflösung erkennt man die durch Hyperfeinwechselwirkung der Protonen mit dem Phosphorkern (P^{31}; $I = 1/2$)

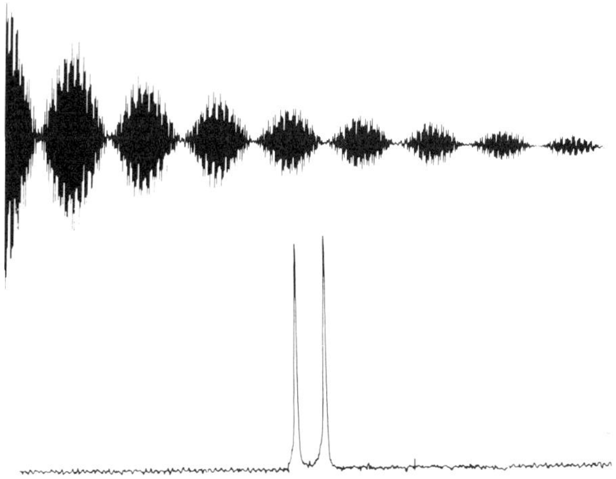

Abb. V,111. NMR-Spektrum (unten) von $P(OCH_3)_3$ und Interferogramm (oben). Die Aufnahmen wurden mit einem Bruker WH 90 Spektrometer gemacht und uns von der Bruker-Physik AG freundlicherweise zur Verfügung gestellt.

bedingte spektrale Aufspaltung in zwei Linien bei $\omega_L \pm (1/2)\,\omega_{HF}$ (Abb. V,111; ω_{HF} = 11 Hz !). Demgemäß besitzt das Interferogramm zusätzlich eine Schwebung mit der Frequenz ω_{HF}.

Literatur

D. J. E. Ingram: Spectroscopy at Radio and Microwave Frequencies, Butterworths London

I. Ebert und G. Seifert: Kernresonanz in Festkörpern, Akademische Verlagsgesellschaft Leipzig

S. Altshuler und B. Kosyrew: Paramagnetische Elektronenresonanz, Verlag Harri Deutsch, Frankfurt/M.

e) Energiezustände in Kristallen (Bandstrukturen)

(Udo Scherz, Berlin)

1. Einleitung

Die physikalischen Eigenschaften und insbesondere die Energiezustände der Kristalle sind grundsätzlich verschieden zu denen isolierter Atome. Während sich die energetische Struktur der Atome hauptsächlich aus den elektromagnetischen Spektren ergibt (vom Radiowellen- bis zum Röntgengebiet), ist die energetische Struktur der Kristalle außerdem die Grundlage zum Verständnis der vielfältigen elektrischen Eigenschaften. Die Kristalle bestehen ja aus einer periodischen Anordnung sehr vieler Atome, die durch Kräfte analog zur chemischen Bindung zusammengehalten werden. Daher sind die Energiezustände der Elektronen in den äußeren Schalen stark verändert, während die inneren Schalen der Atome im wesentlichen erhalten bleiben. Die typischen Energiezustände der Kristalle findet man also im elektromagnetischen Spektrum bis hin zum Ultraviolett, die durch Elektronenstoß angeregte Röntgenstrahlung hingegen ist bei isolierten Atomen und Kristallen die gleiche. Dies wird z. B. bei der **Mikrosonde** ausgenutzt, bei der der anregende Elektronenstrahl die Oberfläche eines unbekannten festen Körpers abtastet und aus dem charakteristischen Röntgenspektrum eine örtliche Analyse der vorhandenen Elemente herstellt.

Die besonderen Eigenschaften der Kristalle ergeben sich nun daraus, daß die Energieniveaus in **Bändern** angeordnet sind, und nicht wie bei isolierten Atomen aus einzelnen diskreten Niveaus bestehen. Dies ist schematisch in der Abb. V,112 angedeutet. Durch die periodische Anordnung der Atomkerne ergibt sich der gezeichnete Potentialverlauf. Die tiefen Niveaus werden von den Nachbarkernen kaum gestört, die höheren sind jedoch durch den Einfluß der Nachbaratome zunehmend verbreitert, die Wellenfunktionen überlappen sich und die Elektronen können durch die Potentialschwelle hindurchtunneln. Oben bestehen dann die Energiezustände aus breiten Bändern und man kann

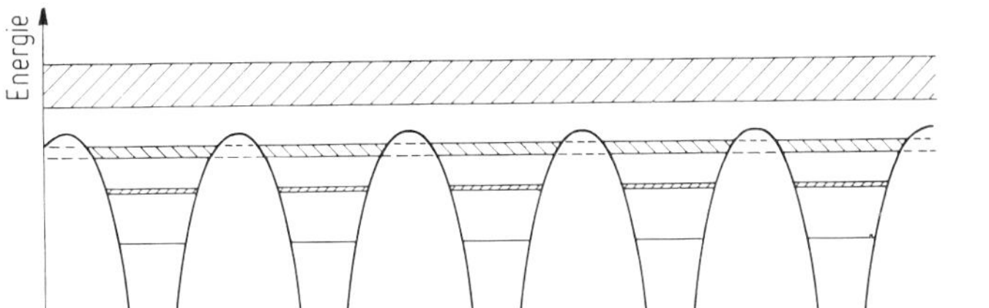

Abb. V,112. Schematische Darstellung der Energiebänder von Kristallen. Die Punkte zeigen die Lagen der Atomkerne an, der Nullpunkt der Energieskala ist willkürlich.

die Elektronen nicht mehr einem Atom zuordnen, denn die Wellenfunktionen sind über den ganzen Kristall ausgebreitet. Die **Energiebänder** sind eine unmittelbare Folge der periodischen Anordnung der Atome und bilden eine Eigenschaft des ganzen Kristalles. Die Elektronen in den Bändern sind daher frei verschieblich was unmittelbar zur elektrischen Leitfähigkeit führt. In Abb. V,113 sind die Energieniveaus von Natrium-Kristallen in Abhängigkeit vom Atomabstand gezeichnet. Bei sehr großen Abständen sind alle Niveaus diskret und bei zunehmender Annäherung verbreitern sich zunächst die höheren Niveaus wobei eine Überlappung stattfindet. Der tatsächliche Atomabstand beträgt etwa 2 Å. Bei noch größerer Annäherung verbreitern sich auch die tieferen Niveaus zu Bändern. Der Grundzustand 1 *s* liegt sehr viel tiefer und ist in der Abb. V,113 nicht enthalten.

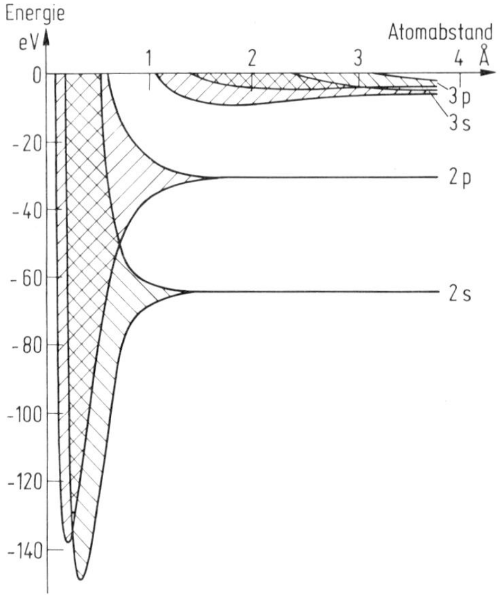

Abb. V,113. Energieniveaus von Natrium in Abhängigkeit vom Atomabstand nach Slater [1]. Der tatsächliche Atomabstand im Na-Kristall beträgt etwa 2 Å

Bei vielen Kristallen befinden sich zwischen den verschiedenen Bändern **Energielücken** von der Größenordnung 0,1 bis 10 eV, so daß Anregungen im optischen Bereich möglich sind (**Photoleitfähigkeit**). Bei gestörten Kristallen gibt es zusätzlich diskrete Niveaus in der Energielücke, woraus sich eine Vielfalt infraroter Spektren ergibt. Die genaue Kenntnis der Energiebänder ist die Grundlage, um alle diese Eigenschaften richtig zu verstehen. Trotzdem ist es nicht möglich, die Energiebänder direkt auszumessen, man kann sie aber mit Hilfe großer Rechenmaschinen näherungsweise berechnen. Natürlich ist eine vollständige quantenmechanische Berechnung, aus der z. B. die periodische Struktur der Kristalle folgen würde, nicht möglich. Man teilt daher die Elektronen der Atome in die der tieferen abgeschlossenen Schalen, die **Rumpfelektronen,** und die der äußeren Schalen, die **Valenzelektronen**, ein und betrachtet nur die energetische Struktur der Valenzelektronen im **periodischen Potential** der **Gitterteilchen,** die aus den Atomkernen und den Rumpfelektronen bestehen. Die Einteilung in Valenzelektronen und Rumpfelektronen ist nicht scharf; man muß sie vornehmen, je nachdem welche Energiezustände untersucht werden sollen. Im allgemeinen genügt es die Elektronen der nicht abgeschlossenen Schale als Valenzelektronen zu betrachten, weil diese für die Bindungsverhältnisse des Kristalles verantwortlich sind. Zur Untersuchung tieferer bzw. höherer Zustände müssen aber weitere gefüllte bzw. leere Atomschalen betrachtet werden. Die meisten physikalischen Eigenschaften der Kristalle können bereits mit einer **Einelektronennäherung** richtig interpretiert werden, bei der die Coulombwechselwirkung der Valenzelektronen untereinander teilweise vernachlässigt wird. Typische Ausnahmen sind z. B. **Ferromagnetismus, Exzitonen, Supraleitung**. Die konsequente Anwendung der Einelektronennäherung führt unmittelbar zu den Energiebändern, was im folgenden Abschnitt ausführlich besprochen wird.

2. Der Idealkristall

Energiebänder. In der Einelektronennäherung denkt man sich das Kristallgitter aus den Gitterteilchen gegeben und untersucht die Eigenschaften der Valenzelektronen im periodischen Potential der Gitterteilchen. Dieses ergibt sich genähert aus der Überlagerung der Potentiale der freien Ionen. Beim **muffin-tin-Potential** werden die Potentiale benachbarter Gitterteilchen überlagert, die man etwa durch numerische Berechnungen der freien Atome mit Hilfe des Hartree-Fock-Verfahrens erhält. Das Ergebnis zeigt die Abb. V,114 für ZnS-Kristalle. Durch das Maximum des Summenpotentials wird ein muffin-tin-Radius für jedes Atom festgelegt. Man setzt dann

$$V(r) = \begin{cases} V(r) & \text{für } r < \rho \\ V_0 & \text{für } r > \rho \end{cases}$$

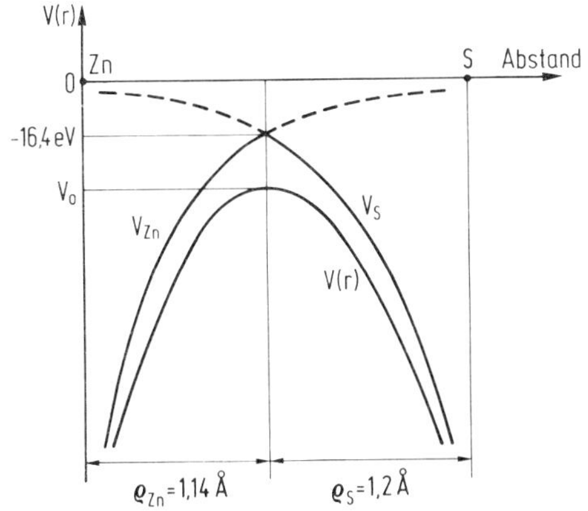

Abb. V,114. muffin-tin-Potential für ZnS-Kristalle nach Eckelt, Madelung, Treusch [2]

Außerhalb der sich berührenden muffin-tin-Kugeln wird das Potential also konstant angesetzt. Die Addition der Potentiale aller übrigen Gitterteilchen ergibt näherungsweise nur einen konstanten Beitrag, so daß das muffin-tin-Potential der Abb. V,114 nur bis auf eine Konstante V_0 bestimmt ist. Welche Näherung für das Gitterpotential auch verwendet wird, es muß die Translationssymmetrie des Kristalles besitzen:

$$V(\boldsymbol{r} + \boldsymbol{t}) = V(\boldsymbol{r}) \tag{V,126}$$

wobei $\boldsymbol{t} = t_1 \boldsymbol{a}_1 + t_2 \boldsymbol{a}_2 + t_3 \boldsymbol{a}_3$ einen **Gittervektor** bezeichnet. Dabei spannen die Vektoren $\boldsymbol{a}_1, \boldsymbol{a}_2, \boldsymbol{a}_3$ die **Elementarzelle** auf und t_1, t_2, t_3 sind ganze Zahlen. In der Einelektronnäherung ergeben sich die Energiezustände des Kristalles – die Energiebänder – aus der einfachen Schrödingergleichung:

$$[-\frac{\hbar^2}{2m} \Delta + V(\boldsymbol{r})] \psi(\boldsymbol{r}) = E \psi(\boldsymbol{r}) \tag{V,127}$$

Ohne Kenntnis der genauen Form des Potentials, allein aufgrund der Translationssymmetrie, lassen sich schon eine Reihe wichtiger Eigenschaften der Energiezustände E ableiten, die allgemein für alle Kristalle gelten müssen. Da sich der Hamiltonoperator bei einer Translation nicht verändert, müssen die Wellenfunktionen $\psi(\boldsymbol{r} + \boldsymbol{t})$ Eigenfunktionen zum selben Eigenwert E sein und es muß gelten

$$\psi(\boldsymbol{r} + \boldsymbol{t}) = \lambda(\boldsymbol{t}) \psi(\boldsymbol{r})$$

Da man die Wellenfunktionen ψ als normiert annehmen kann, kann λ nur ein Phasenfaktor vom Betrage 1 sein. Betrachtet man zwei verschiedene Translationen, $\boldsymbol{t}_1$ und $\boldsymbol{t}_2$, so erhält man

$$\psi(\boldsymbol{r} + \boldsymbol{t}_1 + \boldsymbol{t}_2) = \lambda(\boldsymbol{t}_1 + \boldsymbol{t}_2) \psi(\boldsymbol{r}) = \lambda(\boldsymbol{t}_1) \psi(\boldsymbol{r} + \boldsymbol{t}_2) = \lambda(\boldsymbol{t}_1) \lambda(\boldsymbol{t}_2) \psi(\boldsymbol{r})$$

und aus der Funktionalgleichung

$$\lambda(\boldsymbol{t}_1 + \boldsymbol{t}_2) = \lambda(\boldsymbol{t}_1) \lambda(\boldsymbol{t}_2)$$

folgt unmittelbar, daß der Phasenfaktor λ von der Form $\lambda = e^{i\boldsymbol{k}\boldsymbol{t}}$ sein muß, wobei $\boldsymbol{k}$ eine beliebige reelle Konstante bezeichnet. Also muß die **Blochsche Bedingung** gelten

$$\psi(\boldsymbol{r} + \boldsymbol{t}) = e^{i\boldsymbol{k}\boldsymbol{t}} \psi(\boldsymbol{r}) \tag{V,128}$$

Das bedeutet aber, daß die Wellenfunktionen ψ durch den Parameter $\boldsymbol{k}$ unterschieden werden, der im folgenden als Index an die Wellenfunktion herangeschrieben wird. Der Parameter $\boldsymbol{k}$ kann auf einen endlichen Bereich beschränkt werden. Ersetzt man etwa $\boldsymbol{k}$ durch $\boldsymbol{k} + \boldsymbol{n}$ wo $\boldsymbol{n}$ ein Vektor des reziproken Gitters ist*, so erhält man aus der Blochschen Bedingung Gl. V,128

$$\psi_{\boldsymbol{k}+\boldsymbol{n}} (\boldsymbol{r} + \boldsymbol{t}) = e^{i(\boldsymbol{k}+\boldsymbol{n})\boldsymbol{t}} \psi_{\boldsymbol{k}+\boldsymbol{n}} (\boldsymbol{r}) = e^{i\boldsymbol{k}\boldsymbol{t}} \psi_{\boldsymbol{k}+\boldsymbol{n}} (\boldsymbol{r})$$

---

* $\boldsymbol{n} = n_1 \boldsymbol{b}_1 + n_2 \boldsymbol{b}_2 + n_3 \boldsymbol{b}_3$. Dabei bedeuten n_1, n_2, n_3 ganze Zahlen und $\boldsymbol{b}_1, \boldsymbol{b}_2, \boldsymbol{b}_3$ die Basis des reziproken Gitters vergl. Gl. V,1.

denn es ist $\boldsymbol{n} \cdot \boldsymbol{t} = 2\pi g$ wo g eine ganze Zahl bezeichnet. $\boldsymbol{k}$ braucht also von $\boldsymbol{k} + \boldsymbol{n}$ nicht unterschieden zu werden und es genügt $\boldsymbol{k}$ im **reduzierten Bereich** anzunehmen, der folgendermaßen festgelegt wird:

$$-\pi < \boldsymbol{k} \cdot \boldsymbol{a}_i \leqslant \pi \quad \text{für} \quad i = 1, 2, 3 \qquad \text{(V,129)}$$

Ein beliebiger Vektor des reziproken Gitters führt dann aus diesem Bereich heraus. Es bedeutet für die folgenden Überlegungen eine große Vereinfachung, die **Blochfunktionen**

$$\psi_{\boldsymbol{k}}(\boldsymbol{r}) = e^{i\boldsymbol{k}\boldsymbol{r}}\, u_{\boldsymbol{k}}(\boldsymbol{r}) \qquad \text{(V,130)}$$

zu verwenden, wobei die Funktion $u_{\boldsymbol{k}}(\boldsymbol{r})$ wegen der Blochschen Bedingung Gl. V,128 gitterperiodisch sein muß

$$u_{\boldsymbol{k}}(\boldsymbol{r} + \boldsymbol{t}) = e^{-i\boldsymbol{k}(\boldsymbol{r}+\boldsymbol{t})}\, \psi_{\boldsymbol{k}}(\boldsymbol{r} + \boldsymbol{t}) = e^{-i\boldsymbol{k}\boldsymbol{r}}\, \psi_{\boldsymbol{k}}(\boldsymbol{r}) = u_{\boldsymbol{k}}(\boldsymbol{r})$$

Ist $u_{\boldsymbol{k}}(\boldsymbol{r})$ eine Konstante – und das kann in manchen Fällen näherungsweise angenommen werden – so hat $\psi_{\boldsymbol{k}}(\boldsymbol{r})$ die Form einer ebenen Welle und $\boldsymbol{k}$ heißt daher auch **Ausbreitungsvektor**. Nun sind die Bloch Funktionen $\psi_{\boldsymbol{k}}(\boldsymbol{r})$ nicht quadratisch integrierbar und man verwendet daher das Volumen V eines endlichen Kristalles. Dieser möge aus N^3 Elementarzellen mit dem Volumen Ω bestehen, so daß also $V = N^3\,\Omega$ gilt. Dann wird die Elementarzelle von den Vektoren $\boldsymbol{a}_1, \boldsymbol{a}_2, \boldsymbol{a}_3$ und der Kristall von den Vektoren $N\boldsymbol{a}_1, N\boldsymbol{a}_2, N\boldsymbol{a}_3$ aufgespannt. Zur Erfüllung der Perioditätsbedingung (V,126) wird der Kristall periodisch bis ins unendliche fortgesetzt und es müssen dazu die **periodischen Randbedingungen**

$$\psi_{\boldsymbol{k}}(\boldsymbol{r} + N\boldsymbol{a}_i) = \psi_{\boldsymbol{k}}(\boldsymbol{r}) \quad \text{für} \quad i = 1, 2, 3$$

erfüllt sein. Setzt man die Blochfunktionen Gl. V,130 ein, so erhält man die Bedingung

$$e^{i\boldsymbol{k} N\boldsymbol{a}_i} = 1 \quad \text{oder} \quad N\boldsymbol{k}\,\boldsymbol{a}_i = 2\pi g_i \quad \text{mit} \quad g_i = \text{ganze Zahl.}$$

Daraus ergibt sich nun, daß der Ausbreitungsvektor $\boldsymbol{k}$ von der Form

$$\boldsymbol{k} = \frac{g_1}{N}\boldsymbol{b}_1 + \frac{g_2}{N}\boldsymbol{b}_2 + \frac{g_3}{N}\boldsymbol{b}_3 \qquad \text{(V,131)}$$

ist, wo $\boldsymbol{b}_1, \boldsymbol{b}_2, \boldsymbol{b}_3$ die Vektoren des reziproken Gitters bezeichnen vergl. Gl. V,1. $\boldsymbol{k}$ ist also ein Vektor, der nur diskrete Werte annehmen kann.

Nun ist $\boldsymbol{k}$ auf den reduzierten Bereich Gl. V,129 beschränkt. Setzt man Gl. V,131 in Gl. V,129 ein, so erhält man

$$-\pi < 2\pi\frac{g_i}{N} \leqslant \pi \quad \text{oder} \quad -\frac{N}{2} < g_i \leqslant \frac{N}{2}$$

Da g_1, g_2, g_3 aber ganze Zahlen sind, können sie nur N verschiedene Werte annehmen und der Ausbreitungsvektor $\boldsymbol{k}$ hat gemäß Gl. V,131 N^3 verschiedene Werte im reduzierten Bereich oder in der Brillouin-Zone. N^3 ist aber eine sehr große Zahl, grob gesagt: in der Größenordnung der Loschmidt-Konstanten, und $\boldsymbol{k}$ ist daher ein **quasidiskreter**

Vektor. In vielen Fällen kann $\boldsymbol{k}$ denn auch als eine kontinuierliche Größe betrachtet werden.

Es ist oft zweckmäßig, anstelle des reduzierten Bereiches Gl. V,129, einen etwas anderen Bereich gleichen Volumens, die **Brillouin-Zone** zu wählen. Während der reduzierte Bereich durch minimale $\boldsymbol{k} \cdot \boldsymbol{a}_i$ festgelegt ist, wird die Brillouin-Zone so definiert, daß $|\boldsymbol{k}|$ möglichst klein ist. Als Beispiel zeigt die Abb. V,115 die Brillouin-Zone für das kubischflächenzentrierte Gitter. Einige Punkte hoher Symmetrie und die zugehörigen Verbindungsgeraden sind besonders gekennzeichnet. Γ gibt immer das Zentrum der Brillouin-Zone, also den Punkt $\boldsymbol{k} = 0$ an.

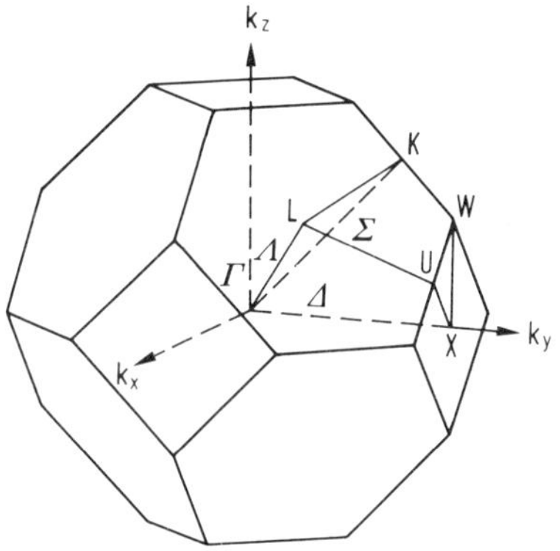

Abb. V,115. Brillouin-Zone des kubisch flächenzentrierten Gitters

Setzt man die Blochfunktionen Gl. V,130 in die Schrödingergleichung Gl. V,127 ein, so ergibt sich:

$$[-\frac{\hbar^2}{2m}\Delta - i\boldsymbol{k}\frac{\hbar^2}{m}\nabla + \frac{\hbar^2 k^2}{2m} + V(\boldsymbol{r})]\, u_k(\boldsymbol{r}) = E\, u_k(\boldsymbol{r}) \qquad (V,132)$$

Daraus erkennt man, daß die Energieeigenwerte E, also die möglichen Energieniveaus, direkt vom Ausbreitungsvektor $\boldsymbol{k}$ abhängen müssen, also praktisch **Energiebänder** sind. Andererseits gehört zu jedem festen $\boldsymbol{k}$ ein ganzes Spektrum diskreter Energieniveaus E_n und es gibt also eine ganze Reihe von Energiebändern $E_n(\boldsymbol{k})$. Dabei unterscheidet der Index n die einzelnen Energiebänder und $\boldsymbol{k}$ zählt die einzelnen Zustände in einem Band ab. Die Abb. V,116 zeigt die berechneten Energiebänder von InSb-, ZnS- und KCl-Kristallen. Für viele Zwecke genügt es die Energiebänder entlang bestimmter Geraden hoher Symmetrie, wie sie in der Abb. V,115 angegeben sind, zu kennen. Die einzelnen Bänder werden durch die Symmetrieeigenschaften der Energiezustände in der Brillouin-Zone unterschieden. So bezeichnet z. B. Γ_{15} in der Abb. V,116a einen bei Γ (also bei $\boldsymbol{k} = 0$) dreifach entarteten Energiezustand, der auf der Geraden von Γ nach X aber in zwei Bändern aufspaltet.

Bei allen drei Kristallen tritt eine **Energielücke** auf, also ein Energiebereich, in dem keine Zustände liegen. Das Erscheinen solcher Energielücken kann man sich auch un-

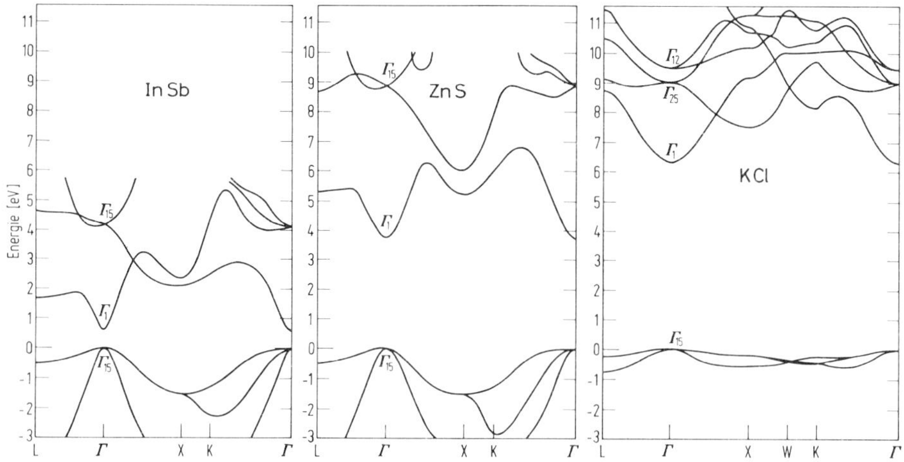

Abb. V,116. Energiebänder von III–V, II–VI und I–VII Verbindungen. In Sb hat die kleinste und KCl die größte Bandlücke. Nach Cohen und Bergstresser [3], und nach de Cicco [4]

mittelbar aus Gl. V,132 verständlich machen. Die Energien E der Energielücke gehören nämlich zu Lösungen der Schrödingergleichung mit komplexem $\boldsymbol{k}$. Die zugehörigen Wellenfunktionen Gl. V,130 erfüllen aber nicht die Blochsche Bedingung Gl. V,128, die ein reelles $\boldsymbol{k}$ verlangt, so daß diese Zustände verboten sind. Bei den drei Kristallen der Abb. V,116 sind alle Zustände bis zur Unterkante der Energielücke vollständig mit Elektronen besetzt und diese Bänder heißen **Valenzbänder**. Alle Zustände oberhalb der Energielücke sind unbesetzt und diese Bänder heißen **Leitungsbänder**. Meistens wird nur das tiefste Leitungsband und das höchste Valenzband betrachtet und man spricht dann einfach von dem **Leitungsband** und dem **Valenzband**. In der Abb. V,116 ist der Nullpunkt der Energieskala willkürlich an die Unterkante der Energielücke gelegt worden.

Das elektrische Verhalten der Kristalle, und damit die Einteilung in Metalle, Halbleiter und Isolatoren hängt eng mit der Struktur der Energiebänder zusammen. Ein elektrischer Strom kann nämlich nur fließen, wenn in einem Band die Zustände teilweise mit Elektronen besetzt und teilweise leer sind. Ein vollständig mit Elektronen besetztes Valenzband kann nichts zur elektrischen Leitfähigkeit beitragen. Daher sind alle drei Kristalle der Abb. V,116 **Isolatoren**. Ist jedoch die Energielücke sehr klein, oder liegen durch Verunreinigungen der Kristalle in der Bandlücke noch weitere Energieniveaus, so können bei höheren Temperaturen Elektronen in das Leitungsband angeregt werden. Ist etwa Δ die zu überspringende Energiedifferenz, so sind die höheren Zustände nach dem Boltzmannschen Prinzip proportional zu $exp\{-\Delta/\kappa T\}$ besetzt, wo κ die Boltzmannsche Konstante und T die absolute Temperatur bezeichnet. Die Elektronen im Leitungsband führen dann zu einer elektrischen Leitfähigkeit, die proportional zur Zahl der Elektronen ist und damit mit der Temperatur zunimmt. Diese Kristalle werden **Halbleiter** genannt im Unterschied zu den **Metallen**, bei denen die elektrische Leitfähigkeit mit der Temperatur abnimmt. Die III–V-Verbindungen und die II–VI-Verbindungen sowie die Ge- und Si-Kristalle gehören im verunreinigten, also dotierten Zustand alle zu den Halbleitern.

Als Beispiel eines **Metalles** sei Kupfer betrachtet, das als Atom die Elektronenkonfiguration $3\,d^{10}\;4\,s$ besitzt. Im Kristall sind die 4 s-Elektronen nur schwach gebunden und bilden das nicht gefüllte Leitungsband. Die Abb. V,117 zeigt die berechneten Energiebänder von Kupfer. Die einzelnen Zustände sind bis zur eingezeichneten Grenzenergie

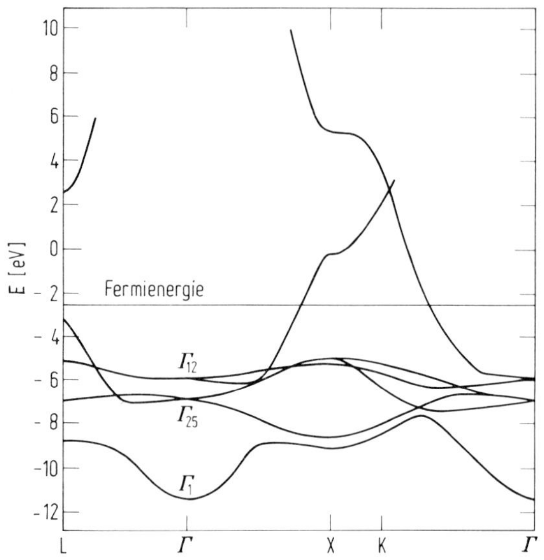

Abb. V,117. Energiebänder von Cu nach Segall [5]

oder **Fermienergie** mit Elektronen besetzt, die darüberliegenden Niveaus sind unbesetzt. Das **Leitungsband**, also das teilweise mit Elektronen gefüllte Band, trägt allein zur elektrischen Leitfähigkeit bei, während die flach verlaufenden Valenzbänder mit Elektronen gefüllt sind. Die Elektronen des Leitungsbandes in der Nähe der Fermienergie sind bei Metallen sehr beweglich und nur lose gebunden, man kann sie in vielen Fällen als quasifrei betrachten. **Die quasifreien Elektronen** sind in erster Näherung wie freie Teilchen zu behandeln. Man spricht dann von einem **Elektronengas** im Metall, das z. B. zu **Plasmaschwingungen** angeregt werden kann. Durchstrahlt man nämlich dünne Metallfolien mit einem Elektronenstrahl, so findet man besonders starke Energieverluste bei der Energie $\hbar\,\omega_p$ wo ω_p die Plasmafrequenz ist

$$\omega_p = \sqrt{\frac{4\,\pi\,n\,e^2}{m}}$$

Dabei bedeutet n die Dichte der Elektronen des Elektronengases, die bei Metallen in der Größenordnung 10^{23} cm^{-3} liegt, so daß die Plasmafrequenz in der Größenordnung 10^{16} Hz und $\hbar\,\omega_p$ in der Größenordnung 10 eV liegt.

Von den Nichtmetallen sind die Kristalle aus der IV. Gruppe des periodischen Systems, die III–V-Verbindungen, II–VI-Verbindungen und die Alkalihalogenide physikalisch besonders interessant. Bei ihnen ist die Summe der Valenzelektronen benachbarter Atome gleich 8, ergibt also eine volle Elektronenschale, so daß keine nur teilweise gefüllten Bänder entstehen. Alle Elektronen sind relativ fest gebunden und die Energiebänder zeigen eine Energielücke. Si-, Ge-Kristalle und Diamant (C) haben eine ausgeprägt kovalente Bindung. Die Valenzelektronen haben große Aufenthaltswahrscheinlichkeiten bei den Nachbarn und verursachen durch die Überlappung der Wellenfunktionen die chemische Bindung. Die Energielücke beträgt bei Si: 1,1 eV, bei Ge: 0,7 eV und bei Diamant 5,4 eV. Eine Besonderheit von Si und Ge ist, daß der kleinste Abstand zwischen Valenz- und Leitungsband nicht im Zentrum der Brillouin-Zone (dem Γ-Punkt) liegt. Man vergleiche die Abb. V,118 mit den Energiebändern der Abb. V,116. Die

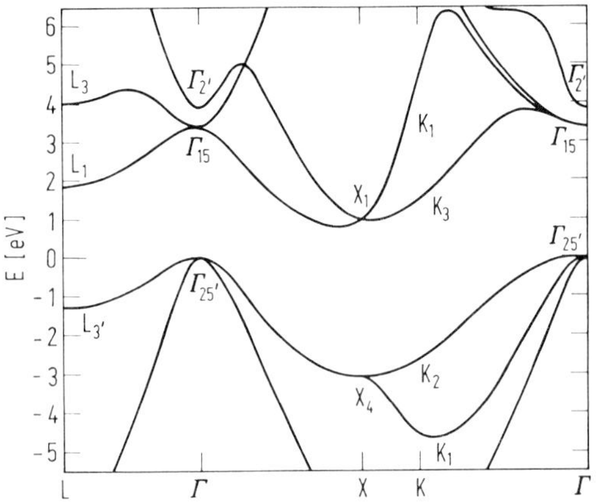

Abb. V,118. Energiebänder von Si nach Cohen und Bergstresser [3]

III–V-Verbindungen haben einen ähnlichen Bindungstypus wie die Elemente der IV. Gruppe des periodischen Systems. Die Energielücke liegt beim Γ-Punkt ($\boldsymbol{k} = 0$) und ist auch relativ klein, vergl. Abb. V,116. Sie reicht von etwa 0,17 bis 2,4 eV bei den verschiedenen Verbindungen. Die wichtigsten Vertreter dieser Gruppe sind GaP, Ga As, Ga Sb, In P, InA s und In Sb. Die II–VI-Verbindungen haben eine Bindungsform, die schon mehr der ionischen Bindung der Alkalihalogenide ähnelt. Die Elektronen sind fester gebunden und die Energielücken sind beträchtlich größer und reichen etwa von 1,5 bis 6 eV, vergl. Abb. V,116. Die wichtigsten Vertreter der II–VI-Verbindungen sind die Oxide, Sulfide, Selenide und Telluride von Zink und Kadmium. Die Alkalihalogenide schließlich haben eine rein ionische Bindung. Die Valenzelektronen sind sehr fest an ein Atom gebunden und bilden abgeschlossene Atomschalen. Die Bindung kommt allein durch die Coulombanziehung der verschieden geladenen Ionen zustande. Die Alkalihalogenide sind vollständige Isolatoren und haben eine sehr große Energielücke etwa von 6 bis 12 eV, vergl. Abb. V,116. Vertreter sind die Fluoride, Chloride, Bromide und Jodide von Li, Na, Ka, Rb und Cs.

Eigenschaften der Energiebänder. Bei der Interpretation der optischen Spektren der Kristalle muß man beachten, daß optische Übergänge zwischen den Energiebändern nur bei Erhaltung des Ausbreitungsvektors $\boldsymbol{k}$, d. h. senkrecht, möglich sind. Diese **$\boldsymbol{k}$-Auswahlregel** ergibt sich unmittelbar aus den Blochfunktionen.

Da die Wellenlänge des Lichtes groß gegenüber der Gitterkonstanten ist, ist die Übergangswahrscheinlichkeit W für elektrische Dipolübergänge einfach dem Matrixelement des Impulsoperators proportional:

$$W(n\,k \to n'\,k') \sim |(\psi_{n'k'}, p\,\psi_{nk})|^2$$

Setzt man die Blochfunktionen Gl. V,130 ein, so lautet das Matrixelement:

$$(\psi_{n'k'}, p\,\psi_{nk}) = \int_V e^{i(k-k')r}\, u_{n'k'} \left(\frac{\hbar}{i}\nabla + \hbar k\right) u_{nk}\, d^3 r$$

wobei über das Volumen V des Kristalles zu integrieren ist. Da die Funktionen $u_{nk}(r)$ periodisch sind, genügt es das Integral über die Elementarzelle Ω auszuführen und man erhält:

$$(\psi_{n'k'}, p\,\psi_{nk}) = \sum_t e^{i(k-k')t} \int_\Omega e^{i(k-k')r}\, u_{n'k'} \left(\frac{\hbar}{i}\nabla + \hbar k\right) u_{nk}\, d^3 r$$

Die $\boldsymbol{k}$-Auswahlregel ergibt sich unmittelbar aus der Tatsache, daß die Summe vor dem Integral für $k \neq k'$ verschwindet. Dies sieht man aber sofort ein, wenn man die Form von $\boldsymbol{k}$ Gl. V,131 einsetzt. Man erhält dann:

$$\sum_t e^{i(k-k')t} = \sum_{t_1, t_2, t_3} e^{i\frac{2\pi}{N}\left[(g_1-g_1')\,t_1 + (g_2-g_2')\,t_2 + (g_3-g_3')\,t_3\right]}$$

Da g_1, g_1', t_1 und N ganze Zahlen sind ist das einfach ein Produkt von Summen der Form

$$\sum_{t=1}^{N} x^t \quad \text{mit} \quad x = \exp\left[i\,\frac{2\pi}{N}\,(g_i - g_i')\right]$$

Nun gilt $x^N = 1$ und daher ist:

$$x(x + x^2 + \ldots + x^N) = (x^2 + x^3 + \ldots + x^N + x) \quad \text{oder} \quad \sum_{t=1}^{N} x^t = 0$$

$$\text{für} \quad x \neq 1 \quad \text{oder} \quad g_i \neq g_i'\,.$$

Intrabandübergänge, also Übergänge innerhalb eines Energiebandes sind ohne Phononenbeteiligung aufgrund dieser $\boldsymbol{k}$-Auswahlregel verboten. Es bleiben die **Interband-Übergänge**, oder **Band-Band-Übergänge**, die bei allen Kristallen zu einer starken optischen Absorption führen. Die Übergänge führen dabei von einem besetzten zu einem unbesetzten Niveau, so daß es sich im allgemeinen um Übergänge von einem Valenzband zu einem Leitungsband handelt. Bei den Halbleitern und Isolatoren mit einer Energielücke setzt diese Absorption erst bei einer bestimmten Energie ein, und man spricht von einer **Absorptionskante** oberhalb derer der Kristall undurchsichtig ist. Photonen im optischen Bereich, also mit Wellenlängen zwischen 3000 und 5000 Å, haben Energien von etwa 2 bis 4 eV, so daß die Kristalle mit großen Energielücken durchsichtig sind. Außer diesen **direkten Übergängen** ohne Phononenbeteiligung sind aber auch noch **indirekte Übergänge** unter Mitwirkung von Phononen möglich. In diesem Fall ist die $\boldsymbol{k}$-Auswahlregel wie ein Impulssatz aufzufassen, wobei jetzt noch der Impuls des Phonons $\boldsymbol{q}$ hinzuzufügen ist. Energie und Impulssatz lauten dann bei einem indirekten Übergang bei Absorption des Photons $h\nu$:

$$E_L(\boldsymbol{k}') - E_v(\boldsymbol{k}) = h\,\nu + \hbar\,\omega_j(\boldsymbol{q})\,, \quad \boldsymbol{k}' = \boldsymbol{k} + \boldsymbol{q} \qquad \text{(V,133)}$$

Dabei bedeutet E_v das Valenzband, E_L das Leitungsband und j charakterisiert das Phonon das bei dem Übergang erzeugt wird. Der Impuls des Photons $h\,\nu/c$ ist klein gegen $\hbar|\boldsymbol{k}'|$ und $\hbar|\boldsymbol{q}|$ und kann vernachlässigt werden. Man vergleiche Gl. V,133 mit den Gleichungen der entsprechenden Phononenprozesse oben im Abschnitt b). Die Abb. V,119 zeigt schematisch einen direkten und einen indirekten Übergang bei

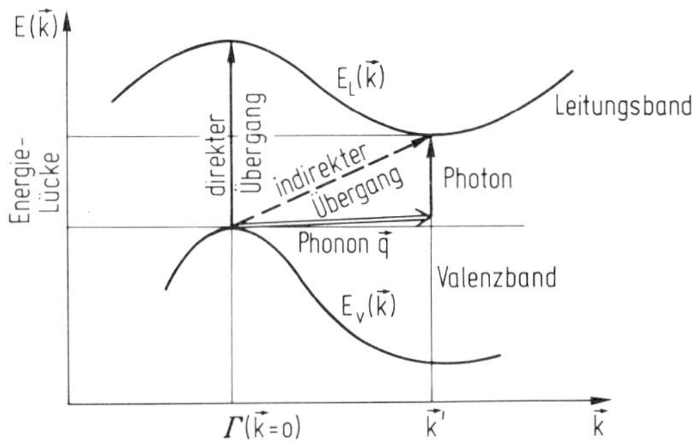

Abb. V,119. Direkter und indirekter Übergang beim Si

$k = 0$ beim Si-Kristall. Da die Energie der Phononen allgemein sehr klein gegen die Energielücke ist, entspricht die optische Absorptionskante durch die indirekten Übergänge in guter Näherung der Energielücke. Die Absorptionskante wird durch die Phononenbeteiligung nur etwas verbreitert, was übrigens auch bei den Kristallen der Fall ist, wo die Energielücke durch einen direkten Übergang überwunden werden kann.

Umgekehrt muß ein angeregtes Elektron im Leitungsband nicht unbedingt ein Photon aussenden, um in den Grundzustand im Valenzband zu gelangen. Diese sogenannten **strahlungslosen Übergänge** können z. B. durch Erzeugung einer ganzen Serie von Phononen vor sich gehen. Oder bei den **Auger-Prozessen,** gibt das Elektron seine Energie beim Übergang in das Valenzband an ein anderes Elektron im Leitungsband oder an ein Elektron in einem tiefliegenden Zustand im Valenzband ab. Innerhalb eines Bandes verlieren die Elektronen ihre Energie schnell in kleinen Schritten durch Erzeugung akustischer Phononen.

Bei Metallen ohne eine Energielücke sind zunächst alle optischen direkten und indirekten Übergänge möglich. Die sehr starke Absorption nicht nur im optischen Bereich erklärt das starke Reflexionsvermögen und die spiegelnde Oberfläche der Metalle. Die Übergänge in höhere unbesetzte Leitungsbänder sind genau wie bei Nichtleitern erst ab einer bestimmten Energie möglich, so daß dann eine zusätzliche verstärkte Absorption einsetzt. Wenn dies im optischen Bereich geschieht, führt das zu der charakteristischen Färbung der Metalle (z. B. Gold, Kupfer). Für die elektrischen Eigenschaften der Metalle interessieren nur die Energiebänder in der unmittelbaren Umgebung der Fermienergie E_F. Von besonderem Interesse ist daher die Energiefläche $E_L(\boldsymbol{k}) = E_F$ oder die **Fermifläche,** deren Form die Eigenschaften des Elektronengases im Metall bestimmt. Sie kann auf verschiedene Weise z. B. durch **Zyklotronresonanz** oder den **de Haas-van-Alphen-Effekt** bestimmt werden. Auf diese Methode wird unten noch eingegangen.

Zur richtigen Interpretation der optischen Spektren der Kristalle, muß allerdings die ungleichmäßige Verteilung der Energieniveaus auf der Energieachse beachtet werden. Nun wird jeder Zustand in einem Band, d. h. jedes Energieniveau, durch den Ausbreitungsvektor $\boldsymbol{k}$ charakterisiert. Diese sind aber nach Gl. V,131 in der Brillouin-Zone äquidistant verteilt. Das Volumen des reduzierten Bereiches oder der Brillouin-Zone ist $(\boldsymbol{b}_1, \boldsymbol{b}_2, \boldsymbol{b}_3) = \frac{8\pi^3}{\Omega}$, was man unmittelbar aus Gl. V,1 erhält, dabei bezeichnet Ω das Volumen der Elementarzelle. Da in der Brillouin-Zone nach Gl. V,131 N^3 $\boldsymbol{k}$-Vektoren sind, ist die Dichte der $\boldsymbol{k}$-Vektoren in der Brillouin-Zone $N^3\ \Omega/8\pi^3 = V/8\pi^3$. Außerdem kann jeder Zustand wegen der zwei möglichen Spinrichtungen doppelt besetzt werden. Um die Dichte der Zustände auf der Energieachse zu finden, betrachtet man das kleine Volumenelement $d^3\boldsymbol{k}$ der Abb. V,120. Es setzt sich zusammen aus

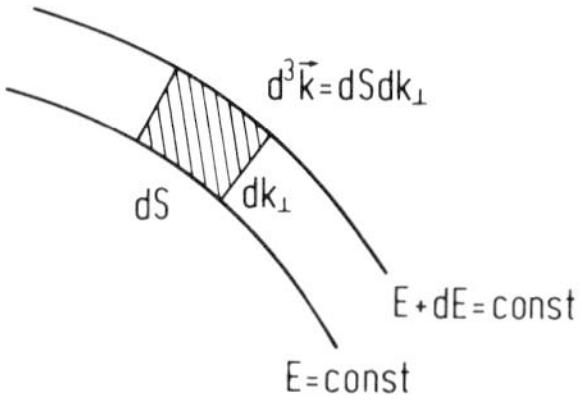

Abb. V,120. Zur Ableitung der Dichte der Energieniveaus

einem Flächenelement dS auf der Fläche E = const. (Energiefläche) und einem dazu senkrechten Linienelement $dk_\perp$ in Richtung des Gradienten $\nabla_{\boldsymbol{k}} E$: $d^3\boldsymbol{k} = dS\,dk_\perp$. Dann gilt $dE = |\nabla_{\boldsymbol{k}} E(\boldsymbol{k})|\,dk_\perp$ und man erhält

$$d^3\boldsymbol{k} = \frac{dS\,dE}{|\nabla_{\boldsymbol{k}} E(\boldsymbol{k})|}$$

Sei $g(E)$ die Dichte der Energieniveaus auf der Energieachse, so ist $g(E)\,dE$ die Zahl der Zustände zwischen den beiden Energieflächen E und E + d E. Diese ergibt sich aus dem Volumen zwischen den beiden Energieflächen und der Dichte der $\boldsymbol{k}$-Vektoren zu

$$g(E)\,dE = \frac{2V}{8\pi^3} \int_{E}^{E+dE} d^3\boldsymbol{k}$$

Damit erhält man für die Dichte der Energieniveaus:

$$g(E) = \frac{V}{4\pi^3} \int_{E=\text{const.}} \frac{dS}{|\nabla_k E(k)|} \tag{V,134}$$

Bei Halbleitern interessieren insbesondere die Übergänge in der Nähe der Unterkante des Leitungsbandes. Gilt speziell $E \sim k^2$, was für kleine k in einer Umgebung des Minimums des Leitungsbandes eine gute Näherung ist, so ist $|\nabla_k E| \sim |k|$ und die Flächen konstanter Energie sind einfach Kugeln. Daher ist $\int dS = 4\pi k^2$ und man erhält:

$$g(E) \sim |k| \sim \sqrt{E} \tag{V,135}$$

Nimmt man an, daß sich die Übergangswahrscheinlichkeit für Übergänge in das Leitungsband mit der Energie nur wenig ändert, so sollte also die Absorptionskante bei Halbleitern auch die Form einer Wurzelfunktion haben. Diese ist in Abb. V,121 zusammen mit der meist beobachteten Form der Absorptionskante schematisch gezeichnet. Die „Verschmierung" der Bandkante führt von der Wechselwirkung mit Phononen her. Durch Vernichtung von Phononen werden auch schon Übergänge etwas unterhalb der Bandkante möglich.

Während sich die Absorptionskante bei Nichtmetallen relativ einfach bestimmen läßt, sind zur Ausmessung der Energiebänder in der ganzen Brillouin-Zone besondere Verfahren wie die **Modulationsspektroskopie** erforderlich. Gerade die ungleichmäßige Verteilung der Dichte der Energieniveaus gestattet es den energetischen Abstand der Bänder an verschiedenen **kritischen Punkten** in der Brillouin-Zone zu messen. Für den Absorptionskoeffizienten bei Übergängen vom Valenzband in das Leitungsband ist dann nicht nur die Dichte der Energieniveaus eines Bandes Gl. V,134, sondern die **kombinierte Zustandsdichte** der beiden Bänder maßgebend:

$$J_{\text{VL}}(E) = \frac{V}{4\pi^3} \int_{E_L - E_v = E = \text{const}} \frac{dS}{|\nabla_k (E_L(k) - E_v(k))|} \tag{V,136}$$

wobei über alle Bereiche integriert werden muß, für die $E_L - E_v$ gleich einem gegebenen energetischen Abstand E ist. Besonders große Werte der kombinierten Zustandsdichte J_{VL} ergeben sich für Energien E, bei denen der Nenner im Integral verschwindet. Die Stellen im k-Raum, für die $\nabla_k E_L(k) = \nabla_k E_v(k)$ gilt, heißen **kritische Punkte**, sie ergeben besonders große J_{VL} und führen zu besonders starken Absorptionen. Es ist daher möglich, den energetischen Abstand der beiden Bänder an den kritischen Punkten zu messen. Um zu unterscheiden, welche Absorptionsspitze zu welchem kritischen Punkt gehört, muß man die einzelnen kritischen Punkte näher unterscheiden. Dazu entwickelt man $E_L(k) - E_v(k)$ in der Umgebung des kritischen Punktes k_0 in eine Taylorreihe

$$E_L(k) - E_v(k) = E_L(k_0) - E_v(k_0) + \sum_{i=1}^{3} a_i (k_i - k_{i0})^2 + \ldots$$

wobei das lineare Glied verschwindet. Je nach den Vorzeichen der a_i kann man vier verschiedene Typen von kritischen Punkten unterscheiden

Minimum	M_0:	alle $a_i > 0$
Sattelpunkt	M_1:	zwei $a_i > 0$, ein $a_i < 0$
Sattelpunkt	M_2:	ein $a_i > 0$, zwei $a_i < 0$
Maximum	M_3:	alle $a_i < 0$

Setzt man die Taylorentwicklung in Gl. V,136 ein, so erhält man die Form der kombinierten Zustandsdichte für die vier Fälle. Die Ergebnisse sind in Abb. V,122 schematisch angegeben. Dabei bedeutet $E_0 = E_L(\boldsymbol{k}_0) - E_v(\boldsymbol{k}_0)$ jeweils den energetischen Abstand der beiden Bänder am kritischen Punkt $\boldsymbol{k}_0$. Darunter ist außerdem die experimentell meist gefundene Form der Absorptionsmaxima angegeben, die dann eine Unterscheidung der verschiedenen kritischen Punkte ermöglicht. Die kombinierte Zustandsdichte entspricht im Falle eines Minimums M_0 natürlich der bereits in Abb. V,121 diskutierten Kurve.

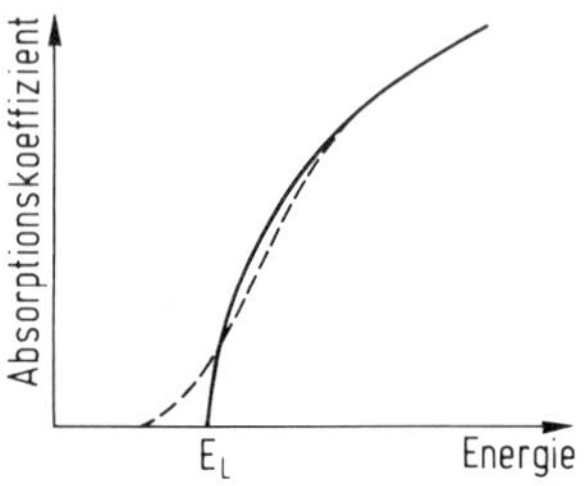

Abb. V,121. Die Form der Absorptionskante nach dem Wurzelgesetz —— und experimentell – – –

In allen vier Fällen ergibt sich ein charakteristischer Knick in der Absorptionskurve an den Stellen der kritischen Punkte. Es bedeutet also eine erhebliche Steigerung der Meßgenauigkeit, wenn man ein **differentielles Meßverfahren** anwendet, d. h., die Ableitung des Absorptionskoeffizienten α mißt, die ebenfalls in Abb. V,122 schematisch angegeben ist. Man erkennt, daß in allen vier Fällen eine Unstetigkeit auftritt, und daß aus der Form der Kurve auf die Art des kritischen Punktes geschlossen werden kann.

Als Beispiel zeigt die Abb. V,123 einige kritische Punkte der Energiebänder von Ge-Kristallen. Die senkrechten Pfeile zeigen die Übergänge an, die im Absorptionsspektrum beobachtet wurden. An den einzelnen Übergängen ist außerdem der Typ des kritischen Punktes angegeben, dan man natürlich an einer eindimensionalen Darstellung der Energiebänder nicht erkennen kann. Leitungsband und Valenzband müssen aber an den kritischen Punkten parallel verlaufen.

Bei der **Modulationsspektrokopie** zur Durchführung des differentiellen Messens verändert man die Meßgröße periodisch und mißt dann mit einem phasenempfindlichen Verstärker nur die Signale mit der Modulationsfrequenz. Die Amplitude der sich periodisch ändernden Meßgröße ist dann ein Maß für die Steigung der Meßgröße. Bei Absorptions- oder Reflexionsmessungen kann z. B. die eingestrahlte Lichtwellenlänge periodisch

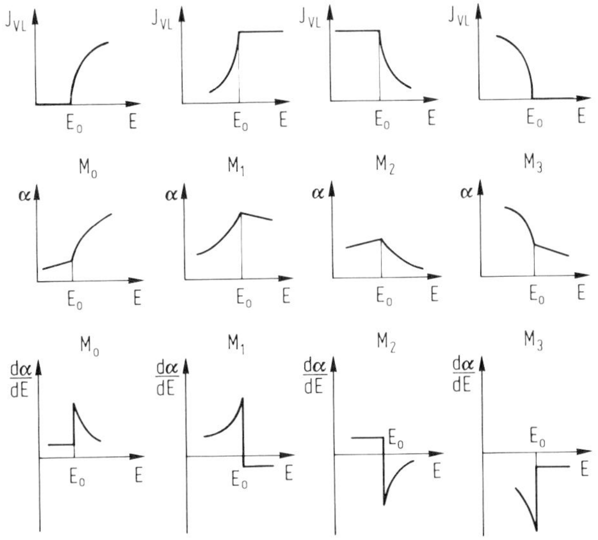

Abb. V,122. Schematischer Verlauf der kombinierten Zustandsdichte J_{VL}, der Absorptionskoeffizienten α und der Ableitung des Absorptionskoeffizienten $d\,\alpha/d\,E$ in der Nähe der vier kritischen Punkte M_0, M_1, M_2, M_3

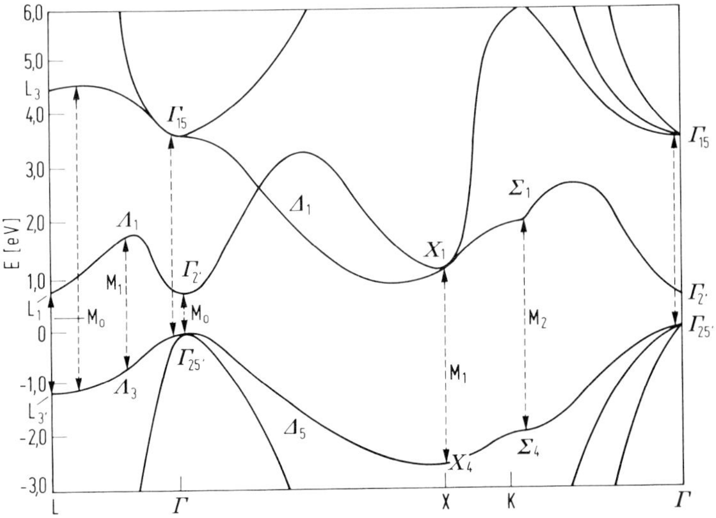

Abb. V,123. Die beobachteten Übergänge an den kritischen Punkten zwischen Valenz- und Leitungsband von Ge nach Phillips [6]

verändert werden (etwa durch periodisches Schwenken des Gitters im Spektrographen). Außerdem kann man die Energiebänder durch Temperatur- oder Druckmodulation periodisch verändern. Eine wichtige Methode bei Nichtleitern ist die Modulation mit Hilfe eines von außen angelegten elektrischen Wechselfeldes. Bei der **Elektroreflexion** z. B. wird die Ableitung des Reflexionskoeffizienten nach der Photonenenergie gemessen, wobei sich der Kristall ein einem elektrischen Wechselfeld befindet. Das elektrische Feld „verbiegt" die Energiebänder periodisch (siehe weiter unten), dadurch verändert sich auch die kombinierte Zustandsdichte, was zu einer periodischen Schwankung des Reflexionskoeffizienten führt.

Effektive-Masse-Näherung

Obwohl die Kristalle eine recht komplizierte Struktur der Energiebänder besitzen, lassen sich die meisten physikalischen Effekte reiner Kristalle mit einer sehr einfachen Approximation der Energiebänder beschreiben. Der Grund liegt darin, daß bei Metallen nur die Elektronen in der Nähe der Fermienergie eine Rolle spielen, während die tieferen Niveaus besetzt und die höheren unbesetzt bleiben. Daher geht in die physikalischen Effekte der Leitungselektronen auch nur die Struktur der Energiebänder in der unmittelbaren Umgebung der Fermienergie ein, während die Form der Bänder bei anderen Energien keine Rolle spielt. Bei Nichtleitern mit einer Energielücke gilt das gleiche. Die Fermienergie liegt hier in der Energielücke und man hat nur die Form des Leitungsbandes in der unmittelbaren Nähe der unteren Bandkante und die Form des Valenzbandes in der unmittelbaren Nähe der oberen Bandkante zu berücksichtigen. Die Struktur der Energiebänder, die von der Energielücke weiter entfernt sind, braucht im allgemeinen nicht beachtet zu werden. Das Näherungsverfahren, welches darauf beruht und welches auch gestattet die Zustände der Kristallelektronen ähnlich wie bei freien Teilchen zu beschreiben heißt **Effektive-Masse-Näherung**.

Der Einfachheit halber sei zunächst ein Halbleiter betrachtet mit dem Minimum des Leitungsbandes im Γ-Punkt also bei $\boldsymbol{k} = 0$. Für kleine $\boldsymbol{k}$ in der Umgebung des Minimums kann das Band durch die Anfangsglieder einer Taylorreihe dargestellt werden

$$E(\boldsymbol{k}) = E(0) + \frac{1}{2} \sum_{\nu,\mu} \left(\frac{\partial^2 E}{\partial k_\nu \, \partial k_\mu}\right)_{\boldsymbol{k}=0} k_\nu k_\mu + \ldots$$

und $E(0) = E_\mathrm{L}$ ist die Unterkante des Leitungsbandes. Die erste Ableitung $\nabla_{\boldsymbol{k}} E(\boldsymbol{k})$ verschwindet an der Stelle $\boldsymbol{k} = 0$, da dort ein Minimum sein soll. Man kann es nun durch geeignete Wahl des Koordinatensystems k_1, k_2, k_3 in der Brillouin-Zone immer erreichen, daß die Taylorentwicklung die einfachere Form

$$E(\boldsymbol{k}) = E(0) + \frac{1}{2} \sum_{\nu} \left(\frac{\partial^2 E}{\partial k_\nu^2}\right)_{\boldsymbol{k}=0} k_\nu^2 + \ldots \tag{V,137}$$

annimmt. Die **effektiven Massen** m_i^* sind dann definiert durch:

$$\frac{1}{m_\mathrm{i}^*} = \frac{1}{\hbar^2} \left(\frac{\partial^2 E}{\partial k_\mathrm{i}^2}\right)_{\boldsymbol{k}=0} \tag{V,138}$$

und in der Nähe des Minimums wird das Leitungsband durch

$$E_L(\boldsymbol{k}) - E_L = \frac{\hbar^2 k_1^2}{2 m_1^*} + \frac{\hbar^2 k_2^2}{2 m_2^*} + \frac{\hbar^2 k_3^2}{2 m_3^*} \qquad (V,139)$$

dargestellt. Die **Energieflächen** (Flächen konstanter Energie) sind dann Ellipsoide im $\boldsymbol{k}$-Raum und man spricht von **ellipsoidförmigen Energieflächen**. In manchen Fällen sind die drei effektiven Massen gleich und man erhält **kugelförmige Energieflächen**:

$$E_L(\boldsymbol{k}) - E_L = \frac{\hbar^2 \boldsymbol{k}^2}{2 m^*} \qquad (V,140)$$

Diese Gleichung gibt aber gerade die quantenmechanischen Energiewerte freier Teilchen an, denn die Lösung der Schrödingergleichung für freie Teilchen, also ohne Potential, ist

$$-\frac{\hbar^2}{2m} \Delta e^{i\boldsymbol{kr}} = \frac{\hbar^2 \boldsymbol{k}^2}{2m} e^{i\boldsymbol{kr}}$$

und die zugehörigen Eigenfunktionen sind ebene Wellen. Der quantenmechanische Impuls freier Teilchen ist $\boldsymbol{p} = \hbar \boldsymbol{k}$ und die Energie ist gegeben durch

$$E = \frac{\boldsymbol{p}^2}{2m} = \frac{\hbar^2 k^2}{2m}$$

Vergleicht man diese Gleichung mit Gl. V,140, so sieht man, daß sich die Elektronen in einem solchen Band kugelförmiger Energieflächen genau wie freie Teilchen verhalten, der einzige Unterschied ist nur, daß die Elektronenmasse m durch eine „effektive" Masse m^* ersetzt ist. Man kann außerdem zeigen, daß das Newtonsche Grundgesetz für die Bewegung der Elektronen in äußeren elektrischen und magnetischen Feldern ebenfalls gilt, wenn die effektive Masse m^* anstelle von m verwendet wird. Die Wirkung des periodischen Potentials Gl. V,126 auf die Elektronen ist also nur in der effektiven Masse m^* enthalten und der Hamiltonoperator in Gl. V,127 kann ersetzt werden durch einen **Ersatzhamiltonoperator** der Form

$$-\frac{\hbar^2}{2m} \Delta + V(\boldsymbol{r}) \Rightarrow -\frac{\hbar^2}{2m^*} \Delta \qquad (V,141)$$

Diese Beziehung, von der im Folgenden noch häufig Gebrauch gemacht werden wird, gilt nur im Falle kugelförmiger Energieflächen, kann aber auf beliebige Energieflächen verallgemeinert werden und nimmt dann die Form an:

$$-\frac{\hbar^2}{2m} \Delta + V(\boldsymbol{r}) \Rightarrow E(\frac{1}{i} \nabla) \qquad (V,142)$$

Sie gilt also nur für die Elektronen in einem ganz bestimmten Energieband $E(\boldsymbol{k})$ und man hat einfach $\boldsymbol{k}$ durch $\frac{1}{i} \nabla$ zu ersetzen. Der Ersatzhamiltonoperator Gl. V,142 beschreibt also die Bewegung der Elektronen in einem Energieband und hat dieselben

Energieeigenwerte wie der Operator auf der linken Seite von Gl. V,142. Der Vollständigkeit halber sei noch der Ersatzhamiltonoperator für ellipsoidförmige Energieflächen Gl. V,139 angegeben. Gemäß Gl. V,142 lautet er

$$-\frac{\hbar^2}{2m_1^*}\frac{\partial^2}{\partial x^2}-\frac{\hbar^2}{2m_2^*}\frac{\partial^2}{\partial y^2}-\frac{\hbar^2}{2m_3^*}\frac{\partial^2}{\partial z^2} \qquad \text{(V,143)}$$

In Analogie zum Impuls freier Teilchen wird für die Kristallelektronen in einem bestimmten Band ein **Quasiimpuls** $\boldsymbol{p} = \hbar\,\boldsymbol{k}$ definiert, der von der Bandstruktur und damit von der effektiven Masse unabhängig ist. Diese geht aber in die Geschwindigkeit $\mathbf{v}$ eines Kristallelektrons ein und es gilt

$$\mathbf{v} = \frac{\boldsymbol{p}}{m^*} = \frac{\hbar\,\boldsymbol{k}}{m^*} \qquad \text{(V,144)}$$

Für nicht kugelförmige Energieflächen kann die Geschwindigkeit $\mathbf{v}$ eines Kristallelektrons in einem bestimmten Energieband allgemeiner aus der Beziehung

$$\mathbf{v} = \frac{1}{\hbar}\nabla_k E(\boldsymbol{k}) \qquad \text{(V,145)}$$

bestimmt werden. Gl. V,144 ist dann nur ein Spezialfall von Gl. V,145 wenn man für $E(\boldsymbol{k})$ Gl. V,140 einsetzt.

Das Konzept der effektiven Masse, das die Energiebänder nur in einer gewissen Näherung beschreibt, hat also den enormen Vorteil, daß die physikalischen Gesetze freier Teilchen auf die Kristallelektronen angewendet werden können, wenn man nur die effektive Masse anstelle der wahren Elektronenmasse verwendet. Dadurch können die meisten Experimente bei Beteiligung der Kristallelektronen nur eines Bandes unmittelbar anschaulich interpretiert werden.

Für das Valenzband kann die Effektive-Masse-Näherung ebenfalls eingeführt werden. Die Taylorentwicklung in der Nähe der Oberkante bei $\boldsymbol{k} = 0$ Gl. V,137 würde aber, da es sich um ein Maximum handelt, gemäß Gl. V,138 zu negativen effektiven Massen führen. Für das Valenzband $E_v(\boldsymbol{k})$ definiert man daher positive effektive Massen durch

$$\frac{1}{m_i^*} = -\frac{1}{\hbar^2}\left(\frac{\partial^2 E_v(\boldsymbol{k})}{\partial k_i^2}\right)_{\boldsymbol{k}=0} \qquad \text{(V,146)}$$

und erhält damit bei ellipsoidförmigen Energieflächen

$$E_v(\boldsymbol{k}) - E_v = -\frac{\hbar^2 k_1^2}{2m_1^*} - \frac{\hbar^2 k_2^2}{2m_2^*} - \frac{\hbar^2 k_3^2}{2m_3^*} \qquad \text{(V,147)}$$

wobei E_v die Oberkante des Valenzbandes bezeichnet. Befindet sich z. B. das Minimum des Leitungsbandes nicht bei $\boldsymbol{k} = 0$, sondern etwa bei $\boldsymbol{k}_0$, so lauten die Energiebänder bei ellipsoidförmigen bzw. kugelförmigen Energieflächen entsprechend

$$E_L(\boldsymbol{k}) - E_L = \sum_{i=1}^{3}\frac{\hbar^2(k_i - k_{0i})^2}{2m_i^*} \quad \text{bzw.} \quad E_L(\boldsymbol{k}) - E_L = \frac{\hbar^2(\boldsymbol{k} - \boldsymbol{k}_0)^2}{2m^*} \qquad \text{(V,148)}$$

Die Annäherung der Energiebänder durch die Effektive-Masse-Näherung in der Nähe der Energielücke ist schematisch in der Abb. V,124 dargestellt. Die gestrichelten Parabeln bilden die Approximation der Energiebänder an den verschieden Stellen.

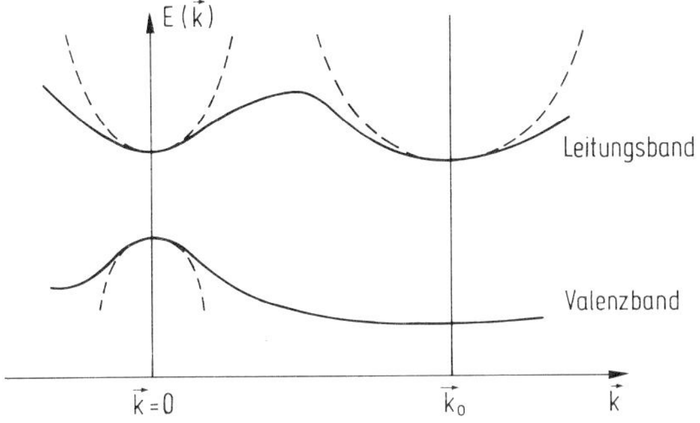

Abb. V,124. Die Effektive-Masse-Näherung der Energiebänder

Während bei Nichtleitern die Struktur der Energiebänder in der Nähe der Energielücke wichtig ist, werden die Eigenschaften der Metalle, bei denen die Fermienergie E_F im Leitungsband liegt, durch die Form der Energiefläche $E(\boldsymbol{k}) = E_F$ bestimmt. Diese Energiefläche wird **Fermifläche** genannt. In vielen Fällen kann man die Fermifläche durch eine Kugel, die **Fermikugel**, approximieren und so die effektive Masse der Leitungselektronen im Metall einführen:

$$E(\boldsymbol{k}) = \frac{\hbar^2 \boldsymbol{k}^2}{2\,m^*} \qquad \text{(V,149)}$$

Es muß jedoch betont werden, daß diese Beziehung, im Unterschied zu Gl. V,140 bei Halbleitern nicht für kleine $\boldsymbol{k}$ gültig ist, sondern nur für $\boldsymbol{k}$ in der Nähe des Radius der Fermikugel k_F, wobei k_F durch $k_F^2 = 2\,m^*\,E_F/\hbar^2$ definiert ist. Gl. V,149 gilt also bei Metallen nur in einer Umgebung der **Oberfläche der Fermikugel**. Als Beispiel sei die Fermifläche von Kupfer Abb. V,125 betrachtet, die in vielen Fällen als kugelförmig angenommen werden kann.

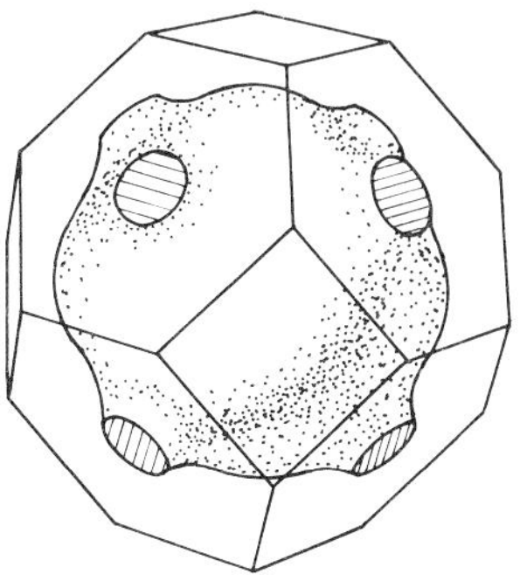

Abb. V,125. Fermifläche von Kupfer in der Brillouin-Zone nach Pippard [7]

Zur Beschreibung der elektrischen und optischen Eigenschaften der Nichtleiter, ist es bequem, den Begriff des **Defektelektrons** oder des **Loches** einzuführen. Das Valenzband ist ja fast vollständig mit Elektronen gefüllt, und da jedes Niveau nach dem Pauliprinzip nur mit einem Elektron besetzt werden kann, ist es leichter die unbesetzten Zustände oder „Löcher" zu zählen. Die Löcher bewegen sich in der entgegengesetzten Richtung wie die Elektronen, haben also die entgegengesetzt gerichtete Geschwindigkeit. Außerdem ist die Energieskala umgekehrt, denn wenn ein Elektron nach unten „fällt" und dabei Energie abgibt, wandert das entsprechende Loch nach oben. In Halbleitern und Isolatoren kann man mit Löchern im Valenzband genauso rechnen wie mit Elektronen im Leitungsband. Die Löcher haben die durch Gl. V,146 definierte positive effektive Masse und eine positive Ladung. Die Eigenschaften der Elektronen im Leitungsband bzw. der Löcher im Valenzband sind in der Tabelle V,10 zusammengestellt.

Wie wertvoll das Konzept der Effektive-Masse-Näherung ist, zeigt sich aber erst, wenn man das Verhalten der Kristallelektronen in äußeren Feldern betrachtet. Legt man z. B. ein äußeres elektrisches Feld an, welches so schwach ist, daß nur Intrabandübergänge vorkommen, so gilt für Elektronen und Löcher in der Effektive-Masse-Näherung

Tab. V,10. Vergleich der Eigenschaften der Elektronen im Leitungsband mit denen der Löcher im Valenzband bei Nichtleitern. Zur Unterscheidung ist die effektive Masse des Elektrons mit m_n und die des Loches mit m_p bezeichnet. e_0 bedeutet die (positive) Elementarladung, E_L die Unterkante des Leitungsbandes, E_V die Oberkante des Valenzbandes. A ist das Vektorpotential eines äußeren Magnetfeldes $\boldsymbol{H} = \nabla \times \boldsymbol{A}$, $\nabla \cdot \boldsymbol{A} = 0$ und φ das Potential eines (von $\boldsymbol{H}$ unabhängigen) elektrischen Feldes $\boldsymbol{E} = - \nabla\varphi$

	Elektronen	Löcher
Ausbreitungsvektor	$\boldsymbol{k}$	$\boldsymbol{k}$
effektive Masse	$m_n > 0$	$m_p > 0$
Ladung	$-e_0$	e_0
Näherung des Energiebandes	$E_L(\boldsymbol{k}) = E_L + \frac{\hbar^2 k^2}{2 m_n}$	$E_V(\boldsymbol{k}) = E_V - \frac{\hbar^2 k^2}{2 m_p}$
Definition der effektiven Masse	$\frac{1}{m_n} = \frac{1}{\hbar^2}\left(\frac{\partial^2 E_L(\boldsymbol{k})}{\partial k_i^2}\right)_{k=0}$	$\frac{1}{m_p} = -\frac{1}{\hbar^2}\left(\frac{\partial^2 E_V(\boldsymbol{k})}{\partial k_i^2}\right)_{k=0}$
Geschwindigkeit	$v = \frac{1}{\hbar} \nabla_k E_L(\boldsymbol{k}) = \frac{\hbar}{m_n} \boldsymbol{k}$	$v = \frac{1}{\hbar} \nabla_k E_V(\boldsymbol{k}) = -\frac{\hbar}{m_p} \boldsymbol{k}$
Beschleunigung im elektrischen Feld	$\boldsymbol{b} = -e_0 \boldsymbol{E}/m_n$	$\boldsymbol{b} = e_0 \boldsymbol{E}/m_p$
Newtonsches Grundgesetz	$\boldsymbol{b} = \boldsymbol{K}/m_n$	$\boldsymbol{b} = \boldsymbol{K}/m_p$
Änderung des Quasiimpulses	$\hbar \dot{\boldsymbol{k}} = -e_0 \boldsymbol{E} = \boldsymbol{K}$	$\hbar \dot{\boldsymbol{k}} = -e_0 \boldsymbol{E} = -\boldsymbol{K}$
Ersatzhamiltonoperator im elektrischen und magnetischen Feld	$H = \frac{1}{2 m_n} \left(\frac{\hbar}{i} \nabla + \frac{e_0}{c} A\right)^2 - e_0 \varphi$	$H = \frac{1}{2 m_p} \left(\frac{\hbar}{i} \nabla - \frac{e_0}{c} A\right)^2 + e_0 \varphi$

einfach das Newtonsche Grundgesetz wie es in der Tabelle V,10 mit eingetragen ist. Elektronen und Löcher werden also im elektrischen Feld in der entgegengesetzten Richtung beschleunigt. Da die Geschwindigkeit des Elektrons **v** durch seinen Ausbreitungsvektor $\boldsymbol{k}$ festgelegt ist, „springt" das Elektron bei der Beschleunigung von einem $\boldsymbol{k}$-Vektor zum andern. Daraus ergibt sich eine zeitliche Änderung des Quasiimpulses $\hbar \boldsymbol{k}$, wie sie ebenfalls in der Tabelle V,10 eingetragen ist. Die letzte Spalte gibt den Ersatzhamiltonoperator in der Effektive-Masse-Näherung an, wenn ein äußeres magnetisches Feld und ein (davon unabhängiges) elektrisches Feld angelegt ist. Man sieht also, daß in der Effektive-Masse-Näherung die Gesetze der klassischen Mechanik und die der Quantenmechanik **freier Teilchen** angewendet werden können, wenn nur die effektive Masse anstelle der wahren Masse verwendet wird. Die Eigenschaften des Kristalls sind nur noch in der effektiven Masse enthalten. Es muß jedoch beachtet werden, daß in die Gleichungen der Tabelle V,10 die Annahme kugelförmiger Energieflächen eingeführt wurde. Handelt es sich z. B. um ellipsoidförmige Energieflächen, so sind die einzelnen Gesetze entsprechend zu modifizieren. Die effektive Masse ist dann in verschiedenen krystallographischen Richtungen verschieden, und das Newtonsche Grundgesetz lautet dann $\boldsymbol{b} = \boldsymbol{K} \cdot \overline{m}^{-1}$ wo $\overline{m}$ der Tensor der effektiven Masse ist. In diesem Falle ist z. B. die Beschleunigung eines Elektrons nicht mehr in Richtung der angreifenden Kraft.

Die Zahlenwerte effektiver Massen liegen etwa im Bereich 0,01 bis $10\,m$ wo m die Elektronenmasse bezeichnet. In CdS z. B. ist die effektive Masse eines Leitungselektrons $m_n = 0{,}2\,m$ und richtungsunabhängig, während die effektive Masse der Löcher im Valenzband senkrecht zur kristallographischen c-Achse $m_{p\perp} = 0{,}68\,m$ und parallel zur c-Achse $m_{p\parallel} = 5{,}0\,m$ beträgt. Bei Ge z. B. ist die effektive Masse des Leitungsbandes noch stärker richtungsabhängig, die Werte sind $1{,}6\,m$ bzw. $0{,}0813\,m$. Bei metallischem Kupfer ist die effektive Masse richtungunabhängig und beträgt $1{,}3\,m$.

Kristalle in äußeren Feldern

Die Eigenschaften der Kristalle in äußeren Feldern ergeben eine Fülle interessanter physikalischer Effekte und technischer Anwendungen. Die z. Zt. erzeugbaren Felder sind nur schwach verglichen mit den zwischenatomaren Kräften und können daher als kleine Störungen des Kristalles betrachtet werden. Ein äußeres elektrisches Feld zerstört also nicht die gesamte Bänderstruktur, obwohl die Periodizitätsbedingung V,126 streng genommen nicht mehr gilt. Man kann daher einfach annehmen, daß die Elektronen des Leitungsbandes bzw. die Löcher des Valenzbandes in dem von außen angelegten Feld beschleunigt werden, und daß im übrigen die Bänder erhalten bleiben. Bei einem **elektrischen Feld** $\boldsymbol{E}$ – das zuerst ebetrachtet werden soll – ändert sich dann der Quasiimpuls $\hbar \boldsymbol{k}$ eines Elektrons gemäß $\hbar \dot{\boldsymbol{k}} = - e_0 \boldsymbol{E}$, vergl. Tabelle V,10. Im $\boldsymbol{k}$-Raum bewegt sich also das Elektron entgegengesetzt zum elektrischen Feld, vergl. Abb. V,126 und seine Energie ist durch das Energieband $E_L(\boldsymbol{k})$ festgelegt. Erreicht es einen $\boldsymbol{k}$-Vektor am Rand der Brillouin-Zone bei A, so „springt" es zum äquivalenten Punkt A' am gegenüberliegenden Rand und bewegt sich dann in der eingezeichneten Weise weiter. Da das Elektron seine Energie wegen des Vorhandenseins der Energielücke nicht weiter erhöhen kann, erleidet es eine Bragg-Reflexion am Kristallgitter. Es

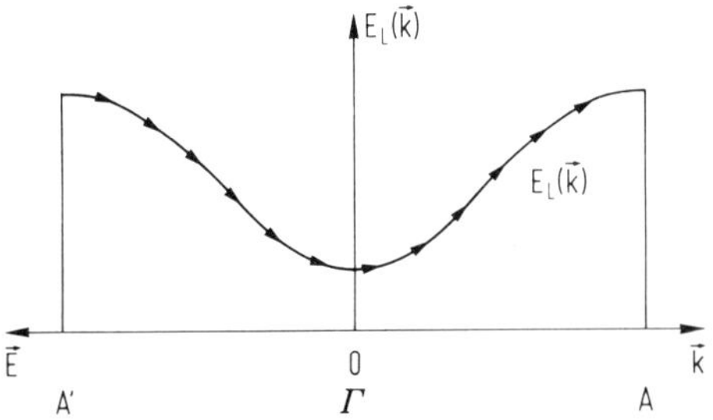

Abb. V,126. Bewegung der Kristallelektronen in einem äußeren elektrischen Feld im $\boldsymbol{k}$-Raum

führt also eine periodische Bewegung aus und die Energie nimmt abwechselnd zu und ab. Hier liegt also ein entscheidender Unterschied zur Bewegung freier Elektronen, die im elektrischen Feld ständig beschleunigt werden und an Energie zunehmen. Die Beschleunigung im Kristall ergibt sich Mit Hilfe von Gl. V,145 zu

$$\boldsymbol{b} = \dot{\mathrm{v}} = \frac{d}{d\,t}\left(\frac{1}{\hbar}\nabla_k\, E_{\mathrm{L}}(\boldsymbol{k})\right) = \frac{1}{\hbar}\dot{\boldsymbol{k}}\cdot\nabla_k\,\nabla_k\, E_{\mathrm{L}}(\boldsymbol{k}) = -\,e_0\,\boldsymbol{E}\,\frac{1}{\hbar^2}\,\nabla_k\,\nabla_k\, E_{\mathrm{L}}(\boldsymbol{k})$$

und ihr Vorzeichen hängt von der zweiten Ableitung oder Krümmung des Energiebandes $E_{\mathrm{L}}(\boldsymbol{k})$ ab. Ein Elektron mit einem $\boldsymbol{k}$-Vektor im Γ-Punkt der Abb. V,126 wird also zunächst beschleunigt, gewinnt dabei Energie und bewegt sich in Richtung auf den Punkt A. In der Nähe von A hat aber die Krümmung des Bandes ein anderes Vorzeichen und das Elektron wird gebremst. Der $\boldsymbol{k}$-Vektor springt dann von A nach A' und wechselt dabei sein Vorzeichen. Der Quasiimpuls des Elektrons ist plötzlich negativ, ohne daß sich die Energie geändert hat (Bragg-Reflexion). Das Elektron wird zunächst weiter gebremst und in der Nähe des Γ-Punktes wieder beschleunigt. Der Quasiimpuls des Elektrons beschreibt über der Zeit aufgetragen, eine Sägezahnkurve, Geschwindigkeit und Beschleunigung des Elektrons hängen dagegen von der Form des Leitungsbandes ab. Beim Mechanismus der elektrischen Leitfähigkeit kommt es aber normalerweise nicht zu solchen Bewegungen, weil die Elektronen mit den Gitterschwingungen in Wechselwirkung treten und Phononen erzeugen, wobei sie ihre gewonnene Energie wieder abgeben. Die Elektronen bleiben dann ständig in einem kleinen Bereich des Energiebandes und können daher mit der Effektive-Masse-Näherung beschrieben werden.

Für viele andere praktische Probleme ist die Effektive-Masse-Näherung ebenfalls eine gute Approximation und der Ausgangspunkt ist daher der Ersatzhamiltonoperator

$$H = \frac{1}{2\,m^*}\left(\frac{\hbar}{i}\,\nabla + \frac{e_0}{c}\,A\right)^2 - e_0\,V \qquad \text{(V,150)}$$

Dabei bedeutet m^* die effektive Masse, e_0 die positive Elementarladung, $\boldsymbol{A}$ das Vektorpotential eines äußeren Magnetfeldes $\boldsymbol{H}$ und V das Potential eines von $\boldsymbol{H}$ unabhängigen äußeren elektrischen Feldes $\boldsymbol{E}$. Für Löcher im Valenzband ist der Ersatzhamiltonoperator in Tab. V,10 angegeben. Solange nur der ideale Kristall betrachtet wird, bewegen sich also die Elektronen und Löcher wie freie Teilchen. Zur Beschreibung der elektrischen Leitfähigkeit, und zur Erklärung des Ohmschen Gesetzes, muß dann die Wechselwirkung der Elektronen mit den Gitterschwingungen und mit den Störstellen berücksichtigt werden.

Legt man an einen Halbleiter ein elektrisches Feld, so überlagert sich in dieser Näherung das äußere Potential einfach den vorhandenen Energiebändern und man spricht vom **Modell der gekippten Energiebänder**, vergl. Abb. V,127. Macht man das elektrische

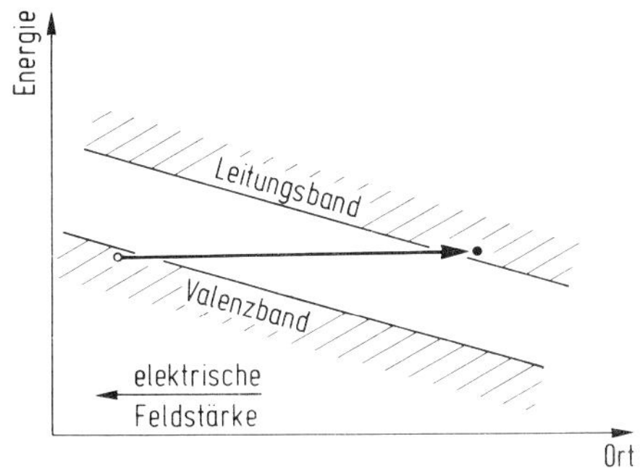

Abb. V,127. Modell der gekippten Energiebänder zur Erklärung des Zener-Effektes. In dieser Darstellung bewegt sich ein Elektron im Leitungsband bei der Beschleunigung im elektrischen Feld auf einer waagerechten Geraden nach rechts

Feld hinreichend stark, so können durch den Tunneleffekt Elektronen vom Valenzband durch die Energielücke hindurch in das Leitungsband gelangen. Dabei wird ein Elektron im Leitungsband und ein Loch im Valenzband erzeugt. Durch diese Erhöhung der Anzahl der Ladungsträger beobachtet man bei hohen Feldstärken eine Abweichung vom Ohmschen Gesetz, die **Zener-Effekt** genannt wird.

Ein anderer Effekt eines äußeren elektrischen Feldes ist die Verschiebung der optischen Absorptionskante bei Halbleitern und Isolatoren zu höheren Energien. Dieser **Franz–Keldysch-Effekt** ergibt sich aus der „Verbiegung" der Energiebänder durch das elektrische Feld. Die Energiebänder sind ja die Eigenwerte der Schrödingergleichung V,127, die durch das elektrische Feld modifiziert wird. Auch die Übergänge an den übrigen kritischen Punkten werden durch ein elektrisches Feld verändert. Ein optischer Übergang an einem Sattelpunkt wird z. B. zu niedrigeren Energien verschoben. Diese unterschiedliche Energieverschiebung verschiedener kritischer Punkte kann bei der Elektroreflexion ausgenutzt werden. Durch Vorspannungen zusätzlich zum elektrischen Wechselfeld verschieben sich die einzelnen Signale, was die Zuordnung zu den verschiedenen kritischen Punkten erleichert.

Die Anwendung **magnetischer Felder** hat für das Verständnis der Kristalle eine große Bedeutung, nicht nur weil man damit auch die Energiezustände von Metallen untersuchen kann, sondern weil sie zu einer Reihe interessanter Effekte führt. Das äußere konstante Magnetfeld sei in z-Richtung $\boldsymbol{H} = (0, 0, H)$ und das Vektorpotential sei

$A = (0, Hx, 0)$ mit $H = \nabla \times A$ und $\nabla \cdot A = 0$. Dann lautet die Schrödingergleichung in der Effektive-Masse-Näherung ohne ein elektrisches Feld nach Gl. V,150:

$$-\frac{\hbar^2}{2m^*}\left(\frac{\partial^2}{\partial x^2} + \frac{\partial^2}{\partial z^2}\right)\psi - \frac{\hbar^2}{2m^*}\left(\frac{\partial}{\partial y} + i\frac{e_0 H}{\hbar c}x\right)^2 \psi = E\,\psi$$

Die Gleichung wird gelöst durch den Ansatz:

$$\psi(r) = e^{-i(k_y y + k_z z)}\, u(x)$$

wobei $u(x)$ die Lösung der Schrödingergleichung eines eindimensionalen harmonischen Oszillators ist:

$$-\frac{\hbar^2}{2m^*}\frac{d^2 u}{dx^2} + \frac{m^*}{2}(2\,\omega_L^*)^2 (x - x_0)^2\, u = E_1\, u$$

Dabei bedeuten:

$$E_1 = E - \frac{\hbar^2 k_z^2}{2m^*}, \quad x_0 = \frac{\hbar c}{e_0 H} k_y, \quad \omega_L^* = \frac{e_0 H}{2m^* c}$$

Es ergibt sich also eine ebene Welle in z-Richtung und eine Schwingung um x_0 mit der Frequenz $2\,\omega_L^*$, wobei ω_L^* die **effektive Larmorfrequenz** bezeichnet. Da die Energieniveaus E_1 des harmonischen Oszillators äquidistant liegen, ergeben sich die Energieniveaus eines Elektrons im Magnetfeld zu

$$E = 2\,\hbar\omega_L^*\left(n + \frac{1}{2}\right) + \frac{\hbar^2 k_z^2}{2m}, \qquad n = 0, 1, 2, 3\ldots \qquad \text{(V,151)}$$

Diese sogenannten **Landau-Niveaus** sind in der Abb. V,128 dargestellt. Das in der Effektive-Masse-Näherung parabolische Leitungsband wird in eine Reihe äquidistanter Parabeln aufgespalten. Das gleiche gilt für das Valenzband, wobei man zwischen der Larmorfrequenz des Leitungsbandes $\omega_{LL} = \omega_L^*$ und der des Valenzbandes ω_{LV} unterscheiden muß. Die Landau-Niveaus E sind wegen des beliebig wählbaren k_y noch entartet, und die Parabeln ergeben sich nur in Richtung k_z, weil das Magnetfeld in z-Richtung liegt. Die Auswahlregeln für elektromagnetische Übergänge sind $\Delta n = \pm 1$ für Intrabandübergänge und $\Delta n = 0$ für Interbandübergänge. Letztere lassen sich in Absorption z. B. an Ge-Kristallen unmittelbar messen. Man bestimmt zweckmäßig das Verhältnis der Absorptionskoeffizienten mit und ohne Magnetfeld und findet periodische Schwankungen mit der Periode $2\hbar(\omega_{LL} + \omega_{LV})$. Derartige Messungen bezeichnet man mit dem Begriff **Interband-Magneto-Optik** oder kurz **IMO**.

Die Intrabandübergänge liegen im Mikrowellenbereich, und man kann daher mit den Leitungselektronen bzw. mit den Löchern im Valenzband genau wie mit freien Elektronen **Zyklotronresonanzexperimente** durchführen. Dadurch können $2\,\omega_{LL}$ und $2\,\omega_{LV}$ direkt gemessen werden und man erhält daraus die effektiven Massen. Da, klassisch gesehen, die Elektronen Kreisbahnen senkrecht zum Magnetfeld ausführen, kann

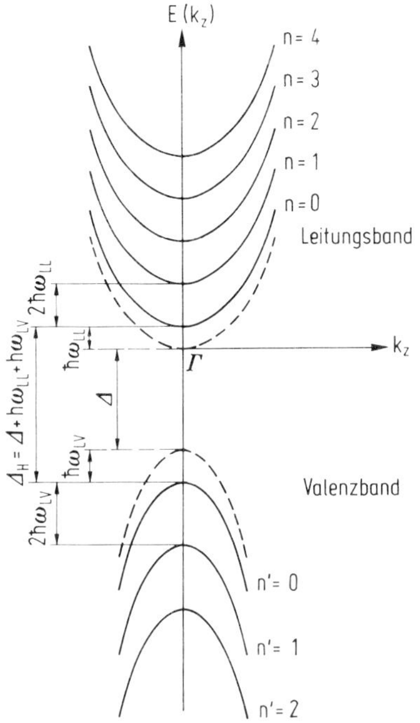

Abb. V,128. Landau-Niveaus eines direkten Halbleiters. Das Leitungs- und Valenzband ohne das Magnetfeld ist gestrichelt eingezeichnet, dazu die Energielücke Δ. Im Magnetfeld vergrößert sich die Energielücke zu $\Delta_H = \Delta + \hbar\,\omega_{LL} + \hbar\,\omega_{LV}$

auch die Richtungsabhängigkeit der effektiven Masse bestimmt werden. Die Zyklotronresonanz ist heute die beste Methode die effektive Masse in Halbleitern und Metallen zu bestimmen. Mit Hilfe der Beziehung $\hbar\,\dot{\boldsymbol{k}} = \boldsymbol{K}$ (vergl. Tab. V,10) wobei man für $\boldsymbol{K}$ die Lorentzkraft einsetzt, kann man zeigen, daß sich der $\boldsymbol{k}$-Vektor auf Flächen konstanter Energie senkrecht zum Magnetfeld bewegt. Bei Metallen „kreist" das Elektron auf Extremalbahnen auf der Fermioberfläche, die senkrecht zu $\boldsymbol{H}$ liegen. Durch Drehen des Metalles im Magnetfeld kann so die Form der Fermioberfläche bestimmt werden. Komplizierter liegen die Verhältnisse bei Halbleitern, bei denen sich Elektronen in einem Minimum des Leitungsbandes bei $\boldsymbol{k} \neq 0$ befinden, vergl. Abb. V,124. Aus Symmetriegründen kommt dieses Minimum in der Brillouin-Zone mehrfach vor, und die Flächen konstanter Energie bestehen z. B. bei Germanium aus acht Ellipsoiden, die im $\boldsymbol{k}$-Raum verschieden orientiert sind. Es gibt daher drei verschiedene Extremalbahnen in Ebenen senkrecht zu $\boldsymbol{H}$ und daher auch die drei verschiedenen Zyklotronresonanzfrequenzen, die alle auch Richtungsabhängig sind. Außerdem ist bei Ge das Valenzband durch Spin-Bahn-Kopplung aufgespalten, vergl. Abb. V,123, so daß noch zwei weitere Resonanzen beobachtet werden, die von den Löchern in den beiden Valenzbändern mit verschiedenen effektiven Massen herrühren. Die Zyklotronresonanz ermöglicht also die genaue Bestimmung der Form der Energiebänder in der Nähe der Bandkanten von Halbleitern und der Form der Fermioberfläche bei Metallen.

Bei manchen Metallen, bei denen die mittlere freie Weglänge der Elektronen viel größer als die Eindringtiefe des Mikrowellenfeldes ist, beobachtet man auch Resonanzen bei ganzzahligen Vielfachen der **Zyklonfrequenz** $2\ \omega_L^*$. Dieser Effekt wird **Anomaler Skin-Effekt** oder **Azbel–Kaner-Effekt** genannt und erklärt sich einfach dadurch, daß die Kreisbahn des Elektrons nur ein kurzes Stück durch das Mikrowellenfeld verläuft, vergl. Abb. V,129. Resonanz tritt also ein, wenn das Mikrowellenfeld das Elektron im richtigen Takt beschleunigt, was bei ganzzahligen Vielfachen der Umlauffrequenz der Fall ist. Dadurch verringert sich die Eindringtiefe zusätzlich zum normalen **Skin-Effekt**.

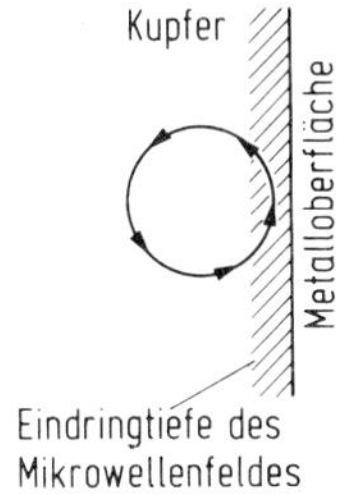

Abb. V,129. Zur Erklärung des Anomalen Skin-Effektes. Das Magnetfeld liegt senkrecht zur Zeichenebene und das Elektron wird nur in dem Teil seiner Kreisbahn beschleunigt, der im schraffierten Bereich, also im Mikrowellenfeld liegt

Ähnlich wie bei der Zyklotronresonanz kann man auch mit Hilfe des **De Haas–van Alphen-Effektes** die Form der Fermifläche bei Metallen bestimmen. Die Zahl der Zustände der Landau Niveaus bei $k_z = 0$ hängt nämlich vom Magnetfeld ab. Erniedrigt man das Magnetfeld, so erniedrigt sich auch die Zahl der Zustände und ein gefülltes Landau-Niveau kann nicht mehr alle Elektronen aufnehmen, so daß sich auch die höheren Landau-Niveaus mit Elektronen füllen. Daraus ergeben sich unstetige Sprünge in der Gesamtenergie, bei einer Änderung des Magnetfeldes. Da die magnetische Suszeptibilität die Ableitung der freien Energie nach dem Magnetfeld ist, kann man periodische Schwankungen der Suszeptibilität als Funktion des Magnetfeldes beobachten. Die Periode dieser Schwankungen ist unmittelbar ein Maß für die extremale Schnittfläche einer Ebene senkrecht zum Magnetfeld mit der Fermioberfläche.

Exzitonen

In Halbleitern und Isolatoren sind noch optische Übergänge in Zustände möglich, die mit einem Einelektronenmodell nicht beschrieben werden können. Durch die Coulombwechselwirkung der Elektronen entsteht eine Coulomb-Anziehung zwischen einem negativ geladenen Elektron im Leitungsband und einem positiv geladenen Loch im Valenzband, die zu gebundenen Zuständen führen kann. Diese Exzitonen sind dann analog zum Wasserstoffatom, als einem gebundenen Zustand zwischen Proton und Elektron. Ein **Exziton** ist also ein Elektron-Loch-Paar, das sich im Kristall frei bewegen kann, und das in sehr kurzer Zeit (bei II–VI-Verbindungen in weniger als 10^{-9} sec) zerfällt indem sich das Elektron mit dem Loch vereinigt. Dabei „fällt“ das Elektron aus dem Leitungsband in das Valenzband zurück und gibt eine Energie ab, die gleich der Energielücke ist, vermindert um die Bindungsenergie des Elektron-Loch-Paares. Die Exzitonen können sowohl im Emissionsspektrum also bei ihrem Zerfall, als auch im Absorptionsspektrum, also bei ihrer Erzeugung, beobachtet werden. Sie liegen in unmittelbarer Nähe der Absorptionskante, und der Abstand der Exzitonenlinie zur Bandkante ist die Bindungsenergie des Exzitons. Außer der Exzitonenlinie im Grundzustand können auch noch angeregte Exzitonenlinien beobachtet werden.

Je nach der räumlichen Ausdehnung eines Exzitons unterscheidet man zwischen **Frenkel-Exzitonen,** mit einem mittleren Elektron-Loch-Abstand von der Größenordnung einer Gitterkonstanten, und **Wannier-Exzitonen** bei denen der Elektron-Loch-Abstand groß gegen die Gitterkonstante ist. Die Wannier-Exzitonen sollen jetzt etwas genauer betrachtet werden, da sie sich sehr einfach in der Effektive-Masse-Näherung beschreiben lassen. In dieser Näherung besitzt das Elektron die effektive Masse m_n und das Loch die effektive Masse m_p und die Wechselwirkung zwischen beiden ist einfach ein Coulombpotential, das allerdings durch die Gitterpolarisation modifiziert wird. In einer ersten Näherung kann man einfach die Dielektrizitätskonstante ϵ des Kristalles einführen und die Exzitonenenergieniveaus ergeben sich aus der Schrödingergleichung

$$[-\frac{\hbar^2}{2m_n}\Delta_n - \frac{\hbar^2}{2m_p}\Delta_p - \frac{e^2}{\epsilon|\boldsymbol{r}_n - \boldsymbol{r}_p|}]\,\psi = E\,\psi$$

wobei die Unterkante des Leitungsbandes die Energie $E = 0$ besitzt. Diese Schrödingergleichung ist identisch mit der des Wasserstoffatoms, und kann exakt gelöst werden. Dazu führt man Relativ- und Schwerpunktskoordinaten ein

$$\boldsymbol{r} = \boldsymbol{r}_n - \boldsymbol{r}_p, \quad \boldsymbol{R} = \frac{m_n \boldsymbol{r}_n + m_p \boldsymbol{r}_p}{m_n + m_p}$$

sowie die reduzierte und die Gesamtmasse

$$\mu = \frac{m_n m_p}{m_n + m_p}, \quad M = m_n + m_p$$

Dann erhält man:

$$[-\frac{\hbar^2}{2\mu}\Delta_r - \frac{\hbar^2}{2M}\Delta_R - \frac{e^2}{\epsilon r}]\,\psi = E\,\psi$$

Der Schwerpunkt $\boldsymbol{R}$ des Exzitons verhält sich wie der eines freien Teilchens, also quantenmechanisch wie eine ebene Welle, die durch den Ausbreitungsvektor $\boldsymbol{K}$ beschrieben wird. Die kinetische Energie des Exzitons ist dann $\hbar^2 K^2/(2M)$. Ist Δ die Größe der Energielücke, dann ergibt sich für die Linien der Wannierexzitonen ein wasserstoffähnliches Spektrum:

$$E_n = \Delta + E = \Delta - \frac{\mu e^4}{2\hbar^2\epsilon^2}\frac{1}{n^2} + \frac{\hbar^2 \boldsymbol{K}^2}{2M}, \quad n = 1, 2, 3 \ldots \qquad \text{(V,152)}$$

Die Bindungsenergie des Elektron-Loch-Paares ist im Grundzustand also $n = 1$:

$$-\frac{\mu e^4}{2\hbar^2\epsilon^2} = -\frac{\mu}{m}\frac{1}{\epsilon^2}Ry = -\frac{\mu}{m}\frac{1}{\epsilon^2}\,13{,}6\ \text{eV}$$

Da ϵ^2 bei vielen Kristallen in der Größenordnung 100 liegt, ist diese Bindungsenergie in der Größenordnung 10–50 meV. Die übrigen Linien der angeregten Exzitonen, mit $n > 1$, liegen dann noch dichter an der Absorptionskante. Die Abb. V,130 zeigt die

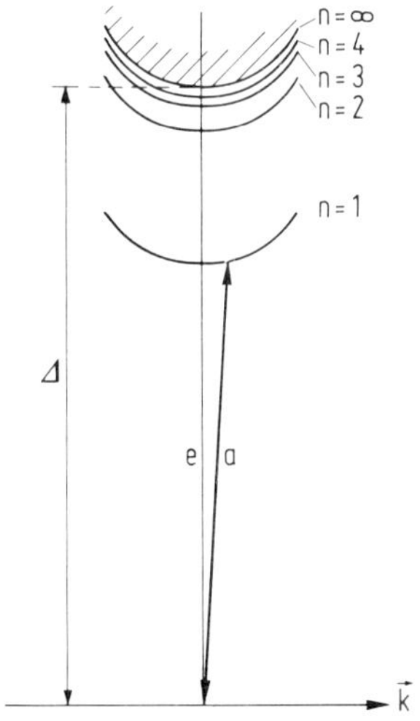

Abb. V,130. Exzitonenenergiezustände. Erzeugung eines Exzitons durch Absorption eines Photons a und Vernichtung eines Exzitons durch Emission eines Photons e. Δ bedeutet die Energielücke des Kristalles

Energiezustände der Wannierexzitonen nach Gl. V,152. Der Grundzustand liegt immer bei $K = 0$. Die Abb. V,131 zeigt ein wasserstoffähnliches Exzitonenspektrum von Cu_2O-Kristallen. Es wurden dabei die angeregten Exzitonenniveaus beim Kristall a) bis $n = 6$ und beim Kristall b) sogar bis $n = 9$ beobachtet. Die Linien $n = 1$ sind in dieser Abbildung nicht enthalten. Bei der Erzeugung eines Exzitons durch Absorption eines Photons muß das Exziton zur Impulserhaltung den Photonenimpuls übernehmen, so daß der Übergang in einen Zustand mit $K \neq 0$ vor sich geht, vergl. a in Abb. V,130. Das Exziton kann aber seine kinetische Energie durch Erzeugung von Phononen verlieren, so daß der Emissionsprozeß durch den Pfeil e in Abb. V,130 bei $K = 0$ dargestellt wird. Die kleine Energiedifferenz zwischen Absorption und Emission ist in Abb. V,132 bei den Linien $n = 2$ und $n = 3$ deutlich zu erkennen.

Außer den Linien dieser sogenannten **freien Exzitonen**, beobachtet man noch **gebundene Exzitonen**, deren Linien noch etwas weiter von der Absorptionskante entfernt liegen. Es handelt sich dabei um die Anlagerung eines Exzitons an eine Störstelle und der energetische Abstand zur Linie des freien Exzitons ist gerade die Anlagerungsenergie. Sind in einem Kristall mehrere verschiedene Störstellen vorhanden, kann man eine ganze Reihe von Linien gebundener Exzitonen beobachten. Diese Linien haben eine wesentlich geringere Halbwertsbreite als die der freien Exzitonen, denn die letzteren werden durch die verschiedenen möglichen K-Vektoren, also die kinetische Energie des Gesamtexzitons verbreitert. Darüber hinaus gibt es noch weitere **Exzitonen-**

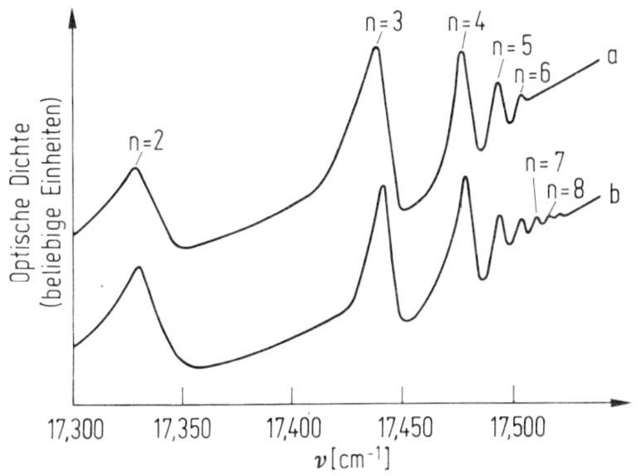

Abb. V,131. Exzitonenspektrum von Cu_2O-Kristallen bei 4,2 K gemessen. a) und b) sind die Spektren zweier verschiedener Kristalle. Nach S. Nikitine [8]

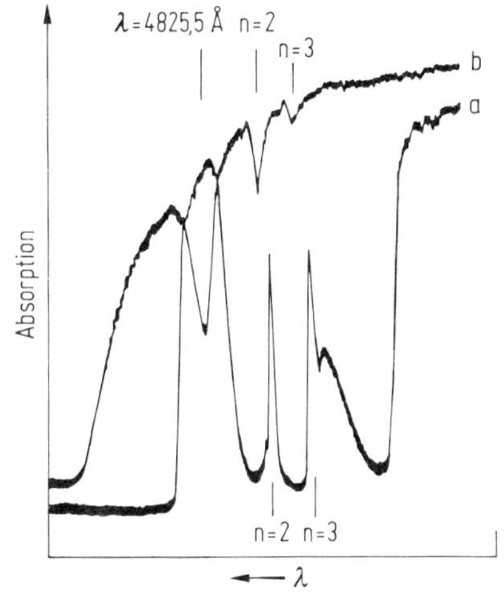

Abb. V,132. Exzitonenlinien im Absorptionsspektrum a und im Emissionsspektrum b eines CdS-Kristalles bei der Temperatur des flüssigen Heliums nach Groß, Razbirin und Permogorov [9]

komplexe, z. B. das **Exzitonenmolekül**, das einem Wasserstoffmolekül H_2 vergleichbar ist, und aus zwei Elektronen und zwei Löchern besteht. Bei seinem Zerfall rekombiniert ein Elektron mit einem Loch und emittiert ein Photon und es bleibt ein Elektron im Leitungsband und ein Loch im Valenzband zurück. Aus der Energie des Photons kann die Bindungsenergie der beiden Exzitonen aneinander bestimmt werden. Bei sehr hohen Anregungen mit Lasern können Exzitonen regelrecht zu einer „Flüssigkeit" kondensieren und es bilden sich viele Tröpfchen, die alle aus einer sehr großen Anzahl von Exzitonen bestehen, die zu einer Flüssigkeit kondensiert sind. Die Störstellen bilden dabei die Kondensationskeime.

3. Gestörte Kristalle

Von besonderem Interesse sind die physikalischen Eigenschaften gestörter Kristalle, denn diese haben z. B. als Transistoren, Halbleiterdioden, in Leuchtstoffröhren, Fernsehröhren, und Photozellen in der Technik eine breite Anwendung gefunden. Durch geeignetes „Verunreinigen" kann man nämlich Kristalle mit den verschiedensten elektrischen oder optischen Eigenschaften herstellen. Als Störungen kommen z. B. Fremdatome im Kristall in Frage, fehlende Atome (Lücken) oder Atome auf Zwischengitterplätzen. Außer diesen sogenannten **Punktdefekten** gibt es noch eine große Anzahl linienhafter oder flächenhafter Unregelmäßigkeiten des Kristallgitters, die hier nicht weiter betrachtet werden sollen. Schließlich hat jeder Kristall eine Oberfläche, die zu besonderen Oberflächenzuständen führt. In allen Fällen soll jedoch angenommen werden, daß der Kristall im Großen und Ganzen erhalten bleibt, daß also die Zahl der Störstellen klein ist im Vergleich zur Zahl der regulären Gitteratome. Man kann dann von einem gestörten Kristall sprechen, der zusätzlich zu den Eigenschaften des Idealkristalles noch Besonderheiten zeigt, die von den Störstellen herrühren.

Donatoren und Akzeptoren

Zum Verständnis der Energiezustände von Störstellen im Bändermodell des Idealkristalles, sei ein Ge-Kristall betrachtet, bei dem ein Ge-Atom durch ein As-Atom ersetzt sei. Ge ist ein Nichtleiter und besitzt eine Energielücke im Bändermodell der Abb. V,123. Die vier Valenzelektronen des Ge-Atoms gehen dabei eine feste kovalente Bindung mit den Nachbarn ein und bilden das gefüllte Valenzband. As steht im periodischen System der Elemente rechts neben Ge und hat ein Valenzelektron mehr. Dieses fünfte Elektron hat im Valenzband keinen Platz mehr, und wird daher nur relativ lose an das As-Atom gebunden. Das Elektron kann also aus diesem gebundenen lokalisierten Zustand leicht befreit werden und in das Leitungsband gelangen, wobei die Störstelle dann ein positiv geladenes As-Ion wird. Die Bindungsenergie des Elektrons an die As-Störstelle ist in diesem Fall klein gegen die Energielücke und man kann das lokalisierte Störungsniveau wie in der Abb. V,133 in das Bändermodell einzeichnen. Da man den Störstellenniveaus keinen $\vec{k}$-Vektor zuordnen kann, zeichnet man die Bänder im Ortsraum und gibt nur die Energielücke Δ an. Die Zustände des Leitungsbandes und Valenzbandes

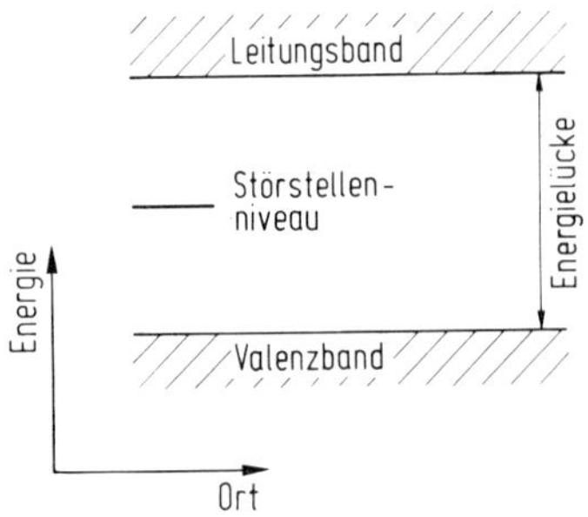

Abb. V,133. Lokalisiertes Störstellenniveau im Bändermodell

sind dann im Ortsraum beliebig ausgedehnt, während das lokalisierte Störstellenniveau durch einen kurzen Strich angedeutet ist. Der Abstand der Störstelle zum Leitungsband ist die Bindungsenergie des Elektrons an die Störstelle.

Betrachtet man jetzt ein In-Atom mit nur drei Valenzelektronen das ein Ge-Atom ersetzt, so fehlt an der Störstelle ein Valenzelektron für die kovalente Bindung des Ge-Kristalles. Das In-Atom kann also leicht ein Elektron einfangen wodurch die Störstelle negativ geladen wird. Das Störstellenniveau liegt in diesem Falle in der Nähe der Oberkante des Valenzbandes in der Bandlücke. Die beiden Störstellenarten werden durch die Begriffe **Donator** (z. B. As in Ge-Kristallen) und Akzeptor (z. B. In in Ge-Kristallen) unterschieden. Allgemein wird ein **Donator** als eine Störstelle definiert die entweder neutral oder positiv vorkommt:

$$D \rightleftharpoons D^+ + \ominus$$

und also ein Elektron an das Leitungsband abgeben kann. Dabei bezeichnet D die neutrale, D^+ die positiv geladene Störstelle und $\ominus$ das Elektron im Leitungsband. Entsprechend wird ein **Akzeptor** durch die Umladungsgleichung

$$A \rightleftharpoons A^- + \oplus$$

definiert, wobei $\oplus$ ein Loch im Valenzband bezeichnet. Der Akzeptor bekommt also sein Elektron aus dem Valenzband und läßt dort ein Loch zurück. Anders ausgedrückt: Der Akzeptor gibt ein Loch an das Valenzband ab. Der niedrigere Energiezustand (Grundzustand) ist in beiden Fällen die neutrale Störstelle, vergl. Abb. V,134. Gela-

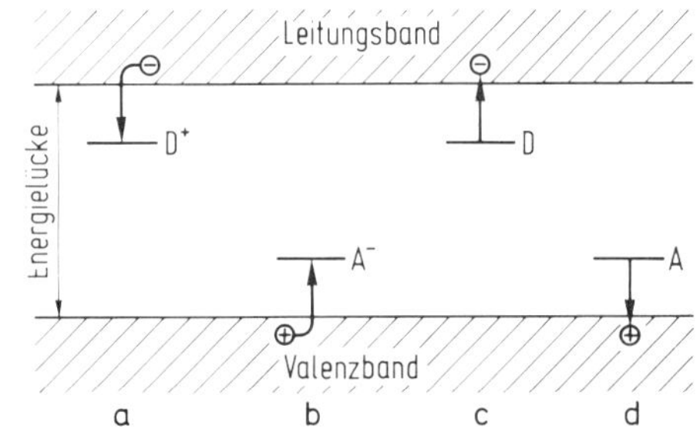

Abb. V,134. Umladungen von Donatoren und Akzeptoren im Bändermodell a) ein geladener Donator fängt ein Elektron ein, wobei Phononen erzeugt werden, b) ein geladener Akzeptor fängt ein Loch ein, wobei Phononen erzeugt werden, c) ein neutraler Donator gibt ein Elektron an das Leitungsband ab und vernichtet dabei ein Photon oder Phononen, d) ein neutraler Akzeptor gibt ein Loch an das Valenzband ab und vernichtet dabei ein Photon oder Phononen

dene Donatoren können also Elektronen aus dem Leitungsband „einfangen" und werden daher auch als **Haftstellen** für Leitungselektronen bezeichnet. Umgekehrt wirken geladene Akzeptoren als **Haftstellen** für Löcher im Valenzband. Andererseits lassen sich die Elektronen bzw. Löcher umso leichter von den Störstellen befreien, je dichter die Niveaus an den Bandkanten liegen. Dies kann z. B. durch Lichteinstrahlung geschehen und man erhält so die **Photoleitfähigkeit**. Die elektrische Leitfähigkeit wird dabei durch Erhöhung der Zahl der Ladungsträger (Elektronen im Leitungsband oder Löcher im Valenzband) vergrößert. Diesen Effekt nutzt man z. B. zum Bau von **Photozellen** aus. Die elektrische Leitfähigkeit bzw. der fließende Strom bei vorgegebener Spannung ist dann ein Maß für die Intensität des eingestrahlten Lichtes. Liegen die Störstellenniveaus dicht genug an der Bandkante, so genügt schon eine Temperaturerhöhung um die Elektronen bzw. Löcher zu befreien. Diese Temperaturabhängigkeit der Ladungsträgerkonzentration wird beim **Thermistor** unmittelbar zur Temperaturmessung ausgenutzt. Die Thermistoren werden besonders bei tiefen Temperaturen (flüssige Gase) verwendet, wobei die Temperaturmessung auf eine Widerstandsmessung zurückgeführt ist.

Dotiert man einen Nichtleiter, d. h. erzeugt man genügend Störstellen die zu Donatorniveaus oder Akzeptorniveaus nicht zu weit von den Bandkanten entfernt in der Energielücke führen, so wird der Kristall bei Zimmertemperatur zu einem Leiter und man spricht von einem **Halbleiter**. Im Unterschied zur metallischen Leitfähigkeit die mit steigender Temperatur abnimmt, erhöht sich die Leitfähigkeit der Halbleiter mit der Temperatur, denn die Donatoren und Akzeptoren geben zusätzlich Ladungsträger an die Bänder ab, wenn die Temperatur erhöht wird und erhöhen damit die Zahl der Leitungselektronen bzw. Löcher. Je nachdem ob die Leitfähigkeit durch Donatoren oder Akzeptoren hervorgerufen wird spricht man von einem ***n*-Leiter** oder ***p*-Leiter**. Ein mit As dotierter Ge-Kristall ist demnach ein *n*-Leiter und ein mit In dotierter Ge-Kristall ein *p*-Leiter bei dem die Leitfähigkeit durch die Löcher im Valenzband entsteht.

Farbzentren in Alkalihalogeniden

Die Alkalihalogenide sind wegen ihrer großen Energielücke (vergl. Abb. V,116) durchsichtig, denn zur Anregung eines Elektrons aus dem Valenzband in das Leitungsband ist eine Energie von ca. 6 bis 12 eV erforderlich, während die Photonen des sichtbaren Lichtes nur Energien von etwa 2 bis 4 eV besitzen. Die Störstellen erzeugen aber allgemein eine Färbung dieser Kristalle, weshalb man bei Alkalihalogeniden auch von **Farbzentren** spricht. Die Färbung kommt durch Störstellenniveaus in der Bandlücke zustande, die zur Absorption im optischen Bereich Anlaß gibt.

Das wichtigste Farbzentrum ist das sogenannte ***F*-Zentrum**, das aus einer **Halogen-Lücke** besteht, die ein Elektron lose gebunden hat. In einem einfachen Modell kann man sich die energetische Struktur der Lücke wie einen Potentialtopf (Kastenpotential) vorstellen, in dem das Elektron verschiedene gebundene Zustände hat, vergl. Abb. V,135. Die Absorptionsbande des *F*-Zentrums in NaCl bei 2,8 eV entsteht dann durch eine Anregung des Elektrons vom 1 *s*- in den 2 *p*-Zustand. Die gestrichelte Kurve der Abb. V,135 stellt die veränderten Verhältnisse für den Emissionsvorgang dar. Die Emissionslinie des *F*-Zentrums liegt nämlich bei NaCl mit 0,98 eV bei wesentlich niedrigeren Energien und entsteht durch den Übergang $2\,p \rightarrow 1\,s$ im gestrichelten Termschema der Abb. V,135.

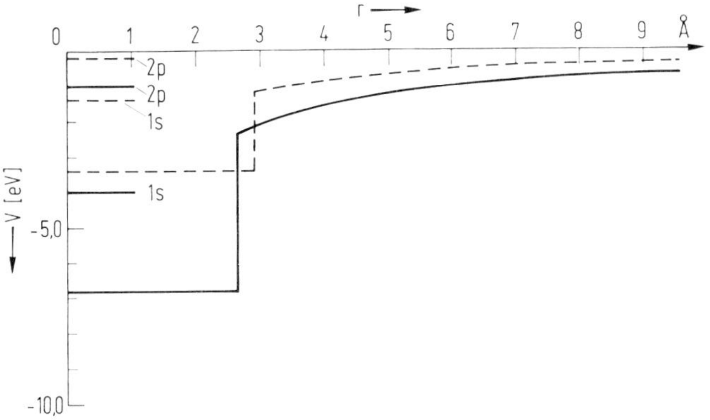

Abb. V,135. Theoretisch berechnetes Potential und Energiezustände eines *F*-Zentrums in NaCl-Kristallen nach Fowler [10]. Die ausgezogene Kurve stellt die Verhältnisse bei Absorption dar, während die gestrichelte für Emissionsprozesse gilt. In beiden Fällen ist die Energie des Kristalles mit dem Elektron im Leitungsband die gleiche, so daß ein Vergleich der Energieniveaus für Absorption und Emission nicht möglich ist

Diesen Unterschied kann man sich am einfachsten im **Konfigurationskoordinatienmodell** veranschaulichen. Die Schwingungen der nächsten Nachbarn des Farbzentrums ändern nämlich das Potential und damit die Energiezustände des Elektrons. In der **Born–Oppenheimer-Näherung** „bewegen" sich die Elektronen so schnell, daß sie die augenblickliche Lage der Ionen „sehen" und sich also in einem Potential befinden, daß sich mit der Bewegung der Nachbarionen ändert. Umgekehrt werden die Schwingungen der Nachbarn nur durch eine mittlere Lage der Elektronen beeinflußt. Beschränkt man sich der Einfachheit halber auf eine Schwingungsmode – etwa eine radiale Schwingung, die die Symmetrie der Umgebung nicht verändert – und bezeichnet mit R eine effektive Auslenkung der Nachbarkerne, so erhält man die Energieniveaus der Abb. V,136. R_g bzw. R_a sind die Gleichgewichtslagen der Nachbarkerne für den Grundzustand bzw. den angeregten Zustand des Elektrons. Die Zustände (oder Wellenfunktionen) der

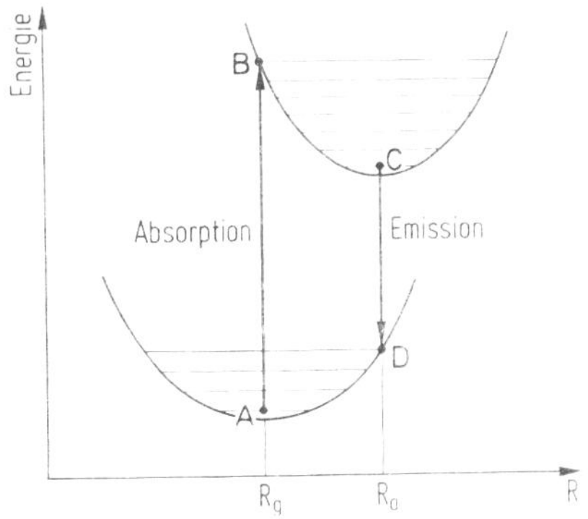

Abb. V,136. Konfigurationskoordinatenmodell zur Erklärung der Stokesschen Verschiebung zwischen Absorptions- und Emissionslinie von Farbzentren

Elektronen sind ja für die Bindungsverhältnisse und damit für die Schwingungen der Atome verantwortlich. Da das Potential für die Gitterschwingungen in guter Näherung parabelförmig ist (vergl. den Abschnitt b)), ergeben sich die äquidistanten Temschemata der Abb. V,136, die die möglichen Elektronenniveaus für die verschieden stark angeregten Gitterschwingungen bilden. Die Aufenthaltswahrscheinlichkeit des Elektrons ist bei den angeregten Schwingungsniveaus am Rande am größten.

Nach dem **Frank-Condon-Prinzip** geschehen die elektronischen Übergänge (Absorption oder Emission eines Photons) so schnell, daß sich dabei der Schwingungszustand des Zentrums nicht ändert, so daß die elektrischen Übergänge als senkrechte Striche in das Konfigurationskoordinatenmodell einzuzeichnen sind. Die **Stokessche Verschiebung** der Emissionslinie gegenüber der Absorptionslinie läßt sich nun aus der Abb. V,136 leicht verstehen: Die Absorption eines Photons bewirkt den Übergang vom Grundzustand A in den angeregten Zustand B. Durch Abgabe einiger lokalisierter Phononen an das Gitter (Relaxation) gelangt das System dann in den tieferen Zustand C. Durch Abgabe eines Photons ist jetzt zunächst nur der Übergang in einem angeregten Schwingungszustand D möglich, und danach kann das System erst durch Relaxation in den Grundzustand A zurückkehren.

Außer den F-Zentren gibt es noch eine Reihe anderer Farbzentren in Alkalihalogeniden. Das F_A-Zentrum z. B. besteht aus einer Halogen-Lücke bei der ein nächster Nachbar durch ein kleineres Alkaliatom ersetzt ist. Mehrere F-Zentren können sich auch zu Aggregaten zusammenfügen. In der Abb. V,137 sind im Absorptionsspektrum des

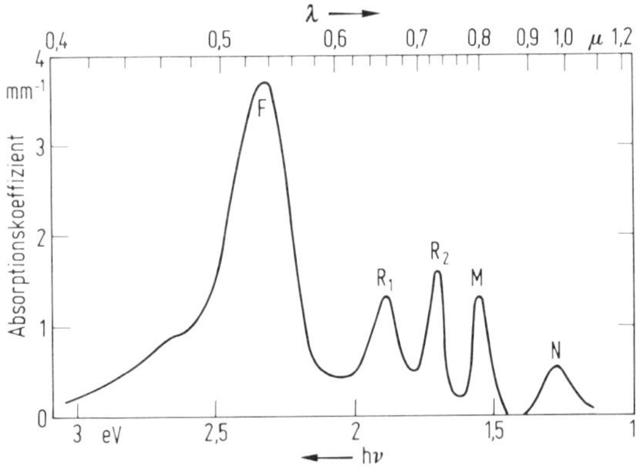

Abb. V,137. Absorptionsspektrum eines KCl-Kristalles mit Übergängen an F-, M-, R- und N-Zentren nach van Doorn [11]

K Cl noch Übergänge des M-, R- und N-Zentrums zu erkennen, die aus zwei, drei und vier dichtbeieinanderliegenden F-Zentren bestehen. Außerdem beobachtet man noch das U-Zentrum, bei dem ein H^--Ion ein Halogenion ersetzt, oder anders gesprochen, ein F-Zentrum in dem ein Wasserstoffatom eingelagert ist. Darüber hinaus gibt es noch eine große Anzahl anderer Zentren, die durch Fremdatome entstehen.

Flache Störstellen

In Silizium- und Germanium-Kristallen gibt es eine Anzahl von Störstellen, die so dicht an der Bandkante in der Energielücke liegen, daß man sie mit der Effektive-Masse-Näherung berechnen kann. Dazu gehören z. B. Li, P, As, Sb und Bi als Donatoren und B, Al, Ga und In als Akzeptoren. Bei den Donatoren z. B. ist das Elektron so schwach gebunden, daß sein Abstand zur Störstelle (Bohrscher Radius) groß gegen die Gitterkonstante ist, vergl. Abb. V,138. Daher „sieht" das Elektron die Störstelle aus großer

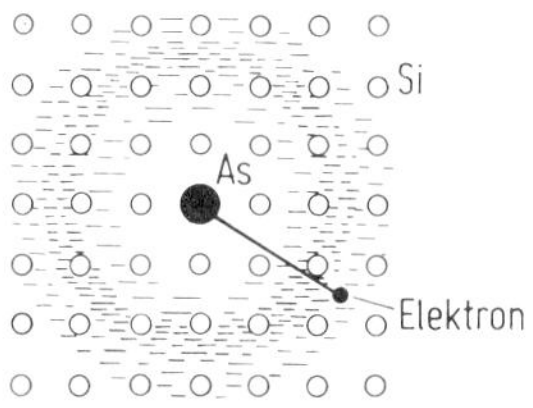

Abb. V,138. Schematische Veranschaulichungen der Aufenthaltswahrscheinlichkeit des Elektrons eines flachen Arsen-Donators im Siliziumkristall

Entfernung, d. h. im wesentlichen als Colombpotential, denn der ionisierte Donator ist einfach positiv geladen. Dieses Potential der ionisierten Störstelle wird allerdings durch die Polarisation des Gitters abgeschirmt. In der Effektive-Masse-Näherung werden dann die Energiezustände E des Elektrons durch die Schrödingergleichung

$$[E(\frac{1}{i}\nabla) - \frac{e^2}{\epsilon r}]\,\psi = E\,\psi$$

beschrieben, wobei vom Ersatzhamiltonoperator Gleichung V,142 Gebrauch gemacht wurde. Die Abschirmung des Coulombpotentials wird einfach durch Einführung der statischen Dielektrizitätskonstanten ϵ berücksichtigt. Für Donatoren in Si und Ge nimmt die Schrödingergleichung die Form

$$[-\frac{\hbar^2}{2m_l}\frac{\partial^2}{\partial z^2} - \frac{\hbar^2}{2m_t}(\frac{\partial^2}{\partial x^2} + \frac{\partial^2}{\partial y^2}) - \frac{e^2}{\epsilon r}]\,\psi = E\,\psi \qquad \text{(V,153)}$$

an, wobei für Si $m_l = 0{,}98\,m$, $m_t = 0{,}19\,m$ und für Ge $m_l = 1{,}6\,m$ und $m_t = 0{,}0813\,m$ gilt. Ferner ist $\epsilon = 12$ bei S_i und $\epsilon = 16$ bei Ge. Die Eigenwerte E des Grundzustandes ergeben sich aus Gl. V,153 zu 29 m eV bei Si und 9 m eV bei Ge. Bei den Akzeptoren in Si und Ge muß die kompliziertere Struktur der Valenzbänder berücksichtigt werden, und man erhält als Abstand des Akzeptors im Grundzustand von der Bandkante 34 m eV bei Si und 9 m eV bei Ge.

Experimentell kann man den Abstand zur Bandkante durch **Hall-Effekt**-Messungen bestimmen, wobei praktisch die Ladungsträgerkonzentration in Abhängigkeit von der Temperatur bestimmt wird. Einer Temperatur von 116 K entspricht z. B. eine Energie von 10 m eV pro Teilchen, und die Ladungsträgerkonzentration muß bei der entsprechenden Temperatur einen starken Anstieg zeigen, da die Elektronen durch thermische

Energie aus den Störstellenniveaus (Haftstellen) befreit werden können. Auf diese Weise kann nicht nur der Grundzustand, sondern auch eine ganze Reihe angeregter Niveaus bestimmt werden. Außerdem lassen sich die optischen Übergänge vom Grundzustand in die angeregten Niveaus im fernen infraroten Spektralbereich beobachten. Die experimentellen Ergebnisse stimmen für alle angeregten Niveaus mit der Rechnung gut überein, nur im Grundzustand beobachtet man Unterschiede zwischen den einzelnen Störstellen und Abweichungen von den mit der Effektive-Masse-Näherung berechneten Werten, die ja für alle Donatoren das gleiche Termschema ergeben. Diese Abweichungen sind hauptsächlich auf die primitive Näherung des Störstellenpotentials als eines Coulombpotentials zurückzuführen.

Mehrelektronenniveaus

Eine ganze Gruppe interessanter optischer Spektren ergibt sich durch den Einbau von Übergangsmetallen oder seltenen Erden in ionische Kristalle z. B. II–VI-Verbindungen. Analoge optische Spektren findet man auch bei den Salzen der seltenen Erden. Diese sind allerdings sehr kompliziert und bestehen oft aus vielen Hunderten von Linien. Alle diese Spektren lassen sich aber – zumindest qualitativ – mit Hilfe der **Kristallfeldtheorie** verstehen. Danach geht man zunächst von den Spektren der freien Übergangsmetallionen bzw. der freien Ionen der seltenen Erden aus und berücksichtigt den Einfluß des Kristalles indem nur die nächsten Nachbarn betrachtet werden. Die symmetrische Anordnung der Nachbarn führt dann zu einer Aufspaltung der Terme der freien Ionen, die qualitativ mit Hilfe der Gruppentheorie bestimmt werden kann.

Die Spektren der Übergangsmetalle und der seltenen Erden in Kristallen entstehen also genau wie die der freien Ionen durch nicht abgeschlossene Elektronenschalen, also Elektronenkonfigurationen der Art $3\,d^n$ mit $n = 1, 2, 3 \ldots 9$ bei Übergangsmetallen und $4f^n$ mit $n = 1, 2, 3 \ldots 13$ bei den seltenen Erden. Es handelt sich dabei um Mehrelektronenterme, die nicht ohne weiteres in das Einelektronenschema des Bändermodells eingezeichnet werden dürfen. Denn ionisiert man z. B. ein Ion, d. h. bringt man ein Elektron in das Leitungsband, so ändert sich, wegen der Coulombwechselwirkung der Elektronen untereinander, das ganze Termschema des Ions.

Eine praktische Anwendung haben die Mehrelektronenniveaus beim Bau des Rubinlasers gefunden. Die Laser-Linie ist dabei ein Übergang innerhalb des Termschemas des Cr^{3+}-Ions im Al_2O_3-Kristall (Rubin).

Oberflächenzustände

Auch die Oberfläche der Kristalle bildet eine Störung des periodischen Gitters und führt daher zu besonderen Energiezuständen. Zu ihrem Verständnis genügt es nicht das mikroskopische oder atomistische Bild des Kristalles zu betrachten, sondern man muß auch den Kristall als makroskopisches Kontinuum untersuchen. Die Abb. V,112 zeigt z. B. die Energieniveaus der Elektronen im periodischen Potential des Gitters, deren Energien das Ergebnis der Bindungskräfte des Kristalles auf das Elektron sind. Diesem mikroskopischen Potential überlagert sich noch ein makroskopisches Potential, das nicht nur von äußeren elektrischen Feldern, sondern auch von elektrischen

Flächenladungen, Raumladungen und Doppelschichten an der Oberfläche der Kristalle herrührt. Dieses makroskopische Potential muß in Metallen, wegen der hohen elektrischen Leitfähigkeit, eine Konstante sein, in Halbleitern ist das aber zumindest in einer Oberflächenschicht nicht der Fall.

In der Abb. V,139 oben sind die Energieniveaus zweier verschiedener getrennter Metalle nebeneinander gezeichnet, wobei zwei beliebige makroskopische Potentiale V_1 und V_2 angenommen wurden. Die Unterkante des Leitungsbandes und die Fermienergie sind relativ zum Nullpunkt der mikroskopischen Energie durch die Eigenschaften des Kristalles festgelegt und können durch einen Kontakt der Metalle nicht

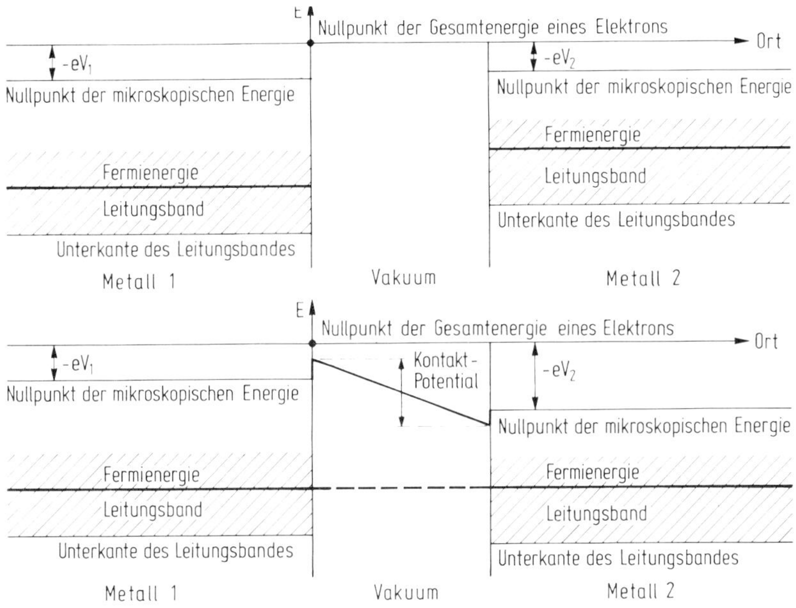

Abb. V,139. Energieniveaus zweier verschiedener durch ein Vakuum getrennter Metalle. Sie sind oben unabhängig von einander und unten im thermodynamischen Gleichgewicht

verändert werden. Die Fermienergie ist das Gibbsche thermodynamische Potential oder die freie Enthalpie eines Elektrons und muß daher im thermodynamischen Gleichgewicht bei beiden Metallen gleich sein. In der Abb. V,139 unten sind die Energieniveaus der beiden getrennten Metalle im thermodynamischen Gleichgewicht gezeichnet. Die makroskopischen Potentiale V_1 und V_2 haben sich nun so eingestellt, daß die Fermienergie in beiden Metallen gleich ist. Außerdem befindet sich an den Oberflächen der Metalle eine elektrische Doppelschicht, wodurch das makroskopische Potential einen Sprung macht. Diese Doppelschicht ist immer vorhanden und hat verschiedene Ursachen: Die Elektronen des Metalles haben thermische Geschwindigkeiten in alle möglichen Richtungen. Sie können also an der Oberfläche ein kleines Stückchen weiter als bis zum letzten Ion fliegen, bevor sie ihre Richtung umkehren. Dadurch entsteht an der Oberfläche eine dünne negative Ladungsschicht. Außerdem wird die oberste Lage der Gitterteilchen oder Ionen nur von einer Seite an das Gitter gebunden, daher ist der Abstand zum nächsten Nachbar geringer als im Inneren des Kristalles, wodurch eine positive Flächenladung entsteht. Darüber hinaus können Doppelschichten auch durch die Polarisation der obersten Atomlagen entstehen, weil die äußersten Gitterteilchen eben nur von einer Seite gebunden werden und es kann auch eine Schicht Fremdatome auf der Oberfläche angelagert sein und eine elektrische Doppelschicht erzeugen.

Ein solcher Sprung des makroskopischen Potentials unbekannter Größe muß also an der Oberfläche eines jeden Kristalles angenommen werden. Die in der Abb. V,139 unten angegebene Potentialdifferenz zwischen den beiden Metallen heißt Kontaktpotential und kann unmittelbar gemessen werden. Das Kontaktpotential führt zu einem elektrischen Feld im Vakuum zwischen den beiden Metalloberflächen.

Bei Halbleitern gelten im Prinzip die gleichen Überlegungen wie bei Metallen, nur ist die Elektronenkonzentration um viele Größenordnungen niedriger. Daher können Halbleiter nicht so starke Oberflächenladungen bilden wie sie für die Differenz des makroskopischen Potential notwendig sind. Es entsteht daher eine **Raumladungsrandschicht**, die 10^{-4} cm tief sein kann, also 10^3 bis 10^4 Atomlagen tief in den Kristall hineinreicht.

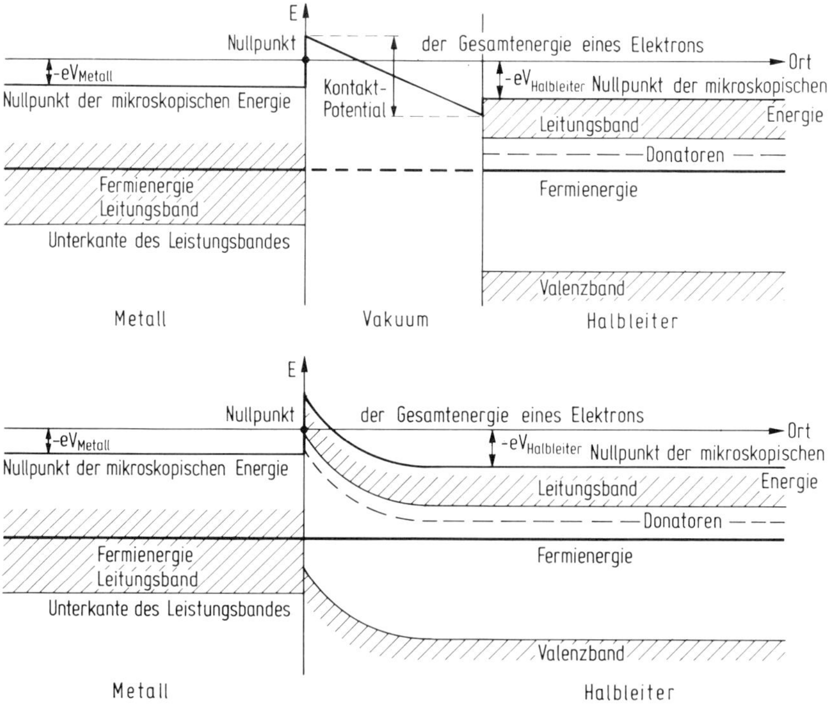

Abb. V,140. Energieniveaus eines Metalles und eines Halbleiters. Oben: durch ein Vakuum getrennt, aber im thermodynamischen Gleichgewicht. Unten: in unmittelbarem Kontakt. Die Energiebänder des Halbleiters sind hier durch eine Raumladungsrandschicht „verbogen"

In der Abb. V,140 sind die Energieniveaus eines Metalles und eines Halbleiters gezeichnet, im oberen Teil durch ein Vakuum getrennt und im unteren Teil in Kontakt gebracht. Der Halbleiter hat eine Anzahl flacher Donatoren, so daß die Fermienergie nicht in der Mitte der Energielücke, sondern höher liegt. Das makroskopische Potential ist mit V_{Metall} bzw. $V_{Halbleiter}$ bezeichnet. Die Raumladungsrandschicht führt zu einer „Verbiegung" der Energiebänder in der Randschicht. Je nach dem wie die Differenz des makroskopischen Potentials zwischen Metall und Halbleiter ist, kann die Raumladung der Randschicht positiv oder negativ sein, so daß die Bänder nach oben oder nach unten verbogen sein können. Außerdem treten natürlich auch die oben diskutierten Oberflächendoppelschichten auf, die zu einem Sprung des makroskopischen Potentials an der Oberfläche führen.

Literatur

Georg Busch, Horst Schade: Vorlesungen über Festkörperphysik, Birkhäuser Verlag, Basel 1973

Wolfgang Ludwig: Festkörperphysik II, Akademische Verlagsgesellschaft, Frankfurt am Main 1970

Otfried Madelung: Festkörpertheorie I, II, III, Springer Verlag, Berlin 1973

Charles Kittel: Einführung in die Festkörperphysik, R. Oldenbourg Verlag, München 1969

K. H. Hellwege: Einführung in die Festkörperphysik, I, II, Springer Verlag, Berlin 1970

J. Treusch: Festkörperprobleme VII, 18 (1967)

Manuel Cardona: Modulation Spectroscopy in Solid State Physics, Supplement 11, Academic Press, New York 1969

f) Fehlordnungen

(D. Neubert, Berlin)

Überblick

Die realen Kristalle unterscheiden sich von den idealen Kristallen dadurch, daß sie eine endliche Ausdehnung besitzen und daß sie gewisse, zum Teil prinzipiell nicht vermeidbare Fehlordnungen aufweisen. Sowohl die Oberfläche als die Fehlordnungen im Inneren des Kristalls stellen eine Störung der Periodizität der Translationsinvarianz des idealen Kristallgitters dar und beeinflussen die Kristalleigenschaften.

Der Einfluß der Fehlordnungen auf die Eigenschaften ist stark materialabhängig. Viele charakteristische elektrische und optische Eigenschaften von Halbleiter- und Ionenkristallen lassen sich überhaupt nur durch das Vorhandensein von Fehlordnungen erklären; die optischen und elektrischen Eigenschaften der Metalle werden dagegen durch Fehlordnungen kaum beeinflußt. Allen Materialien gemeinsam ist, daß mechanische Eigenschaften wie Plastizität und Festigkeit stark, dagegen die Dichte und die elastischen Konstanten nur schwach durch Fehlordnungen beeinflußt werden. Die Diffusion wird in allen Kristallen stark durch Fehlordnungen bestimmt. Wir beschränken uns auf die Diskussion der mechanischen Eigenschaften von Fehlordnungen.

Man klassifiziert die Fehlordnungen zweckmäßig nach ihrer geometrischen Ausdehnung. Die nulldimensionalen Fehlordnungen sind die Punktfehler, die eindimensionalen werden Versetzungen genannt, und zu den zweidimensionalen gehören neben der Oberfläche der Kristalle innere Flächen, an denen die Gitterperiodizität unterbrochen ist und die als Korngrenzen bezeichnet werden. Kristalle, welche nur Punktfehler und Versetzungen enthalten, werden als Einkristalle bezeichnet. In ihnen ergeben röntgenographische Untersuchungen die Symmetrie des idealen Gitters, d.h. die mit Fehlern behafteten Gebiete machen nur einen verschwindenden Teil des gesamten Kristallvolumens aus. Ein Kristall, der durch eine Korngrenze in zwei gegeneinander verdrehte Einkristalle zerteilt wird, heißt Bikristall. Ein Kristall, der durch viele Korngrenzen in Einkristalle verschiedener Orientierung zerlegt wird, heißt Vielkristall.

Punktfehler

Die **elementaren Punktfehler** sind die Leerstelle, d.h. ein unbesetzter Gitterplatz, und das Zwischengitteratom. Bei der Erzeugung einer Leerstelle muß das entsprechende Atom seinen Gitterplatz verlassen. Wandert es zur Oberfläche, so entsteht ein Schottkydefekt (Abb. V,141a), wandert es auf einen Zwischengitterplatz, so entsteht ein Frenkeldefekt (Abb. V,141b). Da die elementaren Punktfehler wegen der thermischen Energie eines Kristalls stets vorhanden sind, werden sie auch als Eigenfehlordnung bezeichnet.

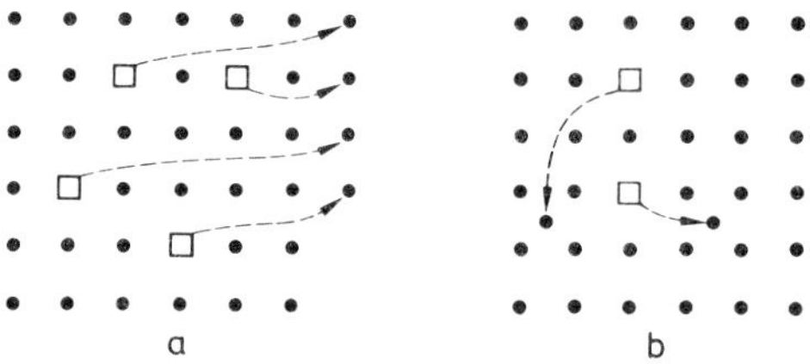

Abb. V,141 Leerstellen werden erzeugt durch Wandern von Gitteratomen
a) zur Oberfläche (Schottkydefekte)
b) ins Zwischengitter (Frenkeldefekte)

Zu den Punktfehlern zählt man auch größere **Ansammlungen korrelierter elementarer Punktfehler.** So entstehen z.B. bei der Bestrahlung eines Kristalls mit hochenergetischen Teilchen die weiter unten diskutierten Crowdionen. Bei höherer Temperatur können sich die elementaren Punktfehler zu komplexen Gebilden umordnen, die als höherdimensionale Fehlordnungen, etwa als Versetzungsringe oder Stapelfehlertetraeder zu betrachten sind. Schließlich zählen zu den Punktfehlern auch **chemische Fremdatome,** die in einem einheitlichen Wirtsgitter auf Gitterplätzen oder Zwischengitterplätzen eingebaut sind.

Eine wesentliche Eigenschaft der elementaren Fehlstellen ist, daß sie aus **thermodynamischen Gründen** stets zu einem gewissen Prozentsatz in einem realen Kristall **vorhanden sind.** Für einen Kristall muß im thermodynamischen Gleichgewicht bei konstantem Druck p und bei konstanter Temperatur T die freie Enthalpie G,

$$G = U + p\,V - T\,S$$

ein Minimum annehmen (U = innere Energie, V = Volumen, S = Entropie). Für einen idealen Kristall verschwindet die Entropie, denn es gibt nur eine einzige Möglichkeit, N Gitterplätze durch N ununterscheidbare Atome zu besetzen. Ein Idealkristall ist demnach dadurch definiert, daß für ihn die Enthalpie H, $H = U + pV$ ein Minimum annimmt. Die Bestimmung dieses Minimums ist eines der Hauptprobleme der theoretischen Festkörperphysik, im folgenden soll jedoch H als bekannt vorausgesetzt werden. In einem mit Fehlstellen behafteten Realkristall nimmt mit zunehmender Unordnung, d.h. zunehmender Zahl von Fehlstellen die Entropie S zu, und G nimmt daher mit steigender Temperatur ab. Hiernach erscheint der geordnete Zustand nicht stabil. Daß trotzdem ein geordneter Kristallzustand möglich ist, liegt daran, daß eine gewisse Aktivierungsenergie zur Erzeugung der Fehlstellen notwendig ist und die innere Energie U des Kristalls mit der Zahl der Fehlstellen zunimmt. Aus dem Zusammenspiel dieser beiden Effekte ergibt sich die Zahl der elementaren Fehlstellen im Gleichgewicht, wie am Beispiel der Leerstelle gezeigt werden soll.

Der Kristall besitze N Gitterplätze und $N_\square$ statistisch verteilte Leerstellen. (Das offene Quadrat wird in der Literatur üblicherweise zur Kennzeichnung von Leerstellen benutzt.) Wir setzen voraus, daß $N_\square \ll N$ ist und somit eine Wechselwirkung der Leerstellen untereinander nicht auftritt. Wir bezeichnen mit H_i die Enthalpie des idealen Kristalls und mit $H_\square$ die Enthalpie einer einzelnen Leerstelle. Dann ist die gesamte Enthalpie $H_i + N_\square\ H_\square$. Zur Gesamtentropie leistet einmal die Mischentropie $S_M\ (N, N_\square)$ einen Beitrag und dann die Entropie $N_\square\ S_\square$; hierbei ist $S_\square$ die Entropie einer einzelnen Fehlstelle, die z.B. dadurch bedingt ist, daß in der Umgebung einer Fehlstelle die Frequenzen der Gitterschwingungen geändert werden. Insgesamt erhalten wir für die **freie Enthalpie des Realkristalls:**

$$G = H_i + N_\square\ H_\square - T\ S_M\ (N, N_\square) - N_\square\ T\ S_\square$$

Um das Minimum von G bezüglich der Variation von $N_\square$ zu finden, benötigt man die Mischentropie $S_M\ (N, N_\square)$ explizit. Wir vergegenwärtigen uns, daß es nach der klassischen Permutationsrechnung $N!\ /\ (N - N_\square)!$ verschiedene Möglichkeiten gibt, $N_\square$ Leerstellen auf N Plätze zu verteilen. Da jedoch die Leerstellen ununterscheidbar sind, liefert die Permutation der Leerstellen untereinander keinen Beitrag zur Entropie und nach Division durch $N_\square\,!$ ergibt sich für die Mischentropie $S_M\ (N, N_\square) = k \ln (N!\ /\ (N - N_\square)!N_\square\,!)$. Unter Benutzung der Stirlingschen Formel und der Minimumbedingung $(\partial\ G\ /\ \partial\ N_\square)_{T,P} = 0$ erhält man die **Zahl der Leerstellen im Gleichgewicht** zu

$$N_\square = N\ e^{S_\square\ /\ k}\ e^{-H_\square\ /\ k\,T}$$

Eine entsprechende Gleichung gilt für die Zahl der Zwischengitteratome.

Ein Wert für $S_\square$ ist sowohl experimentell wie theoretisch schwer zu erhalten. Er ist für Metalle auf $0{,}5\ k - 1{,}5\ k$ abgeschätzt worden. Die Enthalpien $H_\square$ liegen für Metalle im Bereich 0,5 eV (Zn) bis 1,5 eV (Ni). Wegen der exponentiellen Temperaturabhängigkeit hängt die Leerstellenkonzentration stark von der Temperatur ab; für Gold mit $H_\square = 0{,}98$ eV und $S_\square = 1{,}5\ k$ beträgt sie bei Raumtemperatur ca. 4.10^{-6}, bei 1200 K dagegen schon ca. 2.10^{-4}. Für einen Kristall überwiegt unter Atmosphärendruck der Anteil der inneren Energie U bei weitem den Anteil $p.\ V$. Ist $V_\square = 10^{-22}$ cm^3 das „Volumen" einer Leerstelle, so beträgt bei Atmosphärendruck $p \cdot V_\square = 6.10^{-5}$ eV und ist gegenüber der inneren Energie einer Leerstelle $U_\square$ von der Größenordnung 1 eV vernachlässigbar. Durch einen hohen Druck z.B. von 10^4 atm wird die Leerstellenkonzentration dagegen schon stark herabgesetzt. Da wir im folgenden hohe Drücke außer Betracht lassen, werden wir statt der Enthalpie einfachheitshalber nur die innere Energie $U_\square$ einer Leerstelle betrachten. Die innere Energie, die gleich der Bildungsenergie eines Punktfehlers ist, wird auch Aktivierungsenergie genannt.

Neben den einfachen Leerstellen spielen bei hohen Temperaturen auch **Doppelleerstellen** eine gewisse Rolle. Die Bildungsenergie $U_{2\square}$ einer Doppelleerstelle ist $U_{2\square} = 2\,U_\square - B$, wobei B die Bindungsenergie der Doppelleerstelle ist. Sie beträgt für Gold etwa 0,1 eV. Es ist klar, daß die Zahl der Doppelleerstellen bei einer bestimmten Temperatur gering ist gegenüber der Zahl der Einfachleerstellen; da B stets kleiner als $U_\square$ ist, nimmt das Verhältnis Doppelleerstellenkonzentration/Einfachleerstellenkonzentration jedoch mit steigender Temperatur zu.

Die **Bildungsenergie für Zwischengitteratome** ist im allgemeinen etwa doppelt so groß wie die für Leerstellen. Deswegen spielen Zwischengitteratome eine weitaus geringere Rolle als Leerstellen. Die hohe Bildungsenergie ist aus geometrischen Gründen einleuchtend. In kubisch flächenzentrierten Gittern kommt es häufig zu einer Gitterrelaxation, die zu einer Hantellage führt (Abb. V,142). Andererseits können Fremdatome, die kleiner als die des Wirtsgitters sind, auf einem Oktaederplatz eingebaut werden, wie es für Kohlenstoff in Eisen der Fall ist (γ-Eisen).

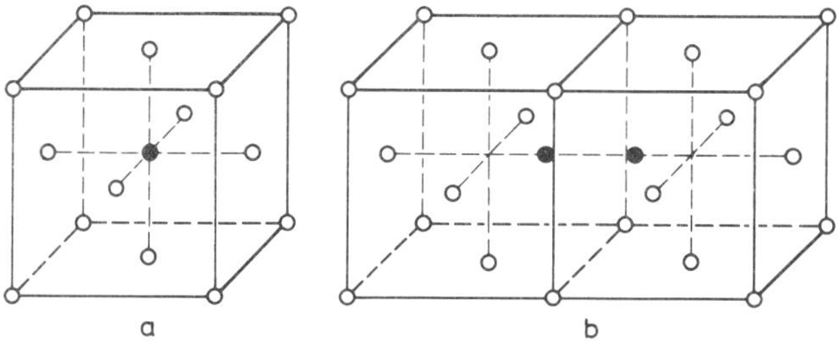

Abb. V,142 Ein Zwischengitteratom im kfz-Gitter nimmt
a) einen Oktaederplatz ein
b) relaxiert mit einem Gitteratom zur Hantellage

Die Eigenschaft der thermischen Fehlordnung von Kristallen liefert ein **Verfahren zur Erzeugung von Punktfehlern**, nämlich das **Abschrecken** von hohen Temperaturen. Hierbei wird die Gleichgewichtskonzentration bei der Temperatur T_1 durch schnelles Abkühlen auf die Temperatur T_2, $T_2 \ll T_1$, eingefroren. Wegen der begrenzten Wärmeleitfähigkeit von Kristallen ist es nicht möglich, dicke Proben durch Eintauchen in ein Kältebad (Wasser, Öl, flüssiger Stickstoff oder flüssiges Helium) sofort homogen auf die gewünschte Temperatur T_2 zu bringen, und im Innern der Probe wird die Leerstellenkonzentration wegen einer gewissen Ausheilung nicht mehr der Temperatur T_1 entsprechen. Für dünne Bleche sind jedoch Abschreckgeschwindigkeiten von 10^4 °C/sec realisierbar, und diese reichen aus, alle Leerstellen einzufrieren.

Bei **Bestrahlung mit hochenergetischen Teilchen** wie Neutronen, Elektronen, Protonen, Deuteronen, α-Teilchen und schwere Ionen erfolgt die **Erzeugung von Leerstellen durch elastische Stöße**. Ist die durch das einfallende Teilchen der Energie E auf das Gitteratom übertragene kinetische Energie T größer als die sogenannte Wigner-Energie E_d, die das angestoßene Atom zum Verlassen seines Gitterplatzes benötigt, so wird eine Leerstelle erzeugt, das herausgeschlagene Atom setzt sich auf einem Zwischengitterplatz fest, und es entsteht insgesamt ein Frenkelpaar (Abb. V,143). Die Wigner-Energie liegt in Metallen zwischen 10 und 40 eV. Nach der Mechanik ist die maximale kinetische Energie T_{max}, die von einem Teilchen der Masse m_1 auf ein Gitteratom der Masse m_2 übertragen werden kann, im nicht relativistischen Energiebereich

$$T_{max} = 4\,\frac{m_1 m_2}{(m_1 + m_2)^2}\,E, \quad \text{bzw.} \quad T_{max} = 4\,\frac{(m_1 c^2 + E/2)}{m_2 c^2}\,E$$

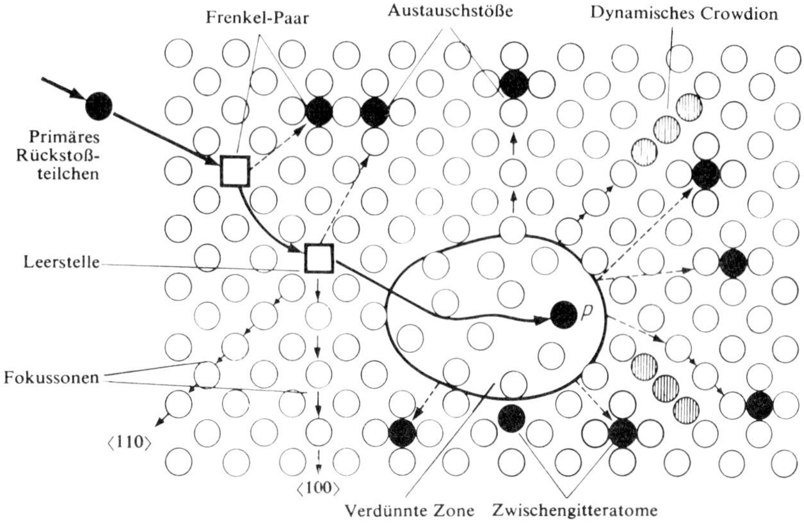

Abb. V,143 Fehlstellenkonfigurationen nach Bestrahlung mit hochenergetischen Teilchen (J. Diehl, in: A. Seeger Hrsgb., Moderne Probleme der Metallphysik, Bd. I, p. 279, Springer Verlag, Berlin 1965)

im relativistischen Energiebereich für den Fall $m_1 \ll m_2$, wobei c die Lichtgeschwindigkeit ist. Für ein vorgegebenes E_d kann man sich nach diesen Formeln die Mindestenergie E_{min} des einfallenden Teilchens ausrechnen, die zur Erzeugung einer Leerstelle notwendig ist. Für Cu ist z.B. $E_d = 22$ eV, und man erhält für E_{min} bei Einschuß mit Neutronen 350 eV, mit Deuteronen 185 eV und mit Elektronen unter Benutzung der relativistischen Beziehung 0,45 MeV.

Ist E ungefähr gleich E_{min}, kann pro einfallendes Teilchen maximal eine Leerstelle erzeugt werden, ist $E \gg E_{min}$, wird das erste herausgeschlagene Atom, das sogenannte **primäre Rückstoßatom** weitere Atome herausschlagen. Es entsteht eine **Verlagerungskaskade**, die aus korrelierten Fehlstellen besteht. Die Zahl der insgesamt herausgeschlagenen Atome in einer Kaskade ist $\bar{T}/E_d$, wobei $\bar{T}$ die im Mittel über viele Prozesse übertragene kinetische Energie ist. Während z.B. Elektronen von 1 MeV in Kupfer nur voneinander isolierte Frenkelpaare erzeugen, ergeben Neutronen von 1 MeV Kaskaden mit etwa 300 Fehlstellen. Wegen der homogenen Verteilung der Fehlstellen im Fall der Elektronenbestrahlung ist diese für viele Festkörperuntersuchungen besonders geeignet. Ein Nachteil ist, daß wegen der geringen Eindringtiefe (etwa 1 mm bei 1 MeV Elektronen für mittlere Ordnungszahlen des Absorbers) nur in einer dünnen Oberflächenschicht Fehlstellen erzeugt werden. Andererseits erzeugen Neutronen zwar eine lokal inhomogene Fehlstellenverteilung, aber wegen ihrer elektrischen Neutralität dringen sie tief in den Kristall ein, so daß sie sich auch für die Untersuchung dicker Proben eignen. Bei Beschuß mit schweren geladenen Teilchen (Protonen, α-Teilchen, Spaltprodukte des Kernzerfalls) können die Hüllenelektronen der Gitteratome nicht schnell genug ausweichen, und es tritt Ionisation ein. Je stärker die geladenen Teilchen abgebremst werden, desto größer wird die Wahrscheinlichkeit, sich durch Einfang von Elektronen zu neutralisieren und damit die Wahrscheinlichkeit für elastische Stöße zu erhöhen. Ein Gebiet hoher Leerstellendichte bezeichnet man als **verdünnte Zone**.

Unter Umständen kann es in Gittern aus schweren Atomen entlang der Kaskade zu einer lokalen Aufschmelzung kommen. Der Nachweis einer solchen Aufschmelzung ist von Denney dadurch erbracht worden, daß er in einer Cu-Fe Legierung (2,5 % Eisen) durch eine spezielle Behandlung ferromagnetische Ausscheidungen erzeugte, die nur durch Erhitzen rückgängig gemacht werden können. Durch Beschuß mit 9 MeV Protonen nahm der Ferromagnetismus der Probe ab, d.h. es müssen lokal hohe Temperaturen in der Probe durch den Teilchenbeschuß entstanden sein.

Ein spezieller Prozeß bei hochenergetischer Bestrahlung ist die **Ausbildung von fokussierenden Stößen**. Hierbei wird ein Atom in Richtung einer dicht gepackten Gittergeraden aus seinem Gitterplatz herausgestoßen und stößt seinerseits das folgende Gitteratom in Richtung der dicht gepackten Gittergeraden heraus (Abb. V,143). Dieser Prozeß kann sich z.B. in Cu über etwa 100 Gitterplätze fortsetzen. Schließlich kommt der Prozeß durch Energiedissipation zum Stillstand, und entlang einiger Gitterabstände muß ein zusätzliches Atom untergebracht werden; dieser Aufstau wird als Crowdion bezeichnet. Da die Impulsübertragung durch das erste Teilchen nur in den seltensten Fällen exakt in einer dicht gepackten Richtung erfolgen wird, ist die Frage, unter welchen Bedingungen focussierende Stöße möglich sind. Man kann das Problem in erster Näherung wie den elastischen Stoß von Billardkugeln behandeln, indem man sich das Atomgitter durch starre Kugeln mit dem Radius r_0 im Abstand a ersetzt denkt, und findet, daß die Stöße sich innerhalb eines Kegelmantels mit einem Öffnungswinkel $\Delta\Theta > 0$ fortsetzen können, solange $r_0 > a\sqrt{2}/4$ ist. Für ein reales Kristallgitter ist ein weicheres Potential anzusetzen, und umfangreiche numerische Rechnungen sind erforderlich.

Ein dritter Weg zur Erzeugung geometrischer Punktfehler besteht darin, den Kristall zu verformen. Hierbei entstehen **Punktfehler als Nebenprodukt von Versetzungsbewegungen**. Da die Punktfehler hier nicht isoliert auftreten, ist dieses Verfahren für das Studium von Punktfehlern nicht besonders gut geeignet.

Die **Bildungsenergie** der elementaren Fehlstellen ließe sich prinzipiell dadurch bestimmen, daß eine physikalische Eigenschaft, die von der Leerstellenkonzentration abhängt, in Abhängigkeit von der Temperatur T gemessen wird. In der logarithmischen Auftragung über $1/kT$ wäre dann die Steigung der entstehenden Geraden gleich der Bildungsenergie. Da jedoch die physikalischen Eigenschaften im allgemeinen unabhängig von den Fehlstellen stark von der Temperatur abhängen, ist dieses einfache Arrhenius-Verfahren nicht anwendbar, und man benutzt zweckmäßig die **Methode des eingefrorenen Gleichgewichts**. Z.B. steigt in Metallen der elektrische Widerstand wegen der Streuung der Elektronen an Punktfehlern proportional mit der Zahl der Punktfehler. Zur Bestimmung der Punktfehlerkonzentration aus dieser Eigenschaft geht man daher folgendermaßen vor: Der Kristall wird bei einer hohen Temperatur T_1 getempert, so daß sich das Leerstellengleichgewicht einstellen kann. Dann wird er auf eine niedrige Temperatur, z.B. die Temperatur $T_m = 4\,^\circ K$ abgeschreckt. Die Punktfehler sind jetzt eingefroren, und bei T_m wird der Widerstand gemessen, der durch die Punktfehlerkonzentration bei T_1 gegeben ist. Dann wird der Kristall bei Temperaturen $T_2, T_3 \ldots$

getempert und jedesmal zur Messung auf T_m abgeschreckt. Auf diese Weise erhält man bei der festen Referenztemperatur T_m den Einfluß der Punktfehlerkonzentrationen entsprechend den Temper-Temperaturen T_1, T_2, T_3 ... und kann jetzt die Messungen nach dem Arrhenius-Verfahren auswerten.

Ob beim Tempern überwiegend Leerstellen oder Zwischengitteratome erzeugt worden sind, kann durch Messung der relativen Änderung des Kristallvolumens $\Delta V/V$ festgestellt werden. Zweckmäßigerweise mißt man nicht direkt $\Delta V/V$, sondern die relative Längenänderung $\Delta L/L$ des Kristalls, wobei die Relation $\Delta V/V = 3 L/L$ nützlich ist. Werden bei hohen Temperaturen Leerstellen erzeugt, so wandern diese an die Kristalloberfläche und vergrößern $\Delta L/L$, werden Zwischengitteratome erzeugt, so wandern Atome von der Kristalloberfläche auf Zwischengitterplätze, und $\Delta L/L$ verringert sich. Bei einer statistischen Verteilung der Fehlstellen treten außerdem elastische Verspannungen im Kristall auf, die zu einer relativen Änderung der Gitterkonstanten $\Delta a/a$ führen und dadurch einen Beitrag zum makroskopisch gemessenen $\Delta L/L$ liefern. Da sich $\Delta a/a$ röntgenographisch messen läßt, kann dieser Effekt eliminiert werden, und man erhält für die Differenz zwischen der Zahl der Leerstellen $N_\square$ und der Zahl der Zwischengitteratome N_o in einem Kristall mit N Gitteratomen

$$(N_\square - N_o)/N = 3\,(\Delta L/L - \Delta a/a)$$

Bis jetzt haben wir nur die Gleichgewichtskonzentration der Punktfehler bei einer bestimmten Temperatur betrachtet, aber nichts über die **Geschwindigkeit** ausgesagt, **mit der sich das neue Gleichgewicht nach einer plötzlichen Temperaturänderung einstellt.** Für die Beschreibung des Einstellvorgangs bezeichnen wir die Konzentration der momentan vorhandenen Leerstellen mit $c_\square$, $c_\square = N_\square / N$. Die entsprechende Konzentration im thermodynamischen Gleichgewicht sei $c_\square^0 = N_\square^0 / N$. Die zeitliche Änderung von $c_\square$ ist die Differenz der Generationsrate G und der Ausheilrate R:

$$\frac{\mathrm{d}\,c_\square}{\mathrm{d}\,t} = G - R$$

Die Generationsrate G ist proportional der Konzentration c_q der Quellen, an denen Leerstellen entstehen können. Quellen sind neben der Kristalloberfläche die Korngrenzen und gewisse aktive Stellen entlang einer Versetzung. Für die Erzeugung einer Leerstelle ist die Summe der Bildungsenergie $U_\square$ und der Wanderungsenergie $W_\square$ aufzubringen (Abb. V,144). Es besitzt daher nur der Anteil exp $-(U+W)/kT$ der

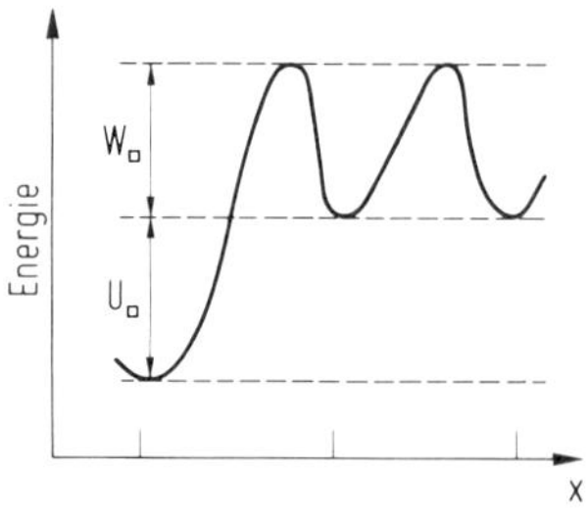

Abb. V,144 Bildungsenergie einer Leerstelle

Quellen eine ausreichende Energie zur Leerstellenerzeugung. Schließlich ist G proportional zur Zahl der Anregungen eines Gitteratoms pro Zeiteinheit, d.h. proportional zur Debey Frequenz ν_D. Die Rekombinationsrate R ist proportional der Konzentration der Senken für Leerstellen und diese ist identisch mit der der Quellen. Dann ist sie proportional der Konzentration der vorhandenen Leerstellen, von denen der Anteil $\exp(-W_\square/kT)$ zur Wanderung befähigt ist, und schließlich auch proportional der Debey Frequenz. Wir erhalten also insgesamt:

$$G = \nu_D\, c_q\, e^{-(U_\square + W_\square)/kT}, \quad R = \nu_D\, c_q\, c_\square\, e^{-W_\square/kT}$$

Im Gleichgewicht ist $G = R$ und $c_\square^0 = e^{-U_\square/kT}$, wie schon oben abgeleitet wurde. Wir führen die Abweichung $\Delta c_\square$ der Leerstellenkonzentration vom Gleichgewicht ein, $\Delta c_\square = c_\square^0 - c_\square$, und erhalten

$$\frac{d\,\Delta c_\square}{dt} = -\frac{\Delta c_\square}{\tau} \quad \text{mit} \quad \tau = \frac{e^{W_\square/kT}}{\nu_D\, c_q}$$

als **mittlere Lebensdauer der Leerstellen**. Unabhängig davon, ob ein Leerstellenüberschuß ($\Delta c_\square > 0$) oder ein -unterschuß ($\Delta c_\square < 0$) vorhanden ist, stellt sich das Gleichgewicht exponentiell mit der Zeit ein. Ferner sieht man, daß die Dynamik des Einstellvorgangs nur von der Wanderungsenergie $W_\square$ der Leerstellen abhängt, jedoch nicht von ihrer Bindungsenergie. Die Wanderungsenergien in Metallen liegen in der Größenordnung von 1 eV, die Debeye Frequenzen in der Größenordnung $10^{13}\ s^{-1}$. Ein typischer Wert für τ bei $T = 1000$ K ist etwa 10 s; bei tiefen Temperaturen wird die mittlere Lebensdauer der Leerstellen entsprechend der exponentiellen Temperaturabhängigkeit sehr groß.

Neben den zeitlichen Änderungen sind die örtlichen Änderungen der Leerstellenkonzentration von Interesse. Wir betrachten zwei parallele Gitterebenen des Kristalls. Dann werden von der Ebene 1 Leerstellen zur Ebene 2 und ebenso von der Ebene 2 zur Ebene 1 wandern. Die entsprechenden Leerstellenströme seien J_{12} und J_{21}; der resultierende Strom $J_\square = J_{12} - J_{21}$ wird **Diffusionsstrom** genannt und ist proportional dem Leerstellengradienten (2. Fick'sches Gesetz):

$$J_\square = -D_\square \;\text{grad}\; c_\square \quad \text{mit} \quad D_\square = a^2\, \nu_D\, e^{-W_\square/kT}$$

als Diffusionskonstanten. Diese hängt von der oben diskutierten Sprunghäufigkeit der Leerstellen ab und von der Sprungweite, d.h. von der Gitterkonstanten a. Bei einer genaueren Beschreibung müßte noch die Zahl der für eine Leerstelle durch einen Sprung erreichbaren Gitterplätze berücksichtigt werden und damit die Gitterstruktur mit einbezogen werden.

Leerstellen sind von großer Bedeutung für die Diffusion von Fremdatomen auf Gitterplätzen. Nehmen wir an, in einem Kristall mit homogener Leerstellenkonzentration ist die örtliche Verteilung der Fremdatomsorte A nicht konstant. Der Diffusionsstrom J_A ist dann proportional dem Konzentrationsgradienten der Atomsorte A

$$J_A = -D_{(A)} \text{ grad } c_A$$

Die Diffusionskonstante $D_{(A)}$ hängt von den Leerstelleneigenschaften ab, denn ein bestimmtes Gitteratom A_i springt nur dann auf einen benachbarten Gitterplatz, wenn a) dieser eine Leerstelle ist und b) die Leerstelle gerade einen Sprung in Richtung auf A_i durchführt. Die Wahrscheinlichkeit für die erste Bedingung ist gleich exp $(-U_\square/kT)$, die Wahrscheinlichkeit für die zweite Bedingung ist ν_D exp $(-W_\square/kT)$ entsprechend den Wanderungseigenschaften der Leerstellen. Insgesamt ist die Diffusionskonstante, unabhängig von den speziellen Eigenschaften der Atomsorte A, gegeben durch

$$D_{(A)} = -a^2 \, \nu_D \, e^{-(U_\square + W_\square)/kT},$$

wobei wir wieder einen Geometriefaktor des Gitters (und auch einen Entropieterm) der Einfachheit halber außer Acht lassen.

Da die Leerstelleneigenschaften durch das Grundgitter bestimmt werden, ist die Diffusionskonstante bei einer starken örtlichen Änderung der Kristallzusammensetzung ortsabhängig. So diffundiert z.B. an einer Cu-Messing Grenzfläche das Zink des Messings schneller als das Kupfer, und die Grenzfläche verschiebt sich in Richtung zum Kupfer, wie man mit Hilfe von festgelegten Molybdendrähten als Markierung ablesen kann; durch die Abdiffusion von Leerstellen entstehen im Messing Poren (Kirkendall Effekt).

Bei der Bestrahlung von Materialien mit einer hohen Neutronendosis ($\approx 10^{22}$ Neutronen/cm^3) treten bei hohen Temperaturen (ca. 2/3 der Schmelztemperatur des Materials) große Leerstellenansammlungen von einigen 100 Å Ausdehnung auf. Diese sogenannten Voids werden durch He-Gas, welches aus Kernprozessen stammt, stabilisiert. Mit der Bildung von Voids ist eine Volumenexpansion bis zu 10 % verbunden, die bei der Reaktortechnologie in Betracht gezogen werden muß.

Versetzungen

Versetzungen sind eindimensionale Kristallbaufehler. Sie wurden 1934 von Taylor, Polanyi und Orowan zur Erklärung der Stabilität der bei der plastischen Verformung aufgebauten elastischen Spannungen eingeführt. Versetzungen konnten allerdings erst im Jahre 1956 von Hirsch direkt, d.h. elektronenmikroskopisch, in einem Aluminium-Kristall nachgewiesen werden, nachdem sie Frank im Jahre 1952 an einer Kristalloberfläche nachgewiesen hatte. Es ist bemerkenswert, daß Versetzungen nicht nur in mikroskopischen Bereichen auftreten, sondern auch in makroskopischen Gitterstrukturen und dort schon mit dem bloßen Auge erkennbar sind (Abb. V,145). Wir betrachten in diesem Abschnitt die wichtigsten Eigenschaften von Versetzungen im Hinblick auf die Erklärung plastischer Eigenschaften von Kristallen.

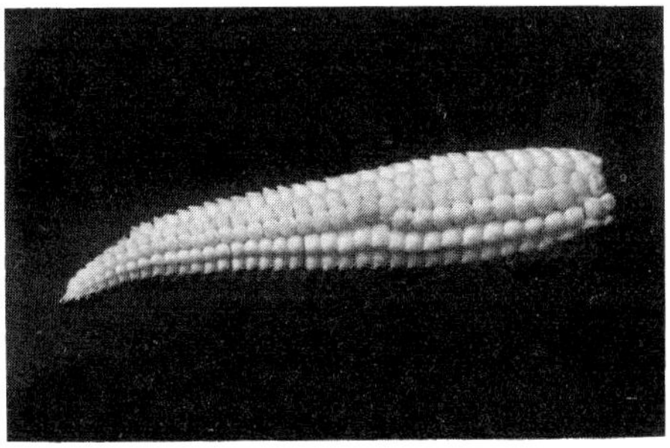

Abb. V,145 Makroskopische Stufenversetzung: der „Kristall" ist hier zweidimensional und besitzt eine sich kontinuierlich ändernde Gitterkonstante.

Man kann sich **Versetzungen** – unabhängig von ihrer wirklichen Entstehung – **durch folgende drei Schritte entstanden denken**: Zuerst wird ein idealer Kristall entlang einer Schnittfläche teilweise aufgetrennt. Dann werden die beiden entstehenden Kristalloberflächen um einen Vektor ***b*** gegeneinander verschoben, wobei ***b*** ein Translationsvektor des Gitters ist; ***b*** wird **Gleitvektor oder Burgersvektor** genannt. Schließlich werden die beiden Kristalloberflächen wieder zusammengefügt. Die Kante der Schnittflächen im Kristallinnern ist nach dieser Prozedur stark gestört, außerhalb der Störung ist die ideale Gitterstruktur jedoch wieder hergestellt. Die Schnittkante wird als Versetzungslinie oder kurz als Versetzung bezeichnet (Abb. V,146). Nach der Konstruktion kann eine Versetzung nicht im Inneren des Kristalls enden. Sie durchstößt demnach die Kristalloberfläche an zwei Punkten oder tritt als geschlossener Ring im Inneren des Kristalls auf.

Eine **Versetzung ist gekennzeichnet durch zwei Angaben**: erstens durch ihre **Richtung im Kristall** und zweitens durch den **Burgersvektor.** Die Richtung der Versetzungslinie kann sich im Kristall von Ort zu Ort ändern, der Burgersvektor ist für eine jede Versetzung eine invariante Größe. Ohne auf oben erwähntes Gedankenexperiment zurück-

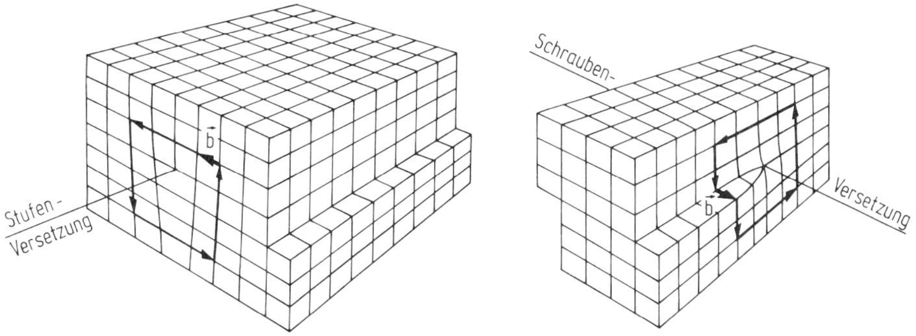

Abb. V,146 Die extremen Versetzungstypen
a) Stufenversetzung, $\alpha = 90°$ b) Schraubenversetzung, $\alpha = 0°$

greifen zu müssen, erhält man den Burgersvektor, indem man um die Versetzung im ungestörten Kristallbereich einen geschlossenen Umlauf über eine wohldefinierte Zahl von Gitterpunkten vollzieht (Burgersumlauf) und einen entsprechenden Umlauf über dieselbe Zahl von Gitterpunkten in einem Idealkristall. Der bei diesen beiden Umläufen entstehende Differenzvektor ist der Burgersvektor $\boldsymbol{b}$.

Es ist zweckmäßig, eine Versetzung zusätzlich durch den Winkel α, den sie mit dem Burgersvektor bildet, zu charakterisieren. Speziell, ist die Versetzungslinie senkrecht zum Burgersvektor, $\alpha = 90^\circ$, sagt man die Versetzung hat Stufencharakter oder kurz, sie ist eine **Stufenversetzung** (Abb. V,146a); sind Versetzungslinie und Burgersvektor parallel, $\alpha = 0^\circ$, hat die Versetzung Schraubencharakter, oder kurz, sie ist eine **Schraubenversetzung** (Abb. V,146b). Für eine **gekrümmte Versetzung**, bei der sich α entlang der Versetzung ändert, ändert sich natürlich auch ihr Charakter kontinuierlich von Ort zu Ort. Eine Versetzung kann dann in einem Teil des Kristalls eine reine Stufenversetzung und in einem anderen eine reine Schraubenversetzung sein. Wie wir später sehen werden, ist die Bewegungsmöglichkeit einer Schraubenversetzung sehr verschieden von einer Stufenversetzung. Es ist daher häufig zweckmäßig, sich eine α°-Versetzung ($0^\circ < \alpha < 90^\circ$) in einen Schrauben- und einen Stufenanteil zerlegt zu denken und die Bewegung dieser Anteile getrennt zu betrachten.

Das stark gestörte Gebiet innerhalb eines Atomabstandes entlang der Versetzungslinie bezeichnet man als **Versetzungskern**. Außerhalb des Versetzungskerns ist das Kristallgitter über viele Atomabstände deformiert, und es treten entsprechende **elastische Spannungen** auf. Während die Eigenschaften des Versetzungskerns theoretisch kaum erfaßt werden können, lassen sich die elastischen Spannungen außerhalb des Kerns kontinuumsmechanisch berechnen und sind daher sehr genau bekannt.

Experimentell kann das Spannungsfeld über die Reflexion von parallelen Röntgenstrahlen mit einem Doppel-Kristall-Goniometer nachgewiesen werden. Für die Untersuchung an Germanium erzeugte Bonse aus einer Cu K_α-Strahlung durch Braggreflexion an einem versetzungsfreien Referenz-Germaniumkristall ein paralleles Röntgenstrahlbündel, welches dann an dem zu untersuchenden nicht versetzungsfreien Germaniumkristall nochmals unter der Braggbedingung reflektiert wurde. Jede Abweichung vom idealen Gitterparameter im Spannungsfeld der Versetzungen führt zu einer Verletzung der Braggbedingung, und auf einer Photoplatte, die sich dicht über dem Kristall befindet, entsteht ein Bild des Spannungsfeldes. Ein Beispiel ist in Abbildung V,147 dargestellt. Die Ausdehnung des Spannungsfeldes kann nach dieser Methode bis zu einer Entfernung von ca. 50 μm von der Versetzung beobachtet werden.

Da es beliebig viele verschiedene Translationsvektoren in einem Raumgitter gibt, könnten im Prinzip beliebig viele verschiedene, insbesondere auch sehr große Burgersvektoren auftreten. Dies ist jedoch nicht so, da eine **energetisch ungünstige Versetzung** sich in energetisch günstigere **aufspaltet**. Durch Integration über das gesamte Spannungsfeld einer Versetzung ergibt sich, daß die elastische Energie einer Versetzung proportional dem Quadrat der Versetzungsstärke ist, wobei unter Versetzungsstärke der Absolutbetrag des Burgersvektors verstanden wird. Aus der Zerlegung einer

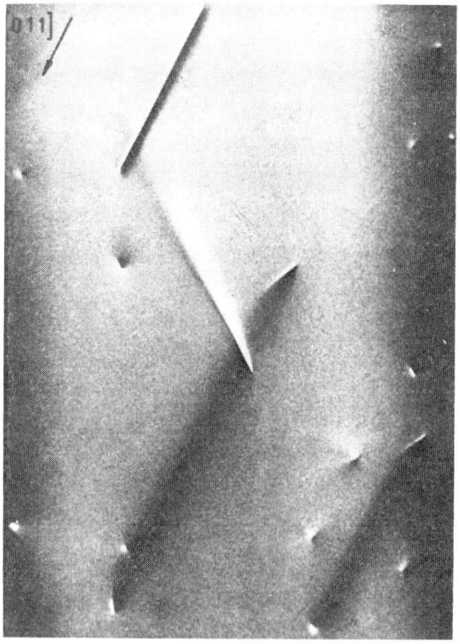

Abb. V,147 Nachweis des Spannungsfeldes von Versetzungen in Germanium mit dem Doppel-Kristall-Goniometer. Einige der Versetzungen liegen etwa parallel, andere etwa senkrecht zur (111)-Oberfläche des Kristalls, Vergößerung ca. 100-fach (U. Bonse, in: J. B. Newkirk, J. H. Wernick, Ed., Direct Observation of Imperfections in Crystals, p. 431, Interscience Publishers, New York – London 1962)

Versetzung mit dem Burgersvektor $\boldsymbol{b}$ in zwei Versetzungen mit den Burgersvektoren $\boldsymbol{b}_1$ und $\boldsymbol{b}_2$ nach $\boldsymbol{b} = \boldsymbol{b}_1 + \boldsymbol{b}_2$ folgt durch Quadrieren die Energiegleichung

$$b^2 = b_1^2 + b_2^2 + Q$$

wobei $Q = 2b_1b_2 \cos\beta$ proportional der Energietönung ist. Ist $Q > 0$, wird bei der Aufspaltung elastische Energie in Form von Wärme frei, d.h. die Versetzung mit Burgersvektor $\boldsymbol{b}$ ist instabil; ist $Q < 0$, muß für die Aufspaltung Energie zugeführt werden, d.h. die Versetzung ist gegen die Aufspaltung stabil. Für $Q = 0$ kann nichts über die Stabilität der Versetzung ausgesagt werden. Der Wert von Q ist durch den Winkel β zwischen den Burgersvektoren $\boldsymbol{b}_1$ und $\boldsymbol{b}_2$ gegeben: für $\beta < 90°$ ist $Q > 0$, für $\beta > 90°$ ist $Q < 0$ und für $\beta = 90°$ ist $Q = 0$.

Naturgemäß muß der Satz kürzester Translationsvektoren eines Gitters zu **Burgersvektoren von stabilen Versetzungen** gehören. Im kubisch flächenzentrierten Gitter (Abb. V,148a) und im Diamantgitter (Abb. V,148b) sind die kürzesten Burgersvektoren 1/2 ⟨110⟩* mit der Länge $b = a\sqrt{2}/2$ (a = Gitterkonstante). Die nächst länge-

* Die verschiedenartigen Klammern haben folgende Bedeutung: ⟨ ⟩ Satz aller gleichwertigen Richtungen; [ ] spezielle Richtung; { } Satz gleichwertiger Flächen; ( ) spezielle Fläche.

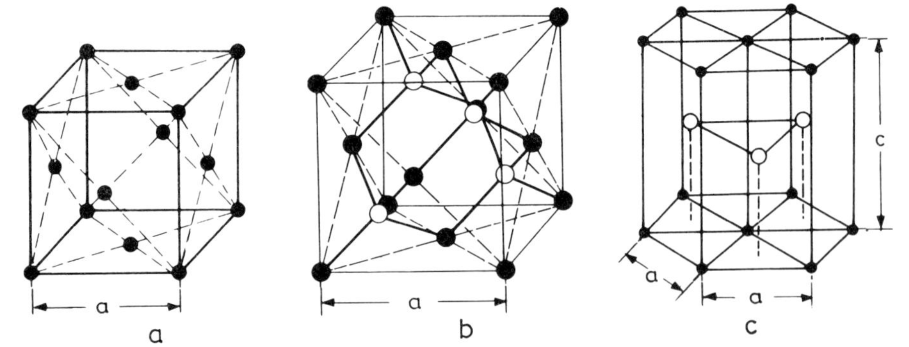

Abb. V,148 Kristallgitter
a) kubisch flächenzentriert b) Diamantgitter c) hexagonal dichteste Kugelpackung

ren Burgersvektoren sind ⟨100⟩ der Länge $b = a$. Ihre Stabilität ist unentschieden. Alle weiteren Burgersvektoren sind instabil. Im kubisch raumzentrierten Gitter sind die kürzesten Burgersvektoren 1/2 ⟨111⟩ mit $b = a\sqrt{3}/2$ und die zweitkürzesten ⟨100⟩ mit $b = a$ stabil, alle anderen sind instabil. Im hexagonalen Gitter (Abb. V,148c) gibt es als Burgersvektoren von stabilen Versetzungen die a-Translationsvektoren in der Basis und einen weiteren Translationsvektor in c-Richtung; da sie senkrecht zueinander stehen, gibt es keine stabile Kombination, an der beide beteiligt sind. Die beiden Versetzungssysteme, das a-System und das c-System, sind unabhängig voneinander. Die kürzesten Translationsvektoren weisen in Richtung von dichtest gepackten Gittergeraden. Makroskopisch beobachtet man ein **Abgleiten** überwiegend **in Richtung der dichtest gepackten Gittergeraden**. Da die Gleitrichtung den Gleitvektor definiert und somit auch den Burgersvektor, werden die skizzierten Kriterien für das Auftreten von stabilen Versetzungen somit experimentell bestätigt.

Weiß man nichts über die Bedingungen, unter denen die Versetzungen in einem Kristall entstanden sind, so kann man den **Burgersvektor elektronenmikroskopisch bestimmen**. Nehmen wir an, daß eine dünne Kristallfolie so orientiert ist, daß für eine bestimmte Kristallebenenschar die Bedingung für Braggreflexion von Elektronen nahezu erfüllt ist. Dann wird für Ebenen, die durch die Versetzung etwas deformiert sind, die Braggbedingung genau erfüllt sein, die Elektronen werden aus dem durchgehenden Strahl herausgebeugt, und es entsteht als Bild der Versetzung ein dunkler Kontrast. Da in den Netzebenen parallel zum Burgersvektor keine Verzerrung des Gitters auftritt, entsteht durch diese Gitterebenen kein Kontrast. Ist $\boldsymbol{g}$ der Beugungsvektor, so kann die Bedingung für das Verschwinden des Kontrastes durch

$$\boldsymbol{g} \cdot \boldsymbol{b} = 0$$

ausgedrückt werden (Abb. 9). Zur Bestimmung des Burgersvektors kippt man den Kristall solange, bis man zwei Ebenen mit Beugungsvektoren $\boldsymbol{g}_i$ und $\boldsymbol{g}_j$ gefunden hat, für die der Kontrast verschwindet. Der Burgersvektor ist dann parallel zu $\boldsymbol{g}_i \times \boldsymbol{g}_j$, wie aus Abbildung V,149 ersichtlich ist.

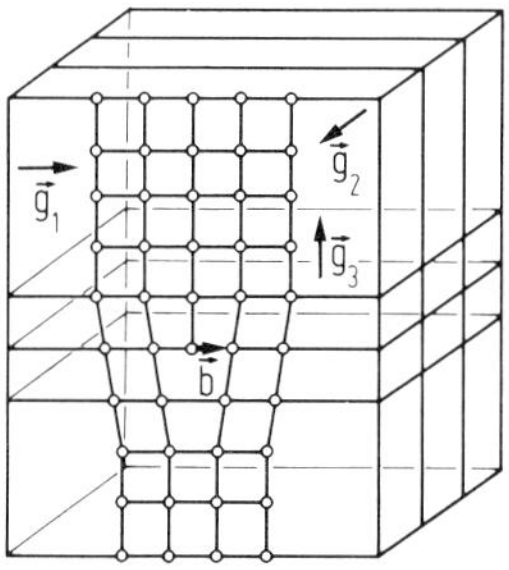

Abb. V,149 Elektronenmikroskopische Bestimmung des Burgersvektors einer Stufenversetzung. Nur die Ebenen senkrecht zu $\boldsymbol{g}_2$ und $\boldsymbol{g}_3$ sind nicht deformiert und geben keinen Kontrast

Die Fläche, die durch den Burgersvektor und die Versetzungslinie aufgespannt wird, ist die **Gleitfläche**. Da der Burgersvektor konstant ist, ist die Gleitfläche ein zylindrisches Gebilde (Abb. V,150). Eine Versetzung kann sich in ihrer Gleitfläche **konservativ** bewegen, d.h. ohne daß Atome zu- oder abgeführt werden. Die **Bewegung einer Versetzung in der Gleitfläche heißt Gleiten.** Da für eine Schraubenversetzung Burgersvektor und Versetzungslinie parallel sind, ist jede die einbettende Ebene eine Gleitebene, und Schraubenversetzungen sind sehr beweglich. Stufenversetzungen dagegen können nur in einer Ebene gleiten. Die **Bewegung in Richtung der Normalen zur Gleitebene heißt Klettern.** Hier wird die zusätzliche Ebene der Abbildung 6a Atomlage um Atomlage abgebaut, und mit jeder abgebauten Atomlage verschiebt sich die Gleitebene der Stufenversetzung um eine Gitterkonstante nach oben. Die abgebauten Atome müssen durch **Diffusion** abgeführt werden, und deshalb ist **Klettern** als **nichtkonservative Bewegung** nur **bei erhöhter Temperatur** möglich. Umgekehrt bedeutet ein Aufbau der zusätzlichen Ebene in Abbildung V,146a ein negatives Klettern der Versetzung; hierbei müssen Atome durch Diffusion herangeschafft werden.

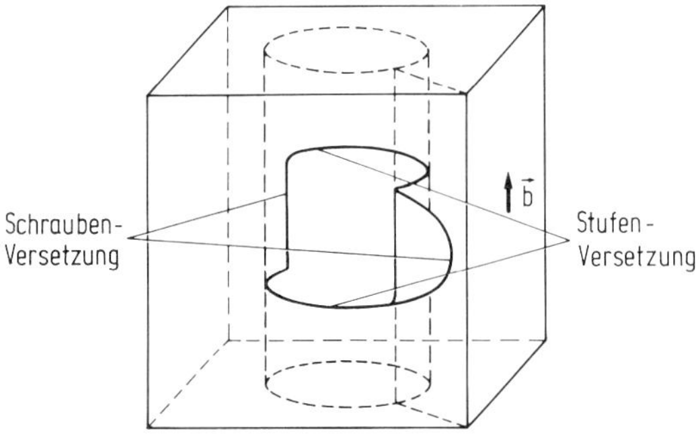

Abb. V,150 Gleitfläche eines Versetzungsringes mit Stufen- und Schraubenanteil. Die Versetzung kann beliebig auf der Zylinderoberfläche gleiten, der Schraubenanteil außerdem auf Ebenen parallel zur Zylinderachse (nach Read)

Klettern spielt eine wichtige Rolle beim Abbau von inneren Spannungen im Kristall. Die Bewegung einer α°-Versetzung kann wegen der Möglichkeit, die Versetzung in Stufen- und Schraubenanteil zu zerlegen, stets in eine Gleitkomponente in der Gleitebene und eine Kletterkomponente in der Gleitebene und eine Kletterkomponente senkrecht dazu zerlegt werden.

Als Gleitebene kommen besonders die **dichtest gepackten Ebenen** in Betracht. Da im Mittel die Dichte eines Kristalls (Atome/cm^3) konstant ist, sind die Abstände zwischen den dichtest gepackten Ebenen relativ groß, und diese Ebenen sollten relativ gut gegeneinander abgleiten können. In Übereinstimmung mit dieser intuitiven Betrachtung treten im kubisch flächenzentrierten Gitter (Abb. V,148a) und im Diamantgitter (Abb. V,148b) als Gleitebenen vorwiegend $\{111\}$ -Ebenen und im hexagonalen Gitter (Abb. V,148c) die (0001)-Ebene auf.

In einer vorgegebenen Gleitebene können **bei festem Burgersvektor** natürlich **verschiedene Versetzungstypen** auftreten, wie am Beispiel der bei einer bestimmten Verformungsgeometrie in Silicium auftretenden Versetzungen gezeigt werden soll. Silicium kristallisiert im Diamantgitter, welches aus zwei um je $a/4$ in den drei kartesischen Koordinaten verschobenen kubisch flächenzentrierten Gittern besteht (Abb. V,148b). Als Folge davon treten die $\{111\}$ -Gleitebenen in Doppellagen auf, zwischen denen eine Abgleitung besonders günstig ist. Es gibt **vier verschiedenorientierte $\{111\}$ - Ebenen,** und diese bilden einen Tetraeder, den sogenannten **Thompson-Tetraeder** (Abb. V,151). Seine Kanten entsprechen den kürzesten Translationsvektoren und sind

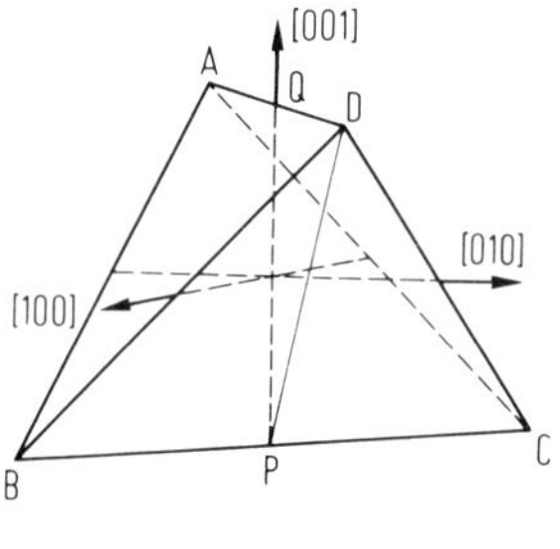

Abb. V,151 Thompson-Tetraeder mit Kanten in den ⟨110⟩ Richtungen:
AB = $[11\bar{1}]$, AC = $[01\bar{1}]$, AD = [110]
BC = $[\bar{1}10]$, BD = [011], CD = [101]

vom Typ 1/2 ⟨110⟩. Für die folgende Diskussion legen wir den Burgersvektor fest, und zwar wählen wir $\boldsymbol{b}$ = BC = 1/2 $[\bar{1}10]$. Die möglichen einfachen und zweifachen zusammengesetzten Versetzungen sind dann die in Tabelle 1 angegebenen, wobei unter zweifach zusammengesetzten Versetzungen solche verstanden werden, die sich durch Vektoraddition aus zwei mit den kürzesten Translationsvektoren zusammensetzen. Wählt man jetzt im Experiment die Verformungsgeometrie so, daß in der Tat der Gleit- oder Burgersvektor der Kante BC, die Ebene BCD einer Kristalloberfläche und die Ebene ABC der betätigten Gleitebene im Thompson-Tetraeder entspricht, so

No.	Versetzungs-richtung	Winkel α bezgl. Burgersvektor	Gleit-ebene	Lage im Thompson-Tetraeder
I	⟨110⟩	0°	–	BC
II	⟨110⟩	60°	{111}	AB, AC, DB und DC
III	⟨110⟩	90°	{100}	AD
IV	⟨112⟩	30°	{111}	BC+AC, BC+BA, BD+BC und DC+BC
V	⟨112⟩	90°	{111}	AC+AB und DC+DB
VI	⟨112⟩	73° 13′	{311}	AD+BD, DA+BA, AD+CD und DA+CA
VII	⟨112⟩	54° 44′	{110}	AB+DB und AC+DC
VIII	⟨100⟩	90°	{110}	AC+DB und AB+DC
IXa	⟨100⟩	45°	{100}	AD+BC und AD+CB
IXb	⟨100⟩	45°	{100}	AC+DB und AB+CD

Tabelle V,11 Versetzungstypen im Diamantgitter mit Burgersvektor = BC = 1/2 $[\bar{1}10]$ (nach Hornstra)

sind folgende Versetzungen möglich: die 60°-Versetzungen AB und AC; die 30°-Versetzungen BC + AC und BC + BA; die 90°-Versetzungen AC + BA = AP. Versetzungen durchstoßen die Oberfläche und können dort mit Hilfe einer Mehrfachätztechnik als Ätzgrübchen sichtbar gemacht werden. Die 60°-Versetzungen AB sind in Abb. V,152a dargestellt, die 90°-Versetzungen AP in Abb. V,152b. In den Photographien treten die dreidimensionalen Ätzgrübchen natürlich nur in ihrer zweidimensionalen Projektion, d.h. als Dreiecke auf. Die Ecken der Dreiecke entsprechen den Punkten B, C, D des Thompson-Tetraeders, die Mittelpunkte der Dreiecke dem Punkt A. Die Mittelpunkte der großen Dreiecke sind die Durchstoßpunkte der Versetzungen durch die Kristalloberfläche, die Mittelpunkte der kleinen Dreiecke sind die Durchstoßpunkte der Versetzungen durch eine etwas tiefer im Kristall liegende, der Oberfläche parallele Ebene. Die Verbindungslinien der Mittelpunkte der großen Dreiecke mit denen der zugehörigen kleinen Dreiecke bilden die Projektionen der

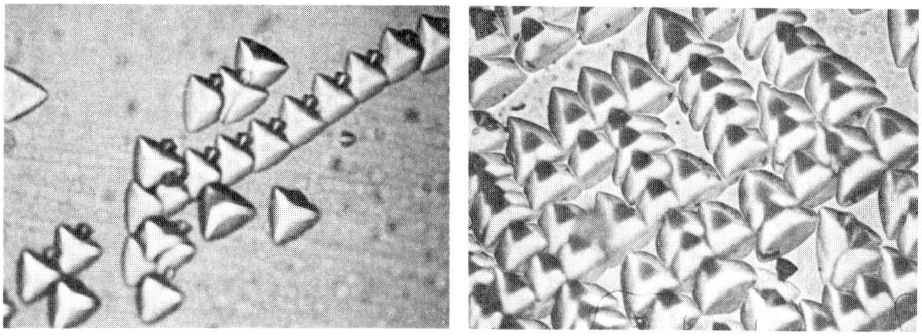

Abb. V,152 Bestimmung des Versetzungstyps in Silicium durch Anätzen. Die Versetzungen durchstoßen die (111)-Oberfläche des Kristalls (Vergrößerung: ca. 500-fach)
a) 60° Versetzungen
b) 90° Versetzungen

Versetzungen auf die Oberfläche. Aus den Projektionen folgen mit Hilfe der im Thompson-Tetraeder dargestellten geometrischen Verhältnisse die angegebenen Versetzungsrichtungen.

Die Plastizität von Kristallen beruht auf der Bewegung von Versetzungen. Während im elastischen Bereich, der für Dehnungen bis zu etwa 0,1 % gilt, nach dem Entlasten unter dem Einfluß der Bindungskräfte zwischen den Kristallbausteinen der Kristall sofort wieder seine ursprüngliche Form annimmt, tritt bei der plastischen Verformung eine bleibende Formänderung auf, die darauf beruht, daß Versetzungen durch den Kristall gewandert sind. Bei der **Wanderung einer Versetzung** brauchen nur am jeweiligen Ort der Versetzung **zwei Atome** aus verschiedenen Atomlagen **gegeneinander verschoben** zu werden (Abb. V,153a). Die Energieschwelle, die überwunden wird, wenn dabei die Versetzung von einem Energietal zum nächsten wandert, heißt Peierls-Energie E_p (Abb. V,153b). Die Peierls-Energie ist stark vom Material und für ein vorgegebenes Material stark vom Versetzungstyp abhängig, je nach den vorliegenden Bedingungen liegt sie im Bereich von 10^{-6} bis 10^{-3} des Schubmoduls G. Mit zunehmender Temperatur nimmt wegen der Temperaturbewegung der Kristallbausteine die effektive Peierls- Energie ab. Besonders groß ist die Peierlsenergie wegen der homöopolaren Bindung in Halbleitern. Diese sind daher bei Raumtemperatur spröde und erst bei Temperaturen oberhalb 2/3 der Schmelztemperatur plastisch verformbar.

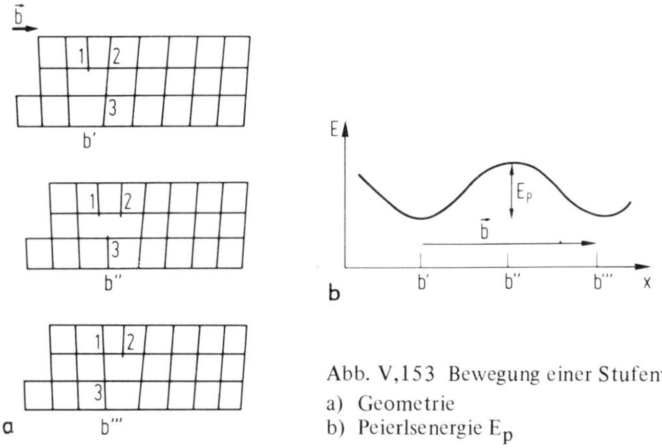

Abb. V,153 Bewegung einer Stufenversetzung
a) Geometrie
b) Peierlsenergie E_p

Ist unter dem Einfluß einer äußeren Schubspannung eine Versetzung bis zum Rand des Kristalls gewandert, so ist eine **Abgleitung** a von der Größe des Burgersvektors erzeugt worden. Hieraus folgt, daß die **Abgleitgeschwindigkeit** $\mathrm{d}a / \mathrm{d}t$ eines Kristalls mit N Versetzungen, die sich mit der Geschwindigkeit v unter dem Einfluß einer Spannung τ bewegen, durch

$$\mathrm{d}a / \mathrm{d}t = N\, b\, \mathrm{v}(\tau)$$

gegeben ist. Da hierbei im Kristall Versetzungen verlorengehen, müssen im Kristall ständig neue Versetzungen gebildet werden, damit eine bestimmte Verformungsgeschwindigkeit aufrechterhalten werden kann. Es gibt mehrere Möglichkeiten der Versetzungsmultiplikation, auf die wir hier jedoch nicht eingehen wollen.

Um eine Versetzung in Bewegung zu setzen, muß auf sie durch die am Kristall angreifende Schubspannung τ eine **Kraft** ausgeübt werden. Da die Verschiebung entlang ihres Linienelements nichts am Kristallzustand ändert, ist nur eine Bewegung senkrecht zur Versetzungslinie physikalisch sinnvoll. Dementsprechend wirkt eine **Kraft F stets senkrecht auf** eine **Versetzungslinie** l. Als **Größe der Kraft** bezeichnet man **diejenige Arbeit, die von der Schubspannung geleistet wird, um die Längeneinheit der Versetzungslinie** gerade **um die Einheit der Abgleitung**, d.h. um den Burgersvektor, **zu verschieben**. Es gilt also

$$F \perp l , \qquad F = b\,\tau$$

In diesem Zusammenhang ist es nützlich, die Eigenschaft einer Versetzung mit der eines Luftballons zu vergleichen. In einem Luftballon herrscht ein Druck, der eine Kraft auf die Oberfläche ausübt. Die Richtung der Kraft ist senkrecht zur Oberfläche des Ballons. Die Größe der Kraft ist gleich dem Druck, der definiert werden kann als die Arbeit, welche notwendig ist, das Volumen um die Volumeneinheit zu vergrößern. Die Gleitfläche eines Kristalls entspricht also einem zweidimensionalen Gas, welches sich unter dem Druck τb ausdehnt.

Wird an einer Versetzung Arbeit geleistet, so kann diese auf zweierlei Art von dem Kristall aufgenommen werden. Einmal kann sie in **Reibungswärme** umgesetzt werden, zum anderen kann sie als **potentielle Energie** gespeichert werden. Der erste Fall liegt eindeutig dann vor, wenn in einem ausgedehnten Kristall nur eine Versetzung vorhanden ist. Da die durch die Versetzung bedingte elastische Energie des Kristalls unabhängig von der Lage der Versetzung im Kristall ist, wird bei der Versetzungsbewegung die gesamte Arbeit (wie bei der Verschiebung einer Masse auf einer rauhen Ebene) in Reibungswärme umgesetzt. Enthält dagegen ein Kristall bewegliche und feste Versetzungen, so wird bei der Bewegung einer einzelnen oder mehrerer beweglichen Versetzungen die relative Lage der Versetzungen geändert und damit der Spannungszustand des Kristalls verändert. Die am System aufgewendete Arbeit wird jetzt überwiegend als potentielle Energie gespeichert und nur zum Teil in Reibungswärme umgesetzt.

Nach einem Satz von Colonetti ist es gleichgültig, ob die Kraft, die auf eine Versetzung wirkt, von äußeren oder von inneren Spannungen herrührt. Daher tritt Versetzungsbewegung unter Umständen auch beim Fehlen äußerer Spannungen allein wegen der von anderen Versetzungen herrührenden inneren Spannungen auf. Diese Tatsache ist für die Erholung von Kristallen von Bedeutung.

Das Spannungsfeld der Versetzungen läßt sich mit der Theorie der **Kontinuumsmechanik**, die ursprünglich für makroskopische Körper entwickelt wurde, berechnen. Wir betrachten ein isotropes Gitter. Da der Spannungstenor dann symmetrisch ist, hat er nur sechs verschiedene Komponenten. Als Versetzungsrichtung wählen wir die z-Richtung eines kartesischen Koordinatensystems. Außerdem legt man zweckmäßigerweise die Versetzung in den Koordinatenursprung $x = y = 0$.

Für eine **Schraubenversetzung ist** das **Spannungsfeld rotationssymmetrisch** (Abb. V,154b). Die Schubspannungskomponenten pro Längeneinheit der Versetzungen sind

$$\tau_{xy} = 0\,, \quad \tau_{xz} = -\,D_{\odot}\, y\,/\,r^2\,, \quad \tau_{yz} = D_{\odot}\, x\,/\,r^2 \quad [\mathrm{dyn/cm^2}]$$

wobei $D_{\odot} = Gb/2\pi$ durch den Schubmodul G und den Burgersvektor $\boldsymbol{b}$ gegeben ist und $r^2 = x^2 + y^2$ das Abstandsquadrat von der Versetzungslinie bedeutet. Normalspannungskomponenten treten hier nicht auf: $\sigma_x = \sigma_y = \sigma_z = 0$.

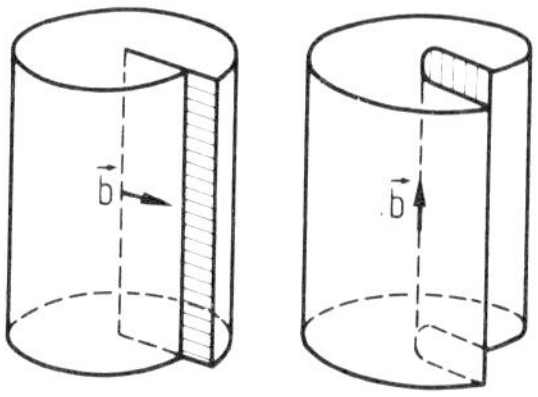

Abb. V,154 Versetzungen als spezielle Deformationszustände des Kontinuums
a) Stufenversetzung
b) Schraubenversetzung

Für die Betrachtung der **Stufenversetzung** sei die x-z-Ebene die Gleitebene und der Burgersvektor parallel zur x-Achse. Hier **ist das Spannungsfeld** natürlich **nicht rotationssymmetrisch** (Abb. V,154a). Die Schubspannungskomponenten pro Längeneinheit der Versetzung sind

$$\tau_{xy} = D_{\perp}\, x\,(x^2 - y^2)\,/\,r^4\,, \quad \tau_{xz} = \tau_{yz} = 0 \quad [\mathrm{dyn/cm^2}]$$

mit $D_{\perp} = D_{\odot}\,/\,(1 - \nu)$, ν = Poissonzahl. Die Normalspannungskomponenten σ_x, σ_y, σ_z sind für die Stufenversetzung von Null verschieden. Es sei darauf hingewiesen, daß **Schrauben- und Stufenversetzung keine gemeinsamen Spannungskomponenten** besitzen. Das bedeutet, daß Schrauben- und Stufenversetzungen sich in einem isotropen Gitter elastisch nicht beeinflussen.

Da die Kraft auf eine Versetzung proportional der auf sie wirkenden Spannung ist, ist mit den Spannungskomponenten auch die Kraft, die eine Versetzung auf eine zweite ausübt, bestimmt. Die **Kraft** läßt sich **als Gradient eines Potential** U darstellen

$$\boldsymbol{F}\,(x, y) = -\,\mathrm{grad}\; U\,(x, y) \quad [\mathrm{dyn/cm}]$$

wobei im Fall der Wechselwirkung von parallelen Schraubenversetzungen

$$\mathrm{U}\,(x, y) = \frac{b}{2}\, D_{\odot}\, \ln r^2 \quad [\mathrm{erg/cm}]$$

und im Fall der Wechselwirkung von parallelen Stufenversetzungen

$$U\,(x, y) = \frac{b}{2}\, D_{\perp}\, \{(x^2 - y^2)\,/\,r^2 - \ln r^2\} \quad [\mathrm{erg/cm}]$$

gilt. Die **Linien** U **= const. sind Äquipotentiallinien.**

Für den Fall der Stufenversetzungen ist das **Potentialfeld** in Abb. V,155a dargestellt. Die Kraftlinien laufen senkrecht zu den Äquipotentiallinien, wobei die Komponente F_x **in Gleitrichtung**, die **Komponente** F_y **in Kletterrichtung** der Stufenversetzung weist. Eine bewegliche Versetzung wird im Spannungsfeld der festen Versetzung den Pfad einschlagen, der zu einem möglichst tiefen, d.h. möglichst großen negativen Potential führt. Offenbar ist auch hier das Potential überall abstoßend. Unter speziellen Bedingungen kann es jedoch auch eine stabile Lage für die bewegliche Versetzung geben, nämlich dann, wenn Klettern wegen einer fehlenden Aktivierungsenergie verboten ist, und die Bewegung auf die Gleitebene beschränkt ist. Dies ist bei niederen Temperaturen der Fall, und dann gibt es direkt oberhalb (oder unterhalb) der festen Versetzung eine stabile Lage für die bewegliche.

Im Fall von mehreren festen Versetzungen gibt es im allgemeinen auch dann **stabile Lagen** für die bewegliche Versetzung, wenn die Aktivierungsenergie zum Klettern vorhanden ist. Dies sieht man am Beispiel von vier festen Versetzungen der Abb. V,155b. In der Mitte der Anordnung befindet sich ein Potentialberg. Wandert eine Versetzung von hier aus in der Gleitrichtung, d.h. in x-Richtung, so trifft sie auf ein Potentialtal. Setzt sie sich dort fest, dann bildet sie mit den schon vorhandenen beiden Versetzungen eine sogenannte Wandanordnung (Abb. V,155c). Da sich in einer Wand zwischen je zwei Versetzungen ein Potentialtal befindet, kann eine Versetzungswand weitere Versetzungen aufsaugen und sich dadurch weiter stabilisieren. Der anziehende Bereich einer Wand ist von der Größenordnung eines Versetzungsabstandes. – Wandert die bewegliche Versetzung vom Potentialberg in der Mitte der Anordnung in Kletterrichtung, d.h. in y-Richtung, so trifft sie auf kein Potentialtal und verläßt die Anordnung der festen Versetzungen. Es gilt nun ganz allgemein, daß zwischen zwei Stufenversetzungen in derselben Gleitebene kein Potentialtal für eine dritte auftreten kann.

Diese Betrachtungen über die elastische Wechselwirkung weniger Versetzungen lassen sich auf viele Versetzungen extrapolieren. Bei Anwendung auf die Umordnung von Versetzungen in einem Realkristall ist zu beachten, daß unter Umständen fast alle Versetzungen beweglich sind, und die Potentialfelder sich daher entsprechend der Änderung der relativen Lage der Versetzungen dauernd verändern.

Da mehrere Stufenversetzungen in ein- und derselben Gleitebene vom elastischen Standpunkt aus eine **metastabile Anordnung** bilden, brechen sie schon unter einer geringen Störung bei einer zum Klettern ausreichenden Temperatur aus dieser Anordnung aus. Ein Beispiel ist im umrandeten Teil der Abbildung V,156 für Stufenversetzungen in Silicium zu sehen. Dieser Prozeß ist auch wichtig für die Auflösung eines Aufstaus von Versetzungen an einem festen Hindernis.

Die gespeicherte elastische Energie eines Kristalls ist dann klein, wenn die vorhandenen Versetzungen sich zu Wänden anordnen. Man nennt diesen Prozeß **polygonisieren**. Ein Beispiel dafür, wie im Zuge der Polygonisation sich kurze Wände zu längeren umwandeln, ist in Abbildung V,157a zu sehen. Interessant ist, daß Wände sich nicht nur durch Aufsaugen von vereinzelten Versetzungen verdichten, sondern daß auch zwei kurze Wände über eine sogenannte y-Verzweigung insgesamt zu einer Wand zusammenwachsen können (Abb. V,157b). Eine dichte Versetzungswand wird auch als

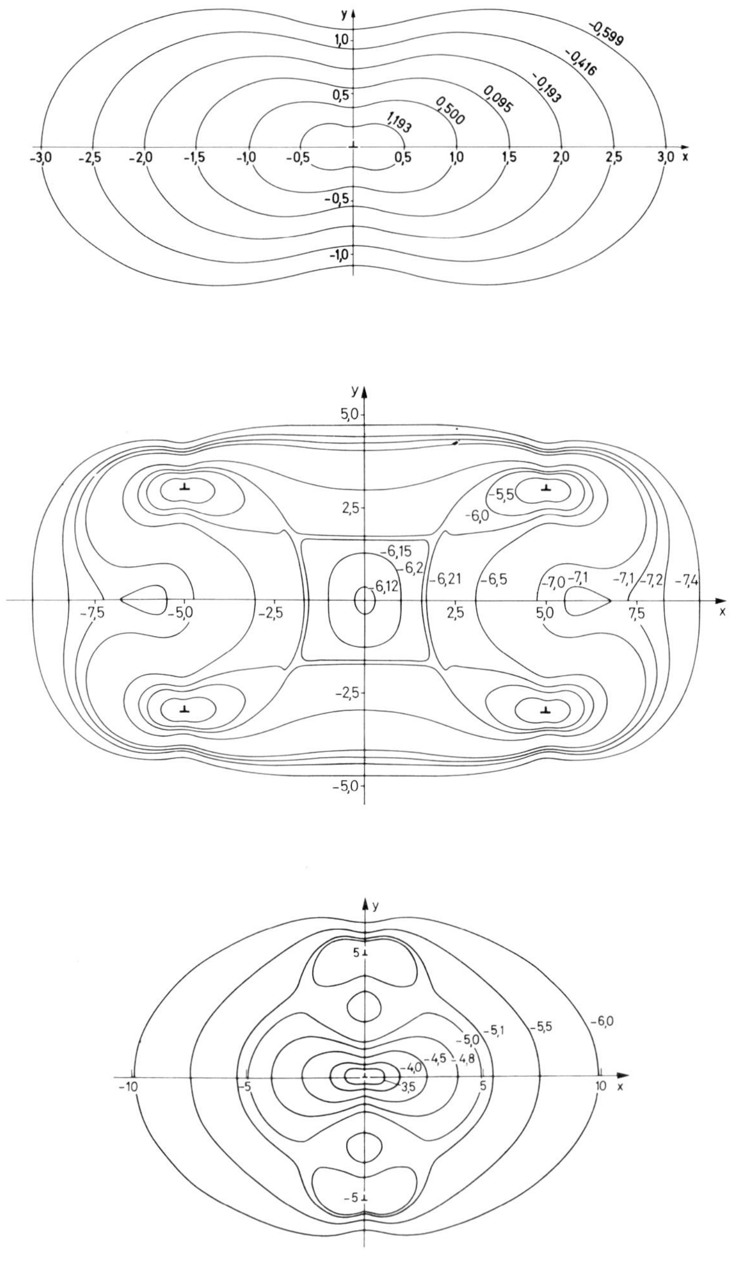

Abb. V,155 Potentialfelder verschiedener Stufenversetzungsanordnungen (⊥ = Ort der festgehaltenen Versetzungen)

a) einzelne Stufenversetzung
b) zweidimensionale Anordnung
c) kurze Versetzungswand

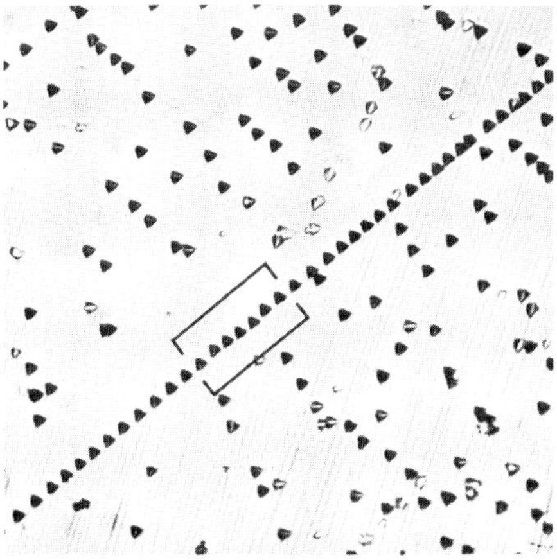

Abb. V,156 Instabile Gleitanordnung von Stufenversetzungen (umrandeter Teil), Ätzgrübchen auf (111)-Oberfläche eines verformten Siliciumkristalls (Vergrößerung: ca. 100-fach)

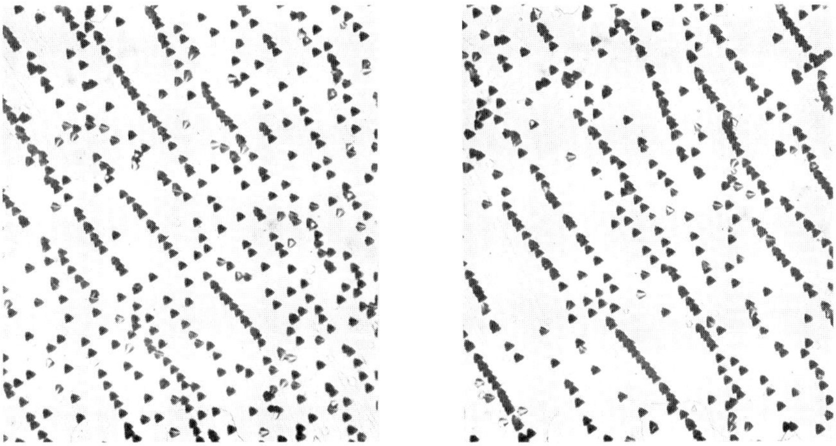

Abb. V,157 Polygonisation, Ätzgrübchen auf der (111)-Oberfläche eines verformten Siliciumkristalls (Vergrößerung: ca. 100-fach)

a) kurze Versetzungswände

b) Vereinigung von Versetzungswänden

Kleinwinkelkorngrenze bezeichnet, da sie zu einer relativen Verdrehung der Gitter um den kleinen Winkel $\Theta = b/h$ führt (h = Abstand der Versetzungen).

Die Beweglichkeit von fast geraden Versetzungen wird durch Abweichungen von der exakten Gradlinigkeit stark beeinflußt.

Als **Sprung** oder Jog bezeichnet man das Stück einer Versetzung, in welchem sie von einer Gleitebene auf eine andere überspringt. Für die Stufenversetzung (Abb. V,158a)

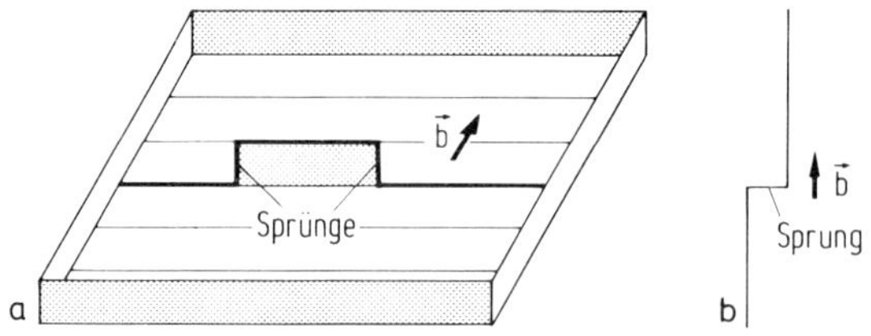

Abb. V,158 Sprung in
a) Stufenversetzung
b) Schraubenversetzung

bewegt sich der Sprung mit der Versetzung konservativ, entlang der Versetzung jedoch nicht konservativ. Die Bewegung eines Sprunges entlang der Versetzung führt zum Klettern der Versetzung. Je nach der Bewegungsrichtung wirkt der Sprung hierbei als Leerstellenquelle oder -senke. Für die Schraubenversetzung (Abb. V,158b) bewegt sich dagegen der Sprung entlang der Versetzung konservativ und mit der Versetzung nicht konservativ. Die Beweglichkeit der Schraubenversetzung beim Gleiten wird also durch Sprünge stark behindert. – Versetzungssprünge entstehen unter bestimmten geometrischen Verhältnissen, wenn eine sich bewegende Versetzung eine zweite Versetzung schneidet. Auch aus thermodynamischen Gründen sind im allgemeinen Sprünge entlang einer Versetzung vorhanden.

Als **Kinke** bezeichnet man das Stück einer Versetzung, in welchem sie von einem Energietal einer dichtest gepackten Richtung in das benachbarte parallele Energietal überwechselt (Abb. V,159). Die Form der Kinke hängt von dem Verhältnis der Peierlsenergie E_p zur Linienspannung E_e der Versetzung ab. Für kubisch flächenzentrierte Metalle ist $E_p < E_e$, und die Kinke ist auseinandergezogen. Für Halbleiter mit konvalenter Bindung ist $E_p \gg E_e$, und die Kinke ist lokalisiert. Die für die Kinkenbewegung notwendige Aktivierungsenergie ist ein die Versetzungsgeschwindigkeit bestimmender Faktor.

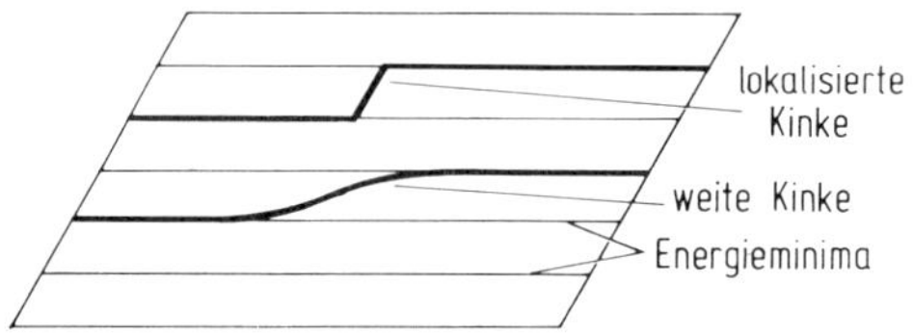

Abb. V,159 Kinken

Ein wichtiger Mechanismus für die Verfestigung von Kristallen ist die **Verhakung von nicht parallelen Versetzungen,** da dadurch die Versetzungsbeweglichkeit erheblich eingeschränkt wird oder auch völlig aufgehoben wird. Eine wichtige Rolle spielt hierbei der **Versetzungsknoten**. Hiermit bezeichnet man eine Stelle, an der mehrere Versetzungslinien mit verschiedenen Burgersvektoren zusammentreffen, so daß die Summe der Burgersvektoren gleich Null ist. Betrachten wir als spezielles Beispiel drei Versetzungen im kubisch flächenzentrierten Gitter mit den Burgersvektoren $\boldsymbol{b}_1 = 1/2\,[110]$, $\boldsymbol{b}_2 = 1/2\,[\bar{1}01]$, $\boldsymbol{b}_3 = [0\bar{1}\bar{1}]$; diese bilden wegen $\boldsymbol{b}_1 + \boldsymbol{b}_2 + \boldsymbol{b}_3 = 0$, einen Dreierknoten. Wir setzen voraus, daß die Versetzungen keine reinen Schraubenversetzungen sind. Dann gilt: liegen die Versetzungen in drei verschiedenen Gleitebenen, etwa in $(1\bar{1}1)$,

(111) und $(11\bar{1})$, so ist der Knoten unbeweglich; liegen sie nur in zwei verschiedenen Ebenen, etwa in $(1\bar{1}1)$, $(1\bar{1}1)$ und $(11\bar{1})$, so ist der Knoten längs der Schnittgeraden, also parallel zur [011]-Richtung beweglich; liegen alle drei Versetzungen in nur einer Gleitebene, etwa in der $(1\bar{1}1)$-Ebene, so ist der Knoten in dieser Ebene frei beweglich. – Unter Umständen kann natürlich bei einem unbeweglichen Versetzungsknoten eine der Versetzungen ihre Richtung ändern und sich zu einer Schraubenversetzung ausziehen. Dann kann sie durch „Quergleiten" auf eine Gleitebene der beiden anderen überwechseln und so die Unbeweglichkeit des Knotens aufheben.

Bis jetzt haben wir stets vorausgesetzt, daß eine Versetzung eng lokalisiert ist. Dies braucht jedoch nicht der Fall zu sein. Betrachtet man z.B. die **Stapelabfolge** der (110)-Ebenen im kubisch flächenzentrierten Gitter, so sieht man, daß die Stapelabfolge der Gitterebenen abab . . . ist, d.h. es gibt zwei gegeneinander verschobene Ebenen a und b, deren Atome je für sich in der Projektion aufeinanderfallen. Es sind demnach zwei eingeschobene Ebenen zur Realisierung des kürzesten Burgersvektors vom Typ 1/2 ⟨110⟩ nötig (Abb. V,160a). Spaltet die vollständige Versetzung in **zwei Teilversetzungen** auf (Abb. V,160b), so kann das einen Gewinn an elastischer Energie bedeuten. Der Burgersvektor jeder Teilversetzung ist dann jedoch nicht mehr Translationsvektor des Gitters.

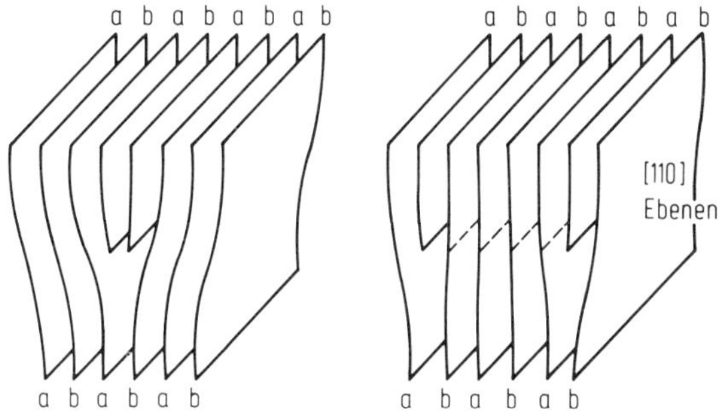

Abb. V,160 Aufspaltung einer Stufenversetzung im kubisch flächenzentrierten Gitter

Die Weite der Aufspaltung hängt davon ab, wie groß die dabei aufzuwendende Stapelfehlerenergie γ ist. Es treten Aufspaltungen bis zu 20 Atomabständen auf. So hat z.B. Kupfer eine niedrige Stapelfehlerenergie, $\gamma = 40\ \mathrm{erg/cm^2}$, und die Aufspaltung ist groß, für Aluminium dagegen ist $\gamma = 200\ \mathrm{erg/cm^2}$, und die Aufspaltung ist gering. Die Stelle einer aufgespaltenen Versetzung, an der die Aufspaltung rückgängig gemacht ist, bezeichnet man als Einschnürung. Die Möglichkeit der Einschnürung einer aufgespaltenen Versetzung ermöglicht das Schneiden zweier aufgespaltener Stufenversetzungen und das Quergleiten von aufgespaltenen Schraubenversetzungen.

Die Eigenschaften der Versetzungen bestimmen die makroskopisch beobachtbaren plastischen Eigenschaften von Kristallen. Wegen der Auszeichnung von bestimmten Gleitebenen und Gleitrichtungen hängt in Einkristallen das plastische Verhalten von der gewählten **Geometrie bei der Verformung** ab. Bei polykristallinem Material wird über gegeneinander verschiedenorientierte Einkristalle gemittelt, und die Orientierungsabhängigkeit ist nicht beobachtbar.

Der wichtigste **Versuch zur plastischen Verformung** ist der Zugversuch, bei dem der Kristall sich unter der angelegten Belastung in seiner Längsrichtung ausdehnt, indem er entlang den Gleitebenen stückweise abgleitet. Man unterscheidet zwei verschiedene Versuchsbedingungen. Beim **Kriechversuch** wird die Belastung konstant gehalten, und man mißt die Abgleitung a als Funktion der Zeit t. Beim **dynamischen Zugversuch** zwingt man dem Kristall eine konstante Abgleitgeschwindigkeit $\dot{a}$ auf und mißt die zur Verformung notwendige Spannung τ als Funktion der Abgleitung. Experimentell erzeugt man eine konstante Abgleitgeschwindigkeit über einen Spindelantrieb. Zur Bestimmung der Abgleitung benutzt man die Widerstandsänderung von Dehnungsmeßstreifen. Beim Kriechversuch ist die angelegte Last, beim dynamischen Versuch die Größe $\dot{a}$ ein variierbarer Parameter, beide Experimente führt man zweckmäßigerweise bei konstanter Temperatur für mehrere Temperaturen durch. Die Schubspannung, ab der eine plastische Verformung eines unverformten Kristalls eintritt, nennt man die kritische Schubspannung τ_0.

Ein **gemeinsames Kennzeichen der Plastizität von Einkristallen** ist, daß sie sich in einem ersten Bereich relativ schwer verformen lassen. Das liegt daran, daß anfänglich nur relativ wenige Versetzungen vorhanden sind, die eine Abgleitung herbeiführen können. Die Ausgangsversetzungsdichte beträgt in gängigen Metalleinkristallen etwa $10^5/\text{cm}^2$, in Halbleiterkristallen etwa $10^3/\text{cm}^2$, jedoch lassen sich durch besondere Züchtungsbedingungen auch versetzungsfreie Kristalle herstellen. Im Verlauf der Verformung nimmt die Zahl der beweglichen Versetzungen durch Versetzungsmultiplikation zu, und bei vorgegebener Spannung wird die Abgleitgeschwindigkeit größer, bzw. bei vorgegebener Abgleitgeschwindigkeit wird die zur weiteren Verformung notwendige Spannung geringer. Mit zunehmender Zahl der Versetzungen wird jedoch auch die gegenseitige Behinderung der Versetzungen größer, sei es, daß die von außen auf den Kristall wirkende Spannung teilweise durch innere, von dem Spannungsfeld der Versetzungen herrührende Spannungen kompensiert wird oder daß durch Bildung von Versetzungsknoten unbewegliche Hindernisse entstehen. In einem dritten Bereich überwiegt die gegenseitige Behinderung der Versetzungen, und es tritt Verfestigung ein. Die endgültige Verfestigung wird zum Teil dadurch verzögert, daß die aufgebauten Hindernisse teilweise auch wieder abgebaut werden können oder daß bewegliche Versetzungen die Hindernisse umgehen, z. B. durch Klettern von Stufenversetzungen oder Quergleiten von Schraubenversetzungen. Die Versetzungsdichte in stark verformtem Material beträgt größenordnungsmäßig $10^{12} - 10^{13}/\text{cm}^2$ in Metallen und $10^8/\text{cm}^2$ in Halbleitern.

Im einzelnen hängen Verformungskurven stark von der Kristallstruktur und von den Bindungsverhältnissen ab. So gibt es in Cd und Zn mit hexagonalem Gitter nur drei Gleitsysteme, in Cu und Al mit kubisch flächenzentriertem Gitter dagegen zwölf. Die Wahrscheinlichkeit, daß außer dem primären Gleitsystem auch sekundäre Gleitsysteme und damit Knotenbildungen auftreten, ist daher in Cu und Al groß verglichen mit Cd und Zn. Die Peierlsenergie hängt stark vom Bindungstyp ab. Daher ist die Versetzungsbeweglichkeit in Halbleitern mit homöopolarer Bindung und entsprechend großer

Peierlsenergie gering verglichen mit der von Metallen. – Aber auch Metalle mit gleicher Gitterstruktur zeigen unterschiedliches plastisches Verhalten. So sind in Cu und Al wegen der verschiedenen Elektronenkonfigurationen die Stapelfehlerenergien nicht gleich. Da die Möglichkeit, Einschnürungen in aufgespaltenen Versetzungen zur Umgehung von festen Hindernissen zu bilden, von den Stapelfehlerenergien abhängt, kann gleiches plastisches Verhalten dieser beiden Metalle nicht erwartet werden.

Grenzflächen

Als **Korngrenze** bezeichnet man die Grenzfläche zwischen zwei Einkristallen. Neben der schon erwähnten Kleinwinkelkorngrenze gibt es die Großwinkelkorngrenze, bei der die aneinandergrenzenden Kristallite völlig unabhängig voneinander sind. In diesem Fall besteht die Korngrenze aus einem stark gestörten Kristallgebiet. In einem **Vielkristall** tritt bei der plastischen Verformung eine Abgleitung nicht nur innerhalb der einzelnen Kristallite auf, sondern auch Abgleitung entlang der Korngrenzen. Die für Einkristalle typische Orientierungsabhängigkeit im Anfangsbereich der Verformung ist bei einem Vielkristall nicht vorhanden, mit zunehmendem Verformungsgrad werden sich jedoch Einkristall und Vielkristall desselben Materials in ihrem plastischen Verhalten ähnlicher, da meist auch im Einkristall mit zunehmender Verformung mehrere Gleitsysteme betätigt werden.

Eine besondere Rolle spielt die **Kristalloberfläche**, da sich ein Kristall hier durch Anbau weiterer Gitterbausteine vergrößern kann. Dieses **Kristallwachstum** tritt dann auf, wenn der Kristall sich in einer übersättigten oder unterkühlten Nährphase befindet. Hierbei kann die Nährphase eine Dampfphase, eine Schmelze oder eine Lösung sein. An Hand des p-T-Diagramms (Abb. V,161) lassen sich die verschiedenen Möglichkeiten, Kristallwachstum zu erzeugen, ablesen.

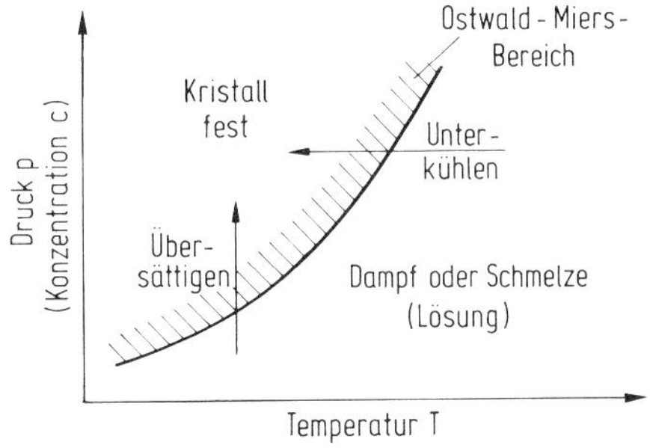

Abb. V,161 Kristallisationsbedingungen im p-T-Diagramm (c-T-Diagramm für Lösungen)

Eine wichtige Frage ist die der **Kristallkeimbildung**, die dem eigentlichen Kristallwachstum vorangeht. Kristallkeime entstehen durch statistische Schwankungen der Dichte bzw. Konzentration und der kinetischen Energie der Gitterbausteine (Atome, Ionen, Moleküle). Oberhalb einer kritischen Größe ist ein Kristallkeim stabil und wächst, unterhalb derselben ist er instabil und löst sich wieder auf. Die kritische Größe ergibt sich daraus, daß bei ihr die zur Überwindung der **Oberflächenspannung** notwendige Energie sich gerade aufhebt gegen die beim Übergang vom ungeordneten in den geordneten Zustand gewonnene **Kristallisationsenergie**. Da die Oberflächenspannung mit dem Quadrat, die innere Energie aber mit der dritten Potenz der Kristallausdehnung wächst, sind Kristalle oberhalb einer kritischen Größe stabil. Das Wachsen des Kristallkeims hängt naturgemäß von der Diffusion neuer Bausteine zum Keim ab und erfordert eine thermisch aufzubringende Energie. Wegen der Schwierigkeit, durch spontane Keimbildung Kristallwachstum in einer vorgegebenen Orientierung zu erzeugen, benutzt man in der Praxis meist einen Impfkristall, d.h. einen kleinen Kristall vorgegebener Orientierung, zur Einleitung des Wachstums.

Mit zunehmender Entfernung von der **Sättigungskurve** zwischen Kristall- und Nährphase im p-T-Diagramm in Richtung der festen Phase nimmt die Wahrscheinlichkeit der Keimbildung zu. Um die Bildung von unerwünschten Keimen zu verhindern, die zur Bildung eines Vielkristalls führen würde, nachdem erst einmal ein Kristall zu wachsen begonnen hat, muß man die Züchtungsbedingungen so einstellen, daß sie nicht zu weit von der Sättigungskurve entfernt sind. Der Bereich, in dem trotz Übersättigung noch keine spontane Keimbildung eintritt, heißt **Ostwald-Miers-Bereich**.

Die Erfahrung zeigt, daß die Wachstumsgeschwindigkeit selbst bei geringer Übersättigung der Nährphase sehr viel größer ist, als für den Fall zu erwarten ist, daß sich nach Vervollständigung einer Atomlage die nächste durch Anlagerung eines Atoms (und daran folgend weiterer Atome) bildet. Diese Tatsache ist von Frank dadurch erklärt worden, daß beim Vorhandensein zumindest einer Schraubenversetzung keine neuen Ebenen gebildet werden müssen, da der Kristall als kontinuierliche Wendeltreppe wächst. Die danach zu erwartenden **Wachstumsspiralen** sind in der Tat häufig beobachtet worden.

Für jedes Material sind die geeigneten **Züchtungsverfahren** auszuwählen. So eignet sich für die Züchtung von z.B. ZnO, ZnS, CdS, SiC besonders gut die **Züchtung aus der Dampfphase**, indem man in einem abgeschlossenen Quarzrohr an einer Stelle der Temperatur T_1 das Ausgangsmaterial verdampft, um es an einer Stelle der Temperatur T_2 sublimieren zu lassen. Eine spezielle Variante dieses Verfahrens ist, das Ausgangsmaterial in einem offenen System mit einem Transportgas bei einer Temperatur T'_1 reagieren zu lassen; das Reaktionsprodukt zersetzt sich dann wieder am Ort des Kristallwachstums. Der Vorteil dieses Verfahrens ist, daß T'_1 kleiner als die Verdampfungstemperatur des reinen Stoffes sein kann und man daher insgesamt bei tieferen Temperaturen arbeitet. Dieses Verfahren der chemischen Transportreaktion wird für die Züchtung der III-V-Kristalle wie z.B. GaAs und InP angewendet.

Bei der **Züchtung aus der Lösung** ist es wichtig, den Grad der Übersättigung konstant zu halten. Dies kann man bei kleinen Kristallen einfach dadurch erreichen, indem man das Lösungsvolumen groß gegen das Kristallvolumen wählt. Für die Herstellung größerer Kristalle stellt man einen geschlossenen Kreislauf her, bei welchem die Lösung in einem Bad höherer Temperatur neu gesättigt wird, nachdem sie am Kristall bei einer tieferen Temperatur Material abgegeben hat. Nach dieser Methode werden z.B. Alaun-, Seignettesalz- und Aluminiumdihydrogenphosphat (ADP)-Kristalle gezüchtet. Eine Variante der

Lösungskristallisation ist das Hydrothermal-Verfahren, bei welchem in einem Autoklaven (Druck bis 1 kbar) aus wässerigen Lösungen bei relativ hohen Temperaturen (500 °C) Kristalle z.B. des Quarz, Berylls und Smaragds gezüchtet werden.

Das **Ziehen aus der Schmelze** eignet sich besonders für Metalle und die elementaren Halbleiter. Hierbei wird entweder die Schmelze mit dem Kristall insgesamt langsam abgekühlt oder aber der Kristall aus einer Schmelze konstanter Temperatur langsam herausgezogen (Czrochalski-Verfahren).

Von großer technischer Bedeutung ist das **Zonenziehverfahren**, bei dem ein zylindrischer Stab des Ausgangsmaterials durch eine Heizspule oder auch induktiv lokal aufgeheizt wird. Die Schmelzzone durchwandert langsam den Kristall, und dabei schmilzt auf der Frontseite das Material und kristallisiert auf der Rückseite als Einkristall aus. Wegen der unterschiedlichen Verteilung von gelösten Substanzen in der festen und flüssigen Phase, ferner durch Abdampfung in das umgebende Schutzgas oder Vakuum, wird der Kristall hierbei auch chemisch gereinigt. Durch wiederholtes Durchfahren der Schmelzzone werden die Kristalle laufend reiner und die Zahl der Gitterfehler geringer. Für Silicium, welches eine relativ hohe Oberflächenspannung besitzt, kann dieses Verfahren in senkrechter Anordnung auch ohne jedes Tiegelmaterial durchgeführt werden, da hier die eigene Oberflächenspannung das Silicium in der Schmelzzone zusammenhält. Nach diesem Verfahren können sehr hochohmige Kristalle hergestellt werden.

Ein spezielles Schmelzverfahren ist auch das **Verneuil-Verfahren**, bei dem ein feingekörntes Ausgangsmaterial durch eine kleine Öffnung in die Spitze einer heißen Flamme läuft, dort aufgeschmolzen wird und dann auf den bereits vorhandenen Kristall aufwächst. Der Kristall sitzt auf einem hitzebeständigen Keramikstutzen, der entsprechend der Kristallwachstumsgeschwindigkeit von der Flamme weggeführt wird. Diese Methode eignet sich für die Züchtung von z.B. Rubin, Spinell und Rutil.

Literatur

W. T. Read: Dislocations in Crystals, McGraw-Hill, New York 1953.

A. Seeger, Hrsg.: Moderne Probleme der Metallphysik, Springer, Berlin 1965

J. P. Hirth, J. Lothe: Theory of Dislocations McGraw Hill, New York 1968

Proceedings of the 1974 International Conference on Lattice Defects in Semiconductors, The Institute of Physics, London 1975.

2. Metalle

(Ludwig Thomas, Berlin)

2.1 Kennzeichnung der Metalle

Metalle sind eine Gruppe von Materialien, die dadurch charakterisiert sind, daß für sie eine Reihe von Eigenschaften bestimmte Werte annimmt. Hierzu gehören hohes Reflexionsvermögen für sichtbare elektromagnetische Strahlung (metallischer Glanz), hohe elektrische und thermische Leitfähigkeit und leichte plastische Verformbarkeit. Das Reflexionsvermögen liegt bei senkrechtem Einfall der Strahlen über 80%, die spezifische elektrische Leitfähigkeit beträgt bei 0 °C etwa $10^7\ \Omega^{-1}\ m^{-1}$, und für die mechanische Spannung, bei der die plastische Verformung eines Metalles beginnt, findet man die Größenordnung $10^8 Nm^{-2}$. Die Werte dieser Eigenschaften können sich bei Metallen durch bestimmte Behandlungen aber auch sehr ändern. Da mehrere Eigenschaften genannt wurden, kann es sein, daß bezüglich einer Eigenschaft ein Material metallisch ist, bezüglich einer anderen nicht. Die Grenze zwischen Metallen und Nichtmetallen ist also fließend.

Die Ursache für diese Eigenschaften der Metalle ist in ihrer Elektronenstruktur begründet. In einem Metall kann sich größenordnungsmäßig ein Elektron pro Atom relativ leicht von einem Atom zu einem anderen bewegen, da das Valenzband nicht vollständig mit Elektronen besetzt ist (vergl. Kap. V, 1e). Man kann daher ein Metall auch dadurch definieren, daß es ein Stoff ist, in dem oberhalb der Fermigrenze, bis zu der alle Energiezustände der Elektronen besetzt sind, unmittelbar anschließend unbesetzte Energiezustände der Elektronen existieren. Nur eine kleine Energie ist für die Anregung der Elektronen in diese Zustände notwendig, z. B. bei Natrium vom Volumen 1 m^3 nur etwa 10^{-9} eV. Viele Eigenschaften von Metallen beruhen auf dieser niedrigen Anregungsenergie der Elektronen.

Metalle in diesem Sinne können aus einem reinen chemischen Element oder aus einer Mischung mehrerer Elemente bestehen. Unter Metallen sollen also hier Reinmetalle und Legierungen verstanden werden.

2.2 Experimentelle Methoden

Zur Untersuchung von Metallen werden viele auch sonst in der Festkörperphysik übliche Verfahren benutzt. Besonders charakteristisch für die Metallerforschung sind jedoch die **metallographischen Arbeitsverfahren.** Verwendet man ein Lichtmikroskop, so wird hierbei der zu untersuchende Oberflächenbereich eines Metalles mechanisch oder elektrolytisch glatt poliert, chemisch angeätzt und beobachtet. Es zeigt sich dann, daß ein mit bloßem Auge homogen aussehendes Metall im allgemeinen nicht einheitlich aufgebaut ist, sondern aus verschiedenen Körnern oder Kristalliten besteht, zwischen denen Korngrenzen angeordnet sind, s. Bd. I, Abb. VII,26. Legierungen enthalten oft in der Zusammensetzung verschiedene Körner. Man bezeichnet die im Mikroskop sichtbare Kornstruktur als das Gefüge des Metalles. Das Gefüge wird dadurch sichtbar, daß das Ätzmittel die verschiedenen kristallographischen Ebenen unterschiedlich angreift. Dadurch entstehen verschiedene Reflexionsbedingungen für das auffallende Licht. Durch besondere Ätzverfahren können die Durchstoßpunkte von Versetzungen durch die Metalloberfläche sichtbar gemacht werden (Bd. I, Abb. VII,41).

Der Begrenzung der lichtmikroskopischen Auflösung auf etwa 0,2 μm und der geringen Schärfentiefe wegen werden auch elektronenmikroskopische Verfahren verwendet. Mit einem Elektronenrastermikroskop können Metalloberflächen direkt beobachtet werden. Ein auf etwa 1 μm Durchmesser gebündelter Elektronenstrahl tastet wie auf einem Fernsehschirm die zu beobachtende Oberfläche ab. Die Abbildung erfolgt durch die rückgestreuten Elektronen oder die Sekundärelektronen. In einer Mikrosonde wird außerdem die entstehende charakteristische Röntgenstrahlung zur Abbildung verwendet, so daß Gefügebestandsteile verschiedener Zusammensetzung sichtbar gemacht werden können. Höhere Auflösungen, bis zu 10^{-3} μm können nur in einer Durchstrahlungstechnik erreicht werden. Dabei werden mit anorganischen Filmen Oberflächenabdrücke erzeugt, die im Elektronenmikroskop durchstrahlt werden. Der Kontrast kann durch Bedampfen des Oberflächenabdruckes mit Schwermetallen erhöht werden. Es ist aber auch möglich, mit Hilfe einer besonderen Dünnpoliertechnik so dünne Metallfolien herzustellen, daß sie direkt im Elektronenmikroskop durchstrahlt werden können. Bei dieser Technik befindet sich die zu dünnende Probe als Anode geschaltet in einem geeigneten Elektrolyten in der Mitte zwischen zwei Kathoden. Die Elektrolyse muß so geführt werden, daß weder ein Ätzen der Probe noch eine Sauerstoffentwicklung einsetzt. Um möglichst dicke Folien zu durchstrahlen, wird eine möglichst hohe Beschleunigungsspannung des Elektronenmikroskopes gewählt. Geräte mit Spannungen bis zu 2 MV werden benutzt. Die Folien können dann Dicken von 1–5 μm haben.

Von besonderer Bedeutung sind für die Metallphysik auch alle Methoden zur Bestimmung der Elektronenstruktur (De Haas – van Alphen-Effekt, Zyclotron-Resonanz, Magnetwiderstand, Compton-Streuung, Emission und Absorption von elektromagnetischer Strahlung u. a.).

Der für alle mechanischen Eigenschaften grundlegende Versuch ist der Zugversuch. Dabei werden stabförmige Proben achsial mit einer zeitlich zunehmenden Kraft auseinandergezogen. Diese Kraft wird i. A. durch ein elastisches Meßglied gemessen, die Dehung des Kristalls wird mit sog. Dehnungsmeßstreifen ermittelt. Diese Streifen sind Metallfolien, die an der Versuchsprobe befestigt mit ihr gedehnt werden und deren elektrischer Widerstand sich dabei ändert.

Neben diesen Verfahren sollen noch thermische Meßverfahren (thermische Analyse, Messung von gespeicherter Energie) genannt werden. Sie werden zur einfachen Bestimmung von Zustandsdiagrammen, Erholungsvorgängen und zur Messung der spezifischen Wärme benutzt. Im allgemeinen wird dabei eine Temperatur-Zeit-Kurve bei Abkühlung oder Erwärmung aufgenommen. Phasenänderungen machen sich auf dieser Kurve als Haltepunkt oder Knickpunkt, Abgabe von gespeicherter Energie als Steigungsänderung, bemerkbar.

2.3 Einstoffsysteme

2.3.1 Ideal-kristalliner Aufbau

Die meisten Metalle liegen in einem der drei folgenden Kristallgitter vor: Im kubisch-raumzentrierten (krz.) Gitter hat jedes Atom 8 nächste Nachbarn; im kubisch-flachzentrierten (kfz.) Gitter, auch kubisch dichteste Kugelpackung genannt, mit 12 nächsten Nachbarn, oder im hexagonal dichtest gepackten (hdp.) Gitter, wo ebenfalls 12 nächste Nachbarn vorliegen. Die beiden letzten Gitter unterscheiden sich nur durch die Reihenfolge, in der die dichtest gepackten $\{111\}$-Ebenen aufeinander folgen; im kfz. Gitter ist die Stapelfolge ABC ABC, im hdp. Gitter AB AB. Die Ursache für eine bestimmte Kristallisationsform liegt darin, daß die freie Enthalpie einen Minimalwert für diese annimmt. Wenn die freie Enthalpie sich als Funktion der Temperatur bei einem Metall stark ändert, können bei verschiedenen Temperaturen verschiedene Kristallisationsformen vorliegen. Dies kommt besonders bei mehrwertigen Metallen und bei den Übergangsmetallen vor (Übergangsmetalle sind diejenigen Elemente, deren d-Elektronenschale nicht abgeschlossen ist). Das α-Eisen z. B. besitzt ein krz. Gitter bis zur Temperatur 910 °C, zwischen 910° und 1400 °C hat das Eisen ein kfz. Gitter (γ-Eisen), und zwischen 1400° und dem Schmelzpunkt bei 1535 °C ist die stabile Form wieder das krz. Gitter (δ-Eisen).

Die **metallische Bindung** bestimmt den kristallinen Aufbau der Metalle. Sie stellt einen Übergang dar zwischen der heteropolaren Bindung, in der nur lokalisierte Elektronen vorhanden sind und die Bindung nur durch Coulomb-Kräfte zustande kommt, und der homöopolaren Bindung, wo die Bindung durch Austauschkräfte zwischen den äußeren Elektronen von benachbarten Atomen hervorgerufen wird. Bei Metallen werden die geladenen positiven Ionen durch die im gesamten Gitter nahezu konstante Ladungsverteilung der negativen Elektronen zusammengehalten. Es gibt wesentlich mehr erlaubte Elektronenzustände im Valenzband als Elektronen vorhanden sind, daher sind die Elektronen schon bei Einwirkung von geringen Kräften (elektrische oder thermische Kräfte) frei beweglich. Die metallische Bindung ist wesentlich weniger richtungsabhängig als die homöopolare Bindung. Dies ist die Ursache für die hohe Packungsdichte der metallischen Kristallisationsform. Außerdem wird hierdurch die leichte Verformbarkeit der Metalle hervorgerufen. Da viele unbesetzte Elektronenzustände vorhanden sind, ist die metallische Bindung nicht abgesättigt. Es gibt wenige Beschränkungen bezüglich der Art möglicher Nachbarn im Gitter; die Legierungsbildung in vielen Mischungsverhältnissen der Komponenten ist daher für Metalle charakteristisch.

Im Periodensystem zeigt sich eine gewisse Systematik für das Auftreten der genannten Kristallisationsformen: Kubisch-raumzentriert sind die Alkali-Metalle und die Übergangsmetalle der V. und VI. Gruppe, bei denen die d-Schalen etwa halb gefüllt sind (V, Nb, Ta, Cr, Mo, W), außerdem das α-Eisen. Hexagonal sind die Übergangsmetalle, die sich rechts und links im periodischen System an die eben genannten Metalle anschließen, also die Elemente der IIIB, IVB Gruppe, sowie der VIIB und VIII Gruppe (Re, Os, Ru, Co). Außerdem sind Metalle in den Gruppen IIA und IIB hexagonal. Kubisch-flächenzentriert sind die einwertige Edelmetalle Cu, Ag, Au und die vorausgehenden Übergangsmetalle Ni, Pd, Rh, Ir, sowie Al und Pb in den Gruppen IIIA und IVA.

Gitterfehler. Ein ideales Gitter ohne jeden Fehler existiert über einen größeren Raumbereich hinweg nicht. Der Grund hierfür ist, daß aus thermodynamischen Gründen oberhalb der Temperatur 0 K stets Gitterfehler, vor allem Leerstellen, vorhanden sind, und daß beim Erstarren der Metalle aus der Schmelze oder durch plastische Verformung oder Bestrahlung Gitterfehler entstehen. Die Gitterfehler kann man ihrer Geometrie nach folgendermaßen einteilen:

a) Punktfehler: Leerstellen, Zwischengitteratome, isolierte Fremdatome

b) Linienfehler: Versetzungen

c) Flächenfehler: Korngrenzen, Zwillingsgrenzen, Stapelfehler, Antiphasengrenzen in geordneten Legierungen, Grenzflächen verschiedener Kristallarten, äußere Oberflächen.

Die Gitterfehler haben einen großen Einfluß auf die Eigenschaften von Metallen: Leerstellen erleichtern den Platzwechsel von Atomen (Diffusion). Versetzungen beeinflussen entscheidend die mechanischen Eigenschaften. Auch Ausscheidungs- und Umwandlungsvorgänge, magnetische Eigenschaften und die kritische Feldstärke bei Supraleitern hängen davon ab.

Punktfehler. In einem Kristall ist im thermischen Gleichgewicht oberhalb der Temperatur 0 K ein bestimmter Anteil der Gitterplätze unbesetzt, da für Gitterleerstellen das Entropieglied $T\,\Delta\,S$ des Ausdruckes für die freie Enthalpie $\Delta\,G = \Delta\,H - T\,\Delta\,S$ größer wird als der Beitrag $\Delta\,H$ zur Erhöhung der Enthalpie. Mit Hilfe der Thermodynamik läßt sich aus der Bedingung, daß als Funktion der Temperatur die Größe $\Delta\,G$ ein Minimum wird, der Molenbruch N_v der Leerstellen berechnen (Bd. 1, Nr. 68)

$$N_v = e^{\frac{+\Delta S_v^B}{k}} \cdot e^{\frac{-\Delta H_v^B}{k\,T}} \qquad \text{(V,154)}$$

wo $\Delta\,S_v^B$ die Bildungsentropie der Leerstelle, $\Delta\,H_v^B$ die Bildungsenthalpie der Leerstelle, k die Boltzmannkonstante und T die Temperatur bedeuten. Der Entropiefaktor $e^{\frac{+\Delta S_v^B}{K}}$ hat Werte zwischen 1 und 10 für die meisten Metalle, die Bildungsenthalpie liegt i. A. im Bereich 0,7 . . . 1,2 eV. Hieraus ergibt sich, daß bei Metallen in der Nähe des Schmelzpunktes $N_v \sim 10^{-3} \ldots 10^{-5}$ beträgt. Der Wert von $\Delta\,H_v^B$ hängt bei Legierungen stark von den Atomen des Legierungselementes ab.

Diese Aussagen gelten nur für reine Leerstellen, die zugehörigen Atome sind an die Kristalloberfläche gewandert. Diese Leerstellen nennt man auch **Schottkysche** Fehlstellen. Befindet sich das Zwischengitteratom noch dicht benachbart an der zugehörigen Leerstelle, so spricht man von einer **Frenkelschen** Fehlstelle. Ein Crowdion ist ein Punktfehler, bei dem in einer dichtest gepackten Gitterrichtung sich zusätzlich ein Atom, statt 7 etwa 8, befindet. Komplizierte Punktfehler entstehen, wenn sich mehrere Leerstellen oder Zwischengitteratome zusammenlagern. Diese treten dann auf, wenn die Zahl der Einzelfehler sehr groß ist und sie Kräfte wegen ihrer Nähe aufeinander ausüben. Doppelleerstellen z. B. sind nur bei hohen Temperaturen vorhanden.

Die Konzentrationen von Leerstellen können direkt nur durch Vergleiche der röntgenographisch gemessenen Änderung der Gitterkonstanten $\frac{\Delta a}{a}$ und der makroskopischen Längenänderung $\frac{\Delta l}{l}$ als Funktion der Temperatur bestimmt werden. In erster Näherung ist $N_v = 3(\frac{\Delta l}{l} - \frac{\Delta a}{a})$. Andere Messungen beruhen auf indirekten Verfahren: Da der Molenbruch der Leerstelle nach Gleichung (V,154) mit der Temperatur sehr stark zunimmt, kann die große bei hohen Temperaturen vorhandene Leerstellendichte durch schnelles Abschrecken auf eine niedrige Temperatur (Abschreckgeschwindigkeit $> 10^4$ °/s) dort erhalten werden. Diese Leerstellenkonzentration kann dann z. B. durch Messung des elektrischen Widerstandes bestimmt werden, wenn man den Widerstandsbeitrag einer Leerstelle kennt.

Zur Berechnung der Lebensdauer der Leerstelle, d. h. der Temperaturabhängigkeit der Wanderungsgeschwindigkeit der Leerstellen zu Senken, gelten analoge Überlegungen, wie sie zu Gleichung (V,154) führten (Abb. V,162). Der Molenbruch der Atome, die den Potentialwall zum nächsten

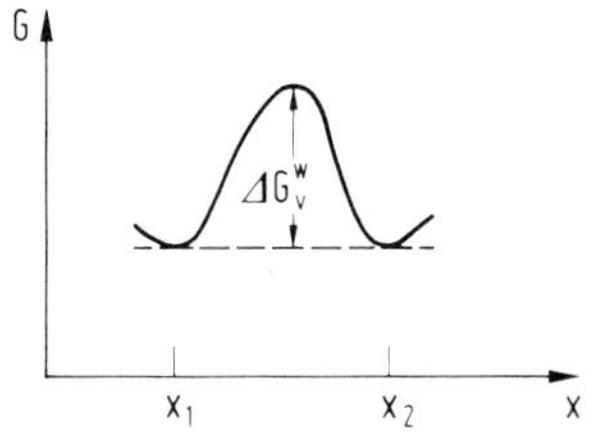

Abb. V,162. Schematischer Verlauf der freien Enthalpie im Kristallgitter; x_1 und x_2 Lage von Gitteratomen

Gitterplatz überwinden können, ist gegeben durch $N_W = e^{\frac{+\Delta S_V^W}{k}} \cdot e^{\frac{-\Delta H_V^W}{kT}}$. Der Molenbruch der Senken d. h. die Wahrscheinlichkeit, daß ein Gitterplatz eine Senke bildet, sei N_S. Nach $\frac{1}{N_S}$ Sprüngen ist die Wahrscheinlichkeit, daß eine Senke erreicht wird, gleich 1. Wenn die Zeitdauer für einen Sprung $t = \frac{1}{\nu_D}$ ist (ν_D = Debye-Frequenz), dann wird die Lebensdauer

$$\tau = \frac{1}{N_S} \cdot \frac{1}{\nu_D} \cdot N_W$$

Bei Kupfer ist $\nu_D \sim 5 \cdot 10^{12}\ s^{-1}$, $\Delta H_V^W \sim 1$ eV. Mit einem Wert für $N_S \sim 10^{-9}$ (ergibt sich aus der Annahme, daß die Senken Versetzungssprünge sind und 1% der in den Versetzungslinien liegenden Atome an Sprüngen liegen, und daß die Zahl der Versetzungen $10^8/cm^2$ beträgt) erhält man $\tau \sim 9$ s für T = 1000 K. Nach Gleichung (V,154) ist bei Kupfer bei 1000 K $N_V \sim 4 \cdot 5 \cdot 10^{-5}$. Die Zahl der Leerstellen, die pro cm^3 und s im Gleichgewicht gebildet werden bzw. verschwinden, ist dann gleich $Z = N_V'/\tau$, wo N_V' die Zahl der Leerstellen pro cm^3 ist ($N_V' = \frac{N_A}{V_A} N_V$, N_A = Avogadro-Konstante, V_A = Atomvolumen). In unserem Beispiel erhält man $Z = 5 \cdot 10^{17}$. Das heißt, daß pro Senke etwa 10^4 Leerstellen pro s verschwinden, und daß die Verweildauer auf einem Gitterplatz etwa 10^{-9} s beträgt. Die Verweildauer bei 300 °K ist etwa 3000 s.

Versetzungen

Abschätzung der kritischen Schubspannung. Wenn man davon ausgeht, daß bei einer plastischen Verformung die Atomebenen eines Metalles als Ganzes aufeinander abgleiten, wie Spielkarten in einem Stapel sich gegeneinander bewegen, dann kann mit dem folgenden Modell nach Frenkel (1926) die **kritische Schubspannung**, d. h. die Schubspannung, bei der eine plastische Verformung in einem Einkristall einsetzt, leicht abgeschätzt werden. Abb. V,163 zeigt schematisch zwei Gitterebenen in Gleichgewichtslage. Wenn bei einer Verschiebung die Atome A_i in die Position A_i' gelangen, dann ist wie in der Gleichgewichtslage A_i die zur weiteren differentiellen Verschiebung dx nötige Kraft gleich Null. Es kann daher der Ansatz gemacht werden, daß die Schubspannung τ sich mit der Verschiebung sinusförmig ändert:

$$\tau = K \cdot \sin \frac{2\pi x}{a} \qquad \text{(V,155)}$$

Die Konstante K ergibt sich aus der Forderung, daß bei kleinen Spannungen das Hooksche Gesetz gelten muß, nach dem $\tau = G\frac{x}{d}$ ist. (G = Schubmodul) damit wird $K = \frac{Ga}{2\pi d}$.

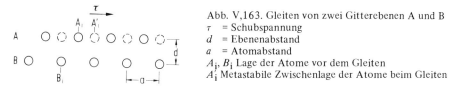

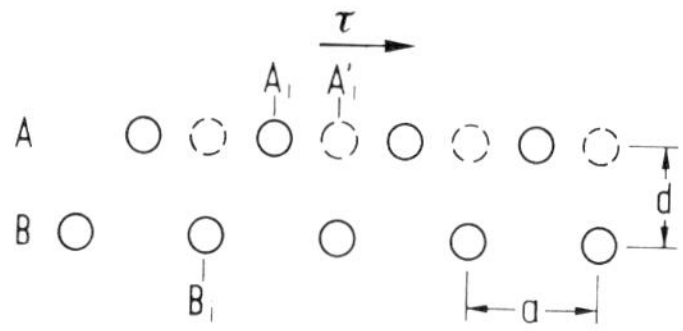

Abb. V,163. Gleiten von zwei Gitterebenen A und B
τ = Schubspannung
d = Ebenenabstand
a = Atomabstand
A_i, B_i Lage der Atome vor dem Gleiten
A_i' Metastabile Zwischenlage der Atome beim Gleiten

Dies ist auch der Wert für die maximale Schubspannung; wenn $a \sim d$ ist, sollte sie etwa $\tau_{max} = \frac{G}{2\pi}$ betragen. Die experimentellen Werte liegen aber um einen Faktor 10^2 bis 10^3 niedriger. Die plastische Verformung erfolgt also grundsätzlich anders. Es gleiten nicht alle Atome einer Gitterebene gleichzeitig, sondern nur ein kleiner Teil. Ähnlich wie eine in einem Teppich von einer zur anderen Seite wandernde Falte mit viel geringerem Arbeitsaufwand eine Verschiebung hervorruft, als wenn der Teppich als Ganzes gezogen wird, so ist durch Einführung eines linienförmigen gestörten Gitterbereiches, nämlich einer Versetzung, die plastische Verformung mit wesentlich geringeren Spannungen möglich.

Geometrie. Versetzungen sind bereits in Bd. 1, Abschnitt 68 und in Kap. V, Abschnitt 1f behandelt worden. Im folgenden sollen nur die Begriffe eingeführt werden, die für das Verständnis der plastischen Verformung notwendig sind.

Eine **Versetzung** ist ein linienförmiger gestörter Gitterbereich; die Versetzungslinie wird durch den **Linienvektor** s gekennzeichnet, der die Richtung der Versetzungslinie im Kristall kennzeichnet. Die Art der Störung ergibt sich, wenn man in weiter entfernt gelegenem ungestörten Bereich in einer Ebene senkrecht zur Versetzunglinie von Gitterpunkt zu Gitterpunkt einen geschlossenen Umlauf macht. Vergleicht man diesen Umlauf mit einem entsprechenden Umlauf in einem ungestörten Kristall, so ergibt sich in diesem nach derselben Zahl von Schritten, die im gestörten Kristall zum Anfangspunkt zurückführen, kein geschlossener Umlauf. Der Vektor $\boldsymbol{b}$, der den Endpunkt und Anfangspunkt im ungestörten Kristall, dem sog. Bildkristall, verbindet, wird **Burgersvektor** genannt. Er ist ein Gittervektor, wenn – wie hier zunächst angenommen – eine vollständige Versetzung umlaufen wird. Er charakterisiert zusammen mit dem Linienvektor die Versetzung. Die aus Burgervektor und dem Linienvektor aufgespannte Ebene ist die **Gleitebene** der Versetzung. Stehen Burgersvektor und Linienvektor senkrecht aufeinander, so liegt eine **Stufenversetzung** vor (Bd. I, Abb. VII,33). Man kann sie sich durch eine zusätzliche in den Kristall geingeschobene und in ihm an einer Linie, nämlich der Versetzungslinie, endende Gitterebene entstanden denken. Die Gleitebene einer Stufenversetzung steht senkrecht auf dieser zusätzlichen Gitterebene. – Liegen Burgersvektor und Linienvektor parallel, so liegt eine **Schraubenversetzung** vor. (Bd. I, Abb. VII,34). Eine Schraubenversetzung hat keine bestimmte Gleitebene. Jede Ebene, in der der Linienvektor der Schraubenversetzung und damit auch der Burgervektor liegt, kann eine Gleitebene der Schraubenversetzung sein. – Bei den meisten realen vollständigen Versetzungen liegt der Winkel zwischen Burgersvektor und Linienelement zwischen 0 und 90°. Derartige sog. **gemischte Versetzungen** kann man sich aus Stufen- und Schraubenanteilen zusammengesetzt denken (Bd. I, Abb. VII,35 und 36). Ein elektronenmikroskopisch erhaltenes Bild von Versetzungen zeigt Abb. V,164.

Faßt man den Kristall als isotropes elastisches Medium auf, so lassen sich mit Ausnahme eines schlauchförmigen Bereiches mit dem Radius $r \sim 5b$ – dem sog. Kern der Versetzung – die Spannungsfelder, die Eigenenergien und die Kräfte auf Versetzungen im Rahmen der linearen Elastizitätstheorie berechnen (vergl. Bd. I, Nr. 68). Die entsprechenden relativ kleinen Größen für den Kern der Versetzung können mit Näherungsverfahren z. B. nach Peierls oder Frenkel bestimmt werden. Für den Fall, daß die Versetzungslinie in z-Richtung liege, sind im folgenden einige Ergebnisse der linearen Theorie aufgeführt.

1. Durch eine Schraubenversetzung erfährt ein Kristall keine Volumenänderung. Es tritt nur eine Verschiebung in Richtung der Versetzungslinie auf. Im Spannungstensor sind nur die Komponenten τ_{xz} und τ_{yz} von Null verschieden.

2. Durch eine Stufenversetzung ändert sich das Kristallvolumen. Es treten daher im Spannungstensor die Radial- bzw. Normalkomponenten τ_{xx}, τ_{yy}, τ_{zz}, und τ_{xy} auf. Die Komponenten τ_{xz} und τ_{yz} sind hier gleich Null. Daher üben parallele Stufen- und Schraubenversetzungen in dieser Näherung keine Kräfte aufeinander aus.

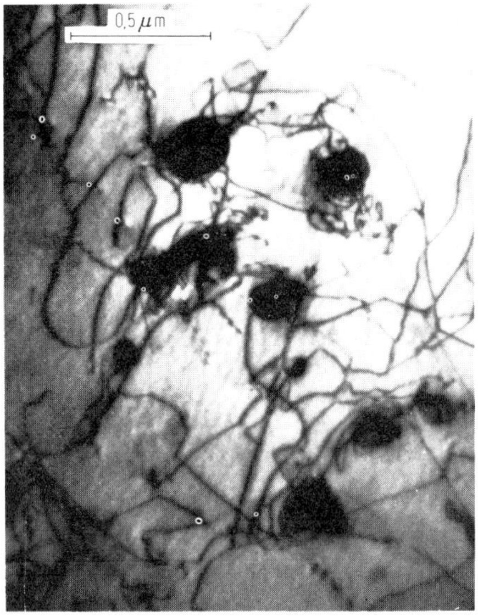

Abb. V,164. Elektronenmikroskopisches Bild von Versetzungen in Wechselwirkung mit Ausscheidungen. Material: Fe- 20 Cr- 19 Ni- 0,2 N, gedehnt um 2% bei Raumtemperatur (Aufnahme von J. F. Breedis, M. I. T.)

3. Die Eigenenergie von Versetzungen ist proportional zu b^2 (Ableitung Bd. I, Nr. 68). Daher sind nur Versetzungen mit dem kürzest möglichen Burgersvektor stabil (krz.: $\frac{1}{2}\langle 111\rangle$, kfz.: $\frac{1}{2}\langle 110\rangle$, hdp.: $\frac{1}{2}\langle 11\bar{2}0\rangle$ oder $\langle 0001\rangle$). Man kann jeder Versetzungslinie eine Linienspannung $\Gamma \sim G\,b^2$ (G = Schubmodul) zuschreiben. Die Versetzungen nehmen daher in einem Kristall nach Möglichkeit wie ein Gummiband eine gradlinige Form an. Auf ein Atom der Versetzungslinie bezogen, ergeben sich Eigenenergien im Bereich von ca. 5 eV.

4. Die Kräfte, die parallele Schraubenversetzungen ausüben, nehmen proportional zu $\frac{1}{r}$ ab. Schraubenversetzungen verhalten sich also wie parallele elektrisch geladene Drähte. Sind die Burgersvektoren parallel, so stoßen die Versetzungen sich ab, sind sie antiparallel, so ziehen sie sich an. Parallele Schraubenversetzungen haben also keine stabile Gleichgewichtslage.

5. Die Kräfte, die parallele Stufenversetzungen in derselben Gleitebene aufeinander ausüben, sind ähnlich wie die paralleler Schraubenversetzungen. Stufenversetzungen mit parallelen Burgersvektoren stoßen sich ab, mit antiparallelen Burgersvektoren ziehen sie sich an und löschen sich aus, da die beiden eingeschobenen Gitterebenen sich zu einer einzigen Ebene vereinigen. Wirken äußere Kräfte auf Stufenversetzungen derselben Gleitebene mit parallelen Burgervektoren, so werden die Stufenversetzungen voreinander hergeschoben. Trifft eine Versetzung dann auf ein Hindernis, das nicht überwunden werden kann, so stauen sich die anderen Versetzungen

auf, bis der äußeren Kraft das Gleichgewicht gehalten wird. – Parallele Stufenversetzungen in verschiedenen Gleitebenen können stabile Lagen zueinander einnehmen, wenn die Gleitebenen nicht verlassen werden können.

6. Ein Versetzungssprung ist ein Bereich einer Versetzungslinie, in dem sie von einer Gleitebene in eine andere parallele Gleitebene übergeht. Im Bereich des Sprunges hat die Versetzung eine andere Gleitebene. Der Sprung einer Schraubenversetzung ist eine Stufenversetzung, der Sprung einer Stufenversetzung ist eine Schraubenversetzung.

7. Das Überwechseln einer Versetzung in eine andere Gleitebene bzw. die Bewegung von Versetzungssprüngen nennt man Klettern von Versetzungen (vergl. Bd. I, Abb. VII,37). Hierbei gibt es zwei Möglichkeiten: a) Das Wandern eines Sprunges längs einer Versetzung; dieser Vorgang ist bei Stufenversetzungen nur durch Heran- oder Wegdiffundieren von Atomen möglich, er ist nicht konservativ, da dabei eine Volumenänderung eintritt; bei Schraubenversetzungen erfolgt dieser Vorgang ohne Volumenänderung, d. h. konservativ. b) das Mitschleppen eines Sprunges beim Gleiten einer Versetzung. Dieser Vorgang ist bei Stufenversetzungen konservativ, bei Schraubenversetzungen nicht konservativ. Quergleiten nennt man die Änderung der Gleitebene einer Schraubenversetzung.

8. Versetzungssprünge sind eine um so stärkere Behinderung der Gleitbewegung von Versetzungen je stärker der Schraubencharakter der Versetzung ist, weil dann der nicht konservative Anteil der Bewegung steigt. Erst bei höheren Temperaturen, bei denen die Diffusion ansteigt, wird eine nicht konservative Bewegung leichter möglich.

9. Versetzungsdichten nehmen mit steigender Temperatur ab, da nur die Versetzungen, die stabile Lagen zueinander haben, erhalten bleiben. In weichgeglühten Metallen liegt die Versetzungsdichte bei 10^6 bis $10^8/cm^2$. Durch eine Kaltverformung wird sie bis auf $10^{12}-10^{14}/cm^2$ erhöht. Ein Modell für die Entstehung von Versetzungen während der Verformung ist die sog. Frank Read-Quelle (vergl. Bd. I, Abb. VII,39). Danach biegt sich eine Versetzung zwischen zwei unbeweglichen Punkten (Schnittpunkte von Versetzungen oder Ort von Verunreinigungen) aus. Überschreitet diese Ausbiegung die geometrische Form eines Halbkreises, so weitet sie sich ohne äußere Kraft weiter aus, bis ein Teil der Versetzungslinie beim Herumwinden um die unbeweglichen Punkte sich wieder näher kommt und sich zusammenschließt. Dann hat sich ein neuer Versetzungsring gebildet, und der geschilderte Vorgang beginnt von neuem.

Kritische Schubspannung im Versetzungs-Modell. Der niedrige Wert der kritischen Schubspannung wird durch den Wert der Kräfte erklärt, die eine Versetzung zum Gleiten bringen. Die von einer äußeren Spannung τ bei Verschiebung eines Stückes der Versetzung der Länge 1 um den Burgersvektor $\boldsymbol{b}$ aufzubringende Kraft ist

$$K_1 = \vec{\tau}\, \boldsymbol{b} \qquad (V,156)$$

Der Ausbiegung der Versetzung wirkt die von der Linienspannung Γ der Vesetzung herrührende Kraft $K_2 = \frac{\Gamma}{R}$ entgegen, wo R der Krümmungsradius der Versetzung ist. Berücksichtigt man, daß $|\Gamma| = G\,b^2$ ist, so wird $\vec{\tau} \sim \frac{G\,\boldsymbol{b}}{R}$.

Es tritt also zum Schubmodell der Faktor $\frac{b}{R}$, der den Wert 10^{-2} bis 10^{-3} haben kann, und der die richtige Größenordnung für die Schubspannung ergibt.

Zweidimensionale Gitterfehler

Halbversetzungen und Stapelfehler. Da die Eigenenergie von Versetzungen proportional zu b^2 ist ($\boldsymbol{b}$ = Burgersvektor), kann aus energetischen Gründen eine vollständige Versetzung in zwei **Halbversetzungen** (Teilversetzungen, unvollständige Versetzungen) aufspalten: $\boldsymbol{b} \to \boldsymbol{b}_1 + \boldsymbol{b}_2$. Im kfz. Gitter lautet z. B. eine entsprechende Versetzungsreaktion (a = Gitterkonstante):

$$\frac{a}{2}[10\bar{1}] \to \frac{a}{6}[2\bar{1}\bar{1}] + \frac{a}{6}[11\bar{2}] \qquad (V,157)$$

Da die Länge des Vektors $\frac{a}{2}[10\bar{1}]$ gleich $\frac{a}{2}\sqrt{2}$, die der Vektoren $\frac{a}{6}\langle 112\rangle$ gleich $\frac{a}{6}\sqrt{6}$ ist, wird die Energiebilanz $b^2 \to b_1^2 + b_2^2 + E$:

$$\frac{a^2}{2} = \frac{a^2}{6} + \frac{a^2}{6} + E\,, \qquad \text{mit} \qquad E = \frac{1}{6}a^2 \qquad (V,158)$$

Stellt man sich diese Reaktion in einem kfz.-Gitter durch Gleiten auf den $\{111\}$ Ebenen in der $\langle 110\rangle$-Richtung bzw. in $\langle 112\rangle$-Richtungen vor (Abb. VII,45a), so erkennt man, daß an Stelle der Stapelfolge ABC ABC durch die erste Gleitung die Stapelfolge ABC A CAB C entstanden ist. Erst die zweite Gleitung stellt die richtige Stapelfolge wieder her. Dieser **Stapelfehler,** der von Halbversetzungen gebildet wird, ist eine flächenhafte Gitterstörung, dem eine Oberflächenenergie, die sog. Stapelfehlerenergie γ zugeordnet werden kann; γ liegt in der Größenordnung von 50–500 $10^{-3}\,\mathrm{Jm}^{-2}$; Aluminium hat einen hohen Wert, Kupfer einen niedrigen Wert γ. Die Energiebilanz der Versetzungsreaktion ist also allein für die Aufspaltung nicht entscheidend, sondern auch γ. Ein kleiner Wert der Stapelfehlerenergie bedeutet eine große Aufspaltung (Cu), ein großer Wert der Stapelfehlerenergie eine kleine Aufspaltung (Al). Abb. V,165 zeigt Stapelfehler, wie sie elektronenmikroskopisch beobachtet werden. Die bisher besprochene Halbversetzung, die durch eine reine Verschiebung entsteht, ist die sog. **Shockleysche Halbversetzung.** Sie ist gleitfähig, aber nicht kletterfähig, denn durch Klettern würde die Gitteranordnung zu sehr gestört werden.

Neben den Shockleyschen Halbversetzungen gibt es eine weitere Art, die man sich dadurch entstanden denken kann, daß z. B. im kfz.-Gitter ein Teil der dichtest gepackten Ebene herausgenommen oder zusätzlich in das Gitter eingeführt wird. Es entsteht dann der Burgersvektor $\frac{a}{3}\langle 111\rangle$, der auf der entstehenden Stapelfehlerebene senkrecht steht. Diese Art der Halbversetzung nennt man **Franksche Halbversetzung**

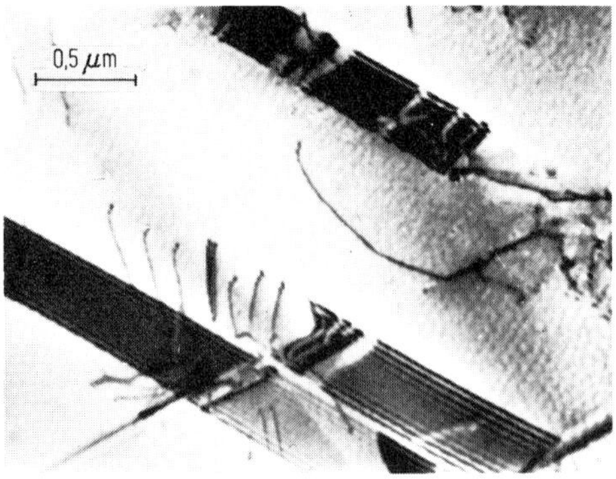

Abb. V,165. Elektronenmikroskopisches Bild von Stapelfehlern und vollständigen Versetzungen in verformten rostfreien Stahl. (Fe- 20 Cr- 11 Ni) (Aufnahme von J. F. Breedis, M. I. T.)

(positiv bei Einfügung, negativ bei Herausnahme der Ebene). Diese Versetzungen können nicht gleiten, sondern nur klettern, da beim Gleiten eine A-Ebene in eine B-Ebene übergehen müßte.

Liegen zwei aufgespaltene Versetzungen in zwei sich schneidenden Gleitebenen vor, so können die Teilversetzungen des Types $\frac{1}{6}\langle 112\rangle$ miteinander reagieren zu dem Burgersvektor $\frac{1}{6}\langle 110\rangle$ mit dem Energiegewinn von $\frac{5}{18}a^2$. Diese Versetzung kann in kfz.-Gitter weder gleiten noch klettern. Sie wird Lomer–Cottrell-Versetzung genannt und für eine der Ursachen für die Verfestigung von Metallen gehalten.

Korngrenzen. Jedes polykristalline Material besteht aus vielen Körnern (Kristallen, Kristalliten), deren Orientierung i. A. statistisch regellos ist. Die Grenzflächen zwischen den Körnern, die **Korngrenzen**, werden durch 5 Parameter charakterisiert. 3 Parameter dienen dazu, die relative Lage der beiden durch die Grenze getrennten Bereiche zu charakterisieren und zwei Parameter dazu, die Lage der Grenze bezüglich eines Bereiches festzulegen. Die beiden Körner können um eine in der Korngrenze liegende Achse (Kippgrenze) oder um eine senkrecht auf der Korngrenze stehende Achse (Drehgrenze) verdreht sein.

Wenn der Orientierungsunterschied der Körner gering ist, kann eine dann vorhandene Kleinwinkelkorngrenze als aus parallelen Versetzungen aufgebaut gedacht werden (Bd. I, Abb. VII,43). Ist der Orientierungsunterschied groß ($> 15°$), so spricht man von Großwinkelkorngrenzen. Es besteht die Vorstellung, daß der gestörte Bereich an den Korngrenzen einige Atomlagen dick ist. Über die Struktur der Korngrenzen gibt es mehrere Modelle. Nach dem Inselmodell von Mott stellt man sich vor, daß Bereiche guter Passung mit Bereichen schlechter Passung abwechseln. Im Flüssigkeitsmodell nach Ke' stellt die Korngrenze einen Bereich dar, der einer Flüssigkeit entspricht. Die Energien von Großwinkelkorngrenzen liegen bei ca 500 $10^{-3}\,\mathrm{Jm^{-2}}$.

Für bestimmte Orientierungsunterschiede gibt es auch völlig mit beiden Körner zusammenhängende (kohärente) Korngrenzen. Dies ist der Fall z. B. bei Zwillingsgrenzen, wenn die Orientierung des einen Kornes durch Spiegelung an einer Ebene, der Zwillingsebene, in die Orientierung des anderen Kornes übergeführt werden kann. Grenzen zwischen verschiedenen Phasen (Phasengrenzen) hängen zusätzlich zum Orientierungsunterschied noch vom Unterschied der Phasen ab. Man unterscheidet hier wie bei Korngrenzen kohärente, teilkohärente und nicht kohärente Grenzflächen.

2.4 Mehrstoffsysteme

Die meisten metallischen Werkstoffe in der Technik sind Legierungen aus zwei oder mehreren metallischen Elementen. Thermodynamisch gesehen, existiert für jede Legierung ein Gleichgewichtszustand, und eine der Hauptaufgaben der Metallphysik ist es, diesen Gleichgewichtszustand experimentell und theoretisch zu ermitteln. Andererseits sind die meisten technischen Legierungen sehr weit vom Gleichgewichtszustand entfernt, und gerade dadurch können durch geeignete thermische oder mechanische Vorbehandlungen erwünschte Eigenschaften erzeugt werden. Die Kenntnis der Zustandsdiagramme und der realen Abweichungen vom Gleichgewichtszustand ist daher besonders wichtig.

2.4.1 Zustandsdiagramme

In jedem stabilen Zustand muß nach dem 2. Hauptsatz der Thermodynamik die freie Enthalpie G (Gibbsche freie Energie, Gibbsches Potential) ein Minimum annehmen, d. h. es gilt

$$d\,G = d(U - T\,S + p\,V) = 0\,. \qquad \text{(V,159)}$$

wo U die innere Energie, T die Temperatur, S die Entropie, p den Druck und V das Volumen bedeuten. In der Metallphysik beschäftigt man sich i. allg. mit Systemen bei konstantem Atmosphärendruck und Volumenveränderungen sind klein. Außerdem ist der Wert von $p\,V$ klein im Vergleich zu $U - T\,S$. Daher wird oft auch die Größe $F = U - T\,S$, die Helmholtzsche freie Energie betrachtet.

Wenn man Oberflächenenergien vernachlässigt, ist die freie Enthalpie eines reinen Metalles nur eine Funktion der Temperatur, für eine Legierung ist sie eine Funktion von Temperatur und Zusammensetzung. Man kann dann für eine bestimmte Temperatur die freie Enthalpie als Funktion der Zusammensetzung auftragen. Das Minimum dieser Kurve bestimmt den stabilen Zustand und das Zustandsdiagramm.

Als Beispiel hierfür soll ein einfaches eutektisches System mit beschränkter Mischkristallbildung betrachtet werden (Abb. V,166). Beide Elemente A und B mögen verschiedene Kristallstrukturen haben. Im Teilbild a sind die Kurven der freien Enthalpie für die bei den Temperaturen T_1, T_2 und T_3 auftretenden Phasen (homogenen Teilsysteme), die Mischkristalle α und β sowie die Flüssigkeit F, gezeichnet. In Abhängigkeit von der Temperatur ändert sich die Form dieser Kurven und ihre relative Lage zueinander. Stehen zwei Phasen z. B. α und F miteinander im Gleichgewicht, so sind ihre Zusammensetzungen durch die Berührungspunkte der gemeinsamen Tangente an

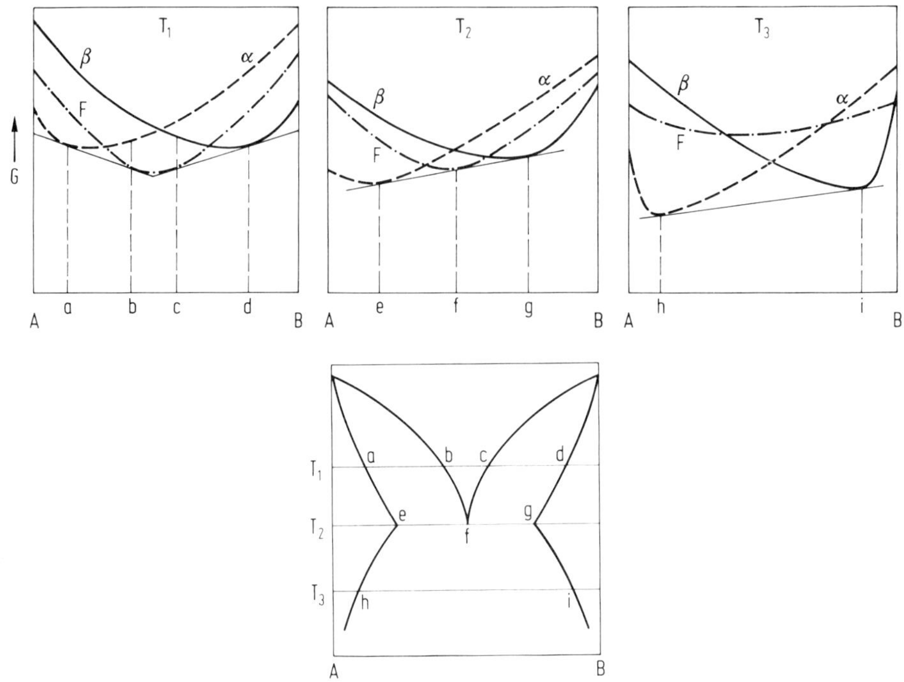

Abb. V,166. Eutektisches System mit beschränkter Mischkristallbildung. (schematisch) (vergl. z. B. Cu–Ag, Pb–Sn, Al–Si)
a) freie Enthalpie als Funktion der Zusammensetzung bei 3 Temperaturen
b) Zustandsdiagramm. Erklärung im Text

beide Kurven der freien Enthalpie gegeben, denn dann ist $(\frac{\partial G_\alpha}{\partial c})_{c_\alpha} = (\frac{\partial G_f}{\partial c})_{c_f}$ und $\frac{\partial G_\alpha}{\partial c} = \frac{G_\alpha - G_f}{c_\alpha - c_f}$. Bei der Temperatur T_1 besteht also zwischen den Zusammensetzungen A und a ein α-Mischkristall, zwischen a und b ein Gleichgewicht zwischen α-Mischkristall und Flüssigkeit, zwischen b und c die Flüssigkeit usw. Bei T_2 hat sich die relative Lage der Kurven so verschoben, daß eine gemeinsame Tangente besteht. Bei der Zusammensetzung f besteht eine Mischung aus beiden Mischkristallen und der Flüssigkeit (Eutektikum). Bei T_3 ist keine Flüssigkeit mehr vorhanden; zwischen den Zusammensetzungen h und i sind die Mischkristalle α und β im Gleichgewicht miteinander; im Bereich der Zusammensetzung Ah existiert nur der α-Mischkristall, zwischen i und B der β-Mischkristall.

Neben dieser Betrachtungsweise, die auf komplizierte Zustandsdiagramme angewendet werden kann, lassen sich die einzelnen Bereiche von Zustandsdiagrammen auch mit der **Phasenregel** verdeutlichen. Das Gleichgewicht einer Phase i in Abhängigkeit von irgend einem Parameter α, von dem die Phase abhängt, ist gegeben durch $\frac{\partial G_i}{\partial \alpha} = 0$. Aus dem Vergleich dieser Gleichgewichtsbedingungen und der Zahl aller verfügbaren Variablen, ergibt sich für konstanten Druck die Phasenregel $P + F = C + 1$. Es bedeuten P die Anzahl der Phasen, F die Zahl der Freiheitsgrade des Systems, C die Zahl der Komponenten. In unserem Beispiel einer binären Legierung ist $C = 2$. Eine Binäre

Legierung aus einer Phase ($P = 1$, z. B. Flüssigkeit, feste Lösung) hat zwei Freiheitsgrade: Zusammensetzung und Temperatur können unabhängig voneinander geändert werden. In einem Zweiphasen-Gebiet (z. B. Flüssigkeit + Mischkristall α) kann die Temperatur einen beliebigen Wert in dem Phasenfeld annehmen; dann ist die Zusammensetzung festgelegt. Sind 3 Phasen miteinander im Gleichgewicht (Eutektikum so ist $F = 0$ (Temperatur und Zusammensetzung sind festgelegt).

Die meisten technischen Legierungen sind nicht binäre, sondern quaternäre oder Systeme mit noch mehr Komponenten. Die hier genannten Prinzipien gelten in allen diesen Fällen.

2.4.2 Legierungsbildung

Es ist bisher nicht gelungen, die Zustände von Legierungen, d. h. die Zahl der Phasen, ihre Kristallstruktur und Atomanordnung, theoretisch zu bestimmen. Die Aussage, daß die freie Enthalpie ein Minimalwert annehmen muß, ist zwar eine allgemeine theoretische Aussage; die Schwierigkeit besteht aber darin, die Abhängigkeit der freien Enthalpie von anderen meßbaren Größen zu bestimmen, die offensichtlich auf die Struktur einen Einfluß haben, wie z. B. die Atomgrößen der beteiligten Elemente, die Koordinationszahlen, die Raumausnutzung, die Elektronenstruktur. Daher ist die Konstitutionslehre zur Zeit noch ein Gebiet, in dem empirische Regeln angewandt werden, um Strukturtypen zu erklären.

Mischkristalle

Grundsätzlich sind alle Elemente im festen Zustand untereinander mischbar, nur der Konzentrationsbereich der Mischungen ist sehr unterschiedlich. Ist der Mischungsbereich sehr klein, etwa kleiner als 0,01%, so spricht man von praktischer Unmischbarkeit der Komponenten. Von Mischkristallen spricht man, wenn unter Beibehaltung des ursprünglichen Gitters eines Metalles ein zweites oder mehrere andere metallische oder nichtmetallische Elemente in das Gitter eingebaut werden. Dabei können die zusätzlichen Atome Gitterplätze (**Substitutionsmischkristalle**) oder Gitterlücken (**Einlagerungsmischkristalle**) des ursprünglichen Gitters besetzen.

Die Bildung von Substitutionsmischkristallen ist nur bei Vorliegen von bestimmten Bedingungen möglich: 1. Gleiche Gitterstruktur der Komponenten, 2. Möglichst geringe Abweichungen der Atomradien (Toleranzgrenze 10–15%), 3. Nicht zu große chemische Affinität der Komponenten. Diese Regeln sind nicht mathematisch exakt faßbare Gesetze, da die eingeführten Parameter zum Teil unbestimmt sind. So liegt z. B. die Schwierigkeit in der Bedingung 2 in der Frage: Wie groß ist tatsächlich ein Atom im Festkörper? Die einfache Feststellung, die Größe sei durch die Gitterstruktur und den kürzesten Abstand der Atome in dieser Struktur gegeben, reicht nicht aus, da verschiedene Strukturen verschiedene Werte ergeben, und bei niedrigen Koordinationszahlen und anisotropen Kristallen in verschiedenen Richtungen die Atomabstände ungleich sind. Außerdem zeigt sich, daß die Gitterkonstante in einem Mischkristall sich nicht mehr linear zwischen den Werten der Komponenten (Vegardsche Regel) ändert, sondern ein kleineres Atom die Gitterkonstante vergrößern kann, z. B. in der η-Phase von Cu-Zn und daß ein größeres Atom so wirkt, als ob es noch größer wäre, wie in der α-Phase von Cu-Zn, vergl. Abb. V,167.

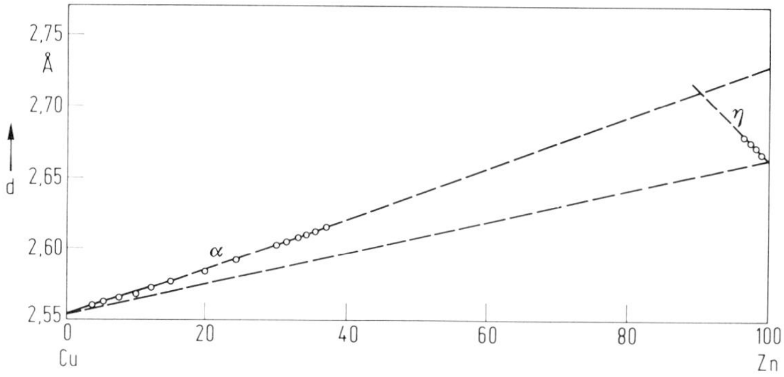

Abb. V,167. Gitterabstände in den Mischkristallen α-CuZn und η-CuZn (nach T. B. Massalski und H. W. King Progr. Mat. Sci. **10**, 1, 1961)

In einigen Fällen kann die Grenze der Löslichkeit eines Metalles in einem anderen Metall auch nach Hume–Rothery und Raynor mit Hilfe eines einfachen „rigid-band"-Modells (Modell eines starren Bandes) der Energiezustände der Elektronen erklärt werden (vergl. Kap. V,1e), das sich vor allem auf die Verhältnisse bei Mischkristallen der Edelmetalle stützt. Es zeigt sich nämlich, daß die Grenzen der α-Mischkristalle von Kupfer und Zink dort liegen, wo das Verhältnis der Zahl der freien Elektronen zu der Zahl der Atome den Wert 1,4 erreicht. Auf die kfz-α-Phase folgt mit steigender Konzentration der anderen Komponente eine krz-Phase. Zur Erklärung dieses Befundes wird angenommen, daß die Kurven der elektronischen Zustandsdichte der beiden Phasen schematisch einen in Abb. V,168 gezeichneten Verlauf haben. Diese Form der Kurven, nämlich Abweichungen vom parabolischen Verlauf nach der Theorie freier Elektronen, kommen dadurch zustande, daß die Fermigrenze die Grenze der Brillouinzone erreicht. Wenn die Elektronenkonzentration weiter durch Zulegieren steigt, verschiebt sich die Fermigrenze zu Werten mit höherer Energie, d. h. in Bereiche mit größerer Energiezunahme pro Elektron. Wird die Spitze der α-Kurve überschritten, dann steigt wegen der abnehmenden Zustandsdichte die Energieerhöhung pro Elektron stark an. Dann kann die β-Struktur stabiler sein, weil dort die Zustandsdichtekurve für denselben Bereich der Elektronenkonzentration noch ansteigt, und daher dort der Energieaufwand pro Elektron geringer ist. Diese qualitative Erklärung stimmt mit der heutigen genaueren Kenntnis der Fermiflächen

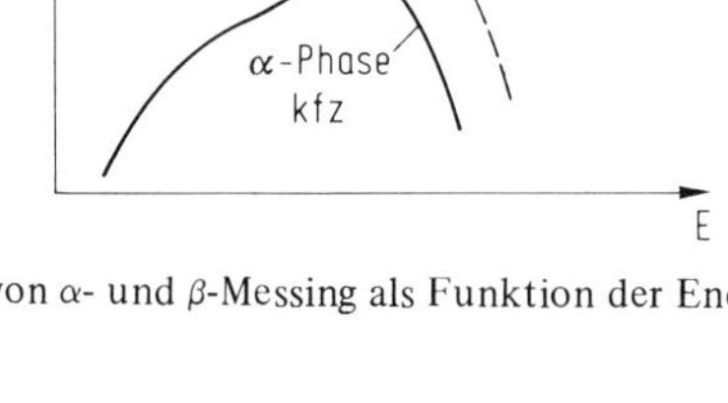

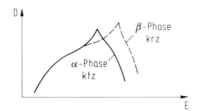

Abb. V,168. Zustandsdichte von α- und β-Messing als Funktion der Energie der Elektronen

von z. B. Kupfer nicht ganz überein, da bei reinem Kupfer die Fermifläche nicht kugelförmig in der 1. Brillouin Zone liegt, sondern bereits in komplizierterer Form die Zonengrenze berührt. Diese Erklärung der Grenze des α-Mischkristallbereiches wurde aber häufig in der Literatur diskutiert, da sie einen Zusammenhang zwischen Phasengrenzen und Elektronenstruktur herstellt.

Die Bildung von Einlagerungsmischkristallen ist dann möglich, wenn Elemente mit besonders kleinen Atomradien (H, N, C) in das Metallgitter eintreten. Sie können dann in Gitterlücken eingelagert werden. In der dichtesten Kugelpackung sind die größten Lücken die Oktaederlücken, wo $r_L/r = 0{,}41$ ist, wenn r_L den Radius der Lücke und r den der Atome bezeichnet. Der Radius des einzubauenden Atoms muß die Größenordnung des Lückenradius haben. Durch vollständige Auffüllung der Oktaeder-Lücken kann das Mengenverhältnis beider Atome 1:1 werden. Die Wasserstofflöslichkeit von Palladium ist hierdurch erklärbar. Technisch bedeutungsvoll ist besonders die Einlagerung von Kohlenstoff und Stickstoff in Eisen.

Bei besonderen ganzzahligen Atomzahlenverhältnissen können Mischkristalle bei Unterschreiten einer bestimmten Temperatur T_0 in einen geordneten Zustand mit regelmäßiger Atomanordnung übergehen, wenn die Bindungskräfte zwischen ungleichen Atomen stärker sind als zwischen gleichen Atomen. Beim Unterschreiten der Temperatur T_0 setzt der **Ordnungsvorgang** an vielen Stellen ein. Es bilden sich geordnete Bereiche, die sog. Domänen, die allmählich das ganze Material ausfüllen; zwischen Domänen bestehen Antiphasengrenzen. In Bezug auf die Domänengröße besteht dann Ordnung, in Bezug auf das ganze Material nicht. Man unterscheidet daher eine Nahordnung, die die Umgebung eines Atoms erfaßt, und eine Fernordnung, die sich auf das ganze Kristallgitter erstreckt. Die Nahordnung wird beschrieben durch den Nahordnungsparameter $\sigma = (q - q_u)(q_m - q_u)^{-1}$, wo q den Bruchteil der nächsten Nachbarn bezeichnet, die ungleich sind, und q_u und q_m diesen Bruchteil für vollständige Unordnung bzw. maximale Ordnung. Zur Kennzeichnung der Fernordnung dient der Fernordnungparameter S. In einem vollständig geordneten Kristall mögen alle α-Plätze mit A-Atomen, und alle β-Plätze mit B-Atomen besetzt sein. Bei unvollständiger Ordnung kann man eine Zahl R von richtig gelagerten Atomen definieren (A auf α, B auf β) und eine Zahl F von falsch gelagerten Atomen (A auf β, B auf α). Der Fernordnungsparameter ist dann $S = (R - F) N^{-1}$, wo $N = R + F$ die Gesamtzahl der Atome ist. Für vollständige Ordnung nehmen die Ordnungsparameter den Wert 1, für vollständige Unordnung den Wert 0 an.

Intermetallische Phasen

Intermetallische Phasen sind solche Legierungen eines zwei- oder mehrkomponentigen Systems, in denen andere Kristallstrukturen auftreten als bei den reinen Komponenten oder den Mischkristallen, die sich im Zustandsdiagramm an die reinen Komponenten anschließen. Für die Bildung intermetallischer Phasen können valenzchemische Einflüsse entscheidend sein, dann liegen Phasen vor, deren Zusammensetzung der Wertigkeit der Komponenten entspricht und die daher wenig metallischen Charakter besitzen. Diese Phasen sind die sog. Zintl-Phasen. Es sind Verbindungen von Metallen mit den Elementen der IVA, VA und VIA-Gruppen.

Andere Phasen sind nicht nur auf die stöchiometrische Zusammensetzung beschränkt, sondern weisen einen Homogenitätsbereich auf. Die Breite dieses Bereiches nimmt zu, je stärker der Anteil der metallischen Bindungen ist. Für die Erklärung dieser Phasen sind die wichtigsten Faktoren die relative Größe der Atome und die Valenzelektronenkonzentration. Bei einer Reihe von anderen Phasen müssen alle drei genannten Gesichtspunkte zur Deutung der Eigenschaften herangezogen werden.

Laves-Phasen nennt man eine große Gruppe intermetallischer Phasen, deren Auftreten durch das Verhältnis der Atomradien bestimmt ist. Bei einem Durchmesserverhältnis von 1:1, 225 beobachtet man viele Phasen der Zusammensetzung $A\,B_2$. Bei dieser Radiendifferenz kann eine besonders große Raumerfüllung erreicht werden (Verhältnis von Atomvolumen zu Gittervolumen ist 0,71 (krz.-Gitter: 0,68). Die Koordinationszahlen sind sehr hoch; im Gittertyp $Mg\,Cu_2$ beträgt die mittlere Koordinationszahl $13\frac{1}{3}$.

Phasen der Zusammensetzung $A\,B_3$ haben die β-Wolfram Struktur. A und B sind dabei nur bestimmte Elemente, nicht wie bei den Laves Phasen jedes beliebige Element. Die β-Wolfram-Struktur ist dadurch bedeutungsvoll, daß in ihr Substanzen mit der höchsten kritischen Temperatur für die Supraleitung (Nb_3 Ge, $T_c = 23{,}2$ K) auftreten.

Eine große Zahl intermetallischer Phasen zeigen bei gleicher Struktur die gleiche Valenzelektronenkonzentration (Zahl der Valenzelektrone pro Atom der Phase). Typisch für diese sog. Hume–Rothery-Phasenist die Reihe der Phasen, die im System Cu-Zn auftreten: α(Cu-Mischkr.), β(krz.) γ(kubische Zelle mit 52 Atomen), ϵ(hdp) η(Zn-Mischkristall), mit den Valenzelektronenkonzentrationen β: 3/2, γ: 21/13, ϵ: 7/4. Die Überlegungen zur Deutung der Stabilität dieser Phasen schließen sich an die oben kurz angeführte Deutung der Grenze der Stabilität des Cu-Mischkristalles an. Man betrachtet die Auffüllung der Elektronenzustände in der Brillouin Zone des jeweiligen Gitters. Beim Zulegieren einer höherwertigen Komponente wächst die Valenzelektronenkonzentration. Nach der Auffüllung der Zone können weitere Elektronen nur unter zusätzlichem Energieaufwand in das Gitter eingebaut werden. Dadurch wird der jeweilige Gittertyp energetisch instabil gegenüber einem anderen, der eine höhere Grenzkonzentration für Valenzelektronen aufweist. Daß diese Überlegungen aber nur qualitativ richtig sind, ergibt sich aus der Unsicherheit, welche Werte man für die Zahl der Valenzelektronen einsetzen muß. So muß man z. B. für die Übergangsmetalle Fe, Co, Ni, Pt, Pd eine Wertigkeit von Null annehmen, um die genannten Valenzelektronenzahlen zu erhalten.

Mit σ-Phasen bezeichnet man solche Phasen, die eine komplexe tetragonale Struktur haben und aufgebaut gedacht werden können aus komplizierten Koordinationspolyedern mit hohen Koordinationszahlen. Diese Phasen haben oft einen weiten Homogenitätsbereich und treten häufig bei mittleren Konzentrationen der Komponenten auf. Die Bildung dieser Phasen wird durch die Verhältnisse der Atomradien und die Elektronenkonzentration bestimmt. – Ni-As-Phasen stellen ein Bindeglied zwischen den reinen Valenzbindungen (Zintl-Phasen) und den metallischen Phasen dar. Es sind hexagonal dichteste Packungen von Metalloiden, in deren Oktaederlücken sich Übergangsmetalle befinden.

2.5 Phasenumwandlungen

Für die technische Anwendung von Metallen muß ein metallisches Werkstücke von bestimmten Abmessungen mit einem erwünschten Gefüge hergestellt werden. Die äußeren Abmessungen können z. B. durch Gießen des flüssigen Metalles in eine Form und Erstarren in dieser Form, oder durch plastische Verformung und spannabhebende Verarbeitung eines Werkstückes erzeugt werden. Ein erwünschtes Gefüge kann durch zusätzliche

Phasen- oder Gefügeänderungen mittels kontrollierter Temperaturänderungen (Wärmebehandlung) herbeigeführt werden. Phasenumwandlungen sind also entscheidende Vorgänge, die die Verwendung der Metalle beeinflussen.

2.5.1 Erstarrung (Keimbildung, Kristallwachstum)

Bei der Erstarrung unterscheidet man zwei Vorgänge, die **Keimbildung**, d. h. die erste Bildung von Festkörperteilchen aus der Schmelze, und das **Keimwachstum**, d. h. das Größerwerden dieser Teilchen, bis schließlich alle Schmelze verbraucht ist. Sinngemäß gelten dieselben Überlegungen auch für die Umwandlung von einer festen Phase in eine andere. Eine Flüssigkeit erstarrt mit sinkender Temperatur, weil dann die freie Enthalpie pro Volumeneinheit ΔG_V kleiner ist, als wenn das Material flüssig bliebe. Andererseits wird eine Grenzfläche zwischen der festen und flüssigen Phase gebildet, für die die freie Enthalpie ΔG_{Gr} notwendig ist. Insgesamt muß für das Eintreten der Keimbildung die Summe $\Delta G = - \Delta G_V + \Delta G_{Gr}$ kleiner werden. Die Folge ist, daß eine **Unterkühlung** auftreten, und daß für jede Temperatur eine kritische Keimgröße vorliegen muß (vergl. Abb. V,169). Erst oberhalb dieser Größe wächst ein Keim spon-

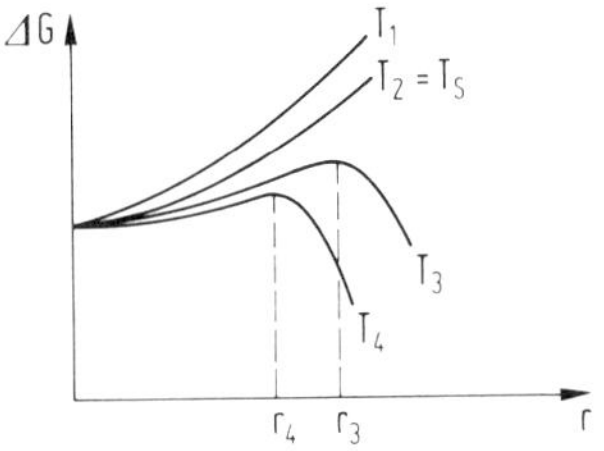

Abb. V,169. Bildungsenthalpie von Keimen in Abhängigkeit vom Radius der Keime oberhalb und unterhalb der Schmelztemperatur T_S; $T_1 > T_2 > T_3 > T_4$; r_3, r_4 kritische Keimgrößen

tan weiter. – Hier werden makroskopische Überlegungen auf den Keimbildungsvorgang angewandt. Genauer gesehen ist das nur eine formale Betrachtungsweise, die große Keime voraussetzt. Bei einem Keim von nur wenigen Atomen muß die Kinetik der Atome in der Grenzfläche besonders betrachtet werden. Die Keimbildung hängt auch von anderen physikalischen Parametern, wie Strömungsgeschwindigkeit der Flüssigkeit, Anwesenheit von Schallschwingungen, starken elektrischen oder magnetischen Feldern, ab. – Bisher wurde nur von **homogener Keimbildung** gesprochen. Die Keimbildung wird aber erleichtert, wenn die neue feste Phase sich an eine schon vorhandene Phase, z. B. Fremdpartikel (Wand des Gefäßes) ankristallisieren kann. Es liegt dann die **heterogene Keimbildung** vor, für die vor allem die Grenzflächenenergie zwischen den Phasen entscheidend ist.

Beim **Kristallwachstum** lagern sich neue Atome an den vorhandenen Keim an, während gleichzeitig auch Atome den Keim verlassen und wieder in die Flüssigkeit übergehen. Am Schmelzpunkt sind beide Vorgänge gleich schnell. Für ein Wachstum muß daher die Temperatur der Grenzfläche unterhalb der Schmelztemperatur liegen. Die Temperatur der Grenzfläche hängt davon ab, wie schnell die Kondensationswärme Q durch

Wärmeleitung abgeführt werden kann. Die Wachstumsgeschwindigkeit v_w hängt exponentiell von der Temperatur der Grenzfläche ab ($v_w = A\, e^{-\frac{Q}{kT}}$). Ein Kristall wächst nicht in allen kristallographischen Richtungen gleichschnell. Daher kommt es zur Ausbildung von sog. Dendriten. Nach Berührung der Dendriten kristallisiert sich die Restschmelze in den Bereichen zwischen den Armen des Dendriten an. Jeder ursprüngliche Keim erzeugt nach diesem Modell ein Korn.

Bisher wurde nur der Fall betrachtet, daß der Festkörper aus einer Phase besteht. Wenn zwei Metalle im flüssigen Zustand mischbar, im festen Zustand jedoch nur teilweise ineinander löslich sind, dann hängt das Gefüge des Festkörpers auch von der Zusammensetzung der Legierung ab. Für einen einfachen Fall (eutektisches System mit teilweiser Löslichkeit im festen Zustand) ist das Zustandsdiagramm in Abb. V,166b dargestellt. So scheiden sich beim Abkühlen der Legierung mit der Zusammensetzung b bei der Temperatur T_1 zunächst ein Mischkristall der Zusammensetzung a aus. Die Schmelze wird dadurch reicher an der Komponente B; beim Abkühlen ändert sie sich gemäß der Linie bf. Wenn die eutektische Temperatur T_2 erreicht ist, erstarren aus der Schmelze die Mischkristalle α und β nebeneinander in Form eines feinlamellierten Gemenges oder in einer anderen regelmäßigen feinen Verteilung. Dieses Gemenge entsteht, weil bei der ursprünglichen Bildung des α-Mischkristalles die umgebende Flüssigkeit ärmer an der Komponente A wird, so daß es dann energetisch günstiger ist, daß sich der β-Mischkristall neben dem α-Mischkristall ausscheidet. Wenn die Temperatur weiter langsam absinkt, ändern sich Zusammensetzung und relativer Anteil der α- und β-Phasen entsprechend den Begrenzungslinien der Mischkristallbereiche.

2.5.2 Diffusion

Um das Gefüge und seine Änderungen im festen Zustand als Folge von Wärmebehandlungen besser zu verstehen, muß kurz etwas über die Diffusion im festen Zustand gesagt werden. Der Diffusionskoeffizient D ist nach dem 1. **Fickschen Gesetz** definiert als der Teilchenstrom I der Atome pro Zeit- und Querschnittseinheit unter der Wirkung eines Konzentrationsgradienten $\frac{dc}{dx}$ (Bd. I, Nr. 72) $I = -D\frac{dc}{dx}$. Die Zahl der Atome n pro Flächeneinheit einer Gitterebene ist gegeben durch $n = c \cdot a$ (a = Gitterkonstante, c = Konzentration pro Volumeneinheit). Es sei ζ die Zahl der Sprünge, die ein Atom pro Zeiteinheit in einen benachbarten Gitterplatz macht. Dann ist der Teilchenstrom von einer Gitterebene 1 zu einer Gitterebene 2 gegeben durch $I = p \cdot \zeta\,(n_1 - n_2) = p \cdot \zeta \cdot a(c_1 - c_2)$: Die Größe p ist ein geometrischer Faktor; in einem primitiven kubischen Gitter ist z. B. $p = \frac{1}{6}$, da ein Atom 6 nächste Nachbarn hat, und nur $\frac{1}{6}$ der Sprünge eines Atoms in die eine betrachtete Nachbarebene führen. In erster Näherung ist $c_2 = c_1 + a\frac{dc}{dx}$, so daß man erhält: $I = -p \cdot a^2 \cdot \zeta\frac{dc}{dx}$. Der Diffusionskoeffizient ist also im wesentlichen durch die Sprungfrequenz ζ gegeben:

$$D = p \cdot \zeta\, a^2 \tag{V,160}$$

Die Sprungfrequenz ist proportional der Wahrscheinlichkeit, daß ein nächster Gitterplatz frei ist, d. h. prop. der Leerstellenkonzentration $N_V = e^{-\frac{\Delta G_V^B}{kT}}$, proportional der Wahrscheinlichkeit, daß ein Atom genügend Energie besitzt, um den Potentialberg zum nächsten Gitterplatz zu überwinden,

d. h. proportional der Zahl der wanderungsfähigen Leerstellen $N_W = e^{-\frac{\Delta G_V^W}{k T}}$, proportional der Zahl der thermischen Schwingungen ν pro Sekunde und proportional der Zahl der nächsten Gitterplätze, in die das Atom springen kann: $\zeta = z \cdot \nu \cdot N_V \cdot N_W$. Setzt man die genannten Größen ein (vergl. Abschn. über Punktfehler), so ist der Diffusionskoeffizient nach dem Modell der Leerstellendiffusion gegeben durch

$$D = p \cdot z \cdot a^2 \cdot \nu \cdot e^{\frac{\Delta S_V^B + \Delta S_V^W}{k}} e^{-\frac{\Delta H_V^B + \Delta H_V^W}{k T}} \qquad (V,161)$$

Man schreibt diese Gleichung auch als $D = D_0\, e^{-\frac{Q}{k T}}$, wo Q die sog. Aktivierungsenergie für die Diffusion ist. Q ist qualitativ proportional zur Schmelztemperatur von Metallen ($Q = 35 \cdot T_m$ [$cal \cdot mol^{-1}$]). Einige Werte für Q sind in der Tabelle V,12 angegeben. – In der hier dargestellten einfachen Betrachtungsweise wird angenommen, daß jeder Sprung eines Atoms unabhängig von der Richtung des vorhergehenden Sprunges ist. Dies ist nur näherungsweise richtig, da z. B. ein Atom, das gerade einen Platzwechsel mit einer Leerstelle ausgeführt hat, mit hoher Wahrscheinlichkeit mit derselben Leerstelle wieder einen Platzwechsel ausüben und dadurch an seine alte Stelle kommen wird. Der dies berücksichtigende Faktor, der sog. Korrelationsfaktor, hat je nacht Gittertyp Werte zwischen 0,6 und 0,8. Er verringert also den Diffusionskoeffizienten.

Tab. V,12. Selbstdiffusionswerte für reine Metalle (nach R. W. Cahn (Herausg.) Physical Metallurgy, North Holland Publ. Co., 2. Aufl. 1970, Kapitel P. G. Shewmon, Diffusion, Tab. 1).

Metall	Q [cal/mol]	D_0 [cm^2/s]	Q/T_m [cal/°K]
Kupfer	47100	0,20	35
Nickel	66800	1,3	38
Silber	44100	0,40	36
α-Eisen	67200	118	37

Das Ficksche Gesetz sagt aus, daß die treibende Kraft für die Diffusion der Konzentrationsgradient ist. Genauer genommen ist das nicht ganz richtig, da in einer Legierung der Gleichgewichtszustand nicht unbedingt der ist, in dem überall dieselbe Zusammensetzung herrscht. Genauer ist daher die treibende Kraft der Gradient des chemischen Potentials. Eine Diffusion entgegen dem Konzentrationsgradienten tritt bei Metallen oft auf. Ein direkter experimenteller Beweis hierfür und gleichzeitig auch für den Leerstellenmechanismus ist der sog. Kirkendalleffekt. Wenn man ein Messingstück (Cu + 30 Zn) mit reinem Kupfer umgibt und die Grenzfläche mit Drähten markiert, so zeigt sich bei erhöhter Temperatur, daß der Abstand der Drähte voneinander kleiner wird, d. h. daß Zink aus dem Messing schneller herausdiffundiert als Kupfer hineindiffundiert. Zinkionen führen leichter Platzwechselvorgänge mit Leerstellen aus als Kupferionen. Leerstellen diffundieren daher in das Messing und können nach Zusammenlagerung als kleine Poren beobachtet werden. In einer höher konzentrierten Legierung muß man also zwischen dem Diffusionskoeffizienten der einzelnen Komponenten D_1 und D_2 und einem die gesamte Legierung charakterisierenden Diffusionskoeffizienten D, der sich z. B. aus der Homogenisierungsgeschwindigkeit einer Legierung ergibt, unterscheiden. Nach Darken besteht der Zusammenhang $D = D_1 N_2 + D_2 N_1$, wo N_1 und N_2 die jeweiligen Molenbrüche der Komponenten darstellen.

Wenn Korngrenzen in einem Metall vorhanden sind, erfolgt dort die Diffusion im allgemeinen schneller als im Volumen, da Korngrenzen gestörte Bereiche mit mehr Leerstellen darstellen. Die Diffusionsfront von Atomen, die von einer Oberfläche her in Richtung einer Korngrenze eindiffundieren, ist durch das Zusammenwirken von Volumen- und Korngrenzendiffusion kompliziert (Abb. V,170). Ohne Korngrenze würde die Diffusionsfront die gerade Linie A D sein. Mit der Korngrenze überlagert sich die hohe Diffusionsgeschwindigkeit in der Korngrenze mit der in ihrer Richtung und senkrecht zu ihr verlaufenden Volumendiffusion. – Ähnlich wie bei einer Korngrenze erfolgt die Diffusion auch längs einer Versetzungslinie schneller als im ungestörten Volumen. Man spricht hier von einer Versetzungsschlauch-Diffusion. – Auch die Diffusion auf Oberflächen läuft schneller ab, da auch die Oberfläche ein stark gestörter Bereich ist.

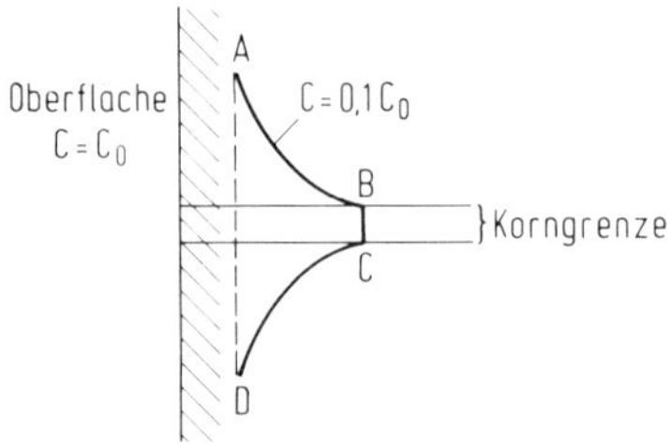

Abb. V,170. Korngrenzendiffusion

2.5.3 Diffusionsartige Platzwechselvorgänge

Viele technisch bedeutsamen Metallegierungen sind Mehrstoffsysteme, in denen die erwünschten Eigenschaften (z. B. Härte, Festigkeit) durch eine Wärmebehandlung hervorgerufen werden, die Ausscheidungsvorgänge zur Folge haben. In einer sich abkühlenden flüssigen Lösung ist das Phänomen der **Ausscheidung** allgemein bekannt. Wenn bei fallender Temperatur ein übersättigter Zustand eintritt, scheidet sich i. allg. eine zweite Phase aus und sinkt zu Boden. Im Festkörper jedoch bleibt die Ausscheidung an der Stelle, wo sie sich gebildet hat. Thermodynamisch gesehen ist die Voraussetzung für diesen Vorgang, daß eine Legierung von einen Einphasen- in ein Zweiphasengebiet (oder von einem n-Phasen zu einem (n + 1) Phasengebiet) gebracht werden kann. Hier soll nur der binäre Fall kurz erörtert werden.

Wenn die Abkühlung sehr langsam erfolgt und durch Diffusionsvorgänge dauernd thermodynamisches Gleichgewicht besteht, dann kann die Zusammensetzung der sich ausscheidenden Phase aus dem Zustandsdiagramm abgelesen werden. Häufig läuft die Abkühlung jedoch so schnell ab, daß die Ausscheidung nicht zum thermodynamischen Gleichgewicht, sondern zu metastabilen Zwischenzuständen mit großer Lebensdauer führt. Gerade diese Zwischenzustände sind technisch besonders wichtig, da sie mit den Versetzungen in Wechselwirkung treten und eine Festigkeitserhöhung bewirken können. Man spricht daher von **Aushärtung.**

Die Ausscheidung erfolgt durch Keimbildung und Keimwachstum. Zusätzlich zu den schon oben genannten Parametern, Volumen- und Grenzflächenenergien, spielen im Festkörper weitere Parameter eine wichtige Rolle: 1. Wenn das spezifische Volumen der neuen Phase anders ist, muß der elastische Anteil der Volumenenergie mit berücksichtigt werden. 2. Es ist bedeutungsvoll, ob die Ausscheidung kohärent, d. h. mit einer sich in den Kristall gut einfügenden Struktur erfolgt, oder inkohärent, d. h. mit einer nicht passenden und dadurch eine neue Korngrenze erzeugenden Struktur; dies hat Einfluß auf die Grenzflächenenergie. 3. Eine Ausscheidung kann homogen oder heterogen, d. h. an besonderen Stellen wie Korngrenzen oder Versetzungsanhäufungen, erfolgen. Eine heterogene Ausscheidung erfordert eine geringere Übersättigung.

Aus der Tatsache, daß die wesentliche Änderung bei einer Ausscheidung die Änderung der Zusammensetzung ist, kann man erwarten, daß die Volumenenergie der wesentliche Parameter ist, der betrachtet werden muß. Es läßt sich zeigen, daß schon kleinste Konzentrationsänderungen mit einem Energiegewinn verbunden sind, wenn die Zusammensetzung des Mischkristalles bei der betrachteten Temperatur in einem Konzentrationsbereich liegt, in dem die Krümmung der freien Enthalpie $G(c)$ als Funktion der Zusammensetzung c negativ ist. Die Temperaturen, bei den $\frac{\partial^2 G}{\partial c^2} = 0$ ist ergeben, wenn man sie als Funktion der Zusammensetzung aufträgt, eine Kurve, die als **Spinodale** bezeichnet wird. Innerhalb der Spinodalen können also in dieser Näherung ohne Keimbildungsarbeiten sich homogene Ausscheidungen bilden. Es ist verständlich, daß in solchen Bereichen die Ausscheidungen sich besonders leicht bilden.

Die Wachstumsgeschwindigkeit von Ausscheidungen wird nach den 1. Fickschen Gesetz durch das Produkt aus Diffusionskoeffizienten und Konzentrationsgradient bestimmt. Der Diffusionskoeffizient nimmt mit steigender Temperatur zu (Abb. V,171). Der Konzentrationsgradient ist proportional dem Übersättigungsgrad der Lösung. Mit steigender Temperatur nimmt dieser Wert ab. Daher ergibt sich für die Größe des Materiestromes, d. h. für die Wachstumsgeschwindigkeit die in der Abb. dargestellte charakteristische C-Kurve. Diese Kurvenform ist typisch für viele Reaktionen im Festkörper. Bei einer bestimmten Temperatur ist die Reaktionsgeschwindigkeit am größten, da mit abnehmender Temperatur der Diffusionskoeffizient und die treibende Kraft (Entfernung vom Gleichgewichtszustand) sich in entgegengesetzter Richtung ändern. Die genaue Form dieser Kurve hängt außerdem u. a. von der Geometrie der Ausscheidungen (Nadeln, Plättchen, Kugeln) und der Keimzahl (mit abnehmender Temperatur zunehmend) ab.

Bei technischen Wärmebehandlungen wird ein Werkstück im allgemeinen durch plötzliches Abkühlen, d. h. Abschrecken, aus dem Einphasenbereich gebracht und dort eine bestimmte Zeit gelassen, bis die Ausscheidung das gewünschte Ausmaß erreicht hat. Es ist auch üblich, das Werkstück auf

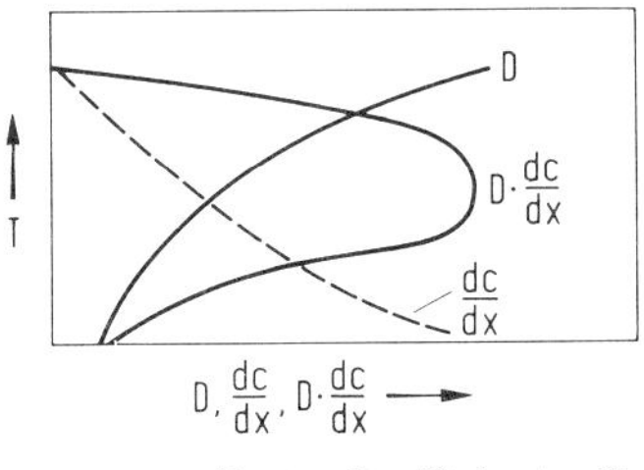

Abb. V,171. Temperaturabhängigkeit des Diffusionskoeffizienten D, des Konzentrationsgradienten $\frac{dc}{dx}$ und des Produktes $D \cdot \frac{dc}{dx}$ (schematisch)

Raumtemperatur abzuschrecken und dann auf eine geeignete Anlaßtemperatur zu erhitzen, bei der der Prozeß der Ausscheidung abläuft. Besonders bedeutungsvoll sind in diesem Zusammenhang Ausscheidungsvorgänge in Aluminiumlegierungen. Frisch erschmolzene Aluminium-Legierungen mit 4% Cu, 0,5% Mg und etwas Mn werden bei Raumtemperatur im Laufe von einigen Tagen fester. Dies ist die von A. Wilm 1903 gemachte Beobachtung, die zur Einführung des Werkstoffes Duraluminium führte, und die auf Ausscheidungen zurückzuführen ist. Ausscheidungen können durch kurzes Erhitzen auf höhere Temperaturen wieder aufgelöst werden (Rückbildung). Diese Vorgänge sind z. B. an Al-Cu-Legierungen sehr genau untersucht worden. Hier bilden sich vor der Entstehung der endgültigen Phase ($CuAl_2$, Bezeichnung hierfür θ) Vorausscheidungsphasen, sog. Guinier-Preston-Zonen 1. und 2. Art, und eine θ'Phase.

Besonders wichtig sind die Ausscheidungsvorgänge im System Eisen–Kohlenstoff, die die Grundlage für die Eisen- und Stahlindustrie bilden. In diesem System treten außer den diffusionsartigen Umwandlungen auch diffusionslose Umwandlungen auf, die im Folgenden besprochen werden sollen.

2.5.4 Diffusionslose Umwandlungen (Martensitumwandlungen)

Bei einer diffusionslosen Umwandlung erfolgt die Phasenveränderung durch eine gemeinsame koordinierte Bewegung von vielen Atomen, wobei die meisten Atome dieselben Nachbarn, nur in anderer Anordnung, behalten. Es tritt also keine Änderung der Zusammensetzung auf. Die wichtigste Umwandlung dieser Art kommt bei der γ–α-Umwandlung in Stählen vor. Die entstehende Phase wird dort Martensit genannt, und daher wird die **diffusionslose Umwandlung** auch als **Martensitumwandlung** bezeichnet. Sie ist aber auch in anderen Legierungen möglich, wie Tab. V,13 zeigt.

Tab. V,13. Einige Martensitumwandlungen

Metall bzw. Legierung	Strukturänderung
Fe – C	kub. flächenz. → tetrag. raumz.
Fe – Ni	kub. flächenz. → kub. raumzentr.
Cu – Al	kub. raumz. → verzerrt hexag.
Cu – Sn	kub. raumz. → tetr. flächenz.
Au – Cd	kub. raumz. → orthoromb.
In – Tl	kub. flächenz. → tetr. flächenz.
Co	kub. flächenz. → hexagonal
Ti	kub. raumz. → hexagonal
U	kub. raumz. → orthoromb.

Die Keime für die Martensitumwandlung können Stapelfehler oder besondere Versetzungsanordnungen sein. Die Keimbildung ist also heterogen. Die Keimbildungsarbeit wird durch die Verzerrungsenergie bestimmt. Daher setzt die Umwandlung erst bei einer relativ starken Unterkühlung ein. Die Temperatur, bei der die Umwandlung beginnt, wird als obere Martensittemperatur bezeichnet.

Bei dem Wachstum der Phase verlagert sich jedes Atom um eine Strecke, die kleiner als die Gitterkonstante ist. Der Prozeß läuft mit der Geschwindigkeit ab, mit der eine elastische Störung sich im Gitter fortbewegen kann, d. h. mit Schallgeschwindigkeit. Die umgewandelte Phase hat oft die Form von Platten, die im Schliffbild wie Nadeln aussehen.

Da die alte und die neue Phase kristallographisch einander zugeordnet werden können, ist eine beiden Gittern gemeinsame Ebene, die sog. Habitusebene, vorhanden. Die Phasenumwandlung kann bezüglich dieser Ebene als eine Scherung zusammen mit einer Volumenänderung aufgefaßt werden. Die Martensitumwandlung läuft bei einer vorgegebenen Temperatur nur so weit ab, bis durch die steigende Verzerrungsenergie bei der Umwandlung diese zum Stillstand kommt. Für eine weitere Umwandlung ist eine erneute Temperaturerniedrigung notwendig. Erst bei einer sog. unteren Martensittemperatur kann die Umwandlung vollständig ablaufen.

Die Martensitumwandlung in Stählen ist besonders häufig untersucht worden. Das Eisen – Kohlenstoffdiagramm (Abb. V,172) zeigt, daß bei der eutektoiden Zusammensetzung von etwa 0,8% C bei 720 °C sich Austenit zu Ferrit und Zementit umformt. Da der Austenit wesentlich mehr Kohlenstoff löst als Ferrit, andererseits aber nur einen geringen Bruchteil des Volumens ausfüllt, muß der Kohlenstoff für diese Gleichgewichtsumwandlung beträchtliche Wege durch Diffusion zurücklegen. Wenn die Abkühlung zu schnell erfolgt, ist diese Diffusion nicht möglich. Der übersättigte Austenit bleibt erhalten, bis schließlich bei weiterer Abkühlung die Martensitumwandlung einsetzt. Der kristallographische Zusammenhang ist dadurch gegeben, daß man die flächenzentrierte Struktur des Austenits als eine raumzentrierte tetragonale Struktur auffassen kann (vergl. Abb. V,173). Die Kohlenstoffatome sitzen dabei in der Mitte der C-Achsen. Sie verlängern die C-Achse etwas über die Länge, die dem krz.-Kristall entsprechen würde, und verkürzen die beiden auf dieser Achse senkrechten Gitterabstände (a-Achsen). Diese Änderungen hängen von der Kohlenstoffkonzentration ab. In der einfachsten Vorstellung nach B a i n werden bei der Martensitbildung die C-Achsen komprimiert und die a-Achsen ausgedehnt. Mit dieser Vorstellung können aber nicht alle Beob-

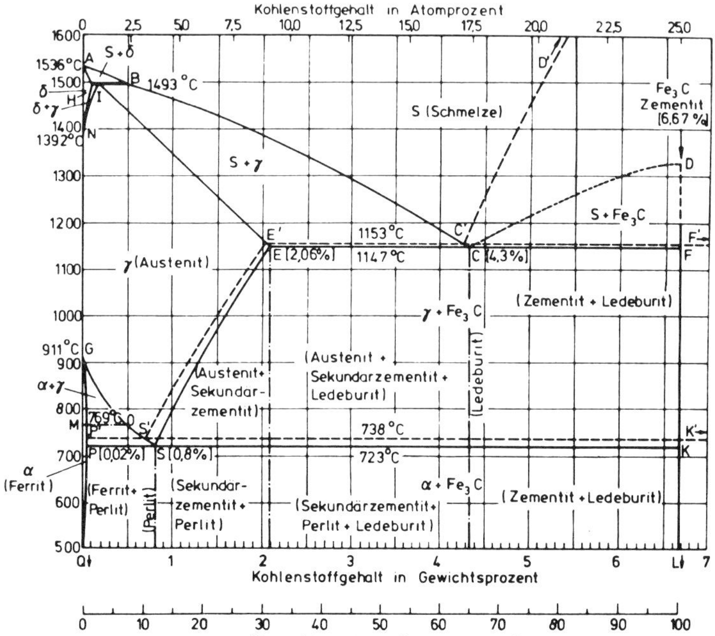

Abb. V,172. Eisen-Kohlenstoff-Diagramm; ausgezogene Linien metastabiles System Eisen-Eisenkarbid, gestrichelte Linien System Eisen-Kohlenstoff. (Nach Angaben des Vereins Deutscher Eisenhüttenleute Düsseldorf)

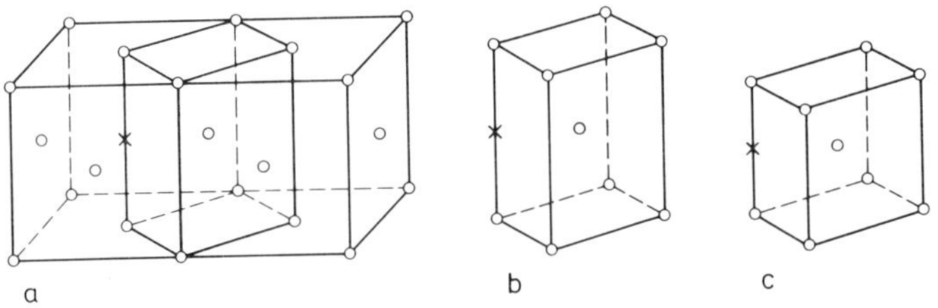

Abb. V,173. Martensitumwandlung
x Kohlenstoff
a) Tetragonale Zelle im Austenitgitter
b) Tetragonale Zelle vor der Umwandlung
c) Tetragonale Zelle nach der Umwandlung

achtungen beschrieben werden. Nach Kurdjumov und Sachs erfolgt die Umwandlung nicht durch einen, sondern zwei Schervorgänge: a) im Austenit in der {111} Ebene in ⟨112⟩ Richtung, b) im Ferrit in der {112} Ebene in ⟨111⟩ Richtung. Auch hiermit können nicht alle Erscheinungen erklärt werden. Nach modernen Vorstellungen können 2 komplizierte Deformationen den Vorgang genauer beschreiben.

2.5.5 Wärmebehandlung von Legierungen

Die technische Bedeutung der Phasenumwandlungen in festem Zustand ist sehr groß, da die Eigenschaften der Metalle durch gesteuerte Phasenumwandlungen in weiten Grenzen beeinflußt werden können. Phasenumwandlungen werden durch die Wahl der Legierungspartner und die gewählte Wärmebehandlung bestimmt. Die wesentlichen Schritte sind dabei Erhitzen auf hohe Temperaturen (Homogenisieren, Lösungsglühen), schnelles oder langsames Abkühlen (Erzeugung der verschiedenen Phasenumwandlungen) und Auslagern bei erhöhten Temperaturen (weitere Beeinflussung

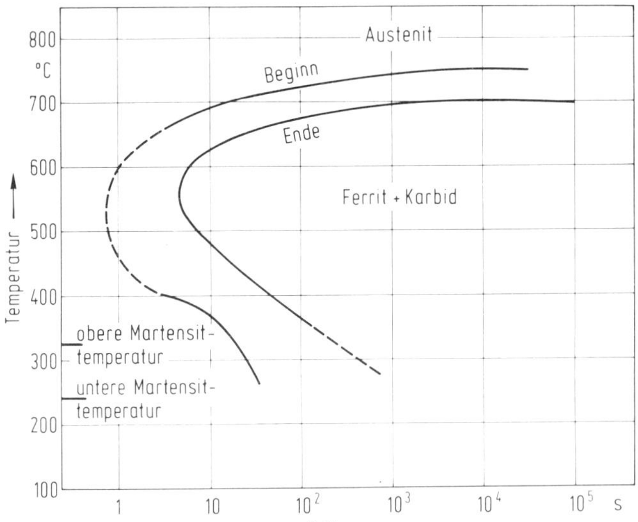

Abb. V,174. Isothermisches Umwandlungsschaubild eines Stahles Fe- 0,5 C- 0,91 Mn (Nach Angaben der U. S. Steel Corp. Pittsburgh, Pa.)

der Phasenumwandlungen). Vor allem die mechanischen Eigenschaften, die für die Bedeutung der Metalle als Konstruktionswerkstoff entscheidend sind, hängen von derartigen Wärmebehandlungen ab. Wenn z. B. Ausscheidungen im Abstand von ca. 100 Å auftreten, dann können diese mit den Versetzungen in Wechselwirkung treten und das Material fester machen. Auch elektrische und magnetische Eigenschaften können in großem Maße durch Wärmebehandlung beeinflußt werden. Die Bedeutung der Eisenlegierungen für die Technik hängt vor allem damit zusammen, daß Eisen die α-γ-Umwandlung aufweist und diese Umwandlung durch die verschiedenen Legierungselemente beeinflußt werden kann. Kohlenstoff, Stickstoff, Mangan, Nickel verschieben den Umwandlungspunkt zu tieferen Temperaturen, Silizium, Chrom, Wolfram, Molybden, Titan, Vanadium, Aluminium verschieben ihn zu höheren Temperaturen. Durch geeignete Kombination der Legierungspartner und der Wärmebehandlungsverfahren lassen sich die verschiedensten Eigenschaftskombinationen erzeugen.

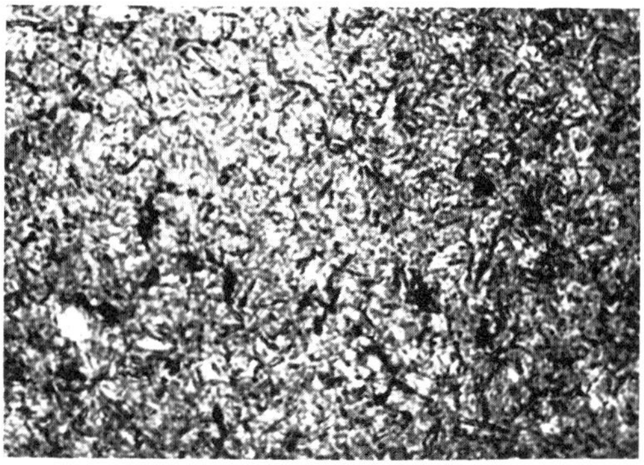

Abb. V,175. Gefüge eines Stahles mit 0,45 Gw. % Kohlenstoff nach Erhitzen auf 830 °C (30 Min.) und Abschrecken in Öl von Raumtemperatur. Martensitgefüge, einzelne Martensitnadeln nicht aufgelöst (Vergrößerung 200 ×)

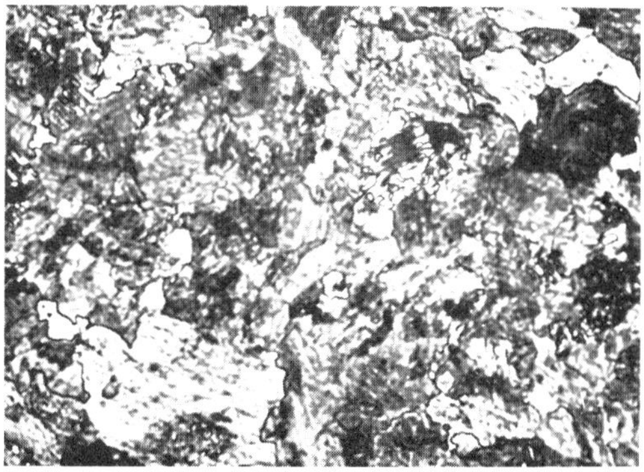

Abb. V,176. Gefüge eines Stahles mit 0,45 Gw.% Kohlenstoff nach Erhitzen auf 830 °C (30 Min) und langsamer Abkühlung im abgeschalteten Ofen. Gefüge Ferrit und Perlit (Vergrößerung 200 ×)

Als Beispiel soll hier kurz die Umwandlung von Stahl (Eisen mit 0 . . . 1,7 Gew. % C und anderen Legierungszugaben) erwähnt werden. Die verschiedenen Möglichkeiten der Umwandlung werden in einem sog. Z T U-Diagramm dargestellt, in dem die Zeit bis zum Einsetzen bzw. zur Beendigung der Umwandlung in Abhängigkeit von der Temperatur angegeben ist (Abb. V,174). Es zeigt den vorher erwähnten charakteristischen c-förmigen Kurvenverlauf. Rechts sind die Bezeichnungen für die Gefüge angegeben, die bei isothermer Auslagerung in dem jeweiligen Temperaturbereich entstehen. Abb. V,175 u. 176 zeigt das Aussehen von zwei entstehenden Gefügen.

2.6 Mechanische Eigenschaften

2.6.1 Der Zugversuch

Der wichtigste Versuch zur Bestimmung von mechanischen Eigenschaften ist der **Zugversuch.** Von wesentlichem Einfluß auf die Meßgrößen ist die Orientierung der Achse der unverformten Versuchsprobe, von der zunächst angenommen werden soll, daß sie ein Einkristall ist. Diese Orientierung wird beschrieben durch den Winkel φ zwischen Gleitebenennormale und Stabachse, und durch den Winkel ψ zwischen der Gleitrichtung und der Stabachse (Abb. V,177). Zur Deutung der ablaufenden Vorgänge ist σ, die Kraftkomponente pro Flächeneinheit in der Gleitebene in Gleitrichtung, maßgebend. Dieser Wert ergibt sich aus der an die Probe angelegten Spannung $\sigma_0 = \frac{K}{A}$ (K = Kraft in Zugmaschine, A = Querschnitt der Probe, durch den sog. Schmid- oder Orientierungsfaktor $\cos\varphi \cos\psi$: $\sigma = \sigma_0 \cos\varphi \cos\psi$. Mit den Winkeln φ und ψ bei Beginn des Versuches und aus der Verlängerung bei dem Versuch muß dann die in der Gleitebene auftretende Abgleitung a berechnet werden. Auf diese Weise erhält man aus der makroskopisch unmittelbar gemessenen **Spannungs-Dehnungskurve** die physikalisch interessantere **Schubspannungs-Abgleitungskurve**. Während eines Versuches ändert sich die Orientierung der Gleitebenen (Abb. V,178), da sich die Gleitebenen zur Achsenrichtung der Probe hindrehen. – Neben der Orientierung der Probe haben die Temperatur T und die Abgleitgeschwindigkeit $\dot{a}$ auf die Verformung wesentlichen Einfluß. Hält man $\dot{a}$ konstant, so nennt man das einen dynamischen Zugversuch; hält man die Schubspannung σ im Gleitsystem konstant, so spricht man von einem statischen Zugversuch.

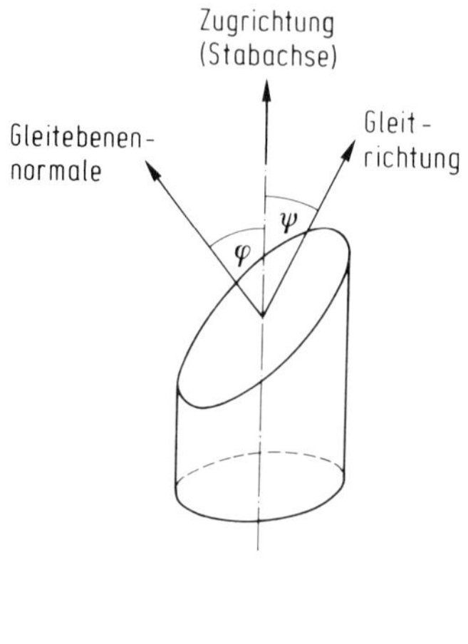

Abb. V,177. Zur Ableitung des Schmid-Faktors

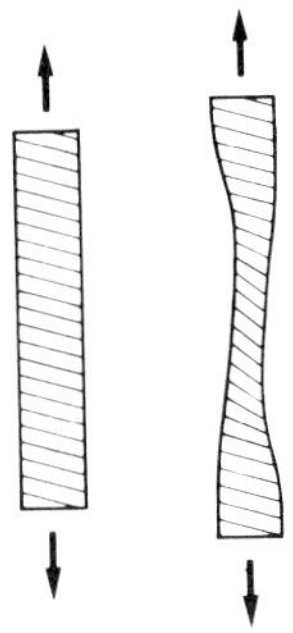

Abb. V,178. Orientierungsänderung beim Zugversuch (schematische Andeutung der Gleitebenen)

2.6.2 Plastische Verformung von kfz.-Metallen (Einkristalle)

Die wesentliche mechanische Eigenschaft, die durch einen Zugversuch bei Metallen festgestellt wird, ist die **Verfestigung**. Damit ist gemeint, daß, wen ein Metall bereits durch eine Kraft plastisch verformt worden ist, für eine weitere Verformung eine größere Kraft gebraucht wird als für die ursprüngliche Verformung. Die Schubspannung steigt mit wachsender Abgleitung an, bis der Bruch der Versuchsprobe eintritt. Schematisch ist eine dynamische Schubspannungs-Abgleitungskurve von kfz.-Einkristallen in Abb. V,179 dargestellt. Die Kurve zeigt eine typische Dreiteilung: Sie beginnt mit ei-

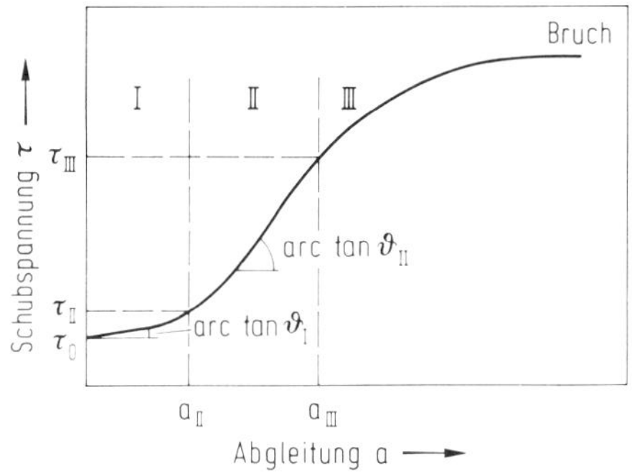

Abb. V,179. Verfestigungskurve von kfz-Einkristallen mit Kenngrößen (schematisch) (Nach A. Seeger (Herausg.) Moderne Probleme der Metallphysik I, S. 50, Springer-Verlag, Berlin 1965)

nem flachen linearen Anfangsteil (Bereich I, engl. easy-glide region), es folgt ein steilerer, ebenfalls linearer Teil (Bereich II), dann tritt ein allmählich flacher werdender gekrümmter Bereich auf (Bereich III). In der Abbildung sind die sog. Verfertigungskenngrößen angegeben, die zur Kennzeichnung derartiger Kurven benutzt werden. Dies sind die kritische Schubspannung τ_0 – das ist diejenige Schubspannung, bei der plastische Verformung einsetzt – die Schubspannung τ_{II} und die Abgleitung a_{II}, bei der der Bereich I in den Bereich II übergeht und die entsprechenden Größen τ_{III} und a_{III}, die für den Übergang Bereich II – Bereich III charakteristisch sind, ferner die Steigungen der Kurven in den Bereichen I und II, arc tn ϑ_I und arc tn ϑ_{II}.

Es ist der Einfluß von verschiedenen Parametern auf die genannten Kenngrößen untersucht worden. Die Verfertigungskurve ist orientierungsabhängig, obwohl mit Hilfe des Schmid-Faktors die Werte auf das jeweilige Gleitsystem umgerechnet werden. Die Kenngrößen τ_0, ϑ_I, ϑ_{II}, und ϑ_{III} sind am kleinsten für Kristalle, deren Orientierung bezüglich der Zugrichtung im mittleren Teil des stereographischen Orientierungsdreieckes liegt. Die Ausdehnung des Bereiches I ist für diese mittlere Orientierung am größten. – Die kritische Schubspannung τ_0 nimmt in binären Legierungen mit wachsender Konzentration des zulegierten Elementes zu. Als Beispiel ist in Abb. V,180 der Verlauf von τ_0 im System Ni–Co angegeben. – Die kritische Schubspannung ist temperaturabhängig. Mit sinkender Temperatur steigt die kritische Schubspannung. Der Temperaturkoeffizient ändert sich dabei in bestimmten Temperaturbereichen (vergl. Abb. V,181). Der Wert von a_{II} steigt ebenfalls mit sinkender Temperatur. Die Temperaturabhängigkeit von τ_{II} ist der von τ_0 sehr ähnlich. Der Wert des Quotienten τ_{II}/G (G = Schubmodul) ist temperaturunabhängig. – Von besonderem Interesse ist die Abhängigkeit der Verfestigungskurve von der Abgleitgeschwindigkeit, da dies einen Rückschluß auf die thermisch aktivierbaren Vorgänge zuläßt. Es besteht hier ein linearer Zusammenhang zwischen ln τ_{III} und ln $\dot{a}$.

Die Deutung der Vorgänge bei der plastischen Verformung gehen auf die Arbeiten von Orowan, Polanyi und Taylor (1934) zurück. Eine genauere Theorie ist aber erst

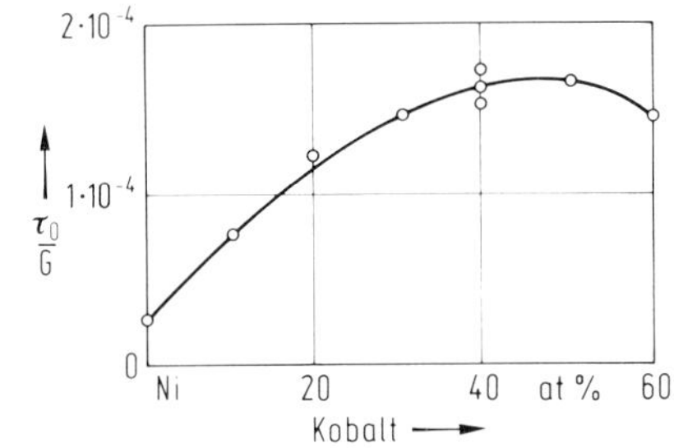

Abb. V,180. Konzentrationsabhängigkeit der kritischen Schubspannung τ_0 in Ni-Co-Legierungen bei 295 °K; G = Schubmodul. (nach F. Pfaff Z. f. Metallkde **53**, 411 (1962))

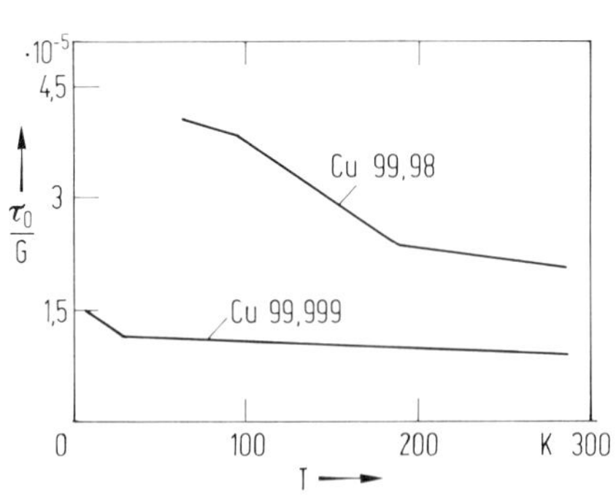

Abb. V,181. Temperaturabhängigkeit der kritischen Schubspannung von Kupfer. (Nach Seeger (Herausg.) Moderne Probleme der Metallphysik Bd. I, S. 55, Berlin 1965)

seit ca. 1955 entwickelt worden. Die grundlegende Vorstellung ist, daß jeder Kristall Versetzungen enthält, die vor allem in dichtest gepackten Ebenen angeordnet sind, und die durch Wirkung einer äußeren Kraft gleiten. Die Gleitebenen sind im allgemeinen die dichtest gepackten Ebenen, die Gleitrichtungen ebenfalls die Richtungen dichtester Packung. Da von einem Ebenentyp mehrere Ebenen in einem Metall vorhanden sind, beginnt das Gleiten, wenn die Schubspannung in der am günstigsten gelegenen Ebene, d. h. in der Ebene, in der die wirkende Schubspannung am größten ist, einen kritischen Wert τ_0 überschreitet. In Tabelle V,14 sind Gleitebenen und Gleitrichtungen für verschiedene Metalle angegeben. Die Gleitebenen und Gleitrichtungen, in denen sich die Versetzungen zuerst bewegen, nennt man das Hauptgleitsystem oder Primäres Gleitsystem. Eine Verfestigung kommt dadurch zustande, daß die Bewegung von Versetzungen in zunehmenden Maße durch Wechselwirkung mit anderen Versetzungen behindert wird. In dem Bereich I, in dem sich relativ wenige Versetzungen, etwa 10 bis 100 pro Gleitebenenstück, bewegen, ist diese Behinderung gering. Der Verfestigungsanstieg ist gering. Die Schubspannung τ_{II} ist die kritische Schubspannung eines zweiten Gleitsystems, das beim Erreichen dieser Schubspannung in Gang gesetzt wird; τ_{II} ändert sich in Abhängigkeit von Temperatur, Legierungszusammensetzung und Abgleitgeschwindigkeit wie τ_0.

Tab. V,14. Gleitebenen und Gleitrichtungen bei einigen Metallen

Gitter	Metall	Gleitebene	Gleitrichtung
kfz	Al, Cu, Ag, Au, Ni	$\{111\}$	$\langle 110\rangle$
krz	α-Fe, Mo, W, Na, K	$\{110\}$ $\{211\}$ $\{321\}$	$\langle 111\rangle$
hdp	Mg, Cd, Zn, Be, Ti	$\{0001\}$ $\{10\bar{1}1\}$ $\{10\bar{1}0\}$	$\langle\bar{1}\bar{1}20\rangle$

Die Abhängigkeit der Schubspannung τ von Temperatur und Abgleitungsgeschwindigkeit kann dadurch erklärt werden, daß sie aus zwei Anteilen besteht: $\tau = \tau_G + \tau_s$. Die Größe τ_G enthält alle Anteile der elastischen Wechselwirkung der Versetzungen aufeinander, die im wesentlichen vom Schubmodul abhängen und eine große Reichweite haben. Sie sind temperaturunabhängig. Die Größe τ_s wird durch die Kräfte bestimmt, welche auftreten, wenn sich zwei Versetzungen schneiden. Da dabei Wechselwirkungen in atomaren Abständen auftreten, kann die hierfür notwendige Energie auch teilweise durch thermische Schwingungen aufgebracht werden. Dieser Anteil ist also temperaturabhängig und thermisch aktivierbar. Oberhalb einer bestimmten Temperatur T_0 ist die thermische Energie so groß, daß $\tau_s = 0$ werden kann. Eine derartige Temperatur, oberhalb der τ_0 nur von τ_G abhängt, also nicht temperaturabhängig ist, ergibt sich aus den Kurven von Abb. V,181.

Im Bereich II findet das Gleiten im primären und sekundären Gleitsystem statt. Die Verfestigung kann dadurch zustande kommen, daß durch Versetzungsreaktionen von Versetzungen der beiden Gleitsysteme unbewegliche Lomer–Cottrell-Versetzungen gebildet werden, an denen sich Versetzungen aufstauen. Die sich aufstauenden Versetzungen stammen aus Versetzungsquellen, die ebenfalls im Bereich II betätigt werden. Die Kräfte, die Aufstauungen verursachen, sind durch den Schubmodul bestimmte Größen (τ_G). Dies erklärt die experimentelle Beobachtung, daß der Quotient $\frac{\tau_{II}}{G}$ bei vielen Metallen denselben Wert hat und temperaturunabhängig ist. Andererseits erklärt diese Vorstellung nicht so sehr das Bild, das man erhält, wenn man die Verfestigung elektronenmikroskopisch verfolgt (Abb. V,182). Im allgemeinen sind keine in einer Gleitebene aufgestauten Versetzungen zu beobachten, sondern in einigen Gebieten Versetzungsnetzwerke, während andere Teile des Materials relativ frei von Versetzungen sind. (Zellbildung). Die Verfestigung kommt danach durch vermehrte Wechselwirkung der Versetzungen bei Erhöhung der Versetzungsdichte während der Verformung zustande. Im Bereich I wird das Volumen des Kristalls allmählich mit Versetzungen gefüllt, bis die Dichte überall gleichgroß ist. Im Bereich II steigt die Dichte der Versetzungen an, was einer Verkürzung der frei beweglichen Versetzungsstücke gleichkommt, und eine erhöhte Verfestigung bewirkt. – Eine weitere Vorstellung über die Verfestigung im Bereich II geht davon aus, daß Versetzungen mit Sprüngen z. T. nur nicht-konservative Bewegungen ausführen können, d. h. Punktfehler erzeugen. Diese Punktfehler können ihrerseits die Bewegungen von Versetzungen behindern. – Das theoretische Bild über den Bereich II der Verfestigungskurve ist also sehr vielfältig. Wahrscheinlich wirken mehrere der hier genannten Ursachen für die Verfestigung gleichzeitig.

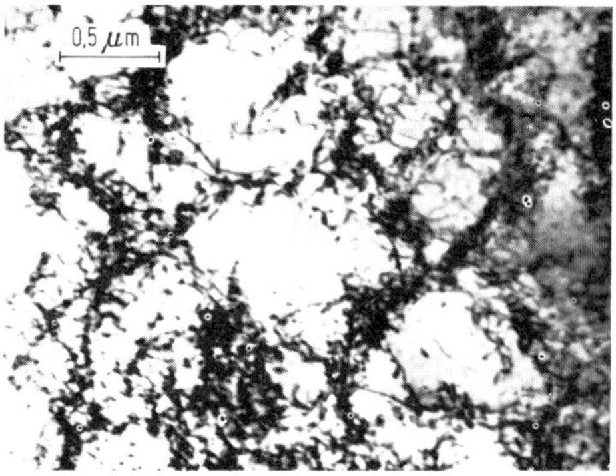

Abb. V,182. Elektronenmikroskopische Aufnahme der Versetzungszellstruktur eines um 10% bei 300 °C verformten rostfreien Stahles. (Fe- 16 Cr- 12 Ni) (Aufnahme J. F. Breedis, M. I. T.)

Die charakteristische Erscheinung im Bereich III ist, daß der Verfestigungskoeffizient abnimmt. Die Zahl der aufgestauten Versetzungen muß also kleiner werden. Dies geschieht nach allgemein anerkannter Ansicht durch Quergleiten von Schraubenversetzungen. Da Schraubenversetzungen keine bestimmte Gleitebene besitzen, kann bei einer Aufstauung die Schraubenkomponente einer Versetzung ein Hindernis umgeben, indem sie auf eine andere nicht das Hindernis schneidende Ebene ausweicht. Somit nehmen die Spannungsfelder der aufgestauten Versetzungen, und dadurch die Verfestigung, ab. Von besonderer Bedeutung für diesen Vorgang ist die Stapelfehlerenergie.

Damit eine Quergleitung erfolgen kann, muß die normalerweise vorhandene Aufspaltung von Versetzungen rückgängig gemacht werden, denn nur vollständige Versetzungen können quergleiten. Ist die Aufspaltung klein, d. h. liegt eine hohe Stapelfehlerenergie vor, so ist die Quergleitung und dadurch der Übergang von Stufe II zu Stufe III leicht möglich. Ist die Stapelfehlerenergie klein, so wird dieser Übergang erschwert; die Größen τ_{III} und a_{III} steigen. Da die Rückbildung der Versetzungsaufspaltung durch thermische Energie erleichtert wird, ist die Größe τ_{III} auch stark temperaturabhängig. Durch die Messung der Temperatur- und Geschwindigkeitsabhängigkeit von τ_{III} kann die Stapelfehlerenergie bestimmt werden.

2.6.3 Plastische Verformung von hdp.- und krz.-Metallen

In hexagonalen Metallen ist die Gleitrichtung die $\langle\bar{1}\bar{1}20\rangle$ Richtung. Die Gleitebene hängt von dem Achsenverhältnis $\frac{c}{a}$ ab. Für einen großen Wert ($\frac{c}{a}$ = 1.886 für Cd, $\frac{c}{a}$ = 1.856 für Zn) ist die $\{0001\}$-Ebene als dichtest gepackte Ebene die Gleitebene, für einen kleinen Wert ($\frac{c}{a}$ = 1.587 für Ti, $\frac{c}{a}$ = 1.589 für Zr) findet Gleiten in den Prismenebenen $\{10\bar{1}0\}$ bei Raumtemperatur und in den Pyramidenebenen $\{10\bar{1}1\}$ bei höheren Temperaturen statt.

Das plastische Verhalten von hexagonalen Metallen war besonders in den Anfängen der Erforschung der Kristallplastizität untersucht worden. Aus technologischen Gründen ist dann die Untersuchung dieser Metalle weniger intensiv gewesen als von kfz.-Metallen. Grundsätzlich laufen entsprechende Vorgänge ab wie bei den kfz.-Metallen. Auch die charakteristische Dreiteilung der Verfestigungskurve tritt auf. Zusätzlich ist bei hexagonalen Metallen auch die Zwillingsbildung bei der plastischen Verformung bedeutungsvoll, besonders wenn der Kristall z. B. so orientiert ist, daß der Winkel zwischen Zugrichtung und hexagonaler Achse klein ist. Dann ist die Schubspannung in der Basisebene sehr klein, so daß dort die kritische Schubspannung nicht erreicht werden kann.

Metalle mit krz.-Gitter haben eine einzige Richtung mit dichtester Packung, aber mehrere Ebenen, die als Gleitebenen wirken können. Daher sind die Vorgänge noch wesentlich komplizierter, und es liegt noch keine allgemein anerkannte Vorstellung in der Literatur vor.

2.6.4 Vielkristallplastizität

Bisher wurde nur die plastische Verformung von Einkristallen besprochen. Für die technische Anwendung sind jedoch die mechanischen Eigenschaften von polykristallinem Material wichtiger. Es sind im wesentlichen die Einflüsse der Korngrenzen, die die unterschiedlichen Eigenschaften von Ein- und Vielkristallen bewirken. Diese Einflüsse sind in dem Bereich I der Verfestigungskurve am größten. In Abb. V,183 sind für polykristalline Proben, die verschieden große Mittelwerte der Kornzahlen über den Probenquerschnitt besitzen, die Verfestigungskurven angegeben. Mit wachsenden Kornzahlen wird der Bereich I kleiner; bei n = 4,7 ist er verschwunden. Bei polykristallinem Material ist die Umrechnung auf die Schubspannungs-Abgleitungswerte nicht möglich.

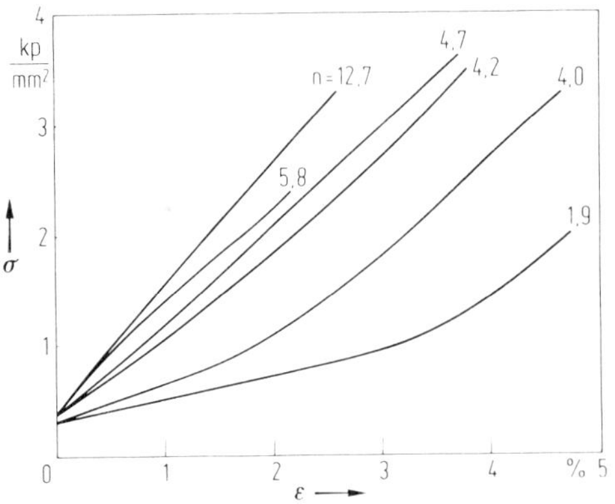

Abb. V,183. Verfestigungskurve von Polykristallinen Al bei 4,2 °K für verschiedene mittlere Kornzahlen im Probenquerschnitt. (nach R. L. Fleischer, W. F. Horsford, jr. Trans AIME, **244**, 244 (1961))

Es muß dort direkt die Spannung als Funktion der Dehnung aufgetragen werden. Einige Ursachen für die Unterschiede der Verfestigungskurven von Ein- und Vielkristallen sind folgende: a) die Laufwege von Versetzungen werden durch Korngrenzen behindert; an den Korngrenzen müssen Stetigkeitsbedingungen für Dehnung und Spannung erfüllt sein, wenn Gleitung von einem Korn in ein anderes erfolgen soll. b) Die Schubspannungen in den Hauptgleitsystemen der Kristallite sind unterschiedlich groß. c) Bei Vielkristallen tritt zusätzlich Korngrenzenfließen auf. d) Korngrenzen können als Versetzungsquellen wirken.

Betrachtet man nicht nur den Bereich für kleine Spannungen und Dehnungen, wie in Abb. V,183, sondern die Verfestigungskurve bis zum Bruch, so ergeben sich für kfz. und hrz.-Metalle von technischer Reinheit die in Abb. V,184 schematisch dargestellten Kurven. Bei krz.-Metallen tritt nach Überschreiten des elastischen Bereiches eine obere und untere Steckgrenze auf, die nach Cottrell und Petch durch die elastische Wechselwirkung zwischen Fremdatomen und Versetzungen erklärt wird.

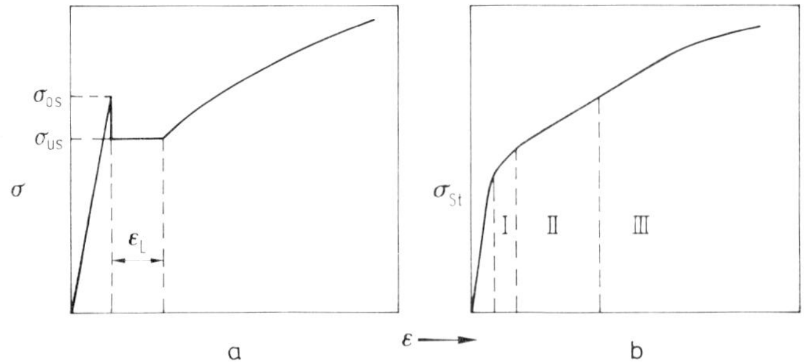

Abb. V,184. Verfestigungskurve von Vielkristallen (schematisch) a: krz-Metalle b: kfz-Metalle

σ_{oS} obere Streckgrenze

σ_{uS} untere Streckgrenze

ϵ_L Lüdersdehnung

σ_{St} Streckgrenze

Fremdatome sammeln sich in durch die Versetzung gestörten Kristallbereichen an und halten die Versetzung bei Wirkung einer Spannung fest. Die obere Streckgrenze ist bei steigender Spannung dann erreicht, wenn die Spannung so groß ist, daß sich die Versetzungen von diesen „Wolken" der Verunreinigungen lösen. Dann sind die Versetzungen plötzlich leicht beweglich, so daß die Spannung auf den Wert der unteren Streckgrenze sinkt und die Dehnung bei diesem Wert so lange fortschreitet, bis die Versetzungen erneut auf Hindernisse treffen und sich aufstauen. Da die Behinderung dieser Bewegung vor allem Korngrenzen darstellen, besteht ein Zusammenhang zwischen der unteren Streckgrenze und der Korngröße: $\sigma_{us} = \sigma_0 + k\,d^{-\frac{1}{2}}$, wo k und σ_0 empirische Konstanten, und d den mittleren Korndurchmesser darstellen. Diese Formel, die sog. Hall–Petch-Beziehung, kann auch theoretisch begründet werden. Der Bereich ϵ_L ist der sog. „Lüdersband"-Bereich, in dem durch das Fließen des Metalls charakteristische Gleitlinien („Lüdersbänder") auf der Oberfläche des Metalls auftreten. – An sehr reinen krz.-Metallen tritt keine Streckgrenze auf.

Bei den kflz.-Metallen kann man die Verfestigungskurve eines Polykristalls auch in drei Bereiche teilen. An die Streckgrenze schließt sich ein Übergangsbereich an, dann folgt ein linearer Verfestigungsanstieg und schließlich verläuft die Kurve etwa parabolisch bis Eintreten des Bruches.

2.6.5 Erholung, Rekristallisation

Wenn ein Metall bei Raumtemperatur verformt worden ist, besitzt es durch die erhöhte Versetzungskonzentration im Vergleich mit dem nichtverformten Zustand andere Eigenschaften, z. B. anderes Gefüge, erhöhte Festigkeit, erhöhten elektrischen Widerstand, gespeicherte Energie. Es ist oft wünschenswert, dem Metall bei unveränderten äußeren Abmessungen seine ursprünglichen Eigenschaften wiederzugeben, um z. B. eine weitere Verformung durchführen zu können. Dies geschieht durch Erwärmung auf erhöhte Temperaturen. Die Beseitigung der durch die Kaltverformung erzeugten Eigenschaftsänderungen erfolgt durch die Kombination von Prozessen die als Erholung, Rekristallisation und Kornwachstum bezeichnet werden. Abb. V,185 zeigt, wie sich einige Eigenschaften bei Temperaturerhöhung ändern und auf ihren Wert vor der Verformung zurückgehen.

Unter dem Begriff Erholung werden die Vorgänge zusammengefaßt, die bei einer Erwärmung ablaufen, bevor sich die Korngrenzenstruktur ändert. Es erfolgt dabei vor allem eine Umordnung der Gitterfehler. Die Versetzungen eines Vorzeichens können sich dabei nebeneinander anordnen, wodurch Subkorngrenzen entstehen, siehe Abb. V,186. Vorher gekrümmte Gitterabschnitte werden dabei gerade. Diesen speziellen Vorgang nennt man daher auch Polygonisation. Sie wird vor allem durch Klettern von Versetzungen möglich. Die Bewegung von Leerstellen ist also wesentlich für diesen Vorgang. Der elektrische Widerstand, die gespeicherte Energie, die Festigkeit und andere Größen ändern sich dabei.

Unter Rekristallisation versteht man die Wanderung von Großwinkelkorngrenzen, also die Änderung des Gefüges bei der Erwärmung. Man kann sich vorstellen, daß wäh-

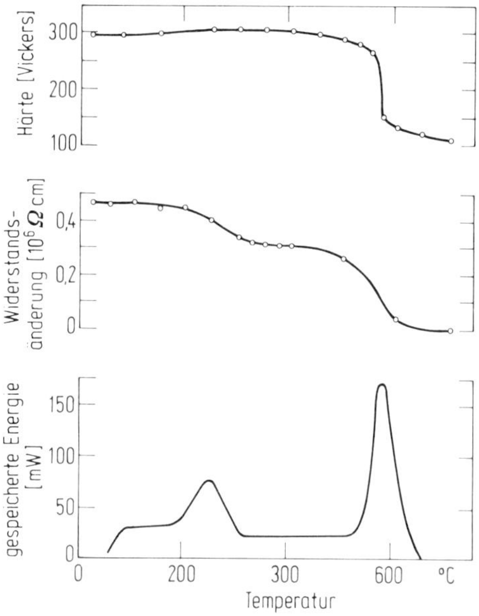

Abb. V,185. Erholung von Ni durch Torsion verformt und erhitzt mit der Geschwindigkeit 6°/Min. (L. M. Clarebrough, M. E. Hargreaves, G. W. West, Proc. Roy. Soc. A 232, 252 (1955))

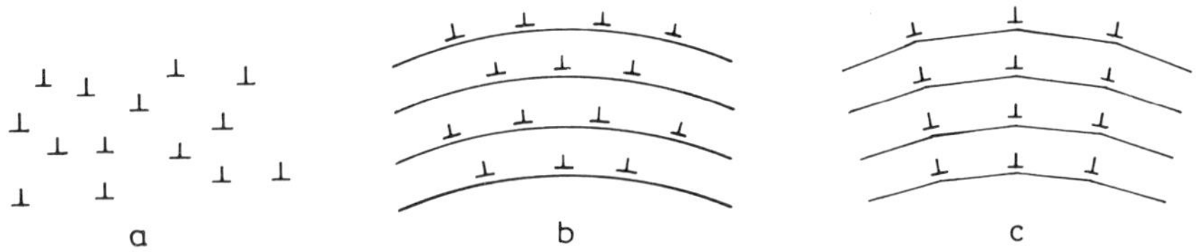

Abb. V,186. Erholung und Polygonisation (schematisch)
a) Umordnung von Versetzungen
b) Anordnung auf gemeinsamen Gitterebenen
c) Polygonisation

rend der Erholung irgendwo ein Kristallbereich entsteht, dessen innere Energie wesentlich kleiner ist als seine Umgebung. Dieser Bereich wird wachsen, da dadurch die Energie des gesamten Kristalls verringert wird. Man kann diesen Bereich als Keim auffassen, der beim Wachsen eine neue Großwinkelkorngrenze aufbaut und so ein neues Gefüge erzeugt.

Für den Ablauf der Rekristallisation sind folgende Gesichtspunkte maßgebend:

1. Eine Mindestverformung ist notwendig, um die Rekristallisation hervorzurufen.
2. Je geringer die Verformung ist, um so höher ist die Rekristallisationstemperatur.
3. Eine Verlängerung der Auslagerungszeit verringert die Rekristallisationstemperatur.
4. Die endgültige Korngröße hängt hauptsächlich von dem Verformungsgrad und weniger von der Auslagerungstemperatur ab. Die Korngröße sinkt mit steigendem Verformungsgrad und fallender Auslagerungstemperatur.

5. Je größer die ursprüngliche Korngröße ist, um so größer ist der Verformungsgrad, um eine gleiche Kristallisationstemperatur zu erhalten.
6. Für einen bestimmten Verformungsgrad steigt die Korngröße und die Rekristallisationstemperatur mit der Verformungstemperatur an.
7. Neue rekristallisierte Körner wachsen nicht in andere verformte Körner, die eine gleiche oder ähnliche Kristallorientierung haben.

Wenn die verschiedenen Körner bei der eben geschilderten Kristallisation so weit gewachsen sind, daß sie sich gegenseitig berühren, dann kommt diese sog. Primärrekristallisation zum Stillstand. Dieses Gefüge ist aber nicht stabil; (ideales thermodynamisch stabiles Gefüge ist ein Einkristall). Die Situation ist ähnlich wei bei einem Haufen sich berührender Seifenblasen; die kleinen Blasen lösen sich auf, große Blasen bleiben übrig. Daher wachsen bei richtig gewählter Auslagerungstemperatur einige Körner weiter, so daß eine erhebliche Kornvergrößerung entsteht. Dieses zweite Wachstum wird Sekundärrekristallisation genannt.

Bei der Kaltverformung von Metallen besteht eine Tendenz der Körner dafür, daß sie sich kristallographisch neu orientieren. Bei dem Ziehen von Drähten z. B. drehen sich die Körner so, daß eine bestimmte Kristallorientierung in der Drahtachse liegt. Beim Walzen tritt eine Orientierung bezüglich der Walzebene und Walzrichtung auf. Man spricht davon, daß eine Textur vorliegt. Diese Verformungstextur ruft auch eine Textur des rekristallierten Gefüges hervor. Die entstehende Rekristallisationstextur ist aber eine andere als die Verformungstextur. Es ist nicht klar, ob allein ein orientiertes Wachstum oder auch eine orientierte Keimbildung für die Rekristallisationstextur maßgebend ist. Wahrscheinlich spielen beide Vorgänge eine Rolle. Eine besonders wichtige Rekristallisationstextur ist die sog. Würfeltextur in kfz.-Metallen, die nach dem Walzen auftritt. Sie hat die Orientierung (100) [001]. Transformatorbleche mit dieser Textur verhalten sich bezüglich der magnetischen Eigenschaften wie ein Einkristall. Die Rekristallisationstexturen hängen sehr von der Reinheit des Metalles ab. Die Reinheit ist wichtig, weil sich Fremdatome oft in den Korngrenzen ansammeln und dann die Bewegung der Korngrenze sehr stark beeinflussen.

2.6.6 Kriechen

In der Technik werden häufig Metalle in der Weise beansprucht, daß sie eine nicht zu große Last bei konstanter Temperatur lange Zeit halten müssen. Die ursprüngliche Dehnung ergibt sich dann aus der Spannungs-Dehnungskurve. Bei langer Beanspruchung bleibt diese Dehnung aber nicht erhalten, sondern vergrößert sich. Die zeitabhängige Dehnung, die in belasteten Metallen auftritt, wird Kriechen genannt. Bedeutungsvoll ist das Kriechen erst bei höheren Temperaturen ($T > 0.5\ T_s$); aber grundsätzlich tritt es auch bei niedrigen Temperaturen auf. Der Kriechvorgang kann nach der schnell ablaufenden Anfangsdehnung in drei Bereiche eingeteilt werden: Übergangskriechen, stationäres Kriechen und beschleunigtes Kriechen. Die einzelnen Bereiche können sehr verschieden lang sein. Daher unterscheidet man verschiedene Arten von Kriechvorgängen. In Abb. V,187 sind in auf die Schmelztemperatur und auf den Schubmodel bezogenen Maßstäben die Bereiche für verschiedene Arten von Kriechvorgängen angedeutet.

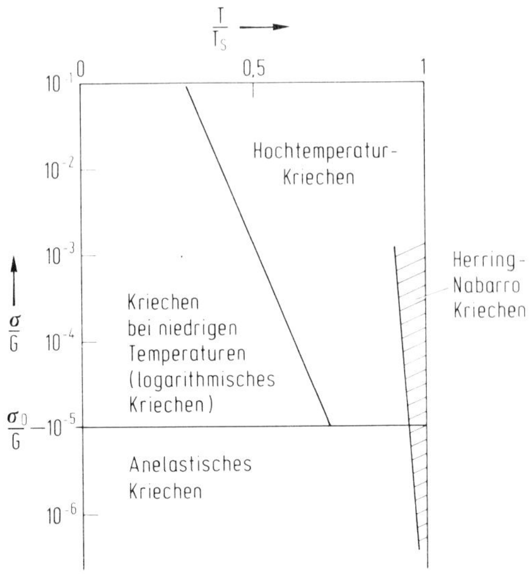

Abb. V,187. Kriech-Diagramm
T = Temperatur
T_S = Schmelztemperatur
σ = Schubspannung in Gleitebene und Gleitrichtung
σ_0 = Kritische Schubspannung
G = Schubmodul
(nach R. W. Cahn (Herausg.) Physical Metallurgy S. 795 North Holland Publ. Co, 1965)

Unterhalb der kritischen Schubspannung (anelastisches Kriechen) ist der am häufigsten diskutierte Mechanismus der Platzwechsel von Zwischengitteratomen. In α-Eisen z. B. befinden sich die Zwischengitteratome (C, N) statistisch verteilt auf den Würfelkanten der Elementarzelle. Im belasteten Zustand ordnen sie sich bevorzugt auf den Würfelkanten an, die der Spannungsrichtung parallel liegen. Nach Ende der Belastung tritt wieder thermische Unordnung ein. Der Vorgang ist also reversibel. – Bei niedrigen Temperaturen läßt sich die Kriechkurve oft durch eine Gleichung $\epsilon = \alpha \log t$ beschreiben (ϵ = Dehnung, α = Konstante, t = Zeit). Diese Gleichung kann unter der Annahme abgeleitet werden, daß thermische Schwingungen dazu beitragen, daß Versetzungen Hindernisse im Material überwinden, d. h., daß eine Aktivierungsenergie Q notwendig ist. – Bei höheren Temperaturen folgt die Kriechkurve einer Gleichung $\epsilon = \epsilon_0 + \beta t^n + K t$, wo ϵ_0, β und n Konstante sind und K dargestellt werden kann als $K = K_0 e^{-\frac{Q}{kT}}$. Diese exponentelle Abhängigkeit von K von der Temperatur T läßt vermuten, daß hier Erholungsvorgänge ablaufen, die gerade das Maß der Verfestigung kompensieren. Die Erhöhung kann durch Klettern von Versetzungen erfolgen, was wegen der notwendigen Leerstellenkonzentrationen durch die e-Funktion beschrieben wird.

Eine besondere Art des stationären Kriechens ist das sog. Herring–Nabarro–Kriechen. Es erfolgt in Metallen mit kleiner Korngröße. Dabei wandern Leerstellen aus Korngrenzenbereichen, die senkrecht auf der Zugrichtung stehen, heraus und lagern sich ein in Korngrenzenbereiche, die parallel zur Zugrichtung liegen. Hierdurch verlängert sich ein Korn in Zugrichtung.

Bei dem Kriechen bei hohen Temperaturen muß im polykristallinen Material auch das Gleiten von Korngrenzen mit berücksichtigt werden. Dieses Korngrenzengleiten spielt auch bei der sog. **Superplastizität** eine Rolle. Darunter versteht man die Erscheinung, daß bestimmte Metalle unter speziellen Bedingungen wesentlich größere Verformungen (bis zu 500%) ertragen können, als bei der normalen Dehnung bis zum Bruch von Versuchsproben vorkommen.

2.6.7 Zyklische Beanspruchungen

In den bisherigen Erörterungen wurde angenommen, daß bei einer Belastung eines Metalles die Spannung monoton zunimmt. Bei vielen technischen Anwendungen ändert die Last ihr Vorzeichen, es wechseln Druck- und Zugperioden miteinander ab. Bei einer derartigen Wechselbeanspruchung erfolgt der Bruch eines Metalles bei wesentlich kleineren Spannungen als im statischen Fall. Die Bruchspannung als Funktion der Zahl der Lastwechsel, die sog. Wöhlerkurve ist in Abb. V,188 schematisch dargestellt. Es gibt Metalle, bei denen die Bruchspannung von einer bestimmten Lastspielzahl sich praktisch nicht ändert (technische Eisenwerkstoffe, krz.-Metalle); bei diesen Metallen liegt eine Dauerfestigkeitsgrenze vor. Dagegen haben die kfz.-Metalle, aber auch reinstes Eisen, keine ausgeprägte Dauerfestigkeitsgrenze.

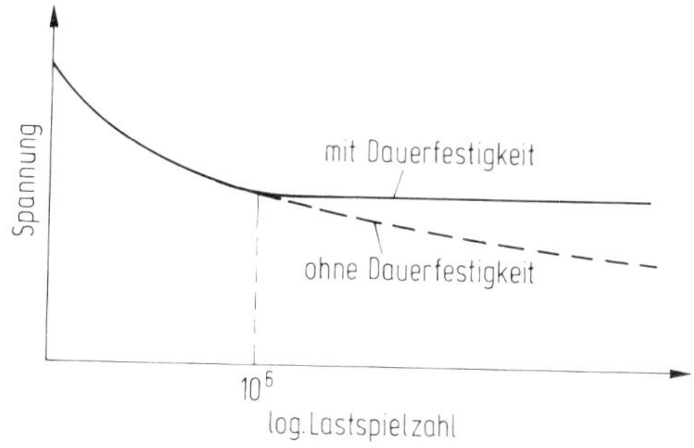

Abb. V,188. Schematische Darstellung der Wöhler-Kurve

Die geringere Festigkeit bei Wechselbeanspruchungen ist darin begründet, daß das Metall sich leichter in umgekehrter Richtung verformt, wenn die Spannung ihr Vorzeichen umgekehrt (Bauschinger-Effekt). Die Ursache hierfür ist, daß bei einer Versetzungsaufstauung die Versetzungen sich abstoßen, bei einer Lastumkehr ihre Wechselwirkungskräfte also in derselben Richtung wirken wie die umgekehrte Spannung. Damit dieselbe Verformung hervorgerufen wird, kann also die Kraft zur Verformung um die Summe der Kräfte, die Versetzungen aufeinander ausüben, kleiner sein.

Ein sog. Ermüdungsbruch kommt dadurch zustande, daß durch eine Wechselbeanspruchung sich leicht ein Riß von der Oberfläche des Metalles her in das Material ausbreitet und es dadurch schwächt. Ein möglicher Mechanismus zur Rißbildung (nach Cottrell und Hull) ist in Abb. V,189 angedeutet. Es mögen zwei Versetzungsquellen in der Nähe der Oberfläche mit verschiedenen Gleitebenen wirken. Die günstig liegende Quelle erzeugt eine Gleitstufe auf der Oberfläche (a); bei einer etwas größeren Spannung während derselben Periode wirkt auch die zweite Quelle (b). Bei der Kompression erzeugt die erste Quelle einen Mikroriß (c) und die zweite eine Erhebung (d). Durch Wiederholung wachsen diese Störungen und schwächen das Metall.

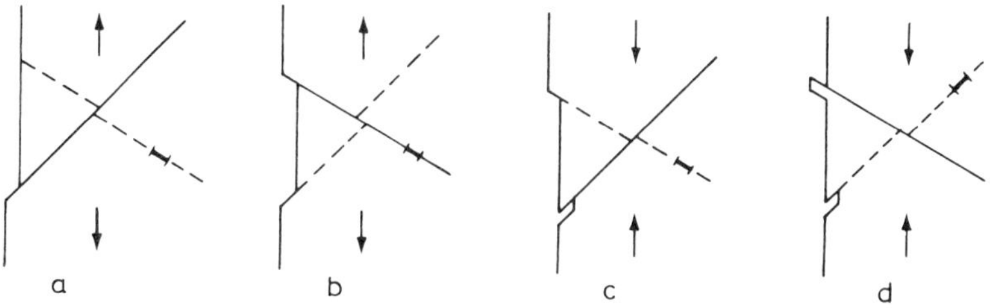

Abb. V,189. Mechanismus nach Cottrell und Hull für die Bildung von Rissen und Erhebungen. Erklärung im Text. (Nach R. W. Cahn (Herausg.) Physical Metallurgy, S. 789, North Holland Publ. Co. Amsterdam 1965)

2.6.8 Bruchvorgänge

Bruchvorgänge laufen in duktilen verformbaren Metallen anders ab als in sprödem wenig verformbarem Material. Die meisten Metalle sind bei hoher Reinheit duktil. Bei einem duktilen Bruch ist es nicht möglich, die beiden Bruchflächen aufeinanderzupassen. Über den Mechanismus des duktilen Bruches liegen wenige Angaben vor. Sprödbrüche sind mehr untersucht worden. Metalle nennt man spröde, wenn sie bei steigender Spannung sich zwar elastisch verformen, dann aber ohne plastische Verformung der Bruch einsetzt. Alle Metalle werden spröde, wenn nur die Temperatur niedrig genug ist. Bei niedrig legierten Stählen z. B. liegt der Übergang vom duktilen zum spröden Bruch im Temperaturbereich von – 50 bis + 50 °C. In den letzten Jahren sind große Fortschritte über das Verständnis von Bruchvorgängen durch die Entwicklung der sog. Bruchmechanik gemacht worden.

Die theoretische Bruchfestigkeit eines Metalles kann durch den Vergleich der bei der Verformung gespeicherten Energie und Oberflächenenergie der beim Bruch gebildeten Oberfläche abgeschätzt werden. Die gespeicherte Energie ist $E = \frac{1}{2}\,\sigma\, d$, wo $\sigma\,[\frac{\text{dyn}}{\text{cm}^2}]$ die Bruchspannung und $d\,[\text{cm}]$ die Dehnungslänge ist. Die Oberflächenenergie pro Flächeneinheit sei $\gamma[\frac{\text{erg}}{\text{cm}^2}]$. Beim Bruch muß dann $\frac{1}{2}\,\sigma\, d = 2\,\gamma$ sein, da zwei Oberflächen gebildet werden. Wenn bis zum Bruch das Material elastisch ist, gilt das Hooksche Gesetz: $\sigma = \epsilon \cdot E = \frac{d}{a} E$, wo a der Abstand der Gitterebenen und E der Elastizitätsmodul sein soll. Damit wird $\sigma = (\frac{4\,\gamma E}{a})^{\frac{1}{2}}$. Dies ergibt mit den Werten $E = 10^{11}\,\frac{\text{dyn}}{\text{cm}^2}$, $\gamma = 10^3\,\frac{\text{erg.}}{\text{cm}^2}$ und $a = 3 \cdot 10^{-8}$ cm: $\sigma = 10^{11}\,[\frac{\text{dyn}}{\text{cm}^2}]$. In Wirklichkeit wird höchstens $\frac{1}{100}$ dieses Wertes erreicht. Die Ursache ist nach Griffith auf kleine, schon vorhandene Risse zurückführen. Dann braucht die theoretische Festigkeit nur an der Rißspitze an einem Punkt vorhanden zu sein. Der Ausdruck für die Festigkeit sieht daher genau so aus, nur wird a durch c, einen mit der Rißlänge zusammenhängenden Parameter, ersetzt. Die für diese Vorstellung notwendigen Risse sind im technischen Material durch die Herstellung oder Gefügeinhomogenitäten vorhanden. Risse können nach Cottrell auch entstehen, wenn Versetzungen auf zwei sich schneidenden Gleitebenen miteinander reagieren (Abb. V,190).

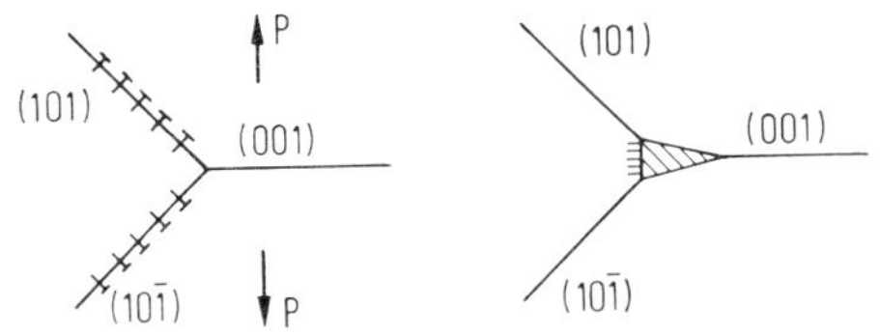

Abb. V,190. Bildung eines Risses durch Versetzungsreaktion nach Cottrell

Da die Rißausbreitung mit der Oberflächenenergie zusammenhängt, ist es verständlich, daß die chemische Umgebung der Oberfläche eines Metalles wesentlichen Einfluß auf die Festigkeit hat (**Spannungsrißkorrosion**).

2.6.9 Strahlungsschäden

Durch Verformung von Metallen tritt wegen der Bildung von Gitterstörungen eine Verfestigung ein. Auch durch energiereiche Strahlung (γ-Strahlung, Elektronen, α-Teilchen, Neutronen) werden Gitterstörungen erzeugt, die eine ähnliche Wirkung auf die Eigenschaften von Metallen ausüben wie die Verformung. Im einzelnen ist die Erzeugung und die Art der entstehenden Gitterfehler anders. Die Erzeugung erfolgt durch Stoßprozesse, zunächst durch den Stoß des einfallenden Primärquanten oder -teilchens mit einem Gitteratom, und dann bei hinreichender Energie durch weitere Stöße der Gitteratome mit anderen. Ionisationsprozesse sind in Metallen wegen der freibeweglichen Elektronen nicht so bedeutungsvoll. Falls Atome vorliegen, deren Spaltungsquerschnitt groß genug ist für die einfallende Strahlung, muß auch die Spaltung von Atomen berücksichtigt werden. Die Abb. V,143 zeigt schematisch die einzelnen Gitterfehler und ihre Entstehung. Die Hauptstörung ist die Bildung der „verdünnten Zone“, die man sich auch durch ein kurzzeitiges Aufschmelzen des Metalles entstanden denken kann. Die Gitterstörungen brauchen nicht nur auf einen kleinen Raum beschränkt bleiben, sondern es können Impulse durch sog. fokussierende Stoßfolgen oder durch Bewegung der Atome zwischen parallelen benachbarten Gittergeraden (Kanaleffekt, Channelling) auch über große Entfernungen hinweg (100 bis 1000 Atomabstände) übertragen werden.

2.7 Durch die Elektronenstruktur bestimmte Eigenschaften von Metallen

2.7.1 Elektronenstruktur von Metallen

Der wesentliche Unterschied zwischen Metallen und anderen Festkörpern beruht auf der Elektronenstruktur der Metalle. In Abschnitt V,1e sind die Energiezustände der Elektronen beschrieben worden. Hier sollen nur die Gesichtspunkte zusammengestellt werden, die für die Erörterung der im folgenden besprochenen Eigenschaften bedeutungsvoll sind.

a) Ein Metall besteht aus positiv geladenen Ionen einer Ladung + z, wo z die Nummer des Metalles im periodischen System ist, umgeben von (z – v) gebundenen Elektronen, wenn v die Wertigkeit bezeichnet, so daß die Ladung der Ionenrümpfe + v ist. Die Anordnung der gebundenen Elektronen ist für die Deutung vieler Eigenschaften nicht wichtig. Die von den Ionenrümpfen abgegebenen Elektronen, deren Zahl der Wertigkeit entspricht, können sich relativ frei im Metallgitter bewegen und verursachen die charakteristischen metallischen Eigenschaften. Nur von diesen sog. Metallelektronen soll im folgenden die Rede sein.

b) Da außerhalb des Metalls sich keine Elektronen aufhalten, kann die Wellenfunktion der Metallelektronen ähnlich wie bei bestimmten Schwingungsformen einer Saite nicht jeden Wert annehmen. Die Wellenlängen bzw. die Wellenzahlen nehmen nur bestimmte diskrete Werte an. Wegen der großen Zahl der Gitterionen liegen die einzelnen Werte oder Zustände so dicht zusammen, daß sie ein „Quasikontinuum" bilden. Die kinetische Energie der Elektronen hängt von der Wellenzahl k ab: $E = E(k)$. Die Komponenten der k-Vektoren spannen den sog. reziproken k-Raum auf. Jeden Vektor im k-Raum entspricht ein Elektron im wirklichen Raum. Die Zahl der möglichen Elektronenzustände in einem Einheitsenergieintervall nennt man die Zustandsdichte $D(E)$ der Elektronen.

c) Am absoluten Nullpunkt nehmen die Elektronen die tiefsten Energiezustände ein. Nach dem Pauli-Prinzip ist jeder Energiezustand mit 2 Elektronen besetzt, die entgegengesetzten Spin besitzen. Die höchste Energie, die die Elektronen annehmen, ist die sog. Fermi-Energie. Der Fermi-Energie entspricht für jede Richtung ein Wellenzahlvektor k_F. Im k-Raum werden daher alle besetzten Zustände von einer Fläche umschlossen, die durch alle Vektoren k_F aufgespannt wird. Bei Temperaturen über 0 K wird die Besetzung durch die Fermiverteilungsfunktion bestimmt; es wird die scharfe Stufe der Besetzung bei der Fermienergie in einem Energiebereich der Größe der thermischen Energie $E = k\,T$ abgerundet. Metalle sind dadurch charakterisiert, daß die Fermienergie in einem Energiebereich liegt, in dem auf die besetzten Zustände unmittelbar anschließend unbesetzte Zustände vorhanden sind, so daß bei einer geringen Energiezunahme der Elektronen diese freien Energiezustände besetzt werden können.

2.7.2 Elektrische Leitfähigkeit

Die charakteristische Eigenschaft von Metallen ist die hohe elektrische Leitfähigkeit σ. Sie liegt für ca 20 °C bei Metallen in der Größenordnung $10^7\ \Omega^{-1}\ \mathrm{m}^{-1}$. In anschaulicher Weise kann die elektrische Leitfähigkeit auf die Zusammenstöße zurückgeführt werden, die die Elektronen auf dem Wege durch das Metall mit anderen Ionen erleiden. Die charakteristische Größe hierfür ist die freie Weglänge der Elektronen $\boldsymbol{l}$, bzw. die Zeit τ, die sie für das Durchlaufen dieser Strecke mit der Geschwindigkeit $\boldsymbol{v}$ benötigen: $\boldsymbol{l} = \tau \cdot \boldsymbol{v}$. Wenn man freie Elektronen annimmt, ist $\boldsymbol{v} = \frac{e\,\boldsymbol{E}}{m}\,\tau$ (E = elektrische Feldstärke, m = Masse und e = Ladung der Elektronen. Da die Stromdichte $\boldsymbol{j}$ definiert ist als $\boldsymbol{j} = n\,e\,\boldsymbol{v}$ (n = Zahl der Elektronen) ergibt sich $\boldsymbol{j} = \frac{n\,e^2\,\tau}{m}\,\boldsymbol{E}$. Dies ist das Ohmsche Gesetz mit $\sigma = \frac{n\,e^2\,\tau}{m} = \frac{n\,e^2\,|\boldsymbol{l}|}{m\,|\boldsymbol{v}|}$. Die genauere Theorie über die elektrische Leitfähigkeit erklärt die in dieser Formel auftretenden Größen. An die Stelle der Größe $\boldsymbol{l}$ kann ein Streuquerschnitt eingeführt werden, der zur Bestimmung des Einflusses von Gitterfehlern und Gitterschwingungen, d. h. zur Bestimmung des Restwiderstandes und der Temperaturabhängigkeit, dient. Die Größen n bzw. m werden aus der Theorie über die Elektronenstruktur der Metalle erklärt, was zur Bestimmung der Materialabhängigkeit der elektrischen Leitfähigkeit führt.

Der elektrische Widerstand kann bei Metallen vor allem auf zwei Ursachen zurückgeführt werden, bei tiefen Temperaturen auf die Gitterfehler, bei hohen Temperaturen auf die Gitterschwingungen. **Die Matthiessen'sche** Regel vereinigt diese beiden Aussagen. Nach ihr ist der Widerstand eines verdünnten Mischkristalls die Summe aus einem temperaturunabhängigen, nur von der Konzentration x des Mischkristalls abhängigen Anteils $\rho(x)$ und aus einem nur von der Temperatur T abhängigen Anteil $\rho(\mathrm{T})$

$\rho = \rho(\mathrm{T}) + \rho(x)$ oder $\frac{d\,\rho}{d\,T} \neq f(x)$, d. h. der Temperaturkoeffizient von verschiedenen verdünnten Mischkristallen ist unabhängig von der zulegierten Komponente. Der Anteil $\rho(x)$ wird auch als Restwiderstand bezeichnet, da er der Anteil ist, der bei tiefen Temperaturen übrig bleibt. Der Restwiderstand, bzw. das Verhältnis der Widerstände bei Raumtemperatur und T = 4,2 K, kann daher als Maß für die Reinheit des Metalles betrachtet werden. Bei Metallen, die sehr rein hergestellt werden können, kann dieses Verhältnis sehr groß werden (10^3 bis 10^5). Es ist natürlich nur dann sinnvoll, von einem Restwiderstand zu sprechen, wenn das Metall bei 4,2 °K noch nicht supraleitend ist.

Der Restwiderstand von konzentrierten Mischkristallen ist nach der **Nordheimschen Regel** gegeben durch $\rho(x) = c\,x\,(1 - x)$, wo c ein Proportionalitätsfaktor ist. Der Restwiderstand einer geordneten Phase ist wie der eines reinen Metalles sehr klein. Nach der **Linde'schen Regel** ist die Steigerung des Widerstandes pro Atomprozent einer zulegierten Komponente proportional zu dem Quadrat der Wertigkeitsdifferenz der Metalle. Der Restwiderstand hängt nicht nur von Fremdatomen, sondern von Gitterstörungen des reinen Metalles (Leerstellen, Versetzungen, Korngrenzen) ab.

Diese experimentellen Befunde können qualitativ leicht durch Einführung eines Streuquerschnittes Q des Fremdatoms erklärt werden. Wenn x die Konzentration der Streuzentren ist, dann wird $|l| = \frac{1}{x\,Q}$. Dies ergibt $\rho = \frac{1}{\sigma} = \frac{m\,\mathrm{v}}{n\,e^2}\,Qx$, was zur Erklärung der Matthiessenschen und der Nordheimschen Regel führt, sowie zur Deutung der Linde'schen Regel, da der Streuquerschnitt proportional zum Quadrat der Ladungen ist (vergl. z. B. Streuformel von Rutherford).

Dieses Bild des Streuquerschnittes kann auch qualitativ als Modell für die Bestimmung des temperaturabhängigen Teiles $\rho(\mathrm{T})$ bei hohen Temperaturen benutzt werden. Der Streuquerschnitt ist in erster Näherung proportional dem Mittelwert des Quadrates der Entfernung y eines Ions von seiner Ruhelage im Gitter: $Q \sim \overline{y^2}$. Nimmt man an, daß die Ionen, deren Masse M sei, mit der Frequenz ν um ihre Ruhelage schwingen (Modell von Einstein), und daß die thermische Energie die Schwingungen hervorruft, dann ergibt sich aus der Theorie des Oszillators, daß $2\,\pi^2\,\nu^2 \cdot M\,\overline{y^2} = \frac{k\,T}{2}$ ist. Führt man die für jedes Metall charakteristische Temperatur Θ (Einstein-Temperatur) nach der Beziehung $h\,\nu = k\,\Theta$ ein, so ergibt sich $Q \sim \frac{k\,T}{M\,\nu^2} \sim \frac{T}{\Theta^2\,M}$. Es ist also dann $\rho(\mathrm{T}) = c'\,\frac{T}{\Theta^2\,M}$, wo c' eine Proportionalitätskonstante ist. Bei hohen Temperaturen steigt ρ also proportional zu T. Um verschiedene Werte der Leitfähigkeit zu vergleichen, ist es daher zweckmäßig, die Größe $\frac{\sigma}{M\,\Theta^2}$ zugrunde legen, nicht σ direkt, da $\frac{\sigma}{M\,\Theta^2}$ gewissermaßen ein Maß für die Leitfähigkeit pro Einheitsamplitude der thermischen Schwingungen darstellt. (Abb. V,191)

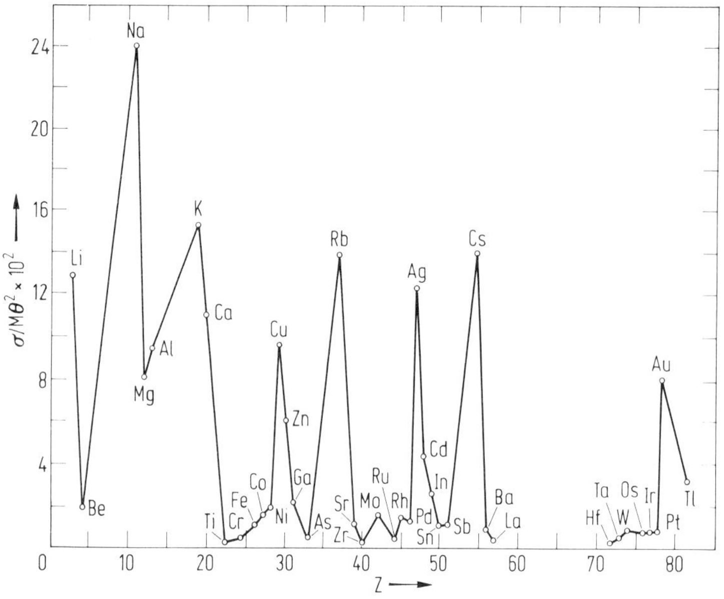

Abb. V,191. Werte der Größe $\frac{\sigma}{M\,\Theta^2}$ (σ = Leitfähigkeit bei 0 $^+$C (Ω^{-1} cm^{-1})
M = Masse in Einheiten der Masse eines H-Atoms
Θ = Einstein-Temperatur) in Abhängigkeit von der Ordnungszahl Z im Periodensystem
(Nach N. F. Mott und H. Jones, The Theory of the Properties of Metals and Alloys, S 246, Oxford Univ. Press 1936)

Bei tiefen Temperaturen können die Gitterschwingungen nicht als einheitliche Störung betrachtet werden, sondern die Elementarprozesse der Streuung der Elektronen durch die Gitterschwingungsquanten müssen einzeln betrachtet werden. Bei tiefen Temperaturen werden nur langwellige, d. h. energiearme Gitterschwingungen angeregt, die nur einen geringen Teil des Elektronenimpulses aufnehmen können. Der Streuwinkel der Elektronen ist daher klein. Eine genauere Rechnung von Bloch und Grüneisen ergibt, daß für $T \ll \Theta$, d. h. $T \leqslant 40\,^\circ K$, der Widerstand proportional zu T^5 ist.

Bei tiefen Temperaturen kann man bei einigen Metallen mit geringen Mengen magnetischer Verunreinigung ein Widerstandsminimum im Temperaturbereich zwischen ca. 10° und $40\,^\circ$K beobachten (sog. **Kondo-Effekt**). Dieses Minimum kann durch eine Wechselwirkung zwischen dem Elektronenspin der Leitungselektronen und dem Spin der magnetischen Verunreinigung erklärt werden. In den letzten Jahren hat die Untersuchung dieses Widerstandsminimums zusammen mit der Untersuchung von anderen gleichzeitig auftretenden Erscheinungen (Temperaturabhängigkeit der Suszeptibilität, Anomalien der Thermokraft) zur Aufklärung der Elektronenstruktur von verdünnten Mischkristallen beitragen.

Neben dem Streuprozeß, der durch die freie Weglänge l bzw. durch die charakteristische Zeit τ, die Relaxionszeit, gekennzeichnet wird, ist vor allem die Zahl der Metallelektronen bedeutungsvoll, die zur Stromleitung beitragen. Diese Zahl ergibt sich aus der Form der Fermifläche im reziproken Raum und der Zahl und der Anordnung der unbesetzten Zustände in deren Nähe. Das von außen angelegte Feld ändert die Impulse aller Metallelektronen nach der Beziehung $e\,\boldsymbol{E} = m\,\dot{\boldsymbol{v}} = \hbar\,\dot{\boldsymbol{k}}$. Der Fermikörper verschiebt sich also – bildlich gesprochen – im reziproken Raum um die Strecke $d\,\boldsymbol{k} = \dot{\boldsymbol{k}}\,d\,t = \frac{e\,\boldsymbol{E}\cdot\tau}{\hbar}$, wenn $d\,t = \tau$ gesetzt wird. Die Zahl der Elektronen ergibt sich durch Integration über die Oberfläche des Fermikörpers (vergl. Abb. V,192). Es ist dann ($d\,\boldsymbol{S}_{\mathrm{F}}$ = Flächenelement der Fermioberfläche)

$$n \sim \int\limits^{\text{Fermiob.}} d\,\boldsymbol{S}_{\mathrm{F}}\cdot d\,\boldsymbol{k} = \int\limits^{\text{Fermiob.}} d\,\boldsymbol{S}_{\mathrm{F}}\cdot\frac{e\,\boldsymbol{E}\,\tau}{\hbar} \qquad \text{(V,162)}$$

Da $\boldsymbol{j} = \sigma\,\boldsymbol{E} = e\,\boldsymbol{v}\,n$ ist, ergibt sich

$$\boldsymbol{j} \sim e\,\boldsymbol{v}\int\limits^{\text{Fermiob.}} d\,\boldsymbol{S}_{\mathrm{F}}\,\frac{e\,\tau}{\hbar}\,\boldsymbol{E};$$

es wird also:

$$\sigma \sim \frac{e^2\,\tau}{\hbar}\int\limits^{\text{Fermiob.}} \boldsymbol{v}\,d\,\boldsymbol{S}_{\mathrm{F}} = \frac{e^2}{\hbar}\,|l|\,S_{\mathrm{F}} \qquad \text{(V,163)}$$

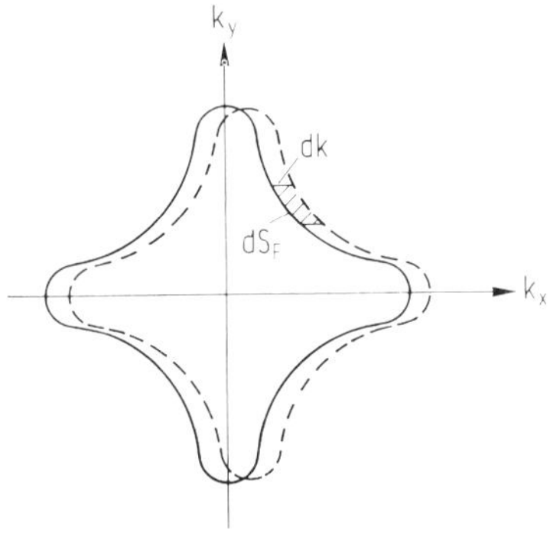

Abb. V,192. Verschiebung des Fermi-Körpers unter Einwirkung eines äußeren elektrischen Feldes

Die Leitfähigkeit hängt also neben den Parametern, die für die Relaxionszeit τ bzw. die freie Weglänge $|l|$ entscheidend sind, von der Integration über die Fermioberfläche ab. Wenn die Fermioberfläche sich in der Nähe einer Brillouin-Zonengrenze befindet, kann es vorkommen, daß die Wellenzahl $\boldsymbol{k}$ der durch das elektrische Feld beschleunigten Elektronenauf die Zonengrenze fällt. Dann bildet sich für die Elektronen eine stehende Welle aus, die zur Folge hat, daß solche Elektronen nicht zur Elektrizitätsleitung beitragen können. Für die Leitfähigkeit ist also außerdem entscheidend, wie der Fermikörper in der Brillouinzone liegt.

Der Fermikörper nimmt besonders komplizierte Formen an, wenn zwei Arten von Metallelektronen mit sehr verschiedenen Geschwindigkeiten vorhanden sind (Mischleitung). Dies ist bei den Übergangsmetallen der Fall, bei denen die s- und d-Bänder in demselben Energiebereich liegen. Die s-Elektronen sind den sog. freien Elektronen ähnlich, ihre Fermifläche ist einfach zusammenhängend. Die d-Elektronen sind weniger frei, sie sind lokalisierter; ihre Fermifläche ist kompliziert, ihre Werte der Zustandsdichte sind groß. Die d-Elektronen füllen bei einigen Metallen in ihrem Band die Zustände fast bis zum oberen Rand aus, so daß man für diesen Teil von einer Löcherleitung sprechen kann. Der größte Teil des Stromes wird von den leicht beweglichen s-Elektronen transportiert. Der elektrische Widerstand der Übergangsmetalle kommt so vor allem dadurch zustande, daß s-Elektronen in d-Zustände gestreut werden und dadurch nicht mehr für die Stromleitung zur Verfügung stehen. Besonders deutlich wird diese Erscheinung der Wechselwirkung von s- und d-Elektronen, wenn man zu einem Metall, das vor allem s-leitend ist, z. B. Gold, andere Metalle zulegiert, deren d-Zustände in demselben Energiebereich liegen. (Abb. V,193). Die Zunahme des Widerstandes ist dann besonders groß, wenn das d-Niveau das Ferminiveau erreicht. da das d-Niveau der in Abb. V,193 genannten Elemente in zwei Maxima aufgespalten ist, bei denen die Spins entgegengesetzte Richtung haben, ergibt sich eine Kurve mit 2 Maxima, die dem Durchgang der beiden d-Niveaus durch die Fermigrenze von Gold entsprechen.

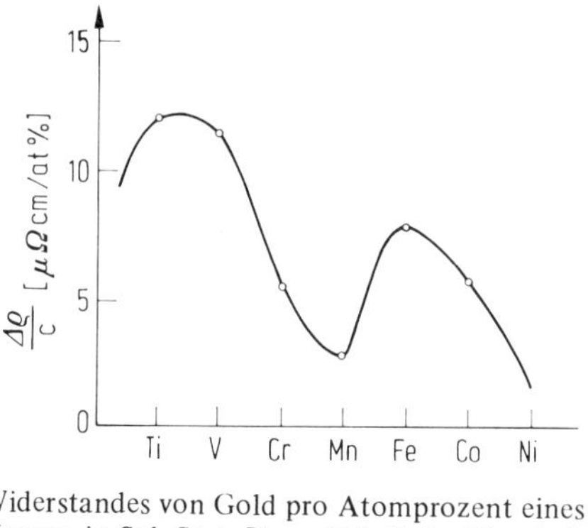

Abb. V,193. Zunahme des Widerstandes von Gold pro Atomprozent eines zulegierten Elementes der 3-d-Reihe. (Nach A. J. Heeger, in Sol. Stat. Phys. (Ed. Seitz, Turnbull, Ehrenreich, **23**, 306 (1969))

2.7.3 Wirkung eines äußeren Magnetfeldes auf die Metallelektronen

Neben der Kraft, die durch ein äußeres elektrisches Feld auf die Metallelektronen ausgeübt wird, ist die Wirkung eines äußeren Magnetfeldes von besonderem Interesse. Ein Magnetfeld $\boldsymbol{H}$ wirkt durch die sog. Lorentzkraft $\boldsymbol{K}_L = m\,\dot{\boldsymbol{v}} = \frac{e}{c}\,[\boldsymbol{v}\,\boldsymbol{H}]$ auf die Elektronen, die sich mit der Geschwindigkeit $\boldsymbol{v}$ bewegen. Im reziproken Raum steht der Geschwindigkeitsvektor immer senkrecht auf der Fläche konstanter Energie, denn die Elektronengeschwindigkeit ist die Gruppengeschwindigkeit $|\boldsymbol{v}| = \frac{d\,\omega}{d\,k}$, und da $\omega = \frac{E}{\hbar}$, ist $\boldsymbol{v} = \frac{1}{\hbar}\,\mathrm{grad}_K\,E$. Aus dem Auftreten des Vektorproduktes ergibt sich daher, daß magnetische Kräfte immer tangential bezüglich der Flächen konstante Energie im reziproken Raum wirken. Aus dem Vektorprodukt ergibt sich weiter, daß nur die Komponente der Bewegungsrichtung im reziproken Raum, die senkrecht auf $\boldsymbol{H}$ steht, einen Beitrag zur Kraft liefert. Es ist $m\,\dot{\boldsymbol{v}} = \hbar\,\dot{\boldsymbol{k}}$. Aus dem Umschreiben der Gleichung für die Lorentzkraft zu $\dot{\boldsymbol{k}} = \frac{e}{c\,\hbar}\,[\dot{\boldsymbol{r}}\,\boldsymbol{H}]$ ergibt sich, daß die Bewegungen im realen und reziproken Raum einander zugeordnet werden können. Um die Bahn eines Elektrons im realen Raum zu erhalten, muß die Wellenzahl mit dem Faktor $\frac{c\,\hbar}{e\,H}$ multipliziert werden und die Zeichenebene um 90° gedreht werden.

Die Einführung des reziproken Raumes ist hier zweckmäßig, weil sich die Bahn eines Elektrons im reziproken Raum besonders einfach beschreiben läßt. Die Elektronen bewegen sich auf der Fermioberfläche auf einer Bahn, die sich durch die Schnittlinie der Fermioberfläche mit der Ebene senkrecht zum Magnetfeld ergibt. Es können in sich geschlossene und nicht geschlossene Bahnen auftreten, die jeweils verschiedene Eigenschaftsänderungen hervorrufen.

Durch Anlegen eines Magnetfeldes wird für Elektronen, die sich auf geschlossenen Bahnen bewegen, eine zusätzliche Quantisierung erzeugt, die bewirkt, daß eine zusätzliche, von dem Magnetfeld abhängige Aufspaltung der Energiezustände (Landau-Niveaus) auftritt. Der Abstand dieser Energiezustände voneinander ist proportional zur Magnetfeldstärke.

Mit verschiedenen experimentellen Anordnungen werden die hier angedeuteten Prinzipien benutzt, um die Elektronenstruktur von Metallen zu erforschen. In einem Hall-Effekt-Experiment läßt man auf eine stromdurchflossene bandförmige Proben senkrecht zu der Stromrichtung ein Magnetfeld einwirken. Die Ladungsträger werden durch die Lorentzkraft aus der Stromrichtung heraus abgelenkt und bewirken eine Aufladung der senkrecht zum Magnetfeld und Stromrichtung liegenden Oberflächen. Aus der Spannungsdifferenz zwischen den Oberflächen kann die Art der Ladungsträger (Elektronen oder Löcher) und ihre Zahl bestimmt werden. Das Produkt der elektrischen Leitfähigkeit und des Hall-Koeffizienten ergibt die Beweglichkeit der Ladungsträger. Führt man das Experiment bei verschiedenen Temperaturen durch, so liefert die Temperaturabhängigkeit der Beweglichkeit Aussagen über den Streumechanismus der Ladungsträger.

Erniedrigt man die Temperatur und erhöht man gleichzeitig die Stärke des Magnetfeldes, so daß die Elektronen im Material vollständige durch die Lorentzkraft hervorgerufene Umläufe mit der sog. Zyklotronfrequenz $\omega_c = \frac{e\,H}{m\,c}$ (e = Elektronenladung, H = Magnetfeld, m = Masse des Elektrons, c = Lichtgeschwindigkeit) machen können, so hängt der transversale Magnetwiderstand davon ab, ob die Elektronenbilder im reziproken Raum sich auf einer in sich geschlossenen Bahn bewegen können – dann tritt mit zunehmender Magnetfeldstärke eine Sättigung des Widerstandes auf, er wird konstant – oder ob nicht geschlossene Bahnen vorliegen – dann tritt keine Sättigung ein, der Widerstand steigt proportional zu H^2. Daher ergibt die Messung des Magnetwiderstandes bei verschiedenen Kristallorientierungen Aussagen über die Struktur der Fermifläche.

Die direkte Messung der Zyklotronfrequenz mit Hilfe von Resonanzmethoden liefert die Größe der Elektronenmasse. In einem Metall ist das i. A. nicht der Wert der Masse eines freien Elektrons, sondern diese Größe hängt auch von der Fermifläche ab, da ja die freie Bewegung von Elektronen wegen der energetischen und räumlichen Anordnung der Elektronenzustände im Metall beschränkt ist.

Von besonderem Interesse für die Erforschung der Elektronenzustände ist der De Haas-van Alphen-Effekt. Auch dieser Effekt beruht auf der Quantisierung der möglichen im reziproken Raum von dem Bildpunkt eines sich bewegenden Elektrons beschriebenen Elektronenbahnen. Es wird in diesem Falle die Änderung der magnetischen Suszeptibilität der Metallelektronen als Funktion des Magnetfeldes gemessen. Die Suszeptibilitätsänderung spiegelt die Änderung der Besetzungszahlen der Elektronenzustände auf den Bildpunkten der Elektronen im reziproken Raum wieder, die auf maximalen oder minimalen Querschnitten des Fermikörpers in dessen Oberfläche senkrecht zum angelegten Feld liegen.

2.7.4 Thermische Leitfähigkeit

Die Metallelektronen transportieren außer der Ladung auch Energie. Daher sind sie auch für die Wärmeleitfähigkeit von Metallen entscheidend. Wenn ein Temperaturgradient $\frac{dT}{dx}$ in einem Gas vorhanden ist, und die spezifische Wärme eines Teilchens, das sich mit der Geschwindigkeit $\boldsymbol{v}$ bewegt, den Wert c hat, dann muß die Energie des Teilchens sich nach der Beziehung $\frac{dE}{dt} = c\ |\boldsymbol{v}| \frac{dT}{dx}$ ändern, damit es im thermischen Gleichgewicht bleibt (t = Zeit). Der Wärmestrom hängt davon ab, wie lange ein Teilchen sich ungestört bewegen kann, bis es gestreut wird; diese Zeit sei wieder die Zeit τ, so daß es die Entfernung $\boldsymbol{l} = \boldsymbol{v}\ \tau$ bis zur Streuung zurücklegen kann. Der Wärmestrom von n Teilchen in dieser Zeit ist dann zwischen Streuprozessen $W = \frac{1}{3}\, n\, l\, c\ |\boldsymbol{v}| \frac{dT}{dx}$. Der Faktor $\frac{1}{3}$ tritt wegen der Beschränkung auf eine Dimension auf. Das Produkt $n \cdot c$ ist die spezifische Wärme C. Die Wärmeleitfähigkeit ist dann definitionsgemäß (vergl. Bd. I, Nr. 98) $\lambda = \frac{1}{3}\, C \cdot \boldsymbol{v} \cdot \boldsymbol{l}$.

Da die freie Weglänge $\boldsymbol{l}$ auch in dem Ausdruck für die elektrische Leitfähigkeit $\sigma = \frac{n\, e^2\ |\boldsymbol{l}|}{m\ |\boldsymbol{v}|}$ vorkommt, kann sie durch Quotientenbildung eliminiert werden:

$\frac{\lambda}{\sigma} = \frac{1}{3} \frac{C m v^2}{n e^2}$. In einem Gase ist $\frac{1}{2} m v^2 = \frac{3}{2} k T$ und $C = \frac{3}{2} n k$, so daß man erhält:

$$\frac{\lambda}{\sigma} = \frac{3}{2} \left(\frac{k}{e}\right)^2 T \qquad \text{(V,164)}$$

Dieses Gesetz, daß das Verhältnis der thermischen Leitfähigkeit zur elektrischen Leitfähigkeit nur von der Temperatur abhängt, ist das Gesetz von **Wiedemann und Franz**. Eine genauere Ableitung ergibt an der Stelle des Faktors $\frac{3}{2}$ den Wert $\frac{\pi^2}{3}$. Es läßt sich auch ohne die Kenntnis der genauen Elektronenstruktur von Metallen ableiten, da alle charakteristischen Größen dafür bei der Quotientenbildung sich wegkürzen. Bei niedrigen Temperaturen ($T < 50$ K) ist das Gesetz nicht erfüllt.

2.7.5 Thermoelektrische Effekte

In einem Metall, in dem ein Temperaturgradient besteht, ist auch ein elektrisches Feld vorhanden, da die Fermienergie temperaturabhängig ist: $E = Q$ grad T. Die Größe Q nennt man absolute differentielle Thermokraft. Im Experiment kann diese Größe nicht direkt ermittelt werden, da ein entsprechender Temperaturgradient in der Meßapparatur vorhanden sein müßte. Vielmehr bringt man zwei Drähte aus verschiedenen Metallen in Kontakt, hält die Kontaktstellen auf verschiedenen Temperaturen T_1 und T_2, durchtrennt einen der Drähte bei einer beliebigen Zwischentemperatur T_0 und mißt dann die Spannung an dieser Trennstelle. Es ist dann die gemessene Spannung.

$$Q_{AB} = \int_{T_0}^{T_1} Q_B \, dT + \int_{T_1}^{T_2} Q_A \, dT + \int_{T_2}^{T_0} Q_B \, dT = \int_{T_1}^{T_2} (Q_A - Q_B) \, dT \qquad \text{(V,165)}$$

Es werden also Differenzen der Thermokraft gemessen. Die sog. absolute Thermokraft ist die Größe $\Theta = \int_0^T Q \, dT$. Diese geschilderte Erscheinung nennt man **Seebeck-Effekt**; er bildet die Grundlage für alle Thermoelemente. Es gilt auch die Umkehrung: Ein Strom, der durch einen Kreis aus verschiedenen Leitern fließt, ruft an den Kontaktstellen Temperaturdifferenzen hervor (Peltier-Effekt).

Für die absolute Thermokraft liefert die Elektronentheorie einen Ausdruck

$$\Theta = \frac{\pi^2}{3} \frac{k^2 T}{e} \left[\frac{\partial \ln \sigma(E)}{\partial E}\right]_{E=\zeta}$$

Dieser Ausdruck bedeutet, daß man die Leitfähigkeit σ als Funktion der als variabel angenommenen Energie der Fermigrenze und dann die Ableitung von $\ln \sigma(E)$ an der Stelle der wirklichen Fermigrenze ζ berechnen soll. Da $\sigma = \frac{e^2}{m} l S_F$ ist, hängt die Änderung von σ als Funktion der Energie von der Änderung der Fermifläche S_F und der Änderung der freien Weglänge 1 als Funktion der Energie ab: $\frac{\partial \ln \sigma(E)}{\partial E} \approx \frac{\partial \ln l}{\partial E} + \frac{\partial \ln S_F}{\partial E}$. Die Größe $\frac{\partial \ln l}{\partial E}$ ist im allgemeinen positiv, da energiereiche Elektronen weniger gestreut werden als energieärmere. Die Größe $\frac{\partial \ln S_F}{\partial E}$ hängt aber sehr von der Geometrie der Fermifläche ab. Wenn der Fermikörper sich mit steigender Energie der Zonengrenze einer Brillouinschen Zone nähert, vergrößert sich die Fläche, nach der Berührung und bei weiterer Ausdehnung verringert sich die Fläche wieder. Dadurch ändert sich das Vorzeichen der Thermokraft. Man kann also über die Messung dieser Größe Aussagen über die Elektronenstruktur erhalten. Da aber außerdem die freie Weglänge sehr von Verunreinigungen und Gitterfehlern abhängt, sind derartige Messungen schwierig durchzuführen.

2.7.6 Elektronenaustritt

Wenn Metallelektronen eine so große Energie zugeführt wird, daß sie eine höhere Energie besitzen, als zur Besetzung der energiereichsten Elektronenzustände nötig ist, dann verlassen sie das Metall. Die Minimalenergie für den Elektronenaustritt ist die Differenz zwischen dem Vakuum-Niveau und der Fermigrenze (Abb. V,194). Sie wird **Austrittsarbeit** genannt und hat die Größenordnung von einigen eV. Sie ist natürlich material – und für ein Material auch orientierungsabhängig.

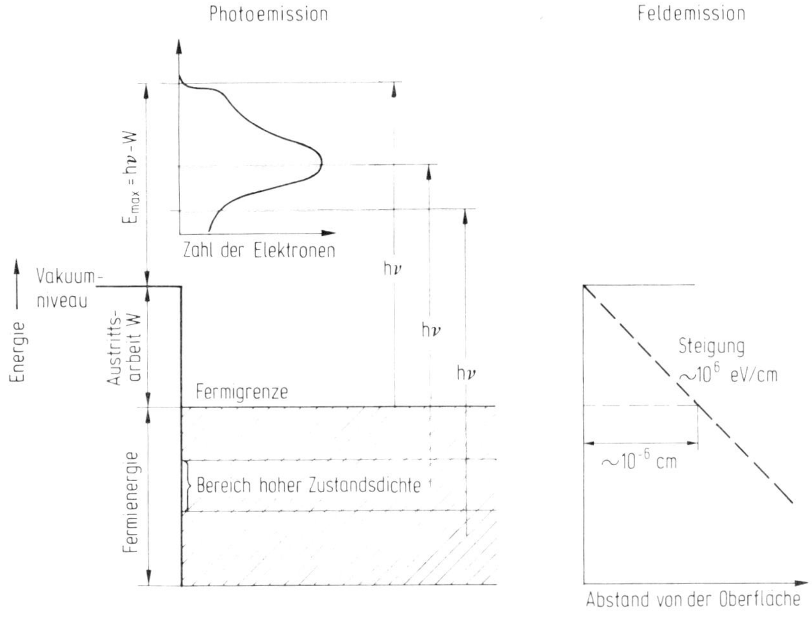

Abb. V,194. Potentialtopfmodell für ein Metall. Erklärung des Photoeffektes und der Feldemission

Wird die Energie den Elektronen durch Lichtquanten zugeführt, so spricht man von **Photoemission.** Die Zahl der Elektronen ist proportional der Zahl der einfallenden Photonen. Da Photoelektronen nicht nur vom Ferminiveau stammen, sondern aus dem ganzen Bereich der besetzten Zustände, kann durch Messung der Energieverteilung von Photoelektronen eine Aussage über die Energieverteilung der besetzten Zustände, d. h. über die Zustandsdichte der Metallelektronen erhalten werden.

Legt man an ein Metall ein starkes elektrisches Feld (Größenordnung $10^8 \frac{V}{m}$) so sinkt das Potential in unmittelbarer Nähe der Metalloberfläche schnell ab. In Höhe der Fermienergie besitzt dann der entstehende Potentialberg nur eine geringe Dicke (ca. 10^{-8} m). Auf Grund des Tunneleffektes besteht dann eine Wahrscheinlichkeit, daß Elektronen mit der Fermienergie aus dem Metall austreten können. Diese Erscheinung nennt man **Feldemission**. Hohe Feldstärken erzeugt man relativ einfach an Metallspitzen. Läßt man die emittierten Elektronen auf einen Leuchtschirm fallen, so kann ein vergrößertes Bild der Metallspitze entstehen. Es ist gelungen, mit diesem Prinzip einzelne Atome an der Metalloberfläche sichtbar zu machen.

Wird den Elektronen im Metall Energie thermisch zugeführt, d. h. erhitzt man das Metall auf hohe Temperaturen, z. B. Wolfram auf 3000 °C, so erreichen auch Elektronen die Energie der Austrittsarbeit und können das Metall verlassen. Die Elektronenemission von Kathoden in Elektronenröhren beruht auf diesem Prinzip der sog. **Glühemission.**

2.7.7 Optische Eigenschaften

Wenn Licht auf ein Metall fällt und nicht die nötige Energie besitzt, um Metallelektronen so anzuregen, daß sie die Austrittsarbeit aufbringen können, so werden sie in höhere unbesetzte Zustände angeregt. In erster Näherung hängen die optischen Eigenschaften des Metalls davon ab, wie viele mögliche unbesetzte Zustände vorhanden sind, die von dem ursprünglichen besetzten Zuständen durch eine Energiedifferenz $\Delta E = h\nu$ getrennt sind. Sind viele unbesetzte Zustände vorhanden, so erfolgt die Absorption und bei einer nur kurzen Verweilzeit in dem angeregten Zustand Reflexion bzw. Emission; sind nur wenige oder keine unbesetzten Zustände vorhanden, dann tritt nur eine Polarisation des Materials ein, das dann durchsichtig ist. Da bei Metallen unbesetzte Zustände in unmittelbarer Nähe der Fermigrenze liegen, und kleine Energien zur Anregung von Elektronen ausreichen, sind Metalle im infraroten Bereich und im sichtbaren Wellenlängenbereich undurchsichtig und stark reflektierend; die sog. freien Elektronen bestimmen die optischen Eigenschaften. Mit kürzer werdender Wellenlänge erreicht man Energiebereiche, die von der Fermigrenze entfernter sind, und in denen die Zustandsdichte der Elektronen sich von dem Wert an der Fermigrenze unterscheidet. In diesem Bereich können die optischen Eigenschaften von Metallen denen von Halbleitern ähnlich sein, die sog. gebundenen Elektronen bestimmen dann die optischen Eigenschaften. Verkürzt man die Wellenlänge der Strahlung so weit, daß der obere Rand des besetzten Bandes erreicht wird, so wird das Metall durchsichtig, da dann keine weiteren besetzbaren Zustände vorliegen. Die Transparenz tritt z. B. bei Alkalimetallen im ferneren ultravioletten Bereich auf. Die Farbe eines Metalles hängt davon ab, wo die Grenze zwischen den „freien" und „gebundenen" Elektronen liegt. Liegt sie im ultravioletten, wie bei den Alkalimetallen oder Silber, dann erscheint das Metall glänzend und farblos; liegt die Grenze im sichtbaren Bereich, wie bei Kupfer oder Gold, dann ist das Metall farbig. Liegt sie im infraroten Bereich, wie z. B. bei Wolfram, so ist das Metall matt und ebenfalls farblos.

Quantitativ werden die optischen Eigenschaften durch die Frequenzabhängigkeit der sog. optischen Konstanten bzw. der Dielektrizitätskonstanten beschrieben. Diese Größen können aus dem Maxwellschen Gleichungen abgeleitet werden unter der Annahme, daß die Elektronen im Metall gedämpfte erzwungene Schwingungen ausführen. Man muß also komplexe Zahlen einführen, um die Schwingungen der Elektronen in Phase und um 90° dagegen verschoben zu beschreiben. Den Fall freier Elektronen erhält man dann, indem man die Eigenfrequenz der Elektronen gleich Null setzt. Gebundene Elektronen sind in diesem Bild durch bestimmte Resonanzen charakterisiert, die Elektronenübergängen von besetzten zu unbesetzten Zuständen entsprechen. In der Darstellung des Realteiles der Dielektrizitätskonstanten als Funktion der Frequenz, bzw. Energie treten an den Resonanzstellen Wendepunkte der Kurven, im Imaginärteil Resonanzmaxima auf. In Abb. V,195 ist das Ergebnis einer derartigen Analyse für Kupfer dargestellt. Die charakteristische Farbe von Kupfer ist dadruch begründet, daß die Resonanzen, die bestimmten Elektronenübergängen zugeschrieben werden, bei Energiewerten zwischen 2 und 4 eV liegen.

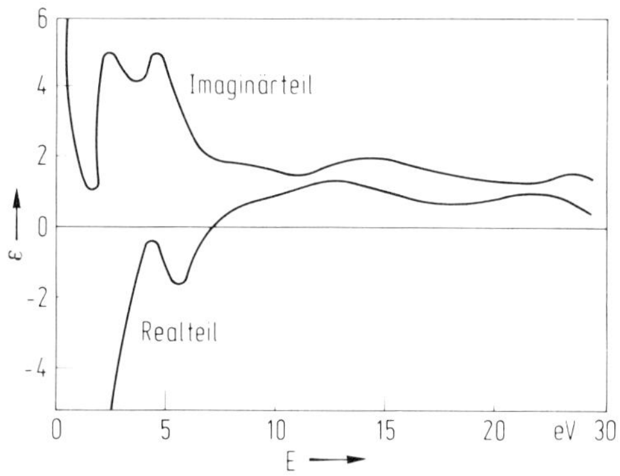

Abb. V,195. Real und Imaginärteil der Dielelektrizitätskonstanten von Cu als Funktion der Photonenenergie. (H. Ehrenreich, H. R. Philip, Phys. Rev. **128**, 1622 (1962))

Literatur

R. W. Cahn (Herausgeber): Physical Metallurgy, 2. Aufl., North Holland Publishing Co., Amsterdam, 1970.

Gustav E. R. Schultz: Metallphysik, 2. Auflage, Springer, Wien–New York, 1974

U. Dehlinger: Theoretische Metallkunde, 2. Aufl., Springer-Verlag, Berlin, Heidelberg, New York 1968.

P. Haasen, Physikalische Metallkunde, Springer, Berlin, 1974

3. Halbleiter

(Hans-Günther Wagemann, Berlin)

3.1 Definition des Halbleiters

Der Begriff „Halbleiter" wurde ursprünglich eingeführt, um Stoffe zu beschreiben, deren spezifische Leitfähigkeit zwischen der der Metalle und der der Isolatoren liegt, also im Bereich zwischen 10^2 und 10^{-9} Ω^{-1} cm^{-1}. Demnach scheinen z. B. die Elektrolyte oder auch feuchter Bindfaden zu der Gruppe der Halbleiter zu gehören. Da dies nicht der Fall ist, müssen für eine genaue Eingrenzung des Begriffes „Halbleiter" noch weitere Kriterien hinzutreten.

Eine zeitgemäße Definition des Halbleiters lautet: „Halbleiter sind Festkörper, die bei tiefer Temperatur isolieren, bei höheren Temperaturen jedoch meßbare Elektronen-Leitung besitzen. Diese elektronische Leitfähigkeit der Halbleiter geht auf ihre wohldefinierte und durch Stromfluß unveränderliche chemische Zusammensetzung sowie auf physikalische Eingriffe von außerhalb zurück".

Es handelt sich bei den Halbleitern in der überwiegenden Zahl um kristalline Festkörper (wie Silizium, Galliumarsenid, Zinkoxid u. a.). Daneben sind neuerdings auch amorphe Festkörper getreten, die man nach anderen Gesichtspunkten zu den Gläsern rechnet, die jedoch elektrische Eigenschaften elektronischer Halbleiter aufweisen (Chalkogenid-Gläser).

Beschreibt man Halbleiter allein durch den positiven Temperaturkoeffizienten der spezifischen Leitfähigkeit, so ist eine solche Definition nicht eindeutig, wie es z. B. Abb. V,206 für Germanium zwischen 78 K und 300 K zeigt. Auch Elektrolyte zeigen den positiven Temperaturkoeffizienten der spezifischen Leitfähigkeit, nicht aber Metalle. Präzisieren wir den Leitfähigkeitstyp als „elektronische Leitfähigkeit", so scheiden die Elektrolyte als Ionenleiter für die Gruppe der Halbleiter aus. Chemische Materialveränderungen, wie sie im allgemeinen mit ionischer Leitfähigkeit verbunden sind, treten nicht nur bei flüssigen Elektrolyten auf, man beobachtet sie z. B. auch beim Transport elektrischer Ladung durch kristalline Festkörper wie NaCl.

Gegenüber den Isolatoren unterscheiden sich die Halbleiter nach der obigen Definition durch ihre meßbare elektrische Leitfähigkeit bei Zimmertemperatur. Eine Abgrenzung ist hier keine grundsätzliche Frage, sondern mehr eine Sache der Festlegung (z. B. Isolator, falls $\sigma < 10^{-10}$ $\Omega^{-1} cm^{-1}$ bei Zimmertemperatur).

Die elektronische Leitfähigkeit der Halbleiter ist seit der Entwicklung des Energiebändermodelles der Quantenmechanik (s. Kap. V 1e) auf die kovalente Bindung der Kristallbausteine zurückgeführt. Bindungselektronen der Atome können durch Energiezufuhr oberhalb einer Schwellenenergie (Anregung durch Wärme, aber auch durch Licht, Röntgenstrahlung u. a.) freigesetzt werden und Ladungstransport übernehmen.

Störungen des idealen Kristallgitters durch Fremdstoffe und Baufehler beeinflussen die Bindungsenergien von Valenzelektronen und zugleich die elektronische Leitfähigkeit.

3.2 Übersicht über Halbleiter

Zur Gruppe der Halbleiter gehören sowohl Elemente wie Verbindungen. Die Abb. V,196 zeigt als Ausschnitt aus dem periodischen System die Elemente, die halbleitende Eigenschaften zeigen. Ohne ins Detail zu gehen, seien einige sich systematisch verändernde Eigenschaften genannt. Rechts von den Halbleitern stehen Nichtleiter mit überwiegend van der Waalsscher-Bindung, links Elemente mit überwiegend metallischer Bindung. Innerhalb der Gruppe der Halbleiter dominiert die kovalente Bindung. Die spezifische Leitfähigkeit innerhalb der Halbleitergruppe wächst von rechts oben nach links unten. Der Kristalltyp der Halbleiter in Gruppe IVa ist das Diamantgitter. Bei Zinn ist die Modifikation des grauen Zinn halbleitend. Der Diamant ist auf Grund seiner geringen elektrischen Leitfähigkeit als Isolator anzusehen.

Hauptgruppen →

Periode ↓	IIIa	IVa	Va	VIa
2	5B	6C		
3		14 Si	15P	16 S
4		32 Ge	33 As	34 Se
5		50 Sn	51 Sb	52 Te

Abb. V,196. Elemente des periodischen Systems mit der Eigenschaft der elektronischen Halbleitung

Die Eigenschaften der kovalenten Bindung und des Diamantgitters hängen eng zusammen. Bei den Halbleitern der Gruppe IVa des Periodensystems werden die 4 Valenzelektronen eines Gitterbausteines durch 4 nächste Nachbarn zur abgeschlossenen Schale von 8 Elektronen ergänzt. Die in hohem Maße gerichtete kovalente Bindung baut mit den nächsten Nachbarn ein tedraederartiges Raumnetz auf. Die Bindungsenergie eines kovalenten Kristalles ist der der Ionenkristalle vergleichbar, obwohl sie zwischen neutralen Atomen wirkt. Sie nimmt bei den Halbleitern der Gruppe IVa von oben nach unten fortschreitend ab. Die einzelne Bindung wird normalerweise von 2 Elektronen gebildet, die sich zwischen den verbundenen Atomen aufhalten und deren Spin antiparallel steht.

Auch die halbleitenden Verbindungen bilden überwiegend Kristalle mit kovalenter Bindung der Gitterbausteine. Binäre Verbindungen mit Zinkblende-Gitter (entsprechend dem Diamantgitter der Elementhalbleiter) sind deshalb bei Elementkombinationen der Gruppen III und V, der Gruppen II und VI und der Gruppen I und VII zu erwarten. Zur Gruppe der III/V-Verbindungen zählen GaP, GaAs, InSb u. a., zur Gruppe der II/VI-Verbindungen gehören ZnO, ZnS, CdS u. a. Die letztgenannten Verbindungshalbleiter haben Wurtzit-Gitter, bei dem ebenfalls jeder Gitterbaustein von 4 nächsten Nachbarn umgeben ist. Bei der Gruppe der I/VII-Verbindungen ist CuJ zu nennen. Daneben existieren weitere halbleitende kristalline Verbindungen, die nicht dieser Systematik entsprechen, z. B. Mg_2Sn, PbS, Bi_2Te_3, NiO. Weiter gibt es organische Molekülkristalle mit halbleitenden Eigenschaften wie z. B. Anthracen und Phtalocyanin.) Eine Sonderstellung als Halbleiter nimmt Selen ein, über dessen Leitungsmechanismus man noch kein konsistentes Bild besitzt.

Zu den amorphen Verbindungen mit halbleitendem Charakter zählen neben den Chalkogenid-Gläsern (binär: Ge_xTe_y, ternär: z. B. As_x Te_y S_z u. a.) auch Oxid-Gläser mit Ionen von Übergangsmetallen verschiedener Wertigkeit (z. B. Ta_2 O_5). Die amorphen Halbleiter unterscheiden sich durch das Fehlen einer definierten kristallinen Struktur von den zuvor genannten Substanzen. Obwohl die Festkörperphysik früher ein Kristallgitter als wichtige Voraussetzung für die Beschreibung halbleitender Eigenschaften betrachtete, können heute auch dem amorphen Zustand Nahordnungs-Strukturen und Energiebänder-Modelle zugeordnet werden, die bei den erwähnten Substanzen elektronische Halbleitung ermöglichen.

3.3 Energiebänder-Modell und Leitungstypen kristalliner Halbleiter

Abgrenzung der Halbleiter zu Isolatoren und Metallen. Das wichtigste Ergebnis der Quantenmechanik für die Physik der Festkörper ist, daß die erlaubten Energiezustände der Elektronen in Bänder gegliedert sind. Zwischen den erlaubten Bändern liegen Energiebereiche, deren Werte die Elektronen eines reinen unbegrenzten Kristalles nicht annehmen können: die verbotenen Zonen.

Zunächst sollen vereinfachte Darstellungen der Energiebänder über einer Ortskoordinate betrachtet werden. Für die elektrische Leitfähigkeit der Festkörper ist das energetisch höchste, vollständig oder teilweise mit Elektronen besetzte Band, das Valenzband, und sein Abstand zum nächst-höheren unbesetzten Band, dem Leitungsband, maßgebend. Es lassen sich drei Fälle unterscheiden, die die Abb. V,197 schematisch veranschaulicht. Die Systeme aus waagerechten Linien stellen in der Abbildung Energiebänder mit sehr dichter Folge erlaubter Energieniveaus dar, das energetisch tiefere Band ist das Valenzband. Gefüllte Punkte stellen Elektronen bzw. besetzte Zustände, offene Punkte Defektelektronen bzw. unbesetzte Zustände dar. Beim Metall (links) überlappen entweder Valenz- und Leitungsband (Beispiel Mg) oder aber das Valenzband ist nur teilweise mit Elektronen (Beispiel Al) besetzt. Für beide Leitfähigkeitstypen gilt, daß energetisch beliebig dicht über dem höchsten mit Elektronen besetzten Energieniveau weitere unbesetzte folgen, in die Elektronen ohne nennenswerte Energiezufuhr gehoben werden und sich „quasi frei" in einem elektrischen Feld bewegen können.

Beim Isolator (rechts) ist das Valenzband gefüllt und vom Leitungsband durch eine breite verbotene Zone getrennt. Ladungstransport im elektrischen Feld findet nicht statt, weil keine örtliche Verschiebung der Elektronen in freie Plätze möglich ist. Die verbotene Zone zwischen Valenz- und Leitungsband ist so breit, daß keine Elektronen durch Aufnahme thermischer oder elektrischer Energie auf die unbesetzten Plätze gehoben werden können.

Die Halbleiter (Mitte) nehmen eine Zwischenstellung ein. Die Elektronen zwischen Nachbaratomen sind weniger stark gebunden als bei den Isolatoren. Deshalb sind im Bereich der Zimmertemperatur einige Bindungen stets durch Gitterschwingungen aufgebrochen und die betreffenden Elektronen sind frei, am Leitungsmechanismus teilzunehmen. Sie sind aus dem Valenzband über die verbotene Zone hinweg ins Leitungsband gelangt. Zusätzlich existiert ein „Loch", eine „Lücke" oder ein „Defektelektron" dort, wo sich das Elektron zuvor in der Bindung befunden hatte.

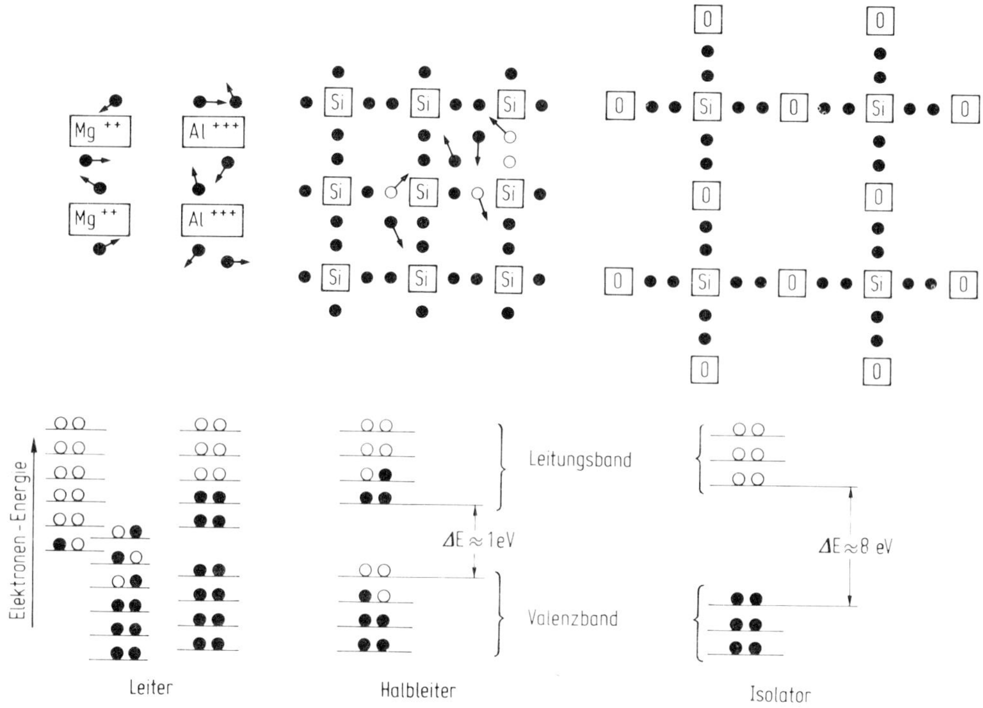

Abb. V,197. Schematisierte Darstellung des Leiters, des Halbleiters und des Isolators. Oben Zuordnung der Ladungsträger zum Verband der Kristallbausteine, unten Energiebänder-Modelle.
• besetzter Elektronenzustand ○ unbesetzter Elektronenzustand

Elektronen und Löcher beim Halbleiter. Im elektrischen Felde bewegen sich die Elektronen der elektrischen Feldstärke entgegen, indem sie in benachbarte „Lücken" springen. Die Abb. V,198 veranschaulicht diesen Vorgang. Die Elektronen wandern in bei-

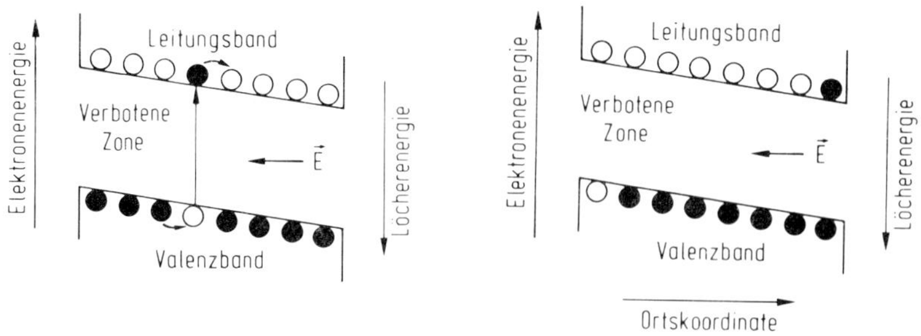

Abb. V,198. Eigenleitende Halbleiter mit einzelnem Elektron im Leitungsband unter der Wirkung eines elektrischen Feldes ***E***.
links: Situation, unmittelbar nachdem das Elektron ins Leitungsband gehoben worden ist
rechts: Situation, die durch Bewegung der Elektronen im elektrischen Feld ***E*** entstanden ist: im L-Band ist ein Elektron gegen, im V-Band ein Loch in die Richtung von ***E*** „gedriftet"

den Bändern von links nach rechts. Im Valenzband bedeutet ein Nachrücken der Elektronen von links nach rechts eine Wanderung der Lücke von rechts nach links. Stark vereinfachend beschrieben befindet sich schließlich ein Elektron im Leitungsband an der anodischen Seite, ein Loch im Valenzband an der katodischen Seite des Halbleiters; im Halbleiter ist ein Strom geflossen, der einer Elektronenladung und einer Löcherladung entspricht.

Durch diese Betrachtungen wird dem Defektelektron oder Loch die physikalische Bedeutung zugeordnet, die es im Bändermodell besitzt: das Loch beschreibt die der Elektronenwanderung im elektrischen Felde entgegengesetzte Wanderung von Elektronen-Lücken im Valenzband. Es verhält sich entsprechend wie eine positive Ladung. So ist das Defektelektron eine dem Problem angepaßte Beschreibung der Vorgänge, die mit Elektronenlücken zusammenhängen. Der Begriff „Defektelektron" oder „positives Loch" hat sich in der Halbleiterphysik überaus gut bewährt, obwohl zu beachten ist, daß seine physikalische Realität anders einzuschätzen ist als die des Elektrons.

Bändermodell bekannter Halbleiter. Abb. V,199a zeigt die Energieband-Strukturen von Germanium, Silizium und Gallumarsenid im k-Raum. Die Abszisse zeigt jeweils vom Γ-Punkt (dem Zentrum der 1. Brillouin-Zone: $\Gamma = (2\,\pi/a)\,(0,0,0)$ nach links auf den L-Punkt ($L = (2\pi/a)$ $(1/2; 1/2; 1/2)$) entlang der ⟨111⟩-Achse und nach rechts auf den X-Punkt ($X = (2\,\pi/a)\cdot(0,0,1)$ entlang der ⟨100⟩-Achse. Die Ordinate gibt die Elektronenenergie in eV mit dem willkürlichen Nullpunkt der obersten Valenzbandspitze. Eingezeichnet sind die minimalen Breiten der verbotenen Zonen, gemessen vom tiefsten Punkt des Leitungsbandes E_L zum höchsten Punkt des Valenzbandes E_V : $E_G = E_L - E_V$. Lediglich für GaAs liegt E_G am Γ-Punkt bei $k = 0$, während für Ge das Minimum des Leitungsbandes auf der ⟨111⟩-Achse und für Si auf der ⟨100⟩-Achse liegt. (Zum

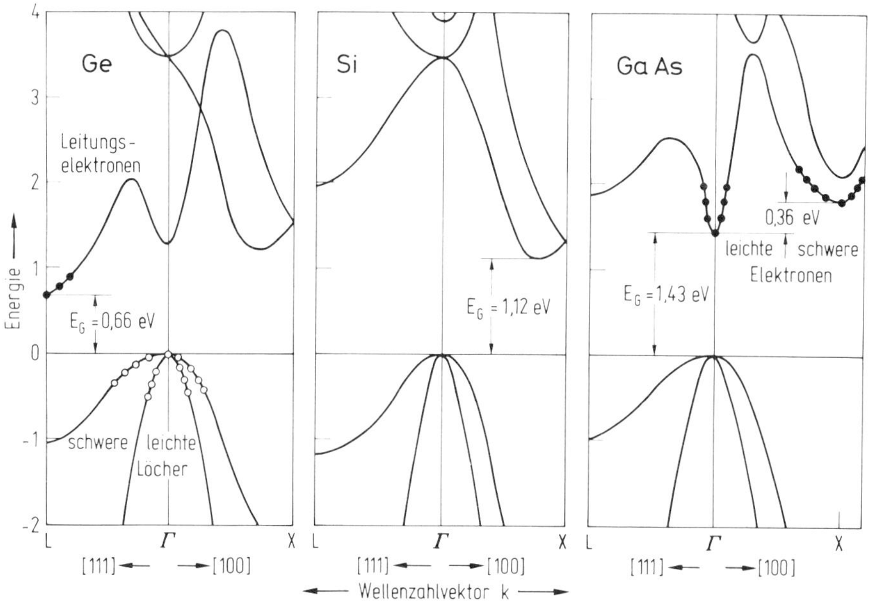

Abb. V,199a. Energiebänder über dem Wellenzahl-Vektor für Ge, Si und GaAs. E_G ist die Breite des verbotenen Bandes (Angaben für 300 K)
Die angegebenen Symmetrie-Punkte der Brillouin-Zone sind in Abb. V,199b erläutert (M. L. (M. L. Cohen und T. K. Bergstresser, Phys. Rev. 141, 789 (1966))

besseren Verständnis gibt Abb. V,199b die 1. Brillouin-Zone für das Diamant- und Zinkblende-Gitter mit den wichtigsten Symmetrie-Punkten und Symmetrie-Linien).

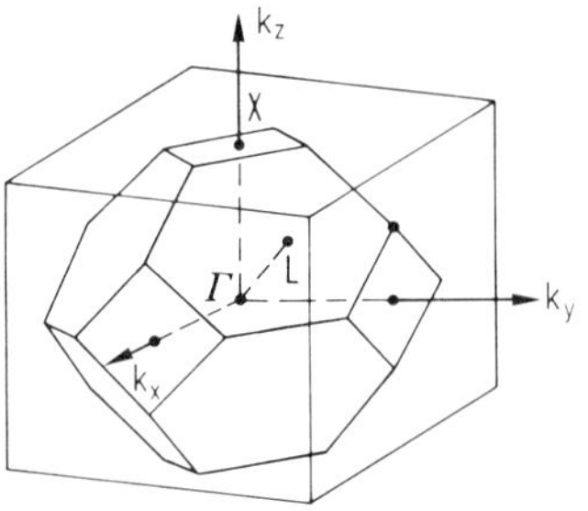

Abb. V,199b. 1. Brillouin-Zone für das Diamant- und Zinkblende – Gitter mit den wichtigsten Symmetrie-Punkten und -Linien.

Abb. V,199a zeigt, daß im Γ-Punkt das Valenzband der betrachteten Halbleiter entartet ist. Mit Hilfe der Schrödinger-Gleichung stellt man fest, daß das Valenzband des Diamant- und Zinkblenden-Gitters aus 4 Unterbändern besteht, wenn man den Spin der Elektronen vernachlässigt. Diese Zahl verdoppelt sich, wenn man den Spin berücksichtigt. 3 der 4 Bänder sind am Γ-Punkt entartet und bilden die obere Valenzband-Kante, das 4. bildet die untere. Bei Berücksichtigung von Spin-Bahn-Wechselwirkung spalten die Bänder bei $k = 0$ auf. Wie man aus Abb. V,199a erkennt, kann man den unterschiedlichen Valenzbändern entsprechend der Gl. V,165, die die effektive Masse von Löchern beschreibt

$$m^* = \frac{\hbar^2}{\left(\frac{\partial^2 E}{\partial k^2}\right)} \tag{V,165}$$

„leichte" und „schwere" Löcher zuordnen: z. B. das höher liegende Band besitzt die geringere Krümmung und damit die schwereren Löcher.

Auch das Leitungsband besteht aus einer Anzahl von Unterbändern. Theoretisch gewonnene Energiebänder zeigen, daß das Minimum der Leitungsbänder für Si und Ge nicht bei $k = o$ liegt. Der zuvor beschreibene Vorgang, mit Hilfe thermischer Energie Elektronen ins Leitungsband zu bringen, geht hier nicht nur unter Energieaufnahme E_G, sondern gleichzeitig mit Änderung des Elektronenimpulses $h \cdot \Delta k$ vor sich. Man bezeichnet solche Elektronenübergänge als „indirekt", entsprechend derartige Halbleiter wie Ge und Sie als „indirekte" Halbleiter, im Gegensatz zu GaAs, einem „direkten" Halbleiter. Im Falle des GaAs liegt das Hauptminimum bei $k = o$, ein weiteres Minimum bei $k > o$ längs ⟨100⟩.

Diese Tatsache ist grundlegend für die Erklärung des Gunn-Effektes.

Eigenleitung. In ideal reinen und ungestörten Halbleitern entstammen im Gleichgewicht sämtliche Ladungsträger thermisch aufgebrochenen Kristallbindungen. Deshalb ist die Konzentration der Elektronen n und die der Defektelektronen p gleich. Ihren gemeinsamen Wert nennt man die Eigenleitungskonzentration n_i des Halbleiters und diesen Leitungstyp des Halbleiters bezeichnet man als Eigenleitung. (Der Suffix i weist auf das englische Wort „intrinsic" „innewohnend" hin). Man beobachtet, daß die Eigenleitungskonzentration n_i eine wohldefinierte Funktion der thermischen Energie des Kristallgitters ist, mit deren Hilfe Valenzen aufgebrochen werden können, d. h. n_i ist eine Funktion der Temperatur. Weiter ist n_i eine Funktion der Aktivierungsenergie, die man braucht, um eine Valenz aufzubrechen und ein Elektron-Loch-Paar freizusetzen. Im Bilde des Energiebänder-Modelles entspricht diese Energie E_G der Breite der verbotenen Zone zwischen Valenz- und Leitungsband, im folgenden kurz als verbotene Zone bezeichnet.

Abb. V,200 zeigt die Eigenleitungskonzentrationen von drei wichtigen Halbleitern – Ga As, Si und Ge – als Funktion der reziproken Temperatur. Empirisch gewinnt man analog zur Arrhenius-Gleichung den Ausdruck

$$n_i \sim \exp\left(-\frac{E_a}{kT}\right) \tag{V,166}$$

mit E_a als Aktivierungsenergie, die sich entsprechend späteren Überlegungen als annähernd die Hälfte der Breite der verbotenen Zone = $0{,}5 \cdot E_G$ ergibt. Schließlich sieht man, daß die Temperatur noch in weiteren Größen des Ausdrucks enthalten sein muß, weil die Kurve in der halblogarithmischen Darstellung keine exakte Gerade ist. Auch die Breite der verbotenen Zone E_G ist eine Funktion der Temperatur.

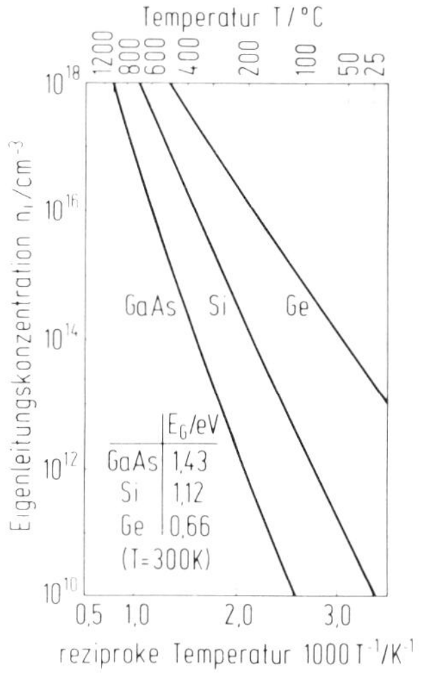

Abb. V,200. Eigenleitungskonzentration von GaAs, Si und Ge als Funktion der reziproken Temperatur sowie gewonnene Werte für die Breite der verbotenen Zone gemäß Gl. (V,176) nach A. S. Grove

Störstellenleitung. Wenn im Halbleiter-Gitter ein Fremdstoff, eine Verunreinigung oder Gitterfehler enthalten sind, deren Konzentration größer ist als der Wert der Eigenleitungskonzentration, ändern sich die elektrischen Eigenschaften des Halbleiter-Materials oft erheblich. Den kontrollierten Einbau von Fremdatomen in Halbleiter nennt man Dotieren.

Im einzelnen möge zunächst ein Fremdstoff mit 5 Valenz-Elektronen, z. B. Phosphor, im Halbleiter-Gitter des Silizium einen Gitterplatz einnehmen. Dieser Fall ist in Abb. V,201a dargestellt. Das Überschuß-Elektron kann im regelmäßigen Silizium-Gitter keine Silizium-Bindung absättigen und ist infolgedessen weniger stark gebunden als ein Valenz-Elektron des Silizium. Deshalb ist die Ionisierungsenergie des Phosphors im Siliziumgitter (= 0,04 eV bei 300 K) sehr viel geringer als die zuvor betrachtete des Silizium im Siliziumgitter, die der Breite der verbotenen Zone entspricht (= 1,12 eV bei 300 K). Bei Zimmertemperatur ist im Silizium-Kristall immer genug Kristallgitter-Energie vorhanden, um die Ionisierungsenergie von Phosphor-Fremdatomen aufzubringen. Deshalb sind die Phosphor-Atome im Siliziumgitter bei Zimmertemperatur nahezu vollzählig ionisiert und steuern jeweils ein ungebundenes Elektron zum Leitfähigkeitsmechanismus bei (Vollständige Ionisierung). Die Konzentration der vom Phosphor stammenden zusätzlichen Elektronen n ist bei vollständiger Ionisierung gleich der Zahl der Phosphoratome pro Volumeneinheit N_D. Der Index D bezeichnet Phosphor als Donator, da es Elektronen freigibt (lat. donare = geben). In der Abb. V,201a ist die vollständige Ionisierung von Donator-Verunreinigungen im Energiebändermodell dargestellt. Die Leitfähigkeit wird durch die zusätzlichen Elektronen bestimmt, man bezeichnet deshalb Phosphor-dotiertes Silizium als n-leitend.

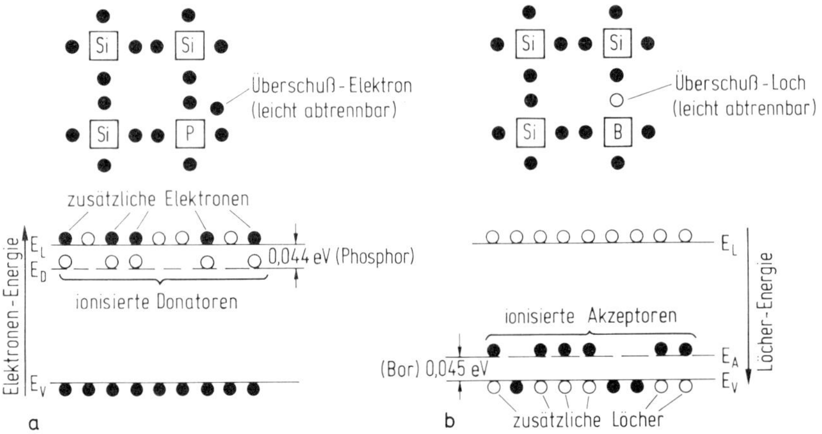

Abb. V,201. Störstellenleitung im Energiebänder-Modell
a) Elektronen-Leitung
b) Löcher-Leitung

Wenn Donatoren der Dichte N_D vorhanden sind, ist bei vollständiger Ionisierung die Dichte der ionisierten Donatoren $N_D^+ = N_D$ und die Zahl der zusätzlichen Elektronen $n' = N_D^+ = N_D$. Die Reaktion der (einfachen) Ionisierung der Donatoren ist so zu beschreiben

$$D \rightleftharpoons D^+ + e^- \tag{V,167}$$

Abschätzung der Ionisierungsenergie E_D von flachen Donatoren in Si:

Zu einem überschlägigen Wert der Ionisierungsenergie der Donatoren in Si gelangt man mit Hilfe des Bohrschen Modelles für die Ionisierungsenergie des Wasserstoff-Elektrons. Bei der Ionisierung des Donator-Atoms wird das umgebende Medium Silizium durch seine Dielektrizitätskonstante $\epsilon_{Si} = 16$ und das Donator-Elektron im periodischen Potential des Si-Kristallgitters durch die effektive Masse m^* beschrieben. (m^* wird für die Abschätzung $= m_0$ angenommen).

$$E_D \approx -\frac{e_0^4 \cdot m^*}{8\,\epsilon_{Si}^2\,\epsilon_0^2\,h^2} \approx -0{,}05\text{ eV} \tag{V,168}$$

Die Hauptschwierigkeit dieser Abschätzung liegt im Wert für m^*.

Umgekehrt sättigt ein Fremdstoff mit 3 Valenz-Elektronen, z. B. Bor auf einem Gitterplatz im Silizium-Gitter (Abb. V,201b) eines der 4 benachbarten Si-Valenzelektronen **nicht** ab, so daß diese Bindung des betroffenen Si-Atoms nicht abgesättigt werden kann. Im Kristallgitter fehlt also ein Elektron und unter Wirkung eines elektrischen Feldes können Elektronen über diese „Lücke" nachrücken. So führt man durch Bor-Dotierung des Silizium-Kristalles überzählige „Löcher" oder Defektelektronen in den Kristall ein und nennt die Bor-Atome Akzeptoren, weil sie mit sehr viel geringerer Ionisierungsenergie als bei Eigenleitung Elektronen aufnehmen können (lat. accipere = aufnehmen). Die Konzentration der vom Bor stammenden zusätzlichen Defektelektronen p ist bei vollständiger Ionisierung auch hier gleich der Zahl der Boratome pro Volumeneinheit N_A. Der Index A weist auf die Akzeptor-Eigenschaft des Bor hin. In der Abb. V,201b ist die vollständige Ionisierung von Akzeptor-Verunreinigungen in Energiebändern gezeigt. Die Leitfähigkeit wird hier durch die überzähligen Defektelektronen bestimmt, man bezeichnet deswegen Bor-Dotiertes Silizium als p-leitend.

Wenn Akzeptoren der Dichte N_A vorhanden sind, ist bei vollständiger Ionisierung die Dichte der ionisierten Akzeptoren $N_A^- = N_A$ und die Zahl der zusätzlichen Löcher $p' = N_A^- = N_A$. Die Reaktion der (einfachen) Ionisierung der Akzeptoren ist so zu beschreiben:

$$A \rightleftharpoons A^- + e^+ \qquad (V,169)$$

Nach analogen Überlegungen wie für Donatoren läßt sich auch für Akzeptoren die Ionisierungsenergie E_A abschätzen. Die so ermittelten Werte geben die korrekte Größenordnung für energetisch „flache" (in der Nähe der Bandkanten liegende) Störstellen an. Die Tabelle V,16 gibt eine Übersicht über Ionisierungsenergien E_D und E_A für Germanium und Silizium.

Tab. V,16. Ionisierungsenergien für Donatoren E_D/eV und für Akzeptoren E_A/eV für die Halbleiter Silizium und Germanium nach S. M. Sze

Störstellenmaterial			Silizium	Germanium
Donatoren (Gruppe V)	Phosphor	P	0,044	0,012
	Arsen	As	0,049	0,013
	Antimon	Sb	0,039	0,0096
	Wismut	Bi	0,069	–
Akzeptoren (Gruppe III)	Bor	B	0,045	0,0104
	Aluminium	Al	0,057	0,0102
	Gallium	Ga	0,065	0,0108
	Indium	In	0,160	0,0112

Im allgemeinen ist die Rolle der Störstellen in Halbleitern nicht so einfach zu erfassen wie es soeben mit solchen der Gruppen III und V in Verbindungshalbleitern geschah. Neben den betrachteten Verunreinigungsstoffen gilt es, die Eigenschaften von Störstellen anderer Gruppen des periodischen Systems zu beschreiben (z. B. Gruppe I Cu, Ag und Au in Si) sowie die Eigenschaften von Störstellen in Verbindungshalbleitern (z. B. Mn in Ga As: Akzeptor-Niveau 0,096 eV oberhalb des Valenzbandes). Schließlich existieren weitere Quellen von Gitterstörungen mit energetischen

Lagen im verbotenen Band in jeder Abweichung vom regelmäßigen Gitterbau (Fehlordnung durch Frenkel-Defekte, wie sie z. B. beim Beschuß eines Halbleiters mit Korpuskularstrahlen entsteht). Als Extremfall einer Fehlordnung ist der amorphe Zustand von Halbleitermaterial anzusehen, den man durch Präparation von Chalkogenid-Verbindungen, aber auch durch Ionenimplantation in kristalline Halbleiter erreicht. Dotierende Wirkung bei kristallinem Halbleitermaterial besitzen im allgemeinen lediglich „flache" energetische Lagen von Gitter-Störungen im Bereich der Bandkanten. „Tiefe" energetische Zustände (z. B. die oben erwähnten Edelmetalle in Silizium) im Bereich der Mitte des verbotenen Bandes werden bei Zimmertemperatur meist nicht ionisiert und wirken nicht als Dotierungsstoffe, wohl aber als Rekombinationszentren (dazu s. u.).

3.4 Das Fermi-Niveau und die Berechnung der Ladungsträgerkonzentrationen im thermodynamischen Gleichgewicht kristalliner Halbleiter

Bedeutung des Eigenleitungs-Fermi-Niveaus. Wir wollen die Konzentration der Elektronen, die bei der Temperatur T aus dem Valenzband in das Leitungsband gehoben werden, als Funktion des chemischen Potentials berechnen, das in der Festkörperphysik als Fermi-Niveau E_F bezeichnet wird. (E_F wird hierbei von der oberen Bandkante des Valenzbandes aus gemessen). Wir gehen vom Eigenleitungsfall aus. Die Elektroneutralität verlangt $n = p = n_i$ bzw. $p - n = 0$. Die Dichte der besetzten Zustände im Leitungsband n (= Dichte der Leitungsbandelektronen) ist

$$n = \int_{E_L}^{E=\infty} 2\,N(E)\,f(E)\,dE \qquad \text{(V,170)}$$

E_L bezeichnet die Energie an der unteren Kante des Leitungsbandes. Die obere Grenze wird bei geringen Ladungsträgerkonzentrationen und Temperaturen (Nicht-Entartung) durch $E = \infty$ bezeichnet, weil die höheren Energie-Niveaus des Leitungsbandes keinen Beitrag liefern. Insofern kann auch die Dichte besetzbarer Zustände im Leitungsband $N(E)$ durch die Dichte in der Nähe des Leitungsbandrandes angenähert werden

$$N(E)\,dE = \frac{1}{2\pi^2}\left(\frac{2m_n^*}{\hbar^2}\right)^{\frac{3}{2}} (E - E_L)^{\frac{1}{2}}\,dE \qquad \text{(V,171)}$$

m_n^* ist die effektive Masse eines Elektrons, der Faktor 2 erscheint im Integral, weil jeder Zustand N mit 2 Elektronen entgegengesetzten Spins besetzt werden kann.

f(E) ist die Fermi–Dirac-Verteilungsfunktion, die für den Fall der Nicht-Entartung $(E - E_F) \gg k\,T$ in die Boltzmann-Verteilungsfunktion übergeht:

$$f(E) = \left[1 + \exp\left(\frac{E - E_F}{k\,T}\right)\right]^{-1} \approx \exp\left(-\frac{E - E_F}{k\,T}\right) \qquad \text{(V,172)}$$

Hier ist k die Boltzmann-Konstante, T die absolute Temperatur.

Auf die Fermi–Dirac-Verteilung und ihre Bedeutung wird an anderer Stelle dieses Bandes eingegangen, desgleichen auf ihre Integration, die zum sog. Fermi-Integral führt. Sehr viele Probleme der Halbleiterphysik sind unter Beachtung der Bedingung $E - E_F \gg k\,T$ weitaus anschaulicher mit Hilfe der Boltzmann-Verteilung zu lösen, die deshalb auch hier nach Möglichkeit stets benutzt werden soll.

Für nicht-entartete Halbleiter erhält man

$$n = N_L \exp\left(-\frac{E_L - E_F}{k\,T}\right) \quad \text{mit} \quad N_L = 2\left(\frac{2\,\pi\, m_n^*\, k\,T}{h^2}\right)^{\frac{3}{2}} \qquad (V,173)$$

N_L bezeichnet die effektive Zustandsdichte des gesamten Leitungsbandes reduziert auf die Leitungsband-Kante. Mit Hilfe einer analogen Rechnung erhält man die Dichte der Löcher im Valenzband für den Fall der Nicht-Entartung mit

$$p = \int_{E=-\infty}^{E_V} 2\,P(E)\,[1 - f(E)]\,\mathrm{d}E \qquad (V,174)$$

$$p = N_V \cdot \exp\left(-\frac{E_F - E_V}{k\,T}\right) \quad \text{mit} \quad N_V = 2\left(\frac{2\,\pi\, m_p^*\, k\,T}{h^2}\right)^{\frac{3}{2}} \qquad (V,175)$$

N_v bezeichnet die effektive Zustandsdichte des gesamten Valenzbandes reduziert auf die Valenzband-Kante. Werte für N_L und N_V für Si, Ge und Ga As gibt die Tabelle V,17.

Um die Bedeutung des F e r m i-Niveaus E_F näher zu untersuchen, soll die Lage von E_F für einen Eigenhalbleiter berechnet werden. Man erhält sie, indem man Gl. V,173 und 175 einander gleichsetzt ($n = p = n_i$). Wir erhalten

$$E_F = E_i = \frac{E_L + E_V}{2} + \frac{k\,T}{2}\ \ln\frac{N_V}{N_L} \qquad (V,176)$$

Im allgemeinen ($N_V \approx N_L$) liegt das F e r m i-Niveau eines Eigenhalbleiters (E_i) damit sehr nahe der Mitte der verbotenen Zone. Da das F e r m i-Niveau auf der Energieachse den Punkt bezeichnet, an dem man mit der Wahrscheinlichkeit = 0,5 ein Elektron antrifft, läßt sich die Aussage „Beim Eigenhalbleiter liegt das F e r m i-Niveau nahe der Mitte der verbotenen Zone“ als Definition der Eigenleitung benutzen. Denn nur für den betrachteten Fall ist die Dichte von Elektronen im Leitungsband der Dichte der Löcher im Valenzband gleich.

Massenwirkungsgesetz der Ladungsträgerdichten. Eine wichtige Eigenschaft der Ladungsträger im Halbleiter, die sich nicht nur auf den Eigenleitungsfall beschränkt, gewinnt man, wenn das Produkt der Elektronen- und Löcher-Konzentrationen gebildet wird (Gl. V,173 und V,175).

$$p \cdot n = n_i^2 = N_L \cdot N_V \cdot \exp(-E_G/k\,T) \qquad (V,177)$$

Hier erscheint das F e r m i-Niveau E_F nicht mehr explizit und wie man zeigen kann, ist der Ausdruck $p\,n$ nicht nur für den Eigenleitungsfall ($p = n = n_i$) kennzeichnend, sondern stellt auch für Fälle $p \neq n$ eine allgemeine Eigenschaft des Produktes dar. Man kann die gleiche Beziehung auf der Grundlage des Massenwirkungsgesetzes gewinnen, ohne spezielle Werte für p und n vorzugeben. Die Beziehung $p\,n = n_i^2 = f(T)$ gilt für Eigen- und Störstellenleitung, vorausgesetzt die Probe befindet sich im thermischen Gleichgewicht. Deshalb läßt sich mit Gl. V,177 prüfen, ob sich eine Halbleiterprobe im thermischen Gleichgewicht befindet.

Die Gl. V,177 zeigt weiter, daß die bereits früher empirisch gewonnene Beziehung (Abb. V,200 und Gl. V,166) analog zur Arrhenius-Gleichung bestätigt ist. Je größer der Bandabstand E_G ist, umso kleiner ist die Eigenleitungsdichte n_i. Neben die Temperaturabhängigkeit der Exponentialfunktion tritt die des Gliedes $N_L N_V$, die die geringen Abweichungen von der exakten Exponentialfunktion in Abb. V,200 beschreibt.

Berechnung des Fermi-Niveaus bei Störstellenleitung. Wenn geladene Störstellenatome der Dichten N_A^- und N_D^+ im Halbleitergitter vorhanden sind, muß sich das Fermi-Niveau aus der Mitte der verbotenen Zone verschieben, um die Ladungsneutralität weiterhin zu gewährleisten. Man geht von der Ladungsbilanz aus, um die Lage des Fermi-Niveaus zu bestimmen.

$$\rho = q(p - n + N_D^+ - N_A^-) \tag{V,178}$$

zu der die Bedingung der Ladungsneutralität hinzukommt: $\rho = 0$

$$p - n = N_A^- - N_D^+$$

n und p bezeichnen die Gesamt-Dichten der Kristall-Elektronen und -Löcher.

Die Wahrscheinlichkeit, mit der ein Donatorenniveau bei E_D von einem Elektron besetzt ist, ist (Gesamtdichte N_D, Dichte der mit Elektronen besetzten neutralen Donatoren N_D^*)

$$f(E_D) = \left[1 + \frac{1}{g_D} \exp\left(\frac{E_D - E_F}{k\,T}\right)\right]^{-1} = \frac{N_D^*}{N_D} \tag{V,180}$$

Die Konzentration der positiv geladenen Donatoren N_D^+ ist demnach

$$N_D^+ = N_D - N_D^* = N_D\left[1 + g_D \exp\left(-\frac{E_D - E_F}{k\,T}\right)\right] \tag{V,181}$$

g_D ist hier der Degenerationsfaktor des Donator-Niveaus, der bei Silizium und Germanium = 2 ist, weil das Donator-Niveau entweder kein Elektron enthält oder aber **ein** Elektron beliebigen Spins. Der Degenerationsfaktor eines Akzeptor-Niveaus g_A ist analog definiert, unterscheidet sich jedoch i. a. im Zahlenwert von g_D (bei Si, Ge und Ga As $g_A = 4$). Der Vorfaktor g bzw. g^{-1} wird meist mit in die Exponentialfunktion gezogen und zur Störstellenenergie addiert, die man dann effektive Störstellenenergie nennt: $E = E \pm k\ T \cdot \ln g$.

Die Wahrscheinlichkeit, mit der ein Akzeptorenniveau E_A von einem Elektron besetzt ist, ist

$$f(E_A) = \left[1 + \frac{1}{g_A} \exp\left(\frac{E_A - E_F}{k\,T}\right)\right]^{-1} = \frac{N_A^-}{N_A} \tag{V,182}$$

Die Konzentration der negativ geladenen Akzeptoren N_A^- ist demnach

$$N_A^- = N_A\left[1 + g_A^{-1} \exp\left(-\frac{E_F - E_A}{k\,T}\right)\right] \tag{V,183}$$

Mit Hilfe der Gl. V,173, 175, 181 und 183 wird die Neutralitätsbedingung neu formuliert

$$N_V \exp\left(-\frac{E_F - E_V}{k\,T}\right) - N_L \exp\left(-\frac{E_L - E_F}{k\,T}\right) =$$

$$= N_A \left[1 + g_A^{-1} \exp\left(\frac{E_A - E_F}{k\,T}\right)\right]^{-1}$$

$$- N_D \left[1 + g_D \exp\left(\frac{E_F - E_D}{k\,T}\right)\right]^{-1} \qquad \text{(V,184)}$$

Für einen Satz der 11 Parameter $N_V, N_L, N_A, N_D, E_V, E_L, E_A$ und E_D, g_A und g_D sowie T ist die Lage des F e r m i-Niveaus E_F eindeutig beschrieben, allerdings i. a. nicht als geschlossene Lösung anzugeben. Es existieren graphische Lösungs-Methoden (W. Shockley, „Electrons and Holes in Semiconductors", Princeton 1950).

Um die Lage des F e r m i-Niveaus bei Anwesenheit von Störstellen geschlossen anzugeben, muß das Problem entscheidend vereinfacht werden. Wir kombinieren die Bedingung der Ladungsneutralität mit der Bedingung des thermischen Gleichgewichtes $n \cdot p = n_i^2$ (Gl. V,177). Das führt zur Gleichgewichts-Dichte der Elektronen im n-Halbleiter n_n

$$n_n = \frac{1}{2}\left[N_D^+ - N_A^- + \sqrt{(N_D^+ - N_A^-)^2 + 4\,n_i^2}\right] \qquad \text{(V,185)}$$

und zur Gleichgewichts-Dichte der Löcher im p-Halbleiter p_p

$$p_p = \frac{1}{2}\left[N_A^- - N_D^+ + \sqrt{(N_A^- - N_D^+)^2 + 4\,n_i^2}\right] \qquad \text{(V,186)}$$

Wenn der Betrag der Netto-Störstellen-Konzentration $|N_D^+ - N_A^-|$ sehr viel größer ist als die Eigenleitungskonzentration n_i (das ist bei Raumtemperatur und nicht zu schwach dotiertem Halbleitermaterial allgemein der Fall), vereinfachen sich die Beziehungen (V,185) und (V,186) zu

$$n_n = N_D^+ - N_A^-\,, \qquad \text{(V,187)}$$

$$p_p = N_A^- - N_D^+\,. \qquad \text{(V,188)}$$

Anders als beim Eigenhalbleiter ist einer der beiden Ladungsträgertypen beim Störstellenhalbleiter stärker vertreten, also $n \lesseqgtr p$, weil $N_D \lesseqgtr N_A$. Man nennt die stärker vertretenen Ladungsträger die Majoritätsladungsträger, die schwächer vertretenen die Minoritätsladungsträger. n_n und p_p in Gl. V,187 und 188 bezeichnen Majoritätsladungsträger, weil es sich um Elektronen in n-leitendem (Suffix n) und Löcher in p-leitendem Material (Suffix p) handelt. Minoritätsladungsträger (n_p und p_n) bezeichnet man durch vom Ladungsträgertyp abweichenden Suffix des Materials. Mit Hilfe der Gleichgewichtsbeziehung (V,177) erhält man die Dichte der Minoritätsladungsträger

$$p_n = \frac{n_i^2}{N_D^+ - N_A^-}\,; \qquad (V,189)$$

$$n_p = \frac{n_i^2}{N_A^- - N_D^+} \qquad (V,190)$$

Im allgemeinen sind Akzeptor- und Donator-Verunreinigungen gleichzeitig, aber in unterschiedlicher Konzentration zugegen. Der Leitfähigkeits-Typ des Halbleiters wird dann durch die Störstellensorte bestimmt, deren Konzentration höher ist. Oft gilt $N_A^+ \ll N_D^-$ bzw. $N_A^+ \gg N_D^-$.

In diesem Fall vereinfachen sich die Gl. V,187–190 zu den häufig benutzten Beziehungen

n-Halbleiter $\quad n_n = N_D^+\,; \qquad (V,191)$

n-Halbleiter $\quad p_n = \frac{n_i^2}{N_D^+} \qquad (V,192)$

p-Halbleiter $\quad p_p = N_A^-\,; \qquad (V,193)$

p-Halbleiter $\quad n_p = \frac{n_i^2}{N_A^-} \qquad (V,194)$

Diese Beziehungen gelten für nicht-entartete Halbleiter mit einem dominierenden Störstellentyp, dessen Dichte größer ist als die Eigenleitungsdichte, im thermischen Gleichgewicht.

Setzt man nun die Ausdrücke aus Gl. V,173, 175, 181 und 183 in die Gl. V,191–194 und bezieht den Degenerationsfaktor mit in die Energieniveaus ein, so gewinnt man für den beschriebenen Sonderfall Ausdrücke für die Lage des Fermi-Niveaus im verbotenen Band:

n-Halbleiter

1. niedrige Temperaturen (V,195)

$(E_F - E_D) > kT$

$$E_L - E_F = \frac{1}{2}(E_L - E_D) + \frac{kT}{2}\ln\frac{N_L}{N_D}$$

2. höhere Temperaturen (V,196)

$(E_F - E_D) < kT$

$$E_L - E_F = kT\ln\frac{N_L}{N_D}$$

p-Halbleiter

$(E_A - E_F) > kT$

$$E_F - E_V = \frac{1}{2}(E_A - E_V) + \frac{kT}{2}\ln\frac{N_V}{N_A}$$

$(E_A - E_F) < kT$

$$E_F - E_V = kT\ln\frac{N_V}{N_A}$$

Aus den Gln. V,195 ist zu entnehmen, daß im Falle $T = 0$ das Fermi-Niveau in der Mitte zwischen effektivem Störstellenterm und benachbartem Band liegt. Für wachsende Temperaturen ($T > 0$) bewegt es sich in Richtung der Mitte der verbotenen Zone und überquert dabei die Lage der Störstellenenergie.

Mit Hilfe der Bedingung thermischen Gleichgewichts V,177 schreiben wir nun die Gl. V,196 um:

n-Halbleiter

(V,197)

$$E_F - E_i = k\ T \cdot \ln \frac{N_D}{n_i}$$

p-Halbleiter

$$E_i - E_F = k\ T \cdot \ln \frac{N_A}{n_i}$$

Wir sehen in Abb. V,202 für Silizium die Lage des F e r m i-Niveaus als Funktion der Temperatur mit dem Parameter der Störstellenkonzentration N_A oder N_D. Die Abhängigkeit der Breite der verbotenen Zone ist auch aus der Abbildung zu entnehmen.

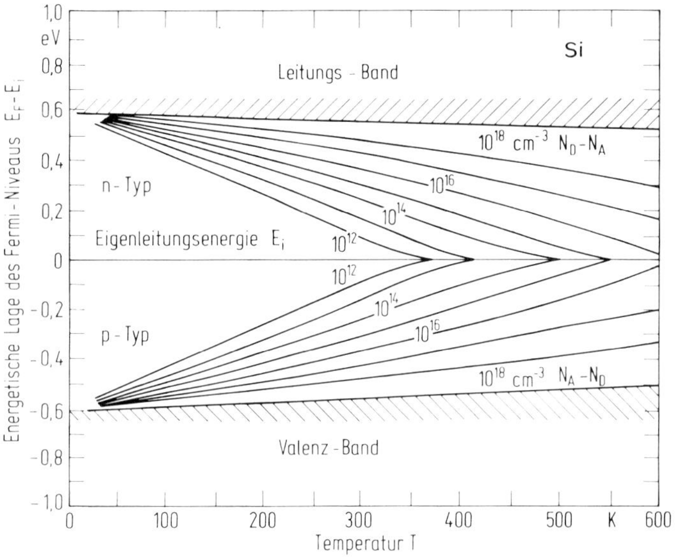

Abb. V,202. Energetische Lage des F e r m i-Niveaus von Si als Funktion der Temperatur mit dem Parameter Dichte flacher Störstellen (obere Hälfte: $N_D - N_A$; untere Hälfte $N_A - N_D$) (nach A. S. G r o v e „Physics and technology of semiconductor devices" J. W i l e y, New York 1967)

Im Falle völliger Störstellenionisierung („Störstellenerschöpfung": $n = N_D, p = N_A$. $n_i \ll N_D; N_A$) eines nichtentarteten Halbleiters ist die Dichte der Landungsträger sehr einfach zu beschreiben:

n-Halbleiter

(V,198)

$$n_n = n_i \exp\left(\frac{E_F - E_i}{k\ T}\right)$$

$$p_n = n_i \exp\left(-\frac{E_F - E_i}{k\ T}\right)$$

p-Halbleiter

(V,199)

$$p_p = n_i \exp\left(\frac{E_i - E_F}{k\ T}\right)$$

$$n_p = n_i \exp\left(-\frac{E_i - E_F}{k\ T}\right)$$

In den Gl. V,198 und V,199 ist der Fall des Eigenhalbleiters enthalten. Schließlich werden in Abb. V,203 in einem schematischen Bändermodell die drei Grundleitungs-

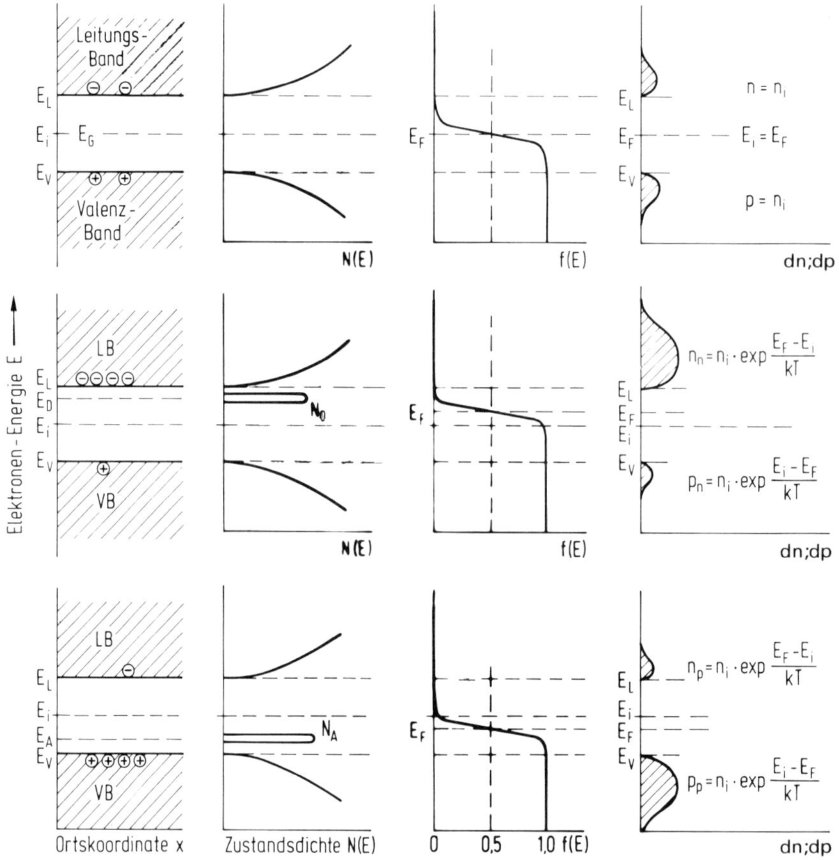

Abb. V,203. Vereinfachtes Bändermodell, Zustandsdichte, Fermi-Verteilung und Ladungsträger-Konzentrationen für den Eigenleitungsfall (oben), die Elektronen-Leitung (Mitte) und die Löcher-Leitung (unten)

typen des Halbleiters im Gleichgewicht ($n\,p = n_i^2$) noch einmal veranschaulicht: untereinander erscheinen der Eigenleitungs-, der n-leitende und der p-leitende Halbleiter. Nebeneinander werden ein vereinfachtes Bändermodell, die Zustandsdichten, die Fermi-Verteilungen und endlich die Ladungsträgerkonzentrationen gezeigt.

Temperaturabhängigkeit der Ladungsträgerkonzentration. Abschließend wird in Abb. V,204 die Temperaturabhängigkeit der Elektronenkonzentration einer Si-Probe mit einer Donatoren-Dichte $N_D = 10^{15}$ cm^{-3} über der reziproken Temperatur $1/T$ schematisch dargestellt. Von tiefen Temperaturen her kommend (in der Abb. V,204 von rechts nach links fortschreitend) werden zunächst die Donatoren entleert, diesen Bereich nennt man den der **Störstellenreserve.** Hier gilt: $n < N_D$. Die Aktivierungsenergie E_a ist abschätzbar mit Hilfe der Gl. V,191 und V,195, deren Kombination ergibt

$$n_{\text{Störstellenreserve}} \simeq N_L \exp\left[-\frac{E_L - E_D}{2kT} - \frac{1}{2}\ln\frac{N_L}{N_D}\right] \qquad \text{(V,200)}$$

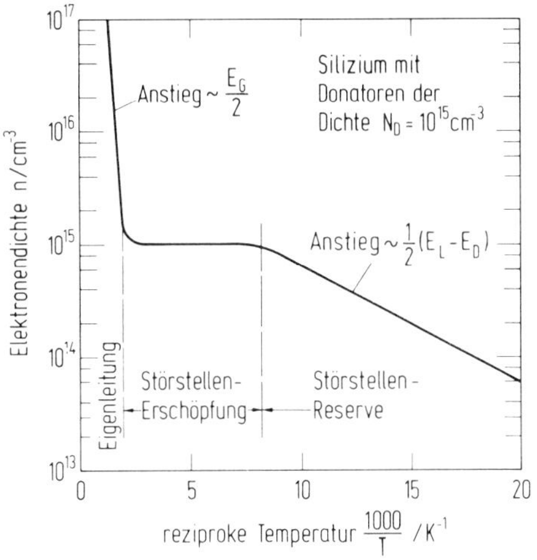

Abb. V,204. Temperaturabhängigkeit der Elektronenkonzentration einer dotierten Siliziumprobe ($N_D = 10^{15}$ cm^{-3})

So wird zunächst der Ansteig der Kurve wesentlich durch den halben Energieabstand der Donatorenzustände vom Leitungsband bestimmt. Der auf die Störstellenreserve folgende konstante Kurventeil beschreibt die **Störstellenerschöpfung**: hier gilt $n = N_D$, alle Elektronen aus Donatoren sind ins Leitungsband übergegangen, jedoch reicht die thermische Energie $k\,T$ in diesem Temperaturbereich noch nicht aus, um Elektronen aus dem Valenzband zu heben. Dieser Prozeß dominiert im Temperaturbereich der **Eigenleitung**, in dem entsprechend Gl. V,177 die halbe Breite des verbotenen Bandes die Aktivierungsenergie ergibt. Hier gilt $n > N_D$.

3.5 Transporterscheinungen

Driftprozesse. Bei den Transportvorgängen der Ladungsträger im Halbleiter sind Driftprozesse und Diffusionsprozesse zu unterscheiden. Da beide mit Stromfluß verbunden sind, ist das thermische Gleichgewicht aufgehoben. Deshalb stehen Transportvorgänge in engem Zusammenhang mit Rekombinations-Generations-Prozessen, die im nächsten Abschnitt behandelt werden.

Bei der endlichen Temperatur $T > 0$ gibt es freie Elektronen im Leitungsband des Halbleiters. Ihrer Energie entsprechend besitzen sie eine erhebliche thermische Geschwindigkeit ($v_{th} = 10^6 \ldots 10^7$ cm/s), mit der sie sich nach jedem Streuprozeß in stochastischer Richtung weiter durch den Kristall bewegen. Beim Anlegen eines elektrischen Feldes $\boldsymbol{E}$ überlagert sich der ungeordneten Bewegung eine mittlere „Drift"-Bewegung der Elektronen in Richtung von $\boldsymbol{E}$: es fließt ein Strom. Solange der Betrag der mittleren Driftgeschwindigkeit v_d klein ist gegenüber dem Betrag der mittleren thermischen Geschwindigkeit v_{th}, gilt

$$v_d = \mu E \qquad \text{(V,201)}$$

μ ist die Drift-Beweglichkeit der Ladungsträger und der Kehrwert ist ein Maß für die Behinderung der Driftbewegung der freien Ladungsträger im Kristallgitter, also ein Maß für die Häufigkeit von Stößen, von „Streuprozessen".

In der frühen Elektronentheorie der Metalle wird die Bewegung der Ladungsträger als ein Wechselspiel zwischen Beschleunigung längs einer freien Weglänge und bremsenden Gitterstößen betrachtet. Man beschreibt die Elektron-Gitter-Wechselwirkung als kontinuierliche Bremsung durch ein „zähes" Medium der Reibungskonstanten $\frac{1}{\tau_r}$. So läßt sich die behinderte Bewegung nach den Grundgesetzen der Mechanik wie folgt beschreiben

$$m^*(\dot{v}_d + \frac{1}{\tau_r} v_d) = k = -q \cdot E \qquad \text{(V,202)}$$

mit der stationären Lösung

$$v_d = -\frac{q\,\tau_r}{m^*} E = -\mu E \qquad \text{(V,203)}$$

Die Reibungskonstante τ_r^{-1} wird anschaulich, wenn man das Abklingen der Driftgeschwindigkeit v_d nach Abschalten der Kraft $-q\,E$ betrachtet: $v(t) \sim \exp(-t/\tau_r)$. Der Zustand ohne Geschwindigkeitskomponente in Feldrichtung stellt sich demnach exponentiell wieder ein. Die bestimmende Zeitkonstante τ_r heißt Relaxationszeit. Sie entspricht der Zeit, in der sich ein aufgeladener Kondensator aus Halbleitermaterial aufgrund der Elektronen-Gitter-Stöße entlädt. Für Halbleiter ist diese Zeit meist sehr kurz und liegt im allgemeinen unter 10^{-10} s.

Die Kenntnis der Streuprozesse ist von entscheidender Bedeutung für die Berechnung der elektrischen Leitfähigkeit der Halbleiter, da mit Hilfe der mittleren Driftgeschwindigkeit v_d die Stromdichte j einer Ladungsträgerart durch eine Halbleiterprobe bestimmt ist:

$$j = q\,z\,v_d = q\,z\,\mu E = \sigma E \qquad \text{(V,204)}$$

z ist die Dichte freier Ladungsträger (z. B. Elektronen oder Löcher); σ = spezifische Leitfähigkeit. Wenn Elektronen und Löcher gleichzeitig am Stromtransport beteiligt sind, setzt sich die Gesamtstromdichte j aus beiden Anteilen zusammen, die – wie es z. B. Abb. V,198 veranschaulicht – als Teilchen in einander entgegengesetzter Richtung driften, den Ladungstransport jedoch in gleicher Richtung ausführen:

$$j = j_p + j_n = q(n\,\mu_n + p\,\mu_p) E = \sigma E \qquad \text{(V,205)}$$

Gl. V,201 und V,205 zeigen, daß für den Fall $v_d \ll v_{th}$ das Ohmsche Gesetz für Halbleiter gilt.

Deutliche Abweichungen vom Ohmschen Gesetz sind für den Fall $v_d \lesssim v_{th}$ zu erwarten. Eine Abschätzung der zugehörigen kritischen Feldstärke

$$E_{krit} = \frac{1}{\mu(E=0)} \sqrt{\frac{3\,k\,T}{m_n}}$$

nach Gl. V,201 und dem Gleichverteilungssatz ergibt z. B. für Silizium bei Zimmertemperatur den Wert

$$E_{krit} \approx 10^4 \text{ V cm}^{-1} \quad \text{für} \quad v_d \approx 10^7 \text{ cm s}^{-1}$$

Die Abb. V,205 zeigt die mittlere Driftgeschwindigkeit von Elektronen und Löchern in Silizium in Abhängigkeit von der elektrischen Feldstärke. Der Geltungsbereich des Ohmschen Gesetzes ist erkennbar ($v_d \sim E$).

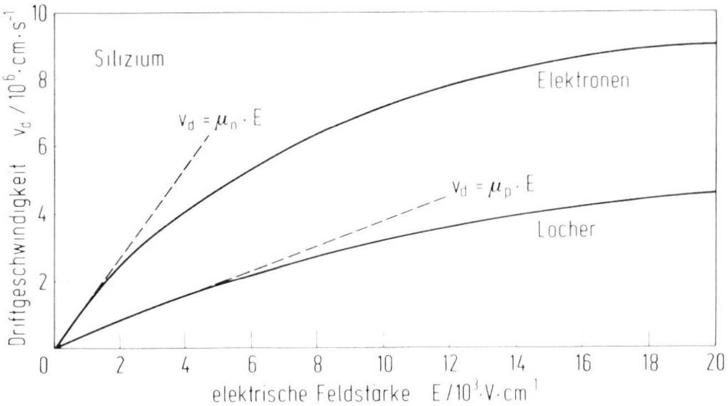

Abb. V,205. Abhängigkeit der Driftgeschwindigkeit v_d der Ladungsträger von der elektrischen Feldstärke E (E. J. Ryder, Phys. Rev. 90, 766 (1953)).

Mit Hilfe der Gl. V,205 läßt sich die spezifische Leitfähigkeit σ einer homogenen Halbleiterprobe formulieren

$$\sigma = \frac{j}{E} = q(n\,\mu_n + p\,\mu_p) \tag{V,206}$$

Für die Temperaturabhängigkeit von $\sigma = \sigma(T)$ ist neben der bereits erörterten Temperaturabhängigkeit von $n = n(T)$ und $p = p(T)$ auch diejenige der Beweglichkeiten $\mu_n = \mu_n(T)$ und $\mu_p = \mu_p(T)$ verantwortlich. Dafür ist eine kurze Erörterung der Streuprozesse notwendig. Für Halbleiter wie Germanium, Silizium und Galliumarsenid sind insbesondere zwei Streumechanismen von Einfluß auf die Beweglichkeit der Ladungsträger.

1. Streuung der Ladungsträger an Phononen

Bei endlicher Temperatur sind zahlreiche Schwingungszustände des Kristallgitters angeregt. Infolgedessen findet beim Transport der Ladungsträger eine Wechselwirkung zwischen ihnen und allen Phononen statt, deren ein Kristall fähig ist. Bei Element-Halbleitern wie Ge und Si überwiegt die Streuung an akustischen Phononen, mit einer Beweglichkeit, die mit steigender Temperatur sinkt:

$$\mu_d \sim T^{-\frac{3}{2}} \tag{V,207}$$

Bei einem Verbindungshalbleiter wie Ga As überwiegt die Streuung an optischen Phononen, mit einer Beweglichkeit, die mit steigender Temperatur wächst:

$$\mu_0 \sim T^{\frac{1}{2}} \tag{V,208}$$

2. Streuung der Ladungsträger an ionisierten Störstellen

Alle ionisierten Fremdatome lenken die Ladungsträger aus ihrer Bahn ab, d. h. „streuen" sie. Die damit verbundene Beweglichkeit hat die Temperaturabhängigkeit

$$\mu_i \sim T^{\frac{3}{2}} \tag{V,209}$$

Weiterhin geben sämtliche Abweichungen des Kristallgitters von seiner idealisierten Form Anlaß zu Streumechanismen, also z. B. Oberflächen; sämtliche Gitterfehler (z. B. Frenkel-Defekte), Versetzungen u. a. Darüber hinaus existieren Wechselwirkungen von Ladungsträgern und Phononen aufgrund bestimmter Energieband-Verläufe im $E(k)$-Raum (Intervalley-Streuung: Übergänge von Elektronen zwischen zwei Minima der Leitungsbänder (Ga As u. a.)), die zu Beweglichkeits-Anteilen führen.

Die Gesamtbeweglichkeit ergibt sich durch den parallelen Ablauf der Einzelprozesse, also

$$\mu_{\text{ges}}^{-1} = \sum_{\nu} \mu_{\nu}^{-1} \qquad \text{(V,210)}$$

Eine Übersicht über Elektronen- und Löcher-Beweglichkeit verschiedener Halbleiter-Materialien bei Zimmertemperatur gibt die Tab. V,17.

Die Abb. V,206 zeigt zusammenfassend das Zusammenspiel von Ladungsträgerdichten und Beweglichkeit für die spezifische Leitfähigkeit σ von n-leitendem Germanium in Abhängigkeit von der Temperatur. Im Diagramm der freien Ladungsträger über $1/_T$ steigt die Donatorendichte von unten nach oben und zeigt wie in der schematisierten Abb. V,204 die Breite der Störstellenreserve, der Störstellenerschöpfung und der Eigenleitung. Die Beweglichkeit über T ist bei geringer Dotierung hoch (oberste Kurven) und nähert sich dem $T^{-3/2}$-Verlauf der Streuung an akustischen Phononen. Bei starker Dotierung ist sie gering (untere Kurven), im Bereich niedriger Temperaturen bleibt die Beweglichkeit konstant. Das rechte Diagramm zeigt die gemäß Gl. V,206 gewonnene spezifische Leitfähigkeit der p-Ge-Probe über $1/_T$.

Lediglich der Bereich der Eigenleitung ist hier klar zu erkennen, während die Bereiche der Störstellenreserve und -Erschöpfung schwer voneinander abzugrenzen sind.

Diffusionsprozesse. Diffusionsprozesse kommen im Halbleiter in Gang, wenn örtliche Unterschiede der Ladungsträgerkonzentrationen im Halbleitermaterial existieren und Konzentrationsgradienten die treibende Kraft der Transportvorgänge darstellen (bei den Driftprozessen dagegen ist die elektrische Feldstärke die Ursache der Transportvorgänge).

Tab. V,17. Zahlenangaben zu einigen Halbleitermaterialien für Zimmertemperatur

Halbleiter	Si	Ge	Ga As	Bi_2Te_3
Bandabstand E_G/eV				
für 300 K	1,12	0,67	1,43	0,15
für 0 K	1,21	0,78	1,53	0,20
Eigenleitungsdichte n_i/cm^{-3}	$1{,}5 \cdot 10^{10}$	$2{,}4 \cdot 10^{13}$	$\sim 9 \cdot 10^{6}$	$< 5 \cdot 10^{17}$
Elektronenbeweglichkeit μ_n/cm^2 V^{-1} s^{-1}	1300	3900	8500	1250
Löcherbeweglichkeit μ_p/cm^2 V^{-1} s^{-1}	480	1900	400	515
effekt. Zustandsdichte im Leitungs-Band N_L/cm^{-3}	$2{,}8 \cdot 10^{19}$	$1{,}0 \cdot 10^{19}$	$4{,}7 \cdot 10^{17}$	–
effekt. Zustandsdichte im Valenz-Band N_V/cm^{-3}	$1{,}0 \cdot 10^{19}$	$6{,}0 \cdot 10^{18}$	$7{,}0 \cdot 10^{18}$	–

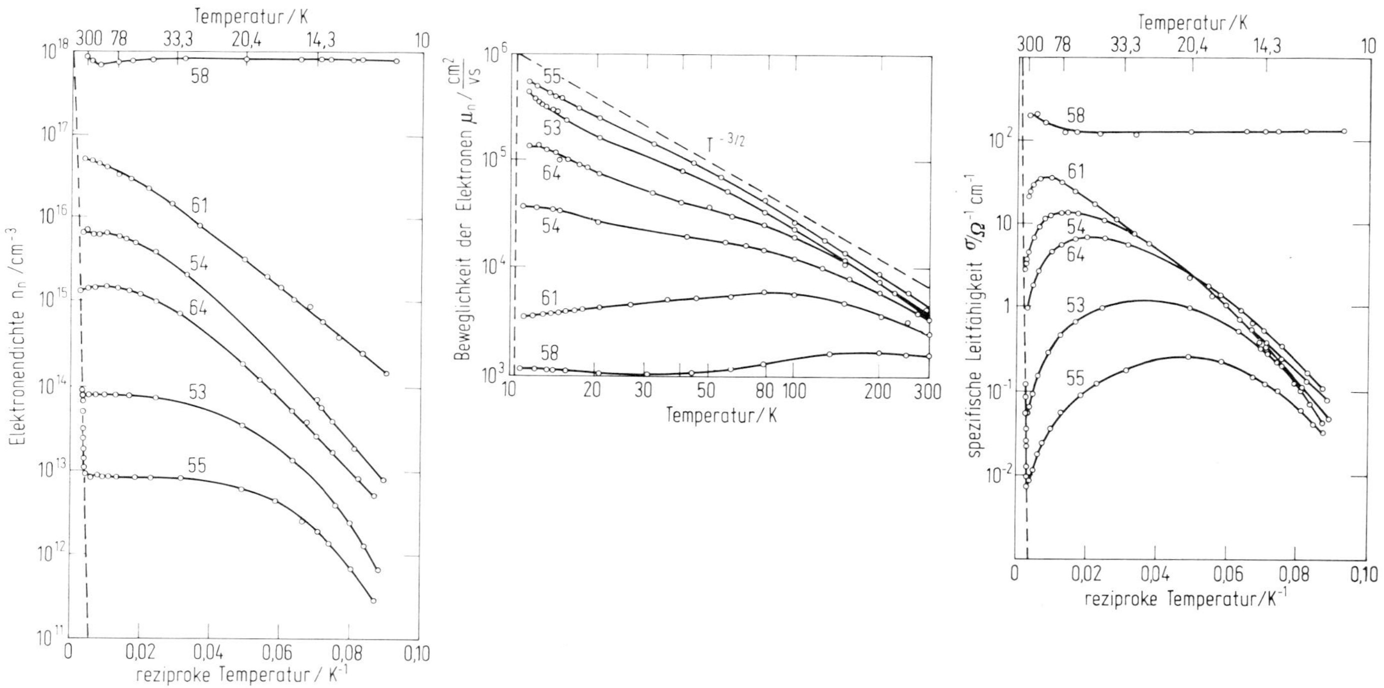

Abb. V,206. Elektronendichte n_n, Beweglichkeit der Elektronen μ_n und spezifische Leitfähigkeit σ von As-dotierten Ge-Proben (n - Ge) als Funktion der (reziproken) Temperatur nach E. M. Conwell, Proc. IRE 40 (1952), p. 1327 u. f.

Die Kennziffern der Proben bezeichnen folgende Dotierungen

Nr.	$N = N_D - N_A$/cm^{-3}	N_A/cm^{-3}
55	$1{,}0 \cdot 10^{13}$	$< 2 \cdot 10^{12}$
53	$9{,}4 \cdot 10^{13}$	$< 2 \cdot 10^{12}$
64	$1{,}7 \cdot 10^{15}$	$< 2 \cdot 10^{13}$
54	$7{,}5 \cdot 10^{15}$	$< 1{,}5 \cdot 10^{14}$
61	$5{,}5 \cdot 10^{16}$	$< 5 \cdot 10^{15}$
58	$\sim 10^{18}$	–

Die gestrichelte Gerade im Beweglichkeits-Diagramm zeigt die theoretischen Anstiege reiner Phononenstreuung ($T^{-3/2}$)

Es ist zunächst zu überlegen, ob örtlich unterschiedliche Ladungsträgerkonzentrationen Raumladungen verursachen. Wenn wir annehmen, daß nach ihrer Erzeugung solche Raumladungen innerhalb der dielektrischen Relaxationszeit τ_r der Majoritätsladungsträger (Gl. V,203) abgebaut werden, können wir sie vernachlässigen. Wir beschränken uns dann auf die Betrachtung lokal unterschiedlicher Ladungsträgerkonzentrationen und deren Abbau mit sehr viel längerer Zeitkonstanten (= der Lebensdauer der **Minoritätsladungsträger**). Während einer Störung der Gleichgewichtskonzentration herrscht im Halbleiter demnach Elektroneutralität: zusammen mit den Minoritätsladungsträgern diffundiert stets die gleiche Anzahl von Majoritätsladungsträgern.

Entscheidend für die Vernachlässigung der Raumladungseffekte ist die Gültigkeit der Annahme: Relaxationszeit $\tau_r \ll$ Lebensdauer d. Min.-Träger τ (s. u.) Dieser sog. „**Lebensdauer-Fall**" gilt für die konventionelle Halbleiterphysik. In jüngster Zeit gewinnt jedoch auch der „**Relaxations-Fall**" ($\tau_r > \tau$) Bedeutung für hochohmige Halbleiter mit großer Rekombinationszentren-Dichte und für amorphe Halbleiter.

Auch in der Halbleiterphysik werden Diffusionsprozesse durch die Fickschen Gesetze beschrieben. Sie lauten in eindimensionaler Schreibweise getrennt für Elektronen und Löcher

Elektronen	**Löcher**
(V,211a)	(V,211b)
$F_{nx} = -D_n \frac{dn}{dx}$	$F_{px} = -D_p \frac{dp}{dx}$
(V,212a)	(V,212b)
$\frac{\partial n}{\partial t} = D_n \frac{\partial^2 n}{\partial x^2}$	$\frac{\partial p}{\partial t} = D_p \frac{\partial^2 p}{\partial x^2}$

Die I. Fickschen Gesetze (Gl. V,211a/b) beschreiben für den stationären Fall den Zusammenhang zwischen einem Gradienten $\frac{d}{dx}$ und dem resultierenden Teilchenfluß F_x (in $cm^{-2} \cdot s^{-1}$) der Elektronen bzw. der Löcher in x-Richtung. Die Proportionalitätskonstanten sind die Diffusionskonstanten D_n der Elektronen und D_p der Löcher.

Aus den Teilchenflüssen F_{nx} bzw. F_{px} wird mit Hilfe der Elementarladung q die Stromdichte j_{nx} der Elektronen bzw. j_{px} der Löcher bei reiner Diffusion:

(V,213a)	(V,213b)
$j_{nx} = -q\,F_{nx}$	$j_{px} = q\,F_{px}$

Die II. Fickschen Gesetze (Gl. V,212a/b) beschreiben für den nicht-stationären Fall den Zusammenhang zwischen zeitlicher und örtlicher Konzentrationsänderung der Ladungsträger. Von entscheidender Bedeutung sind Rand- und Anfangsbedingungen für die Lösung der Gl. V,211/212, weiter unten werden einige Beispiele gegeben.

Die Einstein-Beziehungen korrelieren Drift- und Diffusionsprozesse der Ladungsträger nicht-entarteter Halbleiter im thermodynamischen Gleichgewicht:

V,214a	V,214b
$D_n = \frac{kT}{q}\mu_n$	$D_p = \frac{kT}{q}\mu_p$

Die stationären Transportgleichungen für gleichzeitig ablaufende Drift- und Diffusionsprozesse in Halbleitern lauten (eindimensional) entsprechend Gl. V,211 und V,213

$$j_n = q\,\mu_n\,n\,E + q\,D_n\,\frac{d\,n}{d\,x} \qquad \text{(V,215a)}$$

$$j_p = q\,\mu_p\,p\,E - q\,D_p\,\frac{d\,p}{d\,x} \qquad \text{(V,215b)}$$

Das Auftreten von Diffusionsströmen neben Driftströmen ist ein besonderes Merkmal der elektronischen Leitung der Halbleiter.

3.6 Generations- und Rekombinationsprozesse

Rekombinations- und Generations-Raten. Während in den meisten bisherigen Betrachtungen angenommen wurde, daß der Halbleiter sich im thermischen Gleichgewicht befindet (Ausdruck dafür war die Gültigkeit von Gl. V,177: $n \cdot p = n_i^2$) soll im folgenden der für Experimente meist mehr zutreffende Fall des thermischen Nichtgleichgewichtes von Halbleiterproben und seine Beschreibung im Mittelpunkt stehen.

Abweichungen vom thermischen Gleichgewicht liegen vor, wenn die Beschreibung der Ladungsträgerkonzentrationen gemäß Gl. V,177 nicht mehr gilt, also $n \lessgtr n_i^2/p$. Das Maß der Abweichung vom Gleichgewicht kann örtlich über eine Probe hinweg unterschiedlich sein, es kann sich auch zeitlich ändern. Experimentell erzeugt man Störungen des thermischen Gleichgewichtes durch lokales Erwärmen und Abkühlen von Proben, durch Einstrahlung von Licht und Röntgenstrahlung, durch Stromfluß über Phasengrenzen (allg.: durch „Injektion" $n \cdot p > n_i^2$ und „Extraktion" $n \cdot p < n_i^2$ von Ladungsträgern) u. a. m.

Im Halbleitermaterial besteht die Tendenz, nach einer Injektion mit Hilfe der Rekombination, nach einer Extraktion mit Hilfe der Generation von Ladungsträgern wieder zum thermischen Gleichgewicht zurückzukehren.

Bereits weiter oben ist die thermische Anregung von Elektronen aus dem Valenzband ins Leitungsband eingeführt worden, die von jetzt ab als thermische Generation eines Elektron-Loch-Paares bezeichnet werden soll.

Sinngemäß ist der Übergang eines Leitungsband-Elektrons in ein Valenzband-Loch als „Rekombination eines Elektron-Loch-Paares" zu bezeichnen.

Die kinetische Theorie beschreibt das thermische Gleichgewicht der Ladungsträger einer Halbleiterprobe als Ablauf einer gleich großen Zahl von Rekombinations- und Generations-Vorgängen pro Zeit- und Volumeneinheit. Die charakteristischen Größen dafür sind die Rekombinations- und Generations-Raten R und G, in $cm^{-3}\,s^{-1}$.

Als Überschuß-Rekombinationsrate wird $U = R - G$ bezeichnet. Damit sind drei Fälle zu unterscheiden:

$R = G : U = 0$	Gleichgewicht oder stationäres Nicht-Gleichgewicht		(V,216)
$R > G : U > 0$	Injektion	Nichtgleichgewicht	(V,217)
$R < G : U < 0$	Extraktion		(V,218)

Die Lebensdauer der Minoritätsladungsträger. Aus prinzipiellen Gründen lassen sich experimentell nur Nicht-Gleichgewichts-Fälle prüfen, bei denen $U \neq 0$ gilt. Es sind also zunächst Ausdrücke zu finden, in denen die Abweichungen der Ladungsträgerkonzentrationen Δn und Δp von den Gleichgewichtswerten n und p mit den übrigen Konstanten, die das Halbleitermaterial beschreiben, in Zusammenhang gebracht werden. Wenn die Minoritätsladungsträgerdichten n_p und p_n den Gleichgewichtswert um $\Delta n_p < n_p$ oder $\Delta p_n < p_n$ übersteigen, ist der einfachste Ansatz für geringe Abweichungen vom Gleichgewicht die Proportionalität zwischen R und Δn_p bzw. Δp_n:

n-Halbleiter	p-Halbleiter
(V,219a)	(V,219b)
$R = \frac{1}{\tau_p} \Delta p_n$	$R = \frac{1}{\tau_n} \Delta n_p$

Die Proportionalitätskonstante τ_p bzw. τ_n wird die Lebensdauer der Minoritätsladungsträger genannt. Sie ist eine wichtige Konstante zur Charakterisierung eines bestimmten Halbleitermaterials.

Zur Veranschaulichung der Lebensdauer der Minoritätsladungsträger wird das Prinzip des Versuches von Stevenson und Keyes beschrieben. Es wird wie in Abb. V,207a gezeigt, eine n-Ge-

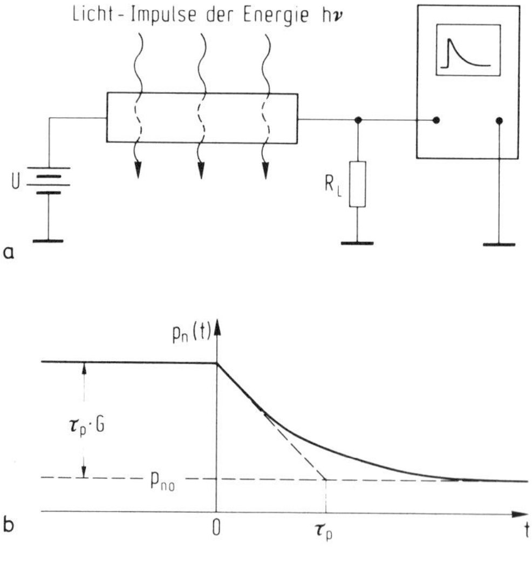

Abb. V,207. Zeitliches Abklingen von lichterzeugten Elektron-Loch-Paaren
a) Stevenson – Keyes-Experiment (J. Appl. Phys. 26, 190 (1955))
b) Minoritätsladungsträgerdichte als Funktion der Zeit

Probe betrachtet, die mit Lichtimpulsen beleuchtet wird und in der homogen $(dp_n/dx = 0)$ über die ganze Probe Elektron-Loch-Paare $(p_{no} > \Delta p = \Delta n)$ mit der Generationsrate G erzeugt werden. Das Halbleitermaterial reagiert mit der erhöhten Rekombinationsrate $R = \tau_p^{-1} \Delta p_n$ der Minoritätsladungsträger p_n.

Für die Probe gilt demnach die Kontinuitätsgleichung der Minoritätsladungsträger

$$\frac{d \Delta p_n}{d t} = G - \frac{\Delta p_n}{\tau_p} \tag{V,220}$$

Im stationären Fall gilt $d \Delta p_n/d t = 0$ und

$$\Delta p_n = \tau_p G \tag{V,221}$$

Wenn plötzlich $(t = 0)$ das Licht ausgeschaltet wird, gilt $G = 0$ und die Differentialgleichung V,220 ist mit V,221 als Anfangsbedingung zu lösen.

$$\Delta p_n(t) = \tau_p G \exp\left(-\frac{t}{\tau_p}\right) = p_n(t) - p_{no} \tag{V,222}$$

Der zeitliche Verlauf von $p_n(t)$ wird in Abb. V,207b gegeben.

Die Überschußladungsträger Δp_n, die durch kurze Lichtpulse erzeugt werden, verursachen einen Anstieg in der Leitfähigkeit ($\Delta p_n + p_{no}$ anstelle von p_{no} gemäß Gl. V,206). Dieser Anstieg zeigt sich in einer Verringerung des Spannungsabfalles über der Probe, wenn ein konstanter Strom eingespeist wird. Das Abklingen der Photoleitung wird an einem Oszillographen beobachtet. Nach Gl. V,222 ist die Lebensdauer der Minoritätsladungsträger τ_p diejenige Zeit, in der eine Überschußladungsträgerkonzentration Δp_n durch Rekombination auf den e-ten Teil abgeklungen ist.

Es bedarf einer genaueren Betrachtung des Rekombinations-/Generations-Prozesses, um in der Lebensdauer der Minoritätsladungsträger τ_p und τ_n die charakteristischen Konstanten des Halbleitermaterials zu erkennen.

Übergänge von Elektronen vom Leitungs- in das Valenzband sind bei „direkten" Halbleitern ohne Phononenmitwirkung möglich. Bei Ga As z. B. gibt es Band-Band-Rekombination, bei der das „fallende" Elektron seine gesamte Energie $= E_G$ einem Photon (strahlende Rekombination) oder einem anderen freien Elektron oder Loch (Auger-Prozeß) überträgt. (Abb. V,208a). Bei „indirekten" Halbleitern wie Si

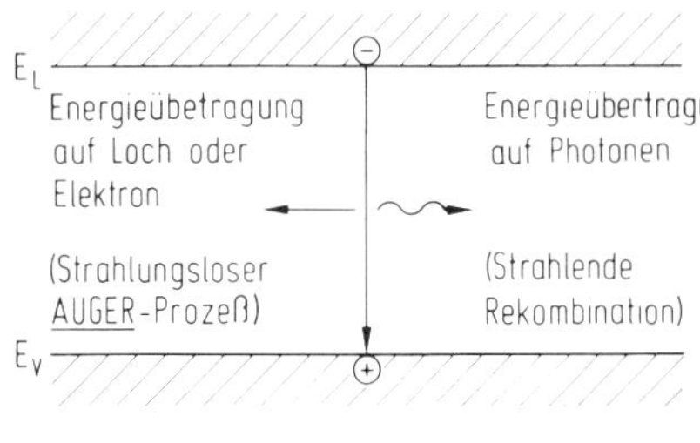

a

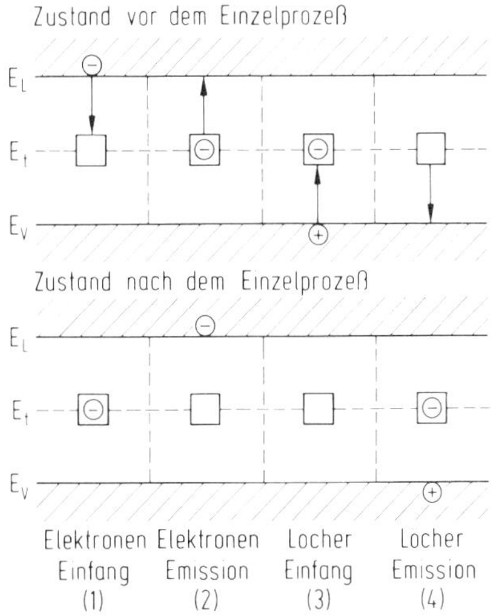

b

Abb. V,208. Rekombinations/Generations-Prozesse nach W. Shockley, W. T. Read und R. N. Hall (SRH-Statistik)
a) Band-Band-Übergänge
b) „Single Level"-Prozesse

oder Ge ist Band-Band-Rekombination nur unter Mitwirkung von Phononen möglich. Dabei wird die Anregungsenergie auf das Kristallgitter übertragen. Es überwiegen hier Rekombinationsprozesse über sogenannte Rekombinationszentren, die durch diskrete energetische Lagen im Bereich der Mitte des verbotenen Bandes ausgezeichnet sind. Solche Rekombinationszentren werden in Silizium und Germanium durch Dotierung mit Cu, Ag und Au erzeugt, darüber hinaus können sie mit Hilfe hochenergetischer Korpuskular-Strahlung ohne Fremdstoff-Zugabe entstehen. Die Rekombinationswahrscheinlichkeit angeregter Elektronen in indirekten Halbleitern wird erhöht, wenn der Übergang über das verbotene Band durch Rekombinationszentren in Teilschritte zerlegt wird.

Die Statistik der Rekombinationsvorgänge über Rekombinationszentren einer definierten energetischen Lage (single -level-recombination) wurde von W. Shockley, W. T. Read und R. N. Hall (SRH-Statistik) beschrieben.

Vier unterschiedliche Vorgänge beschreiben die Wechselwirkung zwischen Ladungsträgern und Rekombinations-Zentren.

Elektronen-Einfang, Elektronen-Emission; Löcher-Einfang und Löcher-Emission (Abb. V,208b); die Situationen „vor" und „nach" dem jeweiligen Einzelprozeß werden getrennt angegeben. Man erkennt, daß nach Ablauf der Einzelprozesse 4 und 2 ein Elektron-Loch-Paar „generiert", nach Ablauf von 1 und 3 ein Elektron-Loch-Paar „rekombiniert" ist.

Als Ergebnis der SRH-Statistik ergeben sich für geringe Abweichungen vom thermischen Gleichgewicht stark vereinfacht folgende Ausdrücke für die Minoritätsladungsträger-Lebensdauern:

$$\tau_p = (\sigma_p \, v_{th} \, N_t)^{-1} \qquad \text{(V,223a)}$$

$$\tau_n = (\sigma_n \, v_{th} \, N_t)^{-1} \qquad \text{(V,223b)}$$

N_t ist die Dichte der Rekombinationszentren, σ_p bzw. σ_n ihr Einfangquerschnitt gegenüber Löchern und Elektronen, v_{th} die thermische Geschwindigkeit der Ladungsträger. Hierbei wird angenommen, daß die wirksamen Rekombinationszentren in der Gegend der Mitte der verbotenen Zone liegen.

Durch die Zugabe von Rekombinationszentren (insbes. Au) läßt sich die Minoritätsladungsträger-Lebensdauer im Bereich der pn-Übergänge von Dioden und Transistoren beträchtlich verringern, ohne daß sich die spezifische Leitfähigkeit merklich verändert. Zwar beherrscht man die Einstellung einer gewünschten Lebensdauer τ noch nicht in dem Maße wie die quantitative Beeinflussung der spezifischen Leitfähigkeit σ durch Dotierung. Die mit τ zusammenhängende Schaltzeit von Halbleiterbauelementen läßt sich jedoch durch Au-Zugabe in gezielter Weise verringern. –

Das Zusammenspiel diffundierender und driftender Ladungsträger mit den Prozessen der Generation und Rekombination bestimmt weitgehend das Geschehen im Halbleiter. Alle Hersteller von Halbleiterbauelementen bedienen sich dieser Prozesse durch sinnvolle Wahl des **Ausgangsmaterials**, der **Dotierung mit Störstoffen**, der **Lebensdauer der Minoritätsladungsträger** sowie der **Geometrie der Proben**. Die Geometrie der Proben spielt in der Halbleiterphysik eine wichtige Rolle, weil die Prozesse der Halbleiteroberfläche sich von denen des Halbleitervolumens durch einige zusätzliche Parameter unterscheiden. Deshalb wird auf die Eigenschaften der Halbleiteroberfläche in einem gesonderten Abschnitt eingegangen.

Die Diffusionslänge der Minoritätsladungsträger. Wie die Lebensdauer der Minoritätsladungsträger den zeitlichen Abbau von Überschußladungsträgern bestimmt, so bestimmt die Diffusionslänge ihre örtliche Verteilung, wenn Rekombinationsprozesse den Gleichgewichtsfall wieder einstellen. Die örtliche Verteilung von injizierten Minoritätsladungsträgern ergibt sich, wenn lokal ihre Rekombination und Abdiffusion in Rechnung gestellt wird.

Ein Versuch veranschaulicht den Vorgang. Abb. V,209 zeigt eine homogene Halbleiterprobe (n-Ge), auf deren linke Grenzfläche stationär Licht fällt und an der Oberfläche Elektron-Loch-Paare erzeugt(Niedriginjektion $p_n > \Delta n = \Delta p$).

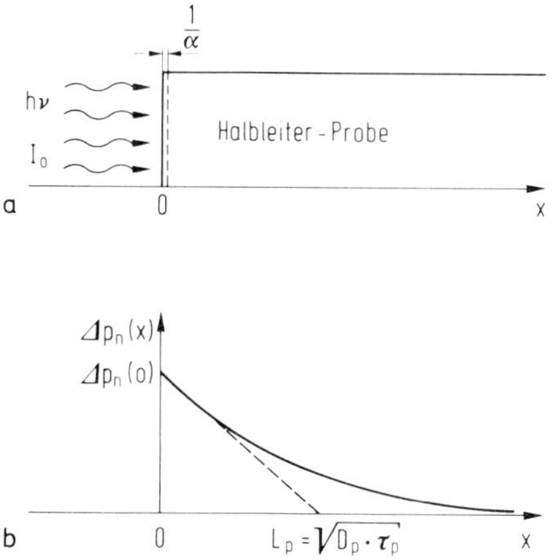

Abb. V,209. Stationäre Injektion von Elektron-Loch-Paaren von einer Grenzfläche (bei $x = 0$) aus durch Lichteinstrahlung (I_0; $h \cdot \nu$)
a) Versuchsanordnung
b) Örtlicher Verlauf der Konzentration von Überschuß-Ladungsträgern

Die Betrachtung beschränkt sich auf den Generationsprozeß an der Oberfläche.

Welche Bedingung dafür einzuhalten ist, zeigt für Ge Abb. V,210: damit die anfängliche Licht-Intensität I_0 z. B. bereits im Abstande $x = 100$ Å auf den e-ten Teil abgesunken ist ($I(x) = I_0 \exp - \alpha x$),

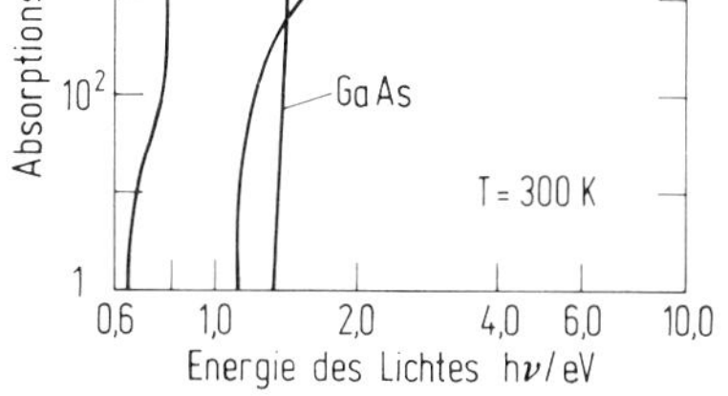

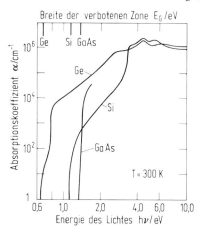

Abb. V,210. Experimentelle Werte für den Absorptionskoeffizienten α von Ge, Si und Ga As bei 300 K nach S. M. Sze

hat man bei Ge für $T = 300$ K $h\nu \approx 3{,}5$ eV $\triangleq \lambda \approx 350$ nm zu wählen. Der reziproke Wert des Absorptions-Koeffizienten $= \alpha^{-1}$ ist die Eindringtiefe des Lichtes.

Im stationären Fall diffundieren die Elektron-Loch-Paare in den Halbleiter hinein (x-Richtung) und rekombinieren dort nach Maßgabe ihrer Lebensdauer. Dementsprechend entsteht im Halbleiterinneren ein Gradient der Ladungsträger (Abb. V,209a). Die Differentialgleichung lautet für den Niedrig-Injektionsfall:

$$\frac{\partial \Delta p_n}{\partial t} = 0 = D_p \frac{\partial^2 \Delta p_n}{\partial x^2} - \frac{\Delta p_n}{\tau_p} \qquad \text{(V,224)}$$

Die Randbedingungen heißen 1. $\Delta p_n(x = 0) = \Delta p_0$ und 2. $\Delta p_n(x \to \infty) = 0$. Die Lösung von V,224 lautet entsprechend

$$\Delta p_n(x) = \Delta p_0 \exp\left(- \frac{x}{\sqrt{D_p \tau_p}}\right) = \Delta p_0 \exp\left(- \frac{x}{L_p}\right) \qquad \text{(V,225)}$$

Als Diffusionslänge L_p der Löcher im n-Halbleiter wird bezeichnet

$$L_p = \sqrt{D_p \tau_p} \qquad \text{(V,226)}$$

(entsprechend $\sqrt{D_n \tau_n} = L_n$ als Diffusionslänge der Elektronen im p-Halbleiter). Die Diffusionslänge der Minoritätsladungsträger bezeichnet demnach die Strecke, an deren Ende die Zahl diffundierender Ladungsträger durch Rekombination auf den e-ten Teil verringert worden ist. (L_p ist um einen Faktor $10^3 \ldots 10^4$ größer als α^{-1} im oben beschriebenen Fall).

3.7 Die Halbleiter-Oberfläche

Bisher bezogen sich sämtliche Betrachtungen auf das Halbleitervolumen. Jede Probe aus Halbleitermaterial besitzt jedoch Oberflächen, bei denen das homogene Halbleiterinnere aufhört und an benachbarte Stoffe in unterschiedlichem Aggregats-Zustand grenzt.

Es existieren Phasengrenzen zu einem **Gasraum**, zu **Flüssigkeiten**, zu einem anderen **Festkörper**. Gegenstand der im folgenden angestellten Betrachtungen ist die **Phasengrenze Halbleiter-Vakuum** bzw. **Halbleiter-Gasraum**, die Halbleiter-Oberfläche im engeren Sinne.

Ähnlich wie die Störstellen im Halbleiter-Volumen eine Störung des idealen Gitteraufbaus bedeuten und zu zusätzlichen energetischen Niveaus im Bereich der verbotenen Zone führen, erzeugt der Abbruch des idealen Kristallgitters an der Oberfläche eine starke Störung, für die auf der Grundlage des Bändermodells zusätzliche **energetische Oberflächen-Niveaus (Oberflächenzustände)** in der verbotenen Zone errechnet wurden (I. Tamm; W. Shockley).

Eine quantitative Übereinstimmung von Theorie und Experiment dieser strukturellen Oberflächen-Niveaus ist bisher nicht erzielt worden, weil die unabgesättigten Valenzen der obersten Atomlagen im allgemeinen eine Anlagerung von Fremdatomen und -Molekülen begünstigen und dadurch energetische Verunreinigungs-Oberflächen-Niveaus erzeugen, die sich den strukturellen Oberflächen-Niveaus überlagern (Bardeen). Man hat deshalb neben der idealen Oberfläche der Theorie im Experiment die sog. **reale** und die sog. **reine** Oberfläche zu unterscheiden. Reale Oberflächen sind durch angelagerte Fremdstoffschichten und aufgewachsene Deckschichten gestört; reine Oberflächen sind reale Oberflächen, die von Anlagerungsschichten befreit sind, jedoch nur asymptotisch der idealen Oberfläche der Theorie nahe kommen (z. B. nach Spalten im UHV).

Mit den energetischen Oberflächen-Niveaus ist ursächlich eine **Oberflächenladung** verbunden, die – an der Halbleiteroberfläche lokalisiert – am Gleichgewicht der Ladungsträger im Halbleiter teilnimmt. So werden durch sie elektrostatisch Ladungsträger gleichen Vorzeichens ins Innere gedrängt, entgegengesetzten Vorzeichens aus dem Inneren angezogen. Es entsteht eine **Raumladungsschicht** unterhalb der Oberfläche, die sich größenordnungsmäßig eine Debye-Länge tief erstreckt (Si : $L_D \sim 10^{-4}$ cm) und deren Tiefe mit abnehmender Ladungsträgerdichte des Halbleitermaterials wächst.

Hier ist ein wichtiger Unterschied zwischen Metallen und Halbleitern zu verzeichnen. Aufgrund der hohen Ladungsträgerdichte in Metallen beträgt $L_D \sim 10^{-7}$ cm, so daß durch gleiche Influenz-Effekte bei Metallen immer flächenhafte Oberflächenladungen ohne Raumladungsschicht entstehen.

Nach Gl. V,198/199 ist an der Halbleiteroberfläche mit einer Änderung der Volumen-Konzentrationen der Ladungsträger eine Verschiebung der Lage der Fermi-Niveaus relativ zu den Bandkanten verbunden. Solange thermisches Gleichgewicht besteht (im folgenden wird das immer angenommen), bleibt das Produkt $n \cdot p = n_i^2$ erhalten und das Fermi-Niveau spaltet nicht auf. In der Abb. V,211 werden zwei gegensätzliche Fälle der Raumladungsrandschicht eines n-leitenden Halbleiters im thermischen Gleichgewicht dargestellt. Das Fermi-Niveau bleibt in beiden Fällen über der Ortskoordinate konstant, die Bandränder E_L und E_V sowie die Mitte der verbotenen Zone, die Donatorenenergie E_D und die diskrete energetische Lage E_t der Oberflächenzustände werden relativ zu E_F vom inneren Rande der Raumladungsschicht nach außen links „abgesenkt“ und rechts „angehoben“.

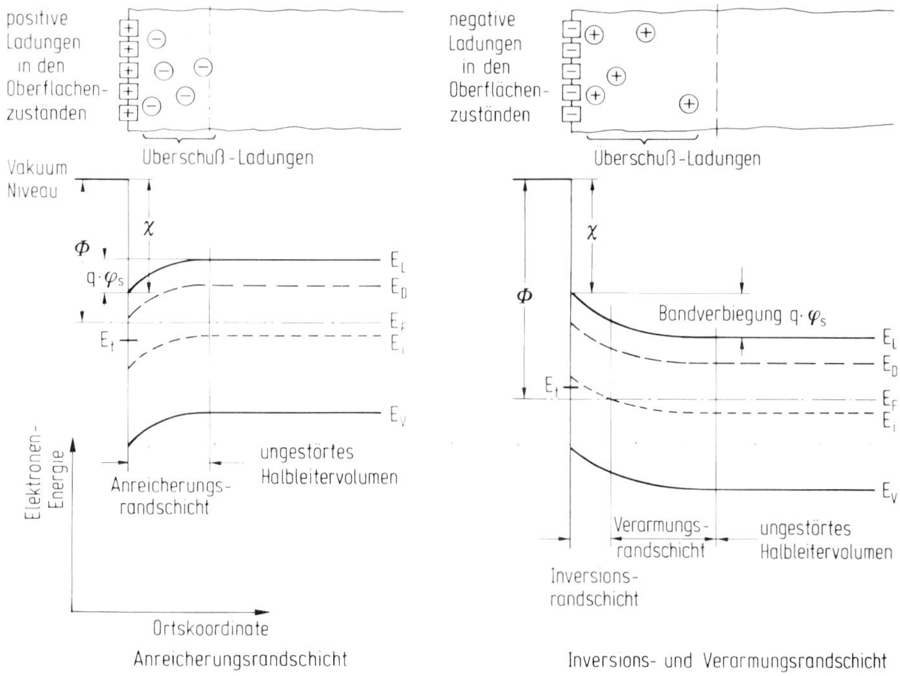

Abb. V,211. Verschiedene Fälle der Raumladungsrandschicht bei einem n-leitenden Halbleiter

Ein Maß für Absenkung und Anhebung an der Oberfläche ist die Bandverbiegung φ_S (Dimension: V). $\varphi_S = 0$ charakterisiert den sog. „Flachbandfall", dem die Bänder „unverbogen" bis an die Oberfläche kommen. Schließlich ist noch die Austrittsarbeit der Elektronen φ eingezeichnet, die vom chemischen Potential ab ($\hat{=} E_F$), sowie die Elektronenaffinität χ, die von der Leitungsbandkante an der Oberfläche ab gezählt wird. Elektronen an der Halbleiteroberfläche bedürfen dementsprechend je nach Bandverbiegung φ_S einer unterschiedlich großen Energiezufuhr, um das Leitungsband des Halbleiters zu verlassen.

Die Bandverbiegung φ_S wird im beschriebenen Falle ausschließlich durch den Ladungszustand der Oberflächenzustände bestimmt. Je nach ihrer energetischen Lage zum Fermi-Niveau sind diese entsprechend der Fermi–Dirac-Statistik neutral oder ionisiert. Im linken Teil der Abb. V,211 bildet sich beim n-Halbleiter eine Anreicherungsrandschicht der Elektronen aus, weil positive Ladung in den Oberflächenzuständen existiert, im rechten Teil eine Verarmungs- und Inversionsrandschicht, weil negative Ladung in den Oberflächenzuständen vorherrscht.

Wie man durch Vergleich mit den Abb. V,203 erkennt, bedeutet die **Anreicherungsrandschicht** eine Erhöhung der Majoritätsträgerkonzentration. Die **Verarmungsrandschicht** beschreibt den Fall $n \approx p$, der der Eigenleitung entspricht (E_i und E_F kreuzen sich), die **Inversionsrandschicht** stellt eine Erhöhung der Minoritätsträgerkonzentration dar. Im allgemeinen kann die Bandverbiegung nur so lange wachsen, bis eine Bandkante das Fermi-Niveau berührt. Es ist zu beachten, daß für den Fall links und den Fall rechts in Abb. V,211 nicht Oberflächenzustände der gleichen energetischen Lage verantwortlich gemacht werden können. Auch Oberflächenzustände sind entweder vom Donator- (links) oder aber vom Akzeptor-Typ (rechts). Links können sie die Ladungszustände positiv-neutral, rechts neutral-negativ annehmen.

Als zusätzliche umladbare energetische Niveaus im Bereich der Mitte der verbotenen Zone haben die Oberflächenzustände alle Charakteristika der Rekombinationszentren im Volumen, wo die Rekombinationsrate R der Dichte N_t nach den Gl. V,219 und V,223 direkt proportional ist.

Für die Oberfläche der Halbleiter gilt ein analoger Ansatz, der die Oberflächenrekombinationsrate R_s pro Fläche und die dortige Niederinjektion-Abweichung vom thermischen Gleichgewicht der Minoritätsladungsträger Δp bzw. Δn proportional setzt.

$$R_{sp} = s_p \cdot \Delta p \qquad \text{(V,227a)}$$

$$R_{sn} = s_n \cdot \Delta n \qquad \text{(V,227b)}$$

Die Proportionalitätskonstante s hat die Dimension einer Geschwindigkeit und wird als Oberflächen-Rekombinations-Geschwindigkeit bezeichnet. Sie kennzeichnet den Zustand einer Halbleiteroberfläche. Für gut gereinigte und polierte Silizium-Oberflächen (mit natürlicher SiO_2-Deckschicht) findet man Werte $s = 10 \ldots 100$ cm s^{-1}, für Germanium existieren sehr viel höhere Werte ($s > 10^3$ cm s^{-1}).

Zur Veranschaulichung der Oberflächenrekombinationsgeschwindigkeit s wird der bereits früher behandelte Versuch von Stevenson und Keyes noch einmal unter Berücksichtigung von s betrachtet. Es handelt sich wieder um eine n-Ge-Probe, wie Abb. V,212 oben zeigt, die homogen beleuchtet wird und in der wiederum homogen ($d\,p_n/d\,x = 0$) über die ganze Probe Elektron-Loch-Paare ($p_{no} > \Delta p = \Delta n$) mit der Generationsrate G erzeugt werden. Das Halbleitermaterial reagiert im Volumen mit der erhöhten Rekombinationsrate $R = \tau_p^{-1}\,\Delta p_n$ und an der linken Oberfläche bei $x = 0$ mit der Oberflächenrekombinationsrate $R_s = s_p\,\Delta p_n$.

Die Ladungsträger für die Oberflächenrekombination diffundieren aus dem Volumen zur Oberfläche, also gilt dort $R_{sp} = F_{px}$ (Gl. V,211b).

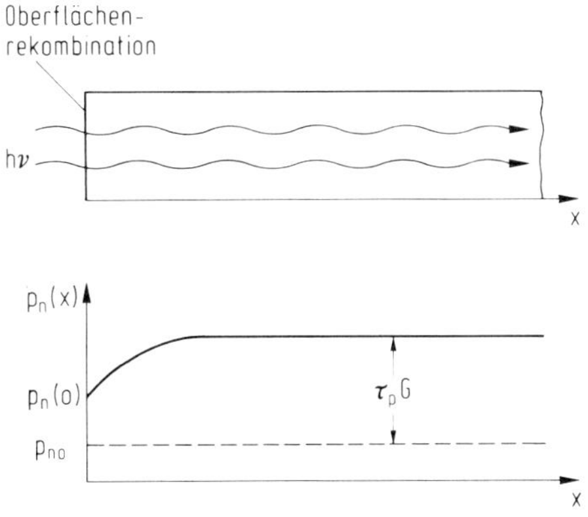

Abb. V,212. Stationäre Injektion von Elektron-Loch-Paaren in einen n-Halbleiter mit Oberflächenrekombination bei $x = 0$

Bei $x = 0$ gilt die Randbedingung $\Delta p_n(x = 0) = \Delta p_0$. So erhalten wir die Differentialgleichung

$$\frac{\partial \Delta p_n}{\partial t} = D_p \frac{\partial^2 \Delta p_n}{\partial x^2} + G - \frac{1}{\tau_p} \Delta p_n \tag{V,228}$$

Die Oberflächenrekombinationsrate ergibt die Randbedingung bei $x = 0$

$$F_{px}(x = 0) = D_p \left(\frac{\partial \Delta p_n}{\partial x}\right)_{x=0} = s_p \Delta p_0 . \tag{V,229}$$

Zusammen mit den Randbedingungen ergibt sich folgende Lösung der Differentialgleichung für den stationären Fall

$$\Delta p_n(x) = \tau_p G \left[1 - \frac{\tau_p s_p \exp(-x/L_p)}{L_p + \tau_p \cdot s_p}\right] \tag{V,230}$$

die in Abb. V,212 gezeichnet ist. Interessant ist die Betrachtung zweier Grenzfälle. Wenn $s_p \to 0$, ergibt sich die bekannte Lösung $\Delta p_n = \tau_p G$ (V,222). Wenn $s_p \to \infty$ gilt, ergibt sich $\Delta p_n(x) = \tau_p G[1 - \exp(-x/L_p)]$ und die Überschußkonzentration der Minoritätsladungsträger an der Halbleiteroberfläche hat den Wert $\Delta p_0 = 0$, die Minoritätsladungsträgerkonzentration hat also ihren Gleichgewichtswert p_{no}.

Aus der Lösung (V,230) ist ferner die typische Kombination von Volumen- und Oberflächen-Rekombinations-Größen zu ersehen

$$L_p + \tau_p s_p = \tau_p L_p \left(\frac{1}{\tau_p} + \frac{1}{L_p} s_p\right) \tag{V,231}$$

Die Größe $\left(\frac{1}{\tau} + \frac{1}{w} s\right) = \frac{1}{\tau_{eff}}$ wird oft als reziproke effektive Lebensdauer bezeichnet, $w = \frac{V}{A}$ ist ein Maß für das Verhältnis von Probenvolumen V und Probenoberfläche A.

Die SRH-Statistik läßt sich sinngemäß auf single-level-Oberflächenrekombinationsprozesse anwenden. Für geringe Abweichungen vom thermischen Gleichgewicht ergeben sich analoge Ausdrücke zu Gl. V,223 und

$$s_p = \sigma_p \cdot v_{th} N_{st}; \qquad \text{(V,232a)}$$

$$s_n = \sigma_n v_{th} N_{st} \qquad \text{(V,232b)}$$

N_{st} bezeichnet die Flächendichte der Oberflächenrekombinationszentren. Vernachlässigt wurde in den Gl. V,232 die Abhängigkeit von der Bandverbiegung φ_s.

Oberflächenrekombinationsprozesse bekommen Bedeutung bei allen Experimenten mit ausgedehnten Oberflächen der Proben. Oft wird der Ladungszustand der Oberflächenrekombinationszentren nicht „sich selbst überlassen", d. h. der Bedingung der Neutralität zwischen Halbleiter-Oberfläche und -Volumen anheimgestellt, sondern eine zusätzliche Feldelektrode greift über ein Dielektrikum hinweg in das Gleichgewicht der Ladungen an der Oberfläche des Halbleiters mit ein **(Feldeffekt)** (Abb. V,213). Mit Hilfe der äußeren Spannung U_G kann man einen bestimmten Wert der Bandver-

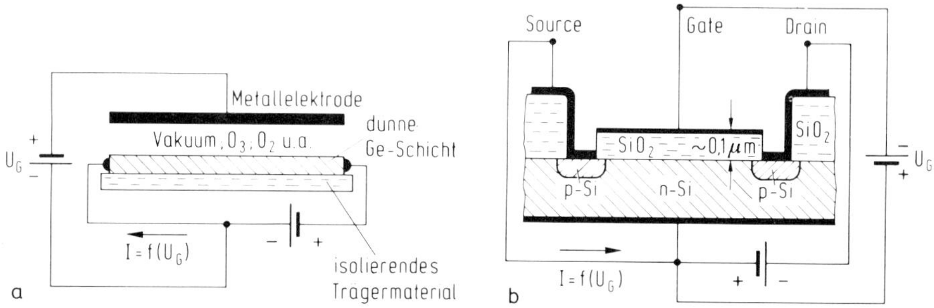

Abb. V,213. Der Feldeffekt der Halbleiter-Oberfläche
a) Bardeensche Versuchsanordnung (1953)
b) MOS-Transistor (Kahng und Atalla 1960)

biegung erzwingen und so Oberflächenrekombinationsprozesse u. a. z. B. im Verarmungsfall der Oberfläche studieren. Historisch standen Feldeffekt-Experimente (Bardeen 1953) am Anfang der Untersuchungen von realen Halbleiter-Oberflächen. Aus der Nicht-Übereinstimmung von theoretischen und experimentellen Werten entstand das Modell der energetischen Oberflächen-Zustände, die an Rekombinationsprozessen teilnehmen. Die Anordnung in Abb. V,213a entspricht dem Bardeenschen Versuchsaufbau. Abb. V,213b zeigt einen MOS-Transistor (metal-oxide-semiconductor), der als Dielektrikum dünnes, thermisch gewachsenes SiO_2 auf dem n-Si-Einkristall benutzt. Die MOS-Transistoren knüpfen unmittelbar an die Bardeenschen Experimente von 1953 an. Sie wurden allerdings erst 1960 durch D. Kahng und M. M. Atalla realisiert, nachdem W. Shockley und G. L. Pearson sie bereits 1948 beschrieben hatten. Zu den Problemen der Halbleiteroberfläche, der Phasengrenze zwischen Halbleiter und Isolator treten beim MOS-Bauelement Probleme des Dielektrikums SiO_2 (Ionendrift; positive Oxidladung) auf, die erst durch gezielte „Dotierung" des Dielektrikums mit Hilfe von Diffusion oder Ionen-Implantation gelöst wurden.

3.8 Einige grundlegende Experimente der Halbleiterphysik

Messung der spezifischen Leitfähigkeit. Die Messung der spezifischen Leitfähigkeit σ gemäß Abb. V,214a scheitert im allgemeinen an der Tatsache, daß metallische Kontakte auf Halbleitermaterial „nicht-ohmisch" sind, d. h. ihr Widerstand von Strom-

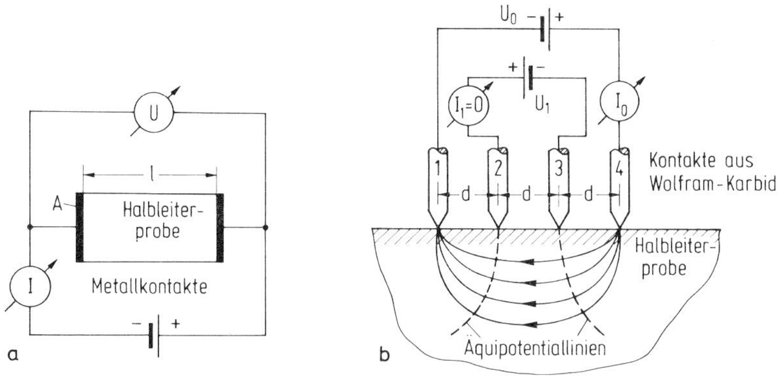

Abb. V,214. Messung des spezifischen Widerstandes ρ
a) Zwei-Punkt-Methode
b) Vier-Punkt-Methode (Kompensation)

stärke und Polarität abhängt. Eine korrekte Messung ist mit Hilfe einer Kompensations-Schaltung nach Abb. V,214b möglich, bei der über zwei äußere Kontakte ein Strom I_0 fließt, der eine Potentialverteilung im Halbleitermaterial zur Folge hat, die mit den beiden inneren Kontakten abgetastet wird. Die entstehende Spannung U_1 zwischen den inneren Kontakten wird kompensiert. Auf diese Weise entgeht man dem verfälschenden Spannungsabfall in den Potential-Kontakten. Man nennt diese Meßanordnung **Vier-Punkte-Methode**. In festem Abstand zumeist werden die vier notwendigen Kontakte gut isoliert voneinander angebracht. Als Material wählt man z. B. Wolfram-Karbid, das die notwendige mechanische Stabilität bei hohem Anpreßdruck besitzt.

Die Analyse der Vier-Punkte-Anordnung zeigt, daß die äußeren Kontakte im stationären Fall Quelle und Senke von Ladungen sind, die den Stromfluß verursachen. Die Oberfläche des Halbleiters ist eine Symmetriefläche, deshalb können wir das Problem des Stromflusses im unendlich ausgedehnten Halbleiter analog zu dem Problem der Elektrostatik behandeln, das sich mit der Potentialverteilung zwischen positiver und negativer Ladung in einem unendlich ausgedehnten Raum beschäftigt. Es ergibt sich für den spezifischen Widerstand eines einseitig begrenzten, ansonsten unendlich ausgedehnten Halbleitermaterials

$$\rho = 2\pi d \frac{U_1}{I_0} = F \frac{U_1}{I_0} \quad \text{mit} \quad F = 2\pi d \tag{V,233}$$

(d = gegenseitiger Abstand der Vier-Punkt-Spitzen)
Es leuchtet ein, daß z. B. für dünne Halbleiterplättchen der Geometriefaktor F andere Werte besitzt.

Für ein dünnes rundes Halbleiterplättchen (Dicke $W \ll$ Durchmesser) und für eine Vier-Punkt-Anordnung, bei der der gegenseitige Abstand der Probenkontakte $d \gg W$, ist der spezifische Widerstand

$$\rho = \left(\frac{\pi}{\ln 2}\right) \frac{W \cdot U_1}{I_0} = F \frac{U_1}{I_0} \quad \text{mit} \quad F = 4{,}53\ W \tag{V,234}$$

Der gemessene spezifische Widerstand bei 300 K als Funktion der Störstellenkonzentration wird in Abb. V,215 für Ge und Si gezeigt.

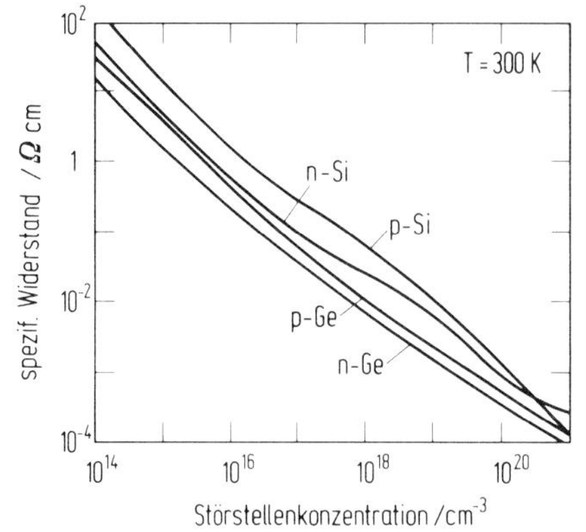

Abb. V,215. Experimentelle Werte für den spezifischen Widerstand von Ge und Si bei 300 K in Abhängigkeit von der Störstellendichte nach S. M. Sze

Im Bereich der Störstellenkonzentration (10^{14} ... 10^{16}) cm^{-3} ist das Exponentialgesetz nach Gl. V,206 und Gl. V,198/199 gut erfüllt. Zu höheren Störstellenkonzentrationen hin macht sich die Veränderung der Beweglichkeit durch die Störstellenkonzentration bemerkbar.

Wenn man aus der Abb. V,215 die Konzentrationen freier Ladungsträger in Abhängigkeit vom spezifischen Widerstand entnehmen will, muß man sich zunächst davon überzeugen, ob Störstellenkonzentration = Majoritätsladungsträgerkonzentration gilt. Wird die Abhängigkeit der spezifischen Leitfähigkeit vom Strom untersucht, so bedeuten Gleichstrom-Messungen meist eine unzulässige thermische Belastung. Man geht dann vorteilhaft zu kurzen Strompulsen über (Dauer 10^{-9} ... 10^{-6} s), die mit einer Frequenz von 10^2 ... 10^3 Hz wiederholt werden.

Der Gunn-Effekt. Bei Experimenten mit heißen Elektronen ($v_d \simeq v_{th}$, s. Gl. V,201) in Halbleitern beobachtete J. B. Gunn 1963 das Auftreten von Mikrowellen-Stromoszillationen, wenn an homogenen Proben aus einkristallinem n-leitendem Ga As mit einer Länge von ca. 100 μm eine Gleichspannung bestimmter Höhe lag. Abb. V,216 zeigt ein von Gunn veröffentlichtes Oszillogramm eines Stromes durch eine Ga As-Probe, an die Spannungs-Impulse gelegt wurden. Im unteren Teil der Abb. V,216

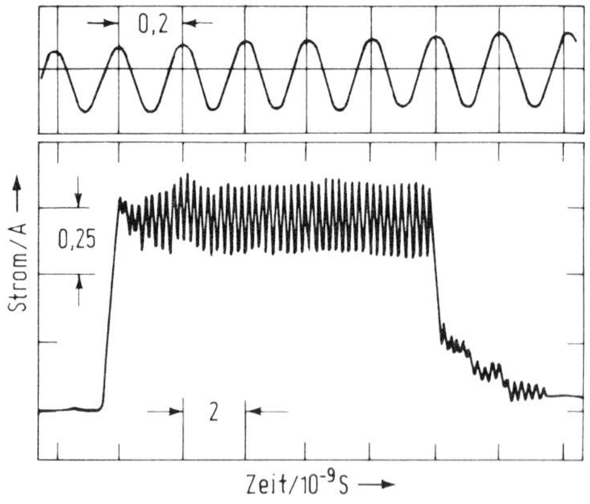

Abb. V,216 Mikrowellen-Stromschwingungen in Ga As (oben gedehnter Zeitmeßstab) (J. Gunn, IBM J. Res. Dev. 8 (1964), 141 u. f.)

sind sowohl der Stromverlauf kurz vor Einsatz der Schwingungen zu sehen als auch die Schwingungen selbst, wenn am Ga As-Kristall eine kritische Feldstärke von 3 . . . 4 kV/cm erreicht wird. In der oberen Hälfte des Bildes ist ein in der Zeitachse gedehnter Ausschnitt der Schwingung zu sehen, die fast sinusförmigen Verlauf hat. Der Gunn-Effekt wurde 1964 von H. Krömer anhand theoretischer Arbeiten von Ridley, Watkins und Hilsum (RWH-Theorie) gedeutet. In diesem Modell ist die Bandstruktur von Ga As für das Auftreten negativer differentieller Leitfähigkeit verantwortlich. Bereits Abb. V,205 zeigte für Silizium, daß oberhalb einer kritischen Feldstärke nicht mehr – wie es in Gl. V,201 angenommen wird – Proportionalität zwischen dem Betrag der mittleren Driftgeschwindigkeit v_d und der elektrischen Feldstärke E herrscht. Die Beweglichkeit selbst wird eine Funktion der Feldstärke:

$$\mu = \mu(E) \tag{V,235}$$

Abb. V,217 zeigt entsprechende Messungen der Driftgeschwindigkeit v_d bei hohen Feldstärken E für Gallium-Arsenid. Abweichend vom Verlauf für Silizium existiert

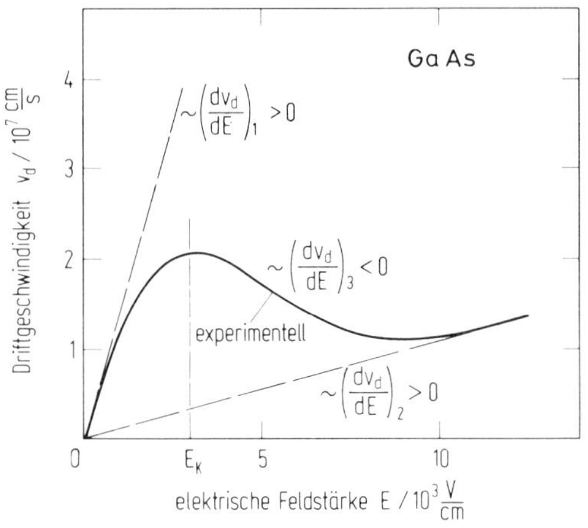

Abb. V,217. Driftgeschwindigkeit v_d der Elektronen von Ga As in Abhängigkeit von der elektrischen Feldstärke E (Ruch und Kino, Appl. Phys. Lett. 10, 40 (1967))

für Gallium-Arsenid bei $E > E_K \approx 3$ kV/cm ein Bereich, mit $(d\, v_d / d\, E) < 0$. Diese Beobachtung hat jedoch nach Gl. V,236 einen Bereich mit negativem differentiellen Widerstand ρ_{diff} zur Folge:

$$\rho_{diff}^{-1} = \frac{d\,j}{d\,E} = q\,n\,\frac{d\,v_d}{d\,E} = q\,n\,\mu + q\,n\,\left(\frac{d\,\mu}{d\,E}\right)E < 0 \tag{V,236}$$

Beiderseits dieses Bereiches $(d\,j/d\,E) < 0$ ist die Beweglichkeit μ positiv, hat aber unterschiedliche Werte: für geringe Feldstärken ist μ größer als für hohe. Zusätzlich zu den experimentellen Ergebnissen zeigen die gestrichelten Kurven die theoretischen Grenzkurven, aus denen unterschiedliche Werte für μ gewonnen werden. Wir haben im folgenden den Zusammenhang der Beweglichkeit μ der Ladungsträger in Gallium-Arsenid mit seiner Bandstruktur im $E(k)$-Raum herzustellen (Zur Unterscheidung von der elektrischen Feldstärke E wird die Elektronen-Energie im k-Raum stets als $E(k)$ bezeichnet).

Wir ziehen die Gl. V,203 heran, in der die effektive Masse m^* der Ladungsträger enthalten ist, die wiederum nach Gl. V,165 mit dem $E(k)$-Verlauf zusammenhängt:

$$\mu = \frac{q\,\tau_r}{m^*} = \frac{q\,\tau_r}{\hbar^2}\,\frac{\partial^2 E(k)}{\partial k^2} \qquad \text{(V,237)}$$

Gl. V3,73 besagt: die Beweglichkeit μ der Ladungsträger an den Bandkanten wächst proportional mit der Krümmung der Bandkante. μ wird konstant, wenn die Krümmung konstant ist.

Parabolische Bandverläufe $E(k) \sim k^2$ haben konstante Beweglichkeit der Ladungsträger an den Bandrändern zur Folge. In der Nähe des Leitungsband-Minimums ist für die meisten Halbleiter die parabolische Näherung möglich, deshalb gilt hier das Ohmsche Gesetz.

Anhand des $E(k)$-Diagramms von Ga As (Abb. V,199a) erkennen wir, daß in (100) Richtung am X-Punkt, 0,36 eV oberhalb des untersten schlanken Leitungsband-Minimums, ein zweites breites Minimum (Satellitenminimum) vorhanden ist. Aufgrund der geringen Krümmung der Satelliten-Minima ist die Beweglichkeit von Elektronen in ihnen geringer als diejenige der Elektronen im Hauptminimum des Leitungsbandes, weil – wie Gl. V,165 besagt – die Elektronen im Satelliten-Minimum eine größere effektive Masse haben als im Hauptminimum.

Weiter erkennt man, daß der Energieunterschied zwischen den beiden Leitungsband-Tälern geringer ist als der des direkten Überganges zwischen Valenz- und Leitungsband: Stoßionisation setzt demnach erst bei höheren Feldstärken ein, als sie für Elektronen-Übergang zwischen den beiden Leitungsbandtälern notwendig sind. In Gl. V,236 können wir also die Dichte n der Elektronen tatsächlich als konstant ansehen.

Durch ein hohes elektrisches Feld (oberhalb der experimentell beobachteten kritischen Feldstärke E_{krit}) wird die Energie der Leitungsband-Elektronen derartig erhöht, daß sie durch Stoßwechselwirkung den Energiewall in (100)-Richtung überwinden können und in das Satelliten-Minimum gelangen. So ergibt sich für einen Teil der Elektronen eine Abnahme der Beweglichkeit, sie werden schwerer, und als Folge sinkt die Volumenleitfähigkeit der Probe. Diese Abnahme von μ mit zunehmendem elektrischen Feld erfolgt abrupt und so ausgeprägt, daß über einen gewissen Bereich der j-E-Kennlinie die Driftgeschwindigkeit v_d der Elektronen mit zunehmendem Feld E absinkt, also entsprechend Gl. V,236 ein Bereich mit negativem differentiellem Widerstand ρ_{diff} auftritt, der zu hochfrequenten Stromoszillationen Anlaß gibt.

Betrachten wir den Einsatz der HF-Schwingung anhand des Potentialverlaufs an der Probe näher. In Abb. V,218 ist die elektrische Feldstärke in der Probe über der Probenausdehnung (Länge L) aufgetragen. Die Probe werde im negativen Kennlinienteil mit der Vorspannung $U = E_N \cdot L$ betrieben. Wir nehmen nun an, daß in der Nähe der negativen Elektrode eine Ladungsinhomogenität geringer Ausdehnung im Kristall bestehe, die einen Ladungsdipol verursacht (durchgezogene Kurve). Das geringfügig erhöhte Feld im Bereich des Dipols hat dann zur Folge, daß dort mehr Elektronen in das Satelliten-Minimum gehoben werden. Das führt hier lokal zur Abnahme der Leitfähigkeit und damit zu weiterer Felderhöhung. So entwickelt sich eine schmale Hochfeldzone (**Domäne**), die mit der Driftgeschwindigkeit v_d von den nachfolgenden leichteren Elektronen zur positiven Elektrode geschoben wird. Da die Vorspannung U konstant ist, muß die Feldstärke außerhalb der Hochfeldzone bei deren Aufbau absinken (gestrichelte Kurve), bis in den Ohmschen Kennlinien-Bereich hinein.

Wenn also eine Hochfeldzone in der Probe entstanden ist, sinkt deshalb der Strom im Außenkreis, weil die Feldstärke außerhalb der Hochfeldzone verringert ist. Der Strom behält diesen niedrigen

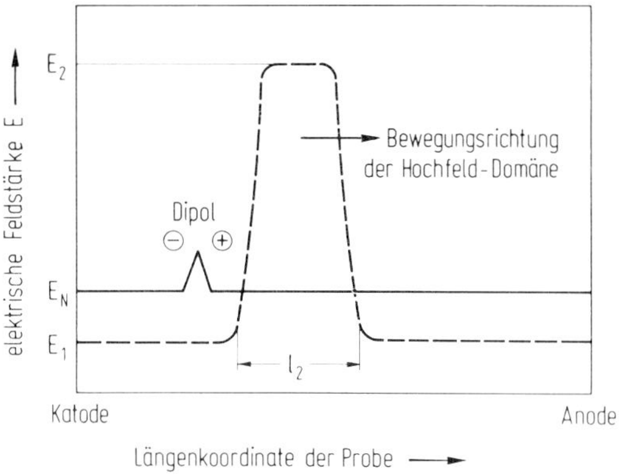

Abb. V,218. Aufbau der Hochfeld-Domänen in Ga As. $U = E_2 \cdot l_2 + E_1(L - l_2) = \text{const}$ (L = Probenlänge; U = angelegte Spannung)

Wert, bis die Hochfeldzone am positiven Kontakt anlangt und ausläuft. Da nun der Spannungsabfall über der Hochfeldzone entfällt, wächst die elektrische Feldstärke wieder auf ihren anfänglichen Wert an. Der Ablauf des Vorganges wiederholt sich periodisch. Die Periodendauer T der Stromoszillation ist gleich der Laufzeit der Hochfeldzone durch die Probe. Angenommen, die Hochfeldzone werde unmittelbar am negativen Kontakt ausgelöst, so gilt näherungsweise

$$T = \frac{L}{v_d} \tag{V,238}$$

Mit einer Driftgeschwindigkeit von $\approx 10^7 \frac{cm}{s}$ und einer Probenlänge von 100 μ m erhält man eine Periodendauer von 10^{-9} s. Die Auswertung der Abb. V,216 ergibt eine Schwingfrequenz von 4,5 GHz.

Messungen des Zeitverlaufes der Potentialverteilung haben die Erklärung des Gunn-Effektes mit Hilfe driftender Hochfeld-Domänen vollauf bestätigt. Abb. V,219 zeigt einen schematisierten Po-

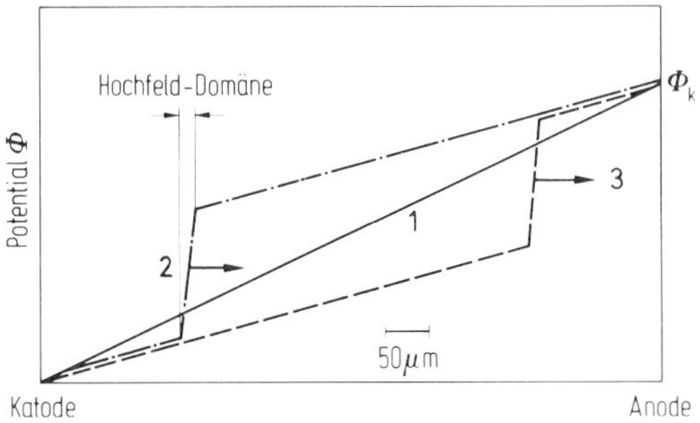

Abb. V,219. Potentialverlauf und Domänen-Bewegung in einer Gunn-Probe
1. vor der Domänenbildung
2. unmittelbar nach Domänenbildung nahe der Katode
3. kurz vor dem Auslaufen der Domäne an der Anode

tentialverlauf. Die Abszisse entspricht der Probenausdehnung, die Ordinate dem Potential, Parameter ist die Zeit und sie wächst für die Kurven von links nach rechts. Die steile Potentialfront repräsentiert die Hochfeld-Domäne, während der Potentialgradient im übrigen Teil der Probe flacher ist. Die Domäne läuft von der Katode zur Anode.

Die Entstehung von Hochfeld-Domänen ist an Raumladungs-Instabilitäten geknüpft und davon abhängig, ob im Kristall während der Domänen-Laufzeit über die Probenlänge genügend Ladungsträger der Dichte n_0 verfügbar sind, um Ladungs-Dipole aufzubauen. Das Produkt $n_0\, L$ ist ein wichtiges Kriterium dafür. Bei Ga As lassen sich die erörterten Hochfeld-Domänen für Proben mit $n_0\, L > 10^{12}$ cm^{-2} erzeugen, Ga As ist also als Mikrowellen-Erzeuger verwendbar. Für Werte $n_0\, L < 10^{12}$ cm^{-2} werden Ga As-Proben als stabile lineare Mikrowellen-Verstärker benutzt. Außer bei n-Ga As ist der Gunn-Effekt in In P, Cd Te, Zn Se und In As (unter hohem hydrostatischen Druck) beobachtet worden. Durch die Wirkung von hydrostatischem Druck wird bei In As die Energie-Differenz zwischen den beiden Leitungsband-Minima geringer als die Breite des verbotenen Bandes, eine (bereits erwähnte) Vorbedingung für den Gunn-Effekt. Bei Halbleitern der Bandstruktur von Ge und Si ist kein Gunn-Effekt zu erwarten und zu beobachten. Als Abgrenzung sei erwähnt, daß man im Tieftemperaturbereich mit homogenen Germanium-Proben bei hohen elektrischen Feldstärken Bereiche negativen differentiellen Widerstandes der Strom-Spannungskennlinie zu erreichen vermag. Der Effekt beruht aber auf der Ladungsträgermultiplikation durch Stoßionisation von Störstellen.

Der Hall-Effekt. Messungen der elektrischen Leitfähigkeit allein reichen nicht aus, die Dichte stromführender Ladungen n und p und dazu ihre Beweglichkeiten μ_n und μ_p getrennt zu gewinnen. Darüberhinaus erlauben Leitfähigkeitsmessungen nicht, den Typ der überwiegenden Ladungsträgerart (Elektron oder Loch) zu bestimmen. Mit Hilfe des Hall-Effektes (E. H. Hall 1879) werden diese wichtigen Halbleiter-Kenngrößen zugänglich.

Hall-Effekt-Messungen an Beryllium, Zink und Radium warfen bei der Entwicklung des Bändermodells die Frage auf, ob es elektrische Leitung mit positiven Ladungsträgern gibt.

Die grundsätzliche Meßordnung des Hall-Effektes für Halbleiter ist mit der für Metalle gebräuchlichen identisch. Ein elektrisches Feld wirkt auf eine Probe in x-Richtung (E_x) und ein magnetisches Feld in z-Richtung (B_z). Es fließt ein Strom der Flächendichte $j_x = \sigma E_x$ in positive x-Richtung. Für ein p-leitendes Halbleitermaterial (Löcherdichte p) der in Abb. V,220 angegebenen Größe bewirkt die Lorentz-Kraft

$$F = q[\mathrm{v}, B] \qquad \text{(V,239)}$$

eine auf den Betrachter hin gekrümmte Drift-Bewegung der Löcher. Der damit verbundene Löcherstrom baut eine Überfluß-Löcherdichte an der Probenvorderseite auf, die

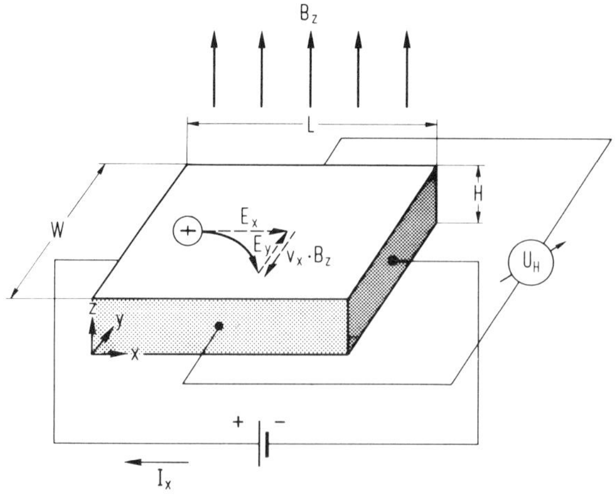

Abb. V,220. Der Hall-Effekt bei einem p-leitenden Halbleiter

wiederum eine elektrische Feldstärke zur Folge hat. Wenn im stationären Zustand kein Strom in y-Richtung fließt, kompensiert das elektrische Feld E_y, das Hall-Feld, die Lorentz-Kraft:

$$q\,E_y - q\,v_x\,B_z = 0 \tag{V,240}$$

Mit Gl. V,201 für $v_D = v_x = \mu_p\,E_x$ sowie $j_x = \sigma\,E_x$ und $\sigma = q\,\mu_p\,p$ ergibt sich für das Hall-Feld

$$E_y = \mu_p\,E_x\,B_z = \frac{1}{q\,p}\,j_x\,B_z = R\,j_x\,B_z \tag{V,241}$$

Man nennt $R = (q\,p)^{-1}$ die Hall-Konstante. Für Löcherleitung ist R positiv, für Elektronenleitung negativ. Abb. V,221 zeigt den Hall-Koeffizienten von verschieden dotier-

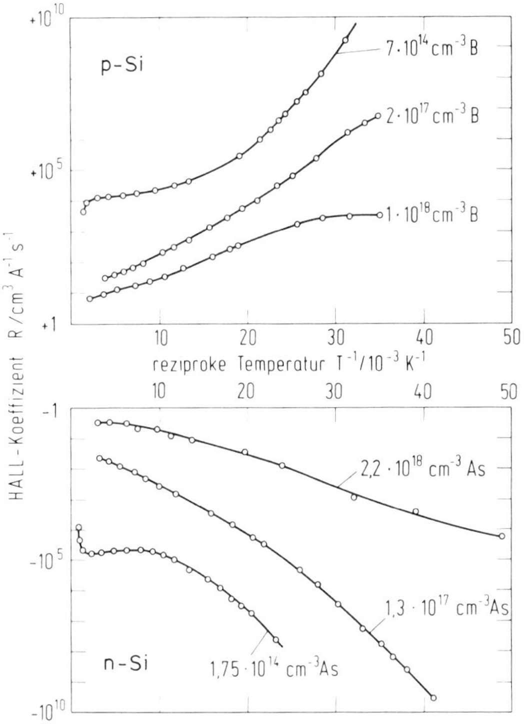

Abb. V,221. Hall-Koeffizient von unterschiedlich dotiertem Silizium in Abhängigkeit von der Temperatur nach Morin und Maita, Phys. Rev. 96 (1954), 28

tem Silizium in Abhängigkeit von der Temperatur. Bei n-leitendem Halbleitermaterial und ansonsten gleicher Experimentführung bewegen sich die Elektronen in negativer x-Richtung und werden ebenfalls zur Probenvorderseite abgelenkt. E_x erhält das negative Vorzeichen. Als Hall-Beweglichkeit μ_{Hall} bezeichnet man den Ausdruck

$$\mu_{Hall} = \left|\frac{E_y}{E_x\,B_z}\right| \tag{V,242}$$

Die Werte der Hall-Beweglichkeit μ_{Hall} und Drift-Beweglichkeit μ_{Drift} (Gl. V,201) unterscheiden sich, weil durch die ablenkende Lorentz-Kraft das Einzelelektron seine Beschleunigung nicht in Richtung von E_x erfährt. (E_x und E_y schließen den Hall-Winkel Θ ein). Für die Berechnung von Korrekturfaktoren ist die Bewegung der Ladungsträger auf Fermi-Flächen und die resultierende mittlere Zeit zwischen zwei Stößen zu untersuchen. Für Phononen-Streuung erhält man

$$r = (\mu_{Hall}/\mu_{Drift}) = 1{,}18$$

für Störstellenstreuung

$$r = 1{,}93$$

Falls der Unterschied zwischen μ_{Hall} und μ_{Drift} vernachlässigt wird, kann man einen Ausdruck für die Hall-Konstante R ableiten, wenn Elektronen und Löcher in vergleichbaren Konzentrationen vorliegen. (Hall-Effekt im „gemischten Halbleiter").

$$R = \frac{1}{q} \frac{p\,\mu_p^2 - n\,\mu_n^2}{(p\,\mu_p + n\,\mu_n)^2} \qquad \text{(V,243)}$$

Für den Fall des Eigenleiters ist $n = p = n_i$ und Gl. V,243 geht mit $b = \mu_n/\mu_p$ über in

$$R_{intr} = \frac{1}{q} \frac{1 - b}{1 + b} \qquad \text{(V,244)}$$

Das Vorzeichen des Hall-Effektes hängt dann vom Verhältnis der Beweglichkeiten ab. Besitzen die Elektronen die höhere Beweglichkeit, so ist $R < 0$.

Bei genau bekannten Materialeigenschaften ist der Hall-Effekt eine Möglichkeit, mit Hilfe der transversalen Hall-Spannung Magnet-Felder zu bestimmen (4-Pol-Hall-Generator). Man kann jedoch auch die Beeinflussung des longitudinalen Bahnwiderstandes (L/WH) (E_x/j_x) einer Probe durch das Magnetfeld B_z (Abb. V,220) als Meßgröße benutzen. Zunächst erkennt man allerdings, daß – longitudinal gerechnet – alle Ladungsträger mit und ohne Magnetfeld die (ungefähr) gleiche Geschwindigkeitsverteilung besitzen: da das Hall-Feld die senkrecht zum longitudinalen elektrischen Feld durch das Magnetfeld hervorgerufenen Beschleunigungen kompensiert, ist eine longitudinale Widerstandsänderung nicht zu erwarten. Schließt man die elektrische Hall-Spannung allerdings kurz (z. B. durch die Nähe der Metallelektrode), so können die Ladungsträger dort der Lorentz-Kraft folgen und bei sehr unterschiedlicher Beweglichkeit von Elektronen und Löchern (z. B. in In Sb) wird eine longitudinale Widerstandsänderung meßbar. Durch Einbau von metallisch-leitenden Nadeln aus Nickelantimonid in die In Sb-Probe senkrecht zum longitudinalen elektrischen Feld kann das Hall-Feld über die gesamte Probe hinweg kurzgeschlossen und eine starke longitudinale Widerstandsänderung erzielt werden.

3.8 Halbleiter-Sperrschichten

Die Eigenschaften von Halbleitersperrschichten sind seit langer Zeit experimentell bekannt (Spitzengleichrichter F. Braun 1875) und die Aufklärung ihres Mechanismus war die auslösende Kraft für die breite Entwicklung der Halbleiterbauelemente. Alle kristallinen Halbleiterbauelemente beruhen in ihrer Funktion auf sinnvoll zusammenwirkenden Halbleiter-Sperrschichten. Als Halbleiter-Sperrschicht sind auch die bereits behandelten Raumladungsschichten der Halbleiteroberfläche anzusehen, weil auch bei ihnen der Transport von Minoritäts- und Majoritätsladungsträgern senkrecht zur Oberfläche durch Potentialwälle oder -Senken beeinflußt wird. Die theoretische Behandlung der Halbleiter-Sperrschichten beginnt historisch mit dem Metall-Halbleiter-Kontakt (Schottky und Mott 1938). Wir beschränken uns auf die Behandlung des Halbleiter-Halbleiter-Kontaktes (Shockley 1949). Wegen ihrer prinzipiellen Bedeutung werden dann die Tunnel-Diode und schließlich der Transistor dargestellt.

Der Halbleiter-Halbleiter-Kontakt. Bislang haben stets Proben aus homogenem Halbleitermaterial im Mittelpunkt der Betrachtungen gestanden. Im folgenden geht es um Proben, in denen p-leitendes Halbleitermaterial in n-leitendes innerhalb einer Probe übergeht und beide Materialien an ihrer Grenzfläche einen sogenannten pn-Übergang bilden. Wegen der Zahl der Anschlüsse wird der als Halbleiterbauelement gefertigte pn-Übergang „Diode" genannt.

Wir wollen die Entstehung einer Germanium-Diode mit Hilfe des Legierungsverfahrens näher betrachten. Der Legierungsprozeß ist seit 1950 (Hall und Dunlap) bekannt und seitdem einer der einfachsten und deshalb vielfach benutzten Prozesse, um ebene pn-Übergänge zu erzeugen. Man geht von Halbleiter-Einkristallen aus, deren Leitfähigkeit der weniger dotierten, hochohmigeren Seite (Abb. V,222) des späteren pn-Überganges entspricht. Von diesem Kristall werden mit der

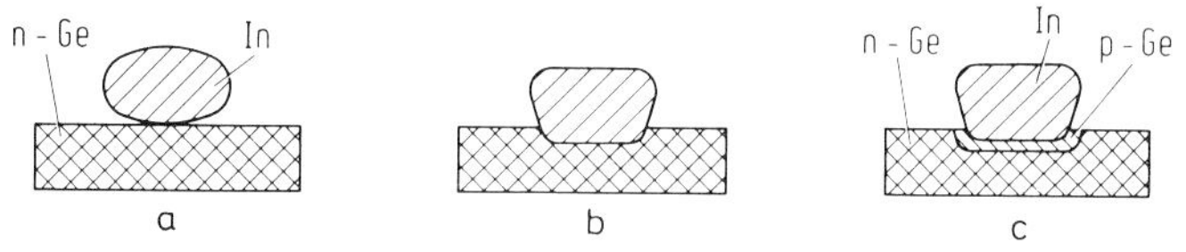

Abb. V,222. Legierungsverfahren zur Herstellung von Ge-pn-Übergängen

Diamantsäge kleine Scheibchen abgeschnitten. Auf ein solches Scheibchen z. B. aus n-leitendem Germanium (mit As dotiert) wird eine Indium-Pille aufgepreßt (Abb. V,222a) und unter Schutzgas (z. B. Wasserstoff) über die Eutektikum-Temperatur der Germanium-Indium-Legierung aufgeheizt. Aus der ursprünglichen Indiumpille bildet sich dann ein Tropfen, in dem Ge und In entsprechend der Temperatur in einem bestimmten Verhältnis gelöst sind. Die untere Grenze des Tropfens frißt sich nach dem Anteil gelösten Germaniums mehr oder weniger tief in das Ge-Plättchen ein (Abb. V,222b), dabei diffundiert das Indium – in geringer Menge – über die Grenze zwischen fester und flüssiger Phase ins n-Ge-Grundmaterial hinein. Eine Folge ist, daß der eigentliche Übergang zwischen p- und n-leitendem Material ($N_A = N_D$) nicht an der Grenze zwischen flüssiger und fester Phase, sondern im ungelösten Grundmaterial liegt (Abb. V,222c). Beim langsamen Abkühlen kristallisiert aus dem geschmolzenen Tropfen zuerst Germanium im ursprünglichen Gitter auf dem festen n-Material. Dies Germanium ist stark mit Indium versetzt und deshalb p-leitend. Der Rest des erstarrten Tropfens besteht hauptsächlich aus Indium.

Eine der wichtigsten Eigenschaften eines legierten pn-Überganges ist der nahezu ideal abrupte Störstellenübergang von n- zum p-Material.

Wir gehen hier von einem idealisierten abrupten pn-Übergang (eindimensional) aus und wollen seine wichtigste Eigenschaft, die unsymmetrische Strom-Spannungs-Kennlinie ableiten. Dazu brauchen wir zuerst das Energie-Bänder-Modell eines pn-Überganges über der Ortskoordinate für den Fall des thermischen Gleichgewichtes.

Wir gehen von der eindimensionalen Poisson-Gleichung aus.

$$\frac{\partial^2 U}{\partial x^2} = -\frac{1}{\epsilon \epsilon_0} \rho(x) \qquad (V,245)$$

und beschreiben die örtliche Dichte der Ladungen $\rho(x)$. Zwei aufeinanderfolgende Integrationen liefern den örtlichen Verlauf des elektrostatischen Potentials $U(x)$, das der Energie der Elektronen proportional ist. So können wir mit Hilfe der Poisson-Gleichung aus der Ladungsverteilung $\rho(x)$ und Randbedingungen für $(d\,U(x)/d\,x)$ und $U(x)$ den Verlauf der Energiebänder gewinnen. Die Rechnung wird hier in abgekürzter Weise durchgeführt und soll dazu dienen, notwendige vereinfachende Annahmen zu verdeutlichen.

Wir nehmen zunächst an, daß sich die Dotierung im Bereich des pn-Überganges abrupt ändert, wie es in Abb. V,223a dargestellt ist. Im n-Halbleiter (links) gilt $N_D \gg N_A$, im p-Halbleiter (rechts) ist $N_A \gg N_D$. N_D bezieht sich im folgenden auf den n-leitenden, N_A auf den p-leitenden Bereich. Ein abrupter pn-Übergang ist technologisch am besten durch den Legierungsprozeß zu verwirklichen. Der Diffusionsprozeß erzeugt pn-Übergänge, die am ehesten durch einen linearen Übergang der Dotierungsstoffe zu approximieren sind. Eine bessere Beschreibung der Störstellenverteilung bei diffundierten pn-Übergängen erhält man durch Exponential-Funktionen.

Energiebänderverlauf des pn-Überganges. Im thermischen Gleichgewicht unmittelbar nach der Herstellung des pn-Überganges befinden sich die von Donatoren abgegebenen

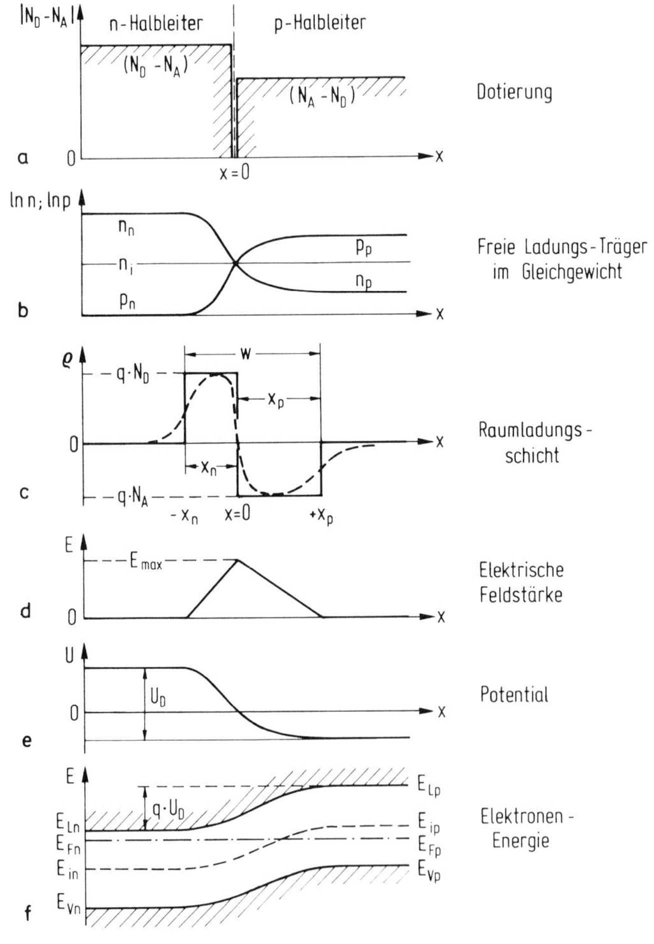

Abb. V,223. Abrupter pn-Übergang (schematisiert). Ortsverläufe folgender Größen für den Gleichgewichtsfall

a) Dotierung
b) Dichte freier Ladungsträger
c) Raumladungsdichte
d) Elektrische Feldstärke
e) Potential
f) Elektronen-Energie

Elektronen zunächst hauptsächlich im n-leitenden Bereich, wo sie die Ladung der Donator-Ionen neutralisieren. Umgekehrt halten sich die Löcher zuerst weitgehend im p-leitenden Bereich auf, um ihre ionisierten Akzeptoren zu neutralisieren. Ohne eine zusätzliche äußere elektrische Feldstärke müssen die freien Ladungsträger über die Phasengrenze diffundieren und sich vermischen (Abb. V,223b). Im n-Halbleiter bleiben positiv geladene Donator-Ionen, im p-Halbleiter negativ geladene Akzeptor-Ionen zurück. Tief aus dem homogenen Halbleitermaterial kommen nur wenige freie Ladungsträger, dort herrscht weiter Neutralität; der Hauptanteil der freien Ladungsträger kommt aus einem der Grenzschicht, dem pn-Übergang nahen Bereich und läßt dort entsprechend die größte Dichte unkompensierter ionisierter Störstellen eines Vorzeichens zurück. Die anfängliche Diffusion baut eine elektrische Dipolschicht, eine **Raumladungsschicht** (Abb. V,223c) an der Grenze beider Bereiche auf, die ihrerseits ein elektrisches Feld $\boldsymbol{E}$ erzeugt, das weitere Diffusion über den pn-Übergang verhindert. Mit anderen Worten: im Gleichgewicht kompensieren sich ein Diffusions- und Feldstrom beider Ladungsträgerarten über den pn-Übergang.

Für $\rho(x)$ ist allgemein anzusetzen

$$\rho(x) = -q\,[N_A^-(x) + n(x) - N_D^+(x) - p(x)] \tag{V,246}$$

Diese Beziehung vereinfacht sich, wenn sie für die beiden Raumladungs-Bereiche unterschiedlichen Leitungstyps getrennt angesetzt wird und man ferner berücksichtigt, daß im n-Bereich die herüberdiffundierten Löcher von freien Elektronen, im p-Bereich die herüberdiffundierten Elektronen von freien Löchern annähernd neutralisiert werden. Also gilt mit der Vereinfachung $n(x) \approx p(x)$ in der Raumladungsschicht

im n-Bereich	im p-Bereich
(V,247a)	(V,247b)
$\rho_n(x) = +q\,N_D^+(x)$	$\rho_p(x) = -q\,N_A^-(x)$

In Abb. V,223c sind $\rho_n(x)$ und $\rho_p(x)$ gestrichelt dargestellt. Ohne Kenntnis der Verläufe von $N_D^+(x)$ und $N_A^-(x)$ ist eine Integration der Poisson-Gleichung für beide Bereiche getrennt noch nicht möglich. Wenn nun völlige Ionisierung der Störstellen angenommen wird

$$N_A^- = N_A; \qquad N_D^+ = N_D \tag{V,248}$$

und anstelle der wirklichen Verläufe $N_A^-(x)$ und $N_D^+(x)$ die ortsunabhängigen Werte N_A und N_D treten, soll aus Neutralitätsgründen für die Dipolschicht die folgende Vereinfachung gelten

$$\int_{-x_n}^{x=0} N_D^+\,dx = N_D\,x_n\,; \quad \int_{x=0}^{x_p} N_A^-\,dx = N_A\,x_p \tag{V,249}$$

x_n *und* x_p beschreiben für die eingeführte Vereinfachung **„rechteckiger Ladungsverteilung“** die Anteile des n-leitenden und p-leitenden Bereiches an der Raumladungsschicht, deren Gesamtweite w gegeben ist durch

$$w = x_n - x_p \tag{V,250}$$

Abb. V,223c zeigt diese Näherung.

Die erste Integration der Poisson-Gleichung liefert nun einen linearen Verlauf der Feldstärke E (Abb. V,223d) im n-Bereich

im n-Bereich

(V,251a)

$$-x_n \leqslant x < 0 \qquad \left(\frac{dU}{dx}\right)_n = -E_n(x) = \frac{q}{\epsilon\,\epsilon_0} N_D (x_n + x)$$

im p-Bereich

(V,251b)

$$0 < x \leqslant x_p \qquad \left(\frac{dU}{dx}\right)_p = -E_p(x) = -\frac{q}{\epsilon\,\epsilon_0} N_A (x - x_p)$$

Am pn-Übergang ($x = 0$) haben beide Feldstärken ihren größten Wert E_{max} und sind einander gleich

$$E_{max} = \frac{q}{\epsilon\,\epsilon_0} N_D\, x_n = \frac{q}{\epsilon\,\epsilon_0} N_A\, x_p \tag{V,252}$$

Ein Ergebnis ist, daß die gesamte negative Ionenladung der p-Seite der gesamten positiven Ionenladung der n-Seite in den durch Gl. V,249 definierten Raumladungs-Bereichen gleich ist

$$N_D\, x_n = N_A\, x_p \tag{V,253}$$

Die Abb. V,223d zeigt den im n-Gebiet auf- und im p-Gebiet absteigenden Verlauf der elektrischen Feldstärke und den Spitzenwert E_{max} bei $x = 0$.

Schließlich ergibt eine zweite Integration in beiden Bereichen den Potentialverlauf $U(x)$ (der Nullpunkt liegt willkürlich bei $x = 0$: $U(x = 0) = 0$)

$$U(x) = E_{max}\left(x - \frac{x^2}{2\,w}\right) \tag{V,254}$$

Wir erhalten demnach für die „rechteckige Ladungsverteilung", wie sie als einfache Näherung an den wirklichen Verlauf in den Gl. V,249 ausgedrückt ist, einen parabolischen Verlauf des elektrostatischen Potentials. In der Nähe des pn-Überganges ($x \approx 0$) ist sogar für manche Fälle ($x/2\,w \ll 1$) eine lineare Näherung des Potentialverlaufes möglich. Abb. V,223c zeigt den Verlauf von $U(x)$ über der Ortskoordinate.

Wir können vom Verlauf des elektrostatischen Potentials sogleich auf die Energiebänder der Elektronen übergehen ($E = -q\,U$): in Abb. V,223f ist das Energiebändermodell eines abrupten pn-Überganges dargestellt, bei dem die Ladungen der ionisierten Störstellen durch die rechteck-förmigen Verteilungen $N_D \cdot x_n = N_A \cdot x_p$ vereinfacht beschrieben werden. Bezugspunkt für die Energien ist das Gleichgewichts-Fermi-Niveau $E_{Fn} = E_{Fp}$. Natürlich stellt dieser gewählte Weg der Ableitung eine sehr starke Vereinfachung dar, das Ergebnis kann jedoch alle wichtigen physikalischen Eigenschaften der pn-Übergänge aufweisen.

Bevor wir uns der Strom-Spannungskennlinie des pn-Überganges zuwenden, sollen noch einige nützliche Beziehungen behandelt werden.

Der Gesamt-Potentialsprung über die Raumladungsschicht des pn-Überganges ist das Potential U_D, das durch die Diffusion der freien Ladungsträger über die Phasengrenze des pn-Überganges entsteht. Es wird als **Diffusionspotential** bezeichnet. Nach Abb. V,223f ergibt es sich aus der energetischen Differenz der Leitungsbandkante im n- und p-Halbleiter. Mit Hilfe der Gl. V,196 und Gl. V,177 erhält man

$$U_D = \frac{1}{q}(E_{Lp} - E_{Ln}) = \frac{k\,T}{q} \ln \frac{N_A\, N_D}{n_i^2} \tag{V,255}$$

Da die Gleichgewichtsbeziehung gilt: $n_{no}\, p_{no} = p_{po}\, n_{po} = n_i^2$, kann man bei vollständiger Ionisierung der Störstellen schreiben

$$U_D = \frac{k\,T}{q} \ln \frac{p_{po}}{p_{no}} = \frac{k\,T}{q} \ln \frac{n_{no}}{n_{po}} \qquad \text{(V,256)}$$

und schließlich

$$p_{no} = p_{po} \exp\left(-\frac{q\,U_D}{k\,T}\right) \quad \text{und} \quad n_{po} = n_{no} \exp\left(-\frac{q\,U_D}{k\,T}\right) \qquad \text{(V,257)}$$

Man erkennt hier deutlich, daß der Potentialsprung über dem pn-Übergang ausschließlich durch die Elektronen- oder Löcher-Konzentrationen links und rechts vom pn-Übergang entsteht.

Andererseits wird die Diffusionsspannung U_D durch den Potentialsprung des elektrostatischen Potentials zwischen $-x_n$ und $+x_p$ (Abb. V,223e) gegeben.

$$U_D = U_p(x_p) - U_n(-x_n) = \frac{1}{2} E_{max}\, w \qquad \text{(V,258)}$$

Sie entspricht dem Flächeninhalt des Dreiecks in Abb. V,223d.

Eliminiert man E_{max} aus Gl. V,252 und Gl. V,258, so erhält man für die Breite w der Raumladungsschicht eines pn-Überganges als Funktion der beiderseitigen Dotierung:

$$w = \sqrt{\frac{2\,\epsilon\,\epsilon_0}{q} \frac{N_A + N_D}{N_A\, N_D} U_D} \qquad \text{(V,259)}$$

Wenn eine Störstellensorte sehr viel stärker vertreten ist als die andere z. B. $N_A \gg N_D$ (unsymmetrischer abrupter pn-Übergang), verschwindet die stärker vertretene Sorte aus der Gl. V,259 und es ergibt sich als Breite der Raumladungsschicht

$$w = \sqrt{\frac{2\,\epsilon\,\epsilon_0\, U_D}{q\, N_D}} \qquad \text{(V,260)}$$

Nach Gl. V,253 gilt stets $N_D \cdot x_n = N_A \cdot x_p$ für die Anteile der beiden Gebiete an der Raumladungsschicht. Demnach erstreckt sich die Raumladungsschicht eines unsymmetrisch-dotierten pn-Überganges mehr ins niedriger dotierte Gebiet und wird in ihrer Tiefe durch dessen Dotierung bestimmt.

Strom-Spannungskennlinie. Die Strom-Spannungskennlinie eines pn-Überganges läßt sich weitgehend ohne spezielle Annahmen über das verwendete Halbleitermaterial ableiten. Wie bereits an anderer Stelle bemerkt, stellt das thermodynamische Gleichgewicht im Halbleiter ein dynamisches Gleichgewicht gegenläufiger Prozesse dar: von Diffusions- und Drift-Prozessen, von Generations- und Rekombinations-Prozessen. Wenn also im thermischen Gleichgewicht d. h. ohne äußeren Stromfluß am pn-Übergang ($j_{ges} = 0$, weil Spannung $U = 0$) Elektronen aus dem n-leitenden Halbleiter in den p-leitenden Bereich diffundieren, stehen im p-leitenden Bereich sogleich Löcher bereit, um mit den Elektronen zu rekombinieren. Die beiderseits vom pn-Übergang gestörte Neutralität wird durch einen Strom von im p-Gebiet thermisch generierten Elektronen, die ins n-Gebiet zurückfließen, wieder hergestellt. Der ins p-Gebiet diffundierende Elektronenstrom läuft den Potentialwall U_D hinauf und rekombiniert im p-Bereich mit der Dichte j_{nr}. Der hier generierte Strom der Dichte j_{ng} entspricht ihm im Gleichgewichtsfall und läuft den Potentialwall hinunter:

$$j_{nr}(U = 0) + j_{ng}(U = 0) = 0 \qquad \text{(V,261)}$$

Mit einer äußeren Spannung $\pm U$ greifen wir in das Gleichgewicht dieser spontanen, einander dem Betrage nach gleichen Rekombinations- und Generations-Ströme ein. Zunächst beschränken wir uns in der Betrachtung wieder auf die Raumladungsschicht, an der eine kleine äußere Spannung $\pm U$ (bis auf geringe Anteile, die auf den ohmischen Widerstand der Halbleitergebiete entfallen) anliegen möge. Außerdem sei das Halbleitermaterial nicht entartet, d. h. wir können wieder die Boltzmann-Statistik benutzen.

Eine von außen angelegte Spannung U vergrößert oder verkleinert je nach ihrer Polarität die Potentialbarriere eines pn-Überganges, die im Gleichgewicht der Diffusionsspannung U_D entspricht (Abb. V,224). Entsprechend Gl. V,257 wird die Dichte der Elek-

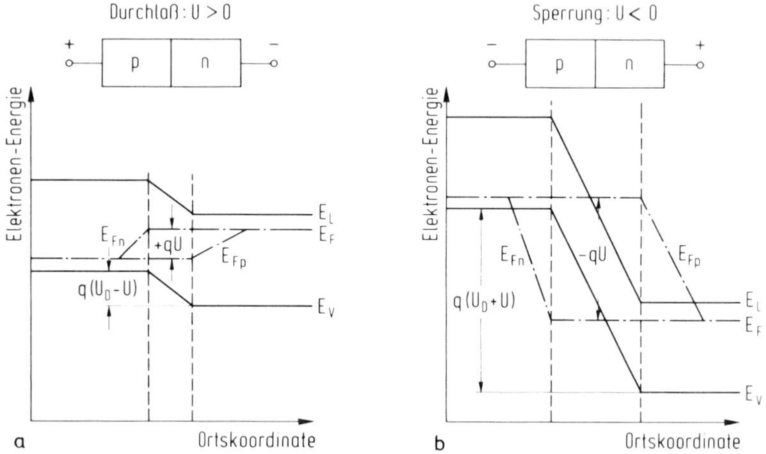

Abb. V,224. Energiebändermodell eines pn-Überganges im Durchlaßfall a) und Sperrfall b) Ortsverlauf schematisiert

tronen im p-Gebiet vergrößert, wenn Diffusionsspannung und äußere Spannung entgegengesetzt gerichtet sind, und verkleinert, wenn sie gleiche Vorzeichen haben. Erhöhung der Barriere z. B. um das äußere Potential $-U$ (Sperrfall) bedeutet, daß entsprechend dem Boltzmann-Faktor $\exp\left(-\frac{qU}{kT}\right)$ weniger Elektronen die Barriere überwinden können und sich als Folge der Rekombinationsstrom der Elektronen $j_{nr}(-U)$ um den gleichen Faktor gegenüber dem Gleichgewicht verringert.

$$j_{nr}(-U) = j_{nr}(U=0)\exp\left(-\frac{qU}{kT}\right) \tag{V,262}$$

Entsprechend bedeutet Erniedrigung der Barriere um das äußere Potential $+U$ (Durchlaßfall) Erhöhung des Elektronen-Rekombinationsstromes

$$j_{nr}(+U) = j_{nr}(U=0)\exp\left(+\frac{qU}{kT}\right) \tag{V,263}$$

Der Generationsstrom $j_{ng}(\pm U)$ der Elektronen wird im Sperr- und Durchlaßfall durch die variierte Höhe der Potentialbarriere **nicht** beeinflußt, da die betreffenden Elektronen in jedem Fall die Potentialschwelle hinunterfließen:

$$j_{ng}(\pm U) = j_{ng}(0) \tag{V,264}$$

Also überwiegt im Sperrfall der Generationsstrom, im Durchlaßfall der Rekombinationsstrom der Ladungsträger in der Raumladungsschicht. Entsprechend dem früher Gesagten bedeutet der Sperrfall Extraktion, der Durchlaßfall Injektion von Minoritätsladungsträgern für die hier behandelte geringe Abweichung vom thermischen Gleichgewicht (äußere Spannung $U \lesssim k\,T/q$). Stets spaltet bei äußerer Spannung U und Stromfluß $j \neq 0$ das Fermi-Niveau E_F in die beiden Quasi-Fermi-Niveaus E_{Fn} und E_{Fp} auf (s. Abb. V,224).

Die Löcherströme durch die Grenzschicht verhalten sich vollkommen analog. Die entsprechenden Beziehungen lauten

$$j_{pr}(U = 0) + j_{pg}(U = 0) = 0 \tag{V,265}$$

$$j_{pr}(\mp U) = j_{pr}(U = 0) \exp\left(\mp \frac{q\,U}{k\,T}\right) \tag{V,266}$$

$$j_{pg}(\mp U) = j_{pg}(U = 0) \tag{V,267}$$

Da der äußere Strom j_{ges} sich aus der Summe von Elektronen- und Löcherstrom zusammensetzt: $j_{ges} = j_n + j_p$ und der Elektronen- und Löcherstrom jeweils dem Überschuß des betreffenden Rekombinations- und Generationsstromes entspricht: $j_n = j_{nr} - j_{ng}; j_p = j_{pr} - j_{pg}$, finden wir für die Flächendichte des Gesamtstromes eines pn-Überganges

$$j_{ges}(U) = j_0 \left[\exp\left(\frac{q\,U}{k\,T}\right) - 1\right] \tag{V,268}$$

mit $j_0 = j_{ng}(U = 0) + j_{pg}(U = 0)$ als Summe des Elektronen und Löcher-Generationsstromes.

Der **Sperrfall** wird in Gl. V,268 mit $U < 0$ bezeichnet, so daß für hohe Sperrspannungen $[\exp(-\frac{q\,U}{k\,T}) \ll 1]$ sich Unabhängigkeit von der Sperrspannung ergibt:

$$j_{sperr} = -[j_{ng}(U = 0) + j_{pg}(U = 0)] \tag{V,269}$$

Dieser Strom heißt Sättigungssperrstrom.

Der **Durchlaßfall** wird in Gl. V,268 mit $U > 0$ bezeichnet, so daß für hohe Durchlaßspannungen $[\exp(+\frac{q\,U}{k\,T}) \gg 1]$ ein exponentieller Verlauf gilt:

$$j_{durchl} = [j_{ng}(U = 0) + j_{pg}(U = 0)] \exp\left(\frac{q\,U}{k\,T}\right) \tag{V,270}$$

Diese allgemeine Strom-Spannungs-Kennlinie eines pn-Überganges wurde ohne besondere Annahmen hinsichtlich der verwendeten Halbleitermaterialien und der Geometrie lediglich aus der Struktur des Bändermodelles (hier spielt nur die Existenz, nicht aber die Form des Potentialwalles im Bändermodell des pn-Überganges eine Rolle!) und der Existenz von Rekombinations- und Generationsströmen in der Raumladungsschicht abgeleitet.

Vergleichen wir nun unser Ergebnis Gl. V,268 mit dem Experiment (Abb. V,225), so stellt man z. B. für eine Planardiode qualitativ gute Übereinstimmung mit den abgeleiteten Beziehungen fest: es existiert Sperrung über einen großen Spannungsbereich bis zur Durchbruchsspannung U_{Br}, bei der die elektrische Feldstärke im Raumladungsbereich einen kritischen Wert erreicht. Im Durchlaßbereich steigt der Strom bereits nach wenigen 100 mV bis zur thermischen Zerstörung der Diode.

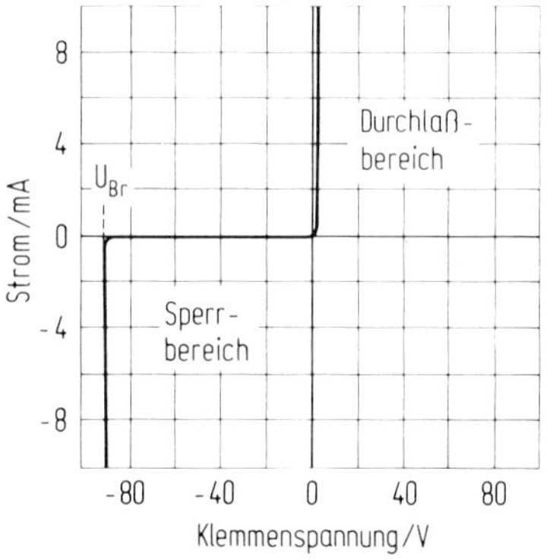

Abb. V,225. Strom-Spannungskennlinie einer Si-Diode (T = 300 K)

Eine quantitative Untersuchung des Sperrverhaltens von pn-Übergängen aus verschiedenem Halbleitermaterial für eine konstante Temperatur von 25 °C jedoch zeigt, daß der spannungsunabhängige Sättigungssperrstrom nur bei Germanium existiert. Auch der Durchlaßstrom weicht von der Theorie ab: nur für Germanium steigt er durchweg proportional zu exp $(q\, U/k\, T)$; für Si und Ga As existieren in der halblogarithmischen Darstellung (mindestens) zwei Bereiche unterschiedlichen Anstiegs. Genauere Analysen zeigen, daß die festgestellten Abweichungen vom hier entwickelten Modell eines pn-Überganges mit den Generations/Rekombinations-Vorgängen innerhalb und außerhalb der Raumladungsschicht zusammenhängen. Das Gewicht beider Vorgänge ist bei unterschiedlichen Halbleiter-Materialien verschieden. Von Bedeutung ist dabei die Breite der verbotenen Zone, E_G. Ein hoher Wert E_G hat starke Abweichungen vom hier entwickelten einfachen Modell zur Folge.

Eine wichtige Anwendung des pn-Überganges ist die **Fotodiode.** Durch Absorption elektromagnetischer Strahlung (s. auch den Abschnitt über die Diffusionslänge der Minoritätsladungsträger) und Elektron-Loch-Paar-Generation wird die Kennlinie des pn-Überganges um den spannungsunabhängigen Betrag j_{ph} in negativer Richtung verschoben

$$j_{ges}(U) = j_0 \left[\exp\left(\frac{q\, U}{k\, T}\right) - 1 \right] - j_{ph} \qquad \text{(V,271)}$$

Die Photostromdichte j_{ph} ist der absorbierten Strahlungsleistungsdichte p_E der einfallenden Strahlen proportional. Als Solarzellen dienen großflächige Fotodioden zur Leistungsversorgung von Weltraumsatelliten (Leistungsbedarf von Nachrichtensatelliten: 300 . . . 1000 W). Durch gut angepaßte Ohmsche Last kann den Solarzellen bis zu 80% des Produktes Leerlaufspannung U_L x Kurzschlußstrom I_R entnommen werden. Der theoretisch erreichbare Wirkungsgrad η der Umwandlung von Strahlungsleistung der Sonne auf der Erdoberfläche (135 mW/cm^2) in elektrische Leistung beträgt bei 20° C für Silizium 22% und für Ga As 27%. Bei realen Solarzellen aus Si und Ga As ist η jedoch annähernd um einen Faktor 2 kleiner (Si: $\eta_{prakt} \lesssim 13\%$; Ga As: $\eta_{prakt} \lesssim 15\%$) aufgrund der Reflexionsverluste und des Bahnwiderstandes. Aus Gründen der Wirtschaftlichkeit werden vorwiegend Si-Solarzellen für Weltraum-Satelliten verwendet.

Die Tunnel-Diode. Im Jahre 1958 berichtete Leo Esaki über „anomale" Stromspannungs-Kennlinien von entartet-dotierten Germanium pn-Übergängen (Abb. V,226a); im Durchlaßbereich beobachtete er bei geringen Spannungen ein ausgeprägtes Strom-Maximum und erklärte es mit Hilfe des quantenmechanischen Tunnel-Effektes als Majoritätsladungsträger-Transportvorgang. Die Sperrseite der Kennlinie zeigte anomal hohe Stromdichte. Man erreicht für Germanium bei einer Störstellendichte $N \sim 2 \cdot 10^{19}$ cm^{-3} den Fall der „Ladungsträger-Entartung": das Fermi-Niveau stimmt energetisch mit einer der Bandkanten überein. Für noch höhere Dotierungen wandert es in die Bänder hinein und das diskrete Störstellenniveau entartet zu einem Störstellen-Band.

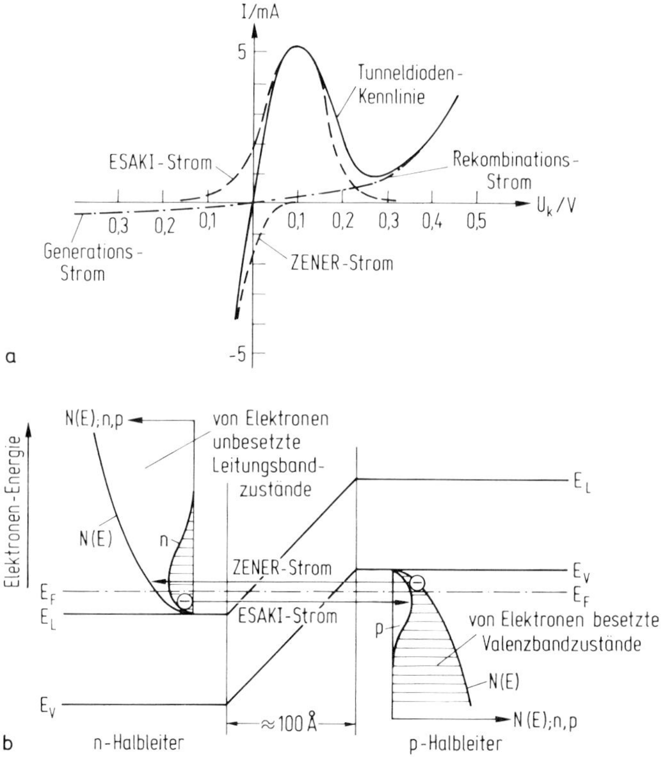

Abb. V,226. Strom-Spannungs-Kennlinien a) und Energiebänder-Schema b) einer Tunnel-Diode

Errechnen wir nach Gl. V,260 die Weite der Raumladungsschicht für einen pn-Übergang aus beiderseits entartet-dotiertem Halbleitermaterial am Spannungsnullpunkt, so gewinnt man Werte der Größenordnung $w \sim 10 \ldots 100$ Å. Die dazu gehörige Diffusionsspannung U_D (Gl. V,255) liegt bei 1 V, so daß im Raumladungsbereich elektrische Feldstärken von $\sim 10^6$ V/cm auf die Ladungsträger wirken. In Abb. V,226b sehen wir das Bändermodell eines pn-Überganges zweier entartet dotierten Halbleiter-Materialien. Die zahlreichen Elektronen des Leitungsbandes des n-Leiters stehen – durch den ~ 100 Å-breiten Potentialwall der verbotenen Zone getrennt – den zahlreichen Löchern des Valenzbandes des p-Leiters am Fermi-Niveau gegenüber. Die Elektronen sind dann in der Lage, den Potentialwall **äquienergetisch** (in Abb. V,226b horizontal) zu durchtunneln. Während der Durchtunnelung ist der klassische Energieerhaltungssatz zwar verletzt, aber die Quantenmechanik erlaubt solche kurzfristigen Verstöße, falls sie sich im Rahmen der Heisenbergschen Unschärferelation $\Delta E \cdot \Delta t \geqslant \hbar$ halten.

Mit Hilfe der Unschärfe-Relation können wir die Energie-Unschärfe der tunnelnden Elektronen abschätzen. Setzen wir für die zeitliche Unschärfe $\Delta t = \frac{x}{v}$ an (x = Tunnel-Länge ~ 10 Å; $v = v_d$ $(10^6$ V/cm$) \approx 10^7$ cm/s (Abb. V,205 für Si) so gilt $\Delta t = 10^{-14}$ s. Mit $\hbar \approx 10^{-15}$ eVs ergibt sich als untere Grenze $\Delta E \geqslant 0{,}1$ eV. Die Energie-Unschärfe ist demnach von gleicher Größenordnung wie die Energie-Barriere des verbotenen Bandes E_G.

Aufgrund der geringen Tunnel-Länge und der hohen elektrischen Feldstärke ist die quantenmechanische Wahrscheinlichkeit des Tunnelprozesses größer als Null. Im Spannungs-Nullpunkt existieren zwei gegenläufige Tunnelströme gleicher Größe: vom Leitungsband des n-Halbleiters werden Elektronen in das Valenzband des p-Halbleiters injiziert bei der energetischen Lage des Gleichgewichts-Fermi-Niveaus (sog. Esaki-Strom). Vom Valenzband des p-Halbleiters werden umgekehrt Elektronen auf freie Plätze des Leitungsbandes des n-Halbleiters tunneln (sog. Zener-Strom). Für äußere Spannungen $U \neq 0$ greift man in dieses dynamische Gleichgewicht ein und verschiebt es für Durchlaßspannungen ($U > 0$) zugunsten des Esaki-Stromes, für Sperrspannungen ($U < 0$) zugunsten des Zener-Stromes. Für Durchlaßspannungen vergrößert sich zunächst der Energiebereich, in dem Esaki-Übergänge stattfinden können, bis besetzte Leitungsbandzustände und unbesetzte Valenzbandzustände der beiden Halbleitermaterialien sich optimal äquienergetisch überlappen. Der Esaki-Strom zeigt ein Maximum und geht anschließend zurück, weil der gemeinsame Energiebereich beider Bänder zurückgeht. Der Strom nimmt bei fehlender Überlappung wieder zu, wenn der bekannte Rekombinationsstrom der Minoritätsladungsträger anzusteigen beginnt. Für Sperrspannungen vergrößert sich zunehmend der Energiebereich, in dem äquienergetisch Zener-Übergänge stattfinden können. Also wird in Sperrichtung ein hoher Tunnelstrom das Bauelement charakterisieren und den Sättigungsstrom der Minoritätsladungsträger-Generation bei weitem überdecken.

Als Majoritätsladungsträgereffekt wird der Durchgang durch die Potentialbarriere durch die Relaxationszeit ($\tau_r < 10^{-10}$ s) bestimmt. Deshalb sind kleinflächige Tunneldioden sehr gut im Mikrowellen-Gebiet und als schnelle binäre Schalter verwendbar. Im Bereich negativer differentieller Leitfähigkeit wird die Tunneldiode vielfach zur Schwingungserregung benutzt.

Der Transistor[1] ist zweifellos das wichtigste Bauelement der Festkörperphysik. Er wurde zuerst als Ge-Spitzentransistor 1948 von J. Bardeen und W. H. Brattain

[1] Der Name „Transistor" ist aus „**transfer resistor**" (engl.) entstanden (dtsch. „Übertragungswiderstand")

erfunden und seine Funktion wurde ein Jahr später von W. Shockley quantitativ erklärt. Der Transistor hat seitdem, durch die zahllosen Anwendungsmöglichkeiten stimuliert, eine breite Entwicklung erfahren. Die heutige Technologie ist in der Lage, durch Wahl von Material und Herstellungsprozeß für einen bestimmten Anwendungs-Zweck optimale Transistoren zu entwickeln, als einzelne („**diskrete**") Bauelemente oder gemeinsam mit vielen anderen („**integrierten**") Bauelementen in **integrierten Schaltkreisen** („IC" von engl. „integrated circuit"). So gelingt die Verstärkung hochfrequenter Ströme bis zu Grenzfrequenzen $f_t \lesssim 30$ GHZ (Ga As-Sperrschicht-Feldeffekt-Transistor mit Schottky-Kontakt), die Steuerung hoher Stromstärken $\lesssim 2000$ A cm^{-2} (Si-Thyristor, nach dem Planar-Diffusionsverfahren hergestellt), die Ausführung digitaler Schaltfunktionen mit kurzen Schaltzeiten $t_s \gtrsim 10$ ns (Flipflop-Schaltung mit ausschließlich Si-MOS-Transistoren), der Einsatz als Steuerungselement in Satelliten bei extremem Temperaturwechsel ($\Delta T \approx 400$ °C) und bei Strahlungsbelastung durch hochenergetische Elektronen und Protonen im Van-Allen-Gürtel.

Den Transistoreffekt konnte man bisher außer an Si und Ge auch an Ga As und CdS nachweisen. Die Frühzeit der Transistorphysik benutzte als Werkstoff vor allem Ge, aus dem man Spitzentransistoren und Legierungstransistoren herstellte. Seit der Entwicklung der Planar-Technologie (1960) werden die meisten Transistoren aus epitaxialen Silizium-Scheiben hergestellt.

Wir beginnen die Erörterung des Transistor-Effektes mit der Beschreibung der Herstellung von Si-Epitaxial-Transistoren in Planartechnik. „**Epitaxie**"[2] bedeutet Wachstum von Einkristall-Schichten auf Einkristall-Proben; die abgeschiedenen epitaxialen Schichten besitzen dabei den gleichen oder einen anderen Dotierungsstoff. So lassen sich Leitungstyp und Leitfähigkeit der Halbleiterschicht gegenüber dem Halbleiter-„Substrat"[3] verändern. Der wichtigste Prozeß der **Planartechnik** ist die Erzeugung und Abtragung einer SiO_2-Schicht (Quarzglas) auf Si-Substrat. So kann man z. B. in eine 2000 Å starke SiO_2-Schicht Fenster ätzen, in deren Bereich anschließend Schichten auf dem bloßgelegten Si-Substrat aufwachsen oder Dotierungsstoffe in das Substrat eindiffundieren können. Die Bedeutung der SiO_2-Schicht für die Planartechnik liegt in ihrem hohen Diffusionswiderstand gegenüber vielen Dotierungsstoffen sowie in der Anwendbarkeit photolithographischer Techniken zur Herstellung von Bauelementstrukturen kleinster Ausdehnung. Vor allem jedoch passiviert eine SiO_2-Schicht die Silizium-Oberfläche und reduziert die Dichte der Oberflächenzustände.

Unsere Betrachtungen beziehen sich weiter auf **Sperrschicht-Transistoren** (im Gegensatz etwa zu Sperrschicht-Feldeffekt-Transistoren oder MOS-Transistoren). Durch die Aufeinanderfolge der dotierten Schichten soll unser Sperrschicht-Transistor als pnp-Transistor gekennzeichnet sein.

Die Herstellung beginnt mit der Aufbringung einer **Epitaxie**-Schicht gleichen Leitungstyps auf das p^+-leitende Substrat (Abb. V,227a). Dadurch ist lediglich der oberflächennahe Bereich, die Epitaxieschicht durch geringe Dotierung hochohmig, ansonsten wird im künftigen „Kollektor" ein hoher Bahnwiderstand vermieden. Die Oberfläche der Probe wird nun oxidiert und anschließend in die Oxidschicht photolithographisch ein Fenster in der Form der künftigen Basis eingeätzt. Man läßt nun Störstellen für n-Leitung (z. B. P) in das Fenster und damit in die Epitaxie-Schicht eindiffundieren und erzeugt den n-leitenden „Basis"-Bereich, der mit einem pn-Übergang an den „Kollektor"-Bereich (Epitaxieschicht) grenzt. Nach abermaliger Oxydation werden Fenster für den „Emitter" geätzt und Störstellen des Substrat-Typs erzeugen einen zweiten flachen pn-Übergang. Ein geringer Abstand der beiden pn-Übergänge ist von großer Bedeutung für die Wirkungsweise des Transistors. Zum Schluß werden durch nochmalige Oxydation und Metallisierung der Anschlüsse die eindiffundierten Gebiete kontaktiert, der Einzeltransistor wird von der Scheibe, dem „Chip" abgebrochen, Metalldrähte werden an den Basis-, den Emitter- und den Substrat-Anschluß angelötet und der Transistor wird unter einer Metallkappe verpackt.

[2] epitaxial (grch.) – aufeinander angeordnet
[3] Substrat (lat.) – Probenträger, Unterlage

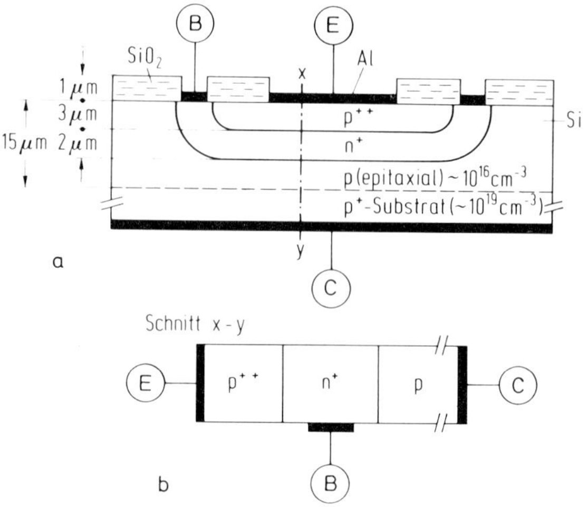

Abb. V,227. a) Typischer Si-Planar-pnp-Transistor, b) Idealisierte eindimensionale Darstellung längs des in a) eingezeichneten Schnittes nach A. S. Grove a. a. O.

Im folgenden idealisieren wir diesen realen Transistor-Aufbau durch den in Abb. V,227b gezeigten, der einen Schnitt durch den realen Transistor längs der gestrichelten Linien xy darstellt und die drei Bereiche (v. l. n. r.) „**Emitter**" (stark dotiert) „**Basis**" (schwach dotiert) und „**Kollektor**" (sehr schwach dotiert) mit ihren Metallkontakten enthält. Die Bedeutung der drei Bezeichnungen wird aus den folgenden Betrachtungen hervorgehen. Weiter gibt die Abb. V,228 den örtlichen Stör-

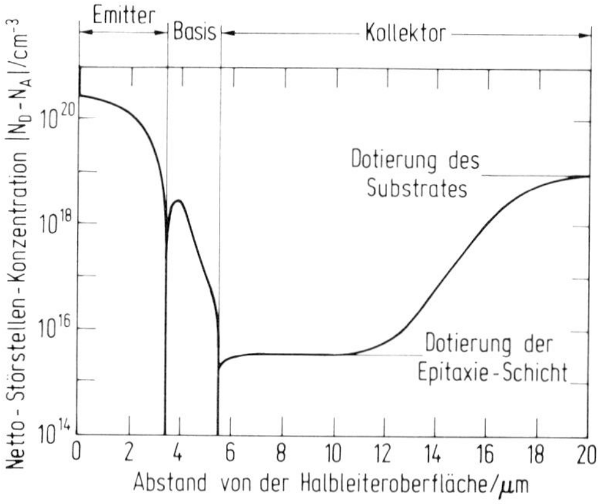

Abb. V,228. Störstellenverteilung eines Si-Planar-pnp-Transistors mit Epitaxieschicht (nach A. S. Grove „Physics and technology of semiconducter devices" New York 1967)

stellenverlauf, wie er durch Festkörper-Diffusion entsteht. Die Störstellenkonzentration ist lediglich in der Epitaxie-Schicht konstant. Die Energie-Bänder des idealisierten pnp-Transistors der Abb. V,227 werden in Abb. V,229 gezeigt, oben für thermisches Gleichgewicht (alle Anschlüsse sind kurz geschlossen), unten für den Fall, daß zwischen Emitter und Basis eine Durchlaßspannung U_{EB}, zwischen Basis und Kollektor eine Sperrspannung U_{BC} liegt. Dieser Fall stellt einen der häufigsten Betriebsfälle eines Transistors dar, die sog. „Basisschaltung". Entsprechend der Durchlaß-Spannung am Emitter-Basis-pn-Übergang, werden zahlreiche Löcher in die n-leitende Basis

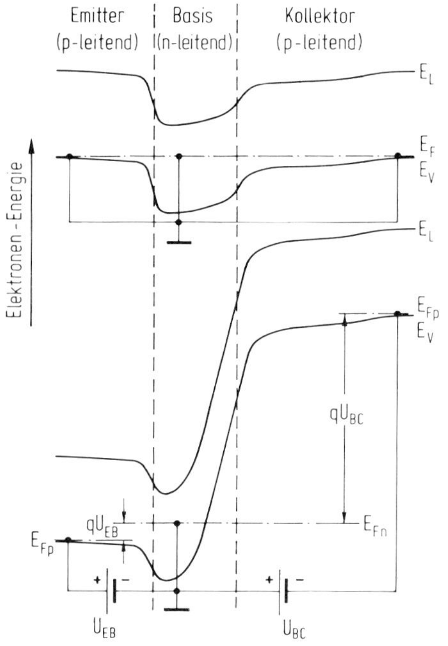

Abb. V,229. Energiebänder-Verlauf (schematisiert) eines Si-Planar-pnp-Transistors mit Epitaxieschicht
oben: im stromlosen Fall (thermodyn. Gleichgewicht)
unten: $U_{EB} \neq 0$; $U_{BC} \neq 0$ (thermodyn. Nicht-Gleichgewicht)

injiziert. Wenn nun der Basis-Kollektor-pn-Übergang dem Emitter-Basis-pn-Übergang sehr nahe liegt, werden die meisten in die Basis injizierten Löcher den nahen Basis-Kollektor-pn-Übergang diffundierend erreichen und durch das starke elektrische Feld in den p-leitenden Kollektor befördert. Obwohl der Basis-Kollektor-pn-Übergang gesperrt ist, fließt nach Löcherinjektion aus dem Emitter ein hoher, dem Durchlaßstrom der Emitter-Basis-Diode vergleichbarer Strom in den Kollektor.

Der Transistor-Effekt ist demnach wie folgend zu beschreiben:

Ein hoher Strom fließt über einen gesperrten pn-Übergang, weil ein zweiter, im Durchlaßfall betriebener pn-Übergang sich in unmittelbarer Nähe befindet. Leistungsverstärkung entsteht im Transistor, weil der Durchlaß-Strom I_E über den kleinen Widerstand R_{EB} der im Durchlaß betrieben Emitter-Basis-Diode anschließend nur geringfügig verringert über den hohen Widerstand R_{BC} der in Sperrung betriebenen Basis-Kollektor-Diode fließt.

In dieser Betriebsart liegt die Bedeutung der Bezeichnungen „Emitter“ und „Kollektor“ auf der Hand: der **Emitter** sendet die Ladungsträger aus, die als Minoritätsladungsträger durch den **Basis**-Bereich diffundieren und vom **Kollektor** aufgesammelt werden (lat. emittere – aussenden, colligere – aufsammeln). Die Bezeichnung „Basis“ hat historische Bedeutung: beim Spitzentransistor ruhten Emitter- und Kollektor-Kontakt als Metallspitzen auf dem „Basis“-Scheibchen aus Ge. Durch „Formierung“ mit Hilfe eines Stromstoßes durch die Kontakte bildete sich eine mit Metallatomen dotierte

Schmelze aus Halbleitermaterial. Nach dem Erstarren bildete die Phasengrenze zwischen dotiertem und undotiertem Halbleiter die beiden pn-Übergänge Basis-Emitter und Basis-Kollektor.

Für die **Basisschaltung** wird in Abb. V,230a das Kennlinienfeld eines Si-pnp-Transistors gezeigt. Vom Nullpunkt bis hin zur Durchbruchsspannung der Kollektor-Basis-Strecke von ca. - 80 V gilt annähernd $I_C \approx I_E$. Die Stromverstärkung der Basisschaltung

$$\alpha = \frac{I_C}{I_E}$$

ist damit im genannten Bereich ≈ 1.

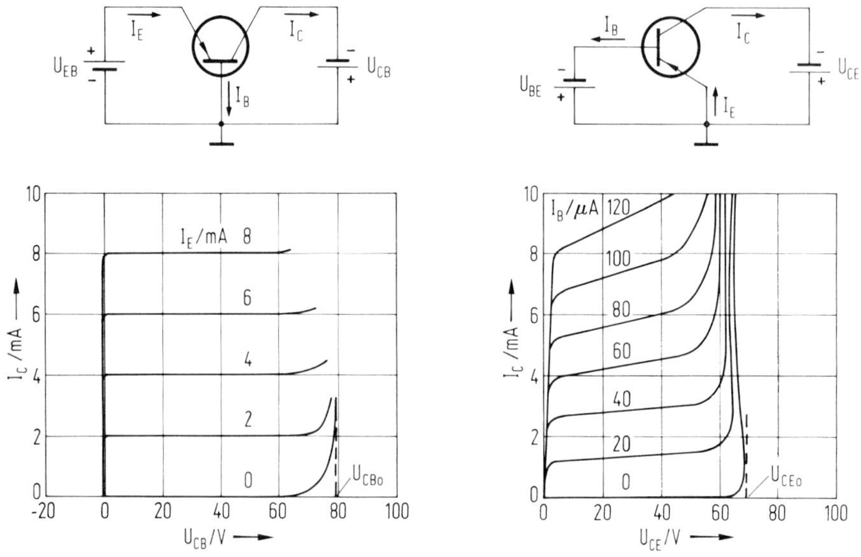

Abb. V,230. Kennlinienfeld eines pnp-Transistors für Basisschaltung a) und Emitterschaltung b)

Bei dem in Abb. V,230b gezeigten Kennlinienfeld der **Emitter-Schaltung** des gleichen Transistors beschreibt $\beta = \frac{I_C}{I_B}$ die Stromverstärkung der Emitter-Schaltung. Bei $I_C = 4$ mA und niedrigen Kollektor-Emitter-Spannungen ermittelt man $\beta \approx 60$. Eine Änderung des Basisstromes I_B verursacht eine sechzigmal höhere Änderung des Kollektorstromes I_C. Der Emitterstrom I_E ist nach Beziehung

$$I_E = I_B + I_C$$

um weniger als 2% größer als I_C und damit im Kennlinienfeld Abb. V,230a nicht von I_C zu unterscheiden.

Dem Basisstrom I_B kommt für den Transistoreffekt zentrale Bedeutung zu. Nach der Injektion aus dem Emitter diffundieren die Löcher durch die Basis hindurch, bis sie die Basis/Kollektor-Sperrschicht erreichen. Dabei geht in der Basis ein bestimmter Teil der Löcher durch Rekombination verloren. Jedem in der Basis rekombinierenden Loch entspricht ein Elektron, das von außen über die Zuleitung in die Basis eintritt. Der Basisstrom ist deshalb ein Maß für die Basisrekombination, im Inneren und an der Oberfläche der Basis, innerhalb und außerhalb der Raumladungsbereiche. Wenn die Länge der Basis W_B gering ist (verglichen mit der Diffusionslänge der Minoritätsladungsträger), bleiben die Rekombinationsverluste und mithin der Basisstrom klein und geben Anlaß zu hohen β-Werten. Desgleichen wird die Grenzfrequenz des Transistors durch die Basisweite W_B bestimmt: $f_t \sim W_B^{-2}$. Typische Werte der Basisweite moderner Epitaxie-Planar-Transistoren liegen zwischen 2 und 5 μm.

3.9 Amorphe Halbleiter

Energiebänder-Strukturen eines Festkörpers sind das Resultat einer atomaren Nahordnung, die auch bei Störung des Kristallgitters in modizizierter Form erhalten bleibt (Gubanov). Die wenig veränderten optischen Absorptionskanten und die gleichartige Temperatur-Abhängigkeit der spezifischen Leitfähigkeit wie beim kristallinen Halbleiter sind dafür wichtige Belege (Abb. V,231 und V,232). Es erscheint gesichert,

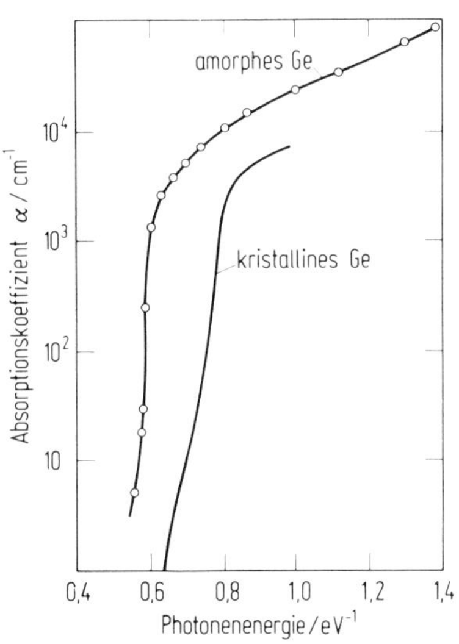

Abb. V,231

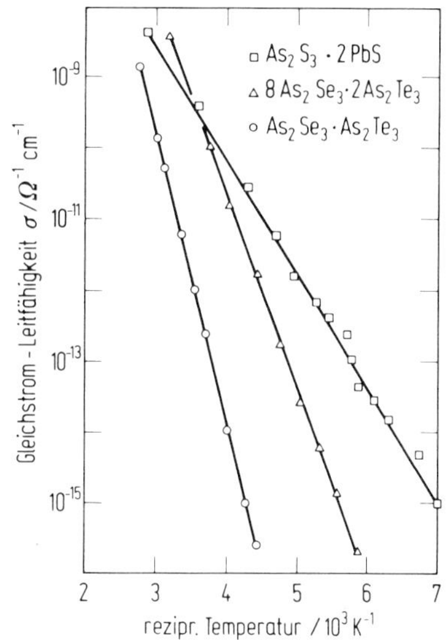

Abb. V,232

Abb. V,231. Vergleich der Absorptionskante von kristallinem (Dash und Newman, Phys. Rev. 99, 1151 (1965)) und amorphem Ge (Spicer und Donovan, J. Noncryst. Sol. 2, 66 (1970)).

Abb. V,232. Gleichstrom-Leitfähigkeit verschiedener Chalkogenid-Halbleiter als Funktion der reziproken Temperatur (Owen und Robertson, J. Noncryst. Sol. 2, 41 (1970)).

daß z. B. bei Si und Ge die kovalente Bindung des kristallinen Zustandes auch in der amorphen Phase Tetraeder-Strukturen erzeugt, die durch statistische Verteilung gegenseitiger Abstände fluktuierende „Gitterstrukturen" aufweisen. So existieren zur Beschreibung der amorphen Phase weiterhin Valenz- und Leitungsband, sie werden jedoch durch lokalisierte energetische Zustände erheblicher Dichte bis über die Mitte der verbotenen Zone hinaus verbreitet und überlappen sich dort (Abb. V,233). Das wichtigste Kennzeichen dieser Zustandsdichten-Verteilung ist die „**Beweglichkeits-Lücke**" (mobility gap), die sich im verbotenen Band zwischen E_V und E_L erstreckt.

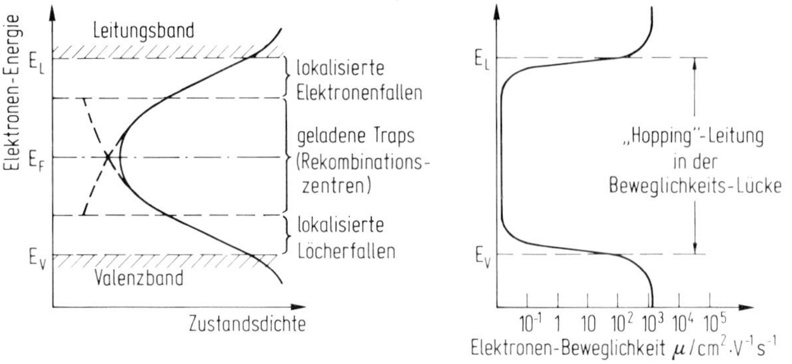

Abb. V,233. Zustandsdichte und Elektronenbeweglichkeit amorpher Halbleiter nach dem CFO-Modell

Zwischen nicht-lokalisierten Energiezuständen der Bänder ist der normale Ladungsträgertransport mit hoher Beweglichkeit ($\mu_{Band} \sim 10^3 \ldots 10^4$ cm^2 V^{-1} s^{-1}) möglich (**Band-Leitung**), während zwischen den lokalisierten Energiezuständen im Bereich des verbotenen Bandes Tunnelprozesse nach thermischer Aktivierung (**Hopping-Leitung**) mit verschwindender Beweglichkeit ($\mu_{hopping} < 0{,}1$ cm^2 V^{-1} s^{-1}) stattfinden.

Weiteres Kennzeichen dieses Modelles, das nach M. M. Cohen, H. Fritzsche und S. R. Ovshinsky als **CFO-Modell** (1969) der amorphen Halbleitung bezeichnet wird, ist das Eigenleitungs-Verhalten der amorphen Halbleiter, deren Atome lokal aufgrund der **Positions-** und **Konstitutions-Unordnung** sämtliche freien Valenzen absättigen können. Da die „Schwänze" des Leitungs- und Valenzbandes den Donator- und Akzeptorcharakter der lokalisierten Energiezustände auch im Überlappungsbereich beibehalten, gibt es nahe der Mitte des verbotenen Bandes ($E_i = E_F$) geladene „Traps" (Fallen). Diese Traps wirken als Rekombinationszentren, über die z. B. strahlende Rekombination ablaufen kann (an $As_2Se_3 \cdot As_2Te_3$ beobachtet).

Mit Hilfe des CFO-Modelles können die Strom-Spannungs-Kennlinien von Chalkogenid-Gläsern (Abb. V,234) durch Vorgänge elektronischer Halbleitung gedeutet werden. Die Herstellung dieser

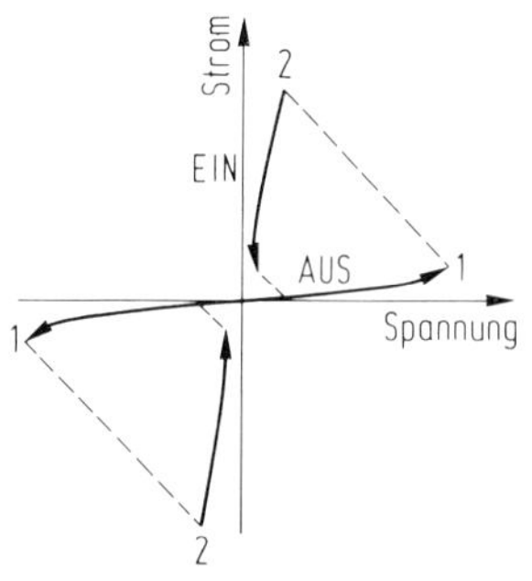

Abb. V,234. Strom-Spannungs-Kennlinie eines Ovonic–Threshold-Schalters aus amorphen Chalkogeniden

Proben (sog. Ovonic–Threshold-Schalter nach dem Entdecker S. R. Ovshinsky) ist weitaus weniger aufwendig als die Präparation von Einkristallstrukturen. Nach dem Schmelzen des Chalkogenid-Systems im Vakuum läßt man das Glas erkalten. Diese Proben besitzen eine bemerkenswerte Unanfälligkeit gegenüber Verunreinigungen, eine Eigenschaft, die allerdings nach dem Postulat der lokalen Absättigung aller Valenzen zu erwarten ist. Beim Anlegen einer Spannung laufen zunächst von der Katode aus Elektronen und von der Anode aus Löcher aufeinander zu (Abb. V,235), von denen jedoch jeweils ein Teil in „Fallen" (in der Beweglichkeits-Lücke) immo-

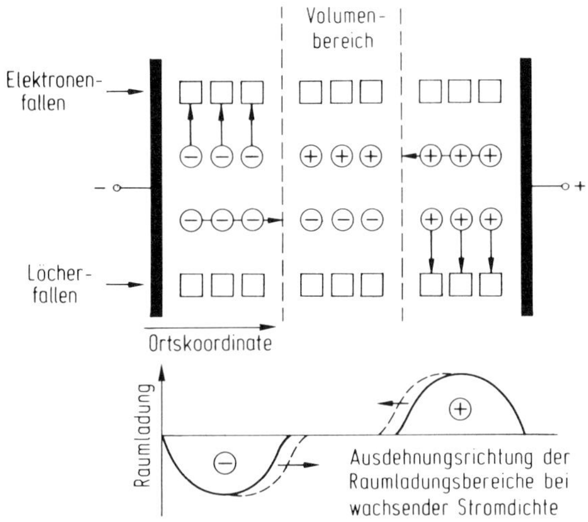

Abb. V,235. Funktion des Ovonic–Threshold-Schalters entsprechend dem CFO-Modell

bilisiert wird. Dadurch entstehen in der Nähe von Katode und Anode örtlich getrennt Raumladungsbereiche, deren Breite sich mit zunehmender Stromdichte vergrößert („AUS"-Bereich in Abb. V,234). Die Leitfähigkeit ist im AUS-Bereich dem Probenquerschnitt proportional. Im Augenblick der Berührung beider Raumladungsbereiche (Punkt 1) gleichen sich die Ladungen aus, das elektrische Feld der Raumladungen bricht weitgehend zusammen und der Strom steigt an (Punkt 1 → Punkt 2). Stromfluß erfolgt nun über fadenförmige Mikroplasma-Bereiche im Festkörper (filaments) durch gleichgroße Zahl von Ladungsträgern beider Polaritäten; die Leitfähigkeit hängt im „EIN"-Bereich nicht mehr vom Probenquerschnitt ab. Unterhalb einer bestimmten Stromdichte-Schwelle erlischt das Mikroplasma. Die Strom-Spannungs-Kennlinien hängen nicht vom Vorzeichen der Spannung ab.

Bei der Interpretation dieser Effekte ist neben der elektronischen Leitung nach dem CFO-Modell stets auch der Beitrag ionischer Leitfähigkeit zu berücksichtigen, der durch Materialtransport irreversible Änderungen der Probe und nach einer bestimmten Zahl von Schaltvorgängen das Erlöschen des Schalteffekts bewirken kann. Es ist bislang ungeklärt, ob Schaltverhalten amorpher Halbleiter ohne nennenswerte ionische Leitfähigkeit realisiert werden kann.

Literatur

W. Shockley: Electrons and holes in semiconductors, D. van Nostrand, Princeton 1950.

E. Spenke: Elektronische Halbleiter, 2. Aufl. J. Springer, Berlin 1965.

O. Madelung: Grundlagen der Halbleiterphysik, Heidelberger Taschenbücher Bd. 71, J. Springer, Berlin 1970.

S. M. Sze: Physics of semiconductor devices, Wiley-Interscience, New York 1969.

Halbleiterprobleme, Herausgeber W. Schottky, Bd. I (1954) – Bd. VI (1961).

Festkörperprobleme, Herausgeber W. Sauter, O. Madelung, J. Queisser, Bd. 1 (1963) – Bd. 13 (1973), Vieweg/Pergamon, Braunschweig.

4. Lumineszenz und Photoleitung

(Horst Nelkowski Berlin)

4.1 Einführung

Energieabsorption durch Atome, Moleküle oder kondensierte Materie kann zur Emission elektromagnetischer Strahlung führen. Soweit die absorbierte Energie nicht den Wärmevorrat des Stoffes, sondern dessen potentielle Energie erhöht hat, d.h. soweit angeregte Zustände geschaffen wurden, bezeichnet man die nachfolgende Emisssion als **Lumineszenz**. Durch diese Definition ist die Lumineszenz sowohl gegen die Wärmestrahlung als auch gegen die Lichtstreuung und den Čerenkov-Effekt abgegrenzt. Lumineszenz ist also die Emission, welche die Planck sche Strahlung (Temperaturstrahlung) des Stoffes übersteigt und mindestens um 10^{-9} s (Lebensdauer angeregter Zustände) verzögert der Anregung folgt. Bei Lichtstreuung und Čerenkov-Strahlung hingegen beträgt die Verzögerung weniger als eine Periode der Lichtwelle (ca. $2 \cdot 10^{-15}$ s für $\lambda = 6000$ Å).

Lumineszenz wird bei sehr vielen organischen und anorganischen Substanzen, den **Leuchtstoffen** oder **Luminophoren**, beobachtet. Sie kann auf verschiedenartige Weise angeregt werden und ist von sehr unterschiedlichen elektronischen Prozessen begleitet. Eine einheitliche Beschreibung ist daher nicht möglich. Deshalb werden nach der Einführung einiger, in der Literatur üblicher – zumeist rein phänomenologischer – Einteilungen, Begriffe und Gesetzmäßigkeiten anhand einfacher Modelle die möglichen physikalischen Prozesse bei der **Anregung**, bei der **Energiespeicherung**, der **Energiewanderung** und bei der **Emission** diskutiert. Anschließend werden die speziellen Eigenschaften typischer Phosphore und Beispiele für ihre Anwendung gebracht. Im letzten Abschnitt des Kapitels werden die physikalischen Vorgänge bei der **Photoleitung** und ihre Anwendung behandelt. Die dafür verwendeten Modelle knüpfen an die beim **Bändermodell** (Rekombinationsleuchtstoffe) und bei der **Elektrolumineszenz** entwickelten Vorstellungen an.

Unter **Photoleitung** versteht man die Änderung der elektrischen Leitfähigkeit infolge der Absorption elektromagnetischer Strahlung. Es kann sich dabei sowohl um eine Vermehrung der Ladungsträgerkonzentration oder Änderung ihrer Beweglichkeit im Volumen des Materials als auch um eine Beeinflussung hochohmiger Grenzschichten handeln. Eng verknüpft mit der Photoleitung (**innerer lichtelektrischer Effekt**) sind sowohl die Änderung der dielektrischen Eigenschaften als auch die Emission von Elektronen während (**Photoemission, äußerer lichtelektrischer Effekt**) oder nach der Anregung (**Elektronennachemission, Exoelektronenemission**). Die Photoemission wird in Bd III behandelt und die Exoelektronenemission bei der **Thermolumineszenz** diskutiert.

Die Bezeichnung Lumineszenz wurde 1889 von Wiedemann vorgeschlagen. Sehr gebräuchlich war früher eine Unterteilung, die heute fast nur noch bei organischen Phosphoren verwendet wird, entsprechend der Dauer des Leuchtens nach Ende der Anregung. Klingt dieses sehr rasch (in ca. 10^{-9} bis 10^{-5} s) ab, so sprach man von **Fluoreszenz** und bei längerem Nachleuchten von **Phosphoreszenz**. Diese Unterteilung nach der Dauer des Abklingens wurde nicht aufgrund unterschiedlicher physikalischer Prozesse, sondern weil sie sehr zweckmäßig war, vorgenommen. Noch vor ca. 30 Jahren konnte mit den damals zur Verfügung stehenden Methoden ein Nachleuchten der Fluoreszenz nicht beobachtet werden. Moderne Methoden liefern jedoch ein zeitliches Auflösungsvermögen von ca. 10^{-10} s, und daher kann heute das Abklingen der Fluoreszenz ebenso wie das der Phosphoreszenz messend verfolgt werden. Sinnvoller ist deshalb die von Pringsheim vorgeschlagene Definition, die Lumineszenz dann als Fluoreszenz zu bezeichnen, wenn das Abklingen nur von der spontanen Übergangswahrscheinlichkeit zwischen den beiden beteiligten Energieniveaus abhängt. Bei der Phosphoreszenz läuft der Prozeß über ein zwischenzeitliches Verweilen in einem Speicherniveau, und erst durch Mitwirkung thermischer Energiezufuhr wird die Emission möglich. Im Gegensatz zur Fluoreszenz ist die Phosphoreszenz stark temperaturabhängig, wobei die Abklingzeit mit steigender Temperatur rasch abnimmt. Wir werden die Definition von Pringsheim möglichst durchgehend benutzen und zumindest darauf hinweisen, wenn den üblichen Bezeichnungen für spezielle Leuchtstoffphänomene andere Überlegungen zugrunde liegen.

Die Fluoreszenz wurde um 1850 von David Brewster, John Perschel und George Gabriel Stokes systematisch untersucht. Stokes gab der Erscheinung auch den Namen, der vom Flußspat (lateinisch Fluorid) hergeleitet ist, da bei diesem Mineral die Fluoreszenz besonders deutlich auftritt. Durch Sonnenlicht wird es zu kräftigem hellblauem Leuchten angeregt. Bei Experimenten mit Chininlösungen, welche im Sonnenlicht ebenfalls fluoreszieren, fand ebenfalls Stokes (1852) die richtige Deutung für die Natur der Fluoreszenz. Er zerlegte einen Sonnenstrahl mittels eines Prismas spektral und stellte eine Küvette mit Chininlösung vor einen Schirm, auf dem das Spektrum aufgefangen wurde, in den Strahlengang. Die Chininlösung leuchtete nur dort, wo violettes oder kurzwelligeres Licht auftraf. Die blaue Fluoreszenz wird also durch violettes (oder ultraviolettes) Licht angeregt und ist keinesfalls ein gestreuter Anteil des Sonnenlichtes. Dieses Experiment zeigt ferner sehr anschaulich ein typisches Verhalten der Lumineszenz, die **Stokessche Regel**: die Emission erfolgt im allgemeinen bei größerer Wellenlänge als die Anregung. Abweichungen von dieser Stokesschen Regel, d.h. **Anti-Stokessche Linien**, treten nur dann auf, wenn am Anregungsprozeß mehrere Photonen mitwirken (2- oder Mehr-Photonen-Prozesse) oder aber, wenn zur elektromagnetischen Anregungsenergie die Energie von Molekülschwingungen bzw. Gitterschwingungen (Phononen) hinzukommt.

Bei Gasen wird häufig eine besonders einfache Form der Fluoreszenz beobachtet: die **Resonanzfluoreszenz**, die Absorption und die Emission erfolgen bei der gleichen Wellenlänge. Sie wird durch den Übergang eines Elektrons in den ersten angeregten oder höher angeregte Zustände (**Resonanzabsorption**, Wood 1905) und nachfolgende Rückkehr in den Grundzustand bewirkt. Führt die Anregung zur Besetzung eines metastabilen Niveaus, dann kann die Energie durch Stöße 2. Art auch auf andere Atome übertragen werden, die dann fluoreszieren. Der Mechanismus dieser **sensibilisierten Fluoreszenz** wurde 1923 von Franck und Cario geklärt. Sehr deutlich ist sie in Hg-Dampf zu beobachten, dem beispielsweise Tl, Na oder Cd zugefügt wird, wodurch die Fluoreszenz auf die charakteristischen Emissionslinien dieser Zusätze übergeht. Ähnliche Sensibilisierungen, d.h. die Änderung des Emissionsspektrums durch Zusatz von Fremdatomen oder Molekülen ohne merkliche Änderung der Absorption, ist auch für viele flüssige und feste Leuchtstoffe typisch. Die dabei vorliegenden Mechanismen werden im folgenden Kapitel besprochen und Beispiele dafür angegeben.

Ausgeprägte Fluoreszenz zeigen organische Farbstoffe wie Eosin und Fluoreszeïn, aber auch Benzol, Naphthalin, Anthrazen und andere aromatische Kohlenwasserstoffe, ferner Lösungen von Uranylsalzen und Salze der seltenen Erden. Beispiele für fluoreszierende Kristalle sind ferner neben dem bereits erwähnten Calziumfluorid (CaF_2), das Calziumwolframat ($CaWO_4$), der Rubin (Al_2O_3 mit ca. 10^{-3} Cr) sowie Uran- und Neodymgläser.

Phosphoreszenz. Die ersten Berichte über die Phosphoreszenz stammen aus Bologna, wo um 1600 der Schuhmacher und Alchimist Vincenci Casciarola die „Bologneser Steine" (BaS mit Spuren von Bi oder Mn) herstellte, welche ein kräftiges rotes Nachleuchten zeigen. Der Name Phosphoreszenz für die Erscheinung bzw. **Phosphor** (grch. phosphorus = Lichtträger) für Mineralien, welche phosphoreszieren, kam im Laufe des 17. Jahrhunderts auf. Das erst später entdeckte Element P wurde so genannt, da es an der Luft im Dunkeln leuchtet. – Allerdings handelt es sich dabei nicht um Phosphoreszenz sondern um Chemolumineszenz (s. u.) infolge einer Oxidation an Luft. – Mit geringen Mengen von Schwermetallen (Phosphorogene, d. h. Phosphorbildner; Aktivatoren) dotiertes Zinksulfid (Sidotsche Blende), andere Chalkogenide des Zn und des Cd sowie entsprechend dotierte Oxide, Sulfide und Selenide der Erdalkalien (Lenard-Phosphore) sind besonders wichtige phosphoreszierende Stoffe. Da die Lumineszenzeigenschaften dieser Verbindungen durch sehr geringe Fremdstoffzusätze (ca. 10^{-5}) bestimmt werden, nahm Lenard an, daß beim Glühen Riesenmoleküle von ca. 10^5 Atomen jeweils mit etwa einem Fremdatom entstehen. Die richtige Deutung dafür, daß so geringe Dotierungen die Lumineszenz (und Photoleitung) bewirken, brachte erst das **Bändermodell** der **Kristallphosphore** von Riehl und Schön.

Anregungsprozesse und weitere Grundbegriffe der Lumineszenz. Häufig findet man in der Literatur eine Einteilung der Lumineszenz nach der Art der Anregung, d.h. nach der Art der Energiezufuhr. Da, abgesehen von Unterschieden bei der mittleren Anregungsdichte und deren örtlicher Verteilung, die physikalischen Vorgänge im wesentlichen die gleichen sind, soll die Diskussion der Anregungs- und Rekombinationsprozesse in den folgenden Abschnitten unter der Annahme einer Anregung durch Photonen (je nach Material bis zu ca. 10 eV Photonenenergie) vorgenommen werden. Gesondert behandelt wird lediglich die **Elektrolumineszenz**, bei der wesentliche neue Gesichtspunkte zu berücksichtigen sind. An dieser Stelle seien die Anregungsarten nur kurz charakterisiert; im Abschnitt über Anwendungen der Lumineszenz werden einige zusätzliche Informationen und Daten gegeben werden.

Bei der **Photolumineszenz** erfolgt die Anregung durch die Absorption von Photonen. Dabei werden Elektronen in einem Leuchtzentrum auf ein höheres Niveau gehoben, oder im Phosphor freie Ladungsträger erzeugt. Insbesondere bei den Kristallphosphoren unterscheidet man zwischen der **Grundgitteranregung**, bei der Übergänge zwischen Valenz- und Leitfähigkeitsband erfolgen, und der **Ausläuferanregung**, bei welcher ein Elektron aus einem Störterm in der verbotenen Zone ins Leitfähigkeitsband gehoben wird. Da die Absorption bei der Grundgitteranregung sehr stark ist, bleibt die Anregung auf oberflächennahe Schichten beschränkt; bei der Ausläuferanregung hingegen kann sie, je nach der Dotierung, verhältnismäßig homogen den Leuchtstoff erfassen.

Die **Kathodolumineszenz** wurde zuerst von Crookes (1879) beobachtet, der verschiedene Mineralien in ein Gasentladungsrohr (ca. 10^{-3} Torr; Kaltkathode) brachte, wo sie durch die Kathodenstrahlen angeregt wurden. Die Primärelektronen erzeugen in Phosphor durch Stoßprozesse zusätzliche freie Elektronen. Durch derartige Kaskadenprozesse werden die Elektronen abgebremst bis ihre mittlere Energie in der Größenordnung der für einen einzelnen, elementaren Anregungsprozeß notwendigen Energie liegt. Die Anregung ist dabei konzentriert auf verhältnismäßig enge Kanäle, in denen eine sehr hohe Anregungsdichte vorliegt. – Bei der Anregung durch energiereiche korpuskulare Strahlung (z. B. Protonen-Strahlung) sind die Anregungsprozesse ähnlich wie bei der Kathodolumineszenz. Wegen der vergleichbaren Masse der Stoßpartner ist die bei einem Stoß auf einen Gitterbaustein übertragene Energie jedoch sehr viel größer, und daher führt diese Anregungsart zu starken **Strahlungsschäden**.

Bei der **Rontgenlumineszenz** werden durch Photoeffekt schnelle Elektronen geschaffen. Die weitere Anregung erfolgt dann ähnlich wie bei der Kathodolumineszenz, allerdings ist die Absorption der Röntgenquanten wesentlich geringer. Die örtliche Anregungsdichte ist zwar ebenfalls sehr inhomogen, aber im zeitlichen Mittel gleichmäßig verteilt über das Leuchtstoffvolumen. – Bei der Anregung durch Gammastrahlen treten zusätzliche Energieabsorptionsprozesse durch Comptoneffekt und Paarerzeugung auf.

Bei der **Chemolumineszenz** erfolgt die Anregung durch chemische Reaktionen, insbesondere Oxidationsprozesse. Eine typische Reaktion, welche zur Chemolumineszenz führt, ist die Oxidation von 3-Aminophtalhydrazid durch Wasserstoffperoxid.

Sehr verwandt mit der Chemolumineszenz ist die **Biolumineszenz**, für die chemische Reaktionen bei Lebensvorgängen die Anregungsenergie liefern. Beispiele sind das Leuchten von Johanniswürmchen und Leuchtkäfern sowie von Leuchtbakterien auf faulendem Fleisch oder Fisch. Der die Energie liefernde Prozeß ist die Oxidation von Luciferin unter Mitwirkung von Luciferase als Katalysator. Die Energieausbeute ist außerordentlich hoch (80–90 %) verglichen mit der von Glühbirnen (3 %) und der von Leuchtstoffröhren (10 %).

Die **Tribolumineszenz** wird beim Zerbrechen und Mörsern von Kristallen beobachtet. Beispiele sind das Reiben von Zuckerstückchen, und das Zerbrechen von Quarz. Dabei wird die Anregung durch mechanische Energie bewirkt. Auch beim Wachsen von Kristallen, z.B. beim Kristallisieren von Urannitrat, können starke mechanische Kräfte auftreten und Tribolumineszenz bewirken.

Bei der **Elektrolumineszenz** wird die Anregung durch elektrische Gleich- oder Wechselfelder bewirkt. Die dabei auftretenden elektronischen Prozesse werden in einem besonderen Abschnitt behandelt.

Häufig wird bei der Aufzählung der Anregungsprozesse auch die **Thermolumineszenz** erwähnt. Bei der Thermolumineszenz handelt es sich jedoch nicht um einen Anregungsvorgang – eine spezielle Art der Anregung – sondern um die thermische Befreiung vorher gespeicherter Energie. Die bessere Bezeichnung für den Prozeß ist daher auch **thermisch stimulierte Lumineszenz** (thermal stimulated luminescence, TSL). Entsprechend wird eine durch das Aufheizen bewirkte Leitfähigkeit als **thermisch stimulierte Leitfähigkeit** (thermal stimulated conductivity, TSC) und die manchmal ebenfalls parallel dazu auftretende **Exoelektronenemission** als **thermisch stimulierte Exoelektronenemission** (thermal stimulated exoelectron emission, TSEE) bezeichnet.

Eine analoge Wirkung, wie die Zufuhr thermischer Energie, hat die Absorption optischer Quanten hinreichender Energie. Diese **optische Stimulation** (OSL, optical stimulated luminescence und entsprechend OSC und OSEE) wird auch als **Ausleuchtung** (engl. stimulation) und der strahlungslose Übergang in den Grundzustand infolge optischer Einstrahlung als **Tilgung** (engl. quenching) bezeichnet.

Die **Emissionsverteilung** der Lumineszenz, d.h. die spektrale Verteilung der Emission, welche vom Grundmaterial und den Zusätzen (Dotierung) sowie von den Anregungsbedingungen abhängt, liefert Informationen über den Mechanismus der Lumineszenzvorgänge. Sie ist für die Anwendung der Lumineszenz sehr wichtig, wie an Beispielen, insbesondere im Abschnitt 4.1, aufgezeigt wird.

Die **Energieausbeute** η_E ist als das Verhältnis der vom Leuchtstoff in Form von Lichtquanten emittierten zur aufgenommenen Energie definiert. Sie ist stets kleiner als 1, da immer eine Wahrscheinlichkeit für die strahlungslose Rückkehr in den Grundzustand besteht. Bei optischer Anregung gibt die **Quantenausbeute** η_Q, das Verhältnis der emittierten zur absorbierten Photonenzahl, Hinweise auf die strahlungslosen Prozesse. $(1 - \eta_Q)$ ist der Teil der Elementarprozesse, bei denen die Anregungsenergie vollständig in Wärme umgewandelt wird. Die Beschreibung dieses Prozesses mittels zweier Lebensdauern – τ_L für die Lumineszenzübergänge und τ_N für die strahlungslosen Rekombinationen – liefert

$$\eta_Q = \frac{\tau_N}{\tau_N + \tau_L} \qquad (V,272)$$

Im Abschnitt Elektrolumineszenz wird diese Gleichung angewendet und diskutiert werden.

Entsprechend der Stokesschen Regel wird aber auch bei den Lumineszenzübergängen ein Teil der Anregungsenergie als Wärme im Leuchtstoff verbleiben. Die Ursachen dafür werden bei den Lumineszenzmodellen behandelt werden.

4.2 Lumineszenzmodelle

Lumineszenz kann auftreten, wenn anregbare Zustände vorhanden sind und zumindest ein Teil der bei der Anregung aufgenommenen Energie bei der Rückkehr in den Grundzustand bzw. in das thermodynamische Gleichgewicht in Form von Licht emittiert wird. Anregung und Emission können sich dabei innerhalb eines Atoms, Moleküls oder komplexeren Leuchtzentrums abspielen. In anderen Fällen werden durch die Anregung freie Elektronen bzw. freie Elektronen und Löcher (Defektelektronen) geschaffen. Dann bewirkt die Anregung neben der Lumineszenz auch eine Photoleitung, und deren Auftreten ist ein wichtiger Hinweis auf die Schaffung freier Ladungsträger.

Das **Abklingen der Lumineszenz** zeigt für die beiden oben angegebenen Fälle charakteristische Unterschiede. Sind die Prozesse lokalisiert, dann ist der Abklingvorgang eine Reaktion 1. Ordnung (monomolekulare Reaktion) bzw. eine Überlagerung verschiedener monomolekularer Prozesse. Die Zahl der pro Zeit- und Volumeneinheit erfolgenden Rekombinationen und damit die Zahl der emittierten Photonen J ist proportional der Zahl angeregter Zentren N.

$$J = -k \cdot \mathrm{d}N / \mathrm{d}t = c \cdot N \, .$$

Man erhält als Abklinggesetz

$$J = J_0 \cdot e^{-t/\tau} \, ,$$

wobei die Abklingzeit $\tau = k/c$ eine von der Anregung J_0 unabhängige Konstante ist.

Werden hingegen freie Ladungsträger geschaffen, dann ist die Zahl der Rekombinationen von der Zahl beider Reaktionspartner – also sowohl von der Zahl der freien Elektronen n als auch von der Zahl der Löcher p bzw. der ionisierten Aktivatorniveaus a – abhängig.

$$J = -k \cdot \mathrm{d}n / \mathrm{d}t = c \cdot n \cdot p = c \cdot n^2$$

falls

$$n = p \, .$$

Damit lautet das Abklinggesetz

$$J = J_0 \cdot (1 + t/\tau)^{-2}$$

mit

$$\tau = k \cdot (c \cdot J_0)^{-1/2} \, .$$

τ ist hier keine Materialkonstante sondern auch von der Anregungsstärke abhängig.

In beiden Fällen waren sehr vereinfachende Annahmen gemacht worden. Das streng bimolekulare Verhalten wird selten beobachtet; es setzt voraus, daß die Zahl der Reaktionspartner gleich groß ist ($n = p$) und daß Haftprozesse, auf die im Abschnitt 4.2.2 eingegangen werden wird, vernachlässigbar sind.

Für die beiden skizzierten Fälle lassen sich einfache Modelle angeben.

4.2.1 Das Zentrenmodell

Lumineszierende Atome, Moleküle und viele Leuchtzentren in Festkörpern lassen sich durch Termschemata beschreiben, wie sie aus der Atom- und Molekularphysik bekannt sind. Auf die besonders einfachen Verhältnisse bei einatomigen Gasen und einfachen Molekülen sei hier nicht weiter eingegangen, da die zugehörigen Energieniveaus und Übergangswahrscheinlichkeiten im Kapitel II und III dieses Bandes ausführlich behandelt werden.

Ein Termschema, welches für fluoreszierende organische Moleküle (Naphthalin, Anthracen, Tetracen u.ä.) im gasförmigen Zustand typisch ist, wird in Abb. V,236 dargestellt. Viele der folgenden Betrachtungen gelten aber auch für flüssige und feste fluoreszierende Leuchtstoffe. Auf Besonderheiten, welche durch die Wechselwirkung zwischen den Molekülen bzw. zwischen ihnen und einem Lösungsmittel oder den Nachbarn im Kristallgitter entstehen, wird am Schluß dieses Abschnitts eingegangen werden. Der Grundzustand S_0, die angeregten Singulettzustände S_1, S_2 ... und die Triplettzustände (eingezeichnet ist nur der tiefste Zustand T_0) sind in Schwingungsniveaus aufgespalten.

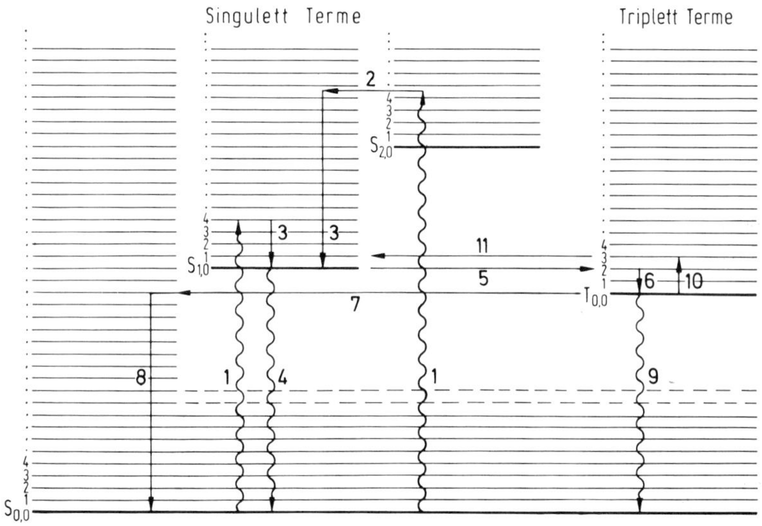

Abb. V,236. Typisches Termschema organischer Moleküle (Wegen der besseren Übersichtlichkeit wurden nur die unteren Schwingungsniveaus des S_0 Termes über die volle Breite, sowie nur einer der drei Triplett T_0 Terme eingezeichnet)

Im folgenden interessieren insbesondere die energiereichen Valenzschwingungen (in der Literatur häufig als vibronische Schwingungen bezeichnet) mit einer Quantenenergie von ca. 0,1 eV. Die Besetzung der Niveaus ist temperaturabhängig und wird durch eine Boltzmann-Verteilung geregelt.

Die Anregung bewirkt Übergänge $S_{0,\nu} - S_{n,\nu'}$ (1), denen strahlungslose Übergänge in energiegleiche Schwingungszustände des ersten angeregten Zustandes $S_{1,\nu''}$ (2) mit nachfolgender Verteilung der überschüssigen Schwingungsenergie auf die verschiedenen Normalschwingungen (internal conversion) in 10^{-12} s (3). Die Fluoreszenz entspricht Übergängen $S_{1,\nu'''}$ - $S_{0,\nu}$ (4). Sie ist daher nahezu unabhängig von der Anregungswellenlänge – lediglich die Verteilung auf die verschiedenen Schwingungszustände des S_1-Terms wird dadurch beeinflußt. Die Emission ist fast immer langwelliger als die vorhergehende Anregung, wie es die empirisch gefundene Stokes sche Regel fordert.

In Konkurrenz zu diesen Fluoreszenzübergängen stehen strahlungslose Übergänge zum Grundzustand des Triplettsystems T_0 (intersystem crossing). Auch dabei erfolgt der Übergang in ein etwa energiegleiches Schwingungsniveau (5) mit einem rasch folgenden Übergang in das tiefste Niveau der Serie $T_{0,\nu}$ (6). Die Lebensdauer im Triplettzustand ist relativ groß. Drei Möglichkeiten bestehen für den Übergang von T_0 in den Grundzustand S_0.

1. Ein strahlungsloser Übergang in ein entsprechend hoch liegendes Schwingungsniveau $S_{0,\nu}$ (7) und anschließende Verteilung der Schwingungsenergie (8).

2. Ein strahlender Übergang nach $S_{0,\nu}$ (9), dessen Übergangswahrscheinlichkeit jedoch sehr gering ist (bei aromatischen Kohlenwasserstoffen ca. $3 \cdot 10^{-2} s^{-1}$), da der Interkombinationsübergang ($T_0 \rightarrow S_0$) „optisch verboten" ist. Diese langwellige, langsam abklingende Emission wird als „Phosphoreszenz" bezeichnet.*

3. Ferner ist ein Übergang in den S_1-Zustand möglich, und zwar durch thermische Energie, wenn die Niveaus $T_{0,0}$ und $S_{1,0}$ nur wenige kT auseinander liegen (10 + 11). Diese „verzögerte Fluoreszenz vom E-Typ"* wurde 1929 von U. und E. Perrin beobachtet und 1933 von Jablonski richtig gedeutet. Ihre Wahrscheinlichkeit nimmt exponentiell mit der Temperatur zu. – Bei hohen Anregungsdichten kann auch eine bimolekulare Reaktion zwischen zwei Molekülen im T_0-Zustand ein Elektron in den S_0 und das andere in den S_1-Zustand bringen (*T - T Annihilation*).

$$T_{0,\nu} + T_{0,\nu} \rightarrow S_{1,\nu'} + S_{0,\nu''}$$

Das bewirkt eine „verzögerte Fluoreszenz vom P-Typ". Sie erfolgt bimolekular, denn die Wechselwirkung zwischen zwei Molekülen im Triplettzustand führt zur Emission eines Photons. Im Gegensatz dazu zeigt der E-Typ, welcher monomolekular abläuft, ebenso wie die Phosphoreszenz ein exponentielles Abklingen.

* Die Bezeichnung „Phosphoreszenz" und „verzögerte Fluoreszenz" waren gewählt worden, als der Mechanismus dieser Prozesse noch nicht bekannt war. Die „Phosphoreszenz" klingt wesentlich langsamer ab als die Fluoreszenz und wurde deshalb so bezeichnet, obwohl sie direkten Übergängen vom T_0 in den S_0-Zustand entspricht. Die „verzögerte Fluoreszenz" hat die gleiche Emissionsverteilung wie die spontane Fluoreszenz. Wegen ihres langsamen Abklingens wurde sie „verzögerte Fluoreszenz" genannt, obwohl insbesondere der E-Typ den Mechanismus einer Phosphoreszenz – die zwischenzeitliche Energiespeicherung und die thermische Befreiung vor der Rekombination – aufweist.

Wie in der Einleitung zu diesem Abschnitt bereits erwähnt wurde, gelten diese allgemeinen Überlegungen nicht nur für organische Moleküle im gasförmigen Zustand, sondern weitgehend auch für den flüssigen und kristallinen Aggregatzustand. Die Wechselwirkung mit der Umgebung bei der Einbettung der Moleküle in fluoreszenz-inaktive oder fluoreszenzfähige Lösungsmittel führt jedoch zu charakteristischen Änderungen der Spektren.

1. Die Moleküle mögen im Grund- und im angeregten Zustand keine Dipolmomente besitzen. Die Elektronenverteilung sei jedoch für die beiden Zustände unterschiedlich. Das führt – infolge der von dieser Verteilung abhängigen **Elektronenpolarisation** der Umgebung – zu unterschiedlicher Energieerniedrigung der beiden Zustände (verglichen mit dem freien Molekül). Diese **Dispersionswechselwirkung** hängt von der **optischen Brechzahl** n^* der Lösung ab. Aus der Onsagerschen Theorie der Polarisation läßt sich herleiten, daß die langwellige Verschiebung $\Delta\nu_s$ für 0–0 Übergänge, (das sind Übergänge zwischen Termen mit dem Schwingungszustand 0, insbesondere also der $S_{1,0}$ - $S_{0,0}$ Übergang)

$$\Delta \nu_s = C \cdot \frac{2\,n^{*2} - 2}{2\,n^{*2} + 1} = C \cdot A\,(n^*)$$

beträgt.

2. Besitzt das in einer flüssigen Lösung befindliche fluoreszierende Molekül ein **Dipolmoment**, so besteht die Wechselwirkung mit der Umgebung auch in einer zusätzlichen **Orientierungspolarisation**. Die Umorientierung der Moleküle (Moleküldrehung, Atomverschiebungen u.ä.) ist ein relativ langsamer Vorgang, verglichen mit der Zeit des Absorptions- bzw. Emissionsaktes. Der Elektronenübergang erfolgt deshalb sowohl bei der Absorption als auch bei der Emission nicht in den Gleichgewichtszustand dieses Terms, sondern jeweils in einen energetisch höher liegenden, was zur Folge hat, daß der 0–0 Übergang in Absorption bei höherer Energie liegt als in Emission. Die Verschiebung hängt dabei sowohl vom Dipolmoment des betrachteten Moleküls, welches meist im Grund- und im angeregten Zustand verschieden groß ist, als auch von der Brechzahl n^* und der Dielektrizitätskonstante ϵ des Lösungsmittels ab. Die Eigenschaften des Lösungsmittels können dabei durch eine Funktion

$$A\,(\epsilon\,, n^*) = \frac{2\,\epsilon - 2}{2\,\epsilon + 1} + C' \,\frac{2\,n^{*2} - 2}{2\,n^{*2} + 1} \qquad C' = \text{Konstante}$$

angenähert werden, welche die oben genannte als Sonderfall enthält.

Die Orientierungspolarisation führt also zu einer sehr ausgeprägten Verschiebung, der „anomalen Stokesschen Verschiebung". Eine große Verschiebung kann jedoch auch durch ganz andere Effekte hervorgerufen werden. Intermolekulare oder zwischenmolekulare Protonenumlagerungen, welche bevorzugt im angeregten Zustand möglich sind, führen beispielsweise ebenfalls zu einer energetischen Absenkung des Anregungszustandes und daher zu einer zusätzlichen Stokesschen Verschiebung.

3. Mit steigender Konzentration der fluoreszierenden Moleküle M können sich **Molekülkomplexe** bilden, z.B. **Dimere** M_2 $(M + M \rightarrow M_2)$, deren Absorption und Fluoreszenz anders ist als die der **Monomere** M. Besonders groß ist die Wahrscheinlichkeit der Komplexbildung für angeregte Moleküle: $M + M^* \rightarrow (MM)^*$.

Diese angeregten Komplexe (MM)* bezeichnet man als **Eximere**. Ihr Zerfall

$$(MM)^* \rightarrow (MM) + h \cdot \nu$$

liefert eine strukturlose Bande, welche bei größerer Wellenlänge liegt als die strukturierte Bande des Moleküls. Ein Beispiel für die Konkurrenz zwischen den beiden Emissionsbanden ist die Abhängigkeit der Emissionsbanden des Monomers und des Eximers von der Pyrenkonzentration in Benzol (Abb. V,237).

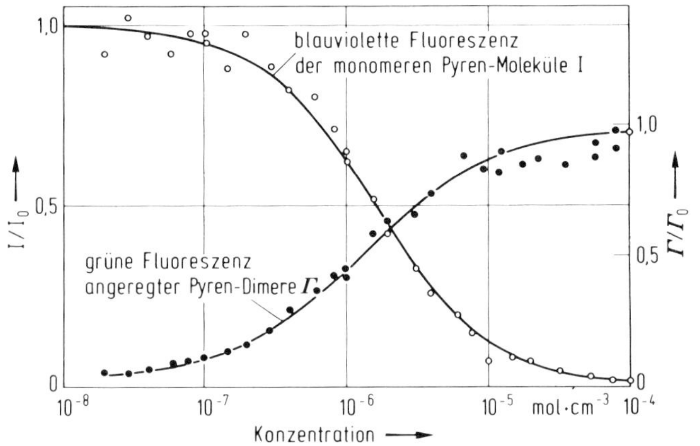

Abb. V,237. Relative Intensität der Emissionsbanden als Funktion der Konzentration von Pyren in Benzol (nach Th. Förster und K. Kasper).

Das Energie-Konfigurationskoordinaten Modell

Die Anregung und Emission, die Polarisationseffekte und die strahlungslose Rekombination bei Zentrenleuchtstoffen lassen sich sehr anschaulich durch das **Energie-Konfigurationskoordinaten-Modell** von Mott und Seitz darstellen. In diesem werden die Energien der möglichen Zustände in Abhängigkeit von einer allgemeinen Raumkoordinate aufgetragen. Im einfachsten Fall, z.B. für ein 2-fach positiv geladenes Metallion M^{2+} im Zentrum eines Tetraeder mit 0^{2-}-Ionen an den Ecken, erfolgen die Valenzschwingungen als symmetrische Oszillationen der 0^{2-}-Ionen relativ zum M^{2+} als Schwerpunkt. Die Konfigurationskoordinate r ist dann der Abstand $M^{2+} \leftrightarrow 0^{2-}$. Zu jedem elektronischen Zustand gehört eine Kurve, welche die Schwingungsenergie – Schwingungsamplitude Funktion charakterisiert. Die diskreten Schwingungsniveaus werden dabei durch waagerechte Striche angedeutet. Die elektrische Polarisation bewirkt, daß die Zustände geringster Schwingungsenergie, d.h. die Minima der Kurven, für die unterschiedlichen elektronischen Zustände im allgemeinen bei verschiedenen Werten der Konfigurationskoordinate liegen. In Abb. V,238 sind die Minima um Δr gegeneinander verschoben.

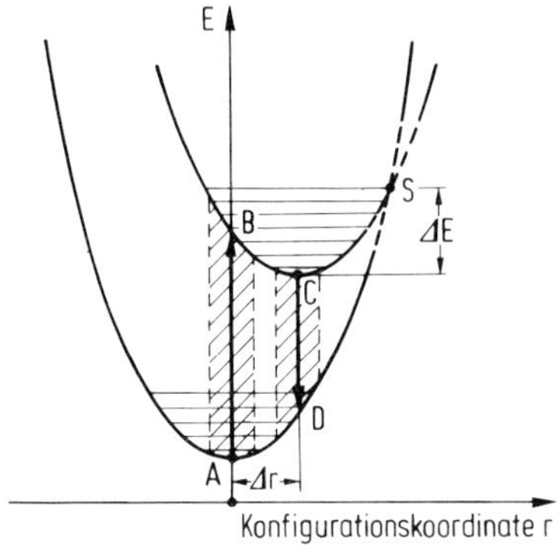

Abb. V,238. Energie-Konfigurationskoordinatenmodell

Optische Übergänge erfolgen so rasch, daß die atomare Anordnung sich dabei nicht ändert (Franck-Condon-Prinzip), sie sind also als senkrechte Striche einzuzeichnen. Die nachfolgenden Relaxationsvorgänge bewirken eine der Temperatur entsprechende Verteilung auf die Schwingungszustände des angeregten Zustandes (Einstellung des thermodynamischen Gleichgewichtes). Diese Verteilung auf verschiedene Schwingungszustände hat zur Folge, daß Absorption und Emission in Form von Banden (angedeutet durch die gestrichelten Bereiche) erfolgen, deren Breite mit der Temperatur zunimmt. Ein typisches Absorptions- und Emissionsspektrum zeigt Abb. V,239. Das Modell stellt also anschaulich die Ursache für die Stokessche Verschiebung dar, es liefert aber auch die Lumineszenzlöschung durch strahlungslose Übergänge bei hohen Temperaturen. Je höher die Temperatur ist, in desto höheren Schwingungszuständen wird das Elektron sich im zeitlichen Mittel befinden. Erreicht es dabei den Schnittpunkt der Kurven für den angeregten und den Grundzustand S, der ΔE über dem Energieminimum liegt, so wird es mit großer Wahrscheinlichkeit in den energiegleichen Schwingungszustand des Grundzustandes übergehen. Der Überschuß an Schwingungsenergie wird nachfolgend rasch auf die anderen Gitterbausteine verteilt werden, der Übergang in den Grundzustand erfolgte also strahlungslos.

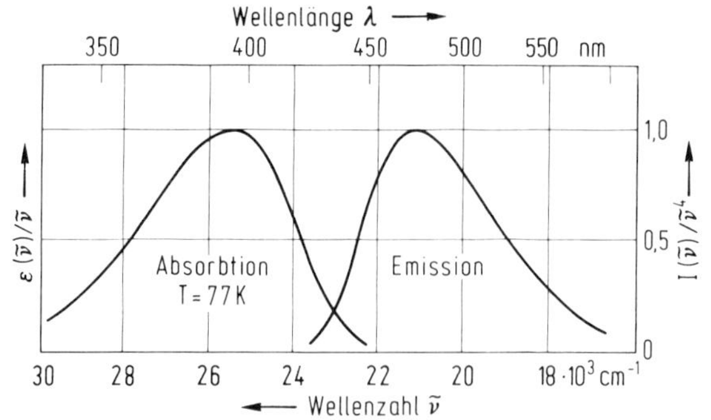

Abb. V,239. Absorptions- und Fluoreszenzspektrum von 4-Amino-N-methylphtalimid gelöst in Äthanol (nach I. A. Zhmyreva und I. I. Reznikova)

Die Rückkehr in den Grundzustand wird stets strahlungslos erfolgen, wenn Δr so groß ist, daß das Minimum der Kurve des angeregten Zustandes außerhalb des Grundzustandes liegt (Seitz, 1939). Aber auch, wenn das Minimum innerhalb liegt, kann der Übergang strahlungslos sein, falls durch die Anregung ein Niveau erreicht wurde, welches energetisch höher liegt als der Schnittpunkt zwischen den beiden Kurven (Dexter, Klick und Russel, 1955). In Abb. V,240 sind schematisch die verschiedenen Möglichkeiten zusammengestellt. Angenommen sind angeregte Zustände mit gleichem Δr Wert, aber unterschiedlichen $E_{A\,min}$ Werten. Die Kurven MS_1 und MS_2 entsprechen dem Mott-Seitz Modell mit steigender Quenchingtemperatur und damit steigender Quantenausbeute, da der strahlungslose Übergang immer höhere zusätzliche Energie erfordert. DKR ist eine Kurve entsprechend dem Dexter-Klick-Russel Modell. In diesem Fall würde die Rückkehr in den Grundzustand zumindest überwiegend strahlungslos erfolgen.

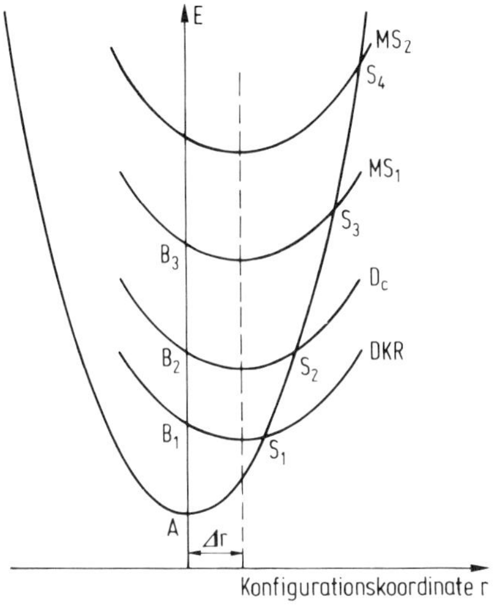

Abb. V,240. Übergang vom Dexter-Klick-Russel Modell zum Mott-Seitz Modell

Während das Konfigurationsmodell sehr häufig lediglich benutzt wird, um Meßergebnisse anschaulich darstellen und diskutieren zu können, ist in geeigneten Fällen auch eine quantitative Berechnung der Energie in Abhängigkeit von einer reellen Ortskoordinate für den Grundzustand und die angeregten Zustände möglich, wie es zuerst F. Williams für KCl dotiert mit Tl durchführte. Tl ist als Tl^+ auf K^+-Plätzen eingebaut, und die energiereichste Gitterschwingung ist die phasengleiche radiale Schwingung der sechs umgebenden Cl^--Ionen. Der Grundzustand des Tl^+ ist ein $^1S_0$-Zustand, die tiefsten angeregten Zustände sind die $^3P_0$, $^3P_1$, $^3P_2$-Zustände. Der Übergang $^3P_1$ - $^1S_0$ ist nur schwach verboten ($\Delta S = 1$), während $^3P_0$ - $^1S_0$ und $^3P_2$ - $^1S_0$ wegen $\Delta J = 0$ bzw. $\Delta J = 2$ streng verboten sind. Diese beiden angeregten Zustände wirken also als Haftstellen. Abbildung V,241 zeigt schematisch das Ergebnis der Rechnung für den Übergang $^1S_0$ - $^3P_1$ (a) und die daraus abgeleiteten Absorptions- und Emissionsbanden. Die beiden Potentialkurven treffen sich $\Delta E_1 = 0{,}69$ eV über dem Minimum der Kurve des $^3P_1$-Zustandes. Mit dieser Aktivierungsenergie für strahlungslose Übergänge ergibt sich für deren Temperaturabhängigkeit $B = \nu_0 \exp(-\Delta E_1/k \cdot T)$ und für die Ausbeute $\eta = \eta_0 \cdot \frac{A}{A + \nu_0 \cdot \exp(-\Delta E_1 / k\,T)}$, wobei $A = 1/\tau_0$ die Übergangswahrscheinlichkeit für die strahlende Rekombination ist. Für die temperaturabhängige Lebensdauer erhält man $\tau = \tau_0 \cdot \frac{A}{A + \nu_0 \exp(-\Delta E_1 / k\,T)}$ und η/τ sollte temperaturunabhängig sein, was mit experimentellen Ergebnissen recht gut übereinstimmt. Die $^3P_0$ und $^3P_2$-Zustände werden nach Füllung (Anregung) bei tiefer Temperatur erst dann geleert, wenn beim Aufheizen die thermische Aktivierungsenergie strahlungslose Übergänge in einen elektronischen Zustand ermöglicht, aus welchem eine strahlende Rekombination in den Grundzustand erfolgen kann. Abb. V.241b zeigt das entsprechende Modell und Abb. V,241c die experimentelle Aufheizkurve (Glowkurve, vergl. 4.2.2). Die Auswertung liefert als Aktivierungsenergien 0,53 eV (für $^3P_2$) und 0,72 eV (für $^3P_0$). Die Rechnungen zeigen ferner, daß die strahlende Rekombination bei der thermisch stimulierten Emission dem $^1P_1$ - $^1S_0$-Übergang entspricht.

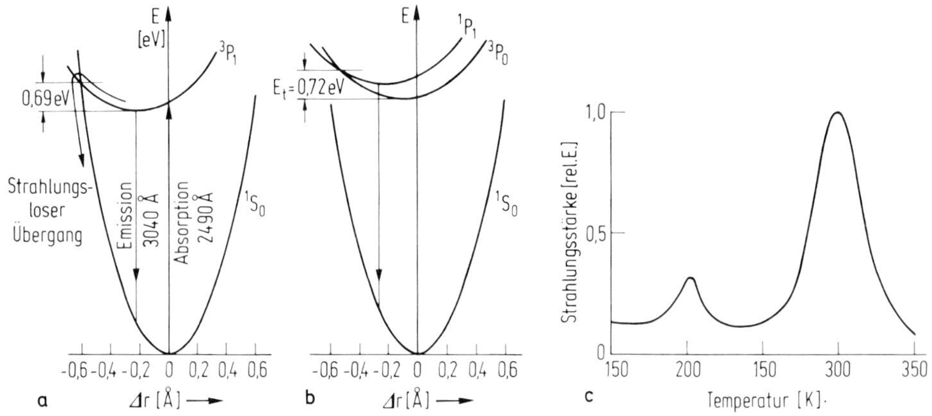

Abb. V,241. Darstellung von KCl: Tl^+ im Konfigurationskoordinatenmodell zur Deutung der Absorptions- und Emissionsvorgänge (a) und der Thermolumineszenz (b) sowie Glowkurve von KCl:0,05 % Tl (c), nach F. E. Williams

Energieübertragung und sensibilisierte Lumineszenz

Häufig bewirken geringe Zusätze fluoreszenzfähiger Moleküle eine wesentliche Änderung des Emissionsspektrums, während das Absorptionsspektrum praktisch unverändert bleibt. Offenbar erfolgt die Absorption in Molekülen A: $A + h\nu \rightarrow A^*$, und die angeregten Moleküle A* übertragen die Energie auf die Moleküle B: $A^* + B \rightarrow A + B^*$. Dabei wird A als **Sensibilisator** oder **Donator** und B als **Aktivator** oder **Akzeptor** bezeichnet.

Für die **Energiewanderung** kommen insbesondere die folgenden Prozesse in Frage:

a) **Emission und Absorption von Lichtquanten**

b) **Resonanzübertragung**, d.h. Energieaufnahme aus dem Nahfeld des Sensibilisators, theoretisch zuerst von Förster behandelt.

c) Wanderung eines angeregten Zustandes entweder durch die Diffusion angeregter Sensibilisatormoleküle zu Donatoren oder in Kristallen durch **Exzitonenwanderung**.

Besteht der Kristall aus gleichartigen Bausteinen, so ist der Anregungszustand nicht mehr streng lokalisiert, sondern er ist dem Kristall als Ganzem zuzuschreiben. Man nennt derartige Anregungszustände **Exzitonen**. Bei den Molekülkristallen handelt es sich um Frenkel-Exzitonen, da der angeregte Zustand in jedem Augenblick weitgehend auf ein Molekül bzw. die unmittelbare Umgebung lokalisiert ist. Frenkel hatte 1931 derartige Anregungszustände vorhergesagt. Außer bei Molekülkristallen treten sie insbesondere bei Kristallen mit stark ionischer Bindung, z.B. Alkalihalogeniden, auf. Neben Exzitonen vom Frenkel - Typ gibt es auch solche, die nur schwach an einen Gitterbaustein gebunden sind, die Wannier - Exzitonen. Diese werden nachfolgend beim Bändermodell des Festkörpers besprochen (vergl. auch Kapitel V.1.1).

Aus der Abhängigkeit von der Anregungsdichte, von der Konzentration des Akzeptors und aus der Temperaturabhängigkeit läßt sich im Einzelfall bestimmen, welcher Energieübertragungsmechanismus vorliegt.

Eine wichtige Methode, die elektronischen Zustände zu berechnen zwischen denen die Absorption und Emission bei Ionen eingebaut in Kristalle erfolgt, ist die **Kristallfeldtheorie**. Bei den Übergangsmetallen, welche zu den wichtigsten Leuchtzentren in anorganischen Phosphoren gehören, ist beim freien Atom der Grundzustand stark entartet. Aufgrund der Symmetrie des Kristallfeldes am Ort des Aktivators kann angegeben werden, inwieweit die Entartung aufgehoben wird, und außerdem kann die energetische Lage der aufgespaltenen Terme als Funktion der Stärke des Kristallfeldes bestimmt werden. Die quantitative Anpassung wird durch den bei tiefen Temperaturen in Absorption und Emission gemessenen 0-Phononen-Übergang hergestellt. Diese Anpassung liefert Angaben über die zur Zeit theoretisch noch nicht berechenbare örtliche Stärke der Kristallfeldparameter (s. auch Kapitel V.1.1).

4.2.2 Das Bändermodell

Im vorigen Abschnitt waren anhand von Zentrenmodellen Lumineszenzerscheinungen behandelt worden, bei denen Anregung und Emission sich innerhalb eines Ions, Moleküls oder Leuchtzentrums abspielen. Insbesondere für organische Leuchtstoffe, aber auch für Ionen der Übergangselemente und der seltenen Erden, bei denen die elektronischen Übergänge in einer inneren, nicht voll gefüllten Schale erfolgen, ist dieses Modell gut geeignet. Bei anorganischen Kristallen hingegen sind die Valenzelektronen und Elektronen in höheren Anregungszuständen nicht lokalisiert. Bei dieser Gruppe von **Kristallphosphoren** (u.a. II-VI-Verbindungen, III-V-Verbindungen, IV-IV-Verbindungen) führt die Anregung häufig zur Bildung freier Ladungsträger. Die bei der Rekombination frei werdende Energie wird als Photon emittiert. Man bezeichnet deshalb diese Art von Lumineszenz auch als **Rekombinationsleuchten**. Die elektronischen Prozesse werden am besten anhand eines Bändermodells dargestellt und diskutiert.

Die Wechselwirkung zwischen den Atomen eines Festkörpers führt bekanntlich zur Aufspaltung der Atomniveaus in quasikontinuierliche **Energiebänder**. Im Kapitel V.1.e ist das ausführlich behandelt worden. Hier sei an das Ergebnis der quantenmechanischen Rechnung in Ein-Elektronennäherung erinnert, wonach sich bei Halbleitern und Isolatoren zwischen dem obersten bei tiefen Temperaturen voll besetzten Band – dem **Valenzband** – und dem energetisch tiefsten nicht besetzten Band – dem **Leitungsband** – ein Energiebereich befindet, in dem keine erlaubten Zustände liegen. Der **Bandabstand** E_g (engl. gap) wird häufig auch als **verbotene Zone** bezeichnet. Sie reicht also vom (höchsten) Maximum des obersten Valenzbandes zum (tiefsten) Minimum des untersten Leitungsbandes.

Dabei kann es sein, daß die beiden Extremwerte beim gleichen Wert des **Wellenvektors** $\boldsymbol{k}$ (zur Erinnerung: Das Bändermodell beschreibt das Verhalten eines Elektrons dargestellt als ebene Welle im periodischen Potential aller Atomrümpfe und übrigen Elektronen, Wellenvektor = Quasiimpuls) liegen, wie beim GaAs (Abb. V,242a) oder aber bei verschiedenen $\boldsymbol{k}$-Werten, wie beim GaP (Abb. V,242b).

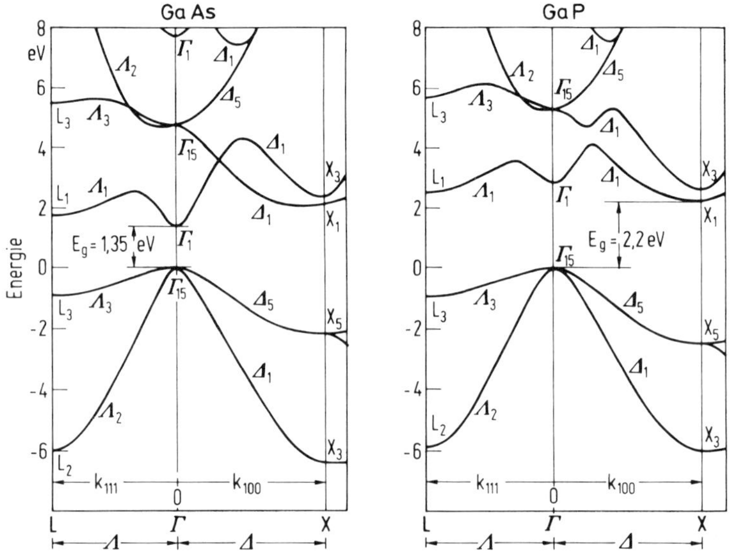

Abb. V,242. Energiebandstruktur von GaAs und GaP (nach J. P. Walter u. M. L. Cohen)

Optische Übergänge bei der Absorption oder der Emission erfolgen vorzugsweise – wegen des sehr geringen Impulses von Lichtquanten – nahezu ohne Änderung des $\boldsymbol{k}$-Wertes; man bezeichnet sie als **direkte Übergänge**. Nur wenn gleichzeitig Phononen (geringe Energie, großer Impuls) erzeugt oder absorbiert werden, sind auch Übergänge zwischen Punkten sehr unterschiedlichen $\boldsymbol{k}$-Wertes möglich (**indirekte Übergänge**). Wegen der notwendigen Mitwirkung eines Phonons ist die Übergangswahrscheinlichkeit für die indirekten Übergänge wesentlich geringer. Substanzen, bei denen wie beim GaAs die Extremwerte der Bänder beim gleichen ***k***-Wert liegen, bei denen also die **Grundgitterabsorption** mit direkten Übergängen einsetzt, haben einen „direkten Bandabstand", und man bezeichnet sie auch als „direkte Halbleiter". Die anderen, wie z.B. GaP haben einen „indirekten Bandabstand" und werden „indirekte Halbleiter" genannt. Für einige wichtige Halbleiter und Kristallphosphore bringt die Tabelle V,18 Werte für den Bandabstand.

Tab. V,18. Bandabstand wichtiger Halbleiter und Kristallphosphore

	Eg [eV]		*Eg* [eV]		*Eg* [eV]		*Eg* [eV]
ZnO	3,2	AlP	2,5	SiC	cub:2,3 hex:2,9	C	5,4
ZnS	3,7	AlAs	2,4	GaS	2,5	Si	1,15
ZnSe	2,7	AlSb	1,5	GaSe	2,0	Ge	0,65
ZnTe	2,2	GaN	3,5	SnS	1,3	α Sn	0,08
CdS	2,4	GaP	2,2	SnTe		Se	2,1
CdSe	1,7	GaAs	1,4	PbS	0,37	Te	0,3
CdTe	1,4	GaSb	0,67	PbSe	0,26		
HgS (rot)	2,0	InP	1,25	PbTe	0,25		
HgSe	- 0,07	InAs	0,33	Ga_2S_3	2,5		
HgTe	- 0,02	InSb	0,18	Ga_2Se_3	1,8		

Häufig ist es für die Diskussion der elektronischen Prozesse bei der Lumineszenz aber auch bei der Halbleitung und Photoleitung ausreichend, nur ein Valenz- und ein Leitungsband (V und L) zu betrachten und die Energie unter Vernachlässigung der k-Abhängigkeit der Energiewerte über einer Ortskoordinate aufzutragen. Diese Darstellung enthält keine Information mehr über die Zustandsdichte der erlaubten Energieterme und unterscheidet auch nicht mehr zwischen direkten und indirekten Halbleitern. Häufig ist diese Vernachlässigung jedoch zulässig, da die wesentlichen Prozesse Übergängen entsprechen, welche zwischen den Bändern und Energietermen in der verbotenen Zone erfolgen.

Die in Abb. V,242 gezeigten Bandstrukturen sind bekanntlich für unendlich ausgedehnte, ideale Kristallgitter berechnet worden. Störungen dieser streng periodischen

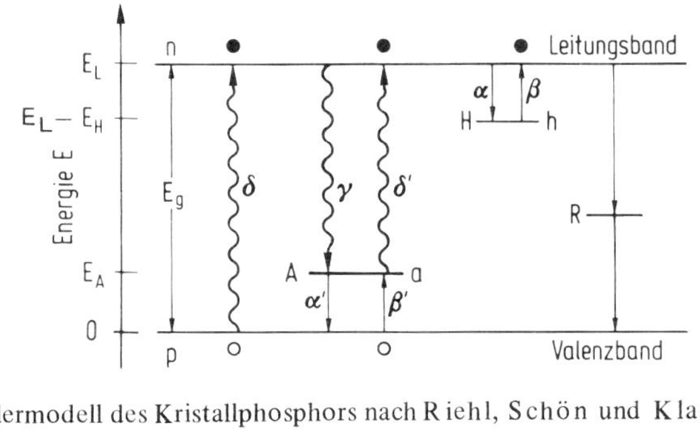

Abb. V,243. Bändermodell des Kristallphosphors nach Riehl, Schön und Klasens

Struktur, die **Störstellen** – Gitterfehlstellen, besetzte Zwischengitteratome, Fremdatome oder größere gitterfremde Komplexe – führen zu zusätzlichen Energieniveaus. Soweit diese in der verbotenen Zone liegen, wirken sie als **Haftstellen** oder als **Rekombinationszentren für freie Ladungsträger**, und beeinflussen die Lumineszenz und die Photoleitung. Im Bändermodell von Riehl, Schön und Klasens, dessen wesentliche Elemente – die Energieterme und die Übergänge zwischen ihnen und den Bändern – Abb. V,243 bringt, wurden sie erstmals berücksichtigt.

Die Besetzungswahrscheinlichkeit der erlaubten Energiezustände f ist im thermodynamischen Gleichgewicht durch eine **Fermiverteilung** gegeben.

$$f = \frac{1}{1 + \exp\left[(E - E_F)/k \cdot T\right]}$$

Das **Fermi-Niveau** E_F (Besetzungswahrscheinlichkeit $f = 1/2$) liege etwa in der Mitte der verbotenen Zone zwischen der oberen Kante des Valenzbandes V und der Unterkante des Leitungsbandes L. Daher sind bei hinreichend tiefen Temperaturen $((E_F - E_A) > k\,T$ bzw. $(E_L - E_H - E_F) > k\,T)$ die Elektronenhaftstellen H praktisch unbesetzt und Löcherhaftstellen **A** mit Elektronen voll besetzt. Eine Absorption wird bei optischer Einstrahlung (von großen Wellenlängen kommend) einsetzen, wenn die Energie der Lichtquanten für den Übergang **A** $\rightarrow L$ ausreicht (**Ausläuferabsorption**). Wegen der wesentlich größeren Zustandsdichte in den Bändern, verglichen mit der üblichen Konzentration an Dotierungselementen, wird die Absorption an der Bandkante (Übergang V → L) stark anwachsen. (**Grundgitterabsorption**). Dadurch werden in den Bändern (bzw. in dem Leitungsband bei Ausläuferanregung) **freie Ladungsträger** (Konzentration n bzw. p) geschaffen. Die Anregung führt also zu einer **Photoleitung**. Die freien Ladungsträger können entweder in die entsprechenden Haftstellen (H bzw. A) eingefangen werden (Konzentration der eingefangenen Elektronen h bzw. der Löcher a), oder durch Übergänge L → V, L → A bzw. H → V rekombinieren. Die Band-Band-Rekombination L → V ist zwar grundsätzlich möglich, erfolgt i. A. aber nur bei sehr hohen Anregungsdichten (Injektionslaser) in merklichem Umfang.

Wie die Diskussion des Bandverlaufs in der E(k) Darstellung zeigt (vergl. V,1.1), ist die Zustandsdichte unmittelbar an der Bandkante sehr gering und daher die Anregung bei etwas größeren Photonenenergien als dem Bandabstand sehr viel wahrscheinlicher. Die dabei erzeugten Ladungsträger geben ihre, das thermische Gleichgewicht übersteigende Energie in Form von Phononen sehr rasch an das Gitter ab, sie thermalisieren. Dabei ändert sich mit großer Wahrscheinlichkeit der Wellenvektor $\boldsymbol{k}$ des Elektrons und des Loches unterschiedlich, und eine Rekombination durch Photonenemission, welche vorzugsweise unter Erhaltung des $\boldsymbol{k}$-Vektors erfolgt (s.o.) kann vernachlässigt werden.

Im Riehl-Schönschen Modell wird aufgrund experimenteller Ergebnisse angenommen, daß auch der Übergang H → V recht unwahrscheinlich ist und daß er – sofern er auftritt – strahlungslos erfolgt. Die Lumineszenz wird daher dem Übergang L → A zugeschrieben. (A = **Aktivator**, Zentrum für **strahlende Rekombination**).

Die in Haftstellen eingefangenen Ladungsträger können durch Energiezufuhr in die Bänder zurückgebracht werden und zwar entweder optisch bei Einstrahlung von Photonen geeigneter Energie oder thermisch durch Aufnahme von Gitterschwingungsenergie.

Die dadurch bewirkte Leitfähigkeit und Lumineszenz bezeichnet man als optisch bzw. thermisch stimulierte Leitfähigkeit und Lumineszenz. Eine Variante dieses Modells wurde von Lamb und Klick vorgeschlagen, die annehmen, daß in manchen Fällen der strahlende Übergang zwischen dicht unterhalb des Leitungsbandes liegenden Termen und dem Valenzband erfolgt. Alle anderen Überlegungen und auch die später zu diskutierenden reaktionskinetischen Ansätze bleiben dadurch jedoch unberührt.

Zur Deutung der häufig weit unter 100 % liegenden Quantenausbeute muß zusätzlich angenommen werden, daß Zentren für **strahlungslose Rekombinationen** R vorhanden sind. Die sie bewirkenden Dotierungsatome werden auch wegen ihrer Konkurrenz zu den Lumineszenz liefernden Aktivatoratomen als „Killer" bezeichnet. Typische „Killer" sind für viele Leuchtstoffe die Übergangselemente Eisen, Kobalt und Nickel. Der Mechanismus der strahlungslosen Rekombination ist weitgehend ungeklärt.

Eine Möglichkeit für die Energieabgabe bei strahlungslosen Rekombinationen besteht darin, daß das Elektron aus dem Leitungsband in einen hochangeregten Zustand einer Störstelle übergeht, seine Energie dann in Form von Phononen an das Gitter abgibt, bis es den Grundzustand der Störstelle erreicht hat. Anschließend gelangt es durch einen weiteren strahlungslosen Prozeß oder durch strahlende Rekombination relativ geringer Photonenenergie (Emission im IR) in das Valenzband.

Diskutiert wurde auch die gleichzeitige Abgabe so vieler Phononen, daß die Gesamtenergie der des Bandabstandes bzw. des energetischen Abstandes Störstelle – Band entspricht. Wegen der Größe des Bandabstandes (einige eV) wären dafür größenordnungsmäßig 100 Phononen nötig, was diesen Prozeß sehr unwahrscheinlich macht.

Infrage kommen ferner Auger-Prozesse von Elektronen und Defektelektronen, Abb. V,244. Dabei wirken zwei Elektronen im Leitungsband und ein Defektelektron im Valenzband derartig zusammen, daß die bei der Rekombination eines Elektrons mit dem Defektelektron freiwerdende Energie auf das im Leitungsband verbleibende Elektron übertragen wird, welches anschließend diese Energie durch Phononenerzeugung an das Gitter abgibt (a). Eine analoge Auger-Rekombination ist auch möglich mit zwei Defektelektronen im Valenzband und einem Elektron im Leitungsband (b). Theoretische Rechnungen ergeben, daß die Wahrscheinlichkeit für Auger-Prozesse bei Halbleitern, deren Bandabstand einige eV beträgt, außerordentlich gering sein sollte. Sie wächst jedoch stark an, wenn die Mitwirkung von Phononen berücksichtigt wird.

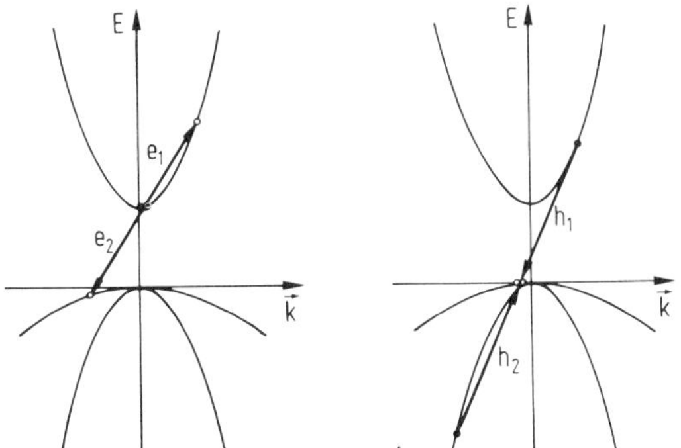

Abb. V,244. Auger-Rekombination mit 2 Elektronen im Leitungsband und einem Loch im Valenzband (a) und mit 1 Elektron im Leitungs- und 2 Löchern im Valenzband (b); die Pfeile geben die Übergänge für die beteiligten Elektronen an

Die energetische Lage der Störterme relativ zu den Bändern wird i.A. von dem Besetzungszustand abhängen. Das führt dazu, daß dann auch bei den Rekombinationsleuchtstoffen die Emissionsbande bei größeren Wellenlängen liegt als die zugehörige Absorptionsbande (Stokes sche Regel). Ähnlich wie beim Konfigurationsmodell handelt es sich auch hier um die Wirkung einer elektrischen Polarisierung, welche der Umladung folgt (Frank-Condon- Effekt).

Neben den bisher behandelten mehr oder weniger breiten Emissionsbanden treten insbesondere bei tiefen Temperaturen zusätzliche scharfe Emissionslinien auf, deren Deutung zwei Erweiterungen des bisherigen Modells erfordert.

1. Bei der für die Herleitung des Bändermodells benutzten Einelektronennäherung wurde die Wechselwirkung zwischen den Ladungsträgern nur pauschal durch das periodische Kristallpotential erfaßt. Berücksichtigt man die **Wechselwirkung zwischen** einem durch Anregung ins Leitungsband gehobenen **Elektron und** dem dadurch im Valenzband entstandenen **Loch**, dann ergeben sich zusätzliche, in der verbotenen Zone liegende erlaubte Energieniveaus. Das System Elektron-Loch bezeichnet man als **Exziton** und seine Anregungsniveaus als **Exzitonenniveaus**. Ähnliche Anregungszustände – also Exzitonen – hatten wir beim Zentrenmodell bereits erwähnt. Während dort aber die Anregung weitgehend auf ein Ion oder Molekül lokalisiert war (Frenkel Exziton), sind hier Elektron und Loch viele Gitterkonstanten weit von einander entfernt (Wannier Exziton). Die theoretische Behandlung erfolgt deshalb mittels eines Wasserstoffmodells*, bei dem die Masse des Elektrons m_0 zur Berücksichtigung der Mitbewegung der „Kerns" durch eine reduzierte Masse μ ersetzt wird.

$$1/\mu = 1/m_e + 1/m_1$$

m_e: effektive Masse des Elektrons; m_1: effektive Masse des Loches. Ferner ist die Elementarladung e durch $e/\sqrt{\epsilon}$ (ϵ = Dielektrizitätskonstante des Kristalls) zu ersetzen. Die Einführung der Dielektrizitätskonstanten ϵ berücksichtigt die Änderung der elektrostatischen Kräfte im Kristall infolge der Polarisation.

Die Rechnung liefert für die erlaubten Energiezustände

$$E_n = -\frac{\mu \cdot e^4}{2 \cdot \hbar^2 \cdot \epsilon^2} \cdot \frac{1}{n^2} \qquad \text{(V,273)}$$

Der Grundzustand des Exzitons liegt also um

$$E_1 = -\frac{\mu \cdot e^4}{2 \cdot \hbar^2 \cdot \epsilon^2} = 13{,}6 \frac{\mu}{m_0 \cdot \epsilon^2} \text{ (eV)} \qquad \text{(V,274)}$$

* Eine genauere Betrachtung, welche von einer Zweiteilchen- Schrödinger- Gleichung ausgeht und die kinetische Energie der Exzitonen berücksichtigt, ist im Abschnitt 1e (Energiezustände in Kristallen, Bandstrukturen) zu finden.

unter der Seriengrenze E_∞, und diese ist identisch mit der Unterkante des Leitungsbandes (Ionisierung des Exzitons = Bildung freier Ladungsträger). Setzt man typische Halbleiterwerte $\mu \approx m_0/10$ und $\epsilon^2 \approx 50$ ein, so sieht man, daß die Ionisierungsenergie bezogen auf den Exzitonengrundzustand E_1 ca. 30 meV beträgt. Um diesen Betrag ist die erste Exzitonenabsorptionslinie der Absorptionskante vorgelagert, und die folgenden schließen sich entsprechend dem quadratischen Abstandsgesetz an. Bei den gleichen Wellenlängen wie die Exzitonenabsorptionslinien liegen auch die entsprechenden Emissionslinien.

Ist das Valenzband in mehrere Teilbänder aufgespalten, so gibt es für jedes eine Exzitonenserie. Zusätzliche Satelliten treten auf, wenn beim Absorptions- oder Emissionsvorgang gleichzeitig ein Phonon erzeugt oder vernichtet wird. Erzeugung eines Phonons verschiebt die Absorptionslinie um die Phononenenergie ins kurzwellige und die Emission um den gleichen Betrag ins langwellige Spektralgebiet. Das Umgekehrte gilt für die Vernichtung eines Phonons.

Neben diesen Linien der freien Exzitonen können auch weitere auftreten, welche um diskrete Energien ins Langwellige verschoben sind. Dabei handelt es sich um Exzitonen, bei denen entweder das Elektron oder das Loch an eine neutrale oder eine ionisierte Störstelle gebunden ist (gebundene Exzitonen). Die spektrale Verschiebung der zugehörigen Linien entspricht der jeweiligen Bindungsenergie. Abb. V,245 zeigt ein Exzitonenspektrum aufgenommen am CdS-Kristall bei 4,2 K und die Zuordnung der einzelnen Exzitonenlinien.

Die Analyse der Exzitonenspektren liefert infolge ihrer großen Linienschärfe sehr präzise Angaben über den Bandabstand und gibt ferner bei gebundenen Exzitonen Information über die beteiligten Störstellen, welche aufgrund ihrer charakteristischen Bindungsenergie erkannt werden können.

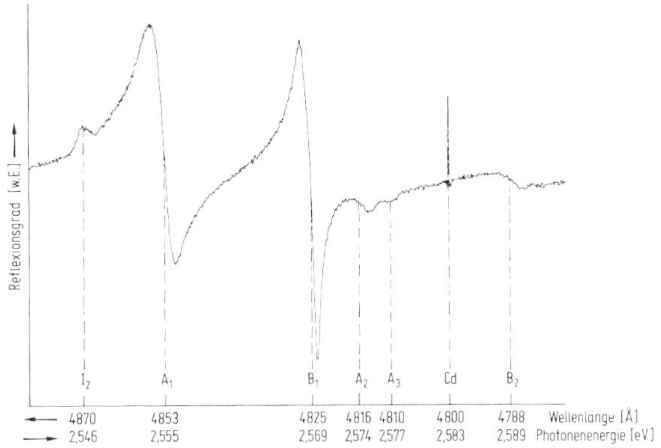

Abb. V,245. Exzitonenspektrum von CdS Einkristall bei 4 K (Photometerkurve einer Reflexionsmessung), A_n und B_n sind die Serien, welche zu den beiden oberen Bändern des dreifach aufgespaltenen Valenzbandes gehören, I_2 ist ein an eine Störstelle gebundenes Exziton, Cd eine zur Wellenlängeneichung eingeblendete Spektrallinie des Cd; Phononensatelliten treten in Reflexionsspektren nicht auf (nach R. Rass).

2. Bisher war angenommen worden, daß die Konzentration an Dotierungselementen so gering ist, daß elektronische Übergänge lediglich zwischen ihnen und den Bändern erfolgen können. Bei hoher Dotierung muß diese Einschränkung aufgegeben werden. Die Theorie der **Donator-Akzeptor-Übergänge** geht davon aus, daß der leere Donator positiv gegen das Gitter geladen ist. Bei der Rekombination hat das Elektron das vom geleerten Donator stammende Coulomb-Feld zu überwinden. Die bei der Rekombination emittierte Energie E_p hängt also vom Abstand Donator – Akzeptor ab:

$$E_p = E_g - (E_A + E_T) + e^2/\epsilon \cdot r \ , \qquad \text{(V,275)}$$

wobei E_A, E_T die energetische Tiefe der jeweiligen Störstellen – gerechnet vom Valenzband bzw. Leitungsband – ist. ϵ ist wiederum die Dielektrizitätskonstante des Kristalls und r der geometrische Abstand. Auch die Übergangswahrscheinlichkeit W wird für die Donator-Akzeptor-Übergänge abstandsabhängig sein. Die Rechnung liefert

$$W(r) = W_0 \cdot e^{-r/r_0} \ , \qquad r_0 = \text{const.} \qquad \text{(V,276)}$$

Dieses Modell hat nicht nur die Deutung der sehr linienreichen Emission beim ZnSe (Abb. V,246) und anderen Kristallphosphoren ermöglicht, sondern es erklärt auch die Abhängigkeit der Emissionsverteilung von der Anregungsintensität und ihr Abklingverhalten in den Fällen, bei denen die einzelnen Übergänge nicht aufgelöst werden können. Wegen der mit r exponentiell abnehmenden Übergangswahrscheinlichkeit werden mit steigender Anregungsstärke zuerst Donator-Akzeptor-Paare mit größerem Abstand gesättigt werden, und die Emission verschiebt sich ins Kurzwellige. Entsprechend verschiebt sich die Emission beim Abklingen nach Ende der Anregung stetig zum Langwelligen. Abbildung V,247 bringt als Beispiel das Abklingverhalten der grünen Emissionsbande von ZnS:Cu, welche aufgrund dieser Ergebnisse Donator-Akzeptor-Übergängen zuzuordnen ist.

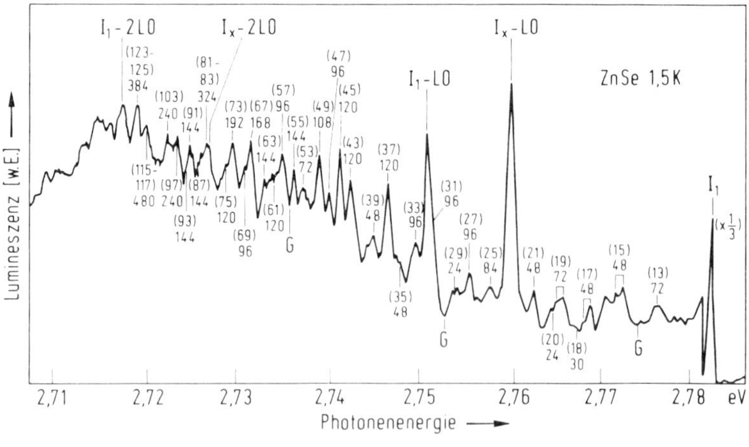

Abb. V,246. Lumineszenz infolge von Donator-Akzeptor-Übergängen bei ZnSe. Zahl in Klammer gibt an, zum wievielten Nachbarn der Übergang erfolgt, Zahl darunter gibt die Anzahl der Plätze in dieser Schale, I_1 bzw. I_x-LO: Exzitonenlinien und ihre Phononen-Satelliten (nach P. C. Dean und J. L. Merz)

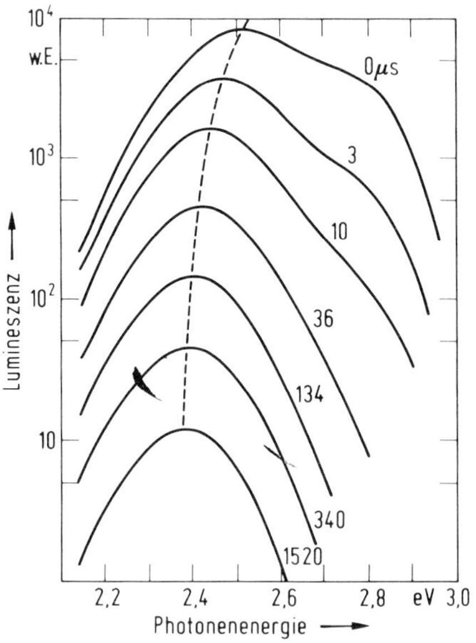

Abb. V,247. Zeitaufgelöste Emissionsspektren von ZnS:Cu, Al bei 4,2 K angeregt durch Lichtblitz. Parameter: Zeit nach dem Ende der Anregung (nach Sh. Shionoya)

Auch das bei sehr tiefen Temperaturen von Riehl und Mitarbeitern gefundene langdauernde Nachleuchten ist vermutlich entsprechenden Haftstellen-Leuchtzentrum Übergängen zuzuschreiben. Es wurde deshalb im Gegensatz zur thermisch stimulierten Lumineszenz „Tunnelnachleuchten" genannt.

Die Thermolumineszenz

Im folgenden Abschnitt soll die bereits mehrfach erwähnte **Speicherung von Energie** durch Einfang von Ladungsträgern in Haftstellen (engl. trap) sowie deren **Befreiung durch Zufuhr thermischer Energie** behandelt werden. Wir können uns dabei auf eine Betrachtung im Rahmen des Bändermodells beschränken, da die Verhältnisse bei Zentrenleuchtstoffen besonders einfach liegen und bereits in dem entsprechenden Kapitel behandelt wurden.

Nach vorheriger Anregung bei tiefer Temperatur wird ein Leuchtstoff infolge thermischer Haftstellenleerung nachleuchten, wobei die Abklinggeschwindigkeit dieses Nachleuchtens stark von seiner Temperatur abhängt. Bei anschließendem Aufheizen durchläuft die Strahlstärke ein oder mehrere, für das Grundmaterial und die Dotierung charakteristische, Maxima. Der genaue Kurvenverlauf und die Temperaturen, bei denen die Maxima auftreten, hängen außerdem von den Versuchsparametern, insbesondere von der Heizgeschwindigkeit ab. Diese thermisch stimulierte Lumineszenz bezeichnet man als Thermolumineszenz und die Lumineszenzstrahlungsstärke als Funktion der Temperatur beim Aufheizen als **Glowkurve** (genauer **Lumineszenzglowkurve**). Manchmal erhält man einen sehr ähnlichen Verlauf für die thermisch stimulierte

Leitfähigkeit (**Leitfähigkeitsglowkurve**), wie es in Abb. V,248 am Beispiel des ZnS:Cu gezeigt wird, oder für die thermisch stimulierte Exoelektronenemission (**Exoelektronenglowkurve**, Beispiel: NaCl, Abb. V,249).

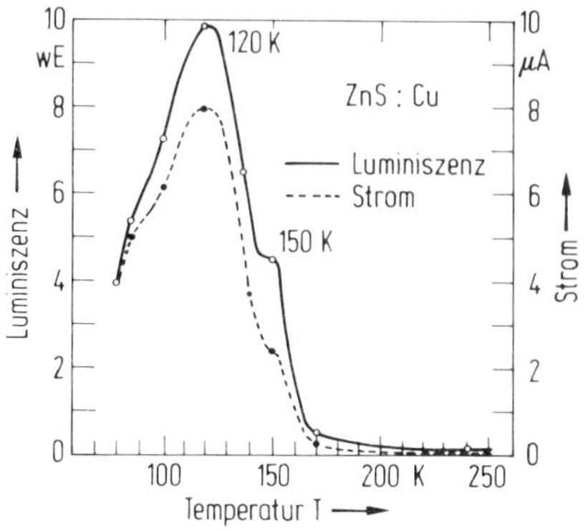

Abb. V,248. Thermisch stimulierte Lumineszenz und Leitfähigkeit von ZnSe nach Grundgitter- und nach Ausläuferanregung

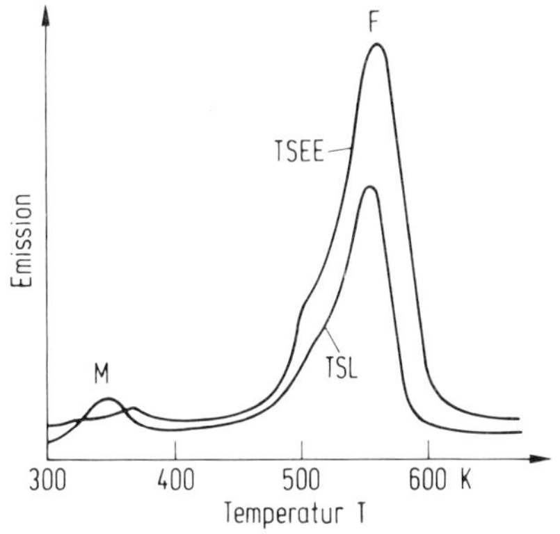

Abb. V,249. Thermisch stimulierte Lumineszenz und Exoelektronen-Emission von NaCl nach Röntgenanregung (Bedeutung von F und M siehe 4.1 und Tabelle 19), nach Bohun

Viele anorganische Verbindungen sowie Metalle (bzw. die Oxidschichten auf ihrer Oberfläche) zeigen nach vorheriger Anregung durch energiereiche Strahlung eine allmählich abklingende Emission langsamer Elektronen. Dieser seit langem bekannte Effekt – Elster und Geitel beobachteten ihn 1896 bei der Arbeit an Photozellen, Curie 1899 und Rutherford ein Jahr später – wurde von Kramer seit 1949 systematisch untersucht. Neben der von ihm und W. Köster 1950 vorgeschlagenen Bezeichnung Exoelektronenemission (EE), da sie vermuteten, daß exotherme Prozesse die Emission bewirken, ist auch die Bezeichnung Kramer-Effekt gebräuchlich. 1953 fand Bohun, daß bei manchen Substanzen, z. B. den Alkalihalogeniden, Lumineszenz und EE gemeinsam auftreten.* In diesen Fällen ist es sinnvoll, für die Kinetik der thermisch stimulierten EE die Modelle der Thermolumineszenz zu benutzen (Nassenstein, 1955).

* Da sehr unterschiedliche elektronische Prozesse unter der Bezeichnung Exoelektronen-Emission zusammengefaßt werden, sei auf die im Literaturverzeichnis angegebene Speziallliteratur hingewiesen.

Anhand des Bändermodells erkennt man den Zusammenhang zwischen den drei Effekten. Werden Elektronen z. B. thermisch oder optisch aus Haftstellen ins Leitungsband gebracht (thermisch bzw. optisch stimulierte Leitfähigkeit), so wird ein Teil von ihnen strahlend rekombinieren (stimulierte Lumineszenz) und andere, deren kinetische Energie die Austrittsarbeit übersteigt und die sich nahe genug an der Oberfläche (ca. 100–1000 Å) befinden, können emittiert werden (stimulierte EE).

Bevor verschiedene Näherungsverfahren zur Bestimmung der energetischen Haftstellentiefe besprochen werden, soll die Abhängigkeit der thermischen Haftstellenleerung von den verschiedenen Material- und Meßparametern entsprechend einem Vorschlag von Hofmann diskutiert werden.

Die Wahrscheinlichkeit für die **thermische Befreiung** von Elektronen aus Haftstellen α ist durch

$$\alpha = s \cdot \exp\,(-E_H/k \cdot T) \qquad \text{(V,277)}$$

gegeben. s ist der Übergangswahrscheinlichkeit von der Haftstelle zum Leitungsband proportional und wird als **Frequenzfaktor** bezeichnet, da es die Dimension einer reziproken Zeit hat. E_H ist die **energetische Haftstellentiefe**, k der Boltzmann-Faktor und T die absolute **Temperatur**. Jede Haftstelle ist also durch den Frequenzfaktor und die energetische Tiefe charakterisierbar. $H\,(s, E_H)$ sei die die Haftstellenkonzentration beschreibende Funktion eines Phosphors, $h\,(s, E_H, \text{t})$ seien die zur Zeit t gefüllten Haftstellen und $x\,(s, E_H, t) = h/H$ der zur Zeit t gefüllte Anteil. Die aus Haftstellen befreiten Elektronen können entweder rekombinieren oder wiederum in Haftstellen eingefangen werden; für den Wiedereinfang ist die Bezeichnung **Retrapping** üblich. Der Anteil der wiedereingefangenen Elektronen sei r und entsprechend der Anteil der sofort rekombinierenden Elektronen $(1 - r)$. Für die Lumineszenzstrahlungsstärke I erhält man die folgende Integralgleichung:

$$I\,(t, T) = \eta \cdot V \cdot (1 - r) \int\int K\,(s, E_H, T, t) \cdot H(s, E_H) \cdot \mathrm{d}\,s \cdot \mathrm{d}\,E_H \qquad \text{(V,278)}$$

Dabei bedeuten η die Lumineszenzausbeute und V das Volumen der untersuchten Probe. K wurde für $\alpha \cdot \text{x}$ eingesetzt. Wie üblich wird vorausgesetzt, daß die Trägerkonzentration im Leitungsband sich nur vernachlässigbar wenig ändert, das heißt, daß die aus Haftstellen befreiten Elektronen rekombinieren oder erneut in Haftstellen eingefangen werden. Die gesuchte Haftstellenfunktion H kann aus der experimentell bestimmten Intensität berechnet werden, wenn K bekannt ist. Deshalb soll K, der Kern der Integralgleichung, diskutiert werden. Zur Vereinfachung der Rechnung sei dabei r als 0 angenommen, d.h. es erfolge kein Retrapping; grundsätzlich kann die Ableitung jedoch für beliebige r-Werte durchgeführt werden.

Eine einfache Umformung ergibt

$$K \cdot t = K_0 = \exp\,(-z)\,\exp\,[-\exp\,(-z)]$$

mit $z = E_H / kT - \ln(s \cdot t)$. Das Maximum dieser Funktion K_0 liegt bei $z = 0$. Für positive z-Werte fällt K_0 exponentiell, für negative z-Werte sogar doppelt exponentiell ab, und die Halbwertsbreite dieser Funktion beträgt 2,45 kT. Das bedeutet, daß zu jeder Zeit t und bei jeder Temperatur T mit merklicher Wahrscheinlichkeit nur solche Haftstellen geleert werden, deren s und E_H-Werte etwa $z = 0$ ergeben. Dieser Zusammenhang ist in einem $E_H = f(\ln s)$ Diagramm in Abb. V,250 graphisch dargestellt. Alle Haftstellen liegen entsprechend ihren s- und E_H-Werten in dieser Ebene. Der geometrische Ort für $z = 0$, d.h. $E_H/kT - \ln s - \ln t = 0$ ist in diesem Diagramm eine Gerade mit der Steigung $k \cdot T$ ($\tan \psi = k \cdot T$). Geleert werden, wie wir gesehen haben, nur Haftstellen in der Nähe dieser Geraden; die rechts davon liegenden sind bereits geleert, die links davon noch gefüllt. Während des Abklingens der Lumineszenz bei konstanter Temperatur T wandert die $z = 0$ Gerade mit dem Logarithmus der Zeit nach links. Daher erhält man eine Kurve, die einer Glowkurve sehr ähnlich ist, wenn man das Produkt der Lumineszenz mit der Zeit, $I \cdot t$, als Funktion von $\ln t$ aufträgt. Immer dann, wenn diese Gerade über eine Haftstellengruppe läuft, hat die Kurve ein Maximum.

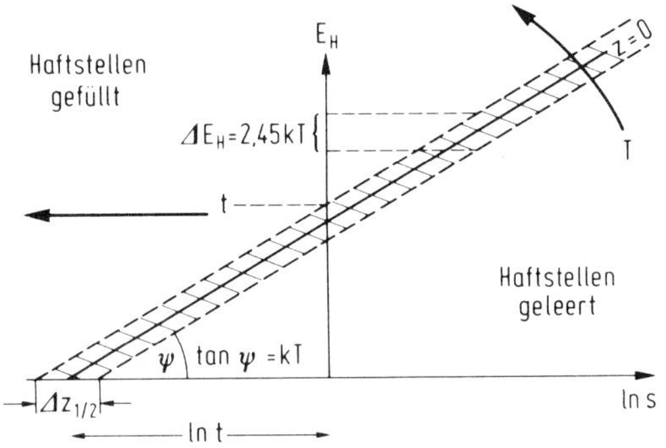

Abb. V,250. Darstellung der Haftstellenleerung im $E_H = f(\ln E_H, s)$ Diagramm

Während der Aufnahme einer Glowkurve verschiebt sich die $z = 0$ Gerade ebenfalls mit dem Logarithmus der Zeit nach links, aber gleichzeitig wächst die Steigung mit der Temperatur T an. Man erkennt, daß die Temperatur, bei der die Haftstellen geleert werden, von der Aufheizgeschwindigkeit abhängt. Je größer die Aufheizgeschwindigkeit ist, desto steiler verläuft die $z = 0$ Gerade für jeden Ort der E_H, $\ln s$-Ebene, und das bedeutet, daß die Haftstellen bei um so höherer Temperatur geleert werden. Die Änderungen sind allerdings relativ gering, wie man am Beispiel der Abb. V,251 erkennt, bei dem die Aufheizgeschwindigkeit zweimal um den Faktor 3 geändert wurde.

Sowohl das Abklingen als auch die thermische Stimulation der Lumineszenz enthalten also Informationen über die Zahl, die energetische Tiefe und den Frequenzfaktor der Haftstellen, jedoch sind diese Werte aus der Glowkurve oder auch aus dem Abklingen nicht direkt abmeßbar. Deshalb werden **reaktionskinetische Modelle** aufgestellt, und durch Vergleich der mit ihnen berechneten Abhängigkeiten mit den experimentellen Werten ist es möglich die Leuchtstoffparameter zu bestimmen.

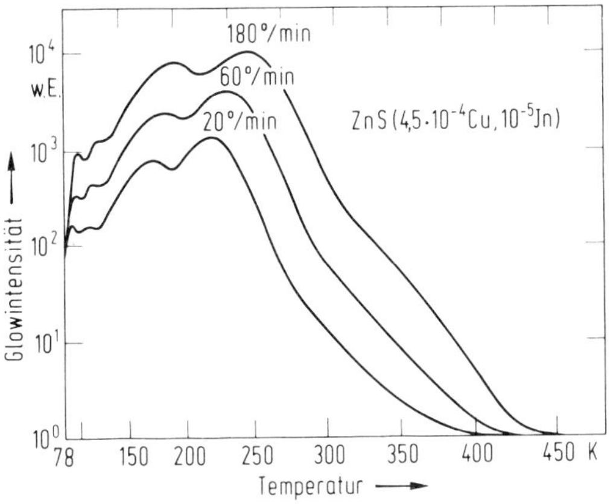

Abb. V,251. Glowkurven von ZnS:Cu, Parameter: Aufheizgeschwindigkeit

Das einfachste Modell für die Diskussion der Haftprozesse zeigt Abb. V,252. Durch vorhergehende Anregung seien h Haftstellen mit Elektronen gefüllt worden. Die thermische Befreiungsrate beträgt $\alpha \cdot h$ (s.o.). Diese Elektronenlieferung ins Leitungsband, der Wiedereinfang in Haftstellen $n \cdot \beta \cdot (H-h)$ und die strahlende Rekombination, welche proportional zu $n \cdot \gamma \cdot a$ ist, bestimmen die Änderung der Leitungsbandkonzentration. a ist die Zahl der ionisierten Leuchtzentren A und β bzw. γ sind die Wahrscheinlichkeiten für den Übergang eines Elektrons vom Leitungsband in eine Haftstelle bzw. in ein Leuchtzentrum. Das System wird also durch die Differentialgleichungen

$$\mathrm{d}n / \mathrm{d}t = \alpha \cdot h - n \cdot \beta \cdot (H-h) - n \cdot \gamma \cdot a \,; \qquad \mathrm{d}h / \mathrm{d}t = -\alpha h + n \cdot \beta \cdot (H-h) \qquad \text{(V,279)}$$

beschrieben. Wegen der elektrischen Neutralität des Leuchtstoffes gilt ferner $a = n + h$.

Die Lösung dieser Gleichungen, d.h. die Herleitung der Lumineszenzstrahlungsstärke $I(T, t) = n \cdot \gamma \cdot a$ ist nur mit starken Vernachlässigungen oder zusätzlichen Annahmen möglich. In diesen unterscheiden sich die verschiedenen Modelle und Methoden.

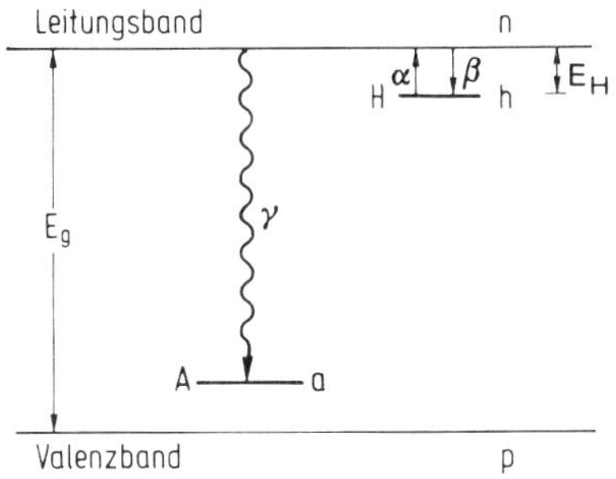

Abb. V,252. Bändermodell zur Diskussion der Thermolumineszenz (Bedeutung der Symbole siehe Text)

Meist ist es berechtigt und wird deshalb angenommen, daß $n \ll h$ und $dn \ll dh$ ist. Diese Vernachlässigung war auch bei der allgemeinen Diskussion der Haftstellenprozesse (s.o.) gemacht worden.

Genau genommen ist diese Annahme natürlich falsch, denn sonst müßte die Glowkurve stetig abfallen und dürfte keine Maxima aufweisen, da die Zahl der Rekombinationszentren stetig kleiner wird, und die Leitfähigkeit wäre während des Aufheizens lediglich eine Funktion der Beweglichkeit.

Ferner sei angenommen, daß der Leuchtstoff mit konstanter Heizrate $q = dT/dt$ erwärmt wird.

Randell und Wilkins nehmen darüber hinaus an, daß der Wiedereinfang in Haftstellen vernachlässigbar sei, d.h. der Retrapping-Faktor $r = \beta / \gamma = 0$ gesetzt werden darf.

Damit erhält man

$$q \cdot dn / dT = \alpha \cdot h - \gamma \cdot n \cdot a \approx 0 ,$$

$$q \cdot dh / dT = - \alpha \cdot h, \quad \text{also} \quad q \cdot dh / dT = - \gamma \cdot n \cdot a$$

$$h(T) = h_0 \cdot \exp \left\{ - \frac{s}{q} \cdot \int_{T_0}^{T} e^{-E_H / k \cdot T} \right\} dT$$

ferner ist mit $I = \alpha \cdot h$

$$I(T) = s \cdot h_0 \cdot e^{-E_H / k \cdot T} \exp \left\{ - \frac{s}{q} \cdot \int_{T_0}^{T} e^{-E_H / k \cdot T} \right\} dT \qquad (V,280)$$

Dabei liefert das erste Exponentialglied den Anstieg und das zweite den Abfall der Glow-Kurve.

Die nach der Methode von Randell und Wilkins berechneten Glow-Kurven haben eine unsymmetrische Form; einem relativ flachen Anstieg folgt mit steigender Temperatur ein steiler Abfall. Das entspricht jedoch nicht den experimentellen Kurven, die meist recht symmetrisch sind. Noch schlechter wird die Leitfähigkeits-Glowkurve (thermisch stimulierte Leitfähigkeit) wiedergegeben. Die Rechnung liefert anstelle der experimentell beobachteten Maxima (vgl. Abb. V,248) einen stetigen Anstieg. Die Ursache ist einsichtig: die Lebensdauer der Elektronen im Band steigt mit abnehmender Konzentration an Leuchtzentren a stetig an, und daher ist die Voraussetzung der Rechnung $n \ll h$ zunehmend weniger erfüllt.

Eine bessere Übereinstimmung mit dem Experiment erhält man durch die Annahme eines Überschusses an Rekombinationszentren $(a > h + n)$ oder durch Einführung eines Retrapping-Faktors $r > 0$, doch sind die Gleichungen dann im Allgemeinen nicht mehr lösbar.

Garlick und Gibson konnten zeigen, daß die oben angeführten Differentialgleichungen auch für $r = 1$ (d.h. $\beta = \gamma$) lösbar sind.

$$q \cdot dn / dT = \alpha \cdot h - \gamma \cdot n \cdot a - \gamma \cdot n \cdot (H - h) \approx 0 , \quad q \cdot dh / dT = - \alpha \cdot h + n \cdot \gamma (H - h)$$

Addition dieser Gleichungen ergibt

$$q \cdot \mathrm{d}h / \mathrm{d}T = -n \cdot \gamma \cdot a, \quad n = \alpha \cdot h / \gamma \cdot H, \quad q \cdot \mathrm{d}h / \mathrm{d}T = -\alpha h^2 / H$$

Damit ergibt sich

$$h(T) = \frac{h_0}{1 + \frac{s \cdot h_0}{H \cdot q} \cdot \int_{T_0}^{T} \exp(-E_H / k \cdot T) \cdot \mathrm{d}T} \quad \text{und}$$

$$I(T) = n \cdot \gamma \cdot h = \frac{s}{H} \cdot \exp -(E_H / k \cdot T) \cdot \left\{ \frac{h_0}{1 + \frac{s \cdot h_0}{H \cdot q} \cdot \int_{T_0}^{T} \exp(-E_H / k \cdot T) \cdot \mathrm{d}T} \right\}^2$$

(V,281)

und für die spezifische Leitfähigkeit σ erhält man

$$\sigma(T) = n \cdot e \cdot \mu = e \cdot \mu \cdot \frac{s}{\gamma \cdot H} \cdot \exp -(E_H / k \cdot T) \cdot \left\{ \frac{h_0}{1 + \frac{s_0 \cdot h_0}{H \cdot q} \cdot \int_{T_0}^{T} \exp(-E_H / k \cdot T) \cdot \mathrm{d}T} \right\}$$

(V,282)

e ist die Elementarladung und μ die Beweglichkeit der Elektronen im Leitungsband.

Diese Näherung stimmt zwar besser mit dem Experiment überein, es sei jedoch betont, daß die Annahme dieses speziellen Retrapping-Faktors ebenso willkürlich ist und daher die durch Anpassung an die Experimente ermittelten Materialkonstanten fragwürdig bleiben. Deshalb wird man versuchen, einige von ihnen durch unabhängige Messungen zu bestimmen, z.B. die Beweglichkeit μ durch Hall-Effekt-Messungen oder den Besetzungsgrad der Haftstellen h mittels Elektronen-Spin-Resonanz.

Die Mikrowellenabsorption ist im allgemeinen der Zahl der absorbierenden paramagnetischen Zentren proportional. Falls es sich bei ihnen um gefüllte Haftstellen handelt, wie beispielsweise beim Cr^+ in ZnS auf Zn-Gitterplätzen, so ist die Intensität der zugehörigen Absorptionslinie der Haftstellenbesetzung direkt proportional.

Häufig liegen derartige Informationen jedoch nicht vor, und die energetische Tiefe wird durch Näherungsmethoden berechnet. Nach Urbach gilt für viele Leuchtstoffe bei mittlerer Aufheizgeschwindigkeit (ca. 30 K min^{-1})

$$E_H = \frac{T_{max}}{500} \cdot \left[\frac{\mathrm{eV}}{\mathrm{K}}\right] \qquad \text{(V,283)}$$

Da die Temperatur T_{max}, bei der das Glow-Maximum auftritt, von der Aufheizgeschwindigkeit abhängt, wird bei der Methode von Bohun bzw. Schön diese Verschiebung zur Bestimmung von E_H benutzt. Mit dem Modell von Randell und Wilkins läßt sich herleiten:

$$E_H = \frac{T_{\max 1} \cdot T_{\max 2}}{T_{\max 1} - T_{\max 2}} \cdot \ln \frac{q_1}{q_2} \cdot \frac{T_{\max 2}^{7/2}}{T_{\max 1}^{7/2}}$$

Auf diese und die vielen anderen vorgeschlagenen Näherungsverfahren soll jedoch nicht näher eingegangen werden, da sie nützlich sein mögen, aber ihre Aussagekraft fragwürdig bleibt.

Eine ganz andere Methode zur Bestimmung der energetischen Tiefe der Haftstellen wurde 1947 unabhängig voneinander von Antonow-Romanowski und Garlick vorgeschlagen. Nach Gleichung (V,278) beträgt die Lumineszenzstrahlungsstärke

$$I = \eta \cdot V(1-r) \cdot \int \int \alpha(s, E_H) \cdot h(s, E_H, T, t) \cdot \mathrm{d}s \cdot \mathrm{d}E_H$$

Für den Sonderfall einer monoenergetischen Haftstelle vereinfacht sich die Gleichung zu

$$I = \eta \cdot V \cdot (1-r) \cdot \alpha \cdot h \qquad \text{mit} \quad \alpha = \alpha(T) = s \cdot \exp(-E_H/k \cdot T)$$

Beginnt das Aufheizen bei sehr tiefen Temperaturen, dann wird die Lumineszenzstrahlungsstärke solange lediglich eine Funktion der Temperatur sein, wie sich die momentane Haftstellenbesetzung h nur vernachlässigbar geringfügig ändert. Für Temperaturen, bei denen diese Näherung gilt, ist die Steigung von $\ln I$ aufgetragen über $1/T$ deshalb der Haftstellentiefe direkt proportional. Zuverlässige Aussagen liefert allerdings auch diese **Anstiegsmethode** nur dann, wenn nur monoenergetische Haftstellen hinreichend unterschiedlichen energetischen Abstandes vorliegen.

Von den verschiedenen Vorschlägen zur Verbesserung dieses Verfahrens sei hier lediglich die von Hofmann entwickelte Methode der fraktionierten Haftstellenleerung angegeben. Bei dieser Methode werden dem langsamen Aufheizprozeß Temperaturoszillationen überlagert. In der $\ln I = f(-1/T)$ - Darstellung erhält man dann für Aufheiz- und Abkühlzyklus jeweils ein Geradenstück fast konstanter Steigung, falls die oben angenommenen Voraussetzungen des Modells erfüllt sind. Die Steigung der Geraden liefert dabei die mittlere energetische Tiefe, der bei einer Temperaturoszillation geleerten Haftstellen. Für jeden Temperaturzyklus wird ferner die Lichtsumme gemessen. Durch Überlagerung aller Teilergebnisse erhält man das gesuchte Haftstellenspektrum. Auf die verschiedenen Ursachen, welche bewirken, daß die Lumineszenzintensität nicht logarithmisch von der absoluten Temperatur abhängt, kann hier nicht eingegangen werden; jede Abweichung verhindert jedoch nicht nur die Auswertung, sondern zeigt auch, daß die Voraussetzungen der einfachen reaktionskinetischen Überlegungen nicht erfüllt sind.

Die Thermolumineszenz liefert, wie wir gesehen haben, im Zusammenwirken mit anderen Verfahren wichtige Informationen über die reaktionskinetischen Parameter der

Leuchtstoffe. Sie ist aber auch eine wichtige Methode zur **Dosimetrie** und zur **Altersbestimmung** von Mineralien, da die vom Leuchtstoff emittierte Glowlichtsumme ein Maß für die zuvor absorbierte Energiedosis ist.

Voraussetzung für die Anwendung der Thermolumineszenz zur **Dosimetrie** sind eine hohe Empfindlichkeit, die Unabhängigkeit von der Dosisleistung und der Quantenenergie sowie gute Speicherfähigkeit für die Information. Letzteres trifft für Glowmaxima zu, welche erst bei relativ hohen Temperaturen auftreten. Als besonders geeignet hat sich das dritte Maximum (ca. 240 C) des natürlichen CaF_2 (Flußspat) Abb. V,253 und das bei 250 C liegende Maximum von LiF:Na,Mg erwiesen. Es können damit Dosimeter für eine Dosis von $10^{-3}-10^4$ rad, also für den gesamten in der Personendosimetrie interessanten Bereich hergestellt werden. Die geringe Größe und die leichte Auswertbarkeit sind die besonderen Vorteile dieser Kristalldosimeter.

Bei der geologischen und archäologischen **Altersbestimmung** wird die Lichtsumme hinreichend tiefer Haftstellen bestimmt und dann die äquivalente Dosis durch Eichmessungen gesucht. Ist die mittlere Dosisleistung bekannt, welche nach dem Abkühlen des Minerals oder der Keramik auf diese gewirkt haben, so läßt sich das Alter abschätzen. Zumindest relative Altersangaben sind so erhältlich. Die Voraussetzung, daß die Dosisleistung während des ganzen Zeitraums konstant geblieben oder aber ihre zeitliche Änderung bekannt sein muß, und ferner, daß keine zwischenzeitliche Erwärmung erfolgt sein darf und durch die Bestrahlung keine zusätzlichen Haftstellen geschaffen wurden, schränken die Zuverlässigkeit des Verfahrens stark ein.

Eine andere Auswertmethode nutzt gerade die Schaffung von Haftstellen durch die ionisierende Strahlung aus. Die Konzentration derartiger Haftstellen – durch Anregung und Glowmessungen im Labor bestimmt – wird als Maß für die im Laufe des Alters empfangene Dosis angesehen. In der Praxis kombiniert man häufig beide Verfahren und berücksichtigt damit sowohl die Schaffung zusätzlicher Haftstellen als auch deren Füllung.

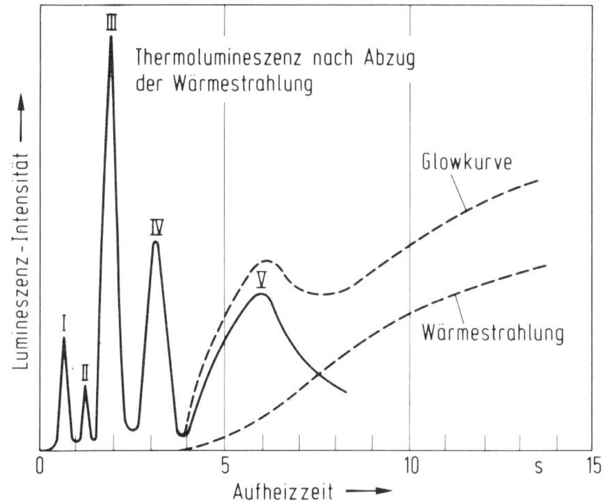

Abb. V,253. Lumineszenz-Glowkurve von natürlichem CaF_2 (nach M.B.L.E., Belgien)

4.3 Die Elektrolumineszenz

Als Elektrolumineszenz werden alle Lumineszenzerscheinungen bezeichnet, bei denen die Anregung in höhere Energiezustände durch elektrische Felder bewirkt wird. Wir beschränken uns dabei auf Festkörper, obwohl der Mechanismus mancher Prozesse bei Gasentladungen recht ähnlich ist. Es sollen hier auch die vielfältigen Beeinflussungen der auf andere Weise angeregten Lumineszenz durch elektrische Felder nicht näher behandelt werden.

1920 hatten Gudden und Pohl gefunden, daß das Anlegen eines elektrischen Feldes zu einer momentanen oder auch andauernden Erhöhung der Emission führen kann. Auch nach Ende der optischen Anregung kann ein elektrisches Feld Lichtblitze bewirken. Neben diesem die Lumineszenz verstärkenden **Gudden-Pohl-Effekt** kann insbesondere bei direkter Kontaktierung und Kristallen relativ hoher Leitfähigkeit eine Feldauslöschung auftreten, wie sie zuerst von Déchêne, 1935, gefunden wurde. Häufig treten auch beide Effekte gleichzeitig auf, wie es Abb. V,254 zeigt, in welcher die verschiedenen Elektrophotolumineszenz Effekte zusammengefaßt sind.

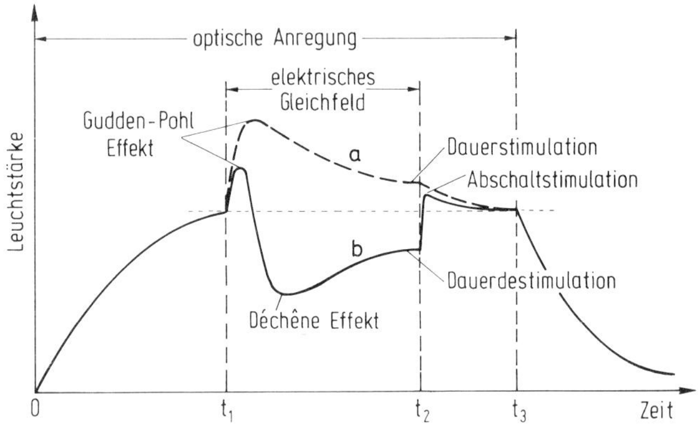

Abb. V,254. Elektrophotolumineszenz Effekte (nach Matossi)

1923 beobachtete Lossew, daß SiC, welches als Kristallgleichrichter verwendet wurde, in der Nähe der Kontakte lumineszierte. Spätere Untersuchungen zeigten, daß unterschiedliche Emissionsbanden an der Kathode und an der Anode auftreten können. Lehovec vermutete als Erster (1940), daß der Stromfluß über die Kontakte die Lumineszenz bewirke. Heute wissen wir, daß es sich beim SiC um **Injektionslumineszenz** in Durchlaßrichtung bzw. um **Stoßionisationsvorgänge** bei Polung in Sperrichtung handelt.

1936 fand Destriau bei Untersuchungen des Déchêne-Effektes an ZnS dotiert mit Cu, welches isolierend gegen die Elektroden Wechselfeldern ausgesetzt war, eine andere Form der Elektrolumineszenz. Auch diese Wechselfeldlumineszenz – **Destriau-Effekt** genannt – tritt vorzugsweise in oberflächennahen Bereichen auf.

Lumineszenzanregung durch elektrische Felder besagt entweder, daß örtlich das Produkt aus freien Elektronen und Löchern über die Werte des thermodynamischen Gleichgewichts erhöht wurde, was zu einer direkten Rekombination oder eine Rekombination über Aktivatoren führt (a) oder aber, daß Leuchtzentren angeregt worden sind (b). Die folgende Betrachtung beschränkt sich vorerst auf den interessanteren Fall (a).

Die Trägerdichte im Leuchtstoff kann durch folgende Prozesse ansteigen:

1. **Injektion** von Ladungsträgern
2. **Stoßionisation**, d.h. Schaffung von freien Elektronen und Löchern durch inelastischen Stoß der in einem elektrischen Feld beschleunigten Träger
3. innere **Feldemission**

Zuerst sollen diese Anregungsprozesse anhand eines ***p-n*-Überganges** diskutiert werden, da die Verhältnisse dort besonders übersichtlich sind. Anschließend werden wir kurz **Metall-Halbleiter-Übergänge** sowie komplexere Strukturen behandeln.

Der *p-n*-Übergang

Zur Erinnerung ist in Abb. V,255 der Verlauf der Bänder, die Trägerkonzentration, die Raumladung und der spezifische Widerstand für einen idealisierten p-n-Übergang schematisch dargestellt. Bringen wir gleich stark dotiertes p- und n-leitendes Material zusammen, dann bleiben ihre Eigenschaften weit vom Übergang entfernt bestehen. Im Übergangsgebiet bildet sich eine Dipolschicht aus, da die jeweiligen Überschußladungsträger in das anders dotierte Material diffundieren. Die ins p-Gebiet wandernden Elektronen hinterlassen im n-Gebiet eine positive Raumladung. Entsprechend diffundieren Löcher aus dem p- ins n-Gebiet, und im p-Gebiet entsteht eine negative Raumladungszone. Die Dipolschicht liefert eine Potentialdifferenz ΔE, gegen welche die Ladungsträger anlaufen müssen. Auch im Gleichgewichtsfall fließen weiterhin derartige Diffusionsströme, gleichzeitig aber auch gleich große, entgegengesetzt gerichtete Ströme von thermisch erzeugten Minoritätsladungsträgern, so wie es in Abb. V,255 eingezeichnet ist. Weit vom Übergangsgebiet entfernt wird die Trägerkonzentration durch die Dotierung und die Temperatur bestimmt. Bei Annäherung an den Übergang nimmt infolge der Diffusion die Majoritätsträgerkonzentration ab, während die der Minoritätsträger ansteigt. Im thermodynamischen Gleichgewicht gilt bekanntlich stets, daß das Produkt aus Elektronen im Leitungsband n und Löchern im Valenzband p eine nur vom Bandabstand und der Temperatur abhängige Konstante ist: $n \cdot p = n_i^2$, wobei $n_i(E_g, T)$ die Konzentration an Elektronen und Löchern in eigenleitendem (engl. intrinsic) Material ist. Das hat zur Folge, daß die Leitfähigkeit

$$\sigma = e\,(\mu_n \cdot n + \mu_p \cdot p) \qquad \text{(V,284)}$$

e: Elementarladung μ_n, μ_p: Beweglichkeit der Elektronen bzw. Löcher

im Übergangsgebiet ein Minimum besitzt, welches um so ausgeprägter wird, je höher die Dotierung ist*.

* In der Abb. V,255 ist vereinfachend angenommen worden, daß die Konzentration der Elektronen n und der Löcher p sowie die Beweglichkeit der Elektronen μ_n und die der Löcher μ_p gleich groß sind. Daher ist Leitfähigkeitsverlauf symmetrisch und das Minimum liegt exakt am Übergang.

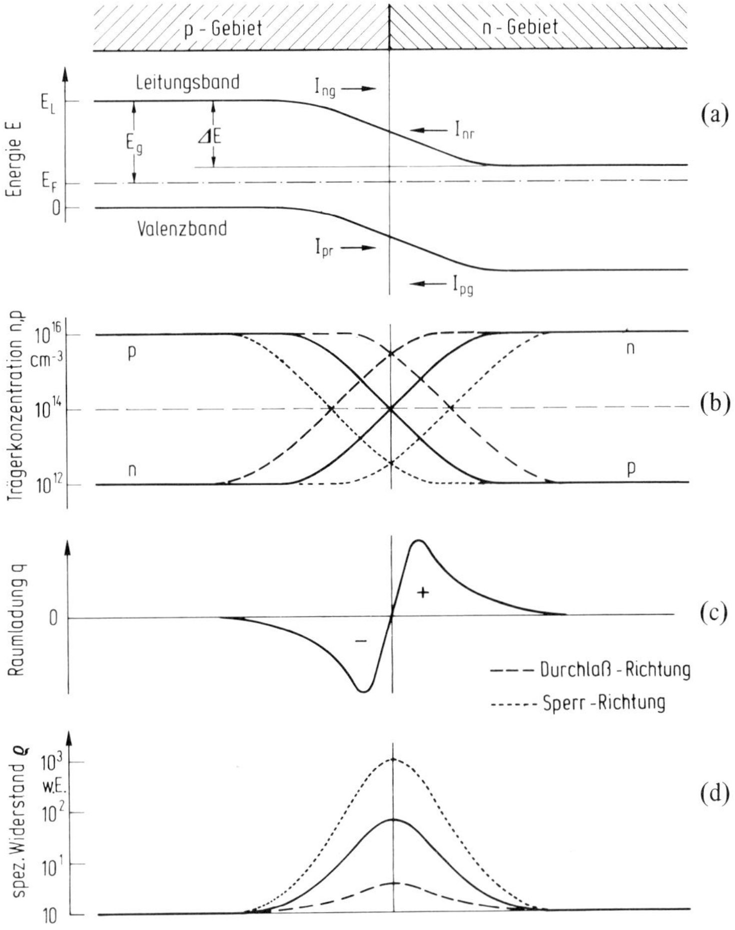

Abb. V,255. p-n-Übergang: Ortsabhängigkeit der Energiebänder (a), der Trägerkonzentration (b), der Raumladung (c) und des Widerstandes (d) bei ungepoltem (——) bzw. in Durchlaß- (– – –) oder in Sperrichtung (· · · · ·) gepoltem Übergang; I_{nr}, I_{pr} sind Diffusionsströme; I_{ng}, I_{pg} sind Generationsströme

Infolge der geringen Leitfähigkeit des Übergangsgebietes wird eine an die Diode angelegte Spannung überwiegend dort abfallen.

Polung in Durchlaßrichtung

Polt man den *p-n*-Übergang in Durchlaßrichtung, so wird ΔE etwa um die angelegte Potentialdifferenz vermindert, und der Diffusionsstrom sowohl an Elektronen als auch an Defektelektronen steigt exponentiell an. Dadurch wachsen im Übergangsgebiet die Trägerkonzentrationen, und die vermehrten Rekombinationen liefern, soweit sie strahlend erfolgen, eine **Injektionselektrolumineszenz**.

Infolge der Trägerinjektion ist die Besetzung der Energieniveaus ebenso wie bei jeder anderen Anregung stark gestört, sie entspricht nicht mehr einer **Fermi-Verteilung**. Im allgemeinen stellt sich jedoch sehr rasch im Bereich des Leitungsbandes und der energetisch nahe gelegenen Störstellen eine stationäre Ladungsträgerverteilung ein, welche einer Fermiverteilung entspricht. Das gleiche gilt auch für das Valenzband und die ihm benachbarten Störterme. Man kann dann die Besetzung der erlaubten Zustände durch **Quasi-Fermi-Verteilungen** des Leitungsbandes und des Valenzbandes beschreiben. Die zugehörigen Quasi-Fermi-Niveaus E_{FC} und E_{FV} wandern mit steigender Injektion immer stärker zu den zugehörigen Bändern und – im Falle hoher Dotierung – auch in diese hinein.

Ist der Abstand dieser Quasi-Fermi-Niveaus größer als die Energie der emittierten Lichtquanten, gilt also $h \cdot \nu_{\mathrm{Emission}} < E_{FC} - E_{FV}$, dann liegt eine Besetzungsinversion vor, d.h. die Diode kann als Laser (*Halbleiterlaser* bzw. *Injektionslaser*) wirken.

Die zur Zeit wichtigsten Leuchtstoffe, welche p-n Elektrolumineszenz mit hohem Wirkungsgrad zeigen, sind die III-V Verbindungen GaAs und GaP sowie deren Mischkristallreihe Ga $(As_x\ P_{1-x})$. – GaP ist ein indirekter Halbleiter mit einem Bandabstand von 2,26 eV. Dotiert man mit Zn und S, Se oder Te, so erfolgt die Lumineszenz überwiegend in der Form von Donator–Akzeptorübergängen mit einer Emissionswellenlänge von ca. 565 nm (2,2 eV), während der Einbau des relativ hoch über dem Valenzband (0,48 eV) liegenden Akzeptors 0 eine rote Emissionsbande bei 700 nm (1,8 eV) liefert. – GaAs emittiert aufgrund seines Bandabstandes von 1,35 eV zwar im infraroten Spektralgebiet, aber da es sich um einen direkten Halbleiter handelt, ist die Übergangswahrscheinlichkeit für Band-Band-Rekombinationen – genauer für Rekombinationen aus den bei hoher Dotierung breiten Ausläufern der Bänder – sehr groß. Deshalb ist GaAs ein besonders geeignetes Material für Halbleiterlaser. Bei den Ga $(As_x\ P_{1-x})$ Mischkristallen wächst der Bandabstand mit abnehmendem x stetig an. Bei $x = 0{,}57$ erfolgt der Übergang von einem direkten in einen indirekten Halbleiter ($E_g = 1{,}95$ eV). Derartige Mischkristalle ($x \approx 0{,}57$) verbinden die Emission im sichtbaren Spektralgebiet mit dem Vorteil der hohen Übergangswahrscheinlichkeiten direkter Halbleiter und werden deshalb für rot emittierende Injektionslaser verwendet.

Polung in Sperrichtung

Bei Polung in Sperrichtung sinken am p-n Übergang die Diffusionsströme exponentiell mit der an die Diode angelegten Spannung ab, da diese fast ausschließlich am p-n Übergang abfällt. Die entgegengesetzt gerichteten Generationsströme (Elektronen vom p- ins n-Gebiet und Löcher vom n- ins p-Gebiet) werden jedoch kaum beeinflußt. Sie liefern den Sperrstrom und durchlaufen dabei das Hochfeldgebiet am Übergang. Ist die Sperrspannung hoch genug, so können sie durch **Stoßionisation** Ladungsträgerpaare erzeugen bzw. Zentren durch Elektronenstoß anregen oder ionisieren. Voraussetzung dafür ist, daß die freie Weglänge der Träger so groß ist, daß sie zwischen zwei Stößen die nötige kinetische Energie gewinnen.

Die Feldstärke im Übergangsgebiet wird um so größer sein, je höher dort die Raumladung werden kann, d.h. je höher die Dotierung ist; ferner steigt sie mit der angelegten Spannung an. Die Dotierung und damit die mögliche Feldstärke darf jedoch nicht zu hoch sein, da sonst Stromfluß infolge

Zener Effekt (Tunneln von Elektronen aus dem Valenzband des p-Gebietes ins Leitungsband des n-Gebietes und entsprechend von Löchern aus dem Leitungsband des n-Gebietes ins Valenzband des p-Leiters) überwiegt. Der Zener-Strom ist jedoch nicht von Lumineszenz begleitet, denn er erhöht lediglich die Konzentration an **Majoritätsträgern**, und diese erreichen dabei keine für Anregungsprozesse ausreichenden Energien. Abb. V,256 zeigt schematisch Stoßionisation und Zehnereffekt an einem in Sperrichtung gepolten p-m-Übergang.

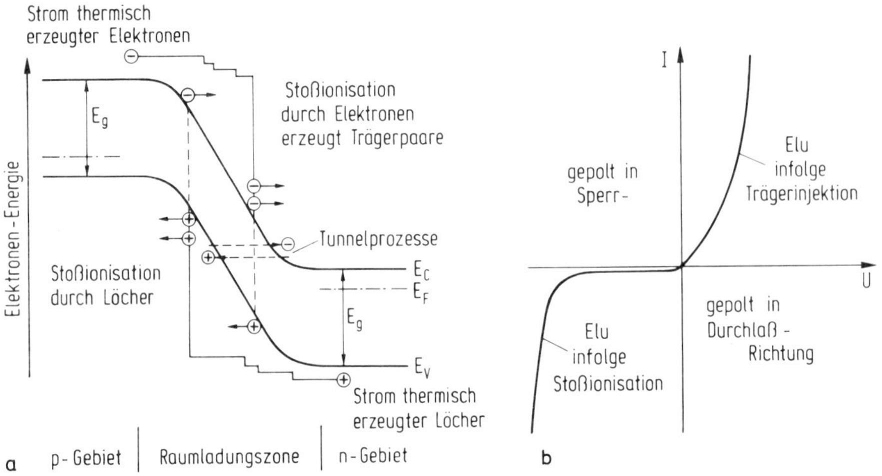

Abb. V,256. Stoßionisation und Zener Effekt beim in Sperrichtung gepolten p-n Übergang (a) sowie Strom-Spannungskennlinie einer Lumineszenzdiode (b)

Diese Elektrolumineszenz durch Stoßionisation an p-n Übergängen tritt zwar bei vielen Halbleitern auf – am Beginn des Abschnitts war am Beispiel des SiC darauf hingewiesen worden – aber sie hat wegen des relativ geringen Wirkungsgrades bei der Anregung zur Zeit keine technische Bedeutung.

Der Metall-Halbleiter Übergang

Ganz ähnlich wie der p-n-Übergang läßt sich auch der Metall-Halbleiterübergang behandeln. Dabei ist allerdings zu beachten, daß Raumladungen sich nur im Halbleiter ausbilden können. Je nachdem ob die Austrittsarbeit des Metalls größer oder kleiner ist als die des Halbleiters, wird es sich am Übergang um eine Verarmungs- oder um eine Anreicherungsrandschicht handeln. Wir wollen als Beispiel den Übergang Metall-n-Halbleiter (M-n Übergang) betrachten. In Abb. V,257 ist solch ein Übergang für den stromlosen Fall (a) sowie in Durchlaß- (b) und in Sperrichtung (c) gepolt dargestellt. Bei der Polung in Durchlaßrichtung ist zwar auch die Möglichkeit für die Injektion von Minoritätsträgern – in diesem Fall also Löcher – gegeben, es überwiegt aber meist die Extraktion von Majoritätsträgern, und deshalb führen in Durchlaßrichtung gepolte Metallhalbleiterübergänge im allgemeinen nicht zur Elektrolumineszenz. Bei Polung in Sperrichtung ist sowohl ein Tunneln durch die Potentialbarriere am Übergang möglich oder aber ein Überwinden dieser Barriere durch Elektronen des Metalls, welche eine hinreichende thermische Energie besitzen. Dieser Elektronenstrom

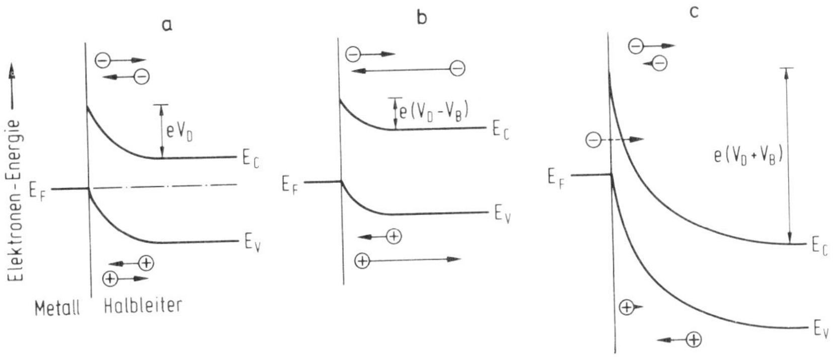

Abb. V,257. Metall-Halbleiter-Übergang, ungepolt (a), in Durchlaß- (b) bzw. in Sperrichtung (c) gepolt; angelegte Spannung $-V_B$ bzw. $+V_B$

wird als **Schottky-Emission** bezeichnet. Der **Tunneleffekt** und die Schottky-Emission werden im vorliegenden Beispiel zwar auch nur die Konzentration an Majoritätsträgern erhöhen, aber nachfolgende Stoßionisationsprozesse im Hochfeldgebiet des Sperrkontaktes können Ladungsträgerpaare schaffen.

Ein derartiger Mechanismus liegt vermutlich beim **Destriau-Effekt** – der Wechselfeldanregung von Leuchtstoffpulver in einem Kondensator – vor. An der Oberfläche der kleinen Kristallite, welche isoliert gegeneinander und gegen die Elektroden in ein Dielektrikum eingebettet sind, befinden sich Cu-reiche Ausscheidungen. Infolge der geringen Austrittsarbeit des *n* leitenden ZnS bilden sich in ihm Verarmungsrandschichten aus. Bei Polung in Sperrichtung wächst die Feldstärke mit der Wurzel der angelegten Spannung, und um den gleichen Faktor wächst auch die Breite der Verarmungsschicht. Elektronen, die aus der Fremdphase ins ZnS tunneln, können im Hochfeldgebiet durch Stoßionisation Trägerpaare schaffen und Leuchtzentren (z.B. Cu-Zentren) ionisieren. Die erzeugten Elektronen werden ins Kristallinnere transportiert, während die ionisierten Zentren zurückbleiben. Diese Polarisation der Kristallite schwächt das anregende Feld, bis es nicht mehr für weitere Anregungsprozesse ausreicht.

Bei Feldumkehr kehren die Elektronen zurück, und ein Teil von ihnen wird rekombinieren, während andere offenbar dicht unter der Oberfläche gesammelt werden, wo nicht genügend Rekombinationszentren vorhanden sind. Erst wenn das äußere Feld wieder abnimmt, werden sie zu den verbliebenen ionisierten Zentren zurückkehren und ein zweites Emissionsmaximum bewirken.

Dieses zuerst von Zalm, Klasens und Diemer vorgeschlagene Modell (1955) erklärt die Form der Leuchtwellen (Leuchtwelle = zeitlicher Verlauf des Leuchtens) und Änderungen im spektralen Verhalten zwischen dem ersten und zweiten Maximum der Leuchtwelle. Da Kristallite, bei denen die Ausscheidungen sich an entgegengesetzten Seiten – bezogen auf die Elektroden – befinden, ein um 180° phasenverschobenes Verhalten zeigen, weist die Leuchtwelle im allgemeinen 4 Maxima pro Feldperiode auf (Abb. V,258). Auch die häufig mit der Wurzel aus der angelegten Spannung exponentiell steigende Lichtsumme (Lichtsumme = Zeitintegral des Leuchtens) pro Periode entspricht den Erwartungen, da die Feldstärke in der Verarmungsrandschicht mit der Wurzel der angelegten Spannung zunimmt und die Wahrscheinlichkeit sowohl für das Tunneln der Primärelektronen ins ZnS als auch für die Stoßionisation exponentiell mit der Feldstärke steigen sollte.

Eine interessante Variante der Elektrolumineszenz an Metall-Halbleiterkontakten liegt beim GaN (Abb. V,259) vor. GaN ist aufgrund seines Bandabstandes von 3,4 eV als Lichtquelle für das gesamte sichtbare Spektralgebiet geeignet. Je nach Dotierung erhält man Emissionsbanden zwischen 440 nm (2,8 eV) und 730 nm (1,7 eV). Einkristalle aus nicht dotiertem GaN zeigen stets *n*-Leitung. Durch starke Zn Dotierung kann sie jedoch soweit kompensiert werden, daß eigenleitendes Material (i) entsteht. Wird an eine M-i-n Anordnung (Metall – kompensierter Eigenleiter – n-Halbleiter mit Ohmschen Kontakt) eine hinreichend hohe Spannung angelegt, so werden im Hochfeld-

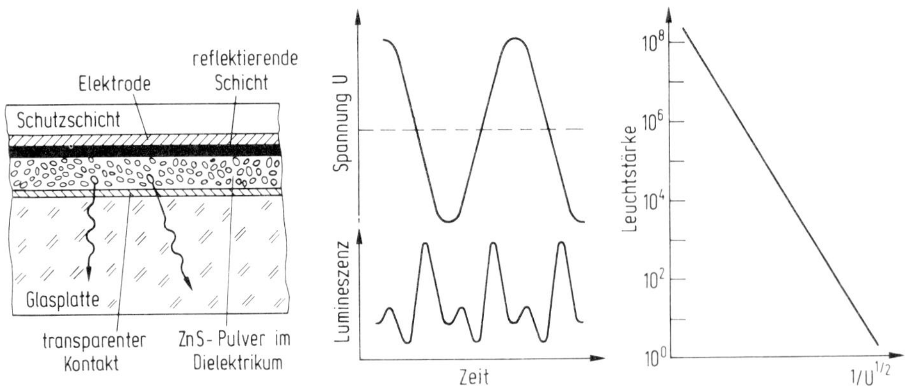

Abb. V,258. Destriau-Effekt bei ZnS:Cu : Leuchtkondensator (a), Leuchtwelle (b) und Spannungsabhängigkeit der Lumineszenz (c)

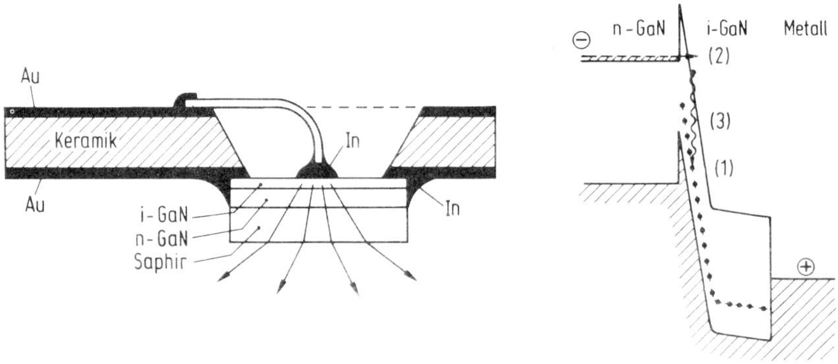

Abb. V,259. GaN Leuchtdiode und Bändermodell zu Deutung der Elektrolumineszenz bei positiver Polung der Metallelektrode. Durch Stoßionisation geleerte tiefe Zentren (1) werden durch ins i-Gebiet tunnelnde Elektronen (2) unter Lichtemission wieder besetzt (3) (nach J. I. Pankove)

gebiet Elektronen von der Metallelektrode in den Halbleiter tunneln. Durch Stoßionisation leeren sie tiefe Zentren und deren Besetzung durch nachströmende Elektronen bewirkt die Lichtemission.

Die verschiedenartigen Tunnelprozesse, welche in einem Halbleiter und an den Kontakten möglich sind, werden schematisch nochmals in Abb. V,260 zusammengefaßt. Neben dem **Zener-Effekt** (1) und der entsprechenden Ionisation von Störstellen (2, 3) ist das Tunneln von Elektronen (4) und von Defektelektronen (5) an den Kontakten eingezeichnet. Ob bei einer bestimmten Polung Elektronen oder Defektelektronen tunneln, hängt von dem Verhältnis der Austrittsarbeit des Halbleiters zu der des Metalls ab. Geeignet kontaktierte Halbleiter, bei denen ein Kontakt aus einem Metall sehr hoher Austrittsarbeit und der zweite aus einem Metall geringer Austrittsarbeit besteht, ermöglichen also das gleichzeitige Tunneln von Elektronen und Defektelektronen und demzufolge eine Lumineszenzanregung.

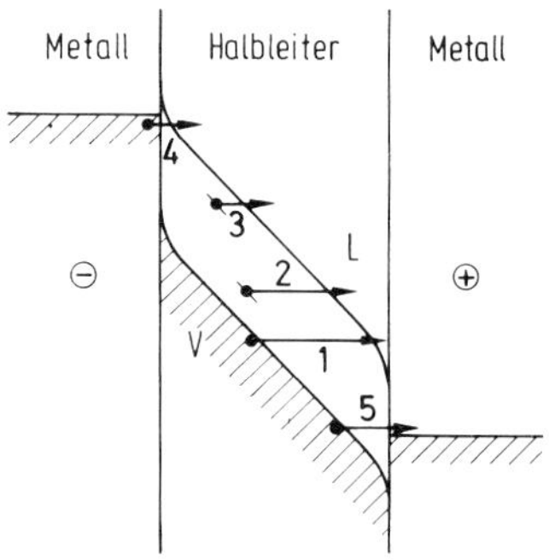

Abb. V,260. Tunnelprozesse im Volumen des Halbleiters und an den Kontakten, dargestellt im Bändermodell

Eine Variante dieser Anregungsart liegt dann vor, wenn in einem Halbleiter ein anderer Halbleiter wesentlich geringeren Bandabstandes eingeschlossen ist. Infolge des geringen Bandabstandes des Einschlusses hat dieser eine sehr hohe Eigenleitfähigkeit, d.h. eine hohe Konzentration an Elektronen und Defektelektronen in seinen Bändern. Bei Anlegen eines elektrischen Feldes werden dann von dem einen Ende dieses Einschlusses Elektronen und vom anderen Defektelektronen injiziert werden, d.h. durch Tunneleffekt oder Schottky-Emission in den angrenzenden Halbleiter großen Bandabstandes gelangen.

Fischer deutete die manchmal in ZnS:Cu Kristallen entlang von Cu dekorierten Versetzungen in Form von Doppelkometen auftretende Elektrolumineszenz als Folge derartiger Doppelinjektion. Mittels Halogen-Transportverfahren gelang es Haupt, Kristalle mit besonders gut ausgebildeten Doppelkometen, welche bis zu einige mm lang sind, zu züchten (Abb. V,261). Messungen der örtlichen, der zeitlichen und der spektralen Emissionsverteilung an derartigen Doppelkometen sind weitgehend mit dieser Annahme vereinbar, denn offensichtlich erfolgt die Rekombination verzögert und zwar in der Halbperiode, in welcher die benachbarte Elektrode positiv gepolt ist.

Für die Diskussion der **Energieausbeute** η_E bei der Elektrolumineszenz ist eine Aufteilung in Anregungs- und Rekombinationsprozesse zweckmäßig.

Abb. V,261. Kometenförmige Leuchtgebiete in ZnS:Cu Einkristallen. Die Emission erfolgt für die beiden Teile eines Doppelkometen in aufeinanderfolgenden Halbperioden, und zwar dann, wenn die benachbarte Elektrode positiv gepolt ist (nach H. Haupt)

Während bei der Injektion von Minoritätsträgern im Mittel nur die Energie der Potentialschwelle am p-n Übergang für die Schaffung eines rekombinationsbereiten Trägerpaares aufgebracht werden muß, können bei der Stoßionisation nur jene Träger anregen, welche auf ihrer freien Weglänge etwa die Energie des Bandabstandes E_G aufgenommen haben. Alle übrigen erhöhen lediglich den Wärmeinhalt des Leuchtstoffes.

Bei der Rekombination wird die Ausbeute um so größer sein, je geringer die Wahrscheinlichkeit für strahlungslose Übergänge ist. Bei hoher Anregungsdichte gilt das insbesondere für direkte Übergänge. Bei Halbleiterlasern, bei denen die Lebensdauer für erzwungene Übergänge etwa der Laufzeit eines Photons durch die Inversionsschicht entspricht, ist $\tau_L \ll \tau_N$, d. h. der innere Wirkungsgrad (Wirkungsgrad bei Vernachlässigung von Reflexionsverlusten beim Austritt des Laserlichtes aus dem Kristall)

$\eta = \frac{\tau_N}{\tau_N + \tau_L}$, siehe (V,272), erreicht nahezu 100 %.

Der Wirkungsgrad wird jedoch auch dann hoch sein, wenn die Träger rasch in Donator-Akzeptorpaare eingefangen werden, aus denen die Rekombination überwiegend strahlend erfolgt. So kann auch bei Halbleitern mit indirektem Bandabstand trotz großer Lebensdauer der angeregten Zustände eine gute Ausbeute erzielt werden.

4.4 Spezielle Leuchtstoffe und Anwendungen der Lumineszenz

4.4.1 Binäre Verbindungen

In der Folge der I-VII, II-VI, III-V und IV-IV-Verbindungen ebenso wie beim Übergang von leichteren zu schwereren Atomen innerhalb einer Gruppe des periodischen Systems erfolgt ein stetiger Übergang von ionogener zu kovalanter Bindung bei gleichzeitiger Abnahme des Bandabstandes (vergl. Tab. V,18). Während bei den Halbleitern der IV. Gruppe des periodischen Systems die Störstellen mittels Ein-Elektronen-Näherung recht gut beschrieben werden können, erweist sich diese mit steigendem Bandabstand als immer ungeeigneter. Gleichzeitig hängen die Lumineszenzeigenschaften zunehmend außer von der Dotierung mit Fremdatomen von Eigendefekten im Kristallgitter ab.

I-VII Verbindungen

Punktdefekte, teilweise in Verbindung mit im Gitter eingebauten Fremdatomen: die **Farbzentren**. Das einfachste Farbzentrum ist das **F-Zentrum**, eine Anionenfehlstelle besetzt mit einem Elektron.

Abb. V,262 zeigt ein Strukturmodell dieses Zentrums in perspektivischer Darstellung (1) und als Schnitt durch eine (100)-Ebene (2).

Die stärkste Absorptionsbande eines F-Zentrums entspricht dem Übergang in den ersten angeregten Zustand. Die Wellenlänge des Bandenmaximums bei Zimmertemperatur ist in Tab. V,19 zusammen mit den Werten für andere Defektzentren von KCl, NaCl und KBr zusammengefaßt. Aus diesem angeregten Zustand – dem **F*Zentrum** – können die Elektronen entweder strahlungslos in den Grundzustand zurückkehren oder z.B. ther-

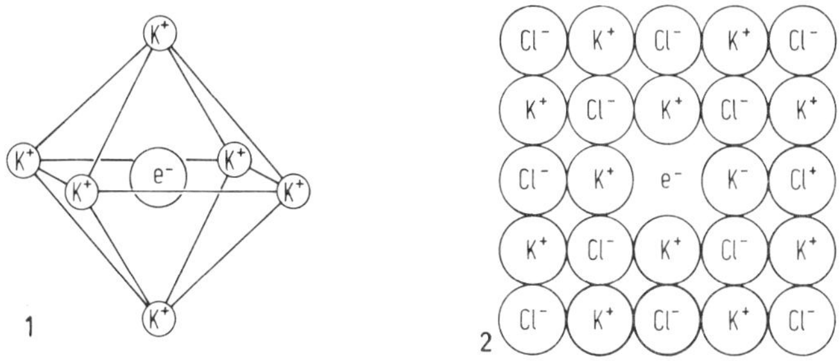

Abb. V,262. Strukturmodell des F Zentrums perspektivisch (1), Schnitt durch die (100)-Ebene (2)

Tab. V,19. Absorptionsbanden von Farbzentren in KCl, NaCl und KBr. Wellenlänge und Energie des Überganges, Meßtemperatur.

	KCl			NaCl			KBr		
	λ_{max} [nm]	E_{max} [eV]	T [K]	λ_{max} [nm]	E_{max} [eV]	T [K]	λ_{max} [nm]	E_{max} [eV]	T [K]
F	563 548	2,20 2,27	293 88	465 455	2,66 2,72	293 88	630 609	1,96 2,04	293 88
F′	750	1,65	173	510	2,43	143	700	1,77	173
M	830	1,50	293	715	1,73	293	896	1,38	293
R_1 R_2	669 725	1,85 1,71	93 93	545 596	2,28 2,08	93 93	732 792	1,69 1,56	93 93
N	980	1,26	83	–	–	–	1090	1,13	293

misch ins Leitungsband gehoben werden. Diese freien Elektronen ebenso wie durch hinreichend kurzwellige Einstrahlung ins Leitungsband gebrachte Elektronen können entweder von einer nicht besetzten Halogenlücke oder von einem F-Zentrum eingefangen werden. Die dabei entstehenden **F′-Zentren** haben eine stark ins Langwellige verschobene breite Absorptionsbande. Abb. V,263 zeigt die F- und die F′-Absorptionbande von KCl (1) sowie ein einfaches Bändermodell zur Diskussion von Absorption, Leitfähigkeit, Lumineszenz und Exoelektronen-Emission (2). Auch Assoziate von F-Zentren, die M-, R- und N-Zentren (2, 3 bzw. 4 benachbarte F-Zentren), weisen charakteristische Absorptionsbande auf (s. Tab. V,19).

Von den zahlreichen durch Einbau von Fremdionen gebildeten Zentren sei hier lediglich das TL^+ auf Kationen-Plätzen erwähnt, welches im Abschnitt 2.1 diskutiert wurde. NaCl (Tl) und CsI (Tl) gehören zu den wichtigsten Szintillationskristallen. Die Anregung durch energiereiche Strahlung bewirkt eine hohe Dichte an freien Elektronen und Löchern. Ihr abwechselnder Einfang bzw. der Einfang von Exzitonen, welche durch den Kristall wandern, führt zur Anregung der Tl^+ Zentren. Deren Emissionsbande (565 bis

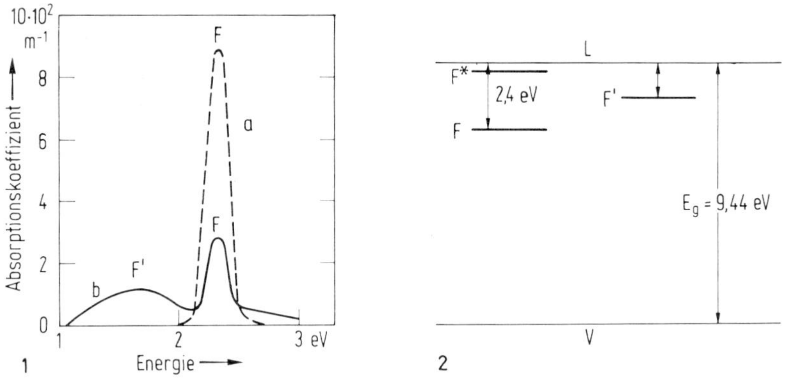

Abb. V,263. F- und F'-Absorptionsbande von KCl, Kurve a vor und b nach Einstrahlung in die F-Bande (1) und Bändermodell zur Diskussion von Absorption, Leitfähigkeit und Lumineszenz (2)

600 nm) liegt sehr günstig im Gebiet höchster spektraler Empfindlichkeit von Multipliern (S-1 Kathode). Die relative Höhe der Szintillationsimpulse wächst für γ Quanten, Elektronen und Protonen in erster Näherung linear mit der Quanten- bzw. Teilchenenergie, was eine Energiediskriminierung mittels Impulshöhenanalyse erleichtert. Das energetische Auflösungsvermögen beträgt ca. 8 %, und die zeitliche Auflösung – bedingt durch die Abklingzeit – liegt bei optimaler Dotierung bei ca. 1 μs. Die mögliche Verwendung von Alkalihalogeniden als Thermolumineszenzdosimeter wurde oben schon behandelt.

II-VI Verbindungen

Der Bandabstand vieler II-VI-Verbindungen liegt im Bereich des sichtbaren Spektralgebietes (s. Tab. V,18), und die meisten von ihnen bilden feste Lösungen, deren Bandabstand sich stetig (und meist monoton) mit der Zusammensetzung ändert.

Die wichtigsten Leuchtzentren entstehen durch den Einbau von Cu, Ag, Mn und die Bildung von Kationen Fehlstellen. Die Struktur des Zentrums der selbstaktivierten Lumineszenz von ZnS und ZnSe wurde durch Elektronen-Spin-Resonenz-Untersuchungen von Räuber und Schneider geklärt. Die Zinklücke ist einfach positiv geladen, und zur weiteren Ladungskompensation ist entweder ein Halogenion ein nächster Nachbar oder ein Element der dritten Gruppe des periodischen Systems als zweiter Nachbar, d. h. es befindet sich auf einem der nächstgelegenen Zn^{2+} Plätze. (Abb. V,264).

Untersuchungen der Abhängigkeit der spektralen Emissionsverteilung beim Abklingen bzw. von der Stärke der Anregung durch Shionoya zeigen, daß es sich bei tiefen Temperaturen um einen Donator-Akzeptor-Übergang handelt. Der gleiche Mechanismus liegt auch bei der grünen Cu-Emission des ZnS und der blauen Ag-Emission vor. In beiden Fällen enthält das Zentrum ein positiv geladenes Metallion auf einem Zn Gitterplatz, aber die Art der Ladungsträgerkompensation und damit die Struktur des Zentrums sind noch unklar. Noch unsicherer ist die Kenntnis über das bei hoher Cu-Konzentration in ZnS dominierende Zentrum mit einer blauen Lumineszenz.

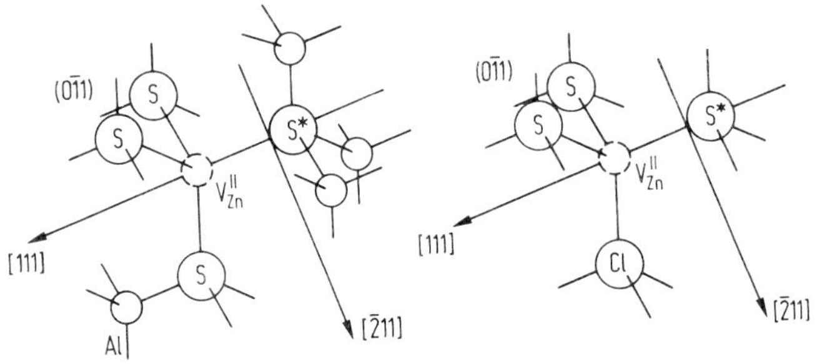

Abb. V,264. Strukturmodell des Zentrums der selbstaktivierten Limineszenz beim ZnS, dotiert mit Al (1) bzw. mit Cl (2); $V_{Zn}^{''}$ bezeichnet die Zinkfehlstelle und S^* das Schwefelion, welches ein Loch eingefangen hat (nach J. Schneider, H. C. Holton, T. L. Estle und A. Räuber)

Mn^{2+} auf Gitterplatz kann entweder durch direkte Energieabsorption oder durch Energietransport über das Grundgitter angeregt werden. Die Emissionsbande wird dem Übergang zwischen dem ersten angeregten und dem Grundzustand des Mn^{2+} zugeschrieben. Da dieser in der nicht abgeschlossenen 3 d-Schale erfolgt, ist die spektrale Lage der Emissionsbande nur relativ wenig vom Wirtsgitter abhängig.

Alle diese Emissionen können mit hoher Ausbeute erfolgen und überstreichen für das System $(Zn_x\ Cd_{1-x})$ S das ganze sichtbare Spektrum. (Abb. V,265). Deshalb zählen die II-VI-Verbindungen zu den wichtigsten Leuchtstoffen für **Leuchtschirme** von Kathodenstrahl- und Fernsehbildröhren. Typische Werte sind 5–20% für die Energieausbeute bei 10–20 kV Beschleunigungsspannung. Zur Verstärkung des austretenden Lichtes – sowie zur Vermeidung von elektrischen Aufladungen – ist die dem Elektronenstrahl zugewandte Seite des Leuchtschirms mit ca. 0,1 μm Al bedampft. – $(Zn_{0,55}\ Cd_{0,45})S{:}Ag$ dessen Emissionsmaximum mit der Augenempfindlichkeit übereinstimmt wird für **Röntgendurchleuchtungsschirme** eingesetzt. – Wegen seines bei geeigneter Präparation sehr langen Nachleuchtens ist das ebenfalls grün emittierende ZnS:Cu das wichtigste **Leuchtpigment** für lang **nachleuchtende Farben**. Vermengung mit radioaktiven Strahlern (wegen des Strahlenschutzes heute überwiegend die β-Strahler Prometium 147 und Tritium, früher überwiegend Radium) gibt **selbstleuchtende Farben** für Markierungen an Uhren, Instrumenten usw.

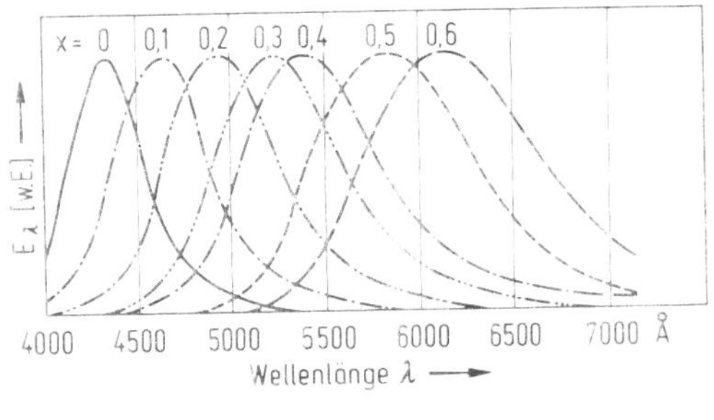

Abb. V,265. Emissionsverteilung von $(Zn_{1-x}Cd_x)S{:}Ag$ Phosphoren, x = 0; 0,1; 0,2; 0,3; 0,4; 0,5; 0,6 (nach R. Riehl, Einführung in die Lumineszenz, s. Literaturverzeichnis).

Für die Wechselfeld-Elektrolumineszenz (Destriau-Effekt) hat sich ZnS:Cu als der günstigste Phosphor erwiesen. Die relativ geringe Ausbeute und insbesondere die sehr geringe Leuchtdichte (1 m^2 Destriau-Leuchtschirm liefert etwa den gleichen Lichtstrom, wie eine 15 W Glühlampe, 10^{-2} sb) haben den Einsatz auf jene Anwendungen beschränkt, bei denen gleichmäßig leuchtende Flächen erwünscht sind (Notbeleuchtungen, Markierungen, Instrumenteskalen, Leuchttafeln).

Die III-V Verbindungen sind die zur Zeit wichtigsten Materialien für die **Injektionselektrolumineszenz** und wurden dort (3.1) auch eingehend besprochen. Deshalb sei hier lediglich ein wichtiges technisches Verfahren, die Herstellung von $GaAs_{1-x}P_x$: Se,Zn-Leuchtdioden behandelt. Abb. V,266 zeigt die **Gasphasenepitaxie**. Das in einem 3-Zonen-Ofen verdampfende Gallium wird mit einem Gasstrom über die Reaktionszone, wo es mit AsH_3 bzw. PH_3 zusammentrifft zum Substrat, einem GaAs-Einkristall transportiert. Der PH_3-Anteil wird solange gesteigert, bis die wachsende Schicht die gewünschte Zusammensetzung erreicht hat. Während dieser Wachstumsphase wird ferner über den Gasstrom Se beigemischt, was eine n-Dotierung bewirkt. Den p-n-Übergang erreicht man dadurch, daß das Se als Dotierungselement durch Zn ersetzt wird. Zur Herstellung von Leuchtdioden wird anschließend das Substratmaterial und die Übergangszone durch Läppen und Ätzen abgetragen, die verbleibende epitaxial gewachsene $GaAs_{1-x}P_x$-Schicht kontaktiert und in einzelne Dioden zerlegt.

Technisch von großer Bedeutung ist auch die Flüssigphasenepitaxie. Bei diesem Verfahren wird der Substratkristall mit einer Metallschmelze (z.B. Ga) überschichtet, welche mit dem Aufwachsmaterial (z.B. GaAs) gesättigt ist. Beim Abkühlen wächst das – infolge der abnehmenden Löslichkeit ? überschüssige Halbleitermaterial epitaktisch auf dem Substratkristall. Durch Überschichten des Substrats nacheinander mit

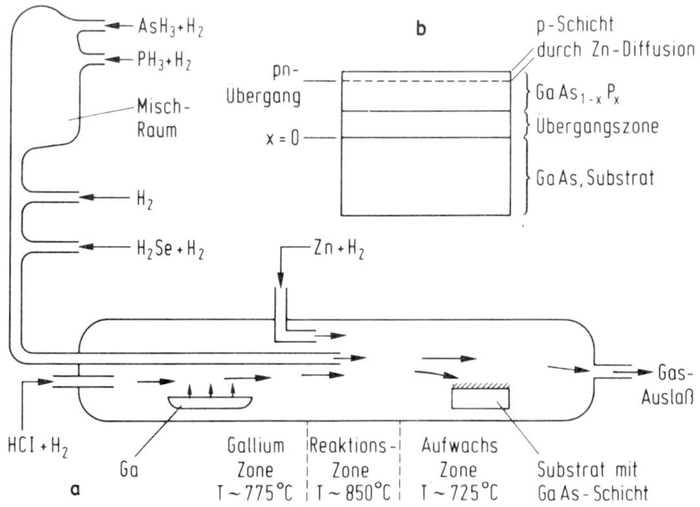

Abb. V,266. Herstellung von $Ga(As_{1-x}P_x)$:Se,Zn Leuchtdioden mittels Gasphasenepitaxie (nach Tietjen und Amick)

Metallschmelze, in welchen unterschiedliche Halbleiter gelöst sind, kann man sehr komplexe Strukturen herstellen. Ein Beispiel sind Lumineszenzlaser in der Form von Doppelheterojunktions mit dem folgenden Aufbau: n–GaAs Substratkristall als Kathode – n-(AlGa)As(2 μm) –

– p-GaAs (0,3 μm) – p-(AlGa)As (2 μm) – p-GaAs – Metall-Elektrode als Anode.

Eine derartige Anordnung mit den angegebenen Schichtdicken erweist sich als Injektionslaser hoher Ausbeute. Aufgrund der Bandstruktur findet die Rekombination der injizierten Träger fast ausschließlich in der sehr dünnen p-GaAs Schicht statt (Vgl. Abb. V,283).

Als **Sauerstoffphosphore** werden die Arsenate, Borate, Germanate, Molybdate, Oxyde und Oxysulfide, Phosphate und Halophosphate, Silikate usw. der Elemente der I. und II. Gruppe des periodischen Systems bezeichnet. Während einige von ihnen, z.B. die Molybdate und Wolframate, **Reinstoffphosphore** sind, zeigen andere, z.B. Phosphate und Halophosphate, erst bei **Dotierung** und eventueller Zugabe von **Sensibilisatoren** gute Lumineszenzfähigkeit. Ein wichtiger **Aktivator** ist das Mn, welches je nach Wirtsgitter im grünen bis roten Spektralgebiet emittiert, und das Eu^{3+} mit einer sehr starken Linie bei 610 nm (Übergang $^5D_0 - {^7F_2}$), welches als Rotkomponente sowohl für Lampenphosphore als auch für Farbfernsehröhren Verwendung findet.

Drei typische Emissionsspektren zeigt Abb. V,267. Der Einstoffphosphor Mg-Wolframat und Mn-aktiviertes ($Zn_{1,8}$, $Be_{0,2}$)-Silikat haben breite Emissionsbanden, während Eu^{3+} im Y_2O_3 relativ scharfe Banden aufweist.

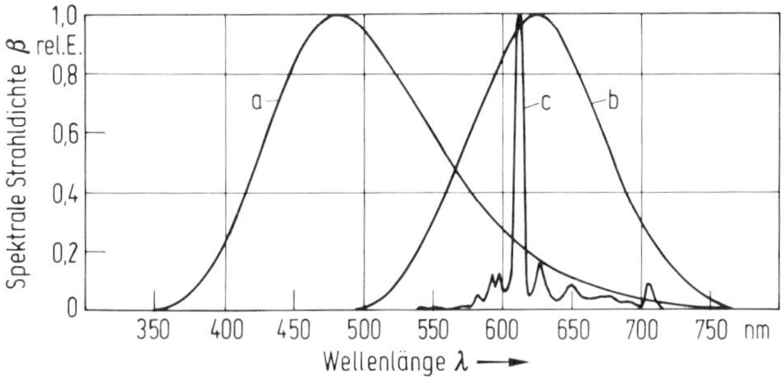

Abb. V,267. Emissionsverteilung von Oxidphosphoren: Mg-Wolframat (a), ($Zn_{1,8}Be_{0,2}$) SiO_4:Mn^{2+} (b) und Y_2O_3:Eu^{3+} (c)

Die Lumineszenzeigenschaften der Sauerstoffphosphore hängen außer von Zusammensetzung und Dotierung stark von der Vorbehandlung (Glühzeit, Temperatur und Atmosphäre) ab, welche die Struktur des Wirtskristalls und die der Störzentren bestimmt. Diese Vielfalt an Parametern erschwert eine zusammenhängende theoretische Behandlung der Energieabsorption, der Energiewanderung und der Emission.

Von großer technischer Bedeutung ist die Anwendung der Sauerstoffphosphore in **Leuchtstofflampen**. Die ca. 10 μm dicke Leuchtstoffschicht, mit einem organischen Bindemittel auf der Innenwand eines Argon-Quecksilber-Niederdruckentladungsrohres (2 bis 3 Torr) aufgebracht, wird durch das ultraviolette Licht der Entladung angeregt und transformiert es mit hoher Ausbeute ins sichtbare Spektralgebiet. Die Energiebilanz einer Leuchtstofflampe zeigt Abb. V,268. Obwohl der Strahlungsanteil bei der Leuchtstofflampe geringer ist als bei der Glühbirne, bewirkt die Anpassung an die Augenempfindlichkeit eine wesentlich höhere Lichtausbeute.

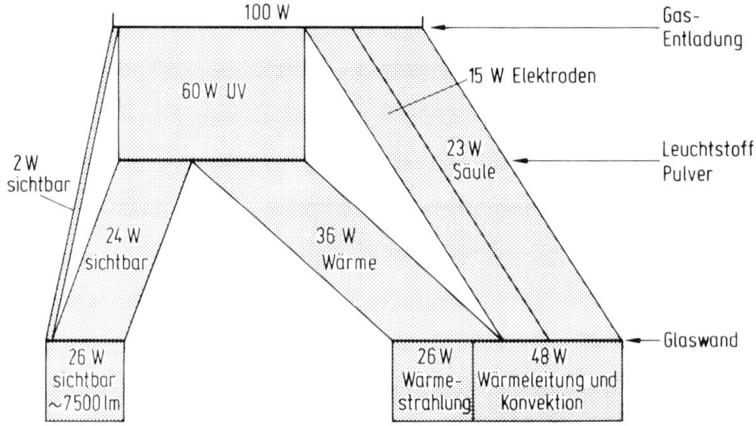

Abb. V,268. Energiebilanz einer Leuchtstofflampe (nach W. Elenbaas, Light Sources, s. Literaturverzeichnis); 8500 lm entsprechen 12 W Strahlungsleistung, emittiert bei 550 nm

Für Röntgenschirme werden vorzugsweise Zink-Silikat (Willemit), Cadmium- bzw. Calzium-Wolframat (sowie Bariumplatinzyanür) verwendet, da sie aufgrund ihrer Dichte eine hohe Absorption bewirken und stabil sind gegen Strahlenschäden.

Wegen ihrer hohen Strahlungsausbeute und Beständigkeit hat das NBS (National Bureau of Standards, USA) 1961 einige Sauerstoffphosphore, welche das ganze sichtbare Spektrum überdecken, als Standardleuchtstoffe in größerer Menge präpariert und stellt sie für Eichzwecke zur Verfügung. Tabelle V,20 enthält die wichtigsten Angaben und Abb. V,269 bringt die relativen Emissionsverteilungen.

Tab. V,20. Strahlungsausbeute und Quantenausbeute der NBS-Standardleuchtstoffe (nach A. Bril und W. Hoekstra). Die zugehörigen Spektren zeigt Abb. 269

Nr.	Stoff	Wellenlängenbereich der Erregung: 250 bis 270 nm		
		Reflexionskoeffizient %	Strahlungsausbeute %	Quantenausbeute %
1026	$CaWO_4 : Pb$	5	42	75
1027	$MgWO_4$	7	44	84
1028	$Zn_2SiO_4 : Mn$	8	33	68
1029	$CaSiO_3 : Pb, Mn$	17	29	68
1030	$(MgO)_x(As_2O_5)_y : Mn$	5	29	73
1031	$3Ca_3(PO_4)_2 \cdot Ca(F,Cl)_2 : Sb, Mn$	23	34	71
1032	$BaSi_2O_5 : Pb$	35	55	75
1033	$Ca_3(PO_4)_2 : Tl$	15	49	56

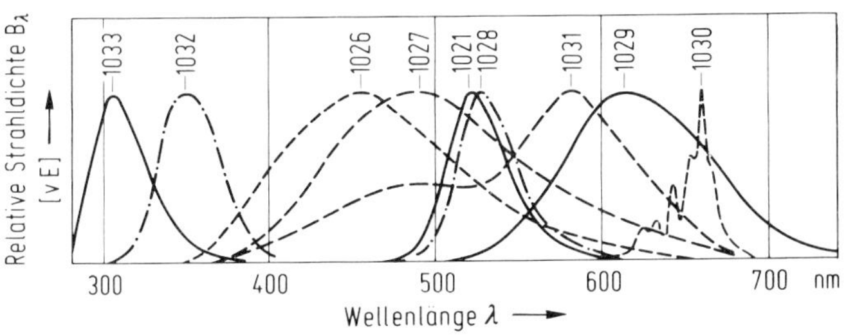

Abb. V,269. Relative Emissionsverteilung von NBS-Standardleuchtstoffen (Bedeutung der Kennzahlen s. Tab. V,20)

4.4.2 Organische Leuchtstoffe

Aus der Vielfalt der organischen Leuchtstoffe können nur einige Substanzen bei der Diskussion der wichtigsten Anwendungen erwähnt werden.

Seit den Versuchen von Broser und Kallmann, welche die durch Kernstrahlung in Naphthalin bewirkten Lichtblitze 1947 erstmals mit einem Photomultiplier gemessen haben, hat sich das **Szintillationsverfahren** zu einer wichtigen Meßmethode entwickelt. Es gestattet die Energiebestimmung von Teilchen und Quanten mittels Impulshöhenanalyse der Lichtblitze. Abb. V,270 zeigt die spezifische Lumineszenz als Funktion des relativen Energieverlustes für Anthrazen. Der stetige Verlauf erlaubt eine einfache Umrechnung von Impulshöhen in die Energie der einfallenden Strahlung. Als Szintillatoren werden insbesondere aromatische Kohlenwasserstoffe wie Anthrazen, Stilben und p-Terphenyl sowohl als Einkristalle als auch gelöst in Benzol, Toluol und Xylol verwendet. Daneben gibt es zahlreiche andere flüssige sowie plastische (z.B. Polystyrol) und glasige (z.B. organische Silan-Verbindungen) Szintillatoren.

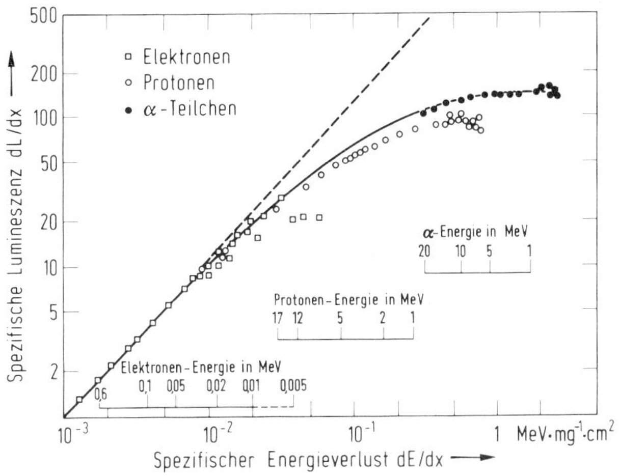

Abb. V,270. Spezifische Lumineszenz dL/dx als Funktion des spezifischen Energieverlustes dE/dx für Anthrazen Kristalle (nach F. D. Brooks)

Optische Aufheller sind organische Verbindungen, z.B. Derivate der Diaminostilbensulfosäure, das Benzidin, Benzidazol, Oxazolderivate u.a., welche im UV absorbieren. Ihre Fluoreszenz im blauvioletten Spektralgebiet kompensiert die gelblichen Töne von Textilien und Papierfasern. Der Jahresumsatz wurde allein für die USA 1964 mit 25. Mill. US $ angegeben und für 1970 auf 80 bis 100 Mill. US $ geschätzt.

Ähnlich ist die Wirkung von **Fluoreszenzfarben**, deren fluoreszierende Anteile durch Absorption im kürzerwelligen Bereich und Fluoreszenz im gewünschten Spektralgebiet den Farbeindruck sehr verstärken. Die infolge ihrer extremen Emissionsverteilung oft unnatürlich wirkenden Farben finden insbesondere in der Textilindustrie und im Reklamedruck vielfältige Anwendung. Auch **Tagesleuchtfarben** mit pulverisierten organischen Gläsern als Farbpigmente, angefärbt mit Rhodamin, Fluorescein u.a. benutzen die intensive Farbwirkung infolge der Fluoreszenz.

Die **Fluoreszenzanalyse** zeichnet sich durch eine sehr hohe Nachweisempfindlichkeit aus, z.B. kann Fluorescein noch in einer Konzentration von 10^{-10} g · cm^{-3} nachgewiesen werden. Für quantitative Analysen sind Eichmessungen notwendig, da die Fluoreszenzintensität nicht immer proportional zur Konzentration des fluoreszierenden Materials ist.

Die **Fluoreszenzmikroskopie**, bei der entweder die Primärfluoreszenz von Geweben und Zellen oder die Fluoreszenz adsorbierter organischer Moleküle bei Anregung mit ultraviolettem Licht genutzt wird, kann trotz ihrer großen Bedeutung für biologische und medizinische Untersuchungen hier nur erwähnt werden.

4.5 Photoeffekte in Halbleitern

Die verschiedenartigen Änderungen der elektrischen Eigenschaften von Festkörpern infolge Absorption elektromagnetischer Strahlung werden unter dem Begriff **Photoeffekte** zusammengefaßt. Handelt es sich dabei speziell um eine Änderung der elektrischen Leitfähigkeit, so spricht man von **Photoleitung**, und Materialien, welche diesen Effekt zeigen, sind **Photoleiter**.

Der erste Bericht über dieses Phänomen wurde vor hundert Jahren von Willoughby Smith (Effect of light on selenium during passage of an electric current, Nature 7, 303 (1873)) publiziert, und ca. 50 Jahre danach begann die Göttinger Gruppe (Gudden, Hilsch und Pohl) mit systematischen Untersuchungen dieses Effektes. Daß trotz umfangreichen empirischen Materials erst 1937 zum erstenmal der Versuch einer theoretischen Behandlung (durch Hilsch und Pohl) erfolgte, ist bedingt durch die Vielfalt der die Leitfähigkeit bestimmenden Effekte und ihre starke Abhängigkeit vom Reinheitsgrad und der Struktur des Materials.

Durch Absorption von Licht können sowohl zusätzliche freie Ladungsträger erzeugt, als auch die Beweglichkeit der vorhandenen Träger verändert und dadurch die Leitfähigkeit beeinflußt werden. Ferner kann durch Umbesetzung von Termen in der verbotenen Zone die elektrische Polarisierbarkeit (und damit die Dielektrizitätskonstante) beeinflußt werden. Alle diese Wirkungen können entweder im Volumen oder an Grenzschichten (inneren Übergängen oder Kontakten) auftreten. Folgende Effekte sind besonders wichtig oder physikalisch interessant:

1. **Homogenes Material** wird **inhomogen angeregt.** Wenn nur eine Art von Ladungsträgern diffundieren kann oder die mittlere Diffusionslänge unterschiedlich ist, dann wird durch die Photodiffusion in der Bestrahlungsrichtung ein **photovoltaischer Effekt** bewirkt. Dieser Effekt wurde von Dember, 1931, zuerst gedeutet und wird deshalb auch **Dember-Effekt** genannt.

2. Das **inhomogen angeregte homogene Material** befindet sich **in einem magnetischen Feld.** Senkrecht zur Einstrahlrichtung und zur Feldrichtung bildet sich durch Trennung der diffundierenden Träger unterschiedlichen Vorzeichens ein elektrisches Feld aus (Hall-Effekt des Diffusionsstromes). Der Effekt wird als **photoelektromagnetischer Effekt** (PEM Effekt, 1934 von Kikoin und Noskow an Kupferoxidul gefunden) bezeichnet.

3. **Homogenes Material,** an das eine **äußere Spannung** angelegt ist, wird (hinreichend) **homogen angeregt.** Man beobachtet eine **Photoleitung.** Ursache dafür kann sein, daß

a) **zusätzliche Ladungsträger** geschaffen wurden oder

b) daß ihre **Beweglichkeit geändert** wurde.

4. In einem **homogenen** und **homogen angeregten** Material wird die Verteilung der Elektronen auf die verschiedenen, **unterschiedlich polarisierbaren Störterme** geändert. Das Material zeigt einen **photodielektrischen Effekt.**

5. An einem **p-n-Übergang** oder einem **Metall-Halbleiter-Übergang** werden durch **Bestrahlung** Ladungsträgerpaare erzeugt und im Potentialgefälle des Überganges getrennt. Das bewirkt den Aufbau einer **Photospannung,** derart, daß die n-Seite (oder der Metallkontakt) positiv und die p-Seite des **Sperrschichtphotoelements,** der **Photodiode,** negativ geladen wird.
Legt man an den Übergang eine Spannung in **Sperrichtung,** dann liefert das Element einen der Bestrahlungsstärke proportionalen **Photostrom.**

Im folgenden sollen die Photoleitung, photokapazitive Effekte und die Photodiode in ihrer prinzipiellen Wirkungsweise und wichtigen Anwendungen diskutiert werden.

4.5.1 Photoleitung in homogenem Material

Die Absorption von Licht sowohl im Grundgitter- als auch im Ausläufergebiet kann zur Bildung freier Ladungsträger führen. Dann ist die Wellenlängenabhängigkeit für Absorption und Photoleitung sehr ähnlich, wie es die schematische Darstellung Abb. V,271 zeigt. Die Abnahme der Photoleitung nach Durchlaufen eines Maximums im Bereich der Bandkante wird im nächsten Abschnitt gedeutet werden.

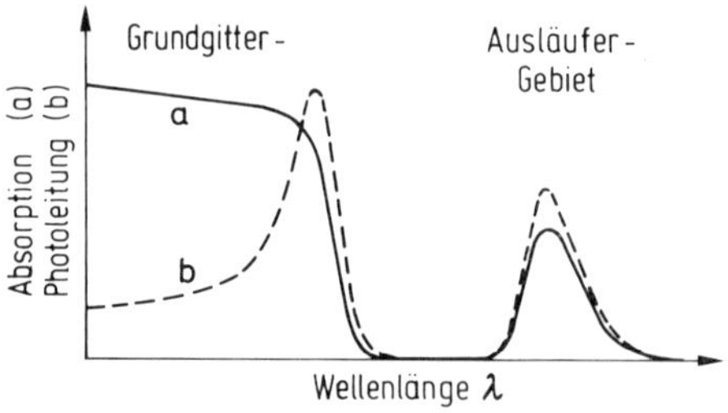

Abb. V,271. Absorption und Photoleitung bei dotierten Halbleitern (schematisch)

Grundgitterphotoleitung

Die Absorption von Licht, dessen Quantenenergie $h \cdot \nu$ größer ist als der Bandabstand E_0 bewirkt die Schaffung von Ladungsträgerpaaren. Dadurch steigt die Leitfähigkeit von der Dunkelleitfähigkeit

$$\sigma_0 = e\,(n_0 \cdot \mu_n + p_0 \cdot \mu_p)$$

auf

$$\sigma = e\,(n \cdot \mu_n + p \cdot \mu_p) = e\,[(n_0 + \Delta n)\,\mu_n + (p_0 + \Delta p)\,\mu_p] = \sigma_0 + \Delta\sigma \qquad \text{(V,285a)}$$

an. Ist q die Zahl der durch die Anregung pro Sekunde und cm^3 erzeugten Ladungsträgerpaare, und ist τ_n bzw. τ_p die mittlere Lebensdauer der Elektronen bzw. der Löcher, dann beträgt

$$\Delta\sigma = e \cdot q\,(\mu_n \cdot \tau_n + \mu_p \cdot \tau_p) \qquad \text{(V,285b)}$$

Im Falle des nichtdotierten Halbleiters (Eigenhalbleiter, Intrinsic-Halbleiter) vereinfachen sich die Gleichungen zu

$$\sigma_0 = e \cdot n_0\,(\mu_n + \mu_p)$$

$$\sigma = e \cdot n \cdot (\mu_n + \mu_p) \qquad \text{(V,286a)}$$

$$\Delta\sigma = e \cdot q \cdot \tau\,(\mu_n + \mu_p) \qquad \text{(V,286b)}$$

da dann $n_0 = p_0$ und $\Delta n = \Delta p = p$ und daher auch $\tau_n = \tau_p = \tau$ ist.

Der Photostrom in einem Photoleiter (Länge L, Querschnitt A) beträgt bei einer angelegten Spannung U also einer Feldstärke $F = U/L$ unter der vereinfachten Annahme, daß er lediglich von Elektronen getragen wird,

$$I = \Delta\sigma \cdot F \cdot A = e \cdot q \cdot F \cdot A \cdot (\mu_n \cdot \tau_n) = e \cdot q \cdot A \cdot G \qquad \text{(V,287)}$$

mit $G = \tau_n \cdot \mu_n \cdot U/L = \tau_n/\tau_d$

τ_d ist dabei die Driftzeit, d.h. die Zeit, welche ein Elektron zum Wandern von der einen zur anderen Elektrode braucht. G, der Zunahmefaktor (gain-factor) gibt an, wieviele Elektronen den Photoleiter während der Lebensdauer τ_n durchqueren, wenn 1 Photoelektron erzeugt wurde. Voraussetzung ist dabei, daß die Nachlieferung an den Elektroden ungehindert erfolgen kann, d.h. die Halbleiter-Kontakte müssen ein Verhalten zeigen, welches dem Ohmschen Gesetz entspricht (**Ohmsche Kontakte**). Der Photoleiter ist um so empfindlicher, je kleiner τ_d und je größer τ_n ist. Mit steigendem τ_n wächst jedoch auch die Trägheit, d.h. die Anklingzeit und die Abklingzeit nehmen zu.

Um einige Grundbegriffe der Photoleitung möglichst anschaulich darstellen zu können, wurden bisher Prozesse betrachtet, wie sie in einem idealen nicht dotierten Photoleiter erfolgen würden. In Wirklichkeit laufen die Rekombinationsvorgänge weitgehend über Terme, welche in der verbotenen Zone liegen. Ihr von der Temperatur und der Anregungsdichte abhängiger Besetzungsgrad bestimmt die Kinetik der Photoleitungsvorgänge. Ein Beispiel, welches u.a. die Verhältnisse beim CdS gut zu beschreiben gestattet, bringt Abb. V,272. Dabei werden zwei verschiedene Terme in der verbotenen Zone – Haftstellen für Elektronen und für Löcher (N_t bzw. P_t, gefüllte Haftstellen n_t bzw. p_t) – angenommen. Die Pfeile symbolisieren folgende Elektronenübergänge:

1. Rekombination eines freien Elektrons mit einem gehafteten Loch
2. Thermische oder optische Befreiung eines gehafteten Loches
3. Thermische oder optische Erzeugung eines freien Elektrons unter Bildung eines gehafteten Loches
4. Haften eines freien Loches
5. Thermische oder optische Befreiung eines gehafteten Elektrons
6. Rekombination eines gehafteten Elektrons mit einem freien Loch
7. Haften eines freien Elektrons
8. Thermische oder optische Bildung eines freien Loches unter gleichzeitiger Bildung eines gebundenen Elektrons
9. Direkte Rekombination eines freien Elektrons und eines freien Loches (Band-Band-Rekombination)
10. Thermische oder optische Erzeugung eines freien Elektronen-Lochpaares.

Ähnlich wie beim Bändermodell zur Deutung der Lumineszenz und aus den gleichen Gründen sei der Übergang 9 vorerst vernachlässigt.

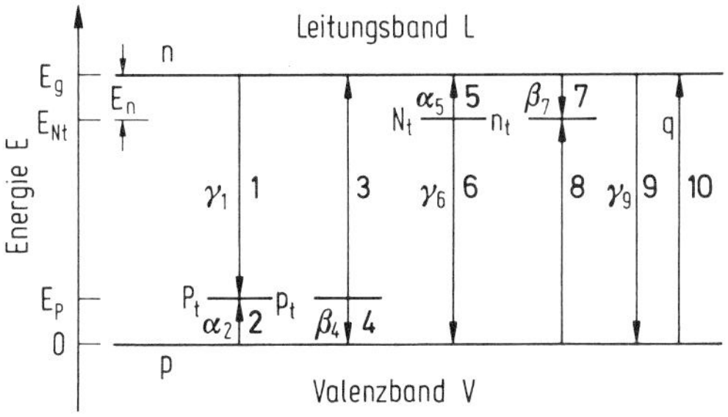

Abb. V,272. Bändermodell zur Diskussion der Photoleitung

3, 8, und 10 in der Form thermischer Übergänge sind wegen der großen Energiedifferenz sehr unwahrscheinlich und die optischen Übergänge 3 und 8 sowie 2 und 5 sollen erst später berücksichtigt werden. Das Modell wird dann durch das folgende System von Differentialgleichungen beschrieben:

$$\frac{\mathrm{d}n}{\mathrm{d}t} = -\gamma_1 \cdot p_t \cdot n + n_t\,\alpha_5 - \beta_7 \cdot (N_t - n_t) + q$$

$$\frac{\mathrm{d}n_t}{\mathrm{d}t} = -n_t \cdot \alpha_5 + \beta_7 \cdot (N_t - n_t) - \gamma_6 \cdot n_t \cdot p$$

$$\frac{\mathrm{d}p_t}{\mathrm{d}t} = -\gamma_1 \cdot p_t \cdot n - p_t \cdot \alpha_2 + \beta_4 \cdot p \cdot (P_t - p_t)$$

$$\frac{\mathrm{d}p}{\mathrm{d}t} = p_t \cdot \alpha_2 - \beta_4 \cdot p \cdot (P_t - p_t) + q$$

hinzu kommt die Gleichgewichtsbedingung für den stationären Fall:

$$\mathrm{d}n / \mathrm{d}t = \mathrm{d}n_t / \mathrm{d}t = \mathrm{d}p / \mathrm{d}t = \mathrm{d}p_t / \mathrm{d}t = 0$$

$\beta_7 = v_n \cdot s_7$ und $\gamma_1 \quad v_n \cdot s_1$ usw. sind dabei die sich als Produkt von Trägergeschwindigkeit eines Elektrons im Leitungsband v_n und Einfangquerschnitt s der am Übergang 7 bzw. 1 beteiligten Störstelle ergebenden Einfangwahrscheinlichkeiten für freie Elektronen.

$\alpha_5 = s_5 \exp(-E_n/kT)$ usw. sind die thermischen Übergangswahrscheinlichkeiten aus den im Abstand E_n vom Band gelegenen Termen und q ist die optische Erzeugungsrate für Elektronen-Lochpaare. Die Konzentration der Terme und die Übergangswahrscheinlichkeiten bestimmen die Trägerlebensdauern und damit die Photoleitung. Eine allgemeine Lösung dieses Differentialgleichungssystems ist jedoch wegen der vielen Unbekannten nicht möglich, deshalb sei hier lediglich eine qualitative Diskussion der Abhängigkeit der Photoleitung von der Beleuchtungsstärke $B \sim q$ durchgeführt.

Die Dunkelleitfähigkeit ($q = 0$) beträgt

$$\sigma_0 = e\,(n_0 \cdot \mu_n + p_0 \cdot \mu_p)\,,$$

wobei n_0 und p_0 die Trägerkonzentrationen im thermodynamischen Gleichgewicht sind.

Für schwache Anregung gilt

$$n = n_0 + \Delta n\,; \quad n_t = n_{t0} + \Delta n_t\,; \quad p = p_0 + \Delta p\,; \quad p_t = p_{t0} + \Delta p_t$$

wobei Δn und Δp linear mit q steigen, sofern auch Δn_t und Δp_t linear anwachsen (Bedingung $n_t, p_t < N_t, P_t$). Der Photostrom steigt daher in diesem Bereich linear mit der Beleuchtungsstärke an (Abb. V,273).

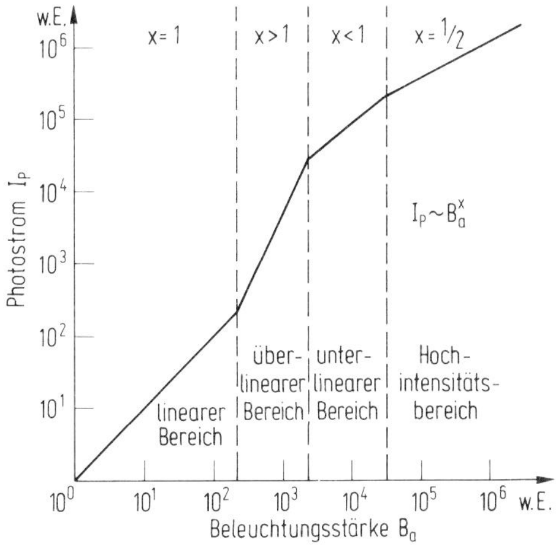

Abb. V,273. Abhängigkeit des Photostromes I_p von der Bestrahlungsstärke B_a (schematisch)

Mit steigender Anregung folgt diesem linearen Gebiet manchmal ein überlinearer Anstieg, welcher folgendermaßen gedeutet werden kann. Der Term P_t wirke als Löcherhaftstelle ($s_1 \ll s_4$) und N_t als Rekombinationszentrum ($s_6 \approx s_7$). Bei geringer Anregungsdichte, d.h. solange beide Haftstellen nur relativ schwach besetzt sind, entsprechen die Besetzungswahrscheinlichkeiten und damit auch die Rekombinationsströme dem Verhältnis der Übergangswahrscheinlichkeiten. Mit steigendem q werden die N_t immer stärker mit Elektronen gefüllt werden – die zur Rekombination benötigten Löcher befinden sich in den Löcherhaftstellen P_t – und die Rekombination steigt nicht mehr proportional mit q an. Daher nimmt die Lebensdauer der Elektronen im Leitungsband zu und die Photoleitung steigt überproportional an. Bedingung für den überlinearen Anstieg des Photostromes ist also die Existenz von Löcherhaftstellen in so hoher Konzentration, daß sie erst bei größerem q gesättigt werden als die Rekombinationszentren. Andernfalls folgt dem linearen ein sublinearer Anstieg.

Bei sehr starker Anregung werden die Störterme bedeutungslos, es dominieren die Band-Band-Rekombinationen (Übergangswahrscheinlichkeit γ_9). Dann gilt

$$\mathrm{d}n / \mathrm{d}t = \mathrm{d}p / \mathrm{d}t = -\gamma_9 \cdot n \cdot p + q = -\gamma_9 \cdot n^2 + q = 0$$

$n \sim \sqrt{q}\,, \quad p \sim \sqrt{q}$

d.h. die Leitfähigkeit steigt mit der Wurzel aus der Beleuchtungsstärke.

Auch im Falle einer so hohen Löcherhaftstellenkonzentration, daß bei sehr starker Anregung nahezu alle Löcher eingefangen sind, also reine Elektronenleitfähigkeit vorliegt ($N_t \ll P_t$), kommt man zur gleichen Abhängigkeit von der Anregung, denn dann gilt

$$n \approx p_t\,, \quad \text{d.h.} \quad n \gg n_t \quad \text{und daher}$$

$$\mathrm{d}n / \mathrm{d}t \approx -\mathrm{v} \cdot s_1 \cdot p_t \cdot n + q = -\gamma_n \cdot n^2 + q = 0$$

$$n \sim q^{1/2}$$

Dieses Verhalten liegt häufig bei CdS Photoleitern hoher Empfindlichkeit vor. Wegen des geringen Wertes der die Rekombination bestimmenden Übergangswahrscheinlichkeit s_1 ist die Lebensdauer τ_n sehr groß. Derartige Photoleiter sind zwar sehr empfindlich aber auch sehr träge.

Das Abklingen der Photoleitung nach Ende der Beleuchtung erfolgt bei starker Anregung, d.h. stets dann wenn $n \sim q^{1/2}$ ist, bimolekular. Wenn der Übergang über ein Rekombinationszentrum erfolgt bei sehr schwacher Anregung exponentiell; dann kann das Abklingen durch eine Konstante – die Halbwertszeit für die Abnahme der Elektronenkonzentration n – charakterisiert werden. In den Übergangsgebieten – d.h. wenn Störterme gesättigt werden – kann das Abklingen nicht mehr durch ein einfaches Gesetz beschrieben werden.

Bisher wurde angenommen, daß die Rekombination homogen im Volumen erfolge. Für die **Grundgitteranregung**, welche wegen des hohen Absorptionskoeffizienten auf eine oberflächennahe Schicht beschränkt ist (ca. 1000 Å) ist es jedoch nicht zulässig, die **Oberflächenrekombinationen** zu vernachlässigen. Im Bereich der Bandkante wird man dann eine Abhängigkeit des Photostromes beobachten, wie sie in Abb. V,274 schematisch dargestellt ist. Mit zunehmender Quantenenergie steigt mit dem Absorptionskoeffizienten die Zahl der erzeugten Ladungsträgerpaare in der Probe stark an, und der Photostrom steigt. Wenn der Absorptionskoeffizient so groß geworden ist, daß die Tiefe des angeregten Gebietes kleiner wird als die Diffusionslänge der erzeugten Träger, so wird deren Lebensdauer infolge der schnellen Oberflächenrekombinationen τ_s abnehmen und die Photoempfindlichkeit sinkt ab. Das Zusammenwirken beider Effekte liefert ein Maximum im Bereich der Bandkante. Voraussetzungen für eine derartige spektrale Abhängigkeit sind also freie Träger beiderlei Vorzeichens, die zur Oberfläche diffundieren können, hohe Dichten schneller Oberflächenzustände und eine Diffusionslänge, welche gering ist, verglichen mit der Dicke des Photoleiters.

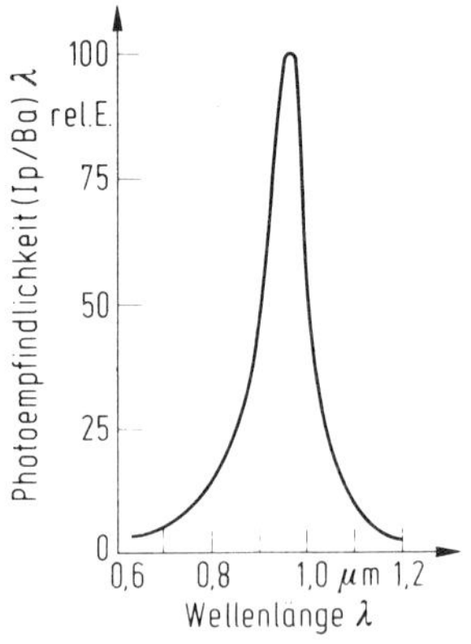

Abb. V,274. Spektrale Photoempfindlichkeit von GaAs (nach T. S. Moss)

Störstellenphotoleitung

Während bei der bisher betrachteten Grundgitter- bzw. Ausläuferanregung die Photonenenergie etwa dem Bandabstand entsprechen muß ($h \cdot \nu \approx E_g$, vergl. Tab. V,18) ergeben sich wesentlich größere Grenzwellenlängen für die Störstellenphotoleitung, bei der die Ladungsträger aus Donator- bzw. Akzeptortermen optisch ins Leitungs- bzw. Valenzband gebracht werden. Das Wasserstoffmodell der einfach geladenen Störstelle, welches recht gut die Verhältnisse für Elemente der V. bzw. III. Gruppe des periodischen Systems in Si oder Ge beschreibt (s. 2.2), liefert für die Ionisierungsenergie der Störstellen ca. 2–4 % des Bandabstandes. Da der Einbau von Elementen anderer Gruppen des periodischen Systems teilweise wesentlich tiefere Störstellen bewirkt, können Photoleiter sehr unterschiedlicher spektraler Empfindlichkeit durch geeignete Dotierung hergestellt werden. Tabelle V,21 enthält als Beispiel Photodetektoren aus unterschiedlich dotiertem Ge. Angegeben sind neben der Art und dem Charakter der Störstelle die Grenzwellenlänge λ_g und die Betriebstemperatur T_A.
Die Konzentration an thermisch angeregten Trägern n_0, die den Dunkelstrom liefern, steigt proportional zu exp $(-E_i/k \cdot T)$. E_i ist die Ionisierungsenergie der Störstelle.

Tab. V,21. Störstellenphotoleitung in Ge (IR Detektoren). Energetischer Abstand E_D bzw. E_A vom Leitungs- bzw. Valenzband, Grenzwellenlängen λ_{max} und übliche Betriebstemperatur T_B

Dotiert mit	E_D [eV]	bzw.	E_A [eV]	λ_{max} [μm]	T_B [k]
Au			0,16	9	77
Hg			0,09	13	40
Cu			0,04	25	40
Zn			0,03	40	20
Sb	0,01			120	4

Um ein günstiges Signal-Rausch-Verhältnis, d.h. eine hohe Photoempfindlichkeit zu erzielen, muß n_0 möglichst klein und daher $E_i \gg k\,T$ sein. Bei den angegebenen Betriebstemperaturen entspricht $E_i \approx 20 \cdot k \cdot T$, da $k \approx 10^{-4}$ eV/K ist.

Technisch wichtige Photoleiter sind insbesondere CdS und CdSe für das sichtbare Spektralgebiet und Si, PbS u. PbSe für das nahe Infrarot. Für größere Wellenlängen, insbesondere im Bereich von 5–20 μm sind neben den oben erwähnten dotierten Ge-Kristallen $Pb_{1-x}Sn_xTe$ und $Hg_{1-x}Cd_xTe$ wegen ihres geringen und durch die Zusammensetzung an das jeweilige Problem anpaßbaren Bandabstandes geeignet.

Photoleitung infolge Änderung der Beweglichkeit

Bei vielen Halbleitern, z.B. Ge, III-V- und II-VI-Verbindungen ist das Valenzband am Γ Punkt ($k = 0$) dreifach entartet. Durch Spin-Bahn-Aufspaltung wird die Entartung teilweise aufgehoben, und es ergibt sich der in Abb. V,275 schematisch dargestellte

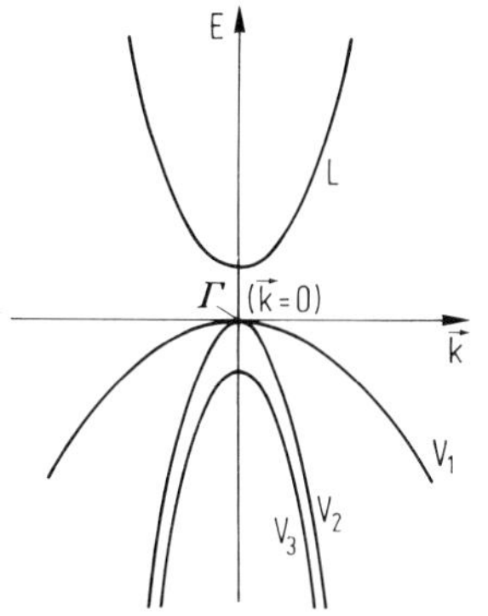

Abb. V,275. Bandverlauf von Ge am Γ-Punkt (schematisch)

Bandverlauf. Optische Übergänge zwischen V_1 und V_3 sind zwar für $k = 0$ verboten, bei anderen $\boldsymbol{k}$-Werten jedoch erlaubt. Es sei daran erinnert, daß die Krümmung der parabolischen Bänder in der $E = f(\boldsymbol{k})$-Darstellung proportional zu $1/m_{eff}$ ist. Der Übergang vom Band V_1 ins Band V_3 ersetzt also ein schweres Loch, d.h. eines geringerer Beweglichkeit durch ein leichtes mit großer Beweglichkeit. Die relative Leitfähigkeitsänderung ergibt sich zu

$$\frac{\Delta \sigma}{\sigma} \sim \frac{q \cdot \tau_{p3}}{p_0} \cdot \frac{\mu_3 - \mu_1}{\mu_1}$$

q ist die Zahl der pro Sekunde nach V_3 gebrachten Löcher, μ ihre Leitfähigkeit und die Indizes an den μ-Werten geben die zugehörigen Bänder an. Obwohl μ_3 bei Ge μ_1 um eine Größenordnung übersteigt, bleibt die relative Leitfähigkeitsänderung sehr gering. Ursache ist die geringe Lebensdauer der Löcher im Band 3 ($\tau_{p3} \sim 1$ps). Für sehr intensive Lichtquellen (z.B. IR-Laser) liefert dieser Effekt sehr schnelle Detektoren hinreichender Empfindlichkeit.

4.5.2 Photokapazitive Effekte

Belichtung eines Halbleiters, welcher isoliert gegen die Elektroden eines Kondensators im Dielektrikum eingebettet ist, kann eine Kapazitätsänderung bewirken. Drei Ursachen dafür sind denkbar; bei geeignetem Material und Versuchsbedingung konnte jede von ihnen als dominierender Effekt nachgewiesen werden.

1. **Photoleitungseffekt 1. Art**

Durch die Anregung geschaffene freie Ladungsträger erhöhen die **Leitfähigkeit** im Halbleiter. Bei niedrigen Frequenzen bzw. starker Beleuchtung wird das Halbleitermaterial im Dielektrikum praktisch feldfrei und nur die Isolierschichten bleiben als Dielektrikum übrig. Das Verhalten entspricht dem Ersatzschaltbild der Abb. V,276a. Die Kapazität im Dunkeln C_D bzw. bei starker Beleuchtung C_B beträgt:

$$C_D = \frac{C_{Hl} \cdot C_{Is}}{C_{Hl} + C_{Is}} \qquad C_B \approx C_{Is}$$

Der Verlustfaktor durchläuft ein frequenzabhängiges Maximum, wenn $\sigma_{R_{Hl}} = \sigma_{C_{Hl}}$ ist.

2. **Photoleitungseffekt 2. Art**

Auch bei diesem Effekt ist anzunehmen, daß der Halbleiter infolge von Photoleitung polarisiert wird. Aus dem Frequenzverhalten kann man jedoch berechnen, daß die Beweglichkeit der Träger um Größenordnungen geringer ist, als man es für freie Ladungsträger erwartet. Deshalb wird der Effekt einer **Störbandleitung** zugeschrieben. Bei hoher Dichte, insbesondere von flachen Störstellen kann die Aufenthaltswahrscheinlichkeit (der Elektronen) für benachbarte Störstellen sich soweit überlappen, daß die Elektronen nicht mehr streng lokalisiert sind. Die Lebensdauer der Träger in Störbändern kann sehr groß sein, und die Rekombination erfolgt dann erst nach thermischer (oder optischer) Leerung ins zugehörige Band. Im übrigen sind Modell und Mechanismus des Effektes dem Photoleitungseffekt 1. Art sehr ähnlich.

3. **Photodielektrischer Effekt**

Bereits bei Beginn des Jahrhunderts waren photokapazitive Effekte – damals allerdings irrtümlich – der **Polarisation von Zentren** zugeschrieben worden. Erst in den letzten Jahrzehnten konnten eindeutig photodielektrische Effekte nachgewiesen werden, z.B. von Garlick und Gibson am $CaWO_4$ und von Broser und Reuber an ZnS Kristallen

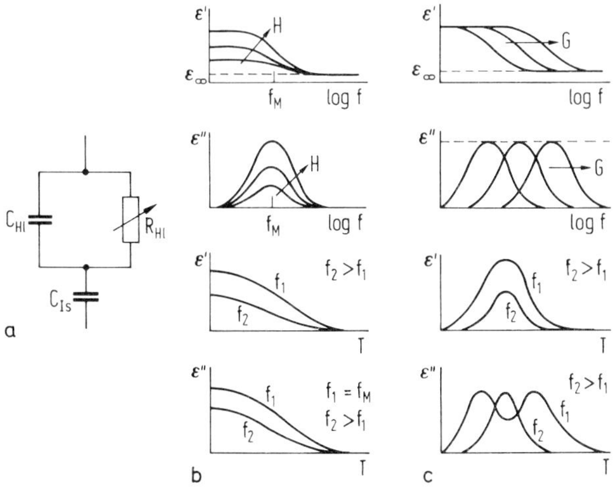

Abb. V,276. Photokapazitive Effekte:
Ersatzschaltbild für Photoleiter eingebettet in das Dielektrikum eines Kondensators (a), Photodielektrischer Effekt (b) und Photoleitungseffekt (c). Abhängigkeit der DK (ϵ', ϵ'') von der Feldfrequenz f und der Temperatur T. (H: Haftstellenfüllung, G: Bestrahlungsstärke)

bei tiefen Temperaturen. Der Effekt ist wegen der relativ geringen Zahl der polarisierbaren Zentren (10^{-3} bis 10^{-5}) meist sehr klein. Ähnlich wie der Photoleitungseffekt 2. Art kann er bei tiefen Temperaturen eingefroren werden, im Gegensatz zu ihm und zum Photoleitungseffekt 1. Art ist die Frequenz, bei der die Dielektrizitätskonstante sich ändert und ein maximaler Verlustfaktor auftritt, nur von der Temperatur, nicht aber von der Anregungsdichte abhängig.

Wenngleich die in Abb. V,276b,c zusammengefaßten wesentlichen Eigenschaften der drei Effekte ihre Unterscheidung ermöglichen sollten, so ist das im Experiment häufig sehr schwierig. Nicht nur weil die Effekte gleichzeitig auftreten können, sondern auch weil der photodielektrische Effekt erst bei Zentrenkonzentrationen meßbar wird, bei denen eine Überlappung der Wellenfunktion und damit eine Störbandleitung nicht mehr mit Sicherheit ausgeschlossen werden kann.

4.5.3 Photoeffekte an p-n Übergängen und Metall-Halbleiter Kontakten

Die Erzeugung von Ladungsträgerpaaren durch Photonenabsorption im Gebiet eines p-n Überganges bewirkt den Aufbau einer Photospannung, der belichtete Übergang ist ein Photoelement. Wird der Stromkreis geschlossen – insbesondere falls der Übergang in Sperrichtung gepolt ist – fließt ein Photostrom. Abb. V,277 zeigt schematisch die Vorgänge am Übergang. Auch diejenigen Minoritätsträger, welche in Gebieten weniger als eine Diffusionslänge vom Übergang entfernt erzeugt werden, tragen zu diesem Strom bei.

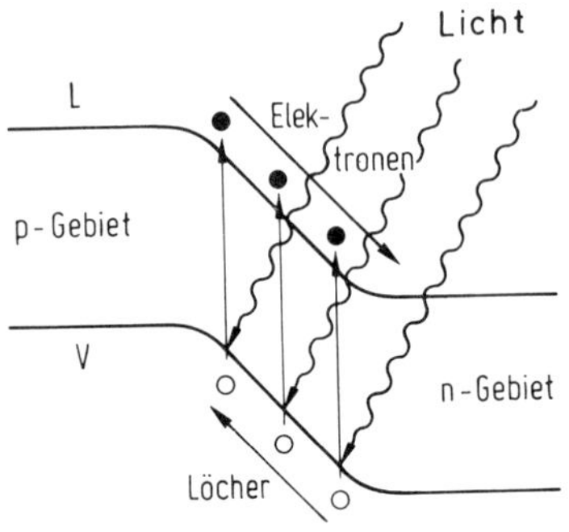

Abb. V,277. Photoeffekt am p-n Ubergang (schematisch)

Erfolgt die Belichtung nur in diesem Gebiet, dann kann die Photoausbeute etwa 1 betragen, d.h. jedes absorbierte Photon bewirkt die Wanderung eines Ladungsträgers über das hochohmige p-n-Gebiet.

Photolemente

Für den unbelichteten Übergang gilt

$$I_d = -I_0\,(e^{e\cdot U/k\cdot T} - 1) \qquad \text{(V,288)}$$

wobei I_0 die Summe der über den Übergang fließenden Generationsströme – eine vom Material und der Temperatur abhängige Konstante – und U die angelegte Spannung ist. Für $U = 0$ und bei einem offenen Stromkreis bewirkt die Belichtung einen zusätzlichen Strom am Übergang I_L und dieser den Aufbau einer **Photospannung** U_p derart, daß

$$I_L = I_0 \cdot (e^{e \cdot U_p / k \cdot T} - 1) \quad \text{und}$$

$$U_p = \frac{k \cdot T}{e} \ln (1 + I_L/I_0) \quad \text{ist.} \qquad \text{(V,289a)}$$

Für kleine Belichtungsstärken, d.h. $I_L \ll I_0$ gilt

$$U_p = \frac{k \cdot T}{e} \cdot \frac{I_L}{I_0} = I_L \cdot R_0 \,, \qquad \text{(V,289b)}$$

wobei $R_0 = \frac{k \cdot T}{e} \cdot I_0$ der Widerstand des Überganges im stromlosen Dunkelfall ist.

Die Empfindlichkeit der **Photozelle** $\mathrm{d}\, U_p / \mathrm{d}\, I_L = R_0$ kann durch Kühlung sehr gesteigert werden, denn $R_0 \sim 1/I_0$ wächst exponentiell mit dem Bandabstand des Halbleiters E_g und der reziproken Temperatur $1/T$ an.

Für große Beleuchtungsstärken $I_L \gg I_0$ geht U_p über in

$$U_p = \frac{k \cdot T}{e} \ln (I_L/I_0) \qquad \text{(V,289c)}$$

Die Photospannung steigt mit dem Logarithmus der Beleuchtung an, was für die Messung sehr unterschiedlicher Beleuchtungsstärken günstig ist.

Eine andere wichtige Anwendung des Photoelements ist die **Solarzelle** (Chapin, Fuller und Pearson), welche aus Sonnenlicht elektrische Energie gewinnt. Abb. V,278a zeigt den Schnitt durch eine Silizium-p-n-Solarzelle mit angedeutetem Ersatzschaltbild. Damit die Erzeugung von Trägerpaaren im Übergangsgebiet erfolgt, darf dieses höchstens 10^4 Å unter der Oberfläche liegen. Daher kann der Bahnwiderstand R_s nicht mehr vernachlässigt werden. Der Anteil U_A der Photospannung U_p der am Arbeitswiderstand R_A abfällt, wenn der Strom I_A fließt, beträgt

$$U_A = U_p - R_s \cdot I_A = \frac{k \cdot T}{e} \ln \left(1 + \frac{I_L - I_A}{I_0}\right), \quad \text{da} \qquad \text{(V,290)}$$

$$I_L = I_0 \cdot \exp (e \cdot U_p / k \cdot T - 1) + I_A \quad \text{ist.}$$

Damit erhalten wir ein Stromspannungsdiagramm, wie es in Abb. V,278b für $R_S = 0; 4\ \Omega$ eingetragen ist.

Der Bahnwiderstand mindert also die **Energieausbeute** der Solarzelle beträchtlich. Er könnte weitgehend eliminiert werden, wenn als Elektrode auf der p-Schicht eine gut

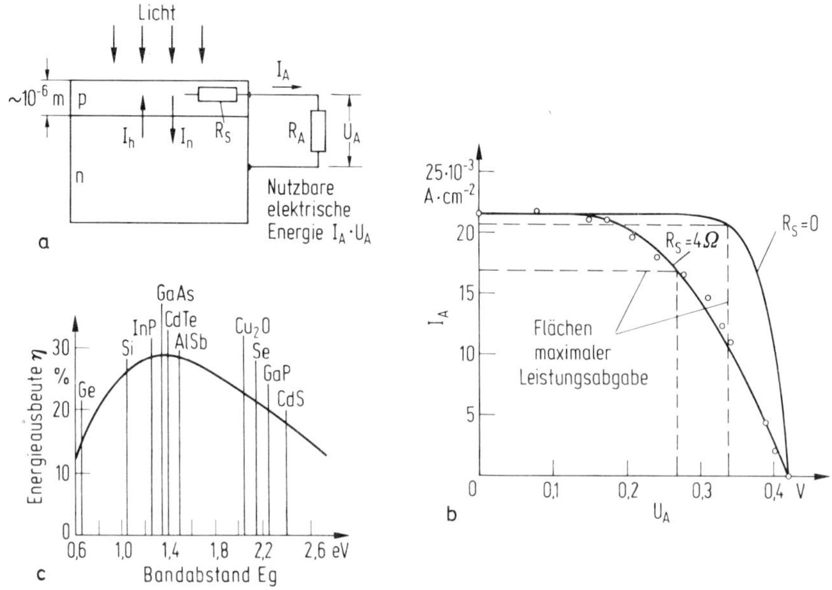

Abb. V,278. Schnitt durch p-n-Solarzelle mit Ersatzschaltbild (a) und Strom-Spannungsdiagramm, theoretische Kurven und Meßpunkte für eine 1,7 cm^2 Si-Solarzelle in hellem Sonnenlicht als Funktion des Bandabstandes (c).

leitende Halbleiterschicht wäre, welche das Sonnenlicht nicht absorbiert, also einen entsprechend größeren Bandabstand aufweist. Diese zusätzliche Halbleiterschicht muß aber in der Kristallstruktur und Gitterkonstante dem Material des Photoelements so verwandt sein, daß an der Grenzschicht zwischen den beiden Halbleitern keine Oberflächenrekombinationszentren entstehen, da diese die Lebensdauer der Minoritätsträger merklich verringern würden (s. oben). Mittels Gasphasenepitaxie (s. 4.1) sind in jüngster Zeit derartige Strukturen, z. B. $(Ga_{1-x}Al_x)$ As—n-GaAs—p-GaAs hergestellt worden.

Ein hoher **Wirkungsgrad** der Energieumwandlung erfordert einen Kompromiß zwischen dem Wunsch nach hoher Photospannung, d.h. großem Bandabstand und nach großem Photostrom, also Absorption in einem weiten Spektralgebiet, und das bedeutet geringer Bandabstand. Das Maximum der Sonnenstrahlung liegt bei 2,5 eV, und die Rechnung ergibt einen optimalen Abstand etwa bei der Hälfte dieses Wertes, also 1–1,5 eV (Abb. V,279). Si und GaAs erfüllen diese Bedingung, und Energieausbeuten (elektrische Energieabgabe / eingestrahlte Sonnenenergie) von über 15 % wurden mit ihnen erreicht.

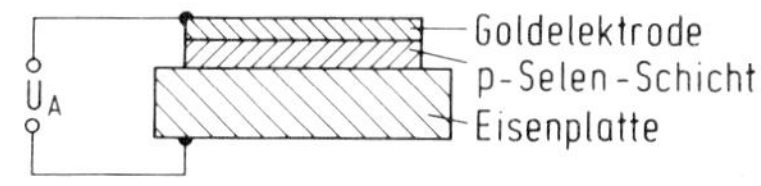

Abb. V,279. Vorderwand-Selen-Photoelement

Ganz ähnlich wie die p-n-Photoelemente arbeiten auch die **Metall-Halbleiter Sperrschichtphotoelemente**, wobei lediglich der n-Halbleiter durch eine Metallschicht ersetzt ist. Beim Vorderwand-Selen Photoelement (L. Bergmann, 1931) besteht diese aus einer teilweise lichtdurchlässigen, 100–500 Å dicken aufgedampften Goldschicht, durch welche die Bestrahlung erfolgt (Abb. V,280). Der Wirkungsgrad liegt mit $\leqslant 1\,\%$ allerdings beträchtlich unter denen der Si Solarzellen.

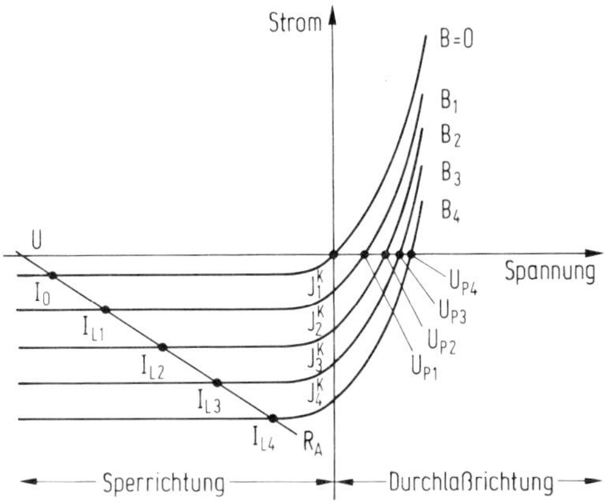

Abb. V,280. Strom-Spannungscharakteristik einer Ge-Photodiode. Parameter: Bestrahlungsstärke

Vernachlässigt wurde bei der Behandlung der Photoleitung der Einfluß von **Raumladungen** – insbesondere durch Haftstellenprozesse in der Nähe der Kontakte (**raumladungsbegrenzte Ströme**). Auch Effekte an **inneren Korngrenzen**, welche zur Ausbildung von **Potentialbarrieren** führen und bei mikrokristallinem Material das Verhalten oft entscheidend modifizieren, sowie die Beeinflussung der Trägerbeweglichkeit durch die **Polarisation** der benachbarten Gitterbausteine (Ladungsträger + polarisierte Umgebung = **Polaron**) können hier nicht behandelt werden.

Photodiode, Phototransistor

Ist der p-n-Übergang über einen Arbeitswiderstand R_A in Sperrichtung gepolt, so wächst der Spannungsabfall an diesem linear mit der Bestrahlungsstärke an

$$\Delta U_A = I_L \cdot R_A\,, \quad \text{sofern} \quad \Delta U_A < U\,.$$

Abb. V,281 zeigt als Beispiel die Strom-Spannungscharakteristik einer Ge-Photodiode bei unterschiedlichen Beleuchtungsstärken. Die einzelnen Kurven für den beleuchteten Photoleiter sind entsprechend der Beleuchtungsstärke in Richtung der negativen Stromachse verschoben, daher ist der Kurzschlußstrom I^K ebenfalls der Beleuchtungsstärke proportional, während die Photospannung ($I = 0$) logarithmisch mit der Beleuchtungsstärke anwächst, wie es im vorigen Abschnitt Gl. (V,289c) hergeleitet wurde. Die **Photoempfindlichkeit** I_L ist durch den Dunkelstrom I_0 begrenzt, und dieser fällt, wie die

Theorie des p-n-Überganges zeigt, im wesentlichen exponentiell mit dem Bandabstand und der reziproken Temperatur ab. Während der Bandabstand E_g durch die zu detektierende Strahlung begrenzt ist ($E_g \leqslant h \cdot \nu$), kann die Temperatur durch Kühlung sehr niedrig gehalten und so die Nachweisempfindlichkeit stark gesteigert werden.

Ein wesentlicher Vorteil der Photodioden ist ihre hohe **Ansprechgeschwindigkeit**. Bei den p-i-n-Dioden (p-Leiter–Eigenleiter–n-Leiter) ist die Zeitauflösung durch die Laufzeit der photoerzeugten Träger in der hochohmigen i-Schicht, an welcher die Sperrspannung abfällt, gegeben. Ansprechzeiten von 1 ns wurden erreicht und eine Steigerung um 1 bis 2 Zehnerpotenzen sollte möglich sein.

Der **Phototransistor** stellt die Integration einer Photodiode mit einem nachgeschalteten Transistor dar. Bei ihm ersetzt der Photostrom den Emitterstrom, und der über den Kollektor fließende Sperrstrom ist ein Maß für die Belichtung. Man gewinnt dadurch ein wesentlich **größeres Signal** (Faktor ca. 10^3) allerdings auf Kosten einer entsprechend **höheren Zeitkonstante**.

Freie Ladungsträger in der Sperrschicht können auch durch radioaktive Strahlung – insbesondere Teilchenstrahlung – erzeugt werden. Bei dieser Anwendung werden die p-n-Dioden als **Sperrschichtzähler** bezeichnet. Besonders wirksam sind sie, wenn die Abbremsung (bzw. Absorption) so stark ist, daß sie im wesentlichen in der Übergangsschicht erfolgt. Da die Zahl der dabei erzeugten Trägerpaare im allgemeinen der Energie der einfallenden Strahlung proportional ist, sind Sperrschichtzähler für Impulshöhen-Spektrometrie geeignet. Insbesondere für α- und β-Spektrometrie zeichnen sich Li dotierte Ge Dioden durch große Signalhöhe und **gute Energieauflösung** und **geringe Zeitkonstanten** aus.

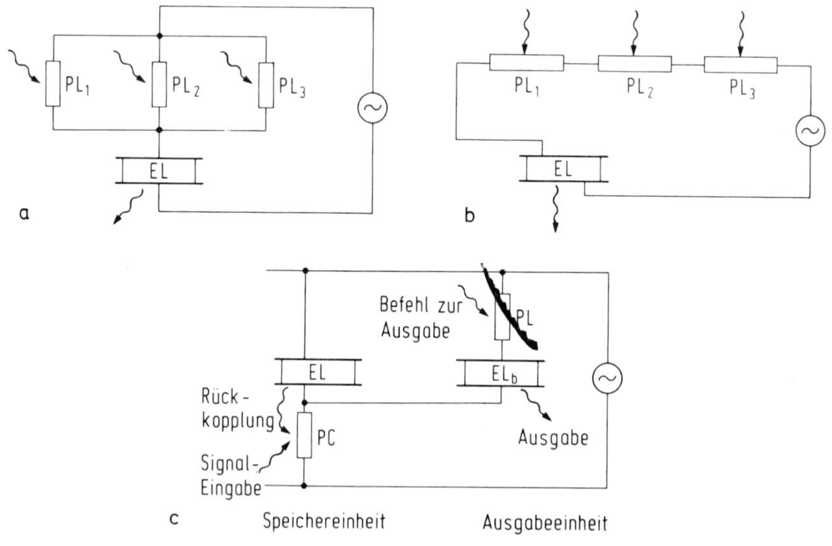

Abb. V,281. Optoelektronische logische Bausteine: „oder"-Schaltung (a), „und"-Schaltung (b) und Speicher (c)

4.5.4 Optoelektronik

Die Umwandlung optischer in elektrische Information und umgekehrt, insbesondere mit Halbleiterbauteilen, wird häufig als Optoelektronik bezeichnet. Als Beispiel für eine Vielzahl derartiger Möglichkeiten seien hier lediglich **optoelektronische logische Bauelemente** und der **Festkörperbildwandler** bzw. der **Bildverstärker** sowie die **Signalübertragung** mittels Kopplung von Photoleitung und Elektrolumineszenz erwähnt.

Die **logischen Bausteine** bestehen aus Photoleitern und Elektrolumineszenzzellen, wobei die Photoleiter entweder von außen angesteuert, oder durch die Elektrolumineszenzzellen beeinflußt werden. Die Signalausgabe erfolgt durch die Emission der Elektrolumineszenzzelle, Abb. V,281.

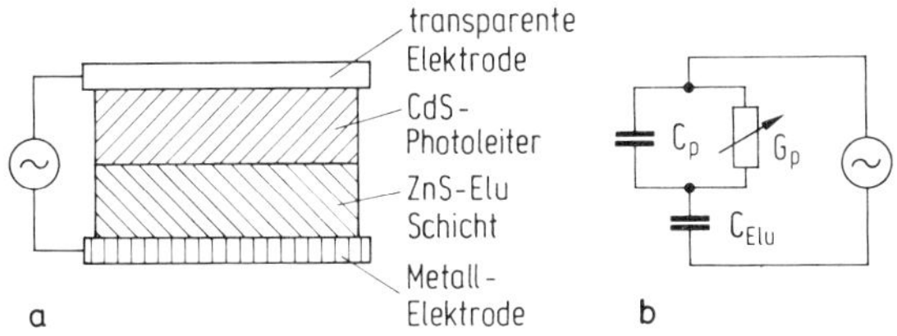

Abb. V,282. Festkörper-Bildwandler: Schnittbild (a), Ersatzschaltbild (b)

Ziel der **Festkörperbildwandler** ist es, ein zu schwaches oder unsichtbares Bild (IR-Bild, Röntgenbild) sichtbar werden zu lassen. Abb. V,282 zeigt das Prinzip der Anordnung. Die Strahlung trifft auf eine photoleitende Schicht (z. B. CdS), deren Widerstand entsprechend der auftreffenden Strahlungsdichte moduliert wird. Dadurch steigt der Anteil des äußeren Feldes, welcher an der elektrolumineszierenden Schicht (z. B. ZnS-Pulver in Dielektrikum eingebettet) abfällt, und diese emittiert entsprechend. Durch Änderung von Frequenz und Spannung des äußeren Feldes kann die Gradation des Bildes verändert werden, was insbesondere beim Röntgenbildwandler sehr erwünscht ist. Die Informationen des Bildes lassen sich dadurch optimal herauslesen. Ein weiterer Vorteil besteht darin, daß bei geeigneten photoleitenden Schichten die Leitfähigkeit sehr langsam (in einigen Stunden) abklingt, was eine Bildspeicherung bewirkt.

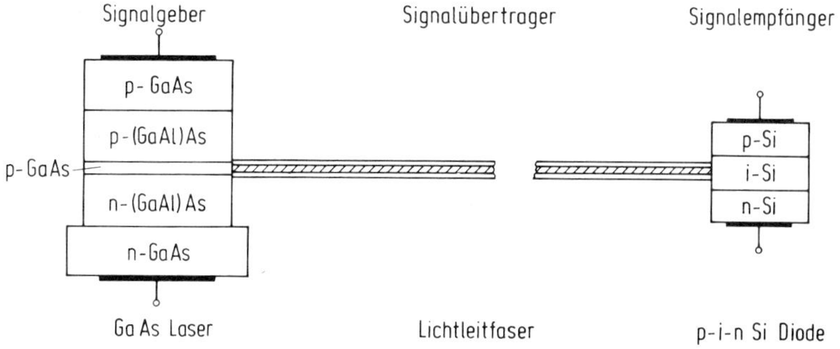

Abb. V,283. Prinzip der optischen Signalübertragung

Eine Speicherung des Bildes bzw. eine Verstärkung tritt auch dann auf, wenn die Elektrolumineszenz die Leitfähigkeit im benachbarten Photoleiter heraufsetzt. Ist eine derartige Rückkopplung nicht erwünscht, so wird zwischen der photoleitenden und der elektrolumineszierenden Schicht eine undurchsichtige, nichtleitende Zwischenschicht eingebaut.

Für die optische Nachrichtenübertragung dürfte die Kombination von Injektionslasern, Lichtleitern und Photodioden große Bedeutung erlangen. Bei diesem Übertragungssystem wird das Licht eines Injektionslasers (z.B. ein (GaAl)As Doppelheterostruktur–Injektionslaser, Vgl. unter 4.2) mit einem Lichtleiter (eine Glasfaser, deren Kern (1–10 μm ∅) von einem Mantel mit geringerem Brechungsindex umgeben ist) zu einer Photodiode (z.B. einer p-i-n Diode) übertragen. Mit einer derartigen Anordnung, wie sie schematisch in Abb. V,283 dargestellt ist, können zur Zeit Frequenzen bis ca. 10^9 Hz übertragen werden, wobei die Verluste in der Größenordnung von nur etwa 2 dB/km Lichtleiter liegen.

Literatur

Handbuch der Physik (herausgegeben von S. Flügge) Springer-Verlag, Berlin · Heidelberg · New York
Bd. **IX** (1956), G. F. J. Garlick: Photoconductivity
Bd. **XXVI** (1958), G. F. J. Garlick: Luminescence

Festkörperprobleme, Vieweg-Pergamon, Braunschweig
In dieser Serie sind zusammenfassende Darstellungen von Teilgebieten enthalten, insbesondere
Bd. **IV** (1964), W. Heywang u. G. Winstel: Injectionslaser
H. C. Wolf: Lumineszenz und Energieleitung in organischen Molekülkristallen
A. Scharmann: Strahlenbeeinflussung von Leuchtstoffen
Bd. **V** (1965), H. G. Grimmeis: Elektrolumineszenz in III-V Verbindungen
H. E. Gumlich: Elektrolumineszenz in II-VI Verbindungen
I. Broser: Exzitonen-Lumineszenz in Halbleitern
Bd. **VI** (1966), L. Heijne: Einige physikalische und chemische Aspekte der Photoleitung
Bd. **VII** (1967), H.-J. Schulz: Ultrarot-Lumineszenz von Zinksulfid-Phosphoren
R. W. Keyes: Optoelectronic Devices
Bd. **VIII** (1968), C. Reuber: Der photokapazitive Effekt
N. Riehl: Neue Ergebnisse über Elektronentraps und „Tunnelnachleuchten" in ZnS
Bd. **IX** (1969), F. Stöckmann: Elektrische Instabilitäten in Halb- und Photoleitern
Bd. **XIV** (1974), H. Weiss: Utility and Futility of Semiconductor Effects
P. R. Selway, A. R. Goodwin and C. H. D. Thompson: Heterostructur Injection Lasers
H. Fischer: Physics and Technology of Photovoltaic Solar Energy Conversion

S. Larach (Hrsg.): Photoelectronic Materials and Devices, van Norstrand, Princeton, N.J., 1965.

T. S. Moss, G. J. Burrell and B. Ellis: Semiconductor Opto-Electronics, Butterworth, London, 1973.

J. I. Pankove: Optical Processes in Semiconductors, Prentice-Hall, Englewood Cliffs, N.J., 1971.

A. Van der Ziel: Solid State Physical Electronics, M.Millan, London, 1958.

Lumineszenz

N. Riehl (Hrsg.): Einführung in die Lumineszenz, K. Thiemig KG., München, 1971.

D. Curie: Luminescence in Crystals, Methuen and Co., London, 1963.

H. K. Henisch: Electroluminescence, Academic Press, New York, 1962.

F. Ivey: Electroluminescence and Related Effects, Academic Press, 1963.

Landoldt-Börnstein: Neue Serie (herausgegeben von K. H. Hellwege) Gruppe 4, Lumineszenz, Springer-Verlag, Berlin · Heidelberg · New York, 1967.

E. Harvey Newton: History of Luminescence (until 1900), American Phil. Soc., Philadelphia, 1966.

M. B. Panish and I. Hayashi: Heterostructure Junction Lasers, Appl. Solid State Sci., Band 4, 1974.

J. A. Schleede: Leuchtstoffe (in Ullemann's Encyklopädie der Technischen Chemie), Urban u. Schwarzenberg, München, 1960.

P. R. Thornton: The Physics of Electroluminescence Devices, London, 1967.

K. Th. Wilke, I. Buhrow und C. Albers: Leuchtstoffe, VEB Deutscher Verlag der Wissenschaften, Berlin, 1964.

Photoeffekte

R. H. Bube: Photoconductivity of Solids, John Wiley, New York · London, 1960.

T. S. Moss: Photoconductivity in the Elements, John Wiley, London, 1952.

A. Rose: Concepts in Photoconductivity and Allied Problems, Intersience Appl., New York, 1963.

S. M. Rywkin: Photoelektrische Erscheinungen in Halbleitern, Akademie-Verlag, Berlin, 1965.

Anwendungen von Lumineszenz und Photoleitung

J. B. Birks: Theory and Praxis of Scintillation Counting, Pergamon Press, Oxford, 1964.

W. Kazan and M. Knoll: Electronic Image Storage, Academic Press, 1968.

W. Elenbaas: Light Sources, Philips Techn. Library, MacMillan, 1972.

5. Magnetismus

(Martin Lambeck, Berlin)

5.1 Definitionen und Einheiten

Da die magnetischen Größen in der Literatur uneinheitlich bezeichnet werden, seien zunächst die heute gesetzlich festgelegten Definitionen, Größen und Einheiten zusammengestellt (vgl. DIN 1325 und 1339).

$\boldsymbol{B}$: magnetische Induktion (gemessen in Tesla = T = Vs/m^2 = Wb/m^2)*
$\boldsymbol{H}$: magnetische Feldstärke (gemessen in A/m = N/Wb)
$\boldsymbol{M}$: Magnetisierung (mit denselben Einheiten wie $\boldsymbol{H}$)
$\boldsymbol{I} = \mu_0 \boldsymbol{M}$: magnetische Polarisation (mit denselben Einheiten wie $\boldsymbol{B}$)
$\mu_0 = 4\,\pi \cdot 10^{-7}$ Vs/Am genau: Induktionskonstante
μ_r: relative Permeabilität (reine Zahl)
$\kappa = \mu_r - 1$: Suszeptibilität (reine Zahl

Für das magnetische Moment gibt es zwei verschiedene Definitionen: Ein Stabmagnet bzw. eine stromdurchflossene Spule erfahren in einem homogenen Magnetfeld ein Drehmoment. Der Betrag des Ampereschen magnetischen Moments ist gleich dem Betrag dieses Drehmoments geteilt durch den Betrag der magnetischen Induktion; dann ist die Magnetisierung gleich dem magnetischen Moment pro Volumeneinheit. Der Betrag des Coulombschen magnetischen Moments ist gleich dem Betrag des Drehmoments geteilt durch den Betrag der magnetischen Feldstärke; dann ist die magnetische Polarisation gleich dem magnetischen Moment pro Volumeneinheit. Die so definierten magnetischen Momente unterscheiden sich also um den Faktor μ_0. Entsprechend findet man in der Literatur verschiedene Angaben für die atomare Einheit des magnetischen Moments, das Bohrsche Magneton μ_B, nämlich $9{,}2732 \cdot 10^{-24}$ J/T bzw. $1{,}1653 \cdot 10^{-29}$ Vsm. Hier wird im folgenden der erste Wert (die Amperesche Definition) verwendet.

Im Vakuum ist die Induktion proportional zur Feldstärke

$$\boldsymbol{B} = \mu_0 H \tag{V,291}$$

Im materieerfüllten Raum wird der Zusammenhang zwischen $\boldsymbol{B}$ und $\boldsymbol{H}$ geändert. Der Einfluß der Materie kann entweder multiplikativ durch die Größe μ_r berücksichtigt werden

$$\boldsymbol{B} = \mu_0 \mu_r \boldsymbol{H} \tag{V,292}$$

* Für die Umrechnung in die früher verwendeten Einheiten gilt: 1 Gauß = 10^{-4} Vs/m^2; 1 Oersted = $10^3/4\,\pi$ A/m.

oder additiv durch die Größen $\boldsymbol{M}$ bzw. $\boldsymbol{I}$

$$B = \mu_0 H + I = \mu_0 (H + M) = \mu_0 (H + \kappa H) = \mu_0 H (1 + \kappa) \; ; \quad \text{d.h.} \quad M = \kappa H \qquad \text{(V,293)}$$

Der in diesen Gleichungen vorausgesetzte lineare Zusammenhang zwischen $\boldsymbol{M}$ und $\boldsymbol{H}$ ist gleichbedeutend mit dem Ansatz, daß κ bzw. μ_r unabhängig von $\boldsymbol{H}$ sind. Daher muß für ferromagnetische Stoffe mit ihrem im allgemeinen nichtlinearen und nichteindeutigen Zusammenhang zwischen $\boldsymbol{M}$ und $\boldsymbol{H}$ der Begriff der Suszeptibilität erweitert werden.

Ein linearer Zusammenhang zwischen magnetischer Polarisation und Feldstärke gilt für ferromagnetische Stoffe nur näherungsweise im Bereich sehr kleiner Feldstärkeänderungen. Anderenfalls tritt an die Stelle der Gl. V,292 bzw. V,293 eine graphische Darstellung in Form der Hysteresekurve (vgl. Abb. V,284).

5.2 Erscheinungsformen des Magnetismus

Die Gleichungen V,291–293 sind Definitionen für die betreffenden Größen und als solche immer richtig, sie sagen jedoch nichts über die zu Grunde liegenden physikalischen Vorgänge aus und erlauben daher keinen Schluß darauf, wie die Magnetisierung entsteht. Eine physikalische Erklärung wird erst durch die quantitative Bestimmung der Suszeptibilität und insbesondere ihrer Temperaturabhängigkeit möglich. Diese Messungen erlauben folgende Einteilung der magnetischen Erscheinungen (Abb. V,284):

Im Fall des Dia- und Paramagnetismus ist jeweils nur die Suszeptibilität als Funktion der Temperatur aufgetragen. Die Magnetisierung ist nach Gl. V,293 gleich dem Produkt aus der Suszeptibilität und dem Feld. Nach dem Abschalten des Feldes verschwindet also auch die Magnetisierung. In den Abschnitten 5,5 und 5,6 wird dieses Verhalten aus den Eigenschaften einzelner Atome bzw. Moleküle erklärt.

Im Gegensatz dazu tritt bei ferro- und ferrimagnetischen Stoffen unterhalb einer für das betreffende Material charakteristischen Temperatur (Curietemperatur T_c) ein neues Phänomen auf, die spontane Magnetisierung, d.h. ein Ordnungszustand der magnetischen Momente, der auch ohne äußeres Feld zustande kommt. Hierbei handelt es sich, wie im Abschnitt 5.9 gezeigt wird, um ein Kollektivphänomen, also die Eigenschaft einer größeren Anzahl von Atomen in der kondensierten Phase. Da die spontane Magnetisierung auch ohne Einwirkung eines Magnetfeldes zustande kommt, verliert unterhalb der Curietemperatur der Begriff der Suszeptibilität nach Gl. V,293 seinen Sinn, deshalb ist stattdessen die Intensität der spontanen Magnetisierung als Funktion der Temperatur aufgetragen.

Die spontane Magnetisierung der Antiferromagnetika besteht aus einer antiparallelen Ausrichtung der magnetischen Momente, so daß sich nach außen kein resultierendes makroskopisches Moment ergibt. Der unterhalb der Néeltemperatur T_N eintretende Ordnungszustand kann aus dem Temperaturverlauf der Suszeptibilität sowie aus Neutronenbeugungsaufnahmen erschlossen werden.

Die Suszeptibilität κ paramagnetischer Stoffe ist nach Gl. V,297 umgekehrt proportional zur absoluten Temperatur T (Curie-Gesetz), so daß die graphische Darstellung von $1/\kappa$ als Funktion von T eine Gerade durch den Nullpunkt ergibt.

Art der magnetischen Erscheinung		Dia-	Para-
typischer Vertreter		H_2	Pt
Ursache		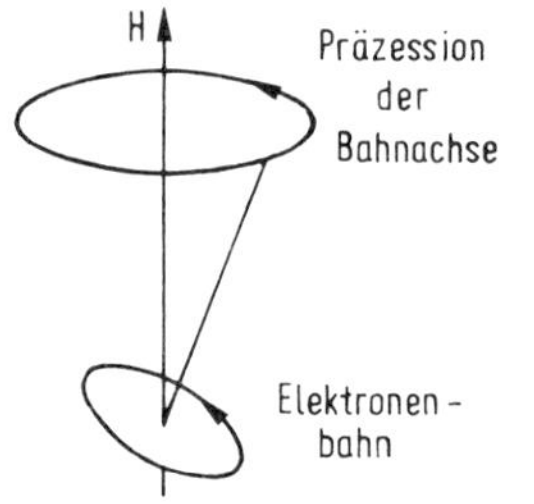 feldinduzierte Änderung der Elektronenbahnen (*Larmor*-präzession)	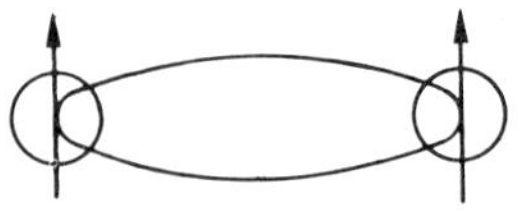 permanentes atomares magnetisches Moment der Elektronenbahnen und der Elektronenspins
Wirkung der Temperatur		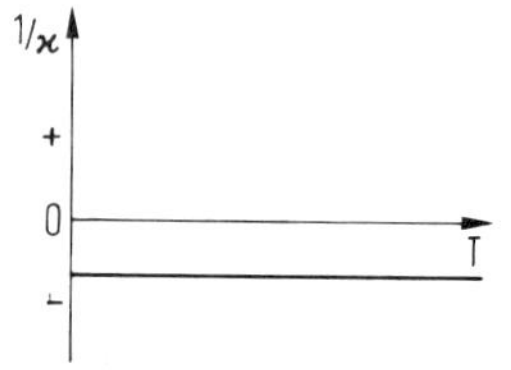	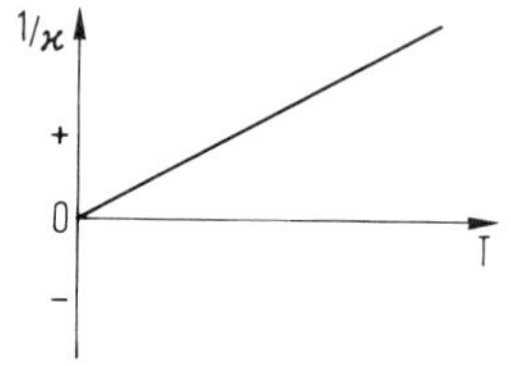
Wirkung des Feldes	ohne Feld	kein magnetisches Moment	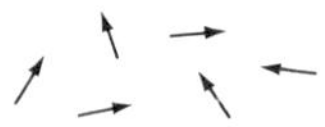 regellose Verteilung der magnetischen Momente
	mit Feld	induzierte Magnetisierung entgegengesetzt zum Feld 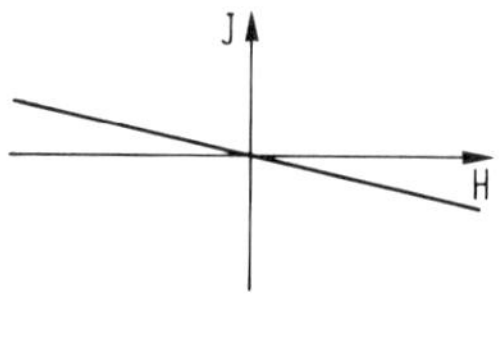	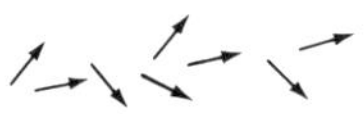 Ausrichtung der magnetischen Momente in Feldrichtung 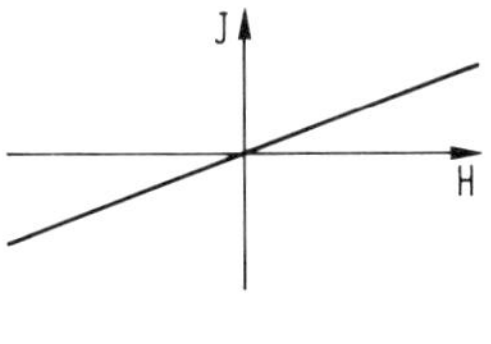

Abb. V,284. Schematische Darstellung verschiedener magnetischer Erscheinungen und der Modelle zu ihrer Deutung

<table>
<tr><th>Ferro-</th><th>Ferri-</th><th>Antiferro-</th></tr>
<tr><td>Fe</td><td>$FeO \cdot Fe_2O_3$</td><td>MnO</td></tr>
<tr><td>Unterhalb T_c spontane parallele Kopplung der magnetischen Momente aller Atome in einem Weissschen Bereich. Magnetische Polarisation (Magnetisierung) I_s</td><td>Unterhalb T_c spontane antiparallele Kopplung verschieden großer magnetischer Momente der Atome in einem Weissschen Bereich. Resultierende Polarisation I_s</td><td>Unterhalb T_N spontane antiparallele Kopplung gleich großer magnetischer Momente in einem Weissschen Bereich. Keine resultierende Polarisation</td></tr>
<tr><td>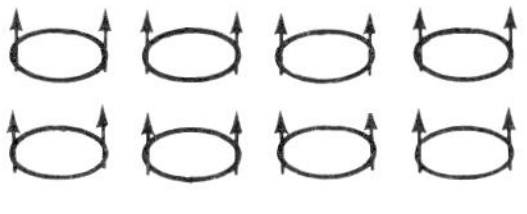</td><td>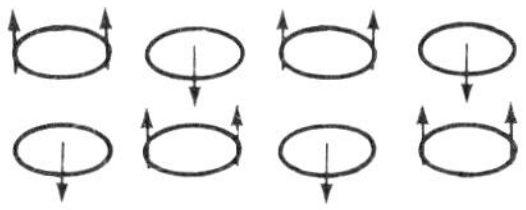</td><td>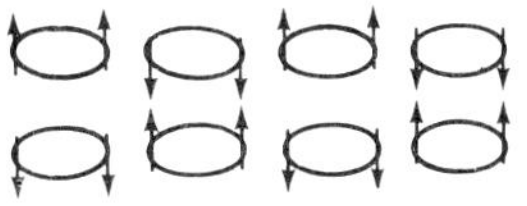</td></tr>
<tr><td>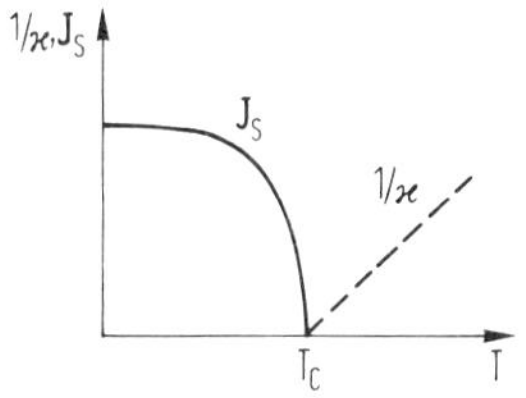</td><td>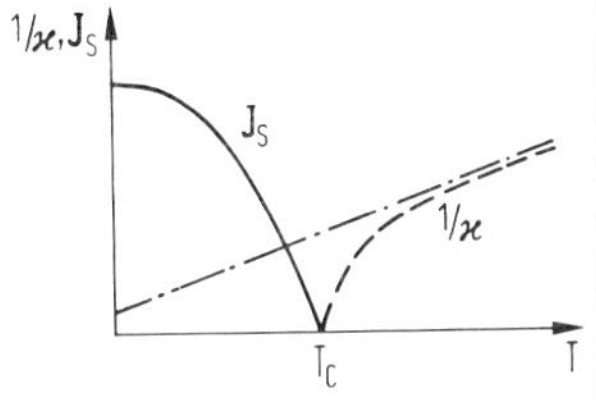</td><td>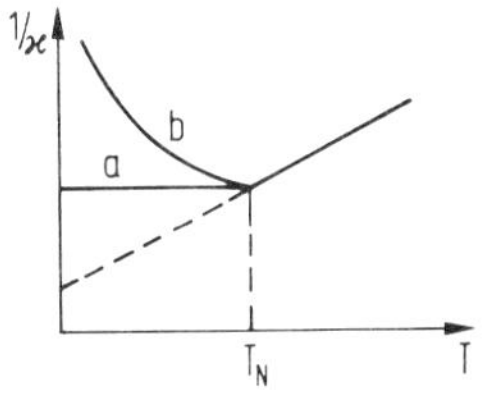</td></tr>
<tr><td>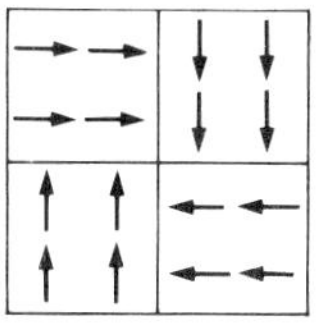</td><td>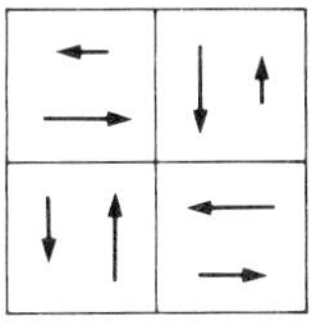</td><td>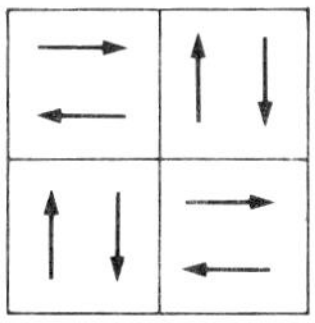</td></tr>
<tr><td colspan="3">Aufteilung der Probe in zahlreiche Weisssche Bereiche mit unterschiedlichen Richtungen</td></tr>
<tr><td colspan="2">makroskopische Magnetisierung auf der Neukurve gleich Null, im zyklischen Zustand remanente Magnetisierung I_R</td><td>keine makroskopische Magnetisierung</td></tr>
<tr><td colspan="2">Ausrichtung der Weissschen Bereiche durch Drehung und Wandverschiebung. Kompliziertes, von der Vorgeschichte abhängiges Verhalten, Hysterese
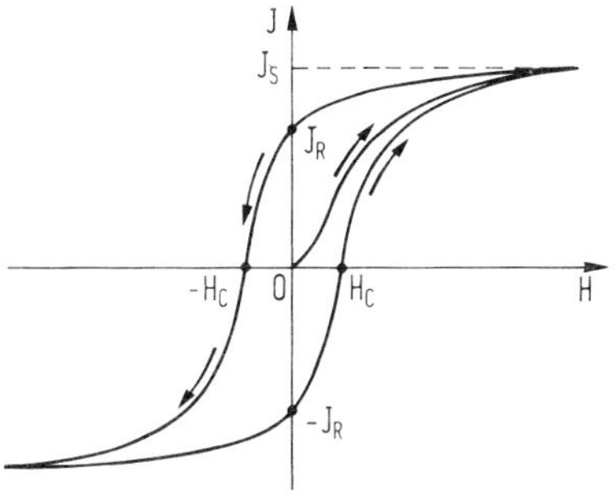</td><td>nur geringe Wirkung des Feldes, unterhalb T_N richtungsabhängig:
a) Feld senkrecht zu den Spinachsen
b) parallel</td></tr>
</table>

Bei Ferromagnetika tritt an Stelle des Curie-Gesetzes das Curie–Weiss-Gesetz: Die reziproke Suszeptibilität ist nicht mehr proportional zur absoluten Temperatur T, sondern sie ist oberhalb der Curie-Temperatur T_c proportional zur Größe $(T - T_c)$, so daß für T gegen T_c die Suszeptibilität formal gegen unendlich geht. Dies bedeutet physikalisch den Beginn der spontanen Magnetisierung, die auch ohne äußeres Feld zustande kommt.

Die reziproke Suszeptibilität der Antiferromagnetika ist oberhalb der Néel-Temperatur T_N proportional zu $(T - T_p)$. Die paramagnetische Curie-Temperatur T_p ergibt sich durch Extrapolation der $1/\kappa$ Geraden als (in Abb. V,284 nicht gezeichneter) Schnittpunkt mit der T-Achse bei einer negativen Temperatur. Somit bleibt bei positiven Temperaturen die Suszeptibilität stets endlich, was dem Fehlen einer makroskopisch wirksamen spontanen Magnetisierung entspricht. Unterhalb von T_N hängt die Suszeptibilität von der Richtung des Feldes zu den kristallographisch bedingten Lagen der spontan magnetisierten Untergitter (vgl. 5.9.5) ab: Wirkt das Feld senkrecht zu den Spinachsen, ist die Suszeptibilität temperaturunabhängig, wirkt es parallel, so nimmt $1/\kappa$ mit sinkender Temperatur zu.

Das Temperaturverhalten der ferrimagnetischen Stoffe ist kompliziert; näherungsweise stellt es eine Kombination der ferro- und antiferromagnetischen Eigenschaften dar: Die reziproke Suszeptibilität folgt ähnlich wie bei Antiferromagnetika für hohe Temperaturen einer Geraden, deren Extrapolation die T-Achse bei einer negativen Temperatur trifft, bei tieferen Temperaturen fällt sie jedoch stärker ab, so daß sie die T-Achse bei T_c erreicht. Unterhalb der Curie-Temperatur T_c tritt wie bei Ferromagnetika eine makroskopisch wirksame spontane Magnetisierung auf.

Die einheitliche spontane Magnetisierung der ferro- und ferrimagnetischen Stoffe tritt im allgemeinen nur innerhalb kleiner Gebiete, der Weißschen Bereiche auf. Ein makroskopischer Körper, z.B. ein großes Stück Eisen, besteht aus vielen derartigen Bereichen, deren Wirkungen sich nach außen kompensieren. Die technisch wichtige Ummagnetisierung dieser Substanzen durch ein äußeres Feld besteht nicht in einer Änderung der Größe der spontanen Magnetisierung, sondern nur in einer ordnenden Ausrichtung der Weißschen Bereiche. Es ergibt sich ein kompliziertes, von der Vorgeschichte abhängiges **Hystereseverhalten**.

Dementsprechend müssen bei der Deutung magnetischer Erscheinungen vier Fragestellungen klar unterschieden werden:

1. Das dia- bzw. paramagnetische Verhalten einzelner Atome und Moleküle

2. Die spontane Magnetisierung der ferro-, ferri und antiferromagnetischen Stoffe als Kollektivphänomen

3. Die Bildung einheitlich, aber unterschiedlich magnetisierter Weißscher Bereiche

4. Die Ummagnetisierung der ferro- und ferrimagnetischen Stoffe in Form der Hysteresekurve

5.3 Das Bohr – Van Leeuwen Theorem

Auf die Frage nach dem Ursprung magnetischer Vorgänge kann zunächst nur eine negative Antwort gegeben werden. Betrachten wir ein Gas, das sich im thermischen Gleichgewicht mit den Wänden des Behälters befindet. Nach der klassischen statistischen Mechanik ist die Wahrscheinlichkeit, daß ein Teilchen einen bestimmten Bewegungszustand hat, proportional zu exp $(- U/kT)$, worin U die Energie dieser Bewegung ist. Nach dem Einschalten eines Magnetfeldes wirkt auf das Teilchen die Lorentzkraft, die senkrecht auf der Bahn des Teilchens steht, also keine Arbeit leisten kann. Folglich kann auch die Energie und damit die Wahrscheinlichkeit der Bewegungszustände durch ein Magnetfeld nicht beeinflußt werden.

Das Bohr – Van Leeuwen Theorem (für das es viele, konsequente und allgemein gültige Beweise gibt) besagt also: **Bei konsequenter Anwendung der klassischen Physik können weder dia- noch paramagnetische Erscheinungen aus der Bewegung geladener Teilchen erklärt werden.** Spins kommen in der klassischen Physik nicht vor.

Alle üblichen Deutungen (Diamagnetismus als Folge induzierter Ströme, Paramagnetismus als Ausrichtung permanenter Dipole usw.) enthalten in der einen oder anderen Form versteckt Annahmen, die klassisch nicht erklärt werden können, in Wirklichkeit also quantenmechanische Effekte einschließen.

Dieses Theorem wurde von Bohr in seiner Kopenhagener Dissertation im Jahre 1911 gefunden. Bohr erkannte, daß die Diskrepanz zur Wirklichkeit aus der klassischen Annahme der kontinuierlichen Verteilung der Energiezustände und der Anwendung der Boltzmann Statistik auf die Energiezustände im Atom resultiert. Danach wäre es z.B. am wahrscheinlichsten, daß sich ein Elektron dicht am Atomkern aufhält, weil dann die potentielle Energie ein Minimum annimmt. Zwei Jahre später entwickelte Bohr sein berühmtes Atommodell mit dem Postulat der diskreten Bahnradien und Energiezustände im Atom. Dies ist wohl kein Zufall; offenbar hat das Studium magnetischer Vorgänge ebenso einen Beitrag zur Entwicklung der Quantenmechanik geleistet wie die Untersuchung der Spektren.

5.4 Deutung magnetischer Vorgänge

Um nach dieser negativen Aussage zu einem positiven Ansatz zu gelangen, gehen wir von der Erfahrungstatsache aus, daß es ferromagnetische Stoffe wie z.B. das Eisen gibt, die ein permanentes magnetisches Moment aufweisen und als Kompaßnadeln verwendet werden können. Das bekannte, auf Ewing zurückgehende Modell aus einer großen Zahl von Kompaßnadeln zeigt, daß sich magnetische Dipole unter dem Einfluß ihrer magnetischen Kräfte gruppenweise parallel ausrichten. (Abb. V,285). Es beantwortet aber nicht die Frage nach dem Ursprung des Ferromagnetismus, denn dessen Existenz wird ja durch die Verwendung der Magnetnadeln bereits vorausgesetzt!

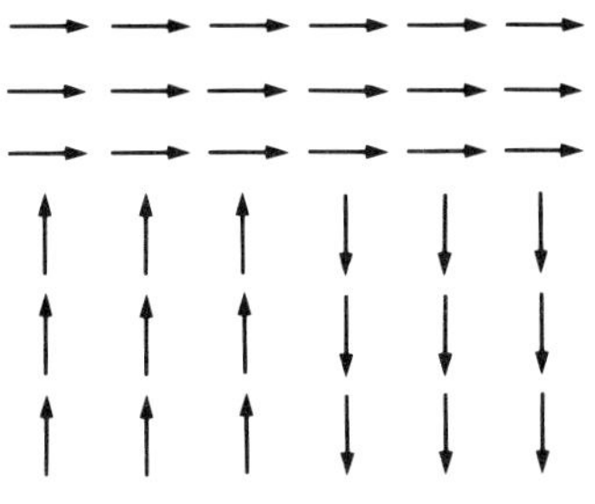

Abb. V,285. Gruppenweise parallele Ausrichtung in einer großen Zahl drehbar angeordneter Kompaßnadeln

Die einfache Übertragung dieses „Modellferromagnetismus“ auf das Verhalten der Atome würde zu folgendem Schluß führen: Alle Materie besteht aus Protonen, Neutronen und Elektronen. Da das magnetische Moment der Protonen und Neutronen gegenüber dem der Elektronen vernachlässigbar klein ist, können die magnetischen Eigenschaften der Materie nur durch die magnetischen Eigenschaften der Elektronen zustande kommen. Wenn sich die Elektronen auf Grund ihres magnetischen Momentes wie Kompaßnadeln verhalten, sollten sie sich in jedem Material ebenso wie in dem Kompaßnadelmodell spontan parallel ausrichten. Demnach sollte alle Materie ferromagnetisch sein. Bekanntlich ist das jedoch nicht der Fall. Die meisten Stoffe unserer Umgebung wie etwa Kupfer, Holz, Wasser, der menschliche Körper usw. sind keineswegs ferromagnetisch, sondern werden von einem Magnetfeld praktisch nicht beeinflußt.

Alle folgenden Erklärungen magnetischer Erscheinungen werden darauf beruhen, daß sich die Elektronen in zwei entscheidenden Punkten von den Kompaßnadeln unterscheiden:

1. **Zwischen den Elektronen wirken elektrische Kräfte.**

2. **Die Elektronen unterliegen dem Pauliprinzip, d.h. ihre Wellenfunktion muß antisymmetrisch sein.**

Daß es sich beim Ferromagnetismus tatsächlich ausschließlich um ein Problem der Elektronen handelt, wird durch einen Vergleich mit anderen kooperativen Phänomenen deutlich: Die Sprungtemperatur eines Supraleiters hängt wesentlich von der Masse der Atomkerne ab, woraus sich der bekannte Isotopieeffekt der Supraleitung ergibt. Das gleiche gilt für die Ferroelektrizität; z.B. hat KH_2PO_4 eine Curietemperatur von 123 K, KD_2PO_4 dagegen 213 K.

Soweit beim Ferromagnetismus ein Isotopieeffekt auftritt (die Curietemperaturen von UH_3 und UD_3 sind 168 und 172 K), bezieht er sich auf die Masse der Verbindungselemente; ein eigentlicher Isotopieeffekt der für das magnetische Moment verantwortlichen Atomart ist bisher nicht bekannt geworden.

5.5 Diamagnetismus und chemische Bindung

Wie in Abschnitt 5.4 erläutert, kommen die magnetischen Eigenschaften der Materie durch die Elektronen zustande. Wir werden jetzt sehen, daß die meisten Elektronen nicht zur Bildung eines permanenten magnetischen Moments beitragen, sondern nur diamagnetisches Verhalten zeigen.

Aus dem Pauliprinzip folgt, daß abgeschlossene Schalen und Unterschalen eines Atoms kein resultierendes magnetisches Moment besitzen können, da sich die Spin- und Bahnmomente der einzelnen Elektronen gegenseitig kompensieren. Daher können Edelgase kein permanentes magnetisches Moment aufweisen.

Das atomare magnetische Moment anderer Elemente mit nicht abgeschlossener Schale kommt in den meisten Fällen nicht zur Wirkung, da die Stoffe im allgemeinen nicht atomar auftreten, sondern Moleküle bilden. Dieses Verhalten läßt sich am leichtesten im Fall des Wasserstoffmoleküls verstehen.

Zwei Wasserstoffatome werden als Molekül gebunden, weil die Summe der elektrostatischen Energien im Molekül kleiner ist als die zweier isolierter Atome. Die Differenz dieser Energien ist die Bindungsenergie des Moleküls. Diese Erniedrigung der potentiellen Energie tritt nur ein, wenn sich die Elektronen bevorzugt zwischen den Protonen aufhalten (Abb. V,286 und V,287). Zwar stoßen sich die Elektronen durch ihre größere Nähe stärker ab, doch wird diese Abstoßung durch die größere Anziehung zwischen Elektronen und Protonen überkompensiert (Da in dem System aus zwei Elektronen und zwei Protonen jedes Teilchen ein gleichartiges abstößt, aber zwei ungleiche anzieht, tritt die abstoßende Energie zweimal, die anziehende viermal auf, so daß sich insgesamt ein anziehender Effekt ergibt). Anders ausgedrückt: Die Abstoßung der beiden Protonen wird reduziert, wenn die beiden Elektronen zwischen ihnen eine Wolke negativer Ladung aufbauen.

In der quantenmechanischen Betrachtung wird eine entscheidende weitere Eigenschaft des Moleküls deutlich. Da die Elektronen Fermiteilchen sind, muß ihre Wellenfunktion dem Antisymmetrieprinzip genügen, d.h. bei einem Austausch der Elektronen das Vorzeichen wechseln. Wird die Gesamtwellenfunktion der Elektronen als Produkt der Orts- und Spinfunktion dargestellt (der Spin wirkt hier wie eine Koordinate, die nur die beiden Werte $\pm 1/2$ annehmen kann), dann sind nur Kombinationen einer symmetrischen Ortsfunktion mit einer antisymmetrischen Spinfunktion und umgekehrt erlaubt.

Haben beide Elektronen parallelen Spin (Abb. V,286a), ändert die Spinfunktion beim Austausch der Elektronen das Vorzeichen nicht, also muß die Ortsfunktion das Vor-

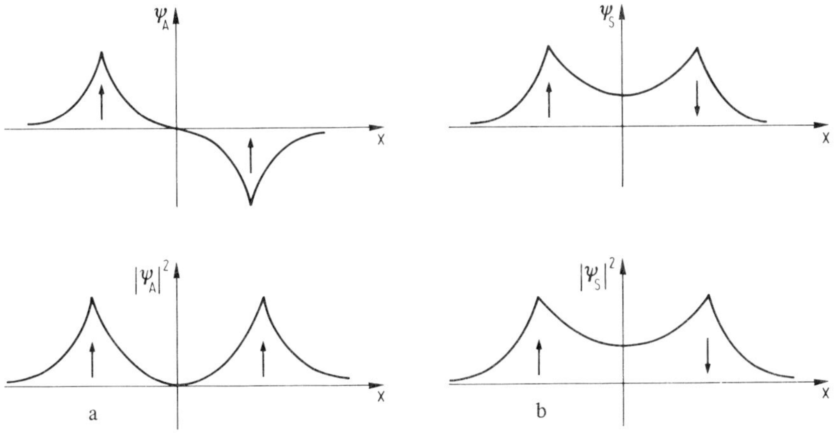

Abb. V,286. Ψ Funktion der Elektronen im H_2 Molekül (schematisch). a) antisymmetrische Ortsfunktion und symmetrische Spinfunktion (lockernd), b) symmetrische Ortsfunktion und antisymmetrische Spinfunktion (bindend)

zeichen wechseln, d.h. antisymmetrisch sein. Daraus folgt, daß die beiden Elektronen sich nicht gleichzeitig am selben Ort aufhalten können, denn an einem gegebenen Ort kann die Ortsfunktion nicht sowohl von Null verschieden sein als auch bei einem Austausch derselben Ortskoordinaten das Vorzeichen wechseln. In diesem Fall können die Elektronen nicht gleichzeitig zwischen den Kernen anwesend sein, diese Elektronenkonfiguration wirkt also lockernd.

Haben dagegen die Elektronen antiparallelen Spin, dann muß die Ortsfunktion symmetrisch sein, so daß die Elektronen sehr wohl gleichzeitig am selben Ort sein können (Abb. V,286b). Daher wirkt diese Elektronenkonfiguration bindend.

Da die chemische Bindung des H_2 Moleküls nur durch die gleichzeitige Anwesenheit der Elektronen bewirkt wird, müssen die Elektronen eine symmetrische Ortsfunktion und eine antisymmetrische Spinfunktion haben. Ihre Spins müssen antiparallel sein und daher ist molekularer Wasserstoff diamagnetisch! Es sei ausdrücklich betont, daß **die Antiparallelstellung der Spins nur aus der für die chemische Bindung erforderlichen Elektronenkonfiguration und der Antisymmetrie der Wellenfunktion (Pauli-Prinzip) resultiert, jedoch nichts mit einer Wechselwirkung der magnetischen Momente der Elektronen zu tun hat.** Diese magnetische Wechselwirkung ist klein gegen die Bindungsenergie und kann bei der Rechnung meist vernachlässigt werden.

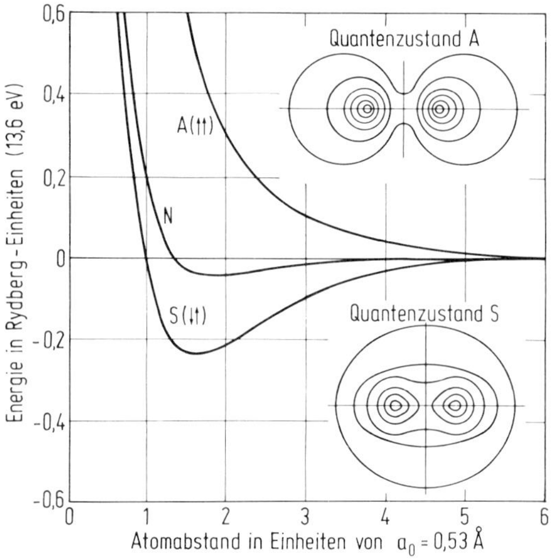

Abb. V,287. Energie des H_2 Moleküls für symmetrische und antisymmetrische Ortsfunktionen der Elektronen mit den entsprechenden Spinstellungen (vgl. Abb. V,286). Die Kurve *N* ist das Ergebnis einer klassischen Rechnung ohne Berücksichtigung des Spins (nach C. Kittel, Einführung in die Festkörperphysik).

Ebenso wie beim H_2 Molekül beruht auch bei allen anderen kovalent gebundenen Substanzen (z.B. Diamant) die Bindung auf einer Ladungsanhäufung zwischen den Kernen, die zu einer Antiparallelstellung der Spins führt. Im Fall der ionischen Bindung (z.B. NaCl) entstehen aus den paramagnetischen Na und Cl Atomen die Na^+ und Cl^- Ionen mit abgeschlossenen Edelgasschalen, die nach dem Pauli-Prinzip diamagnetisch sind. Das gleiche gilt für Stoffe wie LiH, die als Übergangsformen zwischen kovalenter und ionischer Bindung aufzufassen sind. Somit sind fast alle Substanzen diamagnetisch, **weil die Elektronen, die die Bindung bewirken, antiparallele Spins haben.**

Zur Verdeutlichung der Bezeichnungsweise sei darauf hingewiesen, daß wegen des Vorhandenseins der Elektronenbahnen grundsätzlich alle Substanzen Diamagnetismus aufweisen. Jedoch werden die Substanzen, die zusätzlich zu dem immer vorhandenen diamagnetischen Effekt auch Para- oder Ferromagnetismus zeigen, stets als Para- bzw. Ferromagnetika bezeichnet, da diese Erscheinungen sehr viel stärker ausgeprägt sind, d. h. zu höheren Werten der Suszeptibilität führen. Die Bezeichnung eines Stoffes als diamagnetisch besagt also, daß er **nur** Diamagnetismus zeigt.

Durch die Forderung nach Antisymmetrie der Wellenfunktion bei Austausch der Elektronen sind die Elektronenkonfigurationen und damit die Energien des Moleküls untrennbar mit der relativen Spinstellung der Elektronen verbunden. Daher bezeichnet man die Energiedifferenz der bindenden und lockernden Zustände (Abb. V,287) als **Austauschenergie** und stellt sie nach Heisenberg durch einen Ausdruck dar, der die Spinstellung enthält

$$E_{\text{Aus}} = -2 J_{\text{ij}} \boldsymbol{S}_{\text{i}} \cdot \boldsymbol{S}_{\text{j}} \qquad \text{(V,294)}$$

Die Größe J_{ij} hängt von der Überlappung der Elektronenfunktionen der Atome i und j ab und wird als Austauschintegral bezeichnet. Beim Wasserstoffmolekül kann sie näherungsweise berechnet werden, in komplizierteren Fällen wird sie dem Experiment (z.B. Messung der Curietemperatur) entnommen. $\boldsymbol{S}_{\text{i}}$ und $\boldsymbol{S}_{\text{j}}$ sind die Spins der beiden Elektronen, die man sich näherungsweise als Vektoren vorstellen kann. Ist $J_{\text{ij}} < 0$ wie beim H_2, wird die Austauschenergie zum Minimum, wenn die Spins antiparallel stehen, für $J_{\text{ij}} > 0$ stehen die Spins parallel. Es sei nochmals betont, daß die Austauschenergie nicht von der magnetischen Wechselwirkung der Spins herrührt, sondern nur durch die unterschiedliche **elektrostatische** Energie der zugehörigen Elektronenkonfigurationen bedingt ist.

Erst nach dieser Festlegung der diskreten Elektronenzustände kann die diamagnetische Suszeptibilität als Folge der Präzession der Elektronenbahnen unter der Wirkung des Magnetfeldes berechnet werden. In einfachen Fällen (z. B. bei Edelgasen) kann die Volumensuszeptibilität nach dem Larmortheorem ermittelt werden. Für N Teilchen pro Volumeneinheit mit jeweils Z Elektronen (Ladung e, Masse m) ergibt sich die Langevinsche Gleichung

$$\kappa = -\mu_0 \frac{N Z e^2}{6 m} \langle r^2 \rangle \qquad \text{(V,295)}$$

Dabei ist $\langle r^2 \rangle$ das quantenmechanisch zu berechnende mittlere Quadrat der Abstände zwischen den Elektronen und dem Kern. Die diamagnetische Suszeptibilität reagiert also empfindlich auf die Bahnradien und kann daher zur Prüfung theoretischer Berechnungen dienen.

5.6 Paramagnetismus und Hundsche Regel

Nach der Behandlung der Elektronen, die nur Diamagnetismus hervorrufen können, weil sie sich in abgeschlossenen Schalen befinden oder für die Bindung verantwortlich sind, betrachten wir nun die Elektronen in nicht-abgeschlossenen Schalen. Hier kann aus dem Pauli-Prinzip allein noch nicht eindeutig auf die Elektronenkonfiguration geschlossen werden. Beispielsweise kann eine *d* Schale mit maximal 10 Elektronen besetzt werden. Sind in dieser Schale nur zwei Elektronen vorhanden, wäre nach dem Pauliprinzip eine Anordnung mit zwei parallelen Spins ebenso zulässig wie eine mit zwei antiparallelen Spins, der Gesamtspin könnte also Null oder Eins sein.

In diesen Fällen kann die Elektronenanordnung nach der zuerst von Hund auf Grund von Untersuchungen der Spektren gefundenen Regel ermittelt werden. Die Regel läßt sich in drei Sätzen zusammenfassen:

1. Die Spins s_i kombinieren zum maximalen Gesamtspin $S = \Sigma\, s_i$, der nach dem Pauliprinzip möglich ist.

2. Die Projektionen der Bahndrehimpulse auf eine gegebene Richtung, also die magnetischen Quantenzahlen, kombinieren zum maximalen Bahndrehimpuls $L = \Sigma\, l_i$, der mit dem Pauliprinzip und dem ersten Satz verträglich ist.

3. Der Gesamtdrehimpuls ist $J = L - S$, wenn die Schale weniger als halb und $J = L + S$, wenn sie mehr als halb gefüllt ist.

Diese Sätze lassen sich aus der Wirkung der elektrostatischen Abstoßung der Elektronen untereinander erklären. Die nach dem 1. Satz eintretende **Maximierung des Gesamtspins** ist Ausdruck der Tatsache, daß die Elektronen zur Verminderung ihrer Abstoßung räumlich verschiedene Bahnen einnehmen, denn gleiche Spins bedeuten ungleiche Bahnen. Da es in einer *d* Schale 5 verschiedene Bahnen gibt, kann der Gesamtspin maximal 5/2 betragen. Wären dagegen 2 Elektronen in derselben Bahn, müßten ihre Spins antiparallel stehen, so daß der Gesamtspin geringer wäre.

Der 2. Satz ergibt sich aus der Tendenz der Elektronen, den Kern in gleicher Richtung zu umlaufen, um sich nicht zu „begegnen". Hieraus folgt z.B. für zwei Elektronen, daß sich die magnetischen Quantenzahlen $l = 2$ und 1 (also gleicher „Umlaufsinn") und nicht etwa 2 und − 2 einstellen.

Die dritte Regel beruht auf der Spin-Bahn Kopplung. Vom umlaufenden Elektron aus betrachtet stellt der Kern eine bewegte elektrische Ladung dar, deren Magnetfeld dem magnetischen Moment der Elektronenbahn entgegengerichtet ist und daher zu einer antiparallelen Ausrichtung von Spin- und Bahnmoment des Elektrons führt. In einer weniger als halb gefüllten Schale ist daher der Gesamtspin antiparallel zum Gesamtdrehimpuls. Ist die Schale halb gefüllt, hat S den Maximalwert erreicht, während $L = 0$ ist. Werden weitere Elektronen hinzugefügt, so muß nach dem Pauliprinzip deren Spin antiparallel zu S sein, so daß ihr Bahndrehimpuls parallel zu S ist, woraus sich $J = L + S$ ergibt.

Man beachte, daß die Berücksichtigung der Sätze in der angegebenen Reihenfolge entscheidend ist. Das Wesentliche ist der 1. Satz, der die **Maximierung des Gesamtspins** fordert. Die Elektronen nehmen eine möglichst symmetrische Spinfunktion ein, damit die Ortsfunktion möglichst unsymmetrisch ist, so daß sie im Mittel einen möglichst großen Abstand voneinander haben (vgl. Abb. V,286a).

Atome mit einer nicht-abgeschlossenen Schale können also eine hohe „spontane Magnetisierung" aufweisen. Dieser magnetische Effekt ist ebenso wie der Diamagnetismus des H_2 Moleküls nicht auf eine magnetische Wechselwirkung der Elektronen zurückzuführen, sondern beruht auf der Verminderung der elektrostatischen Energie unter Berücksichtigung des Pauli-Prinzips.

Die Hund sche Regel sei an einigen Beispielen erläutert.

a) Das Fe^{2+} Ion hat sechs Elektronen in der $3d$ Schale. Es können maximal fünf Elektronen parallelen Spin haben, das sechste muß mit antiparallelem Spin eingebaut werden, also ist der Gesamtspin $S = (5 - 1)/2 = 2$. Die magnetischen Quantenzahlen der ersten fünf Elektronen sättigen sich zu Null ab, das sechste Elektron erhält die größtmögliche Quantenzahl, also $l = 2$, damit ist $L = 2$. Die Schale ist mehr als halb gefüllt, es ist $J = L + S = 4$. In der Bezeichnungsweise der Spektroskopie liegt ein $^5D_4$ Term vor.

b) Gd^{3+} hat 7 Elektronen in der $4f$ Schale. Da die Schale 14 Plätze hat, stehen die Spins aller Elektronen parallel, es ist $S = 7/2$. Die magnetischen Quantenzahlen kompensieren sich, also ist $L = 0$ und $J = 7/2$. Der Term heißt $^8S_{7/2}$.

c) Dy^{3+} hat 9 Elektronen in der $4f$ Schale. Damit ergibt sich $S = (7 - 2)/2 = 5/2$. $L = 3 + 2 = 5$, $J = 15/2$. Der Term ist $^6H_{15/2}$.

Die sich nach der Hund schen Regel ergebenden Drehimpulse der Seltenen Erden sind in Abb. V,288 dargestellt. Man erkennt die Spinmaximierung, den symmetrischen Verlauf der L Werte in der ersten und zweiten Hälfte und den maximalen Wert von J in der zweiten Hälfte.

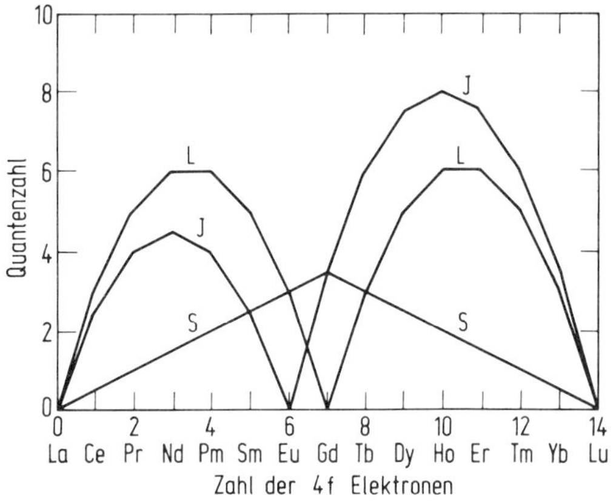

Abb. V,288. Quantenzahlen des Spins S, des Bahndrehimpulses L und des resultierenden Drehimpulses J als Funktion der Zahl der $4f$ Elektronen in den dreiwertigen Ionen der Seltenen Erden (nach S. Chikazumi „Physics of Magnetism")

Mit dem Gesamtdrehimpuls J ist ein magnetisches Moment $\mu = g\mu_B J$ verbunden (g ist der Landé Faktor), das sich unter der Wirkung eines Feldes in die Feldrichtung einzustellen sucht. Diesem Ordnungsvorgang wirkt die Wärmebewegung entgegen. Für die Ausrichtung ist das Verhältnis der magnetischen zur thermischen Energie maßgebend:

$$\alpha = \frac{\mu B}{k T} \qquad \text{(V,296)}$$

Die zunehmende Ausrichtung mit steigendem Wert von α folgt klassisch der Langevin Funktion, in der quantenmechanischen Rechnung wegen der diskreten Einstellungen des magnetischen Moments der Brillouin Funktion. Wegen der Ableitung sei auf die Lehrbücher der statistischen Mechanik verwiesen. Für hohe Werte von α (hohe Felder oder tiefe Temperaturen) wird Sättigung erreicht, d.h. alle magnetischen Momente weisen in Feldrichtung ($\alpha = 3$ ergibt rund 80 % der Sättigung). Für Zimmertemperatur und Felder in der Größenordnung von 1 T ist $\alpha \ll 1$. Dann wird die paramagnetische Suszeptibilität einer Substanz mit N Teilchen pro Volumeneinheit

$$\kappa = \mu_0 \frac{N \mu_{\text{eff}}^2}{3 k T} \tag{V,297}$$

Dies ist das bekannte Curiesche Gesetz, nach der die Suszeptibilität mit steigender Temperatur abnimmt. Die Größe

$$\mu_{\text{eff}} = g \mu_B \sqrt{J(J+1)} \tag{V,298}$$

wird als effektives magnetisches Moment bezeichnet. Die Messung der paramagnetischen Suszeptibilität ermöglicht einen Vergleich mit den nach der Hundschen Regel berechneten Werten, der in Abb. V,289 dargestellt ist. Im Fall der Seltenen Erden ist die Übereinstimmung ausgezeichnet.

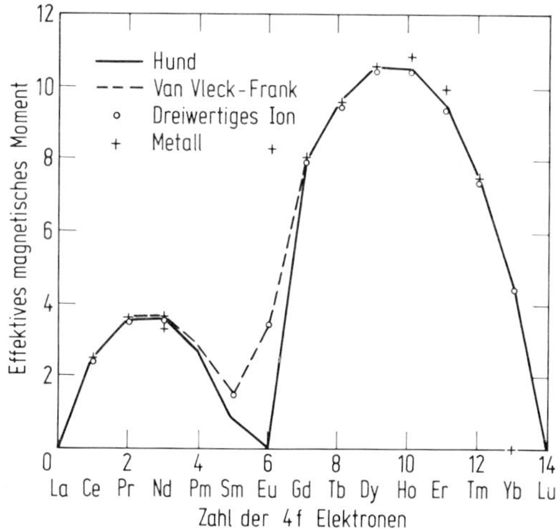

Abb. V,289. Experimentell bestimmte effektive magnetische Momente der Seltenen Erden in Form der dreiwertigen Ionen und der Metalle. Die ausgezogene Kurve stellt die theoretischen Werte nach Hund, die gestrichelte Kurve nach Van Vleck-Frank dar (nach Chikazumi, Physics of Magnetism).

Bei Sm^{3+} und Eu^{3+} sind wegen des geringen Wertes von J die Termabstände so gering, daß sie bei Zimmertemperatur klein gegen kT sind. Daher sind höhere Zustände angeregt, die nach einer weitergehenden Theorie von Van Vleck berechnet werden können. Bei Sm^{3+} nimmt entgegen dem Curieschen Gesetz die Suszeptibilität oberhalb 300 K zu, weil die Zunahme von J durch thermische Anregung die desorientierende Wirkung der Wärmebewegung überkompensiert.

Die vorstehenden Überlegungen bezogen sich auf freie Atome bzw. Ionen, in denen die Bahnen innerhalb einer Unterschale energetisch gleichwertig (entartet) sind, so daß sich die Elektronenkonfigurationen ausschließlich nach der Hundschen Regel bestimmen. Im folgenden werden die magnetischen Eigenschaften des Festkörpers diskutiert. Hier tritt die Tendenz zur Verminderung der elektrostatischen Energie innerhalb eines Atoms, also die **intraatomare** Wechselwirkung, die in der Spinmaximierung gemäß der Hundschen Regel zum Ausdruck kommt, in Konkurrenz mit anderen Energien, die sich aus den Einflüssen der Umgebung, also der **interatomaren** Wechselwirkung ergeben.

Die interatomaren Wechselwirkungen haben folgende Wirkungen:

Kristallfeld	„high spin – low spin“ Komplexe, Auslöschung des Bahndrehimpulses
Aufspaltung der Niveaus im Festkörper	Bandmodell des Ferromagnetismus
Beziehung zur chemischen Bindung	Badersche Regeln
Wechselwirkung mit den Leitungselektronen	Oszillierende Austauschkopplung
Wechselwirkung mit diamagnetischen Ionen	Superaustausch, Ferri- und Antiferromagnetismus

5.7 Die Wirkung des Kristallfeldes

In einem Kristall ist die räumliche Anordnung der Atomorbitale in Bezug auf die Umgebung von entscheidender Bedeutung. Die Aufenthaltswahrscheinlichkeitsdichte der *d* Elektronen ist in Abb. V,290 skizziert. Während die d_{z^2} und $d_{x^2-y^2}$ Bahnen in Richtung der Koordinatenachsen ihr Maximum erreichen, verlaufen die d_{xy}, d_{xz} und d_{yz} Bahnen in Richtung der Winkelhalbierenden. Diese Gruppen werden auch als d_γ bzw. d_ϵ Bahnen bezeichnet. Im freien Atom haben diese 5 Orbitale (die jeweils zwei Elektronen entgegengesetzter Spinrichtung aufnehmen können) die gleiche Energie.

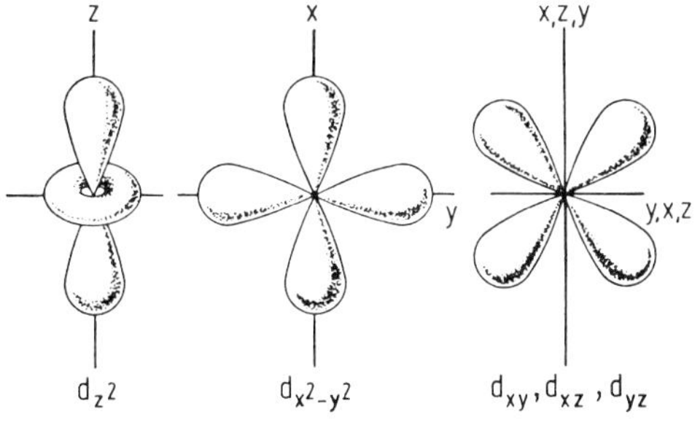

Abb. V,290. Aufenthaltswahrscheinlichkeitsdichte der Elektronen in den *d* Orbitalen (nach Earnshaw „Introduction to Magnetochemistry“)

Diese Entartung wird durch den Einfluß der Liganden aufgehoben, die im Rahmen der Kristallfeldtheorie als negative Punktladungen betrachtet werden. Als einfachster Fall werde eine oktaedrische Umgebung angenommen, d.h. das positive Ion liegt im Mittelpunkt eines Würfels, so daß sich die negativen Ladungen auf den Koordinatenachsen befinden. Die d_γ Bahnen, die sich in die größte Nähe der Liganden erstrecken, werden von diesen am stärksten abgestoßen, also energetisch benachteiligt, die in Richtung der Winkelhalbierenden verlaufenden d_ϵ Bahnen daher bevorzugt. Die fünf d Orbitale spalten somit in zwei höherliegende d_γ und drei tieferliegende d_ϵ Orbitale auf. Daher ist für die Verteilung der Elektronen jetzt nicht mehr allein die Hundsche Regel maßgebend, vielmehr ergibt sich ein Kompromiß zwischen den intraatomaren Energierelationen und der Energiedifferenz Δ_0 der Orbitale in verschiedenen Richtungen (vgl. Abb. V,291).

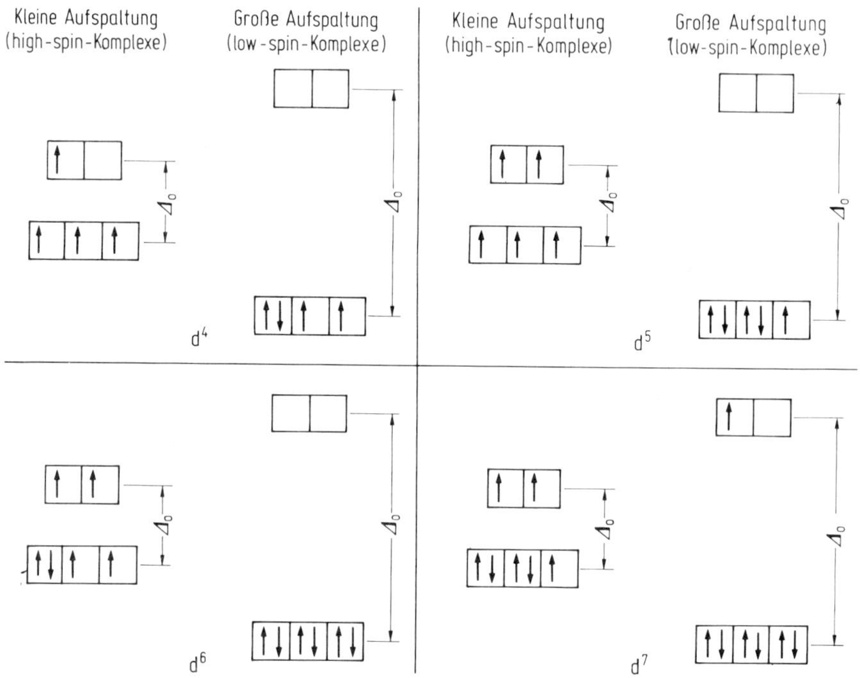

Abb. V,291. Besetzung der d Orbitale bei geringem und starkem Einfluß eines oktaedrischen Kristallfeldes (nach Holleman-Wiberg, Lehrbuch der anorganischen Chemie, Berlin, de Gruyter 1971).

Beispielsweise werden in einem freien Atom mit sieben d Elektronen fünf Elektronen mit parallelem, zwei mit antiparallelem Spin eingebaut, so daß sich ein Gesamtspin von 3/2 ergibt. Befindet sich dieses Atom in einer Umgebung mit geringem Einfluß der Liganden (geringe Ladung oder große Entfernung), dann ist der Einfluß des Kristallfeldes geringer als der der intraatomaren Wechselwirkung, so daß die Elektronenkonfiguration erhalten bleibt. Wegen des hohen Gesamtspins wird sie als „high spin“ Anordnung bezeichnet. Ist dagegen der Einfluß der Liganden stärker (höhere Ladung oder geringerer Abstand), so muß ein Elektron auf Kosten der intraatomaren Energie in das untere Niveau paarig eingebaut werden, so daß der Gesamtspin nur noch 1/2 beträgt („low spin"). Z.B. ist $[CoF_6]^{3-}$ ein high spin, $[Co(NH_3)_6]^{3-}$ ein low spin Komplex.

Die energetische Lage der Orbitale hängt von der Symmetrie der Umgebung ab. Bei tetraedrischen Liganden ist die energetische Reihenfolge genau umgekehrt wie im oktaedrischen Fall; in anderen Umgebungen treten kompliziertere Aufspaltungen in drei Gruppen auf. Hierdurch werden magnetische Messungen zu einem wichtigen Hilfsmittel der Konstitutionsforschung.

Das Kristallfeld bewirkt nicht nur eine energetische Aufspaltung der Orbitale, es hat auch einen entscheidenden Einfluß auf das magnetische Verhalten des Atoms insgesamt. Bei überwiegendem Einfluß des Kristallfeldes bleibt zwar der Betrag des Bahndrehimpulses erhalten, der quantentheoretische Erwartungswert des Bahndrehimpulses im Bezug auf eine Achse (das Magnetfeld) verschwindet jedoch, so daß der Bahndrehimpuls und das mit ihm verbundene magnetische Moment „ausgelöscht" wird (engl. „quenched"). (Klassisch anschaulich: In einem inhomogenen elektrischen Feld ändert die Elektronenbahn ständig ihre Orientierung, so daß die Komponente des Bahndrehimpulses im Bezug auf eine bestimmte Richtung ebenso oft positiv wie negativ, im Mittel also Null ist).

Aus diesem Grunde ist bei den Elementen der Eisengruppe, deren außenliegende $3d$ Orbitale einem starken Kristallfeld unterliegen, der Bahndrehimpuls fast völlig ausgelöscht, so daß die magnetischen Eigenschaften überwiegend vom Spin der Elektronen herrühren. Daher trifft Gl. (V,298) nicht mehr zu, vielmehr liefert die

„spin only" Formel $$\mu_{eff} = \mu_B \, 2\sqrt{S\,(S+1)} \qquad \text{(V,299)}$$

eine bessere Annäherung an die experimentellen Ergebnisse, indem $g = 2$, $L = 0$ und $J = S$ gesetzt wird. Die Auslöschung des Bahnmagnetismus kommt auch in dem Einstein – de Haas Versuch zum Ausdruck, der für das gyromagnetische Verhältnis des Eisens einen Wert von rund 2, also Spinmagnetismus liefert.

Im Gegensatz zu den Elementen der Eisengruppe liegen bei den Seltenen Erden die „magnetischen" $4f$ Elektronen so tief im Innern der Elektronenhülle, daß das Kristallfeld nur einen geringen Einfluß hat und der Bahnmagnetismus voll wirksam wird. Dies ist der Grund für die hohe Kristallanisotropie, die in einigen Seltenen Erden auftritt.

5.8 Magnetismus der Leitungselektronen

Wirkt ein Magnetfeld auf ein Metall, so werden die magnetischen Spinmomente der Elektronen ausgerichtet. Man würde zunächst ein paramagnetisches Verhalten nach dem Curie Gesetz gemäß Gl. (V,297) mit einem effektiven Moment nach der spin only Formel (Gl. (V,299)) erwarten. Dann wäre die Suszeptibilität bei typischen Metallen in der Größenordnung von 10^{-4} und umgekehrt proportional zur Temperatur. Tatsächlich ist jedoch die Suszeptibilität temperaturunabhängig und liegt nur in der Größenordnung von 10^{-6}. Diese Erscheinung wurde von Pauli durch Anwendung der Fermistatistik auf das Elektronengas erklärt.

Nach der Fermistatistik besetzen die Elektronen beim absoluten Nullpunkt lückenlos alle Energieniveaus bis zur Fermikante, wobei jedes Niveau zwei Elektronen mit entgegengesetztem Spin aufnimmt. Die magnetischen Momente der Elektronen sind also perfekt kompensiert.

Durch ein Magnetfeld werden die Energien der Elektronen je nach der Spinrichtung um $\pm \mu_B B$ geändert. Das Band der antiparallel zum Feld stehenden Elektronen wird um den Betrag $2 \mu_B B$ angehoben, so daß Elektronen in das andere Band übertreten (Abb. V,292). Hierdurch wird die Zahl der parallel zum Feld stehenden Elektronen

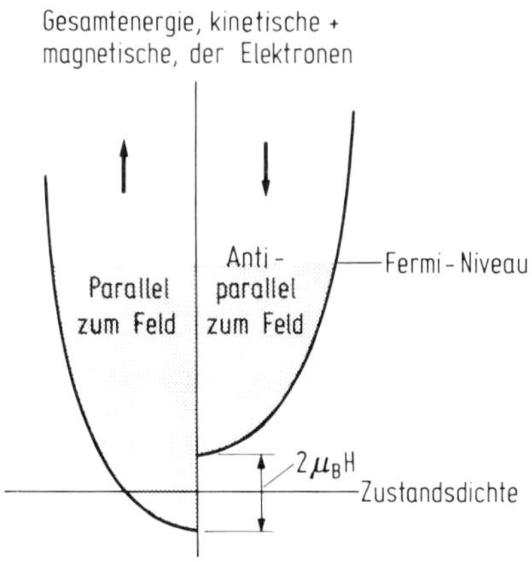

Abb. V,292. Deutung des Pauli-Spinmagnetismus der Leitungselektronen durch die Verschiebung der Teilbänder im Magnetfeld (nach C. Kittel, Einführung in die Festkörperphysik).

erhöht und es ergibt sich ein paramagnetischer Effekt. Das resultierende magnetische Moment ist gleich dem halben Betrag der Bandverschiebung $\mu_B B$ mal dem magnetischen Moment der übertretenden Elektronen μ_B mal der Zustandsdichte an der Fermikante $g(E_F)$. Daraus ergibt sich die Suszeptibilität $\kappa = \mu_B^2 \, g(E_F)$. Für ein freies Elektronengas mit N Elektronen pro Volumeneinheit ist die Zustandsdichte an der Fermikante $3 N/E_F$. Damit ergibt sich die Paulispinsuszeptibilität des freien Elektronengases zu

$$\kappa = \frac{3 N \mu_B^2 \mu_0}{2 E_F} \qquad \text{(V,300)}$$

Die geringe Größe der Suszeptibilität der Leitungselektronen folgt also daraus, daß die meisten Elektronen auf Grund der Fermistatistik paarig eingebaut sind und nur ein geringer Bruchteil von ihnen an der Fermikante der ausrichtenden Wirkung des Feldes folgen kann. Im Gegensatz zum Curie Paramagnetismus der Elektronen in isolierten Atomen ist der Pauli Paramagnetismus der Leitungselektronen temperaturunabhängig, weil die Zustandsdichte an der Fermikante nur sehr wenig von der Temperatur abhängt.

Das Magnetfeld beeinflußt nicht nur die Spins, sondern auch die Bahnen der Elektronen. Durch die Lorentzkraft werden die Elektronen auf Schraubenbahnen gezwungen.

Klassisch wird hierdurch die Energie nicht geändert, so daß nach dem Bohr – Van Leeuwen Theorem keine magnetische Wirkung auftritt. Nach der Quantentheorie entspricht jedoch die Elektronenbewegung einem zweidimensionalen Oszillator, dessen Energien gequantelt sind. Die Rechnung von Landau liefert einen diamagnetischen Effekt, der 1/3 des Pauli Paramagnetismus beträgt und von diesem zu subtrahieren ist.

5.9 Spontane Magnetisierung als Kollektivphänomen

Die spontane Magnetisierung der Ferromagnetika kann selbst dann nicht im Rahmen der klassischen Physik erklärt werden, wenn man die Existenz der Elektronen mit ihrem magnetischen Moment als gegeben voraussetzt. Dafür gibt es zwei Gründe:

a) Um die Ausrichtung der magnetischen Dipole durch ein Magnetfeld bis zum Curiepunkt (rund 1000 K) aufrecht zu erhalten, müßte dieses hypothetische „**Weiß sche Feld**" B_w gemäß der Beziehung $\mu_B B_w = k T_C$ eine Stärke von rund 10^3 T besitzen. Dieses außerordentlich hohe Feld kann keinesfalls durch die benachbarten Dipole im Abstand der Gitterkonstante a erzeugt werden, denn deren Feld ist $\mu_0 \mu_B/4 \pi a^3$, also rund 1 T. Das magnetische Feld liegt um einen Faktor 10^3 unter dem Weißschen Feld, könnte also nur Curietemperaturen in der Größenordnung von 1 K erklären.

b) Die Kräfte zwischen magnetischen Dipolen sind stark richtungsabhängig. Zwei Kompaßnadeln stellen sich → →, aber nicht ↑↑ ein. Dagegen ist die ferromagnetische Kopplung fast völlig isotrop.

Aus diesen beiden Gründen kann die ferromagnetische Kopplung nicht durch die Wechselwirkung der magnetischen Momente der Elektronen erklärt werden. Die bloße Existenz des Ferromagnetismus zeigt also ein viel stärkeres Versagen der klassischen Physik an als die oft in diesem Zusammenhang zitierten Werte der spezifischen Wärme, die klassisch zumindest der Größenordnung nach richtig beschrieben werden.

Vielmehr ist – wie zuerst Heisenberg erkannte – der Ferromagnetismus ein elektrostatisches Problem, das nur im Rahmen der Quantentheorie verstanden werden kann. Die quantitative Auswertung dieses Gedankens stößt auf außerordentliche mathematische Schwierigkeiten, so daß es bis heute nicht gelungen ist, für eine gegebene Atomart und Kristallstruktur auch nur die primären Eigenschaften der Ferromagnetika (Sättigungsmagnetisierung und Curie temperatur) exakt vorauszuberechnen. Zum Vergleich sei daran erinnert, daß selbst das H_2 Molekül nur näherungsweise berechnet werden kann, während der Ferromagnetismus die Behandlung einer Vielzahl komplizierter Atome in der kondensierten Phase erfordert.

Anschaulich gesagt, besteht das Problem des Ferromagnetismus darin, die Hundsche Regel vom Einzelatom auf den Festkörper zu übertragen. Ferromagnetismus bedeutet, daß sich die Elektronen nicht nur innerhalb eines Atoms, sondern in der gesamten Probe nach der Hundschen Regel verhalten, also zur Verminderung der elektrostatischen Abstoßung unterschiedliche Bahnen einnehmen und daher parallele Spins besitzen.

Ebenso wie bei der Wirkung des Kristallfeldes muß auch hier berücksichtigt werden, daß die Elektronen im Festkörper – im Gegensatz zu den Verhältnissen im freien Atom – nicht ausschließlich der Hundschen Regel zu folgen vermögen, sondern daß – wie in Abschnitt 6 dargestellt – die Tendenz zur Spinmaximierung mit anderen energetischen Forderungen konkurrieren muß.

5.9.1 Bandmodell des Ferromagnetismus

Im Festkörper sind die ursprünglich scharfen Energieniveaus der Elektronen aufgespalten und zu Bändern verbreitert. Nach der Fermistatistik sind am absoluten Nullpunkt alle Energieniveaus bis zur Fermikante lückenlos besetzt, wobei jedes Niveau zwei Elektronen mit entgegengesetztem Spin aufnimmt.

Somit bestehen zwei entgegengesetzte Tendenzen: Einerseits kann entsprechend der Hundschen Regel die elektrostatische Abstoßungsenergie der Elektronen vermindert werden, indem sich die Spins parallel stellen, andererseits müssen dann Elektronen in vorher unbesetzte Niveaus oberhalb der Fermikante angehoben werden, da sie in den tieferen, bereits von einem Elektron gleicher Spinrichtung besetzten Niveaus nicht mehr Platz finden. In den neu zu besetzenden Niveaus oberhalb der Fermikante haben die Elektronen eine höhere Wechselwirkungsenergie mit den Atomkernen bzw. eine höhere kinetische Energie.

Die Frage, ob eine Substanz ferromagnetisch ist, hängt also davon ab, ob durch Parallelstellung der Spins mehr Abstoßungsenergie eingespart als zur Besetzung der höheren Niveaus aufgewendet wird. Das hängt vom energetischen Abstand der Niveaus oberhalb der Fermikante ab. Liegen die Niveaus sehr dicht (hohe Zustandsdichte), dann braucht jedes Elektron nur um einen kleinen Betrag angehoben zu werden, ist jedoch die Zustandsdichte gering, dann erfordert jedes Elektron einen hohen Betrag an zusätzlicher Energie. Die Bedingungen für den Ferromagnetismus sind also um so günstiger, je höher die Zustandsdichte an der Fermikante ist.

Für eine gegebene Atomart hängt die Aufspaltung der Energieniveaus und damit die Zustandsdichte vom Abstand der Atome ab. Bei großem Abstand ist die Abstoßung der Elektronen gering, also kann auch eine weitere Verminderung keine wesentliche Bedeutung haben, so daß keine Tendenz zur spontanen Magnetisierung besteht (Abb. V,293). Ist andererseits der Atomabstand sehr gering, dann ist die Aufspaltung der Niveaus sehr groß (geringe Zustandsdichte), so daß das Anheben der Elektronen einen zu hohen Energiebetrag erfordert, um eine spontane Magnetisierung zu ermöglichen. Daher gibt es nur einen kleinen Bereich interatomarer Abstände, in dem Ferromagnetismus auftritt, weil der Energiegewinn durch Parallelstellung der Spins größer ist als der Energieaufwand zum Anheben der Elektronen in vorher unbesetzte Niveaus.

Diese Überlegung macht den Verlauf der Bethe – Slater Kurve verständlich. Sie stellt schematisch die Energiedifferenz zwischen dem spontan magnetisierten und dem unmagnetisierten Zustand als Funktion des Quotienten aus der Gitterkonstante dividiert durch den Radius der unabgeschlossenen Schale dar. Der Verlauf dieser Kurve konnte in vielen Fällen experimentell bestätigt werden, wenn die Gitterkonstante durch Druck vermindert oder durch Einbau anderer Stoffe (z.B. Kohlenstoff oder Stickstoff) aufgeweitet

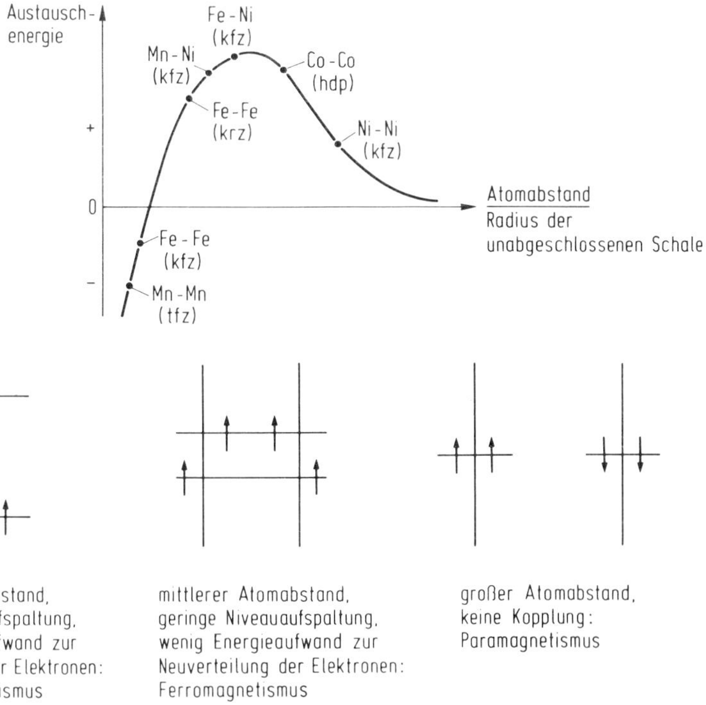

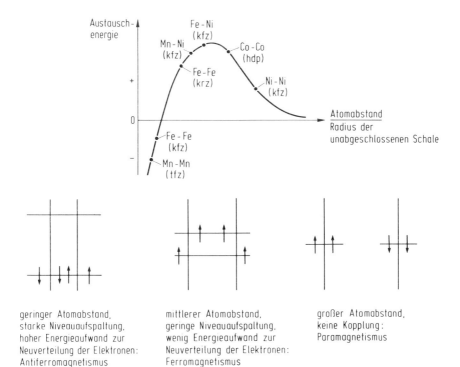

Abb. V,293. Deutung der Bethe-Slater Kurve (oben) aus der Abhängigkeit der Niveauaufspaltung vom Abstand der Atome (unten). Die horizontalen Striche stellen den Abstand der Energieniveaus an der Fermikante, die vertikalen Striche den Abstand der Atome dar. (zusammengestellt nach W. Shockley, Bell Syst. Tech. J. 18, 645 (1939) und E. Adler und C. Radeloff, Z. angew. Phys. 26, 105 (1967))

wurde. Je nach der Lage des Materials auf der Kurve ergab sich dann „mehr oder weniger" Ferromagnetismus, d.h. ein höherer oder niedrigerer Curiepunkt.

Es gibt Legierungen, in denen Eisen kubisch flächenzentriert auftritt, so daß es sich entsprechend seiner Lage auf der Bethe – Slater Kurve antiferromagnetisch verhält. Durch Zusatz von Kohlenstoff konnte das Gitter aufgeweitet werden, so daß der Punkt auf der Kurve nach rechts und damit in den ferromagnetischen Bereich verschoben wurde. Tatsächlich wurde an einer solchen Probe (zumindest im Bereich tiefer Temperaturen) Ferromagnetismus beobachtet.

Die Bethe – Slater Kurve wurde ursprünglich aus der Annahme lokalisierter magnetischer Momente entwickelt. Es wurde angenommen, daß bei bestimmten Entfernungen das Austauschintegral (vgl. Gl. V,294) positiv werden, also im Gegensatz zum H_2 Molekül die Parallelstellung der Spins bewirken könne. Neuere numerische Rechnungen haben jedoch ergeben, daß das Austauschintegral zwischen lokalisierten *d* Elektronen viel zu klein, wahrscheinlich sogar negativ ist. Daher beschreibt man die spontane Magnetisierung der Elemente der Eisengruppe heute nicht mehr durch direkten *d* - *d* Austausch lokalisierter Momente, sondern durch die Wechselwirkung der unabhängig bewegten Elektronen im periodischen Gitterpotential, also durch Bänder.

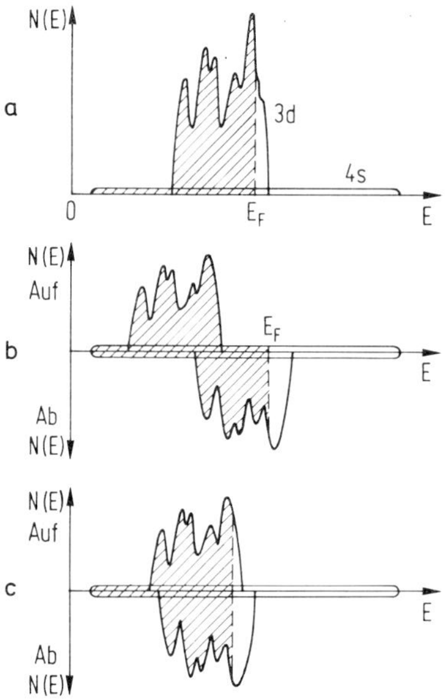

Abb. V,294. Das $3d$ Band mit überlappendem $4s$ Band spaltet durch die Austauschwechselwirkung in zwei gegeneinander verschobene Teilbänder auf. Die Elektronen treten aus dem höheren Band in das tiefere über, um es bis zur gestrichelt eingezeichneten Fermigrenze zu füllen und ergeben so durch die ungleiche Zahl der Elektronen mit Spin „auf" bzw. „ab" die spontane Magnetisierung. a) nichtmagnetischer Fall, b) und c) spontane Magnetisierung mit verschieden starker Austauschwechselwirkung (nach Martin „Magnetism in Solids")

Die d Bänder mit teilweise überlappendem s Band werden durch die Austauschwechselwirkung ebenso gegeneinander verschoben wie die Bänder in Abb. V,292 durch das äußere Feld. Daher treten Elektronen von einem Band in das andere über und ergeben so die spontane Magnetisierung (Abb. V,294). Hierdurch erklärt sich zwanglos, daß die spontane Magnetisierung pro Atom im allgemeinen kein ganzzahliges Vielfaches des Bohrschen Magnetons ist (z.B. Fe 2,2, Ni 0,6 μ_B pro Atom), während sich bei lokalisierten magnetischen Momenten ganze Zahlen ergeben müßten. Einer quantitativen Auswertung steht die Schwierigkeit entgegen, daß die Form der Bänder sehr kompliziert (stärker strukturiert als in Abb. V,294 skizziert) und meist nicht genau genug bekannt ist.

5.9.2 Badersche Regeln

Wie in den Abschnitten 5.5 u. 5.6 ausgeführt, bestehen hinsichtlich der Spinstellung der Elektronen zwei entgegengesetzte Tendenzen: Dienen Elektronen zur Bindung, müssen wegen der erforderlichen Überlappung die Spins antiparallel stehen, so daß sich Diamagnetismus ergibt, sind jedoch Elektronen ohne weitere energetische Forderungen in nichtabgeschlossene Schalen eingebaut, so stellen sie zur Verminderung ihrer Abstoßung die Spins parallel, ergeben also Paramagnetismus.

Im Falle der Seltenen Erden läßt sich das Verhalten der verschiedenen Elektronen klar trennen. Die Elektronen in der $5d$ und $6s$ Schale sind für die Bindung verantwortlich, haben also abgesättigte Spins, während die Elektronen in der tief liegenden $4f$ Schale unbeeinflußt von den Bindungsverhältnissen gemäß der Hundschen Regel Paramagnetismus bewirken.

Im Gegensatz dazu sind bei den Elementen der Eisengruppe die „magnetischen" $3d$ Elektronen nicht so gut abgeschirmt, können also an der Bindung beteiligt sein, so daß die beiden obengenannten Tendenzen in Konkurrenz treten. Bader, Ganzhorn und Dehlinger untersuchten die Symmetriebedingungen der Atomorbitale in den verschiedenen Gittern, um zu entscheiden, welche Elektronen für die Bindung und welche für den Ferromagnetismus verantwortlich sein könnten. Der Fall des kubisch raumzentrierten Gitters ist in Abb. V,295 dargestellt.

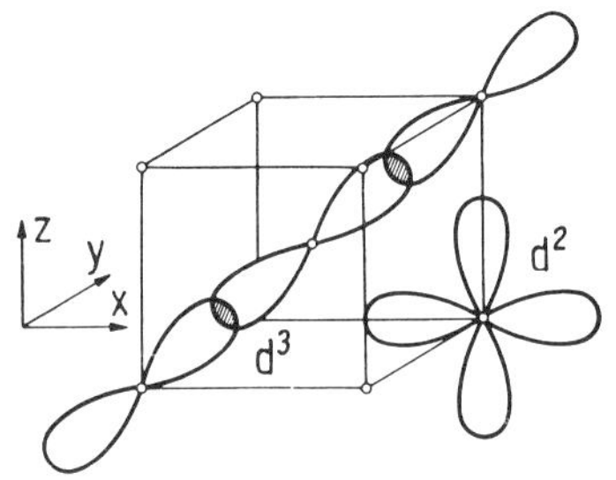

Abb. V,295. Aufenthaltswahrscheinlichkeitsdichten der d Elektronen im kubisch raumzentrierten Gitter (nach F. Bader, K. Ganzhorn und U. Dehlinger, Z. Physik **137**, 190 (1954))

Unter den d Orbitalen gibt es eine Dreiergruppe mit Ladungsanhäufungen in den Winkelhalbierenden der Koordinatenachsen (vgl. Abb. V,290). Durch Linearkombination lassen sich hieraus Orbitale bilden, die in den Raumdiagonalen des kubisch raumzentrierten Gitters (den 111 Richtungen) liegen und so eine Bindung zwischen nächsten Nachbarn bewirken. Die Zweiergruppe mit Ladungsanhäufungen in den Koordinatenachsen (100 Richtungen) erzeugt Bindungen zu den übernächsten Nachbarn.

Kurz zusammengefaßt lauten die „Baderschen Regeln":

1. Die Spins der bindenden Elektronen sind antiparallel, die der lockernden Elektronen parallel gerichtet.

2. Auch im Kristallverband soll das Pauliprinzip am Einzelatom gelten.

3. Entsprechend der Hundschen Regel stellen sich die Elektronen so weit parallel, wie es mit den beiden ersten Regeln verträglich ist.

Daraus folgt für das kubisch raumzentrierte Gitter, daß die ersten fünf d Elektronen bindend, also mit antiparallelem Spin eingebaut werden (Chrom und Mangan sind antiferromagnetisch). Werden weitere Elektronen hinzugefügt, so können diese nicht mehr bindend angeordnet werden, da das d Band nicht mehr als 5 Elektronen gleicher Spinrichtung aufnehmen kann. Daher müssen vom Eisen an Elektronen mit parallelem Spin in lockernde Bänder gehen (vgl. die lockernden Orbitale in Abb. V,286 und V,287). Das maximale magnetische Moment ergibt sich nach diesen Regeln für 7,5 Elektronen, von denen 5 bindend und 2,5 lockernd eingebaut sind. Tatsächlich beträgt das maximale magnetische Moment, das mit den Elementen der Eisengruppe erreicht werden kann, 2,5 μ_B pro Atom; es wird in einer Fe-Co Legierung mit 30 % Kobalt erreicht. Bei weiterem Zusatz von Co oder Ni, also dem Einbau weiterer *d* Elektronen, nimmt die Magnetisierung wieder ab.

5.9.3 Oszillierende Austauschkopplung

Von Zener wurde ein weiterer Mechanismus der spontanen Magnetisierung angegeben. Danach tritt ein **Leitungselektron** in der Zeit, in der es sich in der Nähe eines Atoms befindet, mit dessen magnetischem Moment im Sinne der Hundschen Regel in Wechselwirkung, stellt also seinen Spin parallel zu dem des betreffenden Atoms ein. Während seiner weiteren Wanderung durch den Festkörper behält das Elektron diese Spinrichtung bei und kommt mit dem Nachbaratom in Kontakt, beeinflußt also dessen Spin im gleichen Sinn. Ein Atom, dessen unabgeschlossene Schale ein magnetisches Moment besitzt, polarisiert also die Leitungselektronen in seiner Nähe, die ihrerseits die Information weitertragen, so daß sich insgesamt die Spins aller Atome durch Vermittlung der Leitungselektronen parallel ausrichten.

Dieser Mechanismus ist bisher der einzige, der die spontane Magnetisierung der Seltenen Erden zu erklären vermag, da hier eine Wechselwirkung der 4*f* Elektronen selbst zu gering ist (der Radius der 4*f* Schale ist klein gegen den Atomabstand). Bei den Elementen der Eisengruppe tritt die Polarisation der Leitungselektronen wahrscheinlich zusätzlich zu den beiden anderen genannten Mechanismen auf.

Die Weiterentwicklung dieses Modells durch Rudermann und Kittel führte zu dem allgemeineren Ergebnis, daß ein magnetisches Ion die Leitungselektronen in seiner Umgebung nicht nur einheitlich polarisiert, sondern daß es wegen der Wellennatur der Elektronen zu einer oszillierenden Variation der Polarisationsdichte kommt. So wie ein ins Wasser geworfener Stein Wellen erzeugt, in denen das Wasser teils über, teils unter dem ungestörten Niveau steht, so erzeugt das magnetische Ion Polarisationsdichteschwankungen mit einer oszillierenden Über- und Unterbesetzung seiner Spinrichtung.

Diese Schwankungen klingen mit der dritten Potenz der Entfernung ab, haben also eine viel größere Reichweite als die direkte Wechselwirkung, die auf der Überlappung der Elektronenbahnen beruht. Durch die große Reichweite und das alternierende Vorzeichen ergeben sich sehr komplizierte Spinanordnungen. Beispielsweise sei die Polarisation so, daß sie beim nächsten Nachbarn ferromagnetische, beim übernächsten Nachbarn antiferromagnetische Ausrichtung bewirkt. Man sieht, daß ein Atom nicht beide Forderungen erfüllen kann. Hat ein Atom A den Spin „auf", dann ist der Spin des Nachbaratoms B ebenfalls „auf" und der des übernächsten Nachbarn C „ab". Dann sind aber die direkten Nachbarn B und C antiparallel, was der parallelen Ausrichtung benachbarter Atome widerspricht. Aus dem energetischen Kompromiß ergeben sich insbeson-

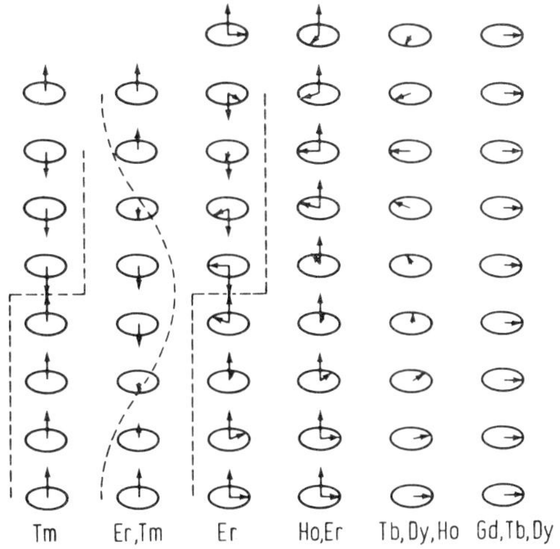

Abb. V,296. Schematische Darstellung der magnetischen Ordnung der schweren Seltenen Erden im metallischen Zustand. Sofern für ein Element mehrere Strukturen angegeben sind, beziehen sich diese auf verschiedene Temperaturen. (nach W. C. Koehler, J. Appl. Phys. **36**, 1078 (1965))

dere bei den Seltenen Erden komplizierte Spiralstrukturen, die mit Hilfe der Neutronenbeugung erforscht werden konnten (vgl. Abb. V,296).

5.9.4 Amorphe Ferromagnetika

Im Jahre 1960 beschritt Gubanov [Soviet Physics Solid State **2**, 468 (1960)] einen neuartigen Weg. Ohne auf eine atomistische Deutung der Austauschenergie einzugehen, nahm er im Rahmen einer quasi-klassischen phänomenologischen Betrachtungsweise die Existenz einer positiven Austauschkopplung als gegeben an und untersuchte die Häufigkeit von parallel und antiparallel ausgerichteten Spins in der Umgebung eines herausgegriffenen Atoms nach den Regeln der statistischen Thermodynamik. Das Verfahren entspricht formal der Methode, nach der bereits früher andere Autoren Ordnungsvorgänge in Legierungen untersucht hatten und beschreibt Gleichgewichtsvorgänge nach Art des Massenwirkungsgesetzes.

Gubanovs Rechnung führt unter sehr allgemeinen Voraussetzungen zu einem Zusammenhang zwischen der Funktion, die den Abstand der Atome untereinander beschreibt, der Funktion, die die Austauschkopplung als Funktion der Entfernung angibt und der Curietemperatur. Zwar kann die Curietemperatur nicht explizit berechnet werden, da die genannten Funktionen nicht genau genug bekannt sind, doch führt die Arbeit zu einem anderen, überraschenden Schluß: Da während der Rechnung an keiner Stelle eine periodische Anordnung der Atome vorausgesetzt zu werden brauchte, sollte der Ferromagnetismus auch in amorphen Substanzen möglich sein!

Tatsächlich wurde in jüngster Zeit das Auftreten des Ferromagnetismus in amorphen Substanzen nachgewiesen. Werden z.B. Fe-Au Schichten auf eine gekühlte Unterlage aufgedampft, so tritt keine Bildung von Kristalliten ein, sondern die Schichten zeigen nach Ausweis des Elektronenbeugungsdiagramms nur eine Nahordnung der Atome, wie

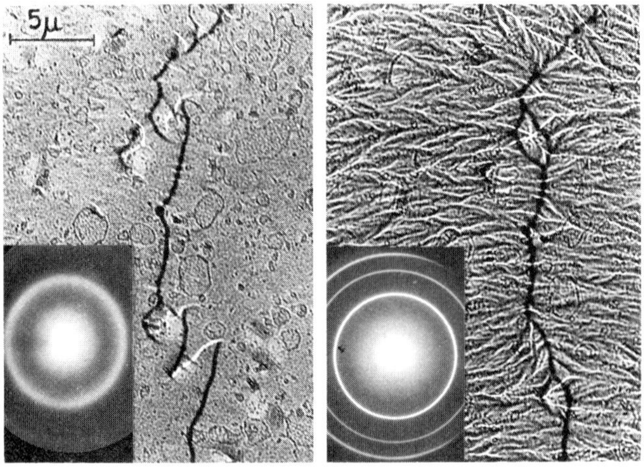

Abb. V,297. Elektronenmikroskopische Aufnahmen der Magnetisierungsstruktur in einer Eisenschicht mit 5 at % Gold sowie zugehörige Elektronenbeugungsdiagramme. Links: Amorphe Schicht, Rechts: Dieselbe Schicht mit kubisch raumzentrierter Kristallstruktur. Die Kristallisation findet bei 60 K in einem Temperaturintervall von wenigen Graden statt. (nach O. Bostanjoglo und A. Oelmann, Z. angew. Phys. **32**, 118 (1971))

sie auch in Flüssigkeiten besteht. Dennoch treten gleichzeitig alle charakteristischen Eigenschaften des Ferromagnetismus auf. Es kommt zur Ausbildung der spontanen Magnetisierung, der Remanenz, der Koerzitivfeldstärke sowie zur Entstehung von Bereichen und Wänden (Abb. V,297). Wegen der fehlenden Kristallanisotropie kann die Koerzitivfeldstärke niedriger sein als in denselben Schichten im kristallinen Zustand. In gewisser Hinsicht stellt also die amorphe Schicht sogar einen „besseren" Ferromagneten dar als die kristalline. Beim Erwärmen geht die amorphe Schicht sprunghaft und irreversibel in den kristallinen Zustand über, wobei sich die ferromagnetischen Eigenschaften ebenfalls sprunghaft ändern. Der sprunghafte Übergang der Beugungsbilder beweist, daß es sich nicht um ein allmähliches Anwachsen der Kristallite durch Tempern, sondern um einen echten Phasenübergang handelt.

Entgegen der bisher allgemein vertretenen Ansicht ist also die Erscheinung des Ferromagnetismus nicht notwendig an das Vorliegen der Kristallstruktur mit einer periodischen Fernordnung der Atome gebunden, vielmehr genügt bei geeigneten Substanzen auch die flüssigkeits-ähnliche Nahordnung. Ob die Entwicklung flüssiger Ferromagnetika mit wahrscheinlich technisch sehr interessanten Eigenschaften (hohe Magnetisierung bei fehlender Remanenz und Koerzitivfeldstärke) gelingen wird, bleibt abzuwarten.

5.9.5 Superaustausch und Antiferromagnetismus

Einige Stoffe wie z.B. MnO zeigen bei einer bestimmten Temperatur ausgeprägte Anomalien der Suszeptibilität, der spezifischen Wärme und anderer Eigenschaften, obwohl nach Ausweis des Röntgenbeugungsdiagramms keine Kristallumwandlung stattfindet. Zur Deutung dieses Verhaltens nahm Néel an, daß unterhalb dieser Temperatur – die jetzt als Néeltemperatur bezeichnet wird – eine spontane Magnetisierung auftritt, wobei im Gegensatz zu den Ferromagnetika die Spins in zwei „Untergittern" spontan antiparallel zueinander ausgerichtet sind, so daß nach außen kein magnetisches Moment in Erscheinung tritt. Am Néelpunkt wird die Ordnung der Spins durch die Wärmebewegung zerstört, so daß ein Phasenübergang zweiter Art stattfindet, der sich in der Anomalie vieler Eigenschaften bemerkbar macht. Auf die Wiedergabe der Messergebnisse möge hier aus Platzgründen verzichtet werden, da sie bereits in Bd. 2 ausführlich dargestellt sind.

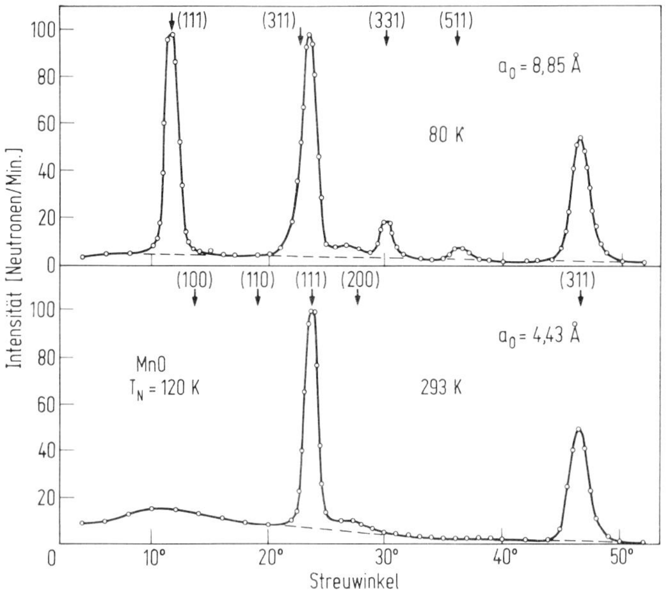

Abb. V,298. Neutronenbeugungsdiagramm von MnO unterhalb und oberhalb der Néeltemperatur (nach C. G. Shull und J. S. Smart, Phys. Rev. **76**, 1256 (1949))

Eine direkte Bestätigung der Néelschen Vorstellungen wurde durch die Neutronenbeugung erbracht. Neutronen treten sowohl mit den Atomkernen als auch vermöge ihres magnetischen Moments mit den magnetischen Momenten der Elektronenhülle in Wechselwirkung. Beide Effekte sind von gleicher Größenordnung. Oberhalb der Néeltemperatur findet eine kohärente Beugung nur an den Atomkernen statt; die Beugungsreflexe entsprechen der kristallographischen Gitterstruktur, wie sie auch mit Röntgen- oder Elektronenbeugung festgestellt werden kann (Abb. V,298). Unterhalb der Néeltemperatur treten zusätzliche **Reflexe beim halben Beugungswinkel** auf, die auf die Wechselwirkung der Neutronen mit den magnetischen Momenten der Elektronenhüllen zurückzuführen sind. Die magnetische Struktur hat also die doppelte Gitterkonstante der kristallographischen. Daraus ergibt sich die in Abb. V,299 dargestellte Anordnung, in der die magnetischen Momente der Mn^{2+} Ionen abwechselnd antiparallel ausgerichtet sind.

Diese spontane Magnetisierung kann nicht auf einen der bisher betrachteten Mechanismen zurückgeführt werden, da der Abstand der Mn^{2+} Ionen für einen direkten Aus-

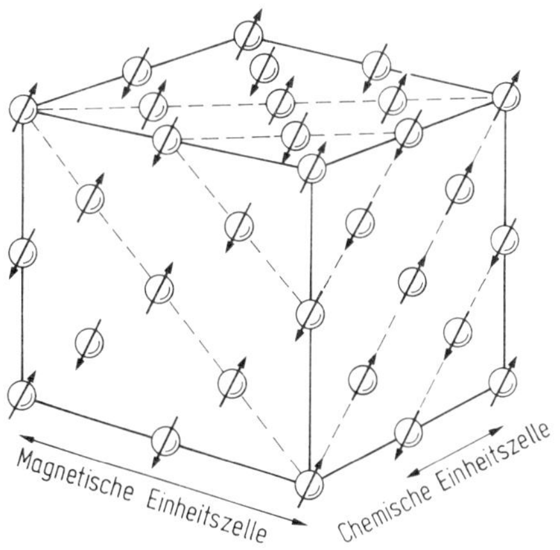

Abb. V,299. Magnetische und kristallographische (chemische) Struktur des MnO im antiferromagnetischen Zustand. Die zwischen den Manganatomen angeordneten Sauerstoffatome sind nicht gezeichnet.

tausch zu groß ist und Leitungselektronen nicht vorhanden sind. Zur Deutung der starken antiferromagnetischen Kopplung (die Néeltemperatur T_N beträgt bei MnO 120 K, bei NiO sogar 492 K) wird daher nach Kramers und Anderson angenommen, daß die Wechselwirkung indirekt über die dazwischen liegenden Sauerstoffionen erfolgt (Superaustausch).

Die beiden Mn^{2+} Ionen sind durch ein Sauerstoffion verbunden (Abb. V,300). Das zweifach negativ geladene Sauerstoff Ion hat die Elektronenstruktur des Neons, also drei hantelförmige *p* Orbitale, die senkrecht aufeinander stehen. Es genügt, die *p* Bahn in der Verbindungsgerade der Mn^{2+} Ionen zu betrachten. Diese *p* Bahn ist mit zwei Elektronen voll besetzt, deren Spins nach dem Pauli-Prinzip antiparallel stehen. Die beiden Elektronen stoßen sich ab und werden von den Mn^{2+} Ionen angezogen, können also ihre elektrostatische Energie vermindern, wenn sie ihre Entfernung vergrößern, indem sie teilweise zu den Mn^{2+} Ionen übergehen.

Andererseits haben die fünf Elektronen in der 3*d* Schale der Mn^{2+} Ionen entsprechend der Hundschen Regel parallele Spins. Eine solche Elektronenkonfiguration „akzeptiert" ein zusätzliches Elektron lieber mit antiparallelem Spin, da dieses noch in der 3*d* Schale untergebracht werden kann, als eins mit parallelem Spin, das in die nächsthöhere Schale eingebaut werden müßte.

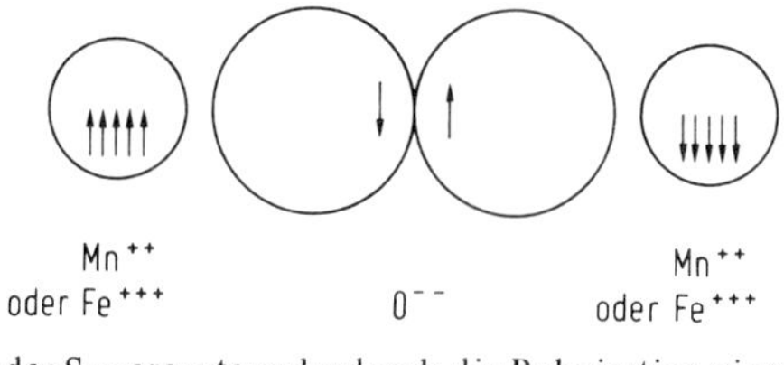

Abb. V,300. Zur Deutung des Superaustauschs durch die Polarisation eines Sauerstoff Ions zwischen zwei Ionen mit magnetischem Moment (nach W. Döring, Physikertagung Hamburg, Physik-Verlag, Mosbach/Baden 1964).

Somit geht das Sauerstoff Elektron mit dem nach unten gerichteten Spin nach links zu dem Mn^{2+} Ion mit nach oben gerichteten Spin, entsprechend das Elektron mit Spin nach oben zu dem rechten Mn^{2+} Ion. Die Verminderung der elektrostatischen Energie durch Übergang der Sauerstoff Elektronen zu den Mn^{2+} ist also nur dann möglich, wenn die Mn^{2+} Ionen ihrerseits antiparallele Spins haben. Anders ausgedrückt: Das Sauerstoff Ion wird nur dann energetisch günstig polarisiert, wenn die Spins der beiden Mn^{2+} Ionen antiparallel stehen. Die quantitative Durchführung des hier nur anschaulich angedeuteten Gedankens erfordert die Berücksichtigung angeregter Zustände in einer Störungsrechnung bis zur dritten Näherung.

Statt des Mn können auch andere Übergangselemente, statt des Sauerstoffs auch F, Cl, Se usw. beteiligt sein, stets handelt es sich darum, daß die zwei Elektronen des mittleren Atoms antiparallele Spins haben und jeweils einzeln an die Elektronenhüllen der Außenatome ankoppeln.

Diese Argumentation gilt nur für die beiden Elektronen innerhalb derselben p Orbitale, da nur sie wegen des Pauli-Prinzips antiparallele Spins haben müssen. Die Elektronen der Orbitale senkrecht zur Verbindungsgerade der Metall Ionen werden nicht berührt. Der hier geschilderte Mechanismus ist also nur zwischen „gegenüberliegenden" Metall Ionen wirksam, jedoch nicht, wenn ihre Verbindungsgeraden mit dem Sauerstoff Atom einen Winkel von 90° bilden. Diese starke Richtungsabhängigkeit des Superaustauschs ist entscheidend für das Verständnis der Ferrite.

5.9.6 Ferrimagnetismus

Als Ferrite bezeichnet man die Stoffe mit der allgemeinen Formel $MO \cdot Fe_2O_3$. Darin bedeutet M ein zweiwertiges Metall Ion wie Mn^{2+}, Fe^{2+}, Co^{2+}, Ni^{2+}, Cu^{2+}, Zn^{2+}, Mg^{2+} oder Cd^{2+}. Der einfachste Ferrit ist $FeO \cdot Fe_2O_3$. Dieser schon seit dem Altertum bekannte „Magneteisenstein" ist also kein Ferromagnet, sondern ein Ferrit!

Das Kristallgitter der Ferrite hat die Spinell Struktur (Abb. V,301). Die Sauerstoff Ionen bilden ein kubisch flächenzentriertes Gitter, in dem die kleineren Metall Ionen zwei Arten von Plätzen einnehmen können. Die sog. A Plätze befinden sich innerhalb

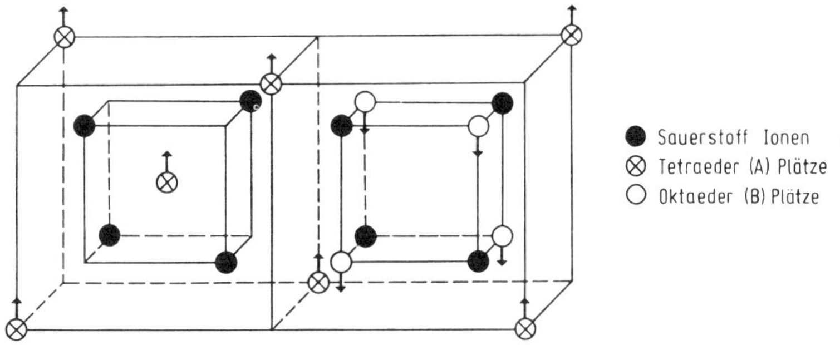

Abb. V,301. Zwei Oktanten der Elementarzelle der Spinellstruktur. Jeder dieser Oktanten wiederholt sich in den gegenüberliegenden Ecken der vollständigen kubischen Elementarzelle (nach Martin „Magnetism in Solids")

eines von vier Sauerstoff Ionen gebildeten Tetraeders (Tetraeder Plätze), während die B Plätze von sechs Sauerstoff Ionen umgeben sind und wegen ihrer Würfelsymmetrie als Oktaeder Plätze bezeichnet werden. Es gibt doppelt so viel B- wie A Plätze.

Da sich die Zahlen der Sauerstoff Atome in der Umgebung der A und B Plätze wie 2 : 3 verhalten, ist unter dem Gesichtspunkt der Wertigkeit zu erwarten, daß sich die zweiwertigen M^{2+} auf A Plätze, die dreiwertigen Fe^{3+} auf B Plätze begeben. Diese Anordnung wird als „normaler“ Spinell bezeichnet und tritt bei Zn Ferrit auf. In den meisten anderen Fällen entsteht jedoch aus kristallographischen Gründen der „inverse“ Spinell, in dem die Hälfte der Fe^{3+} auf A Plätzen, die andere Hälfte der Fe^{3+} und alle M^{2+} auf B Plätzen sitzen.

Wie im vorigen Abschnitt ausgeführt, ist für die Kopplung der aus den A und B Plätzen gebildeten Untergitter der Winkel zu den dazwischen liegenden Sauerstoff Ionen entscheidend. Die Winkel A–0–A und B–0–B sind 80° bzw. 90°, bewirken also fast keinen Superaustausch. Dagegen beträgt der Winkel A–0–B rund 125°, wodurch Superaustausch, d.h. antiparallele Spinkopplung zwischen den A und B Plätzen zustande kommt. Die A und B Plätze bilden also zwei antiparallele Untergitter mit verschieden starker Magnetisierung. Da sie gleich viel Fe^{3+} Ionen enthalten, heben sich deren magnetische Momente auf, so daß die resultierende Magnetisierung nur von den M^{2+} Ionen bestimmt wird. Das magnetische Moment der M^{2+} Ionen kann nach der Hundschen Regel bestimmt werden. Wegen des starken Kristallfeldes sind die Bahndrehimpulse ausgelöscht, so daß reiner Spinmagnetismus auftritt. Da die Mn^{2+}, Fe^{2+}, Co^{2+}, Ni^{2+}, Cu^{2+} und Zn^{2+} Ionen jeweils, 5, 6, 7, 8, 9, und 10 Elektronen in der $3d$ Schale haben, betragen die Spinmomente 5, 4, 3, 2, 1, und 0 Bohrsche Magnetonen (vgl. Abb. V,288). Tatsächlich nimmt bei Ferriten mit den angegebenen M Ionen das magnetische Moment je Formeleinheit von 5 μ_B bei Mn fast linear auf 0 bei Zn Ferrit ab.

Die große technische Bedeutung der Ferrite beruht in erster Linie auf ihrer geringen elektrischen Leitfähigkeit. Daher können sie im Gegensatz zu metallischen Ferromagnetika auch im Hochfrequenzbereich verwendet werden. Außerdem lassen sich Ferrite durch Mischung der M Ionen leicht den verschiedensten Erfordernissen anpassen. Bezüglich der interessanten Temperaturvariation der Magnetisierung, die sich aus den Eigenschaften der Untergitter ergibt, sei auf die Meßergebnisse verwiesen, die in Bd. 2 dargestellt sind.

Zu den Ferriten im weiteren Sinne gehört Barium-Ferrit $BaO \cdot 6Fe_2O_3$. Es hat die sehr komplizierte Kristallstruktur des Magnetoplumbit und daher wegen der niedrigen Kristallsymmetrie eine hohe magnetische Anisotropie (s. 5.11.4). Das magnetische Moment rührt nicht vom Barium, sondern von den Eisen Ionen her, die entsprechend den verschiedenen kristallographischen Lagen 3 Untergitter bilden und ein resultierendes Moment von 20 μ_B je Formeleinheit erzeugen.

5.9.7 Schwache Ferromagnetika

In einem Antiferromagnetikum sind die magnetischen Momente der Untergitter genau antiparallel ausgerichtet, so daß sich nach außen kein makroskopisches magnetisches

Moment ergibt. In einer Reihe anderer Stoffe können jedoch die magnetischen Momente der Untergitter auf Grund besonders geringer Symmetrie des Kristalls und infolge ihrer magnetischen Wechselwirkung um einen mehr oder weniger großen Winkel gegeneinander „verkantet" sein (engl. „canted"), so daß nach außen eine resultierende Magnetisierung wirksam wird, die 0,1 bis 10 % der Magnetisierung betragen kann, die sich im Falle vollständig paralleler Ausrichtung ergeben würde. Daher werden diese Stoffe als schwache Ferromagnetika bezeichnet.

Einige der schwachen Ferromagnetika (z.B. FeF_3 und $FeBO_3$) sind auch in dicken Schichten (ca. 0,1 mm) durchsichtig, woraus sich ihre Bedeutung für magnetooptische Effekte ergibt. Wegen der geringen resultierenden Magnetisierung ist zwar die Drehung der Polarisationsebene des eingestrahlten Lichtes pro cm der durchstrahlten Substanz (die Kundtsche Konstante) geringer als bei den starken Ferromagnetika wie etwa dem Eisen, doch sind die schwachen Ferromagnetika dem Eisen wegen ihrer hohen Transparenz überlegen. Für die technische Anwendung ist nämlich die Drehung der Polarisationsebene bei gegebener Lichtintensitätsschwächung (z.B. Absorption des eingestrahlten Lichtes auf die Hälfte) entscheidend. In dieser Hinsicht sind die beiden genannten Substanzen allen anderen bisher bekannten Stoffen überlegen, zumal sie bei Zimmertemperatur verwendet werden können, während andere lichtdurchlässige Ferromagnetika wie $CrBr_3$ die Anwendung der Tieftemperaturtechnik erfordern. Die schwachen Ferromagnetika könnten daher technische Bedeutung für die Informationsübertragung durch Lichtmodulation erlangen.

5.10 Magnetische Bereiche und Wände

Es entsteht die Frage, weshalb man an Stoffen wie Eisen die Existenz ihrer spontanen Magnetisierung im allgemeinen gar nicht bemerkt. Eiserne Gegenstände z.B. Nähnadeln, Schraubenzieher und dergleichen verhalten sich keineswegs wie Permanentmagnete oder Kompaßnadeln, sondern unterscheiden sich äußerlich nicht von Stoffen ohne spontane Magnetisierung wie Holz oder Glas.

Diese scheinbare Diskrepanz beruht auf der Unterteilung eines makroskopischen Ferromagnetikums in zahlreiche **Weißsche Bereiche**, die jeweils in sich spontan voll bis zur Sättigung magnetisiert sind. Die Richtungen der spontanen Magnetisierung der einzelnen Bereiche sind jedoch innerhalb der gesamten Probe statistisch so verteilt, daß sich die Gesamtwirkung (d.h. die Vektorsumme der Magnetisierungsvektoren der einzelnen Bereiche) nach außen fast vollständig zu Null kompensiert.

Die quantitativ exakte Berechnung der Form, Größe und Richtung der Bereiche ist ein außerordentlich kompliziertes Problem, dessen Lösung nur in wenigen Spezialfällen gelungen ist. In den folgenden Abschnitten werden die Ursachen und Formen der Bereichsaufteilung diskutiert. **Die Bildung der Bereiche entspringt in jedem Fall der Tendenz, die Gesamtenergie des Systems zu vermindern.** Daher werden zunächst die verschiedenen Beiträge zur Energie eines magnetisierten Körpers angegeben.

5.10.1 Austauschenergie

Die Austauschwechselwirkung, die für die Existenz der spontanen Magnetisierung verantwortlich ist, sucht die Spins bzw. die magnetischen Momente eines Ferromagnetikums parallel zueinander auszurichten. Hinsichtlich der Austauschenergie ist also der Zustand minimaler Energie erreicht, wenn die Spins aller Atome einer Probe parallel stehen. Dann haben die magnetischen Momente der Atome ihren minimalen Energiezustand erreicht, sie sind sozusagen nicht gegeneinander „verspannt". Dieser Fall läßt sich anschaulich mit dem entspannten Zustand eines Torsionsstabes vergleichen. Wirkt kein Drehmoment auf das Material, dann nehmen alle Atome die Lage geringster potentieller Energie ein. Wirkt dagegen ein Drehmoment auf den Stab, dann werden die einzelnen Elemente des Stabes gegeneinander tordiert.

Die durch die Torsion auftretende Drehung der Fasern eines Stabes gegen die ursprüngliche Lage, d.h. der Torsionswinkel je Längeneinheit, ist proportional zum angreifenden Drehmoment (vgl. Abschnitt 44 in Bd. 1). Daher ist die von der wirkenden Kraft zu leistende Arbeit proportional zum Quadrat des Drehwinkels je Längeneinheit.

In gleicher Weise ist auch die Arbeit, die aufgewendet werden muß, um das Spinsystem eines Ferromagnetikums aus der Lage minimaler Energie herauszudrehen, proportional zum Quadrat des Drehwinkels je Längeneinheit $A\ (\partial\varphi/\partial x)^2$. φ ist der Winkel zwischen den Spins zweier Atome im Abstand x. Die Größe A wird als **Austauschkonstante** bezeichnet. Sie entspricht im mechanischen Analogon dem Schubmodul, gibt also die „Steifigkeit" der Spinkopplung durch die spontane Magnetisierung an.

Die Größe A steht im Zusammenhang mit der in Abschnitt 5.5 angegebenen Kopplungsenergie zweier Spins, die sich auf jeweils zwei benachbarte Atome bezog. Durch den Übergang von den Größen J und S zu A wird der Übergang von der quantenmechanisch-atomistischen Betrachtungsweise zur makroskopischen Behandlung eines Quasi-Kontinuums im Sinne der Elastizitätstheorie hergestellt.

Der Winkel zwischen den Spins zweier Atome im Abstand der Gitterkonstante a ist $a\partial\varphi/\partial x$, die Kopplungsenergie pro Atom also $JS^2\ (a\partial\varphi/\partial x)^2$. Daraus folgt für die Volumeneinheit nach Division durch a^3

$$A\ (\partial\varphi/\partial x)^2 = \nu J S^2\ (\partial\varphi/\partial x)^2/a \qquad \text{(V,301)}$$

Der Faktor ν berücksichtigt die unterschiedliche Zahl der Atome pro Einheitszelle in den einzelnen Gitterstrukturen ($\nu = 1$ für kubisch primitiv, 2 für kubisch raumzentriert, 4 für kubisch flächenzentriert). Der Zusammenhang zwischen dem Austauschintegral und der Austauschkonstanten ist demnach

$$A = \frac{\nu J S^2}{a} \qquad \text{(V,302)}$$

Das Austauschintegral kann aus der Curietemperatur abgeschätzt werden. Die thermodynamische Behandlung des Ferromagnetismus liefert die Näherungsformel

$$J = \frac{3\,k\,T_c}{2\,z\,S\,(S+1)} \qquad \text{(V,304)}$$

Darin bedeutet S die Spinquantenzahl und z die Zahl der nächsten Nachbarn ($z = 6$ für kubisch primitive, 8 für kubisch raumzentrierte und 12 für kubisch flächenzentrierte Gitter).

5.10.2 Kristallenergie

Die Erfahrung zeigt, daß die verschiedenen Richtungen innerhalb eines Kristalls in magnetischer Hinsicht nicht gleichwertig sind. Vielmehr gibt es in jedem Kristall Richtungen, in denen die Magnetisierung bevorzugt liegt, wenn sie nicht durch ein Feld gezwungen wird, diese Richtungen zu verlassen. Hierbei sind antiparallele Richtungen gleichwertig. Soll die Magnetisierung aus einer dieser leichten Richtungen herausgedreht werden, so ist vom äußeren Feld Arbeit gegen diese Kristallanisotropie zu leisten.

In kubischen Kristallen folgt aus Symmetriegründen, daß die Richtungskosinus α_i der Magnetisierung in bezug auf die kubischen Achsen nur in geraden Potenzen auftreten dürfen (da antiparallele Richtungen gleichwertig sind) und daß sich der Ausdruck für die Anisotropieenergie bei Vertauschung der α_i untereinander nicht ändern darf. Damit folgt für die Anisotropieenergie pro Volumeneinheit als Potenzreihenentwicklung

$$E_K = K_1 (\alpha_1^2 \alpha_2^2 + \alpha_1^2 \alpha_3^2 + \alpha_2^2 \alpha_3^2) + K_2 \alpha_1^2 \alpha_2^2 \alpha_3^2 + \ldots \qquad \text{(V,305)}$$

Bei Eisen ist K_1 positiv, daher liegen die leichten Richtungen in den Würfelkanten und es muß Arbeit aufgewendet werden, um die Magnetisierung in die Würfeldiagonale zu drehen. Somit gibt es in einem Eisenkristall sechs leichte Richtungen. Umgekehrt ist bei Nickel K_1 negativ, so daß die Würfelkantenrichtungen schwere Richtungen darstellen, während die leichten Richtungen die Würfeldiagonalen sind, weshalb es in einem Nickelkristall acht leichte Richtungen gibt.

In der hexagonalen Kristallstruktur des Kobalts ist die hexagonale Achse die leichte Richtung, so daß es in einem Kobaltkristall nur zwei leichte Richtungen gibt. Diese uniaxiale Anisotropie wird durch den Ausdruck

$$E_K = K_1 \sin^2\varphi + K_2 \sin^4\varphi + \ldots \qquad \text{(V,306)}$$

beschrieben, worin φ den Winkel zwischen der Magnetisierung und der hexagonalen Achse bedeutet. Meistens genügt ebenso wie im Fall kubischer Symmetrie die Berücksichtigung des ersten Terms.

Eine quantitative Berechnung der Kristallanisotropie ist noch schwieriger als die der spontanen Magnetisierung. Der Heisenbergoperator (Gl. V,294 bzw. V,301) enthält das Skalarprodukt zweier Spins, gibt also ohne Berücksichtigung der Kristallsymmetrie nur eine isotrope Spinkopplung wieder (bei seiner Herleitung wurde die Spin-Bahn Kopplung ausdrücklich vernachlässigt). Die Berechnung der Anisotropie erfordert daher die Anwendung einer höheren Näherung unter Einbeziehung der Spin-Bahn Kopplung. Abbildung V,302 vermittelt eine anschauliche Deutung. Wegen der magnetischen Kopplung zwischen Spin und Bahn der Elektronen sowie der Kristallfeldaufspaltung ist die Ladungsverteilung der Elektronenhüllen nicht kugelsymmetrisch, so daß die Über-

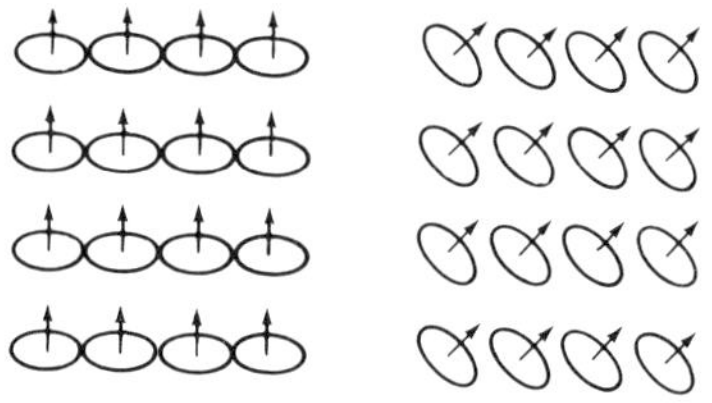

Abb. V,302. Zur Deutung der Kristallanisotropie als Folge der Spin-Bahn Wechselwirkung (siehe Text)

lappungsenergie zwischen den Elektronenwolken benachbarter Atome von der Kristallsymmetrie abhängt. Bei einer Drehung der Magnetisierung, also einer Änderung der Spinrichtung, drehen sich infolge der Spin-Bahn Kopplung die Elektronenhüllen mit, wodurch sich die Coulomb- und Austauschenergie der Ladungswolken und damit die Gesamtenergie ändern. Auf diese Weise sind bestimmte Kristallrichtungen für die Einstellung des Spinsystems, also der Magnetisierung bevorzugt.

In vielen Fällen kann die Kristallenergiekonstante K größenordnungsmäßig durch den Ausdruck $J(g-2)^4$ abgeschätzt werden. Darin bedeutet J das Austauschintegral und $g-2$ stellt ein Maß für den Anteil des Bahnmagnetismus dar, der nicht ausgelöscht ist (vgl. Abschnitt 5.7). Dieser Ausdruck tritt in der vierten Potenz auf, weil sich die Anisotropie erst in einer Näherungsrechnung vierter Ordnung bemerkbar macht.

Bei den Elementen der Eisengruppe ist das Bahnmoment durch die Kristallfeldaufspaltung fast ganz ausgelöscht, also $g \approx 2$, daher ist die Kristallanisotropie relativ gering. Dagegen ist bei den Seltenen Erden, die nach der Hundschen Regel einen von Null verschiedenen Bahndrehimpuls besitzen, der auf Grund der tief im Atom liegenden $4f$ Schale auch im Kristall nicht ausgelöscht wird, die Kristallanisotropie wesentlich höher.

5.10.3 Spannungsenergie

Wird ein ferromagnetischer Kristall magnetisiert, so tritt in Magnetisierungsrichtung eine Verlängerung oder Verkürzung ein, die als positive bzw. negative Magnetostriktion bezeichnet wird. Dieser Effekt wird u.a. zur Erzeugung mechanischer Schwingungen im Ultraschallgebiet ausgenutzt.

Die Magnetostriktion ist ebenso wie die Kristallanisotropie auf die Spin-Bahn Wechselwirkung zurückzuführen. Die Kristallenergie hängt von den interatomaren Abständen, also auch von der Spannung ab. Durch die Magnetostriktion, also die spontane Deformation des Gitters, wird die Anisotropieenergie stärker vermindert als die elastische Energie erhöht.

Der Magnetostriktionseffekt ist umkehrbar. Wird ein Material mit negativer Magnetostriktion (z.B. Nickel), das sich in Magnetisierungsrichtung verkürzt, einer Zugspannung unterworfen, so wird die Zugrichtung zur schweren Richtung. Nach dem Prinzip vom kleinsten Zwang liegt dann die Magnetisierung bevorzugt senkrecht zum Zug, weil hierdurch die Probe gedehnt, der äußere Zwang also vermindert wird. Daher läßt sich ein gespannter Nickeldraht um so schwerer magnetisieren, je höher die Zugspannung ist.

Umgekehrt wird in einem Material mit positiver Magnetostriktion, das sich in Magnetisierungsrichtung verlängert (z.B. Fe-Ni mit weniger als 81 % Ni) die Zugrichtung zur leichten Richtung. Mit steigender Zugspannung wird die ursprünglich kubische Symmetrie des Materials immer mehr von der uniaxialen Symmetrie der mechanischen Spannung überlagert, so daß für hohe Zugspannungen nur noch zwei leichte Richtungen, parallel und antiparallel zum Zug bestehen. Die Ummagnetisierung eines so gespannten Materials besteht dann nur in dem Wechsel zwischen diesen beiden Richtungen, so daß die Hysterese Rechteckform annimmt.

Die Arbeit pro Volumeneinheit, die erforderlich ist, um die Magnetisierung aus der durch die Zugspannung bedingten leichten Richtung herauszudrehen, ist für ein polykristallines Material

$$E_\sigma = -\frac{3}{2}\lambda_s \sigma \cos^2 \varphi \qquad \text{(V,307)}$$

Darin bedeuten λ_s die isotrope (d.h. über die Kristallrichtungen gemittelte) Magnetostriktionskonstante, σ die Zugspannung und φ den Winkel zwischen Magnetisierung und Zugspannung.

5.10.4 Feldenergie und Entmagnetisierung

Wirkt ein äußeres Feld auf eine Probe, so ruft sie eine Magnetisierung hervor, die an der Oberfläche freie Pole bilden kann. Freie Pole erzeugen ihrerseits ein Feld, das im Innern des Materials der Magnetisierung entgegengerichtet ist. Daher ist das Feld im Innern die Differenz des von außen angelegten Feldes H_a und des selbsterzeugten entmagnetisierenden Feldes H_d. Wenn die Probe die Gestalt eines Rotationsellipsoids hat, ist $H_d = NM$. Damit wird das Feld im Innern

$$H_i = H_a - NM = H_a - NI/\mu_0 \qquad \text{(V,308)}$$

Der **Entmagnetisierungsfaktor** N läßt sich für Rotationsellipsoide berechnen. Die wichtigsten Spezialfälle ergeben sich aus der Tatsache, daß die Summe der Entmagnetisierungsfaktoren in Bezug auf die drei Hauptachsen eines Rotationsellipsoids gleich Eins ist. a) Für eine Kugel ist aus Symmetriegründen $N = 1/3$. b) bei einem sehr langgestreckten Rotationsellipsoid (näherungsweise einem sehr langen Zylinder) ist in der langen Achse $N = 0$ und in den beiden dazu senkrechten Achsen $N = 1/2$. c) Für eine Platte, deren Dicke klein gegen die Längsabmessungen ist, gilt in der Schichtebene $N = 0$ und senkrecht dazu $N = 1$.

Durch das entmagnetisierende Feld besitzen die magnetischen Momente im Innern eines Körpers mit dem Volumen V nach dem Abschalten des äußeren Feldes eine potentielle Energie

$$E_F = V I H_i/2 = V I^2 N/2\mu_0 \qquad \text{(V,309)}$$

die die magnetostatische Energie des Körpers in seinem eigenen entmagnetisierenden Feld darstellt. (Der Faktor 1/2 tritt wie üblich bei Selbstenergieberechnungen auf, um die Doppelzählung der magnetischen Momente als Quellen des Feldes und als Träger der potentiellen Energie zu vermeiden).

5.10.5 Bereichsaufteilung

Die Bildung von Bereichen mit unterschiedlichen Magnetisierungsrichtungen folgt aus der Tendenz, die Summe der unter 5.10.1 bis 5.10.4 genannten Energien zu einem Minimum zu machen. Da die Gesamtenergie aus Beiträgen so heterogener Art (interatomare Austauschenergie kurzer Reichweite, Kristall- und Spannungsenergie, weitreichende Coulomb-Energie des Feldes) besteht, stößt eine allgemeingültige exakte Minimalwertberechnung auf außerordentliche mathematische Schwierigkeiten. Die folgende Darstellung soll eine qualitative Erklärung für das Auftreten der Bereiche geben.

Es werde ein ideal homogener ferromagnetischer Einkristall in verschiedenen Magnetisierungszuständen betrachtet und das Verhältnis der Energieterme verglichen. Der Einfachheit halber seien zunächst mechanische Spannungen ausgeschlossen; die Würfelkanten seien die magnetisch leichten Richtungen (Abb. V,303).

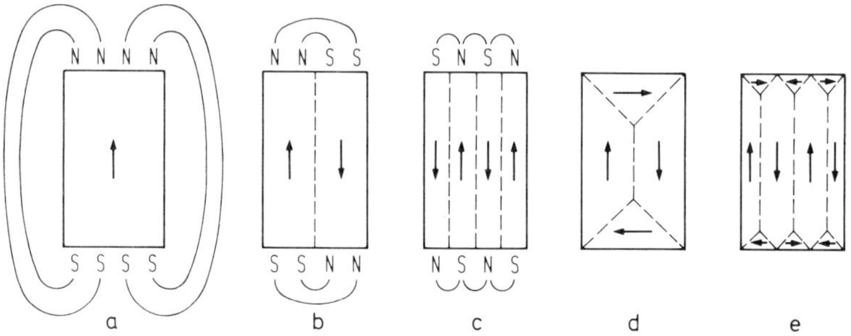

Abb. V,303. Aufteilung eines ferromagnetischen Körpers in unterschiedlich magnetisierte Bereiche (nach C. Kittel, Rev. Mod. Phys. **21**, 541 (1949))

a) Der Würfel ist homogen magnetisiert, die Wandenergie (siehe 5.10.6) also Null. Ebenso ist (voraussetzungsgemäß) die Spannungsenergie gleich Null und die Kristallenergie ebenfalls gleich Null, da die Magnetisierung in der leichten Richtung liegt. Dagegen hat die Feldenergie einen hohen Wert, da die Stirnflächen mit Magnetpolen einheitlichen Vorzeichens erfüllt sind, die im Innern ein starkes entmagnetisierendes Feld erzeugen.

Man überzeugt sich leicht, daß der Zustand eines einheitlich magnetisierten Würfels zwar durch ein hohes äußeres Feld geschaffen werden, im feldfreien Raum aber nicht stabil sein kann. Das entmagnetisierende Feld im Innern eines Würfels entspricht größenordnungsmäßig dem einer Kugel, beträgt also nach Gl. V,308 $H_i = I/3\,\mu_0$. Im Fall des Eisens ($I = 2{,}16$ Vs/m^2) beträgt somit das entmagnetisierende Feld rund $5{,}7 \cdot 10^5$ A/m, also mehr als das 1000fache der typischen Koerzitivfeldstärke. Der Zustand einheitlicher Magnetisierung kann daher im feldfreien Raum nicht bestehen bleiben, sondern zerfällt sofort in Bereiche unterschiedlicher Magnetisierungsrichtung, um die hohe Feldenergie abzubauen, so daß die in b) bis e) gezeichneten Strukturen entstehen.

b) Kristall- und Spannungsenergie sind Null; die Feldenergie ist durch die geringere Entmagnetisierungsfeldstärke des langgestreckten Teils des Quaders vermindert, dafür tritt jedoch Wandenergie auf, da in der Wand die Spins nicht in der leichten Richtung liegen können.

c) eine gegenüber b) weitere Verminderung der Feldenergie, die durch Erhöhung der Wandenergie erkauft wird.

d) Durch Ausbildung der dreieckförmigen „Abschlußbereiche" werden in dieser Konfiguration freie Pole völlig vermieden, dafür tritt jedoch Spannungsenergie auf. Beispielsweise möge sich das Material in Spannungsrichtung verkürzen. Dann „paßt" der dreieckförmige Abschlußbereich nicht mehr zwischen die trapezförmigen Teile, so daß an den Grenzflächen mechanische Spannungen auftreten, die ihrerseits über die Magnetostriktion die leichte Richtung beeinflussen.

e) Weitergehende Verminderung der Spannungsenergie durch Verkleinerung der Abschlußbereiche unter Vergrößerung der Wandenergie.

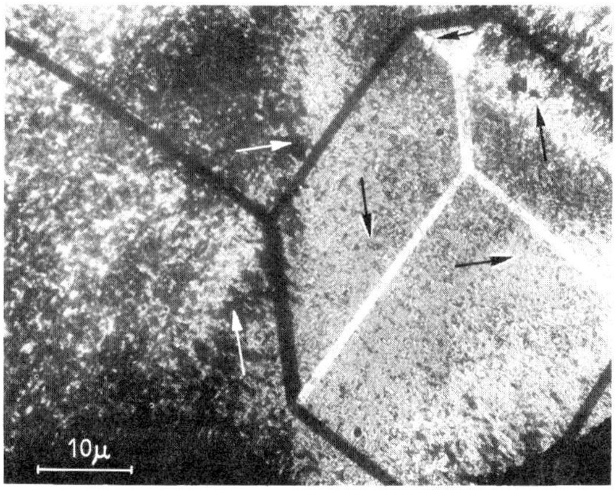

Abb. V,304. Elektronenmikroskopische Aufnahme der Magnetisierungsstruktur in einer einkristallinen Eisen Schicht (nach O. Bostanjoglo, Opt. Inst. TU Berlin)

Bereits dieses extrem vereinfachte Modell mit praktisch unerfüllbaren Voraussetzungen (idealer Einkristall, ideale Oberfläche, chemisch absolut einheitliche Substanz, als zweidimensional behandeltes Problem) läßt sich nicht mehr exakt berechnen. Im realen Fall läßt sich hieraus die relative Bedeutung der einzelnen Energiebeiträge abschätzen.

Für ein Material mit hoher Magnetisierung, aber relativ geringer Anisotropie ist die Verminderung der Feldenergie vorrangig. In einer dünnen Eisenschicht (Abb. V,304) liegt daher die Magnetisierung immer in der Schichtebene und bildet Abschlußbereiche nach Art der Abb. V,303d. Die Lage der Magnetisierungsvektoren und der Wand entspricht Abb. V,307c.

Dagegen kommt es bei einem Material mit geringer Magnetisierung und hoher Kristallanisotropie in erster Linie darauf an, Arbeit gegen die Kristallanisotropie zu vermeiden.

In einer $CrBr_3$ Schicht (Abb. V,305) deren leichte Richtung senkrecht zur Schichtebene liegt, bilden sich trotz des hohen entmagnetisierenden Feldes Bereiche nach Abb. V,303c aus. Die Lage der Wand entspricht Abb. V,307c, die Magnetisierungsvektoren liegen jedoch senkrecht zur Schichtebene.

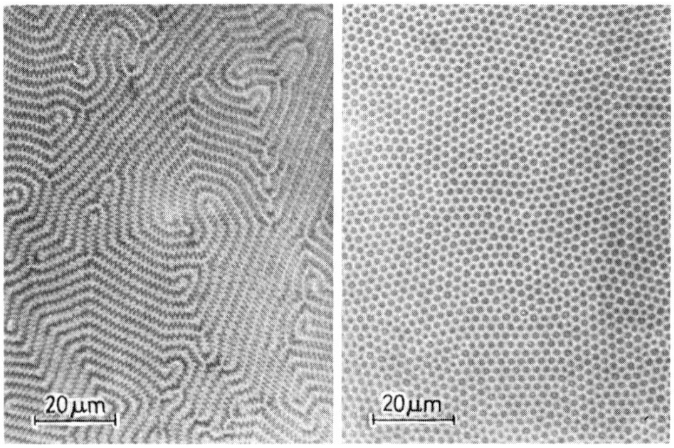

Abb. V,305. Magnetisierungsstruktur einer $CrBr_3$ Schicht, deren kristallographisch leichte Richtung senkrecht zur Schichtebene (= Papierebene) steht. Die Magnetisierung liegt senkrecht zur Schichtebene und ist abwechselnd nach oben und nach unten gerichtet. Aufgenommen mit dem Faraday-Effekt bei 12 K (nach B. Kuhlow und M. Lambeck, Physica (1975)

5.10.6 Wandenergie

Durch die Aufteilung des Materials in Weiß sche Bereiche entstehen Übergangszonen, in denen die Magnetisierung von der Richtung des einen Bereichs in die des anderen wechselt. Sie werden nach Bloch, der ihre Eigenschaften zuerst berechnete, als **Bloch-Wände** bezeichnet (Abb. V,306).

Die Eigenschaften der Wände sind von entscheidender Bedeutung für die Bereichsaufteilung, das Auftreten von Einbereichsteilchen sowie die Anwendungsmöglichkeiten weich- und hartmagnetischer Werkstoffe. Grundsätzlich sind zur Berechnung der Wandstrukturen alle in 5.10.1 bis 5.10.4 genannten Energiebeiträge zu berücksichtigen, für das Verständnis des Prinzips genügt es jedoch, Austausch- und Kristallenergie zu betrachten.

Auf Grund der Austauschwechselwirkung ist die Arbeit, die erforderlich ist, um die Spins zweier benachbarter Atome um den Winkel φ gegeneinander zu verdrehen, nach Gl. V,294 und V,301 gleich $2\,J\,S^2\,\cos\varphi$.

Erfolgt der Übergang aus der Magnetisierungsrichtung eines Bereiches zur antiparallelen Richtung unmittelbar von einer Atomlage zur nächsten, dann muß die ganze Austauschenergie in einem Schritt aufgebracht werden, es ist $\varphi = \pi$, so daß die Austauschenergie einen Maximalwert annimmt. Dieser sprunghafte Wechsel der Magnetisierungsrichtung erfordert also einen hohen Betrag an Austauschenergie. Die Austauschenergie kann dadurch vermindert werden, daß der Übergang zwischen antiparallelen Magnetisierungsrichtungen allmählich über viele Atomlagen hinweg erfolgt. Dann ist $\varphi \ll 1$, so daß Gl. V,294 als

$$E_A = J S^2 \varphi^2 + \text{const} \qquad \text{(V,310)}$$

geschrieben werden kann.

Entscheidend ist, daß in Gl. V,310 der Winkel zwischen benachbarten Spins **quadratisch** eingeht. Hierdurch besteht die Tendenz, die Dicke der Wand zu erhöhen. Dieses Bestreben der Austauschenergie, die Wanddicke zu erhöhen, wird durch den in 5.10.1 gezogenen Vergleich zwischen der Austauschenergie und dem Schubmodul deutlich: Auch bei der Torsion eines Stabes ist die aufzuwendende Arbeit proportional zum Quadrat des Torsionswinkels je Längeneinheit. Wird eine Gesamttorsion des Stabes von 180° vorgegeben, so hat der Stab das Bestreben, verschiebbare, tordierende Halterungen möglichst weit voneinander zu entfernen, um (ebenso wie die Wand) die Gesamttorsion auf eine möglichst große Strecke zu verteilen.

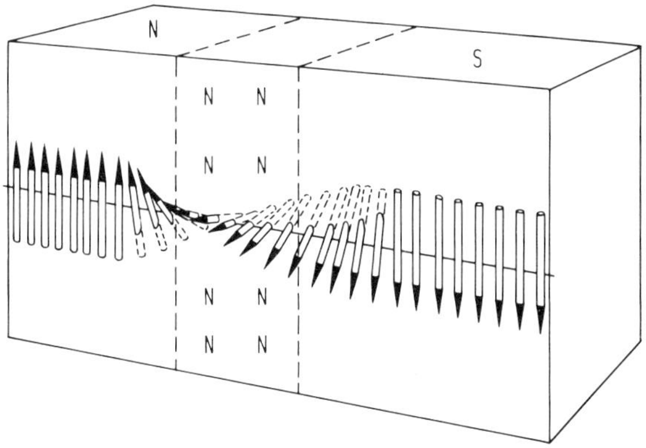

Abb. V,306. Schematische Darstellung der Spins, die in der Bloch-Wand aus der Magnetisierungsrichtung eines Bereiches in die eines anderen übergehen (nach C. Kittel, Rev. Mod. Phys. **21**, 541 (1949))

Erfolgt die Magnetisierungsdrehung in N Schritten, also N Atomlagen, so ist der Winkel zwischen den Spins benachbarter Atomlagen nur noch π/N. In einem Kristall der Gitterkonstante a liegen pro Flächeneinheit $1/a^2$ derartige Spin-Reihen vor. Die in der gesamten Übergangsschicht aufzuwendende Energie ist

$$\gamma_A = N E_A / a^2 = J S^2 \pi^2 / a^2 N \qquad \text{(V,311)}$$

Die zur Bildung der Wand erforderliche Energie nimmt also mit steigender Wanddicke ab, weil sich die Drehung auf eine größere Zahl von Atomlagen verteilt.

Wenn die Spins in den Bereichen in den kristallographisch leichten Richtungen liegen, können sie in der Wand, in der sich der Übergang zwischen antiparallelen Richtungen vollzieht, nicht ebenfalls in der leichten Richtung liegen. In der Wand muß Arbeit gegen die Kristallanisotropie geleistet werden. Pro Einheitsfläche der Wand ist das Volumen $(N/a^2)a^3 = Na$, also ist die gegen die Kristallanisotropie zu leistende Arbeit

$$\gamma_K = K N a \tag{V,312}$$

Die Kristallenergie hat die Tendenz, die Wanddicke zu vermindern, während die Austauschenergie sie zu erhöhen sucht.

Die Wanddicke ergibt sich aus der Forderung, daß die Summe der Austausch- und Kristallenergie als Funktion von N ein Minimum annehmen soll.

$$\frac{\partial(\gamma_A + \gamma_K)}{\partial N} = \frac{\partial}{\partial N}\left(\frac{J S^2 \pi^2}{a^2 N} + K N a\right) = 0 \tag{V,313}$$

Daraus folgt

$$N = \sqrt{\frac{J S^2 \pi^2}{K a^3}} \tag{V,314}$$

für die Zahl der Atomlagen in der Wand und für die Wanddicke

$$\delta = N a = \sqrt{\frac{J S^2 \pi^2}{K a}} \tag{V,315}$$

Für Eisen ist nach Gl. V,302 $A = 2 J S^2/a$, damit wird

$$\delta = \frac{\pi}{\sqrt{2}} \sqrt{\frac{A}{K}} \tag{V,316}$$

und die Gesamtenergie nach Gl. V,313

$$\gamma = \pi \sqrt{2} \sqrt{A K} \tag{V,317}$$

Für Eisen ergibt sich $\delta = 4 \cdot 10^{-8}$ m, entsprechend 150 Gitterkonstanten und die Wandenergieflächendichte (meist kurz als Wandenergie bezeichnet) zu $1 \cdot 10^{-3}$ J/m^2.

5.10.7 Einbereichteilchen

Die unterschiedliche Bedeutung der Energieterme als Volumen- bzw. Oberflächenenergie führt dazu, daß die Aufteilung eines Ferromagnetikums gemäß Abb. V,303 nicht bis zu beliebig kleinen Bereichen fortschreitet. Kristall-, Spannungs- und Feldenergie sind Volumenenergien, da sie proportional zum Volumen des magnetisierten Körpers sind. Dagegen stellt die Austauschenergie eine Oberflächenenergie dar, da sie proportional zur Fläche der Wand ist.

Je nach der Größe des Körpers sind die relativen Beiträge der Volumen- und Oberflächenenergie verschieden. Die Arbeit zur Erzeugung der Wände muß durch die Verminderung der Feldenergie aufgebracht werden.

Im Falle eines großen Würfels (z.B. 1 cm^3) ist die Struktur gemäß Abb. V,303c energetisch günstiger als a, weil die Feldenergie stark vermindert ist. Die Arbeit zur Erzeugung der Wände spielt demgegenüber nur eine geringe Rolle. Wird die Würfelkante auf 1 mm verringert, so wird die Feldenergie entsprechend dem Volumen auf 1/1000 vermindert, die Wandenergie nimmt jedoch entsprechend der Querschnittsfläche des Würfels nur auf 1/100 ab. Mit fortschreitender Verkleinerung des Würfels steht daher relativ immer weniger Feldenergie für die Erzeugung der Wände zur Verfügung.

Diese Verschiebung der relativen Beiträge der Volumen- und Oberflächenenergien führt dazu, daß unterhalb eines bestimmten Volumens die Verminderung der Feldenergie durch Bereichaufspaltung nicht mehr ausreicht, den Energieaufwand zur Erzeugung der Wände zu decken. Unterhalb dieses kritischen Volumens werden daher keine Wände gebildet, die Probe wird auf Grund ihrer geometrischen Abmessungen zum **Einbereich** und verhält sich wie ein bis zur Sättigung magnetisierter Permanentmagnet. Die Größe des kritischen Volumens hängt von der Form und den Materialeigenschaften ab. Für Eisenkugeln ergibt sich ein Radius in der Größenordnung von 10 nm. Das Hauptanwendungsgebiet der Einbereichteilchen liegt in der Herstellung hartmagnetischer Werkstoffe (5.11.4).

5.10.8 Dünne Schichten

Ein anderes Verhalten der Magnetisierungsstruktur ergibt sich, wenn nur **eine** Abmessung des Probekörpers vermindert wird, die beiden anderen jedoch makroskopisch bleiben. Dies gilt zum Beispiel für eine Schicht mit einer Fläche von 1 mal 1 cm und einer Dicke von 10^{-5} cm. Wird in diesem Fall (Abb. V,307a) die Kantenlänge a der

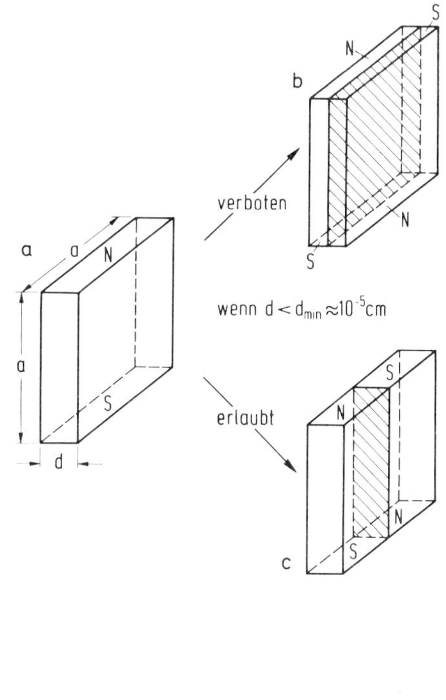

Abb. V,307. Veranschaulichung des Einbereichverhaltens dünner Schichten. In der Schichtebene können keine Wände existieren (nach Lambeck „Barkhausen-Effekt und Nachwirkung in Ferromagnetika")

Schicht konstant gehalten, so nimmt die Volumenenergie proportional zur Schichtdicke d ab. Die für eine Wand in der Schichtebene aufzuwendende Energie bleibt jedoch konstant. Unterhalb einer minimalen Schichtdicke d_{min} reicht daher die dem Volumen proportionale Feldenergie nicht mehr aus, die der Fläche proportionale Wandenergie aufzubringen. Daher kann keine Wand in der Schichtebene entstehen (Abb. V,307b).

Diese Überlegung gilt nur für Wände parallel zur Schichtebene, also nur für **eine** Richtung. Das entspricht der Tatsache, daß nur **eine** Abmessung des Körpers vermindert wurde. In den beiden anderen Richtungen können Wände existieren, wenn sie durch ein äußeres Feld gebildet werden, da die Wandfläche senkrecht zur Schichtebene im selben Verhältnis wie die Schichtdicke abnimmt.

Beispiele der Magnetisierungsstrukturen in einkristallinen Schichten wurden in Abb. V,304 und V,305 gegeben. In polykristallinen Schichten kann die Bereichsstruktur weitgehend durch den räumlichen Verlauf der Felder bestimmt werden (Abb. V,308). Nach dem Abschalten der Felder sind die Bereiche zeitlich unbegrenzt stabil. Wie Abb. V,308 zeigt, brauchen Bereiche durchaus nicht mikroskopisch klein zu sein, sie können sich vielmehr über die ganze Schicht erstrecken, so daß ihre Größe nur durch die Abmessungen der Schicht begrenzt ist. Daher kann man diese Bereiche in einer polarisationsoptischen Anordnung mittels des Faraday-Effekts ohne Vergrößerung mit dem bloßen Auge sehen.

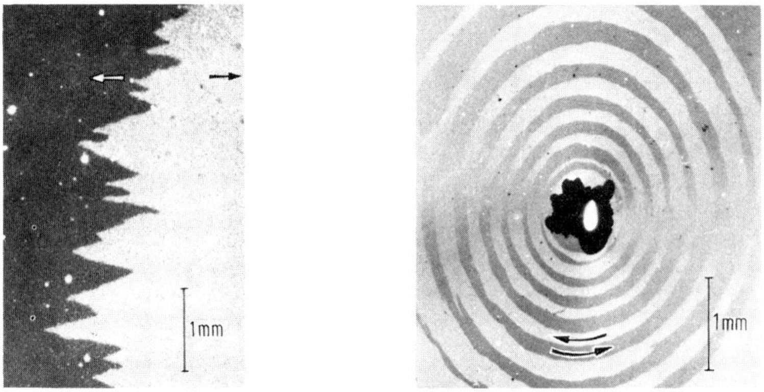

Abb. V,308. Magnetisierungsstruktur in einer polykristallinen Eisenschicht, abgebildet mit dem Faraday-Effekt. Links homogenes Feld, rechts radialsymmetrisches Feld, das mit sukzessive abnehmender Stärke und abwechselnder Polarität angewendet wurde (nach H. Boersch und M. Lambeck, Z. Phys. **159**, 248 (1960)).

Im Abschnitt 5.10.6 wurden die Wanddicke und -energie aus der Konkurrenz von Austausch- und Kristallenergie berechnet. Diese für massives Material geltende Rechnung muß für dünne Schichten ergänzt werden, da hier das Streufeld der Wände eine wesentliche Rolle spielt. Sind zwei Bereiche durch eine Bloch-Wand getrennt, so liegen die Magnetisierungsvektoren in der Wand senkrecht zur Schichtfläche (Abb. V,309a). Auf der Wand entstehen freie Magnetpole und damit ein Streufeld. Mit abnehmender Schichtdicke wird der relative Anteil der Streufeldenergie an der gesamten Wandenergie immer höher. Daher ist unterhalb einer bestimmten Schichtdicke die Néelwand

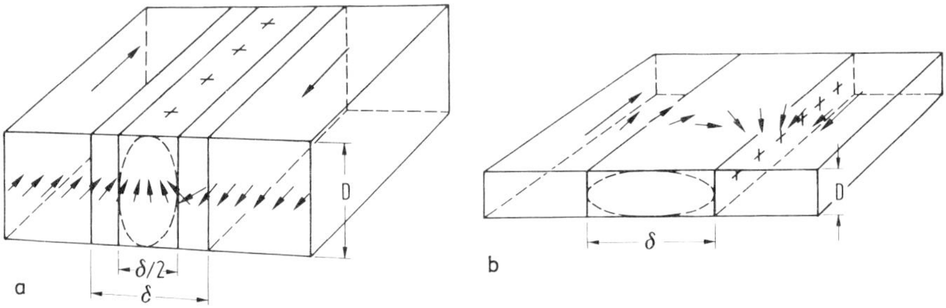

Abb. V,309. Wandstruktur in dünnen Schichten. a) Bloch-Wand, b) Néel-Wand. D: Schichtdicke, δ: Wanddicke (nach Kneller „Ferromagnetismus")

(Abb. V,309b) günstiger, in der sich die Magnetisierung in der Schichtebene dreht. Die mit freien Magnetpolen belegte Fläche nimmt dann mit der Schichtdicke ab.

Außer diesen Extremfällen gibt es Übergangsformen der Wandstruktur, die aus einer periodischen Folge von Bloch- und Néel-Wänden (Stachelwänden) bestehen (Abb. V,310). Das Bild zeigt ferner, daß die Bereiche nicht so homogen sind, wie sie in Abb. V,308 erscheinen, sondern läßt durch die höhere Auflösung eine Feinstruktur erkennen. Würde sich in polykristallinen Schichten die Magnetisierung allein nach der Kristallenergie richten, so würde die spontane Magnetisierung von einem Kristall zum anderen entsprechend der Lage seiner leichten Richtung schwanken. Wegen der Austausch- und Streufeldenergie kann jedoch die Magnetisierung diesen kurzwelligen Schwankungen nicht folgen, sondern mittelt über viele Kristallite, wodurch eine wellen-

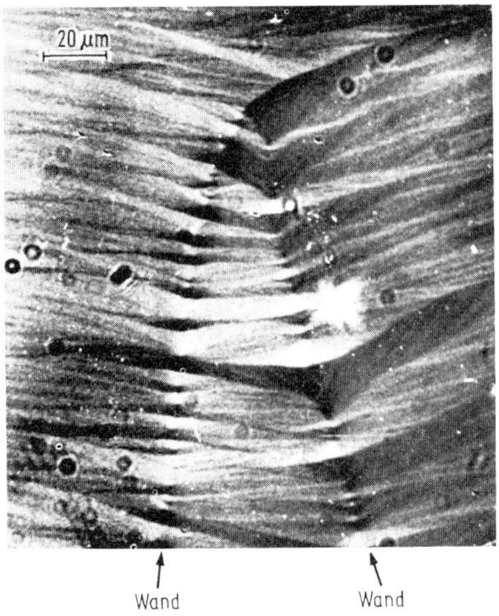

Abb. V,310. Stachelwand in einer polykristallinen Eisenschicht, abgebildet mit dem Faraday-Effekt (nach H. Boersch und M. Lambeck, Z. Phys. **165**, 176 (1961))

förmige Schwankung der Magnetisierungsrichtung entsteht, die als „Riffelung" (engl. „ripple") bezeichnet wird.

5.10.9 Methoden der Bereichsabbildung

Zur Untersuchung von Bereichsstrukturen und Ummagnetisierungsvorgängen werden heute im wesentlichen drei Verfahren angewendet.

1. **Bitter Streifen.** Die Probe wird mit einer kolloidalen Lösung von Magnetitteilchen ($FeO \cdot Fe_2O_3$) beschichtet. Die spontan magnetisierten Magnetitteilchen sammeln sich an den Stellen der Probenoberfläche, an denen ein starker Gradient des magnetischen Feldes besteht, markieren also die Gebiete, in denen sich der Magnetisierungsvektor stark ändert. Auf diese Weise werden in erster Linie die Grenzen der Bereiche durch Ansammlung der Teilchen sichtbar gemacht.

2. **Magnetooptik.** Tritt linear polarisiertes Licht in Richtung der Magnetisierung durch die Probe, so wird die Polarisationsbene des Lichtes gedreht (Faraday-Effekt). Diese Erscheinung kann zur magnetooptischen Abbildung von Bereichsstrukturen in durchstrahlbaren, dünnen ferromagnetischen Schichten ausgenutzt werden. Als Folge des Faraday-Effekts wird die Schwingungsebene des Lichtes je nach der Magnetisierungsrichtung in den durchstrahlten Bereichen nach links oder nach rechts gedreht. Wird dann mit einem Analysator z.B. das nach rechts gedrehte Licht ausgelöscht, dann erscheinen in der Abbildung der Schicht alle Gebiete, die die Rechtsdrehung des Lichtes verursacht haben, dunkel, die anderen hell.

Proben, die wegen ihrer Dicke nicht mehr lichtdurchlässig sind, können mit dem magnetooptischen Kerr-Effekt untersucht werden. Bei der Reflexion des linear polarisierten Lichtes an einem magnetisierten Spiegel tritt in gleicher Weise eine Drehung der Polarisationsebene ein wie bei der Durchstrahlung infolge des Faraday-Effekts (man kann sich den Kerr-Effekt dadurch entstanden denken, daß das Licht etwa eine Wellenlänge tief in das Material eindringt und dann aus dieser Tiefe wieder reflektiert wird, wobei die Drehung der Polarisationsebene auf dem Hin- und Rückweg im gleichen Sinne stattfindet).

3. **Elektronenoptik (Lorentzmikroskopie).** Treten Elektronenstrahlen durch eine ferromagnetische Substanz, so wird ihre Bahn auf Grund der Lorentzkraft abgelenkt. Die Richtung der Ablenkung hängt von der Richtung der Magnetisierung in dem durchstrahlten Gebiet der Probe ab. Diese Ablenkung der Elektronenstrahlen kann auf verschiedene Weise zur Kontrasterzeugung ausgenutzt werden:

a) In der Brennebene des Objektivs entspricht jeder Punkt einer Richtung der durch das Objektiv tretenden Strahlen, also einer Magnetisierungsrichtung. Wird ein Teil der Brennebene mit der exzentrisch gestellten Kontrastblende abgedeckt, so erscheinen in der Abbildung des Objekts die Gebiete, die die entsprechende Ablenkung verursacht haben, dunkel, die anderen hell. Infolge der Kontrastierung der Flächen ähneln die so erhaltenen Bilder den mit magnetooptischen Verfahren gewonnenen.

b) Durch die Ablenkung der Elektronenstrahlen tritt nach dem Objekt eine Divergenz bzw. Konvergenz der Elektronenstrahlen ein, die von verschiedenen Gebieten in unterschiedlicher Weise abgelenkt wurden. Diese Gebiete erhöhter bzw. verminderter Elektronenintensität machen sich in einer unscharfen Abbildung des Präparats als abwechselnd helle bzw. dunkle Linien bemerkbar. Durch die Kontrastierung der Grenzen ähneln diese Bilder den mit Bitter-Streifen erhaltenen (vgl. Abb. V,304).

Bei höchster Auflösung erfordern sowohl magnetooptische als auch elektronenoptische Bilder eine sorgfältige Deutung, um Fehlinterpretationen infolge des Auftretens von Beugungserscheinungen zu vermeiden. Die magnetooptischen und elektronenoptischen Verfahren haben gegenüber der Methode der Bitter-Streifen den Vorteil hoher zeitlicher und räumlicher Auflösung sowie der Anwendungsmöglichkeit in einem unbegrenzten Temperaturbereich; sie erfordern jedoch licht- bzw. elektronenoptisch durchstrahlbare Objekte oder optisch glatte Oberflächen.

5.11 Ummagnetisierungsvorgänge

Die Ummagnetisierung ferromagnetischer Stoffe erfolgt in Feldern der Größenordnung 10^1 bis 10^5 A/m, also in Feldern, deren Stärke weit unter der des fiktiven „Weißschen Feldes" von 10^9 A/m liegt, das der spontanen Ausrichtung der magnetischen Momente entspricht. Die angelegten Felder ändern daher den Ausrichtungsgrad der magnetischen Momente praktisch nicht, so daß das magnetische Moment pro Volumeneinheit, also der Magnetisierungsvektor, dem **Betrage** nach unverändert bleibt. Die Wirkung des äußeren Feldes besteht nur darin, die **Richtung** der Magnetisierungsvektoren innerhalb des Materials zu verändern.

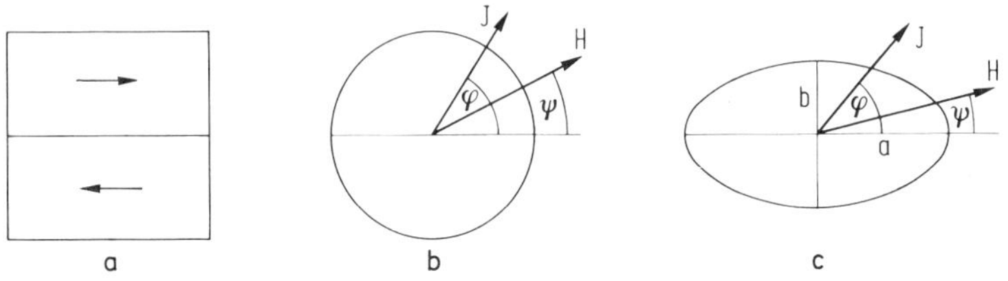

Abb. V,311. Drei elementare Ummagnetisierungsvorgänge a) Wandverschiebung, b) Rotation gegen die Kristallanisotropie, c) Rotation gegen die Formanisotropie

Jedes Volumenelement der Probe mit der Magnetisierung $\boldsymbol{M}$ nimmt in einem Feld $\boldsymbol{H}$ die potentielle Energie $-\mu_0 \boldsymbol{M} \cdot \boldsymbol{H} = -\boldsymbol{I} \cdot \boldsymbol{H}$ an. Das Energieminimum wird erreicht, wenn $\boldsymbol{M}$ parallel zu $\boldsymbol{H}$ liegt. Eine charakteristische Eigenschaft der Ferromagnetika besteht darin, daß sich nicht für jeden Wert von $\boldsymbol{H}$ dieses Minimum der potentiellen Energie einstellt, daß vielmehr jede ferromagnetische Probe der Neuorientierung der Magnetisierungsvektoren Hindernisse entgegensetzt, so daß während der Veränderung des äußeren Feldes eine Folge von Ungleichgewichtszuständen durchlaufen wird, die von der Vorgeschichte abhängen.

Der Zusammenhang zwischen der Gesamtmagnetisierung des Körpers (d.h. der Summe der Projektionen der Magnetisierungsvektoren auf die Feldrichtung) und dem Feld wird als **Hysteresekurve** bezeichnet. Sie ist für die Anwendung des Materials entscheidend.

Die Ummagnetisierung, also die Neuorientierung der Magnetisierungsvektoren gegen die Wirkung der inneren Hindernisse, ist ein außerordentlich komplizierter Vorgang, so daß es bisher keine exakte theoretische Behandlung aller Ummagnetisierungsvorgänge gibt. Doch lassen sich wesentliche Eigenschaften bereits an den folgenden, jeweils auf dem Ablauf nur eines Mechanismus beruhenden Prozessen erkennen, die es erlauben, Grenzwerte abzuschätzen und die Möglichkeiten technischer Anwendungen zu diskutieren.

5.11.1 Wandverschiebung, Nachwirkung und Barkhausen-Effekt

Die Wandverschiebung wird von der Tatsache bestimmt, daß die Wände eine von Null verschiedene Dicke und Energie haben. Nach Gl. V,317 ist die Energie der Wand pro Flächeneinheit $\pi\sqrt{2}\ \sqrt{AK}$. Wären die Austauschkonstante A und die Kristallenergie K an jedem Ort des Materials gleich, so wäre auch die Wandenergie konstant. Die Wand ließe sich dann ohne Energieaufwand hin und herbewegen, so daß der Flächeninhalt der Hysterese Null wäre. Die Erfahrung zeigt jedoch, daß dieser Flächeninhalt stets von Null verschieden, die Ummagnetisierung also immer mit Energiedissipation verbunden ist.

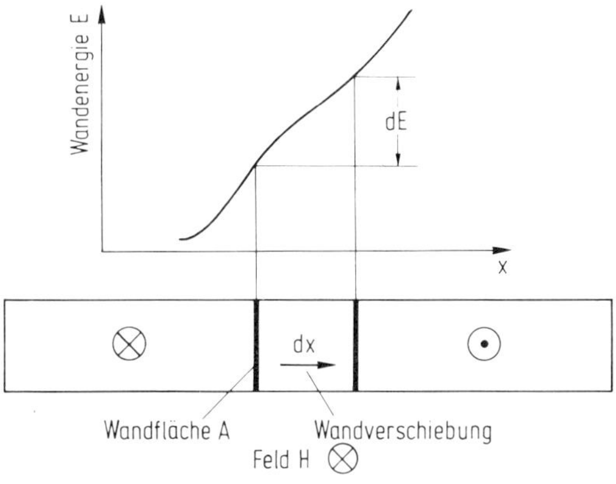

Abb. V,312. Zur Berechnung der Gleichgewichtslage einer Wand aus der Ortsabhängigkeit ihrer Energie (nach Lambeck „Barkhausen-Effekt und Nachwirkung in Ferromagnetika")

Diese Erscheinung beruht darauf, daß im Realfall das Material nicht völlig homogen ist, sondern daß die die Wandenergie bestimmenden Größen infolge der verschiedenen Kristallrichtungen, wechselnder mechanischer Spannungen und nichtferromagnetischer Einschlüsse von Ort zu Ort schwanken. Hierdurch entsteht die **Ortsabhängigkeit der Wandenergie**, die in Abb. V,312 schematisch dargestellt ist. Ohne äußeres Feld liegt die Wand im Minimum der $E(x)$ Kurve. Wirkt ein Feld der angegebenen Richtung, dann wächst der in Feldrichtung magnetisierte Bereich auf Kosten des in Gegenrichtung magnetisierten Bereichs, indem sich die Wand nach rechts verschiebt. Bewegt sich die Wand um die Strecke dx, so wird die Energie $2\,IHAdx$ gewonnen, da nach dieser Verschiebung ein größeres Volumen günstig zum Feld liegt (A: Fläche der Wand, der Faktor 2 entsteht durch die Umkehrung der Magnetisierungsrichtung um 180°, der Term $2\,IH$ wird auch als „Druck" des Feldes auf die Wand bezeichnet). Diesem Energiegewinn steht der Energieaufwand dafür gegenüber, daß nach der Verschiebung die Wand eine um AdE höhere Energie besitzt. Also gilt

$$H = \frac{1}{2I} \cdot \frac{dE}{dx} \qquad \text{(V,318)}$$

Dies bedeutet: **Die Feldstärke, die die Wand im Gleichgewicht zu halten vermag, ist proportional zum Gradienten der Wandenergie an der betreffenden Stelle.**

Ist die Steigung dE/dx konstant, dann ist die pro Wegstrecke durch Ummagnetisierung der Bereiche gewonnene Energie gleich der Energie, die zur Erhöhung der Wandenergie aufgebracht werden muß. Nimmt die Steigung zu, so wird mehr Zunahme der Wandenergie benötigt als durch ihre Verschiebung an Volumenenergie gewonnen. Die Wand bleibt stehen. Sie bewegt sich erst wieder in einem höheren Feld, da dann die pro Wegelement gewonnene Energie größer wird. Solange dE/dx zunimmt, bewegt sich die Wand im ansteigenden Feld stabil. Gelangt die Wand an einen Wendepunkt, wird das Gleichgewicht labil. Nach Überschreiten des Wendepunkts **springt** die Wand im **konstanten** Feld bis zu einem Punkt, an dem die Steigung größer ist als zu Beginn des Sprunges. Während des Sprunges wird durch die Ummagnetisierung der Bereiche mehr Energie gewonnen als zur Erhöhung der Wandenergie aufgebracht. Daher läuft dieser Vorgang **spontan** ab. Diese sprunghafte Wandbewegung ist die Ursache der bekannten **Barkhausensprünge**. Die während des Sprunges freiwerdende Energie wird z.B. durch Wirbelströme in Wärme umgewandelt, so daß die Barkhausensprünge stets eine Energiedissipation bewirken.

Da nach Gl. V,318 die Gleichgewichtsfeldstärke proportional zum Gradienten der Wandenergie ist, läßt sich die Wandbewegung am einfachsten an Hand der $dE/dx(x)$ Darstellung verstehen, die auch als „Potentialgebirge" bezeichnet wird. Die Sprünge erfolgen nach Überschreiten eines labilen Gleichgewichts, in der $E(x)$ Darstellung also nach Überschreiten eines Wendepunktes, im Potentialgebirge nach Überschreiten eines Extremwertes. Die Wand verhält sich also wie ein Gegenstand, der im ansteigenden Feld von links, im abnehmenden Feld von rechts gegen das Potentialgebirge gedrückt wird.

Der Ablauf eines Magnetisierungszyklus werde am einfachsten Fall eines Energieverlaufs mit nur zwei Minima erläutert (Abb. V,313). Ohne Feld befindet sich die Wand bei 1 im Minimum der $E(x)$ Kurve. Im ansteigenden Feld verschiebt sie sich stetig bis 2 und verändert dabei ihre Lage nur wenig, so daß sich auch die Gesamtmagnetisierung der Probe nur wenig ändert. Wird das Feld gesteigert, springt die Wand spontan bis 3, wo das Potentialgebirge dieselbe Höhe hat. Danach kann sich die Wand auch bei starker Felderhöhung nur wenig bewegen, z.B. bis 4. Im Gegenfeld läuft die Wand stetig zurück bis 6, um nach Überschreiten dieses Punktes sprunghaft bis 7 zu gelangen. Bei weiterer Feldsteigerung bewegt sich die Wand nur wenig bis 8.

In Abb. V,313c ist der Zusammenhang zwischen dem Feld und der Ortskoordinate der Wand, also der Gesamtmagnetisierung der Probe dargestellt. Durch die Übertragung aus dem Potentialgebirge ist die Hysteresekurve gegenüber der üblichen Auftragung gedreht und gespiegelt.

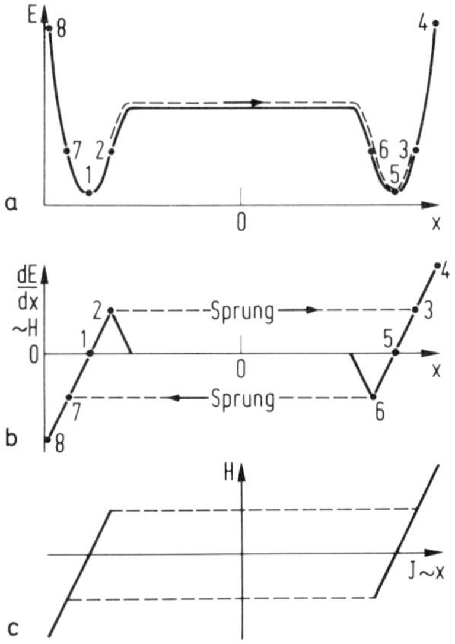

Abb. V,313. Entstehung einer Hystereseschleife durch die Bewegung einer Wand in einem Energieverlauf mit zwei Minima. a) Wandenergie als Funktion des Ortes. b) Gradient der Wandenergie als Funktion des Ortes; die darin ablaufende Wandbewegung ergibt die Hystereseschleife (c), die gegenüber der üblichen Darstellung gedreht und gespiegelt ist (in (a) ist nur ein Sprung gezeichnet) (nach Lambeck, „Barkhausen-Effekt und Nachwirkung in Ferromagnetika").

Diese Wandbewegung läßt vier wesentliche Eigenschaften der Ferromagnetika erkennen:

a) **Hysterese.** Die Magnetisierungskurve umschließt eine Fläche, da Hin- und Rücklauf der Wand bei verschiedenen Feldstärken erfolgen. Der Flächeninhalt der Schleife ist proportional zum Hystereseverlust, d.h. zur Energiedissipation je Zyklus.

b) Im Feld Null ist die Magnetisierung nicht Null, sondern behält den den Punkten 1 bzw. 5 entsprechenden Wert, der **Remanenz** genannt wird.

c) Die Feldstärke, bei der die Magnetisierung den Wert Null erreicht, heißt **Koerzitivfeldstärke.** Sie ist durch die maximale Höhe des dE/dx Verlaufs gegeben, also um so **höher, je steiler** die $E(x)$ Kurve verläuft.

d) In einem kleinen Wechselfeld kann sich die Wand an den Flanken des Potentialgebirges reversibel hin und herbewegen, solange die Extremwerte nicht überschritten werden, also zwischen 7 und 2 bzw. 6 und 3. Das dabei erreichte Verhältnis von Wandverschiebung zum angelegten Feld, also Magnetisierungsänderung pro Feld, bestimmt die reversible Permeabilität, sie ist um so **höher, je flacher** die $E(x)$ Kurve verläuft. Nach dieser Überlegung sollte die Permeabilität annähernd umgekehrt proportional zur Koerzitivfeldstärke sein. Dieser Zusammenhang ist bei vielen Substanzen in einem weiten Bereich beider Größen erfüllt.

Die Wandbewegung wird nicht nur durch äußere Felder beeinflußt, sondern auch durch innere Vorgänge, die als **Nachwirkungserscheinungen** bezeichnet werden, da die Wirkung (die Wandbewegung) zeitlich verzögert nach der Ursache (der Änderung des äußeren Feldes) erfolgt. Bei periodischer Ummagnetisierung entstehen durch die Phasenverschiebung zwischen Feld und Magnetisierung technisch wichtige Nachwirkungs**verluste**. Außerdem können sich die Eigenschaften magnetischer Werkstoffe wie Remanenz, Koerzitivfeldstärke und Anfangspermeabilität im Lauf der Zeit ändern, was bei ihrer industriellen Anwendung berücksichtigt werden muß. Daher werden häufig die Werkstoffe vor ihrer Anwendung einer künstlichen „Alterung" bei erhöhter Temperatur unterworfen. Die Nachwirkungserscheinungen haben im wesentlichen zwei Ursachen:

a) **Jordansche Nachwirkung.** Im Innern eines Ferromagnetikums liegen die magnetischen Momente nicht vollkommen starr, sondern führen (analog zur Brownschen Molekularbewegung) infolge der Wärmebewegung des Kristallgitters statistisch schwankende Bewegungen aus, die einem **inneren thermischen Schwankungsfeld** äquivalent sind. Liegt eine Wand im Potentialgebirge dicht unter dem Gipfel eines Berges, den sie durch den Druck des äußeren Feldes allein nicht überschreitet, so kann im Lauf der Zeit durch eine zufällige günstige Fluktuation die fehlende Energie von der thermischen Aktivierung bereitgestellt werden. Diese Schwankungserscheinung unterstützt also die Wirkung des Feldes.

b) **Richtersche Nachwirkung.** Jedes reale Ferromagnetikum enthält Fremdatome (z.B. Kohlenstoff im Eisen). Liegt eine Wand längere Zeit an einem Ort, so diffundieren die Störatome bevorzugt auf die Stellen im Gitter, an denen ihre Energie am geringsten ist, z. B. auf die infolge der Magnetostriktion aufgeweiteten Gitterplätze. Auf diese Weise schafft sich die Wand im Lauf der Zeit eine Energiemulde, aus der sie später nur durch ein erhöhtes Feld wieder herausbewegt werden kann. Die Wirkung dieser Diffusionserscheinung ist der des Feldes entgegengerichtet.

5.11.2 Rotation

a) **Kristallanisotropie.** Ein Feld H wirkt parallel zur leichten Richtung auf eine Kugel aus einem Material mit uniaxialer Anisotropie (vgl. 5.10.2 und Abb. V,311b). Die Energie des Systems ist die Summe aus der Kristallanisotropieenergie und der magnetostatischen Energie

$$E = K \sin^2 \varphi - H I \cos \varphi \qquad \text{(V,319)}$$

Die stabile Lage der Magnetisierung ergibt sich aus der Extremwertbedingung

$$\frac{dE}{d\varphi} = K \sin 2\varphi + H I \sin \varphi = 0 \qquad \text{(V,320)}$$

und der Stabilitätsbedingung

$$\frac{d^2 E}{d\varphi^2} = 2K \cos 2\varphi + H I \cos \varphi > 0 \qquad \text{(V,321)}$$

Von hohen positiven H Werten ausgehend, liegt die Magnetisierung stabil bei $\varphi = 0$ und behält diese Lage auch für $H = 0$. Das Gleichgewicht wird labil für

$$-H = H_K = \frac{2K}{I} \qquad \text{(V,322)}$$

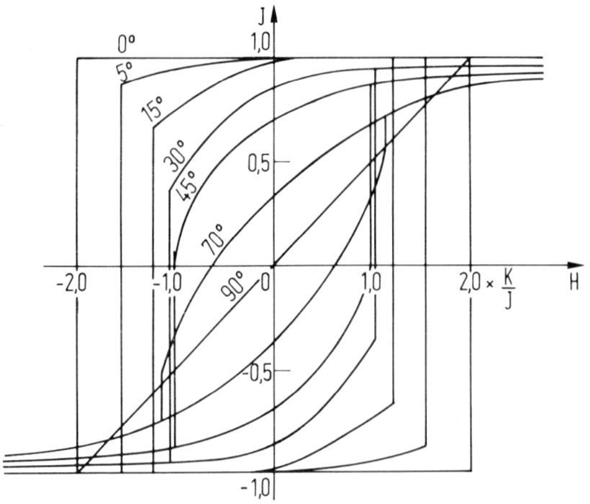

Abb. V,314. Magnetisierungskurven der kohärenten Rotation bei uniaxialer Anisotropie. Der Winkel Ψ des Feldes gegen die leichte Richtung ist als Parameter angegeben (vgl. Abb. V,311) (nach E. C. Stoner und E. P. Wohlfarth, Phil. Trans. Roy. Soc. A 240, 599 (1948) und Chikazumi, Physics of Magnetism).

Bei Steigerung des Feldes in negativer Richtung rotiert die Magnetisierung sprunghaft und irreversibel von $\varphi = 0$ nach $\varphi = \pi$. Somit wird in einem zyklisch variierenden Feld eine rechteckige Hystereseschleife durchlaufen. Die Remanenz ist gleich der Sättigung, die Koerzitivfeldstärke ist gleich der „Anisotropiefeldstärke" H_K. Bildet das Feld einen Winkel Ψ mit der leichten Richtung, so ergeben sich abgerundete Kurven mit geringerer Remanenz und Koerzitivfeldstärke. Für $\Psi = 90°$ entartet die Hysterese zu einer reversibel durchlaufenen Geraden (vgl. Abb. V,314).

Die Anisotropiefeldstärke H_K ist ein Maß für das Feld, das erforderlich ist, um die Magnetisierung aus der leichten Richtung herauszudrehen. Sie ist die höchste Koerzitivfeldstärke, die mit dem gegebenen Material unter Ausnutzung der Kristallanisotropie erreicht werden kann.

b) **Formanisotropie.** Die Probe aus isotropem Material hat die Form eines Rotationsellipsoids (Abb. V,311c). Die Magnetisierung liegt bevorzugt in der Längsachse, da hier das entmagnetisierende Feld und damit die magnetostatische Energie ein Minimum haben, während die kurze Achse wegen des hohen entmagnetisierenden Feldes eine schwere Richtung darstellt.

Liegt das Feld in der Längsachse, dann erfolgt die Rotation bei einer Feldstärke $H_c = I(N_b - N_a)/\mu_0$, die der Größe H_K des obigen Falles entspricht (N_b und N_a sind die Entmagnetisierungsfaktoren in den entsprechenden Richtungen). Im Grenzfall eines sehr lang gestreckten Rotationsellipsoids ist $N_b = 1/2$ und $N_a = 0$, so daß $H_c = I/2\mu_0$ wird. Dies ist die höchste Koerzitivfeldstärke, die unter Ausnutzung der Formanisotropie erreicht werden kann.

5.11.3 Weichmagnetische Werkstoffe

Materialien, in denen die Wände durch sehr kleine Felder bewegt werden können, haben eine hohe Anfangspermeabilität und eine geringe Koerzitivfeldstärke. Diese Stoffe werden als **weichmagnetisch** bezeichnet. Nach 5.11.1 wird die Bewegung der Wände durch die Inhomogenitäten des Materials behindert, die die Ortsabhängigkeit der Wandenergie bewirken. Zur Erzielung einer leichten Beweglichkeit muß daher das Potentialgebirge möglichst eingeebnet werden, die Wandenergie soll also möglichst klein und räumlich konstant sein. Die Wandenergie ist $\pi\sqrt{2}\sqrt{AK}$, die Größe A darf nicht vermindert werden, da sie die notwendige Bedingung des Ferromagnetismus ist, also müssen die Kristallanisotropie K und die Magnetostriktion λ (die zusätzlich zu K in die Wandenergie eingeht) vermindert werden. Außerdem wirken sich Kristallinhomogenitäten und innere mechanische Spannungen um so weniger auf die Wandenergie aus, je kleiner K und λ sind.

Da Eisen und Nickel entgegengesetzte Vorzeichen der Kristallenergiekonstante K_1 haben (vgl. 5.10.2), liegt es nahe, im binären Eisen-Nickel System nach einer Nullstelle der Kristallenergie zu suchen. In dieser Legierung wird K_1 gleich Null bei 75% Ni, λ_{100} bei 83% und λ_{111} bei 80% (die λ_i sind die Magnetostriktionskonstanten in den betreffenden Kristallrichtungen). Experimentell wird bei 78,5% Ni ein Maximum der Permeabilität von rund 10^4 beobachtet. Wegen ihrer hohen Permeabilität wird diese Legierung (engl. alloy) als Permalloy bezeichnet.

Da sich der gleichzeitige Nulldurchgang der drei Größen K_1, λ_{100} und λ_{111} mit einem Zweikomponentensystem nicht erreichen läßt, werden weitere Legierungsbestandteile hinzugefügt, um dem Ideal verschwindender Kristallanisotropie und Magnetostriktion möglichst nahe zu kommen. Hier hat sich besonders Molybdän (ein selbst nicht ferromagnetischer Stoff!) bewährt. So kann in einer Legierung aus 79 % Ni, 5 % Mo, Rest Fe eine Permeabilität von 10^5 und eine Koerzitivfeldstärke von 0,16 A/m erreicht werden. Diese als Supermalloy bezeichnete Legierung wird also bereits durch Drehen im Erdfeld (rund 30 A/m) ummagnetisiert.

Derartige hochpermeable Legierungen werden z.B. zur Abschirmung magnetischer Störfelder verwendet. Wegen der geringen Fläche der Magnetisierungskurve sind die Hystereseverluste gering. Sofern die Materialien bei schneller Wechselfeldummagnetisierung (z.B. in Transformatoren und Dynamos) verwendet werden, haben die Wirbelstromverluste eine größere Bedeutung als die Hystereseverluste der statischen Magnetisierungskurve. Daher wird in diesen Fällen außer einem geringen Hystereseverlust auch eine geringe elektrische Leitfähigkeit gefordert. Die Erhöhung des elektrischen Widerstandes kann durch Zusatz von Silizium erreicht werden. In einer Eisen-Silizium Legierung gehen K_1 und λ_s bei 11 bzw. 6 % Si durch Null. Diese im Hinblick auf geringe Koerzitivfeldstärke und hohen elektrischen Widerstand optimale Legierung kann technisch jedoch nicht verwendet werden, da sie mechanisch zu spröde ist. Man verwendet daher Legierungen mit 2 bis 4,5 % Si, schließt also einen Kompromiß zwischen mechanischen, magnetischen und elektrischen Eigenschaften.

Bemerkenswert ist, daß oberhalb eines Si-Gehalts von 2,5 % die flächenzentrierte γ-Phase des Eisens nicht mehr auftritt. Daher stellen Eisensiliziumeinkristalle ein bevorzugtes Objekt magnetischer Untersuchungen dar, weil sie ohne die bei reinem Eisen auftretende Umwandlung der Kristallstruktur von der Schmelze bis auf Zimmertemperatur abgekühlt werden können.

5.11.4 Hartmagnetische Stoffe

Bekannte Anwendungsbeispiele magnetischer Werkstoffe sind die Kompaßnadel, der Lautsprechermagnet sowie der Haftmagnet an Schranktüren. Die Kompaßnadel soll auf

Grund ihres permanenten Dipolmoments im Erdfeld ein Drehmoment erfahren, das sie in die Nord–Süd Richtung einstellt. Voraussetzung ist also, daß sie das Dipolmoment auch unter dem Einfluß eines äußeren Feldes behält. Sie darf daher keinesfalls aus den in 5.11.3 besprochenen weichmagnetischen Stoffen bestehen, denn diese würden im Erdfeld ummagnetisieren, d.h. die Magnetisierung der einzelnen Bereiche würde sich in die Richtung des Erdfeldes einstellen, so daß kein Drehmoment mehr erzeugt würde.

Der Lautsprechermagnet soll in einem Luftspalt ein hohes Feld erzeugen, um eine möglichst große Kraft auf eine stromdurchflossene Spule auszuüben. Ein Luftspalt bedeutet die Bildung freier Pole, d.h. eines inneren entmagnetisierenden Feldes, das die Aufteilung in zahlreiche Bereiche bewirken, also den Fluß im Luftspalt zu Null machen würde. Daher muß die Bildung dieser Bereiche verhindert werden. Das gleiche gilt für die Haftmagnete, die wegen ihrer flachen Form einem besonders hohen entmagnetisierenden Feld ausgesetzt sind (vgl. die Rechnung in 5.10.5).

In allen Fällen, in denen Magnete hohe Felder im Außenraum oder Kräfte bzw. Drehmomente erzeugen sollen, kommt es darauf an, die Ummagnetisierung des Materials durch äußere Felder oder das eigene entmagnetisierende Feld zu verhindern, also eine möglichst hohe Koerzitivfeldstärke zu erzielen. Der Wert dieser **hartmagnetischen** Stoffe für die technische Anwendung wird durch das „Energieprodukt" $(B \cdot H)_{max}$ charakterisiert, das ist das größte Rechteck, das dem zweiten Quadranten der Hystereseschleife einbeschrieben werden kann.

Der nächstliegende Gedanke zur Herstellung derartiger Stoffe ist, den umgekehrten Weg einzuschlagen, der im Falle weichmagnetischer Stoffe verfolgt wurde, also das Potentialgebirge der Wandbewegung möglichst steil zu machen. Tatsächlich wurde diese Methode zunächst angewendet und führte zum Gebrauch kohlenstoffhaltiger Stähle. Hierzu wird der Stahl aus dem Austenit-Gebiet (γ-Mischkristall) abgeschreckt, so daß sich Martensit (ein nadeliges Gefüge tetragonaler Kristalle) bildet. Dieser bewirkt durch seine andere Kristallstruktur und größere Härte hohe innere Spannungen des Werkstoffs, die infolge der Magnetostriktion zu einer starken Inhomogenität der Wandenergie führen. Auf diese Weise wurde ein Energieprodukt von 2 kJ/m^3 erreicht.

In der weiteren Entwicklung wurde die Methode, die Koerzitivfeldstärke durch **Erschwerung der Wandbewegung** zu erhöhen, verlassen. Wesentlich bessere Ergebnisse werden erzielt, wenn man die **Bildung von Wänden vermeidet**, so daß die Ummagnetisierung nur durch die **Rotation der Magnetisierung in Einbereichteilchen** erfolgen kann. Wie in 5.11.2 beschrieben, muß bei der Rotation die Kristallanisotropie oder das entmagnetisierende Feld des Einbereichteilchens überwunden werden. Dementsprechend unterscheidet man hartmagnetische Werkstoffe mit betonter Form- oder Kristallanisotropie.

a) **Werkstoffe mit Formanisotropie.** Die häufigsten Werkstoffe dieser Gruppe enthalten neben Eisen Aluminium, Nickel und Kobalt (daher die Kurzbezeichnung Alnico) sowie geringe Zusätze von Kupfer und Titan. Diese Stoffe sind nur bei hohen Temperaturen vollständig mischbar, durch Abkühlung zerfällt die Legierung in eine eisenreiche und eisenarme Phase. Das Wesentliche ist, daß man durch geeigneten Temperaturverlauf und die Einwirkung eines Magnetfeldes erreichen kann, daß die Ausscheidung in Form von Stengelkristallen erfolgt, die Abmessungen von etwa $40 \times 8 \times 8$ nm und einen gegenseitigen Abstand von 20 nm haben. Diese Stengelkristalle verhalten sich als längliche Einbereiche, deren Ummagnetisierung nur durch Rotation der Magnetisierung gegen die Wirkung der Formanisotropie, also des eigenen entmagnetisierenden Feldes, erfolgen kann. Hierdurch lassen sich Koerzitivfeldstärken von $5 \cdot 10^4$ A/m erreichen.

Ein Ziel weiterer Entwicklung besteht darin, reines Eisen in Form länglicher Einbereichteilchen zu verwenden (Kurzbezeichnung ESD Magnet nach den englischen Wörtern elongated single domain). Derartige Formen sind als Einkristallfäden (Whisker) bekannt. Da Whisker auf Grund ihrer geringen Dichte von Gitterfehlern eine sehr hohe mechanische Elastizitätsgrenze aufweisen, sind sie zur Herstellung hochfester Stoffe in der Raumfahrt benutzt worden. Dabei lagen die Durchmesser über 1 μm. Für das Einbereichverhalten ist ein Durchmesser unter 0,1 μm erforderlich. Ob eine Erweiterung der Technologie auf die Herstellung von ESD Magneten gelingt, bleibt abzuwarten.

b) **Werkstoffe mit Kristallanisotropie.** Der technisch wichtigste Vertreter dieser Werkstoffe ist Barium-Ferrit $BaO \cdot 6\,Fe_2O_3$. Wegen des hohen Anteils an Eisenoxid spricht man auch von oxidmagnetischen Stoffen. Die Substanz wird durch Mahlen in die Form kleiner Körper gebracht. Oberhalb eines Durchmessers von 10 μm erfolgt die Ummagnetisierung durch Wandverschiebung, unter 5 μm durch Drehprozesse, die gegen die Wirkung der hohen Kristallanisotropie ablaufen müssen und daher eine Koerzitivfeldstärke von $1{,}4 \cdot 10^5$ A/m ergeben.

Das größte bisher erreichte Energieprodukt von 200 kJ/m^3 wurde mit der erst in jüngster Zeit entwickelten Verbindung $SmCo_5$ in Form von Einbereichteilchen erzielt. Die Substanz kombiniert die hohe Kristallanisotropie der Seltenen Erden mit der hohen Curietemperatur des Kobalts. Wegen des hohen Preises bleibt die Anwendung auf die Zwecke beschränkt, in denen das Energieprodukt Vorrang vor den Kosten hat.

Anwendungen. Da Barium-Ferrit relativ billig hergestellt werden kann, eignet es sich zur Anwendung im größten Maßstab. Es gibt Pläne für eine Bahn Hamburg–München, die wegen der hohen Geschwindigkeit nicht mehr durch die Reibung der Räder an den Schienen angetrieben werden kann. Stattdessen sollen die Wagen berührungsfrei durch Magnete in der Schwebe gehalten werden, wobei auf dem Bahnkörper Barium-Ferrit, im Wagen $SmCo_5$ vorgesehen ist. Der Antrieb der Bahn erfolgt mit einem Linearmotor durch Induktionswirkung. Diese magnetisch geführte Bahn hätte gegenüber Luftkissenfahrzeugen den Vorteil völliger Lärm- und Abgasfreiheit.

Sehr interessante Anwendungen ergeben sich in der Medizin. Zur Erzielung eines Kontrastes bei bestimmten Röntgenaufnahmen mußte bisher der Patient ein Kontrastmittel einnehmen, dessen weitere Verteilung im Körper nicht beeinflußt werden konnte. Künftig könnte stattdessen Barium-Ferrit gegeben werden, das durch äußere Magnetfelder an die gewünschte Stelle gebracht werden kann. Es ist sogar möglich, mit Hilfe eingenommenen Barium-Ferrits gezielte Verlagerungen der Eingeweide durchzuführen.

Das hohe Energieprodukt des $SmCo_5$ hat besonders eindrucksvolle Möglichkeiten eröffnet. Mit Hilfe eines $SmCo_5$ Magneten, der an der Spitze eines Katheters befestigt ist, kann dieser durch äußere Felder auch in verzweigte Blutgefäße eingeführt werden, da er nach Kontrolle des Röntgenbildes an jeder Gabelung des Gefäßsystems in die gewünschte Richtung gelenkt werden kann. Auf diese Weise wurden bereits Katheter in die Blutbahn des Gehirns eingebracht.

Durch diesen neuen Werkstoff wurde sogar die Konstruktion eines magnetischen „Fisches" ermöglicht. Ein kleiner $SmCo_5$ Magnet wird mit einer „Flosse" aus Plastikmaterial ausgerüstet. Unter dem Einfluß eines Wechselfeldes vibriert der Magnet, so daß er in einer Flüssigkeit von der Flosse vorwärts getrieben wird. Ein solcher Fisch kann in die Blutbahn eingesetzt und an alle gewünschten Punkte gelenkt werden, um die Geschwindigkeit des Blutstroms zu ermitteln oder andere Meßinstrumente zu tragen.

5.11.5 Stoffe mit Austauschanisotropie

Alle bis jetzt besprochenen Materialien haben eine punktsymmetrische Hysteresekurve, d.h. bei Vertauschung von $\boldsymbol{H}$ und $-\boldsymbol{H}$ geht $\boldsymbol{M}$ in $-\boldsymbol{M}$ über. Positive und negative Felder sind gleichberechtigt.

Meiklejohn entdeckte, daß diese Symmetrie nicht mehr gilt, wenn eine Austauschkopplung zwischen ferromagnetischen und antiferromagnetischen Stoffen besteht. Beispielsweise haben Kobaltteilchen, die an der Oberfläche eine dünne Schicht von CoO tragen, bei Zimmertemperatur eine symmetrische Schleife (Abb. V,315). Das CoO ist paramagnetisch und beeinflußt die Ummagnetisierung nicht. Werden die Teilchen im einheitlich magnetisierten Zustand unter den Néelpunkt des CoO abgekühlt, dann wird die Untergitterstruktur des CoO durch die Austauschkopplung ebenfalls ausgerichtet. Bei tiefer Temperatur wird die Magnetisierung des CoO durch ein Magnetfeld praktisch nicht geändert, übt also ständig Austauschkopplung auf das Kobalt aus, die wie ein inneres Feld wirkt. Daher ist die Schleife auf der Feldachse verschoben. Ein solches System kehrt nach dem Abschalten des äußeren Feldes immer wieder in denselben Zustand zurück, es „erinnert" sich an die Richtung des Feldes, das anlag, als der Néelpunkt der antiferromagnetischen Phase unterschritten wurde. Durch diese Austauschkopplung entsteht eine vorzeichenabhängige Anisotropie, die als **unidirektional** bezeichnet wird – im Gegensatz zur uniaxialen Anisotropie, bei der antiparallele Richtungen gleichberechtigt sind.

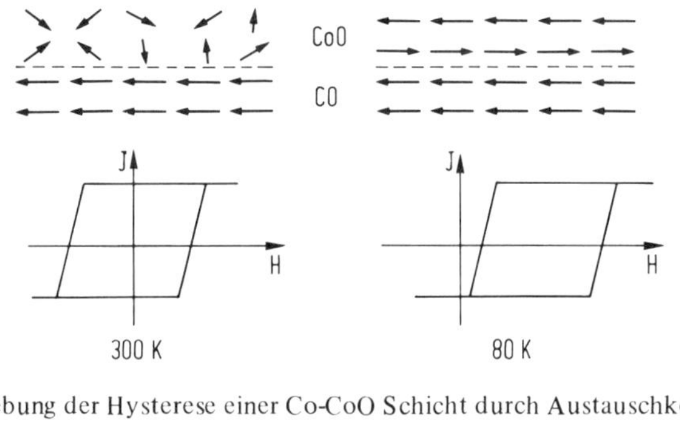

Abb. V,315. Verschiebung der Hysterese einer Co-CoO Schicht durch Austauschkopplung (siehe Text)

5.11.6 Relaxation

Kehren wir zum eingangs erwähnten Beispiel der Kompaßnadel zurück. Im Magnetfeld wirkt auf die Nadel ein Drehmoment, das sie parallel zum Feld zu stellen sucht. Eine stabile Einstellung in die Feldrichtung als Ruhelage ist aber nur dann möglich, wenn die bei der Einstellung freiwerdende potentielle Energie z.B. durch Lagerreibung in Form von Wärme abgegeben werden kann. Besteht ein solcher dissipativer Mechanismus nicht, schwingt die Nadel ständig um die Feldrichtung herum.

Das gleiche gilt für Atome, die Träger eines magnetischen Moments sind. Ein Feld kann sie nur dann „magnetisieren", d.h. in Feldrichtung einstellen, wenn sie die Möglichkeit haben, die freiwerdende Energie durch unelastische Stöße an die Umgebung abzugeben. Da die Einstellung nur durch Stöße, also Bewegungen, zustande kommt, erfordert sie Zeit. Die Ausbildung der paramagnetischen Magnetisierung geschieht daher nicht sofort nach dem Einschalten des Feldes, sondern mit einer Verzögerung (Relaxation), deren Größe von der Art des Stoßmechanismus abhängt. Im Bereich tiefer Temperaturen erfordert die Spin-Gitter Relaxation Zeiten in der Größenordnung von Millisekunden, so daß die Suszeptibilität schon im Kilohertz-Bereich wesentlich geringer als im statischen Fall ist.

Die Abhängigkeit der Relaxation von der Zeit und der Umgebung erklärt, weshalb das Verhalten eines Atoms im Magnetfeld zu zwei verschiedenen Erscheinungen führt, die in der Literatur in zwei verschiedenen Bildern beschrieben werden: Der Paramagnetismus und der Zeeman-Effekt.

Der Paramagnetismus beruht darauf, daß die Atome, die auf Grund ihrer Lage im Magnetfeld eine höhere Energie haben, diese im Lauf der Zeit durch unelastische Stöße **abgeben** und sich dadurch im Zustand des thermischen Gleichgewichts in die Feldrichtung einstellen.

Andererseits wird beim Zeeman-Effekt die Aufspaltung von Spektrallinien beobachtet, d. h. die Lichtemission zwischen Niveaus, deren Energien durch das Magnetfeld geändert sind. Die Aufspaltung kommt also nur dadurch zustande, daß die Atome die unterschiedliche Energie auch **behalten**, sich also nicht in die Feldrichtung einstellen, sondern um sie präzessieren. Diese Atome haben also – zumindest während der Zeit bis zur Lichtemission – keine Möglichkeit, ihre potentielle Energie abzugeben. Die Einstellung ins thermische Gleichgewicht tritt nur als „Stoßverbreiterung" störend in Erscheinung. Daher werden Messungen des Zeeman-Effekts bevorzugt an verdünnten Gasen durchgeführt.

Der Zeeman-Effekt ist die optisch beobachtbare Wirkung verschiedener Energiezustände, der Paramagnetismus die Folge der durch unelastische Stöße ermöglichten Gleichgewichtsverteilung.

Daraus folgt, daß eine Änderung der Magnetisierungsrichtung nur möglich ist, wenn die freiwerdende Energie durch unelastische Stöße an die Umgebung abgegeben werden kann. Als Gegenbeispiel sei daran erinnert, daß die Erde wegen ihrer Abweichung von der Kugelgestalt im Schwerefeld der Sonne ein Drehmoment erfährt, das die potentielle Energie der Erde zu vermindern sucht. Wegen der Kreiseleigenschaft gibt die Erde dem

Drehmoment nicht nach, sondern führt stattdessen die bekannte Präzessionsbewegung mit einer Periode von 26000 Jahren aus. Wegen des Fehlens dissipativer Prozesse im Weltraum wird die potentielle Energie nicht abgegeben, so daß die Erde ihre Präzessionsbewegung beibehält. Dieser Fall hat daher Ähnlichkeit mit dem Zeeman-Effekt. Hätten die atomaren Magnete im Eisen keine Wechselwirkung mit dem Kristallgitter, sondern wären sie so isoliert wie die Erde im Weltraum, dann könnte man das Eisen gar nicht ummagnetisieren, also z.B. keinen Transformator mit Eisenkern bauen!

Literatur

A. Berkowitz und E. Kneller (Herausgeber): Magnetism and Metallurgy (zwei Bände), Academic Press, New York–London 1969.

S. Chikazumi: Physics of Magnetism, John Wiley and Sons, New York–London–Sydney 1964.

D. J. Craik und R. S. Tebble: Ferromagnetism and Ferromagnetic Domains, North-Holland Publishing Company–Amsterdam 1965.

A. Earnshaw: Introduction to Magnetochemistry, Academic Press, London–New York 1968.

C. Kittel: Einführung in die Festkörperphysik, R. Oldenbourg, München und Wien 1968 u. 1973.

E. Kneller: Ferromagnetismus, Springer Verlag, Berlin/Göttingen/Heidelberg 1962.

E. Kröner, H. Kronmüller und H. Träuble in: Moderne Probleme der Metallphysik, zweiter Band (Herausgeber: A. Seeger), Springer Verlag, Berlin–Heidelberg–New York 1966.

M. Lambeck: Barkhausen-Effekt und Nachwirkung in Ferromagnetika, de Gruyter, Berlin 1971.

D. H. Martin: Magnetism in Solids, Iliffe Books Ltd, London 1967.

A. H. Morrish: The Physical Principles of Magnetism, John Wiley and Sons, New York–London–Sydney 1965.

G. T. Rado und H. Suhl (Herausgeber): Magnetism (vier Bände), Academic Press, New York–London 1963–1966.

Namen- und Sachregister

Abbrand des Spaltstoffs in Reaktoren 1342, 1350ff.
Ableitungstechnik 536
Ablenkwinkel 168ff.
Abrikosov, A. A. 865
Abschirmdublett 153
Abschirmkonstante 102, 150, 152f.
Abschrecken 635
–, Kristalle 589
Absorption 27ff., 65ff., 148f., 155ff.
–, kontinuierliche 29
Absorptionsgrenze 155ff.
Absorptionskante 556
Absorptionskoeffizient 691, 719, 1524, 1537ff., 1556, 1563
–, effektiver – im Plasma 1445
– im Plasma 1444
– von Spektrallinien, Plasmadiagnostik 1448
Absorptionskonstante 66, 155, 469
Absorptionsprozesse 27ff.
Absorptionsquerschnitt im Plasma 1401
Absteige-Operatoren 1038
Accretion 1560
Acker, H. L. 1099
Addition der Bahndrehimpulse 90ff.
Additionstheorem für Kugelfunktionen 1037
Adiabatengleichung 1533, 1534
Adiabatische Invarianz des magnetischen Moments 1504
adiabatische Magnetisierung 861
adiabatischer Parameter 179
Anreicherung des Spaltstoffs in Reaktoren 1302, 1324, 1332, 1336
äquivalente Elektronen 99f.
Äquivalentradius 1080, 1100
Äthan, C_2H_6, Torsionsschwingung 241
Äthanmolekül, (H_3C-CH_3), Bindung 305
Äthylen, C_2H_4, C_2D_4, Kernabstände 211
Äthylenmolekül, $H_2C=CH_2$, Bindung 305
Äthylenmolekül, C_2H_2, Torsionsschwingung 241
–, C_2H_2, Torsionsschwingung 241
Ätzgrübchen 601
A-Faktor 1118
Aktivator 735, 738
Aktivierungsanalyse 4
Aktivität 377, 1212
Aktivitätskoeffizient 377, 397
Akustische Schwingungen 449, 450
Akzeptor 576, 673, 694, 735
Alkalihalogenide, (I–VII-Verbindungen) 760ff.
Alpha-Streuexperiment (α-Streuexperiment) 1072
Alpha-Zerfall (α-Zerfall) 1219
Alter des Universums 1509
Ambipolare Diffusion 1427
Amick, J. A. 764
Aminosäuren 3
Ammoniak, NH_3, Inversionsschwingung 242
Ammoniak-Maser 244
amorphe Ferromagnetika 809
Amorphe Halbleiter 686, 719
Analogresonanzen 1258
Anderson, A. 307
Anderson, J. D. 1061
Andromeda-Nebel 1515, 1516
Andronikashvili 875
Anisotropie 1246
– der ESR-Feinstruktur 541
anomale Dispersion 499
„anomale" Effekte in Plasmen 1497
anomaler Skin-Effekt 572
Anregungsenergie 22
Anregungsfunktion 184
Anregungsquerschnitte 1389
Anregungsspannung 184
Ångström-Einheit 22
Antiferromagnetismus 787ff., 811ff.
Anti-Stokessche Linien 248
Antisymmetrie-Prinzip 81
antisymmetrisierte Kernwellenfunktion 1048
Antiteilchen 916f., 919, 920
Antonow-Romanowski, V. V. 750
Ar-Atom 83, 88, 157, 175, 187, 190, 194
Ardenne, M. von 181
Aristoteles 4
Arrhenius, Swante 7
–-Verfahren, Bildungsenergie vom Fehlstellen 591
Arsenwasserstoff, AsH_3, Inversionsschwingung 244
Assoziate 311
Assoziationskomplex 384

Aston, F. W. 1064
Astron 1490
Astrophysikalischer Faktor 1542
Atalla, M. M. 696
atomare Masseneinheit 1024
Atome aus der I. Gruppe des PS 111f.
Atome der II. Gruppe des PS 117f.
Atomenergie 1468
Atomformfaktor 208, 435
Atomkoordinaten der Kristalle 408
Atommasse, relative 82ff.
Atommodell, Bohrsches 16ff., 150
–, Rutherfordsches 15f.
–, Sommerfeldsches 24, 29, 45, 58, 141
–, Thomsonsches 15, 63
–, wellenmechanisches 43ff.
Atomnummer 1022
Atomradius 88f.
Atomstrahl, Erzeugung 56, 132f., 176f., 180f.
–, klassischer 176f.
–, langsamer 56ff., 132f., 145, 170, 172, 176f.
–, schneller 180f.
Atomstrahlresonanzmethode 1124
Aufbau der Sterne 1509
Aufbauprinzip 84
Aufenthaltswahrscheinlichkeit 33, 51, 80, 85, 102, 132
Aufheller, optische 768
Aufspaltung von Isospinmultipletts 1059
Aufsteige-Operatoren 1038
Auger-Effekt 154, 158f., 1251
Auger-Prozesse 557
Ausbreitungsvektor 551
Aushärtung 634
Ausheilrate, Punktfehler 592
Ausläuferabsorption 738
Auslöschung des Bahndrehimpulses (Quenching) 801, 818
Ausscheidung 634
Ausschließungsprinzip, Paulisches 81, 84ff., 99, 107
Austauschanisotropie 838
Austauschenergie 104, 795, 816, 822
Austauschentartung 80
Austauschintegral 104, 298
Austauschkräfte 189, 192f.
Austauschwechselwirkung 965
Austrittsarbeit 662, 693, 694
Auswahlregel für den nicht-starren Rotator 260
Auswahlregeln 75ff., 97, 108, 120, 128, 144, 154
– bei Kernreaktionen 1262
– beim α-Zerfall 1220
– für den Rotations-Raman-Effekt 253
– für den Rotator und den symmetrischen Kreisel 278
– für den Schwingungs-Raman-Effekt 251
– für die Parität 1046– für Multipolstrahlung 1237
– für Rotationsübergänge 217, 279
– für stationäre Multipolmomente 1110
Autoionisation 147, 159
Avogadro, Amadeo 2
Azbel-Kaner-Effekt 572
Azetylen, HC–CH-Bindung 305
Azimutale Wellenzahl 1483

Badersche Regeln 806ff.
Bändermodell, Riehl-Schönsches 724, 735ff.
Bahndrehimpuls 529, 1036
– des Elektrons 17, 24, 41, 47, 59, 90, 108, 130, 137
– des Elektrons und magnetisches Moment 52f., 55f.
– des heranfliegenden Teilchens 167f., 172
Bahnentartung 23, 102, 141
–, Aufhebung der 26, 59, 102
Balmer-Serie 16, 23
Bandabstand 736
Band-Band-Übergänge 556
Bandenstärke 271
Bandkante 274
Bandmodell des Ferromagnetismus 804ff.
Bandverbiegung 694
Bardeen, I. 11, 692, 696, 714, 845
Barkhausen-Effekt 831ff.
barn 1026
Bartell 209, 210, 211
Bartlett, WW 1193
Baryonenaustausch und Streuwirkungsquerschnitt 979
Baryonenmultipletts 935
Baryonenresonanzen im Mandelstamdiagramm 980, 981
Baryonenspektrum 928
Baryonenzahl 919, 920
Basis 715, 716
–-Schaltung 718
Bastiansen 307
BCS-Theorie 845f.
Becquerel, Henri 7, 1212
Bedeckungsveränderliche 1512
Bennett 1481
Bennett-Gleichung 1410, 1438
–-Gleichung 1410, 1438
–-Beziehung 1481
Benzol, C_6H_6, Bindung 306
–, –, Trägheitsellipsoid 213
Bergmann, L. 781
–-Serie 113
Bereichsabbildung 828
Bereichsaufteilung 820ff.
Bernstein, R. B. 173
Berylliummolekül, Be_2, Bindung 290
Berzelius, Jöns Jakob von 3

Besetzung, thermische 220
Bestrahlung, hochenergetische Leerstellenerzeugung 589
Beta-Spektrometer (β-Spektrometer) 1252
Beta-Spektrum (β-Spektrum) 1255
Beta-Zerfall (β-Zerfall) 989f., 1249
– – des Neutrons 1250
Bethe, H. 512, 1510
–-Bloch-Formel 1095
–-Slater-Kurve 805
Beugung der Röntgenstrahlen 419
Beweglichkeit 374, 402, 684, 685, 699, 703
Beweglichkeits-Lücke 720
B-Faktor 1118
Bilanzgleichung für Neutronenreaktionsraten 1306, 1319, 1328, 1350, 1357
Bildungsenergie Punktfehler 588, 591
Bildverstärker 783
Bindungen, lokalisierte 305
–, nichtlokalisierte 306
Bindungselektronen aromatischer Moleküle 306
–, nichtlokalisierte 302
Bindungsenergie 1467f.
– des Deuterons 1137
Bindungsenergien 1064
Biolumineszenz 724
Black, Joseph 5
Blatt, J. M. 1244
Bleuler, K. 1169
Blin-Stoyle, R. J. 1134
Blochfunktionen 551
Blochsche Bedingung 550
Blochsche Gleichungen 526
Bloch-Wand 827
Bodansky, D. 1264
Boersch, H. 200
Bogenplasma, wandstabilisiertes 1406
Bohm 1498, 1502
–-Diffusion 1498, 1502
Bohr, A. 1134, 1206
–, Nils 8, 16
–scher Radius 20
–sches Magneton 55, 1027
–-Van-Leeuwen-Theorem 790
Bohun, A. 744, 749
Bologneser Steine 724
Bolometrische Korrektion 1514
Boltzmann, Ludwig 6
–-Verteilung 28, 65, 135, 1530, 1538, 1395
Borazon 444
Borfluorid, BF_3, Inversionsschwingung 242
–, –, Trägheitsellipsoid 213
Born, Max 9, 33, 208, 265
–-Oppenheimer-Näherung 579
– – -Theorem 265
Bornsche Näherung 203, 208
– – (1.) 1075
Bornsches Modell 377
Bose-Einstein-Statistik 846
– – -Verteilung 460, 461
Bose-Statistik 921
Bosonen 893f.
Boyle, Robert 2
Brackett-Serie 23
Brady, E. L. 1245
Bragg, W. H. 10
–, W. L. 10
–-Reflexion 459, 462, 463, 567, 568
Braggsche Gleichung 424
Braggsches Gesetz 1136
Brattain, W. H. 11, 714
Braun, F. 704
Brechzahl des Plasmas 1442
Breit, G. 1131
Breit-Rabi-Formel 1123
Breit-Wigner-Resonanzwirkungsquerschnitt 1267
Bremskontinuum 28, 159ff., 163
Bremsstrahlung 1474
Bremsstrahlungskontinuum, Kontinuum-Emission von Plasmen 1459
Brennstoffmanagement in Reaktoren 1343
Brewster, D. 723
Bril, A. 766
Brillouin-Streuung 515
–-Zone 451, 552
Brix, P. 1088
Brockway 209, 307
Broglie, Louis de 9, 30
Brooks, F. D. 767
Broser, I. 767, 777
Browne 272
Bruchvorgänge 651
Brüten von Tritium 1475
Brutgewinn 1296
Brutrate 1336, 1357
Brutreaktor 1296, 1336, 1339
Bryan, R. 1169
Buckling 1324
Burgersvektor 595, 620
Burrus 220

Cadmiumselenid 444
Cameron, A. G. 1539
Carborund 444
Cario, G. 724
Carnot, Sadi 5
Carst, A. 499
Casciavola, Vincenci 724
Casimir, H. G. B. 858
Cauchois-Spektrograph 1135
Cd-Atom 83, 117f., 151
Cepheiden 1568
Cepheiden-Variable 1511
CERN (Genf) 10
CFO-Modell 720
Chalkogenid-Gläser 667, 719

Chandrasekhar, S. 1510
Chapin, D. M. 779
chemische Verschiebung 538f.
Chemische Zusammensetzung der Sterne 1511, 1518
Chemolumineszenz 724
Chlorwasserstoff, HCl, Schwingungskonstanten 256
--Molekül, HCl, Rotationsschwingungsspektrum 261
–, –, Schwingungskonstanten 260
Cholesterische Phase 363
Clausius, Rudolf 6
Clebsch-Gordan-Koeffizienten 1042
CNO-Zyklus 1541, 1552
Coated Particle 1338
coefficients of fractional parentage 1198
Cohen, M. L. 736
–, M. M. 720
Compound-Kern 1258
Comptonwellenlänge 1140, 1166
Condon, E. U. 270, 1043, 1221
Conserved Vector Current bei schwacher Wechselwirkung 998
conversion, internal 729
Cook 307
Cooper, L. N. 844
--Paare 504, 844
Coriolis-Term 1208
Coulombanregung 1258
Coulomb-Barriere 1540, 1546
Coulombenergie 1177
Coulomb-Feld 17, 101f., 146
–, Abweichung vom 102
Coulomb-Integral 103f., 298
Coulomb-Kraft 17, 62
Coulombstöße 1471
Coulombwahl 1071, 1221, 1469
Coulomb-Wechselwirkung 265
--WW zwischen Protonen 1058, 1060, 1175
Coulson 308
Cowan, C. L. 1250
Cox, A. N. 1539
CPT-Theorem 1046
Crookes, W. 725
Cross 307
crossing, intersystem 729
--Relation 972
Crowdion 618
Cs-Atom 82, 102, 111, 189, 194
Curie 1212
–, H. 744
–, Marie 7
–, Pierre 7
--Darstellung 1254
–sches Gesetz 136
–temperatur 787ff.
Cyanwasserstoff, HCN, thermische Besetzung 221
Dalitz-Diagramm 956f.
--Paare 917
Dalton, John 2
--Gesetz 1392
Dauerstrom 847
Davisson, J. 30
Dean, P. C. 742
de-Broglie-Welle 30ff., 54, 843
de Broglie-Wellenlänge 30, 173, 189, 1025
Debye 1497
--Hückel-Onsager-Gleichung 403
--Hückel-Theorie 1374, 1375
--Kugel 1497
--Länge 693, 1377, 1406, 1497
–sches T^3-Gesetz 466
--Temperatur 466
Déchêne, G. 752
--Effekt 752
Decius 307
Defektelektron 566, 668
Deformationsparameter 1028, 1089, 1113, 1205, 1210
deformierte Kerne 1088, 1102, 1112, 1202
deformiertes Oszillatorpotential 1202
Degenerationsfaktor 676
De-Haas-van-Alphen-Effekt 558, 572, 660
Dehnungsmeßstreifen 615
Delta-Resonanz Δ_1, elektromagnetischer Zerfall 1015
–, Quantenzahlen aus π-Mesonen-Streuanalyse 984, 949
Delta-Resonanzzustände 946
Dember, H. 769
--Effekt 769
DeNeui, R. J. 211
Destriau, G. 752, 757
--Effekt 752
DESY (Hamburg) 11
detailliertes Gleichgewicht 65, 192
Deuterium 21, 1469
Deuterium-Deuterium-Reaktion, thermonukleare Reaktion 1411
Deuterium-Tritium-Reaktion, thermonukleare Reaktion 1411
Deuteron 963, 1135
--Modell 1140
Deutsch, M. 1245
Deutschbein, O. 512
Dexter, D. L. 733
D-Funktionen 1039
Diamagnetismus 135, 137, 787, 788, 792, 795
Diamant-Gitter 666
Dichte der Energie-Niveaus 558, 559
Dichte von Plasmen 1419
Dichtefunktion der Phonenfrequenzen 465
– der Phonenfrequenzen, Debyesche Näherung 466
Dichteverteilungen von Protonen und Neutronen 1070, 1100

Dielektrizitätskonstante des Wassers 380
Diemer, G. 757
differentieller Wirkungsquerschnitt 1025, 1148, 1150
– – bei Kernreaktionen 1263
– – der elastischen Elektronenstreuung 1078
– – der np-Streuung 1161
– – der pp-Streuung 1158
Diffusion 632
–, Fremdatome 594
–, Leerstellen 593
–, parallel bzw. senkrecht zu einem Magnetfeld 1493ff.
– in Plasmen 1420
Diffusionsgleichung für Neutronen in Reaktoren 1319, 1328
Diffusionslänge der Minoritätsladungsträger 690, 719
Diffusionsnäherung 1524, 1530, 1531
Diffusionspotential 708, 710
Diffusionsprozesse in Halbleitern 684, 686, 709
Dimethylphosphin, $(CH_3)_2PH$, Elektronenbeugung, Radialverteilungsfunktion 210
Diode 705
Dipol-Dipol-Wechselwirkungskräfte 192
Dipolmoment 228
–, elektrisches 70ff., 175, 184f., 187, 192
–, induziertes 250
Dipol-Quadrupol-Wechselwirkungskräfte 193
Dipolstrahlung, elektrische 70ff., 96ff.
–, magnetische 96, 524
Dirac-Gleichung 917
Dirac, P. A. M. 9, 1031
Diracsche Theorie 63, 131f.
Direkte Übergänge 556, 557
direkter Prozeß 534
Dispersion 468, 511
Dispersionsbeziehung 1483
Dispersionsfunktion 68, 70
Dispersionskurven 448, 450
Dispersionsrelation 492
– für Nukleon-Nukleon-Streuung 976
– für π-Meson-Nukleonstreuung 975
–relationen 970f.
–verteilung 1545
–wechselwirkung 730
Dissoziation 372
Dissoziationsgrad 372, 373, 374
Dissoziations-Wärmeleitfähigkeit in Plasmen 1427
Domäne 700
Donator 576, 577, 672, 694, 735
Donator-Akzeptor-Übergang 742
Doppelbindung, konjugierte 306
Doppelhelix 3
Doppel-Leerstelle 588
Doppelsterne 1512, 1572
Dopplereffekt 1090
– in Reaktoren 1294, 1317, 1335, 1344
Doppler-Verbreiterung 69, 145, 154
–, Plasmadiagnostik 1453
Dosimetrie 751, 1219
Dotieren 671
Drehimpuls 55, 90, 909, 910
–, Erweiterung in komplexe Ebene 984f.
–, Kernrotation 262
–, Operator 38
–, Quadrat 39
–, z-Komponente 38
Drehimpulserhaltungssatz 1036
–kopplung 1042, 1195
Drehkristallaufnahmen 425, 430
Drehmatrizen 1039, 1233
Drehoperator 1038, 1234
Drehungsachsen der Kristalle 412
Dreierstoßrekombination, Wechselwirkungen in Plasmen 1400
III–V-Verbindungen 755, 764
Driftgeschwindigkeit 681, 683, 699, 701
Driftgeschwindigkeiten im Plasma 1431
Driftprozesse in Halbleitern 681, 809
Druck, osmotischer 371
Druckverbreiterung 70
– von Spektrallinien, quasi-statische Theorie, Plasmaspektroskopie 1455
– von Spektrallinien, Stoßtheorie, Plasmaspektroskopie 1455
Druckwasserreaktor 1336
Drude (Theorie) 495, 479
dualer Zerfall (branching) 1214
Duane, W. 162
Dublett, irreguläres 153
–, reguläres 153
Dublett-Methode bei der Atomstrahlresonanz 1128
– der Massenspektoskopie 1065
Dünne Schichten, magnetische 825
Dünnpoliertechnik 615
Dulong-Petitsches Gesetz 465
Duraluminium 636
Durchlaßfall des pn-Überganges 711, 716

ebene elektromagnetische Wellen im Plasma 1441
ebene Welle 1147
–, Zerlegung nach Drehimpulsen 910
Eddington, A. S. 1510
Eddingtonsche Näherung 1529, 1541
Edmonds, A. R. 1041
Effekt, Debye-Falkenhagen– 404
–, elektrophoretischer 402
–, Relaxations– 402
–, Wien– 404
effektive Ladung 1242
Effektive Masse 567, 670, 700
Effektive-Masse-Näherung 562
effektive Reichweite 1154

effektives magnetisches Moment 1127
Effektivtemperatur 1511, 1514
Effektmodulation 536
Eigenfunktion des harmonischen Oszillators 227
Eigenfunktionen 32, 35, 40, 41ff., 45ff.
Eigenleitung 670, 674, 681
Eigenwert 32, 35, 40, 41, 47
–, –gleichung 531
– der Neutronendiffusionsgleichung 1329
Eigenwertproblem 35, 44
–, Bedingungen 32, 35, 39, 41, 45
–, Differentialgleichung 35, 39, 44
Einbereichteilchen 824, 836
Ein-Boson-Austausch-Potential (OBEP) 1169
Eindringtiefe 855
Einelektron-Näherung 549
Einheiten, magnetische 786
Einheitszelle in Reaktorgittern 1325
Ein-Pion-Austausch-Potential (OPEP) 1167
Einschlußzeiten eines Plasmas 1411
Einstein, Albert 8, 17, 65, 1467, 1025
–-Beziehungen 684
Eisen 441
Eisen-Kohlenstoff-Diagramm 637
elastische Elektronenstreuung 1073
elastische Stöße, Wechselwirkung im Plasma 1381
Elastizität, Polymernetz 346
elektrische Ladung, Zahl der Zustände 921
– Leitfähigkeit 654
– – im Plasma 1420
– Multipolmomente 1109
elektrisches Quadrupolmoment 1028, 1088, 1110
– – des Deuterons 1143, 1145
– – Einteilchen 1115
– – im Senioritätsschema 1201
– – inneres 1111
– – spektroskopisches 1111
Elektrolumineszenz 725, 752ff.
Elektrolyt, binärer 372
–, echter 371
–, potentieller 371
–, ternärer 372
elektromagnetische Eigenschaften von Baryonen 940
– Übergänge 1232
– Wechselwirkung, Matrixelemente 1010
– –, spontane Zerfälle 1015
– –, statische Momente 1010
– –, Teilchenreaktionen durch – 1013
– – und Formfaktoren 1012
– – und Isospin 924
– Wechselwirkungen 906
– Wellen im Plasma 1439
Elektron-Einfang 1253
Elektronen 668
–, lokalisierte 302
–-Anzahldichte im Plasma, interferometrische Messung 1442
–-– im Plasma, Messung 1441, 1457, 1463
–-Affinität 693, 694
–anordnung 82f., 84ff., 98ff., 152
Elektronenbandensystem 273
–, Schwingungsstruktur 268
Elektronenbeugung 439
– an Molekülen 203
Elektronendichte, radiale 109ff.
Elektronenenergie zweiatomiger Moleküle 264
Elektronengas 554
Elektronenpolarisation 730
Elektronenspinresonanz 523ff.
Elektronenstoßdetektor 177
Elektronenstrahlen, Erzeugung von – 180f.
Elektronenstruktur von Metallen 653
Elektronentemperatur 1398
Elektronenterm, gerade, ungerade 278
Elektronenübergangsmoment 270, 272
Elektronenwellen 204
Elektronenzustände zweiatomiger Moleküle 262
Elektron-Neutrino 989f., 997
Elektron-Phonon-Wechselwirkung 453
Elektro-Reflexion 562
elektrostatische Wellen im Plasma 1439
Elementarladung 17
Elementarteilchen, Aspekte zur Einteilung 903
–, phänomenologische Beschreibung 901
Elementarzelle 446, 550
Elenbaas, W. 766
Ellipsenbahnen 24f., 27, 141
Elster, J. 744
Elton, L. R. B. 1100
Emden, R. 1510
Emission, erzwungene 65
–, spontane 64f.
Emissionskoeffizient im Plasma 1444
– von Spektrallinien 1449
Emissionsprozesse 27ff.
Emitter 715, 716
–-Schaltung 718
ENDOR 543
Energie, innere eines Kristalls 588
–, kinetische 589
Energieabhängigkeit von Mesonenzuständen 945
Energieaustauschprozesse im Plasma 1396
Energiebänder 547, 736
–, gekippte 569
–, im Magnetfeld 570
Energiedichte der Strahlung 1396
Energiefläche(n) 558, 563
Energiegruppen für Neutronenwirkungsquerschnitte 1310
Energiekonfigurationskoordinaten-Modell 731ff.

Energiekontinuum 28, 44, 147, 155, 159ff., 163, 187
Energielücke 548, 552, 847f., 1193
Energie-Niveauschema 22
Energieprodukt, magnetisches 836
Energiespektrum isobarer Kerne 1058
– von $^{11}_{5}B_6$, $^{11}_{6}C_5$ 1061
– von $^{10}_{4}Be_6$, $^{10}_{5}B_5$, $^{10}_{6}C_4$ 1060
– von $^{5}_{2}He_3$, $^{5}_{3}Li_2$ 1186
– von $^{15}_{7}N_8$, $^{16}_{8}O_8$, $^{17}_{8}O_9$, $^{207}_{82}Pb_{125}$, $^{208}_{82}Pb_{126}$, $^{209}_{83}Bi_{126}$ 1190
– von $^{18}_{8}O$ 1196
– von $^{106}_{46}Pd_{60}$ 1211
– von $^{239}_{93}Pn_{146}$ 1209
Energietal 1066
Energietransport durch Strahlung 1524ff.
Energiezustände 667, 670, 690, 693
Enge, H. 1151
Entartung 23, 47, 64, 80, 102, 141
– der Ladungsträger 674, 679, 686, 710, 713
– der Materie 1510, 1532, 1536, 1568, 1575
Enthalpie 381
–, freie eines Kristalls 588
–, Gitter– 381
–, Lösungs– 381
–, Wechselwirkungs– 388
– von Plasmen 1414
Entladungscharakteristik 1407
Entmagnetisierung 819
Entmischungskryostat 888
Entwicklungszeit 1562, 1565
Epitaxie 715
EPR 523ff.
Epstein, P. 141
Erhaltung der Gesamtparität 96
– der z-Komponente des gesamten Drehimpulses 91, 128f., 131
Erhaltungssätze 907f.
– bei Kernreaktionen 1259
Erholung 647
Erkelenz, K. 1169
Ermüdungsbruch 651
Ersatz-Hamilton-Operator 563, 568
Erstarrung 631
Erzeugung von Teilchen 905
Esaki, L. 713
– -Strom 714
ESR 523ff.
Essmann, U. 865
Estle, T. L. 763
Eta-Meson 955
–, Zerfall durch elektromagnetische Wechselwirkung
Euler 1476
–sche Gleichung 1476f.
–sche Winkel 1039
Eutektisches System 626
eV (Energieeinheit) 22
Exotische Atome 1023, 1094
Eximer 731
Exoelektronenemission 726, 744
–, optisch stimulierte 726
–, thermisch stimulierte 726
Extraktion 687, 688
Extrapolationslänge für Neutronen 1321
Exzitonen 572ff., 735, 740
–, gebundene 574
– -Komplexe 574
– -Molekül 575
– -Spektrum 575
Ezer, D. 1539

Falkenhagen, H. 501
Faraday, Michael 7
Faraday-Effekt 505, 826
– im Plasma 1443
Farben-Helligkeitsdiagramm (s. Hertzsprung-Russel-Diagramm)
Farbzentrum 578, 760
Fehlordnung 586, 674
Feinstruktur der ESR 541
Feinstrukturaufspaltung 26, 141, 144, 151ff.
Feinstrukturkonstante, Sommerfeldsche 26
Feldeffekt 696
Feldemission, innere 753
Feldenergie 819ff.
Feldionisierung 147
Feldkonstante, elektrische 17
–, magnetische 17
Feldsweep 536
Fermi, E. 109, 1095, 1254
Fermi-Dirac-Statistik 844, 1047
Fermi-Dirac-Verteilungsfunktion 674, 694
Fermi-Energie 554, 583, 1171
Fermi-Fläche 558, 565
Fermi-Funktion 1254
Fermi-Gas-Modell 1171
Fermi-Kante 1171
Fermi-Kugel 565
Fermi-Modellverteilung 1081, 1100
Fermi-Niveau 674, 676, 678, 680, 694
Fermi-Oberfläche 657
Fermionen 894
Fermi-Statistik 921
Fernordnungsphase 845
Ferrimagnetismus 789, 813
Ferromagnetismus 787ff., 803ff.
Festkörper 407
– -Bildwandler 783
– -Diffusion 716
Feynman, R. P. 1163
– -Graphen 1163, 1165
Ficksches Gesetz 632, 1320
Fischer, A. 757
Fizeau, H. 485
Flache Störstellen 581

Flächensatz 26
„flop-in"-Methode 1126
„flop-out"-Methode 1126
Fluenz 1352
Flüssige Kristalle, Arten 361
– –, chemische Konstitution 364
– –, cholesterische – 363
– –, nematische – 361
– –, smektische – 361
– –, technische Anwendung 366
Flüssigkeit, Diffusion 322
–, elektrolytische 371
–, Platzwechselvorgänge 321
–, Struktur 310
–, Struktur elektrolytischer – 377
–, Zustandsfunktion 317
Flüssigphasenepitaxie 764
Fluoreszenz 723, 729
–, sensibilisierte 193, 723
–, verzögerte 729
–-Analyse 768
–-Farbe 768
–-Mikroskopie 768
–-Strahlung 190
Fluoroform, CF_3H, Rotationsspektren 220
Flußlinie 863
Flußliniengitter 865
Flußquantum 868
Flußsprung 867
Flußwölbung, geometrische und materielle 1324, 1325
Fock, V. 109
Förster, Th. 731, 735
Formaldehyd, CH_2O, Trägheitsellipsoid 211
formunabhängige Streuung 1154
Fortrat-Diagramm 274
Fourier-Spektroskopie 484
– in der NMR 545
Fourier-Synthese 437
Fourier-Transformation 487
Fowler, R. H. 1510
Franck, J. 182ff., 270, 724
Franck-Condon-Faktor, Überlappungsintegral 271
Franck-Condon-Parabel 272
Franck-Condon-Prinzip 269, 580
Franck-Hertz-Versuch 182ff.
Franz-Keldysch-Effekt 569
Frauenfelder, H. 1246
Freie Exzitonen 574
Freie Fallzeit 1520, 1559, 1577
freie Weglänge 654
– – im Plasma 1378
Freier, H. 1185
Freiheitsgrade, Molekül 231
Fremdabsorption 1303
Frenkel, J. 735, 740
–-Defekt 586
–-Exzitonen 573, 735, 740
–sche Fehlstellen 618
Frequenzbedingung, Bohrsche 17, 73
Frequenzverdopplung 521
Fresnelsche Gleichungen 475
Fritzsche, H. 720
fT-Wert 1256
Fuller, C. S. 779
Fundamental-Schwingungen 232
Fundamental-Serie 113ff.
Fusion 1467ff.
Fusionsreaktionen 1468f.
Fusionsreaktor 1468
F-Zentrum 578

Galaxis 1515, 1517
Galilei, Galileo 4
–-Invarianz 1035
Gamma-Quanten, Ladungskonjugationsparität 915
Gamma-Spektrum (γ-Spektrum) einer $^{60}_{17}$Co-Quelle 1247
Gamow, G. 1221
–-Peak 1543
gap 848
Garlick, G. F. J. 748, 750, 777
Gasentladung 1406
Gaskinetische Querschnitte 1382
Gasphasenepitaxie 764
Gastemperatur 1403
Gauß-Funktion 69
Gaußsche Verteilung 1081
Gay-Lussac, Joseph Louis 2
Gebundene Exzitonen 574
Gefüge 615
Geiger 200, 201, 1070
–, H. 15
Geiger-Nutallsche Regel 1226
Geitel, H. 744
Gell-Mann-Nishijima-Formel 930
Generationsdauer für Neutronen 1347
Generationsprozesse 687, 689, 709, 712
Generationsrate 687, 688
–, Punktfehler 592
gerade-ungerade Symmetrie 278
Gerlach, W. 58
Germer, L. H. 30
Gesamtbahndrehimpuls 90ff.
Gesamtdrehimpuls 59, 108, 1041
Gesamtelektronen-Drehimpuls 93f., 108
Gesamt-ψ-Funktion 104ff.
Gesamtspin 93
Gesamtspinfunktion 104ff.
Gesamtwellenfunktion eines Nukleonensystems 1053
Gesamtzustandsfunktion 104ff.
Geschwindigkeitsselektor 176f.
g-Faktor 508, 529
– für das Atom, Landéscher 119f.
– für das Elektron, Landéscher 58

Giaver, I. 850
Gibson, A. F. 748, 777
Gierke, von 1502
Ginzburg-Landau-Parameter 862
Gitterfehler 617
Gitterteilchen 549
Gittervektor 446, 550
Gitterwolkenmodell 405
Glas, anorgan. – 353
–, Kinetik der –bildung 356
–, Molekülbau 359
–, Thermodynamik der –bildung 357
–, Übergang, Viskosität 355
–, Übergang, Volumen 354
–bildung 351
Gleitfläche 599
Gleitspiegelebenen der Kristalle 413
Globulen 1561
Glowkurve 743
Glühemission 663
Gobrecht, H. 513, 468
Goeppert-Mayer, Maria 518, 1185
Gordon 224
Gordy 220, 307
Gorter, C. J. 858
Goudsmit, S. 58
G-Parität 924
Graphendarstellung 515
Graphit 442, 443
Gravitationsenergie 1509, 1510, 1520, 1521, 1522
Gravitationszeitskala 1509, 1510
Grenzgesetz, äquivalente molare Leitfähigkeit 401
–, Debye-Hüchelsches 400
– der Viskosität 404
Grenzwellenlänge des Röntgenbremsspektrums 161f.
Grotrian-Diagramm 22
Grundeigenschaften von Atomkernen 1062
Grundgitter-Absorption 738
–-Photoleitung 770
Grundniveau 22, 82f., 86, 100f., 112, 115, 117
Gruppenkonstanten 1310
g-Tensor 530f.
gu-, gg-Kerne 1023
Gudden, B. 752, 768
Gudden-Pohl-Effekt 752
Guericke, Otto von 2
Guinier-Aufnahmen 433
gummi-elastischer Zustand 339
Gummi-Elastizität, Kinetik der – 342
–, thermodynamische Ursache der – 340
–, Ursache der – 339
Gunn, I. B. 698, 699, 701
Gunn-Effekt 670, 698
Gurney, R. W. 1221
Gvosdover-Querschnitte 1384
Gyrationsfrequenz im Plasma 1430
Gyrationskreis in Plasmen 1430
gyromagnetisches Verhältnis 524ff.

Haftstelle für Ladungsträger 743
Haftstellen 577
Hahn, O. 1231, 1243
Halbleiter 553, 578
–, Definition 665
–, direkter 670, 689
–, Elektronen-Leitung 672, 721
–, Energiebändermodell 667, 706
Halbleiter-Halbleiter-Kontakt 705
Halbleiter, indirekter 670, 689
–, Löcherleitung 672
–, Massenwirkungsgesetz der Ladungsträger 675
–, Materialkonstanten 673, 684
–-Metall-Kontakt 704, 715
–, Neutralitätsbedingung 677, 686
–-Oberfläche 692
–-Sperrschichten 704
–, thermisches Gleichgewicht 675, 687, 688, 693, 696
–, Transporterscheinungen beim – 681
–, Übersicht über – 666
Halbleiterlaser 755
Halbversetzung 623
Halbwertsbreite 66
Halbwertszeit 1213
H_α-Linie 23, 133, 143
Hall, E. H. 702
–, R. N. 689, 690, 705
–-Effekt 581, 659, 702
Hamada-Johnston-Potential 1170
Hamilton-Funktion 37, 59, 139
Hamilton-Operator 37, 39, 43, 71, 73f., 139, 142, 1031
––– beim β-Zerfall 1254
––– der NN-Wechselwirkung 1049
––– der Vibration 1209
––– des quantenmechanischen Kreisels 1206
––– für die Elektronenstreuung 1075
––– für ein Elektron im Kernpotential 1118
––– für ein Proton im elektromagnetischen Feld 1239
––– im Nilsson-Modell 1203
„hard-core"-Potential 1170
hartmagnetische Stoffe 835ff.
Hartree, D. R. 109
–-Methode 109ff.
H-Atom 15ff., 24ff., 49ff., 82, 89f., 111f., 114, 131ff.
Haupt, H. 757
Hauptazimut 478
Haupteinfallswinkel 478
Hauptgleitsystem 643
Hauptgruppen 86f.
Hauptreihe 1514, 1515ff.

Hauptreihenstern 1510
Hauptserie 113
Haxel, O. 1185
Hayashi-Grenze 1555, 1560, 1567
Heisenberg, Werner 9, 74, 116, 1021, 1051
–-WW 1193
Heitler 281, 295, 300
–, Walter 9
Helbing, R. 172
Helium II 873
Helium-Atom 83, 88, 98, 103, 115, 175, 184, 187, 190
–, Termschema 202
Heliumbrennen 1541
Heliumfilm 878
Helium-Flash 1532, 1568
Heliumgemische 886f.
Heliummolekül, He_2, Bindung 289
Heliummolekülion, He_2^+, Bindung 289
Heliumspektrum, Elektronenenergieverlustspektren 200
Helium-Sterne 1554
Helix-Knäuel, Umwandlung 331
Helizität der Leptonen bei Prozessen der schwachen Wechselwirkung 991
Helligkeit 1513, 1514
Helmholtz, Hermann von 6, 1522, 1580
Helsinkfeld, M. 1185
Henley, E. M. 1048
Hermitesche Polynome 229
Hertz, G. 182ff.
–, Heinrich 7
Hertzsprung-Russel-Diagramm 1511, 1514, 1514, 1565ff.
Herzberg, G. 132, 256, 281, 307
Heterogene Reaktorgitter 1302, 1325
Hfs (s. Hyperfeinstruktur)
Hg-Atom 83, 98, 173, 175, 183, 193, 194
Hilsch, Rudolf 11, 768
Hilsum, C. 699
HI-Region 1559
Hoch-β-Plasmen 1493
Hochfeldzone 700
Hochtemperaturreaktor 1338
Hoekstra, W. 766
Hoffmeister, E. 1549, 1568, 1570, 1571
Hofmann, D. 745, 750
Hofstadter, R. 1074
Hohlraumstrahlungsfeld 1529
Holinde, K. 1169
Holtow, W. C. 763
homogenisieren 638
Homologe Sterne 1550ff.
Horizontallast 1565, 1574
Hückel 1497
–, E. 9
Humboldt, Alexander von 2
Hume-Rothery-Phasen 628, 630
Hund, Friedrich 9, 281
Hundhausen, E. 173
Hundsche Regeln 100, 107, 795, 803
Hunt, L. 162
Hybridisierung 302
Hybridorbitale 306
Hydratation 389
Hydratkristall 405
Hydrostatisches Gleichgewicht 1510, 1518, 1519
Hyperbelbahnen 28, 160f.
Hyperfeinstruktur 22, 131, 146, 191, 542
– beim Caesiumatom 1123, 1132
– der Natrium-D_2-Linie 1124
–anomalie 1133
Hyperfeinwechselwirkung 1111, 1117
Hyperkerne 1023
Hyperladung 930, 932f.
Hysteresekurve 830ff.

Källén, G. 1046
Kahng, D. 696
Kaiser 458
Kallmann, H. 767
Kamerlingh-Onnes, H. 842, 873
Kante 148, 155ff.
Kastenpotential 1183
Kastler, A. 1129
Kathodolumineszenz 725
K-Atom 82, 157, 172, 175, 194
Kaufmann, Walter 8
Kaule 308
Kausalität und Dispersionsrelationen 972
k-Auswahlregel 556
Kazi, A. 1135
Keimbildung 631
Keimwachstum 631
Kellog, J. 1135
Kelvin 1522, 1580
–, Lord (William Thomson) 6
Kepler, Johannes 4
Keplersches Gesetz (3.) 1511
Kernabstände 287
Kernabstand r_e für das Potentialminimum 223, 254
– r_0 – mittlerer 255
Kerndrehimpuls 1026, 1103
Kernenergie 1520, 1522, 1540
Kernformfaktor 1079
Kernfusion 1468ff., 1509
Kerninduktion 523ff.
Kernkräfte 1135
Kernladungsverteilung, el. Potential 1108
–, Multipolentwicklung 1109
Kernladungszahl 17
–, effektive 102, 103, 113f.
Kernmagneton 1027
Kernmassen 1064
Kernmitbewegungseffekt 1084
Kernmodelle 1029, 1171

Kernmoleküle 1231
kernphysikalische Längeneinheit 1024
Kernpolarisation, dynamische 544
Kernradius 1070
Kernreaktionen 1257, 1510, 1530
Kernresonanz, magnetische 523ff.
Kernspaltung 1230, 1468
Kernspin 279
Kernverschmelzung 1468ff.
Kernvolumeneffekt 1085
Kettenreaktion in Reaktoren 1294ff.
Kikoin, I. K. 769
Kinematik bei Kernreaktionen 1259
Kinetik, Leerstellen-Erzeugung 592
Kinetische Gleichungen 1357ff.
Kinke 608
Kippenhahn, R. 1549, 1568, 1569, 1570, 1571
Kirchhoff-Satz, Anwendung auf Plasmen 1445
Kirchhoffscher Satz 1529
Kirkendall-Effekt 594
Kirkwood, J. G. 175
Klasens, H. A. 737, 757
Klassische Diffusion 1496
Klein-Gordon-Gleichung 1165
Kleinwinkelkorngrenze 607
Klettern 622
Klick, C. C. 733, 739
K-Mesonen, simultane Erzeugung 925
–, Zerfall durch schwache Wechselwirkung 999f.
–, Zerfall von K° und $\overline{K^\circ}$ durch schwache Wechselwirkung 1001f.
K-Meson-Nukleon-Streuung, Darstellung im Mandelstamdiagramm 981
Knecht, D. J. 1158
$K^\circ{}_L$- und $K^\circ{}_S$-Mesonen, approximative Zusammensetzung 1002f.
–, Interferenzeffekte 1004f.
–, Massenunterschied
K°-Mesonen, Phasen und Amplituden beim Zerfall von $K^\circ{}_S$ und $K^\circ{}_L$ 1007, 1008

Iben, E. 1565
Ideales Gas 1535
Impulserhaltung 1035
Impuls-Operator 35
Indirekte Übergänge 457, 557
induzierte Emission, Plasmastrahlung 1399
Infrarot-Spektrographen 481
Injektion 687, 688, 691
Injektions-Laser 755
–-Lumineszenz 752, 754, 764
innere Konversion 1232, 1243
Instandsdiagramm 625
Intensitäten der Zeeman-Komponenten, relative 125f.
Interband-Magneto-Optik 570
Interband-Übergänge 556
Interferogramm 486, 545
Interkombinationslinie 98, 118
Interkombinationsverbot 98
intermediäre Kopplung 1201
Intermetallische Phasen 629
Interstellare Wolke 1559
Intervalley-Streuung 684
Intraband-Übergänge 556
intrinsic 670
Invarianz 1029
Inversion 1045
–, Symmetrie 276, 278
Inversionsrandschicht 694
Inversionsschwingung 242
Ion-Dipol-Modell 377, 383
Ionenbindung, kovalente 294
Ionen-Implantation 696
Ionenradius, kristallographischer 379
Ionenstärke 395
Ionenstrahlen, Erzeugung von 180f.
Ionenwolke 391
–, Radius der 395
Ionisationsquerschnitte 1389
Ionisations-Wärmeleitfähigkeit in Plasmen 1427
Ionische Leitfähigkeit 665, 721
Ionisierungsenergie 21, 22, 89f., 146f., 149, 186f., 189f.
–-Erniedrigung in Plasmen 1392
Ionisierungsenergien von Störstellen 673
Isobare 1022
isobare Analogzustände 1057
Isochrone 1565, 1566
Isolator 553
Isomare 1023, 1190, 1243
Isospin 921f., 1023, 1051
–, Auswahlregeln bei schwacher Wechselwirkung 1008
–, Erhaltung durch starke Wechselwirkung 921
– des Zwei-Nukleonensystems 1055
– für Nukleonenresonanzen 948
–beimischung 1062
–funktionen 922, 923
–-Invarianz 1048
–multipletts 1057
–operatoren 922, 1052
–raum 1051
–zuordnung für ρ-Meson 953
Isotone 1022
Isotope 1022
Isotopeneffekt 849
Isotopieverschiebung von Atom-Spektrallinien 1084
Isotopieverschiebungseffekt 22

Jablonski, A. 729
Jensen, J. H. D. 1185
jj-Kopplung 90, 108f., 130, 528
jj-Kopplungsschema 1195

Jodmolekül, J_2, Elektronenbeugung 207
Josephson, B. D. 869
--Effekte 869f.
Joule, James Prescott 5
J-Teilchen 1009

Knight-shift 540
Knotenflächen 42f., 45, 47, 142
Köster, W. 744
Kohärenzlänge 845, 885
Kohlendioxid, CO_2, Normalschwingungen 235
-, -, Polarisierbarkeit 252
Kohlenstoff-Brennen 1541
Kohlenstoff-Flash 1568, 1570
Kohlenstoff-Sterne 1544
Koinzidenzschaltung (langsam-schnell) 1249
Koinzidenzzählrate 1246
kollektive Modelle 1206
kollektive Plasmen 1497
Kollektor 716
Kombinierte Zustandsdichte 559
Kommutator 36
Kompressibilität der Kernmaterie 1088
Kondo-Effekt 656
Konfiguration 84ff., 98ff., 151f.
Konfigurations-Koordinaten-Modell 579
Konstitutions-Unordnung 720
Kontaktwechselwirkung 1119
Kontinuumsmechanik 603
Kontraktionsphase 1559
Kontraktionszeit (s. Gravitationszeitskala)
Konvektion 1524, 1532, 1533, 1534, 1555ff., 1563
Konversion des Brutstoffs zu Spaltstoff in Reaktoren 1299, 1346
Konversionskoeffizient 1244
Koordinaten, massenbezogene 233
Koordinatensystem, ortsfestes 166f.
Kopernikus, Nikolaus 4
Kopfermann, H. 145, 1088, 1094
Kopplung von drei Drehimpulsen 1197
Kopplungsarten, B-Abhängigkeit der 126, 128, 130
Kopplungskonstante 1021
- der starken Wechselwirkung 965, 1168
- der schwachen Wechselwirkung 1256
Kopplungskonstanten der schwachen Wechselwirkung, Relation der - 998
Kopplungsregeln 1191
Korngrenzen 624, 645
--Diffusion 634
Korrelation von Nukleonen 1178
Korrelationsdiagramm 291, 293
Korrelationskoeffizient 1246
Korrespondenzprinzip, Bohrsches 27
Kosinus-Transformation 487
K°_S-Meson, Regeneration 1006
kovalente Bindung 666, 719

Kraft auf Versetzung 603
Kraftfreies Magnetfeld 1478
Kramer, J. 744
Kramers 1539
-, H. A. 156
Kramers-Kronig-Relation 492, 973
Krebsnebel 1578, 1579
Kreisel, gestreckter symmetrischer 213
-, kräftefreier 211
-, symmetrischer 213, 246
-, symmetrischer, Auswahlregeln 278
Kreuzspulenanordnung 527
Kriechen 649
Kristall 407
-energie 81
Kristallfeld 799ff.
-aufspaltung 511
--Theorie 582, 735
Kristallgitter der Metalle 616
Kristallisation 611
Kristallklassen 421, 422
Kristalloberfläche, Punktfehlerquelle 592
Kristallphosphore 724, 735
Kristallplastizität 602, 610
Kristallstrukturen 441ff.
Kritikalität 1301, 1328
kritische Feldstärke 856
kritische Geschwindigkeit 879
kritische Punkte 559, 560
kritische Schubspannung 619, 641
kritischer Strom 847
kritischer Zustand eines Reaktors 1301
Krömer, H. 699
Kruskal 1482, 1491
Kruskal-Shafranov-Grenze 1491f.
Kryotron 857
Kuchitsu 211
Kühlmittel in Reaktoren 1299, 1346
Kühlmittelverlust in Reaktoren 1346, 1359
Kugelfunktionen 41, 1037
Kugelhaufen-Reaktor 1338
Kugelkoordinaten 38, 54
Kugelkreisel 213
Kugelsternhaufen 1515, 1565, 1566
Kuhn, H. G. 132
Kulenkampff, H. 160
Kupfer 441
Kurath, D. 1201

Laborsystem 166f., 170, 181f., 1146, 1259
Ladenburg, R. 499
Ladungsaustausch 178, 180ff., 188ff., 1061
-, asymmetrischer 179, 190
-, symmetrischer 189
-operator 1054
Ladungsdichte 34
Ladungsdublett 1050
Ladungskonjugation 914f.
- beim Zerfall von K_L-Mesonen 1008

–sparität 915
Ladungsoperatoren 1049
Ladungsunabhängigkeit der Kernkräfte 1048, 1160
Ladungsverteilung, radiale 109ff.
– in Kernen 1073, 1094
Laguerresche Polynome 45
Lamb, W. E. 131, 739
Lambda-Punkt 873f.
Lamb-Shift 131f.
Lamda-Hyperon 903, 924, 926, 1008
Lamorfrequenz im Plasma 1430
Landau, L. D. 880
– -Niveaus 507, 570, 659
Landé-Faktor 529
Landésche Intervallregel 106
Landéscher Aufspaltungsfaktor 119f.
Lane, A. M. 1061
Lane-Emden-Gleichung 1549, 1556
Lange, W. 1124
Langmuir-Taylor-Detektor 177, 1126
Laporte, O. 97
Larmor-Frequenz 56, 122, 137, 525, 570
Larmorscher Satz 123, 137
Larson, B. 1561
Laserspektroskopie 1092
Laue, Max von 10
Lauesche Gleichungen 419
Lavoisier 2
Lawson 1474, 1493
– -Kriterium 1474, 1475, 1493
Lebensdauer 686, 688, 695
–, Leerstellen 593
–, mittlere 64f., 147, 159
– -Fall 686
Lee, T. D. 1030
LEED-Verfahren 12
Leerstellen 586, 590, 618
Legendre Polynome 1037
Legierungsverfahren 705
Lehovec, K. 752
Leistungsformfaktor in Reaktoren 1341
Leistungsverteilung in Reaktoren 1341
Leitfähigkeit, äquivalente molare 374
–, elektronische 665
–, ionische 665, 721
–, optisch stimulierte 726
–, spezifische 373
–, thermisch stimulierte 726
Leitungsband 553, 736
Leitungselektronen, Magnetismus 801ff.
Lenard, Philipp 7, 15, 724
Lenard-Phosphore 724
Lennard-Jones 281
– – – -(n,6)-Potential 165f., 169, 173, 174f.
– – – -Potential 309
Leptonen 1254
–zahlen 920, 997
Lethargie 1288
Leuchtelektron 21
Leuchtfarbe 763
Leuchtkraft 1511, 1513, 1532
Leuchtpigment 763
Leuchtschirm 763
Leuchtstoff 722, 760ff.
Leuchtstoffe, anorganische 760ff.
–, organische 767
Leuchtstofflampe 765
Levelcrossing-Methode 1130
Levin 261
Levitation 1489
Levitron 1489
Li-Atom 82, 102, 111, 113, 128, 148, 173, 174, 175, 189
Lichtabsorption 468
Lichtelektrischer Effekt, innerer (siehe auch Photoleitung) 722
Lichtquant 17
Ligandenfeld 531
Limiter 1492
Lindesche Regel 655
Linearisierung 1482
Linienabsorption 1538
Linienbreite, natürliche 66ff., 154
Linienverbreiterung 68ff., 147, 154, 159, 191
Lithium-Molekül, Li_2, Bindung 289
–, –, Hybridisierung 302
Loch 566, 668
–, durch Austausch entstanden 1178
–, positives 107, 149f., 152, 163
Löschung der Fluoreszenzstrahlung 69, 193
Lösungsmittel, Wasser als 383
Logarithmisches Energiedekrement 1307
Lokales thermodynamisches Gleichgewicht 1530
lokalisierte Phononen 461
Lomer-Cottrell-Versetzung 624, 643
London, F. u. H. 9, 281, 295, 300, 857
longitudinale Wellenzahl 1483
Lorentz 1476, 1504
–faktor 437
–kraft 1476, 1504
–linie 527
–mikroskopie 828
– -Transformation 909
– -Triplett 123
Loschmidt, Joseph 6
Lossew, O. W. 752
Lo Surdo, A. 145
LS-Kopplung 90ff., 108, 109, 116, 118ff., 130, 528f., 1201
Lumineszenz 722ff.
–, Ausleuchtung der – 726
–, Bio– 724
–, Energieausbeute der – 726, 759
–, optisch stimulierte – 726
–, Quantenausbeute der – 726
–, Röntgen– 724

–, thermisch stimulierte – 726
–, Tilgung der – 726
–, Tribo– 724
–modelle 726ff.
Luminophor (siehe auch Leuchtstoff) 722
Lyman-Serie 16, 23

magische Zahlen 1069, 1188
magnetische Dipolwechselwirkung 1118
magnetische Fläche 1499
magnetische Flasche (Spiegelmaschine), Plasmaeinschluß 1434
magnetische Momente, Relationen 940
magnetische Multipolmomente 1110
Magnetischer Druck 1478
magnetischer Druck im Plasma 1410, 1437
magnetischer Einschluß eines Plasmas 1437
Magnetischer Spiegel 1504f.
magnetisches Dipolmoment 1026, 1103
magnetisches Dipolmoment des Deuterons 1143
– – Operator für 1108
magnetisches Moment 52ff., 101, 107f., 118f., 1504
– –, Kraft auf 57
– –, mittleres 135ff.
– –, potentielle Energie 61
– – der Nukleonen, anomaler Anteil 1012, 1013
magnetisches Oktupolmoment 1110, 1128
magnetisches Vektorpotential des Kerns 1109, 1118
Magnetisierung, spontane 787, 803ff.
Magneto-Absorption 507
Magnetohydrodynamik (MHD) 1434, 1476ff.
magnetohydrodynamische Instabilitäten 1481ff.
magnetohydrodynamische Wellen in Plasmen 1439
– Wellen in Plasmen 1439
Magnetohydrostatik 1434, 1476ff.
magnetohydrostatische Gleichgewichte 1477f.
magneto-mechanischer Parallelismus 53
Magneto-Oszillation 508
Magneto-Plasma-Reflexion 510
Magneto-Striktion 818
Majorana-WW 1193
Majoritätsladungsträger 677
Makromolekül, Aufbau 327
–, Glas 352
– Isomerie, cis-trans 329
–, Kettenendenabstand 333
–, Verteilungsfunktion 335
Makroskopischer Wirkungsquerschnitt 1281
Mandelstam-Diagramm 977
Mang, H. J. 1227
Mariotte, E. 2
Mark, H. 1135
Marsden, E. 15
Marshak, R. 1169
Martensitumwandlung 636
Maser, H_2 247
–, NH_3 244
Masse, effektive 951f.
–, Geschwindigkeitsabhängigkeit der 24, 59
–, reduzierte 19, 167
– des ruhenden Elektrons oder
–, Ruhe– des Elektrons 17
Masse-Leuchtkraft-Beziehung 1510, 1517, 1552
Massenabsorptionskonstante von Silber 155f.
Massendefekt 1065, 1467
Masseneffekt, normaler 1085
–, spezieller 1085
Massenexzess 1066
Massenmittelpunkts-Koordinatensystem 166ff.
Massenspektrographen 1064
Massensuszeptibilität, magnetische 139
Massenwirkungsgesetz 375
Massenzahl 21, 1022
Masse-Radius-Beziehung 1552, 1575
Massey, H. S. W. 178
–-Kriterium 178f., 192
Matossi, F. 752
Matrixelemente der Drehimpulsoperatoren 1038
– der Ortskoordinaten 74
– des Dipolmoments 74
Matrizenmechanik 74
Mattauch, J. 1064
Matthiessensche Regel 655
Maxwell, James Clerk 6, 1471
Maxwellsche Geschwindigkeitsverteilung 1394, 1471
– Gleichungen 1233
Maxwellsches Relaxationstheorem 526
Mayer, Julius Robert 5
Mehrelektronen-Niveaus 582
Meißner-Ochsenfeld-Effekt 855
Mendelejew, D. I. 81
Mendelssohn, K. 893
Merz, J. L. 742
Mesonen 1164
–austausch und Streuwirkungsquerschnitt 979
–multipletts 943f.
–resonanzen 1164
–spektrum 929
–theorie 1163
–wolke 1167
Messiah, A. 1043, 1118
Metall 553, 554
Metall-Halbleiter-Übergang 756ff., 781
metallische Absorption 491
metallische Bindung 616, 666
Metallkeramik 11
Metallographische Arbeitsverfahren 614
Methan, CH_4, CD_4, Kernabstände 211
Methanmolekül, CH_4, Bindung 304

Methylchlorid, CH_3Cl, gestreckter symmetrischer Kreisel 213
Methylisocyanid, CH_3CN, Trägheitsellipsoid 213
Methylphosphin, CH_3PH_2, Elektronenbeugung, Radialverteilungsfunktion 210
Meyer 261, 1501
–, L. 81
MHD (magnetohydrodynamischer) Generator 1412
– (magnetohydrodynamisches) Modell 1429
Michel-Parameter 996
Michelson, A. A. 27, 485
Mikroinstabilitäten 1498
Mikroskopischer Wirkungsquerschnitt 1280
Mikrosonde 10, 547
Mikrowellenspektrometer 219
Milchstraße (s. Galaxis)
Millersche Indizes 408, 409
Minoritätsladungsträger 677
Mischkristalle 627
Mischleitung 658
Mischungsweg-Theorie 1533
„missing mass"-Spektrometer 956
Mitbewegung des Atomkerns 19
Mittelwertrechner 544
mittlere kinetische Energie im Fermi-Gas 1174
mittlere Lebensdauer 1213
Mittlerer Cosinus des Streuwinkels für Neutronen 1289
mittlerer quadratischer Radius 1080
Moderator in Reaktoren 1298ff., 1334
Modulations-Spektroskopie 489, 559, 560
Molekül, Freiheitsgrade 231
–, Symmetrie der Rotationsterme 278
Moleküle, aromatische, Bindung 306
–, mehratomige, Normalschwingungen 231
–, mehratomige, Orbitale 301
–, mehratomige, Schwingungsniveaus 240
Moleküleigenfunktion, Symmetrie 275
Molekülorbitale 281ff.
Molekülschwingung 249
Molekülspektrum, Kernspin 279
Molenbruch 377, 397
Mollwo, E. 308
Moment, magnetisches 787, 798
Monomer 730
Morley, E. W. 27
Morse 254, 257
–-Potential 257
Moseley-Diagramm 151, 156
Moseleysches Gesetz 151, 155
Moss, T. S. 774
MOS-Transistor 696, 715
Moszkowski, S. A. 1241, 1256
Mott, N. F. 704, 731, 733
Mottelson, B. R. 1206
Mott-Streuung 1078, 1158
M + S-Torus 1501
m_u 88
Muffin-Tin-Potential 549
Mulliken 9, 281, 283, 291
Multiplettaufspaltung, regulär, normal, irregulär, umgekehrt 106f.
Multiplettstruktur von Baryonen- und Mesonenzuständen 927f.
Multiplikationskonstante für Neutronen in Reaktoren 1301, 1329, 1333
Multiplizität 94
Multipolapparaturen 1489
Multipolfelder 1236
Multipoloperatoren für die Quellen der Multipolstrahlung 1239
Multipolordnung 1236
Multipolstrahlung 96f., 1235
My-Meson, β-Spektrum 996, 997
– – –, Zerfall durch schwache Wechselwirkung 993f.
My-Mesonen (μ-Mesonen) 1095
– – –neutrino 992f., 997
Myonische Atome 1095

Na-Atom 82, 111, 112, 115, 121, 128, 145f., 173, 175, 189, 191f., 194
Nachwirkung, magnetische 830, 832
NaD-Linien 115, 121, 145f., 191f.
Nahordnung des Kristallgitters 667, 719
Narrow Resonance Approximation 1309
Nassenstein, H. 744
Natriumchloridmolekül, NaCl, Ionenbindung 294
natürliche Linienbreite von Spektrallinien 1452
Nebengruppen 87
Nebenserie, diffuse 113f.
–, I. 113f.
–, scharfe 113f.
–, II. 113f.
Neeltemperatur 787
Neel-Wand 827
Nematische Phase 361
Nernst-Stift 481
Nernst-Thomsonsche Regel 379
neutrale Ströme der schwachen Wechselwirkung 992, 993
Neutrino 1250
–, Elektron– 903, 989f., 997
–, Helizität 991
–, μ-Mesonen– 903, 992f., 997
–, Teilchenreaktionen durch – 992
–-Elektron-Winkelkorrelation 992
–strahlung 1509, 1511, 1546
Neutron 1022, 1081
–, Zerfall durch schwache Wechselwirkung 991, 992
Neutronen, Bestrahlung mit – 594
–, prompte und verzögerte 1276ff.

--Beugung 811, 439
--Bremsung 1304ff.
--Diffusionslänge 1323
--Einfang durch Protonen 1135
--Einfang-Resonanzen 1268
--Energieverteilung in Reaktoren 1312ff.
--Flußdichte 1305
--Hülle 1083
--Spektrometrie 462ff.
--Reaktionsrate 1306
--Sterne 1510, 1572, 1577ff.
--Überschuß 1177, 1061
--Weglänge, mittlere 1282
--Wirkungsquerschnitte 1279ff., 1292ff.
-zyklus 1302ff.
Newcomen, Thomas 5
Newton, Isaak 4
Neynaber, R. H. 174
nichtäquivalente Elektronen 98
Nichtlineare Optik 520
nichtlokales Potential 1170
Nichtüberschneidungsregel 129
Niedervoltbogenionenquelle 181
Niedrig-β-Plasmen 1493
Nier, O. 1064
Nilsson, S. G. 1207, 1202
Nilsson-Modell 1202
Niveau, Bezeichnung 94, 101, 108
-, metastabiles 97f., 116, 193
Niveauschema 22
- des Cd-Atoms 117
- des H-Atoms 23, 133
- des He-Atoms 116
- des Li-Atoms 113
- des Na-Atoms 112
Niveausystem 94
NMR 523ff.
Nordheimsche Regeln 655, 1192
Normalkoordinaten 231, 451, 452
Normalschwingungen 231
Normierung der ψ-Funktion 33f., 72
Noskow, M. M. 769
Noyes, H. P. 1156
n-p-Massendifferenz 1051, 1058
N-Resonanzzustände 946
Nuklearzeitskala 1509, 1510, 1522
Nukleogenese 1541
Nukleon 1021
Nukleonen-g-Faktor 1103
-konfiguration 1195
Nukleon-Nukleon-Streuung 1146
---Wechselwirkung 963f.
---Wechselwirkungspotential 1045, 1053
Nuklid-Karte 1023
Nullpunktsenergie 872
- des harmonischen Oszillators 226
Nullschwingungsamplitude 231
Nutationsenergie 213
Nutationsresonanz 543

Oberflächenabdruck 615
Oberflächenenergie 862, 1179
Oberflächenionisationsdetektor 177
Oberflächenrekombination 774
Oberflächenrekombinationsgeschwindigkeit 694, 696
Oberflächenzustände 582, 692, 715
odd-even-staggering 1090
Ohmsche Heizung 1492
Ohmsches Gesetz 682
Okubo, S. 1169
Omega-Hyperon 925, 926
Omega-Meson 954
Opazität (s. Absorptionskoeffizient)
Operatoren 34ff., 95
Oppenheimer, J. Robert 265
optisch dickes Plasma 1447
optisch dünnes Plasma 1447
optische Eigenschaften 663
optische Konstanten 469
optische Resonanz-Methode 1129
optische Schwingung 449, 450
optische Spektroskopie 1090
optisches Potential 1184, 1268
optisches Theorem 970
Optoelektronik 783
Orbach-Prozeß 534
Orbitale 47, 282ff.
-, hybridisierte 303
Orbitalexponent 288
Ordnungsvorgang 629
Ordnungszahl 81, 1022
Orientierungspolarisation 730
Orthogonalität 72
Ortho-Wasserstoff 280
Ortsaustauschoperator 1054
Ostwaldsches Verdünnungsgesetz 374
Oszillator, anharmonischer 254
-, harmonischer 222, 240, 242, 251, 253
-, harmonischer, Eigenfunktion 227
-, harmonischer, Nullpunktsenergie 226
-, harmonischer, Potentialkurve 223
-, harmonischer, Übergangsmoment 231
-eigenfunktionen 1182
Oszillatoren, gekoppelte lineare 233
Oszillatorenstärke 68, 190, 497
-, Plasmaspektroskopie 1449
Oszillatorpotential 1181
Oszillierende Austauschkopplung 808

Photo-Rekombination 1400
Photosphäre 1556
Photospannung 769, 779
Photostrom 769, 779
Phototransistor 781
Photozelle 578
physikalischer Bereich für Streuprozesse 973
Piezoelektrizität 418
Pi-Mesonen (π-Mesonen) 1164

Pi-Mesonen, innere Parität 913
–, Erzeugung 905
–, Teilchenreaktionen durch – 906
–, Zerfall durch schwache Wechselwirkung 993f.
– -Austausch und Nukleon-Wechselwirkung 965
Pi-Mesonenfeld 905
Pi-Meson-Nukleon-Streuung 946f.
Pi-Meson-Nukleon-Streuung, physikalische Bereiche im Mandelstamdiagramm 980
Pi-Meson-Nukleon-Streuung bei hohen Energien 975
Pi-Meson-Pi-Meson, Wechselwirkung, effektive 951
Pi^0-Meson, Erzeugung mit γ-Quanten 1014
Pi^0-Meson, Zerfall 917
Pi^0-Meson, Zerfall in 2 γ-Quanten 1016
Pinch-Effekt 1409, 1479ff.
Pi-Strahlung (π-Strahlung) 76, 124, 128, 143f.
Planartechnik 715
Planck, Max 8
Planck-Gesetz 1396
Plancksches Strahlungsgesetz 65f.
Planetarische Nebel 1572, 1575
Plasma 509, 1535
Plasmadiagnostik 1372
Plasmafrequenz 554, 1378, 1406, 1498
Plasmaschwingungen 554
Plasmatemperatur, Messung 1451
Plasmawellen 1497
Plasmonen 1498
plastische Verformung 642
Plutoniumrückführung 1354
pn-Übergang 705, 753ff., 778ff.
–, Energiebänderverlauf 706
–, Strom-Spannungs-Kennlinie 709, 712
Pohl, Robert W. 11, 752, 768
Poisson-Gleichung 392
Polarisationsfaktor 437
Polarisationskraft 188
Polarisationsregeln 76f., 124, 128, 144
Polarisierbarkeit, magnetische 139
Polarisierbarkeit eines Moleküls 249
Polarisierbarkeitstensor 253
Pole in der komplexen Drehimpulsebene 985
Polonium 441
Polygonisation 647
Polytropes Gas 1549, 1555
Pomerantchuk-Effekt 873, 889
Positions-Unordnung 720
Positronen 1253
Positronium 914
Potential, chemisches 396
Potentialkurve des harmonischen Oszillators 223
Potentialkurven 164f.
– zweiatomiger Moleküle 264
Potentialstreuung 1267
Potenzkraftzentrum 165
Poyntingscher Vektor 70
Präionisation 159
Präzession im elektrischen Feld 141
Präzession im Magnetfeld 55f., 61f., 91, 118f., 123, 126, 130, 136, 137f.
– um resultierende Drehimpulse 91f., 94f., 118f.
Precession-Methode 435
Preston, M. A. 1195
Priestley, Joseph 2
Pringsheim, P. 723
Prinzipalserie 113f.
Prior, O. 1207
Progression 275
Projektionstheorem 1107
promtkritischer Zustand eines Reaktors 1349
Proton 1022, 1081
Proto-Stern 1560
Proto-Proton-Kette 1541
Proust, J. L. 2
Pseudoskalar 1168
Pulsar (s. Neutronensterne)
Pulsationsperiode 1511, 1520, 1570, 1578
Pulveraufnahmen 430
Punktdefekte 576
Punktfehler 586, 617
Punktgruppen der Kristalle 415
Punktreaktormodell 1360ff.
Pyroelektrizität 420

Otten, E. W. 1092
Overhauser-Effekt 543
Ovonic-Threshold-Schalter 720
Ovshinsky, S. R. 720, 721
Paar-Annihilation 1546
Paarungsenergie 1069, 1180
Paarungskraft 1199
Paarungs- und Quadrupolmodell 1194
Pankove, J. I. 758
Papin, Denis 5
Paramagnetismus 135ff., 787, 788, 795
–, Paulischer – 538
Para-Wasserstoff 280
Parität 95ff., 108, 911f., 1028, 1045, 1182, 1188
–, innere 912
–, Nichterhaltung bei schwacher Wechselwirkung 913, 990f., 1000
–, Nichterhaltung beim Zerfall der K-Mesonen 1000
– der Endzustände beim Zerfall der K-Mesonen 1000f.
Paritätsverletzung 1046
Parratt, L. G. 157
Partialwelle 172
Partialwellenentwicklung 1149
Partialwirkungsquerschnitt 1284

Paschen-Back-Effekt 126ff., 131
– – – – – d. Hfs 1122
Paschen-Serie 16, 23
Pasternack, S. 131
Patterson-Synthese 437
Paul, W. 145
Pauli, W. 1085, 1250
Pauling 308
Pauli-Prinzip 81, 84ff., 99, 105, 792, 797
Paulischer Paramagnetismus 538
Pauli-Spin-Matrizen 1041
Pauly, H. 172, 173
Pearson, G. L. 696, 779
Peierls, R. 1085
– -Energie 602
Peltier-Effekt 661
Perihelvorrückung 141
Periodensystem 81ff.
Periodische Randbedingungen 551
Periodizitätsbedingung 446
Permutationssymmetrie 1047
Perrin, E. 729
Perrin, U. 729
Perschel, J. 723
Peshkov, V. P. 877
Pfirsch 1499, 1500
Pfirsch-Schlüter-Diffusion 1499f.
Pfund-Serie 23
Phasenkohärenz 869, 896
Phasenraum 1172
Phasenregel 626
Phasentrennung 886
Phononen 446, 451ff.
–, Erzeugung 452, 453
–, Vernichtung 452, 453
– -Satelliten 456
– -Spektroskopie 851
– -Streuung 683, 704
Phonon-Phonon-Streuung 459
Phosphin, PH_3, Inversionsschwingung 244
Phosphor (siehe auch Leuchtstoff) 724
Phosphoreszenz 723
Photo-Anregung 1399
Photodielektrischer Effekt 769, 777
Photodiode 712, 769, 781
Photoeffekte 768
Photoelektromagnetischer Effekt 769
Photoemission 662
Photoempfindlichkeit, spektrale 774
Photoionisation 29, 155, 158, 1400, 1537
Photokapazitive Effekte 769, 776
Photoleitfähigkeit 578
Photoleitung 722, 738, 768ff.
–, Grundgitter 770
Photoleitungseffekte I. und II. Art (Photokapazitive Effekte) 776
Photolithographie 715
Photolumineszenz 724
Photon 17, 30
Photoneutronen in D_2O 1359

Quadratwurzelgesetz 376
Quadrupolmoment, elektrisches 97, 184f.
Quadrupolphononen 1210
Quadrupoloid 1113
Quadrupolstrahlung, elektrische 96f.
Quantenbedingung 19, 24
Quantendefekt 201
Quanteninterferenz 869
Quantenkristalle 447
quantenmechanischer Kreisel 1040, 1206
Quantenzahl 19, 59, 81, 107, 142
–, azimutale 24
–, Bahndrehimpuls– 42, 45, 96f., 154
–, effektive 114
–, Gesamtbahndrehimpuls– 92, 96f.
–, Gesamtdrehimpuls– 59, 108, 154
–, Gesamtelektronendrehimpuls– 94, 97, 108
–, Gesamtspin– 93, 97
–, Haupt– 25, 45, 47, 77, 142
–, Hyperfeinstruktur– 131, 146
–, Kernspin– 131, 146
– Λ 216
–, magnetische Bahndrehimpuls– 42, 76, 99, 131
–, magnetische Gesamtbahndrehimpuls– 91, 99, 127f., 131
–, magnetische Gesamtelektronendrehimpuls– 93, 97, 99, 120, 131
–, magnetische Gesamtspin– 93, 99, 127f., 131
–, magnetische Hyperfeinstruktur– 131
–, magnetische Spin– 58, 99, 131
–, Neben– 24, 45, 58
–, Orientierungs– 42, 142, 144, 145
–, radiale 25
Quantisierung des linearen harmonischen Oszillators 224
Quantisierungsachse 530
Quarks, algebraische Relationen 932, 933
Quarks, Produktdarstellung der Baryonen 935f.
Quarks, Produktdarstellung der Mesonen 937
Quasare 1549
Quasidiskrete Variable 451, 551
Quasi-Fermi-Niveau 711
Quasifreie Elektronen 554
Quasiimpuls 564
Quasi-Neutralität im Plasma 1373, 1392
quasistationärer Bindungszustand 1221
Quellfunktion 1525ff.
Q-Wert 1260

Rabi, I. 1124
Racah, G. 1200
rad 1219
Radialverteilungsfunktion 208

radioaktive Familien 1215
radioaktives Gleichgewicht 1217
Räuber, A. 762, 763
Raman-Effekt 247
--- erster und zweiter Ordnung 516
Raman-Prozeß 526, 531f.
Raman-Schwingungslinie 251
Raman-Spektrum 458
Raman-Streuung 457, 515
Ramsauer Querschnitte 1382
Randell, J. T. 748, 750
random Walk 1494
Rasmussen, J. O. 1225
–, N. C. 1135
Rass, R. 741
Ratengleichung, Wechselwirkung im Plasma 1401
Raumgitter 407
Raumgruppen 412ff.
Raumladungsschicht 693, 707, 710, 712, 713, 721
Raumladungsrandschicht 584
Raumspiegelungsinvarianz 1045
Rayleigh-Jeanssche Strahlungsgleichung 66
Rayleigh-Streuung 248, 249
Read, W. T. 589, 690
Reaktionskinetik 746
Reaktionstypen 1257
Reaktivität, Def. 1355
Reaktivitätsrampe 1366
Reaktivitätsreserve 1343, 1356
Reaktorperiode 1364
Reaktorregelung 1302, 1343
reduzierte α-Zerfallskonstante 1226
reduzierte Masse 1472
reduzierter Bereich 450, 551
Reemission 1525
Reflektor in Reaktoren 1341
Reflexionsgrad 471
Regenbogen-Maximum 173
Regenbogen-Singularität 171, 173
Regge-Trajectories 983f.
Reid-Potential 1170
Reines, F. 1250
Rekombination 738
–, strahlungslose 739
– im Dreierstoß 178
Rekombinationsleuchten 735
Rekombinationsprozesse 687, 689, 696, 709, 712
Rekombinationsrate 687, 688, 694
Rekombinationsstrahlung, Kontinuums Emission im Plasma 1401, 1460
Rekombinationszentren 690, 720, 738
Rekristallisation 647, 648
relativistische Korrektur der Energiewerte 26, 59ff.
Relativkoordinatensystem 19, 166ff., 170, 181f.
Relaxation 526, 531f.
–, magnetische 839
Relaxations-Fall 686
Relaxationslänge im Plasma 1379
Relaxationsmethode 1550
Relaxationszeit 401, 682, 686
– im Plasma 1379
rem (Einheit) 1219
Removalwirkungsquerschnitt 1319
Resonanz, akustische 544
–, Nutations– 543
–, paramagnetische 523ff., 544
–, paramagnetische akustische 544
–, Ultraschall 544
Resonanzabsorption 1315
Resonanzabweichung 191, 193
Resonanzen 1265
Resonanzfluoreszenz 723
Resonanzintegral 1316
Resonanzlinie 68, 115, 118, 154, 155, 190, 192
Resonanzniveau 68, 193
Resonanzselbstabschirmung 1312
Resonanzstreuung von Licht 1130
Resonanzverbreiterung von Spektrallinien, Plasmaspektroskopie 1456
Resonanzzustände der Nukleonen 946
– im π-Mesonen-System 949f.
– von Teilchen mit Strangeness 966f.
Reststrahlenfrequenz 455
Restwechselwirkung 1192, 1198
Restwiderstand 655
Retherford, R. C. 131
Rho-Meson 950f., 980, 987
Reznikova, I. I. 732
Reziprozitätstheorem 1263
Reziprikes Gitter 446
Reuber, C. 777
Retrapping 745
–, Spin- und Paritätszuordnung 960f.
--Pol 980
Riehl, N. 724, 743, 763
Roche-Volumen 1572
Ribonucleinsäure (RNS) 4
Richter, J. B. 2
Richtungsquantelung 530
Ridley, B. K. 699
Röntgen, Wilh. Conrad 7, 1219
Röntgen-Absorptionsspektrum 149, 155ff.
--Bremsstrahlung 147, 159ff.
--Durchleuchtungsschirm 763
--Emissionsspektrum 147, 149, 151, 159ff.
--Fluoreszenzstrahlung 148
--Lumineszenz 724
--Niveau 149, 152
--Niveau, Bezeichnung 152
--Niveauschema 149, 151
--Niveauschema des Cadmiums 151
--Spektrum, primäres, sekundäres 148

Röntgen-Strahlen, Absorption der – 148f., 155ff.
–––, Anregung der – 148, 187
–, Emission der – 147ff., 159ff.
–, Serien der – 150
–, Wellenlängenmessung der – 148
Röntgen-Strahlung, charakteristische 147, 148ff.
–, Nutzeffekt 163
Rol, P. K. 174
Rose, M. E. 1043
Rosenbluth-Formel 1012
Rosettenbahnen 141
Rosselandsche Opazität 1531
Rotation, gehemmte innere 241
– der Absidenlinie 1511
Rotationsbanden 1209
–drehimpuls 1206
–ellipsoid 1028, 1113
–energie 213
–invarianz 1036
–konstante A, B 215
–konstante D 259
–niveaus eines gestreckten symmetrischen Kreisel-Moleküls 216
rotationsparabolische Koordinaten 141f.
Rotationsquantenzahl 214
Rotations-Raman-Effekt 253
Rotationsschwingungsbanden 274
Rotationsschwingungsbanden, Intensitäten 269
Rotationsschwingungsspektrum eines zweiatomigen Moleküls 262
Rotationsspektren 1207
Rotationsspektrum eines zweiatomigen Moleküls 217
Rotationsstruktur in einer Elektronenbande 274
Rotationssymmetrisches Plasmagleichgewicht 1489ff.
Rotationsterm, symmetrisch, antisymmetrisch 278
Rotationsterme, Symmetrie 277
– eines zweiatomigen Moleküls 217
Rotationstransformation 1499ff.
Rotationsübergänge 279
Rotationszustandssumme 220
Rotator 71, 76, 124
–, Auswahlregeln 278
–, nicht-starrer 258
–, nicht-starrer, Auswahlregel 260
–, starrer, 41, 58, 212
–, schwingender 260
Rote Riesen 1536, 1565, 1567, 1568
Rothe, E. W. 174
Rotonen 880f.
Rückwärtsstreuung und Baryonenaustausch 983
Ruedenberg, K. 9
Rumford, Graf (Sir Benjamin Thomson) 5
Rumpf-Elektronen 548
Russel, G. A. 733
––Saunders-Kopplung 90, 529
Russel-Vogt-Theorem 1547
Rutherford, E. 15, 744, 1070
Rutherfordradius 1072
Rutherfordsche Streuformel 1071
RWH-Theorie 699
Rydberg, J. R. 21, 113
Rydberg-Formeln 113
Rydberg-Konstante 9, 20, 21
Rydbergzustände 203

Säkulargleichung 531
Sättigungseigenschaft der Kernkräfte 1066
Sättigungsfaktor 527, 533
Saha-Gleichung 1392, 1530, 1545
Salzschmelze 405
Sampling-Funktion 488
Sampling-Intervall 488
Satelliten 158
Sauerstoffmolekül, O_2, Bindung 292
Sauerstoffphosphore 765ff.
Saxon, D. S. 1184
Schalen 85f., 111, 1182
Schalenmodell 1029, 1181
Schalenmodellverteilung 1080
Schalenquelle 1564
Schallgeschwindigkeit 449, 455
Schaltvorgänge 720, 721
Schawlow 307
Schlüter 1499, 1500
Schmid-Faktor 640
Schmidt 1501
–, L. 160
Schmidt-Linien-Werte 1106
Schneider, I. 752, 763
schneller Reaktor 1296, 1335ff.
Schön, M. 737, 743
Schottky, Walter 11, 704, 715, 757
Schottky-Defekt 586
Schottky-Emission 756
Schottky-Kontakt 704, 715
Schottkysche Fehlstellen 618
Schraubenachsen der Kristalle 412
Schraubenversetzung 620
Schrieffer, J. R. 845
Schröder 200
Schrödinger, Erwin 9, 44, 141
Schrödinger-Gleichung beim α-Zerfall 1221
– für Atomkerne 1029
– für das Deuteron 1137
– für die Nukleon-Nukleon-Streuung 1149
– im Schalenmodell 1181
–, zeitabhängige 31, 71ff.
–, zeitunabhängige 43ff., 101, 141
Schubspannungsabgleitungs-Kurve 640
Schüler-Hohlkathode 1090

schwache Wechselwirkung 907, 1046, 1250
– –, Auswahlregeln für Isospin und Strangeness 1009
– – der Nukleonen 989f.
Schwächungskoeffizient, linearer 164
Schwankungserscheinungen 897
Schwartz, C. 1110
Schwarze Löcher 1510, 1521, 1522, 1579
Schwarzer Zwerg 1562
Schwarzschild 1482
Schwarzschild, K. 141, 1510
Schwarzschild, M. 1510
Schwarzschild-Radius 1579
Schwarzschildsches Stabilitätskriterium 1533
Schwefelkohlenstoff, CS_2, Normalschwingungen 235
Schwellenenergie 1262
Schwerpunkt eines Terms 108
Schwerpunkt von Termen 105
Schwerpunktsystem 1146, 1259
Schwingungseigenfunktionen für mehratomige Moleküle 240
Schwingungskonstanten σ_e und $\chi_e\sigma_e$ 256
Schwingungs-Raman-Effekt 249
Schwingungsstruktur, Elektronenbandensystem 268
Scott, B. L. 1169
Screw-Pinch 1491
Sedecimpol-Wechselwirkung, elektrische 1128
Seebeck-Effekt 661
Seitz, F. 731, 733
Sekundär-Rekristallisation 649
„self-consistent field"-Methode 110f.
Seltene Erden 797, 809
Selzes, G. I. 1057
Seniorität 1200
Sensibilisator 735
Separationsenergie 1069
Separierung der Variablen 40, 44, 101, 141
Sequenzen 275
Serber-Kraft 1193
Seriengrenze 16, 23f.
Seriengrenzkontinuum 29
Series, G. W. 132
Shafranov 1491
Sharp 264
Shionoya, Sh. 743, 762
Shockley, W. 11, 677, 689, 690, 692, 704, 715
Shortley, G. H. 1043
Shrinkage 987
Shubnikov-de Haas-Effekt 13
Sidotsche Blende 724
Siedewasserreaktor 1336f.
Sigma-Hyperonen (Σ-Hyperonen) 925, 926
σ-, σ^+-, σ^--Strahlung 77, 122, 124, 128, 143f.
Singer 308
Singulett-Streuquerschnitt 1152
Singulett-Wechselwirkung 1142, 1157
Skalarprodukt von Tensoroperatoren 1044
Skancke 307
Slater, J. C. 175, 307
Smektische Phase 361
Smith, W. 768
–, W. V. 307
Snelliussches Brechungsgesetz 476
Solarkonstante 1513
Solarzelle 712, 779
Solvatation 389
Solvatationszahl 389
Sommerfeld, Arnold 9, 24
Soper, J. M. 1061
Stöße, adiabatische 178f., 192
–, anregende 182ff.
–, elastische 163ff.
– 1. Art 177
–, ionisierende 186ff.
–, plötzliche 179
–, starke 178, 192, 193
–, streifende 169
–, umrundende 169
–, unelastische 177ff.
–, zentrale 169
– 2. Art 177
– 2. Art, Wechselwirkung im Plasma 1399
– zwischen angeregten u. unangeregten Atomen 179, 190ff.
Spaltisomere 1231
Spaltneutronen 1276ff.
Spaltprodukte 1277, 1342, 1354
Spaltspektrum 1276
Spaltstoffinventar 1332, 1336
Spaltungsparameter 1231
Spaltungsreaktor 1468
Spannungs-Dehnungs-Kurve 640
Spannungsfeld von Versetzungen 603
Spannungsrißkorrosion 653
Speckle-Interferometrie 1512
Speicherringe 10, 1015
Spektralserien 16, 21, 23, 27, 29, 113f.
Spektraltyp 1514
Spektren Myonischer Atome 1099
spektroskopischer Aufspaltungsfaktor 529
Sperrfall des pn-Überganges 711, 714, 717
Sperrschicht-Photoelement 781
Sperrschicht-Transistor 715
Sperrschichtzähler 782
spezielle unitäre Gruppe, Gruppe in zwei Dimensionen 1041, 1050
spezifische Wärme von Plasmen 1414
Spezifische Wärmekapazität 465ff.
– –, Elektronenanteil 467
sphärische Besselfunktionen 1149
sphärische Tensoroperatoren 1044
Spiegelebenen der Kristalle 413
Spiegelkerne 1023
Spiegelmaschine 1504ff.
Spiegelverhältnis 1505
Spin 1040

–, effektiver 530
– des Atomkerns 131
– des Elektrons 58
Spinaustauschoperator 1054
Spin-Bahn-Wechselwirkung 965
Spin-Bahn-WW im Schalenmodell 1185
Spin-Spin-Wechselwirkung 1045, 1168
Spindublett 153
Spinellstruktur 813
Spinfunktion 299
Spin-Hamilton-Operator 530
Spinodale 635
Spinoren 1040
Spitzer 1485
–sche Formel 1485
spontane Emission, Plasmaspektroskopie 1399
spontane Zerfälle, phänomenologische Beschreibung 906, 907
Springbrunneneffekt 876
Sprung in Versetzung 608
Sprungtemperatur 845
Squid 871
SRH-Statistik 690, 696
Stachelwand 827
Standardabweichung 1087
Stapelfehler 609, 623, 645
Stark, J. 140, 145
Stark-Effekt 140ff.
–, Längseffekt, Quereffekt 144
–, linearer 141ff., 145
–, Meßmethoden 145
–, NH_3, Inversionsschwingung 245
–, quadratischer 141, 144ff.
– in Absorption 145
–-Konstante 143
–-Verbreiterung von Spektrallinien, Plasmaspektroskopie 1455
starke Wechselwirkungen 904, 905, 906, 1164
starke Wechselwirkung, Erhaltung der Strangeness 925
Standardstrahl 176
starre Kugeln 163, 165
Statistik und Teilchenzahlen 919f.
Statistisches Gewicht 64, 125, 152, 192, 220
Steele 307
Stefan-Boltzmann-Gesetz 1511
Steffens, R. M. 1246
Steinsalz 443
Stellarator 1489, 1500, 1501
Stern, O. 58
Sternatmosphäre 1509, 1511
Sternentstehung 1558
Stern-Gerlach-Felder 1125
Stern-Gerlach-Versuch 58ff.
Sternhaufen 1510, 1564ff.
Sternmasse 1511, 1512
Stern-Pirani-Detektor 177
Sternpopulationen 1517, 1518, 1535
Sternradius 1509, 1511, 1512, 1513
Steuerstäbe in Reaktoren 1302, 1343
Stickstoffmolekül, N_2, Bindung 292
–, –, Franck-Condon-Faktoren 272
Störfalluntersuchungen in Reaktoren 1346ff.
Störstelle 576, 738
Störstellenerschöpfung 679, 681
Störstellenleitung 671, 676
Störstellenphotoleitung 775
Störstellenreserve 680, 681
Störstellenstreuung 683, 704
Stoicheff 247, 307
Stokes, G. G. 723
Stokessche Linien 248
– Regel 723, 732, 740
– Verschiebung 580
Stoß, fokussierender 591
Stoßanregung 178, 179, 180ff., 182ff.
–, Wechselwirkung im Plasma 1399
Stoßdämpfungstheorie, Spektrallinienverbreiterung 1455
Stoßfrequenz in Plasmen 1378
Stoßionisation 178, 179, 180, 186, 702, 752, 1400
Stoßionisierung der Al-K-Schale 187f.
Stoßparameter 160, 166ff.
Stoßquerschnitt 163, 171, 192, 1379
–, Geschwindigkeitsabhängigkeit 179, 186ff.
– für Diffusion 175f.
– für Viskosität 175f.
– für Wärmeleitung 175f.
Stoßrate in Plasmen 1381, 1400
Stoßverbreiterung 69f., 191
Stoßwelle 1481
Stoßwellen, elektromagnetische –, Plasmaerzeugung 1408
–, mechanische –, Plasmaerzeugung 1408
Stoßzahl 163, 192
Strahldichte 1396
Strahlenkranz-Singularität 171, 174
Strahlenteiler 485
Strahlungsdämpfungskonstante 64, 71
Strahlungsdämpfungsverbreiterung 66, 68, 154
Strahlungsdiagramme des Oszillators u. Rotators 71
Strahlungsdiffusion 192
Strahlungsdruck 1526ff., 1536
Strahlungsenergiedichte 1526ff.
Strahlungsenergiestrom 1526ff.
Strahlungsfluß, spektraler 67ff., 159ff.
Strahlungsflußdichte 70
–, spektrale 67
Strahlungsgleichgewicht 1510, 1524ff.
Strahlungsintensität 1525
Strahlungsleistung eines Oszillators 71
Strahlungslose Übergänge 557
Strahlungsrekombination 29
Strahlungsschäden 653
Strahlungstransport-Gleichung für Plasmen 1446

Strangeness 906, 924f.
–, Erhaltung bei starker Wechselwirkung 925, 926
–, Nichterhaltung durch schwache Wechselwirkung 926
Straßmann, F. 1231
Streckgrenze 646
Streuamplitude 1148
–, Imaginärteil der – 970
Streukammer 176
Streulängen 963, 1154
Streuphasen 1151
–, Nukleon-Nukleon-Streuung 964
–, π-Meson-Nukleon-Streuung 946f.
Streuprozesse der Ladungsträger 682, 683
Streuquerschnitt, differentieller 171ff.
–, totaler 171, 174ff.
Streuung, elastische 163ff., 180
–, Elektronen an Punktfehlern 591
– von α-Teilchen 15
– von Neutronen, elastische und inelastische 1283ff.
Streuwinkel 170
Streuwirkungsquerschnitt im s-Kanal und Regge-Trajectories für t-Kanal 986
Streuwirkungsquerschnitt und Austauschprozesse 979
Stroke, H. H. 1134
Strukturbestimmung der Kristalle 419ff.
Strukturfaktor 435, 436
Strukturmaterial in Reaktoren 1299
Struve, O. 1515, 1516, 1517, 1566, 1567, 1573, 1579
s, t, u Variable 977
Stuart 307
Stufenversetzung 620
SU_6-Multipletts 941f.
SU_3-Multipletts bei „broken symmetry“ 937
SU_3-Operatoren 934
SU_3-Symmetrie, Multipletts 931f.
Subniveau 64, 95, 121, 125, 128, 135f., 143, 145
Süess, H. E. 1185
Sugiura 300
Superaustausch 810ff.
Superelastische Stöße, Wechselwirkung in Plasmen 1399
Supernova 1568, 1572, 1574, 1578
Superplastizität
suprafüssiges ^{3}He 890
Suprafüssigkeit 873
Supraleiter, Typ I 856
–, Typ II 862
Suszeptibilität, magnetische 135ff.
Sweep 536
s-Wellen-Streuung 1151
Symmetrie 1029, 1031
Symmetrieenergie 1174
Symmetriegruppe 1031
Symmetrie-Transformationen 1031, 1033
–Verletzung 1029, 1030, 1046, 1048
Synchrotronstrahlung 1578
Szintillator 767
Szymanski 307

Tagesleuchtfarbe 768
Tamm, I. 692
Tausend, A. 473, 468
Taylor 1525
Teilchen-Antiteilchen, Eigenschaften 916f.
Teilchenflußmessung 132ff., 177, 181
Teilchenmodell, Plasma in Magnetfeldern 1429
Teilchenreaktionen bei hohen Energien 968f.
Teilchenvertauschung 1054
Teilchenzahlen 919f.
Teilschale 86f., 99ff.
Teilversetzung 623
Teller, E. 1095
Temperaturänderungen in Reaktoren 1344, 1359, 1365ff.
Tempern, Punktfehlererzeugung 592
Tensorwechselwirkung 963, 965, 1045, 1145, 1160, 1168
Term 94f., 98, 99f.
Terme, positiv, negativ 276
Termschema 22, 728
Termwert 22, 113f.
Termwerte des anharmonischen Oszillators 255
Textur 649
Thermalisierung von Neutronen 1290ff.
thermionische Diode 1412
Thermische Leitfähigkeit 660
Thermischer Reaktor 1296, 1334, 1335ff.
Thermistor 578
thermodynamisches Gleichgewicht 1529, 1531
– –, lokales – in Plasmen 1404
– –, vollständiges – in Plasmen 1396
thermodynamisches Nichtgleichgewicht in Plasmen 1397
Thermolumineszenz 726, 743ff.
Thermokraft 661
Theta-Pinch (θ-Pinch) 1409
– – – -Effekt (θ-Pinch-Effekt) 1480, 1486ff.
Thomas, L. H. 61, 109
– -Faktor 61f.
– -Fermi-Methode 109f.
Thompson-Tetraeder 600
Thomson, J. J. 15, 1064
–, Sir Benjamin (Graf Rumford) 5
–, William (Lord Kelvin) 6
– -Streuung 1538
– -Streuung und Dispersionsrelation 974
Tietjen, J. J. 764
Titchmarches Theorem 971
Toennies, J. P. 172, 173
Tokamak 1492
Topschowski 201

Toroidaler Plasmaeinschuß 1488ff.
Torsionsschwingungen 241
totaler Wirkungsquerschnitt 1025, 1150
– – bei Kernreaktionen, global 1264
– – der np-Streuung 1151
– – für elastische Streuung 1265
– – für Reaktion 1265
Townes 224, 307
Trägheitseinschluß 1479
Trägheitsellipsoid 211
Trägheitsmoment 1207
Träuble, H. 865
Trambarulo 307
Transferwirkungsquerschnitt für Neutronen 1285
Transistor 714, 717
–, Kennlinienfeld 718
Translationsgruppen 413ff.
Translationsinvarianz 1033
Translationstemperatur, Messung; in Plasmen 1452
Transmissionskoeffizient 1221
Transmissionsgrad 481
Transportgleichung 1526
Transportkoeffizienten von Plasmen 1420
Transportquerschnitte für Plasmen 1420
Transportvorgänge in Plasmen 1420
Transportwirkungsquerschnitt für Neutronen 1322
Trap 720
Tribo-Lumineszenz 724
Triplett, umgekehrtes 117
–-Streuquerschnitt 1152
–-Wechselwirkung 1142, 1157
Tritium 1469
Tröpfchenmodell 1178
Trujillo, S. M. 174
Tauri-Sterne 1562
Tunnel-Diode 713
Tunneleffekt 147, 756, 849, 1221, 1469, 1540, 1542

Überführung 191
Übergang, optisch erlaubter 97
Übergangsmatrixelement und Dalitzdiagramme 959
Übergangsmetalle 616
Übergangsmoment 270, 275, 276
– für den harmonischen Oszillator 231
Übergangstemperatur 848
Übergangswahrscheinlichkeit 64, 78, 115, 154, 275
– bei Kernreaktionen 1263
– beim α-Zerfall 1226
– beim β-Zerfall 991, 1253, 1256
– beim elektromagnetischen Zerfall 1239
– für innere Konversion 1244
–, reduzierte 1240
Übergangswahrscheinlichkeiten, Messung; Plasmaspektroskopie 1452
– (spontane Emission, Absorption); Plasmaspektroskopie 1448, 1399
Überlappungsintegral 1227, 1254
–, Elektroneneigenfunktionen 296
–, Franck-Condon-Faktor 271
Überschwere Kerne 1023
ug-, uu-Kerne 1023
Uhlenbeck, G. E. 58
Umklappprozesse 453, 459
Umladung 180
Ummagnetisierungsvorgänge 829ff.
Umrisse des H-Atoms 49
Unbestimmtheitsrelation, Heisenbergsche 33, 36, 68, 78, 172, 714
Unelastische Stöße; Wechselwirkung in Plasmen 1386
unitär antilinear 1032
– linear 1032
unitäre Umkopplungstransformation 1198
Universaldetektor 177
Unoplasmatron 181
Unschärfelelation (s. Unbestimmtheitsrelation)
Unterdrückung, des Bahnmomentes 541
Unterkühlung 631
Unterzwerge 1554
Ununterscheidbarkeitsprinzip 79
Urbach, F. 749
U-Spin-Multipletts 934, 937, 939f.

Valenzband 553, 736
Valenzbindung (VB-Theorie) 281
Valenzbindungsverfahren 295
Valenzelektronen 548
Valenzzustände 203
Van der Waals, Johannes 6
Van-der-Waalssche Bindung 666
van der Waalssche Kräfte 175, 193
van der Waalssche Zustandgleichung 88
Van-der-Waals-Verbreiterung von Spektrallinien; Plasmaspektroskopie 1456
Van't Hoffscher Koeffizient 372
Van't Hoffsches Gesetz 371
Vektor-Achsialvektor-Kopplung bei schwacher Wechselwirkung 990
Vektorfeld 1233
Vektorkugelfunktionen 1235
Vektormodell 1103
verallgemeinertes Pauliprinzip 1054
Verarmungsrandschicht 694
verbotene Zone 667, 668, 670, 679, 681, 714, 720
Verfestigung 641
Verlustkegel 1505
Verschiebungssatz, spektroskopischer 86
Versetzungen 594, 619
Versetzungssprung 622

Vertauschungsrelationen 36, 39, 47, 1037, 1049
Verteilung, Boltzmann– 392
Verteilungsfunktion, allgemein 313
–, Makromolekül 335
–, radiale 315
Verzweigungsverhältnis beim Zerfall der Δ_1-Resonanz 1016
– für Zerfall des π-Mesons 993f.
Verzweigungsverhältnisse beim Zerfall durch schwache Wechselwirkung 1009
– beim Zerfall von K_L-Mesonen 1007
– und Isosopin 948, 949
Vibrationen 1209
Vibrationsspektrum von ${}^{106}_{46}Pd_{60}$ 1211
Vielkanalanordnung 176
Vielkristallplastizität 645
Vierfaktorformel 1330
Vier-Punkt-Methode 697
Vinen, W. F. 884
Virialsatz 1521, 1532
Virtuelle Niveaus 248
Viskosität, Maxwell-Element 347
–, Relaxionszeit 347
–, Retardationszeit 348
–, Vogel-Element 347
–, Vogel-Gleichung 350
– von Plasmen 1420
Void 594
Voigt, H.-H. 1563
vollständige Zeitableitung 1476
Volumen, freies –, Theorie 319, 349, 356
von Gierke 1502
von Helmholtz, H. 1522, 1580
von Weizsäcker, C. F. 1243, 1510
Vortex 863, 882
Vortexquantisierung 895
Vorwärtsstreuung und Mesonenaustausch 982
Vorzeichenkonvention für g-Faktoren 1121
V-Spin in SU_3-Multipletts 934
Veneziano-Amplituden und Streuprozesse 988f.

Wärmeausbreitung in Kristallen 459
Wärmeflußschalter 853
Wärmeleitfähigkeit von Plasmen 1420, 1426
Wärmeleitung 1524
Wahl 292
Wahrscheinlichkeitsdichte 33, 48ff.
–, radiale 52
Wahrscheinlichkeitsdichteverteilung 49ff.
Wahrscheinlichkeitsstromdichte 53f.
Walter, J. 736
–, H. 1092
Wand, magnetische 815ff., 822ff., 830ff., 835
Wandverschiebung 830
Wannier, G. H. 735, 740
–-Exzitonen 573ff., 735, 740
Wassermolekül, H_2O, Bindung 303
Wasserstoffatom, H 201
–, –, Bindungsenergie 297
–, –, Ionisierungsenergie 298
–, –, Radialeigenfunktion 282
Wasserstoffbombe 1475
Wasserstoffbrennen 1522, 1541
Wasserstoffbrücke 309, 330
Wasserstoffeigenfunktion 281
Wasserstoff-Konvektionszone 1534, 1563
Wasserstoff-Maser 247
Wasserstoffmolekül, Bindung 793ff.
–, H_2, Bindung 295
–, –, Elektronenbeugung 207
–, –, Elektronenenergieverlustspektren 200
–, –, Elektronenübergangsmoment 273
–, –, Potentialkurven 258, 264, 300
–, –, Rotationsübergänge 280
–, –, Termschema 203
Wasserstoffmolekülion, Bindung 284
Watkins, T. B. 699
Watson-Sommerfeld-Transformation 984
Watt, James 5
weak magnetism 999
Wechselwirkung, elastische von Versetzungen 605
Wechselwirkung, Elektron – virt. Strahlungsfeld 58, 132
–, Ion-Dipol– 377
–, Ion-Ion– (interionische) 390, 394, 396
– zwischen Elektronen, Bahn-Bahn 101
– zwischen Elektronen, elektrostatische 101, 103ff.
– zwischen Elektronen, Spin-Bahn 60ff., 101, 106f., 117
– zwischen Elektronen, Spin-Spin 101, 117
Wechselwirkungen, phänomenologische Beschreibung 903ff.
Wechselwirkungskräfte, 1. Ordnung 193
–, 2. Ordnung 175, 189f., 193
weichmagnetische Stoffe 835
Weigert, A. 1549, 1569, 1570, 1571
Weisskopf, V. F. 1134, 1241, 1244
Weiße Zwerge 1510, 1536, 1575ff.
Weißenberg-Aufnahmen 434
Weißsche Bereiche 789ff., 815ff., 820ff.
Weißsches Feld 803
Weizsäcker, C. F. von 1243, 1510
–-Formel 1178
Welle, fortschreitende 30, 33
–, stehende 31, 33, 54
Wellenfunktion 30
–, physikalische Bedeutung der – 33
Wellengleichung für Plasmen 1440
Wellengleichungen 30, 1163
Wellenmechanik 30
Wellenpakete 1147
Wellenvektor 451
Wertigkeit, elektrochemische 374
white-light-position 487

Widerstand, elektrischer von Punktfehlern 591
Wiedemann, E. 722
Wigner, E. 179
--Eckart-Theorem 1044
--Energie 589
Wignersche 3j-Symbole 1043
Wigner, E. P. 1052
Wignersche Regel 179
Wigner-Seitz-Zelle in Reaktorgittern 1325
Wigner-WW 1193
Wilkins, M. H. F. 748, 750
Williams, F. 733
Wilson 307
Winkelkorrelation von γ-Quanten 1244
Winkelkorrelationen beim β-Zerfall des Neutrons 991
Winkelverteilung 1237
Wirbelfaden 882
Wirbelfadengitter 886
Wirkungsquerschnitt, totaler 970
– für Streuung 969
– für Teilchenreaktionen 970
Wirkungsquerschnitte (s. auch Neutronenwirkungsquerschnitte)
– für Fusionsreaktionen 1469f.
– und Streuphasen 969
Wöhler, Friedrich 3
Wöhlerkurve 651
Wollrab 307
Wolniewicz 272, 273
Wong, C. 1061
Wood, R. W. 191, 723
Woods, R. D. 1184
Worley, R. D. 1128
Worthington, H. R. 1158
Wu, C. S. 1030, 1256
Würfeltextur 649
Wurtzit 444
--Gitter 666

X-Einheit 148
Xi-Hyperonen 925, 926

Yang, C. N. 1030
Yukawa, H. 1164
Yukawapotential 1141, 1167

Zalm, P. 757
Zeeman, P. 121
Zeeman-Effekt 118ff., 135f., 507, 523, 530
–, anomaler 125ff., 134
–, longitudinaler 121, 124
–, normaler 121ff.
–, transversaler 121, 124f.
–, Übergang zum Paschen-Back-Effekt 128ff.
– der Hyperfeinstruktur 131, 1120
Zeiger 224
Zeitumkehr, Nichterhaltung beim Zerfall von K°-Mesonen 1007
–, Untersuchung der – 992
--Invarianz 1264
Zellbildung 644
Zellenmodell 405
Zener, C. 756, 758
--Effekt 569, 756
--Strom 714
Zentralion 391
Zentrenmodell 728ff.
Zentrifugalpotential 1030, 1224
Zentrifugalverzerrung 258
Zerfallsgesetze 1212
Zerfallskanäle 1024
Zerfallskonstante 1212
Zerfallsreihe von ${}^{232}_{90}\mathrm{Th}_{142}$ 1216
– von ${}^{238}_{92}\mathrm{U}_{146}$ 1215
Zerstrahlung von Elektron-Positron-Paaren 915
– von Nukleon- und Antinukleon-Paaren 918, 950
ZETA 1492
Zhmyreva, I. A. 732
Zink 442
Zinkblende 444
--Gitter 666
Zinkit 444
Zinksulfid 443
Zirkulation 882
Zonenschmelzverfahren 4
Z-Pinch 1409
---Effekt 1480ff.
Züchtungsverfahren, Kristalle 612
Zugversuch 615, 640
Zumischungskoeffizienten 1059
Zustand 47, 59, 64, 95
Zustandsdiagramm Polymere 337
Zustandsdichte 654
–, effektive 675
– bei e-Streuung 1076
Zustandsfunktion 80f.
Zustandssummen für Plasmen 1392, 1416
Zwei-Vier-Verbindungen 762ff.
Zwei-Flüssigkeiten-Modell 858, 875
Zweinukleonensystem 1055, 1135
Zwei-Photonen-Absorption 518
Zweiter Schall 877
Zwischengitterplatz 586
Zwischenzustand 856, 862
Zyklotron 1218
--Frequenz 572
–frequenz im Plasma 1430
--Resonanz 506, 558, 570
--Resonanzabsorption 506, 510
–strahlung 1475

Konstanten

Gravitationskonstante $G = (6{,}670 \pm 0{,}015) \cdot 10^{-11}\,m^3 kg^{-1} s^{-2}$
Vakuumlichtgeschwindigkeit $c_0 = 299\,792\,456{,}2 \pm 1{,}1\ ms^{-1}$
Planck-Konstante $h = (6{,}626\,196 \pm 0{,}000\,050) \cdot 10^{-34}$ Js
Avogadro-Konstante $N_A = (6{,}022\,094\,3 \pm 0{,}000\,006\,3) \cdot 10^{23}\ mol^{-1}$
Boltzmann-Konstante $k = (1{,}380\,54 \pm 0{,}000\,18) \cdot 10^{-23}\ JK^{-1}$
Molare Gaskonstante $R_0 = 8{,}3143 \pm 0{,}001\,2\ JK^{-1}\ mol^{-1}$
Molares Normvolumen idealer Gase $V_{mo} = (2{,}241\,36 \pm 0{,}000\,30) \cdot 10^{-2}\ m^3 mol^{-1}$
Elektrische Elementarladung $e = (1{,}602\,191\,7 \pm 0{,}000\,007\,0) \cdot 10^{-19}$ As
Ruhemasse des Elektrons $m_e = (9{,}109\,558 \pm 0{,}000\,054) \cdot 10^{-31}$ kg
Inverse Feinstruktur-Konstante $\alpha^{-1} = 137{,}036\,02 \pm 0{,}000\,21$
Bohrsches Magneton $\mu_B = (9{,}273\,2 \pm 0{,}000\,6) \cdot 10^{-24}$ J/T
Magn. Moment des Elektrons $\mu_e = (9{,}284\,0 \pm 0{,}000\,6) \cdot 10^{-24}$ J/T
Magn. Moment des Protons $\mu_P = (1{,}410\,49 \pm 0{,}00\,13) \cdot 10^{-26}$ J/T
Kernmagneton $\mu_N = (5{,}050\,5 \pm 0{,}000\,4) \cdot 10^{-27}$ J/T

Umrechnungsfaktoren für Energie-Einheiten

	J	kWh	cal	eV	K
1 J	1	$2{,}777\,778 \cdot 10^{-7}$	$2{,}388\,459 \cdot 10^{-1}$	$(6{,}241\,8 \pm 0{,}000\,3) \cdot 10^{18}$	$(7{,}243\,5 \pm 0{,}001\,0) \cdot 10^{22}$
1 erg	10^{-7}	$2{,}777\,778 \cdot 10^{-14}$	$2{,}388\,459 \cdot 10^{-8}$	$(6{,}241\,8 \pm 0{,}000\,3) \cdot 10^{11}$	$(7{,}243\,5 \pm 0{,}001\,0) \cdot 10^{15}$
1 kWh	$3{,}600\,000 \cdot 10^{6}$	1	$8{,}598\,452 \cdot 10^{5}$	$(2{,}247\,05 \pm 0{,}000\,10) \cdot 10^{25}$	$(2{,}607\,7 \pm 0{,}000\,3) \cdot 10^{29}$
1 cal	4,186 800	$1{,}163\,000 \cdot 10^{-6}$	1	$(2{,}613\,32 \pm 0{,}000\,11) \cdot 10^{19}$	$(3{,}032\,7 \pm 0{,}000\,4) \cdot 10^{23}$
1 kpm	9,806 650	$2{,}724\,069 \cdot 10^{-6}$	2,342 278	$(6{,}121\,1 \pm 0{,}000\,3) \cdot 10^{19}$	$(7{,}103\,5 \pm 0{,}001\,0) \cdot 10^{23}$
1 eV	$(1{,}602\,10 \pm 0{,}000\,07) \cdot 10^{-19}$	$(4{,}450\,28 \pm 0{,}000\,19) \cdot 10^{-26}$	$(3{,}826\,55 \pm 0{,}000\,16) \cdot 10^{-20}$	1	$(1{,}160\,49 \pm 0{,}000\,16) \cdot 10^{4}$
1 cm^{-1}	$(1{,}986\,30 \pm 0{,}000\,14) \cdot 10^{-23}$	$(5{,}517\,5 \pm 0{,}000\,4) \cdot 10^{-30}$	$(4{,}744\,2 \pm 0{,}000\,3) \cdot 10^{-24}$	$(1{,}239\,81 \pm 0{,}000\,03) \cdot 10^{-4}$	$1{,}438\,8 \pm 0{,}000\,2$
1 K	$(1{,}380\,54 \pm 0{,}000\,18) \cdot 10^{-23}$	$(3{,}834\,8 \pm 0{,}000\,5) \cdot 10^{-30}$	$(3{,}297\,4 \pm 0{,}000\,4) \cdot 10^{-24}$	$(8{,}617\,0 \pm 0{,}001\,2) \cdot 10^{-5}$	1